압연

기능사 필기+실기

시대에듀

합격에 윙크[Win-Q]하다

Win-Q

[압연기능사] 필기+실기

Always with you

사람이 길에서 우연하게 만나거나 함께 살아가는 것만이 인연은 아니라고 생각합니다.
책을 펴내는 출판사와 그 책을 읽는 독자의 만남도 소중한 인연입니다.
시대에듀는 항상 독자의 마음을 헤아리기 위해 노력하고 있습니다.
늘 독자와 함께하겠습니다.

머리말

압연 분야의 전문가를 향한 첫 발걸음!

우리나라는 1973년에 연 103만 톤 규모의 시설을 갖춘 포항종합제철의 고로 1기가 완료됨에 따라 획기적인 철 생산 전환기를 맞이하게 되었으며, 현재는 포스코, 현대제철 등에서 연 6,000만 톤의 조강을 생산함으로써 세계 철강국으로 발돋움하게 되었습니다.

철광석에서 최종 제품인 강재를 만들기까지의 공정은 제선, 제강, 압연으로 구분할 수 있습니다. 이 중 압연 작업은 금속재료를 회전하는 압연기 롤(Roll) 사이를 통과시켜 단면적 또는 두께를 감소시키는 가공법으로 고객이 요구하는 치수, 형상, 표면 및 기계적 성질 등의 최상 품질을 갖춘 제품을 생산하는 직무입니다. 1998년에는 열간압연, 냉간압연으로 구분하였으나, 2008년 이후에 압연기능사로 통합하여 현재까지 운영되고 있는 자격증입니다.

압연기능사의 주요 항목으로는 열간압연과 냉간압연으로 구분되며, 열간압연의 경우 가열, 냉각, 권취, 정정, 냉간압연의 경우 산세, 청정, 조질압연, 정정, 풀림, 도금강판의 세부항목으로 구분되어 있습니다. 이러한 압연은 넓은 범위의 금속 지식을 전반적으로 요하고 있으나, 실제 철강업체에서 작업하는 현장을 볼 수 없어 이해하기가 많이 어려울 것이라 생각합니다. 이에 따라 본서는 최대한 필요한 이론만을 간추려 정리하였으며, 많은 삽화를 수록하여 쉽게 이해할 수 있도록 하였습니다. 2020년부터는 NCS 내용이 포함되기 때문에 기능사 이론서로 부족한 분들은 NCS홈페이지를 활용하여 추가 설명을 보는 것이 전체적인 흐름을 이해하는 데 더욱 도움이 될 것이라 생각합니다.

마지막으로 압연기능사를 편찬하며 이론적 지식 및 산업체 현장에 대해 많은 도움을 주신 모든 분께 감사를 드리며, 이 책으로 공부하는 모든 수험생들이 합격하기를 기원합니다.

편저자 씀

시험안내

개요

금속재료를 회전하는 압연기 롤(Roll) 사이를 통과시켜 단면적 또는 두께를 감소시키는 가공법으로서 고객이 요구하는 치수, 형상, 표면 및 기계적 성질 등의 최상 품질을 갖춘 제품을 생산하는 직무이다.

진로 및 전망

주로 압연제품을 생산하고 있는 제철소에서 압연 업무를 담당하는 분야에 취업한다. 대규모의 제철소에서는 채용 시 자격증 소지자를 우대하기 때문에 자격증을 취득하는 것이 취업에 유리하고, 취득 자격증의 해당 분야로 우선 배치를 한다. 또한 현업에 종사하면서 경력을 인정받고 능력을 개발하는 차원에서 상위 자격을 취득하기 위해 자격증을 취득하는 사람들도 많다.

시험일정

구분	필기원서접수 (인터넷)	필기시험	필기합격 (예정자)발표	실기원서접수	실기시험	최종 합격자 발표일
제1회	1월 초순	1월 하순	1월 하순	2월 초순	3월 중순	4월 중순
제2회	3월 중순	3월 하순	4월 중순	4월 하순	6월 초순	7월 초순
제3회	5월 하순	6월 중순	6월 하순	7월 중순	8월 중순	9월 하순

※ 상기 시험일정은 시행처의 사정에 따라 변경될 수 있으니, www.q-net.or.kr에서 확인하시기 바랍니다.

시험요강

❶ 시행처 : 한국산업인력공단
❷ 시험과목
  ㉠ 필기 : 열간압연, 냉간압연, 금속제도, 금속재료
  ㉡ 실기 : 압연 실무
❸ 검정방법
  ㉠ 필기 : 객관식 4지 택일형 60문항(60분)
  ㉡ 실기 : 필답형(1시간 30분)
❹ 합격기준 : 100점 만점에 60점 이상

검정현황

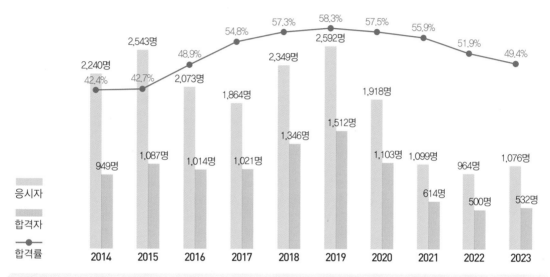

응시자
합격자
합격률

필기시험

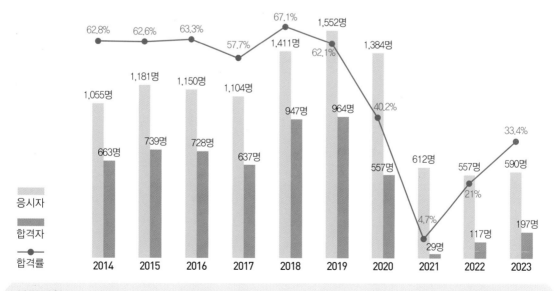

응시자
합격자
합격률

실기시험

시험안내

출제기준

주요항목	세부항목	세세항목	
열간압연 가열	연소조건 관리	• 연소이론 • 노압 및 노 분위기 관리	• 노의 작업방법
열간압연 냉각	냉각수 온도 관리	• 냉각 공정	
열간압연 권취	권취스케줄 관리	• 권취스케줄 관리	• 권취공정
	장력제어	• 권취장력제어	• 권취 소재의 폭 네킹(Necking)
	중간 검사	• 압연용 소재의 결함의 종류, 발생원인 및 대책	• 소재 결함이 제품에 미치는 영향
열간압연 정정	최종 제품검사	• 결함 분류 및 검사기준 • 공정별 주요 결함 • 치수(두께, 폭, 길이)관리 및 부적합 방지방법 • 소재 및 제품형상 관리	• 압연제품별 결함의 종류 • 검사방법 및 검사 기기 • 표면 결함의 발생원인 및 대책
열간압연 롤 관리	롤 연마	• 롤 표면 평점과 연마기준, 선삭기준, 재사용기준 • 압연의 종류(판재, 후판, 형강, 강편, 선재 등)	• 롤 검사
	롤 이상 발생 시 조치	• 롤 표면 결함 • 공정별 위험 요소	• 산업안전 이론
	롤숍 설비 관리	• 공형의 구성 • 롤 재질별 특성 및 롤 크라운	• 공형설계의 원칙 및 실제 • 롤 형태별 종류 및 특성
열간압연 본작업	통판성 관리	• 압연가공의 정의 • 열간압연과 냉간압연의 장단점 • 압연기의 종류 • 압하장치 • 롤 및 베어링	• 압연에 의한 소성, 탄성변형 • 통판성 확보 • 압연기의 형식 구조 및 특징 • 구동장치
	형상 관리	• 압연 조건과 변형 저항 • 접촉각과 중립점 • 압하율, 압하량, 롤 갭 계산 • 형상제어 압연	• 재료의 통과 속도 • 압연하중 계산 및 밀 상수 • 폭 압연
	계측기 관리	• 스케일 제거장치 • 윤활장치 및 윤활유의 종류 • 열처리설비 • 전단 및 절단설비 • 계측설비	• 압연기 입·출구 안내장치 • 냉각장치 • 교정설비 • 권취설비 • 용접(접합기) 종류
	압연 이상 발생 시 조치	• 비정상 작업 시 조치 • 사상압연공정	• 조압연공정

출제비율

열간압연	냉간압연	금속제도	금속재료
30%	30%	20%	20%

주요항목	세부항목	세세항목	
냉간압연 산세	산세 작업	• 스케일층 특성 • 산세공정	• 산세이론 • 냉간압연공정
	산회수 작업	• 산업 환경의 중요성	• 환경 관련 관리 요소
냉간압연 청정	알칼리 탈지	• 탈지 원리	• 탈지 용액
	전해 탈지	• 전해 탈지의 원리	• 전극 사양 및 관리 • 청정공정
냉간압연 조질압연	조질압연유 관리	• 조질압연유 관련 설비 • 압연유의 관리 항목	• 압연유의 종류 및 특성 • 압연 조건별 압연유종 및 유량의 결정
	형상제어 작업	• 조질압연공정	
냉간압연 정정	사이드 트리머 작업	• 정정공정	
냉간압연 상자풀림	상자풀림 작업	• 열처리공정	
냉간압연 강판 용융도금	용융도금 설비 점검	• 도금욕(Zinc Pot) 설비 • 용융도금	• 도금 부착량 제어 설비
	용융도금욕 관리	• 용융도금욕 종류별 특성 • 도금제품의 용도 및 특성	• 용융도금욕의 용융작용의 원리 • 도금 부착량 측정장비
	용융도금 작업	• 용융도금 작업조건	
	용융도금 이상 시 조치	• 도금 부착량	
냉간압연 도금강판 품질관리	도금강판 검사	• 냉연/도금 품질보증규격	• 도금불량 유형, 원인 및 대책
도면 검토	제도의 기초	• 제도 용어 및 통칙 • 척도, 문자, 선 및 기호	• 도면의 크기, 종류, 양식 • 제도용구
	투상법	• 평면도법	• 투상도법
	도형의 표시방법	• 투상도, 단면도의 표시방법	• 도형의 생략(단면도 등)
	치수기입 방법	• 치수기입법	• 여러 가지 요소 치수기입
	공차 및 도면 해독	• 도면의 결 도시방법 • 투상도면 해독	• 치수공차와 끼워맞춤
	재료기호	• 금속재료의 기호	
	기계요소 제도	• 체결용 기계요소의 제도	• 전동용 기계요소의 제도
재료설계 자료분석	금속재료의 성질과 시험	• 금속의 소성변형과 가공 • 금속재료의 시험과 검사	• 금속재료의 일반적 성질
	철강재료	• 순철과 탄소강 • 주철과 주강	• 열처리 종류 • 합금강 • 기타 재료
	비철금속재료	• 구리와 그 합금 • 알루미늄과 경금속 합금 • 니켈, 코발트, 고용융점 금속과 그 합금 • 아연, 납, 주석, 저용융점 금속과 그 합금 • 귀금속, 희토류 금속과 그 밖의 금속	
	신소재 및 그 밖의 합금	• 고강도 재료 • 신에너지 재료	• 기능성 재료
합금함량분석	금속의 특성과 상태도	• 금속의 특성과 결정 구조	• 금속의 변태와 상태도 및 기계적 성질

CBT 응시 요령

기능사 종목 전면 CBT 시행에 따른

CBT 완전 정복!

"CBT 가상 체험 서비스 제공"

한국산업인력공단
(http://www.q-net.or.kr) 참고

🔐 수험자 정보 확인

신분확인이 끝나면 시험이 곧 시작됩니다. 잠시만 기다려 주세요.

수험번호	00000000
성명	수험자
생년월일	XX.01.01
응시종목	정보처리기능사
좌석번호	07번

07
좌석번호

01 수험자 정보 확인

시험장 감독위원이 컴퓨터에 나온 수험자 정보와 신분증이 일치하는지를 확인하는 단계입니다. 수험번호, 성명, 생년월일, 응시종목, 좌석번호를 확인합니다.

📍 안내사항

✔ 시험은 총 5문제로 구성되어 있으며, 5분간 진행됩니다.
✔ 시험도중 수험자 PC 장애발생시 손을 들어 시험감독관에게 알리면 긴급 장애조치 또는 자리이동을 할 수 있습니다.
✔ 시험이 끝나면 합격여부를 바로 확인할 수 있습니다.

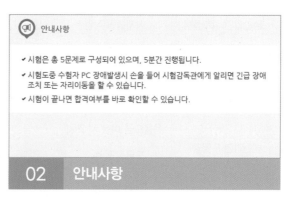

02 안내사항

시험에 관한 안내사항을 확인합니다.

📍 유의사항 - [1/4]

• 다음과 같은 부정행위가 발각될 경우 감독관의 지시에 따라 퇴실 조치되고, 시험은 무효로 처리되며, 3년간 국가기술자격검정에 응시할 자격이 정지됩니다.

✔ 시험 중 다른 수험자와 시험에 관련한 대화를 하는 행위
✔ 시험 중에 다른 수험자의 문제 및 답안을 엿고 답안지를 작성하는 행위
✔ 다른 수험자를 위하여 답안을 알려주거나, 엿보게 하는 행위
✔ 시험 중 시험문제 내용과 관련된 물건을 휴대하여 사용하거나 이를 주고받는 행위

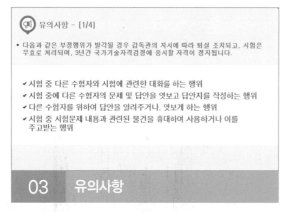

03 유의사항

부정행위에 관한 유의사항이므로 꼼꼼히 확인합니다.

📍 문제풀이 메뉴 설명

• 아래 문제풀이 기능 설명을 유의해서 읽고 기능을 숙지해 주십시오.

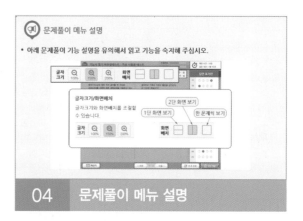

04 문제풀이 메뉴 설명

문제풀이 메뉴의 기능에 관한 설명을 유의해서 읽고 기능을 숙지해 주세요.

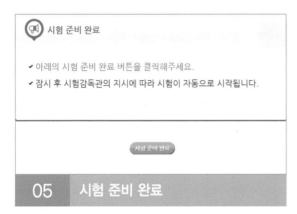

05 　시험 준비 완료

시험 안내사항 및 문제풀이 연습까지 모두 마친 수험자는 시험 준비 완료 버튼을 클릭한 후 잠시 대기합니다.

06 　시험 화면

시험 화면이 뜨면 수험번호와 수험자명을 확인하고, 글자크기 및 화면배치를 조절한 후 시험을 시작합니다.

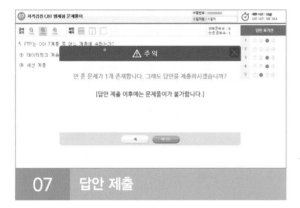

07 　답안 제출

[답안 제출] 버튼을 클릭하면 답안 제출 승인 알림창이 나옵니다. 시험을 마치려면 [예] 버튼을 클릭하고 시험을 계속 진행하려면 [아니오] 버튼을 클릭하면 됩니다. 답안 제출은 실수 방지를 위해 두 번의 확인 과정을 거칩니다. [예] 버튼을 누르면 답안 제출이 완료되며 득점 및 합격여부 등을 확인할 수 있습니다.

CBT 완전 정복 Tip

내 시험에만 집중할 것
CBT 시험은 같은 고사장이라도 각기 다른 시험이 진행되고 있으니 자신의 시험에만 집중하면 됩니다.

이상이 있을 경우 조용히 손을 들 것
컴퓨터로 진행되는 시험이기 때문에 프로그램상의 문제가 있을 수 있습니다. 이때 조용히 손을 들어 감독관에게 문제점을 알리며, 큰 소리를 내는 등 다른 사람에게 피해를 주는 일이 없도록 합니다.

연습 용지를 요청할 것
응시자의 요청에 한해 연습 용지를 제공하고 있습니다. 필요시 연습 용지를 요청하며 미리 시험에 관련된 내용을 적어놓지 않도록 합니다. 연습 용지는 시험이 종료되면 회수되므로 들고 나가지 않도록 유의합니다.

답안 제출은 신중하게 할 것
답안은 제한 시간 내에 언제든 제출할 수 있지만 한 번 제출하게 되면 더 이상의 문제풀이가 불가합니다. 안 푼 문제가 있는지 또는 맞게 표기하였는지 다시 한 번 확인합니다.

구성 및 특징

핵심이론

필수적으로 학습해야 하는 중요한 이론들을 각 과목별로 분류하여 수록하였습니다.
시험과 관계없는 두꺼운 기본서의 복잡한 이론은 이제 그만! 시험에 꼭 나오는 이론을 중심으로 효과적으로 공부하십시오.

---

01 압연 일반

핵심이론 01 | 압연 이론 개요

(1) 압연의 정의

① 압연 : 원통형상인 상하 롤의 간격(Gab)에 소재를 넣어 롤을 회전시켜 재료의 두께를 감소시키는 가공법이다.

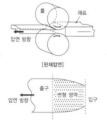

[판재압연]

[변형 영역의 평면도]

　㉠ 열간압연 : 재결정 온도 이상의 온도에서 압연하는 것

　　※ 강의 재결정 온도 : 강의 결정이 압연되어 연신된 상태에서 기존의 결정이 없어지고 새로운 결정의 핵이 생성되어 성장이 발생되는 온도

　㉡ 냉간압연 : 상온에 가까운 온도에서 압연하는 것

② 압연에 있어서 가공에 필요한 재료의 변형은 전부 그 항복점 이상의 영구변형 영역에서 수행된다.

(2) 압연 변형

① 상하 양 롤의 접촉부분을 통해 재료에 가해지는 압축하중에서 압연 중 재료의 수직 방향 응력(P), 수평 방향의 응력(Q), 폭 방향 응력으로 압축응력 상태가 생기나, 수직 방향 응력(P)에서 수평 방향 응력(Q)을 뺀 값이 단순 전단 항복응력의 2배를 초과할 경우 소성변형이 시작된다.

② 원주를 압축한 경우의 그림에서 열간압연의 경우 (a), 냉간압연의 경우 (b)에 가깝다.

(3) 압하량과 압

① 압연력 : 압연

② A 및 A'는 재
　B 및 B'는 압

③ 접촉면적 : 롤
　A'(빗금친 부

④ 입구 및 출구

⑤ 접촉호 : 상

10년간 자주 출제된 문제

1-1. 열간압연 공정을 순서대로 옳게 배열한 것은?

① 소재가열 → 사상압연 → 조압연 → 권취 → 냉각
② 소재가열 → 조압연 → 사상압연 → 냉각 → 권취
③ 소재가열 → 냉각 → 조압연 → 권취 → 사상압연
④ 소재가열 → 사상압연 → 권취 → 냉각 → 조압연

1-2. 압연 방향에 단속적으로 생기는 얇고 짧은 형상의 흠은?

① 부품　　　　　　② 연와 흠
③ 선상 흠　　　　　④ 파이프 흠

1-3. 열간압연 중 작업이 쉽게 이루어지도록 재결정 온도 이상의 열을 가해주는 공정은?

① 가열로　　　　　② 조압연
③ 다듬질 압연　　　④ 권취

|해설|

1-1
열간압연 공정 순서
슬래브 → 가열로 → 스케일 제거 → 조압연기 → 다듬질 압연기 → 냉각 → 권취기 → 절단 또는 조질압연기 → 열연 코일

1-2
③ 선상 흠 : 압연 방향에 단속적으로 나타나는 얇고 짧은 형상의 흠
② 연와 흠 : 내화물 파편이 용강 내에 혼입 또는 부착되어 생긴 흠
④ 파이프 흠 : 전단면에 선 모양 흠은 벌어진 상태로 나타난 파이프 모양의 흠

1-3
① 가열로 : 압연 작업이 쉽게 이루어지도록 열을 가하는 공정
② 조압연 : 소재인 슬래브를 사상압연에 알맞은 두께와 폭으로 제품 수치에 따라 1차로 거칠게 밀어주는 압연
③ 다듬질 압연 : 조압연기에서 만들어진 소재를 사상압연기에서 연속압연하여 상품의 최종두께 및 폭으로 압연하는 설비
④ 권취 : 다듬질 압연기에서 압연된 열연 강판을 맨드릴(Mandrel)에 감아 코일 형태로 만들어주는 설비

정답 1-1 ② 1-2 ③ 1-3 ①

핵심이론 02 | 제조 관리 기준

(1) 국내외 규격

① KS(한국산업표준, Korean Industrial Standards)
　KS 규격번호는 다음 중 한 부문을 나타내는 알파벳 기호 및 4급수의 숫자로 구성되어 있다.

A	기본	L	요업
B	기계	M	화학
C	전기	P	의료
D	금속	Q	품질경영
E	광산	R	수송기계
F	건설	S	서비스
G	일용품	T	물류
H	식료품	V	조선
I	환경	W	항공
J	생물	X	정보산업
K	섬유	–	–

② JIS(일본공업규격, Japanese Industrial Standards)
　일본철강공업규격협회(JSA)에서 발행하는 일본 국가 규격으로, 각 부문은 분류번호가 4자리 숫자로 된 규격번호로 구성되어 있다.

A	토목/건축	L	섬유
B	일반기계	M	광산
C	전자기기	P	펄프용 종이
D	자동차	R	요업
E	철도	S	일용품
F	선박	T	의료안전도구
G	철강	W	항공
H	비철금속	X	정보처리
K	화학	Z	기타

③ AISI(미국철강협회, American Iron and Steel Institute)
　미국철강공업규격협회로 시판되는 철강제품에 대해 품질 등급을 정하며, 강의 선택과 용도, 번호에 따른 품질표시, 철강의 일반적 성질, 용어의 정의, 시험방법, 표준 치수 등이 수록되어 있다.

10년간 자주 출제된 문제

출제기준을 중심으로 출제 빈도가 높은 기출문제와 필수적으로 풀어보아야 할 문제를 핵심이론당 1~2문제씩 선정했습니다. 각 문제마다 핵심을 찌르는 명쾌한 해설이 수록되어 있습니다.

과년도 + 최근 기출복원문제

지금까지 출제된 과년도 기출문제와 최근 기출복원문제를 수록하였습니다. 과년도 기출문제와 함께 가장 최근에 출제된 기출문제를 복원한 기출복원문제로 최신의 출제경향을 파악하고, 새롭게 출제된 문제의 유형을 익힐 수 있도록 하였습니다.

2024년 제1회 | 최근 기출복원문제

01 Fe-C 상태도에 나타나지 않는 변태점은?

① 포정점   ② 포석점
③ 공정점   ④ 공석점

해설
Fe-C 상태도에서의 불변반응
• 공석점 : $\gamma - Fe \leftrightarrow \alpha - Fe + Fe_3C(723^\circ C)$
• 공정점 : $Liquid \leftrightarrow \gamma - Fe + Fe_3C(1,130^\circ C)$
• 포정점 : $Liquid + \delta - Fe \leftrightarrow \gamma - Fe(1,490^\circ C)$

02 고Cr계보다 내식성과 내산화성이 더 우수하고 조직이 연하여 가공성이 좋은 18-8 스테인리스강의 조직은?

① 페라이트   ② 펄라이트
③ 오스테나이트   ④ 마텐자이트

해설
오스테나이트(Austenite)계 내열강 : 18-8(Cr-Ni) 스테인리스강에 Ti, Mo, Ta, W 등을 첨가하여 고온에서 페라이트계보다 내열성이 크다.

03 다음 중 재료의 연성을 파악하기 위하여 실시하는 시험은?

① 피로시험   ② 충격시험
③ 커핑시험   ④ 크리프시험

해설
에릭션시험(커핑시험) : 재료의 전·연성을 측정하는 시험으로 Cu판, Al판 및 연성 판재를 가압 성형하여 변형 능력을 시험이다.

04 다음 중 슬립(Slip)에 대한 설명으로 틀린 것은?

① 슬립이 계속 진행되면 변형이 어려워진다.
② 원자밀도가 최대인 방향으로 슬립이 잘 일어난다.
③ 원자밀도가 가장 큰 격자면에서 슬립이 잘 일어난다.
④ 슬립에 의한 변형은 쌍정에 의한 변형보다 매우작다.

해설
쌍정은 슬립이 일어나기 어려운 경우 발생한다.
슬립 : 재료에 외력이 가해졌을 때 결정 내 인접한 격자면에서 미끄러짐이 나타나는 현상이며, 원자 밀도가 가장 큰 격자면에서 잘 발생한다.

05 60% Cu- [...]
트 등에 사 [...]

① 톰백(T [...]
② 길딩메 [...]
③ 문쯔메 [...]
④ 애드미 [...]

해설
① 톰백 : 구리 [...]
나 천연성 [...]
② 길딩메탈(C [...]
메달에 사 [...]
④ 애드미럴티 [...]
성이 좋고 [...]

---

01 CHAPTER | 압연 일반

01 전기로를 이용해 스크랩을 용해한 다음 연주·압연설비로 철강재를 생산하는 공정으로 뉴코어사에서 최초 도입한 제조방법을 쓰시오.

정답
미니밀(Minimill)

해설
미니밀법
제강(전기로) → 압연의 과정을 거쳐 철강재를 생산하는 공정으로 제선 과정이 없어 공장 설비비가 저렴하다는 장점이 있다.
참고 선강일관제철법 : 제선(고로) → 제강(전로) → 압연의 과정을 거쳐 철강재를 생산하는 공정

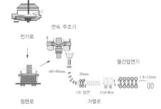

연속 주조기

전기로

열간압연기

정련로   가열로

실기(필답형)

시험에 꼭 나오는 실기시험 필답형의 예상문제를 과목별로 수록하여 수험생들이 실기시험 문제를 미리 공부하여 합격할 수 있도록 하였습니다.

최신 기출문제 출제경향

- 순철의 자기변태 및 공석 조성
- 비철합금 : 구리합금, 납합금
- 전극재료 및 금속간 화합물
- 보조투상도
- 치수허용차
- 드릴구멍 표시법
- 압연제품의 길이, 롤 갭, 전단 변형량, 롤 간극, 선진율 계산
- 산세라인
- 워킹빔식 가열로
- 롤의 3요소

- 결정구조
- 주철의 특징
- 상률
- 기어의 모듈
- 금속재료의 기호
- 롤 간격, 마력, 열량 계산
- 공형설계원칙
- 구동설비
- 열간압연공정 순서

2019년 2회

2020년 1회

2020년 2회

2021년 1회

- 평형상태도
- 저용융점 합금
- 담금질과 뜨임
- 평균거칠기
- 죔쇠와 끼워맞춤
- 선진율, 압하율, 실제공기량 계산
- 노의 특성
- 산세공정
- 냉연박판 제조공정 순서

- 전기자동차 배터리 소재
- 구리합금
- 불변강
- 나사 부품 기호
- 척도
- 선진율, 강편 길이, 재료 부피 계산
- 디스케일링
- 공형형상 설계
- 워킹빔식 가열로

- 브리넬 경도값
- 마우러 조직도
- 자기변태
- 기계요소
- 투상도
- 감면율, 롤 간극, 전단 변형량 계산
- 루퍼장치
- 센지미어 압연기
- 사고 예방

- 금속의 부식, 수소저장용 합금
- 마우러 조직도
- 냉연 강판의 과산세 발생원인
- 리프팅 및 틸팅 테이블
- 조질압연 및 크로스 압연
- 냉간압연용 압연유 및 변형 효율
- 열간 스카핑

2021년
2회

2022년
2회

2023년
1회

2024년
1회

- 열간압연
  - 연소조건 관리
  - 권취공정, 장력제어
  - 롤 검사, 제품 결함의 원인 및 대책
  - 형상관리, 통판성
- 냉간압연
  - 산세 작업, 상회수 작업
  - 탈지 작업
  - 조질압연 작업, 정정공정
  - 풀림 작업 및 공정
  - 용융도금설비, 도금욕 관리, 작업

- 냉연박판 제조공정 순서
- 저용융점 합금의 금속원소
- 냉간가공과 열간가공 비교
- 편정반응식
- 접촉각(α)과 마찰계수(μ)
- 롤 갭, 패스라인, 슬리터
- 나사 부품 기호
- 압하율, 치수공차 계산
- 커핑 시험, 로크웰 경도 시험

D-20 스터디 플래너

20일 완성!

D-20
✈ 시험안내 및
빨간키 훑어보기

D-19
✈ CHAPTER 01
압연 일반
핵심이론 01~
핵심이론 02

D-18
✈ CHAPTER 02
열간압연
핵심이론 01~
핵심이론 03

D-17
✈ CHAPTER 02
열간압연
핵심이론 04~
핵심이론 06

D-16
✈ CHAPTER 02
열간압연
핵심이론 07~
핵심이론 08

D-15
✈ CHAPTER 03
냉간압연
핵심이론 01~
핵심이론 03

D-14
✈ CHAPTER 03
냉간압연
핵심이론 04~
핵심이론 06

D-13
✈ CHAPTER 03
냉간압연
핵심이론 07~
핵심이론 08

D-12
✈ CHAPTER 04
금속재료 일반
핵심이론 01~
핵심이론 03

D-11
✈ CHAPTER 04
금속재료 일반
핵심이론 04~
핵심이론 06

D-10
✈ CHAPTER 04
금속재료 일반
핵심이론 07~
핵심이론 08

D-9
✈ CHAPTER 05
금속제도
핵심이론 01~
핵심이론 02

D-8
✈ 이론 및 빨간키 복습

D-7
2012~2014년
과년도 기출문제 풀이

D-6
2015~2016년
과년도 기출문제 풀이

D-5
2017~2018년
과년도 기출복원문제 풀이

D-4
2019~2021년
과년도 기출복원문제 풀이

D-3
2022~2023년
과년도 기출복원문제 풀이

D-2
2024년
최근 기출복원문제 풀이

D-1
기출문제 오답정리
및 복습

딱 3주 준비해서 60점을 넘기고 드디어 합격했습니다.

공부한 주변분들 이야기만 믿고 기출 몇 번 풀어보고 봤던 첫 시험엔 떨어졌습니다. 당연한 결과였죠. 기능사 시험이라고 너무 쉽게 생각했었나봅니다. 그냥 기출만으로는 부족하단 생각이 들어서 책 한 권을 사려고 고민했었는데 두꺼운 책은 사기 싫었습니다. 솔직히 기능사 시험에 시간을 너무 투자하고 싶진 않았거든요. 한창 취업시즌이라 할 게 많아서 기능사 시험 준비만 하는 데 두 달, 세 달 정도의 시간을 쏟는 게 엄두가 나지 않더라고요. 그래서 가장 얇은 책을 골랐던 게 윙크 책이었습니다. 들춰보니 기출이 2002년부터 있어서 별 고민하지 않고 구매했습니다. 그냥 기출만 풀어보고 무작정 중복되는 문제만 외워서 시험을 봤던 게 떨어진 이유 같아서 왜 이 문제가 맞았고, 틀렸는지를 공부하려고 책을 산 거였거든요. 저는 이론은 별로 보지 않았고 기출만 풀었습니다. 책에 있는 기출 분량이 꽤 돼서 3주 동안 과년도 기출문제만 풀어보는 것만으로도 충분했습니다. 문제마다 모두 해설이 달려 있고, 해설은 짧은 편이니깐 확실히 적은 시간을 들여서 효율적으로 공부가 되더라고요. 이론 볼 시간에 빨간키를 보고, 문제만 풀어보고 3주 좀 안되게 준비해서 시험 봤는데 높은 점수는 아니었지만 그래도 커트라인인 60점을 넘기고 두 번째 시험에 합격했습니다. 윙크 책 때문에 사실 합격한거죠. 기출이랑 해설보고 (대신 기출을 빡세게 풀었지만), 빨간키 달달 외운 것 말고는 따로 공부한 게 없거든요. 뭐 공부하는 스타일이 모두 다르겠지만 깊이 있는 공부가 목적이 아니라면 적은 시간을 들여서 합격하고자 하시는 분들에게 저는 이 책을 강추합니다!

2018년 압연기능사 합격자

와! 저 78점 받았어요.

간신히 60점 넘기지 않을까 했는데 충분한 점수로 합격해서 그런지 굉장히 뿌듯하네요.

다들 공부를 어떻게 하시는지 모르겠지만 저는 윙크책 보고 열심히 공부했어요! 주변에 다른 기능사 자격증 준비하는 친구가 있었는데 걔가 이 책으로 공부하던 게 생각이 나서 똑같은 표지가 있길래 샀거든요. 하늘색 표지!

저는요. 우선 이론을 먼저 공부하고 기출을 풀었는데.. 이론이 생각보다는 많지 않아서 4일 동안 우선 이론 먼저 다 보고 그 이후로는 기출만 풀었어요. 이론이 굉장히 짧은 편이라서 더 의지를 불태웠죠! 이론을 끝내고 나면 뭔가 아는 게 생기니깐 기출 푸는 데 더 집중도 되고, 문제 푸는 것도 더 재밌거든요. 뭐든 아는 게 있어야 흥미가 가잖아요. 기출도 가장 최근에서부터 차근차근 풀었고요. 시험 준비는 딱히 시간을 정해 놓지 않아서 얼마나 걸렸는지는 확실치 않지만 이론을 4일 만에 보고, 나머지는 다 기출이라서 한번씩 풀어봤는데 오래 걸리진 않았던 것 같아요. 어렸을 때도 문제집 사면 처음부터 끝까지 풀어본 적이 없었는데;;;; 이 책은 처음부터 끝까지 다 봤고 덕분에 시험도 합격했다는 게 얼마나 뿌듯한지 모릅니다! 시험 준비하시는 분들 모두 합격하길 바라는 마음으로 그만 합격수기를 마칩니다! 다들 화이팅!!!

2019년 1회 압연기능사 합격자

이 책의 목차

▌압연

- 원통형상인 상하 롤의 간격(Gab)에 소재를 넣어 롤을 회전시켜 재료의 두께를 감소시키는 가공법
- 열간압연 : 재결정 온도 이상의 온도에서 압연하는 것

▌압연 변형

- 압연력 : 압연과정에서 롤 축에 수직으로 발생하는 힘
- 압연의 가공도(압하량, 압하율) : 회전하는 원통형 롤에 의해 상하 양면에서 압축되어 두께가 얇아지는 것

▌재료의 치입과 치입조건

- 롤이 재료를 물어 넣을 경우 우선 재료 선단이 입구에서 롤 표면에 부딪치며, 이 힘이 클수록 재료 선단에 의해 많은 부분적 변형이 생겨 롤과 재료의 접촉마찰력을 유발
- 롤 표면은 계속적으로 입구에서 출구로 이동하므로 여기서 작동하는 마찰력의 수평 분력에 의해서 재료를 점점 입구의 안쪽으로 당겨 넣어 압연

▌중립점, 선진현상과 후진현상

- 중립점 : 롤의 원주 속도와 압연재의 진행 속도가 같아지는 부분으로 압연재 속도와 롤의 회전 속도가 같아지고, 가장 많은 압력을 받게 되는 지점
- 선진현상 : 중립점보다 출구측 부분에서 압연소재의 속도가 롤 주속도보다 빠른 현상
- 후진현상 : 중립점보다 입구측 부분에서 압연소재의 속도가 롤 주속도보다 늦는 현상

▌평균압연압력

롤과 재료 간의 접촉면적과 재료의 변형용이성 외 기타 여러 가지 인자로 구하며, 투영접촉장을 이용함

▌ 압연용 소재의 종류

- 슬래브(Slab) : 연속주조에 의해 직접 주조하거나, 편평한 강괴 또는 블룸을 조압연한 것
- 블룸(Bloom) : 사각형에 가까운 단면을 가지며, 모서리는 약간 둥근 것으로 조압연하여 빌릿, 시트 바, 스켈프, 틴 바 등으로 제작
- 빌릿(Billet) : 압연 공정을 통해 소형 형강, 봉강(Bar), 철근(Deformed Bar), 선재(Wire Rod) 등과 같은 소형 조강류로 가공되는 반면, 슬래브는 강판과 같은 판재류로 변형됨

▌ 열간압연 제조공정

- 가열로 : 압연 작업이 쉽게 이루어지도록 열을 가하는 공정
- 스케일 제거장치(Descaler) : 산화철 피막을 제거하기 위해 고압의 물을 뿌려 제거하는 장치
- 조압연기(Roughing Mill) : 소재인 슬래브를 사상압연에 알맞은 두께와 폭으로 제품 수치에 따라 1차로 거칠게 밀어주는 압연
- 다듬질 압연기(Finishing Mill) : 조압연기에서 만들어진 소재를 사상압연기에서 연속압연하여 상품의 최종 두께 및 폭으로 압연하는 설비
- 냉각(Laminar Flow) : 열연 사상압연에서 압연된 스트립의 기계적 성질을 양호하게 하기 위해 적정 권취 온도까지 냉각시키는 설비
- 권취 : 다듬질 압연기에서 압연된 열연 강판을 맨드릴(Mandrel)에 감아 코일 형태로 만들어주는 설비
- 절단 : 코일을 소재로 하여 상하 환도로 구성된 슬리터(Slitter)에서 길이 방향으로 절단하여 폭이 좁은 코일 형태 혹은 폭 방향으로 전단하여 시트(Sheet)를 만드는 과정
- 조질압연(Skin Pass) : 열간압연 후 평탄도가 좋지 않거나 곱쇠(Coil Break)가 발생할 위험이 있어 적당한 압하력을 가해 연신율 0.1~4.0% 정도의 가벼운 냉간압연을 실시해 형상을 교정하고 기계적 성질을 개선, 표면 조도를 부여하는 과정

▌ 열간압연 소재의 처리

- 슬래브 야드 : 슬래브를 롤 준비 상황 단위로 구분하여 가열로에 보내는 곳
  - 냉편 슬래브 : 분괴 또는 연속주조로 제조된 슬래브를 냉각 손질 후 가열로에서 목적 온도까지 재가열하여 압연하는 것으로 일반적인 소재
  - 열편 슬래브 : 최근에는 분괴 및 연주로부터의 고온 슬래브 현열을 이용하는 열편 장입(HCR ; Hot Charge Rolling)이나, 가열로를 사용하지 않는 직송압연(HDR ; Hot Direct Rolling) 등의 새로운 연속화 기술 발달
- 슬래브 스카핑 : 표면을 비교적 낮고, 폭넓게 용삭하여 결함을 제거하는 것

열간압연 가열

- 연주 또는 조괴 작업에서 생산된 슬래브를 열간압연에 맞는 온도로 가열하는 것
- 통상적 가열 온도 : 1,100~1,300℃ 정도
- 사용 연료 : 제선, 제강 공장에서 발생되는 부생가스(BFG, LDG, COG) 및 천연가스(LNG)

가열로의 종류

- 푸셔식 : 설비비가 저렴, 효율이 높음, 스키드 마크 발생, 노 길이가 제한적
- 워킹빔식 : 스키드 마크 없음, 노 길이 제한이 없음, 설비비가 높음, 스키드 수 증가
- 회전로상식 : 노의 크기 제한이 적음, 스키드 마크가 없음, 재료 형태에 제약이 적음, 설비비가 높음, 4면 가열이 불가

압연기의 구조

- 압연기는 보통 롤이 장착된 롤 스탠드, 롤의 회전력을 감속시키는 감속기, 롤의 회전력을 전달하는 피니언 및 전동기 등으로 구성
- 동력의 전달 : 모터 → 감속기 → 피니언 스탠드 → 스핀들 → 작업 롤

압연기 롤

작업 롤, 받침 롤, 후판용 롤, 열간 대강 압연기용 롤, 냉간 대강 압연기용 롤, 형강용 롤 등

열간압연 조압연

최종 공정(Finishing Mill)에서 작업이 가능하도록 슬래브의 두께를 감소시키고 슬래브 폭을 고객이 원하는 폭으로 압연하는 것

열간압연 조압연 설비

- 2단식 : 작업 롤(WR ; Work Roll)이 2개 구성된 압연기
- 4단식 : 작업 롤의 상하부에 직경이 큰 받침 롤(BUR ; Back Up Roll)을 갖는 압연기
- VSB(Vertical Scale Beaker) : 두꺼운 스케일을 고압의 디스케일링 냉각수를 분사시켜 제거하는 공정
- AWC(Automatic Width Control) : 폭제어, 선단부, 미단부, 폭빠짐 개선, 기타 폭변동에 대한 제어 장치로 적용

■ 열간압연 사상압연

- 조압연에서 압연된 재료(Bar)는 6~7 스탠드가 연속적으로 배열된 사상압연기에서 최종 두께로 압연
- 사상압연 설비 : 크롭 시어, FSB, 사상압연기 본체, Delay Table, ROT(Run Out Table), 두께 측정 장치, 폭 측정 장치, 형상 검출기, 온도계 등으로 구성

■ 열간압연 사상압연 설비

- 크롭 시어(Crop Shear) : 열연 슬래브, 바의 선단 및 미단을 절단하여 사상압연기에서의 통판성을 양호하게 하기 위한 절단 장치의 역할
- FSB(Finishing Scale Breaker) : 사상압연기 전면에서 바 표면에 붙어 있는 2차 스케일을 제거하기 위해 100~$170kg/cm^2$의 고압수를 분사하는 설비
- RSM(Roll Shape Machine), ORG(On-line Roll Grinder) : 국부적으로 마모된 부위를 제거함과 동시에 꼬임이나 이물로 인한 롤 마크 결합을 감소시키며, 롤이 벗겨져 발생하는 스케일성 결함을 저감하는 장치

■ 사상압연기

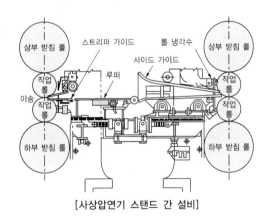

[사상압연기 스탠드 간 설비]

- 스트리퍼 가이드(Stripper Guide) : 상하 작업 롤 출측에 배치된 유도관으로 압연재가 롤에 감겨 붙지 않도록 하는 기능
- 루퍼(Looper) : 스탠드 간 소재에 일정한 장력을 주어 각 스탠드 간에 압연 상태를 안정시켜 제품 폭과 제품 두께의 변동, 오작과 꼬임을 방지
- 사이드 가이드(Side Guide) : 각 다듬질 압연기 입측에 설치되어 스트립 선단을 압연기까지 유도하는 역할
- 와이퍼(Wiper) : 롤 냉각수가 판에 직접 떨어지는 것을 방지
- 런 아웃 테이블(ROT ; Run Out Table) : 사상압연기를 빠져 나온 스트립을 권취기까지 이송하는 역할, 즉 최종 사상압연기와 권취기를 연결하는 설비

▌ 열간압연 냉각, 권취, 정정, 산세

- 냉각 : 원하는 목표 온도에 맞추도록 적절한 제어작용을 해야 하며, 냉각수를 노즐에서 분사시키는 스프레이 방식 및 상부에서 저압수로 뿌리는 라미나(Laminar) 방식으로 구분
- 권취기(Coiler) : 최종 사상압연기를 통과한 스트립을 코일 모양으로 감는 설비
- 정정 : 사상압연 후 냉각장에 분기 후 냉각시킨 제품을 검사, 다음 공정이나 수요에 맞는 치수·형상·표면 성상·중량을 조정
- 산세 : 열연 코일의 가열과정과 열간압연과정에서 강판 표면에 생성되는 산화철을 염산(HCl)이나 황산(H$_2$SO$_4$)으로 제거하는 과정

▌ 냉간압연 제조공정

| 소재
(Strip) | → | 산세
(PL) | → | 냉간압연
(TCM) | → | 전해청정
(ECL) | → | 풀림(소둔)
(BAF, CAL) | → | 조질압연
(SPM) | → | 정정 | → | 도금
(CAL) |

- 산세공정 : 제품 표면의 산화물(Scale)을 산 용액으로 제거하여 표면을 깨끗하게 해주는 공정
- 압연공정 : 산세처리된 스트립을 냉간압연기를 통과하여 수요자가 요구하는 제품의 수치로 압연해주는 공정
- 청정공정 : 풀림공정에 앞서 소재의 표면에 부착된 압연유, 철분 등의 오염물을 제거하여 표면을 깨끗하게 해주는 공정
- 풀림공정 : 냉간압연기를 통과한 소재의 재질을 연화시키기 위한 열처리 공정
- 조질압연공정 : 풀림을 마친 강판의 기계적 성질 및 표면 성상 개선을 위해 가벼운 냉간압연을 하는 공정
- 정정공정 : 제품생산의 최종공정으로 수요자가 요구하는 제품 치수 및 정밀도를 높이기 위해 사이드 트리밍 및 단중 분할을 하는 공정

▌ 냉간압연 산세방법

- 기계적 방법 : 벤딩 또는 브러시, 쇼트 블라스트, 그라인더 등의 방법을 통해 표면의 스케일을 제거
- 화학적 방법 : 염산(HCl)이나 황산(H$_2$SO$_4$)을 사용하여 화학적으로 스케일을 제거

▌ 냉간압연 산세 설비

- 코일 카(Coil Car) : 코일 야드에서 열연 코일을 운반하는 설비
- 페이 오프 릴(Pay Off Reel) : 운반된 코일을 풀어주는 설비
- 플래시 버트 용접기(Flash Butt Welder) : 코일과 코일을 압접하여 연결하는 설비
- 스케일 브레이커(Scale Breaker) : 스케일 제거 설비
- 산세 탱크 : 농도 10~15%, 85℃로 가열된 산 탱크에 스트립을 침적·통과시켜 표면 스케일을 제거하는 설비
- CPC(Center Position Control) : 스트립이 긴 설비를 통과하는 동안 중심선을 벗어나는 것을 방지하는 설비

- EPC(Edge Position Control) : 스트립 에지(Strip Edge)를 감지(기준)하여 스트립의 진행(감김)을 조정해주는 장치
- 사이드 트리머(Side Trimmer) : 스트립의 양 끝을 제거하는 설비

▌ 냉간압연 작업

박판까지 압연 가능, 두께가 일정하며 스케일이 없는 미려한 판 표면의 제품을 제조

▌ 냉간압연기의 설비

- 하우징 : 롤, 베어링을 지지하는 주물로 이루어진 본체로써 압연 롤을 수용하는 구조물
- 압하 설비 : 수동, 전동, 유압 압하장치로 구분
- 롤 : 작업 롤(Work Roll), 중간 롤(Intermediate Roll), 받침 롤(Back Up Roll)로 구분
- 압연구동설비 : 모터(동력발생) → 감속기(회전수 조정) → 피니언(동력분배) → 스핀들(동력 전달)

▌ 압연유의 특성

- 냉각, 윤활, 방청, 응력분산, 밀봉, 세정, 소음감쇄 작용
- 직접 급유방식 및 간접 급유방식이 있음

▌ 냉간압연 청정

- 스트립 표면에 남아 있는 압연유, 철분 등의 오염 물질을 제거
- 청정 작업 공정 : 입측 공정 → 세정 공정(알칼리 세정 → 전해 세정 → 온수 세정 → 린스) → 출측 공정

입측설비	중앙설비	출측설비
페이 오프 릴 용접기	알칼리 세정 전해 세정 온수 세정	용액 제거 롤 건조 작업 디플렉트 롤 텐션 릴

▌ 냉간압연 풀림

- 소재 → 압연과정(소성변형) → 회복 → 재결정 → 결정립 성장
- 배치식 풀림로 및 연속식 풀림(연속소둔, CAL)이 있음

▌ 배치식 풀림로(상소둔로, BAF) 작업 및 설비

코일 배치 → 이너 커버(Inner Cover) 씌우기 → 히팅 후드(Heating Hood) → 퍼지(Purge) → 가열 → 쿨링 후드(Cooling Hood) → 서랭 → 추출

■ 연속 풀림(연속소둔, CAL)

냉간압연된 코일을 스트립 상태로 풀어서 가열과 냉각을 연속적으로 실시함으로써 단시간에 신속하게 소둔하는 방법

- 코일 카(Coil Car) : 코일 야드에서 열연 코일을 운반하는 설비
- 페이 오프 릴(Pay Off Reel) : 운반된 코일을 풀어주는 설비
- 더블 컷 시어(Double Cut Shear) : 후행 스티칭 작업이 용이하도록 스트립 선단 및 후단을 절단
- 플래시 버트 용접기(Flash Butt Welder) : 코일과 코일을 압접하여 연결하는 설비
- 전해청정부 : 강판 표면에 남아 있는 압연유와 같은 오염물질을 제거
- 풀림부 : 풀림처리가 이루어지는 설비
- 레벨러(Leveller) : 판 표면의 형상 교정을 위해 다수의 롤을 사용하는 설비
- 사이드 트리머(Side Trimmer) : 스트립의 양 끝을 제거하는 설비
- 오일러(도유기, Oiler) : 방청유를 스트립 표면에 균일하게 부착시켜 방청효과를 주는 설비
- 텐션 릴(Tension Reel) : 소재에 장력을 주며 릴에 감아주는 설비
- 검사 설비 : 프로파일 미터(스트립 단면 두께 측정), 스트립 표면 검사
- 브라이들 롤(Bridle Roll) : 스트립에 다수의 롤을 사용하여 일정 각도를 주어 장력을 가하는 설비

■ 냉간압연 조질압연

- 형상 개선(평탄도의 교정)
- 표면 성상의 개선 : 조도에 따라 거친 표면(Dull), 매끄러운 표면(Bright)으로 구분
- 스트레처 스트레인 방지(기계적 성질의 개선) : 곱쇠(Coil Break) 결함 제거

■ 냉간압연 정정

- 자동 두께 제어 장치(AGC ; Automatic Gauge Control) : 공차 범위를 벗어난 부분을 두께계가 검출하여 피드백시켜서 두께를 제어하는 장치
- 자동 폭 제어 장치(AWC ; Automatic Width Control) : 스트립 전장에 걸쳐서 판폭 정도를 확보하기 위한 제어기능으로 보통 조압연기의 세로 롤 개방도를 제어
  - 롤 크라운 : 롤(Roll)의 중앙부 직경이 양단의 직경보다 큰 것
  - 판 크라운 : 판(Plate)의 중앙부가 두껍고, 양단이 얇게 된 것
  - 두께 관리 센서(프로파일 미터) : 폭 방향의 두께 편차 분포를 측정하는 설비

▋ 강판 평탄도 형상 불량

- 중파(Center Wave) : 압연하중이 가벼울 경우, 롤 중앙 부분이 강하게 재료를 눌러 판 한가운데 파형이 생기는 결함
- 양파(Edge Wave) : 압연하중이 클 경우, 롤 에지(Roll Edge) 부분에 변형이 발생하여 판의 양쪽 가장자리에 파형이 생기는 결함
- 캠버(Camber) : 직각도 불량이라 하며 압연 중 압연 소재가 판의 폭 방향으로 연신율차를 일으켜 압연판이 평면상에서 좌우로 휘게 되는 현상

▋ 롤에 의한 형상 제어방법

- 롤 벤딩(Roll Bending) 제어 : 롤에 가해지는 압하력을 계산하여 롤 벤딩을 최적조건으로 제어하는 방식
- 롤 시프팅(Roll Shifting) 제어 : 스트립의 크라운을 제어하여 판의 평탄도를 향상시키는 방법으로 CVC 제어방법과 UCM 방식이 있다.
- 롤 틸팅(Roll Tilting) 제어 : 유압 방식으로 롤 간격을 틸팅하여 제어하는 방법
- 페어 크로스(Pair Cross) 제어 : 작업 롤 1쌍을 일정 각도로 서로 교차하게 배열하여 제어하는 방법

▋ 주요 정정 설비

설비명	역할
표면결함 검지기 (SSD)	열연 코일 표면에 발생된 결함을 감지하는 장치로 결함의 정도에 따라 대, 중, 소로 구분 또는 12종으로 분류·검출하는 장치
사이드 트리머 (Side Trimmer)	산세공정에서 스트립의 폭을 정해진 크기로 절단하는 설비
슬리터(Sliter)	냉연판을 소정의 폭만큼 절단하는 설비
레벨링 (Leveling)	롤러 레벨러라고도 하며 압축 및 인장의 반복 응력을 가해 코일의 평탄도를 향상시키는 설비
언코일러 (Uncoiler)	되감기 작업을 위해 코일을 풀어 주는 장치
핀치 롤 (Pinch Roll)	판이 통과할 때 판의 앞부분을 끌어당기는 기능을 하는 설비
플라잉 시어 (Flying Shear)	마무리 압연속도가 빠르고 압연 전장이 매우 긴 것은 압연기에서 나오고 있는 중간에 절단이 필요한데, 이때 사용하는 절단기
프로파일러(Profiler)	전단된 시트를 최종 제품으로 포장하기 위해 일정 매수를 받는 장치
오일러(Oiler)	방청유를 스트립 표면에 균일하게 부착시켜 방청효과를 주는 설비

▌ 주요 표면 결함 및 내부 결함

주요 표면 결함	코일 브레이크 (Coil Break)	저탄소강 코일을 권취할 때 권취 작업 불량으로 코일의 폭 방향으로 불규칙하게 발생하는 꺾임 또는 줄 흠
	릴 마크(Reel Mark)	권취 릴에 의해 발생하는 요철상의 흠
	롤 마크(Roll Mark)	이물질이 부착하여 판 표면에 프린트된 흠
	스크래치(Scratch)	판과 여러 설비의 접촉 불량에 의해 발생하는 긁힌 모양의 패인 흠
	덴트(Dent)	롤과 압연 판 사이에 이물질이 끼어 판 전면 또는 후면에 광택을 가진 요철 흠이 발생
주요 내부 결함	비금속 개재물	• 철강 내에 개재하는 고형체의 비금속성 불순물, 즉 철이나 망가니즈, 규소 및 인 등의 합금 원소의 산화물, 유화물, 규산염 등을 총칭 • 응력 집중의 원인이 되며 일반적으로 그 모양이 큰 것은 피로 한계를 저하
	편석	용융합금이 응고될 때 제일 먼저 석출되는 부분과 나중에 응고되는 부분의 조성이 달라 어느 성분이 응고금속의 일부에 치우치는 경향
	수축공	강의 응고수축에 따른 1차 또는 2차 Pipe가 완전히 압착되지 않고 그 흔적을 남기고 있는 것
	백점	수소 가스의 원인으로 된 고탄소강, 합금강에 나타나는 내부 크랙, 표면상의 미세 균열로서 입상 또는 원형 파단면이 회백색 등으로 나타남

▌ KS 규격

KS A : 기본, KS B : 기계, KS C : 전기, KS D : 금속

▌ 가는 실선의 용도 : 치수선, 치수보조선, 지시선, 회전단면선, 중심선, 수준면선

▌ 2개 이상 선의 중복 시 우선순위

외형선 > 숨은선 > 절단선 > 중심선 > 무게중심선 > 치수선

▌ 용지의 크기

- A4 용지 : 210×297mm(가로 : 세로 $= 1 : \sqrt{2}$)
- A3 용지 : 297×420mm
- A2 용지 : 420×597mm
- A3 용지는 A4 용지의 가로와 세로 치수 중 작은 치수값의 2배로 하고, 용지의 크기가 증가할수록 같은 원리로 점차적으로 증가함

▌ 등각투상도

정면, 평면, 측면을 하나의 투상면 위에 동시에 볼 수 있도록 두 개의 옆면 모서리가 수평선과 30°가 되게 하여 이 세 축이 120°의 등각이 되도록 입체도로 투상한 것을 의미함

▌ 온단면도

제품을 절반으로 절단하여 내부의 모습을 도시하며 절단선은 나타내지 않음

▌ 한쪽(반) 단면도

제품을 1/4 절단하여 내부와 외부를 절반씩 보여 주는 단면도

▌ 회전도시 단면도

핸들, 벨트 풀리, 훅, 축 등의 절단한 단면의 모양을 90° 회전하여 안이나 밖으로 그린 단면도

▌ 표면거칠기의 종류

중심선평균거칠기(R_a), 최대높이거칠기(R_{max}, R_y), 10점 평균거칠기(R_z)

▌ 치수공차 : 최대허용치수와 최소허용치수와의 차, 위 치수허용차와 아래 치수허용차와의 차

▌ 틈새, 죔새

- 틈새 : 구멍의 치수가 축의 치수보다 클 때(여유적인 공간이 발생)
- 죔새 : 구멍의 치수가 축의 치수보다 작을 때(강제적으로 결합시켜야 할 때)

▌ 끼워맞춤

- 헐거운 끼워맞춤 : 항상 틈새가 생기는 상태로 구멍의 최소치수가 축의 최대치수보다 큰 경우
- 억지 끼워맞춤 : 항상 죔새가 생기는 상태로 구멍의 최대치수가 축의 최소치수보다 작은 경우
- 중간 끼워맞춤 : 상황에 따라서 틈새와 죔새가 발생할 수 있는 경우

▌ 나사의 요소

- 나사의 피치 : 나사산과 나사산 사이의 거리
- 나사의 리드 : 나사를 360° 회전시켰을 때 상하 방향으로 이동한 거리

  L(리드) = n(나사의 줄 수) × P(피치)

▌ 묻힘 키(성크 키) : 보스와 축 양쪽에 키 홈을 파고 키를 견고하게 끼워 회전력을 전달함

▌ 모듈

모듈 = 피치원 지름/잇수

▌ 베어링 안지름

베어링 안지름 번호 두 자리가 00, 01, 02, 03일 경우 10, 12, 15, 17mm가 되고, 04부터 ×5를 하여 안지름을 계산함

▌ 금속재료의 호칭

- GC100 : 회주철
- SS400 : 일반구조용 압연강재
- SF340 : 탄소단강품
- SC360 : 탄소주강품
- SM45C : 기계구조용 탄소강
- STC3 : 탄소공구강

▌ 금속의 특성

고체 상태에서 결정 구조, 전기 및 열의 양도체, 전・연성 우수, 금속 고유의 색

▌ 경금속과 중금속

비중 4.5(5)를 기준으로 이하를 경금속(Al, Mg, Ti, Be), 이상을 중금속(Cu, Fe, Pb, Ni, Sn)

▌ 비중 : 물과 같은 부피를 갖는 물체와의 무게 비

Mg	1.74	Cu	8.9	Ag	10.5
Cr	7.19	Mo	10.2	Au	19.3
Sn	7.28	W	19.2	Al	2.7
Fe	7.86	Mn	7.43	Zn	7.1
Ni	8.9	Co	8.8		

▌ 용융 온도 : 고체 금속을 가열시켜 액체로 변화되는 온도점

Cr	1,890℃	Au	1,063℃	Bi	271℃
Fe	1,538℃	Al	660℃	Sn	231℃
Co	1,495℃	Mg	650℃	Hg	−38.8℃
Ni	1,455℃	Zn	420℃		
Cu	1,083℃	Pb	327℃		

▌ 열전도율

물체 내의 분자 열에너지의 이동(kcal/m・h・℃)

▌ 융해 잠열

어떤 물질 1g을 용해시키는 데 필요한 열량

▌ 비열

어떤 물질 1g의 온도를 1℃ 올리는 데 필요한 열량

▌ 선팽창계수

어떤 길이를 가진 물체가 1℃ 높아질 때 길이의 증가와 늘기 전 길이와의 비

- 선팽창계수가 큰 금속 : Pb, Mg, Sn 등
- 선팽창계수가 작은 금속 : Ir, Mo, W 등

▌ 자성체

- 강자성체 : 자기포화 상태로 자화되어 있는 집합(Fe, Ni, Co)
- 상자성체 : 자기장 방향으로 약하게 자화되고, 제거 시 자화되지 않는 물질(Al, Pt, Sn, Mn)
- 반자성체 : 자화 시 외부 자기장과 반대 방향으로 자화되는 물질(Hg, Au, Ag, Cu)

▌ 금속의 이온화

K > Ca > Na > Mg > Al > Zn > Cr > Fe > Co > Ni   **암기법 : 카카나마 알아크철코니**

▌ 금속의 결정 구조

- 체심입방격자 : Ba, Cr, Fe, K, Li, Mo
- 면심입방격자 : Ag, Al, Au, Ca, Ni, Pb
- 조밀육방격자 : Be, Cd, Co, Mg, Zn, Ti

▌ 철-탄소 평형상태도

철과 탄소의 2원 합금 조성과 온도와의 관계를 나타낸 상태도

▌ 변태

- 동소변태 : A_3 변태(910℃ 철의 동소변태), A_4 변태(1,400℃ 철의 동소변태)
- 자기변태 : A_0 변태(210℃ 시멘타이트 자기변태점), A_2 변태(768℃ 순철의 자기변태점)

▌ 불변 반응

- 공석점 : $\gamma - \mathrm{Fe} \Leftrightarrow \alpha - \mathrm{Fe} + \mathrm{Fe_3C}\,(723℃)$
- 공정점 : $\mathrm{Liquid} \Leftrightarrow \gamma - \mathrm{Fe} + \mathrm{Fe_3C}\,(1,130℃)$
- 포정점 : $\mathrm{Liquid} + \delta - \mathrm{Fe} \Leftrightarrow \gamma - \mathrm{Fe}\,(1,490℃)$

▌ 기계적 시험법

인장시험, 경도시험, 충격시험, 연성시험, 비틀림시험, 충격시험, 마모시험, 압축시험 등

▌ 현미경 조직검사

시편 채취 → 거친 연마 → 중간 연마 → 미세 연마 → 부식 → 관찰

▌ 열처리 목적

조직 미세화 및 편석 제거, 기계적 성질 개선, 피로 응력 제거

▌ 냉각의 3단계

증기막 단계 → 비등 단계 → 대류 단계

▌ 열처리 종류

- 불림 : 조직의 표준화
- 풀림 : 금속의 연화 혹은 응력 제거
- 뜨임 : 잔류응력 제거 및 인성 부여
- 담금질 : 강도, 경도 부여

▌ 탄소강 조직의 경도 순서

시멘타이트 → 마텐자이트 → 트루스타이트 → 베이나이트 → 소르바이트 → 펄라이트 → 오스테나이트 → 페라이트

▌ 특수강

보통강에 하나 또는 2종의 원소를 첨가해 특수 성질을 부여한 강

▌ 특수강의 종류

강인강, 침탄강, 질화강, 공구강, 내식강, 내열강, 자석강, 전기용 특수강 등

▌ 주철

2.0~4.3% C를 아공정주철, 4.3% C를 공정주철, 4.3~6.67% C를 과공정주철

▌ 마우러 조직도

C, Si량과 조직의 관계를 나타낸 조직도

▍ 구리 및 구리합금의 종류

7-3황동(70% Cu-30% Zn), 6-4황동(60% Cu-40% Zn), 쾌삭황동, 델타메탈, 주석황동, 애드미럴티황동, 네이벌 황동, 니켈황동, 베어링 청동, Al청동, Ni청동

▍ 알루미늄과 알루미늄합금의 종류

- Al-Cu-Si : 라우탈 암기법 : 알구시라
- Al-Ni-Mg-Si-Cu : 로엑스 암기법 : 알니마시구로
- Al-Cu-Mg-Mn : 두랄루민 암기법 : 알구망마두
- Al-Cu-Ni-Mg : Y합금 암기법 : 알구니마와이
- Al-Si-Na : 실루민 암기법 : 알시나실

PART 01

핵심이론

#출제 포인트 분석   #자주 출제된 문제   #합격 보장 필수이론

CHAPTER 01 압연 일반

핵심이론 01 | 압연 이론 개요

(1) 압연의 정의

① **압연** : 원통형상인 상하 롤의 간격(Gab)에 소재를 넣어 롤을 회전시켜 재료의 두께를 감소시키는 가공법이다.

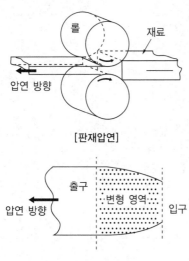

[판재압연]

[변형 영역의 평면도]

ⓐ 열간압연 : 재결정 온도 이상의 온도에서 압연하는 것

※ 강의 재결정 온도 : 강의 결정이 압연되어 연신된 상태에서 기존의 결정이 없어지고 새로운 결정의 핵이 생성되어 성장이 발생되는 온도

ⓑ 냉간압연 : 상온에 가까운 온도에서 압연하는 것

② 압연에 있어서 가공에 필요한 재료의 변형은 전부 그 항복점 이상의 영구변형 영역에서 수행된다.

(2) 압연 변형

① 상하 양 롤의 접촉부분을 통해 재료에 가해지는 압축하중에서 압연 중 재료의 수직 방향 응력(P), 수평 방향의 응력(Q), 폭 방향 응력으로 압축응력 상태가 생기나, 수직 방향 응력(P)에서 수평 방향 응력(Q)을 뺀 값이 단순 전단 항복응력의 2배를 초과할 경우 소성 변형이 시작된다.

② 원주를 압축한 경우의 그림에서 열간압연의 경우 (a), 냉간압연의 경우 (b)에 가깝다.

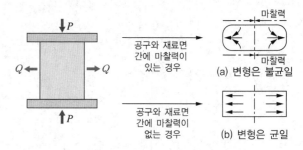

[원주형 재료의 압축변형 형상]

(3) 압하량과 압하율

① **압연력** : 압연과정에서 롤 축에 수직으로 발생하는 힘

② **A 및 A′**는 재료가 최초로 롤에 접촉하는 위치이고, **B 및 B′**는 압연된 재료가 롤에서 방출되는 점

③ **접촉면적** : 롤과 재료가 접촉하고 있는 부분으로 ABB′A′(빗금친 부분)

④ **입구 및 출구** : AA′는 입구, BB′는 출구

⑤ **접촉호** : 상하 단면 경계선인 원호 AB, A′B′

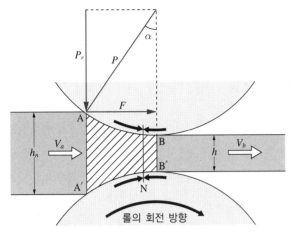

여기서, P : 롤이 누르는 힘

P_r : 소재가 롤 면으로부터 받는 힘

V_a : 소재의 롤 입구 속도

V_b : 소재의 롤 출구 속도

F : 압연력

μ : 마찰계수

μP : 마찰력

a : 롤 접촉각

h_n : 입측 두께

h : 출측 두께

[압연 소재에 작용하는 힘과 소재의 물림]

⑥ 압연의 가공도(압하량, 압하율)

회전하는 원통형 롤에 의해 상하 양면에서 압축되어 두께가 얇아지는 것

㉠ 압하량 : $\triangle h = h_n - h$

㉡ 압하율 : $r = \dfrac{\triangle h}{h_n} = \dfrac{h_n - h}{h_n} \times 100(\%)$

여기서, h_n : 압연 전 재료의 두께

h : 압연 후 재료의 두께

⑦ 압연 작용

압연재가 롤 사이에 들어갈 때 접촉부에 있어 압연 작용은 다음과 같은 선제 조건으로 가정한다.

㉠ 압연 전후의 재료의 속도는 같은 크기이다.

㉡ 압연재의 접촉부 이외에서는 외력이 작용하지 않는다.

㉢ 접촉부 안에서의 재료의 가속은 무시한다.

㉣ 압연 방향에 대한 재료의 가로 방향의 증폭량은 무시한다.

(4) 재료의 치입과 치입조건

① 재료의 치입

㉠ 롤이 재료를 물어 넣을 경우 우선 재료 선단이 입구에서 롤 표면에 부딪치며, 이 힘이 클수록 재료 선단에 의해 많은 부분적 변형이 생겨 롤과 재료의 접촉마찰력을 유발한다.

㉡ 롤 표면은 계속해서 입구에서 출구로 이동하므로 여기서 작동하는 마찰력의 수평 분력에 의해 재료를 점점 입구의 안쪽으로 당겨 넣어 압연이 된다.

㉢ 롤의 치입각(α)

$$\begin{aligned} \cos\alpha &= \frac{R - \frac{1}{2}(h_n - h)}{R} = 1 - \frac{(h_n - h)}{2R} \\ &= 1 - \frac{h_n}{D}\left(1 - \frac{h}{h_n}\right) = 1 - \frac{h}{D}\left(\frac{h_n}{h} - 1\right) \end{aligned}$$

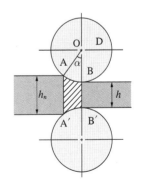

[재료의 치입]

㉣ 재료가 롤에 쉽게 치입되기 위해서는 각 α가 작아져야 하므로 다음과 같이 할 필요가 있다.

• 압하량($h_n - h$)을 작게 한다.

• 롤 직경 $D(= 2R)$를 크게 한다.

② 치입조건

  ㉠ A점에서 롤이 누르는 수직한 힘을 F, 소재와 롤 간의 마찰계수를 μ, 접촉각을 α라 하면, 롤과 소재 사이에 마찰력 μF가 작용한다.

  ㉡ 재료가 롤 안쪽으로 물려 들어가기 위해서는 소재를 안쪽으로 끌어당기는 힘(마찰력의 수평 방향 분력)이 롤이 소재를 밀어내는 힘(힘의 수평 방향 분력) $\mu F \sin\alpha$보다 커야 한다.

> 치입조건 : $\mu F \cos\alpha \geq \mu F \sin\alpha$

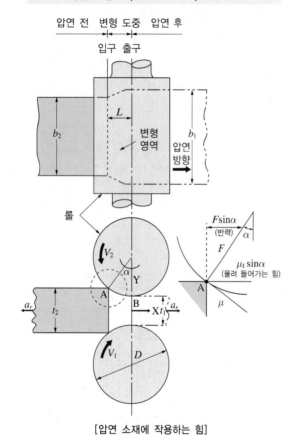

[압연 소재에 작용하는 힘]

  ㉢ 접촉각(α)과 마찰계수(μ)의 관계

  • $\tan\alpha < \mu$인 경우 재료가 자력으로 압입되어 압연이 가능

  • $\tan\alpha = \mu$인 경우 소재에 힘을 가하면 압연이 가능

  • $\tan\alpha > \mu$인 경우 소재가 미끄러져 롤에 들어가지 않아 압연이 불가능

  • 따라서, 재료가 롤에 쉽게 물려 들어가기 위해서는 접촉각이 작아져야 하므로, 압하량을 작게 하고, 롤 직경 $D(=2R)$를 크게 해야 한다.

(5) 중립점, 선진현상과 후진현상

① **압연 작용** : 압연작업이 진행됨에 따라 롤 표면은 계속적으로 접촉면적의 입구 쪽에서 출구 쪽으로 이동하게 되며, 여기에 작용하는 마찰력의 수평 분력에 의해서 재료를 점점 출구 쪽으로 당겨 압연이 이루어진다.

② **중립점** : 점 N은 롤의 원주 속도와 압연재의 진행 속도가 같아지는 부분으로, 압연재 속도와 롤의 회전 속도가 같아지고 가장 많은 압력을 받게 되는 지점이다.

③ **선진현상** : 중립점보다 출구측 부분에서 압연소재의 속도가 롤 주속도보다 빠른 현상을 말한다.

$$선진율 = \frac{V_2 - V}{V} \times 100(\%)$$

여기서, V : 롤의 주회전 속도

　　　　V_1 : 입측 속도

　　　　V_2 : 출측 속도

④ **후진현상** : 중립점보다 입구측 부분에서 압연소재의 속도가 롤 주속도보다 늦는 현상을 말한다.

$$후진율 = \frac{V - V_1}{V} \times 100(\%)$$

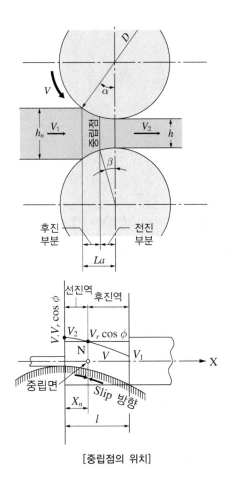

[중립점의 위치]

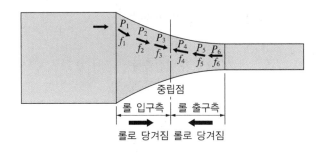

여기서, $P_{1 \sim N}$: $1 \sim N$점에서 압하하중

$f_{1 \sim N}$: $P_{1 \sim N}$점에서 마찰력

F_1 : 롤에 끌려들어 가는 힘(압하 소성)

F_2 : 롤에 끌려들었다 되돌아오는 힘(소재탄성 복원)

③ 평균압연압력

㉠ 평균압연압력 : 롤과 재료 간의 접촉면적과 재료의 변형용이성 외 기타 여러 가지 인자로 구하며, 투영접촉장을 이용한다.

$$\mathrm{Km} \times La \times B \times Q_p$$

여기서, Km : 평균변형저항

La : 투영접촉장

B : 판 폭

Q_p : 압하력 계수

㉡ 투영접촉장(La) : 롤경이 큰 경우 접촉호의 길이와 그 수평성분이 같다는 가정으로 삼각함수의 법칙으로 다음과 같이 계산한다.

$$R^2 = \left(R - \frac{\Delta h}{2}\right)^2 + (La)^2$$

$$La = \sqrt{R\Delta h - \left(\frac{\Delta h}{2}\right)^2} = \sqrt{R\Delta h}$$

(6) 롤과 재료 간의 마찰

① 롤과 재료 간에는 강한 힘이 작용하고, 동시에 상호 간 미끄러짐(슬립, Slip)이 발생하며, 이에 롤과 재료 간에는 큰 마찰력이 작용한다.

② 롤에 걸린 전하중을 다음 그림과 같이 접촉호 전장에 걸쳐서 각각 P점의 부분 하중으로 본다면, 분포하중 P는 마찰력 f를 생성한다.

여기서, R : 롤의 반지름

Δh : 압하량

La : 투영접촉장

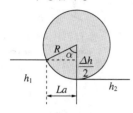

[투영접촉장]

1-1. 열간압연과 냉간압연의 구분 기준은?

① 변태 온도

② 가공경화

③ 재결정 온도

④ 권취 온도

1-2. 입측 판의 두께가 20mm, 출측 판의 두께가 12mm, 압연 압력이 2,500ton, 밀 상수가 500ton/mm일 때 롤 간격은 몇 mm인가?(단, 기타 사항은 무시한다)

① 5

② 7

③ 9

④ 11

1-3. 중립점에 대한 설명으로 옳은 것은?

① 롤의 원주속도가 압연재의 진행속도보다 빠르다.

② 롤의 원주속도가 압연재의 진행속도보다 느리다.

③ 롤의 원주속도와 압연재의 진행속도가 같다.

④ 압연재의 입구쪽 속도보다 출구쪽 속도가 빠르다.

1-4. 두께 3.2mm의 소재를 0.7mm로 냉간압연할 때 압하량 은?

① 2.0mm

② 2.3mm

③ 2.5mm

④ 2.7mm

|해설|

1-1

재결정 온도보다 높은 환경에서의 압연은 열간압연, 낮은 환경에 서의 압연은 냉간압연이다.

1-2

롤 간극(S_0)

$$S_0 = (h - \Delta h) - \frac{P}{K}$$

$$= (20 - 8) - \frac{2,500}{500} = 7$$

여기서, h : 입측 판두께

Δh : 압하량

P : 압연하중

K : 밀강성계수(밀 상수)

1-3

중립점(No Slip Point), 선진현상과 후진현상

• 중립점 : 롤의 원주 속도와 압연재의 진행 속도가 같아지는 부분으로 압연재 속도와 롤의 회전 속도가 같아지고, 가장 많은 압력을 받게 되는 지점이다.

• 선진현상 : 중립점보다 출구측 부분에서 압연소재의 속도가 롤 주속도보다 빠른 현상을 말한다.

선진율 $= \dfrac{V_2 - V}{V} \times 100(\%)$

여기서, V : 롤의 주회전 속도

V_1 : 입측 속도

V_2 : 출측 속도

• 후진현상 : 중립점보다 입구측 부분에서 압연소재의 속도가 롤 주속도보다 늦는 현상을 말한다.

후진율 $= \dfrac{V - V_1}{V} \times 100(\%)$

1-4

압하량은 압연 통과 전 두께에서 통과 후 두께를 뺀 차이다.

$\Delta h = h_n - h$

$= 3.2 - 0.7 = 2.5 \text{mm}$

정답 1-1 ③ 1-2 ② 1-3 ③ 1-4 ③

핵심이론 02 | 열간압연 기초 이론

(1) 열간압연

열간압연 후 완성된 제품을 스트립(Strip)이라고 한다. 이 단어는 여러 곳에서 쓰이며 대강에 대해 스트립, 후프(Hoop) 등 여러 종류의 명칭이 있다. 확실한 치수별 구분은 다음과 같다.

① 스트립(Strip)

  ㉠ 두께 : 1.2~22.0mm

  ㉡ 폭 : 750~2,000mm의 대상 강재

② 후프(Hoop) : 폭 200mm 정도 이하의 대상 강재

③ 스켈프(Skelp) : 후프에 비해서 폭이 좁은 것으로 주로 용접관 소재

④ 밴드(Band) : 두께 2~5mm 정도로 폭은 그다지 넓지 않은 것으로 중량물의 체결계

(2) 열간압연의 특징

① 재결정 온도 이상에서 압연을 진행하므로 비교적 작은 롤 압연으로도 큰 변형가공이 가능하다.

② 열간 스트립 압연은 큰 강판에서 방관 스트립까지 1회의 작업으로 만들어 낼 수 있고, 취급 단위가 크며 압연공정이 연속적이고 단순하다.

③ 압연이 극히 고(高)속도로 행해짐에 따라 시간당 생산량이 크다.

④ 산화발생으로 표면이 미려하지 못하다.

⑤ 낮은 강도로 제품을 얇게 만들기 어렵다.

⑥ 열간압연 제조 사이즈 및 용도

제조 가능 사이즈	• 판 두께 : 1.2~22.0mm • 판 폭 : 750~2,000mm
용도	• 용접강관, 경량형강, 자동차, 용기재, 교량 기타 대부분은 냉연소재로 쓰인다. • 열간압연 그대로 출하하는 것 외에 산세하여 사용하는 것도 있다.

(3) 반제품(Semi-finished Steel Products)의 정의

분괴, 조압연된 중간 단계의 소재를 반제품이라 한다. 강괴 가운데 일부는 그대로 강재나 단강품 등 최종제품으로 가공되나, 대부분이 분괴압연기를 거쳐 압연, 단조, 프레스의 다음 공정에 적당한 크기나 모양으로 압연된다.

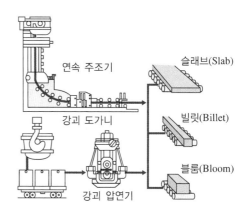

(4) 압연용 소재의 종류

① 슬래브(Slab)

연속주조에 의해 직접 주조하거나, 편평한 강괴 또는 블룸을 조압연한 것으로 단면이 장방형이다. 두께 50~150mm, 폭 350~2,000mm, 길이 1~12m로 강편, 강판 및 강대의 압연 소재로 사용된다.

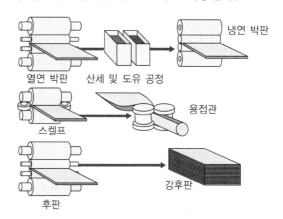

[슬래브 압연 제품]

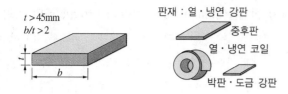

② 블룸(Bloom)

사각형에 가까운 단면을 가지며, 모서리는 약간 둥글다. 한 변이 160~480mm까지이며, 통상 길이는 최소 1~6m까지로 압연 공정에서 대형, 중형 조강류로 압연되며, 일부는 다시 분괴·조압연하여 빌릿, 시트 바, 스켈프, 틴 바 등 소형 반제품으로 만들어진다.

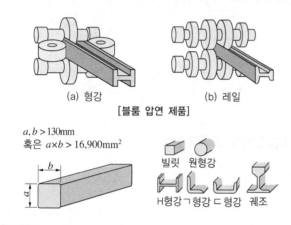

(a) 형강   (b) 레일

[블룸 압연 제품]

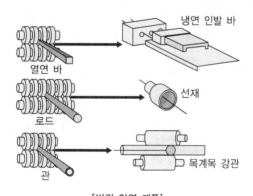

③ 빌릿(Billet)

압연 공정을 통해 소형 형강, 봉강(Bar), 철근(De-formed Bar), 선재(Wire Rod) 등과 같은 소형 조강류로 가공된다(슬래브는 강판과 같은 판재류로 변형).

[빌릿 압연 제품]

④ 시트 바(Sheet Bar)

분괴압연기에서 압연한 것을 다시 압연한 제품으로 슬래브보다 폭이 작다. 폭 200~400mm, 길이 1m에 대하여 10~80kg의 평평형의 소재이다.

⑤ 시트(Sheet)

폭 50~160mm, 두께 0.75~15mm 정도의 판재이다.

⑥ 스트립(Strip)

두께 0.75~15mm 정도의 코일 상태의 긴 대강 판재로 폭 450mm 이하를 좁은 스트립(Narrow Strip), 이 이상인 것을 넓은 스트립(Wide Strip)이라 한다.

⑦ 플레이트(Plate)

폭 20~450mm이며, 두께 6~18mm 정도의 평평한 재료이다.

2-1. 냉간압연에 비교한 열간압연의 장점이 아닌 것은?

① 가공이 용이하다.
② 제품의 표면이 미려하다.
③ 소재 내부의 수축공 등이 압착된다.
④ 동일한 압하율일 때 압연동력이 적게 소요된다.

2-2. 형강 등을 제조할 때 사용하는 조강용 강편은?

① 후판, 시트 바
② 시트 바, 슬래브
③ 블룸, 빌릿
④ 슬래브, 박판

2-3. 압연제품 중 가장 두께가 작은 중간 소재는?

① 블룸(Bloom)
② 빌릿(Billet)
③ 슬래브(Slab)
④ 시트 바(Sheet Bar)

|해설|

2-1
열간압연의 특징
• 재결정 온도 이상에서 압연을 진행하므로 비교적 작은 롤 압연으로도 큰 변형가공이 가능하다.
• 열간 Strip 압연은 큰 강판에서 방관 Strip까지 1회의 작업으로 만들어 낼 수 있고, 취급 단위가 크며 압연공정이 연속적이고 단순하다.
• 압연이 극히 고(高)속도로 행해짐에 따라 시간당 생산량이 크다.
• 산화발생으로 표면이 미려하지 못하다.
• 낮은 강도로 제품을 얇게 만들기 어렵다.

2-2
• 블룸(Bloom) : 연속주조에 의해 만든 소재로 정방형의 단면을 갖고 주로 형강용으로 사용되는 강편으로 빌릿 등을 만드는 반제품으로 활용된다.
• 빌릿(Billet) : 블룸보다 치수가 작은 소강편이다.

2-3
④ 시트 바(Sheet Bar) : 압연용 판재 소재이다(일반적 20mm 이하).
① 블룸(Bloom) : 연속주조에 의해 만든 소재로 정방형의 단면을 갖고 주로 형재용으로 사용되는 강편으로 빌릿 등을 만드는 반제품으로 활용된다(일반적 130mm 이상).
② 빌릿(Billet) : 블룸보다 치수가 작은 소강편이다(일반적 130mm 이하).
③ 슬래브(Slab) : 연속주조에 의해 직접 만들어지거나 블룸을 조압연하여 만든다(일반적 45mm 이상).

정답 2-1 ② 2-2 ③ 2-3 ④

핵심이론 01 | 열간압연 공정설계

(1) 제조공정 결정하기

① 열간압연 제조공정

슬래브 → 가열로 → 스케일 제거 → 조압연기 → 다듬질 압연기 → 권취기 → 절단 또는 조질압연기 → 열연 코일

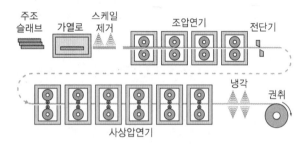

주조 슬래브 가열로 스케일 제거 조압연기 전단기 냉각 권취 사상압연기

㉠ 가열로 : 압연 작업이 쉽게 이루어지도록 열을 가하는 공정으로, 가열로는 예열대, 가열대, 균열대로 구성되며, 가열로 입구로부터 출구로 이송되는 동안 1,200℃로 가열시켜 적정 온도를 유지

㉡ 스케일 제거장치(Descaler) : 가열로에서 가열된 제품 표면에는 스케일이 발생하는데 이러한 산화철 피막을 제거하기 위해 고압의 물을 뿌려 제거하는 장치

㉢ 조압연기(Roughing Mill) : 소재인 슬래브를 사상압연에 알맞은 두께와 폭으로 제품 수치에 따라 1차로 거칠게 밀어주는 압연

㉣ 다듬질 압연기(Finishing Mill) : 조압연기에서 만들어진 소재를 사상압연기에서 연속압연하여 상품의 최종 두께 및 폭으로 압연하는 설비

㉤ 냉각(Laminar Flow) : 열연 사상압연에서 압연된 스트립의 기계적 성질을 양호하게 하기 위해 적정 권취 온도까지 냉각시키는 설비

㉥ 권취 : 다듬질 압연기에서 압연된 열연 강판을 맨드릴(Mandrel)에 감아 코일 형태로 만들어주는 설비

㉦ 절단 : 코일을 소재로 하여 상하 환도로 구성된 슬리터(Slitter)에서 길이 방향으로 절단하여 폭이 좁은 코일 형태 혹은 폭 방향으로 전단하여 시트(Sheet)를 만드는 과정

㉧ 조질압연(Skin Pass) : 열간압연 후 평탄도가 좋지 않거나 곱쇠(Coil Break)가 발생할 위험이 있어 적당한 압하력을 가해 연신율 0.1~4.0% 정도의 가벼운 냉간압연을 실시해 형상을 교정하고 기계적 성질을 개선, 표면 조도를 부여하는 과정

㉨ 포장 : 운송 중 발생하는 각종 흠의 발생 방지와 장시간 운송에 따른 우천, 습기 등에 의한 녹 발생을 최소화하기 위해 포장하는 과정

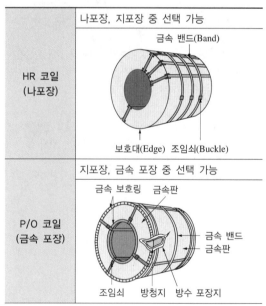

	나포장, 지포장 중 선택 가능
HR 코일 (나포장)	금속 밴드(Band) / 보호대(Edge) 조임쇠(Buckle)
	지포장, 금속 포장 중 선택 가능
P/O 코일 (금속 포장)	금속 보호링 금속판 금속 밴드 금속판 조임쇠 방청지 방수 포장지

	나포장, 스키드-나포장, 지포장, 스키드-지포장, 스키드-금속 포장 중 선택 가능
HR 시트 (스킨-지포장)	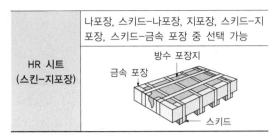

② 소재 설계하기

　㉠ 열간압연 소재에는 강판용 슬래브(Slab), 형강 및 봉강용 소재인 블룸 및 빌릿이 있으며 다음과 같이 구분된다.

강편 명칭	강편의 형상, 치수	강편 용도(제품)
슬래브	$t>45mm$ $b/t>2$	판재 : 열·냉연 강판 중후판 열·냉연 코일 박판·도금 강판
시트 바	$t≦45mm$ $b/t>2$	판재 : 소·대강 박판
블룸	a, $b>130mm$ 혹은 $a×b>16,900mm^2$	형강 : 형강, 빌릿, 원형강 빌릿 원형강 H형강 ㄱ형강 ㄷ형강 궤조
빌릿	a, $b≦130mm$ 혹은 $a×b≦16,900mm^2$	형강 : 소형 형강, 봉강, 선재, 콘크리트 봉강 바 인코일
형 강편 (빔 블랜드)	형강과 비슷한 강편	형강 : 대형 형강 H형강 시트 파일
원형강	원형 주상	형강 판재

㉡ 이러한 반제품의 내부결함 품질 관리 방법은 다음과 같다.

결함명	형상 및 특징	발생 원인	대책
파이프	슬래브 톱 및 보텀(Bottom)부 전단면에 선상 또는 개구상으로 나타나는 파이프	강괴 톱부 캐비티 인터널 파이프(Cavity Internal Pipe)와 압연 중에 발생되는 기계적 파이프의 잔류	• 적정 핫 톱(Hot Top) 사용 • 강괴 천정부 기밀 확보 • 강괴 도입 잡입 • 분괴 전단 기준 준수
띠 홈	슬래브 표면에 가로 방향으로 발생한 띠를 경계로 2분할된 상태	2중 주입	2중 주입 방지
망상 홈	슬래브 표면에 발생한 그물 형태의 크랙	관상 기포의 노출	• 강괴 스킨층 확보 • 적정 탈산 및 주입 속도 유지 • 과균열 방지
세로터짐	슬래브 길이 방향으로 발생한 크랙	• 고속 주입 • 고온 주입 • 주형 온도 부적정 • 주형 용손 • 강괴 가열 속도	–
가로터짐	슬래브 가로 방향으로 발생한 크랙	• 편심 주입 • 고온 주입 • 주형 용손 • 고속 주입	–
선상	슬래브 길이 방향으로 발생한 가늘고 짧은 크랙	스킨 홀(Skin Hole)의 노출	• 주형 내면 건조 • 용강 적정 O_2 수준 유지(과산화 방지) • 고온 주입 방지

1-1. 열간압연 공정을 순서대로 옳게 배열한 것은?

① 소재가열 → 사상압연 → 조압연 → 권취 → 냉각
② 소재가열 → 조압연 → 사상압연 → 냉각 → 권취
③ 소재가열 → 냉각 → 조압연 → 권취 → 사상압연
④ 소재가열 → 사상압연 → 권취 → 냉각 → 조압연

1-2. 압연 방향에 단속적으로 생기는 얕고 짧은 형상의 흠은?

① 부품
② 연와 흠
③ 선상 흠
④ 파이프 흠

1-3. 열간압연 중 작업이 쉽게 이루어지도록 재결정 온도 이상의 열을 가해주는 공정은?

① 가열로
② 조압연
③ 다듬질 압연
④ 권취

|해설|

1-1
열간압연 공정 순서
슬래브 → 가열로 → 스케일 제거 → 조압연기 → 다듬질 압연기 → 냉각 → 권취기 → 절단 또는 조질압연기 → 열연 코일

1-2
③ 선상 흠 : 압연 방향에 단속적으로 나타나는 얕고 짧은 형상의 흠
② 연와 흠 : 내화물 파편이 용강 내에 혼입 또는 부착되어 생긴 흠
④ 파이프 흠 : 전단면에 선 모양 혹은 벌어진 상태로 나타난 파이프 모양의 흠

1-3
① 가열로 : 압연 작업이 쉽게 이루어지도록 열을 가하는 공정
② 조압연 : 소재인 슬래브를 사상압연에 알맞은 두께와 폭으로 제품 수치에 따라 1차로 거칠게 밀어주는 압연
③ 다듬질 압연 : 조압연기에서 만들어진 소재를 사상압연기에서 연속압연하여 상품의 최종두께 및 폭으로 압연하는 설비
④ 권취 : 다듬질 압연기에서 압연된 열연 강판을 맨드릴(Mandrel)에 감아 코일 형태로 만들어주는 설비

정답 1-1 ② 1-2 ③ 1-3 ①

핵심이론 02 | 제조 관리 기준

(1) 국내외 규격

① KS(한국산업표준, Korean Industrial Standards)
KS 규격번호는 다음 표 중 한 부문을 나타내는 알파벳 기호 및 4급수의 숫자로 구성되어 있다.

A	기본	L	요업
B	기계	M	화학
C	전기	P	의료
D	금속	Q	품질경영
E	광산	R	수송기계
F	건설	S	서비스
G	일용품	T	물류
H	식료품	V	조선
I	환경	W	항공
J	생물	X	정보산업
K	섬유	–	–

② JIS(일본공업규격, Japanese Industrial Standards)
일본철강공업규격협회(JSA)에서 발행하는 일본 국가 규격으로, 각 부문은 분류번호가 4자리 숫자로 된 규격번호로 구성되어 있다.

A	토목/건축	L	섬유
B	일반기계	M	광산
C	전자기기	P	펄프용 종이
D	자동차	R	요업
E	철도	S	일용품
F	선박	T	의료안전도구
G	철강	W	항공
H	비철금속	X	정보처리
K	화학	Z	기타

③ AISI(미국철강협회, American Iron and Steel Institute)
미국철강공업규격협회로 시판되는 철강제품에 대해 품질 등급을 정하며, 강의 선택과 용도, 번호에 따른 품질표시, 철강의 일반적 성질, 용어의 정의, 시험방법, 표준 치수 등이 수록되어 있다.

(2) 설비의 종류

열간압연 설비는 큰 압하율을 얻을 수 있어 경제적인 가공을 할 수 있는 설비가 각 라인별로 구성된다.

① 생산설비 : 직접 생산행위를 행하여 기계 및 운반, 전기, 배관, 계기, 배선, 조명, 온도 등의 제설비와 그 설비의 직접 관계하는 건물, 구조물 등
② 유틸리티설비 : 증기발생 설비 및 그 배관 설비, 발전 설비, 공업용수 설비, 연료저장·수송 설비, 배수 및 폐기물 처리 설비 등
③ 수송설비 : 인입선 설비, 도로, 항만 설비, 육상하역 설비, 저장설비 등
④ 기타 : 판매 설비, 관리 설비, 복리후생 설비 등

(3) 설비 관리 기준의 목적

① 신뢰성 향상 : 기업의 생산성 증대 및 설비 신뢰성 향상으로 인한 수익성 향상
② 경제성 향상 : 설비의 성능을 생산 목적에 맞게 지속적으로 관리 및 유지시키는 것
③ 생산성 향상 : 생산성을 높이기 위해 적은 금액을 투입하여 높은 결과물을 만드는 것
④ 설비보전 종류
　㉠ 예방보전 : 설비의 열화를 방지하기 위한 일상보전, 열화를 측정하기 위한 정기검사, 열화를 조기에 복원시키기 위한 정비 등을 하는 것
　㉡ 예지보전
　　• 열화의 조기 발견과 고장의 미연 방지
　　• 성능의 열화를 예지하여 품질보전에 연계
　　• 수명예지에 의한 가장 경제적인 보전시기 결정
　　• 최적조건에 의한 수명연장 도모
　㉢ 일상보전
　　• 설비 열화나 이상을 방지하여 일상 운전에 지장이 없도록 설비의 운전자로서 해야 할 기본적인 청소, 일상점검, 급유, 체결 등의 일상적인 활동
　　• 주기 : 1~2주 이내의 점검 작업 실시

　㉣ 정기보전
　　• 중요도가 우선인 설비에 예방보전 대상 설비 중 다음 설비에 들어가는 설비를 대상을 정기보전으로 함
　　　- 정기점검을 법으로 규제하고 있는 법정 설비
　　　- 경험을 통해 보전 주기가 확립되어 있는 설비
　　　- 기능의 중요성으로 정기점검이 필요하거나 수명 때문에 교체 주기가 확립된 설비
　㉤ 사후보전
　　• 경제성을 고려하여 고장 정지 또는 유해한 성능 저하를 가져온 후에 수리하는 보전 방식
　　• 정지 손실이 적고 복구가 간단하며 예비 라인이 있어 즉시 교체하고 운전할 수 있는 설비가 대상

보전 종류		목적	보전 대상	관리방법
	일상 보전	• 우발적으로 발생하는 고장의 발견 • 비교적 단시간에 발생할 수 있는 급격한 열화 등을 외관점검을 통해 파악 • 설비의 운전 중에 주로 실시하여 통상 운전자에 의해 수정	유량, 압력계, 온도계, 전류계 윤활유, 베어링, 온도, 이음, 진동	Check Sheet
예방보전	정기 점검	• 경향이나 상태를 관리하여 설비, 부품 수명을 측정 • 간단한 측정기구를 사용한 설비의 열화 Check • 설비 정지 중에 실시하여 정비인에 의해 수행	체결부 이완, 라이너 마모, 각종 틈새	Check Sheet
	정기 검사	• 측정검사 기구를 사용을 통한 정량적인 설비상태 파악 • 공장 수리 시 설비 분해 후 내부 개방검사를 실시하여 전문 보전원에 의해 실시	기어, 축, 임펠러, 압력용기 균열 등의 파괴검사	점검 Check Sheet
	Over haul	• 중요 설비에 대한 정기적으로 분해, 청소, 이상부품 교환을 통해 열화된 설비 성능을 회복	발전기, 펌프, 컴프레서 등	교체 Check Sheet

보전 종류		목적	보전 대상	관리방법
예방보전	정기보전	주기교체	• 열화로 인해 교체할 필요가 있는 부품을 적절한 시기에 교체하여 설비 전체의 신뢰성을 향상시킴	라이너	교체 Check Sheet
		상태교체	• 점검, 검사를 통해 발췌된 설비 이상 데이터를 기반으로 열화된 부품이나 조립품을 교체하는 것	필터, Seal	

10년간 자주 출제된 문제

2-1. 표제란에 재료를 나타내는 표시 중 밑줄 친 KS D가 의미하는 것은?

제도자	홍길동	도명	캐스터
도번	M20551	척도	NS
재질		KS D 3503 SS 330	

① KS 규격에서 기본 사항
② KS 규격에서 기계 부분
③ KS 규격에서 금속 부분
④ KS 규격에서 전기 부분

2-2. 안전점검의 가장 큰 목적은?

① 장비의 설계 상태를 점검
② 투자의 적정성 여부 점검
③ 위험을 사전에 발견하여 시정
④ 공정 단축 적합의 시정

|해설|

2-1
① 기본 사항 : KS A
② 기계 부분 : KS B
④ 전기 부분 : KS C

2-2
안전점검은 위험을 사전에 발견하는 것에 가장 큰 목적을 둔다.

정답 2-1 ③ 2-2 ③

핵심이론 **03** | 열간압연 소재 관리

(1) 열간압연 소재

① 소재의 종류
  ㉠ 철강의 분류는 제조방법, 탈산도, 용도, 조직에 의해 구분할 수 있으며, 각종 규격에 준하여 가공 정도, 사용 목적을 고려하여 결정한다.
  ㉡ 강종의 설계는 성분 이외에도 탈산방법에 따라 림드강, 캡트강, 세미킬드강, 킬드강으로 분류하기도 한다.

② 소재의 형식 및 크기
  ㉠ 열연용 소재는 슬래브(Slab)가 사용되며, 다음과 같이 분괴 슬래브와 연주 슬래브로 구분할 수 있다.
  ㉡ 분괴 슬래브와 연주 슬래브의 비교

구분\n항목	분괴 슬래브	연주 슬래브
공정	조괴로 형발 후 균열로에서의 균열 및 분괴압연기에서의 압연이 필요하다.	분괴공정이 생략되어 건물은 1/2로 축소되고, 슬래브의 제조 시간은 0.5~1일 빨라진다.
운용	분괴압연 스케줄의 변경에 의해 Lot는 1강괴 단위까지 제조할 수 있다.	폭변경의 실질적인 운용으로부터 Lot 단위는 1스탠드 단위로 된다.
기계화·성력화	조괴작업의 기계화·성력화에는 한계가 있다.	중래의 조괴작업에 비하여 훨씬 더 기계화·성력화가 실시되고 있다.
성에너지	연속주조에 비하여 균열을 위한 에너지 소비가 필요하게 된다.	연속주조에서의 에너지 소비는 분괴의 약 1/20이다.
실수율	• 캡드강 : 약 92~93%\n• 킬드강 : 약 85%	연속주조 : 약 98%
강종	제한 없음	킬드강의 제조는 곤란
품질	• 부위에 따른 편석이 크다.\n• 강괴 Top부의 파이프, Bottom부에 대형 개재물이 문제가 된다.\n• 슬래브의 휨이 발생하기 쉽다.	• 균일한 품질이다.\n• 1/4t, 표층의 대형 개재물 잔류가 문제될 수 있다.\n• 슬래브의 휨이 발생하기 어렵다.

ⓒ 소재의 크기

- 소재의 크기는 일반적으로 압연기 능력의 증대에 따라 점차 대형화하고 있으며, 다음과 같은 예로 사용될 수 있다.

슬래브 두께	180~306mm
슬래브 폭	600~2,200mm
슬래브 길이	4,300~13,270mm
슬래브 중량	최대 45ton
폭층당 기준 범위	240mm

- 슬래브의 크기의 제약조건으로는 연속주조의 주형 크기, 후공정의 수입 능력, 열연공정 내에서의 가열로 능력, 압연기의 능력, 스트립의 재질상으로부터 제약 등이 있다.

ⓔ 소재의 품질 : 소재의 품질은 표면 성상, 내부 성질, 치수 정도, 형상 등을 확인하며, 최종 제품에서 영향이 크므로 검사 후 유해한 결정은 제거한다.

(2) 소재의 처리

① 슬래브 야드(Yard) : 분괴 공장 및 연주 공장으로부터 반입된 슬래브를 롤 준비 상황 단위로 구분하여 결정된 압연순에 따라 가열로에 보내는 곳이다.

ⓐ 냉편 슬래브 : 분괴 또는 연속주조로 제조된 슬래브를 냉각 손질 후 가열로에서 목적 온도까지 재가열하여 압연하는 것으로 일반적인 소재이다.

ⓑ 열편 슬래브 : 최근에는 분괴 및 연주로부터의 고온 슬래브 현열을 이용하는 열편 장입(HCR ; Hot Charged Rolling)이나, 가열로를 사용하지 않는 직송압연(HDR ; Hot Direct Rolling) 등의 새로운 연속화 기술이 발달했다.

② 슬래브 스카핑(Scarfing) : 표면을 비교적 낮고, 폭넓게 용삭하여 결함을 제거하는 것으로, 분괴 정정 라인 또는 연주 정정 라인에서 처리될 경우 열간 슬래브 야드 내에서 처리 설비를 갖추는 경우가 있다.

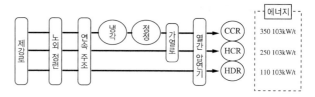

[CCR, HCR, HDR 흐름도]

(3) 소재 검사하기

① 검사

ⓐ 치수, 표면, 형상 및 내부품질 등의 검사항목을 계측기, 측정기 혹은 육안을 통하여 검사자가 제품을 검사하는 행위이다.

ⓑ 슬래브의 열간 표면 흠 검출 장치에는 탐상 코일(Probe Coil)을 적용한 와류탐상장치와 자발광 또는 조명광에 의한 광학식 탐상기가 있다.

ⓒ 스테인리스, 고합금강에서 미세한 표면결함까지 검출할 경우 냉편 슬래브로 침투탐상시험(PT)을 실시한다.

② 스카핑

스카핑 방법에는 설비를 이용한 머신 스카핑과 작업자 등이 수동으로 하는 핸드 스카핑 등이 있다.

③ 결함

ⓐ 후공정 또는 고객사에서 사용 시 부적절한 원인이 되는 흠 또는 결함을 말한다.

ⓑ 결함 판정 요인

- 후공정 또는 고객사에서 사용 시 유해한 결함으로 고객 불만의 경우(크랙, 개재물 등)
- 요구(지시)대비 실적이 미충족하는 경우(치수 또는 형상불량 등)
- 고객사/규격에서 요구하는 기준 미충족(내부 코너크랙, 중심 편석 등)

ⓒ 2등급 슬래브

- 슬래브 검사 시 결함 제거가 불가하고 해당 결함부의 제거가 불가한 경우 2등급 판정을 실시한다.
- 2등급 슬래브는 후공정 및 고객사 공급이 불가하다.

(4) 소재 재처리하기

① 스카핑

　㉠ 스카핑의 종류 : 열간 스카핑(Hot Scarfing), 냉간 스카핑(Cold Scarfing), 핸드 스카핑(Hand Scarfing)

　　• 열간 스카핑 : 분괴 압연기 라인 또는 연주 정정 라인에 설치한다.

　　• 냉간 및 핸드 스카핑 : 분괴 정정 라인, 연주 정정 라인 또는 열간 슬래브 야드 부분에 설치하여 소재의 표면을 청결 처리한다.

　㉡ 이물 제거방법 : 제거 나이프(Knife)로 기계적으로 제거하는 방법 및 산소에 의한 스카핑이 있으며, 현재 기계적인 제거방법을 대부분 사용한다.

3-1. 연속주조기에서 나온 압연소재를 냉각 후 다시 가열하여 압연하는 기존 열간압연 방식과 달리 열간 상태의 소재를 바로 압연하는 방식은?

① HDR(Hot Direct Rolling)
② HCR(Hot Charged Rolling)
③ HBI(Hot Briquetted Iron)
④ DRI(Direct Reduction Iron)

3-2. 열간 스카핑(Scarfing)의 특징으로 틀린 것은?

① 균일한 스카핑이 가능하다.
② 손질 깊이의 조절이 용이하다.
③ 냉간 스카핑에 비해 산소소비량이 많다.
④ 작업속도가 빠르며 압연능률을 저하시키지 않는다.

3-3. 전로에서 생산된 용강을 Fe-Mn으로 가볍게 탈산시킨 것으로 기포 및 편석이 많은 강은?

① 림드강　　　　　　② 킬드강
③ 캡트강　　　　　　④ 세미킬드강

|해설|

3-1

• HDR(직송압연) : 압연소재를 냉각 없이 바로 압연하는 방식이다.
• HCR(Hot Chared Rolling) : 열편장입 압연한 것으로, 연주에서 고온 빌릿(Billet)의 현열을 이용하여 가열로에서의 활성에너지를 도모할 수 있는 압연공정이다.
• HBI 또는 DRI : 제련과정을 거치지 않고 철광석을 철로 변화하여 생성한 물질로 고체의 철을 만든다.

3-2

열간 스카핑 : 강괴의 표면에는 스캡, 크랙, 표면개재물 등의 유해한 결함이 있으며, 또한 균열로 공정에서 표면 탈탄층이 생기게 되는데, 이러한 결함을 제거하기 위한 설비이다.

• 손질 깊이 조절이 용이하다.
• 산소소비량이 냉간 스카핑에 비해 적다.
• 작업속도가 빨라 압연능률을 해치지 않는다.

3-3

① 림드강 : 망간의 탈산제 첨가 후 주형에 주입하여 응고시킨 강으로 잉곳의 외주부와 상부에 다수의 기포가 발생한다.
② 킬드강 : 규소 혹은 알루미늄의 강력 탈산제를 사용하여 충분히 탈산시킨 강이다.
④ 세미킬드강 : 킬드와 림드의 중간으로 탈산한 강으로 탈산 후 뚜껑을 덮고 응고시킨 강이다.

정답 3-1 ①　3-2 ③　3-3 ①

(1) 압연 소재의 가열 공정 개요

① 가열공정의 주목적
  ㉠ 연주 또는 조괴 작업에서 생산된 슬래브를 열간압
    연에 맞는 온도로 가열하기 위함이다.
  ㉡ 통상적 가열 온도 : 1,100~1,300℃ 정도
  ㉢ 사용 연료 : 제선, 제강 공장에서 발생되는 부생가
    스(BFG, LDG, COG) 및 천연가스(LNG)

② 가열로 장입 계획
  ㉠ 가열 작업의 목적 : 최소량의 연료를 사용해 온도
    편차가 아주 작도록 하여 압연에 필요한 온도까지
    소재(슬래브)를 가열하는 것이다.
  ㉡ 압연에 필요한 온도 결정 : 사상압연 온도, Mill
    능력, 재질, 코일 표면 등의 제약에 의해 결정되며
    세분하게는 슬래브 사이즈, 사상압연 사이즈에 의
    해 결정된다.
  ㉢ 장입 작업 시 가열로 조업상 여러 가지 제약
    • 조로 기준의 상이한 제약
      – 슬래브 강종 또는 제품 종류에 따라 노 기준이
        상이
      – 통상 강종특성, 재질특성, 압연재의 사이즈
        등을 고려하여 저온가열재, 보통가열재, 고온
        가열재로 구분하고 집약 편성하여 장입
    • 슬래브 사이즈에 의한 제약
      – 인접한 슬래브의 두께 차가 큰 경우 온도 차가
        크게 되어 두꺼운 것은 가열 부족, 얇은 것은
        가열 과잉으로 품질불량 발생
      – 단척 슬래브일 경우 노 내 사행(비틀어짐), 스
        키드 파이프 돌출 발생 가능
      – 슬래브 폭이 협폭재일 경우 재로시간이 길어
        져 과열이 되고, 장입 매수가 작아져 충분한
        가열이 되지 않아 적정 추출 온도 확보를 위해
        가열 대기 요구

      – 노 내 재 : 가열로를 장시간 보열하는 경우
        또는 소화 후 점화·승온하는 경우 노 내에
        장시간 있는 슬래브
    • 장입 패턴
      – 가능한 슬래브 선단(Top)부를 노벽 측으로 맞
        추어 온도가 일정하게 관리될 수 있도록 한다.
      – 슬래브 돌출부가 있을 경우 노 내에서 사행이
        발생해 내화물 탈락 및 워킹빔 상승 시 슬래브
        처짐으로 인해 돌출부를 제한하여야 한다.
  ㉣ 롤 단위를 고려한 장입 순서 결정
    • 작업할수록 작업 롤(Work Roll)의 마모가 발생
      하므로, 롤의 마모도를 고려해 폭이 넓은 것부터
      협폭으로 순서를 정한다.
    • Hot Charge재는 고온인채로 집약해서 장입될
      수 있게 한다.
    • 슬래브의 두께 변동이 적게 한다.
    • 특수강은 집약 편성해서 장입한다.
    • 후공정 부하 및 작업 여건 등을 고려해서 장입
      한다.

③ 가열로 내 장입 설비

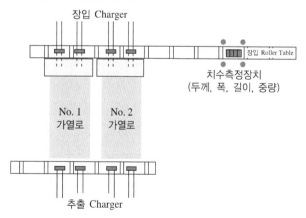

  ㉠ 통상적으로 크레인으로 슬래브를 롤러 테이블 위
    에 올려 자동 전진하여 치수를 측정하고, 평량기를
    통해 실제 중량을 측정한다. 그 후 가열로 장입단
    앞까지 이송하여 장입 Charger에 의해 가열로 내
    부로 슬래브가 장입된다.

ⓛ 장입 롤러 테이블
- 슬래브를 이송하는 설비로 보통 롤 지름 350~ 400mm, 길이 2,200mm 이상이다.
- Rack & Pinion 방식으로 구동한다.

ⓒ 슬래브 평량기
- 슬래브의 중량을 측정하는 설비. 유압 실린더로 슬래브를 들어올려 로드 셀(Load Cell)을 이용하여 중량을 측정한다.
- 통상 50ton까지 측정 가능하다.

ⓔ 슬래브 장입장치
- Charge Type : 슬래브를 들어올린 상태로 가열로 내부까지 이송시켜 주는 것이다.
- Pusher Type : 슬래브를 밀어서 가열로 내부로 이송시켜 주는 것이다.

(2) 가열로 설비

① 가열로의 형식

ⓖ 단식 가열로
- 슬래브가 노 내에 장입되면 가열이 완료될 때까지 재료가 이동하지 않는 형식이다.
- 비연속적으로 가동되며, 가열 완료 시 재료를 꺼내고 새로운 재료를 장입한다.
- 대량생산에 적합하지 않으나 특수재질, 매우 두껍고 큰 치수의 가열에 보조적으로 사용한다.
- 단식로 종류 : 노상이 고정된 고정식(a)과 노상을 가동할 수 있는 가동식(b)이 있다.

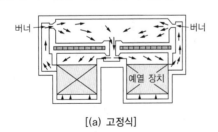

[(a) 고정식]

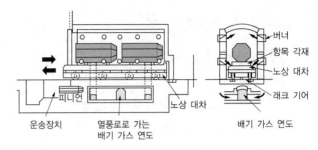

[(b) 가동식]

ⓛ 연속식 가열로
- 치수가 균일한 강편을 연속적으로 장입·배출하면서 가열하는 형식이다.
- 가열로의 입구로부터 출구까지 체인이나 푸셔(Pusher)에 의해 재료가 이동되며, 서서히 목적하는 온도로 연속 가열되는 방식이다.

② 연속식 가열로의 종류

ⓖ 푸셔(Pusher)식 가열로
- 노 내의 강편(슬래브, 빌릿)을 푸셔에 의하여 장입구에 장입하고 출구로 배출하는 형식이다.
- 가열 재료의 두께, 푸셔 능력에 따라 노 길이가 제한적이다.

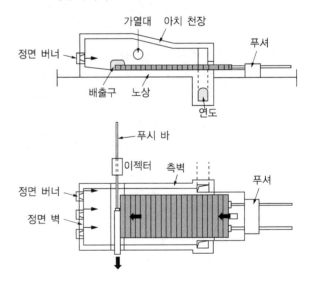

ⓛ 워킹빔식

- 노상이 가동부와 고정부로 나뉘어, 이동 노상이 상승 → 전진 → 하강 → 후퇴의 과정을 거치며 재료 사이에 임의의 간격을 두고 반송시킬 수 있는 연속로 형식이다.
- 여러 가지 치수와 재질의 것도 가열 가능하다.
- 치수는 같으나 재질이 다른 경우에도 일정한 사이에 두어 재질을 쉽게 구분할 수 있다.
- 슬래브의 이송 경로 : 입측 롤러 테이블 → 장입기 → 워킹빔 → 추출기 → 출측 롤러 테이블 순

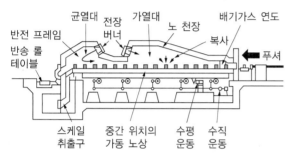

ⓒ 회전로상식

- 가열 재료를 회전로상 위에 장입하여 노상을 회전시키면서 가열하는 방식이다.
- 재료의 장입과 추출은 보통 장입기를 사용하며, 작은 노의 경우 손으로 작업한다.

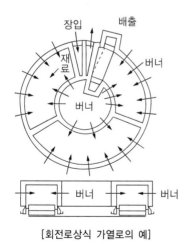

[회전로상식 가열로의 예]

ⓡ 롤식

- 노상인 롤이 회전함으로써 롤 위에 강편이 가열·배출되는 형식이다.
- 롤은 냉각시키지 않으며, 1,100℃ 이하의 경우에 이용한다.

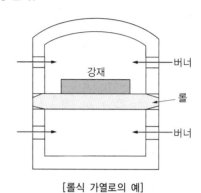

[롤식 가열로의 예]

ⓜ 가열로 형식별 비교

형식	장점	단점	용도
푸셔식	• 설비비가 다른 형식보다 저렴함 • 효율이 높음	• 스키드 마크가 발생 • 노 길이가 제한적임 • 소재의 두께차 변동에 제약이 있음	• 대량생산용 • 최근 워킹빔식으로 대체되고 있음
워킹빔식	• 스키드 마크가 없음 • 공로를 만들 수 있음 • 노 길이 제한이 없음 • 효율이 높음	• 설비비가 높음 • 스키드 수가 증가 • 냉각수 손실열이 높음	• 대량생산용
회전로상식	• 노의 크기 제한이 적음 • 스키드 마크가 없음 • 재료의 형태 제약이 적음	• 노 바닥 점유율이 낮음 • 설비면적당 가열능력이 적음 • 설비비가 높음 • 4면 가열이 곤란함	• 특수용도용 • 파이프 및 환강 처리에 적합함
롤식	• 띠강의 고속가열에 적합함 • 노 길이의 제한이 없음	• 연료 원단위가 높음 • 용융 스케일 처리 필요함	• 단접강관용

③ 워킹빔식 가열로 주요 장치

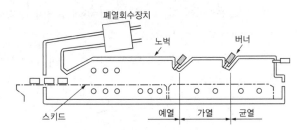

[연속식 가열로의 기본 구조]

㉠ 노벽

- 가열로 형식을 만드는 것으로 노 내부 고온 분위기와 외부 대기와의 단열을 하는 것
- 노벽이 요구하는 성질 : 단열성, 내스폴링성, 내마모성, 고온 전율도가 낮을 것, 노 내 분위기나 슬래브에 의해 침식되지 않을 것
- 연화현상 : 내화물은 여러 광물의 혼합물이므로 어떤 온도에 도달 시 일부 저융성 물질이 처음 용융을 개시, 온도의 상승과 함께 용융물의 양이 증가하여 점성이 작아지고 강도가 낮아지는 현상이다.
- 스폴링(Spalling) 현상 : 가열로 내화물의 급격한 온도변화 발생 시 내화물 내 열응력에 의해 균열이 발생하여 표면이 벗겨지는 것을 말한다.

㉡ 스키드

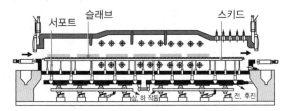

- 노 내에서 슬래브를 지지하고 있는 것
- 서포트(Support) 지지대로 지지되며, 열에 의한 파손 방지를 위해 수랭을 실시한다.
- 냉각에 따른 손실열을 절감하기 위해 세라믹 파이버(Ceramic Fiber)와 캐스터블(Castable)의 2중 구조 방식으로 구성되어 있다.

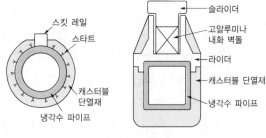

[스키드 형식]

- 스키드 마크(Skid Mark) 발생 원인과 대책

발생 원인	대책
• 재로시간이 짧을 때 • 슬래브 두께가 두꺼울 때 • 추출 온도가 낮을 때	• 재로시간 연장 • 승열패턴, 균열시간 변경 • 워킹빔식 노의 경우 이동 빔에서 상하운동 Idling 실시

㉢ 버너(Burner)

- 가열로 내에서 사용하는 연료의 효율을 좋게 연소시키게 하는 것
- 축열실 버너 : A 버너가 연소 시 연소가스는 B 버너 축열기에 열을 저장시키고 200℃ 이하의 낮은 온도로 배출, 외부 공기는 축열기를 통과해 고온의 연소용 공기가 되어 예열 공기와 COG를 혼합・연소시켜 가열하는 것으로 양쪽 버너를 교체 사용하는 방식이다.

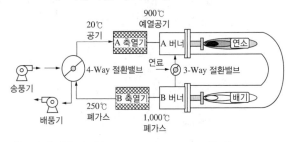

㉣ 폐열회수장치(Recuperator, 열교환기)

- 배가스가 갖고 있는 열량을 송풍기에서 보내오는 공기와 열교환하여 고온의 연소용 공기를 얻는 손실열회수장치이다.
- 가열로 열교환기의 통상적 온도는 고온측(입측) 700~800℃, 저온측(출측) 400~500℃이며, 연소용 Hot Air 온도는 500~600℃까지 상승 가능하다.

(3) 가열 작업

① 가열시간 관리

㉠ 열정산

- 가열로에 투입된 열량 소모를 정량적으로 파악하기 위해 열정산을 실시한다.
- 가열로 열손실 주요인

입열 항목	출열 항목
• 연료의 연소열(약 80%)	• 추출 슬래브의 지출열(약 60%)
• 폐열회수장치에서의 회수열(약 15~20%)	• 배기가스의 현열(약 8%)
• 연료용 공기의 현열	• 냉각수의 손실열(약 8%)
• 취입 공기의 현열	• 노 자체의 방산열(약 4%)
• 분무증기의 현열	• 불완전연소에 의한 열손실
• 장입 슬래브의 반입열 (HCR재)	• 스케일의 지출열
• 스케일 생성열	• 그 외 손실열

㉡ 연료 절감 방안

- 저공기비 연소(노 효율 향상 및 스케일 로스 감소)
- 히트 패턴의 개선(슬래브 승열 패턴 최적화)
- 저온 추출(추출 온도의 저하로 강의 종류별 추출 후 방산열량 감소를 고려)
- 노 길이 연장(슬래브와 연소가스의 열교환이 충분하게 이루어져 열효율이 향상됨)
- Skid Pipe 2중 단열
- 폐열회수
- 열편 장입(HCR) 및 직송압연(HDR)

② 조로 작업 제어(가열 연소 제어)

㉠ 가열 온도

- 재질, Mill 능력 및 에너지 절감 등을 충분히 고려 후 결정한다.
- 특수한 경우를 제외하고 Ar_3 변태점 이상에서 압연이 완료되도록 압연 사이즈, 강종 등을 고려하여 가열 온도를 결정한다.

㉡ 가열로 연소 제어 모델

- 열연 가열로는 슬래브를 가열하는 설비로 예열대, 가열대, 균열대로 구분한다.

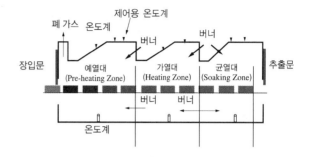

- 압연되는 형태 및 강종에 따라 가열 온도(추출 목표 온도), 균열도, 재로시간 등이 결정되며, 이러한 조건을 충족하도록 각 대별 노 온도를 제어한다.
- 장입 처리 : 슬래브가 노 내에 장입 완료된 시점에 처리하며, 장입 완료는 슬래브 후미가 장입 도어의 장입측에서 추출단으로 통과한 때를 의미한다.
- 잔재로시간 예측
  - 추출 피치(Pitch) : 추출된 슬래브가 추출 완료 신호를 처리하는 동안 차 추출재가 다시 추출완료 신호를 줄 때까지의 소요시간

$$P = R \times 60 \div \{L \div (B+S)\} \times N$$

여기서, R : 재로시간(min)

$$= A \times N \times \{L \div (B+S)\} \div 60$$

L : 가열로 길이(mm)

B : 추출 슬래브 폭(mm)

S : 슬래브 간격(mm)

N : 가열로 수

A : 압연 피치(min)

  - 잔재로시간 예측 : 추출 피치와 롤 교체를 고려하여 각 대별 잔재로시간 예측
  - 추출 잔재로시간 = 현 추출 피치 × 추출 순

$$- \text{노 내 이동속도} = \frac{\text{슬래브 위치}}{\text{추출 잔재로시간}}$$

- 가열대 잔재로시간

$$= \frac{\text{슬래브 위치} - \text{가열대 출측까지 거리}}{\text{노 내 평균 이동 속도}}$$

- 예열대 잔재로시간

$$= \frac{\text{슬래브 위치} - \text{예열대 출측까지 거리}}{\text{노 내 평균 이동 속도}}$$

③ 관리 항목

㉠ 노 온도

- 슬래브 승열 패턴을 결정할 때 가장 중요한 것은 노 내 각 대의 온도 분포이며, 최적의 승열 패턴을 항상 고려해야 한다.
- 온도계 설치 장소는 가능한 슬래브와 가깝고 화염의 영향을 받지 않는 노 내를 대표할 수 있는 곳으로 선정한다.
- 열전대에 의한 유량 제어용 온도계는 노 내 온도를 정확히 파악하기 위해 각 대별 통상 2개소 이상 설치한다.

㉡ 노 내 분위기 관리

- 이론공기량 : 화학조성상 연료를 완전연소시키기 위해 필요한 최소 공기의 양을 말한다.
- 연료를 이론공기량의 공기로 완전연소시킬 때의 공기비는 1.0을 기준으로 한다.
- 공기비의 영향

공기비가 클 때 (공기비 1.0 이상)	공기비가 작을 때 (공기비 1.0 이하)
• 연소 온도 저하 • 피가열물의 전열성능 저하 • 연소가스 증가로 폐손실열 증가 • 저온 부식 발생 • 연소가스 중 O_2의 생성 촉진에 의한 전열면 부식 • 스케일 생성량 증가 • 탈탄 증가	• 불완전연소에 의한 손실열 증가 • 불완전연소로 미연 발생 • 가스 폭발 위험 • 연도 2차 연소에 의한 열교환기 고온 부식에 따른 열화 촉진 및 수명단축 • 소재 스케일 박리성 불량 • 노 폭 방향으로 O_2차가 커짐 • 미연소에 의한 연료소비량 증가

- 공기비 변동 요인과 대책

변동 요인	발생 원인	방지대책	기타
연료	• 연료가스의 혼합비 변동	• 연료가스의 혼합비 균일화 • 공기비 표준 준수	
버너	• 각 버너 연료, 연소 공기 압력 불균일	• 압력점검에 의한 조정 • 각 Zone별 버너압력을 균일하게 조정	연소 불량
침입 공기	• 노압 변동에 따른 부하 변동 • 개구부 관리 미흡 • 노압 검출기 위치 불량	• 개구부 관리 철저 • 보조도어 관리 철저 • 노압 검출점 관리 • 연도 댐퍼 관리 철저	과잉 공기 증가
배관	• 연료 및 연소공기 • 배관 내 타르, 연진 막힘 • 각각의 버너 유량 불균형	• 청정연료 사용 • Mix 가스 수분 제거 • 가스배관 내 타르, 연진 등의 이물질 제거 철저 • 버너압력 조정	연소 불량
계장 장치	• 조절변의 제어불량(가스 및 공기밸브 등)	• 계장계통 조정으로 응답성 및 정밀성 유지	제어 불량

㉢ 노압 관리

- 노압은 노의 효율에 큰 영향을 미치며, 노압 제어는 노 내에 설치된 노압 검출단에서 입력신호를 받아 자동으로 댐퍼(Damper)를 제어한다.
- 노압 변동 시 영향

노압이 높을 때	노압이 낮을 때
• 슬래브 장입구, 추출구, 노 내 점검구에서 방염에 의한 열손실 증가 • 방염에 의한 노체 주변 철구조물 손상 • 버너 연소상태 악화 • 개구부 방염에 의한 작업자 위험도 증가 • 화염 방출로 화재 발생	• 외부의 찬 공기가 노 내로 침투하여 열손실 증대 • 침입공기에 따른 공기비 제어량 실적치 변동 • 슬래브 산화에 의한 스케일 생성량 증가

㉣ 온도 변화

- 슬래브의 폭, 두께, 길이 방향의 온도 변화
- 스키드 마크(Skid Mark) 온도 변화
- 슬래브 간 온도차

- 온도가 품질에 미치는 영향

항목		품질영향	대책

1차 스케일		• 스케일 로스가 큼
		• 1차 스케일 박리성 증가
		  – 방추형 스케일
		  – 붉은형 스케일
		• 특수 원소 농화
			• 노온 설정 적정화
			• 재로시간 적정화
			• 공기비 적정화

슬래브 온도	고온	• 롤 표면 거칠어짐 – 스케일 홈(모래/유성형) • 고온성 스케일 흠(비늘형)	• 가열온도 적정화
	저온	• 저온성 스케일 흠 • AIN, Nb의 불안정 고용	• 가열온도 적정화
슬래브 내의 편열	폭 방향	• 권취형상 불량 • Camber 발생	• 슬래브 장입 편성 적정화 • 슬래브 간격 균일화
	길이 방향	• 두께, 폭 변동이 커짐 • 재질 변동이 커짐	• 재로시간 연장 • 가열패턴 조정

10년간 자주 출제된 문제

4-1. 롤 단위 편성 원칙 중 정수 간 편성 원칙에 대한 설명 중 틀린 것은?

① 정수 전 압연조건을 고려하여 추출온도가 높은 단위로 편성한다.
② 계획 휴지 또는 정수 직전에는 광폭재를 투입하지 않는다.
③ 롤 정비 능력 등을 고려하여 박판 단위는 연속적으로 3단위 이상 투입을 제한한다.
④ 정기 수리 후의 압연은 받침 롤의 워밍업 및 온도 등을 고려하여 부하가 적은 후물재를 편성한다.

4-2. 열간압연의 가열 작업 시 주의할 점으로 틀린 것은?

① 가능한 한 연료 소모율을 낮춘다.
② 강종에 따라 적정한 온도로 균일하게 가열한다.
③ 압연하기 쉬운 순서로 압연재를 연속 배출한다.
④ 압연과정에서 산화피막이 제거되지 않도록 만든다.

4-3. 3대식 연속 가열로에서 장입측에서부터 대(帶)의 순서로 옳은 것은?

① 가열대 → 예열대 → 균열대
② 균열대 → 가열대 → 예열대
③ 예열대 → 가열대 → 균열대
④ 예열대 → 균열대 → 가열대

4-4. 워킹빔(Walking Beam)식 가열로에서 이동 빔의 작동 형태가 순서대로 옳게 된 것은?

① 전진 → 상승 → 후진 → 하강
② 상승 → 전진 → 하강 → 후진
③ 전진 → 후진 → 상승 → 하강
④ 상승 → 하강 → 상승 → 후진

4-5. 노 내 분위기 관리 중 공기비가 클 때(1.0 이상)의 설명으로 틀린 것은?

① 저온 부식이 발생한다.
② 연소 온도가 증가한다.
③ 연소가스 증가에 의한 폐손실열이 증가한다.
④ 연소가스 중의 O_2의 생성 촉진에 의한 전열면이 부식된다.

4-6. 워킹빔식 가열로에서 트랜스버스(Transverse) 실린더의 역할로 옳은 것은?

① 스키드를 지지해 준다.
② 운동 빔(Beam)의 수평 왕복운동을 작동시킨다.
③ 운동 빔(Beam)의 수직 상하운동을 작동시킨다.
④ 운동 빔(Beam)의 냉각수를 작동시킨다.

4-7. 압연할 때 스키드 마크 부분의 변형 저항으로 인하여 생기는 강판의 주 결함은?

① 표면균열
② 판 두께 편차
③ 딱지 흠
④ 헤어 크랙

|해설|

4-1

롤 단위 편성 설계하기

• 롤 단위 편성 전제 조건
  - 롤 단위는 사상압연기 작업 롤 교체 시의 슬래브 압연 순서를 정하는 것으로 실수율, 스트립 크라운, 프로파일 표면 흠 및 판 두께 등의 제약이 있음
  - 롤 단위 편성 시 우선 롤 교체 직후는 롤 온도가 안정하지 못해 조정재로 불리는 비교적 압연하기 쉬운 사이즈 및 재질의 소재를 편성
  - 광폭재, 중간폭, 협폭 순으로, 그리고 스트립의 두께가 두꺼운 것부터 얇은 순으로 결정

• 롤 단위 편성 기본 원칙
  - 단위의 최초에는 열 크라운 형성 및 레벨 확인을 위해 압연하기 쉬운 초기 조정재로 편성
  - 작업 롤의 마모 진행상태를 고려해 광폭재부터 협폭재 순으로 편성
  - 동일 치수 및 동일 강종은 모아서 동일 lot로 집약하여 편성한다.
  - 동일 폭 수주량이 많을 경우 작업 롤의 일부만 마모가 진행될 수 있으니 동일 폭 투입량을 제한
  - 동일 치수에서 두께 공차 범위 차이가 많으면 큰 쪽에서 작은 쪽으로 편성
  - 동일 치수에서 강종이 서로 다를 경우 성질이 연한 강에서 경한 순으로 편성
  - 압연이 어려운 치수인 경우 중간에 일정량의 조정재를 편성하여 롤의 분위기를 최적화시킬 것
  - 스트립 표면의 조도 및 BP재는 작업 롤의 표면 거침을 고려하여 가능한 롤 단위 전반부에 편성
  - 세트의 바뀜이 급격하면 형상, 치수 등의 불량이 발생할 수 있으니 두께, 폭 세트 바뀜량을 규제하고, 관련 기준을 준수해서 편성

4-2

산화피막은 이물질 스케일 결함으로 열간압연 후 산세 작업을 통해 제거되어야 한다.

4-3

연속식 가열로의 기본 구조 : 예열대 → 가열대 → 균열대 순

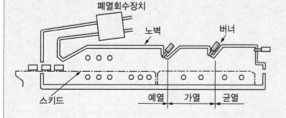

4-4

워킹빔식 가열로

• 노상이 가동부와 고정부로 나뉘어, 이동 노상이 상승 → 전진 → 하강 → 후퇴의 과정을 거치며 재료 사이에 임의의 간격을 두고 반송시킬 수 있는 연속로 형식이다.
• 여러 가지 치수와 재질의 것도 가열 가능하다.
• 푸셔식에 비하여 노의 구조가 복잡하지만, 슬래브 내 온도가 균일하다.

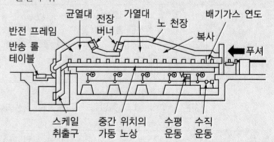

4-5

노 내의 공기비가 클 때

• 연소가스가 증가하므로 폐열 손실도 증가
• 연소 온도는 감소하여 열효율 감소
• 스케일 생성량 증가 및 탈탄 증가
• 연료소비량 감소 및 연소효율 증가
※ 공기비가 부족하면 손실열이 증가하고 매연이 발생한다.

4-6

워킹빔식 가열로에서 Transverse 실린더는 운동 빔(Beam)의 수평 왕복운동을 작동시킨다.

4-7

스키드 마크 : 가열로 내에서 스키드와 판 표면이 접촉한 부분과 접촉하지 않은 부분의 온도차가 발생하는 현상으로 이로 인해 판 두께 편차가 발생한다. 이를 최소화할 목적으로 워킹빔식(Walking Beam Type)이 사용된다.

정답 4-1 ① 4-2 ④ 4-3 ③ 4-4 ② 4-5 ② 4-6 ② 4-7 ②

(1) 압연기

① 압연기의 구조

㉠ 압연기는 보통 롤이 장착된 롤 스탠드, 롤의 회전력을 감속시키는 감속기, 롤의 회전력을 전달하는 피니언 및 전동기 등으로 구성된다.

㉡ 동력의 전달 : 전동기(모터) → 커플링 → 스핀들 → 이음부(Wobbler) → 롤

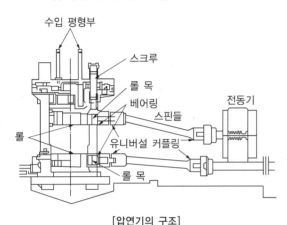

[압연기의 구조]

㉢ 롤

• 직접 소재에 하중을 가하는 롤 몸체(Roll Body), 몸체를 지탱해 주는 롤 목(Roll Neck), 구동력을 전달하는 이음부(Wobbler) 세 부분으로 구성된다.

• 롤의 분류

분류	종류	특징 및 용도
형상에 따라	평 롤	평판압연용
	홈 롤	각종 형재의 압연용
재질에 따라	주철 롤	사형 롤과 금형 롤이 있으며, 최근에는 구상흑연주철 롤이 많이 사용되고 있다.
	강철 롤	주강 롤과 단강 롤 등이 있다.
	합금강 롤	크로뮴(Cr), 니켈(Ni), 몰리브덴(Mo) 합금강 롤 등이 있으며, 주로 박판 및 냉간 압연에 사용한다.

• 롤의 재료는 단조 가공된 단강 롤이 가장 품질이 좋으며, 주철, 주강도 사용된다.

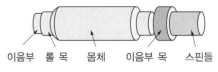

이음부　롤 목　몸체　이음부 목　스핀들

[평판 압연용 롤의 구조]

㉣ 롤 스탠드

• 롤이 설치되어 압연가공이 이루어지는 곳이다.

• 롤은 하우징으로 지지되며, 롤 하우징에는 밀폐형과 개방형이 있다.

㉤ 구동 설비

• 구동 전동기 : 보통 압연기 동력원은 직류 전동기가 사용되며, 속도 조정이 필요하지 않은 경우 3상 교류 전동기를 사용한다.

• 스핀들 : 전동기로부터 피니언과 롤을 연결하여 동력을 전달하는 설비, 유니버설 스핀들, 연결 스핀들, 기어 스핀들 등이 있다.

• 피니언 : 동력을 각 롤에 분배하는 기구이다.

• 감속기 : 전동기의 동력은 감속기를 거쳐 피니언에 전달된다.

② 압연기의 종류

㉠ 제품 종류에 따른 분류

• 분괴압연기 : 강괴 표면의 스케일을 제거하고 거친 주조 조직을 파괴하여 단련한 후 원하는 치수와 단면으로 가공하는 최초의 열간압연기이다.

• 후판압연기 : 보통 판재의 두께를 기준으로 6mm 이상이 되는 판재를 후판이라 하며, 특히 두께가 200mm 이상이 되는 판재를 극후판이라 한다. 건축, 교량, 조선, 보일러 등 다양한 용도로 사용된다.

• 열간 대강 압연기 : 압연기의 고속화·대형화에 따른 고도의 내마멸·내표면 균열, 내열충격성을 가지는 압연기이다. 롤의 재료는 고합금 구상 흑연 주철 롤 또는 특수 애드마이트 롤을 사용하며, 스탠드 수가 6기 이상으로 압연하는 설비이다.

- 냉간 대강 압연기 : 열간압연된 강판의 스케일을 제거하고 상온 또는 상온에 가까운 온도에서 다시 압연하는 공정으로, 강판의 경우 약 $100℃$ 정도에서 냉간압연을 실시한다.
- 형강 압연기 : H형강, I형강과 같은 여러 가지 모양의 단면을 가지는 형강을 제작하는 압연기이다.

ⓒ 롤의 배치 방식에 따른 분류

롤의 배치	특징 및 주용도
2단식	• 특징 : 가장 오래된 형식이며, 풀오버 압연기로서 발달하였다. 그 후에 전동기, 변속장치의 진보로 가역식으로 되었다. • 주용도 : 분괴압연기, 열간조압연기, 조질압연기
3단식	• 특징 : 상하부 롤이 같은 방향, 중간 롤이 반대 방향으로 회전한다. 재료는 기계적 승강 테이블 또는 경사 테이블을 사용하여 아래쪽에서 위쪽의 패스로 옮긴다. • 주용도 : 라우드(Lauth)식 3단 압연기(중간 롤이 작은 지름)
4단식	• 특징 : 현재 가장 많이 사용되고 있다. 넓은 폭의 대강압연에 적합하다. • 주용도 : 후판압연기, 열간완성압연기, 냉간압연기, 조질압연기, 스테켈 냉간압열기
5단식	• 특징 : 큰 지름의 받침 롤 상하부 2개, 작은 지름의 작업 롤 1개, 중간 지름의 롤 상하부 2개로 구성되어 있다. 넓은 폭에서 특히 폭 방향판 두께가 균일화하기 쉽다. 작은 지름 롤의 이용효과 이외에 롤 축에 의한 크라운 교정이 유효하다. • 주용도 : 1960년 미국 J&L Corp.에서 실용화되었으며, 데라 압연기(냉간압연기)라고 한다.
6단식	• 특징 : 단단한 재료를 얇게 압연하기 위하여 작업 롤을 다시 작은 지름으로 하고, 폭 방향 롤의 휨을 방지하여 판 두께의 균일화를 꾀한다. • 주용도 : 클러스터 압연기(Cluster, 냉간압연기)
다단식	• 특징 : 규소 강판, 스테인리스 강판의 압연기로서 많이 사용된다. 압하력은 매우 크며 생산되는 압연판은 정확한 평행이다. • 주용도 : 센지미어 압연기(냉간압연기)

롤의 배치	특징 및 주용도
유성 압연기	• 특징 : 상하부 받침 롤의 주변에 각 20~60개의 작은 작업 롤을 유성상으로 배치하여, 단단한 합금재료의 열간스트립압연을 1패스로 큰 압하가 얻어져 작업 롤의 표면거칠기가 경미하다. • 주용도 : 센지미어식 유성압연기(받침 롤 구동), 프래저식 유성압연기(받침 롤 고정, 아이들 슬래브부 중간 롤이 있음. 작업 롤에 조입된 게이지가 구동됨), 단축식 유성압연기(센지미어식의 상부를 아이들이 큰 지름 롤 또는 오목면 고정판으로 한 것)

③ 압연기 본체
ㄱ 압연기의 주체가 되는 롤 하우징(Roll Housing)을 고정시키고, 여기에 조립한 롤을 지지하여 재료의 소성 변형에 따른 저항에 견딜 수 있도록 설치한다.
ㄴ 하우징은 압연재의 재질, 치수, 온도, 압하율 등을 고려해 압하하중을 결정하여 설계한다.

④ 압연 롤
ㄱ 작업 롤(WR) : 작업 롤에 가장 중요한 것은 내표면 균열성·내사고성·경화심도이며 Cr, Mo 또는 Co, Si를 첨가하여 내표면 균열성을 키운다.
ㄴ 받침 롤(BUR) : 절손, 균열 손실에 대해 충분한 강도를 가지고, 내균열성·내마멸성이 풍부하며, 슬리브 롤의 경우 전단 부하에 대해 충분한 강성이 필요하다. 이를 위해 주조·단조 때의 결함을 적게 하며, 재질로서는 Cr-Mo계, Ni-Cr-Mo계 합금을 사용한다.
ㄷ 후판용 롤 : 4단 작업 롤은 고합금 Ni 그레인 롤이 주로 사용되며, 내마멸·내열·내균열성을 유지하기 위해 탄소가 낮고 Ni, Mo을 다량 함유하고 있다.
ㄹ 열간 대강 압연기용 롤 : 작업 롤의 표층은 내마멸성이 좋으며, 내부는 강인한 재질인 고합금 구상흑연주철 롤 또는 특수 애드마이트 롤을 사용한다.

ⓜ 냉간 대강 압연기용 롤 : 일반적으로 단강 롤에는 단강 담금질, 받침 롤에는 주강이나 단강 일체 또는 단강 슬리브 롤, 조질압연기의 받침 롤에는 합금 주철 롤이 사용된다.

ⓗ 형강용 롤 : 대부분 공형이 있는 롤로, 표면층뿐 아니라 내부까지 높은 경도 및 내마멸성이 있어야 한다. 따라서 표면 경도는 약간 낮으나, 깊고 높은 경도 층을 가지는 애드마이트 롤이 적합하다.

ⓢ 선재, 봉강용 롤 : 압하는 너무 높게 하지 않고, 롤 교체 수 감소를 위해 내마멸·내표면 균열성이 중요시된다. 일반적으로 칠드 롤이 사용하며, 조압연 시 심한 열충격을 반복한다면 구상흑연주철 롤이 우수하다.

ⓞ 롤 재질별 특성

• 압연 롤의 재질 : 주철, 주강, 단강
※ 황동은 사용하지 않음

• 작업 롤의 내표면 균열성을 개선하기 위해 첨가하는 원소 : Mo, Cr, Co

• 열간압연 롤의 재질에 따른 종류
  – Hi-Cr 롤 : 열피로 강도가 높고 내식성·부식성이 우수하다.
  – HSS 롤(고속도강계의 주강 롤) : 내마모성이 가장 뛰어나고 내거침성이 우수하다.
  – Admaite 롤 : 탄소함유량이 주강 롤과 주철 롤 사이인 롤이다.
  – Ni Grain 롤 : 탄화물 양이 많아 경도가 높고 표면이 미려한 롤이다.

• 주강 롤의 종류
  – 애드마이트(Admaite) 롤 : 탄소함유량이 주강 롤과 주철 롤 사이인 롤이다.
  – 구상흑연주강 롤 : 애드마이트 롤에 소량의 흑연을 석출시킨 것으로서, 특히 열균열 방지 작용이 있다.
  – 특수주강 롤 : Cr-Mo 재질 롤과 Ni-Cr-Mo 재질 롤이 있다.
  – 복합주강 롤 : 동부는 고합금강으로서 내열·내균열·내마멸성이 있으며, 중심부는 저합금강으로서 강인성이 있다.

ⓩ 롤 크라운(Roll Crown)

• 정의 : 롤 중앙부의 지름과 양단부의 차이

• 웨지 크라운(Wedge Crown)의 원인
  – 롤 평행도 불량
  – 슬래브의 편열
  – 통판 중의 판이 한쪽으로 치우침

• 초기 크라운(Initial Crown) : 압연기용 롤을 연마할 때 스트립의 프로파일을 고려하여 롤에 부여하는 크라운으로 압하력에 비례하는 변형량을 보상하기 위해 부여한다.

• 열적 크라운(Thermal Crown) : 롤의 냉각 시 열팽창계수가 큰 재료인 경우 적정 크라운을 얻기 위해 냉각조건을 조절하여 부여하는 크라운 롤이다.

⑤ 압하 설비

소정의 판 두께를 얻기 위해 압연 압력을 롤에 미치게 하는 장치로 수동, 전동, 유압 방식으로 설치한다.

㉠ 수동 방식 : 각 패스마다 압하 조작을 자주 하지 않는 압연기에 사용한다.

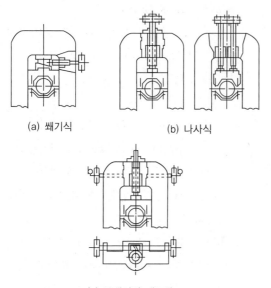

(a) 쐐기식   (b) 나사식

(c) 로테이덜 네트식

[수동 압하조정 방식]

㉡ 전동 방식 : 전동기로부터 감속 기구를 구동 압하 스크루로 조작하여 압하하는 장치이다.

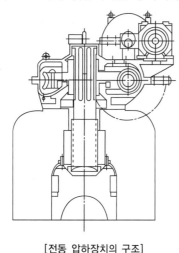

[전동 압하장치의 구조]

㉢ 유압 방식 : 관성이 작고 효율이 좋으며, 적응성이 우수한 방식이다.

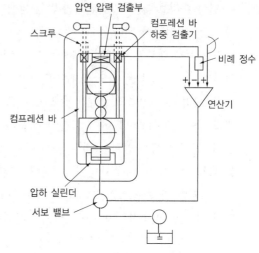

[유압 압하 방식의 원리도]

(2) 고정 설비

① 공형 설비

㉠ 롤러 테이블 : 구동되는 롤러를 비치한 통로로, 그 위로 압연재가 반송된다.

• 작업용 롤러 테이블 : 압연기 바로 앞뒤 부분에 설치되어 압연작업 시 압연재를 롤에 보내고 패스 후에는 압연재를 받는 역할을 한다.

• 반송용 롤러 테이블 : 압연재를 가열로에서 압연기로 반송하거나 압연기에서 절단기 또는 다음 압연기로 반송할 때 사용된다.

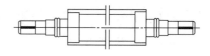

(a) 반송용 롤러(중공 롤러)

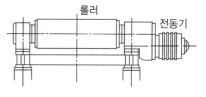

(b) 전동기 직결형 롤러

[반송용 롤러 테이블]

ⓛ 리프팅 테이블과 틸팅 테이블 : 3단식 압연기에서 압연재를 하부 롤과 중간 롤 사이로 패스한 후, 다음 패스를 위하여 압연재를 들어 올려 중간 롤과 상부 롤 사이로 넣는데 필요한 장치이다.

• 리프팅 테이블 : 테이블이 평행으로 올라가는 설비이다.

• 틸팅 테이블 : 어느 고정점을 기준으로 회전하여 필요한 위치로 올리는 설비이다.

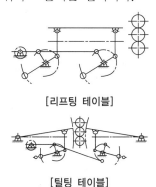

[리프팅 테이블]

[틸팅 테이블]

ⓒ 회전 및 반송 : 압연재를 압연 위치에 맞게 회전시키고, 다음 압연재를 압연 방향에 대해 옆에 있는 다음 공형으로 이송하는 역할을 한다.

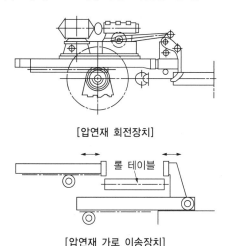

[압연재 회전장치]

[압연재 가로 이송장치]

ⓡ 강괴 장입기 : 가열로에 압연재를 연속적으로 밀어 넣는 설비이다.

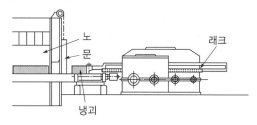

[강괴 장입기]

ⓜ 추출 장치 : 가열된 강판을 가열로 밖으로 추출하는 장치이다.

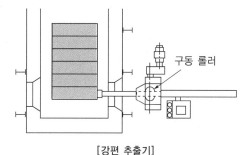

[강편 추출기]

ⓗ 강괴 전도기 : 균열로 안에 장입한 강괴를 균열하기 위해, 스트리퍼 크레인으로 균열로에서 수직으로 인출하여 분괴 압연기의 어프로치 테이블로 이송시키는데, 이때 강괴를 수직 방향에서 수평 방향으로 전도시킬 때 사용하는 장치이다.

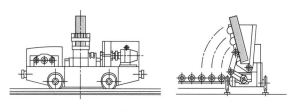

[강괴 전도기]

ⓢ 냉각상 : 열상이라고도 하며, 압연기에서 온 압연재를 전 횡단면에 걸쳐 일정한 냉각 속도로 동시에 냉각하는 역할을 한다.

ⓞ 코일 반송 장치 : 벨트 컨베이어, 체인 컨베이어, 워킹 빔 및 훅 컨베이어 등에 사용하는 장치이다.

② 전단 설비

　　㉠ 전단기 : 재료를 냉각상의 길이로 절단하거나 판의
　　　가장자리 절단 및 슬릿 절단 혹은 압연재를 운반
　　　가능한 길이로 절단하기 위해 설치하는 설비이다.

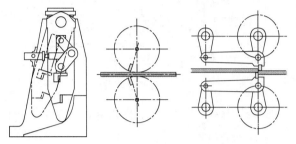

　　[전단식 전단기]　　[로터리 전단기]　　[4본 크랭크 전단기]

　　㉡ 톱 : 직각의 절단면이 요구될 때, 열간·냉간압연
　　　재의 절단에 사용한다.

　　㉢ 크롭 시어(Crop Shear) : 절단기를 후판 제품을
　　　냉각상에 옮겨질 수 있는 길이로 절단하는 설비
　　　이다.

　　㉣ 사이드 시어(Side Shear) : 후판의 양옆을 절단하
　　　는 설비이다.

　　㉤ 엔드 시어(End Shear) : 정치수로 절단하는 설비
　　　이다.

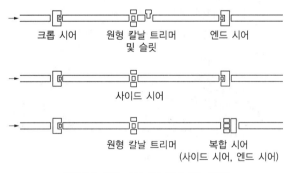

　　[중후판 절단 라인에서 절단기의 배치]

③ 교정기

　　㉠ 교정 프레스 : 압연재에 굴곡을 가할 때 소성변형
　　　을 일으키는 것을 이용하여 교정하는 설비이다.

　㉡ 형강용 롤러 교정기 : 강성이 높은 프레임에 교정
　　롤러 2열을 배치하여 1열의 롤러는 상부에, 다른
　　1열의 롤러는 하부에 설치하여 통과하는 강재가
　　상하로 휘게 하는 설비이다.

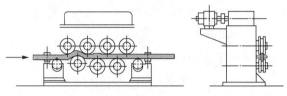

　　[형강용 롤러 교정기]

　㉢ 판용 롤러 교정기 : 판을 교정할 때 교정 롤러의
　　휨을 방지하기 위해 받침 롤러를 설치한다.

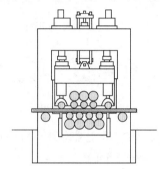

　　[판용 롤러 교정기]

　㉣ 경사 롤러 교정기 : 원형 단면을 가지는 압연 제품
　　의 교정에 사용한다.

　㉤ 연신 교정기 : 압연재 교정 시 탄성한계 이상으로
　　연신하여 교정하는데 사용한다.

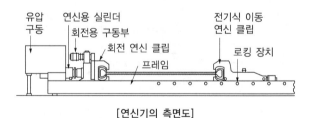

　　[연신기의 측면도]

④ 권취기

　㉠ 선재용 권취기
　　• 에덴본(Edenborn)식 권취기 : ϕ12 이하의 선재
　　　를 고속 압연할 때 사용한다.

- 가렛(Garret)식 권취기 : $\phi 40$까지의 선재를 권취하는 데 적합하다.
- 스크랩 권취기 : 선재 압연공장에서 사용하며, 불량품이 발생할 때 발생한 스크랩을 코일로 권취하기 위해 사용한다.
ⓛ 대강용 권취기
- 대강 권취기 : 대강의 권취기는 일반적으로 맨드릴이 조합되어 있으며, 권취가 끝난 후에는 권취 드럼이 축소되며, 대강을 분리하는 장치에 의하여 권취 드럼에서 분리된다.
- 열간 대강용 권취기 : 열간 대강용 권취기를 나타내며, 모든 경우의 권취에서 최초와 최후에 대강을 유도할 수 있는 가동 압착 롤을 설치한다.
- 냉간 대강용 권취기 : 엔드리스 벨트(Endless Belt)를 갖춘 권취기로, 엔드리스 벨트는 압착 롤러의 역할을 하게 되며, 대강을 적당한 힘으로 드럼을 말아 붙이는 역할을 한다.

10년간 자주 출제된 문제

5-1. 압연기의 구동 설비에 해당되지 않는 것은?

① 하우징
② 스핀들
③ 감속기
④ 피니언

5-2. 선재 공장에서 압연이 완료된 소재를 원형다발로 만들어 주는 설비는?

① 권취기
② 코일 컨베이어
③ 수랭대
④ 핀치 롤(Pinch Roll)

5-3. 권취 시점이나 권취 완료 후 권취기 주위에 붙어서 열리고 닫히면서 권취를 도와주는 롤은?

① 크레들 롤(Cradle Roll)
② 런 아웃 테이블 롤(ROT Roll)
③ 핀치 롤(Pinch Roll)
④ 유닛 롤(Unit Roll)

5-4. 열연 코일(Coil)의 전단 라인(Shear Line)에서 전단기의 전단방법이 아닌 것은?

① 플라잉 시어(Flying Shear)
② 크롭 시어(Crop Shear)
③ 스트립 컷 시어(Strip Cut Shear)
④ 다이 컷 시어(Die Cut Shear)

|해설|

5-1
압연구동 설비

| 모터 (동력발생) | → | 감속기 (회전수 조정) | → | 피니언 (동력분배) | → | 스핀들 (동력전달) |

- 모터 : 압연기의 원동력을 발생시키는 설비로 일반적으로 직류전동기가 이용되며, 속도의 조정이 필요하지 않을 때는 3상 교류전동기를 사용
- 감속기 : 모터에서 발생된 동력을 압연기의 종류에 맞는 힘과 속도로 바꿔 주는 설비
- 피니언 : 동력을 각 롤에 분배하는 설비
- 스핀들 : 피니언과 롤을 연결하여 동력을 전달하는 설비

5-2
권취기는 최종 압연소재를 고속으로 감아주는 설비이다.

5-3
권취 설비
- 핀치 롤 : 스트립 앞부분 유도
- 트랙 스프레이 : 코일 냉각
- 유닛 롤 : 권취기를 열고 닫는 역할
- 맨드릴 : 코일 인출

5-4
- 플라잉 시어 : 이동 중인 소재를 연속적으로 절단하는 전단기
- 크롭 시어 : 소재의 선단과 미단을 절단하는 전단기
- 슬리터 시어 : 소재를 폭 방향(길이 방향)으로 절단하는 전단기
- 사이드 트리밍 시어 : 소재의 폭 방향(길이 방향)의 양 끝을 절단하는 전단기

정답 5-1 ① 5-2 ① 5-3 ④ 5-4 ②

(1) 열간압연 조압연 개요

① 조압연의 주목적

최종 공정(Finishing Mill)에서 작업이 가능하도록 슬래브의 두께를 감소시키고 슬래브 폭을 고객이 원하는 폭으로 압연하는 것이다.

② 조압연 설비

㉠ 3~4개의 압연 스탠드로 구성되며, 정확한 코일 폭 확보를 위해 에지 롤(Edge Roll)을 압연기 입측 및 출측에 부착한다.

㉡ 압연 중 발생하는 스케일을 제거하기 위해 압연기 전 후에 디스케일링(Descaling)을 설치한다.

(2) 조압연 형태

① 반연속기 압연기

㉠ 2단 압연기인 RSB와 4단 가역식 압연기 1기(R1)로 구성되어 있는 반연속식 압연기로, R1에서 3~7패스의 가역 압연을 실시하는 압연기이다.

㉡ R1에서 정압연 및 역압연 상호 변환 시간이 생산 능률을 결정하며, 직류 모터를 사용하여 구동한다.

㉢ RSB는 2단 압연기로 경압하에 의해 스케일을 파괴하는 것이 주목적이었으나, 디스케일링 사용 압력이 높아지고, 스케일 제거가 가능해지면서 2단 압연기의 역할만 하도록 제어한다.

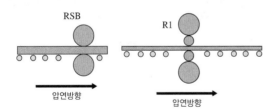

㉣ 장점

• 설비비가 저렴

• 강종 슬래브 두께에 따라 패스 회수 · 변경이 용이하다.

㉤ 단점

• 압하, 사이드 가이드, 에지 롤, 전후면 롤러, 테이블 등 보수 회수가 많다.

• 4단 압연기 전면에만 에지 롤이 있어 홀수 패스 때만 폭압연이 가능하다.

• 조압연 능률에 의해 라인 능력이 결정되어 생산 능력이 감소한다.

② 전연속기 압연기

㉠ 2단 압연기 3대(R1, R2, R3)와 4단 압연기 3대(R4, R5, R6)가 연속적으로 배치되어 있는 것으로 소재를 한 방향으로 연속적으로 압연하는 압연기이다.

㉡ 생산 능률을 최대로 한 조압연기 배열인 반면, 조압연기의 스탠드 수가 많아 각 스탠드 사이 슬래브 바의 길이를 고려하여 공간을 확보해야 한다.

㉢ 따라서, 라인의 길이가 길어지고 압연기 및 부대설비, 건물의 설비비가 증대된다.

㉣ 조압연 패스 회수가 조압연기의 스탠드 수로 결정되므로 슬래브 두께, 범위 등 부하에 제약이 있다.

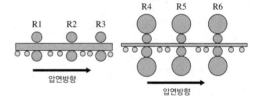

③ 3/4(Three Quarter) 연속식 압연기

㉠ 2단 압연기인 RSB를 R1으로 하고, 4단 압연기 R2를 가역압연하고, R3, R4를 연속적으로 배치한 압연기이다.

㉡ 가역식인 R2에서의 패스는 3~5패스 역전압연을 하며, 다른 스탠드는 1패스씩 압연한다.

㉢ 라인 길이가 대폭 단축되며, 생산성도 전연속식에 비해 떨어지지 않아 많이 사용된다.

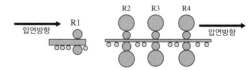

④ 크로스 커플(Cross Couple)식 압연기

　　㉠ 3/4 연속식 압연기에서 후단의 4단 압연기인 R3,
　　　R4를 탠덤(Tandum) 압연기 형식으로 근접하게
　　　배열한 압연기이다.

　　㉡ 조압연 소요 시간이 대폭적으로 단축되며, 설비비
　　　가 저렴하다.

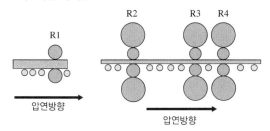

(3) 조압연 설비 및 형태

① 수평 압연기

　　㉠ 열연 공장에서 사용되는 압연기 형태는 롤 배치에
　　　의해 분류된다.

　　　• 2단식 : 작업 롤이 2개로 구성된 압연기

　　　• 4단식 : 작업 롤의 상하부에 직경이 큰 받침 롤
　　　　(BUR ; Back Up Roll)을 갖는 압연기

　　㉡ 직경이 작은 롤의 경우 압연하중 및 동력이 작게
　　　필요하지만, 롤의 굽힘 및 두께 정도를 방해하여
　　　롤의 절손이 발생할 수 있다.

　　㉢ 큰 압연하중은 직경이 큰 받침 롤에서 받도록 하고
　　　비교적 작은 직경의 작업 롤에서 압연하는 4단 압
　　　연기가 조압연 및 사상압연에 사용된다.

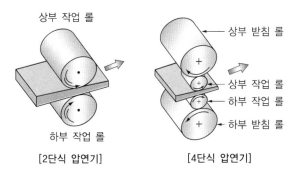

㉣ 4단식 조압연기

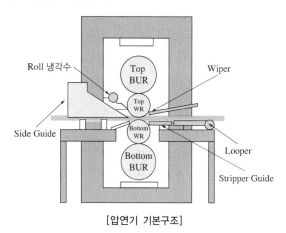

[압연기 기본구조]

　　• 위 그림과 같이 각 2개의 작업 롤, 받침 롤로 구성
　　　된 베어링 및 초크(Chock)를 압연기 하우징(Hou-
　　　sing)에 설치한다.

　　• 압연하는 소재의 두께에 따라 롤 갭(Roll Gap)을
　　　조절하는 데 이는 스크루(Screw)로 작동한다.

　　• 압연 전후로는 소재의 이송 설비인 테이블 롤러
　　　및 소재를 압연기에 정확히 유도하는 사이드 가
　　　이드를 설치한다.

　　• 가열로에서 발생한 스케일 제거 및 조압연 중 발
　　　생되는 스케일을 제거하기 위해 스탠드 입측에
　　　디스케일링 헤더(Descaling Header)를 설치한다.

② VSB(Vertical Scale Breaker) 및 에저(Edger)

　　㉠ VSB(Vertical Scale Beaker) 공정

　　　• 가열로에서 추출된 슬래브는 두꺼운 스케일(1차
　　　　스케일) 층으로 덮여 있어 이를 제거하기 위해
　　　　슬래브 측면에서 압력을 가하여 스케일 층을 균
　　　　열시킨 후 고압의 디스케일링 냉각수를 분사시
　　　　켜 제거하는 공정이다.

　　　• 기계 구조적으로 Edger와 동일하지만 보다 대형
　　　　화하여 1개의 스탠드로 독립시킨 것이다.

　　　• 폭압연 능력이 크며, 이를 위해 Reverse 압연
　　　　혹은 Back Pass 압연 등도 진행한다.

ⓒ 에저(Edger)

수평 롤 하우징에 설치되어 있는 Edger Housing 사이를 슬라이딩하여 움직이는 요크(Yoke), 그 요크 내에 있는 에지 롤(Edge Roll), 베어링 초크 등이 주요 부분으로 상부에 구동 장치를 설치한다.

(4) 조압연 작업

① 조압연 설정 계산 항목
 ㉠ 목표 판 두께 설정
 ㉡ 밀 파워 확인
 ㉢ 패스 횟수의 결정
 ㉣ 압연 속도의 결정
 ㉤ 패스별 압연력 계산
 ㉥ 압하 위치 Draft 보상 계산
 ㉦ 디스케일링 패턴 결정

② 수평 압하
 ㉠ 2단 및 4단 압연기에서 100~300mm 두께의 슬래브는 사상압연기 능력을 고려해 30~50mm 정도의 바 두께로 압연한다.
 ㉡ 슬래브 두께 및 바 두께가 결정되면 각 압연기는 압연량과 가역 압연기의 패스 수가 결정된다.
 ㉢ 압하량은 압연기의 기계적 능력, 통판성을 고려하여야 한다.

③ 속도 설정
 ㉠ 가역식 압연기 속도 제어
  • 반연속식 또는 3/4 연속식 조압연에서는 가역식 압연기의 패스 수와 속도를 설정하여 생산성 향상을 기할 수 있다.
  • 가역 압연기의 일반적인 속도 패턴은 기계적 충격을 가능한 줄이기 위해 판이 물릴 때와 빠질 때의 속도는 낮게 하며, Load on 직후 압연 속도로 가속되었다가 감속한다.

 ㉡ 가역식 압연기의 압연 속도
  • 압연조건에 따른 힘을 체크하여 모터 허용 한도 내에서 압연 속도를 높게 설정한다.

 ㉢ 탠덤 압연기의 속도 제어
  • 크로스 커플식 조압연은 R3, R4가 탠덤 압연이므로, R3, R4 간에 정밀한 속도 제어가 필요하다.
  • 조압연에서 스탠드 간 Loop 또는 Over Tension은 폭불량 및 미스 롤(Miss Roll)의 원인이 된다.
  • R3의 속도는 R4의 속도와 두께로 결정되며, 통판 중 제어는 AMTC(Automatic Minimum Tension Control)에 의해 가능하다.

④ 폭압하
 ㉠ VSM, Edger에 의해 슬래브 폭에서 고객의 원하는 여러 종류의 제품 폭으로 폭압하를 실시한다.
 ㉡ 폭압하 패턴은 전단 강압하, 후단 경압하가 일반적이다.
  • 전단 강압하 : 바 두께가 두꺼울 때 폭압하를 많이 하면 롤과 재료의 사이에서 슬립이 일어나 재료가 앞으로 진행하기 어려워 비틀림이 발생한다.

(a) 정상폭 압연

(b) 비틀림이 발생한 압연

[폭압연 시 비틀림이 발생하는 상황]

- 후단 강압하 : 바 두께가 얇을 때 폭압하를 많이 하면 재료 Buckling에 의해 폭압연 효과가 없어지며, 스키드 마크에 의한 폭변동이 증가한다.

재료 진행 방향

[Buckling이 발생한 압연]

ⓒ Dog Bone은 폭압하로 인해 재료 에지부 부근에 발생하며 폭압연 효율이 나쁘다.

ⓔ 대폭 압하 요구로 인해 자동 판폭 제어(AWC ; Automatic Width Control) 시스템이 도입되었다.

⑤ 디스케일링(2차 스케일 제거장치)

㉠ 1차 스케일을 제거한 바의 표면이 고온이라 곧 재료 표면에 2차 스케일이 발생한다.

㉡ 이 스케일을 제거하지 않을 경우 제품 표면에 스케일에 의한 흠이 발생한다.

㉢ 이를 방지하기 위해 각 스탠드 입측에서 100~150 kg/cm^{2}의 고압수를 분사하는 디스케일링 헤더를 설치한다.

㉣ 에너지 절감을 위해 디스케일링을 사용하지 않는 경우가 많다.

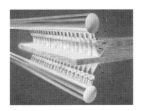

⑥ AWC(Automatic Width Control)

㉠ 초기 스키드 마크에 의한 폭변동 제어가 목적인 장치이다.

㉡ 현재 실수율 향상을 위해 종합적인 폭 제어 장치보다 기능화되어 폭제어, 선단부, 미단부, 폭빠짐 개선, 기타 폭변동에 대한 제어 장치로 사용한다.

ⓒ 조압연 AWC : 조압연기에서 에지 롤의 개도를 제어하는 장치이다.

ⓔ 다듬질 AWC : 사상압연기의 스탠드 간 장력을 제어하는 장치이다.

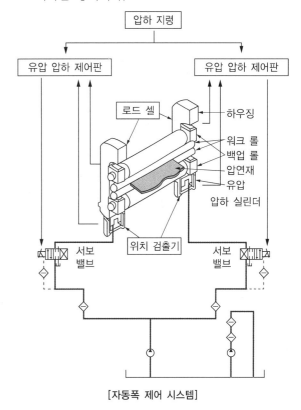

[자동폭 제어 시스템]

㉤ 폭 변동에 영향을 주는 요인
- 슬래브(Slab) 폭의 변동
- 조압연에서 에저 세트에 의한 바(Bar) 폭의 변동
- 스키드 마크 등의 편열
- 사상압연에서의 장력의 변동

6-1. 다음 중 조압연기 배열에 관계없는 것은?

① Semi Continuous(반연속)식
② Full Continuous(전연속)식
③ Four Quarter(4/4 연속)식
④ Cross Couple식

6-2. 열간압연 시의 코일중량이 대체적으로 동일할 때 가장 긴 라인이 필요한 조압연기 배열 방식은?

① 반연속식
② 전연속식
③ 스리쿼터식
④ 스리쿼터식 + 크로스 커플식

6-3. Three Quarter식에서 조압연기군의 후단 2 Stand를 근접하게 배열한 것으로 조압연 소요시간과 테이블 길이가 대폭 단축되어 설비비가 저렴한 특징을 갖는 조압연 설비는?

① 반연속식
② 전연속식
③ RSB Quarter
④ Cross Couple

6-4. 열연공정인 RSB 혹은 VSB에서 행해지는 작업이 아닌 것은?

① 트리밍(Trimming) 작업
② 슬래브(Slab) 폭 압연
③ 슬래브(Slab) 두께 압연
④ 스케일(Scale) 제거

6-5. 조압연기에 설치된 AWC(Automatic Width Control)가 수행하는 작업은?

① 바(Bar)의 두께 제어
② 바의 폭 제어
③ 바의 온도 제어
④ 바의 형상 제어

|해설|

6-1~6-3
조압연기의 종류
• 반연속기 압연기 : 2단 압연기인 RSB와 4단 가역식 압연기 1기(R1)로 구성되어 있는 반연속식 압연기로 R1에서 3~7패스의 가역 압연을 실시하는 압연기이다.
• 전연속기 압연기 : 2단 압연기 3대 R1, R2, R3와 4단 압연기 3대 R4, R5, R6이 연속적으로 배치되어 있는 것으로 소재를 한 방향으로 연속적으로 압연하는 압연기이다.
• 3/4(Three Quarter) 연속식 압연기 : 2단 압연기인 RSB를 R1으로 하고, 4단 압연기 R2를 가역 압연하고, R3, R4를 연속적으로 배치한 압연기이다.
• 크로스 커플(Cross Couple)식 압연기 : 3/4 연속식 압연기에서 후단의 4단 압연기인 R3, R4를 탠덤(Tandum) 압연기 형식으로 근접하게 배열한 압연기이다.

6-4
• RSB : 열연공정의 조압연에서 폭 방향의 수직 롤을 이용하여 슬래브의 스케일을 제거하고 폭과 두께를 조절하는 압연을 수행한다.
• VSB : 2차 스케일 제거장치로 사상압연 전 고압수를 분사하여 표면의 스케일을 제거하는 설비이다.

6-5
• 자동 폭 제어(AWC) : 소재 폭 변동에 대한 제어
• 자동 두께 제어(AGC) : 소재 두께 변동에 대한 제어

정답 6-1 ③ 6-2 ② 6-3 ④ 6-4 ① 6-5 ②

(1) 열간압연 사상압연 개요

① 조압연에서 압연된 재료(Bar)는 6~7 스탠드가 연속적으로 배열된 사상압연기에서 최종 두께로 압연

② **사상압연 설비** : 크롭 시어, FSB, 사상압연기 본체, Delay Table, ROT(Run Out Table), 두께 측정 장치, 폭 측정 장치, 형상 검출기, 온도계 등으로 구성

　㉠ 크롭 시어(Crop Shear) : 전·후단부를 절단하여 사상압연 시 치입성을 양호하게 하는 설비

　㉡ FSB(Finishing Scale Breaker) : 사상압연 전에 스케일을 제거하는 설비

　㉢ 관리 설비 : 보열 커버, 바 에지 히터

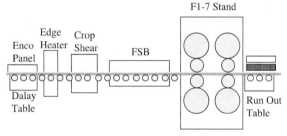

③ 치수 품질 관리를 위해 판 크라운 제어 능력 향상, 형상 제어 능력 향상(작업 롤 시프트, 페어 크로스 등) 형상 제어 압연기 개발

(2) 사상압연 설비

① 크롭 시어(Crop Shear)

　㉠ 구성 장치

　　• 하우징(Housing), 2쌍의 나이프 드럼(Knife Drum) 구동 장치, 나이프 교환 슬레드(Knife Change Sled), 입측 롤러, 슈트(Chute)로 구성

　　• 2쌍의 곡도와 직도를 가지고 곡도는 바의 선단, 직도는 바의 후단을 자르고 잔편은 크롭 슈트(Crop Chute)를 통해 크롭 하우징(Crop Housing) 장치로 하강

　㉡ 역할

　　• 열연 슬래브, 바의 선단 및 미단을 절단하여 사상압연기에서의 통판성을 양호하게 하기 위한 절단 장치의 역할

　　• 조압연기에서 이송되어 온 재료 선단부를 커팅하여 사상압연기 및 다운 코일러(Down Coiler)의 치입성을 좋게 함

　　• 압연재 미단부를 절단하여 박판재 작업성을 개선

　　• 롤 마크(Roll Mark, 저온부가 롤에 물릴 때 흠이 발생하여 판재에 전사된 것) 발생을 방지

　　• 중량이 큰 슬래브를 단중 분할하는 목적으로 절단

② FSB(Finishing Scale Breaker)

　㉠ 사상압연기 전면에서 바 표면에 붙어 있는 2차 스케일을 제거하기 위해 $100{\sim}170\text{kg/cm}^2$의 고압수를 분사하는 설비

　㉡ 노즐의 변형과 마모에 의한 불균일한 분사는 디스케일링 불량을 초래하여 표면 품질 불량이 발생하므로 수명 예측 및 교환 주기를 확인해야 함

③ RSM(Roll Shape Machine), ORG(On-line Roll Grinder)

　㉠ 롤을 온라인 상태에서 연삭을 하는 설비

　㉡ 국부적으로 마모된 부위를 제거함과 동시에 꼬임이나 이물로 인한 롤 마크 결함을 감소시키며 롤이 벗겨져 발생하는 스케일성 결함을 저감하는 장치

④ 사상압연기

　㉠ 사상압연기 배열

　　• 사상압연기 스탠드 수의 결정 요소 : 압연 능력, 압연 품종, 온도 조건, 공정 실수율, 크롭 능력, 압연 속도, 표면 품질, 설비비 등

　　• 6스탠드 배열

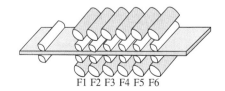

• 7스탠드 배열

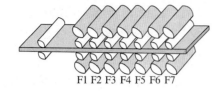

F1 F2 F3 F4 F5 F6 F7

• F0 + 6스탠드 배열

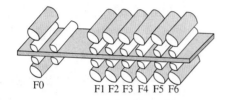

F0   F1 F2 F3 F4 F5 F6

ⓛ 구동 장치

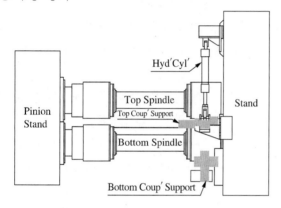

• 구동 장치는 모터에서 작업 롤에 토크를 전달하는 것(동력 전달 장치)
• 토크의 전달 순서 : 모터 → 감속기 → 피니언 스탠드 → 스핀들 → 작업 롤
• 사상압연기 전단 스탠드에서는 감속비를 1 : 3~1 : 1 : 8 정도로 감속
• 감속기 : 메인 모터와 피니언 스탠드 사이에 설치되며 압연력이 큰 경우에 설치가 필요 없음
• 피니언 스탠드(Pinion Stand) : 감속기 또는 모터에서 공급되는 1축의 토크를 상하 각 롤로 분배하는 것으로 1조에 2개의 기어로 구성

• 스핀들(Spindle)
  – 피니언 스탠드에서 분배된 2축의 토크를 각각 상하의 작업 롤로 전달하는 역할, 즉 전동기로부터 피니언과 롤을 연결하여 동력 전달하는 설비
  – 스핀들의 종류
    ⓐ 플랙시블(Flexible) 스핀들 : 높은 토크 전달이 가능하고, 진동·소음이 적으며, 급지가 필요 없음
    ⓑ 유니버설(Universal) 스핀들 : 분괴, 후판, 박판 압연기에 주로 사용

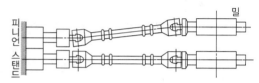

[유니버설 스핀들]

    ⓒ 연결 스핀들 : 롤축 간 거리 변동이 작음

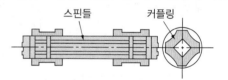

[연결 스핀들]

    ⓓ 기어 스핀들 : 고속 압연기에 유리하고 밀폐되어 내부 윤활유를 유지함이 가능

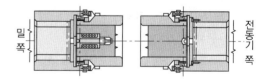

[기어 스핀들]

    ⓔ 슬리브 스핀들 : 슬리브 베어링을 이용한 스핀들
    ⓕ 스핀들은 진동이 적은 기어식이나 플랙시블 식으로 바뀌고 있음
    ⓖ 스핀들의 경사각은 롤 직경에 따라 달라짐

ⓒ 압하 장치(Screw Down)
  • 스크루 다운은 두께의 압하량을 적정 압력으로 조절하면서 압연하는 설비로 2단 감속기 및 웜 기어를 거쳐 스크루를 상하 구동하여 롤 위치를 결정

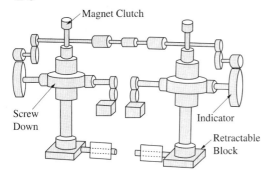

ⓓ 사상압연기 본체
  • 사상압연기 스탠드 간 설비로는 스트리퍼 가이드, 루퍼, 사이드 가이드, 롤 냉각수 헤더, 와이퍼 등이 있으며, 압연기 본체에는 롤 갭을 조정하는 스크루 다운 장치, 하우징 및 롤 구동 장치로 구성

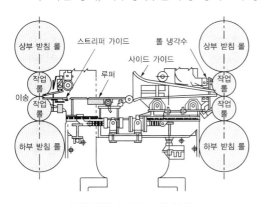

[사상압연기 스탠드 간 설비]

  • 스트리퍼 가이드(Stripper Guide) : 상하 작업 롤 출측에 배치된 유도관으로 압연재가 롤에 감겨 붙지 않도록 하는 기능
  • 루퍼(Looper)
    – 스탠드 간 소재에 일정한 장력을 주어 각 스탠드 간에 압연 상태를 안정시켜 제품 폭과 제품 두께의 변동을 방지하고 오작과 꼬임을 방지

    – 스탠드 간의 소재가 루퍼 롤러 이외에는 접촉하지 않도록 하여 흠 발생을 방지

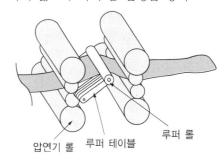

  • 사이드 가이드(Side Guide)
    – 각 다듬질 압연기 입측에 설치되어 스트립 선단을 압연기까지 유도하는 역할
    – 통판 중 판 쏠림을 방지하는 설비로 아이들 롤(Idle Roll) 마모와 변형 방지로 통판성과 품질을 확보

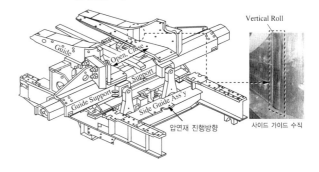

  • 와이퍼(Wiper)
    – 롤 냉각수가 판에 직접 떨어지는 것을 방지
    – 스트리퍼가 직접 롤에 닿아 롤의 긁힘이나 마모를 일으키는 것을 감소
    – 스트립이 롤 사이로 들어가는 것을 막음으로써 오작을 방지
  • 롤 냉각 장치
    – 롤 냉각의 목적은 마모, 표면 거침을 막아 롤 수명을 연장시키는 것
    – 롤로 전달되는 열을 가능한 막아 롤 히트 크라운(Heat Crown)을 안정

– 롤의 온도에 따라 중파, 양파와 같은 형상에
영향을 끼침
- 열간 윤활유 설비 : 압연하중 감소, 압연 동력
감소, 롤 마모 감소 및 롤 표면 거침의 개선을
목적으로 사용

⑤ 런 아웃 테이블(ROT ; Run Out Table)

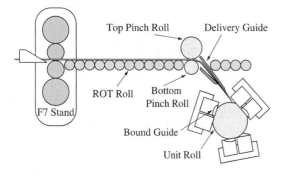

ⓐ 사상압연기를 빠져 나온 스트립을 권취기까지 이
송하는 역할, 즉 최종 사상압연기와 권취기를 연결
하는 설비

ⓑ 핫 런 테이블(Hot Run Table) 위를 달려온 스트립
은 권취기 전에 있는 사이드 가이드 및 핀치 롤에
의해 권취기로 유도되어 맨드릴에 감김

ⓒ 런 아웃 테이블 냉각(라미나 플로, Laminar Flow)
- 열연 사상압연에서 압연된 스트립의 기계적 성
질을 양호하게 하기 위해 적정 권취 온도까지 냉
각시키는 장치
- 스트립을 권취하기 전, 런 아웃 테이블 상에서
주행 중인 스트립의 상하부에 일정한 냉각수를
뿌려 소정의 권취 온도를 확보하며, 요구하는 기
계적 성질을 얻는 장치
- 냉각 방식 : 냉각수를 노즐에서 분사시키는 스프
레이 방식 및 상부에서 저압수로 뿌리는 라미나
(Laminar) 방식으로 구분

[라미나 플로 설비]

(3) 사상압연 작업

① 롤 단위 편성 설계하기
ⓐ 롤 단위 편성 전제조건
- 롤 단위는 사상압연기 작업 롤 교체 시의 슬래브
압연 순서를 정하는 것으로 실수율, 스트립 크라
운, 프로파일 표면 흠 및 판 두께 등 제약이 있음
- 롤 단위 편성 시 우선 롤 교체 직후는 롤 온도가
안정하지 못하므로 조정재로 불리는 비교적 압
연하기 쉬운 사이즈 및 재질의 소재를 편성
- 광폭재, 중간폭, 협폭 순으로, 그리고 스트립의
두께가 두꺼운 것에서 얇은 순으로 결정
ⓑ 롤 단위 편성 기본 원칙
- 단위의 최초에는 열 크라운 형성 및 레벨 확인을
위해 압연하기 쉬운 초기 조정재로 편성
- 작업 롤의 마모 진행 상태를 고려해 광폭재에서
협폭재 순으로 편성
- 동일 치수 및 동일 강종은 모아서 동일 lot로 집약
하여 편성
- 동일 폭 수주량이 많을 경우 작업 롤의 일부만
마모가 진행될 수 있으니 동일 폭 투입량을 제한
- 동일 치수에서 두께 공차 범위 차이가 많으면 큰
쪽에서 작은 쪽으로 편성
- 동일 치수에서 강종이 서로 다를 경우 성질이 연
한 강에서 경한 순으로 편성

- 압연이 어려운 치수인 경우 중간에 일정량의 조정재를 편성하여 롤의 분위기를 최적화시킬 것
- 스트립 표면의 조도 및 BP재는 작업 롤의 표면 거침을 고려하여 가능한 한 롤 단위 전반부에 편성
- 세트의 바뀜이 급격하면 형상, 치수 등의 불량이 발생될 수 있으니 두께, 폭 세트 바뀜량을 규제하고, 관련 기준을 준수해서 편성

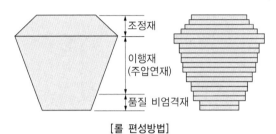

[롤 편성방법]

② 사상압연 패스 스케줄(Pass Schedule)
- ㉠ 정밀한 압하 세트로 정확한 두께를 확보
- ㉡ 용량 흐름 일정 법칙에 의한 각 스탠드별 압하량과 속도 밸런스 유지
- ㉢ 각 스탠드별 모터 부하의 적절한 분배
- ㉣ 사상 출측 온도(FDT)를 목표 온도범위 내로 할 것
- ㉤ 특정 롤의 표면 거침과 마모가 발생하지 않을 것
- ㉥ 통판성이 양호하고 판 형상이 우수할 것
- ㉦ 위 사항을 만족시키는 패스 스케줄을 정하기 위해 각 스탠드에서의 입측, 출측 두께, 압연 속도 등의 관계를 확실히 설정

③ 사상압연기의 부정기 교체 요인
- ㉠ 발생원인
  - 판 표면 이물 흠(Roll Mark) : 롤 표면 부근에 주조 결함이 생길 때
  - 백업 롤(BUR) 편심 : 여러 번의 롤 교체 및 연마 후 많이 사용하였을 때
  - 롤 스폴링(Roll Spalling) : 압연 이상으로 국부적으로 강한 압력이 가해질 때
- ㉡ 예방법 : 내균열성 높은 재질의 롤을 사용

④ 사상압연 속도
- ㉠ 스레딩 속도(Threading Speed) : 판 선단이 사상 각 스탠드를 통과하여 런 아웃 테이블 상에서 가속이 개시되기까지의 속도
- ㉡ 가속 단계 : 압연재 이동 시 온도의 저하를 보상하기 위해 최대로 속도를 가속하는 단계
- ㉢ 고속 압연 단계 : 가속 종료 후 런 아웃 테이블 냉각 능력, 압연기(Mill) 능력, 사상 온도 공차 등을 고려하여 최대 속도로 압연하는 단계
- ㉣ 사상압연기 속도 조정 기구 : 각 롤의 속도 비율은 일정 밸런스를 갖고 일제히 변화시키므로 SSRH, MRH라 불리는 컨트롤러에서 롤의 회전수를 변화
- ㉤ 사상압연 속도 패턴

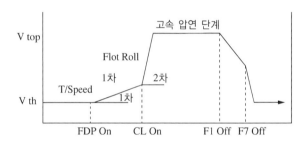

(4) 품질 제어 설비

① 페어 크로스 압연기(Pair Cross Mill)

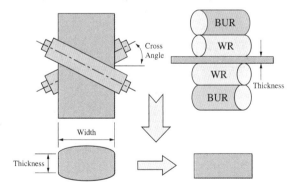

- ㉠ 열연 사상압연기에 설치되어, 상하 작업 롤 및 백업 롤을 상호 크로스(Cross)시켜 소재를 압연하는 설비

    ⓛ 입측 및 출측의 크로스 헤드를 동시에 움직여 받침 롤과 작업 롤을 페어로 동작시키며 압연

    ⓒ 따라서, 페어 크로스 양을 조정함으로써 판 크라운 및 형상을 제어하는 원리

② 자동 두께 제어(AGC ; Automatic Gauge Control)

    ㉠ 압연 중 스트립 두께 변동을 검출하기 위한 장비로, 스크루 다운 블록(Screw Down Block) 하단에 설치된 로드 셀(Load Cell)에 의해 압연의 압력 변화를 검출하여 현재 위치를 탐지한 후 F7 후면에 설치된 X-Ray가 판 두께를 측정해 이 신호를 기반으로 압하 스크루를 자동 제어하여 스트립의 두께를 목표 두께로 제어하는 장치

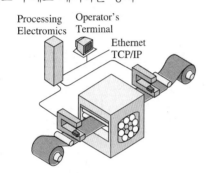

[자동 두께 게이지]

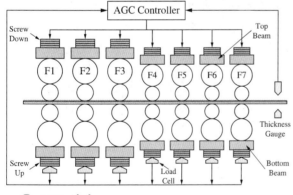

    ⓛ AGC 설비

      • 스크루 다운(Screw Down) : AGC 유지 컨트롤과 병행하여 롤 갭 설정

      • 상부 빔(Top Beam) : 압연 소재의 두께에 따라 유압으로 롤 갭을 설정하는 장치

      • 하부 빔(Bottom Beam) : 빔 상부에 백업 롤 및 슬레드(Sled)를 안착하는 지지대

      • 스크루 업(Screw Up) : 내부에 로드 셀(Load Cell)이 내장되어 롤이 받는 힘을 검출하며 압연 패스 라인(Pass Line)을 조정

      • 로드 셀(Load Cell) : 소재가 롤 사이를 통과할 때 발생하는 압하력을 측정하는 설비

    ⓒ 판의 압연에서 판의 두께에 영향을 주는 인자

      • 재료의 유동 응력 특성

      • 재료의 초기 치수

      • 롤의 특성

      • 전후방 인장

      • 롤 설치

      • 압연기의 강성

③ 롤 벤더(Roll Bender)

    ㉠ 유압 밸런스 실린더를 통해 압연 중 발생하는 롤의 힘을 유압으로 상하 실린더를 통하여 힘을 교정하는 장치

    ⓛ 다음 그림과 같이 벤더를 증가시키면 크라운(Crown)은 감소하고, 벤더를 감소시키면 크라운은 증가

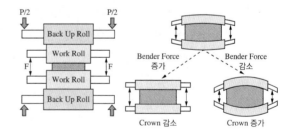

④ ORG(On-line Roll Grinder)

    ㉠ 압연 시 롤은 마찰로 인해 표면 손상 및 롤 표면의 불균형적 마모로 압연재 표면 품질에 영향을 미침

    ⓛ 온라인 상태에서 적당한 표면이 나올 때까지 생산 설비 내에서 롤을 분해하지 않고 저속으로 연삭하는 장치

ⓒ 압연기 내 설치된 지석을 압력이 가한 상태에서 회전시키고 롤 방향으로 오실레이션(Oscillation) 구동하는 것에 의해 롤을 연삭

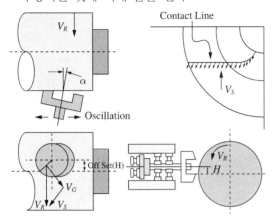

(5) 루퍼(Looper) 제어 시스템

① 루퍼는 사상압연 스탠드와 스탠드 사이에서 압연재의 장력과 루프를 제어하여 전후 균형의 불일치로 인한 요인을 보상하여 통판성 향상 및 조업 안정성을 도모

② 소재 트래킹, 루프 상승 제어 기능, 소프트 터치 제어 기능, 소재 장력 제어 기능, 루퍼 각도 제어 기능, 루퍼 각도와 소재 장력 간 비간섭 제어 기능 등의 기능을 수행

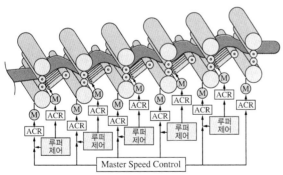

• Master Control PLC : 압연기 구동 모터를 제어하여 롤의 속도를 제어하는 PLC
• ACR : Automatic Current Regulator
• ASR : Automatic Speed Regulator

[사상압연 공정 시스템의 개략도]

(6) 자동 평탄도 제어(AFC ; Automatic Flatness Control System)

① AFC 제어의 기본 요소는 기울기, 벤딩, 롤 시프팅, 냉각 및 다양한 액추에이터 등의 제어로 구성

② 스트립 형상이 조악한 경우에도 스트립 파손이 효과적으로 방지됨

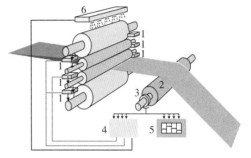

1. Roll Bending Jacks
2. Stressometer Measuring Roll
3. Signal Transmission
4. Control Equipment
5. Display Unit For Strip Shape
6. Roll Coolant Switching Device

[자동 평탄도 제어 시스템]

7-1. 크롭 시어의 역할을 설명한 것 중 틀린 것은?

① 중량이 큰 슬래브의 단중 분할하는 목적으로 절단한다.

② 압연재의 중간 부위를 절단하여 후물재의 작업성을 개선한다.

③ 경질재 선후단부의 저온부를 절단하여 롤 마크 발생을 방지한다.

④ 조압연기에서 이송되어온 재료 선단부를 커팅하여 사상압연기 및 다운 코일러의 치입성을 좋게 한다.

7-2. 중후판 압연작업에서 생성되는 2차 스케일(Scale)을 제거하는 장치는 어느 곳에 있는가?

① 균열로 출측　　　　② 압연기 본체

③ 냉각대 앞　　　　　④ 열처리 작업 전

7-3. 스핀들 형식 중 높은 토크(Torque)의 전달이 가능하고, 진동·소음이 적으며, 급지가 필요 없는 것은?

① 유니버설 조인트식(Universal Joint Type)

② 플렉시블식(Flexible Type)

③ 기어식(Gear Type)

④ 슬리브식(Sleeve Type)

7-4. 완성압연기에서 압연 중 소재의 장력을 일정하게 유지해 주는 설비는?

① 루퍼 테이블(Looper Table)

② 맨드릴(Mandrel)

③ 스트리퍼(Stripper)

④ 장력 릴(Tension Reel)

7-5. 코일러(Coiler)는 사상압연으로부터 보내진 판을 감기 위한 장치이다. 코일러 설비와 가장 관계가 없는 것은?

① 사이드 가이드(Side Guide)

② 핀치 롤(Pinch Roll)

③ 맨드릴(Mandrel)

④ 와이퍼(Wiper)

7-6. 소재의 권취 온도를 제어하기 위한 냉각장치가 설치되는 곳은?

① 가열로와 조압연 사이

② 조압연과 다듬질 압연 사이

③ 다듬질 압연과 코일러 사이

④ 각 스탠드 사이

7-7. 사상압연에서 상하부 보조 롤과 작업 롤을 반대 방향으로 각도를 변경함으로써 기계적인 크라운을 이용하여 판 크라운을 목표치로 제어하기 위한 장치는?

① 벤더(Bender)

② 페어 크로스(Pair Cross)

③ 루퍼(Looper)

④ 로드 셀(Load Cell)

7-8. 압연 두께 자동제어(AGC)의 구성 요소 중 압하력을 측정하는 것은?

① 위치검출기　　　　② 로드 셀

③ 서브밸브　　　　　④ 굽힘블록

7-9. 후판압연작업에서 평탄도 제어방법 중 롤 및 압연상황에 대응하여 압연하중에 의한 롤의 휘어지는 반대 방향으로 롤이 휘어지게 하여 압연판 형상을 좋게 하는 장치는?

① 롤 스탠드(Roll Stand)

② 롤 교체(Roll Change)

③ 롤 크라운(Roll Crown)

④ 롤 벤더(Roll Bender)

|해설|

7-1

크롭 시어(Crop Shear) : 사상압연기 초입에 설치되어 슬래브의 선단 및 미단을 절단하여 롤 마크 발생을 방지하고 치입성을 좋게 한다(중간부위를 절단하는 것과는 관계가 없음).

7-2

2차 스케일 제거장치(디스케일러, FSB) : 사상압연 전에 스케일을 제거하는 설비

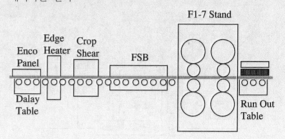

|해설|

7-3

스핀들의 종류

- 플렉시블(Flexible) 스핀들 : 높은 토크 전달이 가능하고, 진동·소음이 적으며, 급지가 필요 없음
- 유니버설(Universal) 스핀들 : 분괴, 후판, 박판압연기에 주로 사용
- 연결 스핀들 : 롤축 간 거리 변동이 작음
- 기어 스핀들 : 고속 압연기에 유리하고 밀폐되어 내부 윤활유를 유지함이 가능
- 슬래브 스핀들 : 슬리브 베어링을 이용한 스핀들

7-4

② 맨드릴 : 권취된 코일을 맨드릴로부터 인출이 가능하도록 세그먼트(Segment)가 이동하여 맨드릴 경을 변화시킬 수 있는 구조
③ 장력 릴(텐션 릴) : 스트립의 표면에 장력을 주며 릴에 감아주는 설비
④ 스트리퍼 : 상하작업 롤 출측에 배치된 유도관으로 압연재가 롤에 감겨 붙지 않도록 하는 기능

7-5

권취설비

- 맨드릴(Mandrel) : 권취된 코일이 감기는 곳으로 맨드릴 경이 변화될 수 있도록 되어 있다.
- 핀치 롤(Pinch Roll) : 수평으로 진입해오는 스트립 선단을 밑으로 구부려 맨드릴에 스트립이 감기기 쉽게 함과 동시에 일정한 장력을 유지시켜 코일을 타이트하게 감기게 한다.
- 유닛 롤(Unit Roll) : 맨드릴 가이드와 더불어 스트립 선단을 맨드릴 주위에 유도하는 것과 동시에 스트립을 맨드릴에 눌러 스트립과 맨드릴 간의 마찰력을 발생시키는 역할을 한다.
- 사이드 가이드(Side Guide) : 스트립을 가운데로 유도하기 위해 사용하는 설비이다.

7-6

런 아웃 테이블 냉각(라미나 플로, Laminar Flow)

- 열연 사상압연에서 압연된 스트립의 기계적 성질을 양호하기 위해 적정 권취 온도까지 냉각시키는 장치
- 스트립을 권취하기 전에 런 아웃 테이블 상에서 주행 중인 스트립의 상하부에 일정한 냉각수를 뿌려 소정의 권취 온도를 확보하며, 요구하는 기계적 성질을 얻는 장치
- 냉각 방식 : 냉각수를 노즐에서 분사시키는 스프레이 방식 및 상부에서 저압수로 뿌리는 라미나(Laminar) 방식으로 구분

7-7

사상압연설비

- 크롭 시어 : 소재의 선단 및 미단 절단
- 사이드 가이드 : 소재를 압연기까지 유도
- 스케일 브레이커 : 산화물층 제거
- 롤 벤더 : 스트립 형상 제어
- 페어 크로스 : 판 크라운의 제어
- 루퍼 : 소재의 전후 밸런스 조절

7-8

자동 두께 제어(AGC ; Automatic Gauge Control)

- 압연 중 스트립 두께 변동을 검출하기 위한 장비로, 스크루 다운 블록(Screw Down Block) 하단에 설치된 로드 셀(Load Cell)에 의해 압연의 압력 변화를 검출하여 현재 위치를 탐지한 후 F7 후면에 설치된 X-Ray가 판 두께를 측정해 이 신호를 기반으로 압하 스크루를 자동 제어하여 스트립의 두께를 목표 두께로 제어하는 장치
- AGC 설비
  - 스크루 다운(Screw Down) : AGC 유지 컨트롤과 병행하여 롤 갭 설정
  - 상부 빔(Top Beam) : 압연 소재의 두께에 따라 유압으로 롤 갭을 설정하는 장치
  - 하부 빔(Bottom Beam) : 빔 상부에 백업 롤 및 슬레드(Sled)를 안착하는 지지대
  - 스크루 업(Screw Up) : 내부에 로드 셀(Load Cell)이 내장되어 롤이 받는 힘을 검출하며 압연 패스 라인(Pass Line)을 조정

7-9

롤 벤더(Roll Bender)

- 유압 밸런스 실린더를 통해 압연 중 발생하는 롤의 휨을 유압으로 상하 실린더를 통하여 휨을 교정하는 장치
- 벤더를 증가시키면 크라운(Crown)은 감소하고, 벤더를 감소시키면 크라운은 증가

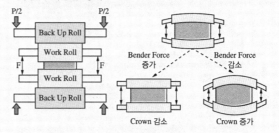

정답 7-1 ② 7-2 ② 7-3 ② 7-4 ① 7-5 ④
7-6 ③ 7-7 ② 7-8 ② 7-9 ④

(1) 열간압연 냉각

① 냉각 제어의 개요

　㉠ 열연공정의 다듬질 온도인 FDT(Finishing Delivery Temperature)를 읽어 CT(Cooling Temperature)를 원하는 목표 온도에 맞추도록 적절한 제어 작용을 하는 시스템

　㉡ 강의 인장강도, 항복강도, 연신율과 같은 기계적 특성을 결정하는데 큰 영향을 미침

② 압연 온도와 제품의 기계적 성질과의 관계

　㉠ 제품의 기계적 성질은 다음 그림과 같이 강의 화학 성분, 사상압연 온도에 의해 결정

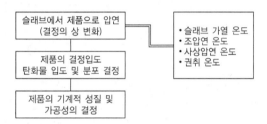

　㉡ 사상압연 온도는 Ar_3 변태점 직상에서 압연하는 것이 미세하고 균일한 정립 조직의 결정립을 얻으며, 연신율이 큰 재질로 되며, A_1 변태점 이하에서 권취하는 것이 필요

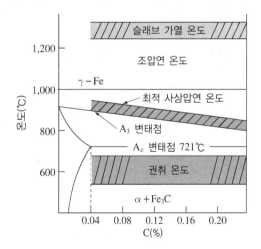

[최적의 사상압연 온도]

　㉢ 냉각 방식 : 냉각수를 노즐에서 분사시키는 스프레이 방식 및 상부에서 저압수로 뿌리는 라미나(Laminar) 방식으로 구분

(2) 열간압연 권취

① 권취공정 개요

　㉠ 권취기(Coiler) : 최종 사상압연기를 통과한 스트립을 코일 모양으로 감는 설비

　㉡ 권취는 박판용, 일반 사이즈용, 극후 고장력강용 3가지 종류로 분류 가능

　㉢ 권취기가 갖추어야 할 성질

　　• 강한 강성

　　• 반복되는 충격력에 견디는 고강도

　　• 설비 보전이 용이한 기구

　　• 고장 발생 확률이 낮은 기구

② 권취기를 구성하는 주요 장치

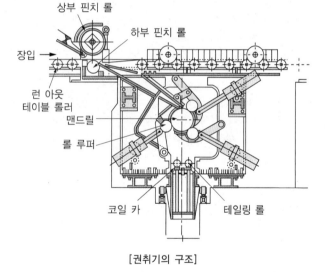

[권취기의 구조]

　㉠ 사이드 가이드

　　• 스트립을 폭 방향 중심으로 맞추어 텔레스코프가 없는 코일을 만들기 위하여 설치

- 텔레스코프(Telescope) : 코일의 에지(Edge)가 맞지 않는, 즉 내부가 돌출되어 밖으로 권취된 형태로 사행형과 사발형이 있다. 스트립 캠버(Camber), 맨드릴(Mandrel)과 유닛 롤(Unit Roll)의 평행도 불량 등 설비의 문제로 발생한다.

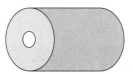 

(a) 정상적으로 권취된 코일　　(b) 텔레스코프 발생 코일

[텔레스코프의 형상]

ⓛ 맨드릴(Mandrel)
- 맨드릴은 권취된 코일을 맨드릴로부터 인출이 가능하도록 세그먼트(Segment)가 이동하여 맨드릴 경을 변화시킬 수 있는 구조이다.
- 맨드릴 구동은 감속기를 통한 모터에 의해 구동된다.

ⓒ 유닛 롤(Unit Roll)
- 유닛 롤은 맨드릴이 사이드 가이드와 함께 스트립 선단을 맨드릴의 원주에 유도함과 동시에 스트립을 맨드릴에 눌러서 스트립과 맨드릴 간에 마찰력을 발생시키는 역할을 한다.
- 슬라이드식 유닛 롤 : 구조가 간단하고 정비 및 보수가 간편하다.
- 스윙식 유닛 롤 : 각각의 유닛 롤을 독립적으로 설치·제어할 수 있다.

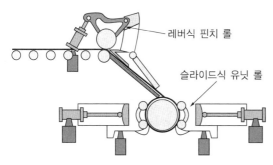

[레버식 핀치 롤 및 슬라이드식 유닛 롤의 구조]

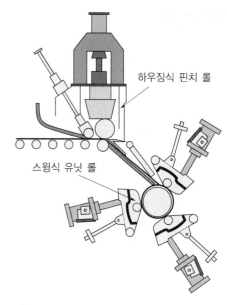

[하우징식 핀치 롤 및 스윙식 유닛 롤의 구조]

ⓡ 핀치 롤
- 스트립 선단을 오버 가이드의 방향으로 유도 및 스트립의 미단이 사상압연기 최종 스탠드를 빠져나온 후에 후방 장력(Back Tension)을 부여하는 역할을 하며, 핀치 롤 갭을 조정하며 권취 형상을 확보할 수 있다.
- 핀치 롤은 상하 1대의 롤로 구성되어 있으며, 하부 롤에 비하여 상부 롤의 경이 크고, 상하 롤 간에 10~20° 정도의 오프셋(Off Set) 각도 θ를 주게 되고, 이로 인해 핫 런 테이블을 주행해 온 스트립 선단을 쉽게 하향시킬 수 있다.

ⓜ 코일 인출 장치
- 권취 완료된 코일은 맨드릴에서 인출되어 다음 공정으로 연결되는 컨베이어로 이송된다.
- 권취가 완료되면 코일 카(Coil Car)의 지지 롤(Cradle Roll)을 상승시켜 코일을 지지하고 그 후에 맨드릴 경을 축소시켜 코일 카에 의해 코일을 밖으로 인출된다.
- 다음으로 코일은 회전 장치(Up Ender)에 의하여 컨베이어에 옮겨진다.

(3) 열간압연 정정

① 정정 개요

ㄱ 정정 공정의 기능
- 사상압연 후 냉각장에 분기 후 냉각시킨 제품을 검사
- 다음 공정이나 수요에 맞는 치수, 형상, 표면 성상, 중량을 조정
- 코일을 관리, 운반 결속, 포장, 제품 표시, 출하 관리 등을 포함하는 공정

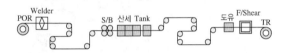

ㄴ 정정 공정 라인의 기능
- 스킨 패스 라인(Skin Pass Line) : 경미한 냉간압연에 의한 평탄도 표면 성상 및 기계적 성질을 개선
- 디바이딩 라인(Dividing Line) : 수요자의 요구에 따라 단중으로 코일을 분할 또는 스트립 양에지를 연속 트리밍
- 파이널 라인(Final Line) : 권취된 상태 그대로 냉각시킨 코일을 수작업 또는 자동 포장 설비에 의해 포장
- 시어 라인(Shear Line) : 소정의 폭, 길이, 시트로 절단하고 품질을 판정·선별
- 슬리터 라인(Slitter Line) : 광폭의 코일을 폭방향으로 분할하여 협폭의 대강을 만듦
- 산세 라인(Pickling Line) : 염산 또는 황산을 이용하여 코일 표면의 스케일을 제거

ㄷ 코일 냉각 야드(Coil Yard)
- 핫 코일은 500℃ 전후의 온도를 가지며, 자연 냉각시킬 경우 상온까지 2~4일 정도 소요
- 정정 소재인 핫 코일의 표면온도가 정정 작업 시 곱쇠 발생 및 롤의 열 크라운(Thermal Crown)에 영향을 미쳐 평탄도 불량의 인자로 작용하므로 냉각이 필요
- 냉각 방식에는 자연 공랭과 팬을 이용한 강제 공랭이 있으며, 현재는 냉연재에 한해 물에 의한 강제 냉각 방식을 채택

② 산세(Pickling Line)

ㄱ 산세 개요
- 열연 코일이 가열과정과 열간압연과정에서 강판 표면에 산화철이 생성되므로 강판 표면의 산화철을 염산(HCl)이나 황산(H_2SO_4)으로 제거하는 과정
- 산세 라인을 통과하는 코일은 산세 후 출하되는 산세 코일을 제외하면 거의 대부분 냉연용 코일이며, 냉연 또는 열연공정에 포함

ㄴ 열연 코일 표면 산화철 제거
- 열연 코일은 사상 온도 800~900℃에서 열간압연되므로, 이 상태에서 냉간압연 시 산화철의 압입에 의해 표면 재질이 거칠게 되고, 제품의 미관을 손상시킴
- 또한 스케일은 경도가 높지만 늘어나지 않기 때문에 성형 가공을 하면 스케일은 박리되지만, 기지에 결함으로 남기도 하여 표면 성상을 악화시킴

- 스케일의 조성은 기지 위에 FeO, Fe_3O_4, Fe_2O_3 의 3가지 층으로 구성

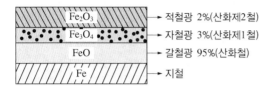

- 강판 표면의 산화철은 염산이나 황산으로 제거 하는데, 염산이 황산보다 약 1.5배 산세력이 우수하여 최근 염산을 주로 사용

ⓒ 산세방법별 반응식

구분	반응식
염산 산세법	$Fe + 2HCl \rightarrow FeCl_2 + H_2$ $FeO + 2HCl \rightarrow FeCl_2 + H_2O$ $Fe_2O_3 + 6HCl \rightarrow 2FeCl_3 + 3H_2O$ $Fe_3O_4 + 8HCl \rightarrow 3FeCl_3 + 4H_2O$
황산 산세법	$Fe + H_2SO_4 \rightarrow FeSO_4 + H_2 \uparrow$ $FeO + H_2SO_4 \rightarrow FeSO_4 + H_2O$ $Fe_2O_3 + 3H_2SO_4 \rightarrow Fe_2(SO_4)_3 + 3H_2O$ $Fe_3O_4 + 4H_2SO_4 \rightarrow FeSO_4 + Fe_2(SO_4)_3 + 4H_2O$ $Fe_2(SO_4)_3 + Fe \rightarrow 3FeSO_4$

ⓔ 산세 공정

③ **조질압연(Skin Pass)**

ⓐ 조질압연의 목적

- 열간압연된 코일 그대로는 곱쇠(Coil Break)가 발생될 위험이 있고, 평탄도도 좋지 않아 핫 스킨 패스(Hot Skin Pass) 공정에서 적당한 압하력을 가해 연신율 0.1~4.0% 정도의 가벼운 냉간압연을 실시
- 형상 교정 : 폭 방향으로 평평(Flat)한 형상으로 교정
- 판의 기계적 성질을 개선하여 표면 성상을 개선
- 표면에 조도를 부여

ⓑ 조질압연의 기능

- 평탄도의 교정
- 기계적 성질의 개선
- 표면 성상의 개선
- 기타
  - 코일 중량 조정
  - 코일 내경, 외경 권취 형상의 교정
  - 치수, 표면, 형상검사

ⓒ 조질압연 설비

스킨 패스 압연기의 일반적인 설비 배치는 코일 삽입 설비, 페이 오프 릴, 압연기 본체, 코일의 TOP 및 Tail부를 절단하는 크롭 시어, 코일을 권취하는 텐션 릴 그리고 권취 코일의 인출 설비 등으로 구성

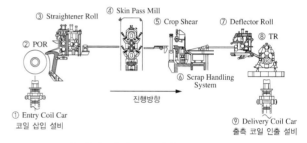

- 코일 삽입 설비 : 코일을 페이 오프 릴(Pay Off Reel)에 삽입하기 위한 설비로 코일 컨베이어와 코일 카 등이 있음
- 페이 오프 릴(Pay Off Reel, POR) : 코일을 되풀어 보내주는 설비로, 코일을 풀 때 발생하는 곱쇠(Coil Break)를 방지하기 위해 맨드릴(Mandrel) 상부에 통상 프레스 롤을 설치
- 스트레이너 롤(Straightener Roll) : 2개의 하부 롤과 1개의 상부 롤로 구성되어, 페이 오프 릴에서 되풀려진 스트립의 스레딩(Threading)을 용이하게 하기 위해 Top, End부를 거의 평평(Flat)하게 하는 목적으로 사용
- 스킨 패스 압연기 본체 : 상하 작업 롤로 구성된 2중식, 또는 작업 롤과 받침 롤이 상하 각 2본씩 구성되어 있는 4중식으로 구성

- 크롭 시어(Crop Shear) : 코일의 분할, 선단 및 미단의 불건부를 절단하는 데 사용
- 스크랩 핸들링 시스템(Scrap Handling System) : 시어에서 잘라진 선단 및 미단부의 절단부를 스크랩 버켓까지 운반하는 롤러 테이블 형태의 컨베이어
- 디플렉터 롤(Deflector Roll) : 상부 롤과 하부 롤로 구성되어 있으며 모터로 상부 롤을 구동하여 스트립 선단부를 텐션 릴에 안내하며, 통판 시에는 롤을 상승시키고, 하부 롤은 모터에 의해 구동하지 않고 스트립의 방향만 하향으로 해주는 역할
- 텐션 릴(Tension Reel) : 형상 교정을 완료한 코일은 소정의 장력으로 텐션 릴에 권취
- 출측 코일 인출 설비 : 라인 출측의 코일 인출 설비로는 코일 카와 코일 컨베이어 설비가 설치되어 있으며, 컨베이어 상에서 평량, 결속, 제품 표시 작업을 실시

10년간 자주 출제된 문제

8-1. 열연 공장의 권취기 입구에서 스트립을 가운데로 유도하여 권취 중 양단이 들어가고 나옴이 적게 하여 권취 모양이 좋은 코일을 만들기 위한 설비는?

① 맨드릴(Mandrel)
② 핀치 롤(Pinch Roll)
③ 사이드 가이드(Side Guide)
④ 핫 런 테이블(Hot Run Table)

8-2. 권취 시점이나 권취 완료 후 권취기 주위에 붙어서 열리고 닫히면서 권취를 도와주는 롤은?

① 크레들 롤(Cradle Roll)
② 런 아웃 테이블 롤(ROT Roll)
③ 핀치 롤(Pinch Roll)
④ 유닛 롤(Unit Roll)

8-3. 정정 라인(Line)의 기능 중 경미한 냉간압연에 의해 평탄도, 표면 및 기계적 성질을 개선하는 설비는?

① 산세 라인(Pickling Line)
② 시어 라인(Shear Line)
③ 슬리터 라인(Slitter Line)
④ 스킨 패스 라인(Skin Pass Line)

|해설|

8-1
권취설비
- 맨드릴(Mandrel) : 권취된 코일이 감기는 곳으로 맨드릴 경이 변화될 수 있도록 되어 있다.
- 핀치 롤(Pinch Roll) : 수평으로 진입해오는 스트립 선단을 밑으로 구부려 맨드릴에 스트립이 감기기 쉽게 함과 동시에 일정한 장력을 유지시켜 코일을 타이트하게 감기게 한다.
- 유닛 롤(Unit Roll) : 맨드릴 가이드와 더불어 스트립 선단을 맨드릴 주위에 유도하는 것과 동시에 스트립을 맨드릴에 눌러 스트립과 맨드릴 간의 마찰력을 발생시키는 역할을 한다.
- 사이드 가이드(Side Guide) : 스트립을 가운데로 유도하기 위해 사용하는 설비

8-2
권취설비
- 핀치 롤 : 스트립 앞부분 유도
- 트랙 스프레이 : 코일 냉각
- 유닛 롤 : 권취기를 열고 닫는 역할
- 맨드릴 : 코일 인출

8-3
- 스킨 패스 라인
  - 평탄도의 교정
  - 기계적 성질의 개선
  - 표면 성상의 개선
- 슬리터 라인 : 스트립의 종 방향으로 분할하여 폭이 좁은 코일 제작
- 시어 라인
  - 판재의 길이를 정해진 수치로 절단
  - 소재 선후단의 형상불량부 제거
  - 후공정의 미스 롤(Miss Roll) 발생 시 크롭

정답 8-1 ③ 8-2 ④ 8-3 ④

03 CHAPTER 냉간압연

핵심이론 01 | 냉간압연 공정설계

(1) 냉간압연 일반

일반적으로 제선, 제강, 연속주조, 열간압연, 냉간압연의 각 공정을 거쳐 다양한 냉연 강판 및 도금용 강판을 제조하고 있다.

① 장점

　㉠ 표면이 미려하다.

　㉡ 평탄도가 양호하다.

　㉢ 가공성이 우수하다.

　㉣ 두께 정도가 우수하다.

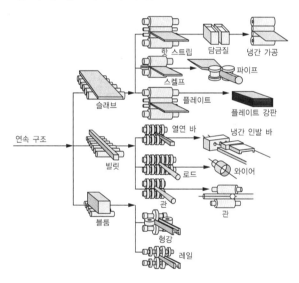

② 제조공정

소재(Strip) → 산세(PL) → 냉간압연(TCM) → 전해청정(ECL) → 풀림(소둔)(BAF, CAL) → 조질압연(SPM) → 정정 → 도금(CAL)

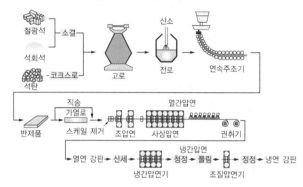

　㉠ 냉간압연은 일반적으로 열연소재로부터 산세, 냉간압연, 풀림, 조질압연, 정정의 과정을 거쳐 최종 제품을 제조함

　㉡ 최근 생산의 효율성과 유연성을 감안하여 'PCM, CAL, 정정'의 3단계로 축소되었으며, 현재는 단일 공정으로 통합하려는 시도가 이루어지고 있음

　㉢ 산세공정 : 제품 표면 산화물(Scale)을 산 용액으로 제거하여 표면을 깨끗하게 해주는 공정

　㉣ 압연공정 : 산세 처리된 스트립이 냉간압연기를 통과하여 수요자가 요구하는 제품의 수치로 압연해주는 공정

　㉤ 청정공정 : 풀림공정에 앞서 소재의 표면에 부착된 압연유, 철분 등의 오염물을 제거하여 표면을 깨끗하게 해주는 공정

　㉥ 풀림공정 : 냉간압연기를 통과한 소재의 재질을 연화시키기 위한 열처리공정

Ⓢ 조질압연공정 : 풀림을 마친 강판의 기계적 성질 및 표면 성상 개선을 위해 가벼운 냉간압연을 하는 공정

◎ 정정공정 : 제품생산의 최종공정으로 수요자가 요구하는 제품 치수 및 정밀도를 높이기 위해 사이드 트리밍 및 단중 분할을 하는 공정

③ 압연용 소재의 종류

소재명	설명	크기
슬래브 (Slab)	단면이 장방형인 반제품 (강판 반제품)	• 두께 : 50~150mm • 폭 : 600~1,500mm
블룸 (Bloom)	사각형에 가까운 단면을 가진 반제품(봉형강류 반제품)	• 약 150mm × 150mm~ 250mm × 250mm
빌릿 (Billet)	단면이 사각형인 반제품 (봉형강류 반제품)	• 약 40mm × 50mm~ 120mm × 120mm
스트립 (Strip)	코일 상태의 긴 대강판재 (강판 반제품)	• 두께 : 0.15~15mm • 폭 : 400~2,500mm
시트 (Sheet)	단면이 사각형인 판재(강판 반제품)	• 두께 : 0.75~15mm
시트 바 (Sheet Bar)	분괴압연기에서 압연한 것을 다시 압연한 판재 (강판 반제품)	• 폭 : 200~400mm
플레이트 (Plate)	단면이 사각형인 판재(강판 반제품)	• 폭 : 20~450mm
틴 바 (Tin Bar)	블룸을 분괴, 조압연한 석도 강판의 재료(강판 반제품)	• 외판용 : 길이 5m 내외
틴 바 인코일 (Tin Bar In Coil)	틴 바와 같은 소재를 코일 모양으로 감은 것(강판 반제품)	• 두께 : 1.9~1.2mm • 폭 : 200mm • 중량 : 2~3t
후프 (Hoop)	강판을 폭이 좁은 형상의 띠 모양으로 절단 가공하여 코일로 감아놓은 강대의 반제품(강관용 반제품)	• 두께 : 3mm 이하 • 폭 : 600mm 미만
스켈프 (Skelp)	빌릿을 분괴, 조압연한 용접강관의 소재로 양단이 용접에 편리하도록 85~88°로 경사져 있음(강관용 반제품)	• 두께 : 2.2~3.4mm • 폭 : 56~160mm • 길이 : 5m 전후

④ 압연 제품의 용어

품목	용어	설명
냉간압연 강판	CR	일반적인 냉연공정을 거친 강판
석도용 원판	BP	CR과 유사하나 석도 강판에 적합하도록 제조된 저탄소강의 강판 및 강대
산세 처리 강판	PO	산세 처리 후 오일링한 제품 [PO(산세 코일)의 특징] • 균일하고 미려한 은백색의 표면 사상 • 표면의 고(高)청정성 • 수소가스의 표면 침투에 의한 경화현상 미발생 등 황산용액으로 산세한 제품보다 표면 특성이 우수함
미소둔 강판	FH	산세공정에서 스케일이 제거된 열연 코일을 고객이 요구하는 소정의 두께 확보를 위하여 상온에서 냉간압연한 제품
석도 강판	TP	석도용 원판에 주석도금 처리한 강판
냉간압연 용융아연 도금 강판	CGI	냉간압연 코일 또는 산세 처리한 열연 코일을 연속 용융도금 라인(GCL)에서 열처리하여 소정의 재질을 확보한 후 아연욕에 통과시켜 도금한 강판
열간압연 용융아연 도금 강판	HGI	산세 처리한 열연 코일을 연속 용융도금 라인에서 열처리하여 소정의 재질을 확보한 후 아연욕에 통과시켜 도금한 강판
전기아연 도금 강판	EGI	냉연 강판을 재료로 내식성 및 도장성을 개선하기 위하여 전기도금을 한 제품
전기 강판	GO	방향성 전기 강판
	NO	무방향성 전기 강판

1-1. 냉간압연에 대한 설명으로 틀린 것은?

① 치수가 정확하고 표면이 깨끗하다.
② 압연작업의 마무리작업에 많이 사용된다.
③ 재료의 두께가 얇은 판을 얻을 수 있다.
④ 열간압연판에서는 이방성이 있으나 냉간압연판은 이방성이 없다.

1-2. 냉간압연의 일반적인 공정 순서로 옳은 것은?

① 열연 Coil → 산세 → 정정 → 냉간압연 → 표면청정 → 풀림 → 조질압연
② 열연 Coil → 산세 → 냉간압연 → 정정 → 표면청정 → 풀림 → 조질압연
③ 열연 Coil → 산세 → 냉간압연 → 표면청정 → 풀림 → 조질압연 → 정정
④ 열연 Coil → 산세 → 냉간압연 → 표면청정 → 풀림 → 정정 → 조질압연

1-3. 금속의 판재를 압연할 때 열간압연과 냉간압연을 구분하는 것은?

① 변태 온도
② 용융 온도
③ 연소 온도
④ 재결정 온도

|해설|

1-1
열간압연은 재결정 온도 이상의 압연이므로 이방성이 없으나 냉간압연은 재결정 온도 이하의 압연이므로 이방성이 있다.

1-2
냉연 강판 제조공정 순서
열연 코일 → 산세(스케일제거) → 냉간압연 → 전해청정(표면청정) → 풀림(소둔) → 조질압연(Skin Pass Rolling) → 되감기(리코일링) → 전단(Shearing Line)

1-3
• 열간압연 : 재결정 온도 이상에서의 압연
• 냉간압연 : 재결정 온도 이하에서의 압연

정답 1-1 ④ 1-2 ③ 1-3 ④

핵심이론 02 | 냉간압연 산세

(1) 산세의 정의

① 열간압연 시 생성된 제품의 표면산화물(Scale)을 산용액으로 제거하여 표면을 깨끗하게 해주는 공정을 뜻한다.

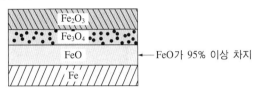

[스케일 층의 구성]

② 스케일 제거방법
  ㉠ 기계적 방법 : 벤딩 또는 브러시, 쇼트 블라스트, 그라인더 등의 방법을 통해 표면의 스케일을 제거한다.
  ㉡ 화학적 방법 : 염산이나 황산을 사용하여 화학적으로 스케일을 제거한다.

(2) 산세의 목적

① 소재 표면의 산화막(Scale) 제거
② 사이드 트리밍 처리
③ 코일의 대형화·연속화
④ 냉간압연의 생산성 향상

(3) 산세 시 발생할 수 있는 문제점

① 소지 금속의 부식 용해
② 피팅이나 글루빙이 발생
③ 용액 중 철분 농도를 상승시켜 산 용액의 수명을 단축
④ 작업 환경, 작업 능률 저하
⑤ 부풀음(Brister) 발생
⑥ 얼룩 발생
⑦ 수소 취화 발생
⑧ 과산세의 발생
  ㉠ 금속의 불용해 성분과 재석출물의 표면상에 부착 피막(SMAT)을 형성한다.

ⓛ 탄소함량이 많을수록 심해지고, 황산은 염산보다 발생하기 쉽다.

ⓒ 도금 등 각종 표면처리에 악영향을 주며 밀착불량, Dross의 생성, 도금 불량의 원인이 된다.

(4) 부식 억제제(인히비터, Inhibitor)

① 인히비터라고도 하며 철 부식을 억제하기 위한 제제로 인산염이 주성분이다.

② **종류** : 젤라틴, 티오요소, 퀴놀린 등

③ **역할** : 지철과의 반응 억제, 수소 발생 억제, 오물 생성 방지, 스트립 표면 균일 및 미려

④ **요구되는 성질** : 산세 시간을 지연시키지 않을 것, 불순물이 부착되지 않을 것, 고온 안정성·용해성이 좋을 것

⑤ **스트립 리프트(Strip Lift)** : 산탱크의 입·출측에 설치되어 스트립이 탱크에 머물게 될 경우 과산세를 방지하는 설비

(5) 산세의 특성

① 산세액 : 염산, 황산

② 염산이 황산보다 1.5배 산세력이 좋다.

③ 고온과 고농도에서 산세력이 향상된다(단, 염산은 10% 이상이 될 시 효과가 떨어질 수 있음).

④ 철분이 증가하면 황산은 산세력이 떨어지지만, 염산은 증가한다(단, 염산은 $FeCl_2$의 석출 한계 농도 부근에서 급격히 저하됨).

⑤ 권취 온도가 높을수록 산세 시간이 길어진다.

⑥ 특수강종(규소 강판 등)일수록 산세 시간이 길어진다.

(6) 산세 설비

① 공정별 설비

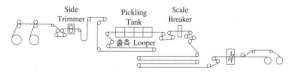

입측 설비	중앙 설비	출측 설비
• 코일 카	• 스케일 브레이커	• 출측 루퍼
• 페이 오프 릴	• 산세 탱크	• 사이드 트리머
• 플래시 버트 용접기	• 세척 탱크	• 검사 설비
• 입측 루퍼	• 열풍 건조기	
	• CPC(Center Position Control)	

⊙ 코일 카(Coil Car) : 코일 야드에서 열연 코일을 운반하는 설비

ⓛ 페이 오프 릴(Pay Off Reel) : 운반된 코일을 풀어 주는 설비

ⓒ 플래시 버트 용접기(Flash Butt Welder) : 코일과 코일을 압접하여 연결하는 설비

ⓔ 입측 루퍼(Entry Looper) : 산세 시 라인이 정지된 상태에도 작업을 계속할 수 있도록 시간을 보상 및 스트립을 저장하는 설비

ⓜ 스케일 브레이커(Scale Breaker) : 스케일 제거 설비

ⓗ 산세 탱크 : 농도 10~15%, 85℃로 가열된 산 탱크에 스트립을 침적·통과시켜 표면 스케일을 제거하는 설비

ⓢ 세척 탱크(린싱 탱크, Rinsing Tank) : 산 세척 탱크를 통과한 스트립 표면의 잔여 산을 제거하는 설비

ⓞ 열풍 건조기(Dryer) : 스트립 표면에 묻은 물을 고온의 공기로 건조하는 설비

ⓩ CPC(Center Position Control) : 스트립이 긴 설비를 통과하는 동안 중심선을 벗어나는 것을 방지하는 설비

ⓧ EPC(Edge Position Control) : 스트립 에지(Strip Edge)를 감지(기준)하여 스트립의 진행(감김)을 조정해 주는 장치

ⓚ 출측 루퍼(루퍼카, Exit Looper) : 산세 시 라인이 정지된 상태에도 작업을 계속할 수 있도록 시간을 보상 및 스트립을 저장하는 설비

ⓔ 사이드 트리머(Side Trimmer) : 스트립의 양 끝을 제거하는 설비

ⓟ 검사 설비 : 프로파일 미터(스트립 단면 두께 측정), 스트립 표면 검사

② 주요 산세 설비

ⓐ 플래시 버트 용접기(Flash Butt Welder)

• 정의 : 모재를 서서히 접근시켜 통전하여 단면의 국부적 돌기에 전류가 집중되어 Flash(불꽃)가 발생하고 비산한다. 더욱 접근하여 접촉시키면 나머지 부분에서도 Flash가 계속 발생되면서 접합된 용융금속이 밖으로 밀려 나오며 미용융부가 Upset 맞대기 용접에서와 같은 방식으로 접합된다.

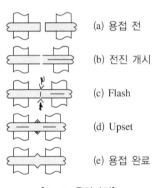

(a) 용접 전

(b) 전진 개시

(c) Flash

(d) Upset

(e) 용접 완료

[Flash 용접과정]

• 플래시 버트 용접의 특징
  – 가열 범위가 좁아 열영향부가 적다.
  – 접합면에 산화물이 잔류하지 않는다.
  – 열이 능률적으로 집중 발생하므로 용접 속도가 빠르고, 소비 전력이 낮다.
  – 이질재료의 용접이 가능하다.

ⓑ 루퍼 카(루프 카, Looper Car) : 입측 루퍼, 출측 루퍼라고도 하며, 용접 및 지체시간을 보상해주어 라인이 정지된 상태에서도 연속적인 작업을 할 수 있도록 스트립을 저장해 주는 설비이다.

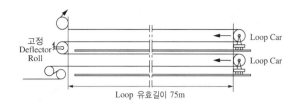

(7) 부속 설비(산회수 설비)

① 염산 탱크에서 사용된 염산과 철이 결합된 상태의 폐산은 산회수 설비를 통하여 고온의 노 내에서 환원 처리하여 염산과 산화철을 분리하며, 이를 통하여 재생된 염산은 다시 염산 탱크로 보내져 재사용된다.

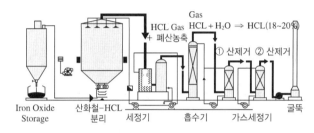

[폐산 분리 설비]

② 처리 방식 : 배소 방식(가장 널리 쓰임), 가열 증발 방식, 가수 분해에 의한 방식이다.

③ 배소 방식 : 폐염산을 고온으로 가열한 배소로에 공급하여 수분을 증발한 후 염화철을 산소와 반응시켜 산화제2철(Fe_2O_3)과 염화수소(HCl)로 열분해하여 처리한다.

(8) 그 외 스케일 제거방법

① 쇼트 블라스트(Shot Blast) : 작은 입자의 강철 쇼트나 그리드(Grid)를 분사하여 스케일을 기계적으로 제거하는 작업을 말한다.

② 연삭 공구법 : 그라인드와 같은 연삭 공구를 사용하여 스케일 제거한다.

③ 초음파 산세법 : 초음파를 이용한 산세법으로 수소 취성이 적고 산세 시간이 단축된다.

④ 전해 산세법 : 전해에 의해 발생되는 수소에 의한 환원
　작용과 방출되는 수소의 상승력으로 산액을 교반해서
　스케일을 박리한다.

2-1. 산세라인에서 하는 작업 중 틀린 것은?

① 템퍼링
② 스케일 제거
③ 코일의 접속 용접
④ 스트립의 양 끝부분 절단

2-2. 열연 코일을 냉간압연하기 전에 산세처리하는 이유는?

① 굴곡면의 교정
② 가공경화의 연화
③ 스케일의 제거
④ 압연저항의 감소

2-3. 냉간압연 설비에서 Flash Butt 용접기에 대한 설명으로 틀린 것은?

① 용접시간이 길어 대량생산에 적합하지 않다.
② 열 영향부가 적고 금속조직의 변화가 적다.
③ 용접봉이나 Flux가 불필요하므로 비용이 적게 든다.
④ 일반적으로 판을 연결할 때 사용하는 용접기이다.

2-4. 작은 입자의 강철이나 그리드를 분사하여 스케일을 기계적으로 제거하는 작업은?

① 황산처리
② 염산처리
③ 와이어 브러시
④ 쇼트 블라스트

|해설|

2-1
템퍼링은 열처리 공정으로 산세와 관련이 없다.

2-2
산세처리의 주요 목적은 표면에 생성된 스케일 제거이다.
냉연 강판 제조공정 순서
열연 코일 → 산세(스케일 제거) → 냉간압연 → 전해청정(표면청정) → 풀림(소둔) → 조질압연(Skin Pass Rolling) → 되감기(리코일링) → 전단(Shearing Line)

2-3
플래시 버트 용접기(Flash Butt Welder)
• 정의 : 모재를 서서히 접근시켜 통전하여 단면의 국부적 돌기에 전류가 집중되어 Flash(불꽃)가 발생하고 비산한다. 더욱 접근하여 접촉시키면 나머지 부분에서도 Flash가 계속 발생되면서 접합된 용융금속이 밖으로 밀려 나오며 미용융부가 Upset 맞대기 용접에서와 같은 방식으로 접합된다.
• 플래시 버트 용접의 특징
　- 가열 범위가 좁아 열영향부가 적다.
　- 접합면에 산화물이 잔류하지 않는다.
　- 열이 능률적으로 집중 발생하므로 용접 속도가 빠르고, 소비전력이 낮다.
　- 이질재료의 용접이 가능하다.

2-4
쇼트 블라스트(Shot Blast)
경질 입자를 분사하여 금속 표면의 스케일, 녹 등을 기계적으로 제거하여 표면을 마무리하는 방법이다.
※ 쇼트는 분사의 의미를 갖는다.

정답 2-1 ① 　2-2 ③ 　2-3 ① 　2-4 ④

핵심이론 03 | 냉간압연 작업

(1) 냉간압연 목적

① 열간압연으로 만들 수 없는 박판까지 압연이 가능
② 스케일(Scale)이 없는 깨끗하고 미려한 판 표면의 압연제품 제조
③ 형상이 양호한 제품 제조
④ 일정한 두께의 제품 제조

(2) 냉간압연기의 종류

① 압연 설비의 이해

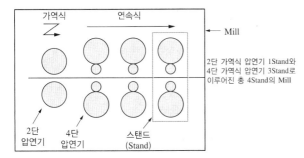

② 롤의 배치에 따른 압연기

  ㉠ 2단 압연기 : 스탠드 내에 지름이 같은 2개의 롤이 상하에 있어 재료를 롤에 통과시켜 압연을 하고, 롤 상부로 다시 되돌려 먼저 위치로 운반하여 압연을 되풀이할 수 있게 한 압연기이다.

  ㉡ 3단 압연기 : 2단 압연기의 상부에 1개의 롤을 더 두어 3단식으로 한 것으로, 서로 인접한 각 롤이 압연할 때 각각 반대 방향으로 회전하는 압연기이다. 중앙 롤의 지름을 상하 롤보다 작게 한 압연기를 라우드식 압연기라 한다.

  ㉢ 4단 압연기 : 지름이 작은 한 쌍의 작업 롤의 위아래에 지름이 큰 롤로 받쳐 주어 굽어지는 것을 방지하는 동시에 압연 동력을 작게 한다.

  ㉣ 스테켈 압연기 : 전방 인장과 후방 인장을 가하는 코일 장치를 가지는 압연기로, 박판의 압연에 적합하며 주로 냉간압연에 이용되어 제품의 표면을 매끈하게 한다.

  ㉤ 6단 압연기 : 4단 압연기에서는 구동 롤의 압연 방향을 변경시킬 수 없으므로 작업 롤의 지름 크기에 제한이 있다. 이 지름을 더욱 작게 하기 위하여 상하의 받침 롤을 각각 2개씩 배치한 것이 6단 압연기이며, 클러스터 압연기라고도 한다.

  ㉥ 론식 다단 압연기 : 12단 또는 20단의 압연기가 있으며 상하에 각각 10개의 롤을 배치한 압연기를 론식 다단 압연기(Rohn Type Cluster Mill)라 한다.

  ㉦ 센지미어 압연기 : 상하 20단으로 된 압연기로 구동 롤의 지름을 극도로 작게 한 압연기이다. 강력한 압연력을 얻을 수 있으며 두께가 균일한 스테인리스 강판이나 구리, 니켈, 타이타늄, 알루미늄 합금과 같은 가공경화가 잘 일어나는 박판의 냉간압연에 많이 이용된다.

  ㉧ 유성 압연기 : 지름이 큰 상하의 받침 롤의 주위에 다수의 지름이 작은 작업 롤을 베어링처럼 배치해서 작업 롤의 공전과 자전에 의해서 판재를 압연하는 구조이다. 26개의 작업 롤이 계속해서 압연 작업을 하기 때문에 압하력이 강하므로 1회에 90% 정도의 큰 압연율을 얻을 수 있다.

  ㉨ 유니버설 압연기 : 1쌍의 수평 롤과 1쌍의 수직 롤을 설치하여 두께와 폭을 동시에 압연하는 압연기로 형강제조에 많이 사용된다.

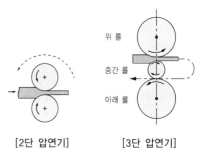

[2단 압연기]　　[3단 압연기]

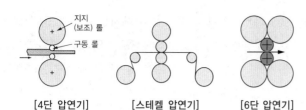

[4단 압연기]   [스테켈 압연기]   [6단 압연기]

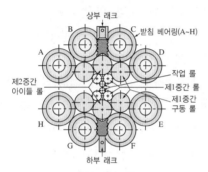

[론식 다단 압연기]

[센지미어 압연기]

[유성 압연기]

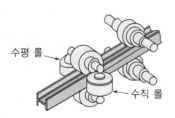

[유니버설 압연기]

③ 롤의 회전 방향에 따른 압연기

구분	가역식 압연기 (Reversing Mill)	연속식 압연기 (Tandem Mill)
	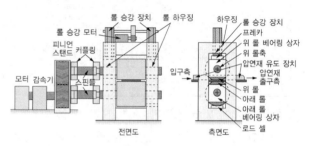	
스탠드 수	1개	3개 이상
스트립 진행 방향	양방향	한방향
설비비	낮다.	높다.
압연속도	저속(500mpm 이하)	고속(500mpm 이상)
생산성	낮다.	높다.
작업성	비능률적	능률적
융통성	다품종 소량생산	소품종 대량생산
원가	높다.	낮다.

④ 냉간압연기의 설비

[압연기의 구조]

㉠ 하우징

- 롤, 베어링을 지지하는 주물로 이루어진 본체로
  써 압연 롤을 수용하는 구조물이다. 하우징은 롤
  을 지탱하여 강한 압연반력을 받으므로 큰 강성
  을 필요로 한다.
- 조립하는 방향에 따라 밀폐형과 개방형으로 나
  뉜다.
  - 밀폐형 : 롤의 조립을 하우징의 창을 통하여
    측면에서 하는 것으로 고하중 대형 압연기에
    사용한다.
  - 개방형 : 하우징의 윗부분 캡을 열고 롤을 집
    어넣는 것으로 롤을 자주 교환해야 하는 소형,
    형강압연기 등에 사용한다.

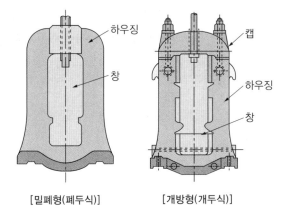

[밀폐형(폐두식)]   [개방형(개두식)]

㈽ 압하 설비
- 수동 압하장치 : 각 스탠드별 압하조작을 자주하지 않는 압연기에 사용한다(예 스텝라이너).
- 전동 압하장치 : 전동기에서 회전수를 줄이는 감속기구를 이용하여 압하 스크루를 구동하여 압하한다(예 스크루 다운).
- 유압 압하장치 : 응답속도가 빠르고, 고정도의 판 두께 제어가 가능하다(예 소프트라이너).

㈾ 패스 라인과 롤 갭
- 롤 갭 : 상부 작업 롤 하단과 하부 작업 롤 상단과의 거리로 상부의 전동 압하장치를 사용하여 조절한다.
- 패스 라인 : 하부 작업 롤 상단과 피드 롤 상단과의 거리를 말한다. 스트립의 인입과 평탄도 개선을 위해 필요한 값으로 하부의 유압 압하장치(스텝 웨지, 소프트라이너)를 사용하여 조절한다.

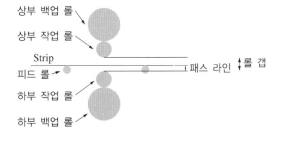

㈿ 롤
- 구조
  - 몸체(Body) : 실제 압연이 이루어지는 부분
  - 목(Neck) : 롤 몸을 지지하는 부분
  - 연결부(Wobbler) : 구동력을 전달하는 부분

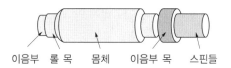

이음부 롤 목 몸체 이음부 목 스핀들

- 롤의 특성
  - 작업 롤(Work Roll) : 내균열성, 내사고성, 경화심도가 좋아야 한다.
  - 중간 롤(Intermediate Roll) : 전동 피로 강도, 내마모성이 우수하고, 작업 롤의 표면 손상 및 배럴부 표면에 소성유동을 발생시키지 않아야 한다.
  - 받침 롤(Back Up Roll) : 절손·균열 손실에 대한 충분한 강도가 필요하고, 내균열성·내마멸성이 우수해야 한다.
- 롤의 재질에 따른 분류

구분	종류	용도
주철 롤	보통 칠드 주철, 합금 칠드 주철, 구상흑연주철 등	형강, 후판, 분괴압연기에 사용
주강 롤	보통 주강, 특수 주강, 구상흑연 주강, 복합 주강 등	형강, 분괴, 열간압연기에 사용
단강 롤	단강 담금질, 센지미어 슬리브 등	냉간, 조질, 센지미어 압연기에 사용

- 롤의 크기와 소재의 변화
  - 소재는 롤의 회전수가 같을 때 롤의 지름이 작은 쪽으로 구부러진다.
  - 상부 롤 > 하부 롤 : 소재는 하향
  - 상부 롤 < 하부 롤 : 소재는 상향

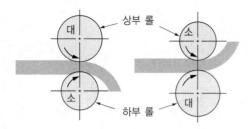

- 롤의 크기를 조절하지 않고 소재를 하향하는 방법
  - 소재의 상부 날판을 가열한다.
  - 소재의 하부 날판을 냉각한다.
  - 하부 롤의 속도보다 상부 롤의 속도를 크게 한다.

⑤ 압연구동 설비

ㄱ 모터 : 압연기의 원동력을 발생시키는 설비로 일반적으로 직류전동기가 이용되며, 속도의 조정이 필요하지 않을 때는 3상 교류전동기를 사용한다.

ㄴ 감속기 : 모터에서 발생된 동력을 압연기의 종류에 맞는 힘과 속도로 바꿔 주는 설비이다.

ㄷ 피니언 : 동력을 각 롤에 분배하는 설비이다.

ㄹ 스핀들 : 피니언과 롤을 연결하여 동력을 전달하는 설비이다.

- 유니버설 스핀들 : 분괴, 후판, 박판 등 큰 경사각이 필요한 경우에 사용한다.

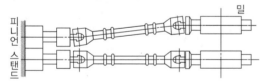

- 연결 스핀들 : 롤축 간 거리의 변동이 적고, 경사각이 1~2° 이내의 경우에 사용한다.

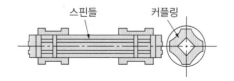

- 기어 스핀들 : 연결부분이 밀폐되어 내부에 윤활유를 유지할 수 있어 고속 압연기에 사용한다.

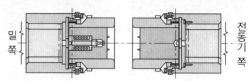

⑥ 압연유
ㄱ 윤활유의 특성
- 냉각작용 : 마찰에 의해 생긴 열을 방출한다.
- 윤활(감마)작용 : 마찰을 적게 하는 것으로, 윤활의 최대 목적이다.
- 방청작용 : 표면에 녹이 스는 것을 방지한다.
- 응력분산작용 : 가해진 압력을 분산시켜 균일한 압력이 가해지도록 한다.
- 밀봉작용 : 이물질의 침입을 방지한다.
- 세정작용 : 불순물을 깨끗이 한다.
- 소음감쇠작용 : 소음의 크기를 상쇄시킨다.

ㄴ 급유방식

직접 급유방식	순환 급유방식
• 윤활 성능이 좋은 압연유 사용 가능	• 윤활 성능이 좋은 압연유 사용이 어려움
• 항상 새로운 압연유 공급	• 폐유 처리설비는 적은 용량 가능
• 냉각 효과가 좋아 효율이 좋음	• 철분이나 그 밖의 이물질이 혼합되어 압연유 성능 저하
• 압연유가 고가이며, 폐유 처리 비용이 비쌈	• 직접 방식에 비해 가격이 저렴
• 고속박판압연에 사용 가능	

ㄷ 급유법
- 비순환 급유법 : 윤활부위에 공급된 윤활유를 회수하지 않고 소모하는 형태이다.
  - 핸드(손) 급유법 : 작업자가 급유 위치에 급유하는 방법으로 급유가 불완전하고, 윤활유의 소비가 많다.

－ 적하 급유법 : 오일컵을 사용하여 모세관 현상이나 사이펀 작용으로 윤활유를 공급하는 방법으로 마찰면이 넓거나 시동되는 횟수가 많을 때, 저속 및 중속 축의 급유, 경·중하중용 또는 고속회전하는 소형 베어링에 사용된다.

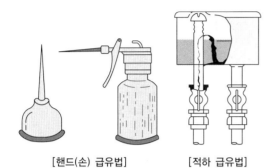

[핸드(손) 급유법]　　　　[적하 급유법]

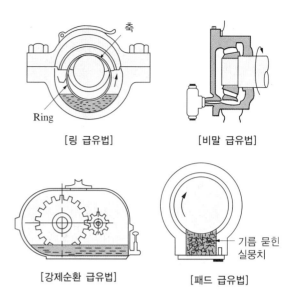

[링 급유법]　　　　　　[비말 급유법]

[강제순환 급유법]　　　　[패드 급유법]

• 순환 급유법 : 사용된 윤활유를 회수한 후 반복하여 사용하므로 에멀션 탱크 및 필터가 필요하다.
－ 링 급유법 : 축보다 큰 링이 축에 걸쳐져 회전하며 윤활유를 위쪽으로 공급하는 것으로 저속에서는 윤활이 불량하다.
－ 비말 급유법 : 커넥팅로드 끝에 달려 있는 국자로부터 기름을 퍼 올려 비산시킴으로 급유하는 방법으로 내연기관의 크랭크축에 급유할 때 사용한다.
－ 순환 급유법 : 펌프의 압력을 이용하여 베어링 내부에 강제적으로 급유하는 강제 급유법과 베어링 상부에 설치한 기름탱크로부터 파이프를 거쳐 중력수두 앞으로 급유하는 중력 급유법이 있다.
－ 패드 급유법 : 무명이나 털 등을 섞어 만든 패드 일부를 오일 통에 담가 저널의 아래면에 모세관 현상으로 급유하는 방법으로, 철도차량용 베어링에서와 같이 레이디얼 베어링에서 급유가 곤란한 경우 사용한다.

ⓔ 압연유의 성질을 나타내는 항목

항목	정의	성능과의 관계
검화가 (SV)	시료 1g을 검화하는 데 요하는 KOH의 mg 수	유지의 함유비율을 나타내며, 압연 중 이종유의 혼입에 의해 값은 작게 된다.
산가 (AV)	시료 1g 중에 존재하는 유리지방산을 분해하는 데 요하는 KOH의 mg 수	유리지방산을 분해하는 데 필요한 KOH의 양으로 작을수록 정제도가 높고 청정하다. 값이 크게 되면 Oil Stain의 원인이 된다.
점도	일정용량의 액체가 규정 조건하에서 점도계의 모관을 유출하는 시간	점도가 클수록 마찰계수는 작고 압연성이 양호해진다.
회분	시료가 연소 후 전기로에서 완전산화한 후의 중량	롤 청정성(Mill Clean)에 대한 영향이 크며, 작을수록 양호하다.
요소가 (IV)	시료 100g에 염화요소를 반응시켜 반응한 양을 요소로 환산, g으로 표시	이 값이 클수록 불포화 지방산을 많이 함유한다.

ⓜ 압연유의 열화
• 정의 : 윤활유가 사용 중에 차차 변질돼 그 성질이 저하되는 현상(윤활유 점성이 강해지는 것)이다.

- 원인
  - 공기 중 산소와의 산화 작용
  - 가열되거나 압력을 받는 경우
  - 물이나 금속가루의 혼입
  - 성분이 다른 윤활유화의 혼합사용
  - 해수의 혼입
- 열화의 영향
  - 완전윤활의 저해
  - 피스톤링의 교착과 소착 발생
  - 피스톤이나 실린더 라이너 마모의 증대
  - 각 베어링부의 부식, 마모 촉진
  - 유여과기의 폐색에 의한 유청정 기능의 상실
  - 유성의 저하에 의한 유막유지능력의 감소
- 열화유의 재생방법
  - 침전법
  - 여과법
  - 원심분리법
  - 전기적 분리법

10년간 자주 출제된 문제

3-1. 4단 가역식 압연기를 가장 많이 사용하는 압연은?

① 분괴압연　　　　② 후판압연
③ 형강압연　　　　④ 크라운교정압연

3-2. 윤활유의 작용에 해당되지 않는 것은?

① 밀봉작용　　　　② 방수작용
③ 응력분산작용　　④ 발열작용

3-3. 압연기의 구동장치가 아닌 것은?

① 스핀들　　　　　② 피니언
③ 감속기　　　　　④ 스크루 다운

3-4. 스핀들의 형식 중 기어 형식의 특징을 설명한 것으로 틀린 것은?

① 고 토크의 전달이 가능하다.
② 일반 냉간압연기의 등에 사용된다.
③ 경사각이 클 때 토크가 격감한다.
④ 밀폐형 윤활로 고속회전이 가능하다.

|해설|

3-1

① 분괴압연 : 2단식
③ 형강압연 : 유니버설
④ 크라운교정압연 : 5단식

3-2
윤활의 목적
- 윤활(감마)작용 : 마찰을 적게 하는 것으로 윤활의 최대 목적이다.
- 냉각작용 : 마찰에 의해 생긴 열을 방출한다.
- 밀봉작용 : 이물질의 침입을 방지한다.
- 방청작용 : 표면이 녹스는 것을 방지한다.
- 세정작용 : 불순물을 깨끗이 한다.
- 분산작용 : 가해진 압력을 분산시켜 균일한 압력이 가해지도록 한다.
- 방수작용 : 물의 침투를 방지한다.

3-3
압연구동 설비

모터 (동력발생)	→	감속기 (회전수 조정)	→	피니언 (동력분배)	→	스핀들 (동력전달)

- 모터 : 압연기의 원동력을 발생시키는 설비로 일반적으로 직류 전동기가 이용되며, 속도의 조정이 필요하지 않을 때는 3상 교류전동기를 사용한다.
- 감속기 : 모터에서 발생된 동력을 압연기의 종류에 맞는 힘과 속도로 바꿔 주는 설비이다.
- 피니언 : 동력을 각 롤에 분배하는 설비이다.
- 스핀들 : 피니언과 롤을 연결하여 동력을 전달하는 설비이다.

3-4
스핀들의 종류
- 플랙시블(Flexible) 스핀들 : 높은 토크 전달이 가능하고, 진동·소음이 적으며, 급지가 필요 없다.
- 유니버설(Universal) 스핀들 : 주로 분괴, 후판, 박판압연기에 사용한다.
- 연결 스핀들 : 롤축 간 거리 변동이 작다.
- 기어 스핀들 : 고속 압연기에 유리하고 밀폐되어 내부 윤활유를 유지할 수 있다.
- 슬리브 스핀들 : 슬리브 베어링을 이용한 스핀들

정답 3-1 ②　3-2 ④　3-3 ④　3-4 ①

(1) 청정 목적

스트립 표면에 남아 있는 압연유, 철분 등의 오염 물질 제거

(2) 청정의 원리

① 압연유를 스트립 표면에서 분리하는 과정(확장작용)
② 압연류를 분산하여 보호하는 과정(분산, 유화, 가용화 작용)
③ 압연유를 스트립 표면에서 완전히 제거하는 과정
④ 알칼리 세제에 의한 화학적 작용 : ①, ②에 해당
⑤ 브러시 등의 기계적, 물리적 작용 : ③에 해당

(3) 청정작업 공정

입측 공정 → 세정 공정(알칼리 세정 → 전해 세정 → 온수 세정 → 린스) → 출측 공정

입측 설비	중앙 설비	출측 설비
• 페이 오프 릴 • 용접기	• 알칼리 세정 • 전해 세정 • 온수 세정	• 용액 제거 롤 • 건조 작업 • 디플렉터 롤 • 텐션 릴

① 페이 오프 릴(Pay Off Reel) : 릴에 감겨 있는 코일을 풀어주는 설비
② 용접기(Welder) : 스트립과 스트립을 용접으로 연결하는 설비
③ 알칼리 세정(화학적 탈지) : 냉연 강판을 알칼리 용액 및 계면활성제가 들어 있는 용기를 통과시켜 표면의 유지류를 제거
④ 전해 세정(물리적 탈지) : 2개의 전극 사이를 통과시키면서 물을 전기분해하여 판의 표면에 산소와 수소를 발생시키고, 이 힘에 의해 표면의 압연유와 오물 등을 제거

⑤ 온수 세정(물리적 탈지) : 브러시를 고속으로 회전시켜 표면의 잔류 오물을 제거하고, 린스탱크를 통과하여 강판 표면을 세척
⑥ 용액 제거 롤(Wringer Roll) : 롤의 표면이 고무로 덮여 있어 린스탱크를 통과한 판의 수분 등을 압력을 가해 제거하는 설비
⑦ 건조 작업(Dryer) : 고온의 열풍을 불어 표면의 수분을 제거하는 설비
⑧ 디플렉터 롤(Deflector Roll) : 스트립을 텐션 릴로 안내해주며, 입·출측 스트립의 속도를 회전속도계를 통하여 측정
⑨ 텐션 릴(Tension Reel) : 냉간압연에서 출측 권취설비

(4) 청정작업 관리

① 세정액 : 수산화나트륨($NaOH$), 규산나트륨($Na_2O \cdot SiO_2$), 올소규산나트륨($Na_3PO_4 \cdot 12H_2O$), 인산나트륨(Na_3PO_4)
② 세정 온도 : 온도가 높을수록 세정력은 향상되나, 기타 첨가물(계면활성제 등)에 의해 영향이 달라질 수 있다.
③ 세정 농도 : 농도가 높을수록 세정력은 향상되나, 보통 4% 이상이 되면 세정력은 크게 변하지 않는다.
④ 전해청정 작업
  ㉠ 물에 용해되어 있는 알칼리 세제에 2개의 전극(Grid)을 넣어 전압을 걸면, 전류가 세제 용액 중에 흐르게 된다. 동시에 물도 전기분해가 일어나 H^+는 음극으로, OH^-는 양극으로 각각의 산소, 수소 가스를 발생한다. 이때 가스들이 부상하는 힘에 의해 스트립 표면의 압연유와 오물 등이 제거된다.

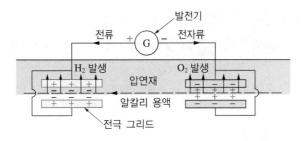

$$4H_2O \rightarrow 4H^- + 4OH^- \qquad \text{(용액 중)}$$
$$4H^+ + 4e^- \rightarrow 2H_2 \qquad \text{(음극에서)}$$
$$4OH^- - 4e^- \rightarrow 2H_2O + O_2 \qquad \text{(양극에서)}$$

ⓛ 검화 작용(비누화 반응) : 비누화 반응이라고도 하며, 화학반응에 의해 기름과 같은 유지(지방산)로부터 그 염인 카복실산, 알코올 등을 생성하는 반응이다.

ⓒ 계면활성제 : 물과 잘 결합하는 친수성 부분과 기름과 잘 결합하는 친유성 부분을 동시에 갖고 있는 화합물이다.

ⓔ 계면활성제의 효과
  • 표면장력을 크게 하여 활성효율이 커진다.
  • 기름 및 기타 오물의 재부착을 방지한다.
  • 세척액의 침투력이 커져서 세정료율이 증가한다.

⑤ 브러시 롤 관리 : 브러시의 상태에 따라 적정 시기가 지난 후 교체한다.

⑥ 린스 관리 : 린스 수의 수온은 85~90℃로 관리되며, 일반적인 경수를 사용한다.

10년간 자주 출제된 문제

4-1. 압연기 입측 설비의 구성요소가 아닌 것은?

① 루퍼(Looper)
② 웰더(Welder)
③ 텐션 릴(Tension Reel)
④ 페이 오프 릴(Pay Off Reel)

4-2. 냉연 강판의 전해청정 시 세액으로 사용되지 않는 것은?

① 탄산나트륨   ② 인산나트륨
③ 수산화나트륨   ④ 올소규산나트륨

4-3. 전해청정의 원리를 설명한 것으로 틀린 것은?

① 세정액 중의 2개의 전극에 전압을 걸면 양이온은 음극으로 음이온은 양극으로 전류가 흐른다.
② 전기분해에 의해 물이 H^+로 OH^-로 전리된다.
③ 음극에서의 산소발생량은 양극에서의 수소발생량의 3배가 된다.
④ 전극의 먼지나 기체의 부착으로 인한 저항방지 목적으로 주기적으로 극성을 바꿔 준다.

|해설|

4-1

텐션 릴(Tension Reel) : 냉간압연에서 출측 권취설비

4-2

청정작업 관리
• 세정액 : 수산화나트륨(NaOH), 규산나트륨($Na_2O \cdot SiO_2$), 올소규산나트륨($Na_3PO_4 \cdot 12H_2O$), 인산나트륨(Na_3PO_4)
• 세정 온도 : 온도가 높을수록 세정력은 향상되나, 기타 첨가물(계면활성제 등)에 의해 영향이 달라질 수 있다.
• 세정 농도 : 농도가 높을수록 세정력은 향상되나, 보통 4% 이상이 되면 세정력은 크게 변하지 않는다.

4-3

전해청정 작업 : 물에 용해되어 있는 알칼리 세제에 2개의 전극(Grid)을 넣어 전압을 걸면, 전류가 세제 용액 중에 흐르게 된다. 동시에 물도 전기분해가 일어나 H^+는 음극으로, OH^-는 양극으로 각각의 산소, 수소 가스를 발생한다. 이때 가스들이 부상하는 힘에 의해 스트립 표면의 압연유와 오물 등이 제거된다.

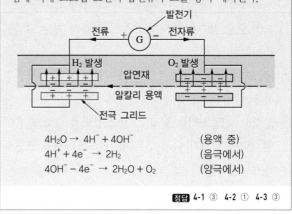

$$4H_2O \rightarrow 4H^- + 4OH^- \qquad \text{(용액 중)}$$
$$4H^+ + 4e^- \rightarrow 2H_2 \qquad \text{(음극에서)}$$
$$4OH^- - 4e^- \rightarrow 2H_2O + O_2 \qquad \text{(양극에서)}$$

정답 4-1 ③ 4-2 ① 4-3 ③

(1) 풀림(소둔) 목적

소재 → 압연과정(소성변형) → 회복 → 재결정 → 결정립 성장

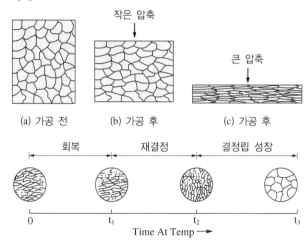

(a) 가공 전　　(b) 가공 후　　(c) 가공 후

회복　　　재결정　　　결정립 성장

① **소성변형** : 소재에 압연과 같은 소성변형을 가하게 되면 내부 응력의 발생으로 인해 소재의 경도가 높아지게 되는 가공경화가 발생하게 되고, 인성이 작아져 파괴되기 쉬운 상태가 된다.

② **회복** : 강의 재결정 온도인 A_1 변태점 이하 온도(600~700℃)로 가열 및 일정시간 유지하여 내부 응력을 제거하는 과정이다.

③ **재결정** : 회복 과정에서 새로운 변경이 아닌 핵이 생성되어 발달하고, 동시에 그 수를 증가시켜 전체를 새로운 결정으로 교체하는 과정이다.

④ **결정립 성장** : 새로운 결정이 조대화(성장)되는 과정이다.

(2) 배치 풀림(상자소둔, 상소둔, BAF)

① **정의** : 코일을 베이스(Base) 상에 3~5단을 쌓고 그 위에 내부 덮개를 씌워서 외부 공기를 차단하고 덮개 내에 약환원성 분위기 가스로 풀림처리 하는 공정이다.

　㉠ 장점 : 코일 표면에 결함이 거의 없으며 설치비가 저렴하다.

　㉡ 단점 : 가열시간이 길며, 생산성이 떨어진다.

② 종류

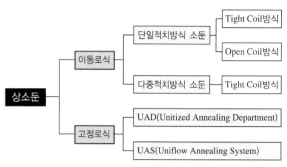

구분	타이트 코일(Tight Coil) 방식	오픈 코일(Open Coil) 방식
감긴 상태	코일을 단단하게 감은 상태로 소둔하는 방식	코일을 느슨하게 풀어서 판 사이에 간격을 주어 소둔하는 방식
열 전달	코일 중앙부까지 열전달이 느림	코일 중앙부까지 열전달이 빠름
냉각속도	느림	빠름
표면결함	결함 발생이 적음	결함 발생이 큼

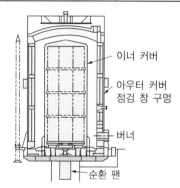

이너 커버

아우터 커버 점검 창 구멍

버너

순환 팬

[타이트 코일 방식]

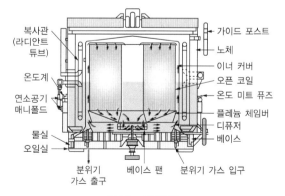

복사관 (라디안트 튜브)

가이드 포스트

노체

이너 커버

오픈 코일

온도계

온도 미트 퓨즈

연소공기 매니폴드

플레늄 체임버

디퓨저

베이스

물실

오일실

분위기 가스 출구

베이스 팬

분위기 가스 입구

[오픈 코일 방식]

③ 소둔조건에 따른 특징

　　㉠ 균열 온도는 600~750℃ 범위이고, 고온일수록, 균열 시간이 길어질수록 연신율이 증가하며 가공성이 향상된다.

　　㉡ 냉각은 강중 고용탄소가 충분히 석출하도록 서랭하는 편이 좋다.

　　㉢ 강 표면의 산화 탈탄을 방지하고 금속적 광택을 잃지 않도록 진공로 안에서 분위기 가스(NH 가스)를 투입해 조작한다.

④ 배치식 풀림로(상소둔로, BAF) 작업 및 설비

　　코일 배치 → 이너 커버(Inner Cover) 씌우기 → 히팅 후드(Heating Hood) → 퍼지(Purge) → 가열 → 쿨링 후드(Cooling Hood) → 서랭 → 추출

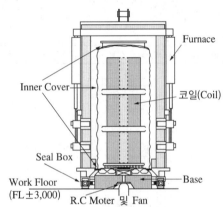

[타이트 코일 싱글 스택 방식]

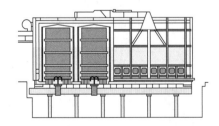

[타이트 코일 멀티 스택 방식]

항목	싱글 스택 방식	멀티 스택 방식
생산성	생산량을 융통적으로 조정할 수 있다.	동일 품종, 대량생산이 가능하다.
작업성	커버 수가 많아 이동 점화, 소화의 소요시간이 많이 걸린다.	커버 수가 작기 때문에 관리가 간단하다.
가열 냉각	소재 가열 냉각 시간이 짧다.	소재 가열 냉각 시간이 길다.
연료비	소재 처리 원단위가 높다.	소재 처리 원단위가 낮다.
건설비	건설비가 적다.	건설비가 많다.

　㉠ 이너 커버(Inner Cover)
　　• 배치식 풀림로 내 피가열물을 감싸 외부의 공기를 차단하는 설비
　　• 이너 커버의 역할
　　　– 가열물에 불꽃이 직접 닿는 것을 방지
　　　– 외부 공기의 침입 방지
　　　– 산화 방지
　　　– 탈탄 방지
　　　– 변색 방지

　㉡ 퍼지(Purge) : 미연소 가스가 노 안에 차게 되면 점화를 했을 경우 폭발할 염려가 있으므로 점화 전에 이것을 노 밖으로 배출하기 위하여 환기하는 것

　㉢ 풀림에서 나타나는 대표적인 결함
　　• 템퍼 컬러(Temper Color) : 강의 표면에 나타나는 산화막의 색으로 온도에 따라 다르게 나타난다.

요인	대책
• 이너 커버 변형	• 이너 커버 Spare 확보
• Flow Mater 고장	• 퍼지 작업 시 작동상태 확인
• 고온 추출	• 하부 용접부 누수 체크
• 베이스 하부의 누출	• 공기 혼입 방지
• 외부 공기 혼입	• 충분한 재로시간 후 추출

　　• 스티커(Sticker) : 국부 가열 온도가 높거나 재로시간이 길 때, 코일이 불량일 때 발생하는 용융 밀착되어 나타나는 흠이다.

요인	대책
• 가열 온도가 너무 높을 때	• 가열 온도 조절
• 재로시간이 길 때	• 재로시간 조절
• 권취 코일이 불량일 때	• 코일의 재권취

- 오렌지 필(Orange Peel) : 소둔 작업 중 너무 고온에서 장시간 노출되면, 결정립이 조대화되어 가공표면에 오렌지 껍질과 같은 요철(도톨도톨한 상태)이 생기는 현상

요인	대책
• 풀림 온도가 너무 높을 때	• 가열 온도 조절
• 재로시간이 길 때	• 재로시간 조절
• 냉간 가공도가 적을 때	• 적절한 냉간 가공도 확보

(3) 연속 풀림(연속소둔, CAL)

① 정의

냉간압연된 코일을 스트립 상태로 풀어 가열과 냉각을 연속적으로 실시함으로써 단시간에 신속하게 소둔하는 방법

② 연속소둔(CAL)의 장점

- ㉠ 재질 개선(균일)
- ㉡ 형상 우수
- ㉢ 경제성이 우수
- ㉣ 대량생산이 가능
- ㉤ 인건비 절약
- ㉥ 제품의 다양화가 가능

③ 연속소둔(CAL) 설비

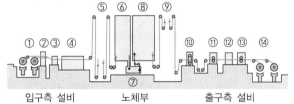

입구측 설비	노체부	출구측 설비

① No.1, No.2 페이 오프 릴
② 더블 컷 시어
③ 웰더
④ 전해청정부
⑤ 입구측 루핑타워
⑥ 재결정 풀림 열처리로
⑦ 급랭 설비
⑧ 과시효 처리로
⑨ 출구측 루핑타워
⑩ 조질압연기
⑪ 사이드 트리머
⑫ 오일러
⑬ 드럼 시어
⑭ No.1, No.2 텐션 릴

입측부	(입측부)	(출측부)	출측부
• 코일 카(Coil Car) • 페이 오프 릴(Pay Off Reel) • 더블 컷 시어(Double Cut Shear) • 플래시 버트 용접기(Welder)	전해청정부	풀림부	조질압연부	• 레벨러(Leveller) • 사이드 트리머(Side Trimmer) • 오일러(Oiler) • 텐션 릴(Tension Reel) • 기타 검사설비(계측기)

- ㉠ 코일 카(Coil Car) : 코일 야드에서 열연 코일을 운반하는 설비
- ㉡ 페이 오프 릴(Pay Off Reel) : 운반된 코일을 풀어 주는 설비
- ㉢ 더블 컷 시어(Double Cut Shear) : 후행 스티칭 작업이 용이하도록 스트립 선단 및 후단을 절단
- ㉣ 플래시 버트 용접기(Flash Butt Welder) : 코일과 코일을 압접하여 연결하는 설비
- ㉤ 전해청정부 : 강판 표면에 남아 있는 압연유와 같은 오염물질을 제거
- ㉥ 풀림부 : 풀림 처리가 이루어지는 설비

노부	역할
예열대 (PHS)	가열대에서의 배기가스에 의하여 승온된 공기를 스트립에 불어 주어 약 150℃까지 예열하는 설비
가열대 (HS)	코크스가스(COG)를 연소하여 적열시킨 라디안트 튜브(Radiant Tude)의 복사열에 의하여 700~850℃까지 스트립을 승온하는 설비
균열대 (SS)	열손실분을 보충하여 스트립을 균열하는 설비
서랭대 (SCS)	냉각 가스를 스트립에 불어 주어 스트립을 100~200℃ 정도 서랭하는 설비
급랭대 (RCS)	냉각 가스를 스트립에 불어 주는 가스 제트(Gas Jet)와 냉각 롤에 의하여 냉각하는 설비
과시효대 (OAS)	히터에 의하여 열손실분을 보충하여 스트립을 과시효하는 설비
최종 냉각대 (FCS)	냉각 가스를 스트립에 불어 주는 가스 제트에 의하여 목표 온도 200℃ 정도까지 냉각하는 설비
수랭각대 (WQ)	물에 의하여 상온 정도까지 스트립을 냉각하는 설비

ⓐ 레벨러(Leveller) : 판 표면의 형상 교정을 위해 다수의 롤을 사용하는 설비

ⓞ 사이드 트리머(Side Trimmer) : 스트립의 양 끝을 제거하는 설비

ⓩ 오일러(도유기, Oiler) : 방청유를 스트립 표면에 균일하게 부착시켜 방청효과를 주는 설비

ⓩ 텐션 릴(Tension Reel) : 소재에 장력을 주며 릴에 감아주는 설비

ⓚ 검사 설비 : 프로파일 미터(스트립 단면 두께 측정), 스트립 표면검사

ⓔ 브라이들 롤(Bridle Roll) : 스트립에 다수의 롤을 사용하여 일정 각도를 주어 장력을 가하는 설비

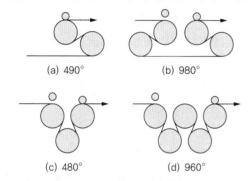

(a) 490° (b) 980°

(c) 480° (d) 960°

[브라이들 롤의 종류]

10년간 자주 출제된 문제

5-1. 냉연 공장 풀림작업의 목적이나 방법으로 관련이 없는 것은?

① 광휘풀림
② 무산화풀림
③ 연화풀림
④ 구상화풀림

5-2. 가공경화된 소재를 열처리하면 연화되는데, 연화순서가 바른 것은?

① 응력제거 → 재결정 → 입자 성장
② 재결정 → 취부 → 입자 성장
③ 입자 성장 → 취부 → 재결정
④ 재결정 → 입자 성장 → 취부

5-3. 타이트 코일(Tight Coil) 풀림 공정에서 외부의 공기를 차단하는 것은?

① 벨(Bell)
② 베이스(Base)
③ 이너 커버(Inner Cover)
④ 대류판(Convector Plate)

5-4. 사이드 트리밍(Side Trimming)에 대한 설명 중 틀린 것은?

① 전단면과 파단면이 1 : 2인 경우가 가장 이상적이다.
② 판 두께가 커지면 나이프 상하부의 오버랩량은 줄어야 한다.
③ 판 두께가 커지면 나이프 상하부의 클리어런스를 줄여야 한다.
④ 전단면이 너무 커지면 냉간압연 시에 에지 균열이 발생하기 쉽다.

5-5. 냉간압연 후 풀림로의 분위기 가스로에 사용되는 가스의 명칭이 아닌 것은?

① DX 가스
② PX 가스
③ AX 가스
④ HNX 가스

│해설│

5-1
구상화풀림은 강 중의 탄화물을 일정한 크기로 균일하게 구상화하는 열처리이다.

5-2
• 회복 : 강의 재결정 온도인 A₁ 변태점 이하 온도(600~700℃)로 가열 및 일정시간 유지하여 내부 응력을 제거하는 과정
• 재결정 : 회복 과정에서 새로운 변경이 아닌 핵이 생성되어 발달하고, 동시에 그 수를 증가시켜 전체가 새로운 결정과 교체하는 것
• 결정립 성장 : 새로운 결정이 조대화(성장)되는 과정

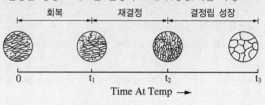

|해설|

5-3

이너 커버(Inner Cover)

• 정의 : 배치식 풀림로 내 피 가열물을 감싸 외부의 공기를 차단하는 설비
• 이너 커버의 역할
 − 가열물에 불꽃이 직접 닿는 것을 방지
 − 외부 공기의 침입 방지
 − 산화 방지
 − 탈탄 방지
 − 변색 방지

5-4

판 두께가 커지면 나이프 상하부의 클리어런스를 높여야 한다.

주요 전단설비

• 슬리터(Sliter) : 스트립을 길이 방향으로 절단하는 설비
• 사이드 트리머(Side Trimmer) : 스트립의 양옆을 길이 방향으로 절단하는 설비
• 크롭 시어(Crop Shear) : 스트립의 선단과 미단을 절단하는 설비
• 플라잉 시어(Flying Shear) : 상하의 전단날이 판과 같은 방향과 속도로 이동하면서 절단하는 설비

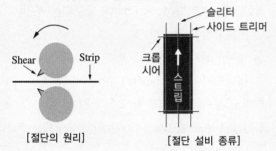

[절단의 원리]　　　　[절단 설비 종류]

5-5

분위기 가스의 종류

• DX 가스 : 불완전 가스(COG, LPG 등)를 연소시켜 수분을 제거하여 얻음
• NX 가스 : 불완전 가스(COG, LPG 등)를 연소시켜 CO_2, H_2O를 제거하여 얻음
• HNX 가스 : NX 가스를 일부 개량한 가스
• AX 가스 : 암모니아(NH_3)를 고온 분해해서 얻음

정답 5-1 ④ 5-2 ① 5-3 ③ 5-4 ③ 5-5 ②

핵심이론 06 │ 냉간압연 조질압연

(1) 조질압연의 목적

① 형상 개선(평탄도의 교정)
② 표면 성상의 개선 : 조도에 따라 거친 표면(Dull), 매끄러운 표면(Bright)으로 구분
③ 스트레처 스트레인 방지(기계적 성질의 개선) : 곱쇠(Coil Break) 결함 제거
　※ 스트레처 스트레인(Stretcher Strain) : 항복점 신장이 큰 재료가 소성변형을 발생시켰을 때 나타나는 줄무늬 모양의 변형
④ 중량조정, 권취형상 교정 및 각종 검사

조질압연율	제품 용도
0.3% 이하	가공성만을 중시해서 스트레처 스트레인 발생 무시
0.15~1.5%	가공성과 스트레처 스트레인을 고려한 압연
2.0% 이상	가공성보다는 평탄도 또는 높은 경도(강도) 요구

(2) 조질압연 작업의 종류

① 습식(Wet) 압연 : 조질압연 시 압연유를 사용하는 압연작업
② 건식(Dry) 압연 : 조질압연 시 압연유를 사용하지 않는 압연 작업

구분		습식(Wet) 압연		건식(Dry) 압연
압연액	종류	수용성	유성	없음
	농도	5~10%	100%	없음
압연특징		• 마찰계수가 높기 때문에 일반적인 조질압연에 용이함 • 화재 위험성이 적음	• 방청성 양호 • 마찰계수가 낮기 때문에 저연신소재에 대해 제어가 곤란함	• 마찰계수가 가장 높음 • 화재 위험성이 없음
작업성	생산 능률	크다.	적다.	−
	형상 제어	보통	용이	−
	표면결함 관리	용이	곤란	−
방청 효과		좋음		없음
시효 방지 효과		보통		양호

(3) 시효경화

① 시효성

금속 또는 합금의 성질이 시간의 경과에 따라 변화하는 현상으로 경도와 강도는 증가하고, 연성은 저하하며, 저탄소강의 시효는 항복점 연신의 회복현상이 일어나 가공 시 스트레처 스트레인(Stretcher Strain)이 발생하게 된다.

② 영향을 미치는 인자
- ㉠ 온도가 높을수록 항복점 연신이 회복되는 시간이 짧다.
- ㉡ 변형시효(Strain Aging)를 최소로 하기 위해서는 서랭을 통해 C, N이 충분히 석출되도록 한다.

③ 변형시효(Strain Aging) 억제방법
- ㉠ 합금원소 첨가에 의한 포집(Scavenging)
- ㉡ 조질압연(Skin Pass)

(4) 조도 관리

① 롤 조도
- ㉠ 금속 표면을 가공할 때에 표면에 생기는 미세한 요철(凹凸)의 정도를 말하며, 조도(표면거칠기)는 가공에 사용되는 공구, 가공법의 적부(適否), 표면에 긁힌 흠, 등에 의해서 생기는 것이다.
- ㉡ 롤의 경우 연마지석의 입도, 결합도, 절입량 등에 따라 결정된다.

② 롤 조도의 종류
- ㉠ Bright Finish : 아무런 표면 조직이 없는 것으로 연마기에서 지석으로 가공된 상태
- ㉡ Stone Finish : 높은 거칠기의 Bright 외관을 보이는 것으로 일정 방향의 조대한 연마 지석 스크래치(Scratch)가 있는 표면(조도 : R0, R2)
- ㉢ Dull Finish : Grit를 이용하여 Shot Blast로 Dull 가공한 표면

③ 표면조도의 기준값
- ㉠ R_a(중심선평균값) : 중심선평균값의 기호는 R_a를 주로 사용하며, 평균거칠기(Roughness average) R_a의 값은 표면거칠기의 중심선에서 표면의 단면곡선까지 길이의 평균값으로 구한다.
- ㉡ R_{max}(최대거칠기값) : 최대높이는 단면곡선에서 기준길이 만큼 채취한 부분의 평균 선에 평행한 두 직선으로 채취한 부분을 끼울 때, 이 두 직선의 간격을 단면곡선의 세로배율 방향으로 측정하여 이 값을 마이크로미터(μm)로 표시한다.

(5) 조질압연 설비

① 조질압연기의 종류
- ㉠ 1스탠드식 : 일반적인 냉연 강판
- ㉡ 2스탠드식 : 표면 정밀도, 표면 광택, 형상 등이 엄격히 요구되는 박판 등

② 조질압연 작업 롤(Work Roll)에 요구되는 조건
- ㉠ 내사고성이 우수할 것
- ㉡ 내마모성이 우수할 것
- ㉢ 내덴드라이트(Dendrite)성이 우수할 것
- ㉣ 가공성이 우수하고 경도가 균일할 것

③ 조질압연 보조 롤(Back Up Roll)에 요구되는 조건
- ㉠ 내마모성이 우수할 것
- ㉡ 고경도 영역에서 인성의 저하가 적을 것
- ㉢ 스폴링 발생이 적을 것
- ㉣ 벤딩 편심이 생기지 않을 것

(6) 조질압연유

① 사용 목적
- ㉠ 조질압연기의 효율적인 연신율을 확보한다.
- ㉡ 조질압연 후 Strip의 방청효과를 얻을 수 있다.
- ㉢ 건식 압연에 비하여 이물 혼입 부착 등에 의한 Roll Mark 결함발생 방지에 효과적이다.

② 조질압연유의 구비조건

　　㉠ 적절한 마찰계수를 갖을 것

　　㉡ 세정력이 우수할 것

　　㉢ 방청성이 우수할 것

　　㉣ 강판의 방청유와 상용성이 있을 것

　　㉤ 후공정에서 피막 제거성이 양호할 것

　　㉥ 강판 방청유의 탈지성에 악영향이 없을 것

　　㉦ 도장성이 양호할 것

10년간 자주 출제된 문제

6-1. 다음 보기에서 조질압연의 주목적을 옳게 고른 것은?

> ㉠ 형상 개선
> ㉡ 스트레처 스트레인 방지
> ㉢ 표면거칠기 조정
> ㉣ 두께 조정
> ㉤ 판폭 조정

① ㉠, ㉡, ㉢　　　　　　② ㉠, ㉢, ㉤
③ ㉠, ㉡, ㉣　　　　　　④ ㉠, ㉢, ㉣

6-2. 냉간압연용 롤(Roll)의 표면가공에 관한 설명으로 틀린 것은?

① 일반적으로 무딘(Dull) 가공을 한다.
② 냉연 작업 롤(Work Roll)의 표면거칠기는 통상 $25\sim40R_a$ $(\mu\mathrm{m})$이다.
③ 덜(Dull) 가공설비는 그릿(Grit)을 표면에 투사하여 가공한다.
④ 롤 연삭용 숫돌의 이상 시 롤 표면에 결함이 발생된다.

6-3. 다음 중 스킨 패스 라인(Skin Pass Line)의 기능과 거리가 먼 것은?

① 평탄도의 교정
② 기계적 성질의 개선
③ 표면 성상의 개선
④ 표면 스케일 제거

6-4. 완전한 제품을 만든 후에도 표면 조도를 더욱 양호하게 하기 위하여 실시하는 압연은?

① 산세압연　　　　　　② 열간압연
③ 조질압연　　　　　　④ 분괴압연

6-1
조질압연의 목적
• 형상 개선(평탄도의 교정)
• 표면 성상의 개선 : 조도에 따라 거친 표면(Dull), 매끄러운 표면(Bright)로 구분
• 스트레처 스트레인 방지(기계적 성질의 개선) : 곱쇠(Coil Break) 결함 제거

6-2
연삭가공 시 표면거칠기는 통상 $1R_a(\mu\mathrm{m})$ 이하이다.
롤 조도의 종류
• Bright Finish : 아무런 표면 조직이 없는 것으로 연마기에서 지석으로 가공된 상태
• Stone Finish : 높은 거칠기의 Bright 외관을 보이는 것으로 일정 방향의 조대한 연마 지석 스크래치(Scratch)가 있는 표면 (조도 : R0, R2)
• Dull Finish : Grit를 이용하여 Shot Blast로 Dull 가공한 표면

6-3, 6-4
조질압연(Skin Pass Mill)
• 정의 : 소둔 직후의 항복점 연신으로 인한 스트레처 스트레인(Stretcher Strain)의 발생을 막기 위해 1~3%의 압하량으로 압연을 실시하는 공정
• 조질압연의 목적
 - 형상 개선(평탄도의 교정)
 - 표면 성상의 개선 : 조도에 따라 거친 표면(Dull), 매끄러운 표면(Bright)으로 구분
 - 스트레처 스트레인 방지(기계적 성질의 개선) : 곱쇠(Coil Break) 결함 제거

정답 6-1 ①　6-2 ②　6-3 ④　6-4 ③

(1) 주요 이론

① 두께 관리

　㉠ 길이 방향의 두께 변동

　　• 원인

　　　- 스키드 마크(Skid Mark) : 가열로 중에서 냉각 스키드에 접한 부분이 다른 부분에 비하여 온도가 낮아서 생기는 온도 편차

　　　- 서멀 런 다운(Thermal Run Down) : 사상압연기에 압연 소재가 물려 들어가는 데 걸리는 시간만큼 압연 소재의 끝부분 온도가 저하되는 현상

　　　- 롤의 편심

　　　- 열팽창 및 마모

　　　- 베어링 유막 두께 변동

　　　- 롤 스탠드 간의 장력 변동

　　　- 열연 강판의 두께 변동

　　• 대처 : 자동 두께 제어 장치 설치

　　　- 자동 두께 제어(AGC ; Automatic Gauge Control) : 공차 범위를 벗어난 부분을 두께계가 검출하여 피드백시켜서 두께를 제어하는 장치

　　　- 자동 폭 제어(AWC ; Automatic Width Control) : 스트립 전장에 걸쳐서 판폭 정도를 확보하기 위한 제어기능으로 보통 조압연기의 세로 롤 개방도를 제어

　㉡ 폭 방향의 두께 변동

　　• 폭 방향 크라운의 종류

　　　- 보디 크라운 : 롤의 중앙부와 끝단부의 두께 차

　　　- 에지 드롭 : 롤의 끝단부 두께 차

　　　- 웨지 크라운 : 롤 양단의 두께 차

　　　- 하이 스폿 : 롤 일부분에 돌출되어 있는 부분

명칭		발생이유
보디 크라운	보디 크라운 (Body Crown)	• 롤의 휨 • 재료 폭, 압연반력 등
에지 드롭	에지 드롭 (Edge Drop)	• 롤의 평평 • 롤 경, 압연반력 등
웨지	웨지 크라운 (Wedge Crown)	• 롤의 편행도 불량 • 슬래브의 편열 • 통판 중 판의 쏠림
하이 스폿	하이 스폿 (High Spot)	• 롤의 이상 마모 • 국부적인 롤의 팽창

　　• 개선책 : 열연 강판의 크라운 개선, 에지 드롭 제어

　㉢ 롤 크라운과 판 크라운의 차이

　　• 롤 크라운 : 롤(Roll)의 중앙부 직경이 양단의 직경보다 큰 것

　　• 판 크라운 : 판(Plate)의 중앙부가 두껍고, 양단이 얇게 된 것

　㉣ 밀 스프링(밀 정수, Mill Spring)

　　• 정의 : 실제 만들어진 판 두께와 Indicator 눈금과의 차(실제 값과 이론 값의 차이)

　　• 원인

　　　- 하우징의 연신 및 변형, 유격

　　　- 롤의 벤딩

　　　- 롤의 접촉면의 변형

　　　- 벤딩의 여유

　　※ 하우징(Housing) : 작업 롤, 백업 롤을 포함하여 압연기를 구성하는 모든 설비를 구성 및 지지하는 단일체이다. 압연재의 재질, 치수, 온도, 압하하중을 고려하여 설계해야지만 밀 정수 등을 예측할 수 있다.

⑩ 두께 관리 센서(프로파일 미터) : 고정 두께계(스트립 폭 중앙부의 두께 측정)와 이동 두께계(스트립의 폭 방향으로 이동하여 각부의 두께를 측정)를 설치하여 폭 방향의 두께 편차 분포를 측정하는 설비이다.

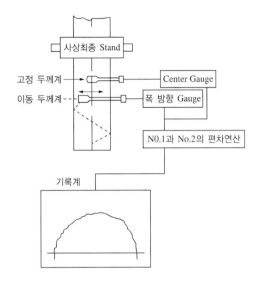

② 평탄도 관리

㉠ 강판 평탄도 형상 불량

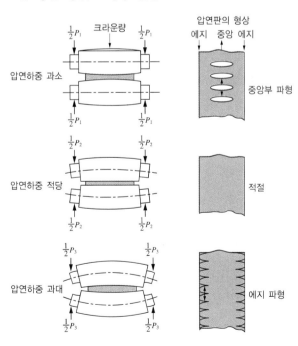

• 중파(Center Wave) : 압연하중이 가벼울 경우, 롤 중앙 부분이 강하게 재료를 눌러 판 한가운데 파형이 생기는 결함이다.

• 양파(Edge Wave) : 압연하중이 클 경우, 롤 에지(Roll Edge) 부분에 변형이 발생하여 판의 양쪽 가장자리에 파형이 생기는 결함이다.

• 캠버(Camber) : 직각도 불량이라 하며 압연 중 압연 소재가 판의 폭 방향으로 연신율차를 일으켜 압연판이 평면상에서 좌우로 휘게 되는 현상이다.

※ 캠버 발생 원인
  - 롤이 기울어져 있을 때
  - 하우징의 연신 및 변형
  - 폭 방향 온도 편차
  - 소재 좌우 두께 편차

㉡ 평탄도와 급준도

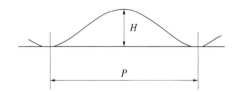

• 평탄도 : 스트립 표면의 평탄한 정도를 나타내는 기준으로 높이를 피치로 나눈 값을 말한다.

$$평탄도 = \frac{H}{P} \times 100$$

- 급준도 : 스트립 표면의 평탄한 정도를 나타내는 기준으로 피치를 높이로 나눈 값을 말한다.

$$급준도 = \frac{P}{H} \times 100$$

③ 형상 제어

㉠ 형상 제어에 영향을 주는 요인

- 소재로 인한 요인 : 열연 강판 두께 변동, 경도 변동, 형상 변동 등
- 냉간압연 자체의 요인 : 롤 크라운, 압연 스케줄, 압연하중, 압연 온도, 압연유 등

제어 수단	제어 내용	제어방법
롤 크라운 조정	열로 크라운 제어	압연유 유량 조정
	기계적 크라운 제어	작업 롤, 보강 롤 휨 및 보강 롤 접촉면 길이 조정
장력 조정	폭 방향 장력 분포 조정	편심 롤 등에 의한 외력 증가
윤활 제어	폭 방향 압연유 마찰계수 제어	공기, 물의 분사에 의한 국부 유막 제거

㉡ 압연 시 판의 두께 변동 요인

- 롤 열팽창에 의한 변동
- 롤 베어링의 편심
- 압연기 강성계수 변동
- 소재의 온도 불균형
- 소재 자체의 흠
- 롤 지름 및 재질의 변동

㉢ 롤에 의한 형상 제어방법

- 롤 벤딩(Roll Bending) 제어 : 롤에 가해지는 압하력을 계산하여 롤 벤딩을 최적조건으로 제어하는 방식이다. 백업 롤을 휘게 하는 벤딩 방식과, 휘지 않고 챔퍼를 설치하는 챔퍼 벤딩 방식이 있다.
- 롤 시프팅(Roll Shifting) 제어 : 스트립의 크라운을 제어하여 판의 평탄도를 향상시키는 방법으로, CVC 제어방법과 UCM 방식이 있다.

- 롤 틸팅(Roll Tilting) 제어 : 유압 방식으로 롤 간격을 틸팅하여 제어하는 방법이다.
- 페어 크로스(Pair Cross) 제어 : 작업 롤 1쌍을 일정 각도로 서로 교차하게 배열하여 제어하는 방법이다.

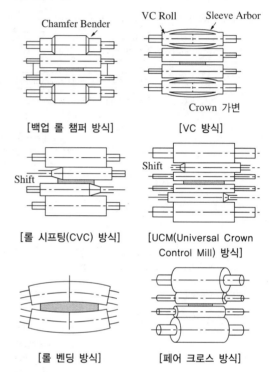

[백업 롤 챔퍼 방식]　　[VC 방식]

[롤 시프팅(CVC) 방식]　　[UCM(Universal Crown Control Mill) 방식]

[롤 벤딩 방식]　　[페어 크로스 방식]

(2) 정정 설비

① 주요 정정 설비

설비명	역할
표면결함 검지기 (SSD)	열연 코일 표면에 발생된 결함을 감지하는 장치로 결함의 정도에 따라 대, 중, 소로 구분 또는 12종으로 분류, 검출하는 장치
사이드 트리머 (Side Trimmer)	산세공정에서 스트립의 폭을 정해진 크기로 절단하는 설비
슬리터(Sliter)	냉연판을 소정의 폭만큼 절단하는 설비
레벨링 (Leveling)	롤러 레벨러라고도 하며 압축 및 인장의 반복 응력을 가해 코일의 평탄도를 향상시키는 설비
언코일러 (Uncoiler)	되감기 작업을 위해 코일을 풀어 주는 장치
핀치 롤 (Pinch Roll)	판이 통과할 때 판의 앞부분을 끌어당기는 기능을 하는 설비

설비명	역할
플라잉 시어 (Flying Shear)	마무리 압연속도가 빠르고 압연 전장이 매우 긴 것은 압연기에서 나오고 있는 중간에 절단이 필요한데, 이때 사용하는 절단기
프로파일러 (Profiler)	전단된 시트를 최종 제품으로 포장하기 위해 일정 매수를 받는 장치
오일러 (Oiler)	방청유를 스트립 표면에 균일하게 부착시켜 방청효과를 주는 설비

② 기타 전단 관련 설비
　㉠ 주요 전단 설비
　　• 슬리터(Sliter) : 스트립을 길이 방향으로 절단하는 설비
　　• 사이드 트리머(Side Trimmer) : 스트립의 양옆을 길이 방향으로 절단하는 설비
　　• 크롭 시어(Crop Shear) : 스트립의 선단과 미단을 절단하는 설비
　　• 플라잉 시어(Flying Shear) : 상하의 전단 날이 판과 같은 방향과 속도로 이동하면서 절단하는 설비

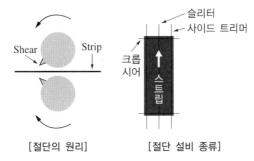

[절단의 원리]　　　　[절단 설비 종류]

　㉡ 전단 부대 설비
　　• 스크랩 초퍼(Scrap Chopper) : 사이드 트리머에서 나온 스크랩을 일정한 크기로 잘라 스크랩 박스에 넣는 설비로 트리밍 시어의 하부에 위치하여 로터리식이나 갤럽식(더블 크랭크) 플라잉 전단기가 일반적이다. 스트립 코일의 경우에는 트리밍 시어에서 동력을 얻고 있으며 플라이 휠을 갖추고 있다.

　　• 스크랩 볼러(Scrap Baller) : 사이드 트리머에서 나온 스트립을 연속적으로 감아주는 설비로 주로 함석판재 등의 박물에서 처리한다.
　㉢ 갭, 랩, 클리어런스

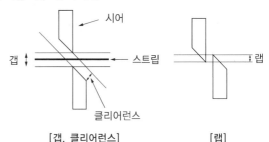

[갭, 클리어런스]　　　　　　[랩]

　　• 갭(Gap) : 상부 칼날(시어)의 하부 끝단과 하부 칼날(시어)의 상부 끝단 사이의 거리
　　• 랩(Lap) : 상부 칼날(시어)의 하부 끝단과 하부 칼날(시어)의 상부 끝단 사이의 거리(오버랩 발생)
　　• 클리어런스(Clearance) : 시어의 면과 면 사이의 간격

③ 레벨러의 종류
　㉠ 롤러 레벨러 : 다수의 소경 롤에 의해 초반 굴곡으로 재료 표피부를 소성변형하며 판 전체의 내부응력을 저하·세분화시켜 평탄하게 한다(조반굴곡).

[롤러 레벨러]

　㉡ 스트레처 레벨러 : 단순한 인장에 의해 균일한 연신 변형을 부여하고 내부 변형을 균일화하여 좋은 평탄도를 얻게 한다(연신).

[스트레처 레벨러]

　㉢ 텐션 레벨러 : 항복점보다 낮은 단위 장력하에서 수 개의 롤에 의한 조반굴곡을 가해 소성 연신율을 준다(조반굴곡 + 연신).

[텐션 레벨러]

(3) 주요 결함의 종류 및 특징

① 주요 표면결함 및 내부결함

주요 표면 결함	코일 브레이크 (Coil Break)	저탄소강 코일을 권취할 때 권취 작업 불량으로 코일의 폭 방향으로 불규칙하게 발생하는 꺾임 또는 줄 흠
	릴 마크 (Reel Mark)	권취 릴에 의해 발생하는 요철상의 흠
	롤 마크 (Roll Mark)	이물질이 부착되어 판 표면에 프린트된 흠
	스크래치 (Scratch)	판과 여러 설비의 접촉 불량에 의해 발생하는 긁힌 모양의 패인 흠
	덴트 (Dent)	롤과 압연 판 사이에 이물질이 끼어 판 전면 또는 후면에 광택을 가진 요철 흠이 발생
주요 내부 결함	비금속 개재물	철강 내에 개재하는 고형체의 비금속성 불순물, 즉 철이나 망가니즈, 규소 및 인 등의 합금 원소의 산화물, 유화물, 규산염 등을 총칭. 응력 집중의 원인이 되며 일반적으로 그 모양이 큰 것은 피로 한계를 저하
	편석	용융합금이 응고될 때 제일 먼저 석출되는 부분과 나중에 응고되는 부분의 조성이 달라 어느 성분이 응고금속의 일부에 치우치는 경향
	수축공	강의 응고수축에 따른 1차 또는 2차 Pipe가 완전히 압착되지 않고 그 흔적을 남기고 있는 것
	백점	수소 가스의 원인으로 된 고탄소강, 합금강에 나타나는 내부 크랙, 표면상의 미세 균열로서 입상 또는 원형 파단면이 회백색 등으로 나타남

② 분괴압연 제품의 품질결함 및 원인

결함명	형태	특성	발생원인
파이프		슬래브 상단 및 하단부 전단면서 선상 또는 개구상으로 나타나는 흠	강괴 상단 내부 기포와 압연 중에 발생되는 기계적 기포의 잔류
귀공		슬래브 측면에 발생하는 번개상의 크고 깊은 흠	• 저용접 원소 존재 • 편심 주의 • 고온, 고속 주입
귀터짐		코너부가 과열되어 나타나는 흠	• 림드층 두께 미달 • Edging양 부족 • 압연온도 저하
스카핑 흠		스카핑 불량으로 발생된 국부적으로 파인 흠	• 스카핑 스타트 불량 • 토치 유닛 불량
스캡		슬래브 표면에 딱지상의 흠	• 주입 용강의 비산 • 정반 보호판 용착 • 주형 내면 황폐
스케일 흠		균열 시 생성된 스케일이 분괴 압연 시 박리되지 않고 압입 부착	• 공연비 부적정 • 초기 파도 압하
이물 흠		전단면 또는 슬래브 표면에 이물이 압연되어 나타나는 흠	• 비금속 개재물 또는 Scum의 부상 분리 불량 • 압연기 강괴 표면에 이물 부착
망상 흠		슬래브 표면에 그물 형태의 크랙 발생	관상기포의 노출
세로 터짐		슬래브 길이 방향으로 발생한 크랙	• 고온, 고속 주입 • 주형온도 부적정 • 강괴 가열속도

③ 열연 표면결함

결함명	상태	발생원인
모래형 스케일	비교적 둥근 모양의 가느다란 스케일(Scale)이 모래를 뿌린 모양으로 발생하고 흑갈색을 띰	• 고온재가 배 껍질과 같이 표면거침이 심한 롤에서 압연된 경우, 사상 스탠드 간에서 생성한 아연 스케일이 치입된 경우 발생 • 표면거침이 심한 경우 • 후단 스탠드의 Ni-Grain계 롤의 표면거침에 의해 발생
유성형 스케일	유성형으로 심하게 치입된 스케일	사상 W.R(Adamite계 롤)의 스케일 흑피 피막의 박리, 혹은 홀의 잦은 유성상의 표면거침을 일으킨 경우
방추형 스케일	방추상으로 길게 치입된 스케일	디스케일링 불량에 의해 1차 스케일이 국부적으로 남아 치입된 것
선상형 스케일	선상으로 길게 늘어난 스케일로 압연 위치, 폭에 관계 없이 전면에 발생	• 강괴의 스킨 홀, 관상 기포의 노출 산화에 의함 • 가열로 재로시간이 긴 경우 재료조직의 경계에서 S, Cu 석출에 의함
띠무늬 스케일	축 방향 일정개소에 띠모양으로 치입된 스케일	디스케일링 스프레이 노즐이 1개 또는 소수가 막힌 경우
비늘형 스케일	2차 스케일이 비늘모양으로 치입된 것	사상 디스케일링 스프레이 후 2차 스케일이 발생하고, 이 2차 스케일이 롤에 치입되어 판에 프린트된 것
붉은형 스케일	판 표면에 넓고 깊이가 얕은 붉은형으로 발생	• 1차 스케일 박리 불량 • 2차 스케일이 디스케일링됐지만 잔존한 것

④ 후판압연 제품의 품질결함 및 원인

결함명	발생상황	발생원인
딱지 흠 (Scab)	강판 표면에 부분적으로 박리한 LAP상의 흠으로 낙엽모양, 지느러미모양 상태 등 여러 가지가 있음	• 주형 주입 시 스플래시에 의한 것 • 주형 내벽이 손상되어 강괴에 돌기상이 생겨 랩상으로 된 것 • 슬래브 스카핑 시 강편이 잔존된 것 • 가열로 스키드에 의한 흠으로 발생된 것
표면기포 흠 (Skid Hole)	주로 세미킬드강에 발생하고 뚫어진 홀이 미소한 크랙으로 보여지는 것과 하나로 되어 연결된 곰보상의 것이 있음(개구성, 비개구성)	강판 표면 근방에 발생한 관상기포 혹은 표면기포가 가열단계에서 스케일 오프, 스카핑에 의하여 노출된 경우 압연에서 압착되어 흠으로 발생
부분 흠 (Blister)	주로 세미킬드강에서 발생하고 강판 중심부에 반구상 또는 광폭선상으로 부풀어 오름	강재 내부의 비금속 개재물에 수소가 내재되어 있어 내압이 커져 압연기 미압착된 상태로 부풀어 오름
블로 홀 (Blow Hole)	딱지 흠과 유사하나 반구상 등 여러 가지 형태로 완만하게 나타남	• 세미킬드강 : 강괴 표면의 관상기포, 입상기포 등이 외부에 노출·산화되어 압연 시 미압착되어 발생 • 킬드강 : 탈산도가 클수록 잔존수소량은 증대하여 수소의 집적 부위가 압연 시 미압착되어 발생
라미네이션 (Lamination)	강판 전단면의 판 두께 중심부근에 연속적으로 혹은 단속적으로 가늘고 길게 갈라진 것	전단 시 절단기의 Knife Clearance 조정불량에 의한 벤딩 응력이 작용하며 끌어당겨 찢어진 상태로 발생
가열로 연와 흠	강판 표면에 내화물이 압연한 것으로 주로 상부에 발생	가열로 내화물의 부착으로 인해 발생
몰드파우더 유입 흠	강판 표면에 희색 및 황색의 분말상태 존재	주로 던디쉬 교환 후 초, 말 주편에서 발생하고, 연주 몰드파우더가 강중에 유입됨으로 발생

결함명	발생상황	발생원인
귀터짐 (Side Crack)	Shear 강판의 에지부에서 선상으로 갈라진 형태	• 압연의 폭출이 불충분한 경우나 강판의 사이드가 남을 경우 • 스킨 홀, 블루 홀 등이 전단 시 응력을 받아 발생 • 기계 절단에서 클리어런스 조정불량에 의한 벤딩 응력이 작용하여 발생
길이 방향 크랙	강판 표면에 종상으로 갈라진 흠	• 슬래브의 터진 흠의 잔존 시 • 슬래브의 수입 깊이가 클 때
폭 방향 크랙	강판 표면에 횡상으로 갈라진 흠	수입 시의 열 사이클에 의한 덴드라이트 조직의 파괴
1차 스케일	가열 시 스케일이 강판 표면에 국부적으로 잔존하며 압착된 것	가열 시 발생한 스케일이 디스케일링 작업 시 완전 제거되지 않고 잔존한 것
롤 마크 (Roll Mark)	강판 표면에 일정한 간격으로 발생하는 흠	압연 작업 롤에 스케일, 이물 등이 압입되어 강판에 프린트되어 발생
이물 흠	이물 또는 지느러미상의 금속이 강판 표면에 압입된 것	압연 중 이물의 혼입으로 발생
긁힌 흠 (Scratch)	주로 강판 이면에 긁힌 자국이 강판에 나타난 것	롤러 테이블의 롤러에 흠, 돌출부가 있거나, 냉각대의 스키드에 긁혀서 발생

⑤ 냉간압연 제품의 품질결함 및 원인

㉠ 결함명 및 원인

구분	결함명	발생 원인
두께 정밀도	앞뒤 부분 치수 불량	• 백업 롤 유막 두께의 변동 • 속도 가감 시의 장력 변동 • 압연재가 물려 들어갈 때 또는 빠져나올 때 앞뒤부분 무장력 • 재료의 변형 저항 및 압연 속도 변화에 따른 마찰계수의 변동
	정상 압연부 두께 변동	• 원판 원인 : 재질 변동, 원판 두께 변동, 산세 작업 변동(과산세, 미산세) • 롤 원인 : 백업 롤 편심, 롤 열팽창 • 냉간압연 작업 원인 : 압연 스케줄 변동 • 제어 시스템 불량 : 자동 판 두께 제어 시스템 작동 불량
	채터 마크	• 롤계 : 초크의 관리 정밀도, 하우징 및 초크 라이너 간격 • 구동계 : 스핀들 진동, 피니언 기어 진동 • 압연 작업 : 압연 부하의 과대 및 과소, 압연유 관리 불량, 백업 롤 표면 흠
형상	양파, 중파, 편파	• 원판 : 크라운 불량, 재질 불량 • 롤 크라운 : 초기 크라운(Initial Crown), 열 크라운(Thermal Crown), 기계 크라운(Mechanical Crown) • 롤 표면 : 표면 조도 마멸 • 압연 작업 : 윤활 불균일, 압연유 분사 불균일
	빌드 업	• 원판 : 크라운, 조직 불량, 하이 스폿이 심할 때 • 압연 작업 : 윤활 불균일, 롤 냉간 불균일, 롤 마모 불균일
표면	롤 마크	이물질 혼입, 통판 불량, 딱지 흠, 마모
	히트 스크래치	국부 윤활 불량
	표면 광택	윤활 불량
	표면 오염	수질 불량, 압연유 불량
폭결함	톱귀	• 원판 : 산세 트리밍 불량 • 압연 작업 : 엔트리 가이드* 접촉, 압하력 과대
	캠버	• 원판 : 크라운 이상 • 압연 작업 : 압하 레벨 불량
	폭 변동	• 원판 : 크라운 이상 • 압연 작업 : 장력, 압하 불균형, 롤 마모

ⓛ 추가 결함

- 채터 마크 : 진동으로 깎인 면에 생긴 금이 간 무늬
- 초기 크라운 : 통판성 및 양호한 프로파일을 얻기 위하여 작업 롤 또는 보강 롤의 연마 시 사전 크라운을 부여한 것
- 빌드 업 : 점용접(Spot Welding)점 과다로 인한 덧살 올림
- 딱지 흠 : 압연재의 표면이 부분적으로 벗겨져 랩 상으로 딱지처럼 움푹 파인 상태의 흠

(4) 공정별 주요 결함 및 원인

① 결함명 및 원인

공정	발생 결함	발생 원인
원자재	스케일	원자재의 불순물 산화, 녹 제거 부족
	라미네이션	블로 홀이 열간압연되어 발생
	코일 브레이크	열연 권취 시 발생
산세	황변	코일이 5분 이상 정지할 경우 발생
압연	오프 게이지	자동 치수 조절 장치 이상 또는 원자재 프로파일 불량 시
	롤 마크	롤에 이물질 혼입
	채터 마크	연마기 불량 시 발생
	게이지 불량판 파단	소재 표면의 사상 불균일로 압연할 때 마찰계수 변동
	판 파단	용접부의 취약으로 압연할 때 발생
	권취 불량	EPC 작동 불량 및 라인 센터링 조업이 불량할 때 발생
	게이지 불량	도유량의 불균일
	이물 흠	크롭 시어 및 사이드 트리머 조업이 불량할 때 발생하는 칩에 의해 발생
	롤 스폴링	롤 표면 온도가 급격하게 상승하여 파손되어 떨어져 나가는 결함
전해 청정	탈지 불량	탈지력 부족 시 발생
	스크래치	롤의 회전에 의해 주로 판 하단에 긁힘이 발생
풀림	밀착(Sticker)	국부 가열 및 권취 불량 코일에서 발생
	템퍼 컬러 (TMC)	분위기 가스 성분이 불량 시 발생
	흑정	베이스 오염물질이 혼입될 때

공정	발생 결함	발생 원인
조질 압연	덜 마크	롤에 오물이 묻어 압입될 때
	슬립 스크래치	판과 판이 스쳤을 때 발생
	제브라	압하력과 장력의 불균형에 인한 불균일 잔류 응력이 발생하였을 때
	릴 마크	슬리브 없이 작업 시 발생
정정	러스트	공정이 체화할 때 습기가 침투하며 발생
	덴트	판에 흠이 생길 때
	릴 마크	권취 릴에 의해 발생하는 요철상의 흠
	레벨러 마크	레벨러 작업 시 롤에 이물질 혼입
	오일링 불량	오일링이 불량할 때
	외관 불량	스케일 잔존
	톱귀	사이드 트리머 불량
	폭 불량	사이드 트리머 불량
	핀 홀	원판 흠 및 심한 스트래치부에서 발생
	게이지 불량	권취 불량 및 도유 부족 시 압연재 면과 면이 접촉하여 발생
	긁힌 흠	각 테이블 및 롤러와 불균일 접촉할 때 발생

② 추가 결함 및 설비

- ⓖ 톱귀 : 압연재 양쪽 가장자리가 톱날처럼 생긴 모양으로 사상압연 사이드 가이드(Side Guide)에 접촉되면서 발생함
- ⓛ 크롭 시어(Crop Shear) : 압연재의 앞부분과 뒷부분을 절단하여 사상압연기 통판성을 양호하게 하기 위한 절단 장치
- ⓒ EPC(Edge Position Control) : 진행 중인 압연재의 한쪽 면을 감지하여 압연재의 센터링(Centering) 상태를 조정
- ⓔ 폭 방향 Crown의 종류

명칭	발생이유
보디 크라운 (Body Crown)	• 롤의 휨 • 재료 폭, 압연반력 등
에지 드롭 (Edge Drop)	• 롤의 평평 • 롤 경, 압연반력 등
웨지 크라운 (Wedge Crown)	• 롤의 편행도 불량 • 슬래브의 편열 • 통판 중 판의 쏠림
하이 스폿 (High Spot)	• 롤의 이상마모 • 국부적인 롤의 팽창

(5) 코일 권취형상 불량의 원인 및 대책

① 결함에 따른 원인 및 대책

구분	원인	대책
텔레 스코프	• 스트립의 캠버에 의한 것 • 맨드릴과 유닛 롤의 평행도 불량 등 설비상의 문제	• 사상 스탠드의 레벨링 불량을 없애 스트립의 휨을 없도록 함 • 설비 점검 및 정비
내경좌굴 (짱구코일)	코일의 과다 적치	코일의 적정 적치
접귀	에지부가 돌출된 부분을 밑으로 해서 적치시키거나 Tongs로 강하게 압착시키는 경우	• 돌출부가 없도록 함 • 코일의 핸드릴을 신중하게 함
겹침	• 박물의 경우 코일의 선단부분이 런 아웃 테이블상에서 겹쳐지게 됨 • 스트립의 테일이 사상 최종 스탠드를 빠졌을 때 후방장력이 없어지므로 맨드릴의 잡아 끄는 힘에 의해 발생	• 박물인 경우는 선단부 무주수통에 의한 런 아웃 테이블상에서 겹침이 일어나지 않도록 함 • 스트립의 테일이 최종 스탠드를 빠질 때 맨드릴의 속도를 조정하여 스트입의 겹침을 방지
루즈 코일	• 핀치 롤과 맨드릴 간 장력이 약할 경우 • 비틀림이 커서 타이트하게 감을 수 없을 때	• 핀치 롤과 맨드릴 간 장력 적정화 • 비틀림 발생 억제

② 추가 결함

㉠ 텔레스코프 : 코일의 에지가 맞지 않는 것으로 내권부가 돌출된 것이 많다.

㉡ 내경좌굴(짱구) : 코일의 찌그러진 내경이 타원형으로 변한 것이다.

㉢ 접귀 : 에지가 접혀져 감기기도 하며 심하면 찢어진 경우도 있다.

㉣ 겹침 : 코일의 권중에 전폭이 걸쳐 겹쳐져 감긴 것이 있는 것을 말한다.

㉤ 루즈 코일 : 권취형상이 루즈하게 풀어져 있는 것을 말한다.

㉥ 오프 게이지 : 코일의 선·후단에서 두께 허용차가 벗어난 것을 말한다.

㉦ 피시 테일 : 비정상부가 압연되는 것으로 폭압하량이 크고 두께가 얇을수록 크게 된다.

(6) 냉연 강판 주요 결함 원인 및 대책

① 곱쇠 : 저탄소강의 코일을 권취할 때 작업 불량으로 코일의 폭 방향에 불규칙적으로 발생하는 주름 또는 접혀진 상태이다.

원인	대책
• 냉각 불량 상태에서 언코일링 (Uncoiling) • 권취, 적절하지 않은 장력 및 프레스 롤 압력 • 소재의 항복점 신장 • 압연 권취 온도 불량 • 고온 권취 코일 형상 불량 • 디플렉터 롤의 접촉 각도가 작은 경우	• 언코일링할 때 장력 및 프레스 롤 압하장치를 조정 • 코일을 충분히 냉각 • 저온 권취 • 권취 온도를 적정하게 유지 • 레벨링(Leveling)을 실시하여 항복점 연신을 제거

② 릴 마크 : 권취기의 맨드릴 세그먼트(Segment) 및 코일 끝부분에 의한 코일 내권으로부터 수권까지 발생하는 판의 요철 흠이다.

원인	대책
• 맨드릴 세그먼트의 팽창으로 진원도 불량 • 유닛 롤(Unit Roll)의 갭(Gab) 및 적절하지 않은 공기압	• 맨드릴을 교체 • 유닛 롤의 갭 및 공기압을 적정하게 유지

③ 롤 마크 : 압연 및 정정할 때 각종 롤에 이물질이 부착되어 판 표면에 프린트된 흠이 발생한다.

원인	대책
이물질 혼입, 통판 불량, 딱지 흠, 마모	• 이물질의 침입을 방지 • 스트립(Strip)을 수시로 점검 • 정정 귀불량재 작업 시 롤을 확인

④ 긁힌 흠(스크래치) : 압연 방향으로 오목형으로 긁힌 상태의 흠을 말하며, 백색 광택이 나고 압연 라인은 주로 하부(이면)에서 발생한다. 정정 라인에서는 상부(표면), 이면(하부)에서 발생하며, 기계적 찰과상에 의한 예리하게 할퀸 모양의 흠으로 나타난다.

원인	대책
• 런 아웃 테이블(Run Out Table) 롤의 회전 불량 • 이물질이 부착했을 시 • 이송 과정에서 스트립과 스트립의 마찰로 발생	• 런 아웃 테이블을 수시로 점검 • 코일 권취 형상을 개선 • 코일 언코일링 시 장력 및 속도 저하 등에 주의

⑤ 용융아연도금 결함

결함명	형태	원인
티어스 마크	강판 국부 또는 전장에 눈물방울 형태의 도금층 요철 형태로 비주기적으로 발생	• 소재의 표면 스케일(Scale) 및 불순물이 가열 과정에서 표면층으로 석출되면서 발생 • 열연 강판의 냉각 시 부분적 냉각수 압력이나 유량 차이로 재질 이상 발생 및 스케일이 퍼니스 가열 시 온도 투과율이 저하되면서 발생 • 소지철에 잔류하는 스케일에 의한 용융아연의 표면 장력이 증가하여 젖음성(Wettability) 저하로 발생
스케일 결함	강판 국부 또는 전장에 다양한 형태의 요철성 또는 흔적으로 나타남	• 성분 불균일한 용강이 열간압연된 후 냉간압연 산세 시 스케일이 제거된 오목한 상태로 냉간압연되어 도금되면서 발생 • 연주의 슬래브 스카핑 작업이 부적절한 경우에 발생 • 제강 연속주조기의 첫 슬래브와 마지막 슬래브의 경우 몰드 내의 불순물이 많이 함유되어 작업이 이루어지므로 후공정에서 제거되지 않으면 스케일 발생의 원인이 됨
애시 (Ash) 결함	강판 전면과 후면에 길이 방향으로 유선형의 아연 애시가 비정형, 연속적으로 부착된 결함	• 도금욕의 아연이 증기(Fume) 형태로 연속 증발하여 스나우트 상부에 부착하여 누적되어 무거워지면 충격이나 자중에 의해 강판에 낙하하면서 발생 • 스나우트 내부에 설치된 댐 내 존재하는 산화아연막을 주기적으로 오버플로(Over Flow)시켜 줘야 하는데, 이것이 부적절할 경우 산화아연막이 강판에 부착되면서 애시 부착 형태의 결함을 야기함
드로스 결함	강판 전면과 후면에 1~5mm 정도 크기로 점상의 색상이 다른 마크가 일정한 주기로 점상, 괴상, 선상으로 부착되어 나타나며, 합금화 아연도금(GA) 제품의 경우 흰점으로 나타나는 결함	• 도금욕 내의 부상 드로스가 싱크 롤이나 스태빌라이징 롤, 코렉팅 롤에 부착되어 강판에 압착 흠(Dent) 형태의 결함으로 발생 • 아연욕 온도, 알루미늄 성분의 급격한 변화가 주요인이며, 강판 인입 온도의 하락과 도금욕 롤 취부 시, 불충분한 예열 시 발생이 증가
드로스 찍힘	강판 표면에 부착되거나 도금욕 롤에 부착하여 강판 전장에 걸쳐 불규칙하게 요철성으로 나타나는 결함	• 강판이 도금욕 인입 시 도금욕 온도가 기준 이상으로 높을 시 급속하게 철분(Fe)이 용출되며, 동시에 인히비션 레이어(Inhibition Layer)를 형성시킨 후 고용 한도 이상의 철분이 Al-Zn과 결합하여 상부 드로스성 결함을 발생 • 도금욕 온도가 급격히 상승되면 도금욕조 내 철분의 고용 한계가 늘어나 상대적으로 철분양이 증가하며, 도금욕 온도가 하락할 경우 점상 형태의 드로스 결함이 발생
그루브 마크	도금욕 내부의 싱크 롤에 강판 통판 중 사행 방지 목적으로 일정한 폭으로 띠 모양의 그루브를 부여하는데 이것이 강판에 전사되어 나타나는 결함	도금욕의 온도가 온도 기준보다 하향되거나 알루미늄성분 이상 시, 또한 냉각대 장력이 과다한 경우 그루브와 강판의 접촉골에 비입된 드로스가 강판에 전사되면서 발생
합금화 불량	합금화 용융아연도금 제품(GA)의 강판 표면이 균일한 회색이 아니고 부분적으로 순수 아연도금된 은백색 광택이 나타나는 결함	합금화로의 분위기 온도 및 라인 스피드 과다, 합금화로 통과 시 냉각이 불균일하거나 도금욕 성분 중 알루미늄이 높을 경우, 전처리가 미흡하여 도금 후에 이물이 남아 있는 경우, 스나우트 분위기가 불안정한 경우에 부분적으로 아연과 소지철의 합금화가 되지 않아서 발생
과도금	통상적으로 강판 에지에 용융아연이 과다하게 부착되어 색상 편차가 발생되고 출측에서 권취 시 볼록하게 올라와서 고객사 인도 후 양파 형태로 나타나는 결함	에어 나이프 바플(Baffle) 위치가 기준보다 유격 시, 소재 형상 불량으로 에어 와이핑 시, 강판에 심한 진동 발생 시, 반곡이 극심할 때, 에어 나이프 압력이 너무 낮을 경우, 도금욕 온도가 기준보다 낮을 경우, 라인 스피드가 너무 저속일 때 발생

⑥ 기타 결함

코드	결함명	발생상황	발생원인
A₁	Black Line	압연 방향에 직선상으로 길게 나타나며 결함 길이는 50~80mm 정도까지 다양하고, 동일 결함선상에서 결함폭의 변동이 거의 없다. 발생 형태는 내부에 비금속개재물이 표면에서 노출되어 흔적만 있는 경우와 촉감이 있는 경우가 있다.	• 주조작업 중 Micro Inclusion(AL2O3, 내화물 슬래그)이 주변 내부 표면층 가까이 존재하는 것이 주편 Scarfing 시 제거되지 않고 차후 압연공정에서 나타남 • 기재물 및 Mold Powder 유입
A₂	Dark Line	결함의 방향 길이 및 폭의 상황은 Black Line과 동일하나 발생 형태는 비금속 개재물이 표층 하부에 잠재되어 있는 경우	Black Line과 동일 사유
A₃	점상 개재물	비금속 개재물이 판표면에 노출된 것으로서 판의 전장, 전면적에 길이 1~5mm 크기의 점상으로 분포되어 있으며 Pit가 존재(주로 BP 제품에서 발생)	• 연속주조 시 탕면불안정에 의한 슬래그의 유입 • 강중의 비금속 개재물이 압연 시에 표층부로 돌출되어 발생됨
A₄	이물 Scab	사상압연 시 소재와 Side Guide의 마찰로 인해 이물이 부착되어 계속 압연되어 압연된 형태로 나타나며, 주로 Coil Top, End부에 규칙적으로 발생하며 모재와 결함부의 조직이 상이하게 나타남	• 사상압연 Stand Thrust 발생 시 – Side Guide Centering 불량 – Stand Liner 및 Chock Liner 불량 • Bar Profile 이상 시 • 열연 Run Out Table 위에서 이물비입
A₅	선상 Scab	판 Edge부에 주로 발생(Center부에는 가끔 발생)하며 딱지가 일어나는 형태를 갖음	• Pusher Type Skid 찰과 흠 • 추출 시 긁힌 홈(Roll Bumper) • 통판설비에 의한 긁힌 흠(Side Guide)
A₆	R/In Scab	강판 표면 일부에 박리가 생기는 것으로 딱지 홈보다 크기가 작고 발생 개수가 많으며 결함 형태가 삼각형 또는 초생달 모양으로 박리된 부분에 비금속 개재물이 없고 철산화물이 잔존함	• 열연조압연기의 Work Roll의 과도 사용 시 Roll 표면이 거칠어지거나 Crack 등이 발생한 경우 • 특히 R1 조압연 Roll 과도 사용 시 집중적으로 발생하기 쉬움

코드	결함명	발생상황	발생원인
A₇	연화 흠	판의 Center부에 주로 발생하며(Edge부에 가끔 발생) 압연 방향에 직선상으로 나타나며, 딱지가 일어나는 형태를 갖음	제강로 벽 내화연와 및 연주 Mold Powder 등의 용입에 의해 압연공정에서 나타남(결함부 개재물 성분 검출)
B₁	Roll Mark	일정 Pitch를 갖고 있는 요철상의 흠으로 판 이면에는 영향이 없다.	• Roll에 이물 이입 • Roll 자체의 흠 • Roll의 피로
B₂	Dull Mark	판의 쇳가루가 뭉쳐져서 덩어리로 되어 롤에 묻은 것이 판에 전사되어 있는 상태	조질압연에서 Dull Finishing 작업 시 Roll 수입 불량일 때
B₃	마찰 흠	Strip 표면에 긁힌 흠이 균집되어 있는 상태 (종방향, 횡방향으로 나타남)	Strip과 Strip의 마찰
B₄	Dent	Roll에 이물이 비입하여 오목 또는 볼록형으로 찍힌 상태	• Roll 수입 불량 시 • Roll이나 기기에 이물이 비입되었을 때
B₅	미소 Dent	강판 표면의 동일한 부위에 연속적으로 발생하며 결함 크기가 작고 개수가 다량으로 분포되어 발생	• 연속소둔로 내 Roll 표면에 이물질(내화물, 판 표면 산화철 등)이 용착되어 Strip에 전사 • 특히 고온부위인 균열대 및 가열대의 Roll에서 발생하기 쉬움
B₆	Scratch	압연 방향에 평행하게 Scratch가 단속적으로 발생되는 것	• 판과 Roll의 속도가 일치되지 않아 Slip으로 발생 • 판과 부대설비가 이상 접촉한 경우
B₇	파임	표면이 순간적으로 이물에 긁혀 깊게 파인 형태로 소지와 색깔이 다르고 흠 중심에 Pit를 동반(압연 방향에 병립하는 경우가 많음)	• 각종 Guide류와의 접촉으로 긁힌 흠이 발생된 때 • 산세 Pre-Coat Oil의 점도 불량, 압연속도 불량에 의함
B₈	Sliver Stamp Mark	비금속 개재물에 의해 발생된 Sliver(Black Line, Dark Line)로 인해 냉간압연 시 Roll 전사되어 Strip에 길이 방향으로 Sliver 자국이 남아 있는 상태	• Sliver(Black Line, Dark Line) 발생된 Strip과 동일 Roll 단위 내에서 Sliver 발생 이후 장입될 때 • 동일 Roll 단위 내 Sliver 발생분 이후 작업재 중 연질재(극저)에서 발생하기 쉬우며 Slip이 원인이 됨

코드	결함명	발생상황	발생원인
B₉	피로 흠	Roll 표면에 생기는 피로상태가 열연판 표면에 발생	• FM 및 Skin Pass Roll이 압연량 기준을 초과하여 처리한 경우
C₁	곱쇠	판 중앙부분에 압연 직각 방향으로 주름모양처럼 나타나는 형태	• 냉연 코일이 Center 팽창이 큰 경우 • 소둔 시 코일 내경이 작은 경우나 소둔밀착의 경우 • Deflector Roll의 접촉 각도가 적은 경우 • 작업 중 장력 불량
C₂	귀곱쇠	판 귀부분에 압연 직각 방향으로 주름 형태로 발생하는 것	• 부적당한 Roll Crown 에서 Edge에 응력이 집중될 때 • 코일의 Edge 밀착 • Edge Tension 부적
C₃	판붙음	• 판의 중파 및 이파가 심한 코일이 노 내의 고온에 의해 판과 판이 서로 엉켜붙어 반전의 흠이 발생하거나 떨어지지 않는 상태 • 소둔 전에 타 물체와 충돌하여 판과 판 간에 파대한 접착압력이 가해져 판이 붙어 있는 상태	• 소둔 온도가 규정보다 높을 때 • 열전대의 관리불량일 때, 소둔 시간이 규정보다 길 때 • 전청에서 과대한 장력으로 권취했을 때
C₄	겹친 흠	조질압연 시 판이 국부적으로 우그러져 겹쳐서 나뭇가지 모양으로 압연되는 상태	• 압연 시 장력불균일 및 압하 Unbalance • Strip의 형상이 불량하거나 두께편차가 큰 경우 • 판의 Centering 불량 • Roll Crown 불량
C₅	Cross Buckle	• 판면의 압연 방향에 경사지게 혹은 교차하여 나타나는 파상의 호모양으로 광선의 반사구합에 의해 한층 부상하여 나타나며 연속적인 Pitch 를 가지고 발생함 • 판두께가 엷은 Bright 재에 많음	• 조질압연 시 박물에 발생하기 쉬움 – Tension이 폭 방향으로 불균일할 때 – 조질의 출측 장력이 적을 때
C₆	Heat Buckle	Strip 표면에 Line 방향으로 겹친 형태의 표면 흠으로서 Center 부위에 많이 발생함	CAL Line의 열처리과정에서 Tension 불균일 및 형상 불량, 두께 불균일 등에 의해 Center부로 판쏠림에 의해 나타남
C₇	진동 흠	압연 방향에 직각으로 돗자리 형태의 Mark가 비교적 적은 Pitch로 연속하여 발생	• 원판의 길이 방향 두께가 급격히 변동할 때 • 조질의 출측 장력이 적을 때
D₁	산화 변색	소둔 후 판 표면에 유색(청, 황, 흑)으로 변색되어 있는 상태	• 분위기 가스가 산화성일 때 • 이너 커버가 파손되어 공기가 흡입되었을 때
D₂	기름 얼룩	판 표면에 기름 얼룩 및 냉각수가 혼입하여 부착하는데 이것을 제거하지 않고 권취했을 때 불완전연소가 일어나 일종의 산화현상이 남게 되는 상태	• 기계 고장 등으로 라인 정지 시 • 물기제거가 완전하지 못한 때
D₃	전청 오염	청색이나 붉은 좁쌀형 상태로 발생하며 간혹 둥근 타원형으로 되어 있는 상태	• 전청 작업 중 Line Stop으로 판에 오염이 부착 • 전청 작업 불량
D₄	Oil Drop	Strip상에 물방울 정도의 흰 반점이 산포되어 있는 것(Dull Mark와 유사)	TPM 압연 시 각종 윤활유가 Strip상에 비산되어 압연 시 Roll에 전사되어 나타남
D₅	탄소 침적	Coil의 표면이나 귀부분의 반점이 흑색 혹은 백색으로 표면이 거칠게 되어 나타나는 것	• Coil에 붙어 있던 압연유가 소둔에서 탄화 • 소둔 분위기 Gas와 반응이 2CO → CO₂ + C 로 나타나는 것
D₆	탈지 불량	Strip판 표면이 검게 오염된 것으로 전폭, 전길이에 걸쳐 발생되며 손에 묻어남	• ECL 전청액 부적정 • Cleaning 불량
D₇	이물 묻음	Work Roll 혹은 타 기기에 의해 이물이 부착하여 더럽혀진 상태	Coil 운반 시나 대기 중 기름, 먼지, 기타 오물이 부착될 때
E₁	Burr	판이 트리밍 시 잘라진 면이 깨끗하지 못하거나 혹은 잘라지지 않아 스크랩이 붙어 나오는 상태	• Line을 갑자기 정지시켰을 때 • Knife 마모나 연마가 불량하였을 때

코드	결함명	발생상황	발생원인
E_2	톱귀	Edge 부분이 짧은 톱날의 형태로 나타나는 것	• Knife의 마모의 절단부의 Trimming 불량으로 발생 • 압연 시 Roll Crown 및 원판형상 불량 • Slab 측면 Scarfing 불량인 것을 Mill Edge로 압연할 때(HR Coil) • FM Side Guide에 부딪혀서 발생(HR Coil)
E_3	절개 흠	냉연 이전 공장에서 발생한 결함부분을 도려낸 것을 말함	• 판의 주행 시 센터불량으로 판이 Guide에 부딪혔을 때 • 심한 충격으로 Coil의 측면에 파손
E_4	파손	공정 간 운반작업 시 취급부주의로 파손된 상태	신호 부주의 및 크레인 운전 실수
E_5	접귀	Coil이 부분적으로 주름치마처럼 접혀 있는 상태	Coil 측면의 Telescope가 부딪쳐 접혀져서 발생
E_6	째귀	Edge가 압연 방향에 따라 접혀들어 가거나 톱날 모양으로 찢어져 있는 것	• 열연사상압연기 및 Side Guide에 소재가 강하게 접촉하여 접혀 구부러진 상태로 압연될 때 • Handling 시 Telescope가 접혀 구부러짐 • S, Cu 등 열간 취성을 갖는 원소를 포함하는 Coil에 발생 • Slab 측면 손질불량 및 과도가열
E_7	Piler Kink	Sheet 재작업 시 Piling되는 Sheet와 Stopper 간 접촉되는 부분에서 위 또는 아래쪽으로 요철이 발생되며, 동일 Bundle 내에서 Stopper 좌우 끝 접촉면의 동일 위치에서 발생됨	Sheet Piling 시 Centering 불량으로 Stopper와 Sheet 절단면이 충돌할 때 한쪽으로만 과도하게 충격이 전달되어 요철이 발생
E_8	덧살	Strip Edge 단면에 모재 또는 산화철이 덧붙어 있음	• 가열로 추출 시 Slab Edge 단면이 Bumper와 부딪쳐서 손상된 채로 압연 • Strip Edge부 온도 Drop에 의한 이상열간압연
E_9	Al-Mark	Coil비자성(육후) 3/2 지점 전후 한쪽 Side에 비자성(육후) 50mm 정도 집중 발생	Slab 측면 강번 Marking 시 사용된 Al이 압연 후 잔류
F_1	과산세	Strip 표면이 Pickling 시 과도한 부식으로 표면이 거칠게 된 상태	• 산세 입·출측 설비 고장으로 Line 휴지 시 • 산 농도 부적정 시
F_2	미산세	Strip 표면이 Pickling 되지 않은 상태	• 산세 Line 속도 부적정 • 산농도 부적정
F_3	미조압	압하가 되지 않은 Bright 형상인 상태	압하 시 두께 불량의 발생으로 설정압력보다 얇아 그대로 스쳐갈 때
G_1	Rinsing Rust	산세 후 Strip 표면이 국부적으로 검게 변해있는 것	설비 Trouble 등으로 Strip이 P/L Rinsing Tank에 장시간 침적되어 있는 경우
G_2	점녹	판 표면에 미립점상 또는 조립점상으로 발생되며 황색, 갈색의 것이 있음	• 전청 후 건조 불충분 • 습도가 높은 대기 중에 장시간 방치
G_3	반점녹	(상동)	• 산세 Rinsing, TCM, 압연유, ECL Rinsing 액 중 불순물(Cl)이 다량 함유 • 공정 간 대기 기간이 장시간
H_1	Pipe	폭 방향 단면에 나타나는 균열상의 틈으로 구멍이 비어 있는 상태	강괴의 내부에 존재하는 Pipe, Blow Hole이 압착되지 않는 것 또는 비금속 개재물이 원인이 될 수도 있음
H_2	이중판	판이 2매로 압연되어 있는 것으로 압연 방향에 길게 연결하여 있는 상태	강괴의 내부에 존재하는 Pipe, Blow Hole이 압착되지 않는 것 또는 비금속 개재물이 원인이 될 수도 있음
H_3	Blow Hole	판 표면 Line 방향에 좁쌀모양으로 부풀어 있는 상태	제강 Slag 등이 혼입, 집적되어 열간 및 냉간압연 후 표면으로 부풀어 오름
H_4	Hole	판상에 구멍이 뚫려 있는 것	• Scale, Scab, 이중판 등이 심한 경우 • 압연 시 심한 Roll 흠 • 압연소재의 심한 Scratch가 냉간압연 후 발생 • 산세용접부 표시를 위한 Punch Mark
L_2	파단	용접불량 과산세 등으로 압연 시 파단되는 것	용접불량이나 판두께 불균일 시

코드	결함명	발생상황	발생원인
M$_1$~ M$_7$	용접부	전 코일과 후 코일의 용접이 잘못된 상태	전단이 직각으로 안 되었을 때
N$_1$	도유 부족	판 표면에 유막이 일정하지 못하게 도유된 상태	• Oiling Roll의 장기 사용으로 마모 상태가 불균일하여 판 표면과 접촉이 불량 • Oil Spray Nozzle이 막혀 분사 상태가 불균일
N$_2$	도유 과다	도유량이 적정치 이상을 벗어난 상태	• Oiler 작동 불량 • Oiler 조작 실수

7-1. 스트립의 진행이 용이하도록 하부 워크롤 상단부를 스트립 진행 높이보다 높게 맞추는 것을 무엇이라 하는가?

① 랩(Lap)
② 갭(Gap)
③ 패스 라인(Pass Line)
④ 클리어런스(Clearance)

7-2. 롤 크라운(Roll Crown)에 대한 설명으로 맞는 것은?

① 롤의 양단과 중앙부의 직경이 일정하다.
② 한쪽 끝은 작고 한쪽 끝은 크다.
③ 롤의 양단보다 중앙부의 직경이 크다.
④ 롤의 양단보다 중앙부의 직경이 작다.

7-3. 사상압연기의 제어기기 중 압연재의 형상제어와 관계가 가장 먼 것은?

① 롤 시프트(Roll Shift)
② ORG(On Line Roll Grinder)
③ 페어 크로스(Pair Cross)
④ 롤 벤더(Roll Bender)

7-4. 압하설정과 롤크라운의 부적절로 인해 압연판(Strip)의 가장자리가 가운데보다 많이 늘어나 굴곡진 형태로 나타난 결함은?

① 캠버　　　　　　② 중파
③ 양파　　　　　　④ 루즈

7-5. 냉간박판의 폭이 좁은 제품을 세로로 분할하는 절단기는?

① 트리밍 시어　　　② 플라잉 시어
③ 슬리터　　　　　　④ 크롭 시어

7-6. 전단설비에 대한 설명 중 틀린 것은?

① 슬리터(Slitter) : 핫코일을 박판으로 자르는 전단설비에서 최종 제품의 포장이 용이하도록 정리하는 설비
② 사이드 트리밍 시어(Side Trimming Shear) : 코일의 모서리 부분을 규정된 폭으로 절단하는 설비
③ 플라잉 시어(Flying Shear) : 판재압연 시 빠른 속도로 진행하는 압연재를 일정한 길이로 절단하기 위해 압연 방향을 가로질러 절단하는 설비
④ 크롭 시어(Crop Shear) : 열간압연에서 사상압연기 초입에 설치되어 소재의 선단 및 미단을 절단하여 잘 들어가게 하는 설비

7-7. 강괴의 내부결함 중 백점의 주원인은?

① O$_2$　　　　　　② H$_2$
③ N$_2$　　　　　　④ CO$_2$

7-8. 다음 결함 중 주 발생 원인이 압연과정에서 발생시키는 것이 아닌 것은?

① 겹침　　　　　　② 귀발생
③ 긁힘　　　　　　④ 수축공

7-9. 압연반제품의 표면결함이 아닌 것은?

① 심(Seam)　　　　② 긁힌 홈(Scratch)
③ 스캐브(Scab)　　④ 비금속 개재물

7-10. 열간압연에서 모래형 스케일이 발생하는 원인이 아닌 것은?

① 작업 롤 피로에 의한 표면거칠음에 의해 발생한다.
② 가열온도가 높을 때 Si 함유량이 높은 강에서 발생한다.
③ 사상 스탠드 간에서 생성한 압연 스케일이 치입되는 경우 발생한다.
④ 고온재가 배 껍질과 같이 표면이 거친 롤에 압연된 경우 발생한다.

7-11. 냉간압연제품의 결함 중 형상결함과 관계 깊은 것은?

① 빌드 업
② 채터 마크
③ 판 앞뒤 부분 치수 불량
④ 정산 압연부 두께 변동

7-12. 사이드 트리밍(Side Trimming) 불량에 의하여 나타나는 결함은?

① 이파(Edge Wave) ② 톱귀
③ 기공 ④ 스캡

7-13. 강괴의 표면홈이 노출되기도 하고, Al-킬드강 등에서 Al_2O_3가 표면에 압연 방향으로 좁게 연신되어 있는 결함은?

① 슬리버(Sliver)
② 덜 마크(Dull Mark)
③ 릴 마크(Reel Mark)
④ 에지 크랙(Edge Crack)

7-14. 강판의 결함 중 강판의 길이 방향이나 폭 방향으로 나타나며, 냉각상에 돌출부가 있거나 상하 치중장비에 의한 긁힘으로 나타나는 결함은?

① 연와 흠 ② 선상 흠
③ 파이프 흠 ④ 긁힌 흠

7-15. 가열속도가 너무 빠를 경우 재료 내·외부 온도차로 인해 응력변화에 의한 균열의 명칭은?

① 클링킹(Clinking)
② 에지 크랙(Edge Crack)
③ 스키드 마크(Skid Mark)
④ 코일 브레이크(Coil Break)

|해설|

7-1
롤 갭과 패스 라인
• 롤 갭 : 상부 작업 롤 하단과 하부 작업 롤 상단과의 거리로, 상부의 전동 압하장치를 사용하여 조절한다.
• 패스 라인 : 하부 작업 롤 상단과 피드롤 상단과의 거리로, 스트립의 인입과 평탄도 개선을 위해 필요한 값으로 하부의 유압 압하장치(스텝 웨지, 소프트라이너)를 사용하여 조절한다.

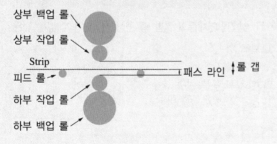

7-2
• 롤 크라운 : 롤(Roll)의 중앙부 직경이 양단의 직경보다 큰 것
• 판 크라운 : 판(Plate)의 중앙부가 두껍고 양단이 얇게 된 것

7-3
롤에 의한 형상 제어방법
• 롤 벤딩(Roll Bending) 제어 : 롤에 가해지는 압하력을 계산하여 롤 벤딩을 최적조건으로 제어하는 방식
• 롤 시프팅(Roll Shifting) 제어 : 스트립의 크라운을 제어하여 판의 평탄도를 향상시키는 방법으로 CVC 제어방법과 UCM 방식이 있다.
• 롤 틸팅(Roll Tilting) 제어 : 유압 방식으로 롤 간격을 틸팅하여 제어하는 방법
• 페어 크로스(Pair Cross) 제어 : 작업 롤 1쌍을 일정 각도로 서로 교차하게 배열하여 제어하는 방법

7-4
③ 양파 : 스트립의 가장자리가 중앙보다 늘어난 현상
① 캠버 : 열간압연 시 압연파에 의해 소재가 한쪽으로 휘어지는 현상
② 중파 : 스트립의 중앙이 가장자리보다 늘어난 현상
④ 루즈 : 코일이 권취될 때 장력부족으로 느슨하게 감겨 있는 상태

7-5~7-6
주요 전단설비
• 슬리터(Sliter) : 스트립을 길이 방향으로 절단하는 설비
• 사이드 트리머(Side Trimmer) : 스트립의 양옆을 길이 방향으로 절단하는 설비
• 크롭 시어(Crop Shear) : 스트립의 선단과 미단을 절단하는 설비
• 플라잉 시어(Flying Shear) : 상하의 전단날이 판과 같은 방향과 속도로 이동하면서 절단하는 설비

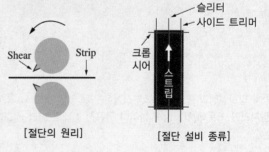

[절단의 원리] [절단 설비 종류]

7-7
백점
• 수소가스의 원인으로 된 고탄소강, 합금강에 나타나는 내부 결함
• 표면상의 미세균열로서 입상 또는 원형 파단면이 회백색 등으로 나타남

|해설|

7-8

수축공은 용탕이 응고될 때 발생되는 결함이다.

7-9

• 표면결함 : 스케일, 덴트, 딱지 흠, 롤 마크, 릴 마크, 긁힌 흠, 곱쇠, 빌드업, 이물 흠 등
• 내부결함 : 백점, 비금속 개재물, 편석, 파이프 등

7-10

모래형 스케일

상태	비교적 둥근 모양의 가느다란 스케일(Scale)이 모래를 뿌린 모양으로 발생하고 흑갈색을 띤다.
발생 원인	• 고온재가 배 껍질과 같이 표면 거침이 심한 롤에서 압연된 것과 사상 스탠드 간에서 생성한 아연 스케일이 치입되어 모래형 스케일로 된다. • 표면 거침이 심한 경우 • 후단 스탠드의 Ni-Grain계 롤의 표면 거침에 의해

7-11

냉연 강판 결함 종류

• 표면결함 : 스케일(선상, 점상), 딱지 흠, 롤 마크, 릴 마크, 이물 흠, 곱쇠, 톱귀, 귀터짐 등
• 재질결함 : 결정립조대, 이중판, 가공크랙, 경도불량
• 형상결함 : 빌드업, 평탄도 불량(중파, 이파), 직선도 불량, 직각도 불량, 텔레스코프

7-12

톱귀 : 압연재 양쪽 가장자리가 톱날처럼 생긴 모양으로 사상압연 사이드 가이드(Side Guide) 및 사이드 트리밍(Side Trimming)에 접촉되면서 발생함

7-13

① 슬리버(Sliver) : 강괴의 표면 흠이 노출되기도 하고, Al-킬드강 등에서 Al_2O_3가 표면에 압연 방향으로 좁게 연신되어 있는 결함
② 덜 마크(Dull Mark) : 롤에 오물이 묻어 압입될 때 나타나는 흠
③ 릴 마크(Reel Mark) : 맨드릴 진원도 불량에 의한 판의 요철 흠
④ 에지 크랙(Edge Crack) : 압연소재의 표면 가장자리에 찢어진 모양의 결함

7-14

① 연와 흠 : 내화물 파편이 용강 내에 혼입 또는 부착되어 생긴 흠
② 선상 흠 : 압연 방향에 단속적으로 나타나는 얕고 짧은 형상의 흠
③ 파이프 흠 : 전단면에 선 모양 또는 벌어진 상태로 나타난 파이프 모양의 흠

7-15

클링킹(Clinking) : 가열 속도가 너무 빠를 경우 재료 내·외부에 온도차로 인한 응력변화에 의한 균열로 내화재를 고온에서 구워서 재수화를 억제한 것을 클링커라고 한다.

정답 7-1 ③ 7-2 ③ 7-3 ② 7-4 ③ 7-5 ③ 7-6 ① 7-7 ② 7-8 ④
7-9 ④ 7-10 ② 7-11 ① 7-12 ② 7-13 ① 7-14 ④ 7-15 ①

(1) 금속도금

① 금속도금의 정의

부품의 금속재료 표면상에 이종 재질을 전기적·물리적·화학적 처리방법 등을 통해 보호 표면을 생성시킴으로써 소지 금속의 방청, 외관 미화, 내마모성, 전기 절연·전도성 부여 등의 폭넓은 목적을 달성시키고자 하는 일련의 조작을 의미한다.

② 부식(녹, Scale) 방지 대책

㉠ 금속 자체의 내식성을 향상시키는 방법

㉡ 물체의 표면에 금속을 입히는 방법

㉢ 물체의 표면에 비금속을 입히는 방법

㉣ 사용 환경을 조절하는 방법

㉤ 전기·화학적인 방법

③ 도금의 목적

㉠ 녹을 방지한다.

㉡ 제품의 수명을 늘인다.

㉢ 금속이 지니는 원래의 성질을 장기간 유지시킨다.

㉣ 각종 기계적 성질을 개선한다.

㉤ 외관을 아름답게 한다.

④ 도금의 종류

도금 종류	내용
전기도금	전류를 이용하여 음극에 연결한 금속 및 비금속으로 된 제품에 각종 금속 피막을 만드는 방법
화학도금	화학 반응에 의하여 제품에 금속 피막을 만드는 방법
용융도금	철강 등을 다른 금속의 용융액에 통과시켜 금속 피막을 만드는 방법
금속침투	금속 표면에 다른 금속을 확산·침투시켜 피막을 만드는 방법
금속용사	용융시킨 금속을 각종 소재로 된 제품에 분산시켜서 금속 피막을 만드는 방법
진공증착	진공 중에서 금속을 가열, 그 증기를 제품에 도포하여 피막을 만드는 방법
음극 스퍼터링	진공 중에서 이온화된 아르곤 등이 음극에 충돌할 때 유리되는 물질을 제품에 입히는 방법

도금 종류	내용
이온 도금	진공 속에서 증발된 금속을 글로 방전 구역(Glow Discharge)에 통과시켜 양이온으로 바꾼 후, 음극으로 대전된 제품에 충돌시켜 피막을 만드는 방법
화학 증착	금속 화합물 증기를 가열된 제품 표면에서 분산시켜 피막을 만드는 방법
양극 산화	전류를 이용하여 양극에 연결한 알루미늄 등의 금속을 전해하여 산화 피막을 만드는 방법
화성 처리	금속 표면을 화학 반응시켜, 산화 피막이나 무기염의 얇은 피막을 만드는 방법
도장	금속에 도료를 칠하여 내식성이나 장식성을 향상시키는 방법
라이닝	금속 표면에 고무나 합성수지 등을 입히는 방법
법랑 코팅	금속 표면에 합성수지, 법랑, 세라믹 등의 투명한 수지 피막이나 유리질 피막을 물리적으로 입히는 방법
표면 강화	금속 표면에 탄소나 질소를 침투시켜 경도와 내마멸성이 큰 피막을 만드는 방법

(2) 도금 강판의 분류

분류	명칭	특징	사용처
전기도금	주석도금 강판	내가공성, 내식성	통조림 캔
	전기아연도금 강판	가공성	자동차 차체
	전기아연니켈 강판	내식성, 가공성	자동차 차체
용융도금	용융아연도금 강판	내식성	전기 부품
	합금화 용융아연도금 강판	내식성, 용접성	자동차 자체
	알루미늄도금 강판	내열성, 내식성	자동차 부품

① 전기도금 : 전기도금은 전기 분해를 응용한 도금방법으로 금속염을 용해시킨 도금액 중에 도금하려는 금속 소재를 음극에 연결하여 담그고, 양극판을 마주 보게 넣어 직류를 통하면, 도금액 내에 용해된 금속 이온이 제품의 표면(음극)에 고르게 석출되어 얇은 금속 피막을 입히는 방법이다.

㉠ 주석도금 : 석도 강판이라 불리고 내식성, 가공성이 우수하여 옛날부터 식료품 캔 및 음료수 캔에 이용되었다. 주석이 고가이므로 틴 프리(Tin Free) 강이라 불리는 금속 크롬층과 금속 수산화물층을 균일하게 한 도금으로 대체하여 사용되기도 한다.

ⓛ 아연도금 : 철보다 이온화 경향이 큰 금속이기 때문에 부식 환경에서 철보다 우선적으로 부식되어 소재인 철을 보호하게 된다. 즉, 아연이 철에 대한 희생 양극으로 작용한다. 아연도금은 철에 대하여 방청 효과가 매우 크지만, 아연 자체는 대기 중에서 쉽게 산화아연이나 탄산아연(백색의 녹) 등으로 변화되므로 비교적 빨리 부식된다. 그러므로 아연도금 후에는 광택 및 내식성을 향상시키기 위하여 크로메이트 처리를 한다. 크로메이트 처리의 원리는 아연도금면의 일부를 용해시키고, 크로뮴산 아연을 함유한 피막을 생성시키는 것이다.
② **용융도금** : 용융도금은 기지보다 용해점이 낮은 금속을 용해한 도금 탱크에 도금할 기지를 통과하거나 담가 도금층을 얻는 기술로 용해점이 낮은 아연, 주석, 납 및 알루미늄 등이 주로 이 방법으로 도금되고 있다.
ⓖ 용융아연도금 : 용융 상태의 아연에 강재를 담금 처리하여 표면에 아연 및 아연과 철의 합금층을 형성시키는 기술이다.
ⓛ 용융알루미늄도금 : 아연도금에 비하여 내열성 및 내식성이 뛰어나며, 스테인리스강의 대체품으로 값싼 용융알루미늄도금 강판을 이용한다.

(3) 용융아연도금 강판(HDGI, CGI, GI)

① 용융아연도금 강판의 특징
아연 특유의 희생 방식 효과가 뛰어나 높은 내식성을 가지고 있으며, 오랜 기간 사용해도 부식 방지 효과가 그대로 지속됨으로써 최고의 경제성을 지니고 있다.

② 용융아연도금 강판의 종류

종류	내용
레귤러 스팽글	응고할 때 아연 결정이 자연스럽게 꽃무늬를 형성한 일반 아연도금 강판으로, 가공성과 일반 내식성이 대체로 양호하며 범용성이 좋음
미니마이즈드 스팽글	레귤러 스팽글의 단점인 아연층의 요철을 줄이고 외관을 미려하게 하기 위해 꽃무늬의 크기를 최소로 줄인 아연도금 강판
제로 스팽글	꽃무늬가 없는 미려하고 균일한 용융아연도금 강판으로, 도금층에 납(Pb) 성분이 없기 때문에 도장 후 내식성이 뛰어나며 아연 부착 균일성과 미려함이 좋음
알루미늄아연 합금도금 강판	용융아연도금 강판이 냉연 강판보다 용접성이 떨어지는 단점을 보완하고 간단한 전처리 설비로 우수한 도장성을 갖도록 개발된 제품
합금화 용융아연도금 강판(GA)	용융아연도금 후 500℃ 정도의 고온에서 재가열하며 도금층 속에 철(Fe)을 확산시켜서 철 농도 10% 정도의 철-아연 합금층을 형성시킨 강판으로 내식성과 함께 도장 밀착성이 뛰어나 자동차의 내외판용 및 내부구조용으로 많이 사용되고 있음

③ 용융아연도금 방법
ⓖ 미소둔 코일(FH ; Full Hard) 사용 방식 : 센지미어 제조법, N.O.F 센지미어 제조법
ⓛ 소둔 코일 사용 방식 : 건조 용제 제조법, Selas Process

④ 용융아연도금 강판 제조공정
원료 → 청정 → 풀림 → 아연도금 → 합금화 처리 → 조질압연 → 정정 → 후처리

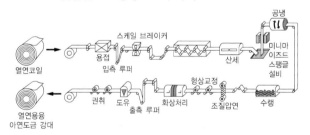

[열연 강판 용융아연 제조공정]

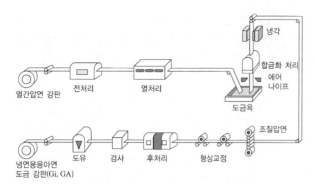

[냉연 강판 용융아연 제조공정]

㉠ 원료 : 미소둔 강판(FH) 사용

㉡ 청정 : 전해청정을 통해 강판 표면의 압연유와 오물을 제거

㉢ 풀림 : 연속소둔로의 풀림 처리를 통해 내부 응력 제거

   • 무산화 가열로 : 광휘 어닐링이라고도 하며, 재료의 표면을 산화시키지 않고 풀림 처리하는 것이다. 보통 불연속식 가열로에서는 머플을 사용하며, 연속식 가열로에서는 재료의 출입구를 완전히 밀폐하고 그 안에 불활성 가스를 통과시키거나 진공으로 해서 재료의 산화를 막는다.

㉣ 아연도금

   • 아연욕(Zinc Pot) : 알루미늄과 아연이 용융된 아연욕에 풀림 처리된 스트립을 통과시켜 아연을 부착

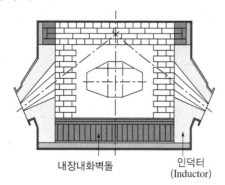

[도금 욕조 본체(내화물 구조)]

• 에어 나이프(Air Knife) : 아연욕을 통과한 스트립의 표면에 공기, 질소, Steam Jet와 같은 유체를 불어 아연 부착량을 제어하는 설비

※ 에어 나이프의 아연 부착량 제어의 주요 인자

   – 스트립의 라인 스피드

   – 스트립과 분사 노즐과의 간격

   – 분사 가스의 압력

   – 분사 가스의 유량

   – 분사 가스의 온도

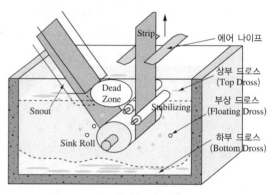

• 인덕터(Inductor) : 아연도금욕 내부의 전기 유도 가열에 의한 아연 용탕 자동온도유지 장치

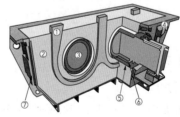

① 용탕 채널(Channel)
② 부정형 내화물(Castable)
③ 철심(Core)
④ 외피(철구조물)
⑤ 부싱(Bushing)
⑥ 절연체
⑦ 전력공급선

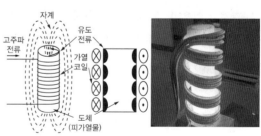

[인덕터 설비]

- 스나우트(Snout) : 가열로에서 도금욕으로 이어 주는 통로로 밀봉된 상태로 강판이 도금욕에 유입되게 하고, 도금욕의 아연 증기 발생에 따른 애시(Ash)결함 관리에 중요한 설비
- 론더(Launder) : 사전 용해 도금욕에서 용해된 아연 용융물을 도금욕에 공급하는 내화물 통로
- ㉣ 합금화 처리 : 에어 나이프를 통과한 강판의 도금층을 재가열함으로써 철과 아연의 확산을 통해 Zn-Fe계로 합금화
  - 조질압연(Skin Pass Mill) : 항복점 연신 제거, 표면 품질 향상, 도금 요철분 제거
  - 정정 : 텐션 레벨러 등을 통한 형상 교정
  - 후처리 : CR(Controlled Rolling)압연을 통한 상품성 향상, 내식성 개선
- ㉤ 제어압연(컨트롤드 압연, CR압연, Controlled Rolling)
  - 정의 : 강편의 가열온도, 압연온도 및 압하량을 적절히 제어함으로써 강의 결정조직을 미세화하여 기계적 성질을 개선하는 압연
  - 종류
    - 고전적 제어압연 : 주로 Mn-Si계 고장력 강을 대상으로 저온의 오스테나이트 구역에서 압연을 끝내는 것
    - 열가공압연 : 미재결정 구역에서 압연의 대부분을 하는 것을 포함하는 제어압연

(4) 전기아연도금 강판(EGI)

① 정의

전해법에 의해 냉연 강판 또는 열연 강판 표면에 아연 피복을 입혀 내식성을 높인 제품

② 용융아연도금 강판과의 비교

- ㉠ 도금 부착량이 적고, 균일하며 평활하기 때문에 도장 마무리성과 도장 후 내식성이 뛰어남
- ㉡ 원판의 재질 특성을 그대로 유지
- ㉢ 재질 선택의 폭이 넓음
- ㉣ 가공성이 뛰어남
- ㉤ 기계적 성질을 그대로 유지
- ㉥ 도금 부착량 제어가 용이(박막 제품 제작이 가능)

③ 전기아연도금 강판의 종류

종류	내용
순수 아연전기도금 강판	전기아연도금 제품 중 가장 범용적인 특성을 가지며 사용 목적에 따라 다양한 후처리를 실시
아연철합금 전기도금 강판	아연철합금 전기도금 강판은 순수아연용융합금의 도장성 향상을 목적으로 개발되었다. 아연-철의 비활성적인 성질 때문에 Fe 15~35% 내외에서 양호한 내식성을 나타내며 순수 아연보다 용접성, 도장성이 개선되고 도장 후 내식성이 우수하여 자동차의 내·외판용으로 사용
아연니켈합금 전기도금 강판	Ni 10~16% 내외의 합금도금 강판으로 자동차의 내식성을 향상하기 위해 개발되었으며 니켈 첨가로 도금층이 견고하고 용접성, 내식성, 도장성이 우수하며 자동차의 내·외판용으로 사용

④ 전기아연도금 강판의 제조공정

원료 → 전처리 → 도금 → 후처리

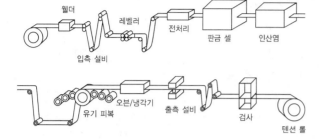

㉠ 원료 : CR강판
㉡ 전처리 : 도금 전 스트립 표면을 깨끗하게 해주는 처리
- 청정(탈지) 설비 : 스트립 표면에 부착된 오일이나 이물질을 제거하기 위한 설비
- 산세 설비 : 스트립 표면의 산화막을 제거하기 위한 설비

㉢ 도금 : 도금조 내에서 음극면에 도금 금속층을 형성
- 도금조 : 수평형, 수직형, 원통형 등으로 구분
- 통전 롤 : 통전하는 롤로써 구리(Cu), 스테인리스, 니켈크로뮴(Ni-Cr)계 합금을 사용
- 전극 : 양극으로 가용성 양극을 사용하는 경우와 불용성 양극을 사용하는 경우가 있음
㉣ 후처리 : 도금 후 강판의 품질을 개선하기 위한 처리
- 인산염 처리 : 전기아연도금 강판에 도장하지로서 인산염 피막을 형성시키는 장치
- 크로뮴산(크로메이트) 처리 : 전기아연도금 강판에 내식성을 향상시킬 목적
- 건조기 : 인산염 처리 및 크로뮴산 처리 후 철판을 건조시키는 장치

구분	Horizontal Type	Vertical Type	CAROSEL Type
도금 Cell 구조			
도금용액	황산욕	황산욕(염산욕)	염산욕(황산욕)
Anode Type	불용성	불용성(가용성)	가용성
Cell당 전류	50kA	50kA	50kA
Conductor Roll	300~450mm	1,000~1,200mm	2,440mm
장점	• 고전류밀도 조업 가능 • 정비 및 조업관리 용이 • Cell 디자인이 간단 • 합금도금생산 용이(Mode Change 신속, 편리) • Edge Mask 적용 시 Edge 과도금 방지 용이	• Cell 소요공간이 작음 • 발생가스 제거 용이 • 가용성 Anode 적용이 용이	• 통전성이 우수(염산욕) • 편면생산이 용이 • 폭 방향 부착량이 균일 • 가용성 Anode 농도 조절 용이
단점	• 편면도금생산이 불리 • Cell 내 Strip 처짐 발생 • 설치 시 Line 길이가 깊 • 불용성 Anode 관리가 어려움	• Cell 디자인이 복잡 • Line Pass가 많아 고속통판 불리 • Line Tension이 큼 • Roll 관리가 어려움	• 표면품질 열세(Band Mark, 용액오염) • 조업 Tension에 의한 재질 열화발생 • 대형 Conductor Roll 관리기술 필요

(5) 기타 표면 처리 강판

① 주석도금 강판(TP)

    ㉠ 정의 : 주석도금 강판(Tin Plate)은 강판(통상 두께 0.155~0.6mm)에 인체에 무해한 주석을 도금한 것으로, 석도 강판 또는 석판으로 불린다.

    ㉡ 특징
- 아름다운 표면 광택을 가지고 있다.
- 주석의 유연성으로 인하여 가공할 때 도금층의 파괴나 박리 현상이 없다.
- 내식성이 뛰어나 용기 재료에 적합하다.
- 용기를 수송, 보관, 적재할 때 파괴되는 경우 없이 안전하다.
- 도장성과 인쇄성이 우수하다.
- 주석이 용해되어 식품에 혼입되어도 인체에 무해하다.
- 납땜이나 용접이 가능하여 각종 용기 생산이 용이하다.

② 착색 도장 강판(컬러 강판)

    ㉠ 정의 : 각종 강판의 양면 또는 단면에 폴리에스터, 실리콘 폴리에스터, 불소수지 등 각종 수지를 도장 후 소부한 강판을 통칭하는 것으로, 일명 PCM(Pre-Coated Metal)이라고도 한다.

    ㉡ 종류 : 냉연 강판, 용융아연도금 강판, 전기아연도금 강판, 알루미늄아연합금도금 강판 등

    ㉢ 특징
- 내후성과 내식성을 가진다.
- 가볍고 우수한 외관을 가진다.
- 주로 건축용 지붕재, 외벽재, 사무기기용으로 사용된다.

③ 알루미늄아연합금도금 강판

    ㉠ 정의 : Al 55%, Zn 43.4%, Si 1.6%의 3원계 합금을 냉연 강판에 용융도금시킨 제품으로, 내식성이 우수하여 무도장의 전재 용도에 적합하다.

    ㉡ 특징
- 장기 내구성이 우수하며, 아연도금 강판에 비해 수명이 길다.
- 내열성이 우수하고 열반사성이 양호하다.
- 은백색의 미려한 표면 외관을 지니고 있다.
- 아연도금 강판과 거의 동등한 가공성과 도장성을 지니고 있다.
- 적절한 용접 조건에서는 용접이 쉽다.

④ 전기 강판

    ㉠ 정의 : 전자기적 성질을 향상시키기 위해 1~1.5% 정도의 규소를 첨가한 저탄소 강판으로 일반적으로 투자율이 크고 보자력이 적은 자성 강판이다.

    ㉡ 특성
- 제특성이 균일할 것
- 철손이 적을 것
- 자속밀도, 투자율이 높을 것
- 자기시효가 적을 것(불순물이 적을 것)
- 층간 저항이 클 것
- 자왜(자장을 인가하면 약간의 기계적 변형을 일으키는 것)가 적을 것
- 점적률이 높을 것
- 적당한 기계적 특성을 가질 것
- 용접성 및 타발성이 좋을 것
- 강판의 형상이 양호할 것

    ㉢ 종류
- 방향성 전기 강판(GO ; Grain-Oriented electrical steel) : 전기 강판, 규소 강판이라고도 하며, 일반 강판에 비해서 규소의 함유량이 많고, 우수한 전기적·자기적 특성을 가진 강판이다.
- 무방향성 전기 강판(NO ; Non-Oriented electrical steel) : 자기 특성의 방향성을 부여하지 않은 전자 강대이며, 무방향성 전자 강판으로도 부른다. 전동기, 발전기, 변압기, 기타의 전기기기에 쓰인다.

ㄹ 주요 설비
- 복식 풀림(DAL) : 무방향성 전기 강판 제품을 연속적으로 풀림 및 코팅하기 위한 설비이다.
- 코터(Coater) : 방향성과 무방향성 전기 강판 겸용으로 스트립의 양면에 최종 제품용 절연 피막을 도포하는 설비이다.

8-1. 표면처리 강판을 화성처리 강판과 유기도장 강판으로 나눌 때, 화성처리 강판에 해당되는 것은?

① 착색 아연도 강판
② 냉연 컬러 강판
③ 염화비닐 강판
④ 인산염처리 강판

8-2. 냉간압연 시 도금 제품의 결함 원인에는 도금 자국과 도유 부족이 있다. 도유 부족 결함의 발생 원인에 해당되는 것은?

① 노 내 장력 조정이 불량할 때
② 하부 롤의 연삭이 불량할 때
③ 포트(Pot) 내에서의 판이 심하게 움직일 때
④ 오일 스프레이 노즐이 막혀 분사 상태가 불균일할 때

8-3. 용융아연도금에서 합금층의 성장을 억제하고, 유동성을 향상시키는 금속은?

① Al
② Cd
③ Sn
④ Fe

8-4. 주석도금 강판제조공정을 거쳐 전기주석도금 강코일을 냉간압연하여 제품을 완성시키는 것은?

① 스킨 패스(Skin Pass)
② 벤딩 레벨러(Bending Leveller)
③ 틴 퍼스트(Tin First)
④ 징크 라스트(Zinc Last)

|해설|

8-1
- 화성처리 강판 : 인산염처리 강판, Tin Free 강판
- 유기도장 강판 : 착색 아연도 강판, 냉연 컬러 강판, 염화비닐 강판
- 도금 강판 : 아연도금 강판, 전기아연도금 강판, 알루미늄도금 강판, 석도금 강판 등

8-2
도유 부족은 오일의 분사량이 적어져 분사 상태가 불균일하기 때문에 발생한다.

8-3
용융아연도금에서 알루미늄(Al)은 합금층의 성장을 억제하고 유동성을 증가시키며, 아연 부착성(전착성)을 향상시킨다.

8-4
주석도금 강판(Tin Plate)
- 정의 : 석도 강판이라 불리고 내식성 · 가공성이 우수하여 옛날부터 식료품 캔 및 음료수 캔에 이용되었는데, 주석이 고가이므로 틴 프리(Tin Free)강이라 불리는 금속 크롬층과 금속 수산화물층을 균일하게 한 도금으로 대체하여 사용되기도 한다.
- 특징
  - 아름다운 표면 광택을 가지고 있다.
  - 주석의 유연성으로 인하여 가공할 때 도금층의 파괴나 박리 현상이 없다.
  - 내식성이 뛰어나 용기 재료에 적합하다.
  - 용기를 수송, 보관, 적재할 때 파괴되는 경우 없이 안전하다.
  - 도장성과 인쇄성이 우수하다.
  - 주석이 용해되어 식품에 혼입되어도 인체에 무해하다.
  - 납땜이나 용접이 가능하여 각종 용기 생산이 용이하다.

정답 8-1 ④　8-2 ④　8-3 ①　8-4 ③

CHAPTER 04 금속재료 일반

핵심이론 01 | 금속재료의 기초

(1) 금속의 특성

① 고체 상태에서 결정 구조를 가진다.
② 전기 및 열의 양도체이다.
③ 전·연성이 우수하다.
④ 금속 고유의 색을 가지고 있다.

(2) 경금속과 중금속

비중 4.5(5)를 기준으로 이하를 경금속(Al, Mg, Ti, Be), 이상을 중금속(Cu, Fe, Pb, Ni, Sn)

(3) 금속재료의 성질

① 기계적 성질 : 강도, 경도, 인성, 취성, 연성, 전성
② 물리적 성질 : 비중, 용융점, 전기전도율, 자성
③ 화학적 성질 : 부식, 내식성
④ 재료의 가공성 : 주조성, 소성가공성, 절삭성, 접합성

(4) 결정 구조

① 체심입방격자(Body Centered Cubic) : Ba, Cr, Fe, K, Li, Mo, Nb, V, Ta
　㉠ 배위수 : 8, 원자 충진율 : 68%, 단위 격자 속 원자 수 : 2

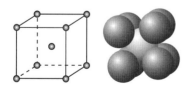

② 면심입방격자(Face Centered Cubic) : Ag, Al, Au, Ca, Ir, Ni, Pb, Ce
　㉠ 배위수 : 12, 원자 충진율 : 74%, 단위 격자 속 원자수 : 4

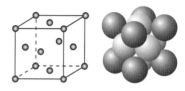

③ 조밀육방격자(Hexagonal Centered Cubic) : Be, Cd, Co, Mg, Zn, Ti
　㉠ 배위수 : 12, 원자 충진율 : 74%, 단위 격자 속 원자수 : 2

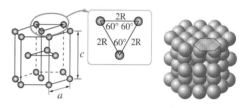

(5) 탄소강에 함유된 원소의 영향

① 탄소(C) : 탄소량의 증가에 따라 인성, 충격치, 비중, 열전도율, 열팽창계수는 감소하고, 전기 저항, 비열, 항자력, 경도, 강도는 증가

② 인(P) : Fe와 결합하여 Fe_3P를 형성하며 결정 입자 조대화를 촉진함. 다소 인장강도, 경도를 증가시키지만 연신율을 감소시키고, 상온에서 충격값을 저하시켜 상온메짐의 원인이 됨

③ 황(S) : FeS로 결합되면, 융접이 낮아지며 고온에서 취약하고 가공 시 파괴의 원인이 된다. 또한 적열취성의 원인이 됨

④ 규소(Si) : 선철 원료 및 탈산제(Fe-Si)로 많이 사용됨. 유동성, 주조성이 양호. 경도 및 인장강도, 탄성한계를 높이며 연신율, 충격값을 감소시킴

⑤ 망간(Mn) : 적열취성의 원인이 되는 황(S)을 MnS의 형태로 결합하여 Slag를 형성하여 제거되며, 황의 함유량을 조절하며 절삭성을 개선

(6) 금속의 조직

① 변태점 측정법 : 시차열분석법, 열분석법, 비열법, 전기 저항법, 열팽창법, 자기분석법, X선 분석법 등

　㉠ 열분석법 : 금속을 가열 냉각 시 열의 흡수 및 방출로 인한 온도의 상승 또는 하강에 의해 온도와 시간과의 관계의 곡선으로 변태점을 결정

　㉡ 전기 저항법 : 금속의 변태점에서 전기 저항이 불연속으로 변화하는 성질을 이용

　㉢ 열팽창법 : 온도가 상승하며 팽창이나 변태가 있을 시 팽창 곡선에서 변화하는 성질을 이용

　㉣ 자기분석법 : 강자성체가 상자성체로 되며 자기강도가 감소되는 성질을 이용

　㉤ X선 분석법 : X선의 회절 성질을 이용하여 변태점을 측정

(7) 상(Phase)

① 계 : 한 물질 또는 몇 개의 물질이 집합의 외부와 관계없이 독립해서 한 상태를 이루고 있는 것

② 상 : 1계의 계에 있어 균일한 부분(기체, 액체, 고체는 각각 하나의 상으로 물에서는 3상이 존재함)

③ 상률(Phase Rule) : 계 중의 상이 평형을 유지하기 위한 자유도의 법칙

④ 자유도 : 평형상태를 유지하며 자유롭게 변화시킬 수 있는 변수의 수

⑤ 깁스(Gibbs)의 상률

$$F = C - P + 2$$

　여기서, F : 자유도
　　　　　C : 성분 수
　　　　　P : 상의 수
　　　　　2 : 온도, 압력

⑥ 상평형 : 하나 이상의 상이 존재하는 계의 평형, 시간에 따라 상의 특성이 불변

⑦ 평형상태도 : 온도와 조성 및 상의 양 사이의 관계

1-1. 탄소량의 증가에 따른 탄소강의 물리적 · 기계적 성질에 대한 설명으로 옳은 것은?

① 열전도율이 증가한다.
② 탄성계수가 증가한다.
③ 충격값이 감소한다.
④ 인장강도가 감소한다.

1-2. 다음 금속의 결정구조 중 전연성이 커서 가공성이 좋은 격자는?

① 조밀육방격자　　　　② 체심입방격자
③ 단사정계격자　　　　④ 면심입방격자

1-3. 금속의 변태점을 측정하는 방법이 아닌 것은?

① 비열법　　　　　　　② 열팽창법
③ 전기 저항법　　　　　④ 자기탐상법

1-4. 상률(Phase Rule)과 무관한 인자는?

① 자유도　　　　　　　② 원소 종류
③ 상의 수　　　　　　　④ 성분 수

|해설|

1-1
탄소량이 증가할수록 강도는 증가하고 인성은 감소하므로 충격값은 감소한다.

1-2
• 면심입방격자 : 큰 전연성
• 체심입방격자 : 강한 성질
• 조밀육방격자 : 전연성이 작고 취약

|해설|

1-3

자기탐상법은 표면결함을 검출하는 방법으로 강자성체에만 적용할 수 있다.

변태점 측정법 : 시차열분석법, 열분석법, 비열법, 전기 저항법, 열팽창법, 자기분석법, X선 분석법 등

• 열분석법 : 금속을 가열 냉각 시 열의 흡수 및 방출로 인한 온도의 상승 또는 하강에 의해 온도와 시간과의 관계의 곡선으로 변태점을 결정

• 전기 저항법 : 금속의 변태점에서 전기 저항이 불연속으로 변화하는 성질을 이용

• 열팽창법 : 온도가 상승하며 팽창이나 변태가 있을 시 팽창곡선에서 변화하는 성질을 이용

• 자기분석법 : 강자성체가 상자성체로 되며 자기강도가 감소되는 성질을 이용

• X선 분석법 : X선의 회절 성질을 이용하여 변태점을 측정

1-4

상률(Phase Rule)

$F = C - P + 2$

여기서, F : 자유도

C : 성분 수

P : 상의 수

2 : 온도, 압력

정답 1-1 ③ 1-2 ④ 1-3 ④ 1-4 ②

핵심이론 02 | 철강재료

(1) 철과 강

① **철강의 제조** : 주로 Fe_2O_3이 주성분인 철광석을 이용하여 제선법과 제강법으로 나누어진다.

  ㉠ 제선법 : 용광로에서 코크스, 철광석, 용제(석회석) 등을 첨가하여 선철을 제조한다.

  ㉡ 제강법 : 선철의 함유 원소를 조절하여 강으로 제조하기 위해 평로 제강법, 전로 제강법, 전기로 제강법 등의 방법을 사용한다.

  ㉢ 강괴 : 제강 작업 후 내열 주철로 만들어진 금형에 주입하여 응고시킨 것이다.

   • 킬드강 : 용강 중 Fe-Si, Al분말 등 강탈산제를 첨가하여 산소가 거의 없는 완전 탈산된 강으로 기포가 없고 편석이 적은 장점이 있고, 기계적 성질이 양호하다.

   • 세미킬드강 : 탈산 정도가 킬드강과 림드강의 중간 정도인 강으로 구조용강, 강판재료에 사용된다.

   • 림드강 : 탈산 처리가 중간 정도된 용강을 그대로 금형에 주입하여 응고시킨 강이다.

   • 캡트강 : 용강을 주입 후 뚜껑을 씌워 내부 편석을 적게 한 강으로 내부결함은 적으나 표면결함이 많다.

② **철강의 분류**

  ㉠ 제조방법에 따른 분류 : 전로법, 평로법, 전기로법

  ㉡ 탈산도에 따른 분류 : 킬드강, 세미킬드강, 림드강, 캡트강

  ㉢ 용도에 의한 분류

   • 구조용강 : 보통강, 저합금강, 침탄강, 질화강, 스프링강, 쾌삭강

   • 공구용강 : 탄소공구강, 특수공구강, 다이스강, 고속도강

   • 특수용도용강 : 베어링강, 자석강, 내식강, 내열강

ⓔ 조직에 의한 분류

- 순철 : 0.025% C 이하
- 아공석강(0.025~0.8% C 이하), 공석강(0.8% C), 과공석강(0.8~2.0% C)
- 아공정주철(2.0~4.3% C), 공정주철(4.3% C), 과공정주철(4.3~6.67% C)

(2) 순철

① 정의 : 탄소 함유량이 0.025% C 이하인 철

ⓐ 해면철(0.03% C) > 연철(0.02% C) > 카르보닐철 (0.02% C) > 암코철(0.015% C) > 전해철 (0.008% C)

② 순철의 성질

ⓐ A_2, A_3, A_4 변태를 가짐

ⓑ A_2 변태 : 강자성 α-Fe $\Leftrightarrow$ 상자성 α-Fe

ⓒ A_3 변태 : α-Fe(BCC) $\Leftrightarrow$ γ-Fe(FCC)

ⓓ A_4 변태 : γ-Fe(FCC) $\Leftrightarrow$ δ-Fe(BCC)

ⓜ 각 변태점에서는 불연속적으로 변화한다.

ⓗ 자기 변태는 원자의 스핀 방향에 따라 자성이 바뀐다.

ⓢ 고온에서 산화가 잘 일어나며, 상온에서 부식된다.

ⓞ 내식력이 약하다.

ⓩ 강·약산에 침식되고, 비교적 알칼리에 강하다.

(3) 철-탄소 평형상태도

① Fe-C 2원 합금 조성(%)과 온도와의 관계를 나타낸 상태도로 변태점, 불변반응, 각 조직 및 성질을 알 수 있다.

② 변태점

ⓐ A_0 변태(210℃) : 시멘타이트 자기 변태점

ⓑ A_1 상태(723℃) : 철의 공석 온도

ⓒ A_2 변태(768℃) : 순철의 자기 변태점

ⓓ A_3 변태(910℃) : 철의 동소 변태

ⓜ A_4 변태(1,400℃) : 철의 동소 변태

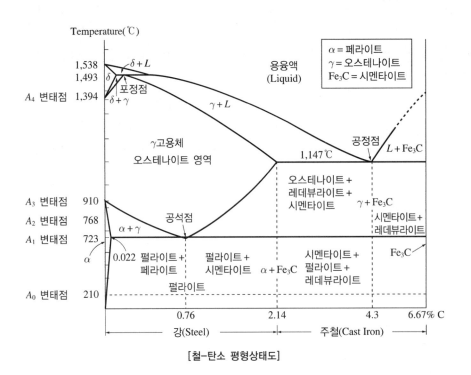

[철-탄소 평형상태도]

③ 불변반응

　㉠ 공석점 : γ-Fe $\Leftrightarrow$ α-Fe + Fe₃C(723℃)

　㉡ 공정점 : Liquid $\Leftrightarrow$ γ-Fe + Fe₃C(1,130℃)

　㉢ 포정점 : Liquid + δ-Fe $\Leftrightarrow$ γ-Fe(1,490℃)

　㉣ Fe-C 평형상태도 내 탄소 함유량 : α-Fe (0.025% C), γ-Fe(2.0% C), Fe₃C(금속간 화합물, 6.67% C)

④ 탄소강의 조직

　㉠ 페라이트(Ferrite)

　　• α-Fe, 탄소 함유량 0.025% C까지 함유한 고용체로 강자성체이며 전연성이 크다.

　　• 체심입방격자(BCC)의 결정구조를 가지며, 순철에 가까워 전연성이 뛰어나다.

　㉡ 오스테나이트(Auestenite)

　　• γ-Fe, 탄소 함유량이 2.0% C까지 함유한 고용체로 비자성체이며 인성이 크다.

　　• 면심입방격자(FCC)의 결정구조를 가지며, A₁ 변태점 이상 가열 시 얻을 수 있다.

　㉢ 펄라이트

　　• α철 + 시멘타이트, 탄소 함유량이 0.85% C일 때 723℃에서 발생하며, 내마모성이 강하다.

　　• 페라이트와 시멘타이트가 층상 조직으로 관찰되며, 강자성체이다.

　㉣ 레데뷰라이트

　　γ-철 + 시멘타이트, 탄소 함유량이 2.0% C와 6.67% C의 공정주철의 조직으로 나타난다.

　㉤ 시멘타이트

　　Fe₃C, 탄소 함유량이 6.67% C인 금속간 화합물로 매우 강하며 메짐이 있다. 또한 A₀ 변태를 가져 210℃에서 시멘타이트의 자기 변태가 일어나며, 백색의 침상 조직을 가진다.

(4) 각종 취성(메짐)

① 저온취성 : 0℃ 이하 특히 −20℃ 이하의 온도에서는 급격하게 취성을 갖게 되어 충격을 받으면 부서지기 쉬운 성질을 말한다.

② 상온취성 : P이 다량 함유한 강에서 발생하며 Fe₃P로 결정입자가 조대화된다. 경도, 강도는 높아지나 연신율이 감소하는 메짐으로 특히 상온에서 충격값이 감소된다.

③ 청열취성 : 냉간가공 영역 안, 210~360℃ 부근에서 기계적 성질인 인장강도는 높아지나 연신이 갑자기 감소하는 현상을 말한다.

④ 적열취성 : 황이 많이 함유되어 있는 강이 고온(950℃ 부근)에서 메짐(강도는 증가, 연신율은 감소)이 나타나는 현상을 말한다.

⑤ 백열취성 : 1,100℃ 부근에서 일어나는 메짐으로 황이 주원인, 결정입계의 황화철이 융해하기 시작하는 데 따라서 발생한다.

⑥ 수소취성 : 고온에서 강에 수소가 들어간 후 200~250℃에서 분자 간의 미세한 균열이 발생하여 취성을 갖는 성질을 말한다.

10년간 자주 출제된 문제

2-1. 순철에 대한 설명으로 틀린 것은?

① 비중은 약 7.8 정도이다.

② 상온에서 비자성체이다.

③ 상온에서 페라이트 조직이다.

④ 동소 변태점에서는 원자의 배열이 변화한다.

2-2. 순철의 자기 변태(A₂)점 온도는 약 몇 ℃인가?

① 210℃ ② 768℃

③ 910℃ ④ 1,400℃

2-3. 전로에서 생산된 용강을 Fe-Mn으로 가볍게 탈산시킨 것으로 기포 및 편석이 많은 강은?

① 림드강 ② 킬드강

③ 캡트강 ④ 세미킬드강

2-4. 공석조성을 0.80% C라고 하면, 0.2% C 강의 상온에서 초석 페라이트와 펄라이트의 비는 약 몇 %인가?

① 초석 페라이트 75% : 펄라이트 25%
② 초석 페라이트 25% : 펄라이트 75%
③ 초석 페라이트 80% : 펄라이트 20%
④ 초석 페라이트 20% : 펄라이트 80%

2-5. Fe-C 평형상태도에서 용융액으로부터 γ고용체와 시멘타이트가 동시에 정출하는 공정물을 무엇이라 하는가?

① 펄라이트(Pearlite)
② 마텐자이트(Martensite)
③ 오스테나이트(Austenite)
④ 레데뷰라이트(Ledeburite)

2-6. 다음 금속의 결정 구조 중 전연성이 커서 가공성이 좋은 격자는?

① 조밀육방격자   ② 체심입방격자
③ 단사정계격자   ④ 면심입방격자

2-7. 강에서 취성을 유발하는 주원소로 옳은 것은?

① 망간, 탄소   ② 규소, 칼슘
③ 크롬, 구리   ④ 황, 인

2-8. 탄소강은 200~300℃에서 연신율과 단면수축률이 상온보다 저하되어 단단하고 깨지기 쉬우며, 강의 표면이 산화되는 현상은?

① 적열메짐   ② 상온메짐
③ 청열메짐   ④ 저온메짐

|해설|

2-1
순철은 상온에서 자성체이다.

2-2
순철의 변태
• A_2 변태(768℃) : 자기 변태(α-강자성 $\Longleftrightarrow$ α-상자성)
• A_3 변태(910℃) : 동소 변태(α-BCC $\Longleftrightarrow$ γ-FCC)
• A_4 변태(1,400℃) : 동소 변태(γ-FCC $\Longleftrightarrow$ δ-BCC)

2-3
① 림드강 : 망간의 탈산제를 첨가한 후 주형에 주입하여 응고시킨 강으로 잉곳(Ingot)의 외주부와 상부에 다수의 기포가 발생함
② 킬드강 : 규소 혹은 알루미늄의 강력 탈산제를 사용하여 충분히 탈산시킨 강
④ 세미킬드강 : 킬드와 림드의 중간으로 탈산한 강으로 탈산 후 뚜껑을 덮고 응고시킨 강

2-4
• 초석 페라이트 = (0.8 - 0.2)/0.8 = 75%
• 펄라이트 = 100 - 75 = 25%

2-5
레데뷰라이트 : 탄소함유량 4.3% 주철에서 발생할 수 있는 공정조직으로 γ고용체와 시멘타이트가 평형을 이루어 동시에 정출된다.

2-6
• 면심입방격자 : 큰 전연성
• 체심입방격자 : 강한 성질
• 조밀육방격자 : 전연성이 작고 취약

2-7
첨가 원소의 영향
• Ni : 내식 · 내산성 증가
• Mn : 황(S)에 의한 메짐 방지
• Cr : 적은 양에도 경도, 강도가 증가하며 내식 · 내열성이 커짐
• W : 고온강도, 경도가 높아지며 탄화물 생성
• Mo : 뜨임메짐을 방지하며 크리프 저항이 좋아짐
• Si : 전자기적 성질을 개선
• S : 고온취성 유발
• P : 상온취성 유발

2-8
③ 청열메짐 : 강이 약 200~300℃ 가열되면 경도, 강도가 최대로 되나 연신율, 단면수축은 감소하여 일어나는 메짐 현상으로 이때 표면에 청색의 산화피막이 생성되고 인(P)에 의해 발생한다.
① 적열메짐 : 황(S)이 많이 포함된 경우 열간가공의 온도 범위에서 발생하게 된다.

정답 2-1 ② 2-2 ② 2-3 ① 2-4 ① 2-5 ④ 2-6 ④ 2-7 ④ 2-8 ③

(1) 금속의 가공

① 금속 가공법 : 용접, 주조, 절삭가공, 소성가공, 분말 야금 등

    ㉠ 용접 : 동일한 재료 혹은 다른 재료를 가열, 용융 혹은 압력을 주어 고체 사이의 원자 결합을 통해 결합시키는 방법

    ㉡ 절삭가공 : 절삭 공구를 이용하여 재료를 깎아 가공하는 방법

    ㉢ 소성가공 : 단조, 압연, 압출, 플레스 등 외부에서 힘이 가해져 금속을 변형시키는 가공법

    ㉣ 분말야금 : 금속 분말을 이용하여 열과 압력을 가함으로써 원하는 형태를 만드는 방법

② 탄성변형과 소성변형

    ㉠ 탄성변형 : 외부로부터 힘을 받은 물체의 모양이나 체적의 변화가 힘을 제거했을 때 원래로 돌아가는 성질(스펀지, 고무줄, 고무공, 강철 자 등)

    ㉡ 소성변형 : 탄성한도보다 더 큰 힘(항복점 이상)이 가해졌을 때 재료가 영구히 변형을 일으키는 것

③ 응력-변형률 곡선

    ㉠ 금속재료가 외부에 하중을 받을 때 응력과 변형률의 관계를 나타낸 곡선

    ㉡ 응력이 증가함에 따라 변형률도 증가하며, E점 이내까지는 응력을 가하였다 제거하면 원상태로 돌아가게 된다. 이러한 관계가 형성되는 최대한의 응력을 비례한도라 하며 다음의 공식이 성립된다.

여기서, σ : 응력

    E : 탄성률(영률)

    ε : 변형률

    ㉢ A지점인 상부 항복점으로부터 소성변형이 시작되며, 항복점이란 외력을 가하지 않아도 영구변형이 급격히 시작되는 지점을 의미한다.

    ㉣ M지점은 최대응력점을 나타내며 Z는 파단 시 응력점을 나타내고 있다.

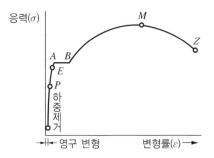

- P : 비례한도
- E : 탄성한도
- A : 상부 항복점
- B : 하부 항복점
- M : 최대응력점
- Z : 파단응력점

[연강의 응력-변형률 곡선]

④ 전위 : 정상적인 위치에 있던 원자들이 이동하여 비정상적인 위치에서 새로운 줄이 생기는 결함(칼날전위, 나선전위, 혼합전위)

⑤ 냉간가공 및 열간가공 : 금속의 재결정 온도를 기준(Fe : 450℃)으로 낮은 온도에서의 가공을 냉간가공, 높은 온도에서의 가공을 열간가공

⑥ 재결정 : 가공에 의해 변형된 결정입자가 새로운 결정입자로 바뀌는 과정

⑦ 슬립 : 재료에 외력이 가해지면 격자면에서의 미끄러짐이 일어나는 현상

    ㉠ 슬립면 : 원자 밀도가 가장 큰 면[BCC : (110), FCC : (110), (101), (011)]

    ㉡ 슬립 방향 : 원자 밀도가 최대인 방향[BCC : (111), FCC : (111)]

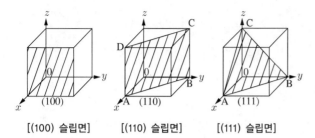

[(100) 슬립면]　　[(110) 슬립면]　　[(111) 슬립면]

⑧ 쌍정 : 슬립이 일어나기 어려울 때 결정 일부분이 전단 변형을 일으켜 일정한 각도만큼 회전하여 생기는 변형

(2) 금속의 소성변형과 재결정

① 냉간가공과 열간가공의 비교

냉간가공	열간가공
• 재결정 온도보다 낮은 온도에서 가공	• 재결정 온도보다 높은 온도에서 가공
• 변형 응력이 높음	• 변형 응력이 낮음
• 치수 정밀도가 양호	• 치수 정밀도가 불량
• 표면 상태가 양호	• 표면 상태가 불량
• 연강, Cu합금, 스테인리스강 등 가공	• 압연, 단조, 압출 가공에 사용

※ 가공이 쉬운 결정 격자 순서 : 면심입방격자 > 체심입방격자 > 조밀육방격자

② 금속의 강화 기구

㉠ 결정립 미세화에 의한 강화 : 소성변형이 일어나는 과정 시 슬립(전위의 이동)이 일어나며, 미세한 결정을 갖는 재료는 굵은 결정립보다 전위가 이동하는데 방해하는 결정립계가 더 많으므로 더 단단하고 강하다.

㉡ 고용체 강화 : 침입형 혹은 치환형 고용체가 이종 원소로 들어가며 기본 원자에 격자 변형률을 주므로 전위가 움직이기 어려워져 강도와 경도가 증가하게 된다.

㉢ 변형 강화 : 가공경화라고도 하며, 변형이 증가(가공이 증가)할수록 금속의 전위 밀도가 높아지며 강화된다.

③ 재결정 온도 : 소성가공으로 변형된 결정 입자가 변형이 없는 새로운 결정이 생기는 온도

금속	재결정 온도	금속	재결정 온도
W	1,200℃	Fe, Pt	450℃
Ni	600℃	Zn	실온
Au, Ag, Cu	200℃	Pb, Sn	실온 이하
Al, Mg	150℃	–	–

(3) 기계적 시험

인장, 경도, 충격, 연성, 비틀림, 충격, 마모, 압축 시험 등

① 인장 시험 : 재료의 인장강도, 연신율, 항복점, 단면수축률 등의 정보를 알 수 있음

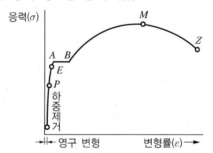

• P : 비례한도　　• E : 탄성한도
• A : 상부 항복점　• B : 하부 항복점
• M : 최대응력점　• Z : 파단응력점

(a) 연강에서의 인장 시험 결과

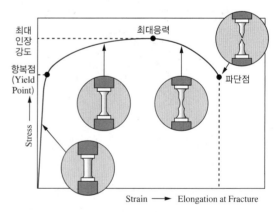

(b) 일반적인 인장 시험 결과

[인장 시험 결과값]

ⓐ 인장강도 : $\sigma_{max} = \dfrac{P_{max}}{A_0}$ (kg/mm^2), 파단 시 최

대인장하중을 평형부의 원단면적으로 나눈 값

ⓑ 연신율 : $\varepsilon = \dfrac{(L_1 - L_0)}{L_0} \times 100(\%)$, 시험편이 파

단되기 직전의 표점거리(L_1)와 원표점거리 L_0와

의 차의 변형량

ⓒ 단면수축률 : $a = \dfrac{(A_0 - A_1)}{A_0} \times 100(\%)$, 시험편

이 파괴되기 직전의 최소단면적(A_1)과 시험 전 원

단면적(A_0)과의 차

② 에릭센 시험(커핑 시험)

재료의 전·연성을 측정하는 시험으로 Cu판, Al판 및

연성 판재를 가압 성형하여 변형 능력을 측정하는

시험

③ 경도 시험

ⓐ 브리넬 경도 시험(HB, Brinell Hardness Test)

일정한 지름(D)의 강구 또는 초경합금을 이용하

여 일정한 하중(P)을 주어 시험편에 구형의 오목

부를 만든 후 하중을 제거하고 오목부의 표면적으

로 하중을 나눈 값으로 측정하는 시험

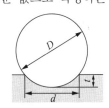

$$\text{HB} = \frac{P}{A} = \frac{2P}{\pi D(D - \sqrt{D^2 - d^2})} = \frac{P}{\pi Dt}$$

여기서, P : 하중(kg)

D : 강구의 지름(mm)

d : 오목부의 지름(mm)

t : 들어간 최대깊이(mm)

A : 압입 자국의 표면적(mm^2)

ⓑ 로크웰 경도 시험(HRC, HRB, Rockwell Hard-
ness Test)

• 강구 또는 다이아몬드 원추를 시험편에 처음 일

정한 기준 하중을 주어 시험편을 압입하고, 다시

시험하중을 가하여 생기는 압흔의 깊이 차로 구

하는 시험

• HRC와 HRB의 비교

스케일	누르개	기준하중 (kg)	시험하중 (kg)	적용 경도
HRC	원추각 120°의 다이아몬드	10	150	0~70
HRB	강구 또는 초경 합금, 지름 1.588mm		100	0~100

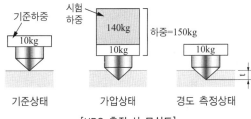

[HRC 측정 시 모식도]

$$\text{HRC} : 100 - 500h$$
$$\text{HRB} : 130 - 500h$$

여기서, h : 압입 자국의 깊이(mm)

ⓒ 비커스 경도 시험(HV, Vickers Hardness Test)

• 정사각추(136°)의 다이아몬드 압입자를 시험편

에 놓고 1~150kg까지 하중을 가하여 시험편에

생긴 피라미드 자국의 표면적으로 하중을 나눈

값으로 경도를 구하는 시험

• 비커스 경도는 HV로 표시하고, 미소 부위의 경

도를 측정하는데 사용한다.

• 가는 선, 박판의 도금층 깊이 등 정밀하게 측정

시 마이크로 비커스, 누프 경도 시험기를 사용

한다.

• 압입 흔적이 작으며 경도 시험 후 평균 대각선

길이의 1/1,000mm까지 측정 가능하다.

- 하중의 대소가 있더라도 값이 변하지 않으므로 정확한 결과 측정이 가능하다.
- 침탄층, 완성품, 도금층, 금속, 비철금속, 플라스틱 등에 적용 가능하나 주철재료에는 적용이 곤란하다.

$$HV = \frac{W}{A} = \frac{2W \cdot \sin \cdot \frac{a}{2}}{d^2} = 1.8544 \frac{W}{d^2}$$

여기서, W : 하중(kg)

d : 압입 자국의 대각선 길이(mm),

$$d = \frac{(d_1 + d_2)}{2}$$

a : 대면각($136°$)

A : 압입 자국의 표면적(mm^2)

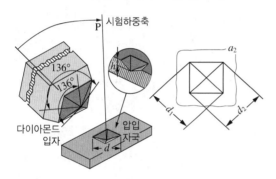

ⓔ 쇼어 경도 시험(HS, Shore Hardness Test)
- 압입 자국이 남지 않고 시험편이 클 때, 비파괴적으로 경도를 측정할 때 사용한다.
- 일정한 중량의 다이아몬드 해머를 일정한 높이에서 떨어뜨려 반발되는 높이로 경도를 측정한다.
- 쇼어 경도는 HS로 표시하며, 시험편의 탄성 여부를 알 수 있다.
- 휴대가 간편하고 완성품에 직접 측정이 가능하다.
- 시험편이 작거나 얇아도 측정 가능하다.
- 시험 시 5회 연속으로 하여 평균값으로 결정하며, 0.5 눈금까지 판독한다.

$$HS = \frac{10,000}{65} \times \frac{h}{h_0}$$

여기서, h : 낙하시킨 해머의 반발된 높이

h_0 : 해머의 낙하 높이

ⓜ 기타 방법 : 초음파, 마텐스, 하버트 진자 경도 등

④ **충격치 및 충격 에너지를 알기 위한 시험** : 샤르피 충격시험, 아이조드 충격시험
⑤ **열적 성질** : 적외선 서모그래픽검사, 열전 탐촉자법
⑥ **분석 화학적 성질** : 화학적 검사, X선 형광법, X선 회절법
⑦ **육안검사**
　ⓐ 파면검사 : 강재를 파단시켜 그 파면의 색, 조밀, 모양을 보아 조직이나 성분 함유량을 추정하며, 내부결함 유무를 검사하는 방법
　ⓑ 매크로 조직검사 : 재료를 직접 육안으로 관찰하거나 저배율(10배 이하)의 확대경을 사용하여 재료의 결함 및 품질 상태를 판단하는 검사. 염산수용액을 사용하여 75~80℃에서 적당 시간동안 부식시킨 후 알칼리 용액으로 중화시켜 건조 후 조직을 검사하는 방법

(4) 현미경 조직검사

① 금속은 빛을 투과하지 않으므로, 반사경 현미경을 사용하여 시험편을 투사·반사하는 상을 이용하여 관찰하게 된다.
② 조직검사의 관찰 목적 : 금속조직 구분 및 결정 입도 측정, 열처리 및 변형 의한 조직 변화, 비금속 개재물 및 편석 유무, 균열의 성장과 형상 등이 있다.
③ 금속 현미경
　ⓐ 광학 금속 현미경 : 광원으로부터 광선을 시험편에 투사하여 시험체 표면에서 반사되어 나오는 광선을 현미경의 렌즈를 통하여 관찰

ⓛ 주사 전자 현미경(SEM) : 시험편 표면을 전자선으로 주사하여 나오는 2차 전자를 브라운관에 영상으로 표시하여 재료조직, 상변태, 미세조직, 거동 관찰, 성분분석 등을 하며 고배율의 관찰이 가능

④ 현미경 조직검사 방법 : 시험편 채취 → 거친 연마 → 중간 연마 → 미세 연마 → 부식 → 관찰

⑤ 부식액의 종류

재료	부식액
철강재료	질산 알코올(질산 + 알코올)
	피크린산 알코올(피크린산 + 알코올)
귀금속	왕수(질산 + 염산 + 물)
Al 합금	수산화나트륨(수산화나트륨 + 물)
	플루오린화수소산(플루오린화수소 + 물)
Cu 합금	염화제2철 용액(염화제2철 + 염산 + 물)
Ni, Sn, Pb 합금	질산 용액
Zn 합금	염산 용액

(5) 불꽃 시험

강을 그라인더로 연삭할 때 발생하는 불꽃의 색과 모양에 따라 탄소량과 특수 원소를 판별하는 시험으로 탄소 함량이 높을수록 길이가 짧아지고, 파열 및 불꽃의 양은 많아진다.

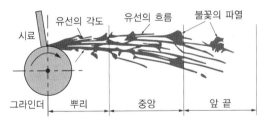

[불꽃의 유선 모양 구분]

(6) 비파괴 시험

① 파괴검사와 비파괴검사의 차이점

ⓖ 파괴검사 : 시험편이 파괴될 때까지 하중, 열, 전류, 전압 등을 가하거나, 화학적 분석을 통해 소재 혹은 제품의 특성을 구하는 검사

ⓛ 비파괴검사 : 소재 혹은 제품의 상태, 기능을 파괴하지 않고 소재의 상태, 내부 구조 및 사용 여부를 알 수 있는 모든 검사

② 비파괴검사 목적

ⓖ 소재 혹은 기기, 구조물 등의 품질관리 및 평가

ⓛ 품질관리를 통한 제조 원가 절감

ⓒ 소재 혹은 기기, 구조물 등의 신뢰성 향상

ⓔ 제조 기술의 개량

ⓜ 조립 부품 등의 내부 구조 및 내용물 검사

ⓗ 표면처리 층의 두께 측정

③ 비파괴검사의 분류

ⓖ 내부결함검사 : 방사선(RT), 초음파(UT)

ⓛ 표면결함검사 : 침투(PT), 자기(MT), 육안(VT), 와전류(ET)

ⓒ 관통결함검사 : 누설(LT)

ⓔ 검사에 이용되는 물리적 성질

물리적 성질	비파괴 시험법의 종류
광학적 및 역학적 성질	육안, 침투, 누설
음향적 성질	초음파, 음향방출
전자기적 성질	자분, 와전류, 전위차
투과 방사선의 성질	X선 투과, γ선 투과, 중성자 투과
열적 성질	적외선 서모그래픽, 열전 탐촉자
분석 화학적 성질	화학적 검사, X선 형광법, X선 회절법

④ 침투탐상검사

ⓖ 침투탐상의 원리

• 모세관 현상을 이용하여 표면에 열려있는 개구부(불연속부)에서의 결함을 검출하는 방법

ⓛ 침투탐상으로 평가 가능한 항목

• 불연속의 위치

• 크기(길이)

• 지시의 모양

ⓒ 침투탐상 적용 대상

• 용접부   • 주강부

• 단조품   • 세라믹

• 플라스틱 및 유리(비금속재료)

⑤ 자기탐상검사

강자성체 시험체의 결함에서 생기는 누설자장을 이용하여 표면 및 표면 직하의 결함을 검출하는 방법

⑥ 초음파탐상검사

시험체에 초음파를 전달하여 내부에 존재하는 불연속으로부터 반사한 초음파의 에너지량, 초음파의 진행시간 등을 Screen에 표시, 분석하여 불연속의 위치 및 크기를 알아내는 검사 방법

⑦ 방사선탐상검사

X선, γ선 등 투과성을 가진 전자파로 대상물에 투과시킨 후 결함의 존재 유무를 필름 등의 이미지(필름의 명암도의 차)로 판단하는 비파괴검사 방법

⑧ 와전류탐상검사

㉠ 코일에 고주파 교류 전류를 흘려주면 전자유도현상의 의해 전도성 시험체 내부에 맴돌이 전류를 발생시켜 재료의 특성을 검사

㉡ 맴돌이 전류(와전류 분포의 변화)로 거리·형상의 변화, 합금성분, 재질의 선별, 균열, 불균질 부분, 도금층 두께 측정, 치수 변화, 열처리 상태 등을 확인 가능

10년간 자주 출제된 문제

3-1. 금속의 소성변형을 일으키는 원인 중 원자 밀도가 가장 큰 격자면에서 잘 일어나는 것은?

① 슬립
② 쌍정
③ 전위
④ 편석

3-2. 항복점이 일어나지 않는 재료는 항복점 대신 무엇을 사용하는가?

① 내력
② 비례한도
③ 탄성한도
④ 인장강도

3-3. 대면각이 136°인 다이아몬드 압입자를 사용하는 경도계는?

① 브리넬 경도계
② 로크웰 경도계
③ 쇼어 경도계
④ 비커스 경도계

3-4. 로크웰 경도 시험기의 압입자 각도와 비커스 경도 시험기의 압입자 대면각은 각각 몇 도인가?

① 로크웰 경도 : 126°, 비커스 경도 : 130°
② 로크웰 경도 : 130°, 비커스 경도 : 126°
③ 로크웰 경도 : 120°, 비커스 경도 : 136°
④ 로크웰 경도 : 136°, 비커스 경도 : 120°

3-5. 다음 중 10배 이내의 확대경을 사용하거나 육안으로 직접 관찰하여 금속조직을 시험하는 것은?

① 라우에법
② 에릭센 시험
③ 매크로 시험
④ 전자 현미경 시험

3-6. 금속의 현미경 조직 시험에 사용되는 구리, 황동, 청동의 부식제는?

① 염화제2철 용액
② 피크린산 알코올 용액
③ 왕수 글리세린
④ 질산 알코올 용액

3-7. 강을 그라인더로 연삭할 때 발생하는 불꽃의 색과 모양에 따라 탄소량과 특수 원소를 판별할 수 있어 강의 종류를 간편하게 판정하는 시험법을 무엇이라고 하는가?

① 굽힘 시험
② 마멸 시험
③ 불꽃 시험
④ 크리프 시험

3-8. 압연제품의 표면결함에 대한 비파괴 시험방법은?

① 현미경 조직검사
② 초음파탐상검사
③ 피로응력 시험
④ 자기탐상검사

3-9. 기계적 파괴 시험이 아닌 것은?

① 단면수축 시험
② 와전류 시험
③ 연신율 측정 시험
④ 항복점 측정 시험

|해설|

3-1
슬립(Slip)
원자 간 사이가 미끄러지는 현상으로 원자 밀도가 가장 큰 격자면에서 잘 발생한다.

3-2
내력(Proof Stress)으로 항복점이 뚜렷하지 않은 재료의 경우 0.2% 변형률에서의 하중을 원래의 단면적으로 나눈 값

3-3
브리넬(구형 압입자), 로크웰(원추형 압입자), 쇼어(구 낙하시험)

|해설|

3-4

- 브리넬 : 구형 압입자
- 로크웰 : 120° 원추형 압입자
- 비커스 : 136° 사각뿔 압입자

3-5

③ 매크로 시험 : 육안 혹은 10배 이내의 확대경을 이용하여 결정 입자 또는 개재물 등을 검사하는 시험

② 에릭센 시험법 : 재료의 연성을 파악하기 위하여 구리 및 알루미늄판재와 같은 연성 판재를 가압 성형하여 변형 능력을 알아보기 위한 시험방법

3-6

부식액의 종류

재료	부식액
철강재료	나이탈, 질산 알코올 (질산 5mL + 알코올 100mL)
	피크랄, 피크린산 알코올 (피크린산 5g + 알코올 100mL)
귀금속(Ag, Pt 등)	왕수(질산 1mL + 염산 5mL + 물 6mL)
Al 및 Al 합금	수산화나트륨 (수산화나트륨 20g + 물 100mL)
	플루오린화수소산 (플루오린화수소 0.5mL + 물 99.5mL)
Cu 및 Cu 합금	염화제2철 용액 (염화제2철 5g + 염산 50mL + 물 100mL)
Ni, Sn, Pb 합금	질산 용액
Zn 합금	염산 용액

3-7

- 불꽃 시험 : 강을 그라인더로 연삭할 때 발생하는 불꽃의 색과 모양으로 특수원소의 종류를 판별하는 시험
- 굽힘 시험(굽힘강도)과 마멸 시험(마모량) 그리고 크리프 시험 (온도와 시간에 따른 변형)은 기계적 특성을 알기 위한 시험

3-8

- 표면결함탐상 : 자분탐상, 침투탐상
- 내부결함탐상 : 레이저탐상, 초음파탐상, 방사선탐상

3-9

와전류 시험은 비파괴 검사이다.

정답 3-1 ① 3-2 ① 3-3 ④ 3-4 ③ 3-5 ③
3-6 ① 3-7 ③ 3-8 ④ 3-9 ②

핵심이론 04 | 열처리 일반

(1) 열처리

금속재료를 필요로 하는 온도로 가열, 유지, 냉각을 통해 조직을 변화시켜 필요한 기계적 성질을 개선하거나 얻는 작업이다.

① 열처리의 목적

㉠ 담금질 후 높은 경도에 의한 취성을 막기 위한 뜨임 처리로 경도 또는 인장력을 증가

㉡ 풀림 혹은 구상화 처리로 조직의 연화 및 적당한 기계적 성질을 맞춤

㉢ 조직 미세화 및 편석 제거 : 냉간가공으로 인한 피로, 응력 등의 제거

㉣ 사용 중 파괴를 예방

㉤ 내식성 개선 및 표면 경화 목적

(2) 가열방법 및 냉각방법

① 가열방법 : A_1점 변태 이하의 가열(뜨임) 및 A_3, A_2, A_1점 및 A_{cm}선 이상의 가열(불림, 풀림, 담금질) 등

② 냉각방법

㉠ 계단 냉각 : 냉각 시 속도를 바꾸어 필요한 온도 범위에서 열처리 실시

㉡ 연속 냉각 : 필요 온도까지 가열 후 지속적으로 냉각

㉢ 항온 냉각 : 필요 온도까지 급랭 후 특정 온도에서 유지시킨 후 냉각

(3) 냉각의 3단계

증기막 단계(표면의 증기막 형성) → 비등 단계(냉각액이 비등하며 급랭) → 대류 단계(대류에 의해 서랭)

(4) 일반 열처리 방법

① 불림(Normalizing) : 조직의 표준화를 위해 하는 열처리이며, 결정립 미세화 및 기계적 성질을 향상시키는 열처리 방법이다.

    ㉠ 불림의 목적
- 주조 및 가열 후 조직의 미세화 및 균질화
- 내부 응력 제거
- 기계적 성질의 표준화

    ㉡ 불림의 종류 : 일반 불림, 2단 노멀라이징, 항온 노멀라이징, 다중 노멀라이징 등

② 풀림 : 금속의 연화 혹은 응력 제거를 위해 하는 열처리이며, 가공을 용이하게 하는 열처리 방법이다.

    ㉠ 풀림의 목적
- 기계적 성질의 개선
- 내부 응력 제거 및 편석 제거
- 강도 및 경도의 감소
- 연율 및 단면수축률 증가
- 치수 안정성 증가

    ㉡ 풀림의 종류 : 완전풀림, 확산풀림, 응력제거풀림, 중간풀림, 구상화풀림 등

③ 뜨임 : 담금질에 의한 잔류 응력 제거 및 인성을 부여하기 위하여 재가열 후 서랭하는 열처리 방법이다.

    ㉠ 뜨임의 목적
- 담금질 강의 인성을 부여
- 내부 응력 제거 및 내마모성 향상
- 강인성 부여

    ㉡ 뜨임의 종류 : 일반 뜨임, 선택적 뜨임, 다중 뜨임 등

④ 담금질 : 금속을 급랭하여 원자 배열 시간을 막아 강도, 경도를 높이는 열처리 방법이다.

    ㉠ 담금질의 목적 : 마텐자이트 조직을 얻어 경도를 증가시키기 위한 열처리

    ㉡ 담금질의 종류 : 직접 담금질, 시간 담금질, 선택 담금질, 분사 담금질, 프레스 담금질 등

(5) 탄소강 조직의 경도

시멘타이트 → 마텐자이트 → 트루스타이트 → 베이나이트 → 소르바이트 → 펄라이트 → 오스테나이트 → 페라이트

(6) 열처리 조직

① 오스테나이트

    ㉠ A_1 변태점 이상에서 안정된 조직으로 상온에서는 불안하다.

    ㉡ 탄소를 2% 고용한 조직으로 연신율이 크다.

    ㉢ 18-8 스테인리스강을 급랭하면 얻을 수 있는 조직이다.

    ㉣ 오스테나이트 안정화 원소로는 Mn, Ni 등이 있다.

② 마텐자이트

    ㉠ α 철에 탄소를 과포화 상태로 존재하는 고용체이다.

    ㉡ A_1 변태점 이상 가열한 강을 수중 담금질하면 얻어지는 조직으로 열처리 조직 중 가장 경도가 크다.

③ 트루스타이트

    ㉠ 마텐자이트보다 냉각속도를 조금 적게 하였을 때 나타나며, 유랭 시 500℃ 부근에서 생기는 조직이다.

    ㉡ 마텐자이트 조직을 300~400℃에서 뜨임할 때 나타나는 조직이다.

④ 소르바이트

    ㉠ 트루스타이트보다 냉각속도가 조금 적을 때 나타나는 조직이다.

    ㉡ 마텐자이트 조직을 600℃에서 뜨임했을 때 나타나는 조직이다.

    ㉢ 강도와 경도는 작으나 인성과 탄성을 지니고 있어서 인성과 탄성이 요구되는 곳에 사용된다.

(7) 항온열처리

① **오스템퍼링 : 베이나이트 생성**

강을 오스테나이트 상태로부터 M_s 이상, S곡선의 코 온도(550℃) 이하인 적당한 온도의 염욕에서 담금질 하여 과랭 오스테나이트가 염욕 중에서 항온 변태가 종료할 때까지 항온을 유지하고, 공기 중으로 냉각하 여 베이나이트를 얻는 조작이다.

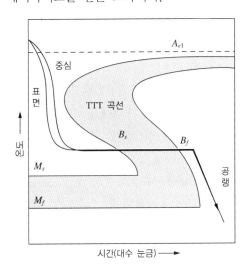

② **마템퍼링 : 마텐자이트 + 베이나이트 생성**

강을 오스테나이트 영역에서 M_s와 M_f 사이에서 항 온 변태 처리를 행하며 변태가 거의 종료될 때까지 같은 온도로 유지한 다음 공기 중에서 냉각하여 마텐 자이트와 베이나이트의 혼합조직을 얻는 조작이다.

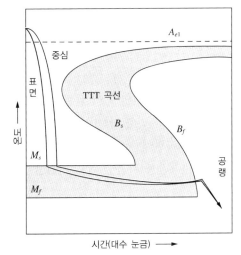

③ **마퀜칭 : 마텐자이트 생성**

오스테나이트 상태로부터 M_s 바로 위 온도의 염욕 중에 담금질하여 강의 내외가 동일한 온도가 되도록 항온을 유지하고, 과랭 오스테나이트가 항온 변태를 일으키기 전에 공기 중에서 Ar″ 변태가 천천히 진행되 도록 하여 균열이 일어나지 않는 마텐자이트를 얻는 조작이다.

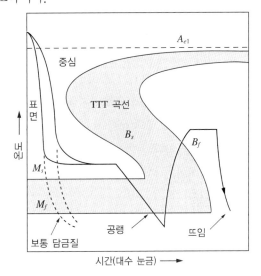

④ M_s **퀜칭** : 마퀜칭과 동일한 방법으로 진행되나 항온 변태가 일어나기 전, $M_s \sim M_f$ 사이에서 급랭하여 잔 류 오스테나이트를 적게 하는 조작이다.

⑤ **오스포밍** : 오스테나이트강을 재결정 온도 이하와 M_s 점 이상의 온도 범위에서, 변태가 일어나기 전에 과랭 오스테나이트 상태에서 소성가공을 한 다음 냉각하여 마텐자이트화하는 열처리 조작으로 인장강도가 높은 고강인성강을 얻는데 사용된다.

(8) 분위기 열처리

열처리 후 산화나 탈탄을 일으키지 않고 열처리 전후의 표면 상태를 그대로 유지시켜 광휘 열처리라고도 한다.

① **보호가스 분위기 열처리** : 특수성분의 분위기 가스 속 에서 열처리를 하는 것을 지칭한다.

② 분위기 가스의 종류

성질	종류
불활성 가스	아르곤, 헬륨
중성 가스	질소, 건조 수소, 아르곤, 헬륨
산화성 가스	산소, 수증기 이산화탄소, 공기
환원성 가스	수소, 일산화탄소, 메탄가스, 프로판가스
탈탄성 가스	산화성 가스, DX가스
침탄성 가스	일산화탄소, 메탄(CH_4), 프로판(C_3H_8), 부탄(C_4H_{10})
질화성 가스	암모니아가스

㉠ 발열성 가스 : 메탄, 부탄, 프로판 등 가스에 공기를 가하여 완전연소 또는 부분연소를 시켜 연소열을 이용하여 변형시킬 수 있는 가스이다.

㉡ 흡열형 가스 : 원료인 탄화수소와 공기를 혼합하여 고온의 니켈 촉매에 의해 분해되어 가스를 변성시키며, 가스침탄에 많이 사용한다.

㉢ 암모니아가스 : $2NH_3 \rightarrow N_2 + 3H_2 + 10.95cal$로 분해된다.

㉣ 중성 가스 : 아르곤, 네온 등의 불활성 가스는 철강과 화학반응을 하지 않기 때문에 광휘열처리를 위한 보호가스로 이상적이다.

㉤ 화염커튼 : 분위기로에 열처리품을 장입하거나 꺼낼 때 노안의 공기가 들어가는 것을 방지하게 위해 가연성 가스를 연소시켜 불꽃의 막을 생성하는 것을 의미한다.

㉥ 그을림(Sooting) : 변성로나 침탄로 등의 침탄성 분위기 가스에서 유리된 탄소가 열처리품, 촉매, 노벽에 부착되는 현상이다.

㉦ 번아웃 : 그을림을 제거하기 위해 정기적으로 공기를 불어 넣어 연소시켜 제거함을 의미한다.

㉧ 노점 : 수분을 함유한 분위기 가스를 냉각시킬 때 이슬이 생기는 점의 온도이다.

(9) 표면경화 열처리

※ 화학적 경화법 : 침탄법, 질화법, 금속침투법

※ 물리적 경화법 : 화염경화법, 고주파경화법, 숏피닝, 방전경화법

① 침탄법 : 강의 표면에 탄소를 확산, 침투한 후 담금질하여 표면을 경화시킨다.

㉠ 침탄강의 구비조건
  • 저탄소강일 것
  • 고온에서 장시간 가열 시 결정 입자의 성장이 없을 것
  • 주조 시 완전을 기하며 표면의 결함이 없을 것

② 질화법 : 500~600℃의 변태점 이하에서 암모니아 가스를 주로 사용하여 질소를 확산, 침투시켜 표면층을 경화시킨다.

㉠ 질화층 생성 금속 : Al, Cr, Ti, V, Mo 등을 함유한 강은 심하게 경화된다.

㉡ 질화층 방해 금속 : 주철, 탄소강, Ni, Co

㉢ 질화법의 종류
  • 가스질화 : 암모니아 가스 중에 질화강을 500~550℃ 약 2시간 가열 암모니아 가스를 주로 사용하여 질소를 확산, 침투시켜 표면층을 경화시킨다.
  • 액체질화 : NaCN, KCN의 액체침질용 혼합염을 사용하여 500~600℃로 가열하여 질화시킨다.
  • 이온질화(플라스마질화) : 저압의 N 분위기 속에 직류전압을 걸고 글로방전을 일으켜 표면에 음극 스퍼터링을 통해 질화시킨다.
  • 연질화 : 암모니아와 이산화가스를 주성분으로 하는 흡열성 변성 가스(RX가스)를 이용하여 짧은 처리시간에 처리하며 경도 증가보다는 내식성·내마멸성 개선을 위해 처리한다.

③ 금속침투법

　㉠ 제품을 가열한 후 표면에 다른 종류의 금속을 피복시키는 동시에 확산에 의해 합금층을 얻는 방법을 말한다.

　㉡ 종류

종류	침투원소	종류	침투원소
세라다이징	Zn	실리코나이징	Si
칼로라이징	Al	보로나이징	B
크로마이징	Cr	–	–

④ 화염경화법 : 산소 아세틸렌 화염을 사용하여 강의 표면을 적열 상태가 되게 가열한 후, 냉각수를 뿌려 급랭시키므로 강의 표면층만 경화시키는 열처리 방법이다.

⑤ 고주파경화법

　㉠ 고주파 전류에 의하여 발생한 전자 유도 전류가 피가열체의 표면층만을 급속히 가열 후 물을 분사하여 급랭시킴으로써 표면층을 경화시키는 열처리 방법이다.

　㉡ 경화층이 깊을 경우 저주파, 경화층이 얕은 경우 고주파를 걸어서 열처리한다.

⑥ 금속용사법 : 강의 표면에 용융 또는 반용융 상태의 미립자를 고속도로 분사시킨다.

⑦ 하드페이싱 : 금속 표면에 스텔라이트 초경합금 등의 금속을 용착시켜 표면층을 경화하는 방법을 말한다.

⑧ 도금법 : 제품을 가열하여 그 표면에 다른 종류의 금속을 피복시키는 동시에 확산에 의하여 합금 피복층을 얻는 방법이다.

4-1. 불안정한 마텐자이트 조직에 변태점 이하의 열로 가열하여 인성을 증대시키는 등 기계적 성질의 개선을 목적으로 하는 열처리 방법은?

① 뜨임
② 불림
③ 풀림
④ 담금질

4-2. 강의 표면경화법이 아닌 것은?

① 풀림
② 금속용사법
③ 금속침투법
④ 하드페이싱

4-3. 냉간압연 후의 풀림(Annealing)의 주목적은?

① 가공하기에 필요한 온도로 올리기 위해서
② 경도를 증가시키기 위해서
③ 냉간압연에서 발생한 응력변형을 제거하기 위해서
④ 냉간압연 후의 표면을 미려하게 하기 위해서

4-4. 베이나이트 조직은 강의 어떤 열처리로 얻어지는가?

① 풀림 처리
② 담금질 처리
③ 표면강화 처리
④ 항온 변태 처리

|해설|

4-1

① 뜨임 : 담금질 이후 A₁ 변태점 이하로 재가열하여 냉각시키는 열처리로 경도는 다소 작아질 수 있으나 인성을 증가시키는 열처리 방법이다.
② 불림 : 강을 오스테나이트 영역으로 가열한 후 공랭하여 균일한 구조 및 강도를 증가시키는 열처리 방법이다.
③ 풀림 : 시편을 오스테나이트와 페라이트보다 40℃ 이상에서 필요시간 동안 가열한 후 서랭하는 열처리 방법이다.
④ 담금질 : 강을 변태점 이상의 고온인 오스테나이트 상태에서 급랭하여 A₁ 변태를 저지하여 경도와 강도를 증가시키는 열처리 방법이다.

4-2

풀림은 경도를 낮추는 열처리 방법이다.

4-3

풀림 : 금속의 연화 혹은 응력 제거를 위해 하는 열처리이며, 가공을 용이하게 하는 열처리 방법이다.

• 풀림의 목적
　- 기계적 성질의 개선
　- 내부 응력 제거 및 편석 제거
　- 강도 및 경도의 감소
　- 연율 및 단면수축률 증가
　- 치수 안정성 증가

• 풀림의 종류 : 완전풀림, 확산풀림, 응력제거풀림, 중간풀림, 구상화풀림 등

4-4

베이나이트 처리 : 등온의 변태 처리

정답 4-1 ① 4-2 ① 4-3 ③ 4-4 ④

(1) 특수강

보통강에 하나 또는 2종의 원소를 첨가하여 특수한 성질을 부여한 강

① 특수강의 분류

분류	강의 종류	용도
구조용	강인강(Ni강, Mn강, Ni-Cr강, Ni-Cr-Mo강 등)	크랭크축, 기어, 볼트, 피스톤, 스플라인 축 등
	표면경화용 강(침탄강, 질화강)	
공구용	절삭용 강(W강, Cr-W강, 고속도강)	절삭 공구, 프레스 금형, 고속 절삭 공구 등
	다이스강(Cr강, Cr-W강, Cr-W-V강)	
	게이지강(Mn강, Mn-Cr-W강)	
내식·내열용	스테인리스강(Cr강, Ni-Cr강)	칼, 식기, 주방 용품, 화학 장치
	내열강(고Cr강, Cr-Ni강, Cr-Mo강)	내연 기관 밸브, 고온 용기
특수 목적용	쾌삭강(Mn-S강, Pb강)	볼트, 너트, 기어 등
	스프링강(Si-Mn강, Si-Cr강, Cr-V강)	코일 스프링, 판 스프링 등
	내마멸강	파쇄기, 레일 등
	영구 자석강(담금질 경화형, 석출 경화형)	항공, 전화 등 계기류
	전기용강(Ni-Cr계, Ni-Cr-Fe계, Fe-Cr-Al계)	고온 전기 저항재 등
	불변강(Ni강, Ni-Cr강)	바이메탈, 시계 진자 등

② 첨가 원소의 영향

ㄱ Ni : 내식·내산성 증가

ㄴ Mn : 황(S)에 의한 메짐 방지

ㄷ Cr : 적은 양에도 경도·강도가 증가하며 내식·내열성이 커짐

ㄹ W : 고온강도·경도가 높아지며 탄화물 생성

ㅁ Mo : 뜨임메짐을 방지하며 크리프 저항이 좋아짐

ㅂ Si : 전자기적 성질을 개선

③ 첨가 원소의 변태점, 경화능에 미치는 영향

ㄱ 변태 온도를 내리고 속도가 늦어지는 원소 : Ni

ㄴ 변태 온도가 높아지고 속도가 늦어지는 원소 : Cr, W, Mo

ㄷ 탄화물을 만드는 것 : Ti, Cr, W, V 등

ㄹ 페라이트 고용을 강화시키는 것 : Ni, Si 등

(2) 특수강의 종류

① **구조용 특수강** : Ni강, Ni-Cr강, Ni-Cr-Mo강, Mn강(듀콜강, 하드필드강)

② **내열강** : 페라이트계 내열강, 오스테나이트계 내열강, 테르밋(탄화물, 붕화물, 산화물, 규화물, 질화물)

③ **스테인리스강** : 페라이트계, 마텐자이트계, 오스테나이트계

④ **공구강** : 고속도강(18% W, 4% Cr, 1% V)

⑤ **스텔라이트** : Co-Cr-W-C, 금형 주조에 의해 제작

⑥ **소결 탄화물** : 금속 탄화물을 코발트를 결합제로 소결하는 합금, 비디아, 미디아, 카볼로이, 당갈로이

⑦ **전자기용** : Si강판, 샌더스트(5~15% Si, 3~8% Al), 퍼멀로이(Fe-70~90% Ni) 등

⑧ **쾌삭강** : 황쾌삭강, 납쾌삭강, 흑연쾌삭강

⑨ **게이지강** : 내마모성, 담금질 변형 및 내식성이 우수한 재료

⑩ **불변강** : 인바, 엘린바, 플래티나이트, 코엘린바로 탄성계수가 적을 것

5-1. Ni-Fe계 합금으로서 36% Ni, 12% Cr, 나머지는 Fe로 온도에 따른 탄성률 변화가 거의 없어 고급시계, 압력계, 스프링 저울 등의 부품에 사용되는 것은?

① 인바(Invar)
② 엘린바(Elinvar)
③ 퍼멀로이(Permalloy)
④ 플래티나이트(Platinite)

5-2. 오스테나이트계 스테인리스강이 되기 위해 첨가되는 주원소는?

① 18% 크롬(Cr) - 8% 니켈(Ni)
② 18% 니켈(Ni) - 8% 망간(Mn)
③ 17% 코발트(Co) - 7% 망간(Mn)
④ 17% 몰리브덴(Mo) - 7% 주석(Sn)

5-3. 고 Mn강으로 내마멸성과 내충격성이 우수하고, 특히 인성이 우수하기 때문에 파쇄 장치, 기차 레일, 굴착기 등의 재료로 사용되는 것은?

① 엘린바(Elinvar)
② 디디뮴(Didymium)
③ 스텔라이트(Stellite)
④ 해드필드(Hadfield)강

|해설|

5-1
① 인바(Invar) : Ni-Fe계 합금으로 열팽창계수가 작은 불변강
③ 퍼멀로이(Permalloy) : Ni-Fe계 합금으로 투자율이 큰 자심 재료
④ 플래티나이트(Platinite) : Ni-Fe계 합금으로 열팽창계수가 작은 불변강으로 백금 대용으로 사용

5-2
오스테나이트계(크롬·니켈계) 스테인리스강은 18% 크롬(Cr) - 8% 니켈(Ni)의 합금으로, 내식·내산성이 우수하다.

5-3
해드필드(Hadfield)강 또는 오스테나이트 망간(Mn)강
• 0.9~1.4% C, 10~14% Mn 함유
• 내마멸성과 내충격성이 우수
• 열처리 후 서랭하면 결정립계에 M_3C가 석출되어 취약
• 높은 인성을 부여하기 위해 수인법 이용

정답 5-1 ② **5-2** ① **5-3** ④

핵심이론 06 | 주철

(1) 주철

① Fe-C 상태도적으로 봤을 때 2.0~6.67% C가 함유된 합금을 말하며, 2.0~4.3% C를 아공정주철, 4.3% C를 공정주철, 4.3~6.67% C를 과공정주철이라 한다. 주철은 경도가 높고, 취성이 크며, 주조성이 좋은 특성을 가진다.

② 주철의 조직도
　㉠ 마우러 조직도 : C, Si량과 조직의 관계를 나타낸 조직도

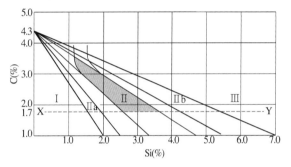

• Ⅰ : 백주철(펄라이트 + Fe_3C)
• Ⅱa : 반주철(펄라이트 + Fe_3C + 흑연)
• Ⅱ : 펄라이트주철(펄라이트 + 흑연)
• Ⅱb : 회주철(펄라이트 + 페라이트)
• Ⅲ : 페라이트주철(페라이트 + 흑연)

　㉡ 주철 조직의 상관 관계 : C, Si량 및 냉각 속도

(2) 주철의 성질

① Si와 C가 많을수록 비중과 용융 온도는 저하하며, Si, Ni의 양이 많아질수록 고유 저항은 커지며, 흑연이 많을수록 비중이 작아짐

② 주철의 성장 : 600℃ 이상의 온도에서 가열 및 냉각을 반복하면 주철의 부피가 증가하여 균열이 발생하는 것
　㉠ 주철의 성장 원인 : 시멘타이트의 흑연화, Si의 산화에 의한 팽창, 균열에 의한 팽창, A_1 변태에 의한 팽창 등

ⓛ 주철의 성장 방지책
 • Cr, V을 첨가하여 흑연화를 방지
 • 구상 조직을 형성하고 탄소량 저하
 • Si 대신 Ni로 치환

(3) 주철의 분류

① 파단면에 따른 분류 : 회주철, 반주철, 백주철
② 탄소함량에 따른 분류 : 아공정주철, 공정주철, 과공정주철
③ 일반적인 분류 : 보통주철, 고급주철, 합금주철, 특수주철(가단주철, 칠드주철, 구상흑연주철)

(4) 주철의 종류

① 보통주철 : 편상 흑연 및 페라이트가 다수인 주철로 기계 구조용으로 쓰인다.
② 고급주철 : 인장강도가 높고 미세한 흑연이 균일하게 분포된 주철이다.
③ 가단주철 : 백심가단주철, 흑심가단주철, 펄라이트 가단주철이 있으며, 탈탄, 흑연화, 고강도를 목적으로 사용한다.
④ 칠드주철 : 금형의 표면부위는 급랭하고 내부는 서랭시켜 표면은 경하고 내부는 강인성을 갖는 주철로 내마멸성을 요하는 롤이나 바퀴에 많이 쓰인다.
⑤ **구상흑연주철** : 흑연을 구상화하여 균열을 억제시키고 강도 및 연성을 좋게 한 주철로 시멘타이트형, 펄라이트형, 페라이트형이 있으며, 구상화제로는 Mg, Ca, Ce, Ca-Si, Ni-Mg 등이 있다.

6-1. 구상흑연주철의 물리적 · 기계적 성질에 대한 설명으로 옳은 것은?
① 회주철에 비하여 온도에 따른 변화가 크다.
② 피로한도는 회주철보다 1.5~2.0배 높다.
③ 감쇄능은 회주철보다 크고 강보다는 작다.
④ C, Si량의 증가로 흑연량은 감소하고 밀도는 커진다.

6-2. 마우러 조직도에 대한 설명으로 옳은 것은?
① 주철에서 C와 P량에 따른 주철의 조직관계를 표시한 것이다.
② 주철에서 C와 Mn량에 따른 주철의 조직관계를 표시한 것이다.
③ 주철에서 C와 Si량에 따른 주철의 조직관계를 표시한 것이다.
④ 주철에서 C와 S량에 따른 주철의 조직관계를 표시한 것이다.

6-3. 다음 중 주철에 관한 설명으로 틀린 것은?
① 비중은 C와 Si 등이 많을수록 작아진다.
② 용융점은 C와 Si 등이 많을수록 낮아진다.
③ 주철을 600℃ 이상의 온도에서 가열 및 냉각을 반복하면 부피가 감소한다.
④ 투자율을 크게 하기 위해서는 화합 탄소를 적게 하고, 유리 탄소를 균일하게 분포시킨다.

|해설|

6-1
구상흑연주철
 • 회주철에 비해 온도에 따른 변화가 작음
 • 인장강도가 증가하고 피로한도는 회주철보다 1.5~2배 높음
 • 회주철에 비해 주조성, 피삭성, 감쇄능, 열전도도가 낮음
 • C, Si의 증가로 흑연량이 증가함

6-2
마우러 조직도 : 주철에서 C와 Si와의 관계를 나타낸 것이다.

6-3
주철의 성장
주철을 600℃ 이상의 온도에서 가열 및 냉각조작을 반복하면 점차 부피가 커지며 변형되는 현상이다. 성장의 원인은 시멘타이트(Fe_3C)의 흑연화와 규소가 용적이 큰 산화물을 만들기 때문이다.

정답 6-1 ② 6-2 ③ 6-3 ③

(1) 구리 및 구리합금

① 구리의 성질

　㉠ 면심입방격자

　㉡ 용융점 : 1,083℃

　㉢ 비중 : 8.9

　㉣ 내식성 우수

② 구리합금의 종류

　㉠ 황동

　　• Cu-Zn의 합금, α상 면심입방격자, β상 체심입방격자

　　• 황동의 종류 : 7-3황동(70% Cu-30% Zn), 6-4황동(60% Cu-40% Zn)

　㉡ 특수황동의 종류

　　• 쾌삭황동 : 황동에 1.5~3.0% 납을 첨가하여 절삭성이 좋은 황동

　　• 델타메탈 : 6-4황동에 Fe 1~2% 첨가한 강. 강도, 내산성 우수, 선박, 화학기계용에 사용

　　• 주석황동 : 황동에 Sn 1% 첨가한 강. 탈아연부식 방지

　　• 애드미럴티 : 7-3황동에 Sn 1% 첨가한 강. 전연성 우수, 판, 관, 증발기 등에 사용

　　• 네이벌 : 6-4황동에 Sn 1% 첨가한 강. 판, 봉, 파이프 등 사용

　　• 니켈황동 : Ni-Zn-Cu 첨가한 강, 양백이라고도 함. 전기 저항체에 주로 사용

　㉢ 청동 : Cu-Sn의 합금, α, β, γ, δ 등 고용체 존재, 해수에 내식성 우수, 산·알칼리에 약함

　㉣ 청동합금의 종류

　　• 애드미럴티 포금 : 8~10% Sn-1~2% Zn 첨가한 합금

　　• 베어링 청동 : 주석청동에 3% Pb 정도 첨가한 합금, 윤활성 우수

　　• Al청동 : 8~12% Al 첨가한 합금, 화학공업, 선박, 항공기 등에 사용

　　• Ni청동 : Cu-Ni-Si합금, 전선 및 스프링재에 사용

　　• Be청동 : 0.2~2.5% Be 첨가한 합금. 시효경화성 있으며 내식성·내열성, 피로한도 우수

(2) 알루미늄과 알루미늄합금

① 알루미늄의 성질

　㉠ 비중 : 2.7

　㉡ 용융점 : 660℃

　㉢ 내식성 우수

　㉣ 산, 알칼리에 약함

② 알루미늄합금의 종류

　㉠ 주조용 알루미늄합금

　　• Al-Cu : 주물 재료로 사용하며 고용체의 시효경화가 일어남

　　• Al-Si : 실루민, Na을 첨가하여 개량화 처리를 실시

　　• Al-Cu-Si : 라우탈, 주조성 및 절삭성이 좋음

　㉡ 가공용 알루미늄합금

　　• Al-Cu-Mn-Mg : 두랄루민, 시효경화성 합금(용도 : 항공기, 차체 부품)

　　• Al-Mn : 알민

　　• Al-Mg-Si : 알드레이

　　• Al-Mg : 하이드로날륨, 내식성이 우수

　㉢ 내열용 알루미늄합금

　　• Al-Cu-Ni-Mg : Y합금, 석출경화용 합금(용도 : 실린더, 피스톤, 실린더 헤드 등)

　　• Al-Ni-Mg-Si-Cu : 로엑스, 내열성 및 고온 강도가 큼

(3) 니켈합금

① 니켈합금의 성질
  ㉠ 면심입방격자에 상온에서 강자성
  ㉡ 알칼리에 잘 견딤
② 니켈합금의 종류
  ㉠ Ni-Cu합금
   • 양백(Ni-Zn-Cu) : 장식품, 계측기
   • 콘스탄탄(40% Ni) : 열전쌍
   • 모넬메탈(60% Ni) : 내식·내열용
  ㉡ Ni-Cr합금
   • 니크롬(Ni-Cr-Fe) : 전열 저항성(1,100℃)
   • 인코넬(Ni-Cr-Fe-Mo) : 고온용 열전쌍, 전열기 부품
   • 알루멜(Ni-Al)-크로멜(Ni-Cr) : 1,200℃ 온도 측정용

10년간 자주 출제된 문제

7-1. 시효경화성이 가장 좋은 것으로 주성분이 맞는 합금은?
① 실루민(Cu-W-Zn)
② Y합금(W-Fe-Co)
③ 두랄루민(Al-Cu-Mg)
④ 마그놀리아(Fe-Mn-Cu)

7-2. 니켈황동이라 하며 7-3황동에 7~30% Ni를 첨가한 합금은?
① 양백
② 톰백
③ 네이벌황동
④ 애드미럴티황동

7-3. 다음 중 시효경화성이 있고, Cu합금 중 가장 큰 강도와 경도를 가지며, 고급 스프링이나 전기 접점, 용접용 전극 등에 사용되는 것은?
① 타이타늄구리합금
② 규소청동합금
③ 망간구리합금
④ 베릴륨구리합금

|해설|

7-1

두랄루민은 고강도 알루미늄 합금으로서, 시효경화성이 가장 우수하다.
• 용체화 처리 : 합금 원소를 고용체 용해 온도 이상으로 가열하여 급랭시켜 과포화 고용체로 만들어 상온까지 유지하는 처리로 연화된 이후 시효에 의해 경화된다.
• 시효경화성 : 용체화 처리 후 100~200℃의 온도로 유지하여 상온에서 안정한 상태로 돌아가며 시간이 지나면서 경화되는 현상이다.

7-2

① 니켈황동(양은, 양백) : 7-3황동에 7~30% Ni 첨가한 것으로 기계적 성질 및 내식성이 우수하여 정밀 저항기에 사용
② 톰백 : Zn을 5~20% 함유한 황동으로, 강도는 낮으나 전연성이 좋고, 색깔이 금색에 가까워 모조금이나 판 및 선 등에 사용
③ 네이벌황동 : 6-4황동에 1% 주석을 첨가한 황동으로 내식성 개선
④ 애드미럴티황동 : 7-3황동에 1% 주석을 첨가한 황동으로 내식성 개선

7-3

④ 베릴륨구리합금 : 구리에 베릴륨 2~3%를 넣어 만든 합금으로 열처리에 의해서 큰 강도를 가지며 내마모성도 우수하여 고급 스프링 재료나 전기 접점, 용접용 전극 또는 플라스틱 제품을 만드는 금형재료로 사용
① 타이타늄구리합금 : Ti와 Cu와의 합금으로 비철합금의 탈산제로 사용
② 규소청동합금 : 4% 이하의 규소를 첨가한 합금으로 내식성과 용접성이 우수하고 열처리 효과가 작으므로 700~750℃에서 풀림하여 사용
③ 망간구리합금 : 망간을 25~30% 함유한 Mn-Cu합금으로 비철합금 특히 황동 혹은 큐폴라 니켈의 탈산을 위하여 사용

정답 7-1 ③　7-2 ①　7-3 ④

(1) 금속복합재료

① 섬유강화 금속복합재료 : 섬유에 Al, Ti, Mg 등의 합금을 배열시켜 복합시킨 재료

② 분산강화 금속복합재료 : 금속에 0.01~0.1μm 정도의 산화물을 분산시킨 재료

③ 입자강화 금속복합재료 : 금속에 1~5μm 비금속 입자를 분산시킨 재료

(2) 클래드 재료

두 종류 이상의 금속 특성을 얻는 재료

(3) 다공질 재료

다공성이 큰 성질을 이용한 재료

(4) 형상기억합금

Ti-Ni이 대표적이며, 힘에 의해 변형되더라도 특정 온도에 올라가면 본래의 모양으로 돌아오는 합금

(5) 제진재료

진동과 소음을 줄여주는 재료

(6) 비정질합금

금속을 용해 후 고속 급랭시켜 원자가 규칙적으로 배열되지 못하고 액체 상태로 응고되어 금속이 되는 것

(7) 자성재료

① 경질자성재료 : 알니코, 페라이트, 희토류계, 네오디뮴, Fe-Cr-Co계 반경질 자석 등

② 연질자성재료 : Si강판, 퍼멀로이, 센더스트, 알펌, 퍼멘듈, 슈퍼멘듈 등

10년간 자주 출제된 문제

8-1. 철에 Al, Ni, Co를 첨가한 합금으로 잔류 자속밀도가 크고 보자력이 우수한 자성재료는?

① 퍼멀로이　　　　　② 센더스트
③ 알니코 자석　　　　④ 페라이트 자석

8-2. 다음 중 비감쇠능이 큰 제진합금으로 가장 우수한 것은?

① 탄소강　　　　　　② 회주철
③ 고속도강　　　　　④ 합금공구강

|해설|

8-1
③ 알니코 자석 : 철-알루미늄-니켈-코발트합금으로 온도 특성이 뛰어난 자석
① 퍼멀로이 : 니켈-철계 합금으로 투자율이 큰 자심재료
② 센더스트 : 철-규소-알루미늄계 합금의 연질자성재료
④ 페라이트 자석 : 철-망간-코발트-니켈합금으로 세라믹 자석이라고도 함

8-2
방진합금(제진합금)
편상흑연주철(회주철)의 경우 편상흑연이 분산되어 진동감쇠에 유리하고 이외에도 코발트-니켈합금 및 망간구리합금도 감쇠능이 우수하다.

정답 8-1 ③　8-2 ②

핵심이론 01 | 제도의 규격과 통칙

KS의 분류

- KS A : 기본
- KS B : 기계
- KS C : 전기
- KS D : 금속

(1) 선의 종류와 용도

선의 종류	선의 모양	용도에 의한 명칭	선의 용도
굵은 실선	——	외형선	대상물의 보이는 부분의 모양을 표시
가는 실선	—	치수선	치수를 기입하기 위하여 쓰임
		치수 보조선	치수를 기입하기 위하여 도형으로부터 끌어내는 데 쓰임
		지시선	기술, 기호 등을 표시하기 위하여 사용됨
		회전 단면선	도형 내에 그 부분의 끊은 곳을 90° 회전하여 표시
		중심선	도형의 중심선을 간략하게 표시
		수준면선	수면, 유면 등의 위치를 표시
파선	— — — —	숨은선	대상물의 보이지 않는 부분의 모양을 표시
가는 1점 쇄선	—·—·—	중심선	• 도형의 중심을 표시 • 중심이 이동한 중심궤적을 표시
		기준선	특히 위치 결정의 근거가 된다는 것을 명시할 때 사용됨
		피치선	되풀이하는 도형의 피치를 표시할 때 사용됨
굵은 1점 쇄선	—·—·—	특수 지정선	특수한 가공을 하는 부분 등 특별한 요구사항을 적용할 수 있는 범위를 표시
가는 2점 쇄선	—··—··—	가상선	• 인접부분을 참고로 표시 • 공구, 지그 등의 위치를 참고로 나타내는 데 표시 • 가동부분을 이동 중의 특정한 위치 또는 이동 한계의 위치로 표시 • 가공 전 또는 가공 후의 모양을 표시하는 데 사용 • 되풀이하는 것을 나타내는 데 사용 • 도시된 단면의 앞쪽에 있는 부분을 표시
		무게중심선	단면의 무게 중심을 연결한 선을 표시
파선, 지그재그선	∿	파단선	대상물의 일부를 파단한 경계 또는 일부를 떼어낸 경계를 표시
절단선	⌐ ⌐	절단선	• 단면도를 그리는 경우, 그 절단 위치를 대응하는 그림에 표시 • 가는 1점 쇄선으로 끝부분 및 방향이 변하는 부분을 굵게 한 것
가는 실선으로 규칙	/////////	해칭	도형의 한정된 특정 부분을 다른 부분과 구별하는 데 사용

※ 2개 이상의 선이 중복될 때 우선 순위 : 외형선 → 숨은선 → 절단선 → 중심선 → 무게중심선 → 치수선

(2) 척도

실제의 대상을 도면상으로 나타낼 때의 배율을 말한다.

　척도 A : B = 도면에서의 크기 : 대상물의 크기

① 현척 : 실제 사물과 동일한 크기로 그리는 것

　　(예 1 : 1)

② 축척 : 실제 사물보다 작게 그리는 경우

　　(예 1 : 2, 1 : 5, 1 : 10)

③ 배척 : 실제 사물보다 크게 그리는 경우

　　(예 2 : 1, 5 : 1, 10 : 1)

④ NS(None Scale) : 비례척이 아님

(3) 도면의 크기

① A4 용지 : 210×297mm(가로 : 세로 = 1 : $\sqrt{2}$)

② A3 용지 : 297×420mm

③ A2 용지 : 420×594mm

④ A3 용지는 A4 용지의 가로와 세로 치수 중 작은 치수 값의 2배로 하고 용지의 크기가 증가할수록 같은 원리로 점차적으로 증가한다.

⑤ A0 용지 : 면적 $1m^2$

⑥ 큰 도면을 접을 때는 A4 용지 사이즈로 한다.

(4) 투상법

어떤 물체에 광선을 비추어 하나의 평면에 맺히는 형태, 즉 형상, 크기, 위치 등을 일정한 법칙에 따라 표시하는 도법을 투상법이라 한다.

① 투상도의 종류

　㉠ 정투상도 : 투사선이 평행하게 물체를 지나 투상면에 수직으로 닿고 투상된 물체가 투상면에 나란하기 때문에 어떤 물체의 형상도 정확하게 표현할 수 있다.

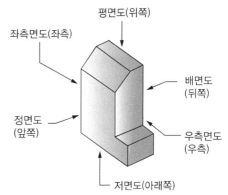

투시 방향	명칭	내용
앞쪽	정면도	기본이 되는 가장 주된 면으로, 물체의 앞에서 바라본 모양을 나타낸 도면
위쪽	평면도	'상면도'라고도 하며, 물체의 위에서 내려다 본 모양을 나타낸 도면
우측	우측면도	물체의 우측에서 바라본 모양을 나타낸 도면
좌측	좌측면도	물체의 좌측에서 바라본 모양을 나타낸 도면
아래쪽	저면도	'하면도'라고도 하며, 물체의 아래쪽에서 바라본 모양을 나타낸 도면
뒤쪽	배면도	물체의 뒤쪽에서 바라본 모양을 나타낸 도면을 말하며 사용하는 경우가 극히 적다.

　㉡ 등각투상도 : 정면, 평면, 측면을 하나의 투상면 위에 동시에 볼 수 있도록 두 개의 옆면 모서리가 수평선과 30°가 되게 하고 이 세 축이 120°의 등각이 되도록 입체도로 투상한 것을 의미한다.

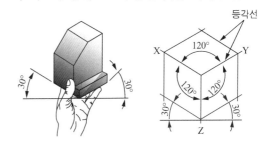

ⓒ 사투상도 : 투상선이 투상면을 사선으로 평행하도록 무한대의 수평 시선으로 얻은 물체의 윤곽을 그리게 되면 육면체의 세 모서리는 경사축이 a각을 이루는 입체도가 되며, 이를 그린 그림을 의미한다. 45°의 경사축으로 그린 것을 카발리에도, 60°의 경사축으로 그린 것을 캐비닛도라고 한다.

② 1각법과 3각법의 정의

㉠ 제1각법의 원리 : 제1면각 공간 안에 물체를 각각의 면에 수직인 상태로 중앙에 놓고 '보는 위치'에서 물체 뒷면의 투상면에 비춰지도록 하여 처음 본 것을 정면도라 하고, 각 방향으로 돌아가며 비춰진 투상도를 얻는 원리이다(눈 → 물체 → 투상면).

㉡ 제3각법의 원리 : 제3면각 공간 안에 물체를 각각의 면에 수직인 상태로 중앙에 놓고 '보는 위치'에서 물체 앞면의 투상면에 반사되도록 하여 처음 본 것을 정면도라 하고, 각 방향으로 돌아가며 보아서 반사되도록 하여 투상도를 얻는 원리이다(눈 → 투상면 → 물).

㉢ 제1각법과 제3각법 기호

[1각법]   [3각법]

㉣ 1각법과 3각법의 배치도

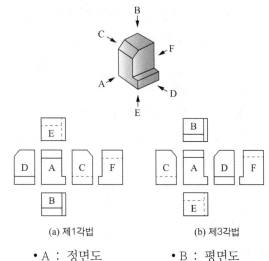

(a) 제1각법   (b) 제3각법

• A : 정면도   • B : 평면도
• C : 좌측면도   • D : 우측면도
• E : 저면도   • F : 배면도

③ 투상도의 표시방법

㉠ 주투상도 : 대상을 가장 명확히 나타낼 수 있는 면으로 나타낸다.

㉡ 보조 투상도 : 경사부가 있는 물체의 경우 그 경사면의 실제 모양을 표시할 필요가 있을 때 경사면과 평행하게 전체 또는 일부분을 그린다.

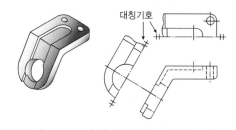

㉢ 부분 투상도 : 그림의 일부를 도시하는 것으로도 충분한 경우에는 필요한 부분만을 투상하여 도시한다.

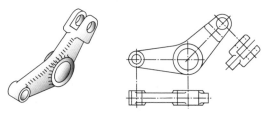

ⓛ 국부 투상도 : 대상물의 구멍, 홈 등과 같이 한 부분의 모양을 도시하는 것으로 충분한 경우에는 그 필요한 부분만을 국부 투상도로 도시한다.

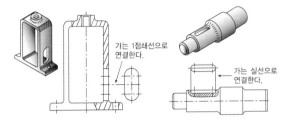

ⓜ 회전 투상도 : 대상물의 일부가 어느 각도를 가지고 있기 때문에 그 실제 모양을 나타내기 위해서는 그 부분을 회전해서 실제 모양을 도시한다. 또한 작도에 사용한 선을 남겨서 잘못 볼 우려를 없앤다.

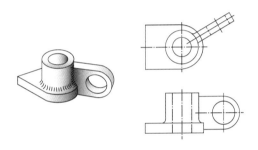

ⓗ 부분 확대도 : 특정한 부분의 도형이 작아서 그 부분을 자세하게 나타낼 수 없거나 치수기입을 할 수 없을 때에는, 가는 실선으로 에워싸고 영자의 대문자로 표시함과 동시에 그 해당 부분의 가까운 곳에 확대도를 같이 나타내고, 확대를 표시하는 문자 기호와 척도를 기입한다.

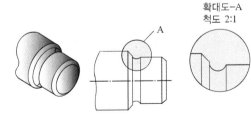

(5) 단면도 작성

단면도란 물체 내부의 보이지 않는 부분을 나타낼 때 물체를 절단하여 그 뒤쪽이나 내부 모양을 그리는 것이다.

① 단면도 작성 원칙

  ⓐ 절단면은 해칭이나 스머징으로 표시한다.

    • 해칭은 45°로 일정한 간격의 가는 실선으로 채워 절단면을 표시한다.

    • 스머징은 색을 칠하여 절단면을 표시한다.

  ⓑ 서로 떨어진 위치에 나타난 동일 부품의 단면에는 동일한 각도와 간격으로 해칭을 하거나 같은 색으로 스머징을 한다. 또, 인접한 부품의 해칭은 서로 구분할 수 있도록 서로 다른 방향으로 하거나 해칭선의 간격 및 각도를 30°, 60° 또는 임의의 각도로 달리한다.

② 단면도의 종류

  ⓐ 온단면도 : 제품을 절반으로 절단하여 내부 모습을 도시하며 절단선은 나타내지 않는다.

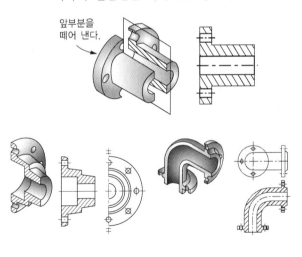

ⓛ 한쪽(반) 단면도 : 제품을 1/4 절단하여 내부와 외부를 절반씩 보여주는 단면도이다.

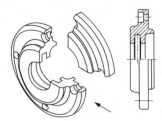

ⓒ 부분 단면도 : 일부분을 잘라 내고 필요한 내부 모양을 그리기 위한 방법이며, 파단선을 그어서 단면 부분의 경계를 표시한다.

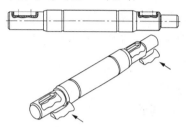

ⓔ 회전도시 단면도 : 핸들, 벨트 풀리, 훅, 축 등의 단면을 표시할 때에는 투상면에 절단한 단면의 모양을 90° 회전하여 안이나 밖을 다음과 같이 그린다.

(a) 투상도의 일부를 잘라내고 그 안에 그린 회전 단면

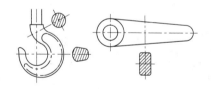

(b) 절단 연장선 위의 회전 단면

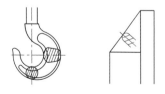

(c) 투상도 안의 회전 단면

ⓜ 계단 단면도 : 2개 이상의 절단면으로 필요한 부분을 선택하여 단면도로 그린 것으로, 절단 방향을 명확히 하기 위하여 1점 쇄선으로 절단선을 표시하여야 한다.

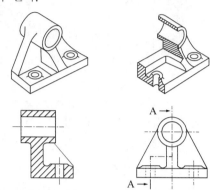

ⓗ 얇은 물체의 단면도 : 개스킷, 얇은 판, 형강과 같이 얇은 물체일 때 단면에 해칭하기가 어려운 경우에는 단면을 검게 칠하거나 아주 굵은 실선으로 나타낸다.

(6) 단면 표시를 하지 않는 기계 요소

단면으로 그릴 때 이해하기 어려운 경우(리브, 바퀴의 암, 기어의 이), 또는 절단을 하더라도 의미가 없는 것(축, 핀, 볼트, 너트, 와셔)은 절단하여 표시하지 않는다.

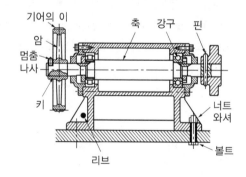

(7) 치수기입

① 치수보조기호

종류	기호(읽기)	사용법	예
지름	ϕ(파이)	지름 치수 앞에 쓴다.	$\phi30$
반지름	R(알)	반지름 치수 앞에 쓴다.	R15
정사각형의 변	□(사각)	정사각형 한 변의 치수 앞에 쓴다.	□20
구의 반지름	SR(에스알)	구의 반지름 치수 앞에 쓴다.	S40
구의 지름	$S\phi$ (에스파이)	구의 지름 치수 앞에 쓴다.	$S\phi20$
판의 두께	t(티)	판 두께의 치수 앞에 쓴다.	t=5
원호의 길이	⌒(원호)	원호의 길이 치수 앞에 붙인다.	⌒10
45° 모따기	C(시)	45° 모따기 치수 앞에 붙인다.	C8
이론적으로 정확한 치수	☐ (테두리)	이론적으로 정확한 치수의 치수 수치에 테두리를 그린다.	20
참고 치수	( ) (괄호)	치수보조기호를 포함한 참고 치수에 괄호를 친다.	($\phi20$)
비례 치수가 아닌 치수	―― (밑줄)	비례 치수가 아닌 치수에 밑줄을 친다.	15

② 치수기입 원칙

㉠ 치수는 되도록 주투상도(정면도)에 집중한다.

㉡ 치수는 중복 기입을 피한다.

㉢ 치수는 되도록 계산해서 구할 필요가 없도록 한다.

㉣ 치수는 필요에 따라 기준으로 하는 점, 선 또는 면을 기준으로 하여 기입한다.

㉤ 관련되는 치수는 되도록 한 곳에 모아서 기입한다.

㉥ 치수는 되도록 공정마다 배열을 분리하여 기입한다.

㉦ 치수 중 참고 치수에 대하여는 치수 수치에 괄호를 붙인다.

③ 치수보조선과 치수선의 활용

변의 길이 치수	현의 길이 치수
호의 길이 치수	각도 치수

④ 치수기입 방법

㉠ 직렬 치수기입 : 직렬로 나란히 치수를 기입하는 방법이다.

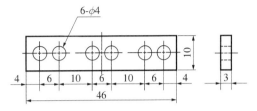

㉡ 병렬 치수기입 : 기준면을 기준으로 나열된 치수를 기입하는 방법이다.

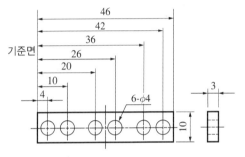

㉢ 누진 치수기입 : 치수의 기점 기호(○)를 기준으로 하여 누적된 치수를 기입할 때 사용된다.

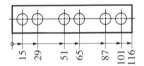

㉣ 좌표 치수기입 : 해당 위치를 좌표상으로 도식화하여 나타내는 방법이다.

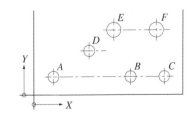

	X	Y	ϕ
A	20	20	14
B	140	20	14
C	200	20	14
D	60	60	14
E	100	90	26
F	180	90	26

(8) 표면거칠기와 다듬질 기호

① 표면거칠기의 종류

  ㉠ 중심선평균거칠기(R_a) : 중심선 기준으로 위쪽과 아래쪽 면적의 합을 측정길이로 나눈 값이다.

  ㉡ 최대높이거칠기($R_{\max}$) : 거칠면의 가장 높은 봉우리와 가장 낮은 골 밑의 차이값으로 거칠기를 계산한다.

  ㉢ 10점 평균거칠기(R_z) : 가장 높은 봉우리 5곳과 가장 낮은 골 5번째의 평균값의 차이로 거칠기를 계산한다.

② 면의 지시 기호

[제거가공을 함]   [제거가공을 하지 않음]

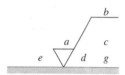

여기서, a : R_a(중심선평균거칠기)의 값

  b : 가공방법, 표면처리

  c : 컷 오프값, 평가 길이

  d : 줄무늬 방향의 기호

  e : 기계가공 공차

  f : R_a 이외의 파라미터

    (t_p일 때에는 파라미터/절단 레벨)

  g : 표면파상도(KS B 0610에 따른다)

③ 가공방법의 기호(b위치에 해당)

가공방법	약호	
	I	II
선반가공	L	선삭
드릴가공	D	드릴링
보링머신가공	B	보링
밀링가공	M	밀링
평삭(플레이닝)가공	P	평삭
형삭(셰이핑)가공	SH	형삭
브로칭가공	BR	브로칭
리머가공	FR	리밍
연삭가공	G	연삭
다듬질	F	다듬질
벨트연삭가공	GBL	벨트연삭
호닝가공	GH	호닝
용접	W	용접
배럴연마가공	SPBR	배럴연마
버프 다듬질	SPBF	버핑
블라스트 다듬질	SB	블라스팅
랩 다듬질	FL	래핑
줄 다듬질	FF	줄 다듬질
스크레이퍼 다듬질	FS	스크레이핑
페이퍼 다듬질	FCA	페이퍼 다듬질
프레스가공	P	프레스
주조	C	주조

④ 줄무늬 방향의 기호(d위치의 기호)

기호	뜻	적용	표면형상
=	가공으로 생긴 앞 줄의 방향이 기호를 기입한 그림의 투상면에 평형	셰이핑	커터의 줄무늬 방향
⊥	가공으로 생긴 앞 줄의 방향이 기호를 기입한 그림의 투상면에 직각	선삭, 원통연삭	커터의 줄무늬 방향
X	가공으로 생긴 선이 2방향으로 교차	호닝	커터의 줄무늬 방향
M	가공으로 생긴 선이 다방면으로 교차 또는 방향이 없음	래핑, 슈퍼 피니싱, 밀링	√M
C	가공으로 생긴 선이 거의 동심원	끝면 절삭	√C
R	가공으로 생긴 선이 거의 방사상	일반적인 가공	√R

(9) 치수공차

① 관련 용어

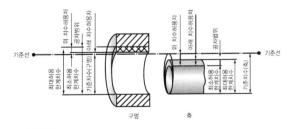

구멍   축

$20^{+\,0.025}_{-\,0.010}$ 라고 치수를 나타낼 경우

㉠ 기준치수 : 치수공차에 기준에 되는 치수, 20을 의미함

㉡ 최대허용치수 : 형체에 허용되는 최대치수

20 + 0.025 = 20.025

㉢ 최소허용치수 : 형체에 허용되는 최소치수

20 − 0.010 = 19.990

㉣ 위 치수허용차

• 최대허용치수와 대응하는 기준치수와의 대수차

20.025 − 20 = +0.025

• 기준치수 뒤에 위쪽에 작은글씨로 표시되는 값

+0.025

㉤ 아래 치수허용차

• 최소허용치수와 대응하는 기준치수와의 대수차

19.990 − 20 = −0.010

• 기준치수 뒤에 아래쪽에 작은글씨로 표시되는 값

− 0.010

㉥ 치수공차

• 최대허용치수와 최소허용치수와의 차

20.025 − 19.990 = 0.035

• 위 치수허용차와 아래 치수허용차와의 차

0.025 − (− 0.010) = 0.035

② 틈새와 죔새

구멍, 축의 조립 전 치수의 차이에서 생기는 관계

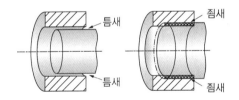

㉠ 틈새 : 구멍의 치수가 축의 치수보다 클 때 구멍의 축과의 치수의 차

㉡ 죔새 : 구멍의 치수가 축의 치수보다 작을 때 조립 전의 구멍과 축과의 치수의 차

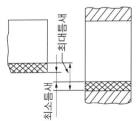

[최대 · 최소 틈새]

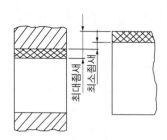

[최대 · 최소 쬠새]

ⓒ 최소틈새

  • 틈새가 발생하는 상황에서 구멍의 최소허용치수
    와 축의 최대허용치수의 차이

  • 구멍의 아래 치수허용차와 축의 위 치수허용차
    와의 차

ⓔ 최대틈새

  • 틈새가 발생하는 상황에서 구멍의 최대허용치수
    와 축의 최소허용치수와의 차

  • 구멍의 위 치수허용차와 축의 아래 치수허용차
    와의 차

ⓜ 최소쬠새

    쬠새가 발생하는 상황에서 조립 전 구멍의 최대허
    용치수와 축의 최소허용치수와의 차

ⓗ 최대쬠새

  • 쬠새가 발생하는 상황에서 구멍의 최소허용치수
    와 축의 최대허용치수와의 차

  • 구멍의 아래 치수허용차와 축의 위 치수허용차
    와의 차

③ 끼워맞춤

  ㉠ 헐거운 끼워맞춤 : 항상 틈새가 생기는 상태로 구
    멍의 최소 치수가 축의 최대 치수보다 큰 경우

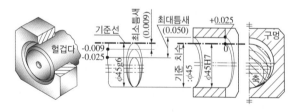

ㄴ 억지 끼워맞춤 : 항상 쬠새가 생기는 상태로 구멍
  의 최대치수가 축의 최소치수보다 작은 경우

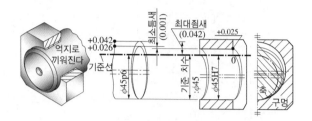

ㄷ 중간 끼워맞춤 : 상황에 따라서 틈새와 쬠새가 발
  생할 수 있는 경우

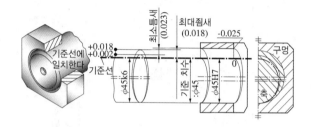

④ IT 기본공차

  ㉠ 기준치수가 크면 공차를 크게 적용, 정밀도는 기준
    치수와 비율로 표시하여 나타내는 것

  ㉡ IT01에서 IT18까지 20등급으로 나눔

  ㉢ IT01~IT4는 주로 게이지류, IT5~IT10은 끼워맞
    춤 부분, IT11~IT18은 끼워맞춤 이외의 공차에
    적용

⑤ 기하공차

적용하는 형체	기하편차(공차)의 종류		기호
단독 형체	모양 공차	진직도(공차)	―
		평면도(공차)	▱
		진원도(공차)	○
		원통도(공차)	◿
단독 형체 또는 관련 형체		선의 윤곽도(공차)	⌒
		면의 윤곽도(공차)	⌓

적용하는 형체	기하편차(공차)의 종류		기호
관련 형체	자세 공차	평행도(공차)	∥
		직각도(공차)	⊥
		경사도(공차)	∠
	위치 공차	위치도(공차)	⊕
		동축도(공차) 또는 동심도(공차)	◎
		대칭도(공차)	=
	흔들림 공차	원주 흔들림(공차)	↗
		온 흔들림(공차)	↗↗

10년간 자주 출제된 문제

1-1. 치수공차를 계산하는 식으로 옳은 것은?

① 기준치수 – 실제치수

② 실제치수 – 치수허용차

③ 허용한계치수 – 실제치수

④ 최대허용치수 – 최소허용치수

1-2. 헐거운 끼워맞춤에서 구멍의 최소허용치수와 축의 최대허용치수와의 차는?

① 최소죔새   ② 최대죔새

③ 최소틈새   ④ 최대틈새

1-3. 구멍과 축의 끼워맞춤 종류 중 항상 죔새가 생기는 끼워맞춤은?

① 헐거운 끼워맞춤   ② 억지 끼워맞춤

③ 중간 끼워맞춤   ④ 미끄럼 끼워맞춤

1-4. 치수기입의 원칙에 대한 설명으로 옳은 것은?

① 치수는 될 수 있는 한 평면도에 기입한다.

② 관련되는 치수는 될 수 있는 대로 한 곳에 모아서 기입하여야 한다.

③ 치수는 계산하여 확인할 수 있도록 기입해야 한다.

④ 치수는 알아보기 쉽게 여러 곳에 같은 치수를 기입한다.

1-5. 다음의 단면도 중 위, 아래 또는 왼쪽과 오른쪽이 대칭인 물체의 단면을 나타낼 때 사용되는 단면도는?

① 한쪽 단면도   ② 부분 단면도

③ 전단면도   ④ 회전도시 단면도

1-6. 구멍 $\phi 55^{+0.030}_{+0}$ 와 축 $\phi 55^{+0.039}_{+0.020}$ 에서 최대틈새는?

① 0.010   ② 0.020

③ 0.030   ④ 0.039

|해설|

1-1

치수공차 = 최대허용치수 – 최소허용치수

1-2

최소틈새 = 구멍의 최소허용치수 – 축의 최대허용치수

1-3

억지 끼워맞춤은 항상 죔새가 생기도록 하는 맞춤이다.

1-4

① 치수는 가능한 정면도에 기입한다.

③ 치수는 추가로 계산하지 않도록 기입하는 것이 좋다.

④ 치수는 가능한 중복기입은 피한다.

1-5

① 한쪽(반) 단면도 : 단면도 중 위, 아래 혹은 왼쪽과 오른쪽 대칭인 물체의 단면을 나타낼 때 사용되는 단면도

② 부분 단면도 : 필요로 하는 물체의 일부만을 절단, 경계는 자유실선의 파단선으로 표시하고 프리핸드로 외형선의 1/2 굵기로 나타낸 단면도

③ 전단면도(온단면도) : 물체를 한 평면의 절단면으로 절단, 물체의 기본적인 모양을 가장 잘 표시하도록 절단면 결정하여 나타낸 단면도

④ 회전도시 단면도 : 핸들이나 바퀴 등의 암 및 림, 리브, 훅, 축, 구조물의 부재 등의 절단면을 90° 회전하여 표시한 단면도

1-6

최대틈새 = 구멍의 최대허용치수 – 축의 최소허용치수

         = 55.030 – 55.020

         = 0.010

정답 1-1 ④ 1-2 ③ 1-3 ② 1-4 ② 1-5 ① 1-6 ①

(1) 스케치 방법

① 프리핸드법
자유롭게 손으로 그리는 스케치 기법으로 모눈종이를 사용하면 편하다.

② 프린트법
광명단 등을 발라 스케치 용지에 찍어 그 면의 실형을 얻거나 면에 용지를 대고 연필 등으로 문질러서 도형을 얻는 방법이다.

③ 본뜨기법
불규칙한 곡선부분이 있는 부품은 납선 구리선 등을 부품의 윤곽에 따라 굽혀서 그선의 윤곽을 지면에 대고 본뜨거나 부품을 직접 용지 위에 놓고 본뜨는 기법이다.

④ 사진촬영법
복잡한 기계의 조립 상태나 부품을 여러 방향에서 사진을 찍어서 제도 및 도면에 활용한다.

(2) 기계요소 제도

① 나사의 제도

ㄱ 나사의 기호

구분	나사의 종류		나사의 종류를 표시하는 기호
일반용	ISO 표준에 있는 것	미터보통나사	M
		미터가는나사	
		유니파이보통나사	UNC
		유니파이가는나사	UNF
		미터사다리꼴나사	Tr
		관용테이퍼나사 테이퍼수나사	R
		관용테이퍼나사 테이퍼암나사	Rc
		관용테이퍼나사 평행암나사	Rp
		관용평행나사	G
	ISO 표준에 없는 것	29° 사다리꼴나사	TW
		관용테이퍼나사 테이퍼나사	PT
		관용테이퍼나사 평행암나사	PS
		관용평행나사	PF

ㄴ 나사의 종류

- 결합용 나사
  - 미터나사 : 나사산 각이 60°인 삼각나사이며 미터계나사로 가장 많이 사용하고 있다.
  - 유니파이나사 : 나사산 각이 60°이며 ABC나사라고 하며 인치계를 사용한다.
  - 관용나사 : 나사산 각이 55°이며 나사의 생성으로 인한 파이프강도를 적게 하기 위해 나사산의 높이를 적게 하기 위해 사용된다.

- 운동용 나사
  - 사각나사 : 나사산이 사각형 모양으로 효율은 좋으나 가공이 어려운 단점이 있으며, 나사잭, 나사프레스, 선반의 이송나사 등으로 사용된다.
  - 사다리꼴나사 : 애크미 나사라고 하며 사각나사의 가공이 어려운 단점을 보안하며, 공작기계의 이송나사로 사용된다.
  - 톱니나사 : 하중의 작용 방향이 항상 일정한 압착기 바이스 등과 같은 곳에 사용한다.
  - 둥근나사 : 먼지, 모래, 녹가루 등이 들어갈 염려가 있는 곳에 사용한다.
  - 볼나사 : 나사 홈에 강구를 넣을 수 있도록 원호상으로 된 나선 홈이 가공된 나사이다.

ㄷ 나사의 요소

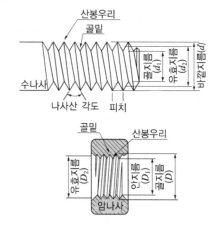

- 나사의 피치 : 나사산과 나사산 사이의 거리
- 나사의 리드 : 나사를 360° 회전시켰을 때 상하 방향으로 이동한 거리

$$L(리드) = n(나사의 줄 수) \times P(피치)$$

㉣ 나사의 도시방법

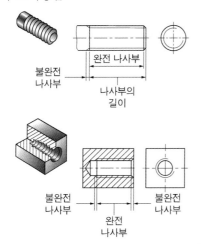

- 수나사의 바깥지름과 암나사의 안지름을 표시하는 선은 굵은 실선으로 그린다.
- 수나사, 암나사의 골을 표시하는 선은 가는 실선으로 그린다.
- 완전 나사부와 불완전 나사부의 경계선은 굵은 실선으로 그린다.
- 불완전 나사부의 골을 나타내는 선은 축선에 대하여 30°의 가는 실선으로, 그리고 필요에 따라 불완전 나사부의 길이를 기입한다.
- 암나사의 단면 도시에서 드릴 구멍이 나타날 때에는 굵은 실선으로 120°가 되게 그린다.
- 수나사와 암나사의 결합부의 단면은 수나사로 나타낸다.
- 수나사와 암나사의 측면 도시에서 각각의 골지름은 가는 실선으로 약 3/4 원으로 그린다.

㉤ 나사의 호칭방법

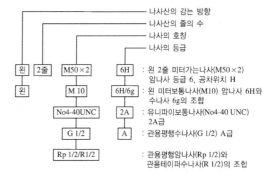

② 키 : 회전축에 벨트 풀리 기어 등을 고정하여 회전력을 전달할 때 쓰인다.

㉠ 묻힘 키(성크 키) : 보스와 축에 키 홈을 파고 키를 견고하게 끼워 회전력을 전달한다.

㉡ 안장 키 : 키를 축과 같이 동일한 오목한 원형 모양으로 가공하고 축에는 가공하지 않는다.

㉢ 평 키 : 축의 상면을 평평하게 깎아서 올린 키

㉣ 반달 키 : 반달모양의 키로 테이퍼 축의 작은 하중에 사용된다.

㉤ 접선 키 : 120°로 벌어진 2개의 키를 기울여 삽입하여 큰동력을 전달할 때 사용한다.

㉥ 원뿔 키 : 축과 보스에 홈을 파지 않고 원뿔 모양의 키를 때려 박아 마찰력만으로 회전력을 전달하는 키이다.

㉦ 스플라인 : 축에 원주 방향으로 같은 간격으로 여러 개의 키 홈을 가공한 것으로 큰동력 전달한다.

㉧ 세레이션 : 축과 보스에 삼각형 모양의 작은 홈을 원형을 따라 가공 후 결합시켜 큰동력을 전달한다.

※ 전달 동력의 크기 : 세레이션 > 스플라인 > 접선 키 > 반달 키 > 평 키 > 안장 키

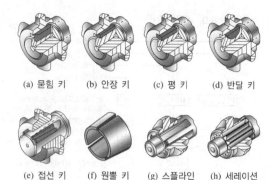

(a) 묻힘 키 (b) 안장 키 (c) 평 키 (d) 반달 키

(e) 접선 키 (f) 원뿔 키 (g) 스플라인 (h) 세레이션

③ 핀 : 하중에 작을 때 또는 간단한 설치로 고정할 때 사용된다.

    ㉠ 테이퍼 핀 : 일반적으로 1/50의 테이퍼값을 사용하고 호칭지름은 작은쪽의 지름으로 한다.

    ㉡ 평행 핀 : 기계부품의 조립 시 안내하는 역할로 위치결정에 사용된다.

    ㉢ 분할 핀 : 두 갈래로 나눠지며 너트의 풀림방지용으로 사용되며 호칭지름은 핀구멍의 지름으로 한다.

    ㉣ 스프링 핀 : 얇은 판을 원통형으로 말아서 만든 평행 핀의 일종이다. 억지끼움을 했을 때 핀의 복원력으로 구멍에 정확히 밀착되는 특성이 있다.

④ 기어

    ㉠ 두 축이 평행할 때 기어

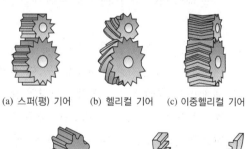

(a) 스퍼(평) 기어 (b) 헬리컬 기어 (c) 이중헬리컬 기어

(d) 랙과 작은 기어 (e) 안기어와 바깥기어

㉡ 두 축이 교차할 때 기어

(a) 스퍼(직선) 베벨 기어 (b) 헬리컬 베벨 기어 (c) 스파이럴 베벨 기어

(d) 제롤 베벨 기어 (e) 크라운 기어 (f) 앵귤러 베벨 기어

㉢ 두 축이 어긋난 경우 기어

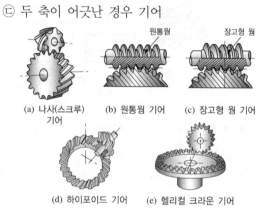

원통웜 장고형 웜

(a) 나사(스크루) 기어 (b) 원통웜 기어 (c) 장고형 웜 기어

(d) 하이포이드 기어 (e) 헬리컬 크라운 기어

㉣ 기어의 각부 명칭

- 이끝높이 = 모듈(m)
- 이뿌리높이 = 1.25 × 모듈(m)
- 이높이 = 2.25 × 모듈(m)
- 피치원지름 = 모듈(m) × 잇수

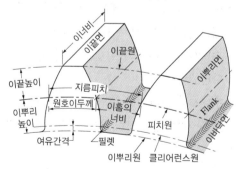

ⓜ 기어의 제도
- 이끝원은 굵은 실선으로 그리고 피치원은 가는 1점 쇄선으로 그린다.
- 이뿌리원은 축에 직각 방향으로 도시 할때는 가는 실선 치에 직각 방향으로 도시할 때는 굵은 실선으로 그린다.
- 맞물리는 한쌍 기어의 도시에서 맞물림부의 이끝원은 모두 굵은 실선으로 그린다.
- 기어의 제작상 필요한 중요한 치형, 압력각, 모듈, 피치원지름 등은 요목표를 만들어서 정리한다.

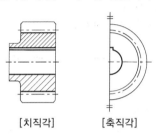

[치직각]　　**[축직각]**

⑤ 스프링
ⓐ 코일 스프링의 제도
- 스프링은 원칙적으로 무하중인 상태로 그린다. 만약, 하중이 걸린 상태에서 그릴 때에는 선도 또는 그때의 치수와 하중을 기입한다.
- 하중과 높이(또는 길이) 또는 처짐과의 관계를 표시할 필요가 있을 때에는 선도 또는 항 목표에 나타낸다.
- 특별한 단서가 없는 한 모두 오른쪽 감기로 도시하고, 왼쪽 감기로 도시할 때에는 '감긴 방향 왼쪽'이라고 표시한다.
- 코일 부분의 중간 부분을 생략할 때에는 생략한 부분을 가는 1점 쇄선으로 표시하거나 또는 가는 2점 쇄선으로 표시해도 좋다.
- 스프링의 종류와 모양만을 도시할 때에는 재료의 중심선만을 굵은 실선으로 그린다.
- 조립도나 설명도 등에서 코일 스프링은 그 단면만으로 표시하여도 좋다.

⑥ 베어링
ⓐ 베어링 표시방법
- 구름 베어링의 호칭번호는 베어링의 형식, 주요 치수와 그 밖의 사항을 표시한다.
- 기본번호와 보조기호로 구성되고 다음 표와 같이 나타내며 호칭번호는 숫자·글자로 각각 숫자와 영문자의 대문자를 써서 나타낸다.

기본번호	• 베어링 계열기호 • 안지름 번호 • 접촉각 기호
보조기호	• 내부 치수 • 밀봉기호 또는 실드기호 • 궤도륜 모양기호 • 조합기호 • 내부틈새 기호 • 정밀도 등급기호

예 6308 Z NR
- 63 : 베어링 계열기호 – 단열 깊은 홈 볼베어링 6, 치수 계열 03(너비 계열 0, 지름 계열 3)
- 08 : 안지름 번호
 (호칭 베어링 안지름 8 × 5 = 40mm)
- Z : 실드 기호(한쪽 실드)
- NR : 궤도륜 모양기호(멈춤링 붙이)

ⓑ 베어링 안지름
- 베어링 안지름 번호가 한 자리일 경우에 한 자리가 그대로 안지름이 된다(예 638 안지름 8mm).
- 베어링 안지름 번호가 숫자 두 자리로 표시될 경우 두 자리가 안지름이 된다(예 63/28 안지름 28mm).
- 베어링 안지름 번호 두 자리가 00, 01, 02, 03일 경우 10, 12, 15, 17mm가 되고 04부터 ×5를 하여 안지름을 계산한다.

※ 금속재료의 호칭

재료는 대개 3단계 문자로 표시한다.

- 첫 번째 : 재질의 성분을 표시하는 기호
- 두 번째 : 제품의 규격을 표시하는 기호로 제품의 형상 및 용도를 표시
- 세 번째 : 재료의 최저인장강도 또는 재질의 종류, 기호를 표시한다.
  - 강종 뒤에 숫자 세 자리 최저인장강도(N/mm^2)
  - 강종 뒤에 숫자 두 자리 + C 탄소함유량
    예 • GC100 : 회주철
    • SS400 : 일반구조용 압연강재
    • SF340 : 탄소단강품
    • SC360 : 탄소주강품
    • SM45C : 기계구조용 탄소강
    • STC3 : 탄소공구강

10년간 자주 출제된 문제

2-1. 2N M50 × 2−6h이라는 나사의 표시방법에 대한 설명으로 옳은 것은?

① 왼나사이다.
② 2줄나사이다.
③ 유니파이보통나사이다.
④ 피치는 1인치당 산의 개수로 표시한다.

2-2. 동력전달 기계요소 중 회전운동을 직선운동으로 바꾸거나, 직선운동을 회전운동으로 바꿀 때 사용하는 것은?

① V벨트 ② 원뿔 키
③ 스플라인 ④ 래크와 피니언

2-3. 유니파이보통나사를 표시하는 기호로 옳은 것은?

① TM ② TW
③ UNC ④ UNF

2-4. 나사의 일반 도시방법에 대한 설명 중 틀린 것은?

① 수나사의 바깥지름과 암나사의 안지름은 굵은 실선으로 도시한다.
② 완전 나사부와 불완전 나사부의 경계는 굵은 실선으로 도시한다.
③ 나사를 끝단에서 보고 그릴 때 나사의 골은 가는 실선으로 원주의 3/4 정도만 그린다.
④ 수나사와 암나사의 조립부를 그릴 때는 암나사를 위주로 그린다.

|해설|

2-1

2N M50 × 2−6h

- 2N : 2줄나사(왼나사의 경우 왼쪽에 L로 시작하고 L이 없으면 오른나사)
- M50 × 2−6h : 미터보통나사의 수나사 외경 50, 피치가 2, 등급 6h 수나사

2-2

래크와 피니언

회전운동을 직선운동으로 바꾸거나 그 반대로 바꾸는 경우 사용하는 기계요소이다.

2-3

③ UNC : 유니파이보통나사
① TM : 30° 사다리꼴나사
② TW : 29° 사다리꼴나사
④ UNF : 유니파이가는나사

2-4

수나사와 암나사의 조립부를 그릴 때는 수나사를 위주로 그린다.

정답 2-1 ② 2-2 ④ 2-3 ③ 2-4 ④

교육은 우리 자신의 무지를 점차 발견해 가는 과정이다.

– 윌 듀란트 –

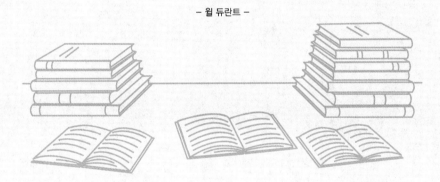

PART 02

과년도+최근
기출복원문제

#기출유형 확인 　　　　#상세한 해설 　　　　#최종점검 테스트

01 대면황동의 가공재, 특히 관, 봉 등에서 일종의 응력부식균열로 잔류응력에 기인되어 나타나는 균열은?

① 자연균열
② 탈아연부식균열
③ 편정반응균열
④ 고온탈아연부식균열

해설

① 자연균열 : 황동과 같은 금속재료나 냉간가공 등에 의한 응력부식균열로 재료의 내부에 생긴 잔류응력에 기인한 균열
② 탈아연부식균열 : 황동의 표면으로부터 아연이 탈출되어 나타나는 부식균열
③ 편정반응균열 : 하나의 액상으로부터 다른 액상과 고용체를 동시에 생성하는 반응에서 일어나는 균열
④ 고온탈아연부식균열 : 높은 온도에서 증발에 의해 황동의 표면으로부터 아연이 탈출되어 나타나는 부식균열

02 주요성분이 Ni-Fe 합금인 불변강의 종류가 아닌 것은?

① 인바
② 모넬메탈
③ 엘린바
④ 플래티나이트

해설

② 모넬메탈 : 니켈-구리계의 합금으로 Ni 60~70% 정도를 함유하고 내식성이 좋아 가스터빈과 같은 화학공업 등의 재료로 많이 사용
① 인바 : 철-니켈 합금으로 열팽창계수가 작은 불변강
③ 엘린바 : 철-니켈-크롬 합금으로 탄성률이 매우 작은 불변강
④ 플래티나이트 : 철-니켈 합금으로 열팽창계수가 작은 불변강으로 백금 대용으로 사용

03 다음 중 비감쇠능이 큰 제진합금으로 가장 우수한 것은?

① 탄소강
② 회주철
③ 고속도강
④ 합금공구강

해설

방진합금(제진합금) : 편상흑연주철(회주철)의 경우 편상흑연이 분산되어 진동감쇠에 유리하고 이외에도 코발트-니켈합금 및 망간구리합금도 감쇠능이 우수하다.

04 주철의 상(相) 중 시멘타이트의 화학식으로 옳은 것은?

① FeC
② Fe_3C
③ Fe_3PO
④ Fe_3O_2

해설

시멘타이트 : 금속간 화합물 Fe_3C 조직(75% Fe + 25% C)으로 조직에 따른 경도가 가장 높다.

05 재료를 내력보다 작은 응력을 장시간 작용하면 변형이 진행되는 현상을 시험하는 시험법은?

① 압축시험
② 커핑시험
③ 경도시험
④ 크리프시험

해설

크리프시험 : 재료에 내력보다 작은 응력을 가하고 특정 온도에서 긴 시간 동안 유지하면서 시간의 경과에 따른 변형을 측정하는 시험

1 ① 2 ② 3 ② 4 ② 5 ④ **정답**

06 단위포(단위격자)의 한 모서리의 길이를 무엇이라 하는가?

① 격자상수   ② 배위수

③ 다결정립   ④ 밀러상수

해설

① 격자상수 : 단위격자의 한 모서리 길이
② 배위수 : 중심원자를 둘러싼 배위원자의 수
③ 다결정립 : 미소한 결정입자가 여러 가지 방향으로 모여 있는 형상
④ 밀러상수(밀러지수) : 결정면의 축에 따른 절편을 원자 간격으로 측정한 수의 역수 정수비

07 보통 주철에 Ni을 첨가하였을 때의 설명으로 옳은 것은?

① 흑연화를 저지한다.
② 칠(Chill)화를 돕는다.
③ 절삭성을 좋게 한다.
④ 펄라이트와 흑연을 조대화한다.

해설

주철에 니켈을 첨가하면 강도를 증가시키고 흑연 입자를 미세화시켜 마모 저항력을 크게 하므로 절삭성이 좋아진다.

08 순철이 910℃에서 Ac_3 변태를 할 때 결정격자의 변화로 옳은 것은?

① BCT → FCC   ② BCC → FCC

③ FCC → BCC   ④ FCC → BCT

해설

• A_2 변태(768℃) : 자기변태(α강자성 ⇔ α상자성)
• A_3 변태(910℃) : 동소변태(α-BCC ⇔ γ-FCC)
• A_4 변태(1,400℃) : 동소변태(γ-FCC ⇔ δ-BCC)

09 3~5% Ni, 1% Si을 첨가한 Cu합금에 3~6% Al을 첨가한 합금으로 CA합금이라 하며 스프링재료로 사용되는 것은?

① 문쯔메탈   ② 코슨합금

③ 길딩메탈   ④ 커트리지 브라스

해설

② 코슨합금 : 구리에 3~5% 니켈, 1% 규소 함유된 합금으로 C합금이라 하며 통신선, 스프링 재료 등에 사용
① 문쯔메탈(Muntz Metal) : 4-6황동
③ 길딩메탈(Gilding Metal) : 5% Zn 함유된 구리합금으로 화폐, 메달에 사용
④ 커트리지 브라스(Cartridge Brass) : 7-3황동

10 인장시험에서 시험편이 파단될 때의 최대인장하중($P_{\max}$)을 평행부의 원단면적(A_0)으로 나눈 값은?

① 인장강도   ② 항복점

③ 연신율   ④ 단면수축률

해설

$$인장강도 = \frac{최대인장하중}{단면적}$$

11 다음 중 Ti 및 Ti합금에 대한 설명으로 틀린 것은?

① Ti의 비중은 약 4.54 정도이다.

② 용융점이 높고 열전도율이 낮다.

③ Ti은 화학적으로 매우 반응성이 강하나 내식성은 우수하다.

④ Ti의 재료 중에 O_2와 N_2가 증가함에 따라 강도와 경도는 감소되나 전연성은 좋아진다.

해설
타이타늄(Ti) : 원자번호 22번으로 비중이 4.5, 융점이 1,800℃로 높고 열전도도와 열팽창률은 작다. 고온에서 쉽게 산화하나 내식성은 우수하다. 산소와의 결합력이 강하고 강도와 경도가 증가한다.

12 탄소강의 표준 조직을 얻기 위해 오스테나이트화 온도에서 공기 중에 냉각하는 열처리 방법은?

① 노멀라이징(Normalizing)

② 템퍼링(Tempering)

③ 어닐링(Annealing)

④ 퀜칭(Quenching)

해설
① 노멀라이징(Normalizing) : 강을 오스테나이트 영역으로 가열한 후 공랭하여 균일한 구조 및 강도를 증가시키는 열처리
② 템퍼링(Tempering) : 담금질 이후 변태점 이하로 재가열하여 냉각시키는 열처리
③ 어닐링(Annealing) : 시편을 오스테나이트와 페라이트보다 40℃ 이상에서 필요시간 동안 가열한 후 서랭하는 열처리
④ 퀜칭(Quenching) : 강을 변태점 이상의 고온인 오스테나이트 상태에서 급랭하여 A_1 변태를 저지하여 경도와 강도를 증가시키는 열처리

13 가공 방법을 도면에 지시하는 경우 리밍의 약호는?

① FP ② FB

③ FR ④ FS

해설
가공방법의 기호
• L : 선반가공   • M : 밀링가공
• D : 드릴가공   • G : 연삭가공
• B : 보링가공   • P : 평면가공
• C : 주조   • FR : 리머가공
• BR : 브로치가공 • FF : 줄 다듬질
• FS : 스크레이퍼

14 그림과 같은 단면도의 종류로 옳은 것은?

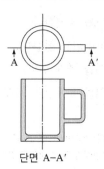

단면 A–A′

① 온단면도   ② 한쪽 단면도
③ 회전 단면도 ④ 계단 단면도

해설
① 온단면도 : 물체를 한 평면의 절단면으로 절단, 물체의 기본적인 모양을 가장 잘 표시하도록 절단면 결정
② 한쪽 단면도 : 외형도의 절반만 절단하여 반은 외형도, 반은 단면도를 그려서 동시에 표시
③ 회전 단면도 :

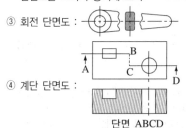

④ 계단 단면도 :

단면 ABCD

15 보기에서 도면을 작성할 때 도형의 일부를 생략할 수 있는 경우를 모두 나열한 것은?

┌ 보기 ┐
ㄱ. 도형이 대칭인 경우
ㄴ. 물체의 길이가 긴 중간부분의 경우
ㄷ. 물체의 단면이 얇은 경우
ㄹ. 같은 모양이 계속 반복되는 경우
ㅁ. 짧은 축, 핀, 키, 볼트, 너트 등과 같은 기계요소의 경우
└─────────────────────────────────┘

① ㄱ, ㄴ, ㄷ
② ㄱ, ㄴ, ㄹ
③ ㄴ, ㄷ, ㅁ
④ ㄱ, ㄴ, ㄷ, ㄹ, ㅁ

해설
도형 일부를 생략하는 경우 : 대칭 도형 생략, 반복 도형 생략, 긴 물체의 중간부분 생략

16 한국산업표준에서 일반적 규격으로 제도 통칙은 어디에 규정되어 있는가?

① KS A 0001
② KS B 0001
③ KS A 0005
④ KS B 0005

해설
• KS A 0005 : 제도 통칙
• KS B 0001 : 기계제도

17 도면에 기입된 "5-ϕ20드릴"을 옳게 설명한 것은?

① 드릴 구멍이 15개이다.
② 직경 5mm인 드릴 구멍이 20개이다.
③ 직경 20mm인 드릴 구멍이 5개이다.
④ 직경 20mm인 드릴 구멍의 간격이 5mm이다.

해설
• 5 : 가공 개수
• ϕ20 : 직경 20mm
• 드릴 : 가공방법

18 한 도면에서 두 종류 이상의 선이 같은 장소에 겹치게 될 때 도면작성 시 선의 우선순위로 옳은 것은?

① 외형선 → 숨은선 → 절단선 → 중심선
② 외형선 → 중심선 → 숨은선 → 절단선
③ 중심선 → 숨은선 → 절단선 → 외형선
④ 중심선 → 외형선 → 숨은선 → 절단선

해설
외형선이 가장 중요시되는 선이고 그 다음이 숨은선이다.

19 다음 중 미터사다리꼴나사를 나타내는 표시법은?

① M8
② TW10
③ Tr102
④ 1-8 UNC

해설
나사 호칭방법
• M : 미터보통나사, 미터가는나사
• TW : 29° 사다리꼴나사
• Tr : 미터사다리꼴나사
• UNC : 유니파이보통나사

20 투상도의 표시방법에 관한 설명 중 옳은 것은?

① 투상도의 수는 많이 그릴수록 이해하기 쉽다.
② 한 도면 안에서도 이해하기 쉽게 정투상법을 혼용한다.
③ 주투상도만으로 표시할 수 있으면 다른 투상도는 생략한다.
④ 가공을 하기 위한 도면은 제도자만이 알기 쉽게 그린다.

해설
투상도는 꼭 필요한 수만 그리고 한 도면에서 혼동되지 않도록 정투상법을 혼용하지 않으며 가공자도 알기 쉽도록 규격에 맞게 제도해야 한다.

21 스퍼 기어 제도에서 피치원은 어떤 선으로 그리는가?

① 가는 실선　　　② 굵은 실선

③ 가는 은선　　　④ 가는 일점 쇄선

> **해설**
> 기어 제도에서 이끝원은 굵은 실선으로, 피치원은 가는 일점 쇄선으로 그린다.

22 화살표를 정면으로 하였을 때 3각법으로 옳게 투상한 것은?

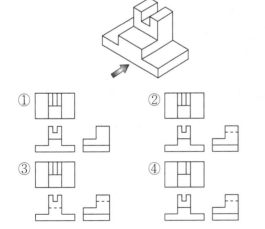

> **해설**
> 정면도 중앙에 가로선은 실선으로 처리되어야 하며, 상단에 홈파인 부분은 우측도면에서 숨은선으로 처리되어야 한다.
>
>

23 구멍과 축의 끼워맞춤 종류 중 항상 죔새가 생기는 끼워맞춤은?

① 헐거운 끼워맞춤　　② 억지 끼워맞춤

③ 중간 끼워맞춤　　　④ 미끄럼 끼워맞춤

> **해설**
> 억지 끼워맞춤은 항상 죔새가 생기도록 하는 맞춤이다.

24 A4 가로 제도용지를 좌측에 철할 때 여백의 크기가 좌측으로 25mm, 우측으로 10mm, 위쪽으로 10mm, 아래쪽으로 10mm일 때 윤곽선 내부의 넓이는?

① $49,780\text{mm}^2$　　② $51,680\text{mm}^2$

③ $52,630\text{mm}^2$　　④ $62,370\text{mm}^2$

> **해설**
> A4 : 210 × 297에서 여백을 빼면 가로 용지의 윤곽선 내부 넓이는 다음과 같이 계산한다.
> 윤곽선 내부 넓이 = {210 − (10 + 10)} × {297 − (25 + 10)}
> 　　　　　　　　 = $49,780\text{mm}^2$

25 고강도 냉연 강판의 강화기구 중 고용체강화에 대한 설명으로 옳은 것은?

① Ti, Nb, V 등의 탄, 질화물에 의한 강화이다.

② 석출물이 전위의 이동을 방해하여 강도를 상승시키는 강화이다.

③ C, N 등 침입형 원소 및 Si, Mn 등 치환형 원소에 의한 강화이다.

④ 베이나이트와 마텐자이트 단상 혹은 페라이트와 이러한 변태조직의 복합조직에 의한 강화이다.

> **해설**
> 고용체강화 : 고강도 냉연 강판의 강화기구로 C, N 등의 침입형 원소 및 Si, Mn 등 치환형 원소에 의한 강화

26 후판의 평탄도 불량 대책으로 틀린 것은?

① 적정 압하량 준수
② 권취 온도의 점검
③ 패스 스케줄 변경
④ 슬래브의 균일한 가열

> **해설**
> 후판은 두께가 6mm 이상인 소재로 권취가 곤란하다.

27 냉연 강판의 결함 중 표면결함에 해당되지 않는 것은?

① 곱쇠　　　　② 롤 마크
③ 파이프　　　④ 긁힌 흠

> **해설**
> • 표면결함 : 스케일, 덴트, 딱지 흠, 롤 마크, 릴 마크, 긁힌 흠, 곱쇠, 빌드 업, 이물 흠 등
> • 내부결함 : 백점, 비금속 개재물, 편석, 파이프 등

28 압연재가 롤 사이를 통과할 때의 변화가 아닌 것은?

① 두께의 감소　　② 길이의 증가
③ 조직의 조대화　④ 단면수축률의 감소

> **해설**
> 압연재가 롤 사이를 통과하면 압하력으로 조직이 미세화된다.

  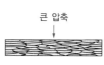

(a) 가공 전　　(b) 가공 후　　(c) 가공 후

29 롤의 회전수가 같은 한 쌍의 작업 롤에서 상부 롤의 지름이 하부 롤의 지름보다 클 때 소재의 머리부분에서 일어나는 현상은?

① 변화 없다.
② 압연재가 하향한다.
③ 압연재가 상향한다.
④ 캠버(Camber)가 발생된다.

> **해설**
> • 롤의 크기와 소재의 변화
> – 소재는 롤의 회전수가 같을 때 롤의 지름이 작은 쪽으로 구부러진다.
> – 상부 롤 > 하부 롤 : 소재는 하향
> – 상부 롤 < 하부 롤 : 소재는 상향
>
>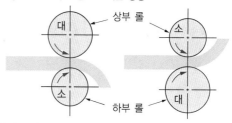
>
> • 롤의 크기를 조절하지 않고 소재를 하향하는 방법
> – 소재의 상부 날판을 가열한다.
> – 소재의 하부 날판을 냉각한다.
> – 하부 롤의 속도보다 상부 롤의 속도를 크게 한다.

30 금속의 판재를 압연할 때 열간압연과 냉간압연을 구분하는 것은?

① 변태 온도　　② 용융 온도
③ 연소 온도　　④ 재결정 온도

> **해설**
> • 열간압연 : 재결정 온도 이상에서의 압연
> • 냉간압연 : 재결정 온도 이하에서의 압연

31 에지 스캐브(Edge Scab)의 발생 원인이 아닌 것은?

① 슬래브 코너부 또는 측면에 발생한 크랙이 압연 될 때

② 슬래브 손질이 불완전하거나 스카핑이 불량할 때

③ 슬래브 끝부분 온도 강하로 압연 중 폭 방향의 균일한 연신이 발생할 때

④ 제강 중 불순물의 분리 부상이 부족하여 강중에 대형 불순물 또는 기포가 존재할 때

에지 스캐브(Edge Scab) 발생 원인
• 슬래브 코너부 또는 측면에 발생한 크랙, 기포 흠 등이 압연되어 발생
• 슬래브 손질의 불완전과 스카핑 불량, 슬래브 에지 온도 강하로 압연 시 폭 방향 불균일 발생

32 대구경관을 생산할 때 쓰이며, 강대를 나선형으로 감으면서 아크 용접하는 방법으로 외경 치수를 마음대로 선택할 수 있는 강관 제조법은?

① 단접법에 의한 강관 제조

② 롤 벤더(Roll Bender) 강관 제조

③ 스파이럴(Spiral) 강관 제조

④ 전기저항 용접법에 의한 강관 제조

스파이럴 강관 : 띠강을 나선형으로 감아 이음매를 용접으로 접합 하여 만든 강관법으로 직경이 큰 관을 생산할 때 쓰인다.

33 강판을 폭이 좁은 형상의 띠 모양으로 절단 가공하여 감아 놓은 강대는?

① 후프(Hoop)

② 슬래브(Slab)

③ 틴 바(Tin Bar)

④ 스켈프(Skelp)

압연용 소재의 종류

소재명	설명
슬래브(Slab)	단면이 장방형인 반제품(강판 반제품)
블룸(Bloom)	사각형에 가까운 단면을 가진 반제품(봉형강류 반제품)
빌릿(Billet)	단면이 사각형인 반제품(봉형강류 반제품)
스트립(Strip)	코일 상태의 긴 대강판재(강판 반제품)
시트(Sheet)	단면이 사각형인 판재(강판 반제품)
시트 바 (Sheet Bar)	분괴압연기에서 압연한 것을 다시 압연한 판재(강판 반제품)
플레이트(Plate)	단면이 사각형인 판재(강판 반제품)
틴 바(Tin Bar)	블룸을 분괴, 조압연한 석도 강판의 재료 (강판 반제품)
틴 바 인코일 (Tin Bar In Coil)	틴 바와 같은 소재를 코일 모양으로 감은 것(강판 반제품)
후프(Hoop)	강판을 폭이 좁은 형상의 띠 모양으로 절단 가공하여 코일로 감아놓은 강대의 반제품 (강관용 반제품)
스켈프(Skelp)	빌릿을 분괴, 조압연한 용접강관의 소재로 양단이 용접에 편리하도록 85~88°로 경사져 있음(강관용 반제품)

34 접촉각(α)과 마찰계수(μ)에 따른 압연에 대한 설명으로 옳은 것은?

① 마찰계수 μ를 0(Zero)으로 하면 접촉각 α가 커진다.

② $\tan\alpha$가 마찰계수 μ보다 크면 압연이 잘된다.

③ 롤 지름을 크게 하면 접촉각 α가 커진다.

④ 압하량을 작게 하면 접촉각 α가 작아진다.

해설

압연소재가 롤에 쉽게 물리기 위한 조건
- 압하량을 적게 한다.
- 치입각의 크기를 작게 한다.
- 롤 지름의 크기가 크다.
- 압연재의 온도를 높인다.
- 마찰력을 높인다.
- 롤의 회전속도를 줄인다.

35 공형압연 설계의 원칙을 설명한 것 중 틀린 것은?

① 공형 각부의 감면율을 가급적 균등하게 한다.

② 공형형상은 되도록 단순화하고 직선으로 한다.

③ 가능한 직접 압하를 피하고 간접 압하를 이용하도록 설계한다.

④ 플랜지의 높이를 내고 싶을 때에는 초기 공형에서 예리한 홈을 넣는다.

해설

- 공형설계 시 고려사항 : 소재 재질, 롤 사양, 모터 용량, 압연토크, 압연하중, 유효 롤 반지름, 롤 배치, 감면율 등
- 공형설계 원칙
  - 공형 각부의 감면율을 균등하게 유지
  - 플랜지의 높이를 내고 싶을 때에는 초기 공형에서 예리한 홈을 넣음
  - 간접 압하를 피하고 직접 압하를 이용하여 설계
  - 비대칭 단면의 압연은 재료가 롤에 몰리고 있는 동안 트러스트가 작용
  - 공형형상은 단순화 · 직선화함

36 두께 170mm, 폭 330mm의 소재를 압하율 23%로 압연하였을 때 폭이 1.5% 넓어(Spread)졌다면 압연 후 제품의 두께 및 폭의 크기는 약 얼마인가?

① 두께 : 131mm, 폭 : 335mm

② 두께 : 142mm, 폭 : 325mm

③ 두께 : 156mm, 폭 : 316mm

④ 두께 : 172mm, 폭 : 306mm

해설

두께 H_0인 소재를 H_1의 두께로 압연하였을 때

$$압하율(\%) = \frac{H_0 - H_1}{H_0} \times 100(\%) = \frac{170 - H_1}{170} \times 100(\%) = 23\%$$

나중 두께 $H_1 = 131$mm

나중 폭 $= 330 + (330 \times 0.015) = 335$mm

37 열연 사상압연에서 두께, 폭, 온도 등 최종제품을 압연하기 위한 사상압연 압연스케줄 작성 시 고려할 항목 중 중요도가 가장 낮은 것은?

① 탄소 당량

② 조압연 최종 두께

③ 가열로 장입 온도

④ 사상압연 목표 온도

해설

사상압연은 조압연에서 작업된 슬래브를 수요자가 원하는 최종 두께로 제조하는 공정으로 가열로 장입 온도와는 가장 관련이 적다.

38 냉연 강판의 용접성에 영향을 미치는 인자가 아닌 것은?

① 치수 불량

② 탈산 부족

③ 내부결함

④ 표면청정도

해설

용접성에 영향을 미치는 요인 : 내부결함, 탈산 정도, 표면청정도, 평탄도

39 T형강 압연에서 돌출부 높이를 얻기가 어려울 때는 공형 설계를 어떻게 해야 하는가?

① 미리 돌출부의 반대쪽에 카운터 플랜지를 설정한다.
② 돌출부와 연결된 부분의 살을 두껍게 한다.
③ 수직 롤과 수평 롤의 배치를 알맞게 한다.
④ 공형 간격을 상하 교대로 취한다.

해설
돌출부 높이를 얻기 어려울 때는 미리 돌출부의 반대쪽에 카운터 플랜지를 설정해야 한다.

40 응력을 제거했을 때 시편이 원래의 모양과 크기로 회복될 수 있는 변형은?

① 소성변형   ② 탄성변형
③ 공칭변형   ④ 인장변형

해설
• 탄성 : 탄성한계 이하로 변형시켰을 때 하중을 제거하면 잔류변형률이 생기지 않고 원형으로 회복되는 성질
• 소성 : 탄성한계 이상으로 변형시켰을 때 하중을 제거하면 잔류변형이 남아 원상태로 회복되지 않는 성질

41 소성가공에서 이용되는 성질이 아닌 것은?

① 전성   ② 연성
③ 취성   ④ 가단성

해설
취성은 소성변형이 일어나기 전에 파단이 일어나게 되는 성질이다.

42 산세 작업 시 산세 강판의 과산세 방지를 위해 산액에 첨가하는 약품은?

① 염산(HCl)   ② 계면 활성제
③ 부식 억제제   ④ 황산(H_2SO_4)

해설
부식 억제제(인히비터, Inhibitor)
• 인히비터라고도 하며 철 부식을 억제하기 위한 제제로 인산염이 주성분
• 종류 : 젤라틴, 티오요소, 퀴놀린 등
• 역할 : 지철과의 반응 억제, 수소 발생 억제, 오물 생성 방지, 스트립 표면 균일 및 미려
• 요구되는 성질 : 산세 시간을 지연시키지 않을 것, 불순물이 부착되지 않을 것, 고온 안정성·용해성이 좋을 것

43 열연판의 스케일 중 염산과 가장 잘 반응하며, 전체 스케일 중 95% 정도인 것은?

① Fe_2O_3 ② Fe_3O_4
③ FeO ④ Fe_2O_4

해설
철강표면의 스케일에 대한 대기와 접한 표면으로부터의 순서
Fe_2O_3 → Fe_3O_4 → FeO → Fe

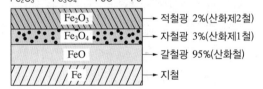

44 비열이 0.9cal/g·℃인 물질 100g을 20℃에서 910℃까지 높이는 데 필요한 열량은 몇 kcal인가?

① 60.1kcal   ② −60.1kcal
③ 80.1kcal   ④ −80.1kcal

해설
열량(cal) = 비열(cal/g·℃) × 질량(g) × 온도(℃)
　　　　 = 0.9 × 100 × 890 = 80,100cal = 80.1kcal

45 냉간 강판의 청정 작업 순서로 옳은 것은?

① 알칼리액 침적 → 스프레이 → 전해세정 → 브러싱 → 수세 → 건조

② 알칼리액 침적 → 브러싱 → 스프레이 → 전해세정 → 건조 → 수세

③ 알칼리액 침적 → 스프레이 → 브러싱 → 전해세정 → 수세 → 건조

④ 알칼리액 침적 → 전해세정 → 브러싱 → 스프레이 → 건조 → 수세

해설

청정 작업 순서 : POR → 용접기 → 알칼리세정 → 스프레이 → 브러싱 → 전해세정 → 수세 → 건조 → TR

46 냉간압연기에서는 압연 시에 주로 소재의 Edge측의 결함에 의한 판파단 현상이 발생되는데 판파단을 최소화하기 위한 조치 방법 중 틀린 것은?

① 소재를 취급 시 Edge부의 파손을 최소화한다.

② Work Roll의 Bending을 높여 작업을 실시한다.

③ 장력이 센터(Center)부에 많이 걸리도록 작업한다.

④ 냉연 입측 공정에서의 소재 검사 및 수입 작업을 철저히 한다.

해설

소재에 무리가 가는 벤딩 작업을 줄인다.

47 저급탄화수소가 주성분이며 발열량이 9,500~10,500kcal/Nm^3 정도인 연료가스는?

① 고로가스

② 천연가스

③ 코크스로가스

④ 석유 정제 정유가스

해설

② 천연가스 : 탄화수소가 주성분인 가연성 가스로 발열량은 9,500~10,500kcal/Nm^3

① 고로가스 : 용광로에서 부산물로 생기는 가스로 발열량은 900~1,000kcal/Nm^3

③ 코크스로가스 : 석탄을 코크스로에서 건류할 때 발생하는 수소와 메탄이 주성분인 가스로 발열량이 5,000kcal/Nm^3

④ 석유 정제 정유가스 : 석유 정제 시 발생하는 가스로 발열량은 23,000kcal/Nm^3

48 조질압연의 목적 및 압연방법에 대한 설명 중 틀린 것은?

① 스트립의 형상을 교정한다.

② 재료의 기계적 성질을 개선한다.

③ 스트립의 표면을 양호하게 하여 적당한 조도를 부여한다.

④ 15~30% 이상의 압하를 주어 항복점 연신을 제거한다.

해설

조질압연(Skin Pass Mill)

• 정의 : 소둔 직후의 항복점 연신으로 인한 Stretcher Strain의 발생을 막기 위해 1~3%의 압하량으로 압연을 실시하는 공정

• 조질압연의 목적

– 형상 개선(평탄도의 교정)

– 표면 성상의 개선 : 조도에 따라 거친 표면(Dull), 매끄러운 표면(Bright)으로 구분

– 스트레처 스트레인 방지(기계적 성질의 개선) : 곱쇠(Coil Break) 결함 제거

49 열간압연 시의 코일중량이 대체적으로 동일할 때 가장 긴 라인이 필요한 조압연기 배열 방식은?

① 반연속식

② 전연속식

③ 스리쿼터식

④ 스리쿼터식 + 크로스 커플식

해설

조압연기의 종류

• 반연속기 압연기 : 2단 압연기인 RSB와 4단 가역식 압연기 1기 (R1)로 구성되어 있는 반연속식 압연기로 R1에서 3~7패스의 가역 압연을 실시하는 압연기

• 전연속기 압연기 : 2단 압연기 3대 R1, R2, R3와 4단 압연기 3대 R4, R5, R6이 연속적으로 배치되어 있는 것으로 소재를 한 방향으로 연속적으로 압연하는 압연기

• 3/4(Three Quarter)연속식 압연기 : 2단 압연기인 RSB를 R1으로 하고, 4단 압연기 R2를 가역 압연하고, R3, R4를 연속적으로 배치한 압연기

• 크로스 커플(Cross Couple)식 압연기 : 3/4연속식 압연기에서 후단의 4단 압연기인 R3, R4를 탠덤(Tandum) 압연기 형식으로 근접하게 배열한 것

50 압연기에서 사용되는 자동제어 용어 중 정상 상태에서 시스템에 주어진 입력량의 변화에 대한 출력량의 변화를 나타내는 용어는?

① 게인(Gain)

② 외란(Disturbance)

③ 허비시간(Dead Time)

④ 시간상수(Time Constant)

해설

① 게인 : 입력량의 변화에 대한 출력량의 변화

② 외란 : 제어에서 외적 작용에 의해 출력량을 변화시키는 요인

③ 허비시간 : 제어시스템이 제어작업에 있어 허비되는 시간

④ 시간상수 : 과도응답의 시간경과를 나타내는 상수

51 다음 중 대량생산에 적합하며 열연 사상압연에 많이 사용되는 압연기는?

① 데라 압연기

② 클러스터 압연기

③ 라우드식 압연기

④ 4단 연속 압연기

해설

• 연속식(Tandem Mill)은 대량생산에 유리한 방식으로 가역식에 비해 압연 속도가 빠르고 압연 스탠드 수가 많다.

• 가역식(Reverse Mill)은 압연할 때마다 롤의 회전 방향을 반대로 하여 왕복운동하며 압연하는 방식으로 압연속도가 느리다.

52 용접기(Flash Butt Welder)의 특징을 설명한 것 중 틀린 것은?

① 특수강 용접에 우수하다.

② 용접시간이 짧아 대량생산에 적합하다.

③ 열영향부가 적고 금속조직의 변화가 적다.

④ 용접봉이나 플러스를 필요로 하지 않기 때문에 비용이 적다.

해설

플래시 버트 용접기는 불꽃 막대기 용접에 사용하는 용접기로 특수강 용접에는 부적합하다.

플래시 버트 용접기(Flash Butt Welder)

• 정의 : 모재를 서서히 접근시켜 통전하여 단면의 국부적 돌기에 전류가 집중되어 Flash(불꽃)가 발생하고 비산한다. 더욱 접근하여 접촉시키면 나머지 부분에서도 Flash가 계속 발생되면서 접합된 용융금속이 밖으로 밀려 나오며 미용융부가 Upset 맞대기 용접에서와 같은 방식으로 접합된다.

• 플래시 버트 용접의 특징

－ 가열 범위가 좁아 열영향부가 적다.

－ 접합면에 산화물이 잔류하지 않는다.

－ 열이 능률적으로 집중 발생하므로 용접 속도가 빠르고, 소비 전력이 낮다.

－ 이질재료의 용접이 가능하다.

53 압연판의 표면에 발생한 미세한 균열을 검사하고자 한다. 적합한 비파괴검사법은 무엇인가?

① 육안검사법

② 초음파탐상검사법

③ 방사선투과시험법

④ 형광침투탐상검사법

해설

• 표면검사 : 자기탐상검사, 침투탐상검사
• 내부검사 : 초음파탐상검사, 방사선탐상검사

54 압연기 입측설비의 구성요소가 아닌 것은?

① 루퍼(Looper)

② 웰더(Welder)

③ 텐션 릴(Tension Reel)

④ 페이 오프 릴(Pay Off Reel)

해설

③ 텐션 릴(Tension Reel) : 냉간압연에서 출측 권취설비
① 루퍼 : 소재의 장력을 유지시켜주는 설비
② 웰더 : 소재와 소재를 연결하는 용접 설비
④ 페이 오프 릴 : 입측에 설치된 코일을 풀어주는 설비

55 강재 열간압연기의 롤 재질로 적합하지 않은 것은?

① 주철 롤

② 칠드 롤

③ 주강 롤

④ 알루미늄 롤

해설

알루미늄 롤은 강도가 약해 적합하지 않다.

롤의 재질에 따른 분류

구분	종류	용도
주철 롤	보통 칠드 주철, 합금 칠드 주철, 구상 흑연 주철 등	형강, 후판, 분괴압연기에 사용
주강 롤	보통 주강, 특수 주강, 구상 흑연 주강, 복합 주강 등	형강, 분괴, 열간압연기에 사용
단강 롤	단강 담금질, 센지미어, 슬리브 등	냉간, 조질, 센지미어 압연기에 사용

56 압연기의 피니언의 기어윤활방법으로 많이 사용되는 것은?

① 침적 급유

② 강제순환 급유

③ 오일링 급유

④ 그리스 급유

해설

기어윤활은 고속윤활에 적합한 강제순환 급유법을 사용한다.

급유법

• 비순환 급유법 : 윤활부위에 공급된 윤활유를 회수하지 않고 소모하는 형태
  - 핸드(손) 급유법 : 작업자가 급유 위치에 급유하는 방법으로 급유가 불완전하고, 윤활유의 소비가 많다.
  - 적하 급유법 : 오일컵을 사용하여 모세관 현상이나 사이펀 작용으로 윤활유를 공급하는 방법으로 마찰면이 넓거나 시동되는 횟수가 많을 때, 저속 및 중속 축의 급유, 경·중하중용 또는 고속회전하는 소형 베어링에 사용된다.
• 순환 급유법 : 사용된 윤활유를 회수한 후 반복하여 사용하므로 에멀션 탱크 및 필터가 필요하다.
  - 링 급유법 : 축보다 큰 링이 축에 걸쳐저 회전하며 윤활유를 위쪽으로 공급하는 것으로 저속에서는 윤활이 불량하다.
  - 비말 급유법 : 커넥팅로드 끝에 달려 있는 국자로부터 기름을 퍼서 올려, 비산시킴으로 급유하는 방법으로 내연기관의 크랭크축에 급유할 때 사용한다.
  - 순환 급유법 : 펌프의 압력을 이용하여 베어링 내부에 강제적으로 급유하는 강제 급유법과 베어링 상부에 설치한 기름탱크로부터 파이프를 거쳐 중력수두 앞으로 급유하는 중력 급유법이 있다.
  - 패드 급유법 : 무명이나 털 등을 섞어 만든 패드 일부를 오일통에 담가 저널의 아래면에 모세관 현상으로 급유하는 방법으로, 철도차량용 베어링에서와 같이 레이디얼 베어링에서 급유가 곤란한 경우 사용한다.

57 윤활유 사용 목적으로 틀린 것은?

① 접촉하는 과열부분 냉각

② 기계윤활 부분에 녹발생 방지

③ 하중이 큰 회전체 응력 집중

④ 두 물체 사이의 마찰 경감

해설
압연유의 작용
• 감마작용(마찰저항 감소)
• 냉각작용(열방산)
• 응력분산작용(힘의 분산)
• 밀봉작용(외부 침입 방지)
• 방청작용(스케일 발생 억제)

58 재해예방의 4대 원칙에 해당되지 않는 것은?

① 손실우연의 원칙

② 예방가능의 원칙

③ 원인연계의 원칙

④ 관리부재의 원칙

해설
재해예방의 4대원칙 : 손실우연의 원칙, 원인연계의 원칙, 예방가능의 원칙, 대책선정의 원칙

59 3대식 연속 가열로에서 장입측에서부터 대(帶)의 순서로 옳은 것은?

① 가열대 → 예열대 → 균열대

② 균열대 → 가열대 → 예열대

③ 예열대 → 가열대 → 균열대

④ 예열대 → 균열대 → 가열대

해설
연속 가열로의 기본 구조 : 예열대 → 가열대 → 균열대

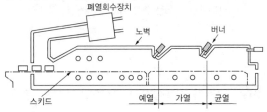

60 압연기의 일반적인 구동 순서로 옳은 것은?

① 전동기 → 스핀들 → 이음부 → 커플링 → 스탠드의 롤

② 전동기 → 이음부 → 스핀들 → 커플링 → 스탠드의 롤

③ 전동기 → 커플링 → 스핀들 → 이음부 → 스탠드의 롤

④ 전동기 → 스탠드의 롤 → 이음부 → 커플링 → 스핀들

해설
압연기 동력전달 순서 : 메인모터(동력발생) → 감속기(동력제어) → 피니언(동력분배) → 커플링(감속기) → 스핀들(동력전달) → 스탠드의 롤

01 강을 고온의 오스테나이트 조직으로부터 급랭하면 어떤 조직이 되는가?

① 페라이트
② 마텐자이트
③ 펄라이트
④ 레데뷰라이트

해설
위와 같은 처리를 담금질이라 하고 담금질은 오스테나이트 조직에서 급랭함으로써 A_1 변태를 저지하여 오스테나이트와 펄라이트의 중간조직인 마텐자이트라는 매우 경도가 높은 조직을 얻게 된다.

02 특수한 방법으로 제조한 알루미나가루와 알루미늄 가루를 압축성형하고, 약 550℃에서 소결한 후 열간압출하여 사용하는 재료로 일명 SAP라 불리는 것은?

① 내열용 Al의 총칭
② Al 분말의 소결품
③ Al 제품 중 초경질 합금
④ 피스톤용 합금 계열의 총칭

해설
Al 분말의 소결품(SAP) : 내열용 합금으로 알루미나가루와 알루미늄가루를 압축성형하고, 약 550℃에서 소결한 후 열간압출하여 사용하는 재료이다.

03 원자들의 배열이 불규칙한 상태를 가지며 자기 헤드, 변압기용 철심, 자기 버블(Bubble) 재료 등의 자성재료 분야에 많이 응용되는 소재는?

① 초전도 재료
② 비정질 합금
③ 금속복합재료
④ 형상기억합금

해설
비정질 합금 : 금속을 용융 상태에서 초고속으로 급랭하여 만든, 결정을 이루고 있지 않은 합금이다. 인장강도와 경도를 크게 개선시킨 것으로 내마모성이 좋고 고저항에서 고주파 특성이 좋아 자기헤드 등에 사용한다.

04 굽힘에 대한 재료의 저항력을 측정하기 위한 시험은?

① 압축 시험
② 항절 시험
③ 쇼어 시험
④ 에릭센 시험

해설
항절 시험 : 굴곡 시험과 함께 굽힘 시험의 한 가지로 주철의 단면강도를 측정하는 시험이다.

05 Al 및 Al 합금에 대한 설명으로 틀린 것은?

① Fe의 1/3 정도의 무게를 가지는 금속이다.
② Al-Si 합금을 실루민이라 한다.
③ Al-Cu-Si계 합금을 라우탈이라 한다.
④ 알칼리 수용액 중에는 부식되지 않으나 수산화암모늄 중에는 잘 부식된다.

해설
Al 및 Al 합금은 알칼리 및 염산에 부식되기 쉽다.

06 고주파 담금질의 특징을 설명한 것 중 옳은 것은?

① 직접 가열하므로 열효율이 높다.

② 열처리 불량은 적으나, 변형 보정이 항상 필요하다.

③ 열처리 후의 연삭 과정을 생략 또는 단축시킬 수 없다.

④ 간접 부분 담금질법으로 원하는 깊이만큼 경화하기 힘들다.

해설

고주파 담금질 : 유도전류를 통해 표면층을 단시간에 가열하여 급랭시켜 경화시키는 처리로 직접 가열하므로 열효율이 높다.

07 구리합금 중 가장 큰 강도와 경도를 얻을 수 있는 시효경화성 합금은?

① 니켈 청동   ② 베릴륨 청동

③ 망간 청동   ④ 코슨 합금

해설

베릴륨 청동 : 구리에 1~2.5%의 베릴륨을 배합한 베릴륨 청동은 시효경화에 의하여 구리합금 중에서는 최대탄성값을 가진다.

※ 시효경화 : 용체화 처리 후 100~200℃의 온도로 유지하여 상온에서 안정한 상태로 돌아가며 시간이 지나면서 경화되는 현상

08 철강의 열처리에서 A₁ 변태점 이하로 가열하는 방법은?

① 담금질   ② 뜨임

③ 풀림   ④ 노멀라이징

해설

뜨임 : 담금질 이후 A₁ 변태점 이하로 재가열하여 냉각시키는 열처리로 경도는 다소 작아질 수 있으나 인성을 증가시키는 열처리이다.

09 Fe-C계 평형상태도에서 포정반응으로 옳은 것은?

① α고용체 ⇆ γ고용체

② γ고용체 ⇆ α고용체 + Fe₃C

③ 융액(L) ⇆ 융액(L1) + 융액(L2)

④ δ고용체 + 융액(L) ⇆ γ고용체

해설

④ 포정반응
② 공석반응
공정반응 : L ⇆ γ + Fe₃C

10 로크웰 경도 시험기의 압입자 각도와 비커스 경도 시험기의 압입자 대면각은 각각 몇 도인가?

① 로크웰 경도 : 126°, 비커스 경도 : 130°

② 로크웰 경도 : 130°, 비커스 경도 : 126°

③ 로크웰 경도 : 120°, 비커스 경도 : 136°

④ 로크웰 경도 : 136°, 비커스 경도 : 120°

해설

• 브리넬 : 구형 압입자
• 로크웰 : 120° 원추형 압입자
• 비커스 : 136° 사각뿔 압입자

11 저용융점 합금의 금속원소가 아닌 것은?

① Mo   ② Sn

③ Pb   ④ In

해설

저용융점 합금 : 약 250° 이하에서 녹는점을 갖는 합금으로 땜납(Pb-Sn합금)보다 녹는점이 낮은 Pb, Bi, Sn, Cd, In 등의 공정형 합금

12 금속의 동소 변태를 설명한 것 중 옳은 것은?

① 고체상태에서 원자배열의 변화이다.

② 큐리점이 급격히 상승하는 것이다.

③ 탄성한도와 인장이 변화되는 현상이다.

④ 특수원소를 첨가하여 자성의 성질이 변화되는 현상이다.

해설

동소 변태 : 동소체라고도 하며 같은 원소이지만 압력이나 온도가 다른 조건에서 고체상태의 원자배열의 형태가 변하는 것

13 가공에 의한 줄무늬 방향이 여러 방향으로 교차하거나 무방향인 경우에 해당하는 지시 기호는?

① ⊥   ② M

③ C   ④ X

해설

기호	설명도	상세설명
=		가공으로 생긴 줄무늬 방향이 기호를 기입한 그림의 투상면에 평행
⊥		가공으로 생긴 줄무늬 방향이 기호를 기입한 그림의 투상면에 직각
X		가공으로 생긴 선이 2방향으로 교차
M		가공으로 생긴 선이 여러 방면으로 교차 또는 방향이 없음
C		가공으로 생긴 선이 거의 동심원
R		가공으로 생긴 선이 거의 방사선

14 제작물의 일부만을 절단하여 단면 모양이나 크기를 나타내는 단면도는?

① 온단면도   ② 한쪽 단면도

③ 회전 단면도   ④ 부분 단면도

해설

④ 부분 단면도 : 일부만을 절단하여 단면 모양이나 크기를 나타내는 단면도

① 온단면도 : 물체를 한 평면의 절단면으로 절단하여 단면 모양과 크기를 나타낸 단면도

② 한쪽(반) 단면도 : 외형도의 절반만 절단하여 반은 외형도, 반은 단면도를 그려서 동시에 표시한 단면도

③ 회전 단면도 : 핸들이나 바퀴 등의 암 및 림, 리브, 훅, 축, 구조물의 부재 등의 절단을 따라 90° 회전하여 표시한 단면도

15 구멍의 치수가 $\phi 50^{+\,0.025}_{+\,0.001}$, 축의 치수가 $\phi 50^{+\,0.042}_{+\,0.026}$ 일 때 최대죔새는?

① 0.001mm   ② 0.017mm

③ 0.041mm   ④ 0.051mm

해설

최대죔새 = 조립 전 구멍의 최소허용치수 − 축의 최대허용치수

$= 0.001 - 0.042 = 0.041$mm

16 다음 중 도형의 표시 방법으로 틀린 것은?

① 평면도는 그 물체의 모양과 특징을 가장 잘 나타낼 수 있는 면으로 선정한다.

② 정면도와 평면도만으로 물체를 표시할 수 있을 때 측면도는 생략할 수 있다.

③ 물체의 오른쪽과 왼쪽이 같을 때에는 좌측면도를 생략할 수 있다.

④ 물체의 길이가 길 때, 정면과 평면도로만 표시가 가능한 경우 측면도를 생략할 수 있다.

> **해설**
> 물체의 모양과 특징을 가장 잘 나타낼 수 있는 면은 정면도로 선정한다.

17 한 쌍의 기어가 맞물려 회전하기 위한 조건으로 어떤 값이 같아야 하는가?

① 모듈   ② 이의 수

③ 이의 나비   ④ 피치원의 지름

> **해설**
> 모듈은 피치원의 직경에서 잇수를 나눈 값으로 기어의 치형 크기를 의미하므로 기어의 조립을 위한 조건 값으로 사용한다.

18 화살표 방향에서 본 투상도가 정면도일 때 평면도로 옳은 것은?

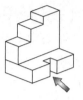

> **해설**
> ①은 앞단 중앙의 선이 없어야 하고 ③과 ④는 점선이 실선이어야 한다.

19 한 도면에서 2종류 이상의 선이 같은 장소에서 겹치는 경우 가장 우선적으로 도시하는 선은?

① 외형선   ② 숨은선

③ 중심선   ④ 절단선

> **해설**
> 도면에서 가장 우선되는 선은 외형선이다.

20 대상물의 보이지 않는 부분의 모양을 표시하는 선의 종류는?

① 파선   ② 1점 쇄선

③ 굵은 실선   ④ 2점 쇄선

> **해설**
> • 파선(숨은선) : 대상물의 보이지 않는 부분의 모양을 표시
> • 외형선 : 굵은 실선
> • 중심선, 기준선, 피치선 : 가는 1점 쇄선
> • 가상선 : 가는 2점 쇄선

16 ①   17 ①   18 ②   19 ①   20 ①   **정답**

21 KS A 0005 제도 통칙에서 문장의 기록 방법을 설명한 것 중 틀린 것은?

① 문체는 구어체로 한다.

② 문장은 간결한 요지로서 가능하면 항목별로 적는다.

③ 기록 방법은 우측에서부터 하고, 나누어 적지 않는다.

④ 전문용어는 원칙적으로 용어에 관련한 한국산업표준에 규정된 용어를 사용한다.

해설
기록 방법은 좌측에서부터 한다.

22 다음 도면에서 B의 치수는 몇 mm인가?

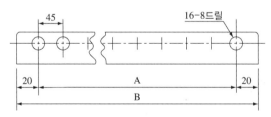

① 315mm   ② 675mm

③ 715mm   ④ 875mm

해설
16-8드릴에서 16은 구멍의 개수이므로
A = (16 − 1) × 45 = 675mm
B = A + 20 × 2 = 675 + 40 = 715mm

23 기계 구조용 합금강재 중 니켈-크롬-몰리브덴강을 나타내는 재료의 기호는?

① SM45C   ② SP56

③ GC350   ④ SNCM420

해설
• SM : 구조용 탄소강재
• SPS : 스프링강
• GC : 회주철품
• SNC : 구조용 합금강

24 다음 치수보조 기호로 사용되는 것이 아닌 것은?

① R5   ② C5

③ Y5   ④ ϕ5

해설
① R5 : 반지름 5mm
② C5 : 45° 모따기 5mm
④ ϕ5 : 직경 5mm

25 산세라인에서 하는 작업 중 틀린 것은?

① 템퍼링

② 스케일 제거

③ 코일의 접속 용접

④ 스트립의 양 끝부분 절단

해설
템퍼링은 열처리 공정이다.
산세공정 : 산화 스케일과 같은 표면결함을 염산 등을 이용하여 제거하는 공정으로 추가적으로 코일의 접속 용접을 수행하고 사이드 트리머를 이용하여 스트립의 양 끝과 에지부분을 절단

26 냉연 강판의 결함 중 과산세(Over Pickling)의 발생 원인이 아닌 것은?

① 산세 사이드 트리머 나이프 교환 시 폭 조정으로 라인이 정지하였을 때
② 입출측 기계고장으로 라인이 정지하였을 때
③ 산 탱크의 온도가 급격히 저하했을 때
④ 산의 농도가 높았을 때

해설

과산세는 산의 농도가 높을 때 발생하는 결함으로 라인 속도가 느리거나 정지할 때 발생하고 이를 방지할 목적으로 인히비터를 투입한다.

부식 억제제(인히비터, Inhibitor)
• 인히비터라고도 하며 철 부식을 억제하기 위한 제제로 인산염이 주성분
• 종류 : 젤라틴, 티오요소, 퀴놀린 등
• 역할 : 지철과의 반응 억제, 수소 발생 억제, 오물 생성 방지, 스트립 표면 균일 및 미려
• 요구되는 성질 : 산세 시간을 지연시키지 않을 것, 불순물이 부착되지 않을 것, 고온 안정성·용해성이 좋을 것

27 압연 작업 시 두께를 제어해 주는 AGC의 기능이 아닌 것은?

① 압하보상   ② 가속보상
③ 끝단보상   ④ 형상제어

해설

형상제어 수단 : 롤 크라운 조정, 장력 조정, 윤활 제어
자동 두께 제어(AGC ; Automatic Gauge Control)
압연 중 스트립 두께 변동을 검출하기 위한 장비로, 스크루 다운 블록(Screw Down Block) 하단에 설치된 로드 셀(Load Cell)에 의해 압연의 압력 변화를 검출하여 현재 위치를 탐지한 후 F7 후면에 설치된 X-Ray가 판 두께를 측정해 이 신호를 기반으로 압하 스크루를 자동 제어하여 스트립의 두께를 목표 두께로 제어하는 장치

28 압연가공 시 중립점에 관한 설명으로 틀린 것은?

① 접촉길이상에서 압연력이 최대로 작용하는 점이다.
② 롤의 주속과 재료의 통과속도가 같은 점이다.
③ 재료의 이동 속도가 출구와 같은 점이다.
④ 롤과 재료표면에서 미끄럼이 없는 점이다.

해설

중립점 : 롤의 원주 속도와 압연재의 진행 속도가 같아지는 부분으로, 압연재 속도와 롤의 회전 속도가 같아지고 가장 많은 압력을 받게 되는 지점이다.

29 연소의 필요조건이 아닌 것은?

① 가연물이 존재할 것
② 점화원을 공급할 것
③ 산소를 충분히 공급할 것
④ 가연성 가스는 연소범위 이상으로 존재할 것

해설

연소의 3요소 : 가연물, 산소, 점화원

30 그리스(Grease)를 급유하는 경우가 아닌 것은?

① 마찰면이 고속운동을 하는 부분

② 고하중을 받는 운동부

③ 액체 급유가 곤란한 부분

④ 밀봉이 요구될 때

31 지름이 700mm인 롤을 사용하여 70mm의 정사각형 강재를 45mm로 압연하는 경우의 압하율은?

① 15.5% ② 28.0%

③ 35.7% ④ 64.3%

32 롤의 속도가 100mpm, 소재의 입측 속도가 85mpm, 소재의 출측 속도가 105mpm일 때 이 압연기의 선진율은 얼마(%)인가?

① 5 ② 10

③ 15 ④ 20

33 일반적인 냉간압연공정으로 옳은 것은?

① 열연 코일 → 스케일 제거 → 청정 작업 → 냉간압연 → 정정 작업 → 풀림 및 조질 작업 → 제품

② 열연 코일 → 청정 작업 → 정정 작업 → 스케일 제거 → 풀림 및 조질 작업 → 냉간압연 → 제품

③ 열연 코일 → 스케일 제거 → 냉간압연 → 청정 작업 → 풀림 및 조질 작업 → 정정 작업 → 제품

④ 열연 코일 → 청정 작업 → 스케일 제거 → 정정 작업 → 풀림 및 조질 작업 → 냉간압연 → 제품

34 코일러(Coiler)는 사상압연으로부터 보내진 판을 감기 위한 장치이다. 코일러 설비와 가장 관계가 없는 것은?

① 사이드 가이드(Side Guide)

② 핀치 롤(Pinch Roll)

③ 맨드릴(Mandrel)

④ 와이퍼(Wiper)

> **해설**
>
> **권취설비**
> - 맨드릴(Mandrel) : 권취된 코일이 감기는 곳으로 맨드릴 경이 변화될 수 있도록 되어 있다.
> - 핀치 롤(Pinch Roll) : 수평으로 진입해오는 스트립 선단을 밑으로 구부려 맨드릴에 스트립이 감기기 쉽게 함과 동시에 일정한 장력을 유지시켜 코일을 타이트하게 감기게 한다.
> - 유닛 롤(Unit Roll) : 맨드릴 가이드와 더불어 스트립 선단을 맨드릴 주위에 유도하는 것과 동시에 스트립을 맨드릴에 눌러 스트립과 맨드릴 간의 마찰력을 발생시키는 역할을 한다.
> - 사이드 가이드(Side Guide) : 스트립을 가운데로 유도하기 위해 사용하는 설비이다.

35 냉간압연 후 풀림로의 분위기 가스로에 사용되는 가스의 명칭이 아닌 것은?

① DX가스

② PX가스

③ AX가스

④ HNX가스

> **해설**
>
> **분위기 가스의 종류**
> - DX가스 : 불완전 가스(COG, LPG 등)를 연소시켜 수분을 제거하여 얻음
> - NX가스 : 불완전 가스(COG, LPG 등)를 연소시켜 CO_2, H_2O를 제거하여 얻음
> - HNX가스 : NX가스를 일부 개량한 가스
> - AX가스 : 암모니아(NH_3)를 고온 분해해서 얻음

36 공형압연설계에서 개방공형과 폐쇄공형을 구분하는 그림상의 L각도는 얼마인가?

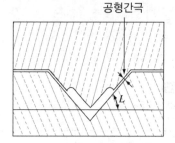

공형간극

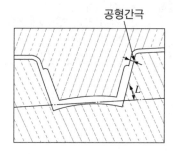

공형간극

① 30°

② 45°

③ 60°

④ 90°

> **해설**
>
> - 개방공형 : 1쌍의 롤에 똑같은 공형이 반씩 패어 있고 중심선과 롤 선이 일치되며 롤과 롤의 경계에는 공형간극이 존재함. 또한 공형 간극선이 롤 축과 평행이 아닌 경우 공형각도가 60°보다 작을 때도 개방공형이라 함. 개방공형은 압연 시 재료가 공형간극으로 흘러나가는 결점이 있어 성형압연 전의 조압연 단계에서 수행
> - 폐쇄공형 : 공형각도가 60° 이상이고 롤의 지름은 크게 되나 모서리 성형이 잘되어 형강성형 등에 사용

37 압연가공에서 판 두께 정도에 영향을 주는 요인 중 영향이 가장 적은 것은?

① 압연속도의 변동
② 압연온도의 변동
③ 스키드 마크 등의 편열
④ 사상압연에서의 텐션(Tension)의 변동

해설

압연 시 판 두께 변동 요인은 롤 열팽창에 의한 변동, 롤 베어링의 편심, 압연기 강성계수 변동, 압연온도와 속도, 텐션의 변동 때문이다. 스키드 마크 등은 표면결함과는 관련이 적다.

38 압연 방법 및 압연속도에 대한 설명으로 틀린 것은?

① 고온에서의 압연은 변형 저항이 작은 재료일수록 압연하기 쉽다.
② 압연 후의 두께와 압연 전의 두께의 비가 클수록 압연하기 쉽다.
③ 열간압연 속도는 롤의 감속비 및 압연기의 형식에 따라 다르게 나타난다.
④ 열간압연한 스트립은 산세, 수세 후에 냉간압연에서 치수를 조절하는 경우가 일반적으로 많다.

해설

압연 전후의 두께 비가 클수록 강한 압하력이 필요하므로 압연하기 어렵다.
압연소재가 롤에 쉽게 물리기 위한 조건
• 압하량을 적게 한다.
• 치입각의 크기를 작게 한다.
• 롤 지름의 크기가 크다.
• 압연재의 온도를 높인다.
• 마찰력을 높인다.
• 롤의 회전속도를 줄인다.

39 압연가공으로 생산되지 않는 제품은?

① 형재
② 관재
③ 봉재
④ 잉곳

해설

잉곳(Ingot)은 주괴라고도 하며 압연가공하기 이전의 제품이다.

40 냉간압연 소재인 열연 강판의 표면에 형성되어 있는 스케일(Scale)의 종류가 아닌 것은?

① Fe_4O_5
② Fe_3O_4
③ Fe_2O_3
④ FeO

해설

철강표면의 스케일에 대한 대기와 접한 표면으로부터의 순서
Fe_2O_3 → Fe_3O_4 → FeO → Fe

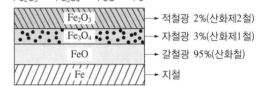

41 냉연 강판의 내부결함에 해당되는 것은?

① 곱쇠(Coil Break)
② 파이프(Pipe)
③ 덴트(Dent)
④ 릴 마크(Reel Mark)

해설

② 파이프(Pipe) : 강괴의 내부에 발생하는 파이프 모양의 결함
  ※ 파이프 흠은 이러한 파이프 결함이 압연 후 표면에 나타나는 선모양 결함
① 곱쇠(Coil Break) : 코일 폭 방향으로 표면에 불규칙하게 발생하는 꺾임 현상으로 저탄소강에서 많이 발생하는 결함
③ 덴트(Dent) : 판 표면에 움푹 들어간 형상의 결함
④ 릴 마크(Reel Mark) : 맨드릴 진원도 불량에 의한 판 표면의 요철 흠

42 단접 강관용 재료로 사용되는 반제품으로 띠 모양으로 양단이 용접이 편리하도록 85~88°로 경사지게 만든 것은?

① 틴 바(Tin Bar)
② 후프(Hoop)
③ 스켈프(Skelp)
④ 틴 바 인코일(Tin Bar In Coil)

해설

압연용 소재의 종류

소재명	설명
슬래브(Slab)	단면이 장방형인 반제품(강판 반제품)
블룸(Bloom)	사각형에 가까운 단면을 가진 반제품(봉형강류 반제품)
빌릿(Billet)	단면이 사각형인 반제품(봉형강류 반제품)
스트립(Strip)	코일 상태의 긴 대강판재(강판 반제품)
시트(Sheet)	단면이 사각형인 판재(강판 반제품)
시트 바 (Sheet Bar)	분괴압연기에서 압연한 것을 다시 압연한 판재(강판 반제품)
플레이트(Plate)	단면이 사각형인 판재(강판 반제품)
틴 바(Tin Bar)	블룸을 분괴, 조압연한 석도 강판의 재료(강판 반제품)
틴 바 인코일 (Tin Bar In Coil)	틴 바와 같은 소재를 코일 모양으로 감은 것(강판 반제품)
후프(Hoop)	강판을 폭이 좁은 형상의 띠 모양으로 절단 가공하여 코일로 감아놓은 강대의 반제품(강관용 반제품)
스켈프(Skelp)	빌릿을 분괴, 조압연한 용접강관의 소재로 양단이 용접에 편리하도록 85~88°로 경사져 있음(강관용 반제품)

43 다단 풀림 작업 시 코일(Coil) 사이에 삽입되어 순환되는 분위기 가스의 열전달을 효과적으로 하기 위한 것은?

① 바텀 플레이트(Bottom Plate)
② 코일 세퍼레이터(Coil Separator)
③ 컨벡터 플레이트(Convector Plate)
④ 차지 플레이트(Charge Plate)

해설

컨벡터 플레이트 : 적재 코일과 코일 사이의 간격을 유지하고, 분위기 가스의 흐름을 원활히 하여 열전달을 하는 설비

44 공형 롤을 사용한 링 압연 제품에 해당되는 것은?

① 리벳　　　　② 맥주캔
③ 기차바퀴　　④ 피니언 기어

해설

자동차 휠이나 기차바퀴와 같은 원형 제품은 링 압연으로 제작한다.

45 6단 압연기용 중간 롤에 사용되는 롤 성질에 대한 설명으로 틀린 것은?

① 내마모성이 우수해야 한다.
② 전동 피로강도가 우수해야 한다.
③ 배럴부 표면에 소성유동을 발생시켜야 한다.
④ 작업 롤의 표면을 손상시키지 않아야 한다.

해설

중간 롤(Intermediate Roll) : 전동 피로강도, 내마모성이 우수하고, 작업 롤의 표면 손상 및 배럴부 표면에 소성유동을 발생시키지 말아야 한다.

46 전해청정설비의 세정성을 향상시키기 위한 작업방법이 아닌 것은?

① 세정농도와 계면 활성제를 적당량 증가시킨다.
② 인히비터(Inhibitor)를 첨가한다.
③ 전류밀도를 증가시킨다.
④ 브러시 롤을 사용한다.

해설

인히비터 : 산처리 시에 발생하는 부식을 억제하기 위해 첨가하는 첨가물

47 조질압연을 하는 주요 목적에 해당되지 않는 것은?

① 형상의 교정
② 내부의 기공 방지
③ 표면의 조도 조정
④ 스트레처 스트레인 방지

해설

조질압연(Skin Pass Mill)
• 정의 : 소둔 직후의 항복점 연신으로 인한 Stretcher Strain의 발생을 막기 위해 1~3%의 압하량으로 압연을 실시하는 공정
• 조질압연의 목적
 – 형상 개선(평탄도의 교정)
 – 표면 성상의 개선 : 조도에 따라 거친 표면(Dull), 매끄러운 표면(Bright)으로 구분
 – 스트레처 스트레인 방지(기계적 성질의 개선) : 곱쇠(Coil Break) 결함 제거

48 압연 중에 소재 온도를 조정하여 최종 패스의 온도를 낮게 하면 제품의 조직이 미세화하여 강도의 상승과 인성이 개선되는 압연방법은?

① 완성압연
② 크로스 롤링
③ 폭내기 압연
④ 컨트롤드 롤링

해설

① 완성압연 : 완제품의 모양과 치수로 만드는 압연방법
② 크로스 롤링 : 4단 롤에서 상하 롤의 방향을 비스듬히 하여 구동하는 압연방법
③ 폭내기 압연 : 원하는 폭을 만들기 위한 압연방법
제어압연(컨트롤드 압연, CR압연, Controlled Rolling)
• 정의 : 강편의 가열온도, 압연온도 및 압하량을 적절히 제어함으로써 강의 결정조직을 미세화하여 기계적 성질을 개선하는 압연
• 종류
 – 고전적 제어압연 : 주로 Mn-Si계 고장력강을 대상으로 저온의 오스테나이트 구역에서 압연을 끝내는 것
 – 열가공압연 : 미재결정 구역에서 압연의 대부분을 하는 것을 포함하는 제어압연

49 루퍼 제어 시스템 중 루퍼 상승 초기에 소재에 부가되는 충격력을 완화시키기 위하여 소재와 루퍼 롤과의 접촉구간 근방에서 루퍼 속도를 조절하는 기능은?

① 전류 제어 기능
② 소프트 터치 기능
③ 루퍼 상승 제어 기능
④ 노윕(No-whip) 제어 기능

해설

루퍼(Looper) 제어 시스템
• 루퍼는 사상압연 스탠드와 스탠드 사이에서 압연재의 장력과 루프를 제어하여 전후 균형의 불일치로 인한 요인을 보상하여 통판성 향상 및 조업 안정성을 도모
• 소재 트래킹, 루프 상승 제어 기능, 소프트 터치 제어 기능, 소재 장력 제어 기능, 루퍼 각도 제어 기능, 루퍼 각도와 소재 장력 간 비간섭 제어 기능 등의 기능을 수행

50 냉간압연기에서 패스 라인을 조정하기 위한 장치는?

① 지지 롤 밸런스(Backup Roll Balance)
② 압하 실린더(Pushup Cylinder)
③ 스텝 웨지(Step Wedge)
④ 작업 롤 굽힘(Roll Bending)

해설

롤 갭과 패스 라인
• 롤 갭 : 상부 작업 롤 하단과 하부 작업 롤 상단과의 거리로 상부의 전동 압하장치를 사용하여 조정한다.
• 패스 라인 : 하부 작업 롤 상단과 피드 롤 상단과의 거리로 스트립의 인입과 평탄도 개선을 위해 필요한 값으로 하부의 유압 압하장치(스텝 웨지, 소프트라이너)를 사용하여 조절한다.

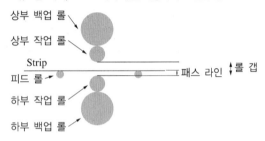

51 동일한 조업조건에서 냉간압연 롤의 가장 적합한 형상은?

해설
② 냉간압연 롤
③ 열간압연 롤

52 열간 스트립 압연기(Hot Strip Mill)의 사상 스탠드 수를 증가시키는 것과 관련이 가장 적은 것은?

① 제품형상 품질이 향상된다.
② 소재의 산화물 제거가 용이하다.
③ 보다 얇은 최종 판 두께를 얻을 수 있다.
④ 각 스탠드의 부하배분이 경감되어 속도가 증가한다.

해설

사상압연공정에서 소재의 산화물 제거는 스케일 브레이커에서 수행한다.

53 다음 중 롤 형태의 주요 3부분이 아닌 것은?

① Wobbler   ② Roll Body
③ Roll Neck   ④ Spindle Coupling

해설

롤의 주요 구조
• 몸체(Body) : 실제 압연이 이루어지는 부분
• 목(Neck) : 롤 몸을 지지하는 부분
• 연결부(Wobbler) : 구동력을 전달하는 부분

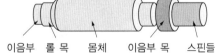

54 산세 설비를 입측, 중앙, 출측 설비로 나눌 때 중앙 설비에 해당되는 것은?

① 페이 오프 릴　　② 사이드 트리머
③ 플래시 용접기　　④ 산세척 탱크

산세공정별 설비

입측 설비	중앙 설비	출측 설비
• 코일 카	• 스케일 브레이커	• 출측 루퍼
• 페이 오프 릴	• 산세 탱크	• 사이드 트리머
• 플래시 버트 용접기	• 세척 탱크	• 검사 설비
• 입측 루퍼	• 열풍 건조기	
	• CPC	

55 압연소재 이송용 와이어 로프(Wire Rope) 검사 시 유의사항이 될 수 없는 것은?

① 비중 상태　　② 부식 상태
③ 단선 상태　　④ 마모 상태

비중은 소재의 특성이므로 검사 시의 유의사항은 아니다.

56 하우징이 한 개의 강괴라고도 할 수 있을 만큼 견고하며, 이 속에 다단 롤이 수용되어 규소 강판, 스테인리스 강판 압연기로 많이 사용되며, 압하력은 매우 크며 압연판의 두께 치수가 정확한 압연기는?

① 탠덤 압연기　　② 스테컬식 압연기
③ 클러스터 압연기　　④ 센지미어 압연기

④ 센지미어 압연기 : 다단압연기의 한 종류로 압연기 중 두께 정밀도가 가장 높음
① 탠덤 압연기(Tandem Mill) : 4단 연속압연기
② 스테컬식 압연기(Steckel Mill) : 코일링(Coiling) 장치의 회전에 의한 인장력으로 롤의 회전으로 압연하는 압연기
③ 클러스터 압연기(Cluster Mill) : 6단 혹은 20단식 방사형 압연기

57 전해청정라인 알칼리 탱크 농도가 규정 농도보다 높을 경우 조치 사항이 아닌 것은?

① 증기밸브를 연다.
② 정수급수를 한다.
③ 농도를 점검한다.
④ 적정 가동 후 연속 가동을 한다.

규정 농도보다 높을 경우 농도를 점검 후 농도를 낮추기 위해 정수급수를 하거나 증기밸브를 연다.

58 냉연 강판의 연속작업을 위해 전후 강판을 오버랩 시킨 후 용접휠을 구동시켜 상하부를 용접하는 용접방식은?

① 심용접(Seam Welding)
② 티그 용접(Tig Welding)
③ 지그 용접(Jig Welding)
④ 플래시 버트 용접(Flash Butt Welding)

① 심용접 : 원판 모양으로 된 전극 사이에 피용접 물체를 끼우고, 전극에 압력을 준 상태에서 전극을 회전시키면서 연속적으로 점용접을 반복해 나가는 용접법
② 티그 용접(Tig Welding) : 불활성 가스 아크 용접
④ 플래시 버트 용접(Flash Butt Welding) : 냉간압연에서 일반적으로 판을 연결할 때 사용하는 용접으로 열영향부가 적고 금속조직의 변화가 적음

59 대규모의 장치산업인 제철소 등에서는 강제 윤활 방식을 사용하는 경우가 많은데 강제 윤활방식이 아닌 것은?

① 순환 급유식
② 분무 급유식
③ 집중윤활식
④ 패드 급유식

해설

패드급유법

무명이나 털 등을 섞어 만든 패드 일부를 오일통에 담가 저널의 아래면에 모세관 현상으로 급유하는 방법으로, 철도차량용 베어링에서와 같이 레이디얼 베어링에서 급유가 곤란한 경우 사용한다.

60 어느 고정점을 기준으로 회전하여 필요한 위치로 올려주는 장치는?

① 틸팅 테이블
② 롤러 테이블
③ 리프팅 테이블
④ 반송용 롤러 테이블

해설

리프팅 테이블과 틸팅 테이블

3단식 압연기에서 압연재를 하부 롤과 중간 롤 사이로 패스한 후, 다음 패스를 위하여 압연재를 들어 올려 중간 롤과 상부 롤 사이로 넣는데 필요한 장치

• 리프팅 테이블 : 테이블이 평행으로 올라가는 설비
• 틸팅 테이블 : 어느 고정점을 기준으로 회전하여 필요한 위치로 올리는 설비

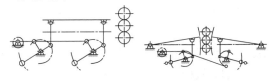

[리프팅 테이블]   [틸팅 테이블]

01 자기 변태점이 없는 금속은?

① 철(Fe)
② 주석(Sn)
③ 니켈(Ni)
④ 코발트(Co)

해설

주석은 쉽게 산화되지 않고 부식에 대한 저항성이 있는 금속으로 자기 변태점이 없다.

02 다음 중 탄소함유량(%)이 가장 많은 것은?

① 순철
② 공석강
③ 아공석강
④ 공정주철

해설

탄소함유량
• 순철 : 0.025% C 이하
• 강(Steel) : 2.0% C 이하
• 주철(Cast Iron) : 2.0% C 이상

03 주로 철강용 부식액으로 사용되는 것은?

① 황산용액
② 질산용액
③ 염화제2철용액
④ 질산알코올용액

해설

• 염화제2철용액 : 구리, 황동, 청동의 부식제
• 피크린산알코올용액, 질산알코올용액 : 철강 부식제

04 황동 중 60% Cu+40% Zn 합금으로 조직이 $\alpha+\beta$이므로 상온에서 전연성이 낮으나 강도가 큰 합금은?

① 문쯔메탈(Muntz Metal)
② 두라나 메탈(Durana Metal)
③ 길딩메탈(Gilding Metal)
④ 애드미럴티 메탈(Admiralty Metal)

해설

① 문쯔메탈 : 아연 40% 함유한 황동으로 $\alpha+\beta$ 고용체이고 열간가공이 가능하며 인장강도가 황동에서 최대
③ 길딩메탈(Gilding Metal) : 5% Zn 함유된 구리합금으로 화폐, 메달에 사용
④ 애드미럴티황동 : 아연 30% 함유한 황동에 1% 주석을 첨가한 황동으로 내식성 개선

05 구리에 대한 설명 중 틀린 것은?

① 비중은 약 8.9이다.
② 용융점은 약 1,083℃이다.
③ 상온에서 체심입방격자이다.
④ 전기 및 열의 양도체이다.

해설

구리는 상온에서 면심입방격자(FCC)이다.
구리 및 구리 합금 : 면심입방격자, 용융점 1,083℃, 비중 8.9, 내식성 우수

06 주석 또는 납을 주성분으로 하는 베어링용 합금은?

① 우드메탈
② 화이트메탈
③ 캐스팅메탈
④ 옵셋메탈

해설
화이트메탈 혹은 배빗메탈(Babbitt Metal) : 주석 89%–안티몬 7%–구리 4% 또는 납 80%–안티몬 15%–주석 5%을 성분으로 하는 베어링용 합금

07 Al–Cu–Si계 알루미늄 합금으로서 Si를 넣어 주조 성을 개선하고 Cu를 넣어 절삭성을 좋게 한 주물용 Al합금을 무엇이라 하는가?

① 라우탈
② 실루민
③ Y–합금
④ 하이드로날륨

해설
① 라우탈(Lautal) : 알루미늄(Al)에 약 4%의 구리(Cu)와 약 2%의 규소(Si)를 가한 주조용 알루미늄합금
② 실루민 : Al–Si계 알루미늄합금으로 유동성이 좋으며 모래형 주물에 이용
③ Y–합금 : 내열용 알루미늄합금으로 고온에서 강함
④ 하이드로날륨 : 알루미늄과 마그네슘의 합금으로 바닷물과 알 칼리에 대한 내식성이 강하고 용접성이 매우 우수

08 다음 중 비중이 4.54, 용융점은 약 1,670℃, 비강도 가 높고, 약 550℃까지 고온 성질이 우수하며 내식 성이 뛰어나 특히 산화물, 염화물 매체에서뿐만 아 니라 모든 자연환경에서의 내식성이 양호한 금속 은?

① 타이타늄(Ti)
② 주석(Sn)
③ 납(Pb)
④ 코발트(Co)

해설
타이타늄(Ti) : 원자번호 22번으로 비중이 4.5, 융점이 1,670℃로 높고 열전도도와 열팽창률은 작다. 고온에서 쉽게 산화하나 내식 성은 우수하다. 산소와의 결합력이 강하고 강도와 경도가 증가한다.

09 전자 강판에 요구되는 특성을 설명한 것 중 옳은 것은?

① 철손이 커야 한다.
② 포화자속밀도가 낮아야 한다.
③ 자화에 의한 치수변화가 커야 한다.
④ 박판을 적층하여 사용할 때 층간저항이 높아야 한다.

해설
전자 강판의 요구 특성
• 제특성이 균일할 것
• 철손이 적을 것
• 자속밀도, 투자율이 높을 것
• 자기시효가 적을 것(불순물이 적을 것)
• 층간저항이 클 것
• 자왜가 적을 것
• 점적률이 높을 것
• 적당한 기계적 특성을 가질 것
• 용접성 및 타발성이 좋을 것
• 강판의 형상이 양호할 것

10 주철의 성질을 설명한 것 중 옳은 것은?

① C와 Si 등이 많을수록 비중이 높아진다.
② 흑연편이 클수록 자기 감응도가 나빠진다.
③ C와 Si 등이 많을수록 용융점은 높아진다.
④ 강도와 경도는 크며, 충격저항과 연성이 우수 하다.

해설
주철
• 탄소함유량이 1.7~6.67% C 철합금
• C와 Si가 많을수록 비중은 낮아지고 용융점도 낮아진다.
• 흑연편이 클수록 자기 감응도는 나빠진다.
• 압축강도 및 경도는 커지나 충격저항과 연성은 작아진다.

11 강을 열처리하여 얻은 조직으로써 경도가 가장 높은 것은?

① 페라이트　　　　② 펄라이트
③ 마텐자이트　　　④ 오스테나이트

경도 크기 : 시멘타이트 > 마텐자이트 > 트루스타이트 > 소르바이트 > 펄라이트 > 오스테나이트

12 강을 그라인더로 연삭할 때 발생하는 불꽃의 색과 모양에 따라 탄소량과 특수원소를 판별할 수 있어 강의 종류를 간편하게 판정하는 시험법을 무엇이라고 하는가?

① 굽힘 시험　　　② 마멸 시험
③ 불꽃 시험　　　④ 크리프 시험

• 불꽃 시험 : 강을 그라인더로 연삭할 때 발생하는 불꽃의 색과 모양으로 특수원소의 종류를 판별하는 시험
• 굽힘 시험(굽힘강도)과 마멸 시험(마모량) 그리고 크리프 시험(온도와 시간에 따른 변형)은 기계적 특성을 알기 위한 시험

13 다음의 현과 호에 대한 설명 중 옳은 것은?

① 호의 길이를 표시하는 치수선은 호에 평행인 직선으로 표시한다.
② 현의 길이를 표시하는 치수선은 그 현과 동심인 원호로 표시한다.
③ 원호와 현을 구별해야 할 때에는 호의 치수숫자 위에 ⌒ 표시를 한다.
④ 원호로 구성되는 곡선의 치수는 원호의 반지름과 그 중심 또는 원호와의 접선 위치를 기입할 필요가 없다.

① : 현의 설명
② : 호의 설명
④ : 원호의 반지름은 반드시 기입해야 함

변의 길이치수　현의 길이치수　호의 길이치수　　각도치수

14 제도에서 치수 기입법에 관한 설명으로 틀린 것은?

① 치수는 가급적 정면도에 기입한다.
② 치수는 계산할 필요가 없도록 기입해야 한다.
③ 치수는 정면도, 평면도, 측면도에 골고루 기입한다.
④ 2개의 투상도에 관계되는 치수는 가급적 투상도 사이에 기입한다.

치수는 가능한 정면도에 집중하여 기입한다.

15 제도 용구 중 디바이더의 용도가 아닌 것은?

① 치수를 옮길 때 사용

② 원호를 그릴 때 사용

③ 선을 같은 길이로 나눌 때 사용

④ 도면을 축소하거나 확대한 치수로 복사할 때 사용

원호는 컴퍼스로 제도한다.

16 대상물의 표면으로부터 임의로 채취한 각 부분에서의 표면거칠기를 나타내는 기호가 아닌 것은?

① S_{tp}

② S_m

③ R_y

④ R_a

② S_m(평균단면요철간격) : 기준길이에서 1개의 산 및 인접한 1개의 골에 대응하는 평균선 길이의 합을 통해 얻은 평균치

③ R_y(최대높이거칠기, R_{max}) : 기준길이에서 산과 골의 최대치

④ R_a(중심선 평균거칠기) : 기준길이에서 편차 절대치의 합을 통해 얻은 평균치

• S(평균 간격) : 기준길이에서 1개의 산 및 인접한 국부 산에 대응하는 평균선 길이의 평균치

• t_p(부하길이율) : 기준길이에서 단면곡선의 중심선에 평행한 절단위치에서 거칠기 표면까지의 부분길이와 기준길이의 비율

17 축에 풀리, 기어 등의 회전체를 고정시켜 축과 회전체가 미끄러지지 않고 회전을 정확하게 전달하는 데 사용하는 기계 요소는?

① 키

② 핀

③ 벨트

④ 볼트

① 키 : 기어, 벨트, 풀리 등의 축에 고정하여 회전력을 전달하는 기계 요소

② 핀 : 기계부품의 일반적인 체결을 위한 기계 요소

18 반지름이 10mm인 원을 표시하는 올바른 방법은?

① t10

② 10SR

③ ϕ10

④ R10

• t : 두께

• SR : 구의 반경

• ϕ : 직경

• R : 반경

19 가공에 의한 커터 줄무늬가 거의 여러 방향으로 교차일 때 나타내는 기호는?

① ⊥

② M

③ R

④ X

기호	설명도	상세설명
─		가공으로 생긴 줄무늬 방향이 기호를 기입한 그림의 투상면에 평행
⊥		가공으로 생긴 줄무늬 방향이 기호를 기입한 그림의 투상면에 직각
X		가공으로 생긴 선이 2방향으로 교차
M		가공으로 생긴 선이 여러 방면으로 교차 또는 방향이 없음
C		가공으로 생긴 선이 거의 동심원
R		가공으로 생긴 선이 거의 방사선

20 투상도 중에서 화살표 방향에서 본 정면도는?

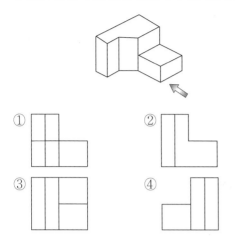

① ② ③ ④

상단면의 높이가 같아야 한다.

21 다음과 같이 물체의 형상을 쉽게 이해하기 위해 도시한 단면도는?

① 반단면도   ② 부분 단면도
③ 계단 단면도   ④ 회전 단면도

해설
④ 회전 단면 : 핸들이나 바퀴 등의 암 및 림, 리브, 훅, 축, 구조물의 부재 등의 절단면을 90° 회전하여 표시
① 반단면도(한쪽 단면도) : 외형도의 절반만 절단하여 반은 외형도, 반은 단면도를 그려서 동시에 표시
② 부분 단면도 : 필요로 하는 물체의 일부만을 절단, 경계는 자유실선의 파단선으로 표시한 단면도
③ 계단 단면도 : 구부러진 관 등의 단면도로 2개 이상의 절단면으로 도시한 단면도

22 도면에서 가상선으로 사용되는 선의 명칭은?

① 파선
② 가는 실선
③ 일점 쇄선
④ 이점 쇄선

해설
④ 이점 쇄선 : 가상선
① 파선 : 숨은선
② 가는 실선 : 치수선, 치수보조선, 지시선, 회전단면선
③ 일점 쇄선 : 중심선, 기준선, 피치선

23 보기의 재료 기호의 표기에서 밑줄 친 부분이 의미하는 것은?

┌─보기─┐
KS D 3752 SM45C
└────┘

① 탄소함유량을 의미한다.
② 제조방법에 대한 수치 표시이다.
③ 최저인장강도가 45kgf/mm² 이다.
④ 열처리 강도 45kgf/cm² 를 표시한다.

해설
KS D 3752 : KS의 금속부문
• S : 강
• M : 기계구조용
• 45C : 탄소함유량

24 나사의 제도에서 수나사의 골지름은 어떤 선으로 도시하는가?

① 굵은 실선
② 가는 실선
③ 가는 1점 쇄선
④ 가는 2점 쇄선

해설
- 수나사의 바깥지름(산)과 암나사의 안지름(산)은 굵은 실선
- 수나사 및 암나사의 골지름은 가는 실선
- 완전나사부와 불완전나사부 경계선은 굵은 실선
- 수나사와 암나사의 조립부를 그릴 때는 수나사를 위주로 그림
- 불완전나사부의 끝 밑선은 축선에 대하여 30° 경사진 가는 실선으로 그림

25 워킹빔식 가열로에서 트랜스버스(Transverse) 실린더의 역할로 옳은 것은?

① 스키드를 지지해 준다.
② 운동 빔(Beam)의 수평 왕복운동을 작동시킨다.
③ 운동 빔(Beam)의 수직 상하운동을 작동시킨다.
④ 운동 빔(Beam)의 냉각수를 작동시킨다.

해설
- 워킹빔식 가열로에서 트랜스버스 실린더는 운동 빔(Beam)의 수평 왕복운동을 작동시킨다.
- 워킹빔식 가열로의 운동방식은 상승 → 전진 → 하강 → 후퇴이다.

26 균열로 조업 시 노압이 낮을 때의 현상으로 옳은 것은?

① 장입소재(강괴)의 상부만이 가열된다.
② 스케일의 생성 억제 및 균일하게 가열된다.
③ 화염이 뚜껑 및 내화물 사이로 흘러나와 노를 상하게 한다.
④ 침입 공기 증가로 연료 효율의 저하 및 스케일의 성장과 버너 근처 강괴의 과열 현상이 일어난다.

해설
노압 관리
- 노압은 노의 효율에 큰 영향을 미치며, 노압 제어는 노 내 설치된 노압 검출단에서 입력신호를 받아 자동으로 댐퍼(Damper)를 제어
- 노압 변동 시 영향

노압이 높을 때	• 슬래브 장입구, 추출구, 노 내 점검구에서 방염에 의한 열손실 증가 • 방염에 의한 노체 주변 철구조물 손상 • 버너 연소상태 악화 • 개구부 방염에 의한 작업자 위험도 증가 • 화염 방출로 화재발생
노압이 낮을 때	• 외부의 찬 공기가 노 내로 침투하여 열손실 증대 • 침입공기에 따른 공기비 제어량 실적치 변동 • 슬래브 산화에 의한 스케일 생성량 증가

27 냉간압연 시 연속 압연기에서 발생되는 제품의 표면결함 중 롤 마크(Roll Mark)에 대하여 발생 스탠드를 찾을 때 가장 중점적으로 보아야 할 항목은?

① 촉감
② 피치
③ 밝기
④ 크기

해설
롤 마크 : 롤 마크와 소재 표면에 일정한 간격(피치)으로 같은 흠이 반복해서 나타나는 결함으로, 롤의 피로, 롤 자체의 흠, 롤의 이물질 혼입에 의해 발생한다.

28 열간압연에서 모래형 스케일이 발생하는 원인이 아닌 것은?

① 작업 롤 피로에 의한 표면거칠음에 의해 발생한다.

② 가열 온도가 높을 때 Si 함유량이 높은 강에서 발생한다.

③ 사상 스탠드 간에서 생성한 압연 스케일이 치입되는 경우 발생한다.

④ 고온재가 배 껍질과 같이 표면이 거친 롤에 압연된 경우 발생한다.

해설

결함명	상태	발생 원인
모래형 스케일	비교적 둥근 모양의 가느다란 스케일(Scale)이 모래를 뿌린 모양으로 발생하고 흑갈색을 띰	• 고온재가 배 껍질과 같이 표면거침이 심한 롤에서 압연된 경우, 사상 스탠드 간에서 생성한 아연 스케일이 치입된 경우 발생 • 표면거침이 심한 경우 • 후단 스탠드의 Ni-Grain계 롤의 표면거침에 의해 발생
유성형 스케일	유성형으로 심하게 치입된 스케일	사상 W.R(Adamite계 롤)의 스케일 흑피 피막의 박리, 혹은 홀의 잦은 유성상의 표면거침을 일으킨 경우
방추형 스케일	방추상으로 길게 치입된 스케일	디스케일링 불량에 의해 1차 스케일이 국부적으로 남아 치입된 것
선상형 스케일	선상으로 길게 늘어난 스케일로 압연 위치, 폭에 관계 없이 전면에 발생	• 강괴의 스킨 홀, 관상 기포의 노출산화에 의함 • 가열로 재료시간이 긴 경우 재료 조직의 경계에서 S, Cu 석출에 의함
띠무늬 스케일	축 방향 일정개소에 띠모양으로 치입된 스케일	디스케일링 스프레이 노즐이 1개 또는 소수가 막힌 경우
비늘형 스케일	2차 스케일이 비늘모양으로 치입된 것	사상 디스케일링 스프레이 후 2차 스케일이 발생하고, 이 2차 스케일이 롤에 치입되어 판에 프린트된 것
붉은형 스케일	판 표면에 넓고 깊이가 얕은 붉은형으로 발생	• 1차 스케일 박리 불량 • 2차 스케일이 디스케일링됐지만 잔존한 것

29 열간박판 완성압연 후 코일로 감기 전의 폭이 넓은 긴 대강의 명칭은?

① 슬래브(Slab) ② 스켈프(Skelp)

③ 스트립(Strip) ④ 빌릿(Billet)

해설

압연용 소재의 종류

소재명	설명	크기
슬래브 (Slab)	단면이 장방형인 반제품(강판 반제품)	• 두께 : 50~150mm • 폭 : 600~1,500mm
블룸 (Bloom)	사각형에 가까운 단면을 가진 반제품(봉형강류 반제품)	• 약 150mm×150mm~250mm×250mm
빌릿 (Billet)	단면이 사각형인 반제품(봉형강류 반제품)	• 약 40mm×50mm~120mm×120mm
스트립 (Strip)	코일 상태의 긴 대강판재(강판 반제품)	• 두께 : 0.15~15mm • 폭 : 400~2,500mm
시트 (Sheet)	단면이 사각형인 판재(강판 반제품)	• 두께 : 0.75~15mm
시트 바 (Sheet Bar)	분괴압연기에서 압연한 것을 다시 압연한 판재(강판 반제품)	• 폭 : 200~400mm
플레이트 (Plate)	단면이 사각형인 판재(강판 반제품)	• 폭 : 20~450mm
틴 바 (Tin Bar)	블룸을 분괴, 조압연한 석도 강판의 재료(강판 반제품)	• 외판용 : 길이 5m 내외
틴 바 인코일 (Tin Bar In Coil)	틴 바와 같은 소재를 코일 모양으로 감은 것(강판 반제품)	• 두께 : 1.9~1.2mm • 폭 : 200mm • 중량 : 2~3t
후프 (Hoop)	강판을 폭이 좁은 형상의 띠 모양으로 절단 가공하여 코일로 감아놓은 강대의 반제품(강관용 반제품)	• 두께 : 3mm 이하 • 폭 : 600mm 미만
스켈프 (Skelp)	빌릿을 분괴, 조압연한 용접강관의 소재로 양단이 용접에 편리하도록 85~88°로 경사져 있음(강관용 반제품)	• 두께 : 2.2~3.4mm • 폭 : 56~160mm • 길이 : 5m 전후

30 사이드 트리밍(Side Trimming)에 대한 설명 중 틀린 것은?

① 전단면과 파단면이 1 : 2인 경우가 가장 이상적이다.

② 판 두께가 커지면 나이프 상하부의 오버랩량은 줄어야 한다.

③ 판 두께가 커지면 나이프 상하부의 클리어런스를 줄여야 한다.

④ 전단면이 너무 커지면 냉간압연 시에 에지 균열이 발생하기 쉽다.

해설
판 두께가 커지면 나이프 상하부의 클리어런스를 높여야 한다.

31 롤의 몸통 길이 L은 지름 d에 대하여 어느 정도로 하는가?

① $L = d$
② $L = (0.1{\sim}0.5)d$
③ $L = (2{\sim}3)d$
④ $L = (5{\sim}6)d$

해설
롤의 몸통길이는 직경의 2~3배가 적절하다.

32 다음 중 중립점에 대한 설명으로 옳은 것은?

① 롤의 원주 속도가 압연재의 진행 속도보다 빠르다.

② 롤의 원주 속도가 압연재의 진행 속도보다 느리다.

③ 롤의 원주 속도와 압연재의 진행 속도가 같다.

④ 압연재의 입구쪽 속도보다 출구쪽 속도가 빠르다.

해설
중립점 : 롤의 원주 속도와 압연재의 진행 속도가 같아지는 부분으로, 압연재 속도와 롤의 회전 속도가 같아지고 가장 많은 압력을 받게 되는 지점이다.

33 압연기의 구동 설비에 해당되지 않는 것은?

① 하우징
② 스핀들
③ 감속기
④ 피니언

해설
압연구동 설비

모터(동력발생) → 감속기(회전수 조정) → 피니언(동력분배) → 스핀들(동력전달)

• 모터 : 압연기의 원동력을 발생시키는 설비로 일반적으로 직류전동기가 이용되며, 속도의 조정이 필요하지 않을 때는 3상 교류전동기를 사용

• 감속기 : 모터에서 발생된 동력을 압연기의 종류에 맞는 힘과 속도로 바꿔 주는 설비

• 피니언 : 동력을 각 롤에 분배하는 설비

• 스핀들 : 피니언과 롤을 연결하여 동력을 전달하는 설비

34 압연재의 입측 속도가 3.0m/s, 작업 롤의 주속도가 4.0m/s, 압연재의 출측 속도가 4.5m/s일 때 선진율은?

① 12.5%
② 25.0%
③ 33.3%
④ 50.0%

해설

$$\text{선진율(\%)} = \frac{\text{출측 속도} - \text{롤의 속도}}{\text{롤의 속도}} \times 100$$

$$= \frac{4.5 - 4.0}{4.0} \times 100 = 12.5\%$$

35 연속 풀림로에서 스트립의 온도가 가장 높은 구간은?

① 예열대　　　　② 균열대
③ 서랭대　　　　④ 가열대

해설

가열대의 온도가 가장 높다.

노부	역할
예열대 (PHS)	가열대에서의 배기가스에 의하여 승온된 공기를 스트립에 불어 주어 약 150℃까지 예열하는 설비
가열대 (HS)	코크스가스(COG)를 연소하여 적열시킨 라디안트 튜브(Radiant Tude)의 복사열에 의하여 700~850℃까지 스트립을 승온하는 설비
균열대 (SS)	열손실분을 보충하여 스트립을 균열하는 설비
서랭대 (SCS)	냉각 가스를 스트립에 불어 주어 스트립을 100~200℃ 정도 서랭하는 설비
급랭대 (RCS)	냉각 가스를 스트립에 불어 주는 가스 제트(Gas Jet)와 냉각 롤에 의하여 냉각하는 설비
과시효대 (OAS)	히터에 의하여 열손실분을 보충하여 스트립을 과시효하는 설비
최종 냉각대 (FCS)	냉각 가스를 스트립에 불어 주는 가스 제트에 의하여 목표 온도 200℃ 정도까지 냉각하는 설비
수랭각대 (WQ)	물에 의하여 상온 정도까지 스트립을 냉각하는 설비

36 6단 압연기에 사용되는 중간 롤의 요구 특성을 설명한 것 중 틀린 것은?

① 내마모성이 우수해야 한다.
② 전동 피로 강도가 우수해야 한다.
③ 작업 롤의 표면을 손상시키지 않아야 한다.
④ 배럴부 표면에 소성유동을 발생시켜야 한다.

해설

롤의 특성
- 작업 롤(Work Roll) : 내균열성·내사고성, 경화 심도가 좋아야 한다.
- 중간 롤(Intermediate Roll) : 전동 피로 강도, 내마모성이 우수하고, 작업 롤의 표면 손상 및 배럴부 표면에 소성유동을 발생시키지 말아야 한다.
- 받침 롤(Back Up Roll) : 절손, 균열 손실에 대한 충분한 강도가 필요하고, 내균열성·내마멸성이 우수해야 한다.

37 공형의 구성 요건에 관한 설명 중 옳은 것은?

① 능률은 높아야 하나 실수율이 낮을 것
② 치수 및 형상이 정확해야 하나 표면상태는 나쁠 것
③ 압연 시 재료의 흐름이 불균일해야 하며 작업이 쉬울 것
④ 정해진 롤 강도, 압연 토크 및 롤 스페이스를 만족시킬 것

해설

공형의 구성 요건
- 치수 및 형상이 정확한 제품 생산이 가능할 것
- 표면결함 발생이 적을 것
- 최소의 비용으로 최대의 효과를 가질 것
- 압연 작업이 용이할 것
- 정해진 롤 강도, 압연 토크 및 롤 스페이스를 만족시킬 것
- 롤의 국부적 마모가 적을 것
- 압연된 제품의 내부 응력이 최소화될 것

38 냉연 강판의 전해청정 시 세정액으로 사용되지 않는 것은?

① 탄산나트륨　　　　② 인산나트륨
③ 수산화나트륨　　　　④ 올소규산나트륨

해설

청정 작업 관리
- 세정액 : 수산화나트륨($NaOH$), 규산나트륨($Na_2O \cdot SiO_2$), 올소규산나트륨($Na_3PO_4 \cdot 12H_2O$), 인산나트륨(Na_3PO_4)
- 세정 온도 : 온도가 높을수록 세정력은 향상되나, 기타 첨가물(계면 활성제 등)에 의해 영향이 달라질 수 있다.
- 세정 농도 : 농도가 높을수록 세정력은 향상되나, 보통 4% 이상이 되면 세정력은 크게 변하지 않는다.

39 열간압연과 냉간압연을 구분하는 기준이 되는 온도는?

① 소결 온도
② 큐리 온도
③ 재결정 온도
④ 용융 온도

해설

재결정 온도 이상에서의 가공은 열간가공, 이하에서의 가공은 냉간가공이다.

40 냉간압연기의 종류 중 리버싱 밀(Reversing Mill)의 특징을 설명한 것 중 옳은 것은?

① 스탠드의 수가 3개 이상이다.
② 탠덤 밀에 비해 저속의 경우 사용한다.
③ 소형 로트의 경우 사용한다.
④ 스트립의 진행 방향은 가역식이다.

해설

구분	가역식 압연기 (Reversing Mill)	연속식 압연기 (Tandem Mill)
구조		
스탠드 수	1개	3개 이상
스트립 진행 방향	양방향	한방향
설비비	낮다.	높다.
압연속도	저속(500mpm 이하)	고속(500mpm 이상)
생산성	낮다.	높다.
작업성	비능률적	능률적
융통성	다품종 소량생산	소품종 대량생산
원가	높다.	낮다.

41 열간압연에서의 변형 저항 인자로 가장 거리가 먼 것은?

① 온도
② 변형 속도
③ 전후방 인장
④ 압연재의 폭

해설

변형 저항에 영향을 주는 요소
• 압연 속도가 빨라지면 증가한다.
• 롤경이 커지면 증가한다.
• 소재의 높이가 작아지면 증가한다.
• 압연 온도가 상승하면 감소한다.

42 냉간압연에서 압연유 사용 효과가 아닌 것은?

① 흡착 효과
② 냉각 효과
③ 윤활 효과
④ 압하 효과

해설

압연유의 작용
• 감마작용(마찰저항 감소)
• 냉각작용(열방산)
• 응력분산작용(힘의 분산)
• 밀봉작용(외부 침입 방지)
• 방청작용(스케일 발생 억제)

43 열간압연 공정을 순서대로 옳게 배열한 것은?

① 소재가열 → 사상압연 → 조압연 → 권취 → 냉각
② 소재가열 → 조압연 → 사상압연 → 냉각 → 권취
③ 소재가열 → 냉각 → 조압연 → 권취 → 사상압연
④ 소재가열 → 사상압연 → 권취 → 냉각 → 조압연

해설

열간압연 공정 순서
슬래브 → 가열로 → 스케일 제거 → 조압연기 → 다듬질 압연기 → 냉각 → 권취기 → 절단 또는 조질 압연기 → 열연 코일

44 열연 코일 제조공정에서 롤 크라운에 의한 제품두께 변동 중 보디 크라운(Body Crown)이 발생 원인은?

① 롤의 휨
② 슬래브의 편열
③ 롤의 이상 마모
④ 롤의 평행도 불량

압연 중 롤의 휨(Bending)에 의해 판 크라운이 발생하게 되는데, 롤의 휨을 예상하여 미리 롤에 크라운을 주면 판 크라운을 예방할 수 있다.
• 롤 크라운(Roll Crown) : 롤의 중앙부 지름과 양 끝지름의 차
• 판 크라운(Plate Crown) : 소재단면의 중앙부 지름과 양 끝지름의 차
• 폭 방향 크라운의 종류
 − 보디 크라운 : 롤의 중앙부와 끝단부의 두께 차
 − 에지 드롭 : 롤의 끝단부 두께 차
 − 웨지 : 롤 양단의 두께 차
 − 하이 스폿 : 롤 일부분에 돌출되어 있는 부분

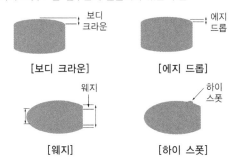

[보디 크라운]   [에지 드롭]

[웨지]   [하이 스폿]

45 압연력을 줄이기 위한 효과적인 방법이 아닌 것은?

① 고온에서 압연한다.
② 지름이 큰 롤로 압연한다.
③ 1회 압연당 압하량을 줄여 압연한다.
④ 판재에 수평적인 인장력을 가해 압연한다.

지름이 큰 롤을 사용하면 압하량 및 압하율이 커진다.

46 강편의 내부결함이 아닌 것은?

① 파이프
② 공형 흠
③ 성분편석
④ 비금속 개재물

• 표면결함 : 스케일, 덴트, 딱지 흠, 롤 마크, 릴 마크, 긁힌 흠, 곱쇠, 빌드 업, 이물 흠 등
• 내부결함 : 백점, 비금속 개재물, 편석, 파이프 등

47 냉연 강판의 평탄도 관리는 품질관리의 중요한 관리항목 중 하나이다. 평탄도가 양호하도록 조정하는 방법으로 적합하지 않는 것은?

① 롤 벤딩의 조절
② 압하 배분의 조절
③ 압연 길이의 조절
④ 압연 규격의 다양화

압연 규격의 다양화와 평탄도와는 관련 없다.

48 공형의 종류 중 강괴 또는 강편의 단면을 조형에 필요한 치수까지 축소시키는 공형은?

① 연신공형
② 조형공형
③ 사상공형
④ 리더(Leader)공형

연신공형 : 길이 방향으로 연신시킴으로써 강괴나 강편의 단면을 조형에 필요한 치수까지 맞추는 공형

49 중후판 압연에서 롤을 교체하는 이유로 가장 거리가 먼 것은?

① 작업 롤의 마멸이 있는 경우

② 롤 표면의 거침이 있는 경우

③ 귀갑상의 열균열이 발생한 경우

④ 작업 소재의 재질 변경이 있는 경우

해설

롤의 교체와 작업 소재의 재질 변경과는 관련 없다.

50 1패스로써 큰 압하율을 얻는 것으로 상하부 받침 롤러의 주변에 20~26개의 작은 작업 롤을 배치한 압연기는?

① 분괴 압연기

② 유성 압연기

③ 2단식 압연기

④ 열간 조압연기

해설

유성 압연기

지름이 큰 상하의 받침 롤의 주위에 다수의 지름이 작은 작업 롤을 베어링처럼 배치해서 작업 롤의 공전과 자전에 의해서 판재를 압연하는 구조로 되어 있다. 26개의 작업 롤이 계속해서 압연 작업을 하기 때문에 압하력이 강하므로 1회에 90% 정도의 큰 압연율을 얻을 수 있다.

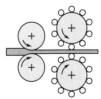

51 스핀들의 형식 중 기어 형식의 특징을 설명한 것으로 틀린 것은?

① 고 토크의 전달이 가능하다.

② 일반 냉간압연기의 등에 사용된다.

③ 경사각이 클 때 토크가 격감한다.

④ 밀폐형 윤활로 고속회전이 가능하다.

해설

스핀들의 종류

• 플렉시블(Flexible) 스핀들 : 높은 토크 전달이 가능하고, 진동·소음이 적으며, 급지가 필요 없음

• 유니버설(Universal) 스핀들 : 분괴, 후판, 박판압연기에 주로 사용

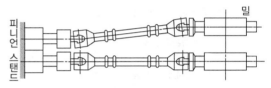

[유니버설 스핀들]

• 연결 스핀들 : 롤 축간 거리 변동이 작음

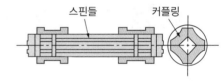

[연결 스핀들]

• 기어 스핀들 : 고속 압연기에 유리하고 밀폐되어 내부 윤활유를 유지함이 가능

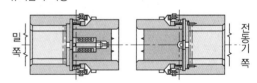

[기어 스핀들]

• 슬리브 스핀들 : 슬리브 베어링을 이용한 스핀들

52 풀림의 설비를 크게 입측, 중앙, 출측 설비로 나눌 때 입측 설비에 해당되는 것은?

① 루프 카
② 벨트 래퍼
③ 페이 오프 릴
④ 알칼리 스프레이 클리너

> **해설**
> **페이 오프 릴(Pay Off Reel)** : 운반된 코일을 풀어주는 설비

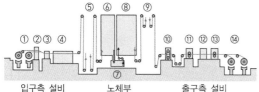

입구측 설비　　　노체부　　　출구측 설비

① No.1, No.2 페이 오프 릴
② 더블 컷 시어
③ 웰더
④ 전해청정부
⑤ 입구측 루핑타워
⑥ 재결정 풀림 열처리로
⑦ 급랭 설비
⑧ 과시효 처리로
⑨ 출구측 루핑타워
⑩ 조질압연기
⑪ 사이드 트리머
⑫ 오일러
⑬ 드럼 시어
⑭ No.1, No.2 텐션 릴

53 열간 스카핑에 대한 설명 중 옳은 것은?

① 손질 깊이의 조정이 용이하지 않다.
② 산소소비량이 냉간 스카핑에 비해 적다.
③ 작업 속도가 느리고, 압연능률을 떨어뜨린다.
④ 균일한 스카핑은 가능하나 평탄한 손질면을 얻을 수 없다.

> **해설**
> **열간 스카핑**
> • 산소소비량이 냉간 스카핑에 비해 적게 소모된다.
> • 균일한 스카핑이 가능하다.
> • 손질 깊이 조절이 용이하다.
> • 작업 속도가 빠르고 압연능률을 저하시키지 않는다.

54 정정 라인(Line)의 기능 중 경미한 냉간압연에 의해 평탄도, 표면 및 기계적 성질을 개선하는 설비는?

① 산세 라인(Line)
② 시어 라인(Shear Line)
③ 슬리터 라인(Slitter Line)
④ 스킨패스 라인(Skin Pass Line)

> **해설**
> • 스킨패스 라인
>   – 평탄도의 교정
>   – 기계적 성질의 개선
>   – 표면 성상의 개선
> • 슬리터 라인 : 스트립의 종방향으로 분할하여 폭이 좁은 코일 제작
> • 시어 라인
>   – 판재의 길이를 정해진 수치로 절단
>   – 소재 선후단의 형상불량부 제거
>   – 후공정의 미스 롤(Miss Roll) 발생 시 크롭

55 감전 재해 예방 대책을 설명한 것 중 틀린 것은?

① 전기 설비 점검을 철저히 한다.
② 이동전선은 지면에 배선한다.
③ 설비의 필요한 부분은 보호 접지를 실시한다.
④ 충전부가 노출된 부분에는 절연 방호구를 사용한다.

> **해설**
> 이동전선을 지면에 배선하면 물이 고일 경우 위험하다.

56 윤활유의 작용에 해당되지 않는 것은?

① 밀봉작용　　② 방수작용

③ 응력분산작용　　④ 발열작용

해설

윤활의 목적

· 감마작용 : 마찰을 적게 하는 것으로 윤활의 최대 목적이다.

· 냉각작용 : 마찰에 의해 생긴 열을 방출한다.

· 밀봉작용 : 이물질의 침입을 방지한다.

· 방청작용 : 표면이 녹스는 것을 방지한다.

· 세정작용 : 불순물을 깨끗이 한다.

· 분산작용 : 가해진 압력을 분산시켜 균일한 압력이 가해지도록 한다.

· 방수작용 : 물의 침투를 방지한다.

57 대형 열연압연기의 동력을 전달하는 스핀들(Spindle)의 형식과 거리가 먼 것은?

① 기어 형식　　② 슬리브 형식

③ 플랜지 형식　　④ 유니버설 형식

해설

스핀들의 종류

· 플랙시블(Flexible) 스핀들 : 높은 토크 전달이 가능하고, 진동 · 소음이 적으며, 급지가 필요 없음

· 유니버설(Universal) 스핀들 : 분괴, 후판, 박판압연기에 주로 사용

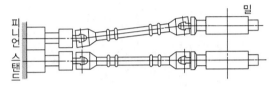

[유니버설 스핀들]

· 연결 스핀들 : 롤 축간 거리 변동이 작음

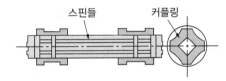

[연결 스핀들]

· 기어 스핀들 : 고속 압연기에 유리하고 밀폐되어 내부 윤활유를 유지함이 가능

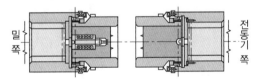

[기어 스핀들]

· 슬리브 스핀들 : 슬리브 베어링을 이용한 스핀들

58 사고 예방 대책의 기본 원리 5단계의 순서로 옳은 것은?

① 사실의 발견 → 분석평가 → 안전관리 조직 → 대책의 선정 → 시정책의 적용
② 사실의 발견 → 대책의 선정 → 분석평가 → 시정책의 적용 → 안전관리 조직
③ 안전관리 조직 → 사실의 발견 → 분석평가 → 대책의 선정 → 시정책의 적용
④ 안전관리 조직 → 분석평가 → 사실의 발견 → 시정책의 적용 → 대책의 선정

해설
사고 예방 대책 5단계
안전관리 조직 → 사실의 발견 → 분석 및 평가 → 대책의 선정 → 시정책의 적용(안전관리 조직이 먼저이고 예방 단계이므로 사실을 발견하면 그 후 대책을 세우게 된다)

59 권취 완료시점에 권취 소재 외경을 급랭시키고 권취기 내에서 가열된 코일을 냉각하기 위한 냉각 장치는?

① Track Spray(트랙 스프레이)
② Side Spray(사이드 스프레이)
③ Vertical Spray(버티컬 스프레이)
④ Unit Spray(유닛 스프레이)

해설
트랙 스프레이(Track Spray) : 권취 완료시점에 권취 소재 외경을 급랭시키고 권취기 내에서 가열된 코일을 냉각하기 위한 냉각장치

60 선재 공정에서 상부 롤의 직경이 하부 롤의 직경보다 큰 경우 그 이유는 무엇인가?

① 압연 소재가 상향되는 것을 방지하기 위하여
② 압연 소재가 하향되는 것을 방지하기 위하여
③ 소재의 두께 정도를 향상시키기 위하여
④ 롤의 원단위를 감소시키기 위하여

해설
• 롤의 크기와 소재의 변화
 - 소재는 롤의 회전수가 같을 때 롤의 지름이 작은 쪽으로 구부러진다.
 - 상부 롤 > 하부 롤 : 소재는 하향
 - 상부 롤 < 하부 롤 : 소재는 상향

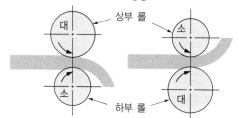

• 롤의 크기를 조절하지 않고 소재를 하향하는 방법
 - 소재의 상부 날판을 가열한다.
 - 소재의 하부 날판을 냉각한다.
 - 하부 롤의 속도보다 상부 롤의 속도를 크게 한다.

01 다음 중 경도가 가장 연하고 점성이 큰 조직은?

① 페라이트   ② 펄라이트
③ 시멘타이트   ④ 마텐자이트

해설
페라이트는 α고용체로 경도가 가장 연하고 점성이 크다.

02 니켈황동이라 하며 7-3황동에 7~30% Ni를 첨가한 합금은?

① 양백   ② 톰백
③ 네이벌황동   ④ 애드미럴티황동

해설
① 니켈황동(양은, 양백) : 7-3황동에 7~30% Ni를 첨가한 것으로 기계적 성질 및 내식성이 우수하여 정밀 저항기에 사용
② 톰백 : Zn을 5~20% 함유한 황동으로, 강도는 낮으나 전연성이 좋고, 색깔이 금색에 가까워 모조금이나 판 및 선 등에 사용
③ 네이벌황동 : 6-4황동에 1% 주석을 첨가한 황동으로 내식성 개선
④ 애드미럴티황동 : 7-3황동에 1% 주석을 첨가한 황동으로 내식성 개선

03 충격에너지(E) 값이 40kgf·m일 때 충격값(U)은?(단, 노치부의 단면적 0.8cm²이다)

① 0.8kgf·m/cm²   ② 5kgf·m/cm²
③ 25kgf·m/cm²   ④ 50kgf·m/cm²

해설
충격값 = (충격에너지)/(노치부 단면적) = 40/0.8 = 50

04 열처리에 있어서 담금질의 목적으로 옳은 것은?

① 연성을 크게 한다.
② 재질을 연하게 한다.
③ 재질을 단단하게 한다.
④ 금속의 조직을 조대화시킨다.

해설
담금질 : 경도 증가를 위한 열처리

05 탄소량의 증가에 따른 탄소강의 물리적·기계적 성질에 대한 설명으로 옳은 것은?

① 열전도율이 증가한다.
② 탄성계수가 증가한다.
③ 충격값이 감소한다.
④ 인장강도가 감소한다.

해설
탄소량이 증가할수록 강도는 증가하고 인성은 감소하므로 충격값은 감소한다.

1 ①   2 ①   3 ④   4 ③   5 ③   **정답**

06 다음의 희토류 금속원소 중 비중이 약 16.6, 용융점은 약 2,996℃이고, 150℃ 이하에서 불활성 물질로서 내식성이 우수한 것은?

① Se ② Te

③ In ④ Ta

해설

④ 탄탈륨(Ta) : 비중이 약 16.6으로 강과 비슷한 광택이 나고 알칼리에 침식되지 않는 내식성이 우수

① 셀레늄(Se) : 반금속

② 텔루륨(Te) : 반금속

③ 인듐(In) : 알루미늄족 원소

07 일반적으로 금속을 냉간가공하면 결정입자가 미세화되어 재료가 단단해지는 현상을 무엇이라고 하는가?

① 메짐 ② 가공저항

③ 가공경화 ④ 가공연화

해설

가공경화 : 재결정 온도 이하에서의 냉간가공으로 결정입자가 미세화되어 재료가 단단해지는 현상으로 강도와 경도를 증가시킨다.

08 자기 변태에 관한 설명으로 틀린 것은?

① 자기적 성질이 변한다.

② 결정격자의 변화이다.

③ 순철에서는 A_2로 변한다.

④ 점진적이고 연속적으로 변한다.

해설

• 자기 변태 : A_2 변태(768℃)로 α강자성 → α상자성으로 자기적 성질이 변하는 변태

• 동소 변태 : 결정격자가 변하는 변태

09 문쯔메탈(Muntz Metal)이라 하며 탈아연 부식이 발생하기 쉬운 동합금은?

① 6-4황동

② 주석청동

③ 네이벌황동

④ 애드미럴티황동

해설

• 문쯔메탈(Muntz Metal) : 6-4황동을 의미하고 열간가공이 가능하고 인장강도가 황동에서 최대

• 네이벌황동 : 6-4황동에 1% 주석을 첨가한 황동으로 내식성 개선

• 애드미럴티황동 : 7-3황동에 1% 주석을 첨가한 황동으로 내식성 개선

10 다음 중 전기 저항이 0(Zero)에 가까워 에너지 손실이 거의 없기 때문에 자기부상열차, 핵자기공명 단층 영상장치 등에 응용할 수 있는 것은?

① 제진합금 ② 초전도 재료

③ 비정질합금 ④ 형상기억합금

해설

② 초전도 재료 : 전기 저항이 0(Zero)에 가까워 에너지 손실이 거의 없는 재료

① 방진합금(제진합금) : 편상흑연주철(회주철)의 경우 편상 흑연이 분산되어 진동감쇠에 유리하고 이외에도 코발트-니켈 합금 및 망간구리합금도 감쇠능이 우수

③ 비정질합금 : 금속을 용융상태에서 초고속 급랭하여 만든 재료로 결정이 되어 있지 않은 상태이며, 인장강도와 경도를 크게 개선시킨 합금. 내마모성도 좋고 고저항에서 고주파 특성이 좋으므로 자기헤드 등에 사용

④ 형상기억합금 : Ti-Ni계 합금

11 Ni-Fe계 합금으로서 36% Ni, 12% Cr, 나머지는 Fe로서 온도에 따른 탄성률 변화가 거의 없어 고급 시계, 압력계, 스프링 저울 등의 부품에 사용되는 것은?

① 인바(Invar)

② 엘린바(Elinvar)

③ 퍼멀로이(Permalloy)

④ 플래티나이트(Platinite)

해설

② 엘린바(Elinvar) : Ni-Fe계 합금으로 탄성률이 매우 작은 합금

① 인바(Invar) : Ni-Fe계 합금으로 열팽창계수가 작은 불변강

③ 퍼멀로이(Permalloy) : Ni-Fe계 합금으로 투자율이 큰 자심 재료

④ 플래티나이트(Platinite) : Ni-Fe계 합금으로 열팽창계수가 작은 불변강으로 백금 대용으로 사용

12 저용융점 합금은 약 몇 ℃ 이하의 용융점을 갖는 가?

① 250℃   ② 350℃

③ 450℃   ④ 550℃

해설

저용융점 합금 : 약 250℃ 이하에서 녹는점을 갖는 합금으로 땜납 (Pb-Sn합금)보다 녹는점이 낮은 Pb, Bi, Sn, Cd, In 등의 공정형 합금

13 선의 용도와 명칭이 잘못 짝지어진 것은?

① 숨은선 – 파선

② 지시선 – 일점 쇄선

③ 외형선 – 굵은 실선

④ 파단선 – 지그재그의 가는 실선

해설

• 지시선 : 가는 실선

• 일점 쇄선 : 중심선, 기준선, 피치선

14 다음 중 가공방법과 기호가 잘못 짝지어진 것은?

① 연삭 – G

② 주조 – C

③ 다듬질 – F

④ 프레스 가공 – S

해설

프레스 가공 : P

15 축척 중 현척에 해당되는 것은?

① 1 : 1   ② 1 : 2

③ 1 : 10   ④ 20 : 1

해설

• 현척(1 : 1)

• 뒤의 숫자가 실물의 크기(기준)이므로 축척은 앞의 숫자가 더 작고 배척은 뒤의 숫자가 더 작음

16 도면의 분류 중 사용 목적과 내용에 따라 분류할 때 사용목적에 해당되는 것은?

① 조립도   ② 설명도

③ 공정도   ④ 부품도

해설

설명도 : 물체의 구조 및 기능을 설명하기 위한 목적으로 만든 도면

11 ② 12 ① 13 ② 14 ④ 15 ① 16 ② **정답**

17 핸들, 바퀴의 암, 레일의 절단면 등을 그림처럼 90° 회전시켜 나타내는 단면도는?

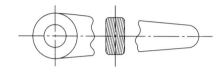

① 전단면도   ② 한쪽 단면도

③ 부분 단면도   ④ 회전도시 단면도

해설

④ 회전도시 단면도 : 핸들이나 바퀴 등의 암 및 림, 리브, 훅, 축, 구조물의 부재 등의 절단면을 90° 회전하여 표시
① 전단면도 : 물체를 한 평면의 절단면으로 절단, 물체의 기본적인 모양을 가장 잘 표시한 단면도
② 반단면도(한쪽 단면도) : 외형도의 절반만 절단하여 반은 외형도, 반은 단면도를 그려서 동시에 표시
③ 부분 단면도 : 필요로 하는 물체의 일부만을 절단, 경계는 자유실선의 파단선으로 표시한 단면도

18 치수기입의 원칙에 대한 설명으로 옳은 것은?

① 치수는 될 수 있는 한 평면도에 기입한다.
② 관련되는 치수는 될 수 있는 대로 한 곳에 모아서 기입하여야 한다.
③ 치수는 계산하여 확인할 수 있도록 기입해야 한다.
④ 치수는 알아보기 쉽게 여러 곳에 같은 치수를 기입한다.

해설

① 치수는 가능한 정면도에 기입한다.
③ 치수는 추가로 계산하지 않도록 기입하는 것이 좋다.
④ 치수는 가능한 중복기입은 피한다.

19 도면 중 Ⓐ로 표시된 대각선이 의미하는 것은?

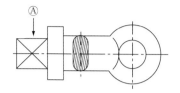

① 보통가공 부분이다.
② 정밀가공 부분이다.
③ 평면을 표시한다.
④ 열처리 부분이다.

해설

도면에서의 대각선 표시는 평면을 나타낸다.

20 물체를 제3면각 안에 놓고 투상하는 방법으로 옳은 것은?

① 눈 → 투상면 → 물체
② 눈 → 물체 → 투상면
③ 투상면 → 눈 → 물체
④ 투상면 → 물체 → 눈

해설

• 제1각법 : 물체를 1면각에 놓는다. 눈 → 물체 → 투상면
• 제3각법 : 물체를 3면각에 놓는다. 눈 → 투상면 → 물체

21 한국산업표준에서 보기의 의미를 설명한 것 중 틀린 것은?

> ┌ 보기 ┐
> KS D 3752에서의 SM 45C

① SM 45C에서 S는 강을 의미한다.
② KS D 3752는 KS의 금속부문을 의미한다.
③ SM 45C에서 M은 일반 구조용 압연재를 의미한다.
④ SM 45C에서 45C는 탄소함유량을 의미한다.

해설
SM에서 M은 기계구조용을 의미한다.

22 미터보통나사를 나타내는 기호는?

① S　　　　　② R
③ M　　　　　④ PT

해설
• 미터보통나사 : M
• 미니어처나사 : S
• ISO 규격 있는 관용테이퍼나사 : R
• ISO 규격 없는 관용테이퍼나사 : PT

23 그림의 테이퍼가 1/10일 때 X의 값은?

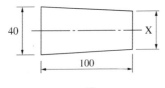

① 20　　　　　② 30
③ 40　　　　　④ 50

해설
테이퍼 = (큰면 길이 − 작은면 길이) / 길이

24 정투상도에서 정면도로 선정되는 면으로 옳은 것은?

① 동물, 자동차의 정면을 선택한다.
② 눈으로 볼 수 있는 아무런 면이나 선택한다.
③ 모양이 복잡하여 표현하기 어려운 면을 선택한다.
④ 물체의 모양과 특성을 가장 잘 나타낼 수 있는 면을 선택한다.

해설
정면도는 물체의 특성을 잘 나타내는 곳으로 선정한다.

25 공형 구성 요건에 맞지 않는 것은?

① 능률과 실수율이 좋을 것
② 압연할 때 재료의 흐름이 균일하고 작업이 쉬울 것
③ 제품의 형상, 치수가 정확하고 표면 상태가 좋을 것
④ 롤이 내식성을 지녀야 하며, 스페이스가 없을 것

해설
공형의 구성 요건
• 치수 및 형상이 정확한 제품 생산이 가능할 것
• 표면결함 발생이 적을 것
• 최소의 비용으로 최대의 효과를 가질 것
• 압연 작업이 용이할 것
• 정해진 롤 강도, 압연 토크 및 롤 스페이스를 만족시킬 것
• 롤의 국부적 마모가 적을 것
• 압연된 제품의 내부 응력이 최소화될 것

26 열연공장(Hot Strip Mill)에서 제품의 품질(치수, 재질, 형상 등)을 확보하면서 생산성을 높이기 위하여 채용하는 제어방법과 거리가 가장 먼 것은?

① 온도제어
② 회피제어
③ 속도제어
④ 위치제어

해설
열연공장에서 제품의 품질을 확보하기 위한 제어방법은 온도제어, 속도제어, 위치제어가 있다.

27 압연 방향에 단속적으로 생기는 얕고 짧은 형상의 흠은?

① 부품
② 연와 흠
③ 선상 흠
④ 파이프 흠

해설
③ 선상 흠 : 압연 방향에 단속적으로 나타나는 얕고 짧은 형상의 흠
② 연와 흠 : 내화물 파편이 용강 내에 혼입 또는 부착되어 생긴 흠
④ 파이프 흠 : 전단면에 선 모양 혹은 벌어진 상태로 나타난 파이프 모양의 흠

28 냉간판압연에서 조질압연(Skin Pass)의 목적이 아닌 것은?

① 형상 교정
② 폭의 감소
③ 표면 상태의 개선
④ 스트레처 스트레인 방지

해설
조질압연(Skin Pass Mill)
• 정의 : 소둔 직후의 항복점 연신으로 인한 Stretcher Strain의 발생을 막기 위해 1~3%의 압하량으로 압연을 실시하는 공정
• 조질압연의 목적
  – 형상 개선(평탄도의 교정)
  – 표면 성상의 개선 : 조도에 따라 거친 표면(Dull), 매끄러운 표면(Bright)으로 구분
  – 스트레처 스트레인 방지(기계적 성질의 개선) : 곱쇠(Coil Break) 결함 제거

29 중후판 소재의 길이 방향과 소재의 강괴축이 직각되는 압연 작업으로 제품의 폭 방향과 길이 방향의 재질적인 방향성을 경감할 목적으로 실시하는 것은?

① 크로스 롤링
② 완성압연
③ 컨트롤드 롤링
④ 스케일 제거작업

해설
① 크로스 롤링 : 4단 롤에서 상하 롤의 방향을 비스듬히 하여 구동하는 압연방법
② 완성압연 : 완제품의 모양과 치수로 만드는 압연방법
③ 컨트롤드 롤링 : 제어압연이라고도 하며 열간압연 조건을 냉각 제어하여 조직을 미립화하는 압연법

30 냉간압연에 비교한 열간압연의 장점이 아닌 것은?

① 가공이 용이하다.

② 제품의 표면이 미려하다.

③ 소재 내부의 수축공 등이 압착된다.

④ 동일한 압하율일 때 압연동력이 적게 소요된다.

해설

열간압연의 특징

• 재결정 온도 이상에서 압연을 진행하므로 비교적 작은 롤 압연으로도 큰 변형가공이 가능하다.

• 열간 Strip 압연은 큰 강판에서 박관 Strip까지 1회의 작업으로 만들어 낼 수 있고, 취급 단위가 크며 압연공정이 연속적이고 단순하다.

• 압연이 극히 고(高)속도로 행해짐에 따라 시간당 생산량이 크다.

• 산화발생으로 표면이 미려하지 못하다.

• 낮은 강도로 제품을 얇게 만들기 어렵다.

31 압연작업 대기 중인 원판의 규격이 두께 2.05mm× 폭 914mm를 ϕ380mm 롤을 사용하여 1.34mm로 압연하는 경우 접촉투영 면적은?(단, 폭의 변동은 없다고 가정한다. 소수점 둘째 자리에서 반올림하여 계산하시오)

① 약 5,301mm^2

② 약 10,602mm^2

③ 약 15,012mm^2

④ 약 21,204mm^2

해설

• 롤의 접촉투영면적 = 판의 폭 × 접촉호의 투영길이

• 접촉호의 투영길이 = $\sqrt{R(h_0 - h_f)}$

여기서, R : 롤의 반경

h_0 : 판의 초기 두께

h_f : 판의 나중 두께

• 롤의 접촉투영면적 $= 914 \times \sqrt{190 \times (2.05 - 1.34)}$

$= 914 \times 11.6 = 10,602\,\mathrm{mm}^2$

32 압연유의 구비조건 중 틀린 것은?

① 냉각성이 클 것

② 세정성이 우수할 것

③ 마찰계수가 작을 것

④ 유막강도가 작을 것

해설

압연유의 작용

• 감마작용(마찰저항 감소)

• 냉각작용(열방산)

• 응력분산작용(힘의 분산)

• 밀봉작용(외부 침입 방지)

• 방청작용(스케일 발생 억제)

33 섭씨 30℃는 화씨 몇 °F인가?

① 32   ② 43.1

③ 68   ④ 86

해설

• 화씨(°F) = (섭씨 + 40) × 1.8 − 40 = 86

• 섭씨(℃) = (화씨 + 40)/1.8 − 40

34 표면처리 강판을 화성처리 강판과 유기도장 강판으로 나눌 때 화성처리 강판에 해당되는 것은?

① 착색 아연도 강판

② 냉연 컬러 강판

③ 염화 비닐 강판

④ 인산염처리 강판

해설

• 화성처리 강판 : 인산염처리 강판, Tin Free 강판

• 유기도장 강판 : 착색 아연도 강판, 냉연 컬러 강판, 염화 비닐 강판

• 도금 강판 : 아연도금 강판, 전기 아연도금 강판, 알루미늄도금 강판, 석도금 강판 등

35 냉간압연제품의 결함 중 형상결함과 관계 깊은 것은?

① 빌드 업
② 채터 마크
③ 판 앞뒤부분 치수 불량
④ 정산 압연부 두께 변동

냉연 강판 결함종류
• 표면결함 : 스케일(선상, 점상), 딱지 흠, 롤 마크, 릴 마크, 이물 흠, 곱쇠, 톱귀, 귀터짐 등
• 재질결함 : 결정립조대, 이중판, 가공크랙, 경도 불량
• 형상결함 : 빌드 업, 평탄도 불량(중파, 이파), 직선도 불량, 직각도 불량, 텔레스코프

37 압연 시 접촉각을 α_1이라 할 때 접촉각과 롤 지름 (d) 및 압하량(Δh)과의 관계로 옳은 것은?

① $\cos \alpha_1 = 1 - \dfrac{\Delta h}{d}$

② $\cos \alpha_1 = \dfrac{\Delta h}{d} - 1$

③ $\sin \alpha_1 = 1 - \dfrac{\Delta h}{d}$

④ $\sin \alpha_1 = \dfrac{\Delta h}{d} - 1$

접촉각과 롤 및 압하량과의 관계 : $\cos \alpha_1 = 1 - \dfrac{\Delta h}{d}$

38 압연기에서 재료의 통과 속도가 증가할 때 미치는 영향으로 옳은 것은?

① 마찰계수가 증가한다.
② 재료의 온도가 증가한다.
③ 재료의 유동응력이 감소한다.
④ 공구와 재료계면에서의 윤활성이 감소한다.

롤의 속도가 커지면 마찰계수는 작아지나 재료의 온도는 올라간다.

36 과잉공기계수(공기비)가 2.0이고, 이론 공기량이 9.35m³/kg일 때 실제 공기량(m³/kg)은?

① 8.4
② 12.6
③ 16.7
④ 18.7

실제 공기량 = 이론 공기량 × 과잉공기계수(공기비)
= 9.35 × 2.0 = 18.7m³/kg

39 단면 압하율을 크게 할 수 있으며 주로 소형 환봉 압연에 적합하고 타원형의 형상이 다음의 공형에 몰려 들어갈 때 소재를 90° 회전시키는 공형의 형식은?

① Box 공형
② Diamond 공형
③ Oval-square 공형
④ Horizontal 공형

Oval은 타원형상이라는 의미이다.

40 청정설비에서의 세정방법 중 화학적 세정방법이 아닌 것은?

① 용제 세정　　② 알칼리 세정
③ 초음파 세정　④ 계면 활성제 세정

해설
• 화학적 세정방법 : 용제 세정, 유화 세정, 계면 활성제 세정, 알칼리 세정 등
• 물리적 세정방법 : 전해 세정, 초음파 세정, 브러시 세정, 스프레이 세정 등

41 롤 크라운 제어에 있어서 그 응답성을 높이기 위해 작업 롤(Work Roll) 자신을 유압에 의해 강제적으로 구부려서 크라운을 변하게 하는 방식으로 가장 적합한 것은?

① 롤 벤딩 방식(Roll Bending)
② 열 크라운 방식(Thermal Crown)
③ 탠덤 크라운 방식(Tandem Crown)
④ 냉각수 크라운 방식(Coolant Crown)

해설
롤 벤더(Roll Bender)
• 유압 밸런스 실린더를 통해 압연 중 발생하는 롤의 휨을 유압으로 상하 실린더를 통하여 휨을 교정하는 장치
• 다음 그림과 같이 벤더를 증가시키면 크라운(Crown)은 감소하고, 벤더를 감소시키면 크라운은 증가

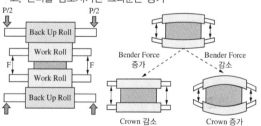

42 압연재가 롤 사이로 들어가면 압연기, 롤, 초크 등의 탄성변형 때문에 롤 간극의 증가가 생기는 것은?

① 패스　　　② 압연 변형
③ 압연 방향　④ 밀 스프링

해설
밀 스프링(밀 정수, Mill Spring)
• 정의 : 실제 만들어진 판 두께와 Indicator 눈금과의 채(실제 값과 이론 값의 차이)
• 원인
　– 하우징의 연신 및 변형, 유격
　– 롤의 벤딩
　– 롤의 접촉면의 변형
　– 벤딩의 여유
※ 하우징(Housing)은 작업 롤, 백업 롤을 포함하여 압연기를 구성하는 모든 설비를 구성 및 지지하는 단일체로 압연재의 재질, 치수, 온도, 압하하중을 고려하여 설계해야만 밀 정수 등을 예측할 수 있다.

43 냉연 강판의 일반적인 세정 공정 작업의 순서로 옳은 것은?

① 알칼리액 침적 → 스프레이 → 전해 세정 → 건조 → 수세
② 알칼리액 침적 → 스프레이 → 브러싱 → 전해 세정 → 수세 → 건조
③ 전해 세정 → 스프레이 → 브러싱 → 알칼리액 침적 → 수세 → 건조
④ 전해 세정 → 스프레이 → 알칼리액 침적 → 브러싱 → 건조 → 수세

해설
청정 작업 순서 : POR → 용접기 → 알칼리 세정 → 스프레이 → 브러싱 → 전해 세정 → 수세 → 건조 → TR

44 어떤 주어진 압연조건에서 더 이상 압연할 수 없는 두께의 한계가 존재하게 된다. 그 한계 두께에 대한 설명으로 틀린 것은?

① 한계 두께는 롤의 탄성계수에 비례한다.
② 한계 두께는 롤의 반경에 비례한다.
③ 한계 두께는 재료의 흐름 응력에 비례한다.
④ 한계 두께는 마찰계수에 비례한다.

해설
한계 두께는 재료의 소성 물성치(흐름 응력 = 유동 응력)와 연관 있으나 롤의 물성치(탄성계수)와는 연관 없다.

45 압연 시 제품의 캠버(Camber)와 관계없는 것은?

① 롤 갭 차이
② 소재의 두께 차
③ 롤의 회전속도
④ 소재의 온도 차

해설
롤 캠버(Camber)는 소재의 온도 차, 소재의 두께 차, 롤 축의 경사와 관련 있다.
캠버(Camber) : 직각도 불량이라 하며 압연 중 압연 소재가 판의 폭 방향으로 연신율차를 일으켜 압연판이 평면상에서 좌우로 휘게 되는 현상이다.

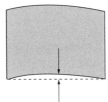

46 냉간압연된 재료의 성질 변화를 설명한 것 중 옳은 것은?

① 냉간 가공도가 커지면 항자력이 감소한다.
② 냉간 가공도가 커지면 전기투자율이 증가한다.
③ 냉간 가공도가 커지면 가공경화는 증가한다.
④ 냉간 가공도가 커지면 전기전도율이 증가한다.

해설
냉간 가공도가 커질수록 가공경화가 증가하여 경도 및 항복강도가 증가한다.

47 판의 두께를 계측하고 롤의 열리는 정도를 조작하는 피드백 제어 등을 하는 장치는?

① CPC(Card Programmed Control)
② APC(Automatic Preset Control)
③ AGC(Automatic Gauge Control)
④ ACC(Automatic Combustion Control)

해설
자동 두께 제어(AGC ; Automatic Gauge Control)
• 압연 중 스트립 두께 변동을 검출하기 위한 장비로, 스크루 다운 블록(Screw Down Block) 하단에 설치된 로드 셀(Load Cell)에 의해 압연의 압력 변화를 검출하여 현재 위치를 탐지한 후 F7 후면에 설치된 X-Ray가 판 두께를 측정해 이 신호를 기반으로 압하 스크루를 자동 제어하여 스트립의 두께를 목표 두께로 제어하는 장치
• AGC 설비
  - 스크루 다운(Screw Down) : AGC 유지 컨트롤과 병행하여 롤 갭 설정
  - 상부 빔(Top Beam) : 압연 소재의 두께에 따라 유압으로 롤 갭을 설정하는 장치
  - 하부 빔(Bottom Beam) : 빔 상부에 백업 롤 및 슬래드(Sled)를 안착하는 지지대
  - 스크루 업(Screw Up) : 내부에 로드 셀(Load Cell)이 내장되어 롤이 받는 힘을 검출하며 압연 패스 라인(Pass Line)을 조정

48 냉간압연 시 압연(Pass) 횟수가 증가해서 총 압하율이 커지면 압연을 지속하기 어려워지는데 이것은 압연 중 어떤 현상 때문에 발생하는가?

① 고용강화 　　　② 가공경화
③ 분신강화 　　　④ 금속간 화합물

해설

냉간압연 시 압연 횟수가 많을수록 가공경화로 가공에 대한 저항력이 강해져 다음 압연에 더 큰 압하력이 필요하게 된다.

49 라운드식 3단 압연기에서 상하 롤의 직경에 비하여 가운데 롤의 직경은?

① 동일하게 한다.
② 작게 한다.
③ 크게 한다.
④ 소재에 따라 다르다.

해설

3단 압연기 : 동시에 2단 압연기 2대의 기능을 수행하는 압연기로 가운데 롤의 직경은 상대적으로 작다.

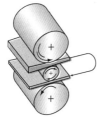

50 금속형에 주입하여 표면을 급랭하고 표면에서 깊이 25~40mm 부근은 백선화하고 내부를 펄라이트조직으로 만든 롤은?

① 강 롤 　　　　② 샌드 롤
③ 칠드 롤 　　　④ 애드마이트 롤

해설

칠드 롤 : 주물의 일부 표면에 금형을 넣어 급랭하여 백선화하여 경도를 높인 롤

51 열연 공장의 연속압연기 각 스탠드 사이에서 압연재 장력을 제어하기 위한 설비는?

① 피니언(Pinion) 　　② 루퍼(Looper)
③ 스핀들(Spindle) 　　④ 스트리퍼(Stripper)

해설

② 루퍼 : 소재의 전후 밸런스 조절 장치
① 피니언 : 전동기 동력을 각 롤에 분배하여 주는 장치
③ 스핀들 : 전동기로부터 피니언과 롤을 연결하여 동력을 전달하는 장치
④ 스트리퍼 : 압연재 유도 설비

52 규정된 제품의 치수로 압연하여 재질의 특성에 맞는 형상으로 마무리하는 압연 설비는?

① 조압연 　　　　② 대강압연기
③ 분괴압연기 　　④ 사상압연기

해설

• 사상압연 : 조압연에서 작업된 슬래브를 수요자가 원하는 최종 치수로 압연하여 재질의 특성에 맞는 형상으로 제조하는 공정
• 조압연 : 마무리 공정에서 작업이 가능하도록 슬래브의 두께를 감소시키고 슬래브 폭을 수요자가 원하는 폭으로 압연

53 재료를 냉간압연하면 재료는 변형되어 강도가 높아지고 가공성이 나쁘게 된다. 이런 재료를 고온(高溫)에서 일정시간 가열하여 가공성을 좋게 하는 냉연 설비는?

① 산세 설비　　　　② 청정 설비
③ 풀림 설비　　　　④ 조절 설비

해설
풀림 설비는 담금질 혹은 가공경화로 재료의 강도가 높아진 경우 일정한 온도로 가열하여 서서히 식힘으로써 내부 조직을 고르게 하고 내부 응력을 제거하는 열처리 공정이다.

54 압연기 구성부위 중 롤을 지지하며 압연재의 재질, 치수, 온도, 압하율 등을 고려하여 압하하중을 결정하여 설계하는 것은?

① 롤 넥　　　　　② 하우징
③ 롤 초크　　　　④ 스크루 다운

해설
하우징 : 롤, 베어링을 지지하는 주물로 이루어진 본체로써 압연 롤을 수용하는 구조물

55 화학물질 취급 장소의 유해·위험 경고 이외의 위험경고, 주의 표지 또는 기계 방호물에 사용되는 색채는?

① 파랑　　　　　② 흰색
③ 노랑　　　　　④ 녹색

해설
• 녹색 : 안내
• 적색 : 금지
• 청색 : 지시
• 노란색 : 주의, 경고

56 연속주조기에서 나온 압연소재를 냉각 후 다시 가열하여 압연하는 기존 열간압연 방식과 달리 열간 상태의 소재를 바로 압연하는 방식은?

① HDR(Hot Direct Rolling)
② HCR(Hot Charged Rolling)
③ HBI(Hot Briquetted Iron)
④ DRI(Direct Reduction Iron)

해설
• HDR(직송압연) : 압연소재를 냉각 없이 바로 압연하는 방식
• HCR(Hot Charged Rolling) : 열편장입 압연한 것으로, 연주에서 고온 빌릿(Billet)의 현열을 이용하여 가열로에서의 활성에너지를 도모할 수 있는 압연공정
• HBI 또는 DRI : 제련과정을 거치지 않고 철광석을 철로 변화하여 생성한 물질로 고체의 철을 만들게 된다.

57 3단 압연기에서 압연재를 들어 올려 롤과 중간 롤 사이를 패스 한 후 압연재를 들어 올려 중간 롤과 상부 롤 사이로 넣기 위한 장치는?

① 틸팅 테이블
② 컨베어 테이블
③ 반송용 롤러 테이블
④ 작업용 롤러 테이블

해설

리프팅 테이블과 틸팅 테이블

3단식 압연기에서 압연재를 하부 롤과 중간 롤 사이로 패스한 후, 다음 패스를 위하여 압연재를 들어 올려 중간 롤과 상부 롤 사이로 넣는데 필요한 장치

• 리프팅 테이블 : 테이블이 평행으로 올라가는 설비
• 틸팅 테이블 : 어느 고정점을 기준으로 회전하여 필요한 위치로 올리는 설비

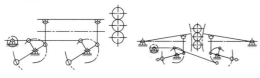

[리프팅 테이블]   [틸팅 테이블]

58 압연기에서 작업 롤의 지름을 크게 하는 목적은?

① 사용 동력을 작게 하기 위하여
② 롤의 강도를 감소시키기 위하여
③ 두꺼운 재료의 작업을 가능하게 하기 위하여
④ 아주 얇은 두께까지 압연을 가능하게 하기 위하여

해설

롤의 지름이 커질수록 하중에 따른 변형저항이 작아져 두꺼운 재료의 작업이 가능하게 된다.

59 열연 공장의 권취기 입구에서 스트립을 가운데로 유도하여 권취 중 양단이 들어가고 나옴이 적게 하여 권취 모양이 좋은 코일을 만들기 위한 설비는?

① 맨드릴(Mandrel)
② 핀치 롤(Pinch Roll)
③ 사이드 가이드(Side Guide)
④ 핫 런 테이블(Hot Run Table)

해설

권취설비

• 맨드릴(Mandrel) : 권취된 코일이 감기는 곳으로 맨드릴 경이 변화될 수 있도록 되어 있다.
• 핀치 롤(Pinch Roll) : 수평으로 진입해오는 스트립 선단을 밑으로 구부려 맨드릴에 스트립이 감기기 쉽게 함과 동시에 일정한 장력을 유지시켜 코일을 타이트하게 감기게 한다.
• 유닛 롤(Unit Roll) : 맨드릴 가이드와 더불어 스트립 선단을 맨드릴 주위에 유도하는 것과 동시에 스트립을 맨드릴에 눌러 스트립과 맨드릴 간의 마찰력을 발생시키는 역할을 한다.
• 사이드 가이드(Side Guide) : 스트립을 가운데로 유도하기 위해 사용하는 설비

60 압연공정의 안전관리에 관한 설명으로 틀린 것은?

① 돌출행동을 금한다.
② 안전화, 보안경 등을 착용한다.
③ 신체 노출이 없도록 복장을 단정히 한다.
④ 작업자의 위치는 압연의 진행 방향과 일직선으로 위치하도록 한다.

해설

작업자의 위치는 압연의 진행 방향과 직각이 되도록 한다.

01 철강의 냉간 가공 시에 청열메짐이 생기는 온도 구간이 있으므로 이 구간에서의 가공은 피해야 한다. 이 구간의 온도는?

① 약 100~210℃   ② 약 210~360℃

③ 약 420~550℃   ④ 약 610~730℃

해설

청열메짐(Blue Shortness) : 강이 약 210~360℃ 가열되면 경도, 강도가 최대로 되지만 연신율, 단면수축은 감소하여 메짐 현상이 일어나며, 이때 표면에는 인(P)에 의한 청색의 산화피막이 생성된다.

02 공업화의 사회생활의 변화에 따라 진동과 소음에 기인하는 공해가 급증하고 있다. 소음대책으로 볼 때 공기업의 진동을 열에너지로 변화시켜 흡수하는 재료는?

① 제진재료   ② 흡음재료

③ 방진재료   ④ 차음재료

해설

제진 및 방진은 진동을 감쇠를 의미하고 흡음은 소음을 흡수하는 것을 의미하며 차음은 소음을 차단하는 재료를 의미한다.

03 다음 중 연질 자성재료에 해당되는 것은?

① 센더스트   ② ND 자석

③ 알니코 자석   ④ 페라이트 자석

해설

① 센더스트 : 철–규소–알루미늄계 합금의 연질 자성재료
② ND 자석(네오디움 자석) : 높은 보자력과 내열성을 갖는 자성재료
③ 알니코 자석 : 철–알루미늄–니켈–코발트 합금으로 온도 특성이 뛰어난 자석
④ 페라이트 자석 : 철–망간–코발트–니켈 합금으로 세라믹자석이라고도 한다.

04 금속은 고체 상태에서 결정을 이루고 있으며, 결정입자는 규칙적으로 단위격자가 모여 그림과 같은 격자를 만든다. 이를 무엇이라고 하는가?

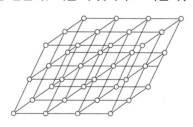

① 축각   ② 공간격자

③ 격자상수   ④ 충전격자

해설

공간격자 : 일정한 규칙에 따라 3차원 공간 내에 반복하여 배열되는 격자구조

05 베이나이트 조직은 강의 어떤 열처리로 얻어지는가?

① 풀림 처리
② 담금질 처리
③ 표면강화 처리
④ 항온 변태 처리

해설
베이나이트 처리 : 등온의 변태 처리

06 귀금속인 18K 금 제품의 순금함유량은 약 몇 %인가?

① 18%
② 24%
③ 75%
④ 100%

해설
14K 금은 순금함유량이 58.3%이고 18K 금은 순금함유량이 75%이다.

07 항복점이 일어나지 않는 재료는 항복점 대신 무엇을 사용하는가?

① 내력
② 비례한도
③ 탄성한도
④ 인장강도

해설
내력(Proof Stress)으로 항복점이 뚜렷하지 않은 재료의 경우 0.2% 변형률에서의 하중을 원래의 단면적으로 나눈 값을 사용한다.

08 60% Cu + 40% Zn으로 구성된 합금으로 조직은 $\alpha + \beta$이며, 인장강도는 높으나 전연성이 비교적 낮고, 열교환기, 열간 단조품, 볼트, 너트 등에 사용되는 것은?

① 문쯔메탈
② 길딩메탈
③ 모넬메탈
④ 콘스탄탄

해설
① 문쯔메탈(Muntz Metal) : 6-4황동으로 $\alpha + \beta$고용체이고 열간 가공이 가능하며 인장강도가 황동에서 최대
② 길딩메탈(Gilding Metal) : 5% Zn이 함유된 구리합금으로 화폐, 메달에 사용
③ 모넬메탈 : 니켈-구리계의 합금으로 Ni 60~70% 정도를 함유하고 내식성이 좋아 가스터빈과 같은 화학공업 등의 재료로 많이 사용
④ 콘스탄탄 : 구리-니켈 합금으로 전기저항이 온도에 거의 영향을 받지 않으므로 표준 전기저항선 및 열전대용 재료로 사용

09 베어링(Bearing)용 합금의 구비조건에 대한 설명 중 틀린 것은?

① 마찰계수가 적고 내식성이 좋을 것
② 하중에 견디는 내압력과 저항력이 클 것
③ 충분한 취성을 가지며 소착성이 클 것
④ 주조성 및 절삭성이 우수하고 열전도율이 클 것

해설
베어링용 합금은 취성보다는 인성이 필요하다.

10 불안정한 마텐자이트 조직에 변태점 이하의 열로 가열하여 인성을 증대시키는 등 기계적 성질의 개선을 목적으로 하는 열처리 방법은?

① 뜨임 ② 불림

③ 풀림 ④ 담금질

해설
① 뜨임 : 담금질 이후 A₁ 변태점 이하로 재가열하여 냉각시키는 열처리로 경도는 다소 작아질 수 있으나 인성을 증가시키는 열처리
② 불림 : 강을 오스테나이트 영역으로 가열한 후 공랭하여 균일한 구조 및 강도를 증가시키는 열처리
③ 풀림 : 시편을 오스테나이트와 페라이트보다 40℃ 이상에서 필요시간 동안 가열한 후 서랭하는 열처리
④ 담금질 : 강을 변태점 이상의 고온인 오스테나이트 상태에서 급랭하여 A₁ 변태를 저지하여 경도와 강도를 증가시키는 열처리

11 알칼리 및 알칼리토류군에 해당하는 재료는?

① 우라늄, 토륨 ② 나트륨, 세슘

③ 규소, 텅스텐 ④ 게르마늄, 몰리브덴

해설
알칼리금속 : 리튬(Li), 나트륨(Na), 칼륨(K), 루비듐(Rb), 세슘(Cs), 프랑슘(Fr)

12 가단주철의 일반적인 특징이 아닌 것은?

① 담금질경화성이 있다.

② 주조성이 우수하다.

③ 내식성, 내충격성이 우수하다.

④ 경도는 Si량이 적을수록 높다.

해설
가단주철
• 백주철의 열처리로 탈탄 또는 흑연화로 제조하여 내식성 및 충격에 잘 견딘다.
• 일반적으로 규소(Si)가 많을수록 경도가 커진다.

13 어떤 기어의 피치원 지름이 100mm이고, 잇수가 20개일 때 모듈은?

① 2.5 ② 5

③ 50 ④ 100

해설
모듈은 피치원의 직경에서 잇수를 나눈 값이다.
100/20 = 5

14 그림과 같은 단면도를 무엇이라 하는가?

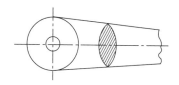

① 반단면도 ② 회전 단면도

③ 계단 단면도 ④ 온단면도

해설
② 회전 단면도 : 핸들이나 바퀴 등의 암 및 림, 리브, 훅, 축, 구조물의 부재 등의 절단면을 90° 회전하여 표시한 단면도
① 반(한쪽)단면도 : 외형도의 절반만 절단하여 반은 외형도, 반은 단면도를 그려서 동시에 표시
③ 계단 단면도 : 2개 이상의 절단면을 필요한 부분으로 선택하여 단면도로 그린 것
④ 온단면도(전단면도) : 물체를 한 평면의 절단면으로 절단, 물체의 기본적인 모양을 가장 잘 표시한 단면도

15 볼트를 고정하는 방법에 따라 분류할 때, 물체의 한쪽에 암나사를 깎은 다음 나사박기를 하여 죄며 너트를 사용하지 않는 볼트는?

① 관통 볼트　　　② 기초 볼트
③ 탭볼트　　　　④ 스터드 볼트

해설
① 관통 볼트 : 물체의 구멍에 관통시켜 너트를 조이는 방식의 볼트
② 기초 볼트 : 콘크리트에 고정하는 볼트
④ 스터드 볼트 : 양쪽 끝 모두 수나사로 되어 있는 볼트

16 구멍의 최대허용치수 50.025mm, 최소허용치수 50.000mm, 축의 최대허용치수 50.000mm, 최소허용치수 49.950mm일 때 최대틈새는?

① 0.025mm　　　② 0.050mm
③ 0.075mm　　　④ 0.015mm

해설
최대틈새 = (구멍의 최대허용치수) − (축의 최소허용치수)
　　　　 = 50.025 − 49.950 = 0.075

17 정면, 평면, 측면을 하나의 투상도에서 동시에 볼 수 있도록 그린 것으로 직육면체 투상도의 경우 직각으로 만나는 3개의 모서리가 각각 120°를 이루는 투상법은?

① 등각투상도법　　② 사투상도법
③ 부등각투상도법　④ 정투상도법

해설
• 등각투상도 : 세 모서리가 이루는 각이 모두 120°가 되도록 그린 투상도
• 정투상도법 : 입체적인 도시법이 아님

18 도면의 크기에 대한 설명으로 틀린 것은?

① 제도 용지의 세로와 가로의 비는 1 : 2이다.
② 제도 용지의 크기는 A열 용지 사용이 원칙이다.
③ 도면의 크기는 사용하는 제도 용지의 크기로 나타낸다.
④ 큰 도면을 접을 때는 앞면에 표제란이 보이도록 A4의 크기로 접는다.

해설
제도 용지의 세로와 가로의 비는 1 : $\sqrt{2}$ 이다.

19 다음 그림에서 A 부분이 지시하는 표시로 옳은 것은?

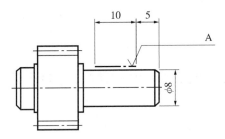

① 평면의 표시법
② 특정 모양 부분의 표시
③ 특수 가공 부분의 표시
④ 가공 전과 후의 모양 표시

해설
특수 가공 : 굵은 1점 쇄선

20 다음 그림에서와 같이 눈 → 투상면 → 물체에 대한 투상법으로 옳은 것은?

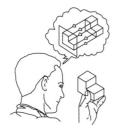

① 제1각법   ② 제2각법
③ 제3각법   ④ 제4각법

해설

• 제1각법 : 물체를 1면각에 놓는다. 눈 → 물체 → 투상면
• 제3각법 : 물체를 3면각에 놓는다. 눈 → 투상면 → 물체

21 KS의 부문별 기호 중 기본 부문에 해당되는 기호는?

① KS A   ② KS B
③ KS C   ④ KS D

해설

• KS A : 기본통칙
• KS B : 기계
• KS C : 전기
• KS D : 금속

22 표면거칠기의 값을 나타낼 때 10점 평균거칠기를 나타내는 기호로 옳은 것은?

① R_a ② R_s
③ R_z ④ R_{max}

해설

중심선 평균거칠기는 a, 최고높이거칠기는 s, 10점 평균거칠기는 z, 최대높이거칠기는 max 기호를 표준수열 다음에 기입한다.

23 기계 제작에 필요한 예산을 산출하고, 주문품의 내용을 설명할 때 이용되는 도면은?

① 견적도   ② 설명도
③ 제작도   ④ 계획도

해설

① 견적도 : 기계제작에 필요한 주문품 내용과 예산을 산출한 도면
② 설명도 : 물체의 구조 및 기능을 설명하기 위한 목적으로 만든 도면

24 그림에서 치수 20, 26에 치수 보조 기호가 옳은 것은?

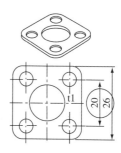

① S   ② □
③ t   ④ ( )

해설

③ t : 두께(Thickness)를 의미
① S : 구를 의미
② □ : 정사각형의 변을 의미
④ ( ) : 참고치수를 의미

25 산세공정에 열연 코일 표면의 스케일을 제거할 때 디스케일링(Descaling) 능력에 대한 설명 중 옳은 것은?

① 황산이 염산의 2/3 정도 산세 시간이 짧다.
② 온도가 낮을수록 디스케일 능력이 향상된다.
③ 산 농도가 낮을수록 디스케일 능력이 향상된다.
④ 규소 강판 등의 특수강종일수록 디스케일 시간이 길어진다.

해설

산세 특성
• 산세액 : 염산, 황산
• 염산이 황산보다 1.5배 산세력이 좋다.
• 고온과 고농도에서 산세력이 향상된다(단, 염산은 10% 이상이 될 시 효과가 떨어질 수 있다).
• 철분이 증가하면 황산은 산세력이 떨어지지만, 염산은 증가한다(단, 염산은 $FeCl_2$의 석출 한계 농도 부근에서 급격히 저하됨).
• 권취 온도가 높을수록 산세 시간이 길어진다.
• 특수강종(규소 강판 등)일수록 산세 시간이 길어진다.

26 강제 순환 급유 방법은 어느 급유법을 쓰는 것이 가장 좋은가?

① 중력 급유에 의한 방법
② 패드 급유에 의한 방법
③ 원심 급유에 의한 방법
④ 펌프 급유에 의한 방법

해설

강제 순환 급유 방법 중 펌프 급유 방법이 빠르고 편리하여 좋다.

27 Block Mill의 특징을 설명한 것 중 옳은 것은?

① 구동부의 일체화로 고속회전이 불가능하다.
② 소재의 비틀림이 많아 표면 흠이 많이 발생한다.
③ 스탠드 간 간격이 좁기 때문에 선후단의 불량부분이 짧아져 실수율이 좋다.
④ 부하용량이 작은 유막베어링을 채용함으로서 치수정도가 높은 압연이 가능하다.

해설

블록 압연기(Block Mill)
• 구동부의 일체화로서 고속회전이 가능하다.
• 소재의 비틀림이 없으므로 표면 흠이 작다.
• 스탠드 간 간격이 좁기 때문에 선후단의 불량부분이 짧아져 실수율이 우수하다.

28 압연작용에 대한 설명 중 틀린 것은?

① 접촉각이 크게 되면 압하량은 작아진다.
② 최대접촉각은 압연재와 롤 사이의 마찰계수에 따라 결정된다.
③ 마찰계수가 크다는 것은 1회 압하량도 크게 할 수 있다.
④ 열간압연 반제품 제조 시 마찰계수를 크게 하기 위하여 롤 가공 방향으로 홈을 파주는 경우도 있다.

해설

접촉각이 크면 압하량도 커진다.

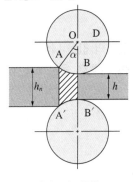

[재료의 치입]

29 냉간압연 강판 및 강대를 나타내는 기호 중 SPCCT −S D로 표기 되었을 때 D가 의미하는 것은?

① 조질구분(표준조질)

② 표면 마무리(Dull Finish)

③ 어닐링 상태(Annealing Finish)

④ 강판의 종류(일반용, 기계적 성질 보증)

해설
SPCCT − S D에서 S는 조질 상태로 표준 조질(기계적 성질)을 의미하고 D는 마무리 상태로 무광택을 의미하며 광택은 B로 표시한다.

30 일산화탄소(CO) 10N · m³을 완전연소시키는 데 필요한 이론 산소량은 얼마인가?

① 5.0N · m³

② 5.7N · m³

③ 23.8N · m³

④ 27.2N · m³

해설
$2CO + O_2 \rightarrow 2CO_2$이므로 일산화탄소 부피의 절반만큼의 산소가 필요하므로 5.0N · m³이다.

31 롤 크라운(Roll Crown)이 필요한 이유로 가장 적합한 것은?

① 롤의 냉각을 촉진시키기 위해

② 롤의 스폴링을 방지하기 위해

③ 소재를 롤에 잘 물리도록 하기 위해

④ 압연하중에 의한 롤의 변형과 사용 중 마모, 열팽창을 보상하기 위해

해설
압연 중 롤의 휨(Bending)에 의해 판 크라운이 발생하게 되는데, 롤의 휨을 예상하여 미리 롤에 크라운을 주면 판 크라운을 예방할 수 있다.
• 롤 크라운(Roll Crown) : 롤의 중앙부 지름과 양 끝지름의 차
• 판 크라운(Plate Crown) : 소재단면의 중앙부 지름과 양 끝지름의 차

32 다음 결함 중 주 발생 원인이 압연과정에서 발생시키는 것이 아닌 것은?

① 겹침

② 귀발생

③ 긁힘

④ 수축공

해설
수축공은 용탕이 응고될 때 발생되는 결함이다.

33 슬래브(Slab)가 두꺼울 때 폭 방향으로 압하를 과도하게 하면 어떤 문제점이 예상되는가?

① 스키드 마크에 의한 폭 변동이 증가한다.

② 소재 폭이 좁은 경우 비틀림이 발생한다.

③ 소재의 버클링(Buckling)에 의해 폭압연 효과가 없어진다.

④ 소재와 롤 사이에서 슬립 발생으로 소재가 앞으로 잘 진행된다.

해설
폭 방향의 지나친 하중은 슬래브의 비틀림을 발생시킨다.

34 형강의 교정 작업은 절단 후에 하는 방법과 절단 전 실시하는 방법이 있다. 절단 전에 하는 방법의 특징을 설명한 것 중 틀린 것은?

① 교정능력이 좋다.
② 제품 단부의 미교정 부분이 발생한다.
③ 냉간 절단을 하므로 길이의 정밀도가 높다.
④ 제품의 길이 방향의 구부러짐이 냉각 중에 발생하기 어렵다.

해설
형강의 절단 전 교정 작업은 냉간 절단이므로 제품 단부가 그대로 유지되어 미교정 부분이 발생하지 않는다.

35 열의 전달 현상이 아닌 것은?

① 전도　　　　② 대류
③ 복사　　　　④ 굴절

해설
굴절은 빛의 진행 현상이다.

36 압연재의 입측 속도가 3m/s, 롤의 주속도가 3.2m/s, 압연재의 출측 속도가 3.5m/s일 때 선진율은 몇 %인가?

① 약 6.3　　　② 약 8.6
③ 약 9.4　　　④ 약 14.3

해설
$$\text{선진율}(\%) = \frac{\text{출측 속도} - \text{롤의 속도}}{\text{롤의 속도}} \times 100$$
$$= \frac{3.5 - 3.2}{3.2} \times 100 = 9.4$$

37 다음 중 조질압연에 대한 설명으로 틀린 것은?

① 형상의 교정
② 기계적 성질의 개선
③ 표면거칠기의 개선
④ 화학적 성질의 개선

해설
조질압연(Skin Pass Mill)
• 정의 : 소둔 직후의 항복점 연신으로 인한 Stretcher Strain의 발생을 막기 위해 1~3%의 압하량으로 압연을 실시하는 공정
• 조질압연의 목적
　– 형상 개선(평탄도의 교정)
　– 표면 성상의 개선 : 조도에 따라 거친 표면(Dull), 매끄러운 표면(Bright)으로 구분
　– 스트레처 스트레인 방지(기계적 성질의 개선) : 곱쇠(Coil Break) 결함 제거

38 형강 등을 제조할 때 사용하는 조강용 강편은?

① 후판, 시트 바
② 시트 바, 슬래브
③ 블룸, 빌릿
④ 슬래브, 박판

해설
• 블룸(Bloom) : 연속주조에 의해 만든 소재로 정방형의 단면을 갖고 주로 형강용으로 사용되는 강편으로 빌릿 등을 만드는 반제품으로 활용
• 빌릿(Billet) : 블룸보다 치수가 작은 소강편

39 냉연박판 제조공정의 순서로 옳은 것은?

① 산세 → 냉간압연 → 조질압연 → 풀림 → 정정

② 산세 → 냉간압연 → 표면청정 → 풀림 → 조질압연

③ 산세 → 냉간압연 → 표면청정 → 조질압연 → 풀림

④ 산세 → 표면청정 → 냉간압연 → 조질압연 → 정정

해설

냉연박판 제조공정 순서 : 핫코일(Hot Coil) → 산세(Pickling Line) → 냉간압연(Cold Rolling) → 전해청정(Electrolytic Cleaning, 표면청정) → 풀림(Annealing, 소둔) → 조질압연(Skin Pass Rolling) → 되감기(Recoiling Line, 리코일링) → 전단(Shearing Line)

40 재료를 냉간 가공하였을 때 나타나는 현상은?

① 연신율과 연성이 증가한다.

② 강도, 항복점, 경도가 감소한다.

③ 냉간 가공도가 커질수록 가공경화는 증가한다.

④ 냉간 가공도가 커짐에 따라 전기전도율, 투자율이 증가하며, 항자력은 감소한다.

해설

냉간 가공도가 클수록 가공경화가 증가하여 연성은 감소하고 항복점과 경도는 증가하며 전기전도율은 감소한다.

41 압하량이 일정한 상태에서 재료가 쉽게 압연기에 치입되도록 하는 조건을 설명한 것 중 틀린 것은?

① 지름이 작은 롤을 사용한다.

② 압연재의 온도를 높여준다.

③ 압연재를 뒤에서 밀어준다.

④ 롤(Roll)의 회전속도를 줄여준다.

해설

압연소재가 롤에 쉽게 물리기 위한 조건
• 압하량을 적게 한다.
• 치입각의 크기를 작게 한다.
• 롤 지름의 크기가 크다.
• 압연재의 온도를 높인다.
• 마찰력을 높인다.
• 롤의 회전속도를 줄인다.

42 냉간압연 제품과 비교하였을 때 열간압연 제품의 특징으로 옳은 것은?

① 두께가 얇은 박판압연에 용이하다.

② 경도 및 강도가 냉간 제품에 비해 높다.

③ 치수가 냉간 제품에 비해 비교적 정확하다.

④ 적은 힘으로도 큰 변형을 할 수 있다.

해설

열간압연은 재결정 온도 이상에서 압연하는 것으로 적은 힘으로도 큰 변형을 가질 수 있다.

43 공형설계의 실제에서 롤의 몸체길이가 부족하고, 전동기능력이 부족할 때 폭이 좁은 소재 등에 이용되는 공형방식은?

① 플랫 방식　　② 버터플라이 방식
③ 다곡법　　　④ 스트레이트 방식

해설

공형설계 방식의 종류
• 플랫(Flat) 방식 : ㄱ형강, 밸브 판, T형강에 사용
• 버터플라이(Butterfly) 방식 : U형강, 시트 파일 압연에 사용
• 스트레이트(Straight) 방식 : I형강, 시트 파일 압연에 사용
• 다이애거널(Diagonal) 방식 : 레일 압연에 사용, 스트레이트 방식의 개선
• 다곡법 : 폭이 좁은 소재에 사용

44 중후판 압연의 주된 공정에 해당되지 않는 것은?

① 스케일 제거　　② 전기 청정
③ 크로스 압연　　④ 폭내기 압연

해설

② 청정 공정은 냉간압연 공정이다.
① 중후판 압연은 열간압연으로 1차, 2차로 스케일을 제거하는 공정이 있다.
③ 크로스 압연 : 중후판 압연 공정 중 4단 롤에서 상하 롤의 방향을 비스듬히 하여 구동하는 압연방법
④ 폭내기 압연 : 중후판 압연 공정에서 원하는 폭을 만들기 위한 압연방법

45 압연 과정에서 나타날 수 있는 사항에 대한 설명으로 틀린 것은?

① 롤 축면에서 롤 표면 사이의 거리를 롤 간격이라 한다.
② 압연 과정에서 롤 축에 수직으로 발생하는 힘을 압연력이라 한다.
③ 압연력의 크기는 롤과 압연재의 접촉면과 변형저항에 의하여 결정된다.
④ 롤 사이로 압연재가 처음 물려 들어가는 부분을 물림부라 한다.

해설

롤 축면에서 롤 표면 사이의 거리는 롤 반경이라 한다.

46 공형압연을 최적으로 실시하기 위한 공형 설계 시 고려해야 할 사항으로 옳은 것은?

① 공형 각부의 감면율을 가급적 불균등하게 한다.
② 공형형상은 되도록 복잡하고, 유선형으로 하는 편이 좋다.
③ 가능한 한 직접 압하를 피하고, 간접 압하를 이용하도록 설계한다.
④ 제품의 모서리 부분을 거칠지 않은 형상으로 마무리하려면 서로 전후하는 공형 간극이 계속해서 같은 곳에 오지 않도록 한다.

해설

• 공형설계 시 고려사항 : 소재 재질, 롤 사양, 모터 용량, 압연토크, 압연하중, 유효 롤 반지름, 롤 배치, 감면율 등
• 공형설계 원칙
 – 공형 각부의 감면율을 균등하게 유지
 – 플랜지의 높이를 내고 싶을 때에는 초기 공형에서 예리한 홈을 넣음
 – 간접 압하를 피하고 직접 압하를 이용하여 설계
 – 비대칭 단면의 압연은 재료가 롤에 몰리고 있는 동안 트러스트가 작용
 – 공형형상은 단순화 · 직선화함

47 소형 환봉압연에 적합하며 타원형의 형상을 90° 회전시켜 작업하는 공형의 종류는?

① Box 공형
② Ring 공형
③ Diamond 공형
④ Oval-square 공형

해설

빌릿을 원형의 환봉으로 압연하기 위해서는 Oval(타원) 공형형상을 90° 회전시켜 작업해야 한다.

48 용강으로부터 제품인 열연 코일을 제조하는 과정에서 에너지 사용량이 가장 적은 제조공정은?

① 연속 주조
② 열간 장입압연
③ 박판 주조
④ 열간 직송압연

해설

박판 주조는 용강으로부터 바로 박판을 만들어내는 기술이므로 모재를 따로 만들지 않으므로 에너지 사용량이 가장 적다.

49 열간 스카핑(Scarfing)의 특징으로 틀린 것은?

① 균일한 스카핑이 가능하다.
② 손질 깊이의 조절이 용이하다.
③ 냉간 스카핑에 비해 산소소비량이 많다.
④ 작업속도가 빠르며 압연능률을 저하시키지 않는다.

해설

열간 스카핑 : 강괴의 표면에는 스캡, 크랙, 표면개재물 등의 유해한 결함이 있으며, 또한 균열로 공정에서 표면 탈탄층이 생기게 되는데, 이러한 결함을 제거하기 위한 설비이다.
• 손질 깊이 조절이 용이하다.
• 산소소비량이 냉간 스카핑에 비해 적다.
• 작업속도가 빨라 압연능률을 해치지 않는다.

50 압연재료의 물림을 좋게 하는 조건으로 틀린 것은?

① 접촉각이 작을수록
② 롤 직경이 클수록
③ 롤의 주속도가 늦을수록
④ 롤과 재료 간의 마찰이 적을수록

해설

롤과 재료 간의 마찰이 클수록 치입에 유리하다.

51 무재해 운동 기본이념 중 무재해, 무질병의 직장을 실현하기 위하여 직장의 위험요인을 행동하기 전에 예지하여 발견, 파악, 해결함으로써 재해 발생을 예방하거나 방지하는 원칙을 무엇이라고 하는가?

① 무의 원칙
② 선취의 원칙
③ 참가의 원칙
④ 대책선정의 원칙

해설

무재해 운동 3원칙
• 무의 원칙 : 사업장 내의 모든 잠재위험요인을 적극적으로 사전에 발견하고 파악, 해결하여 산업재해의 근원적 요소를 없애는 것을 의미
• 선취의 원칙 : 사업장 내에서 행동하기 전에 잠재위험요인을 발견하고 파악, 해결하여 재해를 예방
• 참가의 원칙 : 작업에 따르는 잠재위험요인을 발견하고 파악, 해결하기 위해 전원이 일치 협력하여 각자의 위치에서 적극적으로 문제해결을 하겠다는 것을 의미

52 4단 압연기에서 작업 롤(Work Roll) 뒤에서 받쳐주는 롤로서 직경이 작은 작업 롤이 압하력에 의해 굽힘이 발생하는 것을 방지하는 역할을 하는 롤은?

① 수직 롤　　② 백업 롤

③ 에징 롤　　④ 블루밍 롤

해설

4단 압연기는 지름이 작은 작업 롤과 롤의 휨을 방지하는 지름이 큰 받침 롤(백업 롤)로 구성된다.

53 봉강, 선재용 압연기에서 여러 패스를 거치며 압연재가 길어져 활처럼 휘는 모양으로 다음 공정으로 유도되는 역할을 하는 장치는?

① 리피터　　② 입구 가이드

③ 사이드 가이드　　④ 스윙 드라이브

해설

• 리피터 : 선재 압연기에서 소재의 텐션을 제어하며 다음 스탠드의 공정으로 유도
• 가이드 : 소재를 압연기에 잘 치입할 수 있도록 조정해주는 장치

54 압연 롤을 회전시키는데 모멘트가 50kg · m, 롤을 90rpm으로 회전시킬 때 압연효율을 45%로 하면, 압연기에 필요한 마력(HP)은?

① 약 7마력　　② 약 10마력

③ 약 14마력　　④ 약 18마력

해설

마력(HP) $= \dfrac{0.136 \times T \times 2\pi N}{60 \times E}$

여기서, T : 롤 회전 모멘트(N · m) = 50kg · m

$\qquad\qquad\qquad\qquad\quad = 50 \times 9.81\text{N} \cdot \text{m}$

$\qquad\qquad\qquad\qquad\quad = 490.5\text{N} \cdot \text{m}$

$\quad N$: 롤의 분당 회전수(rpm) = 90

$\quad E$: 압연효율(%) = 45

※ π는 3.14로 계산해도 된다.

55 위험예지 훈련 4단계 중 2단계에 해당하는 것은?

① 현상파악　　② 본질추구

③ 목표설정　　④ 대책수립

해설

위험예지 훈련 : 1단계(현상파악), 2단계(본질추구), 3단계(대책수립), 4단계(목표설정)

56 가열로의 댐퍼(Damper)는 어떤 작용을 하는가?

① 공연비의 조절

② 연료의 유량조절

③ 노 내 온도의 조절

④ 노 내 압력의 조절

해설

노 내의 압력(노압)은 댐퍼의 작동 상태 및 계측기의 관리로 관리할 수 있다.

57 Three Quarter식에서 조압연기군의 후단 2 Stand 를 근접하게 배열한 것으로 조압연 소요시간과 테이블 길이가 대폭 단축되어 설비비가 저렴한 특징을 갖는 조압연 설비는?

① 반연속식　　② 전연속식

③ RSB Quarter　　④ Cross Couple

해설

조압연기의 종류
- 반연속기 압연기 : 2단 압연기인 RSB와 4단 가역식 압연기 1기 (R1)로 구성되어 있는 반연속식 압연기로 R1에서 3~7패스의 가역 압연을 실시하는 압연기
- 전연속기 압연기 : 2단 압연기 3대 R1, R2, R3와 4단 압연기 3대 R4, R5, R6이 연속적으로 배치되어 있는 것으로 소재를 한 방향으로 연속적으로 압연하는 압연기
- 3/4(Three Quarter)연속식 압연기 : 2단 압연기인 RSB를 R1으로 하고, 4단 압연기 R2를 가역 압연하고, R3, R4를 연속적으로 배치한 압연기
- 크로스 커플(Cross Couple)식 압연기 : 3/4연속식 압연기에서 후단의 4단 압연기인 R3, R4를 탠덤(Tandum) 압연기 형식으로 근접하게 배열한 것

58 노 내의 공기비가 클 때 나타나는 특징이 아닌 것은?

① 연소가스 증가에 의한 폐열손실이 증가한다.

② 스케일 생성량의 증가 및 탈탄이 증가한다.

③ 미소연소에 의한 연료소비량이 증가한다.

④ 연소 온도가 저하하여 열효율이 저하한다.

해설

노 내의 공기비가 클 때
- 연소가스가 증가하므로 폐열손실도 증가
- 연소 온도는 저하하여 열효율 저하
- 스케일 생성량 증가 및 탈탄 증가
- 연료소비량 감소 및 연소효율 증가
※ 공기비가 부족하면 손실열이 증가하고 매연이 발생

59 지방계 윤활유의 특징으로 옳은 것은?

① 점도지수가 비교적 높다.

② 석유계에 비하여 온도변화가 크다.

③ 저부하, 소마모면의 윤활에 적당하다.

④ 공기에 접촉하면 산화하지 않기 때문에 슬러지가 생성되지 않는다.

해설

지방계 윤활유는 점도지수가 비교적 높고 석유계 윤활유에 비해 온도변화가 작으나 공기에 접촉하면 슬러지가 생성된다.

60 압연 롤의 구성 요소가 아닌 것은?

① 목　　② 몸체

③ 연결부　　④ 커플링

해설

롤의 주요 구조
- 몸체(Body) : 실제 압연이 이루어지는 부분
- 목(Neck) : 롤 몸을 지지하는 부분
- 연결부(Wobbler) : 구동력을 전달하는 부분

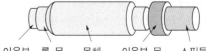

이음부　롤 목　몸체　이음부 목　스핀들

01 단면적이 $2cm^2$의 철구조물이 5,000kgf의 하중에서 균열이 발생될 때의 압축응력(kgf/cm^2)은?

① $1,000kgf/cm^2$

② $2,500kgf/cm^2$

③ $3,500kgf/cm^2$

④ $4,000kgf/cm^2$

해설
압축응력 = 5,000/2 = $2,500kgf/cm^2$

02 다음 중 주철에 대한 설명으로 틀린 것은?

① 주철은 강도와 경도가 크다.

② 주철은 쉽게 용해되고, 액상일 때 유동성이 좋다.

③ 회주철은 진동을 잘 흡수하므로 기어박스 및 기계 몸체 등의 재료로 사용된다.

④ 주철 중의 흑연은 응고함에 따라 즉시 분리되어 괴상이 되고, 일단 시멘타이트로 정출한 뒤에는 분해하여 판상으로 나타난다.

해설
흑심가단주철은 어닐링 처리를 통해 시멘타이트를 분해, 흑연화하여 괴상의 흑연을 석출시킨 것으로 어닐링 처리가 장시간이 필요하므로 즉시 나타나지는 않음

03 강의 심랭 처리에 대한 설명으로 틀린 것은?

① 서브제로 처리라 불리운다.

② M_s 바로 위까지 급랭하고 항온 유지한 후 급랭한 처리이다.

③ 잔류 오스테나이트를 마텐자이트로 변태시키기 위한 열처리이다.

④ 게이지나 볼베어링 등의 정밀한 부품을 만들 때 효과적인 처리 방법이다.

해설
상온에서 유지하게 되면 잔류 오스테나이트가 안정화하여 마텐자이트화 되기 어렵다.
심랭처리 : 강을 담금질 직후 실온 이하의 마텐자이트 변태 종료 온도까지 냉각하여 잔류 오스테나이트를 마텐자이트로 변화시키는 열처리 방법으로 서브제로 처리라고도 한다.

04 황동과 청동 제조에 사용되는 것으로 전기 및 열전도도가 높으며 화폐, 열교환기 등에 주원소로 사용되는 것은?

① Fe

② Cu

③ Cr

④ Co

해설
황동과 청동은 구리(Cu)의 합금이다.

05 Sn-Sb-Cu의 합금으로 주석계 화이트메탈이라고 하는 것은?

① 인코넬　　　　② 콘스탄탄
③ 배빗메탈　　　　④ 알클래드

해설

화이트메탈(배빗메탈, Babbitt Metal) : 주석(Sn, 89%) – 안티몬 (Sb, 7%) – 구리(Cu, 4%)를 성분으로 하는 베어링용 합금

06 다음 조직 중 탄소가 가장 많이 함유되어 있는 것은?

① 페라이트　　　　② 펄라이트
③ 오스테나이트　　　④ 시멘타이트

해설

탄소함유량 : 시멘타이트 > 펄라이트 > 페라이트

07 다음 중 베어링 합금의 구비조건으로 틀린 것은?

① 마찰계수가 커야 한다.
② 경도 및 내압력이 커야 한다.
③ 소착에 대한 저항성이 커야 한다.
④ 주조성 및 절삭성이 좋아야 한다.

해설

베어링 합금은 윤활이 필요한 곳에 사용되므로 마찰계수가 작아야 한다.

베어링 합금
• 화이트 메탈, Cu-Pb 합금, Sn 청동, Al 합금, 주철, Cd 합금, 소결 합금
• 경도와 인성, 항압력이 필요
• 하중에 잘 견디고 마찰계수가 작아야 함
• 비열 및 열전도율이 크고 주조성과 내식성이 우수함
• 소착(Seizing)에 대한 저항력이 커야 함

08 비정질 합금의 제조법 중에서 기체 급랭법에 해당되지 않는 것은?

① 진공 증착법　　　② 스퍼터링법
③ 화학 증착법　　　④ 스프레이법

해설

비정질 합금
• 금속을 용융 상태에서 초고속으로 급랭하여 만든, 결정을 이루고 있지 않은 합금이다.
• 인장강도와 경도를 크게 개선시킨 것으로 내마모성이 좋고 고저 항에서 고주파 특성이 좋아 자기헤드 등에 사용한다.
• 초고속 급랭에 사용되는 방법으로는 진공 증착법, 스퍼터링법, 이온도금법, 화학 증착법이 있다.

09 알루미늄에 10~13% Si를 함유한 합금으로 용융점이 낮고, 유동성이 좋은 알루미늄합금은?

① 실루민　　　　② 라우탈
③ 두랄루민　　　④ 하이드로날륨

해설

① Al-Si계 합금(실루민) : 알루미늄 실용 합금으로서 Al에 10~13% Si를 첨가한 합금이고 유동성이 좋으며 모래형 주물에 이용
② 라우탈(Lautal) : 알루미늄에 약 4%의 구리와 약 2%의 규소를 가한 주조용 알루미늄합금
③ 두랄루민 : Al-Cu-Mg-Mn 고강도 알루미늄합금으로 시효경화성이 가장 우수
④ 하이드로날륨 : 알루미늄과 마그네슘의 합금으로 바닷물과 알칼리에 대한 내식성이 강하고 용접성이 매우 우수

10 다음 중 10배 이내의 확대경을 사용하거나 육안으로 직접 관찰하여 금속조직을 시험하는 것은?

① 라우에법
② 에릭센 시험
③ 매크로 시험
④ 전자 현미경 시험

③ 매크로 시험 : 육안 혹은 10배 이내의 확대경을 이용하여 결정입자 또는 개재물 등을 검사하는 시험
② 에릭센 시험법 : 재료의 연성을 파악하기 위하여 구리 및 알루미늄 판재와 같은 연성 판재를 가압 성형하여 변형 능력을 알아보기 위한 시험방법

11 전로에서 생산된 용강을 Fe-Mn으로 가볍게 탈산시킨 것으로 기포 및 편석이 많은 강은?

① 림드강
② 킬드강
③ 캡트강
④ 세미킬드강

① 림드강 : 망간의 탈산제 첨가 후 주형에 주입하여 응고시킨 강으로 잉곳의 외주부와 상부에 다수의 기포가 발생함
② 킬드강 : 규소 혹은 알루미늄의 강력 탈산제를 사용하여 충분히 탈산시킨 강
④ 세미킬드강 : 킬드와 림드의 중간으로 탈산한 강으로 탈산 후 뚜껑을 덮고 응고시킨 강

12 다음 금속재료 중 비중이 가장 낮은 것은?

① Zn
② Cr
③ Mg
④ Al

③ 마그네슘(Mg) : 비중(1.7)
① 아연(Zn) : 비중(7.1)
② 크롬(Cr) : 비중(7.2)
④ 알루미늄(Al) : 비중(2.7)

13 물품을 구성하는 각 부품에 대하여 상세하게 나타내는 도면으로 이 도면에 의해 부품이 실제로 제작되는 도면은?

① 상세도
② 부품도
③ 공정도
④ 스케치도

② 부품도 : 물품을 구성하는 각 부품에 대해 재료, 형상, 치수, 가공법 등을 상세하게 나타내는 도면
① 상세도 : 제품의 어떤 한 부분을 확대하여 자세하고 상세하게 나타낸 도면
③ 공정도 : 공정을 알기 쉽게 표현한 도면으로 원료부터 제품 완성까지의 제조공정 전체를 표현함
④ 스케치도 : 기성품의 형상, 치수, 재질 등을 조사하여 나타낸 도면

14 다음 중 "C"와 "SR"에 해당되는 치수 보조 기호의 설명으로 옳은 것은?

① C는 원호이며, SR은 구의 지름이다.
② C는 45° 모따기이며, SR은 구의 반지름이다.
③ C는 판의 두께이며, SR은 구의 반지름이다.
④ C는 구의 반지름이며, SR은 구의 지름이다.

기호	구분	기호	구분
ϕ	지름	□	정사각형의 변
R	반지름	t	판의 두께
Sϕ	구의 지름	⌒	원호의 길이
SR	구의 반지름	C	45°의 모따기

15 다음 중 가는 실선으로 사용되는 선의 용도가 아닌 것은?

① 치수를 기입하기 위하여 사용하는 선
② 치수를 기입하기 위하여 도형에서 인출하는 선
③ 지시, 기호 등을 나타내기 위하여 사용하는 선
④ 형상의 부분 생략, 부분 단면의 경계를 나타내는 선

해설
형상의 부분 생략, 부분 단면의 경계선 : 파단선(지그재그선)

16 척도 1 : 2인 도면에서 길이가 50mm인 직선의 실제 길이는?

① 25mm
② 50mm
③ 100mm
④ 150mm

해설
척도 1 : 2에서 앞의 숫자(도면 대응 길이), 뒤의 숫자(대상물 실제 길이)이므로 실제 길이는 대응길이의 두 배 길이인 100mm이다.

17 나사의 호칭 M20×2에서 2가 뜻하는 것은?

① 피치
② 줄의 수
③ 등급
④ 산의 수

해설
나사의 호칭
M20 × 2
• M : 미터보통나사
• 20 : 수나사의 외경
• 2 : 피치

18 다음 그림 중에서 FL이 의미하는 것은?

① 밀링가공을 나타낸다.
② 래핑가공을 나타낸다.
③ 가공으로 생긴 선이 거의 동심원임을 나타낸다.
④ 가공으로 생긴 선이 2방향을 교차하는 것을 나타낸다.

해설
가공방법의 기호
• L : 선반가공   • C : 주조
• M : 밀링가공   • FR : 리머가공
• D : 드릴가공   • BR : 브로치가공
• G : 연삭가공   • FF : 줄 다듬질
• B : 보링가공   • FS : 스크레이퍼
• P : 평면가공   • FL : 래핑

19 다음 물체를 3각법으로 표현할 때 우측면도로 옳은 것은?(단, 화살표 방향이 정면도 방향이다)

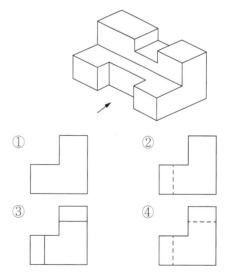

해설
정면과 상부에 홈이 있기 때문에 우측도면에서 왼쪽과 위쪽 두 군데에 은선처리가 되어야 한다.

20 도면에서 치수선이 잘못된 것은?

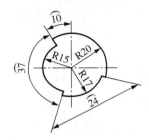

① 반지름(R) 20의 치수선
② 반지름(R) 15의 치수선
③ 원호(⌒) 37의 치수선
④ 원호(⌒) 24의 치수선

해설
④ 원호가 아니고 현의 길이치수이다.

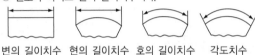

변의 길이치수   현의 길이치수   호의 길이치수   각도치수

21 다음 그림과 같은 투상도는?

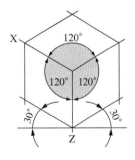

① 사투상도
② 투시투상도
③ 등각투상도
④ 부등각투상도

해설
등각투상도 : 세 모서리가 이루는 각이 모두 120°가 되도록 그린 투상도

22 다음의 단면도 중 위, 아래 또는 왼쪽과 오른쪽이 대칭인 물체의 단면을 나타낼 때 사용되는 단면도는?

① 한쪽 단면도   ② 부분 단면도
③ 전단면도   ④ 회전도시 단면도

해설
① 한쪽 단면도(반단면도) : 단면도 중 위, 아래 혹은 왼쪽과 오른쪽 대칭인 물체의 단면을 나타낼 때 사용되는 단면도
② 부분 단면도 : 필요로 하는 물체의 일부만을 절단, 경계는 자유 실선의 파단선으로 표시하고 프리핸드로 외형선의 1/2 굵기로 나타낸 단면도
③ 전단면도(온단면도) : 물체를 한 평면의 절단면으로 절단, 물체의 기본적인 모양을 가장 잘 표시하도록 절단면을 결정하여 나타낸 단면도
④ 회전도시 단면도 : 핸들이나 바퀴 등의 암 및 림, 리브, 훅, 축, 구조물의 부재 등의 절단면을 90° 회전하여 표시한 단면도

23 제도 용지 A3는 A4 용지의 몇 배 크기가 되는가?

① $\frac{1}{2}$ 배   ② $\sqrt{2}$ 배
③ 2배   ④ 4배

해설
A2는 A3의 2배이고 A3는 A4의 2배이다.

24 다음 도면에 보기와 같이 표시된 금속재료의 기호 중 330이 의미하는 것은?

┌ 보기 ┐
| KS D 3503 SS 330 |

① 최저인장강도   ② KS 분류기호
③ 제품의 형상별 종류   ④ 재질을 나타내는 기호

해설
재료기호의 SS 다음 숫자는 최저인장강도(최소한 요구되는 인장강도)를 의미한다.

25 냉간압연의 일반적인 공정 순서로 옳은 것은?

① 열연 Coil → 산세 → 정정 → 냉간압연 → 표면청
정 → 풀림 → 조질압연

② 열연 Coil → 산세 → 냉간압연 → 정정 → 표면청
정 → 풀림 → 조질압연

③ 열연 Coil → 산세 → 냉간압연 → 표면청정 →
풀림 → 조질압연 → 정정

④ 열연 Coil → 산세 → 냉간압연 → 표면청정 →
풀림 → 정정 → 조질압연

해설

냉연 강판 제조공정 순서 : 열연 코일 → 산세(스케일 제거) →
냉간압연 → 전해청정(표면청정) → 풀림(소둔) → 조질압연(Skin
Pass Rolling) → 되감기(리코일링) → 전단(Shearing Line)

26 롤에 스폴링(Spalling)이 발생되는 경우가 아닌 것
은?

① 롤 표면 부근에 주조 결함이 생겼을 때

② 내균열성이 높은 롤의 재질을 사용하였을 때

③ 여러 번의 롤 교체 및 연마 후 많이 사용하였을 때

④ 압연 이상에 의하여 국부적으로 강한 압력이 생
겼을 때

해설

스폴링(Spalling) : 표면 균열이나 개재물 등이 있는 곳에 하중이
가해져서 표면이 서서히 박리하는 현상으로 내마모성과 내균열성
이 높은 재질을 사용하는 것이 좋다.

27 압연재료의 변경저항 계산에서 변형저항을 K_w,
변형강도를 K_f, 작용면에서의 외부마찰 손실을
K_r, 내부마찰 손실을 K_i라 할 때 옳게 표현된 관계
식은?

① $K_w = K_r - K_i - K_f$

② $K_w = K_f + K_r + K_i$

③ $K_w = \dfrac{K_i}{K_f + K_r}$

④ $K_w = \dfrac{K_r}{K_f + K_i}$

해설

변형저항은 변형강도와 내외부 마찰손실의 합과 같다.

28 판을 압연할 때 압연재가 롤과 접촉하는 입구측의
속도를 V_E, 롤에서 빠져나오는 출구측의 속도를
V_A, 그리고 중립점의 속도를 V_O라고 할 때 각각
의 속도 관계를 옳게 나타낸 것은?

① $V_E < V_O < V_A$ ② $V_A > V_E > V_O$

③ $V_E < V_A < V_O$ ④ $V_E = V_A = V_O$

해설

압연재의 속도는 롤과 소재의 속도가 같아지는 중립점을 기준으
로, 입구쪽이 느리고, 출구쪽이 빠르게 된다.

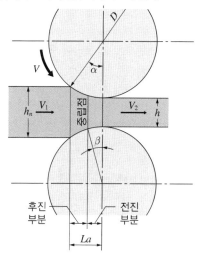

29 일반적으로 철강 표면에 생성되어 있는 스케일이 대기와 접한 표면으로부터 스케일 생성 순서가 옳은 것은?

① $Fe_2O_3 \rightarrow Fe_3O_4 \rightarrow Fe \rightarrow FeO$

② $Fe_3O_4 \rightarrow Fe_2O_3 \rightarrow Fe \rightarrow FeO$

③ $Fe_3O_4 \rightarrow Fe_2O_3 \rightarrow FeO \rightarrow Fe$

④ $Fe_2O_3 \rightarrow Fe_3O_4 \rightarrow FeO \rightarrow Fe$

해설

철강표면의 스케일에 대한 대기와 접한 표면으로부터의 순서
$Fe_2O_3 \rightarrow Fe_3O_4 \rightarrow FeO \rightarrow Fe$

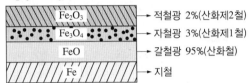

30 압연에 의한 조직변화에 대한 설명 중 틀린 것은?

① 냉간가공으로 나타난 섬유조직은 압연 방향으로 길게 늘어난다.

② 열간가공 마무리 온도가 높을수록 결정립이 미세하게 된다.

③ 슬립은 원자가 가장 밀집되어 있는 격자면에서 먼저 일어난다.

④ 열간가공으로 결정립이 연신된 후에 재결정이 시작된다.

해설

열간가공에서 마지막 온도를 낮추어 결정립의 미세화를 유도할 수 있다.

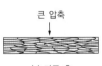

(a) 가공 전   (b) 가공 후   (c) 가공 후

31 단면이 150×150mm이고 길이가 1m인 소재를 압연하여 단면이 10×10mm 제품을 생산하였다. 이때 제품의 길이는 몇 m인가?

① 30   ② 150

③ 225   ④ 300

해설

제품길이(m) = (150mm × 150mm × 1m) / (10mm × 10mm)
= 225m

32 냉연 조질압연에 대한 설명으로 틀린 것은?

① 풀림작업 후 판의 두께 및 폭을 개선한다.

② 표면을 미려하게 한다.

③ 스트립의 형상을 교정하여 평활하게 한다.

④ 항복점 연신을 제거한다.

해설

조질압연(Skin Pass Mill)
• 정의 : 소둔 직후의 항복점 연신으로 인한 Stretcher Strain의 발생을 막기 위해 1~3%의 압하량으로 압연을 실시하는 공정
• 조질압연의 목적
  - 형상 개선(평탄도의 교정)
  - 표면 성상의 개선 : 조도에 따라 거친 표면(Dull), 매끄러운 표면(Bright)으로 구분
  - 스트레처 스트레인 방지(기계적 성질의 개선) : 곱쇠(Coil Break) 결함 제거

33 점도가 비교적 낮은 기름을 사용할 수 있고 동력의 소비가 적은 이점이 있는 급유법은?

① 중력순환급유법   ② 패드급유법

③ 체인급유법   ④ 유륜식급유법

해설

순환 급유법
펌프의 압력을 이용하여 베어링 내부에 강제적으로 급유하는 강제 급유법과, 베어링 상부에 설치한 기름탱크로부터 파이프를 거쳐 중력수두 앞으로 급유하는 중력 급유법이 있다.

34 냉간압연하기 전에 실시하는 산세공정의 장치에 대한 설명 중 옳은 것은?

① 언코일러(Uncoiler)는 열연 코일을 접속하는 장치이다.

② 스티처(Sticher)는 열연 코일의 끝부분을 잘라내는 장치이다.

③ 플래시 트리머(Flash Trimmer)는 용접할 때 생긴 두터운 비드를 깎아 다른 부분과 같게 하는 장치이다.

④ 업 커트 시어(Up-cut Shear)는 열연 코일을 풀어주는 장치이다.

해설
③ 플래시 트리머 : 산세설비로 스트립을 용접할 때 생긴 두터운 비드(Bead)를 깎아 다른 부분과 같게 하는 장치
① 언코일러 : 열연 코일을 풀어주는 장치
② 스티처 : 열연 코일을 접속하는 장치
④ 업 커트 시어 : 열연 코일의 끝부분을 잘라내는 장치

35 공형압연기로 만들 수 있는 제품이 아닌 것은?

① 앵글　　　　② H형강

③ I형강　　　　④ 스파이럴 강관

해설
스파이럴 강관은 큰 직경의 관을 생산하기 위해 나선형으로 감아 용접한 강관 제조법으로 공형압연기로는 만들 수 없다.

36 압연제품의 표면에 부풀거나 압연 방향으로 선모양의 흠이 생기는 결함의 원인은?

① 수축관　　　　② 기공

③ 편석　　　　　④ 내부균열

해설
② 기공 : 제강 표면의 기포가 압연 시 압착되어 압연 방향으로 좁고 미세한 흠이 나타나거나 타원형 흠으로 나타나는 결함
① 수축관 : 용탕 응고 중 수축으로 생긴 균열
③ 편석 : 용탕 응고 시 생성된 결정에 의한 불순물

37 냉간압연 후 600~700℃로 가열하여 일정시간을 유지하면서 압연 시 발생된 내부응력을 제거하여 가공성을 향상시키는 풀림과정의 순서로 옳은 것은?

① 회복 → 재결정 → 결정립 성장

② 회복 → 결정립 성장 → 재결정

③ 결정립 성장 → 회복 → 재결정

④ 결정립 성장 → 재결정 → 회복

해설
소재 → 압연과정(소성변형) → 회복 → 재결정 → 결정립 성장
• 회복 : 강의 재결정 온도인 A₁ 변태점 이하 온도(600~700℃)로 가열 및 일정시간 유지하여 내부 응력을 제거하는 과정
• 재결정 : 회복 과정에서 새로운 변경이 아닌 핵이 생성되어 발달하고, 동시에 그 수를 증가시켜 전체가 새로운 결정과 교체하는 것
• 결정립 성장 : 새로운 결정이 조대화(성장)되는 과정

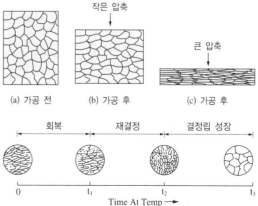

38 열연공정인 RSB 혹은 VSB에서 행해지는 작업이 아닌 것은?

① 트리밍(Trimming) 작업

② 슬래브(Slab) 폭 압연

③ 슬래브(Slab) 두께 압연

④ 스케일(Scale) 제거

해설

• RSB : 열연공정의 조압연에서 폭 방향의 수직 롤을 이용하여 슬래브의 스케일을 제거하고 폭과 두께를 조절하는 압연을 수행한다.

• VSB : 2차 스케일 제거장치로 사상압연 전 고압수를 분사하여 표면의 스케일을 제거하는 설비이다.

39 공형의 형상설계 시 유의하여야 할 사항이 아닌 것은?

① 압연속도와 온도를 고려한다.

② 구멍수를 많게 하는 것이 좋다.

③ 최후에는 타원형으로부터 원형으로 되게 한다.

④ 패스마다 소재를 90°씩 돌려서 압연되게 한다.

해설

공형설계에서 구멍은 패스 스케줄에 따라 만들어야 하므로 많이 만드는 것이 좋은 것은 아니다.

40 판 두께 변동요인 중 압연기 탄성 특성 등 압연기의 변형에 의한 판 두께 변동요인이 아닌 것은?

① 입측 압연소재의 판 두께 변동

② 롤 갭의 설정치 변동

③ 롤의 열팽창에 의한 변동

④ 유막변동과 롤 편심오차

해설

• 압연기의 탄성변형에 의한 판 두께 변동요인
  - 롤 갭의 설정치 변동
  - 롤의 열팽창에 의한 변동
  - 롤의 유막변동 및 편심오차

• 압연기의 소성변형에 의한 판 두께 변동요인
  - 원판 재질편차 등에 기인한 변형저항의 변동
  - 압력장력의 변동
  - 마찰계수의 변동

41 다음 중 공연비에 대한 설명으로 옳은 것은?

① 고정탄소와 휘발분과의 비이다.

② 연료를 연소시키는 데에 사용하는 공기와 연료의 비이다.

③ 이론공기량을 1.0으로 할 때의 실적 공기량의 비율이다.

④ 폐가스의 조성(성분)에 의거, 가스 $1Nm^3$을 완전 연소시키는 데에 필요한 공기량이다.

해설

공연비 : 연료를 완전 연소시키는 데에 사용하는 공기와 연료의 중량비

42 산세 라인(Line)의 스케일 브레이커의 공정 중 그림과 같은 스케일 브레이킹법은?

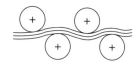

① 레벨링법　　　　② 롤링법
③ 멕케이법　　　　④ 프레슈어법

해설

레벨링법 : 기계적인 스케일 브레이킹법 및 판의 형상 교정법으로 이 장치를 통해 탈 스케일이 가능하고 평탄도도 개선된다.

43 청정 라인(Line)의 세정제로 부적합한 것은?

① 가성소다　　　　② 규산소다
③ 염산　　　　　　④ 인산소다

해설

청정 작업 관리
• 세정액 : 수산화나트륨($NaOH$), 규산나트륨($Na_2O \cdot SiO_2$), 올소 규산나트륨($Na_3PO_4 \cdot 12H_2O$), 인산나트륨(Na_3PO_4)
• 세정 온도 : 온도가 높을수록 세정력은 향상되나, 기타 첨가물(계면 활성제 등)에 의해 영향이 달라질 수 있다.
• 세정 농도 : 농도가 높을수록 세정력은 향상되나, 보통 4% 이상이 되면 세정력은 크게 변하지 않는다.
※ 나트륨을 소다라고도 한다.

44 스트레이트 방식의 결점을 개선하기 위해서 공형을 경사시켜 직접 압하를 가하기 쉽게 한 것은?

① 플랫 방식　　　　② 버터플라이 방식
③ 다이애거널 방식　④ 무압하 변형 공형

해설

공형설계 방식의 종류
• 플랫(Flat) 방식 : ㄱ형강, 밸브 판, T형강에 사용
• 버터플라이(Butterfly) 방식 : U형강, 시트 파일 압연에 사용
• 스트레이트(Straight) 방식 : I형강, 시트 파일 압연에 사용
• 다이애거널(Diagonal) 방식 : 레일 압연에 사용, 스트레이트 방식의 개선
• 다곡법 : 폭이 좁은 소재에 사용

45 연주 주편이 응고할 때 주편중심부에 S, C, P 등의 원소가 모여서 형성되는 결함을 무엇이라 하는가?

① 편석　　　　　　② 파이프
③ 슬래그 피팅　　　④ 비금속 개재물

해설

① 편석 : 응고의 차이에 따른 조성의 불균일성으로 용융 금속의 응고에서 마지막으로 응고되는 중앙부에 어떤 종류의 금속 성분이나 불순물에 의한 결함
② 파이프 : 전단면에 선 모양 혹은 벌어진 상태로 나타난 파이프 모양의 흠

46 열연공장의 가열로에서 가열이 완료되어 추출되는 슬래브의 온도 범위로 가장 적합한 것은?

① 650~750℃　　　② 800~900℃
③ 900~1,000℃　　④ 1,100~1,300℃

해설

연주에서 생산된 슬래브의 열간압연에 맞는 온도 : 1,100~1,300℃

47 두께 20mm의 강판을 두께 10mm의 강판으로 압연하였을 때 압하율은 얼마인가?

① 10% ② 20%

③ 40% ④ 50%

해설

압하율 $= \dfrac{H_0 - H_1}{H_0} \times 100(\%) = \dfrac{10}{20} \times 100(\%) = 50\%$

여기서, H_0 : 통과 전 소재 두께

H_1 : 통과 후 소재 두께

48 다음 압연조건 중 압연제품의 조직 및 기계적 성질의 변화와 관련이 적은 것은?

① 냉각 속도 ② 압연 속도

③ 압하율 ④ 탈스케일

해설

탈스케일은 표면의 스케일을 제거하는 것으로 압연제품의 조직 및 기계적 성질의 변화와 관련이 적다.

49 가열로에 설비된 리큐퍼레이터(환열기, Recuperater)에 대한 설명 중 옳은 것은?

① 가열로 폐가스를 순환시켜 다시 연소공기로 이용하는 장치

② 가열로 폐가스의 폐열을 이용하여 연소공기를 예열하는 장치

③ 연료를 일정한 온도로 예열하여 효율적인 연소가 이루어지도록 하는 설비

④ 가열된 압연재의 온도를 자동으로 측정하여 연료 공급량이 조절되도록 하는 장치

해설

환열기(Recuperater) : 가열로 내에서 나온 폐가스의 열을 이용한 연료절감 설비로서, 폐가스가 빠져나가면서 진입하는 연소용 공기를 예열시키는 원리이다.

50 선재 공장에서 압연기 간의 장력을 제거하기 위해 사용하는 장치가 아닌 것은?

① 리피터(Repeater)

② 가이드(Guide)

③ 업 루퍼(Up Looper)

④ 사이드 루퍼(Side Looper)

해설

가이드는 소재를 압연기에 잘 치입할 수 있도록 조정해주는 장치

① 리피터 : 선재 압연기에서 소재의 텐션을 제어하며 다음 스탠드의 공정으로 유도

③ · ④ 루퍼 : 스탠드와 스탠드 사이의 텐션을 제어

51 노압은 노의 열효율에 아주 큰 영향을 미친다. 노압이 높은 경우에 발생하는 것은?

① 버너 연소상태 약화

② 침입 공기가 많아 열손실 증가

③ 소재 산화에 의한 스케일 생성량 증가

④ 외부 찬 공기 침투로 노온 저하로 열손실 증대

해설

노압 관리

• 노압은 노의 효율에 큰 영향을 미치며, 노압 제어는 노 내 설치된 노압 검출단에서 입력신호를 받아 자동으로 댐퍼(Damper)를 제어

• 노압 변동 시 영향

노압이 높을 때	• 슬래브 장입구, 추출구, 노 내 점검구에서 방염에 의한 열손실 증가 • 방염에 의한 노체 주변 철구조물 손상 • 버너 연소상태 약화 • 개구부 방염에 의한 작업자 위험도 증가 • 화염 방출로 화재발생
노압이 낮을 때	• 외부의 찬 공기가 노 내로 침투하여 열손실 증대 • 침입공기에 따른 공기비 제어량 실적치 변동 • 슬래브 산화에 의한 스케일 생성량 증가

47 ④ 48 ④ 49 ② 50 ② 51 ① **정답**

52 일정한 행동을 취할 것을 지시하는 표지로써 방독 마스크를 착용할 것 등을 지시하는 경우의 색채는?

① 녹색 ② 빨간색

③ 파란색 ④ 노란색

해설

산업안전보건법에서 안전보건 표지
- 초록색 : 안내
- 빨간색 : 금지
- 파란색 : 지시
- 노란색 : 주의, 경고

53 크롭 시어의 역할을 설명한 것 중 틀린 것은?

① 중량이 큰 슬래브의 단중 분할하는 목적으로 절단한다.

② 압연재의 중간 부위를 절단하여 후물재의 작업성을 개선한다.

③ 경질재 선후단부의 저온부를 절단하여 롤 마크 발생을 방지한다.

④ 조압연기에서 이송되어온 재료 선단부를 커팅하여 사상압연기 및 다운 코일러의 치입성을 좋게 한다.

해설

크롭 시어(Crop Shear) : 사상압연기 초입에 설치되어 슬래브의 선단 및 미단을 절단하여 롤 마크 발생을 방지하고 치입성을 좋게 한다(중간부위를 절단하는 것과는 관계가 없음).

54 다음 중 냉연 강판, 도금 강판 등의 제품을 생산하는 냉연 및 표면 처리 설비로 부적합한 것은?

① 산세 설비 ② 풀림 설비

③ 가열로 ④ 전기도금 설비

해설

가열로는 열간압연 설비이다.
냉연 강판 제조공정 순서 : 핫코일(Hot Coil) → 산세(Pickling Line) → 냉간압연(Cold Rolling) → 전해청정(Electrolytic Cleaning, 표면청정) → 풀림(Annealing, 소둔) → 조질압연(Skin Pass Rolling) → 되감기(Recoiling Line, 리코일링) → 전단(Shearing Line)

55 압연작업장의 환경에 영향을 주는 요인과 그 단위가 잘못 연결된 것은?

① 조도 – lx

② 소음 – dB

③ 방사선 – Gauss

④ 진동수 – Hz

해설

- 방사선 단위 : 큐리(Ci)
- 자기장 단위 : 가우스(Gauss)

56 열간압연기의 제어형식 중 압연 롤 축을 압연 방향으로 대각선 쪽으로 틀어 소재판의 크라운 제어를 하는 것은?

① 페어 크로스 밀(Pair Cross Mill)

② 가변 크라운(Variable Crown)

③ 작업 롤 굽힘(Work Roll Bending)

④ 중간 롤 시프트(Intermediate Roll Shift)

해설

롤에 의한 형상제어 방법
- 롤 벤딩(Roll Bending) 제어 : 롤에 가해지는 압하력을 계산하여 롤 벤딩을 최적조건으로 제어하는 방식
- 롤 시프팅(Roll Shifting) 제어 : 스트립의 크라운을 제어하여 판의 평탄도를 향상시키는 방법으로 CVC 제어방법과 UCM 방식이 있다.
- 롤 틸팅(Roll Tilting) 제어 : 유압 방식으로 롤 간격을 틸팅하여 제어하는 방법
- 페어 크로스(Pair Cross) 제어 : 작업 롤 1쌍을 일정 각도로 서로 교차하게 배열하여 제어하는 방법

57 압연기의 압하력을 측정하는 장치는?

① 압하 스크루(Screw)

② 로드 셀(Load Cell)

③ 플래시 미터(Flash Meter)

④ 텐션 미터(Tension Meter)

해설

② 로드 셀 : 압하력을 측정하는 장치
① 압하 스크루 : 압하력을 조정하는 장치
④ 텐션 미터 : 장력을 측정하는 장치

58 조질압연 설비를 입측 설비, 압연기 본체, 출측 설비로 나눌 때 압연기 본체에 해당하는 것은?

① 텐션 롤   ② 스탠드

③ 페이 오프 릴   ④ 코일 컨베이어

해설

텐션 롤, 컨베이어, 페이 오프 릴은 입출측 설비이다.

59 최근 압연기에는 ORG(On line Roll Grinder) 설비가 부착되어 압연 중 작업 롤(Work Roll) 표면을 전면 혹은 단차 연마를 실시하는 데, ORG 사용 시의 장점이 아닌 것은?

① 롤 서멀 크라운을 제어할 수 있다.

② 롤 마모의 단차를 해소할 수 있다.

③ 협폭재에서 광폭재의 폭 역전이 가능하다.

④ 국부마모 해소로 동일 폭 제한을 해소할 수 있다.

해설

RSM(Roll Shape Machine), ORG(Online Roll Grinder)
RSM, ORG는 롤을 온라인 상태에서 연삭을 하는 설비로, 국부적으로 마모된 부위를 제거함과 동시에 꼬임이나 이물로 인한 롤 마크 결합을 감소시키며 롤이 벗겨져 발생하는 스케일성 결함을 저감하는 장치이다.

60 다음 중 열간압연 설비가 아닌 것은?

① 권취기

② 조압연기

③ 후판압연기

④ 주석박판압연기

해설

주석박판압연기는 냉간압연 설비이다.

01 높은 온도에서 증발에 의해 황동 표면으로부터 Zn이 탈출되는 현상은?

① 응력부식균열　　　② 탈아연 부식
③ 고온 탈아연　　　④ 저온풀림경화

해설
③ 고온 탈아연 : 높은 온도에서 증발에 의해 황동의 표면으로부터 Zn이 탈출되는 현상으로 그 방지책으로 산화물 피막을 형성시킴
① 응력부식균열(자연균열) : 인장응력을 받는 상태(잔류응력 상태)에서 부식 환경과의 조합으로 취성적인 파괴를 나타내는 현상으로 그 방지책으로 도료 및 도금을 처리하거나 응력제거 풀림으로 잔류응력을 제거함
② 탈아연 부식 : 황동이 불순한 물에 의해 아연이 용해되어 내부까지 탈아연되는 현상으로 그 방지책으로 주석이나 안티몬을 첨가함
④ 저온풀림경화 : 변태점 이하 온도에서의 열처리를 통해 연성을 회복시키는 처리

02 구상흑연주철의 물리적·기계적 성질에 대한 설명으로 옳은 것은?

① 회주철에 비하여 온도에 따른 변화가 크다.
② 피로한도는 회주철보다 1.5~2.0배 높다.
③ 감쇄능은 회주철보다 크고 강보다는 작다.
④ C, Si량의 증가로 흑연량은 감소하고 밀도는 커진다.

해설
구상흑연주철
• 회주철에 비해 온도에 따른 변화가 적음
• 인장강도가 증가하고 피로한도 회주철보다 1.5~2배 높음
• 회주철에 비해 주조성, 피삭성, 감쇄능, 열전도도가 낮음
• C, Si 증가로 흑연량이 증가함

03 열간 금형용 합금공구강이 갖추어야 할 성능을 설명한 것 중 틀린 것은?

① 고온경도 및 강도가 높아야 한다.
② 내마모성은 크며, 소착을 일으켜야 한다.
③ 열충격 및 열피로에 잘 견디어야 한다.
④ 히트 체킹(Heat Checking)에 잘 견디어야 한다.

해설
소착현상은 칩이나 이물질이 늘어붙는 현상으로 열간금형용 합금공구강은 소착현상을 일으키지 않아야 한다.

04 금속의 변태점을 측정하는 방법이 아닌 것은?

① 비열법　　　② 열팽창법
③ 전기저항법　　　④ 자기탐상법

해설
자기탐상법은 표면결함을 검출하는 방법으로 강자성체에만 적용할 수 있다.
변태점 측정법 : 시차열분석법, 열분석법, 비열법, 전기저항법, 열팽창법, 자기분석법, X선 분석법 등
• 열분석법 : 금속을 가열 냉각 시 열의 흡수 및 방출로 인한 온도의 상승 또는 하강에 의해 온도와 시간과의 관계의 곡선으로 변태점을 결정
• 전기저항에 의한 분석법 : 금속의 변태점에서 전기 저항이 불연속으로 변화하는 성질을 이용
• 열팽창법 : 온도가 상승하며 팽창이나 변태가 있을 시 팽창 곡선에서 변화하는 성질을 이용
• 자기분석법 : 강자성체가 상자성체로 되며 자기 강도가 감소되는 성질을 이용
• X선 분석법 : X선의 회절 성질을 이용하여 변태점을 측정

05 철강에서 철 이외의 5대 원소로 옳은 것은?

① C, Si, Mn, P, S

② H₂, S, P, Cu, Si

③ N₂, S, P, Mn, Cr

④ Pb, Si, Ni, S, P

해설

철강 5대 원소 : 규소(Si), 망간(Mn), 황(S), 인(P), 탄소(C)

06 두랄루민 합금의 주성분으로 옳은 것은?

① Al-Cu-Mg-Mn

② Ni-Mn-Sn-Si

③ Zn-Si-P-Al

④ Pb-Ag-Ca-Zn

해설

두랄루민 : Al-Cu-Mg-Mn 합금으로 시효경화성이 가장 좋다.

07 다음 금속의 결정구조 중 전연성이 커서 가공성이 좋은 격자는?

① 조밀육방격자

② 체심입방격자

③ 단사정계격자

④ 면심입방격자

해설

• 면심입방격자 : 큰 전연성
• 체심입방격자 : 강한 성질
• 조밀육방격자 : 전연성이 작고 취약

08 강의 표준조직을 얻기 위한 가장 적합한 열처리 방법은?

① 담금질(Quenching)

② 뜨임(Tempering)

③ 풀림(Annealing)

④ 불림(Normalizing)

해설

④ 불림 : 강을 Ac₃ 또는 Aₘ선보다 30~50℃ 높은 온도인 오스테나이트 영역으로 가열한 후 공랭하여 균일한 구조 및 강도를 증가시켜 강의 표준조직으로 얻기 위한 열처리
① 담금질 : 강을 변태점 이상의 고온인 오스테나이트 상태에서 급랭하여 A₁ 변태를 저지하여 경도와 강도를 증가시키는 열처리
② 뜨임 : 담금질 이후 A₁ 변태점 이하로 재가열하여 냉각시키는 열처리로 경도는 다소 작아질 수 있으나 인성을 증가시키는 열처리
③ 풀림 : 시편을 오스테나이트와 페라이트보다 40℃ 이상에서 필요시간 동안 가열한 후 서랭하는 열처리

09 다음 중 형상기억합금에 관한 설명으로 틀린 것은?

① 열탄성형 마텐자이트가 형상기억 효과를 일으킨다.

② 형상기억 효과를 나타내는 합금은 반드시 마텐자이트 변태를 한다.

③ 마텐자이트 변태를 하는 합금은 모두 형상기억 효과를 나타낸다.

④ 원하는 형태로 변형시킨 후에 원래 모상의 온도로 가열하면 원래의 형태로 되돌아간다.

해설

마텐자이트 변태를 하는 합금이 모두 형상기억 효과를 내는 것이 아니고 열탄성 마텐자이트 변태를 나타내는 합금이 형상기억 효과를 내는 것이다.

10 인장시험편이 네킹을 일으킨 후 파단에 이르는 단계까지의 순서로 옳은 것은?

① 미소공극 → 내부균열 → 전면파단 → 최종파단
② 내부균열 → 미소공극 → 전면파단 → 최종파단
③ 전면파단 → 내부균열 → 미소공극 → 최종파단
④ 최종파단 → 내부균열 → 미소공극 → 전면파단

해설
연성재료가 소성변형 시 국부 수축을 일으키는 것을 네킹이라 하며 미소공극을 통한 내부균열로 전면파단 후 최종파단된다.

11 풀림한 황동의 인장강도는 Zn이 몇 % 함유될 때 최댓값에 도달하는가?

① 10%
② 25%
③ 40%
④ 55%

해설
황동은 아연(Zn)이 포함된 구리(Cu) 합금으로 인장강도는 아연이 40%일 때 최댓값에 도달하고 50% 이상이면 급감한다.

12 Al-Si계 합금을 주조할 때, 금속 나트륨을 첨가하여 조직을 미세화시키기 위한 처리는?

① 심랭 처리
② 개량 처리
③ 용체화 처리
④ 구상화 처리

해설
② 개량 처리 : 조대한 규소결정을 미세화시키기 위한 처리로 Al-Si계 합금(실루민) 주조를 위해서 금속나트륨, NaOH 등을 첨가
① 심랭 처리 : 강을 담금질 직후 실온 이하의 마텐자이트 변태 종료 온도까지 냉각하여 잔류 오스테나이트를 마텐자이트로 변화시키는 열처리 방법으로 서브제로 처리라고도 함
③ 용체화 처리 : 철강을 고용체 범위까지 가열 후 급랭하여 고용체 상태를 상온까지 유지시키는 처리
④ 구상화 처리 : 강 중의 탄화물을 일정한 크기로 균일하게 구상화 하는 풀림처리

13 다음 기하공차 기호의 종류는?

━━━
━━━

① 직각도
② 대칭도
③ 평행도
④ 경사도

해설
① 직각도 ⊥
③ 평행도 //
④ 경사도 ∠

14 그림과 같은 방법으로 그린 투상도는?

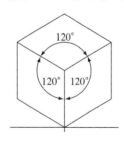

① 정투상도
② 평면도법
③ 사투상도
④ 등각투상도

해설
④ 등각투상도 : 세 모서리가 이루는 각이 모두 120°가 되도록 그린 투상도
① 정투상도 : 직각으로 교차하는 정면도, 평면도, 측면도를 평행하게 투상하여 그린 투상도
② 평면도법 : 제도용구를 사용하여 선분이나 각을 등분하는 등 평면도형을 나타내는 방법
③ 사투상도 : 물체의 주요면을 투상면에 평행하게 놓고 한쪽을 경사지게 그린 투상도

15 도면에 치수를 기입할 때 유의사항으로 틀린 것은?

① 치수의 중복 기입을 피해야 한다.
② 치수는 계산할 필요가 없도록 기입해야 한다.
③ 치수는 가능한 한 주투상도에 기입해야 한다.
④ 관련되는 치수는 가능한 한 정면도와 평면도 등 모든 도면에 나누어 기입한다.

해설
관련된 치수는 한 곳에 모아서 기입한다.

16 다음 중 국제표준화기구 규격은?

① NF ② ASA
③ ISO ④ DIN

해설
국제표준화규격은 ISO(International Organization for Standardization)이다.
① 프랑스산업규격
② 미국규격협회
④ 독일산업규격

17 도면에 정치수로 기입된 모든 치수이며 치수허용한계의 기준이 되는 치수를 말하는 것은?

① 실치수 ② 치수치수
③ 기준치수 ④ 허용한계치수

해설
③ 기준치수 : 위 치수허용차 및 아래 치수허용차를 적용하는 데 따라 허용한계치수가 주어지는 기준이 되는 치수
① 실치수 : 형체의 실측치수
② 치수 : 형체의 크기를 나타내는 양을 말하며 일반적으로 mm를 단위로 사용
④ 허용한계치수 : 형체의 실제치수가 그 사이에 들어가도록 정한 허용할 수 있는 대 소 2개의 극한치수, 즉 최대허용치수 및 최소허용치수

18 재료 기호 SS330으로 표시된 것은 어떠한 강재인가?

① 스테인리스 강재
② 용접구조용 압연 강재
③ 일반구조용 압연 강재
④ 기계구조용 탄소 강재

해설
③ SS : 일반구조용 압연 강재
② WS : 용접구조용 압연 강재
④ SM : 기계구조용 탄소 강재

19 가는 실선으로 사용하지 않는 선은?

① 피치선 ② 지시선
③ 치수선 ④ 치수 보조선

해설
피치선 : 가는 1점 쇄선

20 그림과 같이 원뿔 형상을 경사지게 절단하여 A방향에서 보았을 때의 단면 형상은?(단, A방향은 경사면과 직각이다)

① 진원 ② 타원
③ 포물선 ④ 쌍곡선

해설
원뿔을 경사지게 절단하면 타원으로 보이게 된다.

21 기계 제도의 제도 통칙은 한국산업표준의 어디에 규정되어 있는가?

① KS A 0001   ② KS B 0001

③ KS A 0005   ④ KS B 0005

해설

③ KS A 0005 : 제도 통칙
① KS A 0001 : 표준서의 서식 및 작성방법
② KS B 0001 : 기계제도
④ KS B 0005 : 스프링제도

23 한 쌍의 기어가 맞물려 회전하기 위한 조건으로 어떤 값이 같아야 하는가?

① 모듈   ② 이끝 높이

③ 이끝원 지름   ④ 피치원 지름

해설

모듈 : 기어의 치형 크기 단위로 피치 서클에서 이끝까지의 거리로 한 쌍의 기어가 맞물려 회전하기 위한 조건 값으로 사용된다.

24 그림은 교량의 트러스 구조물이다. 중간 부분을 생략하여 그린 주된 이유는?

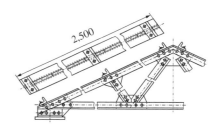

① 좌우, 상하 대칭을 도면에 나타내기 어렵기 때문에
② 반복 도형을 도면에 나타내기 어렵기 때문에
③ 물체를 1각법 또는 3각법으로 나타내기 어렵기 때문에
④ 물체가 길어서 도면에 나타내기 어렵기 때문에

해설

중간부분 생략에 의한 도형의 단축 : 일정한 단면 모양의 긴 경우에는 도면에 모두 나타내기 어렵기 때문에 그 중간 부분을 절단하여 짧게 도시하고 테이퍼 부분의 경사가 완만한 것은 실제의 각도로 도시하지 않는 것이 가능하다.

22 그림은 성크 키(Sunk Key)를 도시한 것으로 A의 길이는 얼마인가?

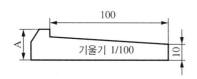

① 11   ② 13

③ 15   ④ 17

25 압연 두께 자동제어(AGC)의 구성요소 중 압하력을 측정하는 것은?

① 굽힘블록　　　② 로드 셀
③ 서브밸브　　　④ 위치검출기

해설

자동 두께 제어(AGC ; Automatic Gauge Control)
• 압연 중 스트립 두께 변동을 검출하기 위한 장비로, 스크루 다운 블록(Screw Down Block) 하단에 설치된 로드 셀(Load Cell)에 의해 압연의 압력 변화를 검출하여 현재 위치를 탐지한 후 F7 후면에 설치된 X-Ray가 판 두께를 측정해 이 신호를 기반으로 압하 스크루를 자동 제어하여 스트립의 두께를 목표 두께로 제어하는 장치
• AGC 설비
  - 스크루 다운(Screw Down) : AGC 유지 컨트롤과 병행하여 롤 갭 설정
  - 상부 빔(Top Beam) : 압연 소재의 두께에 따라 유압으로 롤 갭을 설정하는 장치
  - 하부 빔(Bottom Beam) : 빔 상부에 백업 롤 및 슬래드(Sled)를 안착하는 지지대
  - 스크루 업(Screw Up) : 내부에 로드 셀(Load Cell)이 내장되어 롤이 받는 힘을 검출하며 압연 패스 라인(Pass Line)을 조정

26 연료의 착화온도가 가장 높은 것은?

① 수소　　　　② 갈탄
③ 목탄　　　　④ 역청탄

해설

① 수소 : 560℃
② 갈탄 : 250∼450℃
③ 목탄 : 490℃
④ 역청탄 : 300∼400℃

27 사상압연 Last Stand와 권취기의 맨드릴 간에 있는 설비들, 즉 ROT, 핀치 롤, 유닛 롤, 맨드릴 등의 스트립의 권취 형상을 좋게 하기 위하여 스트립의 머리부분이 통과할 때 사상압연기의 Last Stand보다 일정비율 빠르게 하는 것은?

① Lead율　　　② Leg율
③ Loss율　　　④ Tight율

해설

Lead율 설정의 목적은 사상압연기의 Last Stand보다 일정부분 빠르게 하여 사상압연기와 권취기 사이에 적절한 장력을 주어 스트립 권취 형상을 좋게 한다.

28 열간압연 시 발생하는 슬래브 캠버(Camber)의 발생 원인이 아닌 것은?

① 상하 압하의 힘이 다를 때
② 소재 좌우 두께 편차가 있을 때
③ 상하 Roll 폭 방향 간격이 다를 때
④ 소재의 폭 방향으로 온도가 고르지 못할 때

해설

캠버(Camber)
• 일반적으로 압연 시 압연소재의 판 폭 방향으로 휘어지는 현상이다. 압연 코일의 경우 압연 방향으로 휘어지며, 소재 좌우 두께 편차가 있거나 상하 롤의 폭 방향 간격이 다를 때 그리고 폭 방향으로 온도가 고르지 못할 때 발생한다.
• 캠버 발생 원인
  - 롤이 기울어져 있을 때
  - 하우징의 연신 및 변형
  - 폭 방향 온도 편차
  - 소재 좌우 두께 편차

25 ② 26 ① 27 ① 28 ① **정답**

29 압연유 급유방식에서 순환방식의 특징이 아닌 것은?

① 폐유처리 설비는 작은 용량의 것이 가능하므로 비용이 적게 든다.

② 냉각효과 면에서 그 효율이 높고, 값이 저렴한 물을 사용할 수 있다.

③ 급유된 압연유를 계속하여 순환, 사용하게 되므로 직접방식에 비하여 압연유의 비용이 적게 든다.

④ 순환하여 사용하기 때문에 황화액에 철분, 그 밖의 이물질이 혼합되어 압연유의 성능을 저하시키므로 압연유 관리가 어렵다.

해설

②는 직접 급유방식의 특징이다.

급유방식

직접 급유방식	순환 급유방식
• 윤활 성능이 좋은 압연유 사용 가능	• 윤활 성능이 좋은 압연유 사용이 어려움
• 항상 새로운 압연유 공급	• 폐유 처리설비는 적은 용량 가능
• 냉각 효과가 좋아 효율이 좋음	• 철분이나 그 밖의 이물질이 혼합되어 압연유 성능 저하
• 압연유가 고가이며, 폐유 처리 비용이 비쌈	
• 고속박판압연에 사용 가능	• 직접 방식에 비해 가격이 저렴

30 압연재가 롤 사이에 들어갈 때 접촉부에 있어서 압연 작용이 가능한 전제 조건이 틀린 것은?

① 접촉부 안에서의 재료의 가속은 무시한다.

② 압연재는 접촉부 이외에서는 외력은 작용하지 않는다.

③ 압연 방향에 대한 재료의 가로 방향의 증폭량은 무시한다.

④ 압연 전후의 통과하는 재료의 양(체적)을 다르게 한다.

해설

압연 전후의 통과하는 재료의 양은 같다고 가정한다. 따라서 압연 후 줄어든 면적만큼 길이가 늘어나므로, 치입 전 소재의 속도보다 치입 후 소재의 속도가 더 커진다.

31 압연조건이 다음과 같을 때 롤 갭(Roll Gap)은 몇 mm로 하여야 하는가?(단, 압연조건 : 밀강성은 500ton, 입측 두께는 20mm, 출측 두께는 15mm, 압연 속도는 100mpm, 압연하중은 1,000ton이다)

① 13   ② 15

③ 16   ④ 17

해설

롤 갭(S_0)

$$S_0 = h - \Delta h - \frac{P}{K} + \varepsilon$$

$$= 20 - (20 - 15) - \frac{1,000}{500} + 0 = 13\text{mm}$$

여기서, h : 입측 두께

Δh : 압하량

P : 압연하중

K : 밀강성계수

ε : 보정값

32 완전한 제품을 만든 후 형상을 개선하기 위한 압연 공정은?

① 냉간압연   ② 열간압연

③ 조질압연   ④ 분괴압연

해설

③ 조질압연 : 완전한 제품을 만든 후에 표면조도 등 형상을 개선하기 위한 압연

① 냉간압연 : 재결정 온도 이하의 작업온도에서 수행하는 압연

② 열간압연 : 재결정 온도 이상의 작업온도에서 수행하는 압연

④ 분괴압연 : 철강공장에서 주괴를 반제품인 강편으로 제작하는 압연

33 공형에 대한 설명 중 틀린 것은?

① 개방공형은 압연할 때 자료가 공형간극으로 흘러 나가는 결점이 있다.

② 폐쇄공형에서는 재료의 모서리성형이 쉬워 형강의 압연에 사용한다.

③ 개방공형은 성형압연 전의 조압연 단계에서 사용된다.

④ 폐쇄공형은 1쌍의 롤에 똑같은 공형이 반씩 패어 있다.

해설
- 개방공형 : 1쌍의 롤에 똑같은 공형이 반씩 패어 있고 중심선과 롤 선이 일치되며 롤과 롤의 경계에는 공형간극이 존재함(즉, ④ 설명은 개방공형 설명임). 또한 공형간극선이 롤 축과 평행이 아닌 경우 공형각도가 60°보다 작을 때도 개방공형이라 함. 개방공형은 압연 시 재료가 공형간극으로 흘러나가는 결점이 있어 성형압연 전의 조압연 단계에서 수행
- 폐쇄공형 : 공형각도가 60° 이상이고 롤의 지름은 크게 되나 모서리 성형이 잘되어 형강성형 등에 사용

34 냉간압연의 공정을 순서대로 나열한 것은?

① 산세척 → 냉연 → 청정 → 풀림 → 조질 → 절단
② 산세척 → 청정 → 냉연 → 풀림 → 조질 → 절단
③ 산세척 → 냉연 → 풀림 → 청정 → 조질 → 절단
④ 산세척 → 청정 → 냉연 → 조질 → 풀림 → 절단

해설
냉연 강판 제조공정 순서 : 핫코일(Hot Coil) → 산세(Pickling Line) → 냉간압연(Cold Rolling) → 전해청정(Electrolytic Cleaning, 표면청정) → 풀림(Annealing, 소둔) → 조질압연(Skin Pass Rolling) → 되감기(Recoiling Line, 리코일링) → 전단(Shearing Line)

35 공형압연설계에서 스트레이트 방식의 결점을 개선하기 위해 공형을 경사시켜 직접 압하를 가하기 쉽게 한 것으로 재료를 공형에 정확히 유도하기 위한 회전 가이드를 장치함으로써 좋은 효과가 있으며 I형강보다 오히려 레일 압연에서 볼 수 있는 공형방식은?

① 다곡법
② 버터플라이 방식
③ 다이애거널 방식
④ 무압하 변형공형 방식

해설
공형설계 방식의 종류
- 플랫(Flat) 방식 : ㄱ형강, 밸브 판, T형강에 사용
- 버터플라이(Butterfly) 방식 : U형강, 시트 파일 압연에 사용
- 스트레이트(Straight) 방식 : I형강, 시트 파일 압연에 사용
- 다이애거널(Diagonal) 방식 : 레일 압연에 사용, 스트레이트 방식의 개선
- 다곡법 : 폭이 좁은 소재에 사용

36 높이 45mm, 폭 100mm, 길이 2m인 소재를 압연하여 높이 25mm, 폭 110mm가 되었을 때의 길이는?

① 2.57m   ② 3.27m
③ 3.54m   ④ 4.27m

해설
압연 전후 체적은 같으므로

압연 후 길이 $= \dfrac{45mm \times 100mm \times 2m}{25mm \times 110mm}$

$= 3.27m$

37 연연속 압연기술에 대한 설명으로 틀린 것은?

① 1차 압연의 두께는 약 25~35mm이다.

② 접합 시 소요시간은 약 10분 정도가 소요된다.

③ 접합방식은 용접방식과 전단변형접합 방식이 있다.

④ 선행과 후행의 2개의 바(Bar)를 중첩해 열간압연 한다.

> **해설**
> **연연속 압연**
> 압연 효율을 높이기 위해 다수의 코일의 처음과 끝을 용접으로 접합하여 마치 하나의 긴 코일로 만들어 열간압연을 하는 방법이다. 두 개의 코일을 접합하는 데 보통 30~40초 정도 소요되지만, 최근 포스코가 개발한 전단변형접합 방식으로 1초 내외에 접합되어 연연속압연의 생산성을 크게 개선하였다.

38 산세 작업에서 후공정의 작업성 향상을 위한 예비 처리 작업에 해당되지 않는 것은?

① 권취형상을 개선한다.

② 방청 및 압연 시 보조윤활을 위한 도유를 실시 한다.

③ 작업능률 및 품질향상을 위해 연마 작업을 실시 한다.

④ 톱귀 등 Edge부 결함발생 방지를 위한 사이드 트리밍을 실시한다.

> **해설**
> 연마작업은 산세작업에서의 작업성 향상을 위한 예비처리와는 관계없다.

39 사상압연기의 제어기기 중 압연재의 형상제어와 관계가 가장 먼 것은?

① 롤 시프트(Roll Shift)

② ORG(On line Roll Grinder)

③ 페어 크로스(Pair Cross)

④ 롤 벤더(Roll Bender)

> **해설**
> **롤에 의한 형상제어 방법**
> • 롤 벤딩(Roll Bending) 제어 : 롤에 가해지는 압하력을 계산하여 롤 벤딩을 최적조건으로 제어하는 방식
> • 롤 시프팅(Roll Shifting) 제어 : 스트립의 크라운을 제어하여 판의 평탄도를 향상시키는 방법으로 CVC 제어방법과 UCM 방식이 있다.
> • 롤 틸팅(Roll Tilting) 제어 : 유압 방식으로 롤 간격을 틸팅하여 제어하는 방법
> • 페어 크로스(Pair Cross) 제어 : 작업 롤 1쌍을 일정 각도로 서로 교차하게 배열하여 제어하는 방법

40 냉간압연된 코일은 무엇으로 탈지한 후에 풀림 공 정으로 보내는 것이 좋은가?(단, 일부의 용융아연 도금 라인은 제외한다)

① 염산   ② 증류수

③ 그리스유   ④ 알칼리 세제

> **해설**
> • 냉연 강판 제조공정 순서 : 열연 코일 → 산세(스케일 제거) → 냉간압연 → 전해청정(표면청정) → 풀림(소둔) → 조질압연 (Skin Pass Rolling) → 되감기(리코일링) → 전단(Shearing Line)
> • 청정작업 순서 : POR → 용접기 → 알칼리 세정 → 스프레이 → 브러싱 → 전해세정 → 수세 → 건조 → TR

41 압연유 선정 시 요구되는 성질이 아닌 것은?

① 고온, 고압하에서 윤활 효과가 클 것
② 스트립 면의 사상이 미려할 것
③ 기름 유화성이 좋을 것
④ 산가가 높을 것

해설

압연유의 특성
• 고온, 고압하에서 윤활 효과가 클 것
• 스트립 면의 사상이 미려할 것
• 기름 유화성이 좋을 것
• 마찰계수가 작을 것
• 롤에 대한 친성을 지니고 있을 것
• 적당한 유화 안정성을 지니고 있을 것

42 그림에서 물체 ABCD에 전단면적인 힘이 물체 ABCD에 가해서 a만큼 변형하였다고 하면 이 경우의 응력을 전단응력(Shear Stress)이라 할 때 전단변형량은 어떻게 나타내는가?

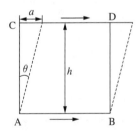

① $r = \dfrac{h}{a} = \cos\theta$

② $r = \dfrac{a}{h} = \sin\theta$

③ $r = \dfrac{h}{a} = \tan\theta$

④ $r = \dfrac{a}{h} = \tan\theta$

해설

전단변형량 = (사방향으로의 변형값)/(초기 길이) $= \dfrac{a}{h} = \tan\theta$

43 다음 압연에 관계된 용어들의 설명으로 틀린 것은?

① 압연재가 물려 들어가는 것을 물림이라 한다.
② 압연 스케줄에 설정된 롤 간격에 따라 결정되는 것을 압하율이라 한다.
③ 압연과정에 있어서 롤 축에 수직으로 발생하는 힘을 압연력이라 한다.
④ 압연재가 롤 사이로 물려 들어가면 압연기의 각 구조 부분이 느슨해져 롤 간격이 조금 늘어난다. 이러한 현상을 롤 간격이라 한다.

해설

압연재가 롤 사이로 들어가면 압연기 구조부분의 틈 때문에 각 구조부분이 느슨해져 롤 간격이 증가되는 현상은 롤 스프링 현상이라 한다.

44 냉간압연에 대한 설명으로 틀린 것은?

① 치수가 정확하고 표면이 깨끗하다.
② 압연 작업의 마무리 작업에 많이 사용된다.
③ 재료의 두께가 얇은 판을 얻을 수 있다.
④ 열간압연판에서는 이방성이 있으나 냉간압연판은 이방성이 없다.

해설

냉간압연판에서는 기계적 특성의 방향성(이방성)이 있다.

45 압연기에서 롤과 재료 사이의 접촉각을 A, 마찰각을 B로 할 때, 재료가 압연기에 물려들어 갈 조건은?

① A > 2B

② A > B

③ A < B

④ A = B

해설

재료가 압연기에 물리기 위한 조건은 마찰각이 접촉각보다 커야 한다.

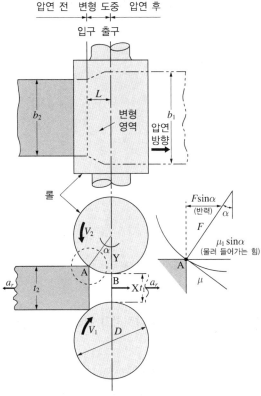

접촉각(α)과 마찰계수(μ)의 관계

- $\tan\alpha < \mu$인 경우 재료가 자력으로 압입되어 압연이 가능
- $\tan\alpha = \mu$인 경우 소재에 힘을 가하면 압연이 가능
- $\tan\alpha > \mu$인 경우 소재가 미끄러져 롤에 들어가지 않아 압연이 불가능
- 따라서, 재료가 롤에 쉽게 물려 들어가기 위해서는 접촉각이 작아져야 하므로, 압하량을 작게 하고, 롤 지름 $D(=2R)$를 크게 해야 한다.

46 조압연기에 설치된 AWC(Automatic Width Control)가 수행하는 작업은?

① 바의 형상 제어

② 바의 폭 제어

③ 바의 온도 제어

④ 바(Bar)의 두께 제어

해설

AWC(Automatic Width Control) : 열간압연에서 슬래브(Slab)나 스트립(Strip)의 폭을 자동적으로 제어하는 장치로 조압연기 또는 사상압연기에 설치

47 밀 스프링(Mill Spring)이 발생하는 원인이 아닌 것은?

① 롤의 휨

② 롤 냉각수

③ 롤 초크의 움직임

④ 하우징의 연신 및 변형

해설

밀 스프링(밀 정수, Mill Spring)

- 정의 : 실제 만들어진 판 두께와 Indicator 눈금과의 차(실제 값과 이론 값의 차이)
- 원인
 - 하우징의 연신 및 변형, 유격
 - 롤의 벤딩
 - 롤의 접촉면의 변형
 - 벤딩의 여유
- ※ 하우징(Housing)은 작업 롤, 백업 롤을 포함하여 압연기를 구성하는 모든 설비를 구성 및 지지하는 단일체로 압연재의 재질, 치수, 온도, 압하하중을 고려하여 설계해야만 밀 정수 등을 예측할 수 있다.

48 가열온도가 너무 낮거나 충분히 균열되어 있지 않을 때 압연 중에 나타나는 것과 관계없는 것은?

① 모터의 과부하
② 압연하중의 증가
③ 제품의 형상불량
④ 급격한 스케일 생성량 증가

해설
스케일 생성은 가열로 내 공기비 및 온도와 관련이 있으며, 가열로의 추출온도가 높아질수록 스케일 발생이 커진다.

49 압연기의 종류가 아닌 것은?

① 다단압연기
② 유니버설압연기
③ 4단 냉간압연기
④ 스킷 마크(Skit Mark) 압연기

해설
스킷 마크 : 슬래브(Slab)가 가열로에서 수랭 파이프의 스킷 버튼과 접촉하여 온도의 불충분한 가열로 발생하는 결함으로 균열대에서 제거된다.

50 압연기 유도장치의 요구사항이 아닌 것은?

① 수명이 길어야 한다.
② 조립·해체가 용이해야 한다.
③ 열충격에 의한 변형이 없어야 한다.
④ 유도장치 재질은 저탄소강을 사용해야 한다.

해설
유도장치의 재질은 강도가 높은 고탄소강을 사용한다.

51 산세 탱크(Pickling Tank)는 3~5조가 직렬로 배치되어 있다. 산세 탱크 내의 황산 또는 염산농도에 대한 설명으로 옳은 것은?

① 탱크 전체의 농도를 일정하게 유지한다.
② 제1산세 탱크로부터 차례로 농도가 짙어진다.
③ 제1산세 탱크로부터 차례로 농도가 묽어진다.
④ 제1산세 탱크로부터 2, 3, 4탱크를 교대로 농도를 짙게 또는 묽게 한다.

해설
산세 탱크의 산용액 농도를 기준범위 내에 관리하여야 하고 제1산세 탱크로부터 차례로 농도가 짙어진다.

52 스트립 사행을 방지하기 위하여 설치되는 장치명은?

① 스티어링 롤(Steering Roll)
② 텐션 릴(Tension Reel)
③ 브라이들 롤(Bridle Roll)
④ 패스 라인 롤(Pass Line Roll)

해설
① 스티어링 롤(Steering Roll) : 스트립 사행을 방지
② 텐션 릴(Tension Reel) : 냉간압연에서 출측 권취설비
③ 브라이들 롤 : 롤의 배치를 통해 강판에 장력을 주고, 판의 미끄럼 방지를 도와줌
④ 패스 라인 롤(Pass Line Roll) : 연기 전후에 설치되어 패스 라인의 위치에서 정해주는 소재를 이송시켜주는 롤

53 재해의 기본원인 4M에 해당하지 않는 것은?

① Machine ② Media

③ Method ④ Managment

재해의 기본원인(4M)

• Man(인간) : 걱정, 착오 등의 심리적 원인과 피로 및 음주 등의
생리적 원인, 인관관계와 의사소통과 같은 직장적 원인

• Machine(기계설비) : 기계설비의 결함과 방호 설비의 부재 및
기계의 점검 부족 등의 원인

• Media(작업) : 작업공간과 환경 문제 및 정보의 부적절함

• Management(관리) : 관리 조직의 결함과 교육 부족 그리고 규정
의 부재

54 압연용 소재를 가열하는 연속식 가열로를 구성하
는 부분(설비)이 아닌 것은?

① 예열대 ② 가열대

③ 균열대 ④ 루퍼

연속식 가열로는 예열대, 가열대, 균열대로 구성되어 있다.

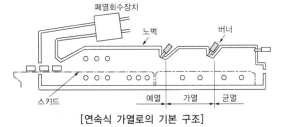

[연속식 가열로의 기본 구조]

55 열연박판의 제조설비가 아닌 것은?

① 권취기 ② 조압연기

③ 연속가열로 ④ 전해청정기

전해청정기는 청정공정 설비로 냉연 제조설비이다.

56 워킹빔(Walking Beam)식 가열로에서 가열재료
를 반송(搬送)시키는 순서로 옳은 것은?

① 전진 → 상승 → 후퇴 → 하강

② 하강 → 전진 → 상승 → 후퇴

③ 후퇴 → 하강 → 전진 → 상승

④ 상승 → 전진 → 하강 → 후퇴

워킹빔식 가열로

• 노상이 가동부와 고정부로 나뉘어, 이동 노상이 상승 → 전진
→ 하강 → 후퇴의 과정을 거치며 재료 사이에 임의의 간격을
두고 반송시킬 수 있는 연속로

• 여러 가지 치수와 재질의 것도 가열 가능

• 푸셔식에 비하여 노의 구조가 복잡하지만, 슬래브 내 온도가
균일하다.

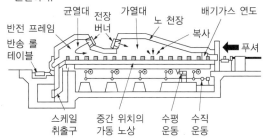

57 롤의 중심에서 압연하중 중심까지의 거리는?

① 토크 모멘트(Torque Moment)

② 접촉길이(Contact Distance)

③ 토크 암(Torque Arm)

④ 방출구 길이(Extraction Distance)

> **해설**
> 롤의 중심에서 압연하중 중심까지의 거리를 토크 암(Torque Arm)
> 이라 한다.

58 압연 부대설비 중 3단식 압연기에서 압연재를 하부
롤과 중간 롤의 사이로 패스(Pass) 한 후, 다음 패
스(Pass)를 위하여 압연재를 들어 올려 중간 롤과
상부 롤 사이로 밀어 넣는 역할을 하는 것은?

① 작업용 롤러 테이블

② 반송용 롤러 테이블

③ 리프팅 테이블

④ 강괴 장입기

> **해설**
> 리프팅 테이블과 틸팅 테이블
> 3단식 압연기에서 압연재를 하부 롤과 중간 롤 사이로 패스한
> 후, 다음 패스를 위하여 압연재를 들어 올려 중간 롤과 상부 롤
> 사이로 넣는데 필요한 장치
> • 리프팅 테이블 : 테이블이 평행으로 올라가는 설비
> • 틸팅 테이블 : 어느 고정점을 기준으로 회전하여 필요한 위치로
>   올리는 설비

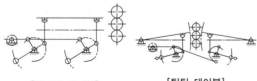

[리프팅 테이블]   [틸팅 테이블]

59 안전점검의 가장 큰 목적은?

① 장비의 설계상태를 점검

② 투자의 적정성 여부 점검

③ 위험을 사전에 발견하여 시정

④ 공정 단축 적합의 시정

> **해설**
> 안전점검의 가장 큰 목적은 위험을 사전에 발견하여 시정하기
> 위함이다.

60 냉간압연 설비 중 출측 권취설비에 사용되지 않는
것은?

① 텐션 릴(Tension Reel)

② 벨트 래퍼(Belt Wrapper)

③ 캐러셀 릴(Carrousel Reel)

④ 페이 오프 릴(Pay Off Reel)

> **해설**
> **출측 권취설비** : 텐션 릴(Tension Reel), 벨트 래퍼(Belt Wrap-
> per), 캐러셀 릴(Carrousel Reel)

01 주철을 600℃ 이상의 온도에서 가열과 냉각을 반복하면 부피가 증가하여 파열되는데 그 원인으로 틀린 것은?

① 흑연의 시멘타이트화에 의한 팽창
② A_1 변태에서 부피 변화로 인한 팽창
③ 불균일한 가열로 생기는 균열에 의한 팽창
④ 페라이트 중에 고용되어 있는 Si의 산화에 의한 팽창

해설
시멘타이트는 금속간 화합물 Fe_3C 조직이고 탄소강 중 경도가 가장 높다. 백주철과 같은 재료에서는 탄소가 거의 시멘타이트의 형태로 존재하고 응고될 때 급랭하면 탄소는 시멘타이트로 서랭하면 흑연으로 석출된다.

02 구리의 화학적 성질에 관한 설명으로 틀린 것은?

① 구리는 해수에서 빠르게 부식된다.
② 아연, 주석 등과 합금을 하면 내식성이 향상된다.
③ 이산화탄소(CO_2)가 포함되어 있는 공기 중에서 표면은 녹청이 발생한다.
④ 구리가 Cu_2O상을 품었을 때 H_2 가스 중에 가열하면 650~850℃에서 수소메짐이 없어진다.

해설
구리를 환원성 수소가스 중에서 가열하면 수소의 확산 침투로 인해 수소메짐이 발생한다.

03 순철에 대한 설명으로 틀린 것은?

① 비중은 약 7.8 정도이다.
② 상온에서 비자성체이다.
③ 상온에서 페라이트 조직이다.
④ 동소 변태점에서는 원자의 배열이 변화한다.

해설
순철은 상온에서 자성체이다.

04 다음 중 시효경화성이 있고, Cu 합금 중 가장 큰 강도와 경도를 가지며, 고급 스프링이나 전기 접점, 용접용 전극 등에 사용되는 것은?

① 타이타늄구리합금
② 규소청동합금
③ 망간구리합금
④ 베릴륨구리합금

해설
④ 베릴륨구리합금 : 구리에 베릴륨 2~3%를 넣어 만든 합금으로 열처리에 의해서 큰 강도를 가지며 내마모성도 우수하여 고급 스프링 재료나 전기 접점, 용접용 전극 또는 플라스틱 제품을 만드는 금형 재료로 사용
① 타이타늄구리합금 : Ti과 Cu와의 합금으로 비철합금의 탈산제로 사용
② 규소청동합금 : 4% 이하의 규소를 첨가한 합금으로 내식성과 용접성이 우수하고 열처리 효과가 작으므로 700~750℃에서 풀림하여 사용
③ 망간구리합금 : 망간을 25~30% 함유한 Mn-Cu 합금으로 비철합금 특히 황동 혹은 큐폴라 니켈의 탈산을 위하여 사용

05 온도에 따른 탄성률의 변화가 없는 36% Ni, 12% Cr, 나머지 Fe로 된 합금은?

① 엘린바   ② 센더스트

③ 초경합금   ④ 바이탈륨

해설

① 엘린바(Elinvar) : 철(52% Fe), 니켈(36% Ni), 크롬(12% Cr) 합금으로 온도에 따른 탄성률 변화가 매우 작은 합금
② 센더스트 : 철-규소-알루미늄계 합금의 연질 자성재료
③ 초경합금 : 금속의 탄화물 분말을 소성해서 만든 합금으로 경도가 매우 높아 공구 등에 사용
④ 바이탈륨 : 코발트계의 합금으로 대표적인 조성률은 0.25% C, 28% Cr, 60% Co, 3% Ni, 6% Mo, 2% Fe이고 슈퍼 차저, 터보 제트의 블레이드 등의 내열재료에 사용

06 오스테나이트계 스테인리스강은 18-8강이라고도 한다. 이때 18과 8은 어떤 합금 원소인가?

① W, Mn   ② W, Co

③ Cr, Ni   ④ Cr, Mo

해설

오스테나이트계(크롬-니켈계) 스테인리스강의 주원소 : 18% 크롬(Cr)-8% 니켈(Ni)

07 표는 4호 인장 시험편의 규격이다. 이 시험편을 가지고 인장 시험하여 시험편을 파괴한 후 시험편의 표점거리를 측정한 결과 58.5mm이었을 때 시험편의 연신율은?

지름	표점거리	평행부 길이	어깨부의 반지름
14mm	50mm	60mm	15mm

① 8.5%   ② 17.0%

③ 25.5%   ④ 34.0%

해설

$$\text{연신율} = \frac{(\text{파단 시 표점거리} - \text{초기 표점거리})}{\text{초기 표점거리}} \times 100\%$$

$$= \frac{58.5 - 50}{50} \times 100\% = 17\%$$

08 금(Au) 및 그 합금에 대한 설명으로 틀린 것은?

① Au는 면심입방격자를 갖는다.
② 다른 귀금속에 비하여 전기 전도율과 내식성이 우수하다.
③ Au-Ni-Cu-Zn계 합금을 화이트 골드라 하며 은백색을 나타낸다.
④ Au의 순도를 나타내는 단위는 캐럿(carat, K)이며 순금을 18K라고 한다.

해설

Au의 순도를 나타내는 단위는 캐럿(Karat, K)이며 순금을 24K라고 한다.

5 ① 6 ③ 7 ② 8 ④ **정답**

09 금속의 일반적인 특성에 대한 설명으로 틀린 것은?

① 소성변형을 한다.
② 가시광선의 반사능력이 높다.
③ 일반적으로 경도, 강도 및 비중이 낮다.
④ 수은을 제외하고 상온에서 고체이며 결정체이다.

해설

금속은 일반적으로 경도, 강도가 높고 비중이 크다.

금속의 특성
• 고체 상태에서 결정 구조를 가진다.
• 전기 및 열의 양도체이다.
• 전·연성 우수하다.
• 금속 고유의 색을 가진다.
• 소성변형이 가능하다.

11 비정질 재료의 제조 방법 중 액체급랭법에 의한 제조법은?

① 원심법　　　　② 스퍼터링법
③ 진공증착법　　④ 화학증착법

해설

비정질합금의 제조법
• 기체급랭법 : 스퍼터링법, 진공증착법, 이온도금법, 화학증착법
• 액체급랭법 : 단롤법, 쌍롤법, 원심법, 스프레이법, 분무법
• 금속이온법 : 전해코팅법, 무전해코팅법

10 일정한 온도에서 액체(액상)로부터 두 종류의 고체가 일정한 비율로 동시에 정출하는 것은?

① 편정점　　　　② 공석점
③ 공정점　　　　④ 포정점

해설

③ 공정점 : 액상의 냉각 시 두 가지의 서로 다른 고상이 나타날 때의 온도
① 편정점 : 액상의 냉각 시 또 다른 액상과 고용체가 나타날 때의 온도
② 공석점 : 고상의 냉각 시 두 가지의 서로 다른 고상이 나타날 때의 온도
④ 포정점 : 액상이 고상과 반응하여 다른 고상의 새로운 상을 나타낼 때의 온도

12 Al-Si계 합금을 주조할 때 나타나는 Si의 조대한 육각판상 결정을 미세화하는 처리는?

① 심랭 처리　　　② 개량 처리
③ 용체화 처리　　④ 페이딩 처리

해설

② 개량 처리 : Al-Si계 합금에서 조대한 규소(Si)결정을 미세화시키기 위해서 금속나트륨, 불화알칼리, NaOH 등을 첨가하는 처리
① 심랭 처리 : 담금질 상태의 강을 상온 이하 특정 온도로 냉각 후 잔류오스테나이트를 마텐자이트 변태 처리
③ 용체화 처리 : 강을 고용체 범위까지 가열 후 급랭으로 고용체 상태를 상온까지 유지하는 처리
④ 페이딩 현상 : 구상화 처리에서 용탕의 방치시간이 길어지면 흑연의 구상화 효과가 없어지는 현상

13 자동차용 디젤엔진 중 피스톤의 설계도면 부품표란에 재질 기호가 AC8B라고 적혀 있다면, 어떠한 재질로 제작하여야 하는가?

① 황동 합금 주물

② 청동 합금 주물

③ 탄소강 합금 주강

④ 알루미늄 합금 주물

14 다음 중 도면의 표제란에 표시되지 않는 것은?

① 품명, 도면 내용

② 척도, 도면 번호

③ 투상법, 도면 명칭

④ 제도자, 도면 작성일

15 그림과 같은 물체를 1각법으로 나타낼 때 (ㄱ)에 알맞은 측면도는?

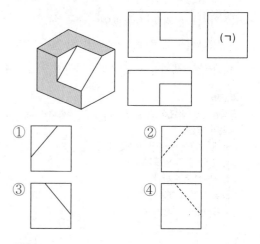

① ② ③ ④

16 다음은 구멍을 치수 기입한 예이다. 치수 기입된 11−φ4에서의 11이 의미하는 것은?

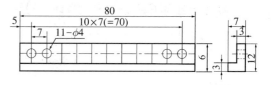

① 구멍의 지름

② 구멍의 깊이

③ 구멍의 수

④ 구멍의 피치

17 다음 그림과 같은 단면도의 종류는?

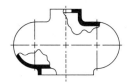

① 온단면도
② 부분 단면도
③ 계단 단면도
④ 회전 단면도

해설
부분 단면도 : 필요로 하는 물체의 일부만을 절단, 경계는 자유 실선의 파단선으로 표시하고 프리핸드로 외형선의 1/2 굵기로 그린다. 즉, 자유 실선의 파단선이 있으면 부분 단면도이다.

18 제도에서 가상선을 사용하는 경우가 아닌 것은?

① 인접 부분을 참고로 표시하는 경우
② 가공부분을 이동 중의 특정한 위치로 표시하는 경우
③ 물체가 단면 형상임을 표시하는 경우
④ 공구, 지그 등의 위치를 참고로 나타내는 경우

해설
물체가 단면 형상임을 표시할 때에는 해칭선으로 표시
가상선(가는 2점 쇄선)
• 도시된 단면 앞쪽에 있는 부분을 표시
• 인접한 부분을 참고로 표시하는 도면 경우
• 가공 전 또는 가공 후의 모양을 표시
• 도형 속에서 그 부분의 단면 모양을 90° 회전하여 표시
• 이동하는 부분을 이동된 곳에 표시
• 공구, 지그 등의 위치를 참고로 표시
• 반복되는 모양을 표시

19 다음 중 45° 모따기를 나타내는 기호는?

① R   ② C
③ □   ④ SR

해설

기호	구분	기호	구분
φ	지름	□	정사각형의 변
R	반지름	t	판의 두께
Sφ	구의 지름	⌒	원호의 길이
SR	구의 반지름	C	45°의 모따기

20 물체의 경사면을 실제의 모양으로 나타내고자 할 경우에 그 경사면과 맞서는 위치에 물체가 보이는 부분의 전체 또는 일부분을 그려 나타내는 것은?

① 보조 투상도   ② 회전 투상도
③ 부분 투상도   ④ 국부 투상도

해설
① 보조 투상도 : 경사면부가 있는 대상물의 실제 형태를 나타낼 필요가 있는 경우에 그 경사면과 맞서는 위치에 보조 투상도로 서 표시
② 회전 투상도 : 투상면이 어느 각도를 가지고 있기 때문에 그 실제모양을 표시하지 못할 때에는 그 부분을 회전하여 그 실제 모양을 도시
③ 부분 투상도 : 그림의 필요한 일부분만을 표시하는 것으로 충분한 경우 사용(경계는 파단선으로 표시)
④ 국부 투상도 : 대상물의 구멍, 홈 등 한 국부만의 모양을 도시

21 기어의 피치원의 지름이 150mm이고, 잇수가 50개일 때 모듈의 값은?

① 1mm   ② 3mm

③ 4mm   ④ 6mm

해설

모듈 = 피치원 직경 / 잇수 = 150 / 50 = 3mm

22 다음 도면에서 3-10 Drill 깊이 12는 무엇을 의미하는가?

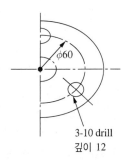

3-10 drill
깊이 12

① 반지름이 3mm인 구멍이 10개이며, 깊이는 12mm이다.
② 반지름이 10mm인 구멍이 3개이며, 깊이는 12mm이다.
③ 지름이 3mm인 구멍이 12개이며, 깊이는 10mm이다.
④ 지름이 10mm인 구멍이 3개이며, 깊이는 12mm이다.

해설

3-10 Drill 깊이 12 : 3개의 구멍을 지름이 10mm 되도록 드릴로 깊이 12mm가 되게 가공한다.

23 다음 중 치수 기입방법에 대한 설명으로 틀린 것은?

① 외형선, 중심선, 기준선 및 이들의 연장선을 치수선으로 사용한다.
② 지시선은 치수와 함께 개별 주서를 기입하기 위하여 사용한다.
③ 각도를 기입하는 치수선은 각도를 구성하는 두 변 또는 연장선 사이에 원호를 긋는다.
④ 길이, 높이 치수의 표시는 주로 정면도에 집중하며, 부분적인 특징에 따라 평면도나 측면도에 표시할 수 있다.

해설

외형선은 굵은 실선이고 중심선과 기준선은 가는 1점 쇄선이며 치수선은 가는 실선이다.

24 KS 부문별 분류 기호 중 전기 부문은?

① KS A   ② KS B

③ KS C   ④ KS D

해설

③ KS C : 전기
① KS A : 기본
② KS B : 기계
④ KS D : 금속

25 어떤 연료를 연소시키는 데 연소에 필요한 전 산소량은 1.50m³/kg이었다. 이론공기량은 약 얼마인가?(단, 공기 중의 산소는 21%이다)

① 0.14m³/kg

② 0.21m³/kg

③ 1.50m³/kg

④ 7.14m³/kg

해설

연료를 완전연소하기 위한 산소요구량 : 1.50m³/kg

이론공기량 = 이론산소량 / 0.21(산소부피비)

= 1.5 / 0.21 = 7.14m³/kg

26 압연기 탄성특성 변형에 의한 판 두께 변동요인이 아닌 것은?

① 압력 장력의 변동

② 롤 갭의 설정치 변동

③ 롤의 열팽창에 의한 변동

④ 유막변동과 롤 편심오차

해설

• 압연기의 탄성변형에 의한 판 두께 변동요인

– 롤 갭의 설정치 변동

– 롤의 열팽창에 의한 변동

– 롤의 유막변동 및 편심오차

• 압연기의 소성변형에 의한 판 두께 변동요인

– 원판 재질편차 등에 기인한 변형저항의 변동

– 압력 장력의 변동

– 마찰계수의 변동

27 냉간압연 시 스트립 표면에 부착된 압연유 및 이물질 등은 스트립을 로 내에서 풀림처리 시 타서 스트립 표면에 산화 변색 등을 발생시키기 때문에 이를 방지하기 위한 탈지 및 세정 방식이 아닌 것은?

① 초음파 세정

② 침지 세정

③ 전해 세정

④ 산화적 세정

해설

• 화학적 세정방법 : 용제 세정, 유화 세정, 계면 활성제 세정, 알칼리 세정 등

• 물리적 세정방법 : 전해 세정, 초음파 세정, 브러시 세정, 스프레이 세정 등

28 압연기 입측 속도는 2.7m/s, 출측 속도는 3.3m/s, 롤의 주속이 3.0m/s라면 선진율은?

① 5%　　　　　② 10%

③ 20%　　　　　④ 30%

해설

$$전진율(선진율) = \frac{출측\ 속도 - 롤의\ 속도}{롤의\ 속도} \times 100\%$$

$$= \frac{3.3 - 3.0}{3.0} \times 100\% = 10\%$$

29 재료가 롤에 쉽게 물려 들어가기 위한 조건 중 틀린 것은?

① 롤 지름을 크게 한다.
② 압하량을 작게 한다.
③ 접촉각이 작아야 한다.
④ 마찰계수가 가능한 한 0(Zero)이어야 한다.

해설
롤과 재료 간의 마찰이 커야 쉽게 치입된다.
압연소재가 롤에 쉽게 물리기 위한 조건
• 압하량을 적게 한다.
• 치입각의 크기를 작게 한다.
• 롤 지름의 크기가 크다.
• 압연재의 온도를 높인다.
• 마찰력을 높인다.
• 롤의 회전속도를 줄인다.

30 대구 경관을 생산할 때 사용되는 것으로 외경의 치수제한 없이 강관을 제조하는 방식은?

① 단접법 강관 제조
② 롤 벤더 강관 제조
③ 스파이럴 강관 제조
④ 전기저항용접법 강관 제조

해설
스파이럴 강관은 큰 직경의 관을 생산하기 위해 나선형으로 감아 용접한 강관 제조법이다.

31 강재의 용도에 따라 가공방법, 가공 정도, 개재물이나 편석의 허용한도를 정해 그것이 실현되도록 제조공정을 설계하고 실시하는 것이 내부결함의 관리이다. 이에 해당되지 않는 것은?

① 성분범위
② 슬립마크
③ 탈산법의 선정
④ 강괴, 강편의 끝부분을 잘라내는 기준

해설
슬립마크는 표면결함의 한 종류이다.

32 다음 중 조질압연에 대한 설명으로 틀린 것은?

① 스트립의 형상을 교정하여 평활하게 한다.
② 스트레처 스트레인을 방지하기 위하여 실시한다.
③ 보통의 조질 압연율은 20~30%의 높은 압하율로 작업된다.
④ 표면을 깨끗하게 하기 위하여 Dull이나 Bright 사상을 실시한다.

해설
조질압연(Skin Pass Mill)
• 정의 : 소둔 직후의 항복점 연신으로 인한 Stretcher Strain의 발생을 막기 위해 1~3%의 압하량으로 압연을 실시하는 공정
• 조질압연의 목적
  – 형상 개선(평탄도의 교정)
  – 표면 성상의 개선 : 조도에 따라 거친 표면(Dull), 매끄러운 표면(Bright)으로 구분
  – 스트레처 스트레인 방지(기계적 성질의 개선) : 곱쇠(Coil Break) 결함 제거

33 열연압연한 후판의 검사 항목에 해당되지 않는 것은?

① 폭   ② 두께

③ 직각도   ④ 권취 온도

해설

후판의 검사 항목
- 치수 : 두께, 폭, 길이, 직각도, 중량
- 형상 : 평탄도, 크라운, 캠버
- 결함 : 내부결함, 외부결함 등

34 열간 스카프의 특징을 설명한 것 중 옳은 것은?

① 손질 깊이의 조정이 용이하지 못하다.

② 산소소비량이 냉간 스카프보다 많이 사용된다.

③ 작업속도가 빠르며, 압연능률을 떨어뜨리지 않는다.

④ 균일한 스카프가 가능하나, 평탄한 손질 면을 얻을 수 없다.

해설

열간 스카핑 : 강괴의 표면에는 스캡, 크랙, 표면개재물 등의 유해한 결함이 있으며, 또한 균열로 공정에서 표면탈탄층이 생기게 되는데, 이러한 결함을 제거하기 위한 설비이다.
- 손질 깊이 조절이 용이하다.
- 산소소비량이 냉간 스카핑에 비해 적다.
- 작업속도가 빨라 압연능률을 해치지 않는다.

35 롤 단위 편성 원칙 중 정수 간 편성 원칙에 대한 설명 중 틀린 것은?

① 정수 전 압연 조건을 고려하여 추출온도가 높은 단위로 편성한다.

② 계획 휴지 또는 정수 직전에는 광폭재를 투입하지 않는다.

③ 롤 정비 능력 등을 고려하여 박판 단위는 연속적으로 3단위 이상 투입을 제한한다.

④ 정기 수리 후의 압연은 받침 롤의 워밍업 및 온도 등을 고려하여 부하가 적은 후물재를 편성한다.

해설

정수 직후의 압연 조건을 고려하여 추출온도가 낮은 단위로 편성한다.

롤 단위 편성 설계하기
- 롤 단위 편성 전제 조건
  - 롤 단위는 사상압연기 작업 롤 교체 시의 슬래브 압연 순서를 정하는 것으로 실수율, 스트립 크라운, 프로파일 표면 흠 및 판 두께 등 제약이 있음
  - 롤 단위 편성 시 우선 롤 교체 직후는 롤 온도가 안정지 못해 조정재로 불리는 비교적 압연하기 쉬운 사이즈 및 재질의 소재를 편성
  - 광폭재, 중간폭, 협폭 순으로, 그리고 스트립의 두께가 두꺼운 것부터 얇은 순으로 결정
- 롤 단위 편성 기본 원칙
  - 단위의 최초에는 열 크라운 형성 및 레벨 확인을 위해 압연하기 쉬운 초기 조정재로 편성
  - 작업 롤의 마모 진행상태를 고려해 광폭재부터 협폭재 순으로 편성
  - 동일 치수 및 동일 강종은 모아서 동일 lot로 집약하여 편성
  - 동일 폭 수주량이 많을 경우 작업 롤의 일부만 마모가 진행될 수 있으니 동일 폭 투입량을 제한
  - 동일 치수에서 두께 공차 범위 차이가 많으면 큰 쪽에서 작은 쪽으로 편성
  - 동일 치수에서 강종이 서로 다를 경우 성질이 연한 강에서 경한 순으로 편성
  - 압연이 어려운 치수인 경우 중간에 일정량의 조정재를 편성하여 롤의 분위기를 최적화시킬 것
  - 스트립 표면의 조도 및 BP재는 작업 롤의 표면 거침을 고려하여 가능한 한 롤 단위 전반부에 편성
  - 세트의 바뀜이 급격하면 형상, 치수 등의 불량이 발생할 수 있으니 두께, 폭 세트 바뀜량을 규제하고, 관련 기준을 준수해서 편성

36 I형강에서 공형의 홈에 재료가 꽉 차지 않는 상태, 즉 어긋난 상태로 되었을 때 데드 홀(Dead Hole)부에 생기는 것은?

① 오버 필링(Over Filling)

② 언더 필링(Under Filling)

③ 어퍼 필링(Upper Filling)

④ 로어 필링(Lower Filling)

해설

데드 홀은 한쪽의 롤에만 파여진 오목한 공형이고 공형설계의 원칙을 지키지 않으면 데드 홀에는 언더 필링, 리브 홀에는 오버 필링이 발생한다.

해설

• 롤의 크기와 소재의 변화
  – 소재는 롤의 회전수가 같을 때 롤의 지름이 작은 쪽으로 구부러진다.
  – 상부 롤 > 하부 롤 : 소재는 하향
  – 상부 롤 < 하부 롤 : 소재는 상향

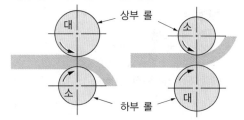

• 롤의 크기를 조절하지 않고 소재를 하향하는 방법
  – 소재의 상부 날판을 가열한다.
  – 소재의 하부 날판을 냉각한다.
  – 하부 롤의 속도보다 상부 롤의 속도를 크게 한다.

38 다음 중 조압연기 배열에 관계없는 것은?

① Cross Couple식

② Full Continuous(전연속)식

③ Four Quarter(4/4연속)식

④ Semi Continuous(반연속)식

해설

조압연기의 종류

• 반연속기 압연기 : 2단 압연기인 RSB와 4단 가역식 압연기 1기(R1)로 구성되어 있는 반연속식 압연기로 R1에서 3~7패스의 가역 압연을 실시하는 압연기
• 전연속기 압연기 : 2단 압연기 3대 R1, R2, R3와 4단 압연기 3대 R4, R5, R6이 연속적으로 배치되어 있는 것으로 소재를 한 방향으로 연속적으로 압연하는 압연기
• 3/4(Three Quarter)연속식 압연기 : 2단 압연기인 RSB를 R1으로 하고, 4단 압연기 R2를 가역 압연하고, R3, R4를 연속적으로 배치한 압연기
• 크로스 커플(Cross Couple)식 압연기 : 3/4연속식 압연기에서 후단의 4단 압연기인 R3, R4를 탠덤(Tandum) 압연기 형식으로 근접하게 배열한 것

37 상하 롤의 회전수가 같을 때 상부와 하부의 롤 직경 차이에 따른 소재의 변화를 설명한 것 중 옳은 것은?

① 상부 롤의 직경이 하부 롤의 직경보다 크면 소재는 하부 방향으로 휨이 발생한다.

② 상부 롤의 직경이 하부 롤의 직경보다 크면 소재는 상부 방향으로 휨이 발생한다.

③ 상부 롤의 직경이 하부 롤의 직경보다 크면 소재는 우측 방향으로 휨이 발생한다.

④ 상부 롤의 직경이 하부 롤의 직경보다 크면 소재는 좌측 방향으로 휨이 발생한다.

39 열간압연의 가열 작업 시 주의할 점으로 틀린 것은?

① 가능한 한 연료소모율을 낮춘다.
② 강종에 따라 적정한 온도로 균일하게 가열한다.
③ 압연하기 쉬운 순서로 압연재를 연속 배출한다.
④ 압연과정에서 산화피막이 제거되지 않도록 만든다.

해설

산화피막은 이물질 스케일 결함으로 열간압연 후 산세작업을 통해 제거되어야 한다.

40 노 내 분위기 관리 중 공기비가 클 때(1.0 이상)의 설명으로 틀린 것은?

① 저온 부식이 발생한다.
② 연소 온도가 증가한다.
③ 연소가스 증가에 의한 폐손실열이 증가한다.
④ 연소가스 중의 O_2의 생성 촉진에 의한 전열면이 부식된다.

해설

노 내의 공기비가 클 때
• 연소가스가 증가하므로 폐열손실도 증가
• 연소 온도는 감소하여 열효율 감소
• 스케일 생성량 증가 및 탈탄 증가
• 연료소비량 감소 및 연소효율 증가
※ 공기비가 부족하면 손실열이 증가하고 매연이 발생한다.

41 냉간압연 후 표면에 부착된 오염물을 제거하기 위하여 전해청정을 실시할 때 사용하는 세정제가 아닌 것은?

① 가성소다　　　② 탄산소다
③ 규산소다　　　④ 인산소다

해설

청정 작업 관리
• 세정액 : 수산화나트륨($NaOH$), 규산나트륨($Na_2O \cdot SiO_2$), 올소규산나트륨($Na_3PO_4 \cdot 12H_2O$), 인산나트륨(Na_3PO_4)
• 세정 온도 : 온도가 높을수록 세정력은 향상되나, 기타 첨가물(계면 활성제 등)에 의해 영향이 달라질 수 있다.
• 세정 농도 : 농도가 높을수록 세정력은 향상되나, 보통 4% 이상이 되면 세정력은 크게 변하지 않는다.

42 압연기의 밀 스프링 특성에 따라 무부하 시 출측 판두께가 설정 롤 갭보다 크게 될 때 압연 전 설정 간격을 S_0, 압연 중의 압하력을 F, 밀 스프링을 M이라면 실제 출측 판두께 h를 나타내는 식은?

① $h = \dfrac{F}{S_0} + M$　　② $h = \dfrac{S_0}{M} + F$

③ $h = \dfrac{F}{M} + S_0$　　④ $h = \dfrac{S_0}{F} + M$

해설

롤 간격(롤 간극) S_0는 다음과 같다.

$$S_0 = (h_0 - \Delta h) - \frac{F}{M}$$

여기서, h_0 : 입측 판두께
　　　　Δh : 압하량
　　　　F : 압하력
　　　　M : 밀 스프링(롤 스프링)

따라서 출측 판두께($h_0 - \Delta h$)는 $(h_0 - \Delta h) = \dfrac{F}{M} + S_0$ 이다.

43 냉간압연 강판의 표면조도에서 조질도의 구분이 표준 조질일 경우 조질 기호로 옳은 것은?

① A ② S
③ H ④ J

강판 및 강대를 나타내는 기호가 "SPCCT – S D"일 때 S는 조질 상태로 표준 조질(기계적 성질)을 의미하고 D는 마무리 상태로 무광택을 의미한다(광택은 B로 표시).

44 냉간가공을 설명한 것 중 옳은 것은?

① 가공과정 중에 가공경화를 받는다.
② 가공과정 중에 연화현상을 일으킨다.
③ 탄소강에서 800℃ 이상에서의 가공이다.
④ 재결정 온도보다 높은 영역에서의 가공이다.

냉간가공 및 열간가공 : 금속의 재결정 온도를 기준(Fe : 450℃)으로 낮은 온도에서의 가공을 냉간가공, 높은 온도에서의 가공을 열간가공이라고 한다.

45 연소의 조건으로 충분하지 못한 것은?

① 가연물질이 존재
② 충분한 산소공급
③ 충분한 수분공급
④ 착화점 이상 가열

수분공급은 불완전연소를 야기한다.

46 압연유를 사용하여 압연하는 목적으로 틀린 것은?

① 소재의 형상을 개선한다.
② 압연동력을 증대시킨다.
③ 압연윤활로 압하력을 감소시킨다.
④ 롤과 소재 간의 마찰열을 냉각시킨다.

압연유의 작용
• 감마작용(마찰저항 감소)
• 냉각작용(열방산)
• 응력분산작용(힘의 분산)
• 밀봉작용(외부 침입 방지)
• 방청작용(스케일 발생 억제)

47 압연기용 롤을 연마할 때 스트립의 프로필(Profile)을 고려하여 롤에 부여하는 크라운(Crown)은?

① Initial Crown
② Thermal Crown
③ Tandom Crown
④ Bell Crown

① Initial Crown : 압연기용 롤을 연마할 때 스트립의 프로필을 고려하여 롤에 부여하는 크라운으로 압하력에 비례하는 변형량을 보상하기 위해 부여함
② Thermal Crown : 롤의 냉각 시 열팽창계수가 큰 재료인 경우 적정 Crown을 얻기 위해 냉각 조건을 조절하여 부여하는 크라운

48 중후판압연의 제조공정 순서가 옳게 나열된 것은?

① 가열 → 압연 → 열간교정 → 냉각 → 절단 →
정정

② 압연 → 가열 → 열간교정 → 정정 → 절단 →
냉각

③ 정정 → 압연 → 절단 → 냉각 → 열간교정 →
가열

④ 열간교정 → 정정 → 가열 → 냉각 → 절단 →
압연

해설
후판압연의 제조공정은 열간압연의 공정과 유사하다.
• 중후판압연 공정도 : 제강 → 가열 → 압연 → 열간교정 →
최종검사
• 열간압연 공정 순서 : 슬래브 → 가열로 → 스케일 제거 → 조압연
기 → 다듬질 압연기 → 권취기 → 절단 또는 조질압연기 →
열연 코일

49 압연설비 중의 주요 명칭 분류에 해당되지 않는 것
은?

① 롤 베어링
② 롤 압하장치
③ 롤 교환장치
④ 롤 구동장치

해설
압연설비 주요 명칭 : 롤 베어링, 롤 압하장치, 롤 구동장치

50 고온에서 땀을 많이 흘리게 되어 열과로 증상이 나
타날 때 응급조치는?

① 배설을 하도록 한다.
② 염분을 보충한다.
③ 인공 호흡을 실시한다.
④ 칼슘을 먹인다.

해설
고온에서 땀을 많이 흘리면 염분이 빠져나가 열과로 증상이 나타나
므로 염분을 보충하여야 한다.

51 인간공학적인 안전한 작업환경에 대한 설명으로
틀린 것은?

① 배선, 용접호스 등은 통로에 배치할 것
② 작업대나 의자의 높이 또는 형을 적당히 할 것
③ 기계에 부착된 조명, 기계에서 발생하는 소음을
개선할 것
④ 충분한 작업공간을 확보할 것

해설
배선, 용접호스 등을 통로에 배치하면 발에 걸리거나 이동 물체에
눌릴 수 있으므로 안전한 작업환경이 아니다.

52 냉간압연 산세공정에서 선행 강판과 후행 강판을 접합연결하는 설비인 용접기(Welder)의 종류가 아닌 것은?

① 버트웰더(Butt Welder)

② 심웰더(Seam Welder)

③ 레이저웰더(Lazer Welder)

④ 점용접(Spot Welder)

해설

④ 점용접(Spot Welder) : 점용접은 국부적인 용접으로 철판을 연결하는 용접으로는 부적합

① 버트웰더(Butt Welder) : 냉간압연에서 일반적으로 판을 연결할 때 사용하는 용접으로 열영향부가 적고 금속조직의 변화가 적음

② 심웰더(Seam Welder) : 냉연 강판의 연속작업을 위해 전후 강판을 오버랩시킨 후 용접휠을 구동시켜 상하부를 용접

③ 레이저웰더(Lazer Welder) : 레이저광선의 출력을 응용한 용접으로 에너지 밀도가 높고 고융점 금속의 용접이 가능하여 철판을 연결하는 용접에 사용

53 판재의 압연가공에서 20mm 두께의 소재를 압하율 25%로 압연하려고 한다. 압연 후의 두께는 몇 mm인가?

① 10

② 12

③ 15

④ 18

해설

$$압하율(\%) = \frac{압연\ 전\ 두께 - 압연\ 후\ 두께}{압연\ 전\ 두께} \times 100\%$$

$$25 = \frac{20 - x}{20} \times 100\% 에서\ x를\ 구하면$$

$$x = 15$$

54 다음 중 디스케일링(Descaling) 능력에 대한 설명으로 옳은 것은?

① 산농도가 높을수록 디스케일링 능력은 감소한다.

② 온도가 높을수록 디스케일링 능력은 감소한다.

③ 규소 강판 등의 특수강종일수록 디스케일링 시간이 짧아진다.

④ 염산은 철분의 농도가 증가함에 따라 디스케일링 능력이 커진다.

해설

산세 특성

• 산세액 : 염산, 황산

• 염산이 황산보다 1.5배 산세력이 좋다.

• 고온과 고농도에서 산세력이 향상된다(단, 염산은 10% 이상이 될 시 효과가 떨어질 수 있다).

• 철분이 증가하면 황산은 산세력이 떨어지지만, 염산은 증가한다 (단, 염산은 $FeCl_2$의 석출 한계 농도 부근에서 급격히 저하됨).

• 권취 온도가 높을수록 산세 시간이 길어진다.

• 특수강종(규소 강판 등)일수록 산세 시간이 길어진다.

55 다음 중 가열로로 사용되는 내화물이 갖추어야 할 조건으로 틀린 것은?

① 화학적 침식에 대한 저항이 강할 것

② 급가열, 급냉각에 충분히 견딜 것

③ 열전도와 팽창 및 수축이 클 것

④ 견고하고 고온강도가 클 것

해설

내화물의 조건

• 화학적 침식에 대한 저항이 강할 것

• 급가열, 급냉각에 충분히 견딜 것

• 견고하고 고온강도가 클 것

• 열전도와 팽창 및 수축이 작을 것

56 압연의 작업 롤(Work Roll)에 많이 사용되고 있는 원추 롤러 베어링에 대한 설명으로 알맞은 것은?

① 일반적으로 트러스트(Thrust) 하중만 받을 수 있다.
② 래디얼(Radial) 하중과 한쪽 방향의 큰 트러스트 하중에 견딜 수 있다.
③ 외륜의 궤도면은 구면으로 되어 있고 통형의 롤러가 2열로 들어 있다.
④ 니들 베어링이라 하고 보통 롤러보다도 직경이 작으며 고속으로도 적당하다.

> **해설**
> **원추 롤러 베어링** : 반경 방향과 트러스트 하중을 모두 받는 곳에 사용한다.

57 압연기의 구동장치가 아닌 것은?

① 스핀들　　　② 피니언
③ 감속기　　　④ 스크루 다운

> **해설**
> **압연구동 설비**
>
> | 모터 (동력발생) | → | 감속기 (회전수 조정) | → | 피니언 (동력분배) | → | 스핀들 (동력전달) |
> |---|---|---|---|---|---|---|
>
> • 모터 : 압연기의 원동력을 발생시키는 설비로 일반적으로 직류전동기가 이용되며, 속도의 조정이 필요하지 않을 때는 3상 교류전동기를 사용
> • 감속기 : 모터에서 발생된 동력을 압연기의 종류에 맞는 힘과 속도로 바꿔 주는 설비
> • 피니언 : 동력을 각 롤에 분배하는 설비
> • 스핀들 : 피니언과 롤을 연결하여 동력을 전달하는 설비

58 두께가 얇고 고경도 제품을 압연하고자 할 때 작업 롤의 형상은?

① 직경이 클 것
② 직경이 작을 것
③ 직경과 길이가 클 것
④ 길이가 클 것

> **해설**
> 두께가 얇은 박판압연일수록 직경이 작은 롤을 사용한다.

59 열연공장의 압연 중 발생된 스케일(Scale)을 제거하는 장치는?

① 브러시(Brush)
② 디스케일러(Descaler)
③ 스카핑(Scarfing)
④ 그라인딩(Grinding)

> **해설**
> **디스케일러(Descaler)**
> 압연기 전후에 있는 설비로 압연 중 발생하는 스케일을 제거하여 스트립의 표면을 깨끗하게 한다.

60 열간압연 Roll 재질 중에서 내마모성이 가장 뛰어난 재질은?

① Hi-Cr Roll　　　② HSS
③ Adamaite Roll　　④ Ni Grain

> **해설**
> ② HSS 롤(고속도강계의 주강 롤) : 내마모성이 가장 뛰어나고 내거침성이 우수함
> ① Hi-Cr 롤 : 열피로 강도가 높고 내식성·부식성이 우수
> ③ Adamaite 롤 : 탄소함유량이 주강 롤과 주철 롤 사이의 롤
> ④ Ni Grain 롤 : 탄화물양이 많아 경도가 높고 표면이 미려한 롤

01 황(S)이 적은 선철을 용해하여 구상흑연주철을 제조 시 주로 첨가하는 원소가 아닌 것은?

① Al ② Ca
③ Ce ④ Mg

해설
흑연구상화를 위한 접종제는 세륨(Ce), 마그네슘(Mg), 칼슘(Ca)이다.

02 해드필드(Hadfield)강은 상온에서 오스테나이트 조직을 가지고 있다. Fe 및 C 이외에 주요 성분은?

① Ni ② Mn
③ Cr ④ Mo

해설
해드필드강(Hadfield) 또는 오스테나이트 망간강
• 0.9~1.4% C, 10~14% Mn 함유
• 내마멸성과 내충격성이 우수
• 열처리 후 서랭하면 결정립계에 M_3C가 석출하여 취약함
• 높은 인성을 부여하기 위해 수인법 이용

03 조밀육방격자의 결정구조로 옳게 나타낸 것은?

① FCC ② BCC
③ FOB ④ HCP

해설
④ HCP : 조밀육방
① FCC : 면심입방
② BCC : 체심입방

04 전극재료의 선택 조건을 설명한 것 중 틀린 것은?

① 비저항이 작아야 한다.
② Al과의 밀착성이 우수해야 한다.
③ 산화 분위기에서 내식성이 커야 한다.
④ 금속 규화물의 용융점이 웨이퍼 처리 온도보다 낮아야 한다.

해설
금속 규화물은 고융점, 고경도를 가지므로 용융점이 웨이퍼 처리 온도보다 높아야 한다.

05 그림에서 마텐자이트 변태가 가장 빠른 곳은?

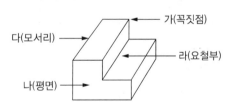

① 가 ② 나
③ 다 ④ 라

해설
마텐자이트 조직은 강을 담금질하였을 때 생기는 조직으로 가장 빨리 냉각되는 부분이 마텐자이트 변태가 가장 빠른 곳이 된다. 일반적으로 꼭짓점에서 가장 빨리 냉각되며 변태가 가장 빠르다.

06 7-3황동에 주석을 1% 첨가한 것으로, 전연성이 좋아 관 또는 판을 만들어 증발기, 열교환기 등에 사용되는 것은?

① 문쯔메탈

② 네이벌황동

③ 카트리지 브라스

④ 애드미럴티황동

해설

④ 애드미럴티황동 : 7-3황동에 1% 주석을 첨가한 황동으로 전연성이 좋고 내식성이 개선된다.

① 문쯔메탈 : 6-4황동으로 열간가공이 가능하고 인장강도가 황동에서 최대이다.

② 네이벌황동 : 6-4황동에 1% 주석을 첨가한 황동으로 내식성이 개선된다.

③ 카트리지 브라스 : 탄피황동이라고도 하며 전형적인 7-3황동이다.

07 탄소강의 표준 조직을 검사하기 위해 A_3 또는 A_{cm} 선보다 30~50℃ 높은 온도로 가열한 후 공기 중에 냉각하는 열처리는?

① 노멀라이징

② 어닐링

③ 템퍼링

④ 퀜칭

해설

① 불림(노멀라이징) : 강을 $A_3(Ac_3)$ 또는 A_{cm} 선보다 30~50℃ 높은 온도로 가열한 후 공랭하여 균일한 구조 및 강도를 증가시키는 열처리

② 풀림(어닐링) : 시편을 오스테나이트와 페라이트보다 40℃ 이상에서 필요시간 동안 가열한 후 서랭하는 열처리

③ 뜨임(템퍼링) : 담금질 이후 A_1 변태점 이하로 재가열하여 냉각시키는 열처리로 경도는 다소 작아질 수 있으나 인성을 증가시키는 열처리

④ 담금질(퀜칭) : 강을 변태점 이상의 고온인 오스테나이트 상태에서 급랭하여 A_1 변태를 저지하여 경도와 강도를 증가시키는 열처리

08 소성변형이 일어나면 금속이 경화하는 현상을 무엇이라 하는가?

① 탄성경화

② 가공경화

③ 취성경화

④ 자연경화

해설

가공경화 : 소성변형으로 인해 재료의 변형저항이 증가하여 경도 및 항복강도가 증가하는 현상

09 납황동은 황동에 납을 첨가하여 어떤 성질을 개선한 것인가?

① 강도

② 절삭성

③ 내식성

④ 전기전도도

해설

연황동(납황동) : 황동에 납을 첨가하여 절삭성을 높인다.

10 마우러 조직도에 대한 설명으로 옳은 것은?

① 주철에서 C와 P량에 따른 주철의 조직관계를 표시한 것이다.

② 주철에서 C와 Mn량에 따른 주철의 조직관계를 표시한 것이다.

③ 주철에서 C와 Si량에 따른 주철의 조직관계를 표시한 것이다.

④ 주철에서 C와 S량에 따른 주철의 조직관계를 표시한 것이다.

해설

마우러 조직도 : 주철에서 C와 Si와의 관계를 나타낸 것이다.

11 순 구리(Cu)와 철(Fe)의 용융점은 약 몇 ℃인가?

① Cu : 660℃, Fe : 890℃

② Cu : 1,063℃, Fe : 1,050℃

③ Cu : 1,083℃, Fe : 1,539℃

④ Cu : 1,455℃, Fe : 2,200℃

해설

• 구리의 용융점은 약 1,083℃
• 순철의 용융점은 약 1,539℃

12 게이지용 강이 갖추어야 할 성질로 틀린 것은?

① 담금질에 의한 변형이 없어야 한다.

② HRC 55 이상의 경도를 가져야 한다.

③ 열팽창계수가 보통강보다 커야 한다.

④ 시간에 따른 치수 변화가 없어야 한다.

해설

게이지용 강의 조건

• HRC 55 이상의 경도를 가져야 한다.
• 열팽창계수가 보통강보다 작아야 한다.
• 시간이 지남에 따라 치수 변화가 없어야 한다.
• 담금질에 의한 균열이나 변형이 없어야 한다.

13 수면이나 유면 등의 위치를 나타내는 수준면선의 종류는?

① 파선   ② 가는 실선

③ 굵은 실선   ④ 1점 쇄선

해설

② 가는 실선 : 치수선, 치수보조선, 지시선, 회전단면선, 수준면선
① 파선 : 숨은선
③ 굵은 실선 : 외형선
④ 1점 쇄선 : 가는 1점 쇄선(중심선, 기준선, 피치선), 굵은 1점 쇄선(특수지정선)

14 KS B ISO 4287 한국산업표준에서 정한 '거칠기 프로파일에서 산출한 파라미터'를 나타내는 기호는?

① R-파라미터

② P-파라미터

③ W-파라미터

④ Y-파라미터

해설

• 거칠기 : R_{max} (최대높이)
• R_z(10점 평균거칠기)
• R_a(중심선 평균거칠기)

15 척도가 1 : 2인 도면에서 실제치수 20mm인 선은 도면상에 몇 mm로 긋는가?

① 5mm   ② 10mm

③ 20mm   ④ 40mm

해설

척도는 뒤의 숫자가 기준(실제치수)이므로 20mm의 1/2인 10mm이다.

16 실물을 보고 프리핸드로 그린 도면은?

① 계획도   ② 제작도

③ 주문도   ④ 스케치도

해설

스케치는 실물을 보고 프리핸드로 그린 그림이다.

17 상면도라 하며, 물체의 위에서 내려다 본 모양을 나타내는 도면의 명칭은?

① 배면도
② 정면도
③ 평면도
④ 우측면도

18 2N M50 × 2-6h이라는 나사의 표시 방법에 대한 설명으로 옳은 것은?

① 왼나사이다.
② 2줄나사이다.
③ 유니파이보통나사이다.
④ 피치는 1인치당 산의 개수로 표시한다.

19 다음 가공방법의 기호와 그 의미의 연결이 틀린 것은?

① C – 주조
② L – 선삭
③ G – 연삭
④ FF – 소성가공

20 그림과 같은 물체를 제3각법으로 그릴 때 물체를 명확하게 나타낼 수 있는 최소도면의 개수는?

① 1개
② 2개
③ 3개
④ 4개

21 끼워맞춤에 관한 설명으로 옳은 것은?

① 최대죔새는 구멍의 최대허용치수에서 축의 최소 허용치수를 뺀 치수이다.
② 최소죔새는 구멍의 최소허용치수에서 축의 최대 허용치수를 뺀 치수이다.
③ 구멍의 최소치수가 축의 최대치수보다 작은 경우 헐거운 끼워맞춤이 된다.
④ 구멍과 축의 끼워맞춤에서 틈새가 없이 죔새만 있으면 억지 끼워맞춤이 된다.

22 도면에서 중심선을 꺾어서 연결 도시한 투상도는?

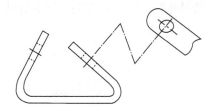

① 보조 투상도 ② 국부 투상도
③ 부분 투상도 ④ 회전 투상도

해설

보조 투상도 : 경사면부가 있는 대상물의 실제 형태를 나타낼 필요가 있는 경우에 그 경사면과 맞서는 위치에 표시하는 투상도

23 제도 용지에 대한 설명으로 틀린 것은?

① A0 제도 용지의 넓이는 약 $1m^2$이다.
② B0 제도 용지의 넓이는 약 $1.5m^2$이다.
③ A0 제도 용지의 크기는 594×841이다.
④ 제도 용지의 세로와 가로의 비는 $1 : \sqrt{2}$ 이다.

해설

A0 : $841 \times 1,189$

24 다음 도형에서 테이퍼 값을 구하는 식으로 옳은 것은?

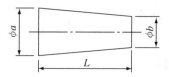

① $\dfrac{b}{a}$ ② $\dfrac{a}{b}$

③ $\dfrac{a+b}{L}$ ④ $\dfrac{a-b}{L}$

해설

$$테이퍼 = \frac{큰 \ 면 \ 길이 - 작은 \ 면 \ 길이}{길이}$$

25 다음 중 롤 간극(S_0)의 계산식으로 옳은 것은?
(단, h : 입측 판두께, Δh : 압하량, P : 압연하중, K : 밀강성계수, ε : 보정값)

① $S_0 = (\Delta h - h) + \dfrac{\varepsilon}{K} - P$

② $S_0 = (\Delta h - h) - \dfrac{\varepsilon}{P} + K$

③ $S_0 = (h - \Delta h) + \dfrac{\varepsilon}{K} + P$

④ $S_0 = (h - \Delta h) - \dfrac{P}{K} + \varepsilon$

해설

롤 간극(롤 간극) S_0는 다음과 같다.

$$S_0 = (h - \Delta h) - \frac{P}{K} + \varepsilon$$

여기서, h : 입측 판두께
  Δh : 압하량
  P : 압하력
  K : 밀 스프링(롤 스프링)
  ε : 보정값

26 압하설정과 롤크라운의 부적절로 인해 압연판 (Strip)의 가장자리가 가운데보다 많이 늘어나 굴곡진 형태로 나타난 결함은?

① 캠버　　　　② 중파
③ 양파　　　　④ 루즈

해설
③ 양파 : 스트립의 가장자리가 중앙보다 늘어난 현상
① 캠버 : 열간압연 시 압연파에 의해 소재가 한쪽으로 휘어지는 현상
② 중파 : 스트립의 중앙이 가장자리보다 늘어난 현상
④ 루즈 : 코일이 권취될 때 장력부족으로 느슨하게 감겨 있는 상태

27 냉연 스트립(Cold Strip)의 슬릿(Slit)작업의 목적에 속하지 않는 것은?

① 성분조정　　　② 검사
③ 선별　　　　　④ 형상 교정

해설
슬릿작업 : 냉연박판을 폭이 좁은 여러 대상의 세로로 분할하는 작업으로 절단, 검사, 선별, 형상 교정이 목적이다.

28 두께 3.2mm의 소재를 0.7mm로 냉간압연할 때 압하량은?

① 2.0mm　　　　② 2.3mm
③ 2.5mm　　　　④ 2.7mm

해설
압하량 = 압연 통과 전 두께 − 통과 후 두께
= 3.2 − 0.7 = 2.5mm

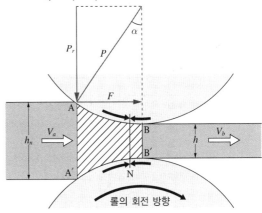

여기서, P : 롤이 누르는 힘
　　　　P_r : 소재가 롤 면으로부터 받는 힘
　　　　V_a : 소재의 롤 입구 속도
　　　　V_b : 소재의 롤 출구 속도
　　　　F : 압연력
　　　　μ : 마찰계수
　　　　μP : 마찰력
　　　　α : 롤 접촉각
압연의 가공도(압하량, 압하율)
회전하는 원통형 롤에 의해 상하 양면에서 압축되어 두께가 얇아지는 것
• 압하량 : $\Delta h = h_n - h_f$
• 압하율(%) : $r = \dfrac{\Delta h}{h_n} = \dfrac{h_n - h}{h_n} \times 100(\%)$

　여기서, h_n : 압연 전 재료의 두께
　　　　　h : 압연 후 재료의 두께

29 다음 열간압연 소재 중 연속주조에 의해 직접 주조하거나 편평한 강괴 또는 블룸을 조압연한 것으로, 단면이 장방형이고 모서리는 약간 둥근 형태로 강편이나 강판의 압연소재로 많이 사용되는 것은?

① 슬래브(Slab)

② 시트 바(Sheet Bar)

③ 빌릿(Billet)

④ 후프(Hoop)

해설

압연용 소재의 종류

소재명	설명
슬래브(Slab)	단면이 장방형인 반제품(강판 반제품)
블룸(Bloom)	사각형에 가까운 단면을 가진 반제품(봉형강류 반제품)
빌릿(Billet)	단면이 사각형인 반제품(봉형강류 반제품)
스트립(Strip)	코일 상태의 긴 대강판재(강판 반제품)
시트(Sheet)	단면이 사각형인 판재(강판 반제품)
시트 바 (Sheet Bar)	분괴압연기에서 압연한 것을 다시 압연한 판재(강판 반제품)
플레이트(Plate)	단면이 사각형인 판재(강판 반제품)
틴 바(Tin Bar)	블룸을 분괴, 조압연한 석도 강판의 재료(강판 반제품)
틴 바 인코일 (Tin Bar In Coil)	틴 바와 같은 소재를 코일 모양으로 감은 것(강판 반제품)
후프(Hoop)	강판을 폭이 좁은 형상의 띠 모양으로 절단 가공하여 코일로 감아놓은 강대의 반제품(강관용 반제품)
스켈프(Skelp)	빌릿을 분괴, 조압연한 용접강관의 소재로 양단이 용접에 편리하도록 85~88°로 경사져 있음(강관용 반제품)

30 압연과정에서 롤 축에 수직으로 발생하는 힘은?

① 인장력   ② 탄성력

③ 클립력   ④ 압연력

해설

압연력 : 롤 축에 수직으로 발생하는 힘으로 중립점에서 롤 압력이 가장 크다.

31 냉간압연 공정에서 산세공정의 목적이 아닌 것은?

① 냉연 강판의 소재인 열연 강판의 표면에 생성된 스케일을 제거한다.

② 냉간압연기의 생산성 향상을 위하여 냉연 강판을 연속화하기 위하여 용접을 실시한다.

③ 냉연 강판의 소재인 열연 강판의 표면에 생성된 스케일을 제거하지 않고 열연 강판의 두께를 균일하게 한다.

④ 필요시 사이드 트리밍(Side Trimming)을 실시하여 고객 주문 폭으로 스트립의 폭을 절단하여 준다.

해설

산세

- 열연 코일의 가열과정과 열간압연과정에서 강판 표면에 산화철이 생성되므로 강판 표면의 산화철을 염산(HCl)이나 황산(H_2SO_4)으로 제거하는 과정
- 산세 라인을 통과하는 코일은 산세 후 출하되는 산세 코일을 제외하면 거의 대부분 냉연용 코일이며, 냉연 또는 열연 공정에 포함

32 압연소재가 롤(Roll)에 치입하기 좋게 하기 위한 방법으로 틀린 것은?

① 압하량을 적게 한다.

② 치입각을 작게 한다.

③ 롤의 지름을 크게 한다.

④ 재료와 롤의 마찰력을 적게 한다.

해설

압연소재가 롤에 쉽게 물리기 위한 조건

- 압하량을 적게 한다.
- 치입각의 크기를 작게 한다.
- 롤 지름의 크기가 크다.
- 압연재의 온도를 높인다.
- 마찰력을 높인다.
- 롤의 회전속도를 줄인다.

33 다음 중 소성가공 방법이 아닌 것은?

① 단조

② 주조

③ 압연

④ 프레스가공

해설

주조는 소성가공 방법이 아니다.

소성변형 : 단조, 인발, 압연, 프레스가공, 압출 등

34 일반적인 냉연박판의 공정을 가장 바르게 나열한 것은?

① 냉간압연 → 산세 → 아연도금 → 조질압연 → 풀림

② 표면청정 → 산세 → 전단리코일 → 풀림 → 냉간압연

③ 산세 → 냉간압연 → 표면청정 → 풀림 → 조질압연

④ 냉간압연 → 산세 → 표면청정 → 조질압연 → 풀림

해설

냉연박판 제조공정 순서 : 핫코일(Hot Coil) → 산세(Pickling Line) → 냉간압연(Cold Rolling) → 전해청정(Electrolytic Cleaning, 표면청정) → 풀림(Annealing, 소둔) → 조질압연(Skin Pass Rolling) → 되감기(Recoiling Line, 리코일링) → 전단(Shearing Line)

35 압연 시 소재에 힘을 가하면 압연이 가능한 조건을 접촉각(α)과 마찰계수(μ)의 관계식으로 옳은 것은?

① $\tan\alpha \leq \mu$

② $\tan\alpha = \mu$

③ $\tan\alpha > \mu$

④ $\tan\alpha \geq \mu$

해설

$\tan\alpha = \mu$인 경우, 소재에 힘을 가하면 압입되는 한계각을 나타낼 수 있다. 따라서 자력으로 들어가며 힘을 주는 한계각까지 나타낸 $\tan\alpha \leq \mu$가 답이 된다.

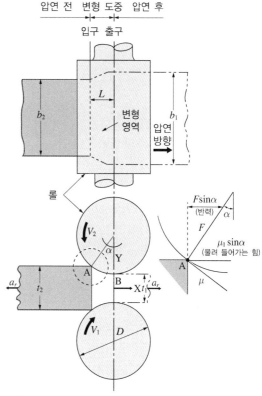

접촉각(α)과 마찰계수(μ)의 관계

• $\tan\alpha < \mu$인 경우 재료가 자력으로 압입되어 압연이 가능
• $\tan\alpha = \mu$인 경우 소재에 힘을 가하면 압연이 가능
• $\tan\alpha > \mu$인 경우 소재가 미끄러져 롤에 들어가지 않아 압연이 불가능
• 따라서, 재료가 롤에 쉽게 물려 들어가기 위해서는 접촉각이 작아져야 하므로, 압하량을 작게 하고, 롤 지름 $D(=2R)$를 크게 해야 한다.

36 냉연 조질압연의 목적이 아닌 것은?

① 기계적 성질 개선

② 형상 교정

③ 두께조정

④ 항복연신제거

해설

조질압연(Skin Pass Mill)
- 정의 : 소둔 직후의 항복점 연신으로 인한 Stretcher Strain의 발생을 막기 위해 1~3%의 압하량으로 압연을 실시하는 공정
- 조질압연의 목적
  - 형상 개선(평탄도의 교정)
  - 표면 성상의 개선 : 조도에 따라 거친 표면(Dull), 매끄러운 표면(Bright)으로 구분
  - 스트레처 스트레인 방지(기계적 성질의 개선) : 곱쇠(Coil Break) 결함 제거

37 냉연용 소재가 갖추어야할 품질의 구비조건과 거리가 먼 것은?

① 코일의 재질이 균일할 것

② 치수와 형상이 정확할 것

③ 표면의 Scale은 고착성이 좋을 것

④ 표면의 Scale은 박리성이 좋을 것

해설

표면의 Scale은 분리가 잘 될수록 좋다.

38 냉간압연용 압연유가 구비해야 할 조건이 틀린 것은?

① 유막강도가 클 것

② 윤활성이 좋을 것

③ 마찰계수가 클 것

④ 탈지성이 좋을 것

해설

압연유의 작용
- 감마작용(마찰저항 감소)
- 냉각작용(열방산)
- 응력분산작용(힘의 분산)
- 밀봉작용(외부 침입 방지)
- 방청작용(스케일 발생 억제)

39 롤 직경 340mm, 회전수 150rpm이고, 압연되는 재료의 출구속도는 3.67m/s일 때 선진율(%)은 약 얼마인가?

① 27%　　　　② 37%

③ 55%　　　　④ 75%

해설

롤의 속도 $= 150 \times (0.340) \times \pi / 60 ≒ 2.67\text{m/s}$

$$전진율(\%) = \frac{출측\ 속도 - 롤의\ 속도}{롤의\ 속도} \times 100$$

$$= \frac{3.67 - 2.67}{2.67} \times 100 ≒ 37$$

40 냉간압연에서 0.25mm 이하의 박판을 제조할 경우 판에서 발생하는 찌그러짐을 방지하는 대책으로 옳은 것은?

① 단면감소율을 크게 한다.
② 롤이 캠버를 갖도록 한다.
③ 압연공정 중간에 재가열한다.
④ 스탠드 사이에 롤러(Roller) 레벨러를 설치한다.

롤러 레벨러의 주작용력인 굽힘 반복력을 통해 판에서 발생하는 찌그러짐을 방지한다.

41 그리스(Grease)를 급유하는 경우가 아닌 것은?

① 마찰면이 고속운동을 하는 부분
② 고하중을 받는 운동부
③ 액체 급유가 곤란한 부분
④ 밀봉이 요구될 때

그리스 급유 : 액체 급유가 어렵고, 저속도 회전과 고하중일 경우 사용한다.

장점	• 급유간격이 길다. • 누설이 적다. • 밀봉성이 있고, 외부 이물질의 침입이 적다.
단점	• 냉각작용이 작다. • 질의 균일성이 떨어진다.

42 다음 중 조질압연의 설비가 아닌 것은?

① 페이 오프 릴(Pay Off Reel)
② 신장률 측정기
③ 스탠드(Stand)
④ 전단

전단은 정정공정 설비이다.

43 열간압연 가열로 내의 온도를 측정하는데 사용되는 온도계로서 두 종류의 금속선 양단을 접합하고 양 접합점에 온도차를 부여하여 전위차를 측정하는 온도계는?

① 광고온계
② 열전쌍 온도계
③ 베크만 온도계
④ 저항 온도계

② 열전쌍 온도계 : 금속선의 양끝을 접합하여 한쪽 접점을 정온으로 유지하고, 다른쪽 접점의 온도를 변화시켜, 열기전력의 측정 값으로부터 온도를 구하는 온도계
① 광고온계 : 방사식 고온계의 하나로 고온체에서 나오는 가시광선을 이용하는 온도계
③ 베크만 온도계 : 용액의 끓는점 상승, 어는점 강하를 측정하기 위하여 고안한 특수온도계로 수은온도계의 일종이지만 기준온도에서 미세 변화를 정밀히 측정하기 위해 사용
④ 저항 온도계 : 도체나 반도체의 전기저항이 온도에 따라 변하는 것을 이용하여 측정하는 온도계

44 냉연 스트립의 풀림 목적이 아닌 것은?

① 압연유를 제거하기 위함이다.

② 기계적 성질을 개선하기 위함이다.

③ 가공경화 현상을 얻기 위함이다.

④ 가공성을 좋게 하기 위함이다.

해설

소재 → 압연과정(소성변형) → 회복 → 재결정 → 결정립 성장

· 회복 : 강의 재결정 온도인 A_1 변태점 이하 온도(600~700℃)로 가열 및 일정시간 유지하여 내부 응력을 제거하는 과정

· 재결정 : 회복 과정에서 새로운 변경이 아닌 핵이 생성되어 발달하고, 동시에 그 수를 증가시켜 전체가 새로운 결정과 교체하는 것

· 결정립 성장 : 새로운 결정이 조대화(성장)되는 과정

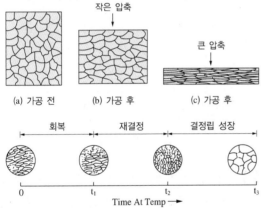

(a) 가공 전   (b) 가공 후   (c) 가공 후

45 공형설계의 원칙을 설명한 것 중 틀린 것은?

① 공형 각부의 감면율을 균등하게 한다.

② 직접 압하를 피하고 간접 압하를 이용하도록 설계한다.

③ 공형형상은 되도록 단순화 직선으로 한다.

④ 플랜지의 높이를 내고 싶을 때에는 초기 공형에서 예리한 홈을 넣는다.

해설

· 공형설계 시 고려사항 : 소재 재질, 롤 사양, 모터 용량, 압연 토크, 압연하중, 유효 롤 반지름, 롤 배치, 감면율 등

· 공형설계 원칙
 – 공형 각부의 감면율을 균등하게 유지
 – 플랜지의 높이를 내고 싶을 때에는 초기 공형에서 예리한 홈을 넣음
 – 간접 압하를 피하고 직접 압하를 이용하여 설계
 – 비대칭 단면의 압연은 재료가 롤에 몰리고 있는 동안 트러스트가 작용
 – 공형형상은 단순화 · 직선화함

46 다음 중 공형 설계의 방식이 아닌 것은?

① 플랫(Flat) 방식

② 스트라이크(Strike) 방식

③ 버터플라이(Butterfly) 방식

④ 다이애거널(Diagonal) 방식

해설

공형설계 방식의 종류

· 플랫(Flat) 방식 : ㄱ형강, 밸브 판, T형강에 사용

· 버터플라이(Butterfly) 방식 : U형강, 시트 파일 압연에 사용

· 스트레이트(Straight) 방식 : I형강, 시트 파일 압연에 사용

· 다이애거널(Diagonal) 방식 : 레일 압연에 사용, 스트레이트 방식의 개선

· 다곡법 : 폭이 좁은 소재에 사용

47 냉간압연에서 변형저항 계산 시 변형효율을 옳게 나타낸 것은?(단, K_{fm} : 변형강도, K_w : 변형저항)

① $\eta = \dfrac{K_w}{K_{fm}}$ ② $\eta = \dfrac{K_{fm}}{K_w}$

③ $\eta = \dfrac{K_w - K_{fm}}{K_w}$ ④ $\eta = \dfrac{K_w}{K_w + K_{fm}}$

해설

변형효율 = 변형강도/변형저항

48 단접 강관용 재료로 사용되는 반제품으로 띠 모양으로 양단이 용접이 편리하도록 85~88°로 경사지게 만든 것은?

① 틴 바(Tin Bar)

② 후프(Hoop)

③ 스켈프(Skelp)

④ 틴 바 인코일(Tin Bar In Coil)

해설

압연용 소재의 종류

소재명	설명
슬래브(Slab)	단면이 장방형인 반제품(강판 반제품)
블룸(Bloom)	사각형에 가까운 단면을 가진 반제품(봉형 강류 반제품)
빌릿(Billet)	단면이 사각형인 반제품(봉형강류 반제품)
스트립(Strip)	코일 상태의 긴 대강판재(강판 반제품)
시트(Sheet)	단면이 사각형인 판재(강판 반제품)
시트 바 (Sheet Bar)	분괴압연기에서 압연한 것을 다시 압연한 판재(강판 반제품)
플레이트(Plate)	단면이 사각형인 판재(강판 반제품)
틴 바(Tin Bar)	블룸을 분괴, 조압연한 석도 강판의 재료(강판 반제품)
틴 바 인코일 (Tin Bar In Coil)	틴 바와 같은 소재를 코일 모양으로 감은 것(강판 반제품)
후프(Hoop)	강판을 폭이 좁은 형상의 띠 모양으로 절단 가공하여 코일로 감아놓은 강대의 반제품(강관용 반제품)
스켈프(Skelp)	빌릿을 분괴, 조압연한 용접강관의 소재로 양단이 용접에 편리하도록 85~88°로 경사져 있음(강관용 반제품)

49 천장크레인으로 압연소재를 이동시키려한다. 안전상 주의해야 할 사항으로 틀린 것은?

① 운전을 하지 않을 때는 전원스위치를 내린다.

② 설비 점검 및 수리시는 안전표식을 부착해야 한다.

③ 비상시에는 운전 중에 점검, 정비를 실시할 수 있다.

④ 천장크레인은 운전자격자가 운전을 하여야 한다.

해설

천장크레인의 점검, 정비는 운전을 멈추고 실시한다.

50 윤활제의 구비조건으로 틀린 것은?

① 제거가 용이할 것

② 독성이 없어야 할 것

③ 화재위험이 없어야 할 것

④ 열처리 혹은 용접 후 공정에서 잔존물이 존재할 것

해설

윤활제는 잔존물이 없어야 한다.

51 안전관리 기법이 아닌 것은?

① 무재해 운동

② 위험예지 훈련

③ 툴박스 미팅(Tool Box Meeting)

④ 설비의 대형화

해설

설비의 대형화와 안전관리 기법은 관련 없다.

53 압연하중이 2,000kg, 토크 암(Torque Arm)의 길이가 8mm일 때 압연 토크는?

① 1.6kg · m

② 16kg · m

③ 160kg · m

④ 1,600kg · m

해설

압연 토크 = 압연하중 × 토크 암
= 2,000 × 0.008
= 16kg · m

54 하우징이 한 개의 강괴라고도 할 수 있을 만큼 견고하며, 이 속에 다단 롤이 수용되어 규소 강판, 스테인리스 강판압연기로 많이 사용되며, 압하력은 매우 크며 압연판의 두께 치수가 정확한 압연기는?

① 탠덤 압연기　　　② 스테켈식 압연기

③ 클러스터 압연기　④ 센지미어 압연기

해설

센지미어 압연기

상하 20단으로 된 압연기로 구동 롤의 지름을 극도로 작게 한 것이다. 강력한 압연력을 얻을 수 있으며 두께가 균일한 스테인리스 강판이나 구리, 니켈, 타이타늄, 알루미늄 합금과 같은 가공경화가 잘 일어나는 박판의 냉간압연에 많이 이용된다.

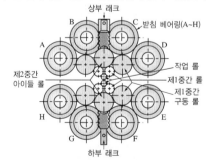

52 압연기 롤의 구비조건으로 틀린 것은?

① 내마멸성이 클 것

② 강도가 클 것

③ 내충격성이 클 것

④ 연성이 클 것

해설

롤의 특성

• 작업 롤(Work Roll) : 내균열성 · 내사고성, 경화 심도가 좋아야 한다.

• 중간 롤(Intermediate Roll) : 전동 피로 강도, 내마모성이 우수하고, 작업 롤의 표면 손상 및 배럴부 표면에 소성유동을 발생시키지 말아야 한다.

• 받침 롤(Back Up Roll) : 절손, 균열 손실에 대한 충분한 강도가 필요하고, 내균열성 · 내마멸성이 우수해야 한다.

55 강재 열간압연기의 롤 재질로 적합하지 않은 것은?

① 주철 롤

② 칠드 롤

③ 주강 롤

④ 알루미늄 롤

해설

롤의 재질에 따른 분류

구분	종류	용도
주철 롤	보통 칠드 주철, 합금 칠드 주철, 구상 흑연 주철 등	형강, 후판, 분괴압연기에 사용
주강 롤	보통 주강, 특수 주강, 구상 흑연 주강, 복합 주강 등	형강, 분괴, 열간압연기에 사용
단강 롤	단강 담금질, 센지미어, 슬리브 등	냉간, 조질, 센지미어 압연기에 사용

56 다음 중 강괴의 내부결함에 해당되지 않는 것은?

① 편석

② 비금속 개재물

③ 세로 균열

④ 백점

해설

제품결함

• 표면결함 : 스케일, 딱지 흠, 균열 등

• 내부결함 : 백점, 비금속 개재물, 편석 등

57 형상교정 설비 중 다수의 소경 롤을 이용하여 반복해서 굽힘으로써 재료의 표피부를 소성변형시켜 판 전체의 내부응력을 저하 및 세분화시켜 평탄하게 하는 설비는?

① 롤러 레벨러(Roller Leveller)

② 텐션 레벨러(Tension Leveller)

③ 시어 레벨러(Shear Leveller)

④ 스트레처 레벨러(Stretcher Leveller)

해설

레벨러의 종류

• 롤러 레벨러 : 다수의 소경 롤에 의해 초반 굴곡으로 재료 표피부를 소성변형하여 판 전체의 내부응력을 저하·세분화시켜 평탄하게 한다(조반굴곡).

• 스트레처 레벨러 : 단순한 인장에 의해 균일한 연신 변형을 부여하고 내부 변형을 균일화하여 좋은 평탄도를 얻게 한다(연신).

• 텐션 레벨러 : 항복점보다 낮은 단위 장력 하에서 수 개의 롤에 의한 조반 굴곡을 가해 소성 연신율을 준다(조반굴곡 + 연신).

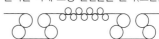

58 점도와 응고점이 낮고 고열에 변질되지 않으며 암모니아와 친화력이 약한 조건을 만족시켜야 할 윤활유는?

① 다이나모유   ② 냉동기유

③ 터빈유   ④ 선박엔진유

해설

냄새에 민감한 냉동기유는 암모니아와 친화력이 약해야 한다.

59 윤활유의 목적을 설명한 것으로 틀린 것은?

① 접촉부의 마찰 감소 및 냉각효과
② 방청 및 방진 역할
③ 접촉면의 발열 촉진
④ 밀봉 및 응력 분산

해설

압연유의 작용
• 감마작용(마찰저항 감소)
• 냉각작용(열방산)
• 응력분산작용(힘의 분산)
• 밀봉작용(외부 침입 방지)
• 방청작용(스케일 발생 억제)

60 루퍼 제어 시스템 중 루퍼 상승 초기에 소재에 부가되는 충격력을 완화시키기 위하여 소재와 루퍼 롤과의 접촉 구간 근방에서 루퍼 속도를 조절하는 기능은?

① 전류 제어 기능
② 소프트 터치 기능
③ 루퍼 상승 제어 기능
④ 노윕(No-whip) 제어 기능

해설

루퍼 제어의 소프트 터치 기능
열간 사상압연에서 스트립의 장력을 안정화시킬 수 있는 방법으로 루퍼 각도와 루퍼 모터 속도를 조절하는 기능
루퍼(Looper) 제어 시스템
• 루퍼는 사상압연 스탠드와 스탠드 사이에서 압연재의 장력과 루프를 제어하여 전후 균형의 불일치로 인한 요인을 보상하여 통판성 향상 및 조업 안정성을 도모
• 소재 트래킹, 루프 상승 제어 기능, 소프트 터치 제어 기능, 소재 장력 제어 기능, 루퍼 각도 제어 기능, 루퍼 각도와 소재 장력 간 비간섭 제어 기능 등의 기능을 수행

01 상자성체 금속에 해당되는 것은?

① Al
② Fe
③ Ni
④ Co

해설
- 강자성체 : Fe, Co, Ni
- 반자성체 : C, Zn, Cu
- 상자성체 : Al, Sn, Pt, Ir

02 건축용 철골, 볼트, 리벳 등에 사용되는 것으로 연신율이 약 22%이고, 탄소함량이 약 0.15%인 강재는?

① 연강
② 경강
③ 최경강
④ 탄소공구강

해설
탄소함유량
- 순철 : 0.025% C 이하
- 강(Steel) : 2.0% C 이하
- 주철(Cast Iron) : 2.0% C 이상
- 연강 : 약 0.15% C
- 탄소강 : 약 0.025~2.11% C

03 다음의 금속 중 경금속에 해당하는 것은?

① Cu
② Be
③ Ni
④ Sn

해설
- 중금속 : 비중 4.5 이상의 금속(Cu, Fe, Ni, Sn)
- 경금속 : 비중 4.5 미만의 금속(Al, Mg, Be)

04 황동은 도가니로, 전기로 또는 반사로 등에서 용해하는데, Zn의 증발로 손실이 있기 때문에 이를 억제하기 위해서는 용탕 표면에 어떤 것을 덮어 주는가?

① 소금
② 석회석
③ 숯가루
④ Al 분말가루

해설
고온 탈아연 현상 : 고온에서 황동 표면으로부터 아연이 증발하는 현상으로 방지책으로 표면에 산화물 피막(Zn 산화물, Al 산화물)을 형성시킨다.

05 저용융점(Fusible) 합금에 대한 설명으로 틀린 것은?

① Bi를 55% 이상 함유한 합금은 응고 수축을 한다.
② 용도로는 화재통보기, 압축공기용 탱크 안전밸브 등에 사용된다.
③ 33~66% Pb를 함유한 Bi 합금은 응고 후 시효 진행에 따라 팽창현상을 나타낸다.
④ 저용융점 합금은 약 250℃ 이하의 용융점을 갖는 것이며 Pb, Bi, Sn, Cd, In 등의 합금이다.

해설
- 비스무트(Bi)는 응고 시에 부피가 팽창함
- 저용융점 합금 : 약 250℃ 이하에서 녹는점을 갖는 합금으로 땜납(Pb-Sn합금)보다 녹는점이 낮은 Pb, Bi, Sn, Cd, In 등의 공정형 합금

06 주철의 일반적인 성질을 설명한 것 중 틀린 것은?

① 용탕이 된 주철은 유동성이 좋다.

② 공정 주철의 탄소량은 4.3% 정도이다.

③ 강보다 용융 온도가 높아 복잡한 형상이라도 주조하기 어렵다.

④ 주철에 함유하는 전탄소(Total Carbon)는 흑연 +화합탄소로 나타낸다.

해설

주철
- 1.7~6.67% C 철합금
- 강보다 용융점이 낮음
- 주조성, 압축강도, 내마모성 우수
- 인장강도가 낮고 취성이 큼

07 금속재료의 경량화와 강인화를 위하여 섬유 강화 금속 복합재료가 많이 연구되고 있다. 강화섬유 중에서 비금속계로 짝지어진 것은?

① K, W

② W, Ti

③ W, Be

④ SiC, Al_2O_3

해설

- 탄화규소(SiC) 섬유 : 높은 강도, 높은 탄성을 나타내며, 공기 중 1,000℃ 이상 고온에서의 사용에 견디는 섬유
- 알루미나(Al₂O₃) 섬유 : 공기 중 1,000℃에서 열화되지 않고 용융 금속에도 침해되지 않는 섬유

08 동(Cu)합금 중에서 가장 큰 강도와 경도를 나타내며 내식성, 도전성, 내피로성 등이 우수하여 베어링, 스프링 및 전극재료 등으로 사용되는 재료는?

① 인(P) 청동

② 규소(Si) 동

③ 니켈(Ni) 청동

④ 베릴륨(Be) 동

해설

베릴륨 구리합금 : 구리에 베릴륨 2~3%를 넣어 만든 합금으로 열처리에 의해서 큰 강도를 가지며 내마모성도 우수하여 고급 스프링 재료나 전기 접점, 용접용 전극 또는 플라스틱 제품을 만드는 금형 재료로 사용

09 시험편의 지름이 15mm, 최대하중이 5,200kgf일 때 인장강도는?

① 16.8kgf/mm^2

② 29.4kgf/mm^2

③ 33.8kgf/mm^2

④ 55.8kgf/mm^2

해설

인장강도 = 최대하중 / 단면적
= 5,200 / (π15 × 15 / 4)
= 29.4kgf/mm^2

10 포금(Gun Metal)에 대한 설명으로 틀린 것은?

① 내해수성이 우수하다.

② 성분은 8~12% Sn 청동에 1~2% Zn을 첨가한 합금이다.

③ 용해주조 시 탈산제로 사용되는 P의 첨가량을 많이 하여 합금 중에 P를 0.05~0.5% 정도 남게 한 것이다.

④ 수압, 수증기에 잘 견디므로 선박용 재료로 널리 사용된다.

해설

포금 : 구리에 8~12% 주석을 함유한 청동으로 내해수성이 우수하고 수압, 수증기에 잘 견디므로 포신재료 및 선박용 재료 등에 사용한다.

11 순철의 자기변태(A_2)점 온도는 약 몇 ℃인가?

① 210℃ ② 768℃

③ 910℃ ④ 1,400℃

해설

순철의 변태

• A_2 변태(768℃) : 자기변태(α강자성 ⇔ α상자성)
• A_3 변태(910℃) : 동소변태(α-BCC ⇔ γ-FCC)
• A_4 변태(1,400℃) : 동소변태(γ-FCC ⇔ δ-BCC)

12 고 Mn강으로 내마멸성과 내충격성이 우수하고, 특히 인성이 우수하기 때문에 파쇄 장치, 기차 레일, 굴착기 등의 재료로 사용되는 것은?

① 엘린바(Elinvar)

② 디디뮴(Didymium)

③ 스텔라이트(Stellite)

④ 해드필드(Hadfield)강

해설

해드필드강(Hadfield) 또는 오스테나이트 망간강

• 0.9~1.4% C, 10~14% Mn 함유
• 내마멸성과 내충격성이 우수
• 열처리 후 서랭하면 결정립계에 M_3C가 석출하여 취약
• 높은 인성을 부여하기 위해 수인법 이용

13 상하 또는 좌우가 대칭인 물체를 그림과 같이 중심선을 기준으로 내부 모양과 외부 모양을 동시에 표시하는 단면도는?

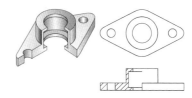

① 온단면도 ② 한쪽 단면도

③ 국부 단면도 ④ 부분 단면도

해설

외형도의 절반만 절단하여 반만 단면도로 했기 때문에 한쪽 단면도(반단면도)이다.

14 물체의 보이는 모양을 나타내는 선으로서 굵은 실선으로 긋는 선은?

① 외형선 ② 가상선

③ 중심선 ④ 1점 쇄선

해설

• 굵은 실선 : 외형선
• 1점 쇄선 : 가는 1점 쇄선(중심선, 기준선, 피치선), 굵은 1점 쇄선(특수지정선)
• 가는 2점 쇄선 : 가상선

15 제도의 기본 요건으로 적합하지 않은 것은?

① 이해하기 쉬운 방법으로 표현한다.

② 정확성, 보편성을 가져야 한다.

③ 표현의 국제성을 가져야 한다.

④ 대상물의 도형과 함께 크기, 모양만을 표현한다.

해설

제도 : 선과 문자, 기호로 구성된 도면을 작성하는 작업으로, 물체의 모양, 크기, 재료, 가공 방법, 구조 등을 일정한 법칙과 규격에 따라 정확, 명료, 간결하게 나타내는 것이다.

16 나사의 일반 도시 방법에 관한 설명 중 옳은 것은?

① 수나사의 바깥지름과 암나사의 안지름은 가는 실선으로 도시한다.

② 완전 나사부와 불완전 나사부의 경계는 가는 실선으로 도시한다.

③ 수나사와 암나사의 측면 도시에서의 골지름은 굵은 실선으로 도시한다.

④ 불완전 나사부의 끝 밑선은 축선에 대하여 30° 경사진 가는 실선으로 그린다.

해설

① 수나사의 바깥지름(산)과 암나사의 안지름(산)은 굵은 실선

② 완전 나사부와 불완전 나사부 경계선은 굵은 실선

③ 수나사 및 암나사의 골지름은 가는 실선

17 다음 그림 중 호의 길이를 표시하는 치수 기입법으로 옳은 것은?

①

②

③

④

해설

변의 길이치수

현의 길이치수

호의 길이치수   각도치수

18 도면에 기입된 "5 − φ20드릴"을 옳게 설명한 것은?

① 드릴 구멍이 15개이다.

② 직경 5mm인 드릴 구멍이 20개이다.

③ 직경 20mm인 드릴 구멍이 5개이다.

④ 직경 20mm인 드릴 구멍의 간격이 5mm이다.

해설

5는 개수, φ는 직경을 의미한다.

19 물체의 단면을 표시하기 위하여 단면 부분에 흐리게 칠하는 것을 무엇이라 하는가?

① 리브(Rib)

② 널링(Knurling)

③ 스머징(Smudging)

④ 해칭(Hatching)

해설

③ 스머징 : 해칭을 하지 않고, 전체면 또는 해칭할 면의 가장자리만을 채색으로 단면 표시

④ 해칭 : 등간격 실선으로 단면 표시

20 치수허용차와 기준선의 관계에서 위 치수허용차가 옳은 것은?

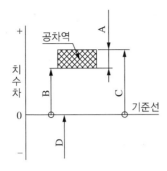

① A
② B
③ C
④ D

해설
• A : 치수공차
• B : 아래 치수허용차
• C : 위 치수허용차
• D : 기준치수

21 투상도를 그리는 방법에 대한 설명으로 틀린 것은?

① 조립도 등 주로 기능을 표시하는 도면에서는 물체가 사용되는 상태를 그린다.
② 일반적인 도면에서는 물체를 가장 잘 나타내는 상태를 정면도로 하여 그린다.
③ 주투상도를 보충하는 다른 투상도의 수는 되도록 많이 그리도록 한다.
④ 물체의 길이가 길어 도면에 나타내기 어려울 때, 즉 교량의 트러스 같은 경우 중간부분을 생략하고 그릴 수 있다.

해설
주투상도를 보충하는 다른 투상도의 수는 최소한으로 그리도록 한다.

22 척도에 관한 설명 중 보기에서 옳은 내용을 모두 고른 것은?

┌─보기─────────────────────────┐
│ ㄱ. 물체의 실제 크기와 도면에서의 크기 비율을 말한다. │
│ ㄴ. 실물보다 작게 그린 것을 축척이라 한다. │
│ ㄷ. 실물과 같은 크기로 그린 것을 현척이라 한다. │
│ ㄹ. 실물보다 크게 그린 것을 배척이라 한다. │
└──────────────────────────────┘

① ㄱ, ㄴ
② ㄱ, ㄷ, ㄹ
③ ㄴ, ㄷ, ㄹ
④ ㄱ, ㄴ, ㄷ, ㄹ

해설
모두 옳은 내용이다.

23 다음 중 미터사다리꼴나사를 나타내는 표시법은?

① M8
② TW10
③ Tr10
④ 1 – 8 UNC

해설
• M : 미터보통나사 혹은 미터가는나사
• TW : ISO 규격에 없는 사다리꼴나사
• Tr : 미터사다리꼴나사
• UNC : 유니파이보통나사

24 투상선을 투상면에 수직으로 투상하여 정면도, 측면도, 평면도로 나타내는 투상법은?

① 정투상법
② 사투상법
③ 등각투상법
④ 투시투상법

해설
정투상법은 수직으로 투상한 투상법이고 사투상법, 등각투상법, 투시투상법은 입체적으로 도시하는 투상법이다.

25 냉간압연기 중 1Pass당 압하율이 가장 큰 것은?

① 스테켈 압연기
② 클러스터 압연기
③ 센지미어 압연기
④ 유성 압연기

> **해설**
> 유성 압연기
> 지름이 큰 상하의 받침 롤의 주위에 다수의 지름이 작은 작업 롤을 베어링처럼 배치해서 작업 롤의 공전과 자전에 의해서 판재를 압연하는 구조이다. 26개의 작업 롤이 계속해서 압연 작업을 하기 때문에 압하력이 강하므로 1회에 90% 정도의 큰 압연율을 얻을 수 있다.

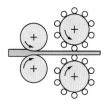

26 금속의 재결정 온도에 대한 설명으로 틀린 것은?

① 재결정 온도는 금속의 종류와 가공 정도에 따라 다르다.
② 재결정 온도보다 높은 온도에서 압연하는 것을 열간압연이라 한다.
③ 재결정 온도보다 높은 온도에서 압연하면 강도가 강해진다.
④ 재결정 온도보다 낮은 온도에서 압연하면 결정입자가 미세해진다.

> **해설**
> 재결정 온도 이상의 압연은 열간압연으로 가공경화를 일으키지 않으므로 상대적으로 강도가 약하다.

27 압연유 급유방식 중 직접방식에 관한 설명이 아닌 것은?

① 냉각효율이 높으며, 물을 사용할 수 있다.
② 적은 용량을 사용하므로 폐유 처리설비가 작다.
③ 윤활 성능이 좋은 압연유를 사용할 수 있다.
④ 압연 상태가 좋고 압연유 관리가 쉽다.

> **해설**
> 급유방식
>
> | 직접 급유방식 | 순환 급유방식 |
> | --- | --- |
> | • 윤활 성능이 좋은 압연유 사용 가능 | • 윤활 성능이 좋은 압연유 사용이 어려움 |
> | • 항상 새로운 압연유 공급 | • 폐유 처리설비는 적은 용량 가능 |
> | • 냉각 효과가 좋아 효율이 좋음 | • 철분이나 그 밖의 이물질이 혼합되어 압연유 성능 저하 |
> | • 압연유가 고가이며, 폐유 처리 비용이 비쌈 | • 직접 방식에 비해 가격이 저렴 |
> | • 고속박판압연에 사용 가능 | |

28 강편 사상압연기의 전면에 설치되어 소재를 45° 회전시켜 주는 설비는?

① 그립 틸터(Grip Tilter)
② 핀치 롤(Pinch Roll)
③ 트위스트 가이드(Twist Guide)
④ 스크루 다운(Screw Down)

> **해설**
> ① 그립 틸터(Grip Tilter) : 전면에서 소재를 45° 회전시켜 주는 설비
> ② 핀치 롤(Pinch Roll) : 스트립 선단을 아래로 구부려 잘 감기도록 안내하며 일정한 장력을 유지시켜 주는 설비
> ③ 트위스트 가이드(Twist Guide) : 수평 스탠드로 압연할 때 사용하고 일반적으로 90° 비틀어 사용
> ④ 스크루 다운(Screw Down) : 감속기를 통한 압하 스크루로 압하하는 설비

29 산세공정의 작업 내용이 아닌 것은?

① 스트립 표면의 스케일을 제거한다.

② 압연유를 제거한다.

③ 규정된 폭에 맞추어 사이드 트리밍한다.

④ 소형 코일을 용접하여 대형 코일로 만든다.

해설

압연유 등의 표면 오염물질을 제거하는 공정은 청정공정이다.

30 산세 작업 시 산세 강판의 과산세 방지를 위해 산액에 첨가하는 약품은?

① 염산(HCl)

② 계면 활성제

③ 부식 억제제

④ 황산(H₂SO₄)

해설

부식 억제제(인히비터, Inhibitor)

• 인히비터라고도 하며 철 부식을 억제하기 위한 제제로 인산염이 주성분

• 종류 : 젤라틴, 티오요소, 퀴놀린 등

• 역할 : 지철과의 반응 억제, 수소 발생 억제, 오물 생성 방지, 스트립 표면 균일 및 미려

• 요구되는 성질 : 산세 시간을 지연시키지 않을 것, 불순물이 부착되지 않을 것, 고온 안정성·용해성이 좋을 것

31 윤활의 주된 역할과 가장 거리가 먼 것은?

① 응력의 집중작용

② 마모감소작용

③ 냉각작용

④ 밀봉작용

해설

윤활유 작용

• 감마작용 : 마찰을 적게 하는 것으로 윤활의 최대 목적이다.

• 냉각작용 : 마찰에 의해 생긴 열을 방출한다.

• 밀봉작용 : 이물질의 침입을 방지한다.

• 방청작용 : 표면이 녹스는 것을 방지한다.

• 세정작용 : 불순물을 깨끗이 한다.

• 분산작용 : 가해진 압력을 분산시켜 균일한 압력이 가해지도록 한다.

32 공형 롤에서 재료의 모서리 성형이 잘되므로 형강의 성형압연에서 주로 채용되고 있는 롤은?

① 폐쇄공형 롤

② 원통 롤

③ 평 롤

④ 개방공형 롤

해설

폐쇄공형 : 공형각도가 60° 이상이고 롤의 지름은 크게 되나 모서리 성형이 잘되어 형강성형 등에 사용

33 열간압연 코일(Coil)은 사용목적에 따라서 필요한 단면 형상으로 만들어야 한다. 냉간압연 소재로서 가장 이상적인 단면 형상은?

①
②
③
④

해설
• 열간판재 압연 롤의 형상
• 냉간압연용 롤 형상

34 조질압연의 연신율을 구하는 공식으로 옳은 것은?

① $\dfrac{\text{조질압연 전의 길이} - \text{조질압연 후의 길이}}{\text{조질압연 전의 길이}} \times 100$

② $\dfrac{\text{조질압연 후의 길이} - \text{조질압연 전의 길이}}{\text{조질압연 전의 길이}} \times 100$

③ $\dfrac{\text{조질압연 전의 길이} - \text{조질압연 후의 길이}}{\text{조질압연 후의 길이}} \times 100$

④ $\dfrac{\text{조질압연 후의 길이} - \text{조질압연 전의 길이}}{\text{조질압연 후의 길이}} \times 100$

해설
연신율 = {(압연 후 길이 – 압연 전 길이) / (압연 전 길이)} × 100

35 롤 공형의 설계조건으로 틀린 것은?

① 압연에 의한 재료의 흐름이 균일할 것
② 공형 깊이는 롤 표면 경화층을 초과할 것
③ 제품의 치수와 형상이 정확하고 표면이 미려할 것
④ 제품의 회수율이 높을 것

해설
공형의 구비(설계)조건
• 능률과 실제 수율(실수율)이 높을 것
• 재료의 흐름이 균일하고 작업이 쉬울 것
• 제품의 치수, 형상이 정확하고 표면상태가 우수할 것

36 압연반제품의 표면결함이 아닌 것은?

① 심(Seam)
② 긁힌 흠(Scratch)
③ 스캐브(Scab)
④ 비금속 개재물

해설
• 표면결함 : 스케일, 덴트, 딱지 흠, 롤 마크, 릴 마크, 긁힌 흠, 곱쇠, 빌드 업, 이물 흠 등
• 내부결함 : 백점, 비금속 개재물, 편석, 파이프 등

33 ① 34 ② 35 ② 36 ④ **정답**

37 다음 중 소성가공 방법이 아닌 것은?

① 단조
② 압연
③ 주조
④ 프레스 가공

해설
주조는 소성가공 방법이 아니다.
소성가공 : 단조, 인발, 압출, 압연 등

38 가공에 의한 가공경화에 대한 설명으로 옳은 것은?

① 경도값 감소
② 강도값 감소
③ 연신율 감소
④ 항복점 감소

해설
가공경화는 경도, 강도, 항복점이 증가한다.

39 변형 도중에 변형의 방향이 바뀌면 같은 방향으로 변형하는 경우에 비해 항복점이 낮아지는 현상은?

① 쌍정
② 이방성
③ 루더스 벤드
④ 바우싱거 효과

해설
바우싱거 효과 : 어느 방향으로 소성변형을 가한 재료에 역방향의 하중을 가할 경우 소성변형에 대한 저항이 감소하는 효과

40 냉간압연 시 가공 경화된 재질을 개선하기 위하여 풀림(Annealing)처리를 실시한다. 이때 발생하는 산화피막을 억제하는 방법은 다음 중 어느 것인가?

① 액체침질
② 화염경화열처리
③ 고주파 열처리
④ 진공열처리

해설
진공열처리 : 진공에서 풀림이나 담금질, 뜨임을 하는 열처리를 말하며 진공으로 인한 탈가스가 이루어지므로 산화피막을 억제하게 된다.

41 강판을 폭이 좁은 형상의 띠 모양으로 절단 가공하여 감아 놓은 강대는?

① 후프(Hoop)
② 슬래브(Slab)
③ 틴 바(Tin Bar)
④ 스켈프(Skelp)

해설
압연용 소재의 종류

소재명	설명
슬래브(Slab)	단면이 장방형인 반제품(강판 반제품)
블룸(Bloom)	사각형에 가까운 단면을 가진 반제품(봉형 강류 반제품)
빌릿(Billet)	단면이 사각형인 반제품(봉형강류 반제품)
스트립(Strip)	코일 상태의 긴 대강판재(강판 반제품)
시트(Sheet)	단면이 사각형인 판재(강판 반제품)
시트 바 (Sheet Bar)	분괴압연기에서 압연한 것을 다시 압연한 판재(강판 반제품)
플레이트(Plate)	단면이 사각형인 판재(강판 반제품)
틴 바(Tin Bar)	블룸을 분괴, 조압연한 석도 강판의 재료 (강판 반제품)
틴 바 인코일 (Tin Bar In Coil)	틴 바와 같은 소재를 코일 모양으로 감은 것(강판 반제품)
후프(Hoop)	강판을 폭이 좁은 형상의 띠 모양으로 절단 가공하여 코일로 감아놓은 강대의 반제품 (강관용 반제품)
스켈프(Skelp)	빌릿을 분괴, 조압연한 용접강관의 소재로 양단이 용접에 편리하도록 85~88°로 경사 져 있음(강관용 반제품)

42 압연 롤 크라운(Crown)에 영향을 주는 인자가 아닌 것은?

① 기계적 크라운
② 롤의 냉각제어
③ 롤 굽힘(Roll Bending)조정
④ 장력조정

43 냉간가공에 의해 가공 경화된 강을 풀림처리할 때의 과정으로 맞는 것은?

① 회복 → 재결정 → 결정립 성장
② 회복 → 결정립 성장 → 재결정
③ 결정립 성장 → 재결정 → 회복
④ 재결정 → 회복 → 결정립 성장

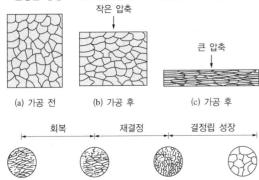
44 다음 중 냉간압연 공정에 해당되는 것은?

① 풀림
② 연주
③ 조괴
④ 소결

45 두께 200mm의 압연소재를 160mm로 압연을 하였다. 압하율은?

① 20%
② 40%
③ 60%
④ 80%

46 압연제품 중 가장 두께가 작은 중간 소재는?

① 블룸(Bloom)
② 빌릿(Billet)
③ 슬래브(Slab)
④ 시트 바(Sheet Bar)

47 액체 연료의 장점이 아닌 것은?

① 계량과 기록이 쉽다.

② 연소가 용이하고 제어가 쉽다.

③ 연소 효율 및 전열 효율이 높다.

④ 연소온도가 높아 국부 가열을 일으킨다.

해설

액체 연료는 국부 가열이 적다.

48 조질압연의 목적이 아닌 것은?

① 기계적 성질 향상

② 항복점 연신 증가

③ 스트립 형상 개선

④ 스트립 표면 조도 부여

해설

조질압연(Skin Pass Mill)

• 정의 : 소둔 직후의 항복점 연신으로 인한 Stretcher Strain의 발생을 막기 위해 1~3%의 압하량으로 압연을 실시하는 공정

• 조질압연의 목적

  − 형상 개선(평탄도의 교정)

  − 표면 성상의 개선 : 조도에 따라 거친 표면(Dull), 매끄러운 표면(Bright)으로 구분

  − 스트레처 스트레인 방지(기계적 성질의 개선) : 곱쇠(Coil Break) 결함 제거

49 다음 중 압연기에서 전동기의 동력을 각 롤에 분배하는 장치는?

① 스탠드   ② 리피터

③ 가이드   ④ 피니언

해설

압연구동 설비

모터 (동력발생)	→	감속기 (회전수 조정)	→	피니언 (동력분배)	→	스핀들 (동력전달)

• 모터 : 압연기의 원동력을 발생시키는 설비로 일반적으로 직류전동기가 이용되며, 속도의 조정이 필요하지 않을 때는 3상 교류전동기를 사용

• 감속기 : 모터에서 발생된 동력을 압연기의 종류에 맞는 힘과 속도로 바꿔 주는 설비

• 피니언 : 동력을 각 롤에 분배하는 설비

• 스핀들 : 피니언과 롤을 연결하여 동력을 전달하는 설비

50 지름이 큰 상하의 지지 롤 주위에 다수의 소경작업 롤을 롤러 베어링과 같이 배치하여 이 작업 롤의 자전과 공전에 의하여 압연하는 압연기의 종류는?

① 센지미어(Sendzimir) 압연기

② 유성 압연기

③ 유니버설 압연기

④ 로온(Rohn) 압연기

해설

유성 압연기

지름이 큰 상하의 받침 롤의 주위에 다수의 지름이 작은 작업 롤을 베어링처럼 배치해서 작업 롤의 공전과 자전에 의해서 판재를 압연하는 구조이다. 26개의 작업 롤이 계속해서 압연작업을 하기 때문에 압하력이 강하므로 1회에 90% 정도의 큰 압연율을 얻을 수 있다.

51 선재 공정에서 상부 롤의 직경이 하부 롤의 직경보다 큰 경우 그 이유는 무엇인가?

① 압연 소재가 상향되는 것을 방지하기 위하여
② 압연 소재가 하향되는 것을 방지하기 위하여
③ 소재의 두께 정도를 향상시키기 위하여
④ 롤의 원단위를 감소시키기 위하여

해설
• 롤의 크기와 소재의 변화
 – 소재는 롤의 회전수가 같을 때 롤의 지름이 작은 쪽으로 구부러진다.
 – 상부 롤 > 하부 롤 : 소재는 하향
 – 상부 롤 < 하부 롤 : 소재는 상향

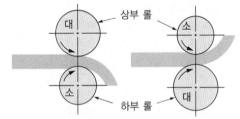

• 롤의 크기를 조절하지 않고 소재를 하향하는 방법
 – 소재의 상부 날판을 가열한다.
 – 소재의 하부 날판을 냉각한다.
 – 하부 롤의 속도보다 상부 롤의 속도를 크게 한다.

52 압연 설비에서 윤활의 목적이 아닌 것은?

① 방청작용
② 발열작용
③ 감마작용
④ 세정작용

해설
압연유의 작용
• 감마작용(마찰저항 감소)
• 냉각작용(열방산)
• 응력분산작용(힘의 분산)
• 밀봉작용(외부 침입 방지)
• 방청작용(스케일 발생 억제)

53 압연기에서 나온 압연재를 전 횡단면에 걸쳐 일정한 냉각 속도로 냉각시키는 역할을 하는 것은?

① 수평횡송기　　② 냉각상
③ 롤러 테이블　　④ 기중기

해설
• 냉각상 : 압연기에서 압연된 압연재를 전 횡단면에 걸쳐 일정한 냉각 속도로 동시에 냉각시키는 장치로 이때 압연재는 압연 속도와 냉각 속도를 위한 수송 속도 간의 균형을 만들기 위해 압연 라인에 대하여 경사로 보내진다.
• 냉각상의 구조는 캐리어 체인(Carrier Chain)식, 워킹 리드(Walking Lead)식, 디스크 롤러(Disk Roller)식이 있다.

54 압연 윤활유가 갖추어야 할 성질 중 옳은 것은?

① 마찰계수가 클 것
② 독성 및 위생적 해가 있을 것
③ 유성 및 유막의 강도가 클 것
④ 기름의 안정성 및 에멀션화성이 나쁠 것

해설
윤활유는 유성 및 유막 강도가 높아야 한다.

55 압연 롤을 회전시키는 압연모멘트 45kg·m, 롤의 회전수 50rpm으로 회전시킬 때 압연효율을 50%로 하면 필요한 압연마력은?

① 약 3마력　　② 약 5마력
③ 약 6마력　　④ 약 8마력

해설
압연마력 $HP = \dfrac{0.136 \times T \times 2\pi N}{60 \times E}$

여기서, T : 롤 회전 모멘트(Nm) = 45kg·m
$\qquad\qquad\qquad\qquad = 45 \times 9.81 \mathrm{N \cdot m}$
$\qquad\qquad\qquad\qquad = 441 \mathrm{N \cdot m}$
$\quad N$: 롤의 분당 회전수(rpm) = 50
$\quad E$: 압연효율(%) = 50
π는 3.14로 계산해도 된다. 따라서 6.30이므로 약 6마력이다.

56 압연기를 통과한 제품을 냉각상에서 이송하기 위한 설비 형식이 아닌 것은?

① 슬립(Slip) 방식

② 체인(Chain)방식

③ 워킹(Walking) 방식

④ 스킨(Skin) 방식

해설

냉각상의 구조는 캐리어 체인(Carrier Chain)식, 워킹 리드 (Walking Lead)식, 디스크 롤러(Disk Roller)식이 있다.

57 센지미어 압연기의 롤 배치 형태로 옳은 것은?

① 2단식

② 3단식

③ 4단식

④ 다단식

해설

센지미어 압연기

상하 20단으로 된 압연기이다. 구동 롤의 지름을 극도로 작게 한 것으로, 강력한 압연력을 얻을 수 있으며 두께가 균일한 스테인 리스 강판이나 구리, 니켈, 타이타늄, 알루미늄 합금과 같은 가공경 화가 잘 일어나는 박판의 냉간압연에 많이 이용된다.

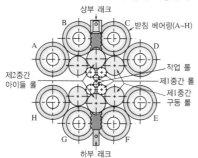

58 청정설비에서 화학적 세정방법이 아닌 것은?

① 알칼리 세정

② 계면 활성화 세정

③ 용제 세정

④ 초음파 세정

해설

• 화학적 세정방법 : 용제 세정, 유화 세정, 계면 활성제 세정, 알칼리 세정 등

• 물리적 세정방법 : 전해 세정, 초음파 세정, 브러시 세정, 스프레 이 세정 등

59 압연소재 이송용 와이어 로프(Wire Rope) 검사 시 유의사항이 될 수 없는 것은?

① 비중 상태

② 부식 상태

③ 단선 상태

④ 마모 상태

해설

비중은 소재의 특성이므로 검사 시의 유의사항은 아니다.

60 다음 중 대량생산에 적합하며 열연 사상압연에 많이 사용되는 압연기는?

① 테라 압연기

② 클러스터 압연기

③ 라우드식 압연기

④ 4단 연속 압연기

해설

사상압연에는 탠덤 4단 연속 압연기를 많이 사용한다.

01 공석조성을 0.80% C라고 하면, 0.2% C 강의 상온에서의 초석 페라이트와 펄라이트의 비는 약 몇 % 인가?

① 초석 페라이트 75% : 펄라이트 25%

② 초석 페라이트 25% : 펄라이트 75%

③ 초석 페라이트 80% : 펄라이트 20%

④ 초석 페라이트 20% : 펄라이트 80%

해설
- 초석 페라이트 = (0.8 − 0.2)/0.8 = 75%
- 펄라이트 = 100 − 75 = 25%

02 주요성분이 Ni−Fe 합금인 불변강의 종류가 아닌 것은?

① 인바 ② 모넬메탈

③ 엘린바 ④ 플래티나이트

해설
모넬메탈 : 니켈−구리계의 합금으로 Ni 60~70% 정도를 함유하고 내식성이 좋아 가스터빈과 같은 화학공업 등의 재료로 많이 사용한다.

03 7−3황동에 1% 내외의 Sn을 첨가하여 열교환기, 증발기 등에 사용되는 합금은?

① 코슨황동 ② 네이벌황동

③ 애드미럴티황동 ④ 에버듀어메탈

해설
- ③ 애드미럴티황동 : 7−3황동에 1% 주석을 첨가한 황동으로 내식성 개선
- ① 코슨황동 : 구리에 3~5% 니켈, 1% 규소가 함유된 합금으로 CA 합금이라 하며 통신선, 스프링 재료 등에 사용
- ② 네이벌황동 : 6−4황동에 1% 주석을 첨가한 황동으로 내식성 개선

04 상률(Phase Rule)과 무관한 인자는?

① 자유도 ② 원소 종류

③ 상의 수 ④ 성분 수

해설
상률(Phase Rule)
$f = c - p + 2$
여기서, c : 독립성분의 수
p : 상의 수
f : 자유도

05 다음 중 이온화 경향이 가장 큰 것은?

① Cr ② K

③ Sn ④ H

해설
이온화 경향
K > Ca > Na > Mg > Zn > Fe > Co > Pb > H > Cu > Hg > Ag > Au

06 탄소강 중에 함유된 규소의 일반적인 영향 중 틀린 것은?

① 경도의 상승
② 연신율의 감소
③ 용접성의 저하
④ 충격값의 증가

해설
규소의 영향 : 인장강도와 경도를 높여주나 연신율이 감소하여 냉간가공성이 취약하게 되므로 충격값은 감소한다.
규소(Si) : 선철 원료 및 탈산제(Fe-Si)로 많이 사용되며, 유동성, 주조성이 양호해진다. 경도 및 인장강도, 탄성 한계를 높이며 연신율, 충격값을 감소시킨다.

07 다음 중 탄소강의 표준 조직이 아닌 것은?

① 페라이트
② 펄라이트
③ 시멘타이트
④ 마텐자이트

해설
마텐자이트 : 열처리 조직

08 금속의 물리적 성질에서 자성에 관한 설명 중 틀린 것은?

① 연철(鍊鐵)은 잔류자기는 작으나 보자력이 크다.
② 영구자석재료는 쉽게 자기를 소실하지 않는 것이 좋다.
③ 금속을 자석에 접근시킬 때 금속에 자석의 극과 반대의 극이 생기는 금속을 상자성체라 한다.
④ 자기장의 강도가 증가하면 자화되는 강도도 증가하나 어느 정도 진행되면 포화점에 이르는 이 점을 퀴리점이라 한다.

해설
연철은 잔류자속밀도가 크고 보자력이 작다.

09 고강도 Al 합금으로 조성이 Al-Cu-Mg-Mn인 합금은?

① 라우탈
② Y-합금
③ 두랄루민
④ 하이드로날륨

해설
③ 두랄루민 : Al-Cu-Mg-Mn 합금으로 시효경화성이 가장 좋다.
① 라우탈(Lautal) : 알루미늄에 약 4%의 구리와 약 2%의 규소를 가한 주조용 알루미늄합금이다.
② Y-합금 : 내열용 합금으로 고온에서 강하다.
④ 하이드로날륨 : 알루미늄과 마그네슘의 합금으로 바닷물과 알칼리에 대한 내식성이 강하고 용접성이 매우 우수하다.

10 실온까지 온도를 내려 다른 형상으로 변형시켰다가 다시 온도를 상승시키면 어느 일정한 온도 이상에서 원래의 형상으로 변화하는 합금은?

① 제진합금
② 방진합금
③ 비정질합금
④ 형상기억합금

해설
④ 형상기억합금 : 처음에 주어진 특정 모양의 것을 인장하거나 소성변형한 것이 가열에 의하여 원형으로 되돌아오는 성질을 가진 합금이다.
① 제진합금 : 진동발생 원인 고체의 진동자를 감소시키는 합금으로 Mg-Zr, Mn-Cu 등이 있다.
③ 비정질합금 : 금속을 용융상태에서 초고속 급랭하여 만든 재료로 결정이 되어 있지 않은 상태이며, 인장강도와 경도를 크게 개선시킨 합금이다.

11 금속에 대한 설명으로 틀린 것은?

① 리튬(Li)은 물보다 가볍다.

② 고체 상태에서 결정구조를 가진다.

③ 텅스텐(W)은 이리듐(Ir)보다 비중이 크다.

④ 일반적으로 용융점이 높은 금속은 비중도 큰 편이다.

> **해설**
> • 텅스텐 비중 : 19.24
> • 이리듐 비중 : 22.42

12 구리에 5~20% Zn을 첨가한 황동으로, 강도는 낮으나 전연성이 좋고 색깔이 금색에 가까워, 모조금이나 판 및 선 등에 사용되는 것은?

① 톰백　　　　　② 켈밋

③ 포금　　　　　④ 문쯔메탈

> **해설**
> ① 톰백 : 구리에 5~20%의 아연을 함유한 황동으로, 강도는 낮으나 전연성이 좋다.
> ③ 포금 : 구리에 8~12%의 주석을 함유한 청동으로 포신재료 등에 사용한다.
> ④ 문쯔메탈 : 아연을 40% 함유한 황동으로 $\alpha+\beta$ 고용체이고 열간가공이 가능하며 인장강도가 황동에서 최대이다.

13 KS D 3503에 의한 SS330으로 표시된 재료기호에서 330이 의미하는 것은?

① 재질 번호　　　② 재질 등급

③ 탄소 함유량　　④ 최저인장강도

> **해설**
> 끝부분의 숫자는 최저인장강도를 나타낸다.

14 치수공차를 계산하는 식으로 옳은 것은?

① 기준치수 – 실제치수

② 실제치수 – 치수허용차

③ 허용한계치수 – 실제치수

④ 최대허용치수 – 최소허용치수

> **해설**
> 치수공차 = 최대허용치수 – 최소허용치수

15 한 도면에서 두 종류 이상의 선이 같은 장소에 겹치게 되는 경우에 선의 우선순위로 옳은 것은?

① 절단선 → 숨은선 → 외형선 → 중심선 → 무게중심선

② 무게중심선 → 숨은선 → 절단선 → 중심선 → 외형선

③ 외형선 → 숨은선 → 절단선 → 중심선 → 무게중심선

④ 중심선 → 외형선 → 숨은선 → 절단선 → 무게중심선

> **해설**
> **선의 우선순위**
> 외형선 → 숨은선 → 절단선 → 중심선 → 무게중심선 → 치수보조선

16 그림과 같이 도시되는 투상도는?

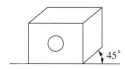

① 투시투상도　　② 등각투상도
③ 축측투상도　　④ 사투상도

해설

④ 사투상도 : 물체의 주요면을 투상면에 평행하게 놓고 한쪽을 경사지게 그린 투상도
② 등각투상도 : 세 모서리가 이루는 각이 모두 120°가 되도록 그린 투상도

17 그림과 같은 육각 볼트를 제작도용 약도로 그릴 때의 설명 중 옳은 것은?

① 볼트 머리의 모든 외형선은 직선으로 그린다.
② 골지름을 나타내는 선은 가는 실선으로 그린다.
③ 가려서 보이지 않는 나사부는 가는 실선으로 그린다.
④ 완전 나사부와 불완전 나사부의 경계선은 가는 실선으로 그린다.

해설

나사의 간략 도시법
• 수나사의 바깥지름(산)과 암나사의 안지름(산)은 굵은 실선
• 수나사 및 암나사의 골지름은 가는 실선
• 완전 나사부와 불완전 나사부 경계선은 굵은 실선

18 미터보통나사를 나타내는 기호는?

① M　　　　　　② G
③ Tr　　　　　　④ UNC

해설

① M : 미터보통나사 혹은 미터가는나사
② G : 관용평행나사
③ Tr : 미터사다리꼴나사
④ UNC : 유니파이보통나사

19 다음 그림과 같은 단면도의 종류로 옳은 것은?

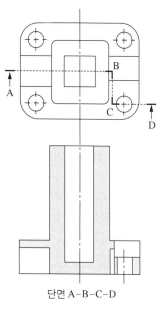

단면 A-B-C-D

① 전단면도　　② 부분 단면도
③ 계단 단면도　　④ 회전 단면도

해설

두 개 이상의 절단면에 대한 단면을 도시하는 경우 계단 단면도를 사용한다.

20 제도에 사용되는 척도의 종류 중 현척에 해당하는 것은?

① 1 : 1 　　　② 1 : 2

③ 2 : 1 　　　④ 1 : 10

<ins>해설</ins>
현척 : 실물크기와 똑같은 치수로 나타낸다.

21 가공방법의 기호 중 연삭가공의 표시는?

① G 　　　② L

③ C 　　　④ D

<ins>해설</ins>
① G : 연삭
② L : 선삭
③ C : 주조
④ D : 드릴링

22 그림은 3각법의 도면 배치를 나타낸 것이다. ㉠, ㉡, ㉢에 해당하는 도면의 명칭을 옳게 짝지은 것은?

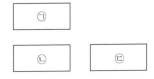

① ㉠-정면도, ㉡-우측면도, ㉢-평면도
② ㉠-정면도, ㉡-평면도, ㉢-우측면도
③ ㉠-평면도, ㉡-정면도, ㉢-우측면도
④ ㉠-평면도, ㉡-우측면도, ㉢-정면도

<ins>해설</ins>
3각법에서 정면도 위가 평면도이고 정면도 우측이 우측면도이다.

23 다음 도면에 대한 설명 중 틀린 것은?

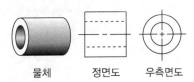

물체　　　정면도　　　우측면도

① 원통의 투상은 치수 보조기호를 사용하여 치수 기입하면 정면도만으로도 투상이 가능하다.
② 속이 빈 원통이므로 단면을 하여 투상하면 구멍을 자세히 나타내면서 숨은선을 줄일 수 있다.
③ 좌우측이 같은 모양이라도 좌우측면도를 모두 그려야 한다.
④ 치수 기입 시 치수 보조기호를 생략하면 우측면도를 꼭 그려야 한다.

<ins>해설</ins>
좌우측이 같은 모양이면 한쪽만 그린다.

24 가는 2점 쇄선을 사용하여 나타낼 수 있는 것은?

① 치수선 　　　② 가상선

③ 외형선 　　　④ 파단선

<ins>해설</ins>
• 1점 쇄선 : 가는 1점 쇄선(중심선, 기준선, 피치선), 굵은 1점 쇄선 (특수지정선)
• 가는 2점 쇄선 : 가상선
• 지그재그선 : 파단선
• 가는 실선 : 치수선

25 중후판의 압연 공정도로 가장 적합한 것은?

① 제강 → 가열 → 압연 → 열간교정 → 최종검사

② 제강 → 압연 → 가열 → 열간교정 → 최종검사

③ 가열 → 제강 → 압연 → 열간교정 → 최종검사

④ 가열 → 제강 → 열간교정 → 압연 → 최종검사

해설

후판압연의 제조공정은 열간압연의 공정과 유사하다.

• 중후판압연 공정도 : 제강 → 가열 → 압연 → 열간교정 → 최종검사
• 열간압연 공정 순서 : 슬래브 → 가열로 → 스케일 제거 → 조압연기 → 다듬질 압연기 → 권취기 → 절단 또는 조질압연기 → 열연 코일

26 압연 접촉부의 단면에서 전진하는 재료의 흐름과 후진하는 재료의 흐름으로 나누어지는 점은?

① Elastic Point

② Yield Stress Point

③ No Slip Point

④ Propotion Point

해설

중립점(No Slip Point)

롤의 원주 속도와 압연재의 진행 속도가 같아지는 부분으로, 압연재 속도와 롤의 회전 속도가 같아지고 가장 많은 압력을 받게 되는 지점이다.

27 압연기의 Roll 속도가 500m/min, 선진율이 5%, 압하율이 35%일 때, 소재의 Roll 출측 속도로 옳은 것은?

① 425m/min   ② 525m/min

③ 575m/min   ④ 675m/min

해설

$$선진율(\%) = \frac{출측\ 속도 - 롤의\ 속도}{롤의\ 속도} \times 100$$

$$5 = \frac{x - 500}{500} \times 100$$

출측 속도 = 525m/min

28 열간압연 후 냉간압연할 때 처음에 산세(Pickling) 작업을 하는 이유로 옳은 것은?

① 재료의 연화

② 냉간압연 속도의 증가

③ 산화피막의 제거

④ 주상정 조직의 파괴

해설

산세처리는 산화피막 등의 표면결함을 제거하여 표면을 미려하게 한다.

29 중후판 소재의 길이 방향과 소재의 강괴 축이 직각 되는 압연 작업은?

① 폭내기 압연(Widening Rolling)

② 완성압연(Finishing Rolling)

③ 조정압연(Controlled Rolling)

④ 크로스 압연(Cross Rolling)

해설

④ 크로스 압연 : 중후판 소재의 길이 방향과 소재의 강괴 축이 직각되는 압연 작업으로 제품의 폭 방향과 길이 방향의 재질적 인 방향성을 경감할 목적으로 실시하는 압연

① 폭내기 압연 : 중후판 압연 공정에서 원하는 폭을 만들기 위한 압연방법

② 완성압연 : 완제품의 모양과 치수로 만드는 압연방법

③ 조정압연(제어압연) : 압연 중에 소재 온도를 조정하여 최종 패스의 온도를 낮게 하면 제품의 조직이 미세화하여 강도의 상승과 인성이 개선되는 압연

30 금속의 냉간압연 시 잔류응력이 발생하는 주요 원 인으로 옳은 것은?

① 상변태   ② 온도경사

③ 담금질 균열   ④ 불균일 소성변형

해설

잔류응력은 불균일 소성변형에 의해 소성 후 남아 있는 응력을 의미한다.

31 냉연 강판의 결함 중 표면결함에 해당되지 않는 것 은?

① Dent   ② Roll Mark

③ 비금속 개재물   ④ Scratch

해설

• 표면결함 : 스케일, 덴트, 딱지 흠, 롤 마크, 릴 마크, 긁힌 흠, 곱쇠, 빌드 업, 이물 흠 등

• 내부결함 : 백점, 비금속 개재물, 편석, 파이프 등

32 지름이 700mm인 롤을 사용하여 70mm의 정사각 형 강재를 45mm로 압연하는 경우의 압하율은?

① 15.5%   ② 28.0%

③ 35.7%   ④ 64.3%

해설

$$압하율(\%) = \frac{압연\ 전\ 두께 - 압연\ 후\ 두께}{압연\ 전\ 두께} \times 100$$

$$= \frac{70 - 45}{70} \times 100$$

$$= 35.7\%$$

33 전해청정의 원리를 설명한 것으로 틀린 것은?

① 세정액 중의 2개의 전극에 전압을 걸면 양이온은 음극으로 음이온은 양극으로 전류가 흐른다.

② 전기분해에 의해 물이 H^+로 OH^-로 전리된다.

③ 음극에서의 산소발생량은 양극에서의 수소발생 량의 3배가 된다.

④ 전극의 먼지나 기체의 부착으로 인한 저항방지 목적으로 주기적으로 극성을 바꿔준다.

해설

음극에서는 수소가 발생하고, 양극에서는 산소가 발생한다.

전해청정 작업

물에 용해되어 있는 알칼리 세제에 2개의 전극(Grid)을 넣어 전압을 걸면, 전류가 세제 용액 중에 흐르게 된다. 동시에 물에도 전기분해가 일어나 H^+는 음극으로, OH^-는 양극으로 각각의 산소, 수소가 스가 발생한다. 이때 가스들이 부상하는 힘에 의해 스트립 표면의 압연유와 오물 등을 제거하게 된다.

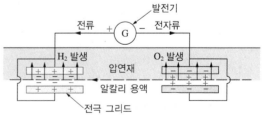

$4H_2O \rightarrow 4H^- + 4OH^-$ (용액 중)

$4H^+ + 4e^- \rightarrow 2H_2$ (음극에서)

$4OH^- - 4e^- \rightarrow 2H_2O + O_2$ (양극에서)

34 압연가공에 영향을 주는 조건이 아닌 것은?

① 압연재의 변형저항
② 판의 두께 및 마찰계수
③ Roll 재질
④ 압연속도

해설

압연재의 변형저항은 압연속도, 판의 두께, 마찰계수, 온도, 롤의 지름과 관련 있고 롤의 재질과는 무관하다.

변형저항에 영향을 주는 요소
• 압연속도가 빨라지면 증가한다.
• 롤경이 커지면 증가한다.
• 소재의 높이가 작아지면 증가한다.
• 압연온도가 상승하면 감소한다.

35 열간압연에 비해 냉간압연의 장점이 아닌 것은?

① 표면이 깨끗하다.
② 치수가 정밀하다.
③ 소요 동력이 적다.
④ 얇은 판을 얻을 수 있다.

해설

냉간압연은 재결정 이하의 온도에서 가공을 하므로 결정립의 미세화가 일어나 가공하는데에 큰 힘이 들지만(가공경화), 기계적 성질이 우수하며, 표면 미려 및 치수정밀도가 높다는 특징이 있다.

36 조질압연의 목적을 설명한 것 중 틀린 것은?

① 형상을 바르게 교정한다.
② 재료의 인장강도를 높이고 항복점을 낮게 하여 소성변형 범위를 넓힌다.
③ 재료의 항복점 변형을 없애고 가공할 때의 스트레처 스트레인을 생성한다.
④ 최종 사용 목적에 적합하고 적정한 표면 거칠기로 완성한다.

해설

조질압연(Skin Pass Mill)
• 정의 : 소둔 직후의 항복점 연신으로 인한 Stretcher Strain의 발생을 막기 위해 1~3%의 압하량으로 압연을 실시하는 공정
• 조질압연의 목적
  – 형상 개선(평탄도의 교정)
  – 표면 성상의 개선 : 조도에 따라 거친 표면(Dull), 매끄러운 표면(Bright)으로 구분
  – 스트레처 스트레인 방지(기계적 성질의 개선) : 곱쇠(Coil Break) 결함 제거

37 철강재료에서 청열취성의 온도(℃) 구간은?

① 110~260℃
② 210~360℃
③ 310~460℃
④ 410~560℃

해설

청열취성(메짐)(Blue Shortness) : 강이 약 210~360℃로 가열되면 경도, 강도가 최대로 되나 연신율, 단면수축은 감소하여 일어나는 메짐 현상으로 이때 표면에 청색의 산화피막이 생성되는데 이는 인(P)에 의해 발생한다.

38 냉간압연 후 내부응력 제거를 주목적으로 하는 열 처리는?

① 노멀라이징(Normalizing)

② 퀜칭(Quenching)

③ 템퍼링(Tempering)

④ 어닐링(Annealing)

해설

④ 어닐링(Annealing) : 시편을 오스테나이트와 페라이트보다 40℃ 이상에서 필요시간 동안 가열한 후 서랭하는 열처리

① 노멀라이징(Normalizing) : 강을 Ac₃ 또는 Acm 선보다 30~50℃ 높은 온도로 가열한 후 공랭하여 균일한 구조 및 강도를 증가시키는 열처리

② 퀜칭(Quenching) : 강을 변태점 이상의 고온인 오스테나이트 상태에서 급랭하여 A₁ 변태를 저지하여 경도와 강도를 증가시키는 열처리

③ 뜨임(Tempering) : 담금질 이후 변태점 이하로 재가열하여 냉각시키는 열처리

39 조압연에서 압연 중에 발생되는 상향(Warp) 원인 중에서 관련이 가장 적은 것은?

① 압연기 Roll 상하 경차

② Slab 표면 상하 온도차

③ 압연기 상하 Roll 속도차

④ 압연용 소재의 두께가 얇을 때

해설

• 롤의 크기와 소재의 변화
  - 소재는 롤의 회전수가 같을 때 롤의 지름이 작은 쪽으로 구부러진다.
  - 상부 롤 > 하부 롤 : 소재는 하향
  - 상부 롤 < 하부 롤 : 소재는 상향

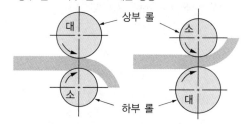

• 롤의 크기를 조절하지 않고 소재를 하향하는 방법
  - 소재의 상부 날판을 가열한다.
  - 소재의 하부 날판을 냉각한다.
  - 하부 롤의 속도보다 상부 롤의 속도를 크게 한다.

40 열처리용 연료 설비에서 공기와 연료가스를 혼합하여 주는 부분은?

① 버너(Burner)

② 컨벡터(Convector)

③ 베이스 팬(Base Fan)

④ 쿨링커버(Cooling Cover)

해설

버너(Burner) : 연료 설비에서 효율을 좋게 연소시키기 위한 설비로 공기와 연료가스를 혼합해 준다.

41 소성변형에서 핵이 발생하여 일그러진 결정과 치환되며 본래의 재료와 같은 변형능을 갖게 되는 것은?

① 조대화　　　② 재결정

③ 담금질　　　④ 쌍정

해설

소재 → 압연과정(소성변형) → 회복 → 재결정 → 결정립 성장

• 회복 : 강의 재결정 온도인 A_1 변태점 이하 온도(600~700℃)로 가열 및 일정시간 유지하여 내부 응력을 제거하는 과정
• 재결정 : 회복 과정에서 새로운 변경이 아닌 핵이 생성되어 발달하고, 동시에 그 수를 증가시켜 전체가 새로운 결정과 교체하는 것
• 결정립 성장 : 새로운 결정이 조대화(성장)되는 과정

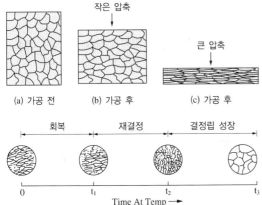

(a) 가공 전　　(b) 가공 후　　(c) 가공 후

42 재료의 압연에서 압연재의 치입 조건은?

① 마찰계수 ≥ 접촉각

② 마찰계수 ≤ 접촉각

③ 마찰계수 < 접촉각

④ 치입 전 소재 두께보다 압연 후 소재 두께가 작을수록 용이하다.

해설

재료가 압연기에 물리기 위한 조건은 마찰각이 접촉각보다 커야 한다.

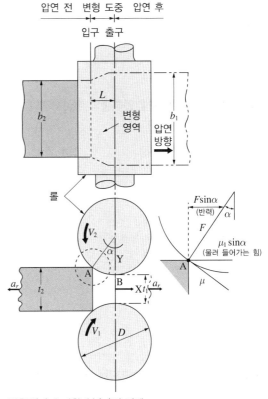

접촉각(α)과 마찰계수(μ)의 관계

• $\tan\alpha < \mu$인 경우 재료가 자력으로 압입되어 압연이 가능
• $\tan\alpha = \mu$인 경우 소재에 힘을 가하면 압연이 가능
• $\tan\alpha > \mu$인 경우 소재가 미끄러져 롤에 들어가지 않아 압연이 불가능
• 따라서, 재료가 롤에 쉽게 물려 들어가기 위해서는 접촉각이 작아져야 하므로, 압하량을 작게 하고, 롤 지름 $D(=2R)$를 크게 해야 한다.

43 일반적인 냉간 가공의 설명으로 옳은 것은?

① 가공 금속의 재결정 온도 이상에서 가공하는 것

② 가공 금속의 재결정 온도 이하에서 가공하는 것

③ 상온에서 가공하는 것

④ 20℃ 이하에서 가공하는 것

해설

냉간압연은 재결정 온도 이하에서 가공하므로 압연동력과 가공저항이 크다.

44 Roll의 중심에서 압연하중의 중심까지의 거리를 무엇이라 하는가?

① 투영 접촉길이　　② 압연 토크

③ 토크 길이　　④ 토크 암

해설

토크 암은 롤의 중심에서 압연하중의 중심까지의 거리를 의미하고 압연 토크는 압연하중과 토크 암의 곱으로 표현된다.

45 압연 롤(Roll)에 요구되는 성질이 아닌 것은?

① 내사고성　　② 연성

③ 내마모성　　④ 경화심도

해설

압연 롤에 요구되는 조건
• 내사고성이 우수할 것
• 내마모성이 우수할 것
• 내덴트라이트(Dendrite)성이 우수할 것
• 가공성이 우수하고 경도가 균일할 것
• 고경도 영역에서 인성의 저하가 적을 것
• 스폴링 발생이 적을 것
• 벤딩 편심이 생기지 않을 것

46 냉연박판의 제조공정 중 마지막 단계는?

① 전단 리코일　　② 풀림

③ 표면청정　　④ 조질압연

해설

냉연박판 제조공정 순서 : 핫코일(Hot Coil) → 산세(Pickling Line) → 냉간압연(Cold Rolling) → 전해청정(Electrolytic Cleaning, 표면청정) → 풀림(Annealing, 소둔) → 조질압연(Skin Pass Rolling) → 되감기(Recoiling Line, 리코일링) → 전단(Shearing Line)

47 냉간압연을 실시하면 압연재 조직은 어떻게 되는가?

① 섬유조직　　② 수지상조직

③ 주상조직　　④ 담금질조직

해설

냉간압연된 조직은 결정립이 압연 방향으로 길게 늘어난 섬유조직이 된다.

48 산세처리 공정 중 스케일의 균일한 용해와 과산세를 방지하기 위해 첨가하는 재료는?

① 인히비터　　② 디스케일러

③ 산화수　　④ 어큐뮬레이터

해설

부식 억제제(인히비터, Inhibitor)
• 인히비터라고도 하며 철 부식을 억제하기 위한 제제로 인산염이 주성분
• 종류 : 젤라틴, 티오요소, 퀴놀린 등
• 역할 : 지철과의 반응 억제, 수소 발생 억제, 오물 생성 방지, 스트립 표면 균일 및 미려
• 요구되는 성질 : 산세 시간을 지연시키지 않을 것, 불순물이 부착되지 않을 것, 고온 안정성·용해성이 좋을 것

49 롤의 종류 중에서 애드마이트 롤에 소량의 흑연을 석출 시킨 것으로서 특히 열균열 방지 작용이 있는 롤은?

① 저합금 크레인 롤
② 구상흑연주강 롤
③ 특수주강 롤
④ 복합주강 롤

해설
• 애드마이트 롤 : 주철과 주강의 중간적인 롤로서 칠드 롤과 흡사한 성질이 있고 내마멸성이 크다.
• 구상흑연주강 롤 : 애드마이트 롤에 소량의 흑연을 석출시킨 것으로서 특히 열균열 방지 작용이 있다.
• 특수주강 롤 : Cr–Mo 재질 롤과 Ni–Cr–Mo 재질 롤이 있다.
• 복합주강 롤 : 동부는 고합금강으로서 내열·내균열·내마멸성이 있으며 중심부는 저합금강으로서 강인성이 있다.

50 관재 압연에서 최종 완성압연에 사용되는 압연기는?

① 릴링 압연기
② 플러그 압연기
③ 만네스만 압연기
④ 필거 압연기

해설
④ 필거 압연기 : 관재압연에서 최종 완성압연에 사용되는 압연기
③ 만네스만식(천공기) 압연기 : 관압연기로 이음매 없는 강관 제조

51 압연기기의 구동 장치에서 동력전달 장치 구성 배열이 옳게 나열된 것은?

① Motor → 감속기 → 피니언 → 스핀들
② Motor → 피니언 → 감속기 → 스핀들
③ Motor → 스핀들 → 감속기 → 피니언
④ Motor → 감속기 → 스핀들 → 피니언

해설
압연기 동력전달 순서
메인모터(동력발생) → 감속기(동력제어) → 피니언(동력분배) → 커플링(감속기) → 스핀들(동력전달) → 스탠드의 롤

52 작업 롤의 내표면 균열성을 개선시키기 위하여 첨가되는 원소가 아닌 것은?

① Cr   ② Mo
③ Co   ④ Al

해설
• 첨가 원소의 영향
 – Ni : 내식·내산성 증가
 – Mn : 황(S)에 의한 메짐 방지
 – Cr : 적은 양에도 경도, 강도가 증가하며 내식·내열성이 커짐
 – W : 고온강도·경도가 높아지며 탄화물 생성
 – Mo : 뜨임메짐을 방지하며 크리프 저항이 좋아짐
 – Si : 전자기적 성질을 개선
• 첨가 원소의 변태점, 경화능에 미치는 영향
 – 변태 온도를 내리고 속도가 늦어지는 원소 : Ni
 – 변태 온도가 높아지고 속도가 늦어지는 원소 : Cr, W, Mo
 – 탄화물을 만드는 것 : Ti, Cr, W, V 등
 – 페라이트 고용 강화시키는 것 : Ni, Si 등

53 노상이 가동부와 고정부로 나뉘어 있고, 이동로상이 유압, 전동에 의하여 재료 사이에 임의의 간격을 두고 반송시킬 수 있는 연속 가열로는?

① 푸셔식 가열로

② 워킹빔식 가열로

③ 회전로상식 가열로

④ 롤식 가열로

해설

② 워킹빔식 가열로 : 노의 길이가 짧고 구조가 복잡하며 슬래브 내 온도가 균일하고 대형 노의 스키드(Skid) 설계가 가능하다. 또한 소재를 지지하는 스키드(Skid)가 고정부와 이동부로 나뉘어 있고 유압, 전동에 의해 재료 사이에 임의의 간격을 두고 반송시킬 수 있는 연속 가열로이다.

① 푸셔식 가열로 : 슬래브를 푸셔에 의해 장입측에 밀어 넣는 가열방식으로 노의 길이가 길고 구조가 상대적으로 간단하다.

54 압연하중이 3,000kgf, 모멘트 암의 길이가 6mm일 때 압연토크는 몇 kgf·m인가?

① 18

② 36

③ 500

④ 18,000

해설

압연토크 = 압연하중 × 모멘트 암

    = 3,000 × 0.006

    = 18kgf·m

55 안전교육에서 교육형태의 분류 중 교육 방법에 의한 분류에 해당되는 것은?

① 일반교육, 교양교육 등

② 가정교육, 학교교육 등

③ 인문교육, 실업교육 등

④ 시청각교육, 실습교육 등

해설

안전교육 방법에는 시청각교육과 실습교육 등이 있다.

56 얇은 판재의 냉간압연용으로 사용되는 클러스터 압연기(Cluster Mill)에 속하는 것은?

① 3단 압연기

② 4단 압연기

③ 5단 압연기

④ 6단 압연기

해설

6단 압연기 : 4단 압연기에서는 구동 롤의 압연 방향을 변경시킬 수 없으므로 작업 롤의 지름 크기에는 제한이 있다. 이 지름을 더욱 작게 하기 위하여 상하의 받침 롤을 각각 2개씩 배치한 것이 6단 압연기이며, 클러스터 압연기라고도 한다.

[6단 클러스터 압연기]

57 컨베이어 벨트나 설비에 위험을 방지하기 위한 방호 조치의 설명으로 틀린 것은?

① 회전체 롤 주변에는 울이나 방호망을 설치한다.

② 컨베이어 벨트 이음을 할 때는 돌출 고정구를 사용한다.

③ 컨베이어 벨트에는 위험방지를 위하여 급정지장치를 부착한다.

④ 회전축이나 치차 등 부속품을 고정할 때는 방호 커버를 설치한다.

해설

벨트 이음새에 돌출부가 있어선 안 된다.

58 냉간박판의 폭이 좁은 제품을 세로로 분할하는 절단기는?

① 트리밍 시어 ② 플라잉 시어
③ 슬리터 ④ 크롭 시어

해설

주요 전단설비
• 슬리터(Sliter) : 스트립을 길이 방향으로 절단하는 설비
• 사이드 트리머(Side Trimmer) : 스트립의 양옆을 길이 방향으로 절단하는 설비
• 크롭 시어(Crop Shear) : 스트립의 선단과 미단을 절단하는 설비
• 플라잉 시어(Flying Shear) : 상하의 전단날이 판과 같은 방향과 속도로 이동하면서 절단하는 설비

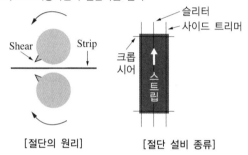

[절단의 원리] [절단 설비 종류]

59 냉간압연 설비에서 EDC(Edge Drop Control) 제어 설비에 관한 설명 중 옳은 것은?

① 냉연 제품의 폭 방향 두께 편차를 제어하기 위한 설비이다.
② 냉연 제품의 크라운(Crown)을 부여하기 위한 설비이다.
③ 냉연 제품의 Edge부 두께를 얇게 제어하기 위한 설비이다.
④ 냉연 제품의 Edge부 형상을 좋게 하기 위한 설비이다.

해설

에지 드롭 제어(EDC ; Edge Drop Control) : 냉연 제품의 폭 방향 두께 편차를 제어하기 위한 설비

60 산세공정에서의 텐션 레벨러(Tension Leveller)의 역할과 기능이 아닌 것은?

① 산세탱크의 입측에 위치하여 후방 장력을 부여한다.
② 냉연 소재인 열연 강판의 표면에 형성된 스케일을 파쇄시킨다.
③ 냉연 소재인 열연 강판의 형상을 일정량의 연신율을 부여하여 교정한다.
④ 상하 롤을 이용하여 스트립의 표면 스케일에 균열을 주어 염산의 침투성을 좋게 한다.

해설

산세공정에서의 텐션 레벨러(Tension Leveller) 역할
• 기계적인 굽힘을 가하여 일정량의 연신율을 부여하여 형상을 교정한다.
• 냉연 소재인 열연 강판의 표면에 형성된 스케일을 제거한다.
• 상하 롤을 이용하여 스트립의 표면 스케일에 균열을 주어 염산의 침투성을 좋게 한다.
• 산세탱크 입측에 위치하여 후방 장력을 부여하는 장치는 'Entry Looper(엔트리 루퍼)'이다.

01 Mg 및 Mg 합금의 성질에 대한 설명으로 옳은 것은?

① Mg의 열전도율은 Cu와 Al보다 높다.
② Mg의 전기전도율은 Cu와 Al보다 높다.
③ Mg 합금보다 Al 합금의 비강도가 우수하다.
④ Mg는 알칼리에 잘 견디나, 산이나 염수에는 침식된다.

해설
• 열전도율과 전기전도율은 구리가 가장 높고 알루미늄과 마그네슘 순이다.
• 마그네슘 합금이 알루미늄 합금보다 비강도가 우수하다.
• 마그네슘의 비중은 1.7, 알루미늄의 비중은 2.7이다.
• 마그네슘은 알칼리에는 잘 견디나 산이나 염수(해수)에 약하다.

02 Al의 비중과 용융점(℃)은 약 얼마인가?

① 2.7, 660℃
② 4.5, 390℃
③ 8.9, 220℃
④ 10.5, 450℃

해설
마그네슘의 비중은 1.7, 알루미늄의 비중은 2.7이다.

03 강에 S, Pb 등의 특수 원소를 첨가하여 절삭할 때 칩을 잘게 하고 피삭성을 좋게 만든 강은 무엇인가?

① 불변강
② 쾌삭강
③ 베어링강
④ 스프링강

해설
쾌삭강 : 절삭성을 높이기 위해 S, Pb, Ca를 첨가한 강이다. Ca 쾌삭강은 제강 시에 Ca를 탈산제로 사용하고, S 쾌삭강은 Mn을 0.4~1.5% 첨가하여 MnS으로 하여 피삭성을 증가시킨다. 즉, 쾌삭강과 피삭성을 연관 지어 암기하도록 한다.

04 철에 Al, Ni, Co를 첨가한 합금으로 잔류 자속밀도가 크고 보자력이 우수한 자성재료는?

① 퍼멀로이
② 센더스트
③ 알니코 자석
④ 페라이트 자석

해설
③ 알니코 자석 : 철-알루미늄-니켈-코발트 합금으로 온도 특성이 뛰어난 자석
① 퍼멀로이 : 니켈-철계 합금으로 투자율이 큰 자심재료
② 센더스트 : 철-규소-알루미늄계 합금의 연질 자성재료
④ 페라이트 자석 : 철-망간-코발트-니켈 합금으로 세라믹 자석이라고도 함

05 물과 얼음, 수증기가 평형을 이루는 3중점 상태에서의 자유도는?

① 0　　　　　　　② 1

③ 2　　　　　　　④ 3

해설

3중점의 자유도 $= n - P + 2$
$$= 1 - 3 + 2$$
$$= 0$$
여기서, 성분 수(n) : 1(물)
　　　상의 수(P) : 3(고체, 액체, 기체)

06 탄소강은 200~300℃에서 연신율과 단면수축률이 상온보다 저하되어 단단하고 깨지기 쉬우며, 강의 표면이 산화되는 현상은?

① 적열메짐　　　　② 상온메짐

③ 청열메짐　　　　④ 저온메짐

해설

③ 청열메짐 : 강이 약 200~300℃ 가열되면 경도, 강도가 최대로 되나 연신율, 단면수축은 감소하여 일어나는 현상으로 이때 표면에 청색의 산화피막이 생성되고 이는 인(P)에 의해 발생한다.

① 적열메짐 : 황(S)이 많이 포함된 경우 열간가공의 온도 범위에서 발생하게 된다.

07 니켈-크롬 합금 중 사용한도가 1,000℃까지 측정할 수 있는 합금은?

① 망가닌　　　　　② 우드메탈

③ 배빗메탈　　　　④ 크로멜-알루멜

해설

크로멜-알루멜(Chromel-alumel)
알루멜(Ni-Al 합금)과 크로멜(Ni-Cr 합금)을 조합한 합금으로 1,000℃ 이하의 온도 측정용 열전대로 사용이 가능하다.

08 주철에 대한 설명으로 틀린 것은?

① 인장강도에 비해 압축강도가 높다.

② 회주철은 편상 흑연이 있어 감쇠능이 좋다.

③ 주철 절삭 시에는 절삭유를 사용하지 않는다.

④ 액상일 때 유동성이 나쁘며, 충격 저항이 크다.

해설

주조의 용도로 사용하기 위해서는 액상일 때 유동성이 좋아야 한다.

09 금속재료의 표면에 강이나 주철의 작은 입자(ϕ 0.5~1.0mm)를 고속으로 분사시켜, 표면의 경도를 높이는 방법은?

① 침탄법　　　　　② 질화법

③ 폴리싱　　　　　④ 쇼트피닝

해설

④ 쇼트피닝 : 금속재료 표면에 강이나 주철의 작은 구입자를 고속으로 분사시켜 표면의 경도를 높이는 방법

① 침탄법 : 저탄소강(0.2% C) 표면에 탄소를 침투하여 표면만 고탄소강으로 만든 후 열처리하여 표면만 경화시키는 작업

② 질화법 : N와 친화력이 강한 원소를 가진 Al, Cr, Ti, Mo, V 등의 질화용 강을 질화성의 가스나 염욕 중에서 가열하여 표면에 N를 확산·침투시키는 방법

③ 폴리싱 : 금속표면에 광을 내는 연마작업

10 황동의 종류 중 순 Cu와 같이 연하고 코이닝하기 쉬우므로 동전이나 메달 등에 사용되는 합금은?

① 95% Cu − 5% Zn 합금
② 70% Cu − 30% Zn 합금
③ 60% Cu − 40% Zn 합금
④ 50% Cu − 50% Zn 합금

해설

길딩 메탈(Gilding Metal)
5% Zn이 함유된 구리합금으로 화폐, 메달에 사용한다.

11 주위의 온도 변화에 따라 선팽창계수나 탄성률 등의 특정한 성질이 변하지 않는 불변강이 아닌 것은?

① 인바   ② 엘린바
③ 코엘린바   ④ 스텔라이트

해설

① 인바(Invar) : FeNi36 또는 64FeNi라고도 하는 철·니켈 합금으로 열팽창계수가 작아 표준자로 사용
② 엘린바(Elinvar) : 철(59%), 니켈(36%), 크롬(5%) 합금으로 탄성률이 매우 작은 합금
③ 코엘린바(Co Elinvar) : 코발트, 철, 크롬 합금으로 넓은 온도 범위에 걸쳐 거의 일정한 탄성률을 가진 합금

12 금속간 화합물의 특징을 설명한 것 중 옳은 것은?

① 어느 성분 금속보다 용융점이 낮다.
② 어느 성분 금속보다 경도가 낮다.
③ 일반 화합물에 비하여 결합력이 약하다.
④ Fe_3C는 금속간 화합물에 해당되지 않는다.

해설

• 금속간 화합물은 경도가 높고 메짐성이 있으며 결합력이 약하고 고온에서 불안하여 자기의 융점을 갖지 못하고 분해되기 쉽다.
• Fe_3C가 대표적인 금속간 화합물이다.

13 구멍 $\phi 42^{+0.009}_{0}$, 축 $\phi 42^{+0.009}_{-0.025}$일 때 최대죔새는?

① 0.009   ② 0.018
③ 0.025   ④ 0.034

해설

최대죔새 = 축의 최대허용치수 − 구멍의 최소허용치수
            = 42.009 − 42
            = 0.009

14 그림은 3각법에 의한 도면 배치를 나타낸 것이다. (ㄱ), (ㄴ), (ㄷ)에 해당하는 도면의 명칭을 옳게 짝지은 것은?

|(ㄱ)|
|(ㄴ)| |(ㄷ)|

① (ㄱ) : 정면도, (ㄴ) : 좌측면도, (ㄷ) : 평면도
② (ㄱ) : 정면도, (ㄴ) : 평면도, (ㄷ) : 좌측면도
③ (ㄱ) : 평면도, (ㄴ) : 정면도, (ㄷ) : 우측면도
④ (ㄱ) : 평면도, (ㄴ) : 우측면도, (ㄷ) : 정면도

해설

가운데에 위치한 도면 (ㄴ)이 정면도이다.

15 그림과 같은 단면도는?

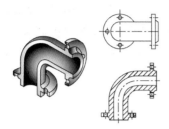

① 전단면도   ② 한쪽 단면도

③ 부분 단면도   ④ 회전 단면도

해설

전체적으로 해칭이 되어 있는 단면도이므로 전단면도이다.

16 치수 기입을 위한 치수선과 치수보조선 위치가 가장 적합한 것은?

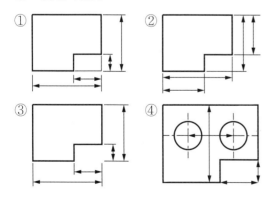

해설

② 치수선과 치수보조선이 서로 교차되면 안 된다.
③ 치수보조선이 외형선까지 그어져야 한다.
④ 치수보조선이 있어야 한다.

17 제도 도면에 사용되는 문자의 호칭 크기는 무엇으로 나타내는가?

① 문자의 폭   ② 문자의 굵기

③ 문자의 높이   ④ 문자의 경사도

해설

문자의 호칭 크기는 문자의 높이로 나타낸다.

18 금속의 가공 공정의 기호 중 스크레이핑 다듬질에 해당하는 약호는?

① FB   ② FF

③ FL   ④ FS

해설

가공방법의 기호
• L : 선반가공   • M : 밀링가공
• D : 드릴가공   • G : 연삭가공
• B : 보링가공   • P : 평면가공
• C : 주조   • FR : 리머가공
• BR : 브로치가공   • FF : 줄 다듬질
• FS : 스크레이퍼

19 표제란에 재료를 나타내는 표시 중 밑줄 친 KS D가 의미하는 것은?

제도자	홍길동	도명	캐스터
도번	M20551	척도	NS
재질	KS D 3503 SS 330		

① KS 규격에서 기본 사항

② KS 규격에서 기계 부분

③ KS 규격에서 금속 부분

④ KS 규격에서 전기 부분

해설

• KS A – 기본 통칙   • KS B – 기계
• KS C – 전기   • KS D – 금속

20 미터나사의 표시가 "M30 × 2"로 되어 있을 때 2가 의미하는 것은?

① 등급
② 리드
③ 피치
④ 거칠기

해설

M30 × 2
- M : 미터보통나사
- 30 : 수나사의 외경
- 2 : 피치

21 한국산업표준에서 규정한 탄소 공구강의 기호로 옳은 것은?

① SCM
② STC
③ SKH
④ SPS

해설

① SCM : 크롬–몰리브덴강
③ SKH : 고속도 공구강
④ SPS : 스프링강

22 침탄, 질화 등 특수 가공할 부분을 표시할 때 나타내는 선으로 옳은 것은?

① 가는 파선
② 가는 1점 쇄선
③ 가는 2점 쇄선
④ 굵은 1점 쇄선

해설

특수 가공 부분 : 굵은 1점 쇄선 위에 가공 명칭을 기입한다.

23 물체를 투상면에 대하여 한쪽으로 경사지게 투상하여 입체적으로 나타내는 것으로 물체를 입체적으로 나타내기 위해 수평선에 대하여 30°, 45°, 60° 경사각을 주어 삼각자를 편리하게 사용하게 한 것은?

① 투시도
② 사투상도
③ 등각투상도
④ 부등각투상도

해설

② 사투상도 : 물체의 주요면을 투상면에 평행하게 놓고 한쪽을 경사지게 그린 투상도
③ 등각투상도 : 세 모서리가 이루는 각이 모두 120°가 되도록 그린 투상도

24 다음 기호 중 치수 보조 기호가 아닌 것은?

① C
② R
③ t
④ △

해설

- C : 45° 모따기
- R : 반지름
- t : 두께

25 가로 140mm, 세로 140mm인 압연재를 압연하여 가로 120mm, 세로 120mm, 길이 4m인 강편을 만들었다면 원래 강편의 길이는 약 몇 m인가?

① 1.17　　　　② 2.94

③ 4.01　　　　④ 6.11

해설

압연 전후에 통과하는 재료의 양(체적)이 같다는 전제 하에
$140mm \times 140mm \times$ (초기 강편의 길이 m) $= 120mm \times 120mm \times 4m$
따라서, 초기 강편의 길이 $\approx 2.94m$

26 압연기에서 AGC 장치에 대한 설명으로 옳은 것은?

① 롤의 Crown 측정장치이다.

② 압연 윤활 공급 자동장치이다.

③ 압연 속도의 자동 제어장치이다.

④ 판 두께 변동의 자동 제어장치이다.

해설

자동 두께 제어(AGC ; Automatic Gauge Control)

• 압연 중 스트립 두께 변동을 검출하기 위한 장비로, 스크루 다운 블록(Screw Down Block) 하단에 설치된 로드 셀(Load Cell)에 의해 압연의 압력 변화를 검출하여 현재 위치를 탐지한 후 F7 후면에 설치된 X-Ray가 판 두께를 측정해 이 신호를 기반으로 압하 스크루를 자동 제어하여 스트립의 두께를 목표 두께로 제어하는 장치

• AGC 설비
 – 스크루 다운(Screw Down) : AGC 유지 컨트롤과 병행하여 롤 갭 설정
 – 상부 빔(Top Beam) : 압연 소재의 두께에 따라 유압으로 롤 갭을 설정하는 장치
 – 하부 빔(Bottom Beam) : 빔 상부에 백업 롤 및 슬레드(Sled)를 안착하는 지지대
 – 스크루 업(Screw Up) : 내부에 로드 셀(Load Cell)이 내장되어 롤이 받는 힘을 검출하며 압연 패스 라인(Pass Line)을 조정

27 형강 등을 제조할 때 사용하는 조강용 강편은?

① 후판, 시트 바　　② 시트 바, 슬래브
③ 블룸, 빌릿　　　　④ 슬래브, 박판

해설

형강제조에는 블룸과 빌릿이 사용된다.

압연용 소재의 종류

소재명	설명
슬래브(Slab)	단면이 장방형인 반제품(강판 반제품)
블룸(Bloom)	사각형에 가까운 단면을 가진 반제품(봉형강류 반제품)
빌릿(Billet)	단면이 사각형인 반제품(봉형강류 반제품)
스트립(Strip)	코일 상태의 긴 대강판재(강판 반제품)
시트(Sheet)	단면이 사각형인 판재(강판 반제품)
시트 바 (Sheet Bar)	분괴압연기에서 압연한 것을 다시 압연한 판재(강판 반제품)
플레이트(Plate)	단면이 사각형인 판재(강판 반제품)
틴 바(Tin Bar)	블룸을 분괴, 조압연한 석도 강판의 재료(강판 반제품)
틴 바 인코일 (Tin Bar In Coil)	틴 바와 같은 소재를 코일 모양으로 감은 것(강판 반제품)
후프(Hoop)	강판을 폭이 좁은 형상의 띠 모양으로 절단 가공하여 코일로 감아놓은 강대의 반제품(강관용 반제품)
스켈프(Skelp)	빌릿을 분괴, 조압연한 용접강관의 소재로 양단이 용접에 편리하도록 85~88°로 경사져 있음(강관용 반제품)

28 가열속도가 너무 빠를 경우 재료 내·외부 온도차로 인해 응력변화에 의한 균열의 명칭은?

① 클링킹(Clinking)

② 에지 크랙(Edge Crack)

③ 스키드 마크(Skid Mark)

④ 코일 브레이크(Coil Break)

해설

클링킹(Clinking)

가열 속도가 너무 빠를 경우 재료 내·외부의 온도차로 인한 응력 변화에 의한 균열로, 내화재를 고온에서 구워서 재수화를 억제한 것을 클링커라고 한다.

29 압연기의 롤의 속도가 2m/s, 출측 강재속도가 3m/s인 경우 선진율은 약 몇 %인가?

① 0.5% ② 33%

③ 45% ④ 50%

해설

$$선진율(\%) = \frac{출측\ 속도 - 롤의\ 속도}{롤의\ 속도} \times 100$$

$$= \frac{3.0 - 2.0}{2.0} \times 100$$

$$= 50$$

30 압연방법 및 압연속도에 대한 설명으로 틀린 것은?

① 고온에서의 압연은 변형 저항이 작은 재료일수록 압연하기 쉽다.

② 압연 후의 두께와 압연 전의 두께의 비가 클수록 압연하기 쉽다.

③ 열간압연속도는 롤의 감속비 및 압연기의 형식에 따라 다르게 나타난다.

④ 열간압연한 스트립은 산세, 수세 후에 냉간압연에서 치수를 조절하는 경우가 일반적으로 많다.

해설

일반적으로 압연 전후의 두께 비가 클수록 큰 압하력이 필요하기 때문에 압연하기 어렵다.

31 다음 중 사상압연의 목적을 설명한 것으로 틀린 것은?

① 규정된 제품의 치수로 압연하기 위하여

② 표면결함이 없는 제품을 생산하기 위하여

③ 규정된 사상온도로 압연하여 재질 특성을 만족시키기 위하여

④ 양파, 중파의 형상은 없고, Camber가 있는 형상을 만들기 위하여

해설

사상압연의 목적은 수요자가 원하는 최종 두께로 제조하는 것이므로 캠버(Camber)가 있으면 안 된다.

캠버(Camber)

• 일반적으로 압연 시 압연소재의 판 폭 방향으로 휘어지는 현상이다. 압연 코일의 경우 압연 방향으로 휘어지며, 소재 좌우 두께 편차가 있거나 상하 롤의 폭 방향 간격이 다를 때 그리고 폭 방향으로 온도가 고르지 못할 때 발생한다.

• 캠버 발생 원인
  - 롤이 기울어져 있을 때
  - 하우징의 연신 및 변형
  - 폭 방향 온도 편차
  - 소재 좌우 두께 편차

32 열간압연의 온도로 옳은 것은?

① 재결정 온도 이상

② 재결정 온도 이하

③ A_2 변태점 온도 이상

④ A_2 변태점 온도 이하

해설

열간압연 : 재결정 온도 이상의 온도에서 행해지는 압연

33 압연용 소재 중 판재가 아닌 것은?

① 블룸(Bloom)　　② 시트(Sheet)

③ 스트립(Strip)　　④ 플레이트(Plate)

해설
블룸은 형강을 제조하는데 사용되는 반제품이다.

34 선재압연에 따른 공형 설계의 목적이 아닌 것은?

① 간접 압하율 증대

② 표면결함의 발생 방지

③ 롤의 국부적 마모 방지

④ 정확한 치수의 제품 생산

해설
선재압연에 따른 공형 설계의 목적
• 압연재를 정확한 치수, 형상으로 하되 표면 흠을 발생시키지 않을 것
• 압연 소요동력을 최소로 하며, 최소의 폭퍼짐으로 연신시킬 것
• 롤에 국부적 마모를 유발시키지 않을 것
• 재료의 가이드 유지나 롤 갭 조정이 용이할 것 등

35 냉간압연 시 도금 제품의 결함 중 도금 자국과 도유 부족이 있다. 도유 부족 결함의 발생 원인에 해당되는 것은?

① 노 내 장력 조정이 불량할 때

② 하부 롤의 연삭이 불량할 때

③ 포트(Pot) 내에서의 판이 심하게 움직일 때

④ 오일 스프레이노즐이 막혀 분사 상태가 불균일할 때

해설
도유 부족은 오일의 분사량이 적어져 분사 상태가 불균일하기 때문이다.

36 냉연 강판의 전해청정 시 세정액으로 사용되지 않는 것은?

① 탄산나트륨　　② 인산나트륨

③ 수산화나트륨　　④ 올소규산나트륨

해설
청정작업 관리
• 세정액 : 수산화나트륨(NaOH), 규산나트륨($Na_2O \cdot SiO_2$), 올소규산나트륨($Na_3PO_4 \cdot 12H_2O$), 인산나트륨(Na_3PO_4)
• 세정 온도 : 온도가 높을수록 세정력은 향상되나, 기타 첨가물(계면 활성제 등)에 의해 영향이 달라질 수 있다.
• 세정 농도 : 농도가 높을수록 세정력은 향상되나, 보통 4% 이상이 되면 세정력은 크게 변하지 않는다.

37 입구측의 속도를 V_0, 중립점의 속도를 V_1, 출구측의 속도를 V_2라 하였다면 이들의 관계 중 옳은 것은?

① $V_0 > V_1 > V_2$　　② $V_0 < V_2 < V_1$

③ $V_0 = V_1 = V_2$　　④ $V_0 < V_1 < V_2$

해설
압연재의 속도는 롤과 소재의 속도가 같아지는 중립점을 기준으로, 입구쪽이 느리고, 출구쪽이 빠르게 된다.

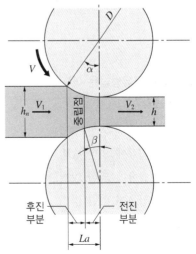

38 지방산과 글리세린이 주성분인 게이지용의 압연유로 널리 사용되는 것은?

① 광유(Mineral Oil)

② 유지(Fat and Oil)

③ 올레핀유(Olefin Oil)

④ 그리스유(Grease Oil)

해설

지방계 윤활유(유지)

지방유는 지방산과 글리세린, 에스테르로 구성되어 있고, 건성 또는 반건성유이기 때문에 상온에서 공기 중에 장시간 방치하면 산화 변질하여 열화되기 쉬우므로 순환계 윤활유로는 부적당하다.

39 강제순환 급유방법은 어느 급유법을 쓰는 것이 가장 좋은가?

① 중력 급유에 의한 방법

② 패드 급유에 의한 방법

③ 펌프 급유에 의한 방법

④ 원심 급유에 의한 방법

해설

강제순환 급유방법 중 펌프 급유 방법이 빠르고 편리하여 좋다.

40 냉간압연 후 풀림(Annealing)의 주목적은?

① 경도를 증가시키기 위해서

② 가공하기에 필요한 온도로 올리기 위해서

③ 냉간압연 후의 표면을 미려하게 하기 위해서

④ 냉간압연에서 발생한 응력변형을 제거하기 위해서

해설

소재 → 압연과정(소성변형) → 회복 → 재결정 → 결정립 성장

• 회복 : 강의 재결정 온도인 A_1 변태점 이하 온도(600~700℃)로 가열 및 일정시간 유지하여 내부 응력을 제거하는 과정

• 재결정 : 회복 과정에서 새로운 변경이 아닌 핵이 생성되어 발달하고, 동시에 그 수를 증가시켜 전체가 새로운 결정과 교체하는 것

• 결정립 성장 : 새로운 결정이 조대화(성장)되는 과정

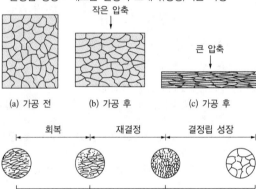

41 가열로 버너에 사용되는 연료가 아닌 것은?

① COG   ② LDG

③ BDG   ④ BFG

해설

가열로 버너에 사용되는 연료 가스
- 코크스로 가스(COG ; Coke Oven Gas) : 용광로 안에서 제철용 코크스를 만들기 위해 석탄을 고온건류할 때 발생하는 가스
- 고로 가스(BFG ; Blast Furnace Gas) : 고로에 철광석과 코크스를 장입해 선철을 제조하는 과정에서 코크스가 연소해 철광석과 환원 작용 시 발생하는 가스
- 전로가스(LDG ; Linz Donawitz Gas) : 제강공장의 전로에 산소를 취입하는 과정에서 탄소가 산소와 화합해 발생되는 가스
※ 버너(Burner) : 연료 설비에서 효율을 좋게 연소시키기 위한 설비로 공기와 연료가스를 혼합해 준다.

42 압연유가 갖추어야 할 필수 조건이 아닌 것은?

① 방청성   ② 노화성

③ 냉각성   ④ 윤활성

해설

압연유의 작용
- 감마작용(마찰저항 감소)
- 냉각작용(열방산)
- 응력분산작용(힘의 분산)
- 밀봉작용(외부 침입 방지)
- 방청작용(스케일 발생 억제)

43 소성가공에 대한 설명으로 옳은 것은?

① 재료를 고체 상태에서 서로 덧붙여서 소요형상을 만드는 방법이다.

② 재료를 고체 상태에서 재료의 피삭성을 이용하여 소요형상을 만드는 방법이다.

③ 재료를 용융시켜 소요형상으로 응고시켜 만드는 방법이다.

④ 힘을 제거하여도 원형으로 완전히 복귀되지 않는 성질을 이용하여 재료를 가공하는 방법이다.

해설

소성가공 : 소성변형을 이용한 가공으로, 힘을 제거한 후에도 원형으로 완전히 복귀되지 않는 영구변형을 의미한다.

44 냉연박판의 제조공정 순서로 옳은 것은?

① 핫(Hot)코일 → 냉간압연 → 풀림 → 표면청정 → 산세 → 조질압연 → 전단리코일

② 핫(Hot)코일 → 산세 → 냉간압연 → 표면청정 → 풀림 → 조질압연 → 전단리코일

③ 냉간압연 → 산세 → 핫(Hot)코일 → 표면청정 → 풀림 → 전단리코일 → 조질압연

④ 냉간압연 → 산세 → 표면청정 → 핫(Hot)코일 → 풀림 → 조질압연 → 전단리코일

해설

냉연박판 제조공정 순서 : 핫코일(Hot Coil) → 산세(Pickling Line) → 냉간압연(Cold Rolling) → 전해청정(Electrolytic Cleaning, 표면청정) → 풀림(Annealing, 소둔) → 조질압연(Skin Pass Rolling) → 되감기(Recoiling Line, 리코일링) → 전단(Shearing Line)

45 냉간압연된 스트립의 표면에 부착된 오염을 세정하는 방법으로서 화학적인 방법이 아닌 것은?

① 용제 세정

② 유화 세정

③ 전해 세정

④ 계면 활성제 세정

해설

• 화학적 세정방법 : 용제 세정, 유화 세정, 계면 활성제 세정, 알칼리 세정 등

• 물리적 세정방법 : 전해 세정, 초음파 세정, 브러시 세정, 스프레이 세정 등

46 압연가공 시 롤의 속도와 스트립의 속도가 일치되는 지점은?

① 선진점   ② 후진점

③ 중립점   ④ 접촉점

해설

중립점(No Slip Point), 선진현상과 후진현상

• 압연 작용 : 압연작업이 진행됨에 따라 롤 표면은 계속적으로 접촉면적의 입구 쪽에서 출구 쪽으로 이동하게 되며, 여기에 작용하는 마찰력의 수평 분력이 재료를 점점 출구 쪽으로 당겨 압연이 이루어진다.

• 중립점 : 롤의 원주 속도와 압연재의 진행 속도가 같아지는 부분으로, 압연재 속도와 롤의 회전 속도가 같아지고 가장 많은 압력을 받게 되는 지점이다.

• 선진현상 : 롤과 재료의 접촉부 입측에서 소재속도보다 롤의 회전속도가 빠른 것

$$선진율 = \frac{V_2 - V}{V} \times 100(\%)$$

여기서, V : 롤의 주회전 속도

        V_1 : 입측 속도

        V_2 : 출측 속도

• 후진현상 : 롤과 압연재가 접촉하는 입측에서 압연재의 속도보다 롤의 회전 속도가 빠른 것

$$후진율 = \frac{V - V_1}{V} \times 100(\%)$$

47 냉간압연 소재인 열연 강판 표면에 생성되는 고온 스케일(Scale)의 종류가 아닌 것은?

① Wüstite(FeO)

② Martensite(Fe_3C)

③ Hematite(Fe_2O_3)

④ Magnetite(Fe_3O_4)

해설

철강표면의 스케일에 대한 대기와 접한 표면으로부터의 순서

Fe_2O_3 → Fe_3O_4 → FeO → Fe

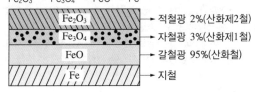

Fe_2O_3	적철광 2%(산화제2철)
Fe_3O_4	자철광 3%(산화제1철)
FeO	갈철광 95%(산화철)
Fe	지철

48 공형의 홈에 재료가 꽉 차지 않았을 때의 상태로 데드 홀부에 나타나는 것은?

① 언더 필링(Under Filling)

② 오버 필링(Over Filling)

③ 로 필링(Low Filling)

④ 어퍼 필링(Upper Filling)

해설

Under는 꽉 차지 않았다는 의미이다.

49 다음 중 디스케일링(Descaling)의 주역할은?

① 스트립의 온도 조정을 해 준다.

② 압연온도 및 권취 온도 제어를 원활하게 한다.

③ 스케일 발생을 억제하고 통판성을 좋게 한다.

④ 스케일을 제거해 스트립(Strip)의 표면을 깨끗하게 한다.

해설

디스케일링은 표면에 발생한 스케일을 물리적, 화학적인 방법으로 제거한다는 의미이다.

50 교정기의 사용이 필요하지 않은 압연 제품은?

① 선재   ② 레일

③ 환봉   ④ H형강

해설

레일, 환봉, H형강은 특정 단면 형상을 가지고 있어야 하므로 교정기가 필요하다.

51 전단설비에서 제품으로 된 합격품을 받는 장치는?

① 레벨러

② 크롭 시어

③ 사이드 트리머

④ 프라임 파일러

해설

④ 프라임 파일러 : 핫코일을 박판으로 자르는 전단설비에서 최종 제품의 포장이 용이하도록 정리하는 장치

① 레벨러 : 교정을 위한 장치

② 크롭 시어 : 소재의 선단 및 미단을 절단하는 장치

③ 사이드 트리머 : 코일의 모서리 부분을 규정된 폭으로 절단하는 장치

52 압연하중이 300kg, 토크 암 길이가 8mm일 때 압연 토크는 얼마인가?

① 2.4kg·m   ② 37.5kg·m

③ 240kg·m   ④ 375kg·m

해설

압연 토크 = 압연하중 × 토크 암
= 300kg × 0.008m
= 2.4kg·m

53 롤에 구동력이 전달되는 부분의 명칭은?

① 롤 몸(Roll Body)

② 롤 목(Roll Neck)

③ 이음부(Wobbler)

④ 베어링(Bearing)

해설

롤의 주요 구조

• 몸체(Body) : 실제 압연이 이루어지는 부분

• 목(Neck) : 롤 몸을 지지하는 부분

• 연결부(Wobbler) : 구동력을 전달하는 부분

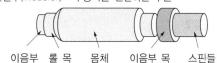

이음부   롤 목   몸체   이음부 목   스핀들

54 강판의 절단을 위한 구성설비가 아닌 것은?

① 슬리터(Slitter)
② 벨트 래퍼(Belt Wrapper)
③ 시트 전단기(Sheet Shear)
④ 사이드 트리머(Side Trimmer)

> **해설**
> **벨트 래퍼(Belt Wrapper)**
> 텐션 릴(Tension Reel)축에 벨트를 감아 판 표면의 선단부가 텐션 릴축에 감기도록 유도하는 장치

55 감전재해 예방대책을 설명한 것 중 틀린 것은?

① 전기설비 점검을 철저히 한다.
② 이동전선은 지면에 배선한다.
③ 설비의 필요한 부분은 보호 접지를 실시한다.
④ 충전부가 노출된 부분에는 절연 방호구를 사용한다.

> **해설**
> 이동전선을 지면에 배선하면 지면이 축축한 경우 감전의 위험이 커진다.

56 강괴 균열로 조업에서 TT(Track Time)란 무엇을 의미하는가?

① 균열로에 강괴를 장입하여 균열 후 추출 시까지
② 제강조괴장에서 형발 시부터 균열로에 장입 완료 시까지
③ 제강조괴장에서 주입 완료 후 균열로에 장입 완료 시까지
④ 균열로에 강괴를 장입하여 균열작업이 끝날 때까지

> **해설**
> 트랙타임(Track Time)은 제강조괴장에서 주입 완료(강괴의 주형 빼기) 후 균열로 장입까지의 시간이다.

57 다음 냉간압연의 보조설비 중 코블 가드(Coble Guard)의 역할 및 기능에 대한 설명으로 옳은 것은?

① 냉간압연 시 스트립(Strip)의 통판성을 향상시키기 위하여 스트립의 양측에 설치되어 쏠림을 방지하는 설비이다.
② 냉간압연 시 스트립을 코일화하는 권취작업을 위하여 스트립을 맨드릴에 안내하여 스트립의 톱(Top)부를 안내하는 설비이다.
③ 냉간압연 시 스트립(Strip)의 머리 부분을 통판시킬 때 머리 부분에 상향이 발생하여 타 설비와 간섭되는 사고를 방지하기 위하여 상작업 롤에 근접 설치되어 있는 설비이다.
④ 냉간압연 시 스트립(Strip)의 통판성을 향상시키기 위하여 스트립의 하측에 설치되어 톱(Top)부의 하향을 방지하는 설비이다.

> **해설**
> **코블 가드(Coble Guard)** : 스트립 통판 시 선단부가 상향되어 롤에 감기는 것을 방지

58 하인리히의 사고 발생 단계 중 직접 원인에 해당되는 것은?

① 개인적 결함
② 전문지식의 결여
③ 사회적 환경과 유전적 요소
④ 불안전 행동 및 불안전 상태

해설

하인리히의 법칙
경미한 사고와 징후가 반복되면서 대형사고가 발생한다는 것으로 재해발생 비율이 '사망 : 경상해 : 무상해 = 1 : 29 : 300'의 확률을 가진다는 법칙이다.
사고 발생 연쇄성 이론 5단계(하인리히의 사고 발생 단계)
• 1단계 : 사회적 환경 및 유전적 요인(환경이나 유전은 인적결함의 원인으로 작용)
• 2단계 : 개인적 결함(선천적, 후천적인 인적 결함과 불안전한 상태와 불안전한 행동을 허용)
• 3단계 : 불안전 행동 및 상태(직접적인 사고 발생 원인)
  – 불안전 행동 : 안전장치 기능 제거, 기계, 기구의 잘못된 사용, 보호구 미착용 등
  – 불안전 상태 : 안전장치 결여, 기계설비 결함, 보호구 결함 등
• 4단계 : 사고
• 5단계 : 재해

59 규정된 제품의 치수로 압연하여 재질의 특성에 맞는 형상으로 마무리하는 압연 설비는?

① 조압연   ② 대강압연기
③ 분괴압연기   ④ 사상압연기

해설

사상압연의 목적은 수요자가 원하는 최종 두께로 제조하는 것이다.

60 냉간압연의 목적과 관련이 가장 적은 것은?

① 판 두께 정도(精度)가 높다.
② 열연 제품에 비해 동력이 적게 든다.
③ 열연 제품보다 더욱 얇은 강판을 제조할 수 있다.
④ 스케일 부착이 없으며 표면결함이 적고 미려하다.

해설

냉간압연은 재결정 이하의 온도에서 작업하므로 열연 제품에 비해 동력이 많이 소요된다.

01 그림과 같은 결정격자의 금속 원소는?

① Ni　　　　② Mg

③ Al　　　　④ Au

해설
조밀육방구조로 Mg, Zn, Zr이 있다.

02 금속의 소성변형을 일으키는 원인 중 원자 밀도가 가장 큰 격자면에서 잘 일어나는 것은?

① 슬립　　　　② 쌍정

③ 전위　　　　④ 편석

해설
슬립(Slip)
원자 간 사이가 미끄러지는 현상으로 원자 밀도가 가장 큰 격자면에서 잘 발생한다.

03 시험편을 눌러 구부리는 시험방법으로 굽힘에 대한 저항력을 조사하는 시험방법은?

① 충격 시험　　　　② 굽힘 시험

③ 전단 시험　　　　④ 인장 시험

해설
굽힘에 대한 저항력을 조사하는 시험이므로 굽힘 시험이다.

04 다음 중 Ni-Cu 합금이 아닌 것은?

① 어드밴스

② 콘스탄탄

③ 모넬메탈

④ 니칼로이

해설
니칼로이는 니켈, 망간, 철 합금이다.

05 Fe-C 평형상태도에서 공정점의 C%는?

① 0.02%

② 0.8%

③ 4.3%

④ 6.67%

해설
Fe-C 평형상태도에서 0.8%에는 공석점이 존재하고 4.3%에는 공정점이 존재한다.

06 침탄법에 대한 설명으로 옳은 것은?

① 표면을 용융시켜 연화시키는 것이다.
② 망상 시멘타이트를 구상화시키는 방법이다.
③ 강재의 표면에 아연을 피복시키는 방법이다.
④ 강재의 표면에 탄소를 침투시켜 경화시키는 것이다.

해설
침탄법은 탄소를 침투시켜 경화시키는 방법이다.

07 Y합금의 일종으로 Ti과 Cu를 0.2% 정도씩 첨가한 것으로 피스톤에 사용되는 것은?

① 두랄루민
② 코비탈륨
③ 로엑스합금
④ 하이드로날륨

해설
② 코비탈륨 : Al-Cu-Ni계 알루미늄 합금으로(Y합금의 일종) Ti과 Cu를 0.2% 첨가하여 피스톤에 사용
③ 로엑스합금 : Al-Ni-Si계 알루미늄 합금으로 Cu, Mg, Ni를 첨가한 특수 실루민

08 다이캐스팅 주물품, 단조품 등의 재료로 사용되며 융점이 약 660℃이고, 비중이 약 2.7인 원소는?

① Sn   ② Ag
③ Al   ④ Mn

해설
마그네슘의 비중은 1.7, 알루미늄의 비중은 2.7이다.

09 다음 중 주철에 관한 설명으로 틀린 것은?

① 비중은 C와 Si 등이 많을수록 작아진다.
② 용융점은 C와 Si 등이 많을수록 낮아진다.
③ 주철을 600℃ 이상의 온도에서 가열 및 냉각을 반복하면 부피가 감소한다.
④ 투자율을 크게 하기 위해서는 화합 탄소를 적게 하고, 유리 탄소를 균일하게 분포시킨다.

해설
주철의 성장
주철을 600℃ 이상의 온도에서 가열 및 냉각조작을 반복하면 점차 부피가 커지며 변형되는 현상이다. 성장의 원인은 시멘타이트(Fe_3C)의 흑연화와 규소가 용적이 큰 산화물을 만들기 때문이다.

10 형상기억 효과를 나타내는 합금이 일으키는 변태는?

① 펄라이트 변태
② 마텐자이트 변태
③ 오스테나이트 변태
④ 레데뷰라이트 변태

해설
형상기억합금은 마텐자이트 변태와 같은 열탄성형 변태 성질을 이용한 합금이다.
• 형상기억합금 : 힘에 의해 변형되더라도 특정 온도에 올라가면 본래의 모양으로 돌아오는 합금, Ti-Ni이 대표적으로 마텐자이트 상변태를 일으킴
• 마텐자이트 변태 : Fe가 온도의 상승에 따라 α-Fe(BCC)에서 γ-Fe, δ-Fe로 외관의 변화를 보이지 않는 고체 간의 상변태

11 전해 인성 구리를 약 400℃ 이상의 온도에서 사용하지 않는 이유로 옳은 것은?

① 풀림취성을 발생시키기 때문이다.
② 수소취성을 발생시키기 때문이다.
③ 고온취성을 발생시키기 때문이다.
④ 상온취성을 발생시키기 때문이다.

해설
구리를 환원성 수소가스 중에서 가열하면 수소의 확산 침투로 인해 수소메짐(수소취성)이 발생한다.

12 구상흑연주철은 주조성, 가공성 및 내마멸성이 우수하다. 이러한 구상흑연주철 제조 시 구상화제로 첨가되는 원소로 옳은 것은?

① P, S　　　　② O, N
③ Pb, Zn　　　④ Mg, Ca

해설
구상흑연주철 : 흑연을 구상화하여 균열을 억제시키고 강도 및 연성을 좋게 한 주철로 시멘타이트형, 펄라이트형, 페라이트형이 있으며, 구상화제로는 Mg, Ca, Ce, Ca-Si, Ni-Mg 등이 있다.

13 재료 기호 "STC105"를 옳게 설명한 것은?

① 탄소 함유량이 1.00~1.10%인 탄소 공구강
② 탄소 함유량이 1.00~1.10%인 합금 공구강
③ 인장강도가 100~110N/mm²인 탄소 공구강
④ 인장강도가 100~110N/mm²인 합금 공구강

해설
STC는 탄소 공구강을, 뒤의 숫자는 탄소 함유량을 의미한다.

14 기어의 모듈(m)을 나타내는 식으로 옳은 것은?

① $\dfrac{\text{잇수}}{\text{피치원의 지름}}$

② $\dfrac{\text{피치원의 지름}}{\text{잇수}}$

③ 잇수 + 피치원의 지름
④ 피치원의 지름 − 잇수

해설
모듈은 피치원의 직경에서 잇수를 나눈 값으로 기어의 치형 크기를 의미하며 기어의 조립을 위한 조건 값으로 사용한다.

15 15mm 드릴 구멍의 지시선을 도면에 옳게 나타낸 것은?

① 　②

③ 　④

해설
드릴 구멍의 지시선은 상단면의 중앙에 위치시켜야 한다.

16 도면에 대한 내용으로 가장 올바른 것은?

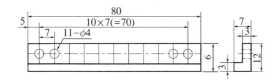

① 구멍수는 11개, 구멍의 깊이는 11mm이다.

② 구멍수는 4개, 구멍의 지름 치수는 11mm이다.

③ 구멍수는 7개, 구멍의 피치 간격 치수는 11mm
이다.

④ 구멍수는 11개, 구멍의 피치 간격 치수는 7mm
이다.

• 11-φ4에서 11은 구멍 개수이고 4는 구멍 직경이다.

• 구멍의 중심 간 거리 치수(7)가 피치 간격이 된다.

17 헐거운 끼워맞춤에서 구멍의 최소허용치수와 축의
최대허용치수와의 차는?

① 최소죔새　　　　② 최대죔새

③ 최소틈새　　　　④ 최대틈새

최소틈새 = 구멍의 최소허용치수 – 축의 최대허용치수

18 다음 중 가는 실선으로 긋는 선이 아닌 것은?

① 치수선　　　　　② 지시선

③ 가상선　　　　　④ 치수보조선

가상선 : 가는 2점 쇄선

19 대상물의 일부를 떼어낸 경계를 표시할 때 불규칙
한 파형의 가는 실선 또는 지그재그선으로 나타내
는 것은?

① 절단선　　　　　② 가상선

③ 피치선　　　　　④ 파단선

지그재그선은 파단선으로 나타낸다.

20 다음 보기에서 도면의 양식에 대한 설명으로 옳은
것을 모두 고른 것은?

┌보기┐

a. 윤곽선 : 도면에 그려야 할 내용의 영역을 명확하
게 하고 제도용지 가장자리 손상으로 생기는 기재
사항을 보호하기 위해 그리는 선

b. 중심마크 : 도면의 사진 촬영 및 복사 등의 작업을
위해 도면의 바깥 상하좌우 4개소에 표시해 놓
은 선

c. 표제란 : 도면번호, 도면이름, 척도, 투상도법 등
을 기입하여 도면의 오른쪽 하단에 그리는 것

d. 재단마크 : 복사한 도면을 재단할 때 편의를 위해
그려 놓은 선

① a, c　　　　　　② a, b, d

③ b, c, d　　　　④ a, b, c, d

• 윤곽선 : 도면에 그려야 할 내용의 영역으로 가장자리와 간격이
있다.

• 중심마크 : 도면의 사진 촬영 및 복사 등의 작업을 위해 표시한다.

• 표제란 : 도면번호, 도면이름, 척도, 투상법 등을 표시하기 위해
도면의 오른쪽 하단에 표로 그린다.

• 재단마크 : 복사한 도면을 재단할 때 편의를 위해 그려 놓은
선이다.

21 3/8 – 16UNC – 2A의 나사기호에서 2A가 의미하는 것은?

① 나사의 등급
② 나사의 호칭
③ 나사산의 줄 수
④ 나사의 잠긴 방향

해설

3/8 – 16UNC – 2A
• 3/8 : 나사의 직경(인치)
• 16UNC : 1인치 내에 16개 산이 있는 유니파이보통나사
• 2A : 나사의 등급(A는 수나사, B는 암나사이고 숫자가 낮을수록 높은 정밀도 의미)

22 원을 등각투상도로 나타내면 어떤 모양이 되는가?

① 진원
② 타원
③ 마름모
④ 쌍곡선

해설

원을 등각투상도로 나타내면 타원이 된다.

23 그림에 표시된 도형은 어느 단면도에 해당하는가?

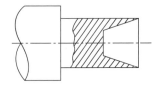

① 온단면도
② 합성 단면도
③ 계단 단면도
④ 부분 단면도

해설

부분적으로만 해칭이 그려져 있기 때문에 부분 단면도이다.

24 기준치수가 50, 최대허용치수가 50.007, 최소허용치수가 49.982일 때 위 치수허용차는?

① +0.025
② −0.018
③ +0.007
④ −0.025

해설

위 치수허용차 = 최대허용치수 − 기준치수
= 50.007 − 50
= +0.007

25 열연공장의 조압연 제어가 아닌 것은?

① 개도 설정 제어
② 가속률 설정 제어
③ 롤 갭(Roll Gap) 설정 제어
④ 디스케일링(Descaling) 설정 제어

해설

• 조압연은 마무리 공정(Finishing Mill)에서 작업이 가능하도록 슬래브의 두께를 감소시키고 슬래브 폭을 수요자가 원하는 폭으로 압연하는 공정이다.
• 조압연기에서는 사이드 가이드를 위한 개도 설정 제어가 사용되고 두께를 감소시키기 위한 롤 갭 설정 제어가 사용되며 디스케일링을 위한 설정 제어가 사용된다.

26 압연기의 롤러 베어링에 그리스 윤활을 하려고 할 때 가장 좋은 급유방법은?

① 손 급유법
② 충진 급유법
③ 패드 급유법
④ 나사 급유법

> **해설**
> 그리스 윤활은 고체 혹은 반고체 급유이기 때문에 강제 순환 급유 및 충진 급유가 가장 효과적이다.

27 롤의 직경이 340mm, 회전수 150rpm일 때 압연되는 재료의 출구속도가 3.67m/s이었다면 선진율은?

① 37%
② 40%
③ 54%
④ 70%

> **해설**
> $$선진율(\%) = \frac{출측\ 속도 - 롤의\ 속도}{롤의\ 속도} \times 100$$
> $$= \frac{3.67 - 2.67}{2.67} \times 100$$
> $$≒ 37$$
> 여기서, 롤의 속도(m/s)
> $$= \frac{롤의\ 회전수(rpm) \times 2\pi \times 롤의\ 반경(m)}{60}$$
> $$= \frac{150rpm \times 2\pi \times 0.17m}{60}$$
> $$≒ 2.67\,m/s$$

28 냉간압연 작업 롤에서 상부 롤이 하부 롤보다 클 때 압연 후 스트립의 방향은 어떻게 변하는가?

① 스트립은 상향한다.
② 스트립은 하향한다.
③ 스트립은 Flat하다.
④ 스트립에 Camber가 발생한다.

> **해설**
> • 롤의 크기와 소재의 변화
> – 소재는 롤의 회전수가 같을 때 롤의 지름이 작은 쪽으로 구부러진다.
> – 상부 롤 > 하부 롤 : 소재는 하향
> – 상부 롤 < 하부 롤 : 소재는 상향
>
>
>
> • 롤의 크기를 조절하지 않고 소재를 하향하는 방법
> – 소재의 상부 날판을 가열한다.
> – 소재의 하부 날판을 냉각한다.
> – 하부 롤의 속도보다 상부 롤의 속도를 크게 한다.

29 냉간압연 시 재결정 온도 이하에서 압연하는 목적이 아닌 것은?

① 압연동력이 감소된다.
② 균일한 성질을 얻고 결정립을 미세화시킨다.
③ 가공경화로 인하여 강도, 경도를 증가시킨다.
④ 가공면을 아름답고 정밀한 모양으로 완성한다.

> **해설**
> 냉간압연은 재결정 온도 이하에서 가공하는 것이기 때문에 압연동력이 증가한다.

30 강판결함검사 중 다음의 원인으로 발생하는 결함은?

> • 압연 및 정정 때 각종 롤에 이물질이 부착하여 발생
> • 압연 및 처리 공정에 각종 요철 흠이 붙어 있어서 발생

① Roll Mark ② Reel Mark
③ Scab ④ Blow Hole

해설
① 롤 마크(Roll Mark) : 롤의 이물질에 의해 표면 혹은 이면에 일정한 피치로 발생하는 요철 흠
② 릴 마크(Reel Mark) : 맨드릴 진원도 불량에 의한 판의 요철 흠
③ 딱지 흠(Scab) : 용강 응고 중 이물질에 의한 결함
④ 기포 흠(Blow Hole) : 표면에 있는 기포의 미압착 및 대형개재물에 의해 압연 방향으로 길게 늘어진 부풀음 결함

31 맞물려 돌아가는 한 쌍의 롤(Roll) 사이에 금속재료를 넣어 단면적 혹은 두께를 감소시키는 금속가공법은?

① 압연 ② 단조
③ 인발 ④ 압출

해설
롤을 사용하는 가공은 압연가공이다.

32 비열이 0.9cal/g · ℃인 물질 100g을 20℃에서 910℃까지 높이는 데 필요한 열량은 몇 kcal인가?

① 60.1kcal ② -60.1kcal
③ 80.1kcal ④ -80.1kcal

해설
열량 = 비열 × 온도차 × 질량
= 0.9 × 100 × (910 − 20)
= 80,100cal
= 80.1kcal

33 접촉각과 압하량의 관계를 바르게 나타낸 것은? (단, Δh는 압하량, r은 롤의 반지름, α는 접촉각이다)

① $\cos \alpha = \dfrac{r - \dfrac{2}{\Delta h}}{r}$

② $\cos \alpha = \dfrac{r - \dfrac{\Delta h}{2}}{r}$

③ $\sin \alpha = \dfrac{r - \dfrac{\Delta h}{2}}{r}$

④ $\sin \alpha = \dfrac{r - \dfrac{2}{\Delta h}}{r}$

해설
접촉각과 롤 및 압하량과의 관계식

$\cos \alpha = 1 - \dfrac{\Delta h}{2r} = \dfrac{2r - \Delta h}{2r} = \dfrac{r - \dfrac{\Delta h}{2}}{r}$

34 다음 중 냉연박판의 압연공정 순서로 옳은 것은?

① 표면청정 → 조질압연 → 산세 → 풀림 → 냉간압연 → 전단리코일링

② 표면청정 → 산세 → 냉간압연 → 풀림 → 조질압연 → 전단리코일링

③ 산세 → 냉간압연 → 표면청정 → 풀림 → 조질압연 → 전단리코일링

④ 산세 → 표면청정 → 냉간압연 → 조질압연 → 풀림 → 전단리코일링

해설

냉연박판 제조공정 순서 : 핫코일(Hot Coil) → 산세(Pickling Line) → 냉간압연(Cold Rolling) → 전해청정(Electrolytic Cleaning, 표면청정) → 풀림(Annealing, 소둔) → 조질압연(Skin Pass Rolling) → 되감기(Recoiling Line, 리코일링) → 전단(Shearing Line)

35 풀림 공정에서 재결정에 의해 새로운 결정조직으로 변한 강판을 재압하하여 냉간가공으로 재질을 개선하고 형상을 교정하는 것은?

① Temper Color

② Power Curve

③ Deep Drawing

④ Skin Pass

해설

조질압연(Skin Pass Mill)
• 정의 : 소둔 직후의 항복점 연신으로 인한 Stretcher Strain의 발생을 막기 위해 1~3%의 압하량으로 압연을 실시하는 공정
• 조질압연의 목적
  – 형상 개선(평탄도의 교정)
  – 표면 성상의 개선 : 조도에 따라 거친 표면(Dull), 매끄러운 표면(Bright)으로 구분
  – 스트레처 스트레인 방지(기계적 성질의 개선) : 곱쇠(Coil Break) 결함 제거

36 공형압연 설계 시 고려할 사항이 아닌 것은?

① 열전달률

② 압연 토크

③ 압연하중

④ 유효 롤 반지름

해설

• 공형설계 시 고려사항 : 소재 재질, 롤 사양, 모터 용량, 압연 토크, 압연하중, 유효 롤 반지름, 롤 배치, 감면율 등
• 공형설계 원칙
  – 공형 각부의 감면율을 균등하게 유지
  – 플랜지의 높이를 내고 싶을 때에는 초기 공형에서 예리한 홈을 넣음
  – 간접 압하를 피하고 직접 압하를 이용하여 설계
  – 비대칭 단면의 압연은 재료가 롤에 몰리고 있는 동안 트러스트가 작용
  – 공형형상은 단순화·직선화함

37 공형압연 설계에서 공형의 구성요건이 아닌 것은?

① 능률과 실수율이 낮을 것

② 롤에 국부마멸을 일으키지 않고 롤 수명이 길 것

③ 압연할 때 재료의 흐름이 균일하고 작업이 쉬울 것

④ 정해진 롤 강도, 압연 토크 및 롤 스페이스를 만족시킬 것

해설

공형의 구성 요건
• 치수 및 형상이 정확한 제품 생산이 가능할 것
• 표면결함 발생이 적을 것
• 최소의 비용으로 최대의 효과를 가질 것
• 압연 작업이 용이할 것
• 정해진 롤 강도, 압연 토크 및 롤 스페이스를 만족시킬 것
• 롤의 국부적 마모가 적을 것
• 압연된 제품의 내부 응력이 최소화될 것

38 냉간압연 강판의 청정 설비의 목적으로 틀린 것은?

① 분진 제거

② 잔류 압연유 제거

③ 표면 산화막 제거

④ 표면 잔류 철분 제거

해설

표면 산화막 제거는 산세 설비의 목적이다.

39 에지 스캐브(Edge Scab)의 발생 원인이 아닌 것은?

① 슬래브 코너부 또는 측면에 발생한 크랙이 압연될 때

② 슬래브의 손질이 불완전하거나 스카핑이 불량할 때

③ 슬래브 끝 부분 온도 강하로 압연 중 폭 방향의 균일한 연신이 발생할 때

④ 하강 중 불순물의 분리 부상이 부족하여 강중에 대형 불순물 또는 기포가 존재할 때

해설

에지 스캐브(Edge Scab) 발생 원인

• 슬래브 코너부 또는 측면에 발생한 크랙, 기포 흠 등이 압연되어 발생

• 슬래브 손질의 불완전과 스카핑 불량, 슬래브 에지 온도 강하로 압연 시 폭 방향 불균일 발생

40 압연 시 롤 및 강판에 압연유의 균일한 플레이트 아웃(전개부착)을 위한 에멀션 특성으로 틀린 것은?

① 농도에 관계없이 부착유량은 증대한다.

② 점도가 높으면 부착유량이 증가한다.

③ 사용수 중 Cl^- 이온은 유화를 불안정하게 한다.

④ 토출압이 증가할수록 플레이트 아웃성은 개선된다.

해설

점도(농도)가 높으면 부착유량이 증가한다.

41 냉간압연작업을 할 때 냉간압연유의 역할을 설명한 것으로 틀린 것은?

① 압연재의 표면 성상을 향상시킨다.

② 부하가 증가되어 롤의 마모를 감소시킨다.

③ 고속화를 가능하게 하여 압연능률을 향상시킨다.

④ 압하량을 크게 하여 압연재를 효과적으로 얇게 한다.

해설

압연유의 작용

• 감마작용(마찰저항 감소)

• 냉각작용(열방산)

• 응력분산작용(힘의 분산)

• 밀봉작용(외부 침입 방지)

• 방청작용(스케일 발생 억제)

42 압연 중 압연하중에 의해서 발생되는 롤 벤딩현상은 스트립의 Profile에 큰 영향을 미친다. 스트립의 용도에 맞는 Profile을 관리하게 되는데 Strip Profile과 관계가 먼 것은?

① Roll 냉각수 Header

② Roll Bender

③ Roll Initial Crown

④ Looper

④ Looper : 스탠드와 스탠드 사이에서 소재의 전후 밸런스 조절 설비로 스트립 프로필과는 연관성이 작다.
① Roll 냉각수 Header : 롤 스프링 현상을 예방함으로써 스트립의 프로필을 관리하게 된다.
② Roll Bender : 스트립 프로필을 제어하는 장치로 압연하중에 의해 롤이 휘어지는 반대 방향으로 롤을 휘어지게 한다.
③ Roll Initial Crown : 압연기용 롤을 연마할 때 스트립의 프로필을 고려하여 롤에 부여하는 크라운으로 압하력에 비례하는 변형량을 보상하기 위해 부여한다.

43 압연속도(Rolling Speed)와 마찰계수와의 관계는?

① 속도와 마찰계수는 상관없다.

② 속도가 크면 마찰계수는 증가한다.

③ 속도가 크면 마찰계수는 감소한다.

④ 속도가 관계없이 마찰계수는 일정하다.

롤의 속도가 크면 마찰계수는 감소한다.

44 공업용 노에 쓰이는 내화재료는 제게르 추 몇 번 이상이 사용되는가?

① SK14

② SK18

③ SK22

④ SK26

내화물은 SK26 이상의 내화도를 가진 비금속 물질 또는 그 제품을 의미한다.
• 저급 내화물 : SK26~29
• 중급 내화물 : SK30~33
• 고급 내화물 : SK34~38

45 워킹빔식 가열로에서 유압, 전동에 의해 움직이는 과정으로 옳은 것은?

① 상승 → 전진 → 하강 → 후퇴

② 상승 → 후퇴 → 하강 → 전진

③ 하강 → 전진 → 상승 → 후퇴

④ 하강 → 상승 → 후퇴 → 전진

워킹빔식 가열로

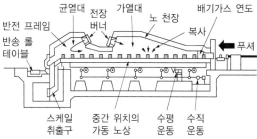

• 노상이 가동부와 고정부로 나뉘어, 이동 노상이 상승 → 전진 → 하강 → 후퇴의 과정을 거치며 재료 사이에 임의의 간격을 두고 반송시킬 수 있는 연속로
• 여러 가지 치수와 재질의 것도 가열 가능
• 푸셔식에 비하여 노의 구조가 복잡하지만, 슬래브 내 온도가 균일하다.

46 작은 입자의 강철이나 그리드를 분사하여 스케일을 기계적으로 제거하는 작업은?

① 황산처리
② 염산처리
③ 와이어 브러시
④ 쇼트 블라스트

해설

쇼트 블라스트(Shot Blast)
경질 입자를 분사하여 금속 표면의 스케일, 녹 등을 기계적으로 제거하여 표면을 마무리하는 방법이다.
※ 쇼트는 분사의 의미를 갖는다.

47 압연작업 시 압연재의 두께를 자동으로 제어하는 장치는?

① γ-ray
② X-ray
③ SCC
④ AGC

해설

자동 두께 제어(AGC ; Automatic Gauge Control)
• 압연 중 스트립 두께 변동을 검출하기 위한 장비로, 스크루 다운 블록(Screw Down Block) 하단에 설치된 로드 셀(Load Cell)에 의해 압연의 압력 변화를 검출하여 현재 위치를 탐지한 후 F7 후면에 설치된 X-Ray가 판 두께를 측정해 이 신호를 기반으로 압하 스크루를 자동 제어하여 스트립의 두께를 목표 두께로 제어하는 장치
• AGC 설비
  – 스크루 다운(Screw Down) : AGC 유지 컨트롤과 병행하여 롤 갭 설정
  – 상부 빔(Top Beam) : 압연 소재의 두께에 따라 유압으로 롤 갭을 설정하는 장치
  – 하부 빔(Bottom Beam) : 빔 상부에 백업 롤 및 슬레드(Sled)를 안착하는 지지대
  – 스크루 업(Screw Up) : 내부에 로드 셀(Load Cell)이 내장되어 롤이 받는 힘을 검출하며 압연 패스 라인(Pass Line)을 조정

48 슬래브 15,000톤을 처리하여 코일 13,500톤을 생산했을 때 압연 실수율은 몇 %인가?(단, 재열재는 500톤이 발생하였고, 재열재는 소재량에 포함시키지 않는다)

① 90.1%
② 93.1%
③ 95.4%
④ 98.4%

해설

$$실수율(\%) = 100 \times \frac{생산량}{소재량 - 재열재}$$
$$= 100 \times \frac{13,500}{15,000 - 500}$$
$$\fallingdotseq 93.1$$

49 윤활제 중 유지(Fat and Oil)의 주성분은?

① 지방산과 글리세린
② 파라핀과 나프탈렌
③ 올레핀과 나트륨
④ 붕산과 탄화수소

해설

지방계 윤활유(유지)
지방유는 지방산과 글리세린, 에스테르로 구성되어 있고, 건성 또는 반건성유이기 때문에 상온에서 공기 중에 장시간 방치하면 산화 변질하여 열화되기 쉬우므로 순환계 윤활유로는 부적당하다.

46 ④ 47 ④ 48 ② 49 ① **정답**

50 중후판 압연에서 롤을 교체하는 이유로 가장 거리가 먼 것은?

① 작업 롤의 마멸이 있는 경우
② 롤 표면의 거침이 있는 경우
③ 귀갑상의 열균열이 발생한 경우
④ 작업 소재의 재질 변경이 있는 경우

해설
롤을 교체하는 것은 소재가 아닌 롤에 문제가 생기는 경우이다.

51 다음 중 연속식 가열로가 아닌 것은?

① 배치식(Batch Type)
② 푸셔식(Pusher Type)
③ 워킹빔식(Walking Beam Type)
④ 회전로상식(Rotary Hearth Type)

해설
연속식 가열로의 종류에는 롤식, 푸셔식, 워킹빔식, 회전로상식 등이 있다.
단식 가열로
• 슬래브가 노 내에 장입되면 가열이 완료될 때까지 재료가 이동하지 않는 형식
• 비연속적으로 가동되며, 가열 완료 시 재료를 꺼내고 새로운 재료를 장입
• 대량생산에 적합하지 않으나, 특수재질, 매우 두껍고 큰 치수의 가열에 보조적으로 사용
• 단식로 종류 : 배치식 가열로

52 조압연기의 사이드 가이드(Side Guide)의 주 역할은?

① 소재의 스트립(Strip)을 압연기에 유도
② 소재의 폭 결정
③ 소재의 회전
④ 소재의 장력 유지

해설
사이드 가이드 : 소재가 센터링이 될 수 있도록 양옆을 guide해주는 설비

53 신체적 컨디션의 율동적인 발현, 즉 식욕, 소화력, 활동력, 스테미너 및 지구력과 밀접한 생체리듬은?

① 심리적 리듬
② 감성적 리듬
③ 지성적 리듬
④ 육체적 리듬

해설
신체적 컨디션은 육체적 리듬과 관련이 있다.

54 다음 윤활제 중 반고체 윤활제에 해당되는 것은?

① 흑연   ② 지방유
③ 그리스   ④ 경유

해설

그리스 급유 : 액체 급유가 어렵고, 저속도 회전과 고하중일 경우 사용한다.

장점	• 급유간격이 길다. • 누설이 적다. • 밀봉성이 있고, 외부 이물질의 침입이 적다.
단점	• 냉각작용이 작다. • 질의 균일성이 떨어진다.

56 무재해 운동의 3원칙 중 모든 잠재위험요인을 사전에 발견 · 해결 · 파악함으로써 근원적으로 산업재해를 없애는 원칙을 무엇이라 하는가?

① 대책선정의 원칙
② 무의 원칙
③ 참가의 원칙
④ 선취 해결의 원칙

해설

무재해 운동의 3원칙
• 무의 원칙 : 모든 잠재위험요인을 사전에 발견 · 해결 · 파악함으로써 근원적으로 산업재해를 없애는 원칙
• 선취 해결의 원칙 : 재해가 발생하기 전에 위험요소를 발견하는 것
• 참가의 원칙 : 전원이 참가하는 것

55 동일한 조업조건에서 냉간압연 롤의 가장 적합한 형상은?

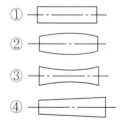

해설

열간판재압연 롤의 형상	냉간압연용 롤의 형상

57 다음 중 작업 롤이 갖추어야 할 특성에 해당되지 않는 것은?

① 취성   ② 내마멸성
③ 내충격성   ④ 내표면 균열성

해설

취성은 깨지기 쉬운 성질로 작업 롤에 부적합한 특성이다.
롤의 특성
• 작업 롤(Work Roll) : 내균열성 · 내사고성, 경화 심도가 좋아야 한다.
• 중간 롤(Intermediate Roll) : 전동 피로 강도, 내마모성이 우수하고, 작업 롤의 표면 손상 및 배럴부 표면에 소성유동을 발생시키지 말아야 한다.
• 받침 롤(Back Up Roll) : 절손, 균열 손실에 대한 충분한 강도가 필요하고, 내균열성 · 내마멸성이 우수해야 한다.

58 가역식 냉간압연기의 부속 명칭이 아닌 것은?

① 코일 컨베이어

② 커버 캐리지

③ 통판 테이블

④ 벨트 루퍼

해설

가역식 냉간압연기 부속은 코일 컨베이어, 통판 테이블, 벨트 루퍼 등이 있다.

59 전동기로부터 피니언 또는 피니언과 롤을 연결하여 동력을 전달하는 것은?

① Body

② Neck

③ Spindle

④ Repeater

해설

압연구동 설비

- 모터 : 압연기의 원동력을 발생시키는 설비로 일반적으로 직류전동기가 이용되며, 속도의 조정이 필요하지 않을 때는 3상 교류전동기를 사용
- 감속기 : 모터에서 발생된 동력을 압연기의 종류에 맞는 힘과 속도로 바꿔 주는 설비
- 피니언 : 동력을 각 롤에 분배하는 설비
- 스핀들 : 피니언과 롤을 연결하여 동력을 전달하는 설비

60 가열로의 노압이 높을 때에 대한 설명으로 옳은 것은?

① 버너의 연소상태가 좋아진다.

② 방염에 의한 노체 주변의 철구조물이 손상된다.

③ 개구부에서 방염에 의한 작업자의 위험도가 감소한다.

④ 슬래브 장입구, 추출구에서는 방염에 의한 열손실이 감소한다.

해설

노압 관리

- 노압은 노의 효율에 큰 영향을 미치며, 노압 제어는 노 내 설치된 노압 검출단에서 입력신호를 받아 자동으로 댐퍼(Damper)를 제어
- 노압 변동 시 영향

노압이 높을 때	• 슬래브 장입구, 추출구, 노 내 점검구에서 방염에 의한 열손실 증가 • 방염에 의한 노체 주변 철구조물 손상 • 버너 연소상태 악화 • 개구부 방염에 의한 작업자 위험도 증가 • 화염 방출로 화재발생
노압이 낮을 때	• 외부의 찬 공기가 노 내로 침투하여 열손실 증대 • 침입공기에 따른 공기비 제어량 실적치 변동 • 슬래브 산화에 의한 스케일 생성량 증가

01 강자성을 가지는 은백색의 금속으로 화학 반응용 촉매, 공구 소결재로 널리 사용되고 바이탈륨의 주성분 금속은?

① Ti
② Co
③ Al
④ Pt

해설
강자성체는 철(Fe), 니켈(Ni), 코발트(Co)와 같이 자석에 달라붙는 성질을 갖는 물질을 의미한다.

02 Al의 표면을 적당한 전해액 중에서 양극 산화처리하면 표면에 방식성이 우수한 산화 피막층이 만들어진다. 알루미늄의 방식방법에 많이 이용되는 것은?

① 규산법
② 수산법
③ 탄화법
④ 질화법

해설
수산법
알루미늄 제품을 2% 수산용액에서 직류, 교류 혹은 직류에 교류를 동시에 송전하는 방법을 통하여 표면에 단단하고 치밀한 산화막을 얻는 방식법이다.

03 금속의 결정구조에서 조밀육방격자(HCP)의 배위수는?

① 6
② 8
③ 10
④ 12

해설
배위수 : 체심입방(8), 면심입방(12), 조밀육방(12)

04 금속의 결정구조에 대한 설명으로 틀린 것은?

① 결정입자의 경계를 결정입계라 한다.
② 결정체를 이루고 있는 각 결정을 결정입자라 한다.
③ 체심입방격자는 단위 격자 속에 있는 원자수가 3개이다.
④ 물질을 구성하고 있는 원자가 입체적으로 규칙적인 배열을 이루고 있는 것을 결정이라 한다.

해설
단위 격자 속의 원자수 : 체심입방(2), 면심입방(4), 조밀육방(2)

05 강의 표면경화법이 아닌 것은?

① 풀림
② 금속용사법
③ 금속침투법
④ 하드페이싱

해설
풀림은 경도를 낮추는 열처리이다.

06 잠수함, 우주선 등 극한 상태에서 파이프의 이음쇠에 사용되는 기능성 합금은?

① 초전도합금　　② 수소저장합금
③ 아모퍼스합금　④ 형상기억합금

> **해설**
> 형상기억합금은 극한 상태에서의 튜브나 파이프의 이음쇠, 온도제어기를 비롯하여 로봇 분야, 우주선, 원자력 분야, 의료용 재료 등에 사용된다.

07 재료에 어떤 일정한 하중을 가하고 어떤 온도에서 긴 시간 동안 유지하여 시간이 경과함에 따라 스트레인이 증가하는 것을 측정하는 시험방법은?

① 피로 시험　　② 충격 시험
③ 비틀림 시험　④ 크리프 시험

> **해설**
> **크리프 시험**
> 재료에 내력보다 작은 응력을 가하고 특정 온도에서 긴 시간 동안 유지하여 시간의 경과에 따른 변형을 측정하는 시험이다.

08 해드필드강(Hadfield Steel)에 대한 설명으로 옳은 것은?

① Ferrite계 고 Ni강이다.
② Pearlite계 고 Co강이다.
③ Cementite계 고 Cr강이다.
④ Austenite계 고 Mn강이다.

> **해설**
> **해드필드강(Hadfield Steel) 또는 오스테나이트 망간강**
> • 0.9~1.4% C, 10~14% Mn 함유
> • 내마멸성과 내충격성이 우수
> • 열처리 후 서랭하면 결정립계에 M_3C가 석출하여 취약함
> • 높은 인성을 부여하기 위해 수인법 이용

09 비금속 개재물이 강에 미치는 영향이 아닌 것은?

① 고온메짐의 원인이 된다.
② 인성은 향상시키나 경도를 떨어트린다.
③ 열처리 시 개재물로 인한 균열을 발생시킨다.
④ 단조나 압연작업 중에 균열의 원인이 된다.

> **해설**
> **비금속 개재물**
> 내부의 개재물로서 결함으로 작용하여 인성을 약화시킨다.

10 탄소강에서 탄소의 함량이 높아지면 낮아지는 값은?

① 경도　　　　② 항복강도
③ 인장강도　　④ 단면수축률

> **해설**
> 탄소강의 탄소 함량이 높아지면 경도와 강도가 높아지고, 단면수축률은 낮아진다.

11 3~5% Ni, 1% Si를 첨가한 Cu 합금으로 C 합금이라고도 하며 강력하고 전도율이 좋아 용접봉이나 전극재료로 사용되는 것은?

① 톰백　　　　　② 문쯔메탈
③ 길딩메탈　　　④ 코슨합금

④ 코슨합금 : 구리에 3~5% 니켈, 1% 규소가 함유된 합금으로 C 합금이라 하며 통신선, 스프링 재료 등에 사용된다.
① 톰백(Tombac) : 구리에 5~20%의 아연을 함유한 황동으로 강도는 낮으나 전연성이 좋다.
② 문쯔메탈(Muntz Metal) : 4-6황동이다.
③ 길딩메탈(Gilding Metal) : 5% Zn이 함유된 구리합금으로 화폐, 메달에 사용된다.

12 주석청동의 용해 및 주조에서 1.5~1.7%의 아연을 첨가할 때의 효과로 옳은 것은?

① 수축률이 감소된다.
② 침탄이 촉진된다.
③ 취성이 향상된다.
④ 가스가 혼입된다.

주석청동의 주조 시에 수축에 의한 결함이 발생하는데 아연을 첨가하면 수축률이 감소된다.

13 도면에 표시된 기계부품재료 기호가 SM45C일 때 45C가 의미하는 것은?

① 제조방법
② 탄소함유량
③ 재료의 이름
④ 재료의 인장강도

• SM : 기계구조용 탄소강재
• 45C : 탄소함유량

14 구멍 $\phi 55^{+0.030}_{+0}$ 와 축 $\phi 55^{+0.039}_{+0.020}$ 에서 최대틈새는?

① 0.010　　　　② 0.020
③ 0.030　　　　④ 0.039

최대틈새 = 구멍의 최대허용치수 – 축의 최소허용치수
　　　　= 55.030 – 55.020
　　　　= 0.010

15 척도에 대한 설명 중 옳은 것은?

① 축척은 실물보다 확대하여 그린다.
② 배척은 실물보다 축소하여 그린다.
③ 현척은 실물의 크기와 같은 크기로 1 : 1로 표현한다.
④ 척도의 표시방법 A : B에서 A는 물체의 실제 크기이다.

① 축척은 실물보다 축소하여 그린다.
② 배척은 실물보다 확대하여 그린다.
④ 척도의 표시방법 A : B에서 뒤(B)가 기준이 되는 실제 크기이다.

16 화살표 방향이 정면도라면 평면도는?

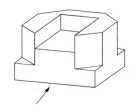

①
②
③
④

해설
① 높이 방향으로 수직인 형상을 잘못 표시하였다.
② 정면의 한 면인 형상을 잘못 표시하였다(아래쪽의 중앙에 있는 짧은 수평선이 없어야 한다).
④ 외곽선의 사각형상이 나타나지 않았다.

17 다음 여러 가지 도형에서 생략할 수 없는 것은?

① 대칭 도형의 중심선의 한쪽
② 좌우가 유사한 물체의 한쪽
③ 길이가 긴 축의 중간 부분
④ 길이가 긴 테이퍼 축의 중간 부분

해설
좌우가 유사하다는 것은 대칭을 의미하는 것이 아니다.

18 치수기입의 요소가 아닌 것은?

① 숫자와 문자
② 부품표와 척도
③ 지시선과 인출선
④ 치수보조기호

해설
척도는 표제란에 표시한다.

19 정투상도법에서 눈 → 투상면 → 물체의 순으로 투상할 경우의 투상법은?

① 제1각법
② 제2각법
③ 제3각법
④ 제4각법

해설
• 제3각법 : 눈 → 투상면 → 물체 순서(투상면을 통해서 물체를 본다고 암기)
• 제1각법 : 눈 → 물체 → 투상면 순서(투상면을 물체 뒤에 놓는다고 암기)

20 표면의 결 지시방법에서 대상면에 제거가공을 하지 않는 경우 표시하는 기호는?

①
②
③
④

해설
① 제거가공을 허용하지 않음
② 제거가공이 필요함
③ 줄무늬가 투상면에 수직
④ 줄무늬가 투상면에 교차

21 동력전달 기계요소 중 회전운동을 직선운동으로 바꾸거나, 직선운동을 회전운동으로 바꿀 때 사용하는 것은?

① V벨트   ② 원뿔 키

③ 스플라인   ④ 래크와 피니언

해설

래크와 피니언
회전운동을 직선운동으로 바꾸거나 그 반대로 바꾸는 경우 사용하는 기계요소이다.

22 대상물의 일부를 파단한 경계 또는 일부를 떼어낸 경계를 표시하는 파단선의 선은?

① 굵은 실선   ② 가는 실선

③ 가는 파선   ④ 가는 1점 쇄선

해설

파단선은 지그재그선으로 가는 실선이다.

23 다음 중 선긋기를 올바르게 표시한 것은 어느 것인가?

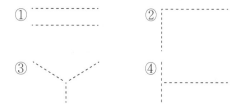

해설

③과 ④에서 교차되는 부분은 선으로 표시하여야 한다.

24 유니파이보통나사를 표시하는 기호로 옳은 것은?

① TM   ② TW

③ UNC   ④ UNF

해설

③ UNC : 유니파이보통나사
① TM : 30° 사다리꼴나사
② TW : 29° 사다리꼴나사
④ UNF : 유니파이가는나사

25 공형의 형상 설계 시 유의하여야 할 사항이 아닌 것은?

① 압연속도와 온도를 고려한다.

② 구멍수를 많게 하는 것이 좋다.

③ 최후에는 타원형으로부터 원형으로 되게 한다.

④ 패스마다 소재를 90°씩 돌려서 압연되게 한다.

해설

구멍수는 패스 스케줄에 따라 만들어야 하므로 많이 만드는 것이 좋은 것은 아니다.

26 냉각압연제품의 결함을 두께 정밀도와 형상결함으로 나눌 때 형상결함과 관계가 깊은 것은?

① 빌드 업
② 채터마크
③ 판 앞뒤 부분 치수 불량
④ 정상 압연부 두께 변동

해설
냉연 강판 결함종류
- 표면결함 : 스케일(선상, 점상), 딱지 흠, 롤 마크, 릴 마크, 이물 흠, 곱쇠, 톱귀, 귀터짐 등
- 재질결함 : 결정립조대, 이중판, 가공크랙, 경도 불량
- 형상결함 : 빌드 업, 평탄도 불량(중파, 이파), 직선도 불량, 직각 도 불량, 텔레스코프

27 냉간압연의 일반적인 공정 순서로 옳은 것은?

① 열연 Coil → 산세 → 정정 → 냉간압연 → 표면청 정 → 풀림 → 조질압연
② 열연 Coil → 산세 → 냉간압연 → 정정 → 표면청 정 → 풀림 → 조질압연
③ 열연 Coil → 산세 → 냉간압연 → 표면청정 → 풀림 → 조질압연 → 정정
④ 열연 Coil → 산세 → 냉간압연 → 표면청정 → 풀림 → 정정 → 조질압연

해설
냉연 강판 제조공정 순서 : 열연 코일 → 산세(스케일 제거) → 냉간압연 → 전해청정(표면청정) → 풀림(소둔) → 조질압연(Skin Pass Rolling) → 되감기(리코일링) → 전단(Shearing Line)

28 열간압연 시 발생하는 슬래브 캠버(Camber)의 발생 원인이 아닌 것은?

① 상하 압하의 힘이 다를 때
② 소재 좌우에 두께 편차가 있을 때
③ 상하 Roll 폭 방향의 간격이 다를 때
④ 소재의 폭 방향으로 온도가 고르지 못할 때

해설
캠버(Camber)
- 일반적으로 압연 시 압연소재의 판 폭 방향으로 휘어지는 현상이 다. 압연 코일의 경우 압연 방향으로 휘어지며, 소재 좌우 두께 편차가 있거나 상하 롤의 폭 방향 간격이 다를 때 그리고 폭 방향으로 온도가 고르지 못할 때 발생한다.
- 캠버 발생 원인
  - 롤이 기울어져 있을 때
  - 하우징의 연신 및 변형
  - 폭 방향 온도 편차
  - 소재 좌우 두께 편차

29 롤에 스폴링(Spalling)이 발생되는 경우가 아닌 것은?

① 롤 표면 부근에 주조 결함이 생겼을 때
② 내균열성이 높은 롤의 재질을 사용하였을 때
③ 여러 번의 롤 교체 및 연마 후 많이 사용하였을 때
④ 압연 이상에 의하여 국부적으로 강한 압력이 생겼을 때

해설
스폴링(Spalling) : 표면 균열이나 개재물 등이 있는 곳에 하중이 가해져서 표면이 서서히 박리하는 현상으로 내마모성과 내균열성이 높은 재질을 사용하는 것이 좋다.

30 판을 압연할 때 압연재가 롤과 접촉하는 입구측의 속도를 V_E, 롤에서 빠져나오는 출구측의 속도를 V_A, 그리고 중립점의 속도를 V_O라 할 때 각각의 속도 관계를 옳게 나타낸 것은?

① $V_E < V_O < V_A$

② $V_A > V_E > V_O$

③ $V_E < V_A < V_O$

④ $V_E = V_A = V_O$

해설

압연재의 속도는 롤과 소재의 속도가 같아지는 중립점을 기준으로, 입구쪽이 느리고, 출구쪽이 빠르게 된다.

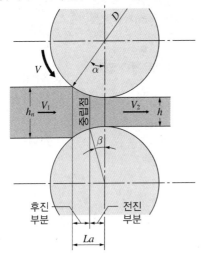

31 Block Mill의 특징을 설명한 것 중 옳은 것은?

① 구동부의 일체화로 고속 회전이 불가능하다.

② 소재의 비틀림이 많아 표면 흠이 많이 발생한다.

③ 스탠드 간 간격이 좁기 때문에 선후단의 불량 부분이 짧아져 실수율이 높다.

④ 부하용량이 작은 유막 베어링을 채용함으로써 치수정도가 높은 압연이 가능하다.

해설

Block Mill의 특징
• 구동부의 일체화로 고속 회전이 가능하다.
• 소재의 비틀림이 없으므로 표면 흠이 작다.
• 스탠드 간 간격이 좁기 때문에 선후단의 불량 부분이 짧아져 실수율이 좋다(높다).
※ 베어링이 장착된 압연기는 유성압연기이다.

32 산세라인에서 하는 작업 중 틀린 것은?

① 템퍼링

② 스케일 제거

③ 코일의 접속 용접

④ 스트립의 양 끝부분 절단

해설

템퍼링은 열처리 공정으로 산세와 관련이 없다.

33 압연기에서 롤과 재료 사이의 접촉각을 A, 마찰각을 B로 할 때, 재료가 압연기에 물려 들어 갈 조건은?

① A > 2B 　　② A > B

③ A < B 　　④ A = B

해설

마찰각이 접촉각보다 커야 물려 들어간다.

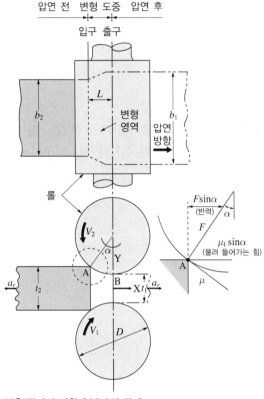

접촉각(α)과 마찰계수(μ)의 관계

- $\tan\alpha < \mu$인 경우 재료가 자력으로 압입되어 압연이 가능
- $\tan\alpha = \mu$인 경우 소재에 힘을 가하면 압연이 가능
- $\tan\alpha > \mu$인 경우 소재가 미끄러져 롤에 들어가지 않아 압연이 불가능
- 따라서, 재료가 롤에 쉽게 물려 들어가기 위해서는 접촉각이 작아져야 하므로, 압하량을 작게 하고, 롤 지름 $D(=2R)$를 크게 해야 한다.

34 압연할 때 스키드 마크 부분의 변형 저항으로 인하여 생기는 강판의 주결함은?

① 표면균열 　　② 판 두께 편차

③ 딱지 흠 　　④ 헤어 크랙

해설

스키드 마크 : 가열로 내에서 스키드와 판 표면이 접촉한 부분과 접촉하지 않은 부분의 온도차가 발생하는 현상으로 주로 푸셔식(Pusher Type)에서 발생하며, 이로 인해 판 두께 편차가 발생한다. 이를 최소화할 목적으로 워킹빔식(Walking Beam Type)이 사용된다.

35 다음 압연조건 중 압연제품의 조직 및 기계적 성질의 변화와 관련이 적은 것은?

① 냉각속도 　　② 압연속도

③ 압하율 　　④ 탈스케일

해설

스케일은 표면결함과 관련이 있으므로 탈스케일(스케일의 제거)은 조직 및 기계적 성질 변화보다는 표면의 부분적 성질 변화와 관련이 있다.

36 대구경관을 생산할 때 쓰이며, 강대를 나선형으로 감으면서 아크 용접하는 방법으로 외경 치수를 마음대로 선택할 수 있는 강관 제조법은?

① 단접법에 의한 강관 제조

② 롤 벤더(Roll Bender) 강관 제조

③ 스파이럴(Spiral) 강관 제조

④ 전기저항 용접법에 의한 강관 제조

해설

스파이럴 강관은 큰 직경의 관을 생산하기 위해 나선형으로 감아 용접한 강관 제조법이다.

37 공형설계의 실제에서 롤의 몸체 길이가 부족하고, 전동기 능력이 부족할 때, 폭이 좁은 소재 등에 이용되는 공형방식은?

① 다곡법　　　　② 플랫 방식
③ 버터플라이 방식　　④ 스트레이트 방식

공형설계 방식의 종류
• 플랫(Flat) 방식 : ㄱ형강, 밸브 판, T형강에 사용
• 버터플라이(Butterfly) 방식 : U형강, 시트 파일 압연에 사용
• 스트레이트(Straight) 방식 : I형강, 시트 파일 압연에 사용
• 다이애거널(Diagonal) 방식 : 레일 압연에 사용, 스트레이트 방식의 개선
• 다곡법 : 폭이 좁은 소재에 사용

38 압연 두께 자동제어(AGC)의 구성요소 중 압하력을 측정하는 것은?

① 굽힘블록　　　② 로드 셀
③ 서브밸브　　　④ 위치검출기

자동 두께 제어(AGC ; Automatic Gauge Control)
• 압연 중 스트립 두께 변동을 검출하기 위한 장비로, 스크루 다운 블록(Screw Down Block) 하단에 설치된 로드 셀(Load Cell)에 의해 압연의 압력 변화를 검출하여 현재 위치를 탐지한 후 F7 후면에 설치된 X-Ray가 판 두께를 측정해 이 신호를 기반으로 압하 스크루를 자동 제어하여 스트립의 두께를 목표 두께로 제어하는 장치
• AGC 설비
  – 스크루 다운(Screw Down) : AGC 유지 컨트롤과 병행하여 롤 갭 설정
  – 상부 빔(Top Beam) : 압연 소재의 두께에 따라 유압으로 롤 갭을 설정하는 장치
  – 하부 빔(Bottom Beam) : 빔 상부에 백업 롤 및 슬레드(Sled)를 안착하는 지지대
  – 스크루 업(Screw Up) : 내부에 로드 셀(Load Cell)이 내장되어 롤이 받는 힘을 검출하며 압연 패스 라인(Pass Line)을 조정

39 압연가공에서 통과 전 두께가 40mm이었던 것이 통과 후 24mm로 되었다면 압하율은 얼마인가?

① 35%　　　　② 40%
③ 45%　　　　④ 50%

$$압하율(\%) = \frac{압연\ 전\ 두께 - 압연\ 후\ 두께}{압연\ 전\ 두께} \times 100$$
$$= \frac{40 - 24}{40} \times 100$$
$$= 40$$

40 과잉공기계수(공기비)가 2.0이고, 이론공기량이 9.35m³/kg일 때 실제공기량(m³/kg)은?

① 8.4　　　　② 12.6
③ 16.7　　　④ 18.7

실제공기량 = 이론공기량 × 과잉공기계수
$$= 9.35 \times 2.0$$
$$= 18.7$$

41 압연 중에 소재 온도를 조정하여 최종 패스의 온도를 낮게 하면 제품의 조직이 미세화하여 강도의 상승과 인성이 개선되는 압연방법은?

① 완성압연　　　② 크로스 롤링
③ 폭내기 압연　　④ 컨트롤드 롤링

제어압연(컨트롤드 압연, CR압연, Controlled Rolling)
• 정의 : 강편의 가열온도, 압연온도 및 압하량을 적절히 제어함으로써 강의 결정조직을 미세화하여 기계적 성질을 개선하는 압연
• 종류
  – 고전적 제어압연 : 주로 Mn-Si계 고장력강을 대상으로 저온의 오스테나이트 구역에서 압연을 끝내는 것
  – 열가공압연 : 미재결정 구역에서 압연의 대부분을 하는 것을 포함하는 제어압연

42 열연공정인 RSB 혹은 VSB에서 실시하는 작업이 아닌 것은?

① 스케일(Scale) 제거

② 슬래브(Slab) 폭 변화

③ 트리밍(Trimming) 작업

④ 슬래브(Slab) 두께 변화

해설
- RSB : 열연공정의 조압연에서 폭 방향의 수직 롤을 이용하여 슬래브의 스케일을 제거하고 폭과 두께를 조절하는 압연을 수행한다.
- VSB : 2차 스케일 제거장치로 사상압연 전 고압수를 분사하여 표면의 스케일을 제거하는 설비이다.

43 중후판 소재의 길이 방향과 소재의 강괴축이 직각되는 압연작업으로 제품의 폭 방향과 길이 방향의 재질적인 방향성을 경감할 목적으로 실시하는 것은?

① 크로스 롤링

② 완성압연

③ 컨트롤드 롤링

④ 스케일 제거작업

해설
- 완성압연 : 완제품의 모양과 치수로 만드는 압연방법
- 크로스 롤링 : 4단 롤에서 상하 롤의 방향을 비스듬히 하여 구동하는 압연방법
- 폭내기 압연 : 원하는 폭을 만들기 위한 압연방법
- 컨트롤드 롤링 : 제어압연이라고도 하며 열간압연 조건을 냉각 제어하여 조직을 미립화하는 압연법

44 조압연기에 설치된 AWC(Automatic Width Control)가 수행하는 작업은?

① 바의 폭 제어

② 바의 형상 제어

③ 바의 온도 제어

④ 바의 두께 제어

해설
자동 폭 제어(AWC ; Automatic Width Control)
열간압연에서 조압연기 또는 사상압연기 앞에 설치되어 있어 슬래브(Slab)나 스트립(Strip)의 폭을 자동적으로 제어하는 장치이다.
※ Width는 폭을 의미한다.

45 냉간압연에 대한 설명으로 틀린 것은?

① 치수가 정확하고 표면이 깨끗하다.

② 압연작업의 마무리작업에 많이 사용된다.

③ 재료의 두께가 얇은 판을 얻을 수 있다.

④ 열간압연판에서는 이방성이 있으나 냉간압연판은 이방성이 없다.

해설
열간압연은 재결정 온도 이상의 압연이므로 이방성이 없으나 냉간압연은 재결정 온도 이하의 압연이므로 이방성이 있다.

46 압연재가 롤 사이에 들어갈 때 접촉부에 있어서 압연 작용이 가능한 전제 조건이 틀린 것은?

① 접촉부 안에서의 재료의 가속은 무시한다.
② 압연재는 접촉부 이외에서는 외력을 작용하지 않는다.
③ 압연 방향에 대한 재료의 가로 방향의 증폭량은 무시한다.
④ 압연 전후의 통과하는 재료의 양(체적)을 다르게 한다.

해설
압연 전후의 통과하는 재료의 양은 같다고 가정한다. 따라서 압연 후 줄어든 면적만큼 길이가 늘어나므로, 치입 전 소재의 속도보다 치입 후 소재의 속도가 더 커진다.

47 열연 코일을 냉간압연하기 전에 산세처리하는 이유는?

① 굴곡면의 교정
② 가공경화의 연화
③ 스케일의 제거
④ 압연저항의 감소

해설
산세처리의 주요 목적은 표면에 생성된 스케일 제거이다.
냉연 강판 제조공정 순서 : 열연 코일 → 산세(스케일 제거) → 냉간압연 → 전해청정(표면청정) → 풀림(소둔) → 조질압연(Skin Pass Rolling) → 되감기(리코일링) → 전단(Shearing Line)

48 고품질의 형상을 개선하기 위한 압연 공정은?

① 냉간압연
② 열간압연
③ 조질압연
④ 분괴압연

해설
조질압연(Skin Pass Mill) : 소둔 직후의 항복점 연신으로 인한 Stretcher Strain의 발생을 막기 위해 1~3%의 압하량으로 압연을 실시하는 공정

49 열간압연 정정 라인(Line)의 기능 중 경미한 냉간압연에 의해 평탄도, 표면 및 기계적 성질을 개선하는 설비는?

① 산세 라인(Line)
② 시어 라인(Shear Line)
③ 슬리터 라인(Slitter Line)
④ 스킨패스 라인(Skin Pass Line)

해설
조질압연(Skin Pass Mill)
• 정의 : 소둔 직후의 항복점 연신으로 인한 Stretcher Strain의 발생을 막기 위해 1~3%의 압하량으로 압연을 실시하는 공정
• 조질압연의 목적
  – 형상 개선(평탄도의 교정)
  – 표면 성상의 개선 : 조도에 따라 거친 표면(Dull), 매끄러운 표면(Bright)으로 구분
  – 스트레처 스트레인 방지(기계적 성질의 개선) : 곱쇠(Coil Break) 결함 제거

50 안전점검의 가장 큰 목적은?

① 장비의 설계상태를 점검
② 투자의 적정성 여부 점검
③ 위험을 사전에 발견하여 시정
④ 공정 단축 적합의 시정

해설
안전점검의 주요 목적은 위험을 예방하기 위한 것이다.

51 연속 풀림(CAL) 설비를 크게 입측, 중앙, 출측 설비로 나눌 때 입측 설비에 해당되는 것은?

① 풀림 노   ② 루프 카

③ 벨트 래퍼   ④ 페이 오프 릴

> **해설**
>
> 텐션 롤, 컨베이어, 페이 오프 릴은 입·출측 설비이다.

52 1패스로써 큰 압하율을 얻는 것으로 상·하부 받침 롤러의 주변에 20~26개의 작은 작업 롤을 배치한 압연기는?

① 분괴 압연기   ② 유성 압연기

③ 2단식 압연기   ④ 열간 조압연기

> **해설**
>
> 유성 압연기
>
> 지름이 큰 상하의 받침 롤의 주위에 다수의 지름이 작은 작업 롤을 베어링처럼 배치해서 작업 롤의 공전과 자전에 의해서 판재를 압연하는 구조이다. 26개의 작업 롤이 계속해서 압연 작업을 하기 때문에 압하력이 강하므로 1회에 90% 정도의 큰 압연율을 얻을 수 있다.

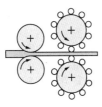

53 대형 열연압연기의 동력을 전달하는 스핀들(Spindle)의 형식과 거리가 먼 것은?

① 기어 형식

② 슬리브 형식

③ 플랜지 형식

④ 유니버설 형식

> **해설**
>
> 스핀들의 종류
> - 플랙시블(Flexible) 스핀들 : 높은 토크 전달이 가능하고, 진동·소음이 적으며, 급지가 필요 없음
> - 유니버설(Universal) 스핀들 : 분괴, 후판, 박판압연기에 주로 사용

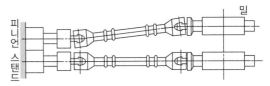

[유니버설 스핀들]

> - 연결 스핀들 : 롤 축간 거리 변동이 작음

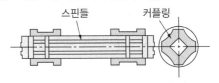

[연결 스핀들]

> - 기어 스핀들 : 고속 압연기에 유리하고 밀폐되어 내부 윤활유를 유지함이 가능

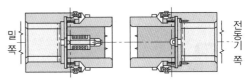

[기어 스핀들]

> - 슬리브 스핀들 : 슬리브 베어링을 이용한 스핀들

54 재해의 기본원인 4M에 해당하지 않는 것은?

① Machine

② Media

③ Method

④ Management

재해의 기본원인(4M)
- Man(인간) : 걱정, 착오 등의 심리적 원인과 피로 및 음주 등의 생리적 원인, 인관관계와 의사소통과 같은 직장적 원인
- Machine(기계설비) : 기계설비의 결함과 방호설비의 부재 및 기계의 점검 부족 등이 원인
- Media(작업) : 작업공간과 환경 문제 및 정보의 부적절함
- Management(관리) : 관리 조직의 결함과 교육 부족, 규정의 부재

55 스트립의 진행이 용이하도록 하부 워크 롤 상단부를 스트립 진행 높이보다 높게 맞추는 것을 무엇이라 하는가?

① 랩(Lap)

② 갭(Gap)

③ 패스 라인(Pass Line)

④ 클리어런스(Clearance)

롤 갭과 패스 라인
- 롤 갭 : 상부 작업 롤 하단과 하부 작업 롤 상단과의 거리로 상부의 전동압하 장치를 사용하여 조절한다.
- 패스 라인 : 하부 작업 롤 상단과 피드 롤 상단과의 거리로 스트립의 인입과 평탄도 개선을 위해 필요한 값으로 하부의 유압압하장치(스텝 웨지, 소프트라이너)를 사용하여 조절한다.

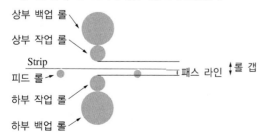

56 열간 스카핑에 대한 설명 중 옳은 것은?

① 손질 깊이의 조정이 용이하지 않다.

② 산소소비량이 냉간 스카핑에 비해 적다.

③ 작업 속도가 느리고, 압연능률을 떨어트린다.

④ 균일한 스카핑은 가능하나 평탄한 손질면을 얻을 수 없다.

열간 스카핑의 특징
- 손질 깊이의 조절이 용이하다.
- 산소소비량이 냉간 스카핑에 비해 적게 소모된다.
- 작업 속도가 빠르며 압연능률을 저하시키지 않는다.
- 균일한 스카핑이 가능하여 평탄한 손질면을 얻을 수 있다.

57 압연기의 구동장치 중 피니언의 역할은?

① 제품을 안내하는 기구

② 강편을 추출하는 기구

③ 전동기 감독을 하는 기구

④ 동력을 각 롤에 분배하는 기구

압연구동 설비

모터 (동력발생)	→	감속기 (회전수 조정)	→	피니언 (동력분배)	→	스핀들 (동력전달)

- 모터 : 압연기의 원동력을 발생시키는 설비로 일반적으로 직류전동기가 이용되며, 속도의 조정이 필요하지 않을 때는 3상 교류전동기를 사용
- 감속기 : 모터에서 발생된 동력을 압연기의 종류에 맞는 힘과 속도로 바꿔 주는 설비
- 피니언 : 동력을 각 롤에 분배하는 설비
- 스핀들 : 피니언과 롤을 연결하여 동력을 전달하는 설비

58 열간 스트립 압연기(Hot Strip Mill)의 사상 스탠드 수를 증가시키는 것과 관련이 가장 적은 것은?

① 제품형상 품질이 향상된다.
② 소재의 산화물 제거가 용이하다.
③ 보다 얇은 최종 판 두께를 얻을 수 있다.
④ 각 스탠드의 부하배분이 경감되어 속도가 증가한다.

해설
사상압연공정에서 소재의 산화물 제거는 스케일 브레이커에서 수행한다.

60 권취 완료시점에 권취 소재 외경을 급랭시키고 권취기 내에서 가열된 코일을 냉각하기 위한 냉각 장치는?

① 트랙 스프레이(Track Spray)
② 사이드 스프레이(Side Spray)
③ 버티컬 스프레이(Vertical Spray)
④ 유닛 스프레이(Unit Spray)

해설
트랙 스프레이(Track Spray)
권취 완료시점에 권취 소재 외경을 급랭시키고 권취기 내에서 가열된 코일을 냉각하기 위한 냉각 장치이다.
※ 권취설비 : 핀치 롤, 트랙 스프레이, 유닛 롤, 맨드릴

59 일반적으로 압연기 전체로서는 완전한 강체는 없으며 압연 중에 롤의 변형, 하우징 변형 등의 탄성 변형이 생기는 현상을 무엇이라 하는가?

① 롤(Roll) 틈새
② 롤(Roll) 점핑
③ 롤(Roll) 간극
④ 롤(Roll) 강성

해설
압연 중에 롤의 변형, 하우징 변형 등의 탄성변형이 생기는 현상을 롤의 강성이라고 한다.

※ 2017년부터는 CBT(컴퓨터 기반 시험)로 진행되어 수험자의 기억에 의해 문제를 복원하였습니다. 실제 시행문제와 일부 상이할 수 있음을 알려드립니다.

01 대면각이 136°인 다이아몬드 압입자를 사용하는 경도계는?

① 브리넬 경도계 ② 로크웰 경도계
③ 쇼어 경도계 ④ 비커스 경도계

해설

비커스 경도시험(HV, Vickers Hardness Test)
• 정사각추(136°)의 다이아몬드 압입자를 시험편에 놓고 1~150 kg까지 하중을 가하여 시험편에 생긴 피라미드 자국의 표면적으로 하중을 나눈 값으로 경도를 구하는 시험
• 비커스 경도는 HV로 표시하고, 미소 부위의 경도를 측정하는데 사용한다.
• 가는 선, 박판의 도금층 깊이 등 정밀하게 측정 시 마이크로 비커스, 누프 경도시험기를 사용한다.

02 황동의 가공재, 특히 관, 봉 등에서 일종의 응력부식균열로 잔류응력에 기인되어 나타나는 균열은?

① 자연균열 ② 탈아연부식균열
③ 편정반응균열 ④ 고온탈아연부식균열

해설

① 자연균열 : 황동과 같은 금속재료나 냉간가공 등에 의한 응력부식균열로 재료의 내부에 생긴 잔류응력에 기인한 균열
② 탈아연부식균열 : 황동의 표면으로부터 아연이 탈출되어 나타나는 부식균열
③ 편정반응균열 : 하나의 액상으로부터 다른 액상과 고용체를 동시에 생성하는 반응에서 일어나는 균열
④ 고온탈아연부식균열 : 높은 온도에서 증발에 의해 황동의 표면으로부터 아연이 탈출되어 나타나는 부식균열

03 Ni에 Cu를 약 50~60% 정도 함유한 합금으로 열전대용 재료로 사용되는 것은?

① 퍼멀로이 ② 인코넬
③ 하스텔로이 ④ 콘스탄탄

해설

콘스탄탄 : 구리-니켈 합금으로 전기저항이 온도에 거의 영향을 받지 않으므로 표준 전기저항선 및 열전대용 재료로 사용된다.

04 원자들의 배열이 불규칙한 상태를 가지며 자기헤드, 변압기용 철심, 자기 버블(Bubble) 재료 등의 자성재료 분야에 많이 응용되는 소재는?

① 초전도 재료
② 비정질 합금
③ 금속 복합 재료
④ 형상 기억 합금

해설

비정질 합금 : 금속을 용융 상태에서 초고속으로 급랭하여 만든, 결정을 이루고 있지 않은 합금이다. 인장강도와 경도를 크게 개선시킨 것으로 내마모성이 좋고 고저항에서 고주파 특성이 좋아 자기헤드 등에 사용한다.

05 주철의 성질을 설명한 것 중 옳은 것은?

① C와 Si 등이 많을수록 비중이 높아진다.
② 흑연편이 클수록 자기 감응도가 나빠진다.
③ C와 Si 등이 많을수록 용융점은 높아진다.
④ 강도와 경도는 크며, 충격저항과 연성이 우수하다.

해설
주철
• 탄소함유량이 1.7~6.67%인 철합금이다.
• C와 Si가 많을수록 비중은 낮아지고 용융점도 낮아진다.
• 흑연편이 클수록 자기 감응도는 나빠진다.
• 압축강도 및 경도는 커지나 충격저항과 연성은 작아진다.

06 다음의 희토류 금속원소 중 비중이 약 16.6, 용융점은 약 2,996℃이고, 150℃ 이하에서 불활성 물질로서 내식성이 우수한 것은?

① Se   ② Te
③ In   ④ Ta

해설
• 탄탈륨(Ta)은 비중이 약 16.6으로 강과 비슷한 광택이 나고 알칼리에 침식되지 않는 내식성이 우수하다.
• 셀레늄(Se)과 텔루륨(Te)은 반금속이다.
• 인듐(In)은 알루미늄족 원소이다.

07 탄소량의 증가에 따른 탄소강의 물리적·기계적 성질에 대한 설명으로 옳은 것은?

① 열전도율이 증가한다.
② 탄성계수가 증가한다.
③ 충격값이 감소한다.
④ 인장강도가 감소한다.

해설
탄소량이 증가할수록 강도는 증가하고 인성은 감소하므로 충격값은 감소한다.

08 금속은 고체 상태에서 결정을 이루고 있으며, 결정입자는 규칙적으로 단위격자가 모여 그림과 같은 격자를 만든다. 이를 무엇이라고 하는가?

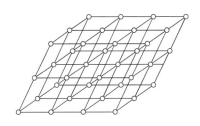

① 축각   ② 공간격자
③ 격자상수   ④ 충전격자

해설
공간격자 : 일정한 규칙에 따라 3차원 공간 내에 반복하여 배열되는 격자구조

09 철강에서 철 이외의 5대 원소로 옳은 것은?

① C, Si, Mn, P, S
② H_2, S, P, Cu, Si
③ N_2, S, P, Mn, Cr
④ Pb, Si, Ni, S, P

해설
철강 5대 원소 : 규소(Si), 망간(Mn), 황(S), 인(P), 탄소(C)

10 금속의 일반적인 특성에 대한 설명으로 틀린 것은?

① 소성변형을 한다.

② 가시광선의 반사능력이 높다.

③ 일반적으로 경도, 강도 및 비중이 낮다.

④ 수은을 제외하고 상온에서 고체이며 결정체이다.

해설
금속은 일반적으로 경도, 강도가 높고 비중이 크다.

11 탄소강의 표준 조직을 검사하기 위해 A_3 또는 A_{cm} 선보다 30~50℃ 높은 온도로 가열한 후 공기 중에 냉각하는 열처리는?

① 노멀라이징   ② 어닐링

③ 템퍼링   ④ 퀜칭

해설
① 불림(노멀라이징) : 강을 $A_3(Ac_3)$ 또는 A_{cm} 선보다 30~50℃ 높은 온도로 가열한 후 공랭하여 균일한 구조 및 강도를 증가시키는 열처리
② 풀림(어닐링) : 시편을 오스테나이트와 페라이트보다 40℃ 이상에서 필요시간동안 가열한 후 서랭하는 열처리
③ 뜨임(템퍼링) : 담금질 이후 A_1 변태점 이하로 재가열하여 냉각시키는 열처리로 경도는 다소 작아질 수 있으나 인성을 증가시키는 열처리
④ 담금질(퀜칭) : 강을 변태점 이상의 고온인 오스테나이트 상태에서 급랭하여 A_1 변태를 저지하여 경도와 강도를 증가시키는 열처리

12 고 Mn강으로 내마멸성과 내충격성이 우수하고, 특히 인성이 우수하기 때문에 파쇄 장치, 기차 레일, 굴착기 등의 재료로 사용되는 것은?

① 엘린바(Elinvar)

② 디디뮴(Didymium)

③ 스텔라이트(Stellite)

④ 해드필드(Hadfield)강

해설
해드필드(Hadfield)강 또는 오스테나이트 망간강
• 0.9~1.4% C, 10~14% Mn 함유
• 내마멸성과 내충격성이 우수
• 열처리 후 서랭하면 결정립계에 M_3C가 석출하여 취약
• 높은 인성을 부여하기 위해 수인법 이용

13 KS D 3503에 의한 SS330으로 표시된 재료기호에서 330이 의미하는 것은?

① 재질번호

② 재질등급

③ 탄소함유량

④ 최저인장강도

해설
끝부분의 숫자는 최저인장강도를 나타낸다.

14 척도가 1 : 2인 도면에서 실제치수 20mm인 선은 도면상에 몇 mm로 긋는가?

① 5mm
② 10mm
③ 20mm
④ 40mm

해설
척도는 뒤의 숫자가 기준(실제치수)이므로 20mm의 1/2인 10mm 이다.

16 반지름이 10mm인 원을 표시하는 올바른 방법은?

① t10
② 10SR
③ ϕ10
④ R10

해설
- t(두께)
- SR(구의 반경)
- ϕ(직경)
- R(반경)

17 도면에 정치수로 기입된 모든 치수이며 치수허용 한계의 기준이 되는 치수를 말하는 것은?

① 실치수
② 치수치수
③ 기준치수
④ 허용한계치수

해설
③ 기준치수 : 위치수허용차 및 아래치수허용차를 적용하는 데 따라 허용한계치수가 주어지는 기준이 되는 치수
① 실치수 : 형체의 실측치수
② 치수 : 형체의 크기를 나타내는 양을 말하며 일반적으로 mm를 단위로 사용
④ 허용한계치수 : 형체의 실제치수가 그 사이에 들어가도록 정한 허용할 수 있는 대소 2개의 극한치수, 즉 최대허용치수 및 최소 허용치수

15 그림과 같은 물체를 1각법으로 나타낼 때 (ㄱ)에 알맞은 측면도는?

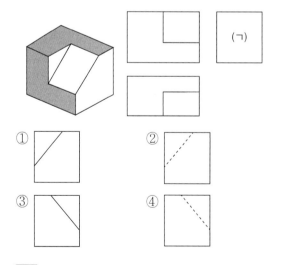

해설
1각법은 좌측면도를 우측에 그리는 것이므로 (ㄱ)의 자리에는 왼쪽 (반대쪽)에서 본 투상도를 나타내므로 상부면에서 우측면으로의 대각선을 점선 표시로 해야 한다.

18 다음 중 국제표준화기구 규격은?

① NF
② ASA
③ ISO
④ DIN

해설
국제표준화규격은 ISO(International Organization for Standardization)이다.
① 프랑스산업규격
② 미국규격협회
④ 독일산업규격

19 다음 그림 중에서 FL이 의미하는 것은?

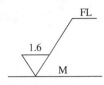

① 밀링가공을 나타낸다.
② 래핑가공을 나타낸다.
③ 가공으로 생긴 선이 거의 동심원임을 나타낸다.
④ 가공으로 생긴 선이 2방향을 교차하는 것을 나타낸다.

해설
가공방법의 기호
• L : 선반가공　　　　• C : 주조
• M : 밀링가공　　　　• FR : 리머가공
• D : 드릴가공　　　　• BR : 브로치가공
• G : 연삭가공　　　　• FF : 줄 다듬질
• B : 보링가공　　　　• FS : 스크레이퍼
• P : 평면가공　　　　• FL : 래핑

20 다음과 같은 단면도를 무엇이라 하는가?

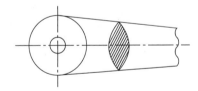

① 반단면도　　　　② 회전 단면도
③ 계단 단면도　　　④ 온단면도

해설
• 전단면도(온단면도) : 물체를 한 평면의 절단면으로 절단, 물체의 기본적인 모양을 가장 잘 표시한 단면도
• 반단면도 : 외형도의 절반만 절단하여 반은 외형도, 반은 단면도를 그려서 동시에 표시
• 회전 단면도 : 핸들이나 바퀴 등의 암 및 림, 리브, 훅, 축, 구조물의 부재 등의 절단면을 90° 회전하여 표시

21 선의 용도와 명칭이 잘못 짝지어진 것은?

① 숨은선 – 파선
② 지시선 – 1점 쇄선
③ 외형선 – 굵은 실선
④ 파단선 – 지그재그의 가는 실선

해설
• 지시선 : 가는 실선
• 1점 쇄선 : 중심선, 기준선, 피치선

22 축에 풀리, 기어 등의 회전체를 고정시켜 축과 회전체가 미끄러지지 않고 회전을 정확하게 전달하는 데 사용하는 기계요소는?

① 키　　　　　　② 핀
③ 벨트　　　　　④ 볼트

해설
① 키 : 기어, 벨트, 풀리 등의 축에 고정하여 회전력을 전달하는 기계요소
② 핀 : 기계부품의 일반적인 체결을 위한 기계요소

23 나사의 제도에서 수나사의 골지름은 어떤 선으로 도시하는가?

① 굵은 실선　　　② 가는 실선
③ 가는 1점 쇄선　④ 가는 2점 쇄선

해설
• 수나사의 바깥지름(산)과 암나사의 안지름(산)은 굵은 실선
• 수나사 및 암나사의 골지름은 가는 실선
• 완전나사부와 불완전나사부 경계선은 굵은 실선
• 수나사와 암나사의 조립부를 그릴 때는 수나사를 위주로 그림
• 불완전나사부의 끝 밑선은 축선에 대하여 30° 경사진 가는 실선으로 그림

24 다음 도면에서 B의 치수는 몇 mm인가?

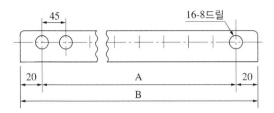

① 315mm ② 675mm
③ 715mm ④ 875mm

해설

16–8드릴에서 16은 구멍의 개수이므로
A = (16 − 1) × 45 = 675mm
B = A + 20 × 2 = 675 + 40 = 715mm

25 압연재의 입측 속도가 3.8m/s, 작업 롤의 주속도가 4.5m/s, 압연재의 출측 속도가 5.0m/s일 때 전진율은 약 얼마인가?

① 11.1% ② 12.5%
③ 15.5% ④ 20.1%

해설

$$전진율(\%) = \frac{출측\ 속도 - 롤의\ 속도}{롤의\ 속도} \times 100$$
$$= \frac{5.0 - 4.5}{4.5} \times 100$$
$$= 11.1\%$$

26 산세 작업 시 과산세를 방지할 목적으로 투입하는 것은?

① 온수
② 황산(H_2SO_4)
③ 염산(HCl)
④ 인히비터(Inhibitor)

해설

부식 억제제(인히비터, Inhibitor)
• 인히비터라고도 하며 철 부식을 억제하기 위한 제제로 인산염이 주성분
• 종류 : 젤라틴, 티오요소, 퀴놀린 등
• 역할 : 지철과의 반응 억제, 수소 발생 억제, 오물 생성 방지, 스트립 표면 균일 및 미려
• 요구되는 성질 : 산세 시간을 지연시키지 않을 것, 불순물이 부착되지 않을 것, 고온 안정성·용해성이 좋을 것

27 공형압연 설계의 원칙을 설명한 것 중 틀린 것은?

① 공형각부의 감면율을 가급적 균등하게 한다.
② 공형형상은 되도록 단순화하고 직선으로 한다.
③ 가능한 직접 압하를 피하고 간접 압하를 이용하도록 설계한다.
④ 플랜지의 높이를 내고 싶을 때에는 초기 공형에서 예리한 홈을 넣는다.

해설

• 공형설계 시 고려사항 : 소재 재질, 롤 사양, 모터 용량, 압연 토크, 압연하중, 유효 롤 반지름, 롤 배치, 감면율 등
• 공형설계 원칙
 – 공형 각부의 감면율을 균등하게 유지
 – 플랜지의 높이를 내고 싶을 때에는 초기 공형에서 예리한 홈을 넣음
 – 간접 압하를 피하고 직접 압하를 이용하여 설계
 – 비대칭 단면의 압연은 재료가 롤에 몰리고 있는 동안 트러스트가 작용
 – 공형형상은 단순화·직선화함

28 접촉각(α)과 마찰계수(μ)에 따른 압연에 대한 설명으로 옳은 것은?

① 마찰계수 μ를 0(Zero)으로 하면 접촉각 α가 커진다.

② $\tan\alpha$가 마찰계수 μ보다 크면 압연이 잘된다.

③ 롤 지름을 크게 하면 접촉각 α가 커진다.

④ 압하량을 작게 하면 접촉각 α가 작아진다.

해설

① 접촉각은 소재와 롤의 형상에 의해 결정되며, 마찰계수와는 관계 없다.

② 마찰계수가 더 커야 압연이 잘된다.

③ 롤의 지름을 크게 하면 접촉각은 작아진다.

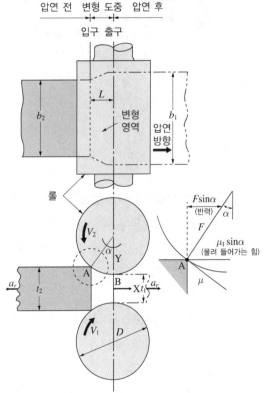

접촉각(α)과 마찰계수(μ)의 관계
- $\tan\alpha < \mu$인 경우 재료가 자력으로 압입되어 압연이 가능
- $\tan\alpha = \mu$인 경우 소재에 힘을 가하면 압연이 가능
- $\tan\alpha > \mu$인 경우 소재가 미끄러져 롤에 들어가지 않아 압연이 불가능
- 따라서, 재료가 롤에 쉽게 물려 들어가기 위해서는 접촉각이 작아져야 하므로, 압하량을 작게 하고, 롤 지름 $D(=2R)$를 크게 해야 한다.

29 압연재가 롤을 통과하기 전 폭이 3,000mm, 높이가 20mm이고, 통과 후 폭이 3,500mm, 높이가 15mm라면 감면율은 약 몇 %인가?

① 14.3% ② 16.5%

③ 18.6% ④ 20.7%

해설

$$감면율(\%) = \frac{압연\ 전\ 면적 - 압연\ 후\ 면적}{압연\ 후\ 면적} \times 100$$

$$= \frac{(3,000 \times 20) - (3,500 \times 15)}{3,500 \times 15} \times 100$$

$$= 14.3$$

30 공형압연설계에서 개방공형과 폐쇄공형을 구분하는 그림상의 L각도는 얼마인가?

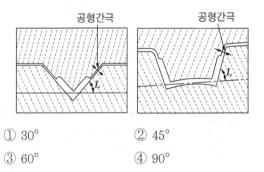

① 30° ② 45°

③ 60° ④ 90°

해설

- 개방공형 : 1쌍의 롤에 똑같은 공형이 반씩 패어 있고 중심선과 롤 선이 일치되며 롤과 롤의 경계에는 공형간극이 존재함. 또한 공형 간극선이 롤 축과 평행이 아닌 경우 공형각도가 60°보다 작을 때도 개방공형이라 함. 개방공형은 압연 시 재료가 공형간극으로 흘러나가는 결점이 있어 성형압연 전의 조압연 단계에서 수행
- 폐쇄공형 : 공형각도가 60° 이상이고 롤의 지름은 크게 되나 모서리 성형이 잘되어 형강성형 등에 사용

31 압연가공으로 생산되지 않는 제품은?

① 형재　　　② 관재
③ 봉재　　　④ 잉곳

해설

잉곳(Ingot)은 주괴라고도 하며 압연가공하기 이전의 제품이다.

32 균열로 조업 시 노압이 낮을 때의 현상으로 옳은 것은?

① 장입소재(강괴)의 상부만이 가열된다.
② 스케일의 생성 억제 및 균일하게 가열된다.
③ 화염이 뚜껑 및 내화물 사이로 흘러나와 노를 상하게 한다.
④ 침입 공기 증가로 연료 효율의 저하 및 스케일의 성장과 버너 근처 강괴의 과열 현상이 일어난다.

해설

노압 관리

• 노압은 노의 효율에 큰 영향을 미치며, 노압 제어는 노 내 설치된 노압 검출단에서 입력신호를 받아 자동으로 댐퍼(Damper)를 제어
• 노압 변동 시 영향

노압이 높을 때	• 슬래브 장입구, 추출구, 노 내 점검구에서 방염에 의한 열손실 증가 • 방염에 의한 노체 주변 철구조물 손상 • 버너 연소상태 악화 • 개구부 방염에 의한 작업자 위험도 증가 • 화염 방출로 화재발생
노압이 낮을 때	• 외부의 찬 공기가 노 내로 침투하여 열손실 증대 • 침입공기에 따른 공기비 제어량 실적치 변동 • 슬래브 산화에 의한 스케일 생성량 증가

33 냉간압연에서 압연유 사용 효과가 아닌 것은?

① 흡착 효과
② 냉각 효과
③ 윤활 효과
④ 압하 효과

해설

압연유의 작용

• 감마작용(마찰저항 감소)
• 냉각작용(열방산)
• 응력분산작용(힘의 분산)
• 밀봉작용(외부 침입 방지)
• 방청작용(스케일 발생 억제)

34 냉간압연에 비교한 열간압연의 장점이 아닌 것은?

① 가공이 용이하다.
② 제품의 표면이 미려하다.
③ 소재 내부의 수축공 등이 압착된다.
④ 동일한 압하율일 때 압연동력이 적게 소요된다.

해설

열간압연의 특징

• 재결정 온도 이상에서 압연을 진행하므로 비교적 작은 롤 압연으로도 큰 변형가공이 가능하다.
• 열간 Strip 압연은 큰 강판에서 방관 Strip까지 1회의 작업으로 만들어 낼 수 있고, 취급 단위가 크며 압연공정이 연속적이고 단순하다.
• 압연이 극히 고(高)속도로 행해짐에 따라 시간당 생산량이 크다.
• 산화발생으로 표면이 미려하지 못하다.
• 낮은 강도로 제품을 얇게 만들기 어렵다.

35 압연작업 대기 중인 원판의 규격이 두께 2.05mm× 폭 914mm일 때 ϕ380mm 롤을 사용하여 1.34mm 로 압연하는 경우 접촉투영면적은?(단, 폭의 변동 은 없다고 가정한다. 소수점 둘째 자리에서 반올림 하여 계산하시오)

① 약 5,301mm^2

② 약 10,602mm^2

③ 약 15,012mm^2

④ 약 21,204mm^2

해설
- 롤의 접촉투영면적 = 판의 폭×접촉호의 투영길이
- 접촉호의 투영길이 = $\sqrt{R(h_0 - h_f)}$
  여기서, R : 롤의 반경
  h_0 : 판의 초기 두께
  h_f : 판의 나중 두께
- 롤의 접촉투영면적 $= 914 \times \sqrt{190 \times (2.05 - 1.34)}$
  $= 914 \times 11.6 = 10,602mm^2$

36 다음 결함 중 주 발생 원인이 압연과정에서 발생하 는 것이 아닌 것은?

① 겹침   ② 귀발생

③ 긁힘   ④ 수축공

해설
수축공은 용탕이 응고될 때 발생되는 내부결함이다.

37 냉연박판 제조공정의 순서로 옳은 것은?

① 산세 → 냉간압연 → 조질압연 → 풀림 → 정정

② 산세 → 냉간압연 → 표면청정 → 풀림 → 조질 압연

③ 산세 → 냉간압연 → 표면청정 → 조질압연 → 풀림

④ 산세 → 표면청정 → 냉간압연 → 조질압연 → 정정

해설
냉연박판 제조공정 순서
핫코일(Hot Coil) → 산세(Pickling Line) → 냉간압연(Cold Rolling) → 전해청정(Electrolytic Cleaning, 표면청정) → 풀림(Annealing, 소둔) → 조질압연(Skin Pass Rolling) → 되감기(Recoiling Line, 리코일링) → 전단(Shearing Line)

38 압연에 의한 조직변화에 대한 설명 중 틀린 것은?

① 냉간가공으로 나타난 섬유조직은 압연 방향으로 길게 늘어난다.

② 열간가공 마무리 온도가 높을수록 결정립이 미세 하게 된다.

③ 슬립은 원자가 가장 밀집되어 있는 격자면에서 먼저 일어난다.

④ 열간가공으로 결정립이 연신된 후에 재결정이 시작된다.

해설
열간가공에서 마지막 온도를 낮추어 결정립의 미세화를 유도할 수 있다.

작은 압축

큰 압축

  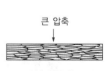

(a) 가공 전   (b) 가공 후   (c) 가공 후

35 ②   36 ④   37 ②   38 ②   **정답**

39 일반적으로 철강 표면에 생성되어 있는 스케일이 대기와 접한 표면으로부터 스케일 생성 순서가 옳은 것은?

① $Fe_2O_3 \rightarrow Fe_3O_4 \rightarrow Fe \rightarrow FeO$

② $Fe_3O_4 \rightarrow Fe_2O_3 \rightarrow Fe \rightarrow FeO$

③ $Fe_3O_4 \rightarrow Fe_2O_3 \rightarrow FeO \rightarrow Fe$

④ $Fe_2O_3 \rightarrow Fe_3O_4 \rightarrow FeO \rightarrow Fe$

해설
철강표면의 스케일에 대한 대기와 접한 표면으로부터의 순서
$Fe_2O_3 \rightarrow Fe_3O_4 \rightarrow FeO \rightarrow Fe$

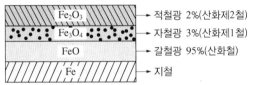

- Fe₂O₃ → 적철광 2%(산화제2철)
- Fe₃O₄ → 자철광 3%(산화제1철)
- FeO → 갈철광 95%(산화철)
- Fe → 지철

40 연료의 착화온도가 가장 높은 것은?

① 수소　　　　　② 갈탄

③ 목탄　　　　　④ 역청탄

해설
착화온도
- 수소 : 560℃
- 갈탄 : 250~450℃
- 목탄 : 490℃
- 역청탄 : 300~400℃

41 열간압연 시 발생하는 슬래브 캠버(Camber)의 원인이 아닌 것은?

① 상하 압하의 힘이 다를 때

② 소재 좌우 두께 편차가 있을 때

③ 상하 Roll 폭 방향 간격이 다를 때

④ 소재의 폭 방향으로 온도가 고르지 못할 때

해설
캠버(Camber)
- 일반적으로 압연 시 압연소재의 판 폭 방향으로 휘어지는 현상이다. 압연 코일의 경우 압연 방향으로 휘어지며, 소재 좌우 두께 편차가 있거나 상하 롤의 폭 방향 간격이 다를 때 그리고 폭 방향으로 온도가 고르지 못할 때 발생한다.
- 캠버 발생 원인
  - 롤이 기울어져 있을 때
  - 하우징의 연신 및 변형
  - 폭 방향 온도 편차
  - 소재 좌우 두께 편차

42 압연 두께 자동 제어(AGC)의 구성요소 중 압하력을 측정하는 것은?

① 굽힘블록　　　　② 로드 셀

③ 서브밸브　　　　④ 위치검출기

해설
자동 두께 제어(AGC ; Automatic Gauge Control)
- 압연 중 스트립 두께 변동을 검출하기 위한 장비로, 스크루 다운 블록(Screw Down Block) 하단에 설치된 로드 셀(Load Cell)에 의해 압연의 압력 변화를 검출하여 현재 위치를 탐지한 후 F7 후면에 설치된 X-Ray가 판 두께를 측정해 이 신호를 기반으로 압하 스크루를 자동 제어하여 스트립의 두께를 목표 두께로 제어하는 장치
- AGC 설비
  - 스크루 다운(Screw Down) : AGC 유지 컨트롤과 병행하여 롤 갭 설정
  - 상부 빔(Top Beam) : 압연 소재의 두께에 따라 유압으로 롤 갭을 설정하는 장치
  - 하부 빔(Bottom Beam) : 빔 상부에 백업 롤 및 슬레드(Sled)를 안착하는 지지대
  - 스크루 업(Screw Up) : 내부에 로드 셀(Load Cell)이 내장되어 롤이 받는 힘을 검출하며 압연 패스 라인(Pass Line)을 조정

43 다음 중 조압연기 배열에 관계없는 것은?

① Cross Couple식

② Full Continuous(전연속)식

③ Four Quarter(4/4연속)식

④ Semi Continuous(반연속)식

해설

조압연기의 종류
- 반연속기 압연기 : 2단 압연기인 RSB와 4단 가역식 압연기 1기 (R1)로 구성되어 있는 반연속식 압연기로 R1에서 3~7패스의 가역 압연을 실시하는 압연기
- 전연속기 압연기 : 2단 압연기 3대 R1, R2, R3와 4단 압연기 3대 R4, R5, R6이 연속적으로 배치되어 있는 것으로 소재를 한 방향으로 연속적으로 압연하는 압연기
- 3/4(Three Quarter)연속식 압연기 : 2단 압연기인 RSB를 R1으로 하고, 4단 압연기 R2를 가역 압연하고, R3, R4를 연속적으로 배치한 압연기
- 크로스 커플(Cross Couple)식 압연기 : 3/4연속식 압연기에서 후단의 4단 압연기인 R3, R4를 탠덤(Tandum) 압연기 형식으로 근접하게 배열한 것

44 다음 중 조질압연의 설비가 아닌 것은?

① 페이 오프 릴(Pay Off Reel)

② 신장률 측정기

③ 스탠드(Stand)

④ 전단

해설

전단은 정정공정 설비이다.

45 압연유 급유방식 중 직접방식에 관한 설명이 아닌 것은?

① 냉각효율이 높으며, 물을 사용할 수 있다.

② 적은 용량을 사용하므로 폐유 처리설비가 작다.

③ 윤활 성능이 좋은 압연유를 사용할 수 있다.

④ 압연 상태가 좋고 압연유 관리가 쉽다.

해설

급유방식

직접 급유방식	순환 급유방식
• 윤활 성능이 좋은 압연유 사용 가능	• 윤활 성능이 좋은 압연유 사용이 어려움
• 항상 새로운 압연유 공급	• 폐유 처리설비는 적은 용량 가능
• 냉각 효과가 좋아 효율이 좋음	• 철분이나 그 밖의 이물질이 혼합되어 압연유 성능 저하
• 압연유가 고가이며, 폐유 처리 비용이 비쌈	• 직접 방식에 비해 가격이 저렴
• 고속박판압연에 사용 가능	

46 강판을 폭이 좁은 형상의 띠 모양으로 절단 가공하여 감아 놓은 강대는?

① 후프(Hoop)　② 슬래브(Slab)
③ 틴 바(Tin Bar)　④ 스켈프(Skelp)

해설

압연용 소재의 종류

소재명	설명
슬래브(Slab)	단면이 장방형인 반제품(강판 반제품)
블룸(Bloom)	사각형에 가까운 단면을 가진 반제품(봉형강류 반제품)
빌릿(Billet)	단면이 사각형인 반제품(봉형강류 반제품)
스트립(Strip)	코일 상태의 긴 대강판재(강판 반제품)
시트(Sheet)	단면이 사각형인 판재(강판 반제품)
시트 바 (Sheet Bar)	분괴압연기에서 압연한 것을 다시 압연한 판재(강판 반제품)
플레이트(Plate)	단면이 사각형인 판재(강판 반제품)
틴 바(Tin Bar)	블룸을 분괴, 조압연한 석도 강판의 재료(강판 반제품)
틴 바 인코일 (Tin Bar In Coil)	틴 바와 같은 소재를 코일 모양으로 감은 것(강판 반제품)
후프(Hoop)	강판을 폭이 좁은 형상의 띠 모양으로 절단 가공하여 코일로 감아놓은 강대의 반제품(강관용 반제품)
스켈프(Skelp)	빌릿을 분괴, 조압연한 용접강관의 소재로 양단이 용접에 편리하도록 85~88°로 경사져 있음(강관용 반제품)

47 압연기기의 구동 장치에서 동력전달장치 구성 배열이 옳게 나열된 것은?

① Motor → 감속기 → 피니언 → 스핀들
② Motor → 피니언 → 감속기 → 스핀들
③ Motor → 스핀들 → 감속기 → 피니언
④ Motor → 감속기 → 스핀들 → 피니언

해설

압연기 동력전달 순서
메인모터(동력발생) → 감속기(동력제어) → 피니언(동력분배) → 커플링(감속기) → 스핀들(동력전달) → 스탠드의 롤

48 형상교정 설비 중 다수의 소경 롤을 이용하여 반복해서 굽힘으로써 재료의 표피부를 소성변형시켜 판 전체의 내부응력을 저하 및 세분화시켜 평탄하게 하는 설비는?

① 롤러 레벨러(Roller Leveller)
② 텐션 레벨러(Tension Leveller)
③ 시어 레벨러(Shear Leveller)
④ 스트레처 레벨러(Stretcher Leveller)

해설

레벨러의 종류
• 롤러 레벨러 : 다수의 소경 롤에 의해 초반 굴곡으로 재료 표피부를 소성변형하여 판 전체의 내부응력을 저하·세분화시켜 평탄하게 한다(조반굴곡).

• 스트레처 레벨러 : 단순한 인장에 의해 균일한 연신 변형을 부여하고 내부 변형을 균일화하여 좋은 평탄도를 얻게 한다(연신).

• 텐션 레벨러 : 항복점보다 낮은 단위 장력 하에서 수 개의 롤에 의한 조반 굴곡을 가해 소성 연신율을 준다(조반굴곡 + 연신).

49 압연의 작업 롤(Work Roll)에 많이 사용되고 있는 원추 롤러 베어링에 대한 설명으로 알맞은 것은?

① 일반적으로 트러스트(Thrust) 하중만 받을 수 있다.
② 래디얼(Radial) 하중과 한쪽 방향의 큰 트러스트 하중에 견딜 수 있다.
③ 외륜의 궤도면은 구면으로 되어 있고 통형의 롤러가 2열로 들어 있다.
④ 니들 베어링이라 하고 보통 롤러보다도 직경이 작으며 고속으로도 적당하다.

해설

원추 롤러 베어링 : 반경 방향과 트러스트 하중을 모두 받는 곳에 사용한다.

50 압연기 유도장치의 요구사항이 아닌 것은?

① 수명이 길어야 한다.
② 조립·해체가 용이해야 한다.
③ 열충격에 의한 변형이 없어야 한다.
④ 유도장치 재질은 저탄소강을 사용해야 한다.

해설
유도장치의 재질은 강도가 높은 고탄소강을 사용한다.

52 냉연 강판의 내부결함에 해당되는 것은?

① 곱쇠(Coil Break)
② 파이프(Pipe)
③ 덴트(Dent)
④ 릴 마크(Reel Mark)

해설
② 파이프(Pipe) : 강괴의 내부에 발생하는 파이프 모양의 결함
  ※ 파이프 흠은 이러한 파이프 결함이 압연 후 표면에 나타나는 선모양 결함
① 곱쇠(Coil Break) : 코일 폭 방향으로 표면에 불규칙하게 발생하는 꺾임 현상으로 저탄소강에서 많이 발생하는 결함
③ 덴트(Dent) : 판 표면에 움푹 들어간 형상의 결함
④ 릴 마크(Reel Mark) : 맨드릴 진원도 불량에 의한 판 표면의 요철 흠

51 열간 스카핑(Scarfing)의 특징으로 틀린 것은?

① 균일한 스카핑이 가능하다.
② 손질 깊이의 조절이 용이하다.
③ 냉간 스카핑에 비해 산소소비량이 많다.
④ 작업속도가 빠르며 압연능률을 저하시키지 않는다.

해설
열간 스카핑 : 강괴의 표면에는 스캡, 크랙, 표면개재물 등의 유해한 결함이 있으며, 또한 균열로 공정에서 표면 탈탄층이 생기게 되는데, 이러한 결함을 제거하기 위한 설비이다.
• 손질 깊이 조절이 용이하다.
• 산소소비량이 냉간 스카핑에 비해 적다.
• 작업속도가 빨라 압연능률을 해치지 않는다.

53 냉간압연기에서는 압연 시에 주로 소재의 Edge측의 결함에 의한 판파단 현상이 발생되는데 판파단을 최소화하기 위한 조치 방법 중 틀린 것은?

① 소재 취급 시 Edge부의 파손을 최소화한다.
② Work Roll의 Bending을 높여 작업을 실시한다.
③ 장력이 센터(Center)부에 많이 걸리도록 작업한다.
④ 냉연 입측 공정에서의 소재 검사 및 수입 작업을 철저히 한다.

해설
작업 롤의 굽힘(Bending)을 낮추어야 한다.

54 최근 압연기에는 ORG(On-line Roll Grinder) 설비가 부착되어 압연 중 작업 롤(Work Roll) 표면의 전면 혹은 단차 연마를 실시하는 데, ORG 사용 시의 장점이 아닌 것은?

① 롤 서멀 크라운을 제어할 수 있다.
② 롤 마모의 단차를 해소할 수 있다.
③ 협폭재에서 광폭재의 폭 역전이 가능하다.
④ 국부마모 해소로 동일 폭 제한을 해소할 수 있다.

해설
ORG(On-line Roll Grinder)
압연 시 국부적으로 마모된 부위를 제거함과 동시에 꼬임이나 이물로 인한 롤 마크 결함을 감소시키며 롤이 벗겨져 발생하는 스케일성 결함을 저감하는 장치

55 압연기의 압하력을 측정하는 장치는?

① 압하 스크루(Screw)
② 로드 셀(Load Cell)
③ 플래시 미터(Flash Meter)
④ 텐션 미터(Tension Meter)

해설
② 로드 셀 : 압하력을 측정하는 장치
① 압하 스크루 : 압하력을 조정하는 장치
④ 텐션 미터 : 장력을 측정하는 장치

56 인간공학적인 안전한 작업환경에 대한 설명으로 틀린 것은?

① 배선, 용접호스 등은 통로에 배치할 것
② 작업대나 의자의 높이 또는 형을 적당히 할 것
③ 기계에 부착된 조명, 기계에서 발생하는 소음을 개선할 것
④ 충분한 작업공간을 확보할 것

해설
배선, 용접호스 등을 통로에 배치하면 발에 걸리거나 이동 물체에 눌릴 수 있으므로 안전한 작업환경이 아니다.

57 안전관리 기법이 아닌 것은?

① 무재해 운동
② 위험예지 훈련
③ 툴박스 미팅(Tool Box Meeting)
④ 설비의 대형화

해설
설비의 대형화와 안전관리 기법은 관련 없다.

58 냉간 박판의 폭이 좁은 제품을 세로로 분할하는 절단기는?

① 트리밍 시어   ② 플라잉 시어

③ 슬리터   ④ 크롭 시어

해설

주요 전단설비
- 슬리터(Sliter) : 스트립을 길이 방향으로 절단하는 설비
- 사이드 트리머(Side Trimmer) : 스트립의 양옆을 길이 방향으로 절단하는 설비
- 크롭 시어(Crop Shear) : 스트립의 선단과 미단을 절단하는 설비
- 플라잉 시어(Flying Shear) : 상하의 전단날이 판과 같은 방향과 속도로 이동하면서 절단하는 설비

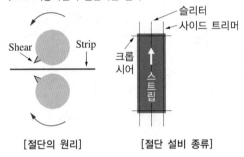

[절단의 원리]   [절단 설비 종류]

60 다음 중 대량생산에 적합하며 열연 사상압연에 많이 사용되는 압연기는?

① 테라 압연기

② 클러스터 압연기

③ 라우드식 압연기

④ 4단 연속 압연기

해설

사상압연에는 탠덤 4단 연속 압연기를 많이 사용한다.

59 점도와 응고점이 낮고 고열에 변질되지 않으며 암모니아와 친화력이 약한 조건을 만족시켜야 할 윤활유는?

① 다이나모유

② 냉동기유

③ 터빈유

④ 선박엔진유

해설

냄새에 민감한 냉동기유는 암모니아와 친화력이 약해야 한다.

01 순철 중 α-Fe(체심입방격자)에서 γ-Fe(면심입방격자)로 결정격자가 변화되는 A_3 변태점은 몇 ℃인가?

① 723℃ ② 768℃
③ 860℃ ④ 910℃

해설
A_2 변태(768℃), A_3 변태(910℃), A_4 변태(1,400℃)

02 탄소강에 대한 설명으로 틀린 것은?

① 페라이트와 시멘타이트의 혼합조직이다.
② 탄소량이 증가할수록 내식성이 감소한다.
③ 탄소량이 높을수록 가공 변형이 용이하다.
④ 탄소량이 높을수록 인장강도 경도값이 증가한다.

해설
탄소량이 높을수록 경도가 높아져 가공 변형이 어려워진다.

03 압입자 지름이 10mm인 브리넬 경도 시험기로 강의 경도를 측정하기 위하여 3,000kgf의 하중을 적용하였더니 압입 자국의 깊이가 1mm이었다면 브리넬 경도값(HB)은 약 얼마인가?

① 75.5 ② 85.6
③ 95.5 ④ 105.6

해설
$$HB = \frac{W}{\pi D h} \, [\text{kgf/mm}^2]$$
여기서, W : 하중(kgf)
  D : 압입자 지름(mm)
  h : 압입 자국 깊이(mm)
$$HB = \frac{3,000}{\pi \cdot 10\text{mm} \cdot 1\text{mm}} = 95.5$$

04 단위포(단위격자)의 한 모서리의 길이를 무엇이라 하는가?

① 격자상수 ② 배위수
③ 다결정립 ④ 밀러상수

해설
① 격자상수 : 단위격자의 한 모서리 길이
② 배위수 : 중심원자를 둘러싼 배위원자의 수
③ 다결정립 : 미소한 결정입자가 여러 가지 방향으로 모여 있는 형상
④ 밀러상수(밀러지수) : 결정면의 축에 따른 절편을 원자 간격으로 측정한 수의 역수 정수비

05 Al 및 Al 합금에 대한 설명으로 틀린 것은?

① Fe의 1/3 정도의 무게를 가지는 금속이다.

② Al-Si 합금을 실루민이라 한다.

③ Al-Cu-Si계 합금을 라우탈이라 한다.

④ 알칼리 수용액 중에는 부식되지 않으나 수산화암모늄 중에는 잘 부식된다.

해설

알루미늄의 성질

• 비중 2.7, 용융점 660℃, 내식성 우수, 산·알칼리에 약함
• 대기 중 표면에 산화알루미늄(Al_2O_3)을 형성하여 얇은 피막으로 인해 내식성이 우수
• 산화물 피막을 형성시키기 위해 수산법, 황산법, 크롬산법을 이용함

06 주석 또는 납을 주성분으로 하는 베어링용 합금은?

① 우드메탈   ② 화이트메탈

③ 캐스팅메탈   ④ 옵셋메탈

해설

화이트메탈 혹은 배빗메탈(Babbitt Metal) : 주석 89%-안티몬 7%-구리 4% 또는 납 80%-안티몬 15%-주석 5%를 성분으로 하는 베어링용 합금

07 다음 중 전기 저항이 0(Zero)에 가까워 에너지 손실이 거의 없기 때문에 자기부상열차, 핵자기공명 단층 영상장치 등에 응용할 수 있는 것은?

① 제진합금   ② 초전도 재료

③ 비정질합금   ④ 형상기억합금

해설

② 초전도 재료 : 전기 저항이 0(Zero)에 가까워 에너지 손실이 거의 없는 재료이다.
① 방진합금(제진합금) : 편상흑연주철(회주철)의 경우 편상 흑연이 분산되어 진동감쇠에 유리하며 이외에도 코발트-니켈 합금 및 망간구리 합금도 감쇠능이 우수하다.
③ 비정질합금 : 금속을 용융상태에서 초고속 급랭하여 만든 재료로 결정이 되어 있지 않은 상태이며, 인장강도와 경도를 크게 개선시킨 합금이다. 내마모성도 좋고 고저항에서 고주파 특성이 좋으므로 자기헤드 등에 사용된다.
④ 형상기억합금 : Ti-Ni계 합금이다.

08 베이나이트 조직은 강의 어떤 열처리로 얻어지는가?

① 풀림 처리   ② 담금질 처리

③ 표면강화 처리   ④ 항온 변태 처리

해설

베이나이트 처리 : 등온의 변태 처리

09 비정질 합금의 제조법 중에서 기체 급랭법에 해당되지 않는 것은?

① 진공 증착법
② 스퍼터링법
③ 화학 증착법
④ 스프레이법

해설

비정질 합금
- 금속을 용융 상태에서 초고속으로 급랭하여 만든, 결정을 이루고 있지 않은 합금이다.
- 인장강도와 경도를 크게 개선시킨 것으로 내마모성이 좋고 고저항에서 고주파 특성이 좋아 자기헤드 등에 사용한다.
- 초고속 급랭에 사용되는 방법으로는 진공 증착법, 스퍼터링법, 이온도금법, 화학 증착법이 있다.

10 구상흑연주철의 물리적 · 기계적 성질에 대한 설명으로 옳은 것은?

① 회주철에 비하여 온도에 따른 변화가 크다.
② 피로한도는 회주철보다 1.5~2.0배 높다.
③ 감쇄능은 회주철보다 크고 강보다는 작다.
④ C, Si량의 증가로 흑연량은 감소하고 밀도는 커진다.

해설

구상흑연주철
- 회주철에 비해 온도에 따른 변화가 작음
- 인장강도가 증가하고 피로한도는 회주철보다 1.5~2배 높음
- 회주철에 비해 주조성, 피삭성, 감쇄능, 열전도도가 낮음
- C, Si 증가로 흑연량이 증가함

11 다음 표는 4호 인장 시험편의 규격이다. 이 시험편을 가지고 인장 시험하여 시험편을 파괴한 후 시험편의 표점거리를 측정한 결과가 58.5mm이었을 때 시험편의 연신율은?

지름	표점거리	평행부 길이	어깨부의 반지름
14mm	50mm	60mm	15mm

① 8.5%
② 17.0%
③ 25.5%
④ 34.0%

해설

$$연신율 = \frac{파단\ 시\ 표점거리 - 초기\ 표점거리}{초기\ 표점거리} \times 100\%$$

$$= \frac{58.5 - 50}{50} \times 100\% = 17\%$$

12 고강도 Al 합금으로 조성이 Al-Cu-Mg-Mn인 합금은?

① 라우탈
② Y-합금
③ 두랄루민
④ 하이드로날륨

해설

③ 두랄루민 : Al-Cu-Mg-Mn 합금으로 시효경화성이 가장 좋다.
① 라우탈(Lautal) : 알루미늄에 약 4%의 구리와 약 2%의 규소를 가한 주조용 알루미늄 합금이다.
② Y-합금 : 내열용 합금으로 고온에서 강하다.
④ 하이드로날륨 : 알루미늄과 마그네슘의 합금으로 바닷물과 알칼리에 대한 내식성이 강하고 용접성이 매우 우수하다.

13 헐거운 끼워맞춤에서 구멍의 최소허용치수와 축의 최대허용치수와의 차는?

① 최소틈새 ② 최대틈새

③ 최대죔새 ④ 최소죔새

14 한 도면에서 두 종류 이상의 선이 같은 장소에 겹치게 되는 경우에 선의 우선순위로 옳은 것은?

① 절단선 → 숨은선 → 외형선 → 중심선 → 무게중심선

② 무게중심선 → 숨은선 → 절단선 → 중심선 → 외형선

③ 외형선 → 숨은선 → 절단선 → 중심선 → 무게중심선

④ 중심선 → 외형선 → 숨은선 → 절단선 → 무게중심선

15 한국 산업 표준인 KS의 부문별 기호 중에서 기계를 나타내는 것은 어느 것인가?

① KS A ② KS B

③ KS C ④ KS D

16 상하 또는 좌우가 대칭인 물체를 그림과 같이 중심선을 기준으로 내부 모양과 외부 모양을 동시에 표시하는 단면도는?

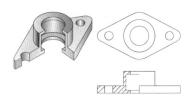

① 온단면도 ② 한쪽 단면도

③ 국부 단면도 ④ 부분 단면도

17 2N M50×2-6h이라는 나사의 표시 방법에 대한 설명으로 옳은 것은?

① 왼나사이다.

② 2줄나사이다.

③ 유니파이보통나사이다.

④ 피치는 1인치당 산의 개수로 표시한다.

2N M50×2-6h
- 2N : 2줄나사(왼나사의 경우 왼쪽에 L로 시작하고 L이 없으면 오른나사)
- M50×2-6h : 미터보통나사의 수나사 외경 50, 피치가 2, 등급 6h 수나사

18 다음은 구멍을 치수 기입한 예이다. 치수 기입된 11-φ4에서의 11이 의미하는 것은?

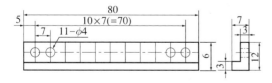

① 구멍의 지름   ② 구멍의 깊이

③ 구멍의 수   ④ 구멍의 피치

11-φ4 : 11개의 구멍을 지름이 4가 되도록 한다.

19 가는 실선으로 사용하지 않는 선은?

① 피치선   ② 지시선

③ 치수선   ④ 치수 보조선

피치선 : 가는 1점 쇄선

20 도면에서 치수선이 잘못된 것은?

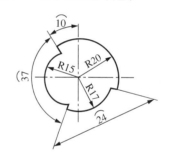

① 반지름(R) 20의 치수선

② 반지름(R) 15의 치수선

③ 원호(⌒) 37의 치수선

④ 원호(⌒) 24의 치수선

원호가 아니고 현의 길이치수이다.

변의 길이치수   현의 길이치수

호의 길이치수   각도치수

21 다음 그림에서 A 부분이 지시하는 표시로 옳은 것은?

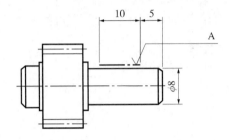

① 평면의 표시법
② 특정 모양 부분의 표시
③ 특수 가공 부분의 표시
④ 가공 전과 후의 모양표시

해설
특수 가공 : 굵은 1점 쇄선

22 한국산업표준에서 보기의 의미를 설명한 것 중 틀린 것은?

┌─ 보기 ─────────────────────────┐
│   KS D 3752에서의 SM 45C   │
└────────────────────────────────┘

① SM 45C에서 S는 강을 의미한다.
② KS D 3752는 KS의 금속부문을 의미한다.
③ SM 45C에서 M은 일반 구조용 압연재를 의미한다.
④ SM 45C에서 45C는 탄소함유량을 의미한다.

해설
SM에서 M은 기계구조용을 의미한다.

23 투상도 중에서 화살표 방향에서 본 정면도는?

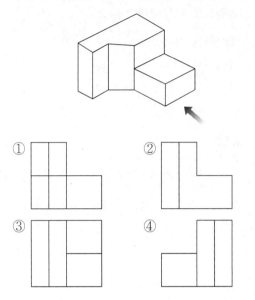

①   ②

③   ④

해설
상단면의 높이가 같아야 한다.

24 한 쌍의 기어가 맞물려 회전하기 위한 조건으로 어떤 값이 같아야 하는가?

① 모듈
② 이끝 높이
③ 이끝원 지름
④ 피치원 지름

해설
모듈 : 기어의 치형 크기 단위로 피치 서클에서 이끝까지의 거리로 한 쌍의 기어가 맞물려 회전하기 위한 조건 값으로 사용된다.

25 압연재가 일정한 속도로 롤 사이를 통과하는 시간당의 재료부피를 나타내는 것은?[단, 시간당 재료부피 : $V(\text{m}^3/\text{s})$, 단면적 : $A(\text{mm}^2)$, 압연재 속도 : $S(\text{m/s})$이다]

① $V = \dfrac{A}{S} \times 10^{-6}$

② $V = (A - S) \times 10^{-6}$

③ $V = A \cdot S \times 10^{-6}$

④ $V = \dfrac{S}{A} \times 10^{-6}$

> **해설**
> • 시간당 부피 = 단면적 × 속도
> • $1\text{mm}^2 = 10^{-6}\text{m}^2$

26 공형에 대한 설명 중 틀린 것은?

① 개방공형은 압연할 때 재료가 공형간극으로 흘러나가는 결점이 있다.

② 개방공형은 성형압연 전의 조압연 단계에서 사용된다.

③ 폐쇄공형은 재료의 모서리 성형이 쉬워 형강의 압연에 사용한다.

④ 폐쇄공형은 1쌍의 롤에 똑같은 공형이 반씩 패어 있다.

> **해설**
> • 개방공형 : 1쌍의 롤에 똑같은 공형이 반씩 패어 있고 중심선과 롤 선이 일치되며 롤과 롤의 경계에는 공형간극이 존재함(즉, ④ 설명은 개방공형 설명임). 또한 공형간극선이 롤 축과 평행이 아닌 경우 공형각도가 60°보다 작을 때도 개방공형이라 함. 개방공형은 압연 시 재료가 공형간극으로 흘러나가는 결점이 있어 성형압연 전의 조압연 단계에서 수행
> • 폐쇄공형 : 공형각도가 60° 이상이고 롤의 지름은 크게 되나 모서리 성형이 잘되어 형강성형 등에 사용

27 중후판의 압연 공정도로 가장 적합한 것은?

① 제강 → 가열 → 압연 → 열간교정 → 최종검사

② 제강 → 압연 → 가열 → 열간교정 → 최종검사

③ 가열 → 제강 → 압연 → 열간교정 → 최종검사

④ 가열 → 제강 → 열간교정 → 압연 → 최종검사

> **해설**
> 후판압연의 제조공정은 열간압연의 공정과 유사하다.
> • 중후판압연 공정도 : 제강 → 가열 → 압연 → 열간교정 → 최종검사
> • 열간압연 공정 순서 : 슬래브 → 가열로 → 스케일 제거 → 조압연기 → 다듬질 압연기 → 권취기 → 절단 또는 조질압연기 → 열연 코일

28 금속의 판재를 압연할 때 열간압연과 냉간압연을 구분하는 것은?

① 변태 온도

② 용융 온도

③ 연소 온도

④ 재결정 온도

> **해설**
> • 열간압연 : 재결정 온도 이상에서의 압연
> • 냉간압연 : 재결정 온도 이하에서의 압연

29 두께 170mm, 폭 330mm의 소재를 압하율 23%로 압연하였을 때 폭이 1.5% 넓어(Spread)졌다면 압연 후 제품의 두께 및 폭의 크기는 약 얼마인가?

① 두께 : 131mm, 폭 : 335mm
② 두께 : 142mm, 폭 : 325mm
③ 두께 : 156mm, 폭 : 316mm
④ 두께 : 172mm, 폭 : 306mm

해설

두께 H_0인 소재를 H_1의 두께로 압연하였을 때

$$압하율(\%) = \frac{H_0 - H_1}{H_0} \times 100(\%) = \frac{170 - H_1}{170} \times 100(\%)$$
$$= 23\%$$

나중 두께 $H_1 = 131mm$
나중 폭 $= 330 + (330 \times 0.015) = 335mm$

30 압연가공 시 중립점에 관한 설명으로 틀린 것은?

① 접촉길이상에서 압연력이 최대로 작용하는 점이다.
② 롤의 주속과 재료의 통과속도가 같은 점이다.
③ 재료의 이동 속도가 출구와 같은 점이다.
④ 롤과 재료표면에서 미끄럼이 없는 점이다.

해설

중립점(No Slip Point) : 롤의 원주 속도와 압연재의 진행 속도가 같아지는 부분으로, 압연재 속도와 롤의 회전 속도가 같아지고 가장 많은 압력을 받게 되는 지점이다.

31 그리스(Grease)를 급유하는 경우가 아닌 것은?

① 마찰면이 고속운동을 하는 부분
② 고하중을 받는 운동부
③ 액체 급유가 곤란한 부분
④ 밀봉이 요구될 때

해설

그리스 급유 : 액체 급유가 어렵고, 저속도 회전과 고하중일 경우 사용한다.

장점	• 급유간격이 길다. • 누설이 적다. • 밀봉성이 있고, 외부 이물질의 침입이 적다.
단점	• 냉각작용이 작다. • 질의 균일성이 떨어진다.

32 냉간압연공정에서의 열연 강판 표면에 생성된 스케일을 제거하는 산세설비 운용 방법 중 산세성과 관계가 없는 것은?

① 산세 탱크의 산 용액의 농도를 기준범위 내에 관리한다.
② 산세 탱크의 산 용액의 온도를 기준범위 내에 관리한다.
③ 산세 탱크의 스트립 통과 속도를 기준범위 내에 관리한다.
④ 산세 탱크의 산 가스(Fume)의 농도를 일정하게 관리한다.

해설

산 용액의 농도는 관리하나 가스의 농도는 관리하지 않는다.

33 워킹빔식 가열로에서 트랜스버스(Transverse) 실린더의 역할로 옳은 것은?

① 스키드를 지지해 준다.
② 운동 빔(Beam)의 수평 왕복운동을 작동시킨다.
③ 운동 빔(Beam)의 수직 상하운동을 작동시킨다.
④ 운동 빔(Beam)의 냉각수를 작동시킨다.

> **해설**
> 워킹빔식 가열로에서 Transverse 실린더는 운동 빔(Beam)의 수평왕복운동을 작동시킨다.
> **워킹빔식 가열로**
> • 노상이 가동부와 고정부로 나뉘어, 이동 노상이 상승 → 전진 → 하강 → 후퇴의 과정을 거치며 재료 사이에 임의의 간격을 두고 반송시킬 수 있는 연속로
> • 여러 가지 치수와 재질의 것도 가열 가능
> • 푸셔식에 비하여 노의 구조가 복잡하지만, 슬래브 내 온도가 균일하다.

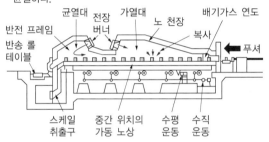

34 냉간판압연에서 조질압연(Skin Pass)의 목적이 아닌 것은?

① 형상 교정
② 폭의 감소
③ 표면 상태의 개선
④ 스트레처 스트레인 방지

> **해설**
> **조질압연(Skin Pass Mill)**
> • 정의 : 소둔 직후의 항복점 연신으로 인한 Stretcher Strain의 발생을 막기 위해 1~3%의 압하량으로 압연을 실시하는 공정
> • 조질압연의 목적
> – 형상 개선(평탄도의 교정)
> – 표면 성상의 개선 : 조도에 따라 거친 표면(Dull), 매끄러운 표면(Bright)으로 구분
> – 스트레처 스트레인 방지(기계적 성질의 개선) : 곱쇠(Coil Break) 결함 제거

35 냉간압연제품의 결함 중 형상결함과 관계 깊은 것은?

① 빌드 업
② 채터 마크
③ 판 앞뒤 부분 치수 불량
④ 정산 압연부 두께 변동

> **해설**
> **냉연 강판 결함종류**
> • 표면결함 : 스케일(선상, 점상), 딱지 흠, 롤 마크, 릴 마크, 이물 흠, 곱쇠, 톱귀, 귀터짐 등
> • 재질결함 : 결정립조대, 이중판, 가공크랙, 경도 불량
> • 형상결함 : 빌드 업, 평탄도 불량(중파, 이파), 직선도 불량, 직각도 불량, 텔레스코프

36 압연작용에 대한 설명 중 틀린 것은?

① 접촉각이 크게 되면 압하량은 작아진다.

② 최대접촉각은 압연재와 롤 사이의 마찰계수에 따라 결정된다.

③ 마찰계수가 크다는 것은 1회 압하량도 크게 할 수 있다는 것이다.

④ 열간압연 반제품 제조 시 마찰계수를 크게 하기 위하여 롤 가공 방향으로 홈을 파주는 경우도 있다.

> **해설**
> 접촉각이 크면 압하량도 커진다.

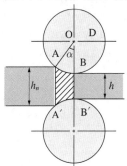

37 롤 크라운(Roll Crown)이 필요한 이유로 가장 적합한 것은?

① 롤의 냉각을 촉진시키기 위해

② 롤의 스폴링을 방지하기 위해

③ 소재가 롤에 잘 물리도록 하기 위해

④ 압연하중에 의한 롤의 변형과 사용 중 마모, 열팽창을 보상하기 위해

> **해설**
> 압연 중 롤의 휨(Bending)에 의해 판 크라운이 발생하게 되는데, 롤의 휨을 예상하여 미리 롤에 크라운을 주면 판 크라운을 예방할 수 있다.
> • 롤 크라운(Roll Crown) : 롤의 중앙부 지름과 양 끝지름의 차
> • 판 크라운(Plate Crown) : 소재단면의 중앙부 지름과 양 끝지름의 차

38 압연재료의 변형저항 계산에서 변형저항을 K_w, 변형강도를 K_f, 작용면에서의 외부마찰 손실을 K_r, 내부 마찰 손실을 K_i라 할 때 옳게 표현된 관계식은?

① $K_w = K_r - K_i - K_f$

② $K_w = K_f + K_r + K_i$

③ $K_w = \dfrac{K_i}{K_f + K_r}$

④ $K_w = \dfrac{K_r}{K_f + K_i}$

> **해설**
> 변형저항은 변형강도와 내외부 마찰손실의 합과 같다.

39 점도가 비교적 낮은 기름을 사용할 수 있고 동력의 소비가 적다는 이점이 있는 급유법은?

① 중력순환 급유법

② 패드 급유법

③ 체인 급유법

④ 유륜식 급유법

> **해설**
> 순환 급유법 : 펌프의 압력을 이용하여 베어링 내부에 강제적으로 급유하는 강제 급유법과 베어링 상부에 설치한 기름탱크로부터 파이프를 거쳐 중력수두 앞으로 급유하는 중력 급유법이 있다.

40 롤 단위 편성 원칙 중 정수 간 편성 원칙에 대한 설명 중 틀린 것은?

① 정수 전 압연조건을 고려하여 추출온도가 높은 단위로 편성한다.
② 계획 휴지 또는 정수 직전에는 광폭재를 투입하지 않는다.
③ 롤 정비 능력 등을 고려하여 박판 단위는 연속적으로 3단위 이상 투입을 제한한다.
④ 정기 수리 후의 압연은 받침 롤의 워밍업 및 온도 등을 고려하여 부하가 적은 후물재를 편성한다.

해설

정수 직후의 압연조건을 고려하여 추출온도가 낮은 단위로 편성한다.

롤 단위 편성 설계하기
• 롤 단위 편성 전제 조건
  - 롤 단위는 사상압연기 작업 롤 교체 시의 슬래브 압연 순서를 정하는 것으로 실수율, 스트립 크라운, 프로파일 표면 흠 및 판 두께 등 제약이 있음
  - 롤 단위 편성 시 우선 롤 교체 직후는 롤 온도가 안정하지 못해 조정재로 불리는 비교적 압연하기 쉬운 사이즈 및 재질의 소재를 편성
  - 광폭재, 중간폭, 협폭 순으로, 그리고 스트립의 두께가 두꺼운 것부터 얇은 순으로 결정
• 롤 단위 편성 기본 원칙
  - 단위의 최초에는 열 크라운 형성 및 레벨 확인을 위해 압연하기 쉬운 초기 조정재로 편성
  - 작업 롤의 마모 진행상태를 고려해 광폭재부터 협폭재 순으로 편성
  - 동일 치수 및 동일 강종은 모아서 동일 lot로 집약하여 편성
  - 동일 폭 수주량이 많을 경우 작업 롤의 일부만 마모가 진행될 수 있으니 동일 폭 투입량을 제한
  - 동일 치수에서 두께 공차 범위 차이가 많으면 큰 쪽에서 작은 쪽으로 편성
  - 동일 치수에서 강종이 서로 다를 경우 성질이 연한 강에서 경한 순으로 편성
  - 압연이 어려운 치수인 경우 중간에 일정량의 조정재를 편성하여 롤의 분위기를 최적화시킬 것
  - 스트립 표면의 조도 및 BP재는 작업 롤의 표면 거침을 고려하여 가능한 한 롤 단위 전반부에 편성
  - 세트의 바뀜이 급격하면 형상, 치수 등의 불량이 발생할 수 있으니 두께, 폭 세트 바뀜량을 규제하고, 관련 기준을 준수해서 편성

41 사상압연 Last Stand와 권취기의 맨드릴 간에 있는 설비들, 즉 ROT, 핀치 롤, 유닛 롤, 맨드릴 등의 스트립의 권취 형상을 좋게 하기 위하여 스트립의 머리부분이 통과할 때 사상압연기의 Last Stand보다 일정비율 빠르게 하는 것은?

① Lead율
② Leg율
③ Loss율
④ Tight율

해설

Lead율 설정의 목적은 사상압연기의 Last Stand보다 일정부분 빠르게 하여 사상압연기와 권취기 사이에 적절한 장력을 주어 스트립 권취 형상을 좋게 하는 데 있다.

42 열간 스카프의 특징을 설명한 것 중 옳은 것은?

① 손질 깊이의 조정이 용이하지 못하다.
② 산소소비량이 냉간 스카프보다 많이 사용된다.
③ 작업속도가 빠르며, 압연능률을 떨어뜨리지 않는다.
④ 균일한 스카프가 가능하나, 평탄한 손질면을 얻을 수 없다.

해설

열간 스카핑: 강괴의 표면에는 스캡, 크랙, 표면개재물 등의 유해한 결함이 있으며, 또한 균열로 공정에서 표면 탈탄층이 생기게 되는데, 이러한 결함을 제거하기 위한 설비이다.
• 손질 깊이 조절이 용이하다.
• 산소소비량이 냉간 스카핑에 비해 적다.
• 작업속도가 빨라 압연능률을 해치지 않는다.

43 열간압연의 가열 작업 시 주의할 점으로 틀린 것은?

① 가능한 한 연료소모율을 낮춘다.
② 강종에 따라 적정한 온도로 균일하게 가열한다.
③ 압연하기 쉬운 순서로 압연재를 연속 배출한다.
④ 압연과정에서 산화피막이 제거되지 않도록 만든다.

해설

산화피막은 이물질 스케일 결함으로 열간압연 후 산세작업을 통해 제거되어야 한다.

44 연소의 조건으로 충분하지 못한 것은?

① 가연물질이 존재
② 충분한 산소공급
③ 충분한 수분공급
④ 착화점 이상 가열

해설

수분공급은 불완전연소를 야기한다.

45 압연 반제품의 표면결함이 아닌 것은?

① 심(Seam)
② 긁힌 흠(Scratch)
③ 스캐브(Scab)
④ 비금속 개재물

해설

• 표면결함 : 스케일, 덴트, 딱지 흠, 롤 마크, 릴 마크, 긁힌 흠, 곱쇠, 빌드 업, 이물 흠 등
• 내부결함 : 백점, 비금속 개재물, 편석, 파이프 등

46 냉간가공에 의해 가공 경화된 강을 풀림처리할 때의 과정으로 맞는 것은?

① 회복 → 재결정 → 결정립 성장
② 회복 → 결정립 성장 → 재결정
③ 결정립 성장 → 재결정 → 회복
④ 재결정 → 회복 → 결정립 성장

해설

소재 → 압연과정(소성변형) → 회복 → 재결정 → 결정립 성장
• 회복 : 강의 재결정 온도인 A_1 변태점 이하 온도(600~700℃)로 가열 및 일정시간 유지하여 내부 응력을 제거하는 과정
• 재결정 : 회복 과정에서 새로운 변경이 아닌 핵이 생성되어 발달하고, 동시에 그 수를 증가시켜 전체가 새로운 결정과 교체하는 것
• 결정립 성장 : 새로운 결정이 조대화(성장)되는 과정

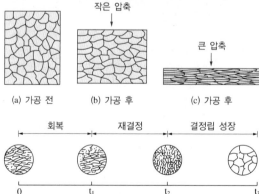

47 다음 중 압연기에서 전동기의 동력을 각 롤에 분배하는 장치는?

① 스탠드
② 리피터
③ 가이드
④ 피니언

해설

압연구동 설비

모터 (동력발생)	→	감속기 (회전수 조정)	→	피니언 (동력분배)	→	스핀들 (동력전달)

- 모터 : 압연기의 원동력을 발생시키는 설비로 일반적으로 직류전동기가 이용되며, 속도의 조정이 필요하지 않을 때는 3상 교류전동기를 사용
- 감속기 : 모터에서 발생된 동력을 압연기의 종류에 맞는 힘과 속도로 바꿔 주는 설비
- 피니언 : 동력을 각 롤에 분배하는 설비
- 스핀들 : 피니언과 롤을 연결하여 동력을 전달하는 설비

48 다음 중 가열로로 사용되는 내화물이 갖추어야 할 조건으로 틀린 것은?

① 화학적 침식에 대한 저항이 강할 것
② 급가열, 급냉각에 충분히 견딜 것
③ 열전도와 팽창 및 수축이 클 것
④ 견고하고 고온강도가 클 것

해설

내화물은 열에 의한 팽창 및 수축이 작아야 한다.
내화물의 조건
- 화학적 침식에 대한 저항이 강할 것
- 급가열, 급냉각에 충분히 견딜 것
- 견고하고 고온강도가 클 것
- 열전도와 팽창 및 수축이 작을 것

49 다음 중 디스케일링(Descaling) 능력에 대한 설명으로 옳은 것은?

① 산농도가 높을수록 디스케일링 능력은 감소한다.
② 온도가 높을수록 디스케일링 능력은 감소한다.
③ 규소 강판 등의 특수강종일수록 디스케일링 시간이 짧아진다.
④ 염산은 철분의 농도가 증가함에 따라 디스케일링 능력이 커진다.

해설

산세 특성
- 산세액 : 염산, 황산
- 염산이 황산보다 1.5배 산세력이 좋다.
- 고온과 고농도에서 산세력이 향상된다(단, 염산은 10% 이상이 될 시 효과가 떨어질 수 있다).
- 철분이 증가하면 황산은 산세력이 떨어지지만, 염산은 증가한다(단, 염산은 $FeCl_2$의 석출 한계 농도 부근에서 급격히 저하됨).
- 권취 온도가 높을수록 산세 시간이 길어진다.
- 특수강종(규소 강판 등)일수록 산세 시간이 길어진다.

50 압연기의 종류가 아닌 것은?

① 다단 압연기
② 유니버설 압연기
③ 4단 냉간압연기
④ 스킷마크(Skit Mark) 압연기

해설

스킷마크는 슬래브(Slab)가 가열로에서 수랭 파이프의 스킷 버튼과 접촉하여 온도의 불충분한 가열로 발생하는 결함으로 균열대에서 제거된다.

51 센지미어 압연기의 롤 배치 형태로 옳은 것은?

① 2단식
② 3단식
③ 4단식
④ 다단식

해설

센지미어 압연기

상하 20단으로 된 압연기이다. 구동 롤의 지름을 극도로 작게 한 것으로, 강력한 압연력을 얻을 수 있으며 두께가 균일한 스테인리스 강판이나 구리, 니켈, 타이타늄, 알루미늄 합금과 같은 가공경화가 잘 일어나는 박판의 냉간압연에 많이 이용된다.

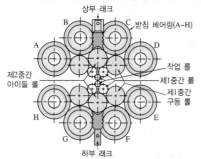

52 조압연기에 설치된 AWC(Automatic Width Control)가 수행하는 작업은?

① 바의 형상 제어
② 바의 폭 제어
③ 바의 온도 제어
④ 바의 두께 제어

해설

AWC(Automatic Width Control) : 열연압연에서 슬래브(Slab)나 스트립(Strip)의 폭을 자동적으로 제어하는 장치로 조압연기 또는 사상압연기에 설치

53 선재 공장에서 압연기 간의 장력을 제거하기 위해 사용하는 장치가 아닌 것은?

① 리피터(Repeater)
② 가이드(Guide)
③ 업 루퍼(Up Looper)
④ 사이드 루퍼(Side Looper)

해설

- 리피터 : 선재 압연기에서 소재의 텐션을 제어하며 다음 스탠드의 공정으로 유도
- 루퍼 : 스탠드와 스탠드 사이의 텐션을 제어
- 가이드 : 소재를 압연기에 잘 치입할 수 있도록 조정해주는 장치

54 강편의 내부결함이 아닌 것은?

① 파이프
② 공형 흠
③ 성분편석
④ 비금속 개재물

해설

- 표면결함 : 스케일, 덴트, 딱지 흠, 롤 마크, 릴 마크, 긁힌 흠, 곱쇠, 빌드 업, 이물 흠 등
- 내부결함 : 백점, 비금속 개재물, 편석, 파이프 등

55 안전교육에서 교육형태의 분류 중 교육 방법에 의한 분류에 해당되는 것은?

① 일반교육, 교양교육 등
② 가정교육, 학교교육 등
③ 인문교육, 실업교육 등
④ 시청각교육, 실습교육 등

해설

안전교육 방법에는 시청각교육과 실습교육 등이 있다.

56 압연소재 이송용 와이어 로프(Wire Rope) 검사 시 유의사항이 될 수 없는 것은?

① 비중 상태
② 부식 상태
③ 단선 상태
④ 마모 상태

해설
비중은 소재의 특성이므로 검사 시의 유의사항은 아니다.

57 압연 롤의 구성 요소가 아닌 것은?

① 목
② 몸체
③ 연결부
④ 커플링

해설
롤의 주요 구조
• 몸체(Body) : 실제 압연이 이루어지는 부분
• 목(Neck) : 롤 몸을 지지하는 부분
• 연결부(Wobbler) : 구동력을 전달하는 부분

이음부 롤 목 몸체 이음부 목 스핀들

58 재해의 기본원인 4M에 해당하지 않는 것은?

① Machine
② Media
③ Method
④ Management

해설
재해의 기본원인(4M)
• Man(인간) : 걱정, 착오 등의 심리적 원인과 피로 및 음주 등의 생리적 원인, 인관관계와 의사소통과 같은 직장적 원인
• Machine(기계설비) : 기계설비의 결함과 방호설비의 부재 및 기계의 점검 부족 등의 원인
• Media(작업) : 작업공간과 환경 문제 및 정보의 부적절함
• Management(관리) : 관리 조직의 결함과 교육 부족, 규정의 부재

59 청정설비에서 화학적 세정방법이 아닌 것은?

① 알칼리 세정
② 계면 활성화 세정
③ 용제 세정
④ 초음파 세정

해설
• 화학적 세정방법 : 용제 세정, 유화 세정, 계면 활성제 세정, 알칼리 세정 등
• 물리적 세정방법 : 전해 세정, 초음파 세정, 브러시 세정, 스프레이 세정 등

60 산세공정에서의 텐션 레벨러(Tension Leveller)의 역할과 기능이 아닌 것은?

① 산세 탱크의 입측에 위치하여 후방 장력을 부여한다.
② 냉연 소재인 열연 강판의 표면에 형성된 스케일을 파쇄시킨다.
③ 냉연 소재인 열연 강판의 형상을 일정량의 연신율을 부여하여 교정한다.
④ 상하 롤을 이용하여 스트립의 표면 스케일에 균열을 주어 염산의 침투성을 좋게 한다.

해설
산세 탱크 입측에 위치하여 후방 장력을 부여하는 장치는 'Entry Looper(엔트리 루퍼)'이다.
산세공정에서의 텐션 레벨러(Tension Leveller) 역할
• 기계적인 굽힘을 가하여 일정량의 연신율을 부여하여 형상을 교정한다.
• 냉연 소재인 열연 강판의 표면에 형성된 스케일을 제거한다.
• 상하 롤을 이용하여 스트립 표면 스케일에 균열을 주어 염산의 침투성을 좋게 한다.

01 냉간압연 시 스트립 표면에 부착된 압연유 및 이물질 등은 스트립을 노 내에서 풀림처리 시 타게 되어 스트립 표면에 산화 변색 등을 발생시킨다. 이를 방지하기 위한 탈지 및 세정 방식이 아닌 것은?

① 초음파 세정 ② 침지 세정

③ 전해 세정 ④ 산화적 세정

해설
- 화학적 세정방법 : 용제 세정, 유화 세정, 계면 활성제 세정, 알칼리 세정 등
- 물리적 세정방법 : 전해 세정, 초음파 세정, 브러시 세정, 스프레이 세정 등

02 대구경관을 생산할 때 사용되는 것으로 외경의 치수제한 없이 강관을 제조하는 방식은?

① 단접법 강관 제조
② 롤 벤더 강관 제조
③ 스파이럴 강관 제조
④ 전기저항용접법 강관 제조

해설
스파이럴 강관은 큰 직경의 관을 생산하기 위해 나선형으로 감아 용접한 강관 제조법이다.

03 압연기 입측 속도는 2.7m/s, 출측 속도는 3.3m/s, 롤의 주속이 3.0m/s라면 선진율은?

① 5% ② 10%

③ 20% ④ 30%

해설

$$전진율(선진율) = \frac{출측\ 속도 - 롤의\ 속도}{롤의\ 속도} \times 100\%$$

$$= \frac{3.3 - 3.0}{3.0} \times 100\% = 10\%$$

04 어떤 연료를 연소시키는 데 필요한 전 산소량이 1.50m³/kg이었다. 이론 공기량은 약 얼마인가? (단, 공기 중의 산소는 21%이다)

① 0.14m³/kg ② 0.21m³/kg

③ 1.50m³/kg ④ 7.14m³/kg

해설
- 연료를 완전연소하기 위한 산소요구량 : 1.50m³/kg
- 이론 공기량 $= \dfrac{이론\ 산소량}{산소\ 부피비} = \dfrac{1.5}{0.21} = 7.14\text{m}^3/\text{kg}$

05 냉간압연에 대한 설명으로 틀린 것은?

① 치수가 정확하고 표면이 깨끗하다.
② 압연 작업의 마무리 작업에 많이 사용된다.
③ 재료의 두께가 얇은 판을 얻을 수 있다.
④ 열간압연판에서는 이방성이 있으나 냉간압연판
　은 이방성이 없다.

해설
열간압연은 재결정 온도 이상의 압연이므로 이방성이 없으나 냉간압연은 재결정 온도 이하의 압연이므로 이방성이 있다.

06 다음 금속의 결정구조 중 전연성이 커서 가공성이 좋은 격자는?

① 조밀육방격자
② 체심입방격자
③ 단사정계격자
④ 면심입방격자

해설
• 면심입방격자 : 큰 전연성
• 체심입방격자 : 강한 성질
• 조밀육방격자 : 전연성이 작고 취약

07 다음 재료 기호에서 "440"이 의미하는 것은?

> 재료 기호 : KS D 3503 SS 440

① 최저인장강도
② 최고인장강도
③ 재료의 호칭번호
④ 탄소함유량

해설
"SS" 다음의 숫자는 최저인장강도(최소한 요구되는 인장강도)를 의미한다.

08 수면이나 유면 등의 위치를 나타내는 수준면선의 종류는?

① 파선　　　　　② 가는 실선
③ 굵은 실선　　　④ 1점 쇄선

해설
② 가는 실선 : 치수선, 치수보조선, 지시선, 회전단면선, 수준면선
① 파선 : 숨은선
③ 굵은 실선 : 외형선
④ 1점 쇄선 : 가는 1점 쇄선(중심선, 기준선, 피치선), 굵은 1점 쇄선(특수 지정선)

09 냉간압연 설비에서 EDC(Edge Drop Control) 제어 설비에 관한 설명 중 옳은 것은?

① 냉연 제품의 폭 방향 두께 편차를 제어하기 위한 설비이다.

② 냉연 제품에 크라운(Crown)을 부여하기 위한 설비이다.

③ 냉연 제품의 Edge부 두께를 얇게 제어하기 위한 설비이다.

④ 냉연 제품의 Edge부 형상을 좋게 하기 위한 설비이다.

해설
에지 드롭 제어(EDC ; Edge Drop Control) : 냉연 제품의 폭 방향 두께 편차를 제어하기 위한 설비

10 냉간압연 후 표면에 부착된 오염물을 제거하기 위하여 전해청정을 실시할 때 사용하는 세정제가 아닌 것은?

① 가성소다

② 탄산소다

③ 규산소다

④ 인산소다

해설
청정 작업 관리
• 세정액 : 수산화나트륨(NaOH), 규산나트륨($Na_2O \cdot SiO_2$), 올소규산나트륨($Na_3PO_4 \cdot 12H_2O$), 인산나트륨(Na_3PO_4)
• 세정 온도 : 온도가 높을수록 세정력은 향상되나, 기타 첨가물(계면 활성제 등)에 의해 영향이 달라질 수 있다.
• 세정 농도 : 농도가 높을수록 세정력은 향상되나, 보통 4% 이상이 되면 세정력은 크게 변하지 않는다.

11 안전교육에서 교육형태의 분류 중 교육 방법에 의한 분류에 해당되는 것은?

① 일반교육, 교양교육 등

② 가정교육, 학교교육 등

③ 인문교육, 실업교육 등

④ 시청각교육, 실습교육 등

해설
안전교육 방법에는 시청각교육과 실습교육 등이 있다.

12 작업 롤의 내표면 균열성을 개선시키기 위하여 첨가되는 원소가 아닌 것은?

① Cr

② Mo

③ Co

④ Al

해설
• 첨가 원소의 영향
  – Ni : 내식 · 내산성 증가
  – Mn : 황(S)에 의한 메짐 방지
  – Cr : 적은 양에도 경도, 강도가 증가하며 내식, 내열성이 커짐
  – W : 고온강도, 경도가 높아지며 탄화물 생성
  – Mo : 뜨임메짐을 방지하며 크리프 저항이 좋아짐
  – Si : 전자기적 성질을 개선
• 첨가 원소의 변태점, 경화능에 미치는 영향
  – 변태 온도를 내리고 속도가 늦어지는 원소 : Ni
  – 변태 온도가 높아지고 속도가 늦어지는 원소 : Cr, W, Mo
  – 탄화물을 만드는 것 : Ti, Cr, W, V 등
  – 페라이트 고용 강화시키는 것 : Ni, Si 등

13 얇은 판재의 냉간압연용으로 사용되는 클러스터 압연기(Cluster Mill)에 속하는 것은?

① 3단 압연기 　② 4단 압연기

③ 5단 압연기 　④ 6단 압연기

해설

6단 압연기 : 4단 압연기에서는 구동 롤의 압연 방향을 변경시킬 수 없으므로 작업 롤의 지름 크기에는 제한이 있다. 이 지름을 더욱 작게 하기 위하여 상하의 받침 롤을 각각 2개씩 배치한 것이 6단 압연기이며, 클러스터 압연기라고도 한다.

[6단 클러스터 압연기]

14 압연하중이 3,000kgf, 모멘트 암의 길이가 6mm 일 때 압연 토크는 몇 kgf · m인가?

① 18 　② 36

③ 500 　④ 18,000

해설

압연 토크 = 압연하중 × 모멘트 암
$$= 3,000 \times 0.006$$
$$= 18 \text{kgf} \cdot \text{m}$$

15 스핀들의 형식 중 기어 형식의 특징을 설명한 것으로 틀린 것은?

① 고 토크의 전달이 가능하다.

② 일반 냉간압연기의 등에 사용된다.

③ 경사각이 클 때 토크가 격감한다.

④ 밀폐형 윤활로 고속회전이 가능하다.

해설

높은 토크 전달이 가능한 것은 플렉시블 스핀들에 대한 설명이다.

스핀들의 종류

• 플랙시블(Flexible) 스핀들 : 높은 토크 전달이 가능하고, 진동 · 소음이 적으며, 급지가 필요 없음

• 유니버설(Universal) 스핀들 : 분괴, 후판, 박판압연기에 주로 사용

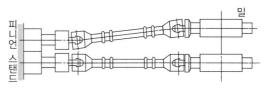

[유니버설 스핀들]

• 연결 스핀들 : 롤 축간 거리 변동이 작음

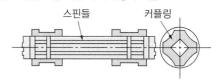

[연결 스핀들]

• 기어 스핀들 : 고속 압연기에 유리하고 밀폐되어 내부 윤활유를 유지함이 가능

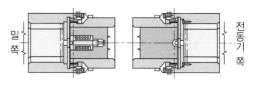

[기어 스핀들]

• 슬리브 스핀들 : 슬리브 베어링을 이용한 스핀들

---

16 도면에 $\phi 40^{+\,0.005}_{-\,0.003}$으로 표시되었다면 치수공차는?

① 0.002
② 0.003
③ 0.005
④ 0.008

치수공차 = 최대허용치수 − 최소허용치수
= 0.005 − (− 0.003) = 0.008

17 중후판압연의 제조공정 순서가 옳게 나열된 것은?

① 가열 → 압연 → 열간교정 → 냉각 → 절단 → 정정
② 압연 → 가열 → 열간교정 → 정정 → 절단 → 냉각
③ 정정 → 압연 → 절단 → 냉각 → 열간교정 → 가열
④ 열간교정 → 정정 → 가열 → 냉각 → 절단 → 압연

후판압연의 제조공정은 열간압연의 공정과 유사하다.
• 중후판압연 공정도 : 제강 → 가열 → 압연 → 열간교정 → 최종검사
• 열간압연 공정 순서 : 슬래브 → 가열로 → 스케일 제거 → 조압연기 → 다듬질 압연기 → 권취기 → 절단 또는 조질압연기 → 열연 코일

18 표제란에 재료를 나타내는 표시 중 밑줄 친 KS D가 의미하는 것은?

제도자	홍길동	도명	캐스터
도번	M20551	척도	NS
재질			KS D 3503 SS 330

① KS 규격에서 기본 사항
② KS 규격에서 기계 부분
③ KS 규격에서 금속 부분
④ KS 규격에서 전기 부분

• KS A : 기본 통칙
• KS B : 기계
• KS C : 전기
• KS D : 금속

19 금속의 가공공정의 기호 중 스크레이핑 다듬질에 해당하는 약호는?

① FB
② FF
③ FL
④ FS

가공방법의 기호
• L : 선반가공
• D : 드릴가공
• B : 보링가공
• C : 주조
• BR : 브로치가공
• FS : 스크레이퍼
• M : 밀링가공
• G : 연삭가공
• P : 평면가공
• FR : 리머가공
• FF : 줄 다듬질

20 컨베이어 벨트나 설비에 위험을 방지하기 위한 방호 조치의 설명으로 틀린 것은?

① 회전체 롤 주변에는 울이나 방호망을 설치한다.
② 컨베이어 벨트 이음을 할 때는 돌출 고정구를 사용한다.
③ 컨베이어 벨트에는 위험방지를 위하여 급정지장치를 부착한다.
④ 회전축이나 치차 등 부속품을 고정할 때는 방호커버를 설치한다.

21 노상이 가동부와 고정부로 나뉘어 있고, 이동로상이 유압, 전동에 의하여 재료 사이에 임의의 간격을 두고 반송시킬 수 있는 연속 가열로는?

① 푸셔식 가열로
② 워킹빔식 가열로
③ 회전로상식 가열로
④ 롤식 가열로

22 상하 롤의 회전수가 같을 때 상부와 하부의 롤 직경 차이에 따른 소재의 변화를 설명한 것으로 옳은 것은?

① 상부 롤의 직경이 하부 롤의 직경보다 크면 소재는 하부 방향으로 휨이 발생한다.
② 상부 롤의 직경이 하부 롤의 직경보다 크면 소재는 상부 방향으로 휨이 발생한다.
③ 상부 롤의 직경이 하부 롤의 직경보다 크면 소재는 우측 방향으로 휨이 발생한다.
④ 상부 롤의 직경이 하부 롤의 직경보다 크면 소재는 좌측 방향으로 휨이 발생한다.

23 다음의 희토류 금속 원소 중 비중이 약 16.6, 용융점은 약 2,996℃이고, 150℃ 이하에서 불활성 물질로서 내식성이 우수한 것은?

① Se
② Te
③ In
④ Ta

24 다음 중 전기 저항이 0(Zero)에 가까워 에너지 손실이 거의 없기 때문에 자기부상열차, 핵자기공명 단층 영상장치 등에 응용할 수 있는 것은?

① 제진합금
② 초전도재료
③ 비정질합금
④ 형상기억합금

해설
② 초전도재료 : 전기 저항이 0(Zero)에 가까워 에너지 손실이 거의 없는 재료
① 방진합금(제진합금) : 편상흑연주철(회주철)의 경우 편상흑연이 분산되어 진동감쇠에 유리하며 이외에도 코발트–니켈 합금 및 망간구리 합금도 감쇠능이 우수하다.
③ 비정질합금 : 금속을 용융상태에서 초고속 급랭하여 만든 재료로 결정이 되어 있지 않은 상태이며, 인장강도와 경도를 크게 개선시킨 합금이다. 내마모성도 좋고 고저항에서 고주파 특성이 좋으므로 자기헤드 등에 사용된다.
④ 형상기억합금 : Ti–Ni계 합금이다.

25 Ni–Fe계 합금으로서 36% Ni, 12% Cr, 나머지는 Fe로서 온도에 따른 탄성률 변화가 거의 없어 고급시계, 압력계, 스프링 저울 등의 부품에 사용되는 것은?

① 인바(Invar)
② 엘린바(Elinvar)
③ 퍼멀로이(Permalloy)
④ 플래티나이트(Platinite)

해설
② 엘린바(Elinvar) : Ni–Fe계 합금으로 탄성률이 매우 작은 합금
① 인바(Invar) : Ni–Fe계 합금으로 열팽창계수가 작은 불변강
③ 퍼멀로이(Permalloy) : Ni–Fe계 합금으로 투자율이 큰 자심재료
④ 플래티나이트(Platinite) : Ni–Fe계 합금으로 열팽창계수가 작은 불변강으로 백금 대용으로 사용

26 대면각이 136°인 다이아몬드 압입자를 사용하는 경도계는?

① 브리넬 경도계
② 로크웰 경도계
③ 쇼어 경도계
④ 비커스 경도계

해설
① 브리넬 : 구형 압입자
② 로크웰 : 원추형 압입자
③ 쇼어 : 구 낙하시험

27 강재의 용도에 따라 가공방법, 가공 정도, 개재물이나 편석의 허용한도를 정해 그것이 실현되도록 제조공정을 설계하고 실시하는 것이 내부결함의 관리이다. 이에 해당되지 않는 것은?

① 성분범위
② 슬립마크
③ 탈산법의 선정
④ 강괴, 강편의 끝부분을 잘라내는 기준

해설
슬립마크는 표면결함의 한 종류이다.

28 다음 중 조질압연에 대한 설명으로 틀린 것은?

① 스트립의 형상을 교정하여 평활하게 한다.

② 스트레처 스트레인을 방지하기 위하여 실시한다.

③ 보통의 조질압연율은 20~30%의 높은 압하율로 작업된다.

④ 표면을 깨끗하게 하기 위하여 Dull이나 Bright 사상을 실시한다.

해설

조질압연(Skin Pass Mill)
• 정의 : 소둔 직후의 항복점 연신으로 인한 Stretcher Strain의 발생을 막기 위해 1~3%의 압하량으로 압연을 실시하는 공정
• 조질압연의 목적
  – 형상 개선(평탄도의 교정)
  – 표면 성상의 개선 : 조도에 따라 거친 표면(Dull), 매끄러운 표면(Bright)으로 구분
  – 스트레처 스트레인 방지(기계적 성질의 개선) : 곱쇠(Coil Break) 결함 제거

29 열간 스카프의 특징을 설명한 것 중 옳은 것은?

① 손질 깊이의 조정이 용이하지 못하다.

② 산소소비량이 냉간 스카프보다 많이 사용된다.

③ 작업속도가 빠르며, 압연능률을 떨어뜨리지 않는다.

④ 균일한 스카프가 가능하나, 평탄한 손질면을 얻을 수 없다.

해설

열간 스카핑 : 강괴의 표면에는 스캡, 크랙, 표면개재물 등의 유해한 결함이 있으며, 또한 균열로 공정에서 표면 탈탄층이 생기게 되는데, 이러한 결함을 제거하기 위한 설비이다.
• 손질 깊이 조절이 용이하다.
• 산소소비량이 냉간 스카핑에 비해 적다.
• 작업속도가 빨라 압연능률을 해치지 않는다.

30 롤 단위 편성 원칙 중 정수 간 편성 원칙에 대한 설명 중 틀린 것은?

① 정수 전 압연 조건을 고려하여 추출온도가 높은 단위로 편성한다.

② 계획 휴지 또는 정수 직전에는 광폭재를 투입하지 않는다.

③ 롤 정비 능력 등을 고려하여 박판 단위는 연속적으로 3단위 이상 투입을 제한한다.

④ 정기 수리 후의 압연은 받침 롤의 워밍업 및 온도 등을 고려하여 부하가 적은 후물재를 편성한다.

해설

정수 직후의 압연 조건을 고려하여 추출온도가 낮은 단위로 편성한다.

롤 단위 편성 설계하기
• 롤 단위 편성 전제 조건
  – 롤 단위는 사상압연기 작업 롤 교체 시의 슬래브 압연 순서를 정하는 것으로 실수율, 스트립 크라운, 프로파일 표면 흠 및 판 두께 등 제약이 있음
  – 롤 단위 편성 시 우선 롤 교체 직후는 롤 온도가 안정하지 못해 조정재로 불리는 비교적 압연하기 쉬운 사이즈 및 재질의 소재를 편성
  – 광폭재, 중간폭, 협폭 순으로, 그리고 스트립의 두께가 두꺼운 것부터 얇은 순으로 결정
• 롤 단위 편성 기본 원칙
  – 단위의 최초에는 열 크라운 형성 및 레벨 확인을 위해 압연하기 쉬운 초기 조정재로 편성
  – 작업 롤의 마모 진행상태를 고려해 광폭재부터 협폭재 순으로 편성
  – 동일 치수 및 동일 강종은 모아서 동일 lot로 집약하여 편성
  – 동일 폭 수주량이 많을 경우 작업 롤의 일부만 마모가 진행될 수 있으니 동일 폭 투입량을 제한
  – 동일 치수에서 두께 공차 범위 차이가 많으면 큰 쪽에서 작은 쪽으로 편성
  – 동일 치수에서 강종이 서로 다를 경우 성질이 연한 강에서 경한 순으로 편성
  – 압연이 어려운 치수인 경우 중간에 일정량의 조정재를 편성하여 롤의 분위기를 최적화시킬 것
  – 스트립 표면의 조도 및 BP재는 작업 롤의 표면 거침을 고려하여 가능한 한 롤 단위 전반부에 편성
  – 세트의 바뀜이 급격하면 형상, 치수 등의 불량이 발생할 수 있으니 두께, 폭 세트 바뀜량을 규제하고, 관련 기준을 준수해서 편성

31 I형강에서 공형의 홈에 재료가 꽉 차지 않는 상태, 즉 어긋난 상태로 되었을 때 데드 홀(Dead Hole) 부에 생기는 것은?

① 오버 필링(Over Filling)

② 언더 필링(Under Filling)

③ 어퍼 필링(Upper Filling)

④ 로어 필링(Lower Filling)

해설

데드 홀은 한쪽의 롤에만 파여진 오목한 공형이고 공형설계의 원칙을 지키지 않으면 데드 홀에는 언더 필링, 리브 홀에는 오버 필링이 발생한다.

32 탄소강의 표준 조직을 얻기 위해 오스테나이트화 온도에서 공기 중에 냉각하는 열처리 방법은?

① 노멀라이징(Normalizing)

② 템퍼링(Tempering)

③ 어닐링(Annealing)

④ 퀜칭(Quenching)

해설

① 노멀라이징(Normalizing) : 강을 오스테나이트 영역으로 가열한 후 공랭하여 균일한 구조 및 강도를 증가시키는 열처리

② 템퍼링(Tempering) : 담금질 이후 변태점 이하로 재가열하여 냉각시키는 열처리

③ 어닐링(Annealing) : 시편을 오스테나이트와 페라이트보다 40℃ 이상에서 필요시간 동안 가열한 후 서랭하는 열처리

④ 퀜칭(Quenching) : 강을 변태점 이상의 고온인 오스테나이트 상태에서 급랭하여 A_1 변태를 저지하여 경도와 강도를 증가시키는 열처리

33 알루미늄에 10∼13% Si를 함유한 합금으로 용융점이 낮고, 유동성이 좋은 알루미늄합금은?

① 실루민

② 라우탈

③ 두랄루민

④ 하이드로날륨

해설

① Al-Si계 합금(실루민)은 알루미늄 실용 합금으로서 Al에 10∼13% Si를 첨가한 합금이고 유동성이 좋으며 모래형 주물에 이용한다.

② 라우탈(Lautal)은 알루미늄에 약 4%의 구리와 약 2%의 규소를 가한 주조용 알루미늄합금이다.

③ 두랄루민은 Al-Cu-Mg-Mn 고강도 알루미늄합금으로 시효경화성이 가장 우수하다.

④ 하이드로날륨은 알루미늄과 마그네슘의 합금으로 바닷물과 알칼리에 대한 내식성이 강하고 용접성이 매우 우수하다.

34 다음 그림 중 호의 길이를 표시하는 치수 기입법으로 옳은 것은?

①
②
③
④

해설

변의 길이치수　　현의 길이치수

호의 길이치수　　각도치수

35 다음 보기에서 도면의 양식에 대한 설명으로 옳은 것을 모두 고른 것은?

┌보기─────────────────────────┐
a. 윤곽선 : 도면에 그려야 할 내용의 영역을 명확하게 하고 제도용지 가장자리 손상으로 생기는 기재 사항을 보호하기 위해 그리는 선
b. 중심마크 : 도면의 사진 촬영 및 복사 등의 작업을 위해 도면의 바깥 상하좌우 4개소에 표시해 놓은 선
c. 표제란 : 도면번호, 도면이름, 척도, 투상도법 등을 기입하여 도면의 오른쪽 하단에 그리는 것
d. 재단마크 : 복사한 도면을 재단할 때 편의를 위해 그려 놓은 선
└──────────────────────────┘

① a, c
② a, b, d
③ b, c, d
④ a, b, c, d

해설
- 윤곽선 : 도면에 그려야 할 내용의 영역으로 가장자리와 간격이 있다.
- 중심마크 : 도면의 사진 촬영 및 복사 등의 작업을 위해 표시한다.
- 표제란 : 도면번호, 도면이름, 척도, 투상법 등을 표시하기 위해 도면의 오른쪽 하단에 표로 그린다.
- 재단마크 : 복사한 도면을 재단할 때 편의를 위해 그려 놓은 선이다.

36 냉간압연 시 재결정 온도 이하에서 압연하는 목적이 아닌 것은?

① 압연동력이 감소된다.
② 균일한 성질을 얻고 결정립을 미세화시킨다.
③ 가공경화로 인하여 강도, 경도를 증가시킨다.
④ 가공면이 아름답고 정밀한 모양으로 완성한다.

해설
냉간압연은 재결정 온도 이하에서 가공하므로 압연동력과 가공저항이 크다.

37 다음 중 그리스(Grease)를 급유하는 경우로서 틀린 것은?

① 마찰면이 고속운동을 하는 부분
② 고하중을 받는 부분
③ 액체 급유가 곤란한 부분
④ 밀봉이 요구될 때

해설
그리스 급유 : 액체 급유가 어렵고, 저속도 회전과 고하중일 경우 사용한다.

장점	• 급유간격이 길다. • 누설이 적다. • 밀봉성이 있고, 외부 이물질의 침입이 적다.
단점	• 냉각작용이 작다. • 질의 균일성이 떨어진다.

38 다음 중 가열로로 사용되는 내화물이 갖추어야 할 조건으로 틀린 것은?

① 화학적 침식에 대한 저항이 강할 것
② 급가열, 급냉각에 충분히 견딜 것
③ 열전도와 팽창 및 수축이 클 것
④ 견고하고 고온강도가 클 것

해설
내화물의 조건
- 화학적 침식에 대한 저항이 강할 것
- 급가열, 급냉각에 충분히 견딜 것
- 견고하고 고온강도가 클 것
- 열전도와 팽창 및 수축이 작을 것

39 재료가 롤에 쉽게 물려 들어가기 위한 조건 중 틀린 것은?

① 롤 지름을 크게 한다.
② 압하량을 작게 한다.
③ 접촉각이 작아야 한다.
④ 마찰계수가 가능한 한 0(Zero)이어야 한다.

해설
롤과 재료 간의 마찰이 커야 쉽게 치입된다.

40 압연유 급유방식에서 직접방식의 설명으로 틀린 것은?

① 냉각효과가 좋다.
② 고속박판압연에 사용할 수 없다.
③ 큰 용량의 폐유 처리설비가 필요하다.
④ 새로운 압연유를 공급하게 되므로 압연상태가 좋다.

해설
직접방식은 고속박판압연에 사용 가능하다.
급유방식

직접 급유방식	순환 급유방식
• 윤활 성능이 좋은 압연유 사용 가능	• 윤활 성능이 좋은 압연유 사용이 어려움
• 항상 새로운 압연유 공급	• 폐유 처리설비는 적은 용량 가능
• 냉각 효과가 좋아 효율이 좋음	
• 압연유가 고가이며, 폐유 처리 비용이 비쌈	• 철분이나 그 밖의 이물질이 혼합되어 압연유 성능 저하
• 고속박판압연에 사용 가능	• 직접 방식에 비해 가격이 저렴

41 자동차 부품을 만드는 현장에서 부품표면에 열처리 시 탄소와 질소를 동시에 표면에 침투·확산시켜 표면경화하는 방법은?

① 질화법
② 가스침탄질화법
③ 가스침탄법
④ 고주파경화법

해설
가스침탄질화법은 질소도 함께 침입시켜서 침탄법보다 가열온도를 낮추고 경화능은 좋게 한다.

42 특수한 방법으로 제조한 알루미나 가루와 알루미늄 가루를 압축성형하고, 약 550℃에서 소결한 후 열간압출하여 사용하는 재료로 일명 "SAP"라 불리는 것은?

① 내열용 알루미늄(Al)의 총칭
② 알루미늄(Al) 분말의 소결품
③ 알루미늄(Al) 제품 중 초경질 합금
④ 피스톤용 합금 계열의 총칭

해설
가루의 압축성형을 소결이라 한다.

43 전후설비의 속도 불균형을 완화해주고, 가감속 시 급격한 장력변동에 의한 홈 발생 및 전단길이의 난조를 방지하기 위한 완충기 역할을 하는 설비는?

① 시어 레벨러(Shear Leveller)

② 드럼(Drum)

③ 파일러(Piler)

④ 루핑 피트(Looping Pit)

해설

• 루핑 피트 : 사이드 트리머와 그 전후 설비의 속도 불균형을 조정하여 나이프 날의 절손 및 가감속도의 급격한 장력변동에 의한 홈 등을 방지해주는 완충설비

• 루프카 : 산세 중 지체시간을 보상해주고 연속적인 작업이 가능하도록 스트립을 저장하는 설비

44 냉간압연 강판의 청정설비의 목적으로 틀린 것은?

① 표면 산화막 제거

② 잔류 압연유 제거

③ 표면잔류 철분 제거

④ 분진 제거

해설

표면 산화막 제거는 산세설비와 관련이 있다.

45 수평 롤과 수직 롤로 조합되어 1회의 공정으로 상하 압연과 동시에 측면 압연도 할 수 있는 압연기로 I형강, H형강 등의 압연에 이용되는 압연기는?

① 2단 압연기

② 스테켈식 압연기

③ 플래너터리 압연기

④ 유니버설 압연기

해설

유니버설 압연기 : 1쌍의 수평 롤과 1쌍의 수직 롤을 설치하여 두께와 폭을 동시에 압연하는 압연기로 형강제조에 많이 사용된다.

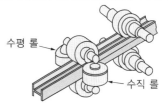

수평 롤

수직 롤

[유니버설 압연기]

46 냉간압연공정에서 단순인장에 의해 균일한 신율변형을 부여하고 내부 변형을 균일화하여 양호한 평탄도를 얻는 설비는?

① 시어 레벨러 ② 텐션 레벨러

③ 롤러 레벨러 ④ 스트레처 레벨러

해설

레벨러의 종류

• 롤러 레벨러 : 다수의 소경 롤에 의해 초반 굴곡으로 재료 표피부를 소성변형하여 판 전체의 내부응력을 저하·세분화시켜 평탄하게 한다(조반굴곡).

• 스트레처 레벨러 : 단순한 인장에 의해 균일한 연신 변형을 부여하고 내부 변형을 균일화하여 좋은 평탄도를 얻게 한다(연신).

• 텐션 레벨러 : 항복점보다 낮은 단위 장력 하에서 수 개의 롤에 의한 조반굴곡을 가해 소성 연신율을 준다(조반굴곡 + 연신).

47 높은 온도에서 증발에 의해 황동의 표면으로부터 Zn이 탈출되는 현상을 무엇이라 하는가?

① 응력 부식 탈아연 현상
② 전해 탈아연 부식 현상
③ 고온 탈아연 현상
④ 고온 탈아연 메짐 현상

해설

고온 탈아연 현상 : 높은 온도에서 증발에 의해 황동의 표면으로부터 Zn이 탈출되는 현상

48 압연 구동설비 중 구동 모터에서 발생한 동력을 각 롤에 분배하여 주는 역할을 하는 설비는?

① 감속 기어
② 플라이 휠
③ 피니언 기어
④ 매니퓰레이터

해설

압연 구동설비

모터 (동력발생)	→	감속기 (회전수 조정)	→	피니언 (동력분배)	→	스핀들 (동력전달)

• 모터 : 압연기의 원동력을 발생시키는 설비로 일반적으로 직류전동기가 이용되며, 속도의 조정이 필요하지 않을 때는 3상 교류전동기를 사용
• 감속기 : 모터에서 발생된 동력을 압연기의 종류에 맞는 힘과 속도로 바꿔 주는 설비
• 피니언 : 동력을 각 롤에 분배하는 설비
• 스핀들 : 피니언과 롤을 연결하여 동력을 전달하는 설비

49 공형 롤에서 한쪽의 롤에만 파진 오목한 공형부는?

① 리브 홀(Rib Hole)
② 핀 홀(Pin Hole)
③ 데드 홀(Dead Hole)
④ 블로 홀(Blow Hole)

해설

데드 홀 : 공형 롤에서 한쪽의 롤에만 파진 오목한 공형부

50 도면의 부품란에 기입되는 사항이 아닌 것은?

① 도면명칭 ② 부품번호
③ 재질 ④ 부품수량

해설

도면명칭은 표제란에 기입한다.

51 소성변형에 대한 설명 중 옳지 않은 것은?

① 결정의 변형이다.
② 슬립(Slip)현상이다.
③ 냉간가공과 열간가공으로 구분된다.
④ 원자와 원자 사이의 거리와 조직의 변화이다.

해설

소성변형은 원자간 미끄러지는 슬립현상으로 인해 발생하는 변형이고, 조직의 변화는 아니다.

52 충격시험을 하는 목적은 재료의 어떤 성질을 알아보기 위함인가?

① 인장강도와 탄성
② 경도와 항복강도
③ 굽힘강도와 크리프
④ 인성과 취성

충격시험은 시편에 충격을 가하여 파단 시 소모되는 에너지를 구함으로써 인성과 취성을 평가한다.

53 연소에 필요한 조건으로 충분하지 못한 것은?

① 충분한 수분을 공급한다.
② 충분한 시간을 부여한다.
③ 점화온도 이상으로 가열한다.
④ 충분한 산소를 공급한다.

수분공급은 불완전연소를 야기한다.

54 가열로에서 잉곳을 가열할 때 불꽃이 잉곳에 직접 닿으면 어떤 현상이 일어나는가?

① 산화가 일어나지 않는다.
② 수축을 일으킨다.
③ 스케일이 발생한다.
④ 전연성이 없어진다.

가열로에서 불꽃이 잉곳에 직접 닿으면 스케일이 발생한다.

55 기계 제작에 필요한 예산을 산출하고, 주문품의 내용을 설명할 때 이용되는 도면은?

① 견적도
② 설명도
③ 제작도
④ 계획도

① 견적도 : 기계 제작에 필요한 주문품 내용과 예산을 산출한 도면
② 설명도 : 물체의 구조 및 기능을 설명하기 위한 목적으로 만든 도면

56 물과 얼음, 수증기가 평형을 이루는 3중점 상태에서의 자유도는?

① 0
② 1
③ 2
④ 3

$$3중점의 자유도 = n - P + 2$$
$$= 1 - 3 + 2$$
$$= 0$$
여기서, 성분 수(n) : 1(물)
상의 수(P) : 3(고체, 액체, 기체)

57 S곡선(TTT곡선)에 해당되지 않는 것은?

① 시간
② 온도
③ 변태
④ 가공

TTT곡선은 시간과 온도와 변태 등을 나타낸 곡선이다.

58 압연기의 밀 스프링 특성에 따라 무부하 시 출측 판두께가 설정 롤 갭보다 크게 될 때 압연 전 설정 간격을 S_0, 압연 중의 압하력을 F, 밀 스프링을 M이라고 하면 실제 출측 판두께 h를 나타내는 식은?

① $h = \dfrac{F}{S_0} + M$ ② $h = \dfrac{S_0}{M} + F$

③ $h = \dfrac{F}{M} + S_0$ ④ $h = \dfrac{S_0}{F} + M$

해설

롤 간격(롤 간극) S_0는 다음과 같으므로

$$S_0 = (h_0 - \Delta h) - \dfrac{F}{M}$$

여기서, h_0 : 입측 판두께
Δh : 압하량
F : 압하력
M : 밀 스프링(롤 스프링)

따라서, 출측 판두께는 $(h_0 - \Delta h) = \dfrac{F}{M} + S_0$ 이다.

59 정투상도법에서 눈 → 투상면 → 물체의 순으로 투상할 경우의 투상법은?

① 제1각법   ② 제2각법
③ 제3각법   ④ 제4각법

해설

• 제3각법 : 눈 → 투상면 → 물체 순서(투상면을 통해서 물체를 본다고 암기)
• 제1각법 : 눈 → 물체 → 투상면 순서(투상면을 물체 뒤에 놓는다고 암기)

60 산세공정에서의 텐션 레벨러(Tension Leveller)의 역할과 기능이 아닌 것은?

① 산세 탱크의 입측에 위치하여 후방 장력을 부여한다.
② 냉연 소재인 열연 강판의 표면에 형성된 스케일을 파쇄시킨다.
③ 냉연 소재인 열연 강판의 형상을 일정량의 연신율을 부여하여 교정한다.
④ 상하 롤을 이용하여 스트립의 표면 스케일에 균열을 주어 염산의 침투성을 좋게 한다.

해설

산세 탱크 입측에 위치하여 후방 장력을 부여하는 장치는 'Entry Looper(엔트리 루퍼)'이다.

산세공정에서의 텐션 레벨러(Tension Leveller) 역할
• 기계적인 굽힘을 가하여 일정량의 연신율을 부여하여 형상을 교정한다.
• 냉연 소재인 열연 강판의 표면에 형성된 스케일을 제거한다.
• 상하 롤을 이용하여 스트립의 표면 스케일에 균열을 주어 염산의 침투성을 좋게 한다.

01

주요성분이 Ni-Fe 합금인 불변강의 종류가 아닌 것은?

① 인바
② 모넬메탈
③ 엘린바
④ 플래티나이트

해설
② 모넬메탈 : 니켈-구리계의 합금으로 Ni 60~70% 정도를 함유하고 내식성이 좋아 가스터빈과 같은 화학공업 등의 재료로 많이 사용
① 인바 : 철-니켈 합금으로 열팽창계수가 작은 불변강
③ 엘린바 : 철-니켈-크롬 합금으로 탄성률이 매우 작은 불변강
④ 플래티나이트 : 철-니켈 합금으로 열팽창계수가 작은 불변강으로 백금 대용으로 사용

02

철강의 열처리에서 A₁ 변태점 이하로 가열하는 방법은?

① 담금질
② 뜨임
③ 풀림
④ 노멀라이징

해설
뜨임 : 담금질 이후 A₁ 변태점 이하로 재가열하여 냉각시키는 열처리로 경도는 다소 작아질 수 있으나 인성을 증가시킨다.

03

전자 강판에 요구되는 특성을 설명한 것 중 옳은 것은?

① 철손이 커야 한다.
② 포화자속밀도가 낮아야 한다.
③ 자화에 의한 치수변화가 커야 한다.
④ 박판을 적층하여 사용할 때 층간저항이 높아야 한다.

해설
전자 강판의 요구 특성
• 제특성이 균일할 것
• 철손이 적을 것
• 자속밀도, 투자율이 높을 것
• 자기시효가 적을 것(불순물이 적을 것)
• 층간저항이 클 것
• 자왜가 적을 것
• 점적률이 높을 것
• 적당한 기계적 특성을 가질 것
• 용접성 및 타발성이 좋을 것
• 강판의 형상이 양호할 것

04

항복점이 일어나지 않는 재료는 항복점 대신 무엇을 사용하는가?

① 내력
② 비례한도
③ 탄성한도
④ 인장강도

해설
내력(Proof Stress) : 항복점이 뚜렷하지 않은 재료에 사용되며 0.2% 변형률에서의 하중을 원래의 단면적으로 나눈 값이다.

05 열간금형용 합금공구강이 갖추어야 할 성능을 설명한 것 중 틀린 것은?

① 고온경도 및 강도가 높아야 한다.

② 내마모성은 크며, 소착을 일으켜야 한다.

③ 열충격 및 열피로에 잘 견디어야 한다.

④ 히트 체킹(Heat Checking)에 잘 견디어야 한다.

해설

소착현상은 칩이나 이물질이 늘어붙는 현상으로 열간금형용 합금공구강은 소착현상을 일으키지 않아야 한다.

06 두랄루민 합금의 주성분으로 옳은 것은?

① Al-Cu-Mg-Mn　　② Ni-Mn-Sn-Si

③ Zn-Si-P-Al　　④ Pb-Ag-Ca-Zn

해설

두랄루민 : Al-Cu-Mg-Mn 합금으로 시효경화성이 가장 좋다.

07 높은 온도에서 증발에 의해 황동 표면으로부터 Zn이 탈출되는 현상은?

① 응력부식균열　　② 탈아연 부식

③ 고온 탈아연　　④ 저온풀림경화

해설

③ 고온 탈아연 현상 : 높은 온도에서 증발에 의해 황동의 표면으로부터 Zn이 탈출되는 현상으로 그 방지책으로 산화물 피막을 형성시킴

① 응력부식균열(자연균열) : 인장응력을 받는 상태(잔류응력 상태)에서 부식 환경과의 조합으로 취성적인 파괴를 나타내는 현상으로 그 방지책으로 도료 및 도금을 처리하거나 응력제거 풀림으로 잔류응력을 제거함

② 탈아연 부식 : 황동이 불순한 물에 의해 아연이 용해되어 내부까지 탈아연되는 현상으로 그 방지책으로 주석이나 안티몬을 첨가함

④ 저온풀림 : 변태점 이하 온도에서의 열처리를 통해 연성을 회복시키는 처리

08 소성변형이 일어나면 금속이 경화하는 현상을 무엇이라 하는가?

① 탄성경화　　② 가공경화

③ 취성경화　　④ 자연경화

해설

가공경화 : 소성변형으로 인해 재료의 변형저항이 증가하여 경도 및 항복강도가 증가하는 현상

09 게이지용 강이 갖추어야 할 성질로 틀린 것은?

① 담금질에 의한 변형이 없어야 한다.

② HRC 55 이상의 경도를 가져야 한다.

③ 열팽창계수가 보통강보다 커야 한다.

④ 시간에 따른 치수 변화가 없어야 한다.

해설

게이지용 강의 조건

• HRC 55 이상의 경도를 가져야 한다.

• 열팽창계수가 보통강보다 작아야 한다.

• 시간이 지남에 따라 치수 변화가 없어야 한다.

• 담금질에 의한 균열이나 변형이 없어야 한다.

10 탄소강 중에 함유된 규소의 일반적인 영향 중 틀린 것은?

① 경도의 상승　　② 연신율의 감소

③ 용접성의 저하　　④ 충격값의 증가

해설

규소의 영향 : 인장강도와 경도를 높여주나 연신율이 감소하여 냉간가공성이 취약하게 되므로 충격값은 감소한다.

11 금속의 결정구조에 대한 설명으로 틀린 것은?

① 결정입자의 경계를 결정입계라 한다.

② 결정체를 이루고 있는 각 결정을 결정입자라 한다.

③ 체심입방격자는 단위 격자 속에 있는 원자수가 3개이다.

④ 물질을 구성하고 있는 원자가 입체적으로 규칙적인 배열을 이루고 있는 것을 결정이라 한다.

해설

단위 격자 속의 원자수 : 체심입방(2), 면심입방(4), 조밀육방(2)

결정 구조

• 한 금속은 많은 결정구조의 집합체

• 결정 입자 : 원자가 규칙적으로 배열되어 있는 공간 격자

• 최인접 원자의 개수가 많고 높은 원자 조밀도를 가짐

• 결합의 방향성이 없음

• 각 원자구는 금속 이온을 나타냄

• 단위정 : 공간 격자를 이루는 최소한의 단위

12 Al의 표면을 적당한 전해액 중에서 양극 산화처리하면 표면에 방식성이 우수한 산화 피막층이 만들어진다. 알루미늄의 방식방법에 많이 이용되는 것은?

① 규산법　　　　② 수산법

③ 탄화법　　　　④ 질화법

해설

수산법

알루미늄 제품을 2% 수산용액에서 직류, 교류 혹은 직류에 교류를 동시에 송전하는 방법을 통하여 표면에 단단하고 치밀한 산화막을 얻는 방식법이다.

13 구멍 $\phi 55^{+0.030}_{+0}$와 축 $\phi 55^{+0.039}_{+0.020}$에서 최대틈새는?

① 0.010　　　　② 0.020

③ 0.030　　　　④ 0.039

해설

최대틈새 = 구멍의 최대허용치수 − 축의 최소허용치수

$$= 55.030 - 55.020$$
$$= 0.010$$

14 치수기입의 요소가 아닌 것은?

① 숫자와 문자

② 부품표와 척도

③ 지시선과 인출선

④ 치수보조기호

해설

척도는 표제란에 표시한다.

15 그림에 표시된 도형은 어느 단면도에 해당하는가?

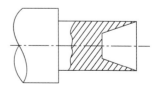

① 온단면도　　　　② 합성 단면도

③ 계단 단면도　　　　④ 부분 단면도

해설

부분적으로만 해칭이 그려져 있기 때문에 부분 단면도이다.

16 3/8 – 16UNC – 2A의 나사기호에서 2A가 의미하는 것은?

① 나사의 등급
② 나사의 호칭
③ 나사산의 줄 수
④ 나사의 잠긴 방향

해설

3/8 – 16UNC – 2A
• 3/8 : 나사의 직경(인치)
• 16UNC : 1인치 내에 16개 산이 있는 유니파이보통나사
• 2A : 나사의 등급(A는 수나사, B는 암나사이고 숫자가 낮을수록 높은 정밀도 의미)

17 한국산업표준에서 규정한 탄소 공구강의 기호로 옳은 것은?

① SCM
② STC
③ SKH
④ SPS

해설

① SCM : 크롬-몰리브덴강
③ SKH : 고속도 공구강
④ SPS : 스프링강

18 물체를 투상면에 대하여 한쪽으로 경사지게 투상하여 입체적으로 나타내는 것으로 물체를 입체적으로 나타내기 위해 수평선에 대하여 30°, 45°, 60° 경사각을 주어 삼각자를 편리하게 사용하게 한 것은?

① 투시도
② 사투상도
③ 등각투상도
④ 부등각투상도

해설

② 사투상도 : 물체의 주요면을 투상면에 평행하게 놓고 한쪽을 경사지게 그린 투상도
③ 등각투상도 : 세 모서리가 이루는 각이 모두 120°가 되도록 그린 투상도

19 제도에 사용되는 척도의 종류 중 현척에 해당하는 것은?

① 1 : 1
② 1 : 2
③ 2 : 1
④ 1 : 10

해설

현척 : 실물크기와 똑같은 치수로 나타낸다.

20 상면도라 하며, 물체의 위에서 내려다 본 모양을 나타내는 도면의 명칭은?

① 배면도
② 정면도
③ 평면도
④ 우측면도

해설

삼각법
• 평면도 : 위에서 본 도면
• 정면도 : 앞에서 본 도면
• 우측면도 : 우측에서 본 도면
• 배면도 : 정면도 반대쪽에서 본 도면

21 KS B ISO 4287 한국산업표준에서 정한 '거칠기 프로파일에서 산출한 파라미터'를 나타내는 기호는?

① R-파라미터　　　② P-파라미터

③ W-파라미터　　　④ Y-파라미터

해설
- 거칠기 : R_{max} (최대높이)
- R_z (10점 평균거칠기)
- R_a (중심선 평균거칠기)

22 기어의 피치원의 지름이 150mm이고, 잇수가 50개일 때 모듈의 값은?

① 1mm　　　② 3mm

③ 4mm　　　④ 6mm

해설
모듈 = 피치원직경 / 잇수
= 150 / 50 = 3mm

23 도면에 치수를 기입할 때 유의사항으로 틀린 것은?

① 치수의 중복 기입을 피해야 한다.

② 치수는 계산할 필요가 없도록 기입해야 한다.

③ 치수는 가능한 한 주투상도에 기입해야 한다.

④ 관련되는 치수는 가능한 한 정면도와 평면도 등 모든 도면에 나누어 기입한다.

해설
관련된 치수는 한 곳에 모아서 기입한다.

24 다음의 단면도 중 위, 아래 또는 왼쪽과 오른쪽이 대칭인 물체의 단면을 나타낼 때 사용되는 단면도는?

① 한쪽 단면도

② 부분 단면도

③ 전단면도

④ 회전도시 단면도

해설
① 한쪽 단면도(반단면도) : 단면도 중 위, 아래 혹은 왼쪽과 오른쪽 대칭인 물체의 단면을 나타낼 때 사용되는 단면도
② 부분 단면도 : 필요로 하는 물체의 일부만을 절단, 경계는 자유 실선의 파단선으로 표시하고 프리핸드로 외형선의 1/2 굵기로 나타낸 단면도
③ 전단면도(온단면도) : 물체를 한 평면의 절단면으로 절단, 물체의 기본적인 모양을 가장 잘 표시하도록 절단면 결정하여 나타낸 단면도
④ 회전도시 단면도 : 핸들이나 바퀴 등의 암 및 림, 리브, 훅, 축, 구조물의 부재 등의 절단면을 90° 회전하여 표시한 단면도

25 공형의 형상 설계 시 유의하여야 할 사항이 아닌 것은?

① 압연속도와 온도를 고려한다.
② 구멍수를 많게 하는 것이 좋다.
③ 최후에는 타원형으로부터 원형으로 되게 한다.
④ 패스마다 소재를 90°씩 돌려서 압연되게 한다.

해설
구멍수는 패스 스케줄에 따라 만들어야 하므로 많이 만드는 것이 좋은 것은 아니다.

26 냉간압연의 일반적인 공정 순서로 옳은 것은?

① 열연 Coil → 산세 → 정정 → 냉간압연 → 표면청정 → 풀림 → 조질압연
② 열연 Coil → 산세 → 냉간압연 → 정정 → 표면청정 → 풀림 → 조질압연
③ 열연 Coil → 산세 → 냉간압연 → 표면청정 → 풀림 → 조질압연 → 정정
④ 열연 Coil → 산세 → 냉간압연 → 표면청정 → 풀림 → 정정 → 조질압연

해설
냉연 강판 제조공정 순서 : 열연 코일 → 산세(스케일 제거) → 냉간압연 → 전해청정(표면청정) → 풀림(소둔) → 조질압연(Skin Pass Rolling) → 되감기(리코일링) → 전단(Shearing Line)

27 판을 압연할 때 압연재가 롤과 접촉하는 입구측의 속도를 V_E, 롤에서 빠져나오는 출구측의 속도를 V_A, 그리고 중립점의 속도를 V_o라 할 때 각각의 속도 관계를 옳게 나타낸 것은?

① $V_E < V_o < V_A$
② $V_A > V_E > V_o$
③ $V_E < V_A < V_o$
④ $V_E = V_A = V_o$

해설
압연재의 속도는 롤과 소재의 속도가 같아지는 중립점을 기준으로, 입구쪽이 느리고, 출구쪽이 빠르게 된다.

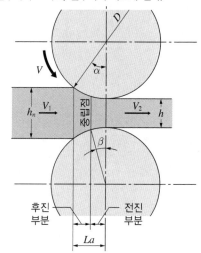

28 압연가공에서 통과 전 두께가 40mm이었던 것이 통과 후 24mm로 되었다면 압하율은 얼마인가?

① 35% ② 40%
③ 45% ④ 50%

해설

$$압하율(\%) = \frac{압연\ 전\ 두께 - 압연\ 후\ 두께}{압연\ 전\ 두께} \times 100$$

$$= \frac{40 - 24}{40} \times 100$$

$$= 40$$

29 열연공정인 RSB 혹은 VSB에서 실시하는 작업이 아닌 것은?

① 스케일(Scale) 제거
② 슬래브(Slab) 폭 변화
③ 트리밍(Trimming) 작업
④ 슬래브(Slab) 두께 변화

해설
• RSB : 열연공정의 조압연에서 폭 방향의 수직 롤을 이용하여 슬래브의 스케일을 제거하고 폭과 두께를 조절하는 압연을 수행한다.
• VSB : 2차 스케일 제거장치로 사상압연 전 고압수를 분사하여 표면의 스케일을 제거하는 설비이다.

30 열연 코일을 냉간압연하기 전에 산세처리하는 이유는?

① 굴곡면의 교정
② 가공경화의 연화
③ 스케일의 제거
④ 압연저항의 감소

해설
산세처리의 주요 목적은 스트립 표면에 생성된 스케일 제거이다.

31 안전점검의 가장 큰 목적은?

① 장비의 설계상태를 점검
② 투자의 적정성 여부 점검
③ 위험을 사전에 발견하여 시정
④ 공정 단축 적합의 시정

해설
안전점검의 주요 목적은 위험을 예방하기 위한 것이다.

32 열간 스카핑에 대한 설명 중 옳은 것은?

① 손질 깊이의 조정이 용이하지 않다.
② 산소소비량이 냉간 스카핑에 비해 적다.
③ 작업 속도가 느리고, 압연능률을 떨어트린다.
④ 균일한 스카핑은 가능하나 평탄한 손질면을 얻을 수 없다.

해설
열간 스카핑 : 강괴의 표면에는 스캡, 크랙, 표면개재물 등의 유해한 결함이 있으며, 또한 가열로 공정에서 표면 탈탄층이 생기게 되는데, 이러한 결함을 제거하기 위한 설비이다.
• 손질 깊이 조절이 용이하다.
• 산소소비량이 냉간 스카핑에 비해 적다.
• 작업 속도가 빨라 압연능률을 해치지 않는다.

33 맞물려 돌아가는 한 쌍의 롤(Roll) 사이에 금속재료를 넣어 단면적 혹은 두께를 감소시키는 금속가공법은?

① 압연   ② 단조
③ 인발   ④ 압출

해설
롤을 사용하는 가공은 압연가공이다.

34 열연공장의 조압연 제어가 아닌 것은?

① 개도 설정 제어

② 가속률 설정 제어

③ 롤 갭(Roll Gap) 설정 제어

④ 디스케일링(Descaling) 설정 제어

해설

- 조압연은 마무리 공정(Finishing Mill)에서 작업이 가능하도록 슬래브의 두께를 감소시키고 슬래브 폭을 수요자가 원하는 폭으로 압연하는 공정이다.
- 조압연기에서는 사이드 가이드를 위한 개도 설정 제어가 사용되고 두께를 감소시키기 위한 롤 갭 설정 제어가 사용되며 디스케일링을 위한 설정 제어가 사용된다.

35 압연기의 롤러 베어링에 그리스 윤활을 하려고 할 때 가장 좋은 급유방법은?

① 손 급유법　　② 충진 급유법

③ 패드 급유법　　④ 나사 급유법

해설

그리스 윤활은 고체 혹은 반고체 급유이기 때문에 강제 순환 급유 및 충진 급유가 가장 효과적이다.

36 워킹빔식 가열로에서 유압, 전동에 의해 움직이는 과정으로 옳은 것은?

① 상승 → 전진 → 하강 → 후퇴

② 상승 → 후퇴 → 하강 → 전진

③ 하강 → 전진 → 상승 → 후퇴

④ 하강 → 상승 → 후퇴 → 전진

해설

워킹빔식 가열로

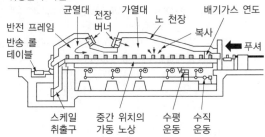

- 노상이 가동부와 고정부로 나뉘어, 이동 노상이 상승 → 전진 → 하강 → 후퇴의 과정을 거치며 재료 사이에 임의의 간격을 두고 반송시킬 수 있는 연속로
- 여러 가지 치수와 재질의 것도 가열 가능
- 푸셔식에 비하여 노의 구조가 복잡하지만, 슬래브 내 온도가 균일하다.

37 슬래브 15,000톤을 처리하여 코일 13,500톤을 생산했을 때 압연 실수율은 몇 %인가?(단, 재열재는 500톤이 발생하였고, 재열재는 소재량에 포함시키지 않는다)

① 90.1%　　　　② 93.1%

③ 95.4%　　　　④ 98.4%

해설

$$실수율(\%) = 100 \times \frac{생산량}{소재량 - 재열재}$$

$$= 100 \times \frac{13,500}{15,000 - 500}$$

$$≒ 93.1$$

38 가로 140mm, 세로 140mm인 압연재를 압연하여 가로 120mm, 세로 120mm, 길이 4m인 강편을 만들었다면 원래 강편의 길이는 약 몇 m인가?

① 1.17
② 2.94
③ 4.01
④ 6.11

해설
압연 전후에 통과하는 재료의 양(체적)이 같다는 전제 하에
140mm × 140mm × (초기 강편의 길이 m) = 120mm × 120mm × 4m
따라서, 초기 강편의 길이 ≒ 2.94m

39 다음 중 사상압연의 목적을 설명한 것으로 틀린 것은?

① 규정된 제품의 치수로 압연하기 위하여
② 표면결함이 없는 제품을 생산하기 위하여
③ 규정된 사상온도로 압연하여 재질 특성을 만족시키기 위하여
④ 양파, 중파의 형상은 없고, Camber가 있는 형상을 만들기 위하여

해설
사상압연의 목적은 수요자가 원하는 최종 두께로 제조하는 것이므로 캠버(Camber)가 있으면 안 된다.
캠버(Camber)
• 일반적으로 압연 시 압연소재의 판 폭 방향으로 휘어지는 현상이다. 압연 코일의 경우 압연 방향으로 휘어지며, 소재 좌우 두께 편차가 있거나 상하 롤의 폭 방향 간격이 다를 때 그리고 폭 방향으로 온도가 고르지 못할 때 발생한다.
• 캠버 발생 원인
 - 롤이 기울어져 있을 때
 - 하우징의 연신 및 변형
 - 폭 방향 온도 편차
 - 소재 좌우 두께 편차

40 지방산과 글리세린이 주성분인 게이지용의 압연유로 널리 사용되는 것은?

① 광유(Mineral Oil)
② 유지(Fat and Oil)
③ 올레핀유(Olefin Oil)
④ 그리스유(Grease Oil)

해설
지방계 윤활유(유지)
지방유는 지방산과 글리세린, 에스테르로 구성되어 있고, 건성 또는 반건성유이기 때문에 상온에서 공기 중에 장시간 방치하면 산화 변질하여 열화되기 쉬우므로 순환계 윤활유로는 부적당하다.

41 다음 냉간압연의 보조설비 중 코블 가드(Coble Guard)의 역할 및 기능에 대한 설명으로 옳은 것은?

① 냉간압연 시 스트립(Strip)의 통판성을 향상시키기 위하여 스트립의 양측에 설치되어 쏠림을 방지하는 설비이다.
② 냉간압연 시 스트립을 코일화하는 권취작업을 위하여 스트립을 맨드릴에 안내하여 스트립의 톱(Top)부를 안내하는 설비이다.
③ 냉간압연 시 스트립(Strip)의 머리 부분을 통판 시킬 때 머리 부분에 상향이 발생하여 타 설비와 간섭되는 사고를 방지하기 위하여 상작업 롤에 근접 설치되어 있는 설비이다.
④ 냉간압연 시 스트립(Strip)의 통판성을 향상시키기 위하여 스트립의 하측에 설치되어 톱(Top)부의 하향을 방지하는 설비이다.

해설
코블 가드(Coble Guard) : 스트립 통판 시 선단부가 상향되어 롤에 감기는 것을 방지

42 컨베이어 벨트나 설비에 위험을 방지하기 위한 방호조치의 설명으로 틀린 것은?

① 회전체 롤 주변에는 울이나 방호망을 설치한다.
② 컨베이어 벨트 이음을 할 때는 돌출 고정구를 사용한다.
③ 컨베이어 벨트에는 위험방지를 위하여 급정지장치를 부착한다.
④ 회전축이나 치차 등 부속품을 고정할 때는 방호커버를 설치한다.

해설
벨트 이음새에 돌출부가 있어선 안 된다.

43 얇은 판재의 냉간압연용으로 사용되는 클러스터 압연기(Cluster Mill)에 속하는 것은?

① 3단 압연기　　　② 4단 압연기
③ 5단 압연기　　　④ 6단 압연기

해설
6단 압연기 : 4단 압연기에서는 구동 롤의 압연 방향을 변경시킬 수 없으므로 작업 롤의 지름 크기에는 제한이 있다. 이 지름을 더욱 작게 하기 위하여 상하의 받침 롤을 각각 2개씩 배치한 것이 6단 압연기이며, 클러스터 압연기라고도 한다.

[6단 클러스터 압연기]

44 작업 롤의 내표면 균열성을 개선시키기 위하여 첨가되는 원소가 아닌 것은?

① Cr　　　② Mo
③ Co　　　④ Al

해설
• 첨가 원소의 영향
　– Ni : 내식·내산성 증가
　– Mn : 황(S)에 의한 메짐 방지
　– Cr : 적은 양에도 경도, 강도가 증가하며 내식, 내열성이 커짐
　– W : 고온강도, 경도가 높아지며 탄화물 생성
　– Mo : 뜨임메짐을 방지하며 크리프 저항이 좋아짐
　– Si : 전자기적 성질을 개선
• 첨가 원소의 변태점, 경화능에 미치는 영향
　– 변태 온도를 내리고 속도가 늦어지는 원소 : Ni
　– 변태 온도가 높아지고 속도가 늦어지는 원소 : Cr, W, Mo
　– 탄화물을 만드는 것 : Ti, Cr, W, V 등
　– 페라이트 고용 강화시키는 것 : Ni, Si 등

45 열처리용 연료 설비에서 공기와 연료가스를 혼합하여 주는 부분은?

① 버너(Burner)
② 컨벡터(Convector)
③ 베이스 팬(Base Fan)
④ 쿨링커버(Cooling Cover)

해설
버너(Burner) : 연료 설비에서 효율을 좋게 연소시키기 위한 설비로 공기와 연료가스를 혼합해 준다.

46 중후판 소재의 길이 방향과 소재의 강괴축이 직각되는 압연 작업은?

① 폭내기 압연(Widening Rolling)
② 완성압연(Finishing Rolling)
③ 조정압연(Controlled Rolling)
④ 크로스 압연(Cross Rolling)

해설

④ 크로스 압연 : 중후판 소재의 길이 방향과 소재의 강괴 축이 직각되는 압연 작업으로 제품의 폭 방향과 길이 방향의 재질적인 방향성을 경감할 목적으로 실시하는 압연
① 폭내기 압연 : 중후판 압연 공정에서 원하는 폭을 만들기 위한 압연방법
② 완성압연 : 완제품의 모양과 치수로 만드는 압연방법
③ 조정압연(제어압연) : 압연 중에 소재 온도를 조정하여 최종 패스의 온도를 낮게 하면 제품의 조직이 미세화하여 강도의 상승과 인성이 개선되는 압연

47 열연공장의 압연 중 발생된 스케일(Scale)을 제거하는 장치는?

① 브러시(Brush)
② 디스케일러(Descaler)
③ 스카핑(Scarfing)
④ 그라인딩(Grinding)

해설

② 디스케일러(Descaler) : 압연기 전후에 있는 설비로 압연 중 발생하는 스케일을 제거하여 스트립의 표면을 깨끗하게 함
③ 스카핑(Scarfing) : 강재의 표면결함을 평탄하게 용융 또는 제거는 작업

48 냉간압연 강판의 표면조도에서 조질도의 구분이 표준 조질일 경우 조질 기호로 옳은 것은?

① A   ② S
③ H   ④ J

해설

강판 및 강대를 나타내는 기호가 "SPCCT − S D"일 때 S는 조질 상태로 표준조질(기계적 성질)을 의미하고 D는 마무리 상태로 무광택을 의미한다(광택은 B로 표시).

49 열연압연한 후판의 검사 항목에 해당되지 않는 것은?

① 폭   ② 두께
③ 직각도   ④ 권취 온도

해설

후판의 검사 항목
• 치수 : 두께, 폭, 길이, 직각도, 중량
• 형상 : 평탄도, 크라운, 캠버
• 결함 : 내부결함, 외부결함 등

50 강재의 용도에 따라 가공방법, 가공 정도, 개재물이나 편석의 허용한도를 정해 그것이 실현되도록 제조공정을 설계하고 실시하는 것이 내부결함의 관리이다. 이에 해당되지 않는 것은?

① 성분범위
② 슬립마크
③ 탈산법의 선정
④ 강괴, 강편의 끝부분을 잘라내는 기준

해설

슬립마크는 표면결함의 한 종류이다.

51 압연기를 통과한 제품을 냉각상에서 이송하기 위한 설비 형식이 아닌 것은?

① 슬립(Slip)방식
② 체인(Chain)방식
③ 워킹(Walking)방식
④ 스킨(Skin)방식

해설

냉각상의 구조는 캐리어 체인(Carrier Chain)식, 워킹 리드(Walking Lead)식, 디스크 롤러(Disk Roller)식이 있다.

52 선재공정에서 상부 롤의 직경이 하부 롤의 직경보다 큰 경우 그 이유는 무엇인가?

① 압연 소재가 상향되는 것을 방지하기 위하여
② 압연 소재가 하향되는 것을 방지하기 위하여
③ 소재의 두께 정도를 향상시키기 위하여
④ 롤의 원단위를 감소시키기 위하여

해설

• 롤의 크기와 소재의 변화
  – 소재는 롤의 회전수가 같을 때 롤의 지름이 작은 쪽으로 구부러진다.
  – 상부 롤 > 하부 롤 : 소재는 하향
  – 상부 롤 < 하부 롤 : 소재는 상향

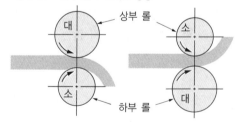

• 롤의 크기를 조절하지 않고 소재를 하향하는 방법
  – 소재의 상부 날판을 가열한다.
  – 소재의 하부 날판을 냉각한다.
  – 하부 롤의 속도보다 상부 롤의 속도를 크게 한다.

53 압연제품 중 가장 두께가 작은 중간 소재는?

① 블룸(Bloom)
② 빌릿(Billet)
③ 슬래브(Slab)
④ 시트 바(Sheet Bar)

해설

④ 시트 바(Sheet Bar) : 압연용 판재소재(일반적 20mm 이하)
① 블룸(Bloom) : 연속주조에 의해 만든 소재로 정방형의 단면을 갖고 주로 형편용으로 사용되는 강편으로 빌릿 등을 만드는 반제품으로 활용(일반적 130mm 이상)
② 빌릿(Billet) : 블룸보다 치수가 작은 소강편(일반적 130mm 이하)
③ 슬래브(Slab) : 연속주조에 의해 직접 만들어지거나 블룸을 조압연하여 만듦(일반적 45mm 이상)

54 압연 롤 크라운(Crown)에 영향을 주는 인자가 아닌 것은?

① 기계적 크라운
② 롤의 냉각제어
③ 롤 굽힘(Roll Bending)조정
④ 장력조정

해설

롤 크라운은 굽힘과 관련 있고 장력과는 관련 없다.

55 변형 도중에 변형의 방향이 바뀌면 같은 방향으로 변형하는 경우에 비해 항복점이 낮아지는 현상은?

① 쌍정
② 이방성
③ 루더스 밴드
④ 바우싱거 효과

해설
바우싱거 효과 : 어느 방향으로 소성변형을 가한 재료에 역방향의 하중을 가할 경우 소성변형에 대한 저항이 감소하는 효과

56 열간압연 가열로 내의 온도를 측정하는데 사용되는 온도계로서 두 종류의 금속선 양단을 접합하고 양 접합점에 온도차를 부여하여 전위차를 측정하는 온도계는?

① 광고온계
② 열전쌍 온도계
③ 베크만 온도계
④ 저항 온도계

해설
② 열전쌍 온도계 : 금속선의 양끝을 접합하여 한쪽 접점을 정온으로 유지하고, 다른쪽 접점의 온도를 변화시켜, 열기전력의 측정 값으로부터 온도를 구하는 온도계
① 광고온계 : 방사식 고온계의 하나로 고온체에서 나오는 가시광선을 이용하는 온도계
③ 베크만 온도계 : 용액의 끓는점 상승, 어는점 강하를 측정하기 위하여 고안한 특수온도계로 수은온도계의 일종이지만 기준온도에서 미세 변화를 정밀히 측정하기 위해 사용
④ 저항 온도계 : 도체나 반도체의 전기저항이 온도에 따라 변하는 것을 이용하여 측정하는 온도계

57 냉간압연에서 변형저항 계산 시 변형효율을 옳게 나타낸 것은?(단, K_{fm} : 변형강도, K_ω : 변형저항)

① $\eta = \dfrac{K_\omega}{K_{fm}}$

② $\eta = \dfrac{K_{fm}}{K_\omega}$

③ $\eta = \dfrac{K_\omega - K_{fm}}{K_\omega}$

④ $\eta = \dfrac{K_\omega}{K_\omega + K_{fm}}$

해설
변형효율 = 변형강도 / 변형저항

58 열연 공장의 권취기 입구에서 스트립을 가운데로 유도하여 권취 중 양단이 들어가고 나옴이 적게 하여 권취 모양이 좋은 코일을 만들기 위한 설비는?

① 맨드릴(Mandrel)
② 핀치 롤(Pinch Roll)
③ 사이드 가이드(Side Guide)
④ 핫 런 테이블(Hot Run Table)

해설
권취설비
• 맨드릴(Mandrel) : 권취된 코일이 감기는 곳으로 맨드릴 경이 변화될 수 있도록 되어 있다.
• 핀치 롤(Pinch Roll) : 수평으로 진입해오는 스트립 선단을 밑으로 구부려 맨드릴에 스트립이 감기기 쉽게 함과 동시에 일정한 장력을 유지시켜 코일을 타이트하게 감기게 한다.
• 유닛 롤(Unit Roll) : 맨드릴 가이드와 더불어 스트립 선단을 맨드릴 주위에 유도하는 것과 동시에 스트립을 맨드릴에 눌러 스트립과 맨드릴 간의 마찰력을 발생시키는 역할을 한다.
• 사이드 가이드(Side Guide) : 스트립을 가운데로 유도하기 위해 사용하는 설비

59 판의 두께를 계측하고 롤의 열리는 정도를 조작하는 피드백 제어 등을 하는 장치는?

① CPC(Card Programmed Control)

② APC(Automatic Preset Control)

③ AGC(Automatic Gauge Control)

④ ACC(Automatic Combustion Control)

자동 두께 제어(AGC ; Automatic Gauge Control)

• 압연 중 스트립 두께 변동을 검출하기 위한 장비로, 스크루 다운 블록(Screw Down Block) 하단에 설치된 로드 셀(Load Cell)에 의해 압연의 압력 변화를 검출하여 현재 위치를 탐지한 후 F7 후면에 설치된 X-Ray가 판 두께를 측정해 이 신호를 기반으로 압하 스크루를 자동 제어하여 스트립의 두께를 목표 두께로 제어하는 장치

• AGC 설비
  - 스크루 다운(Screw Down) : AGC 유지 컨트롤과 병행하여 롤 갭 설정
  - 상부 빔(Top Beam) : 압연 소재의 두께에 따라 유압으로 롤 갭을 설정하는 장치
  - 하부 빔(Bottom Beam) : 빔 상부에 백업 롤 및 슬레드(Sled)를 안착하는 지지대
  - 스크루 업(Screw Up) : 내부에 로드 셀(Load Cell)이 내장되어 롤이 받는 힘을 검출하며 압연 패스 라인(Pass Line)을 조정

60 섭씨 30℃는 화씨 몇 °F인가?

① 32

② 43.1

③ 68

④ 86

• 화씨(°F) = (섭씨 + 40) × 1.8 − 40 = 86
• 섭씨(℃) = (화씨 + 40) / 1.8 − 40

01 굽힘에 대한 재료의 저항력을 측정하기 위한 시험은?

① 압축 시험
② 항절 시험
③ 쇼어 시험
④ 에릭센 시험

해설
항절 시험 : 굴곡 시험과 함께 굽힘 시험의 한 가지로 주철의 단면강도를 측정하는 시험

02 자기 변태점이 없는 금속은?

① 철(Fe)
② 주석(Sn)
③ 니켈(Ni)
④ 코발트(Co)

해설
주석은 쉽게 산화되지 않고 부식에 대한 저항성이 있는 금속으로 자기 변태점이 없다.

03 강을 열처리하여 얻은 조직으로써 경도가 가장 높은 것은?

① 페라이트
② 펄라이트
③ 마텐자이트
④ 오스테나이트

해설
경도 크기 : 시멘타이트 > 마텐자이트 > 트루스타이트 > 소르바이트 > 펄라이트 > 오스테나이트

04 다음 중 형상기억합금에 관한 설명으로 틀린 것은?

① 열탄성형 마텐자이트가 형상기억 효과를 일으킨다.
② 형상기억 효과를 나타내는 합금은 반드시 마텐자이트 변태를 한다.
③ 마텐자이트 변태를 하는 합금은 모두 형상기억 효과를 나타낸다.
④ 원하는 형태로 변형시킨 후에 원래 모상의 온도로 가열하면 원래의 형태로 되돌아간다.

해설
마텐자이트 변태를 하는 합금이 모두 형상기억 효과를 내는 것이 아니고 열탄성 마텐자이트 변태를 나타내는 합금이 형상기억 효과를 내는 것이다.

05 황동과 청동 제조에 사용되는 것으로 전기 및 열전도도가 높으며 화폐, 열교환기 등에 주 원소로 사용되는 것은?

① Fe
② Cu
③ Cr
④ Co

해설
황동과 청동은 구리(Cu)의 합금이다.

06 순철에 대한 설명으로 틀린 것은?

① 비중은 약 7.8 정도이다.

② 상온에서 비자성체이다.

③ 상온에서 페라이트 조직이다.

④ 동소변태점에서는 원자의 배열이 변화한다.

해설

순철의 성질
- A_2, A_3, A_4 변태를 가짐
- A_2 변태 : 강자성 α-Fe $\Leftrightarrow$ 상자성 α-Fe
- A_3 변태 : α-Fe(BCC) $\Leftrightarrow$ γ-Fe(FCC)
- A_4 변태 : γ-Fe(FCC) $\Leftrightarrow$ δ-Fe(BCC)
- 각 변태점에서는 불연속적으로 변화한다.
- 자기 변태는 원자의 스핀 방향에 따라 자성이 바뀐다.
- 고온에서 산화가 잘 일어나며, 상온에서 부식된다.
- 내식력이 약하다.
- 강, 약산에 침식되고, 비교적 알칼리에 강하다.

07 그림에서 마텐자이트 변태가 가장 빠른 곳은?

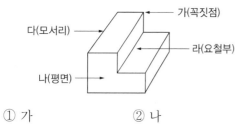

① 가

② 나

③ 다

④ 라

해설

마텐자이트 조직은 강을 담금질하였을 때 생기는 조직으로 가장 빨리 냉각되는 부분이 마텐자이트 변태가 가장 빠른 곳이 된다. 일반적으로 꼭짓점에서 가장 빨리 냉각되며 변태가 가장 빠르다.

08 마우러 조직도에 대한 설명으로 옳은 것은?

① 주철에서 C와 P량에 따른 주철의 조직관계를 표시한 것이다.

② 주철에서 C와 Mn량에 따른 주철의 조직관계를 표시한 것이다.

③ 주철에서 C와 Si량에 따른 주철의 조직관계를 표시한 것이다.

④ 주철에서 C와 S량에 따른 주철의 조직관계를 표시한 것이다.

해설

마우러 조직도 : 주철에서 C와 Si와의 관계를 나타낸 것이다.

09 다음의 금속 중 경금속에 해당하는 것은?

① Cu

② Be

③ Ni

④ Sn

해설

- 중금속 : 비중 4.5 이상의 금속(Cu, Fe, Ni, Sn)
- 경금속 : 비중 4.5 미만의 금속(Al, Mg, Be)

10 Mg 및 Mg 합금의 성질에 대한 설명으로 옳은 것은?

① Mg의 열전도율은 Cu와 Al보다 높다.

② Mg의 전기전도율은 Cu와 Al보다 높다.

③ Mg 합금보다 Al 합금의 비강도가 우수하다.

④ Mg는 알칼리에 잘 견디나, 산이나 염수에는 침식된다.

해설
- 열전도율과 전기전도율은 구리가 가장 높고 알루미늄과 마그네슘 순이다.
- 마그네슘 합금이 알루미늄 합금보다 비강도가 우수하다.
- 마그네슘의 비중은 1.7, 알루미늄의 비중은 2.7이다.
- 마그네슘은 알칼리에는 잘 견디나 산이나 염수(해수)에 약하다.

11 니켈-크롬 합금 중 사용한도를 1,000℃까지 측정할 수 있는 합금은?

① 망가닌   ② 우드메탈

③ 배빗메탈   ④ 크로멜-알루멜

해설
크로멜-알루멜(Chromel-alumel)
알루멜(Ni-Al 합금)과 크로멜(Ni-Cr 합금)을 조합한 합금으로 1,000℃ 이하의 온도 측정용 열전대로 사용이 가능하다.

12 재료에 어떤 일정한 하중을 가하고 어떤 온도에서 긴 시간 동안 유지하여 시간이 경과함에 따라 스트레인이 증가하는 것을 측정하는 시험방법은?

① 피로 시험   ② 충격 시험

③ 비틀림 시험   ④ 크리프 시험

해설
크리프 시험
재료에 내력보다 작은 응력을 가하고 특정 온도에서 긴 시간 동안 유지하여 시간의 경과에 따른 변형을 측정하는 시험이다.

13 표면의 결 지시방법에서 대상면에 제거가공을 하지 않는 경우 표시하는 기호는?

해설
① 제거가공을 허용하지 않음
② 제거가공이 필요함
③ 줄무늬가 투상면에 수직
④ 줄무늬가 투상면에 교차

14 유니파이보통나사를 표시하는 기호로 옳은 것은?

① TM   ② TW

③ UNC   ④ UNF

해설
③ UNC : 유니파이보통나사
① TM : 30° 사다리꼴나사
② TW : 29° 사다리꼴나사
④ UNF : 유니파이가는나사

15 기어의 모듈(m)을 나타내는 식으로 옳은 것은?

① $\dfrac{\text{잇수}}{\text{피치원의 지름}}$

② $\dfrac{\text{피치원의 지름}}{\text{잇수}}$

③ 잇수 + 피치원의 지름

④ 피치원의 지름 – 잇수

해설
모듈은 피치원의 직경에서 잇수를 나눈 값으로 기어의 치형 크기를 의미하며 기어의 조립을 위한 조건 값으로 사용한다.

16 도면에 대한 내용으로 가장 올바른 것은?

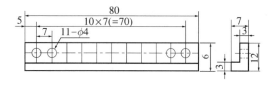

① 구멍수는 11개, 구멍의 깊이는 11mm이다.

② 구멍수는 4개, 구멍의 지름 치수는 11mm이다.

③ 구멍수는 7개, 구멍의 피치 간격 치수는 11mm 이다.

④ 구멍수는 11개, 구멍의 피치 간격 치수는 7mm 이다.

해설
• 11–ϕ4에서 11은 구멍 개수이고 4는 구멍 직경이다.
• 구멍의 중심 간 거리 치수(7)가 피치 간격이 된다.

17 제도 도면에 사용되는 문자의 호칭 크기는 무엇으로 나타내는가?

① 문자의 폭 ② 문자의 굵기
③ 문자의 높이 ④ 문자의 경사도

해설
문자의 호칭 크기는 문자의 높이로 나타낸다.

18 다음 도면에 대한 설명 중 틀린 것은?

물체   정면도   우측면도

① 원통의 투상은 치수 보조기호를 사용하여 치수 기입하면 정면도만으로도 투상이 가능하다.

② 속이 빈 원통이므로 단면을 하여 투상하면 구멍을 자세히 나타내면서 숨은선을 줄일 수 있다.

③ 좌·우측이 같은 모양이라도 좌·우측면도를 모두 그려야 한다.

④ 치수 기입 시 치수 보조기호를 생략하면 우측면도를 꼭 그려야 한다.

해설
좌·우측이 같은 모양이면 한쪽만 그린다.

19 치수공차를 계산하는 식으로 옳은 것은?

① 기준치수 – 실제치수

② 실제치수 – 치수허용차

③ 허용한계치수 – 실제치수

④ 최대허용치수 – 최소허용치수

해설
치수공차 = 최대허용치수 – 최소허용치수

20 다음 그림 중 호의 길이를 표시하는 치수 기입법으로 옳은 것은?

①

②

③

④

해설

변의 길이치수

현의 길이치수

호의 길이치수

각도치수

21 물체의 보이는 모양을 나타내는 선으로서 굵은 실선으로 긋는 선은?

① 외형선　　② 가상선

③ 중심선　　④ 1점 쇄선

해설
- 굵은 실선 : 외형선
- 1점 쇄선 : 가는 1점 쇄선(중심선, 기준선, 피치선), 굵은 1점 쇄선(특수 지정선)
- 가는 2점 쇄선 : 가상선

22 다음 그림과 같은 단면도의 종류는?

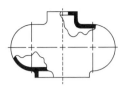

① 온단면도　　② 부분 단면도

③ 계단 단면도　　④ 회전 단면도

해설
부분 단면도 : 필요로 하는 물체의 일부만을 절단, 경계는 자유 실선의 파단선으로 표시하고 프리핸드로 외형선의 1/2 굵기로 그린다. 즉, 자유 실선의 파단선이 있으면 부분 단면도이다.

23 그림과 같이 원뿔 형상을 경사지게 절단하여 A방향에서 보았을 때의 단면 형상은?(단, A방향은 경사면과 직각이다)

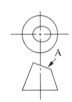

① 진원　　② 타원

③ 포물선　　④ 쌍곡선

해설
원뿔을 경사지게 절단하면 타원으로 보이게 된다.

24 척도 1 : 2인 도면에서 길이가 50mm인 직선의 실제 길이는?

① 25mm　　② 50mm

③ 100mm　　④ 150mm

해설
척도 1 : 2에서 앞의 숫자는 도면 대응 길이, 뒤의 숫자는 대상물 실제 길이이므로 실제 길이는 대응길이의 두 배인 100mm이다.

25 열간압연 시 발생하는 슬래브 캠버(Camber)의 발생 원인이 아닌 것은?

① 상하 압하의 힘이 다를 때
② 소재 좌우에 두께 편차가 있을 때
③ 상하 Roll 폭 방향의 간격이 다를 때
④ 소재의 폭 방향으로 온도가 고르지 못할 때

해설

캠버(Camber)
- 일반적으로 압연 시 압연소재의 판 폭 방향으로 휘어지는 현상이다. 압연 코일은 압연 방향으로 휘어지며, 소재 좌우 두께 편차가 있거나 상하 롤의 폭 방향 간격이 다를 때 그리고 폭 방향으로 온도가 고르지 못할 때 발생한다.
- 캠버 발생 원인
  - 롤이 기울어져 있을 때
  - 하우징의 연신 및 변형
  - 폭 방향 온도 편차
  - 소재 좌우 두께 편차

26 롤에 스폴링(Spalling)이 발생되는 경우가 아닌 것은?

① 롤 표면 부근에 주조 결함이 생겼을 때
② 내균열성이 높은 롤의 재질을 사용하였을 때
③ 여러 번의 롤 교체 및 연마 후 많이 사용하였을 때
④ 압연 이상에 의하여 국부적으로 강한 압력이 생겼을 때

해설

스폴링(Spalling) : 표면 균열이나 개재물 등이 있는 곳에 하중이 가해져서 표면이 서서히 박리하는 현상으로 내마모성과 내균열성이 높은 재질을 사용하는 것이 좋다.

27 압연기에서 롤과 재료 사이의 접촉각을 A, 마찰각을 B로 할 때, 재료가 압연기에 물려 들어 갈 조건은?

① A > 2B   ② A > B
③ A < B   ④ A = B

해설

재료가 압연기에 물리기 위한 조건은 마찰각이 접촉각보다 커야한다.

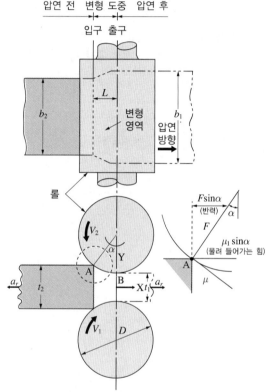

접촉각(α)과 마찰계수(μ)의 관계
- $\tan\alpha < \mu$인 경우 재료가 자력으로 압입되어 압연이 가능
- $\tan\alpha = \mu$인 경우 소재에 힘을 가하면 압연이 가능
- $\tan\alpha > \mu$인 경우 소재가 미끄러져 롤에 들어가지 않아 압연이 불가능
- 따라서, 재료가 롤에 쉽게 물려 들어가기 위해서는 접촉각이 작아져야 하므로, 압하량을 작게 하고, 롤 지름 $D(=2R)$를 크게 해야 한다.

28 공형설계의 실제에서 롤의 몸체 길이가 부족하고, 전동기 능력이 부족할 때, 폭이 좁은 소재 등에 이용되는 공형방식은?

① 다곡법
② 플랫방식
③ 버터플라이 방식
④ 스트레이트 방식

해설

공형설계 방식의 종류
- 플랫(Flat) 방식 : ㄱ형강, 밸브 판, T형강에 사용
- 버터플라이(Butterfly) 방식 : U형강, 시트 파일 압연에 사용
- 스트레이트(Straight) 방식 : I형강, 시트 파일 압연에 사용
- 다이애거널(Diagonal) 방식 : 레일 압연에 사용, 스트레이트 방식의 개선
- 다곡법 : 폭이 좁은 소재에 사용

29 열간압연 정정 라인(Line)의 기능 중 경미한 냉간압연에 의해 평탄도, 표면 및 기계적 성질을 개선하는 설비는?

① 산세 라인(Line)
② 시어 라인(Shear Line)
③ 슬리터 라인(Slitter Line)
④ 스킨 패스 라인(Skin Pass Line)

해설

조질압연(Skin Pass Mill)
- 정의 : 소둔 직후의 항복점 연신으로 인한 Stretcher Strain의 발생을 막기 위해 1~3%의 압하량으로 압연을 실시하는 공정
- 조질압연의 목적
  - 형상 개선(평탄도의 교정)
  - 표면 성상의 개선 : 조도에 따라 거친 표면(Dull), 매끄러운 표면(Bright)으로 구분
  - 스트레처 스트레인 방지(기계적 성질의 개선) : 곱쇠(Coil Break) 결함 제거

30 냉간압연에 대한 설명으로 틀린 것은?

① 치수가 정확하고 표면이 깨끗하다.
② 압연작업의 마무리작업에 많이 사용된다.
③ 재료의 두께가 얇은 판을 얻을 수 있다.
④ 열간압연판에서는 이방성이 있으나 냉간압연판은 이방성이 없다.

해설

열간압연은 재결정 온도 이상의 압연이므로 이방성이 없으나 냉간압연은 재결정 온도 이하의 압연이므로 이방성이 있다.

31 재해의 기본원인 4M에 해당하지 않는 것은?

① Machine   ② Media
③ Method   ④ Management

해설

재해의 기본원인(4M)
- Man(인간) : 걱정, 착오 등의 심리적 원인과 피로 및 음주 등의 생리적 원인, 인관관계와 의사소통과 같은 직장적 원인
- Machine(기계설비) : 기계설비의 결함과 방호설비의 부재 및 기계의 점검 부족 등이 원인
- Media(작업) : 작업공간과 환경 문제 및 정보의 부적절함
- Management(관리) : 관리 조직의 결함과 교육 부족, 규정의 부재

32 권취 완료시점에 권취 소재 외경을 급랭시키고 권취기 내에서 가열된 코일을 냉각하기 위한 냉각 장치는?

① 트랙 스프레이(Track Spray)
② 사이드 스프레이(Side Spray)
③ 버티컬 스프레이(Vertical Spray)
④ 유닛 스프레이(Unit Spray)

해설
트랙 스프레이(Track Spray)
권취 완료시점에 권취 소재 외경을 급랭시키고 권취기 내에서 가열된 코일을 냉각하기 위한 냉각 장치이다.
※ 권취설비 : 핀치롤, 트랙 스프레이, 유닛 롤, 맨드릴

33 접촉각과 압하량의 관계를 바르게 나타낸 것은? (단, Δh는 압하량, r은 롤의 반지름, α는 접촉각이다)

① $\cos \alpha = \dfrac{r - \dfrac{2}{\Delta h}}{r}$

② $\cos \alpha = \dfrac{r - \dfrac{\Delta h}{2}}{r}$

③ $\sin \alpha = \dfrac{r - \dfrac{\Delta h}{2}}{r}$

④ $\sin \alpha = \dfrac{r - \dfrac{2}{\Delta h}}{r}$

해설
접촉각과 롤 및 압하량과의 관계식
$$\cos \alpha = 1 - \frac{\Delta h}{2r} = 1 - \frac{\dfrac{\Delta h}{2}}{r} = \frac{r - \Delta h}{2}{r}$$

34 다음 중 냉연박판의 압연공정 순서로 옳은 것은?

① 표면청정 → 조질압연 → 산세 → 풀림 → 냉간압연 → 전단리코일링
② 표면청정 → 산세 → 냉간압연 → 풀림 → 조질압연 → 전단리코일링
③ 산세 → 냉간압연 → 표면청정 → 풀림 → 조질압연 → 전단리코일링
④ 산세 → 표면청정 → 냉간압연 → 조질압연 → 풀림 → 전단리코일링

해설
냉연박판 제조공정 순서 : 핫코일(Hot Coil) → 산세(Pickling Line) → 냉간압연(Cold Rolling) → 전해청정(Electrolytic Cleaning, 표면청정) → 풀림(Annealing, 소둔) → 조질압연(Skin Pass Rolling) → 되감기(Recoiling Line, 리코일링) → 전단(Shearing Line)

35 냉간압연 강판의 청정 설비의 목적으로 틀린 것은?

① 분진 제거
② 잔류 압연유 제거
③ 표면 산화막 제거
④ 표면 잔류 철분 제거

해설
표면 산화막 제거는 산세 설비의 목적이다.

36 냉간압연작업을 할 때 냉간압연유의 역할을 설명한 것으로 틀린 것은?

① 압연재의 표면 성상을 향상시킨다.

② 부하가 증가되어 롤의 마모를 감소시킨다.

③ 고속화를 가능하게 하여 압연능률을 향상시킨다.

④ 압하량을 크게 하여 압연재를 효과적으로 얇게 한다.

해설

부하를 분산시켜 롤의 마모를 감소시킨다.

압연유의 작용

• 감마작용(마찰저항 감소)
• 냉각작용(열방산)
• 응력분산작용(힘의 분산)
• 밀봉작용(외부 침입 방지)
• 방청작용(스케일 발생 억제)

37 다음 중 연속식 가열로가 아닌 것은?

① 배치식(Batch Type)

② 푸셔식(Pusher Type)

③ 워킹빔식(Walking Beam Type)

④ 회전로상식(Rotary Hearth Type)

해설

연속식 가열로의 종류에는 롤식, 푸셔식, 워킹빔식, 회전로상식 등이 있다.

단식 가열로

• 슬래브가 노 내에 장입되면 가열이 완료될 때까지 재료가 이동하지 않는 형식
• 비연속적으로 가동되며, 가열 완료 시 재료를 꺼내고 새로운 재료를 장입
• 대량생산에 적합하지 않으나, 특수재질, 매우 두껍고 큰 치수의 가열에 보조적으로 사용
• 단식로 종류 : 배치식 가열로

38 압연기의 롤의 속도가 2m/s, 출측 강재속도가 3m/s인 경우 선진율은 약 몇 %인가?

① 0.5%

② 33%

③ 45%

④ 50%

해설

$$선진율(\%) = \frac{출측\ 속도 - 롤의\ 속도}{롤의\ 속도} \times 100$$

$$= \frac{3.0 - 2.0}{2.0} \times 100$$

$$= 50$$

39 압연하중이 300kg, 토크 암 길이가 8mm일 때 압연 토크는 얼마인가?

① 2.4kg · m

② 37.5kg · m

③ 240kg · m

④ 375kg · m

해설

압연 토크 = 압연하중 × 토크 암

$$= 300kg \times 0.008m$$

$$= 2.4kg \cdot m$$

40 강판의 절단을 위한 구성설비가 아닌 것은?

① 슬리터(Slitter)

② 벨트 래퍼(Belt Wrapper)

③ 시트 전단기(Sheet Shear)

④ 사이드 트리머(Side Trimmer)

해설

벨트 래퍼(Belt Wrapper)

Tension Reel축에 벨트를 감아 판 표면의 선단부가 Tension Reel 축에 감기도록 유도하는 장치

41 규정된 제품의 치수로 압연하여 재질의 특성에 맞는 형상으로 마무리하는 압연 설비는?

① 조압연
② 대강압연기
③ 분괴압연기
④ 사상압연기

해설
사상압연의 목적은 수요자가 원하는 최종 두께로 제조하는 것이다.

42 냉간압연 설비에서 EDC(Edge Drop Control) 제어 설비에 관한 설명 중 옳은 것은?

① 냉연 제품의 폭 방향 두께 편차를 제어하기 위한 설비이다.
② 냉연 제품에 크라운(Crown)을 부여하기 위한 설비이다.
③ 냉연 제품의 Edge부 두께를 얇게 제어하기 위한 설비이다.
④ 냉연 제품의 Edge부 형상을 좋게 하기 위한 설비이다.

해설
에지 드롭 제어(EDC ; Edge Drop Control) : 냉연 제품의 폭 방향 두께 편차를 제어하기 위한 설비

43 관재 압연에서 최종 완성압연에 사용되는 압연기는?

① 릴링 압연기
② 플러그 압연기
③ 만네스만 압연기
④ 필거 압연기

해설
④ 필거 압연기 : 관재 압연에서 최종 완성압연에 사용되는 압연기
③ 만네스만식(천공기) 압연기 : 관 압연기로 이음매 없는 강관 제조

44 조압연에서 압연 중에 발생되는 상향(Warp) 원인 중에서 관련이 가장 적은 것은?

① 압연기 Roll 상하 경차
② Slab 표면 상하 온도차
③ 압연기 상하 Roll 속도차
④ 압연용 소재의 두께가 얇을 때

해설
• 롤의 크기와 소재의 변화
 – 소재는 롤의 회전수가 같을 때 롤의 지름이 작은 쪽으로 구부러진다.
 – 상부 롤 > 하부 롤 : 소재는 하향
 – 상부 롤 < 하부 롤 : 소재는 상향

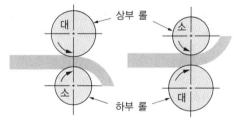

• 롤의 크기를 조절하지 않고 소재를 하향하는 방법
 – 소재의 상부 날판을 가열한다.
 – 소재의 하부 날판을 냉각한다.
 – 하부 롤의 속도보다 상부 롤의 속도를 크게 한다.

45 조질압연의 목적을 설명한 것 중 틀린 것은?

① 형상을 바르게 교정한다.

② 재료의 인장강도를 높이고 항복점을 낮게 하여 소성변형 범위를 넓힌다.

③ 재료의 항복점 변형을 없애고 가공할 때의 스트레처 스트레인을 생성한다.

④ 최종 사용 목적에 적합하고 적정한 표면거칠기로 완성한다.

해설

조질압연(Skin Pass Mill)
- 정의 : 소둔 직후의 항복점 연신으로 인한 Stretcher Strain의 발생을 막기 위해 1~3%의 압하량으로 압연을 실시하는 공정
- 조질압연의 목적
  - 형상 개선(평탄도의 교정)
  - 표면 성상의 개선 : 조도에 따라 거친 표면(Dull), 매끄러운 표면(Bright)으로 구분
  - 스트레처 스트레인 방지(기계적 성질의 개선) : 곱쇠(Coil Break) 결함 제거

46 지름이 700mm인 롤을 사용하여 70mm의 정사각형 강재를 45mm로 압연하는 경우의 압하율은?

① 15.5%   ② 28.0%

③ 35.7%   ④ 64.3%

해설

$$압하율(\%) = \frac{압연\ 전\ 두께 - 압연\ 후\ 두께}{압연\ 전\ 두께} \times 100\%$$

$$= \frac{70 - 45}{70} \times 100$$

$$= 35.7\%$$

47 열간압연 Roll 재질 중에서 내마모성이 가장 뛰어난 재질은?

① Hi-Cr Roll

② HSS

③ Adamaite Roll

④ Ni Grain

해설

② HSS 롤(고속도강계의 주강 롤) : 내마모성이 가장 뛰어나고 내거침성이 우수함

① Hi-Cr 롤 : 열피로 강도가 높고 내식성·부식성이 우수

③ Admaite 롤 : 탄소함유량이 주강 롤과 주철 롤 사이의 롤

④ Ni Grain 롤 : 탄화물양이 많아 경도가 높고 표면이 미려한 롤

48 압연기의 구동장치가 아닌 것은?

① 스핀들   ② 피니언

③ 감속기   ④ 스크루 다운

해설

압연구동 설비

모터 (동력발생)	→	감속기 (회전수 조정)	→	피니언 (동력분배)	→	스핀들 (동력전달)

- 모터 : 압연기의 원동력을 발생시키는 설비로 일반적으로 직류전동기가 이용되며, 속도의 조정이 필요하지 않을 때는 3상 교류전동기를 사용
- 감속기 : 모터에서 발생된 동력을 압연기의 종류에 맞는 힘과 속도로 바꿔 주는 설비
- 피니언 : 동력을 각 롤에 분배하는 설비
- 스핀들 : 피니언과 롤을 연결하여 동력을 전달하는 설비

49 노 내 분위기 관리 중 공기비가 클 때(1.0 이상)의 설명으로 틀린 것은?

① 저온 부식이 발생한다.

② 연소 온도가 증가한다.

③ 연소가스 증가에 의한 폐손실열이 증가한다.

④ 연소가스 중의 O_2의 생성 촉진에 의한 전열면이 부식된다.

해설

노 내의 공기비가 클 때

• 연소가스가 증가하므로 폐열손실도 증가

• 연소 온도는 감소하여 열효율 감소

• 스케일 생성량 증가 및 탈탄 증가

• 연료소비량 감소 및 연소효율 증가

※ 공기비가 부족하면 손실열이 증가하고 매연이 발생한다.

50 대구경관을 생산할 때 사용되는 것으로 외경의 치수제한 없이 강관을 제조하는 방식은?

① 단접법 강관제조

② 롤 벤더 강관제조

③ 스파이럴 강관제조

④ 전기저항용접법 강관제조

해설

스파이럴 강관은 큰 직경의 관을 생산하기 위해 나선형으로 감아 용접한 강관제조법이다.

51 압연소재 이송용 와이어 로프(Wire Rope) 검사 시 유의사항이 될 수 없는 것은?

① 비중 상태   ② 부식 상태

③ 단선 상태   ④ 마모 상태

해설

비중은 소재의 특성이므로 검사 시의 유의사항은 아니다.

52 압연 설비에서 윤활의 목적이 아닌 것은?

① 방청작용   ② 발열작용

③ 감마작용   ④ 세정작용

해설

압연유의 작용

• 감마작용(마찰저항 감소)

• 냉각작용(열방산)

• 응력분산작용(힘의 분산)

• 밀봉작용(외부 침입 방지)

• 방청작용(스케일 발생 억제)

• 세정작용(불순물을 깨끗이 함)

53 압연 롤을 회전시키는 압연모멘트 45kg·m, 롤의 회전수 50rpm으로 회전시킬 때 압연효율을 50%로 하면 필요한 압연마력은?

① 약 3마력   ② 약 5마력

③ 약 6마력   ④ 약 8마력

해설

압연마력 $HP = \dfrac{0.136 \times T \times 2\pi N}{60 \times E}$

여기서, T : 롤 회전 모멘트(Nm) = 45kg·m = 45 × 9.81N·m
$\qquad\qquad\qquad\qquad\qquad$ = 441N·m

$\qquad N$: 롤의 분당 회전수(rpm) = 50

$\qquad E$: 압연효율(%) = 50

π는 3.14로 계산해도 된다. 따라서 6.30이므로 약 6마력이다.

54 냉간압연 시 가공 경화된 재질을 개선하기 위하여 풀림(Annealing)처리를 실시한다. 이때 발생하는 산화피막을 억제하는 방법은 다음 중 어느 것인가?

① 액체침질   ② 화염경화열처리
③ 고주파 열처리   ④ 진공열처리

해설
진공열처리 : 진공에서 풀림이나 담금질, 뜨임을 하는 열처리를 말하며 진공으로 인한 탈가스가 이루어지므로 산화피막을 억제하게 된다.

55 가공에 의한 가공경화에 대한 설명으로 옳은 것은?

① 경도값 감소   ② 강도값 감소
③ 연신율 감소   ④ 항복점 감소

해설
가공경화는 경도, 강도, 항복점이 증가한다.

56 천장크레인으로 압연소재를 이동시키려 한다. 안전상 주의해야 할 사항으로 틀린 것은?

① 운전을 하지 않을 때는 전원스위치를 내린다.
② 설비 점검 및 수리 시에는 안전표식을 부착해야 한다.
③ 비상시에는 운전 중에 점검, 정비를 실시할 수 있다.
④ 천장크레인은 운전자격자가 운전을 하여야 한다.

해설
천장크레인의 점검, 정비는 운전을 멈추고 실시한다.

57 냉간압연에서 0.25mm 이하의 박판을 제조할 경우 판에서 발생하는 찌그러짐을 방지하는 대책으로 옳은 것은?

① 단면감소율을 크게 한다.
② 롤이 캠버를 갖도록 한다.
③ 압연공정 중간에 재가열한다.
④ 스탠드 사이에 롤러(Roller) 레벨러를 설치한다.

해설
롤러 레벨러
다수의 소경 롤에 의해 초반 굴곡으로 재료 표피부를 소성변형하여 판 전체의 내부응력을 저하·세분화시켜 평탄하게 한다(조반굴곡).

58 3단 압연기에서 압연재를 들어 올려 롤과 중간 롤 사이를 패스한 후 다음 패스를 위하여 압연재를 들어 올려 중간 롤과 상부 롤 사이로 넣기 위한 장치는?

① 틸팅 테이블
② 컨베어 테이블
③ 반송용 롤러 테이블
④ 작업용 롤러 테이블

해설
리프팅 테이블과 틸팅 테이블
3단식 압연기에서 압연재를 하부 롤과 중간 롤 사이로 패스한 후, 다음 패스를 위하여 압연재를 들어 올려 중간 롤과 상부 롤 사이로 넣는데 필요한 장치
• 리프팅 테이블 : 테이블이 평행으로 올라가는 설비
• 틸팅 테이블 : 어느 고정점을 기준으로 회전하여 필요한 위치로 올리는 설비

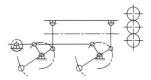
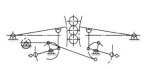

[리프팅 테이블]   [틸팅 테이블]

59 라운드식 3단 압연기에서 상하 롤의 직경에 비하여 가운데 롤의 직경은?

① 동일하게 한다.

② 작게 한다.

③ 크게 한다.

④ 소재에 따라 다르다.

해설

3단 압연기 : 동시에 2단 압연기 2대의 기능을 수행하는 압연기로 가운데 롤의 직경은 상대적으로 작다.

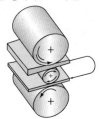

60 열연공장(Hot Strip Mill)에서 제품의 품질(치수, 재질, 형상 등)을 확보하면서 생산성을 높이기 위하여 채용하는 제어방법과 거리가 가장 먼 것은?

① 온도제어

② 회피제어

③ 속도제어

④ 위치제어

해설

열연공장에서 제품의 품질을 확보하기 위한 제어방법은 온도제어, 속도제어, 위치제어가 있다.

01 다음 중 비감쇠능이 큰 제진합금으로 가장 우수한 것은?

① 탄소강
② 회주철
③ 고속도강
④ 합금공구강

해설

방진합금(제진합금) : 편상흑연주철(회주철)의 경우 편상흑연이 분산되어 진동감쇠에 유리하고, 이외에도 코발트-니켈 합금 및 망간구리 합금도 감쇠능이 우수하다.

02 순철이 910℃에서 Ac₃ 변태를 할 때 결정격자의 변화로 옳은 것은?

① BCT → FCC
② BCC → FCC
③ FCC → BCC
④ FCC → BCT

해설

- A₂ 변태(768℃) : 자기변태(α강자성 ⟺ α상자성)
- A₃ 변태(910℃) : 동소변태(α-BCC ⟺ γ-FCC)
- A₄ 변태(1,400℃) : 동소변태(γ-FCC ⟺ δ-BCC)

03 특수한 방법으로 제조한 알루미나 가루와 알루미늄 가루를 압축성형하고, 약 550℃에서 소결한 후 열간압출하여 사용하는 재료로, 일명 SAP라고 불리는 것은?

① 내열용 Al의 총칭
② Al 분말의 소결품
③ Al 제품 중 초경질 합금
④ 피스톤용 합금 계열의 총칭

해설

Al 분말의 소결품(SAP) : 내열용 합금으로 알루미나 가루와 알루미늄 가루를 압축성형하고, 약 550℃에서 소결한 후 열간압출하여 사용하는 재료

04 황동 중 60% Cu + 40% Zn 합금으로 조직이 $\alpha+\beta$ 이므로 상온에서 전연성이 낮으나 강도가 큰 합금은?

① 문쯔메탈(Muntz Metal)
② 두라나 메탈(Durana Metal)
③ 길딩메탈(Gilding Metal)
④ 애드미럴티 메탈(Admiralty Metal)

해설

- 문쯔메탈 : 아연 40%를 함유한 황동으로 $\alpha+\beta$ 고용체이고 열간 가공이 가능하며 인장강도가 황동에서 최대
- 길딩메탈(Gilding Metal) : 5% Zn 함유된 구리합금으로 화폐, 메달에 사용
- 애드미럴티황동 : 아연 30%를 함유한 황동에 1% 주석을 첨가한 황동으로 내식성 개선

05 강을 그라인더로 연삭할 때 발생하는 불꽃의 색과 모양에 따라 탄소량과 특수 원소를 판별할 수 있어 강의 종류를 간편하게 판정하는 시험법을 무엇이라고 하는가?

① 굽힘 시험　　　② 마멸 시험
③ 불꽃 시험　　　④ 크리프 시험

해설
• 불꽃 시험 : 강을 그라인더로 연삭할 때 발생하는 불꽃의 색과 모양으로 특수원소의 종류를 판별하는 시험
• 굽힘 시험(굽힘강도)과 마멸 시험(마모량) 그리고 크리프 시험(온도와 시간에 따른 변형)은 기계적 특성을 알기 위한 시험이다.

06 니켈황동이라 하며 7-3황동에 7~30% Ni을 첨가한 합금은?

① 양백　　　　　② 톰백
③ 네이벌황동　　④ 애드미럴티황동

해설
• 니켈황동(양은, 양백) : 7-3황동에 7~30% Ni을 첨가한 것으로 기계적 성질 및 내식성이 우수하여 정밀 저항기에 사용
• 톰백 : Zn을 5~20% 함유한 황동으로, 강도는 낮으나 전연성이 좋고, 색깔이 금색에 가까워 모조금이나 판 및 선 등에 사용
• 네이벌황동 : 6-4황동에 1% 주석을 첨가한 황동으로 내식성 개선
• 애드미럴티황동 : 7-3황동에 1% 주석을 첨가한 황동으로 내식성 개선

07 베어링(Bearing)용 합금의 구비조건에 대한 설명으로 틀린 것은?

① 마찰계수가 작고 내식성이 좋을 것
② 하중에 견디는 내압력과 저항력이 클 것
③ 충분한 취성을 가지며 소착성이 클 것
④ 주조성 및 절삭성이 우수하고 열전도율이 클 것

해설
베어링용 합금은 취성보다는 인성이 필요하다.

08 가단주철의 일반적인 특징이 아닌 것은?

① 담금질 경화성이 있다.
② 주조성이 우수하다.
③ 내식성, 내충격성이 우수하다.
④ 경도는 Si량이 적을수록 높다.

해설
• 가단주철 : 백주철의 열처리로 탈탄 또는 흑연화로 제조하여 내식성 및 충격에 잘 견딘다.
• 일반적으로 규소(Si)가 많을수록 경도가 커진다.

09 다음 금속의 결정구조 중 전연성이 커서 가공성이 좋은 격자는?

① 조밀육방격자　　② 체심입방격자
③ 단사정계격자　　④ 면심입방격자

해설
• 면심입방격자 : 큰 전연성
• 체심입방격자 : 강한 성질
• 조밀육방격자 : 전연성이 작고 취약

10 강의 심랭처리에 대한 설명으로 틀린 것은?

① 서브제로 처리라 불리운다.
② M_s 바로 위까지 급랭하고 항온 유지한 후 급랭한 처리이다.
③ 잔류 오스테나이트를 마텐자이트로 변태시키기 위한 열처리이다.
④ 게이지나 볼베어링 등의 정밀한 부품을 만들 때 효과적인 처리 방법이다.

해설

상온에서 유지하게 되면 잔류 오스테나이트가 안정화하여 마텐자이트화되기 어렵다.
심랭처리 : 강을 담금질한 직후 실온 이하의 마텐자이트 변태 종료 온도까지 냉각하여 잔류 오스테나이트를 마텐자이트로 변화시키는 열처리 방법으로 서브제로 처리라고도 한다.

11 전로에서 생산된 용강을 Fe-Mn으로 가볍게 탈산시킨 것으로 기포 및 편석이 많은 강은?

① 림드강
② 킬드강
③ 캡트강
④ 세미킬드강

해설

① 림드강 : 망간의 탈산제를 첨가한 후 주형에 주입하여 응고시킨 강으로 잉곳(Ingot)의 외주부와 상부에 다수의 기포가 발생함
② 킬드강 : 규소 혹은 알루미늄의 강력 탈산제를 사용하여 충분히 탈산시킨 강
④ 세미킬드강 : 킬드와 림드의 중간으로 탈산한 강으로 탈산 후 뚜껑을 덮고 응고시킨 강

12 비정질 재료의 제조 방법 중 액체급랭법에 의한 제조법은?

① 원심법
② 스퍼터링법
③ 진공증착법
④ 화학증착법

해설

비정질합금의 제조법
• 기체급랭법 : 스퍼터링법, 진공증착법, 이온도금법, 화학증착법
• 액체급랭법 : 단롤법, 쌍롤법, 원심법, 스프레이법, 분무법
• 금속이온법 : 전해코팅법, 무전해코팅법

13 가공 방법을 도면에 지시하는 경우 리밍의 약호는?

① FP
② FB
③ FR
④ FS

해설

가공방법의 기호
• L : 선반가공
• M : 밀링가공
• D : 드릴가공
• G : 연삭가공
• B : 보링가공
• P : 평면가공
• C : 주조
• FR : 리머가공
• BR : 브로치가공
• FF : 줄 다듬질
• FS : 스크레이퍼

14 한국산업표준에서 일반적 규격으로 제도 통칙은 어디에 규정되어 있는가?

① KS A 0001

② KS B 0001

③ KS A 0005

④ KS B 0005

• KS A 0005 : 제도 통칙
• KS B 0001 : 기계제도

15 투상도의 표시 방법에 관한 설명 중 옳은 것은?

① 투상도의 수는 많이 그릴수록 이해하기 쉽다.

② 한 도면 안에서도 이해하기 쉽게 정투상법을 혼용한다.

③ 주투상도만으로 표시할 수 있으면 다른 투상도는 생략한다.

④ 가공을 하기 위한 도면은 제도자만이 알기 쉽게 그린다.

투상도는 꼭 필요한 수만 그리고 한 도면에서 혼동되지 않도록 정투상법을 혼용하지 않으며 가공자도 알기 쉽도록 규격에 맞게 제도해야 한다.

16 A4 가로 제도용지를 좌측에 철할 때 여백의 크기가 좌측으로 25mm, 우측으로 10mm, 위쪽으로 10mm, 아래쪽으로 10mm일 때 윤곽선 내부의 넓이는?

① $49,780\text{mm}^2$

② $51,680\text{mm}^2$

③ $52,630\text{mm}^2$

④ $62,370\text{mm}^2$

A4 : 210×297에서 여백을 빼면 가로 용지의 윤곽선 내부 넓이는 다음과 같이 계산한다.

윤곽선 내부 넓이 = {210 − (10 + 10)} × {297 − (25 + 10)}
$$= 49,780\text{mm}^2$$

17 가공에 의한 줄무늬 방향이 여러 방향으로 교차하거나 무방향인 경우에 해당하는 지시 기호는?

① ⊥

② M

③ C

④ X

기호	설명도	상세설명
−		가공으로 생긴 줄무늬 방향이 기호를 기입한 그림의 투상면에 평행
⊥		가공으로 생긴 줄무늬 방향이 기호를 기입한 그림의 투상면에 직각
X		가공으로 생긴 선이 2방향으로 교차
M		가공으로 생긴 선이 여러 방면으로 교차 또는 방향이 없음
C		가공으로 생긴 선이 거의 동심원
R		가공으로 생긴 선이 거의 방사선

18 화살표 방향에서 본 투상도가 정면도일 때 평면도로 옳은 것은?

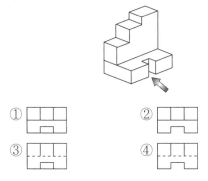

① ② ③ ④

①은 앞단 중앙의 선이 없어야 하고, ③과 ④는 점선이 실선이어야 한다.

19 대상물의 표면으로부터 임의로 채취한 각 부분에서의 표면거칠기를 나타내는 기호가 아닌 것은?

① S_{tp}　　　② S_m

③ R_y　　　④ R_a

해설
② S_m(평균 단면요철 간격) : 기준 길이에서 1개의 산 및 인접한 1개의 골에 대응하는 평균선 길이의 합을 통해 얻은 평균치
③ R_y(최대 높이거칠기, $R_{\max}$) : 기준 길이에서 산과 골의 최대치
④ R_a(중심선 평균거칠기) : 기준 길이에서 편차 절대치의 합을 통해 얻은 평균치
• S(평균 간격) : 기준 길이에서 1개의 산 및 인접한 국부 산에 대응하는 평균선 길이의 평균치
• t_p(부하 길이율) : 기준 길이에서 단면곡선의 중심선에 평행한 절단위치에서 거칠기 표면까지의 부분 길이와 기준 길이의 비율

20 다음 그림과 같이 물체의 형상을 쉽게 이해하기 위해 도시한 단면도는?

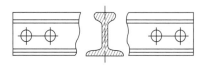

① 반단면도　　　② 부분 단면도
③ 계단 단면도　　　④ 회전 단면도

해설
④ 회전 단면도 : 핸들이나 바퀴 등의 암 및 림, 리브, 훅, 축, 구조물의 부재 등의 절단면은 다음에 따라 90° 회전하여 표시
① 반단면도(한쪽 단면도) : 외형도의 절반만 절단하여 반은 외형도, 반은 단면도를 그려서 동시에 표시한 단면도
② 부분 단면도 : 필요로 하는 물체의 일부만 절단, 경계는 자유실선의 파단선으로 표시한 단면도
③ 계단 단면도 : 구부러진 관 등의 단면도로 2개 이상의 절단면으로 도시한 단면도

21 다음 도면 중 Ⓐ로 표시된 대각선이 의미하는 것은?

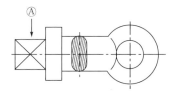

① 보통가공 부분이다.
② 정밀가공 부분이다.
③ 평면을 표시한다.
④ 열처리 부분이다.

해설
도면에서의 대각선 표시는 평면을 나타낸다.

22 미터보통나사를 나타내는 기호는?

① S ② R

③ M ④ PT

해설

• 미터보통나사 : M
• 미니어처나사 : S
• ISO 규격 있는 관용테이퍼나사 : R
• ISO 규격 없는 관용테이퍼나사 : PT

23 기계 제작에 필요한 예산을 산출하고, 주문품의 내용을 설명할 때 이용되는 도면은?

① 견적도 ② 설명도

③ 제작도 ④ 계획도

해설

① 견적도 : 기계제작에 필요한 주문품 내용과 예산을 산출한 도면
② 설명도 : 물체의 구조 및 기능을 설명하기 위한 목적으로 만든 도면

24 구멍의 최대허용치수 50.025mm, 최소허용치수 50.000mm, 축의 최대허용치수 50.000mm, 최소허용치수 49.950mm일 때 최대틈새는?

① 0.025mm ② 0.050mm

③ 0.075mm ④ 0.015mm

해설

최대틈새 = 구멍의 최대허용치수 − 축의 최소허용치수
= 50.025 − 49.950 = 0.075

25 후판의 평탄도 불량 대책으로 틀린 것은?

① 적정 압하량 준수

② 권취 온도의 점검

③ 패스 스케줄 변경

④ 슬래브의 균일한 가열

해설

권취 온도는 스트립을 감을 때의 온도로 평탄도와 관련이 없다.

26 롤의 회전수가 같은 한 쌍의 작업 롤에서 상부 롤의 지름이 하부 롤의 지름보다 클 때 소재의 머리 부분에서 일어나는 현상은?

① 변화가 없다.

② 압연재가 하향한다.

③ 압연재가 상향한다.

④ 캠버(Camber)가 발생된다.

해설

• 롤의 크기와 소재의 변화
  – 소재는 롤의 회전수가 같을 때 롤의 지름이 작은 쪽으로 구부러진다.
  – 상부 롤 > 하부 롤 : 소재는 하향
  – 상부 롤 < 하부 롤 : 소재는 상향

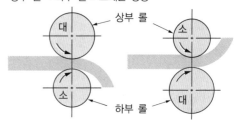

• 롤의 크기를 조절하지 않고 소재를 하향하는 방법
  – 소재의 상부 날판을 가열한다.
  – 소재의 하부 날판을 냉각한다.
  – 하부 롤의 속도보다 상부 롤의 속도를 크게 한다.

27 에지 스캐브(Edge Scab)의 발생 원인이 아닌 것은?

① 슬래브 코너부 또는 측면에 발생한 크랙이 압연될 때
② 슬래브 손질이 불완전하거나 스카핑이 불량할 때
③ 슬래브 끝부분의 온도 강하로 압연 중 폭 방향으로 균일한 연신이 발생할 때
④ 제강 중 불순물의 분리 부상이 부족하여 강 중에 대형 불순물 또는 기포가 존재할 때

해설

에지 스캐브(Edge Scab) 발생 원인
• 슬래브 코너부 또는 측면에 발생한 크랙, 기포 흠 등이 압연되어 발생
• 슬래브 손질의 불완전과 스카핑 불량, 슬래브 에지 온도 강하로 압연 시 폭 방향 불균일 발생

28 열연 사상압연에서 두께, 폭, 온도 등 최종 제품을 압연하기 위한 사상압연 압연스케줄 작성 시 고려할 항목 중 중요도가 가장 낮은 것은?

① 탄소 당량
② 조압연 최종 두께
③ 가열로 장입 온도
④ 사상압연 목표 온도

해설

사상압연은 조압연에서 작업된 슬래브를 수요자가 원하는 최종 두께로 제조하는 공정으로 가열로 장입 온도와는 가장 관련이 적다.

29 냉간 강판의 청정 작업 순서로 옳은 것은?

① 알칼리액 침적 → 스프레이 → 전해세정 → 브러싱 → 수세 → 건조
② 알칼리액 침적 → 브러싱 → 스프레이 → 전해세정 → 건조 → 수세
③ 알칼리액 침적 → 스프레이 → 브러싱 → 전해세정 → 수세 → 건조
④ 알칼리액 침적 → 전해세정 → 브러싱 → 스프레이 → 건조 → 수세

해설

청정 작업 순서 : POR → 용접기 → 알칼리세정 → 스프레이 → 브러싱 → 전해세정 → 수세 → 건조 → TR

30 저급탄화수소가 주성분이며 발열량이 9,500~10,500kcal/Nm^3 정도인 연료가스는?

① 고로가스
② 천연가스
③ 코크스로가스
④ 석유 정제 정유가스

해설

② 천연가스 : 탄화수소가 주성분인 가연성 가스로, 발열량은 9,500~10,500kcal/Nm^3
① 고로가스 : 용광로에서 부산물로 생기는 가스로, 발열량은 900~1,000kcal/Nm^3
③ 코크스로가스 : 석탄을 코크스로에서 건류할 때 발생하는 수소와 메탄이 주성분인 가스로, 발열량이 5,000kcal/Nm^3
④ 석유 정제 정유가스 : 석유 정제 시 발생하는 가스로, 발열량은 23,000kcal/Nm^3

31 압연기 입측 설비의 구성요소가 아닌 것은?

① 루퍼(Looper)

② 웰더(Welder)

③ 텐션 릴(Tension Reel)

④ 페이 오프 릴(Pay Off Reel)

해설

텐션 릴(Tension Reel) : 냉간압연에서 출측 권취설비

32 압연기의 피니언의 기어윤활방법으로 많이 사용되는 것은?

① 침적 급유

② 강제순환 급유

③ 오일링 급유

④ 그리스 급유

해설

기어윤활은 고속윤활에 적합한 강제순환 급유법을 사용한다.

33 재해예방의 4대 원칙에 해당되지 않는 것은?

① 손실우연의 원칙

② 예방가능의 원칙

③ 원인연계의 원칙

④ 관리부재의 원칙

해설

재해예방의 4대원칙 : 손실우연의 원칙, 원인연계의 원칙, 예방가능의 원칙, 대책선정의 원칙

34 압연 작업 시 두께를 제어해 주는 AGC의 기능이 아닌 것은?

① 압하보상

② 가속보상

③ 끝단보상

④ 형상제어

해설

형상제어 수단은 롤 크라운 조정, 장력 조정, 윤활 제어 등을 수행한다.

자동 두께 제어(AGC ; Automatic Gauge Control)

압연 중 스트립 두께 변동을 검출하기 위한 장비로, 스크루 다운 블록(Screw Down Block) 하단에 설치된 로드 셀(Load Cell)에 의해 압연의 압력 변화를 검출하여 현재 위치를 탐지한 후 F7 후면에 설치된 X-Ray가 판 두께를 측정해 이 신호를 기반으로 압하 스크루를 자동 제어하여 스트립의 두께를 목표 두께로 제어하는 장치

35 지름이 700mm인 롤을 사용하여 70mm의 정사각형 강재를 45mm로 압연하는 경우의 압하율은?

① 15.5% ② 28.0%

③ 35.7% ④ 64.3%

해설

$$압하율(\%) = \frac{통과\ 전\ 소재\ 두께 - 통과\ 후\ 소재\ 두께}{통과\ 전\ 소재\ 두께} \times 100$$

$$= \frac{70-45}{70} \times 100 = 35.7\%$$

36 냉간압연 후 풀림로의 분위기 가스로에 사용되는 가스의 명칭이 아닌 것은?

① DX 가스
② PX 가스
③ AX 가스
④ HNX 가스

해설

분위기 가스의 종류
• DX 가스 : 불완전 가스(COG, LPG 등)를 연소시켜 수분을 제거하여 얻음
• NX 가스 : 불완전 가스(COG, LPG 등)를 연소시켜 CO_2, H_2O를 제거하여 얻음
• HNX 가스 : NX 가스를 일부 개량한 가스
• AX 가스 : 암모니아(NH_3)를 고온 분해해서 얻음

37 압연 방법 및 압연속도에 대한 설명으로 틀린 것은?

① 고온에서의 압연은 변형 저항이 작은 재료일수록 압연하기 쉽다.
② 압연 후의 두께와 압연 전의 두께의 비가 클수록 압연하기 쉽다.
③ 열간압연 속도는 롤의 감속비 및 압연기의 형식에 따라 다르게 나타난다.
④ 열간압연한 스트립은 산세, 수세 후에 냉간압연에서 치수를 조절하는 경우가 일반적으로 많다.

해설

압연 전후의 두께비가 클수록 강한 압하력이 필요하므로 압연하기 어렵다.

38 단접 강관용 재료로 사용되는 반제품으로 띠 모양으로 양단이 용접이 편리하도록 85~88°로 경사지게 만든 것은?

① 틴 바(Tin Bar)
② 후프(Hoop)
③ 스켈프(Skelp)
④ 틴 바 인코일(Tin Bar In Coil)

해설

압연용 소재의 종류

소재명	설명
슬래브(Slab)	단면이 장방형인 반제품(강판 반제품)
블룸(Bloom)	사각형에 가까운 단면을 가진 반제품(봉형강류 반제품)
빌릿(Billet)	단면이 사각형인 반제품(봉형강류 반제품)
스트립(Strip)	코일 상태의 긴 대강판재(강판 반제품)
시트(Sheet)	단면이 사각형인 판재(강판 반제품)
시트 바 (Sheet Bar)	분괴압연기에서 압연한 것을 다시 압연한 판재(강판 반제품)
플레이트(Plate)	단면이 사각형인 판재(강판 반제품)
틴 바(Tin Bar)	블룸을 분괴, 조압연한 석도 강판의 재료(강판 반제품)
틴 바 인코일 (Tin Bar In Coil)	틴 바와 같은 소재를 코일 모양으로 감은 것(강판 반제품)
후프(Hoop)	강판을 폭이 좁은 형상의 띠 모양으로 절단 가공하여 코일로 감아놓은 강대의 반제품(강관용 반제품)
스켈프(Skelp)	빌릿을 분괴, 조압연한 용접강관의 소재로 양단이 용접에 편리하도록 85~88°로 경사져 있음(강관용 반제품)

39 공형 롤을 사용한 링 압연 제품에 해당되는 것은?

① 리벳
② 맥주캔
③ 기차바퀴
④ 피니언 기어

해설

자동차 휠이나 기차바퀴와 같은 원형 제품은 링 압연으로 제작한다.

40 전해청정설비의 세정성을 향상시키기 위한 작업방법이 아닌 것은?

① 세정농도와 계면 활성제를 적당량 증가시킨다.
② 인히비터(Inhibitor)를 첨가한다.
③ 전류밀도를 증가시킨다.
④ 브러시 롤을 사용한다.

해설
부식 억제제(인히비터, Inhibitor)
• 인히비터라고도 하며 철 부식을 억제하기 위한 제제로 인산염이 주성분
• 종류 : 젤라틴, 티오요소, 퀴놀린 등
• 역할 : 지철과의 반응 억제, 수소 발생 억제, 오물 생성 방지, 스트립 표면 균일 및 미려
• 요구되는 성질 : 산세시간을 지연시키지 않을 것, 불순물이 부착되지 않을 것, 고온 안정성·용해성이 좋을 것

41 동일한 조업조건에서 냉간압연 롤의 가장 적합한 형상은?

①   ②

③   ④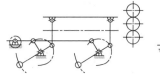

해설
② 냉간압연 롤
③ 열간압연 롤

42 전해청정라인 알칼리 탱크 농도가 규정 농도보다 높을 경우의 조치 사항이 아닌 것은?

① 증기밸브를 연다.
② 정수급수를 한다.
③ 농도를 점검한다.
④ 적정 가동 후 연속 가동을 한다.

해설
규정 농도보다 높을 경우 농도를 점검한 후 농도를 낮추기 위해 정수급수를 하거나 증기밸브를 연다.

43 어느 고정점을 기준으로 회전하여 필요한 위치로 올려주는 장치는?

① 틸팅 테이블
② 롤러 테이블
③ 리프팅 테이블
④ 반송용 롤러 테이블

해설
리프팅 테이블과 틸팅 테이블
3단식 압연기에서 압연재를 하부 롤과 중간 롤 사이로 패스한 후, 다음 패스를 위하여 압연재를 들어 올려 중간 롤과 상부 롤 사이로 넣는데 필요한 장치
• 리프팅 테이블 : 테이블이 평행으로 올라가는 설비
• 틸팅 테이블 : 어느 고정점을 기준으로 회전하여 필요한 위치로 올리는 설비

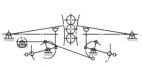

[리프팅 테이블]　　　　[틸팅 테이블]

44 롤의 몸통 길이 L은 지름 d에 대하여 어느 정도로 해야 하는가?

① $L = d$ ② $L = (0.1 \sim 0.5)d$

③ $L = (2 \sim 3)d$ ④ $L = (5 \sim 6)d$

해설
롤의 몸통길이는 직경의 2~3배가 적절하다.

45 압연재의 입측 속도가 3.0m/s, 작업 롤의 주속도가 4.0m/s, 압연재의 출측 속도가 4.5m/s일 때 선진율은?

① 12.5%   ② 25.0%

③ 33.3%   ④ 50.0%

해설
$$선진율(\%) = \frac{출측\ 속도 - 롤의\ 속도}{롤의\ 속도} \times 100$$
$$= \frac{4.5 - 4.0}{4.0} \times 100 = 12.5$$

46 냉연 강판의 평탄도 관리는 품질관리의 중요한 관리항목 중의 하나이다. 평탄도가 양호하도록 조정하는 방법으로 적합하지 않은 것은?

① 롤 벤딩의 조절
② 압하 배분의 조절
③ 압연 길이의 조절
④ 압연 규격의 다양화

해설
압연 규격의 다양화와 평탄도는 관련 없다.

47 중후판 압연에서 롤을 교체하는 이유로 가장 거리가 먼 것은?

① 작업 롤의 마멸이 있는 경우
② 롤 표면의 거침이 있는 경우
③ 귀갑상의 열균열이 발생한 경우
④ 작업 소재의 재질 변경이 있는 경우

해설
롤의 교체와 작업 소재의 재질 변경은 관련 없다.

48 열간 스카핑에 대한 설명 중 옳은 것은?

① 손질 깊이의 조정이 용이하지 않다.
② 산소소비량이 냉간 스카핑에 비해 적다.
③ 작업속도가 느리고, 압연능률을 떨어뜨린다.
④ 균일한 스카핑은 가능하나 평탄한 손질면을 얻을 수 없다.

해설
열간 스카핑 : 강괴의 표면에는 스캡, 크랙, 표면개재물 등의 유해한 결함이 있으며, 또한 균열로 공정에서 표면 탈탄층이 생기게 되는데, 이러한 결함을 제거하기 위한 설비이다.
• 손질 깊이 조절이 용이하다.
• 산소소비량이 냉간 스카핑에 비해 적다.
• 작업속도가 빨라 압연능률을 해치지 않는다.

49 사고 예방 대책의 기본 원리 5단계의 순서로 옳은 것은?

① 사실의 발견 → 분석평가 → 안전관리 조직 → 대책의 선정 → 시정책의 적용

② 사실의 발견 → 대책의 선정 → 분석평가 → 시정책의 적용 → 안전관리 조직

③ 안전관리 조직 → 사실의 발견 → 분석평가 → 대책의 선정 → 시정책의 적용

④ 안전관리 조직 → 분석평가 → 사실의 발견 → 시정책의 적용 → 대책의 선정

해설

사고 예방 대책 5단계

안전관리 조직 → 사실의 발견 → 분석 및 평가 → 대책의 선정 → 시정책의 적용(안전관리 조직이 먼저이고 예방 단계이므로 사실을 발견하면 그 후 대책을 세우게 된다)

50 압연 방향에 단속적으로 생기는 얕고 짧은 형상의 흠은?

① 부품
② 연와 흠
③ 선상 흠
④ 파이프 흠

해설

③ 선상 흠 : 압연 방향에 단속적으로 나타나는 얕고 짧은 형상의 흠

② 연와 흠 : 내화물 파편이 용강 내에 혼입 또는 부착되어 생긴 흠

④ 파이프 흠 : 전단면에 선 모양 혹은 벌어진 상태로 나타난 파이프 모양의 흠

51 표면처리 강판을 화성처리 강판과 유기도장 강판으로 나눌 때, 화성처리 강판에 해당되는 것은?

① 착색 아연도 강판
② 냉연 컬러 강판
③ 염화비닐 강판
④ 인산염처리 강판

해설

• 화성처리 강판 : 인산염처리 강판, Tin Free 강판

• 유기도장 강판 : 착색 아연도 강판, 냉연 컬러 강판, 염화비닐 강판

• 도금 강판 : 아연도금 강판, 전기아연도금 강판, 알루미늄도금 강판, 석도금 강판 등

52 압연 시 접촉각을 α_1이라고 할 때 접촉각과 롤 지름(d) 및 압하량(Δh)과의 관계로 옳은 것은?

① $\cos \alpha_1 = 1 - \dfrac{\Delta h}{d}$

② $\cos \alpha_1 = \dfrac{\Delta h}{d} - 1$

③ $\sin \alpha_1 = 1 - \dfrac{\Delta h}{d}$

④ $\sin \alpha_1 = \dfrac{\Delta h}{d} - 1$

해설

접촉각과 롤 및 압하량과의 관계 : $\cos \alpha_1 = 1 - \dfrac{\Delta h}{d}$

53 압연 시 제품의 캠버(Camber)와 관계없는 것은?

① 롤 갭 차이

② 소재의 두께 차

③ 롤의 회전속도

④ 소재의 온도 차

해설

캠버(Camber)
- 일반적으로 압연 시 압연소재의 판 폭 방향으로 휘어지는 현상이다. 압연 코일의 경우 압연 방향으로 휘어지며, 소재 좌우 두께 편차가 있거나 상하 롤의 폭 방향 간격이 다를 때 그리고 폭 방향으로 온도가 고르지 못할 때 발생한다.
- 캠버 발생 원인
  - 롤이 기울어져 있을 때
  - 하우징의 연신 및 변형
  - 폭 방향 온도 편차
  - 소재 좌우 두께 편차

54 금속형에 주입하여 표면을 급랭하고 표면에서 깊이 25~40mm 부근은 백선화하고 내부를 펄라이트조직으로 만든 롤은?

① 강 롤   ② 샌드 롤

③ 칠드 롤   ④ 애드마이트 롤

해설

칠드 롤 : 주물의 일부 표면에 금형을 넣어 급랭하여 백선화시켜 경도를 높인 롤

55 열연공장의 연속압연기 각 스탠드 사이에서 압연재 장력을 제어하기 위한 설비는?

① 피니언(Pinion)

② 루퍼(Looper)

③ 스핀들(Spindle)

④ 스트리퍼(Stripper)

해설

② 루퍼 : 스탠드 간 소재에 일정한 장력을 주어 각 스탠드 간에 압연 상태를 안정시켜 제품 폭과 제품 두께의 변동을 방지하고 오작과 꼬임을 방지
① 피니언 : 동력을 각 롤에 분배하는 설비
③ 스핀들 : 피니언과 롤을 연결하여 동력을 전달하는 설비
④ 스트리퍼 : 상하작업 롤 출측에 배치된 유도관으로 압연재가 롤에 감겨 붙지 않도록 하는 기능

56 화학물질 취급 장소의 유해 · 위험 경고 이외의 위험경고, 주의 표지 또는 기계 방호물에 사용되는 색채는?

① 파랑   ② 흰색

③ 노랑   ④ 녹색

해설

- 녹색 : 안내
- 적색 : 금지
- 청색 : 지시
- 노란색 : 주의, 경고

57 산세공정에서 열연 코일 표면의 스케일을 제거할 때 디스케일링(Descaling) 능력에 대한 설명 중 옳은 것은?

① 황산이 염산의 2/3 정도 산세 시간이 짧다.

② 온도가 낮을수록 디스케일 능력이 향상된다.

③ 산 농도가 낮을수록 디스케일 능력이 향상된다.

④ 규소 강판 등의 특수강종일수록 디스케일 시간이 길어진다.

해설

산세 특성
- 산세액 : 염산, 황산
- 염산이 황산보다 1.5배 산세력이 좋다.
- 고온과 고농도에서 산세력이 향상된다(단, 염산은 10% 이상이 될 시 효과가 떨어질 수 있다).
- 철분이 증가하면 황산은 산세력이 떨어지지만, 염산은 증가한다 (단, 염산은 $FeCl_2$의 석출 한계 농도 부근에서 급격히 저하됨).
- 권취 온도가 높을수록 산세 시간이 길어진다.
- 특수강종(규소 강판 등)일수록 산세 시간이 길어진다.

58 일산화탄소(CO) $10N \cdot m^3$을 완전 연소시키는 데 필요한 이론 산소량은 얼마인가?

① $5.0N \cdot m^3$ ② $5.7N \cdot m^3$

③ $23.8N \cdot m^3$ ④ $27.2N \cdot m^3$

해설

$2CO + O_2 \rightarrow 2CO_2$이므로 일산화탄소 부피의 절반만큼의 산소가 필요하다. 따라서 $5.0N \cdot m^3$이다.

59 압연 롤을 회전시키는데 모멘트가 $50kg \cdot m$, 롤을 90rpm으로 회전시킬 때 압연효율을 45%로 하면, 압연기에 필요한 마력(HP)은?

① 약 7마력   ② 약 10마력

③ 약 14마력   ④ 약 18마력

해설

$$마력(HP) = \frac{0.136 \times T \times 2\pi N}{60 \times E}$$

여기서, T : 롤 회전 모멘트($N \cdot m$) $= 50kg \cdot m$
$$= 50 \times 9.81N \cdot m$$
$$= 490.5N \cdot m$$

N : 롤의 분당 회전수(rpm) $= 90$

E : 압연효율(%) $= 45$

※ π는 3.14로 계산해도 된다.

60 지방계 윤활유의 특징으로 옳은 것은?

① 점도지수가 비교적 높다.

② 석유계에 비하여 온도변화가 크다.

③ 저부하, 소마모면의 윤활에 적당하다.

④ 공기에 접촉하면 산화하지 않기 때문에 슬러지가 생성되지 않는다.

해설

지방계 윤활유는 점도지수가 비교적 높고 석유계 윤활유에 비해 온도변화가 작으나 공기에 접촉하면 슬러지가 생성된다.

57 ④ 58 ① 59 ③ 60 ① **정답**

01 해드필드(Hadfield)강은 상온에서 오스테나이트 조직을 가지고 있다. Fe 및 C 이외에 주요 성분은?

① Ni   ② Mn

③ Cr   ④ Mo

해설

해드필드강(Hadfield) 또는 오스테나이트 망간강
- 0.9~1.4% C, 10~14% Mn 함유
- 내마멸성과 내충격성이 우수
- 열처리 후 서랭하면 결정립계에 M_3C가 석출하여 취약함
- 높은 인성을 부여하기 위해 수인법 이용

02 전극재료의 선택 조건을 설명한 것 중 틀린 것은?

① 비저항이 작아야 한다.
② Al과의 밀착성이 우수해야 한다.
③ 산화 분위기에서 내식성이 커야 한다.
④ 금속 규화물의 용융점이 웨이퍼 처리 온도보다 낮아야 한다.

해설

금속 규화물은 고융점, 고경도를 가지므로 용융점이 웨이퍼 처리 온도보다 높아야 한다.

03 7-3황동에 주석을 1% 첨가한 것으로, 전연성이 좋아 관 또는 판을 만들어 증발기, 열교환기 등에 사용되는 것은?

① 문쯔메탈   ② 네이벌황동

③ 카트리지 브라스   ④ 애드미럴티황동

해설

④ 애드미럴티황동 : 7-3황동에 1% 주석을 첨가한 황동으로 전연성이 좋고 내식성 개선
① 문쯔메탈 : 6-4황동으로 열간가공이 가능하고 인장강도가 황동에서 최대
② 네이벌황동 : 6-4황동에 1% 주석을 첨가한 황동으로 내식성 개선
③ 카트리지 브라스 : 탄피황동이라고도 하며 전형적인 7-3황동

04 납 황동은 황동에 납을 첨가하여 어떤 성질을 개선한 것인가?

① 강도   ② 절삭성

③ 내식성   ④ 전기전도도

해설

연황동(납황동) : 황동에 납을 첨가하여 절삭성을 높인다.

05 순구리(Cu)와 철(Fe)의 용융점은 약 몇 ℃인가?

① Cu : 660℃, Fe : 890℃

② Cu : 1,063℃, Fe : 1,050℃

③ Cu : 1,083℃, Fe : 1,539℃

④ Cu : 1,455℃, Fe : 2,200℃

해설
- 구리의 용융점 : 약 1,083℃
- 순철의 용융점 : 약 1,539℃

06 시험편의 지름이 15mm, 최대하중이 5,200kgf일 때 인장강도는?

① $16.8 kgf/mm^2$ ② $29.4 kgf/mm^2$

③ $33.8 kgf/mm^2$ ④ $55.8 kgf/mm^2$

해설

$$인장강도 = 최대하중 / 단면적$$
$$= 5,200 / (\pi 15 \times 15 / 4)$$
$$= 29.4 kgf/mm^2$$

07 순철의 자기변태(A_2)점 온도는 약 몇 ℃인가?

① 210℃   ② 768℃

③ 910℃   ④ 1,400℃

해설

순철의 변태
- A_2 변태(768℃) : 자기변태(α강자성 ⇔ α상자성)
- A_3 변태(910℃) : 동소변태(α-BCC ⇔ γ-FCC)
- A_4 변태(1,400℃) : 동소변태(γ-FCC ⇔ δ-BCC)

08 공석조성을 0.80% C라고 하면, 0.2% C 강의 상온에서 초석 페라이트와 펄라이트의 비는 약 몇 %인가?

① 초석 페라이트 75% : 펄라이트 25%

② 초석 페라이트 25% : 펄라이트 75%

③ 초석 페라이트 80% : 펄라이트 20%

④ 초석 페라이트 20% : 펄라이트 80%

해설
- 초석 페라이트 = (0.8 − 0.2) / 0.8 = 75%
- 펄라이트 = 100 − 75 = 25%

09 금속에 대한 설명으로 틀린 것은?

① 리튬(Li)은 물보다 가볍다.

② 고체 상태에서 결정구조를 가진다.

③ 텅스텐(W)은 이리듐(Ir)보다 비중이 크다.

④ 일반적으로 용융점이 높은 금속은 비중도 큰 편이다.

해설
- 텅스텐 비중 : 19.24
- 이리듐 비중 : 22.42

10 물과 얼음, 수증기가 평형을 이루는 3중점 상태에서의 자유도는?

① 0   ② 1

③ 2   ④ 3

해설

$$3중점의 자유도 = n - P + 2$$
$$= 1 - 3 + 2$$
$$= 0$$

여기서, 성분 수(n) : 1(물)

상의 수(P) : 3(고체, 액체, 기체)

11 주철에 대한 설명으로 틀린 것은?

① 인장강도에 비해 압축강도가 높다.
② 회주철은 편상흑연이 있어 감쇠능이 좋다.
③ 주철 절삭 시에는 절삭유를 사용하지 않는다.
④ 액상일 때 유동성이 나쁘며, 충격 저항이 크다.

해설

주조의 용도로 사용하기 위해서는 액상일 때 유동성이 좋아야 한다.

12 금속간 화합물의 특징을 설명한 것 중 옳은 것은?

① 어느 성분 금속보다 용융점이 낮다.
② 어느 성분 금속보다 경도가 낮다.
③ 일반 화합물에 비하여 결합력이 약하다.
④ Fe_3C는 금속간 화합물에 해당되지 않는다.

해설

• 금속간 화합물은 경도가 높고 메짐성이 있으며 결합력이 약하고 고온에서 불안하여 자기의 융점을 갖지 못하고 분해되기 쉽다.
• Fe_3C가 대표적인 금속간 화합물이다.

13 수면이나 유면 등의 위치를 나타내는 수준면선의 종류는?

① 파선   ② 가는 실선
③ 굵은 실선   ④ 1점 쇄선

해설

② 가는 실선 : 치수선, 치수보조선, 지시선, 회전단면선, 수준면선
① 파선 : 숨은선
③ 굵은 실선 : 외형선
④ 1점 쇄선 : 가는 1점 쇄선(중심선, 기준선, 피치선), 굵은 1점 쇄선(특수지정선)

14 실물을 보고 프리핸드로 그린 도면은?

① 계획도   ② 제작도
③ 주문도   ④ 스케치도

해설

스케치는 실물을 보고 프리핸드로 그린 그림이다.

15 도면에서 중심선을 꺾어서 연결 도시한 투상도는?

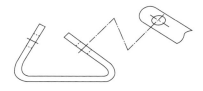

① 보조 투상도   ② 국부 투상도
③ 부분 투상도   ④ 회전 투상도

해설

보조 투상도 : 경사면부가 있는 대상물의 실제 형태를 나타낼 필요가 있는 경우에 그 경사면과 맞서는 위치에 표시하는 투상도

16 다음 도형에서 테이퍼 값을 구하는 식으로 옳은 것은?

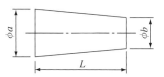

① $\dfrac{b}{a}$ ② $\dfrac{a}{b}$

③ $\dfrac{a+b}{L}$ ④ $\dfrac{a-b}{L}$

해설

$$테이퍼 = \frac{큰\ 면\ 길이 - 작은\ 면\ 길이}{길이}$$

17 제도의 기본 요건으로 적합하지 않은 것은?

① 이해하기 쉬운 방법으로 표현한다.

② 정확성, 보편성을 가져야 한다.

③ 표현의 국제성을 가져야 한다.

④ 대상물의 도형과 함께 크기, 모양만을 표현한다.

해설

제도 : 선과 문자, 기호로 구성된 도면을 작성하는 작업으로, 물체의 모양, 크기, 재료, 가공 방법, 구조 등을 일정한 법칙과 규격에 따라 정확, 명료, 간결하게 나타내는 것이다.

18 치수허용차와 기준선의 관계에서 위 치수허용차가 옳은 것은?

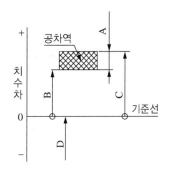

① A

② B

③ C

④ D

해설

• A : 치수공차
• B : 아래 치수허용차
• C : 위 치수허용차
• D : 기준치수

19 가공방법의 기호 중 연삭가공의 표시는?

① G

② L

③ C

④ D

해설

가공방법기호
• G : 연삭
• L : 선삭
• C : 주조
• D : 드릴링

20 표제란에 재료를 나타내는 표시 중 밑줄 친 KS D가 의미하는 것은?

제도자	홍길동	도명	캐스터
도번	M20551	척도	NS
재질	KS D 3503 SS 330		

① KS 규격에서 기본 사항

② KS 규격에서 기계 부분

③ KS 규격에서 금속 부분

④ KS 규격에서 전기 부분

해설

• KS A – 기본 통칙
• KS B – 기계
• KS C – 전기
• KS D – 금속

21 침탄, 질화 등 특수 가공할 부분을 표시할 때 나타내는 선으로 옳은 것은?

① 가는 파선
② 가는 1점 쇄선
③ 가는 2점 쇄선
④ 굵은 1점 쇄선

해설
특수 가공 부분 : 굵은 1점 쇄선 위에 가공 명칭을 기입한다.

22 15mm 드릴 구멍의 지시선을 도면에 옳게 나타낸 것은?

해설
드릴 구멍의 지시선은 상단면의 중앙에 위치시켜야 한다.

23 원을 등각투상도로 나타내면 어떤 모양이 되는가?

① 진원   ② 타원
③ 마름모   ④ 쌍곡선

해설
원을 등각투상도로 나타내면 타원이 된다.

24 다음 중 여러 가지 도형에서 생략할 수 없는 것은?

① 대칭 도형의 중심선의 한쪽
② 좌우가 유사한 물체의 한쪽
③ 길이가 긴 축의 중간 부분
④ 길이가 긴 테이퍼 축의 중간 부분

해설
좌우가 유사하다는 것이 대칭을 의미하는 것은 아니다.

25 냉간압연의 일반적인 공정 순서로 옳은 것은?

① 열연 Coil → 산세 → 정정 → 냉간압연 → 표면청정 → 풀림 → 조질압연
② 열연 Coil → 산세 → 냉간압연 → 정정 → 표면청정 → 풀림 → 조질압연
③ 열연 Coil → 산세 → 냉간압연 → 표면청정 → 풀림 → 조질압연 → 정정
④ 열연 Coil → 산세 → 냉간압연 → 표면청정 → 풀림 → 정정 → 조질압연

해설
냉간압연 제조공정 순서
열연 코일 → 산세(스케일 제거) → 냉간압연 → 전해청정(표면청정) → 풀림(소둔) → 조질압연(Skin Pass Rolling) → 되감기(리코일링) → 전단(Shearing Line)

26 단면이 150mm×150mm이고 길이가 1m인 소재를 압연하여 단면이 10mm×10mm 제품을 생산하였다. 이때 제품의 길이는 몇 m인가?

① 30 ② 150

③ 225 ④ 300

제품 길이 = (150mm × 150mm × 1m) / (10mm × 10mm)
= 225m

27 공형 압연기로 만들 수 있는 제품이 아닌 것은?

① 앵글 ② H형강

③ I형강 ④ 스파이럴 강관

스파이럴 강관은 큰 직경의 관을 생산하기 위해 나선형으로 감아 용접한 강관 제조법으로 공형 압연기로는 만들 수 없다.

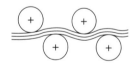

28 산세 라인(Line)의 스케일 브레이커의 공정 중 다음 그림과 같은 스케일 브레이킹법은?

① 레벨링법 ② 롤링법

③ 멕케이법 ④ 프레슈어법

레벨링법 : 기계적인 스케일 브레이킹법 및 판의 형상 교정법으로 이 장치를 통해 탈 스케일이 가능하고 평탄도도 개선된다.

29 일정한 행동을 취할 것을 지시하는 표지로서 방독 마스크를 착용할 것 등을 지시하는 경우의 색채는?

① 녹색 ② 빨간색

③ 파란색 ④ 노란색

산업안전보건법에서 안전보건 표지
• 초록색 : 안내
• 빨간색 : 금지
• 파란색 : 지시
• 노란색 : 주의, 경고

30 다음 중 열간압연 설비가 아닌 것은?

① 권취기

② 조압연기

③ 후판압연기

④ 주석박판압연기

박판압연기에는 열간압연과 냉간압연기가 있다.

31 압연조건이 다음과 같을 때 롤 갭(Roll Gap)은 몇 mm로 하여야 하는가?(단, 압연조건 : 밀 강성은 500ton, 입측 두께는 20mm, 출측 두께는 15mm, 압연속도는 100mpm, 압연하중은 1,000ton이다)

① 13
② 15
③ 16
④ 17

해설

롤 갭(S_0)

$$S_0 = h - \Delta h - \frac{P}{K} + \varepsilon$$

$$= 20 - (20 - 15) - \frac{1,000}{500} + 0 = 13\text{mm}$$

여기서, h : 입측 두께
Δh : 압하량
P : 압연하중
K : 밀강성계수
ε : 보정값

32 연연속 압연기술에 대한 설명으로 틀린 것은?

① 1차 압연의 두께는 약 25~35mm이다.
② 접합 시 약 10분 정도가 소요된다.
③ 접합방식은 용접방식과 전단변형접합 방식이 있다.
④ 선행과 후행의 2개의 바(Bar)를 중첩해 열간압연 한다.

해설

연연속 압연

압연 효율을 높이기 위해 다수의 코일의 처음과 끝을 용접으로 접합하여 마치 하나의 긴 코일로 만들어 열간압연을 하는 방법이다. 두 개의 코일을 접합하는 데 보통 30~40초 정도 소요되지만, 최근 포스코가 개발한 전단변형접합 방식으로 1초 내외에 접합되어 연연속압연의 생산성을 크게 개선하였다.

33 압연유 선정 시 요구되는 성질이 아닌 것은?

① 고온, 고압하에서 윤활 효과가 클 것
② 스트립 면의 사상이 미려할 것
③ 기름 유화성이 좋을 것
④ 산가가 높을 것

해설

압연유의 특성

• 고온, 고압하에서 윤활 효과가 클 것
• 스트립 면의 사상이 미려할 것
• 기름 유화성이 좋을 것
• 마찰계수가 작을 것
• 롤에 대한 친성을 지니고 있을 것
• 적당한 유화 안정성을 지니고 있을 것

34 다음 그림과 같이 물체 ABCD에 전단면적인 힘이 가해져서 a만큼 변형되었고 이 경우의 응력을 전단응력(Shear Stress)이라 할 때 전단 변형량은 어떻게 나타내는가?

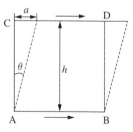

① $r = \dfrac{h}{a} = \cos\theta$
② $r = \dfrac{a}{h} = \sin\theta$
③ $r = \dfrac{h}{a} = \tan\theta$
④ $r = \dfrac{a}{h} = \tan\theta$

해설

전단변형량 = (사방향으로의 변형값)/(초기 길이) = $\dfrac{a}{h} = \tan\theta$

35 밀 스프링(Mill Spring)이 발생하는 원인이 아닌 것은?

① 롤의 휨
② 롤 냉각수
③ 롤 초크의 움직임
④ 하우징의 연신 및 변형

해설

밀 스프링(밀 정수, Mill Spring)
• 정의 : 실제 만들어진 판 두께와 Indicator 눈금과의 차(실제 값과 이론 값의 차이)
• 원인
– 하우징의 연신 및 변형, 유격
– 롤의 벤딩
– 롤의 접촉면의 변형
– 벤딩의 여유
※ 하우징(Housing)은 작업 롤, 백업 롤을 포함하여 압연기를 구성하는 모든 설비를 구성 및 지지하는 단일체로 압연재의 재질, 치수, 온도, 압하하중을 고려하여 설계해야지만 밀 정수 등을 예측할 수 있다.

36 스트립 사행을 방지하기 위하여 설치되는 장치명은?

① 스티어링 롤(Steering Roll)
② 텐션 릴(Tension Reel)
③ 브라이들 롤(Bridle Roll)
④ 패스 라인 롤(Pass Line Roll)

해설

① 스티어링 롤(Steering Roll) : 스트립 사행을 방지
② 텐션 릴(Tension Reel) : 냉간압연에서 출측 권취설비
③ 브라이들 롤(Bridle Roll) : 롤의 배치를 통해 강판에 장력을 주고, 판의 미끄럼 방지를 도와줌
④ 패스 라인 롤(Pass Line Roll) : 연기 전후에 설치되어 패스 라인의 위치에서 정해주는 소재를 이송시켜 주는 롤

37 압연용 소재를 가열하는 연속식 가열로를 구성하는 부분(설비)이 아닌 것은?

① 예열대
② 가열대
③ 균열대
④ 루퍼

해설

루퍼(Looper)는 스탠드와 스탠드 사이에서 소재의 전후 밸런스를 조절하는 설비로, 가열로 설비와는 상관없다.

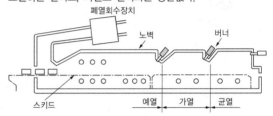

38 워킹빔(Walking Beam)식 가열로에서 가열재료를 반송(搬送)시키는 순서로 옳은 것은?

① 전진 → 상승 → 후퇴 → 하강
② 하강 → 전진 → 상승 → 후퇴
③ 후퇴 → 하강 → 전진 → 상승
④ 상승 → 전진 → 하강 → 후퇴

해설

워킹빔식 가열로
• 노상이 가동부와 고정부로 나뉘어, 이동 노상이 상승 → 전진 → 하강 → 후퇴의 과정을 거치며 재료 사이에 임의의 간격을 두고 반송시킬 수 있는 연속로
• 여러 가지 치수와 재질의 것도 가열 가능
• 푸셔식에 비하여 노의 구조가 복잡하지만, 슬래브 내 온도가 균일하다.

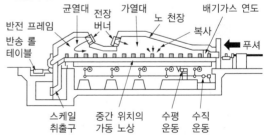

39 다음 중 롤 간극(S_0)의 계산식으로 옳은 것은? (단, h : 입측판 두께, Δh : 압하량, P : 압연하중, K : 밀강성계수, ε : 보정값)

① $S_0 = (\Delta h - h) + \dfrac{\varepsilon}{K} - P$

② $S_0 = (\Delta h - h) - \dfrac{\varepsilon}{P} + K$

③ $S_0 = (h - \Delta h) + \dfrac{\varepsilon}{K} + P$

④ $S_0 = (h - \Delta h) - \dfrac{P}{K} + \varepsilon$

해설

롤 간격(롤 간극) S_0는 다음과 같다.

$$S_0 = (h - \Delta h) - \dfrac{P}{K} + \varepsilon$$

여기서, h : 입측 판두께
Δh : 압하량
P : 압연하중
K : 밀 스프링(롤 스프링)
ε : 보정값

40 압연과정에서 롤 축에 수직으로 발생하는 힘은?

① 인장력 ② 탄성력
③ 클립력 ④ 압연력

해설

압연력 : 롤 축에 수직으로 발생하는 힘으로, 중립점에서 롤 압력이 가장 크다.

41 일반적인 냉연박판의 공정을 가장 바르게 나열한 것은?

① 냉간압연 → 산세 → 아연도금 → 조질압연 → 풀림
② 표면청정 → 산세 → 전단리코일 → 풀림 → 냉간압연
③ 산세 → 냉간압연 → 표면청정 → 풀림 → 조질압연
④ 냉간압연 → 산세 → 표면청정 → 조질압연 → 풀림

해설

냉연박판 제조공정순서 : 핫코일(Hot Coil) → 산세(Pickling Line) → 냉간압연(Cold Rolling) → 전해청정(Electrolytic Cleaning, 표면청정) → 풀림(Annealing, 소둔) → 조질압연(Skin Pass Rolling) → 되감기(Recoiling Line, 리코일링) → 전단(Shearing Line)

42 압연 시 소재에 힘을 가했을 때의 압연이 가능한 조건을 접촉각(α)과 마찰계수(μ)의 관계식으로 나타낸 것 중 옳은 것은?

① $\tan\alpha \leq \mu$

② $\tan\alpha = \mu$

③ $\tan\alpha > \mu$

④ $\tan\alpha \geq \mu$

해설

$\tan\alpha = \mu$인 경우 소재에 힘을 가하면 압입되는 한계각을 나타내고 있는데, 자력으로 들어가며 힘을 주는 한계각까지 나타낸 $\tan\alpha \leq \mu$가 답이 된다.

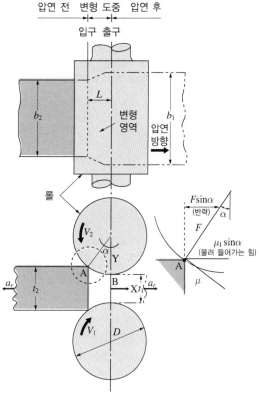

접촉각(α)과 마찰계수(μ)의 관계

• $\tan\alpha < \mu$인 경우 재료가 자력으로 압입되어 압연이 가능
• $\tan\alpha = \mu$인 경우 소재에 힘을 가하면 압연이 가능
• $\tan\alpha > \mu$인 경우 소재가 미끄러져 롤에 들어가지 않아 압연이 불가능
• 따라서, 재료가 롤에 쉽게 물려 들어가기 위해서는 접촉각이 작아져야 하므로, 압하량을 작게 하고, 롤 지름 $D(=2R)$를 크게 해야 한다.

43 롤 직경이 340mm, 회전수가 150rpm이고, 압연되는 재료의 출구속도는 3.67m/s일 때 선진율(%)은 약 얼마인가?

① 27%　　② 37%

③ 55%　　④ 75%

해설

롤의 속도 $= 150 \times 0.340 \times \pi / 60 \fallingdotseq 2.67$m/s

$$\text{전진율(\%)} = \frac{\text{출측 속도} - \text{롤의 속도}}{\text{롤의 속도}} \times 100$$

$$= \frac{3.67 - 2.67}{2.67} \times 100 \fallingdotseq 37$$

44 그리스(Grease)를 급유하는 경우가 아닌 것은?

① 마찰면이 고속운동을 하는 부분
② 고하중을 받는 운동부
③ 액체 급유가 곤란한 부분
④ 밀봉이 요구될 때

해설

그리스 급유 : 액체 급유가 어렵고, 저속도 회전과 고하중일 경우 사용한다.

장점	• 급유간격이 길다. • 누설이 적다. • 밀봉성이 있고, 외부 이물질의 침입이 적다.
단점	• 냉각작용이 작다. • 질의 균일성이 떨어진다.

45 금속의 재결정 온도에 대한 설명으로 틀린 것은?

① 재결정 온도는 금속의 종류와 가공 정도에 따라 다르다.

② 재결정 온도보다 높은 온도에서 압연하는 것을 열간압연이라고 한다.

③ 재결정 온도보다 높은 온도에서 압연하면 강도가 강해진다.

④ 재결정 온도보다 낮은 온도에서 압연하면 결정입자가 미세해진다.

해설

재결정 온도 이상에서 압연하는 것은 열간압연으로 가공경화를 일으키지 않으므로 상대적으로 강도가 약하다.

46 강편 사상압연기의 전면에 설치되어 소재를 45° 회전시켜 주는 설비는?

① 그립 틸터(Grip Tilter)

② 핀치 롤(Pinch Roll)

③ 트위스트 가이드(Twist Guide)

④ 스크루 다운(Screw Down)

해설

① 그립 틸터(Grip Tilter) : 전면에서 소재를 45° 회전시켜 주는 설비

② 핀치 롤(Pinch Roll) : 스트립 선단을 아래로 구부려 잘 감기도록 안내하며 일정한 장력을 유지시켜 주는 설비

③ 트위스트 가이드(Twist Guide) : 수평 스탠드로 압연할 때 사용하고 일반적으로 90° 비틀어 사용

④ 스크루 다운(Screw Down) : 감속기를 통한 압하 스크루로 압하하는 설비

47 산세공정의 작업 내용이 아닌 것은?

① 스트립 표면의 스케일을 제거한다.

② 압연유를 제거한다.

③ 규정된 폭에 맞추어 사이드 트리밍한다.

④ 소형 코일을 용접하여 대형 코일로 만든다.

해설

압연유 등의 표면 오염물질을 제거하는 공정은 청정공정이다.

48 공형 롤에서 재료의 모서리 성형이 잘되어 형강의 성형압연에서 주로 채용되고 있는 롤은?

① 폐쇄공형 롤   ② 원통 롤

③ 평 롤   ④ 개방공형 롤

해설

폐쇄공형 : 공형각도가 60° 이상이고 롤의 지름은 크게 되나 모서리 성형이 잘되어 형강성형 등에 사용

49 압연기에서 나온 압연재를 전 횡단면에 걸쳐 일정한 냉각 속도로 냉각시키는 역할을 하는 것은?

① 수평횡송기   ② 냉각상

③ 롤러 테이블   ④ 기중기

해설

냉각상

• 압연기에서 압연된 압연재를 전 횡단면에 걸쳐 일정한 냉각 속도로 동시에 냉각시키는 장치로, 이때 압연재는 압연 속도와 냉각 속도를 위한 수송 속도 간의 균형을 만들기 위해 압연 라인에 대하여 경사로 보내진다.

• 냉각상의 구조는 캐리어 체인(Carrier Chain)식, 워킹 리드(Walking Lead)식, 디스크 롤러(Disk Roller)식이 있다.

50 철강재료에서 청열취성의 온도(℃) 구간은?

① 110~260℃   ② 210~360℃

③ 310~460℃   ④ 410~560℃

해설

청열취성(메짐)(Blue Shortness) : 강이 약 210~360℃로 가열되면 경도와 강도는 최대가 되나 연신율, 단면수축은 감소하여 일어나는 메짐현상으로 이때 표면에 청색의 산화피막이 생성되고 이는 인(P)에 의해 발생한다.

51 소성변형에서 핵이 발생하여 일그러진 결정과 치환되어 본래의 재료와 같은 변형능을 갖게 되는 것은?

① 조대화   ② 재결정

③ 담금질   ④ 쌍정

해설

소재 → 압연과정(소성변형) → 회복 → 재결정 → 결정립 성장

• 회복 : 강의 재결정 온도인 A₁ 변태점 이하 온도(600~700℃)로 가열 및 일정시간 유지하여 내부 응력을 제거하는 과정
• 재결정 : 회복 과정에서 새로운 변경이 아닌 핵이 생성되어 발달하고, 동시에 그 수를 증가시켜 전체가 새로운 결정과 교체하는 것
• 결정립 성장 : 새로운 결정이 조대화(성장)되는 과정

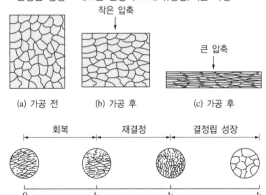

52 냉간압연을 실시하면 압연재 조직은 어떻게 되는가?

① 섬유조직   ② 수지상조직

③ 주상조직   ④ 담금질조직

해설

냉간압연된 조직은 결정립이 압연 방향으로 길게 늘어난 섬유조직이 된다.

53 산세처리 공정 중 스케일의 균일한 용해와 과산세를 방지하기 위해 첨가하는 재료는?

① 인히비터   ② 디스케일러

③ 산화수   ④ 어큐뮬레이터

해설

부식 억제제(인히비터, Inhibitor)

• 인히비터라고도 하며 철 부식을 억제하기 위한 제제로 인산염이 주성분
• 종류 : 젤라틴, 티오요소, 퀴놀린 등
• 역할 : 지철과의 반응 억제, 수소 발생 억제, 오물 생성 방지, 스트립 표면 균일 및 미려
• 요구되는 성질 : 산세 시간을 지연시키지 않을 것, 불순물이 부착되지 않을 것, 고온 안정성·용해성이 좋을 것

54 압연방법 및 압연 속도에 대한 설명으로 틀린 것은?

① 고온에서의 압연은 변형 저항이 작은 재료일수록 압연하기 쉽다.

② 압연 후의 두께와 압연 전의 두께의 비가 클수록 압연하기 쉽다.

③ 열간압연 속도는 롤의 감속비 및 압연기의 형식에 따라 다르게 나타난다.

④ 열간압연한 스트립은 산세, 수세 후에 냉간압연에서 치수를 조절하는 경우가 일반적으로 많다.

해설
일반적으로 압연 전후의 두께 비가 클수록 큰 압하력이 필요하기 때문에 압연하기 어렵다.

55 선재압연에 따른 공형설계의 목적이 아닌 것은?

① 간접 압하율 증대
② 표면결함의 발생 방지
③ 롤의 국부적 마모 방지
④ 정확한 치수의 제품 생산

해설
선재압연에 따른 공형설계의 목적
• 압연재를 정확한 치수, 형상으로 하되 표면 흠을 발생시키지 않을 것
• 압연 소요동력을 최소로 하며, 최소의 폭퍼짐으로 연신시킬 것
• 롤에 국부적 마모를 유발시키지 않을 것
• 재료의 가이드 유지나 롤 갭 조정이 용이할 것 등

56 냉간압연 시 도금 제품의 결함 중 도금 자국과 도유 부족이 있다. 도유 부족 결함의 발생 원인에 해당되는 것은?

① 노 내 장력 조정이 불량할 때
② 하부 롤의 연삭이 불량할 때
③ 포트(Pot) 내에서의 판이 심하게 움직일 때
④ 오일 스프레이 노즐이 막혀 분사 상태가 불균일할 때

해설
도유 부족은 오일의 분사량이 적어져 분사 상태가 불균일하기 때문이다.

57 롤에 구동력이 전달되는 부분의 명칭은?

① 롤 몸(Roll Body) ② 롤 목(Roll Neck)
③ 이음부(Wobbler) ④ 베어링(Bearing)

해설
롤의 주요 구조
• 몸체(Body) : 실제 압연이 이루어지는 부분
• 목(Neck) : 롤 몸을 지지하는 부분
• 연결부(Wobbler) : 구동력을 전달하는 부분

이음부 롤 목 몸체 이음부 목 스핀들

58 감전재해 예방 대책을 설명한 것 중 틀린 것은?

① 전기설비 점검을 철저히 한다.

② 이동전선은 지면에 배선한다.

③ 설비의 필요한 부분은 보호 접지를 실시한다.

④ 충전부가 노출된 부분에는 절연 방호구를 사용한다.

해설
이동전선을 지면에 배선하면 지면이 축축한 경우 감전의 위험이 커진다.

59 압연 시 롤 및 강판에 압연유의 균일한 플레이트 아웃(전개부착)을 위한 에멀션 특성으로 틀린 것은?

① 농도에 관계없이 부착유량은 증대한다.

② 점도가 높으면 부착유량이 증가한다.

③ 사용수 중 Cl⁻ 이온은 유화를 불안정하게 한다.

④ 토출압이 증가할수록 플레이트 아웃성은 개선된다.

해설
점도(농도)가 높으면 부착유량이 증가한다.

60 가열로의 노압이 높을 때에 대한 설명으로 옳은 것은?

① 버너의 연소상태가 좋아진다.

② 방염에 의한 노체 주변의 철구조물이 손상된다.

③ 개구부에서 방염에 의한 작업자의 위험도가 감소한다.

④ 슬래브 장입구, 추출구에서는 방염에 의한 열손실이 감소한다.

해설
노압 관리
- 노압은 노의 효율에 큰 영향을 미치며, 노압 제어는 노 내 설치된 노압 검출단에서 입력신호를 받아 자동으로 댐퍼(Damper)를 제어
- 노압 변동 시 영향

노압이 높을 때	• 슬래브 장입구, 추출구, 노 내 점검구에서 방염에 의한 열손실 증가 • 방염에 의한 노체 주변 철구조물 손상 • 버너 연소상태 악화 • 개구부 방염에 의한 작업자 위험도 증가 • 화염 방출로 화재발생
노압이 낮을 때	• 외부의 찬 공기가 노 내로 침투하여 열손실 증대 • 침입공기에 따른 공기비 제어량 실적치 변동 • 슬래브 산화에 의한 스케일 생성량 증가

01 다음 중 주철에 대한 설명으로 틀린 것은?

① 주철은 강도와 경도가 크다.
② 주철은 쉽게 용해되고, 액상일 때 유동성이 좋다.
③ 회주철은 진동을 잘 흡수하므로 기어박스 및 기계 몸체 등의 재료로 사용된다.
④ 주철 중의 흑연은 응고함에 따라 즉시 분리되어 괴상이 되고, 일단 시멘타이트로 정출한 뒤에는 분해하여 판상으로 나타난다.

해설
흑심가단주철은 어닐링 처리를 통해 시멘타이트를 분해, 흑연화하여 괴상의 흑연을 석출시킨 것으로 어닐링 처리가 장시간이 필요하므로 즉시 나타나지는 않는다.

02 Sn-Sb-Cu의 합금으로 주석계 화이트메탈이라고도 하는 것은?

① 인코넬
② 콘스탄탄
③ 배빗메탈
④ 알클래드

해설
화이트메탈(배빗메탈, Babbitt Metal) : 주석(Sn, 89%) – 안티몬(Sb, 7%) – 구리(Cu, 4%)를 성분으로 하는 베어링용 합금

03 Fe-C 평형상태도에서 공정점에서의 C의 %는?

① 0.02%
② 0.8%
③ 4.3%
④ 6.67%

해설
Fe-C 평형상태도에서 0.8%는 공석점이 존재하고 4.3%는 공정점이 존재한다.

04 침탄법에 대한 설명으로 옳은 것은?

① 표면을 용융시켜 연화시키는 것이다.
② 망상 시멘타이트를 구상화시키는 방법이다.
③ 강재의 표면에 아연을 피복시키는 방법이다.
④ 강재의 표면에 탄소를 침투시켜 경화시키는 것이다.

해설
침탄법은 탄소를 침투시켜 경화시키는 방법이다.

05 다음 금속재료 중 비중이 가장 낮은 것은?

① Zn
② Cr
③ Mg
④ Al

해설
③ 마그네슘(Mg) : 비중(1.7)
① 아연(Zn) : 비중(7.1)
② 크롬(Cr) : 비중(7.2)
④ 알루미늄(Al) : 비중(2.7)

06 충격에너지(E) 값이 40kgf · m일 때 충격값(U)은?(단, 노치부의 단면적은 0.8cm²이다)

① 0.8kgf · m/cm²

② 5kgf · m/cm²

③ 25kgf · m/cm²

④ 50kgf · m/cm²

해설
충격값 = (충격에너지)/(노치부 단면적) = 40/0.8 = 50

07 열처리에 있어서 담금질의 목적으로 옳은 것은?

① 연성을 크게 한다.

② 재질을 연하게 한다.

③ 재질을 단단하게 한다.

④ 금속의 조직을 조대화시킨다.

해설
담금질 : 경도 증가를 위한 열처리

08 7-3황동에 1% 내외의 Sn을 첨가하여 열교환기, 증발기 등에 사용되는 합금은?

① 코슨황동

② 네이벌황동

③ 애드미럴티황동

④ 에버듀어 메탈

해설
③ 애드미럴티황동 : 7-3황동에 1% 주석을 첨가한 황동으로, 내식성 개선
① 코슨황동 : 구리에 3~5% 니켈, 1% 규소가 함유된 합금으로, CA합금이라고 하며 통신선, 스프링 재료 등에 사용
② 네이벌황동 : 6-4황동에 1% 주석을 첨가한 황동으로, 내식성 개선

09 다음 중 이온화 경향이 가장 큰 것은?

① Cr

② K

③ Sn

④ H

해설
이온화 경향
K > Ca > Na > Mg > Zn > Fe > Co > Pb > H > Cu > Hg > Ag > Au

10 수소저장용 합금에 대한 설명으로 틀린 것은?

① 에틸렌을 수소화할 때 촉매로 쓸 수 있다.

② 수소를 흡수 · 저장할 때 수축하고, 방출 시 팽창한다.

③ 수소가스와 반응하여 금속수소화물이 된다.

④ 수소가 방출되면 금속수소화물은 원래의 수소저장합금으로 되돌아간다.

해설
수소저장용 합금 : 타이타늄, 지르코늄, 란탄, 니켈합금으로 수소가스와 반응하여 금속수소화물이 되고, 저장된 수소는 필요에 따라 금속수소화물에서 방출시킬 수 있다. 또한, 수소를 흡수 · 저장할 때는 팽창하고, 방출할 때는 수축한다.

11 저용융점 합금은 약 몇 ℃ 이하의 용융점을 갖는가?

① 250℃

② 350℃

③ 450℃

④ 550℃

해설
저용융점 합금 : 약 250℃ 이하에서 녹는점을 갖는 합금으로 땜납 (Pb-Sn합금)보다 녹는점이 낮은 Pb, Bi, Sn, Cd, In 등의 공정형 합금

12 불안정한 마텐자이트 조직에 변태점 이하의 열로 가열하여 인성을 증대시키는 등 기계적 성질의 개선을 목적으로 하는 열처리 방법은?

① 뜨임　　　　　　② 불림
③ 풀림　　　　　　④ 담금질

① 뜨임 : 담금질 이후 A_1 변태점 이하로 재가열하여 냉각시키는 열처리로 경도는 다소 작아질 수 있으나 인성을 증가시키는 열처리 방법이다.
② 불림 : 강을 오스테나이트 영역으로 가열한 후 공랭하여 균일한 구조 및 강도를 증가시키는 열처리 방법이다.
③ 풀림 : 시편을 오스테나이트와 페라이트보다 40℃ 이상에서 필요시간 동안 가열한 후 서랭하는 열처리 방법이다.
④ 담금질 : 강을 변태점 이상의 고온인 오스테나이트 상태에서 급랭하여 A_1 변태를 저지하여 경도와 강도를 증가시키는 열처리 방법이다.

13 다음 중 'C'와 'SR'에 해당되는 치수 보조 기호의 설명으로 옳은 것은?

① C는 원호이며, SR은 구의 지름이다.
② C는 45° 모따기이며, SR은 구의 반지름이다.
③ C는 판의 두께이며, SR은 구의 반지름이다.
④ C는 구의 반지름이며, SR은 구의 지름이다.

해설

기호	구분	기호	구분
ϕ	지름	□	정사각형의 변
R	반지름	t	판의 두께
$S\phi$	구의 지름	⌒	원호의 길이
SR	구의 반지름	C	45°의 모따기

14 나사의 호칭 M20×2에서 2가 뜻하는 것은?

① 피치　　　　　　② 줄의 수
③ 등급　　　　　　④ 산의 수

해설
나사의 호칭
M20 × 2
• M : 미터보통나사
• 20 : 수나사의 외경
• 2 : 피치

15 다음 그림과 같은 투상도는?

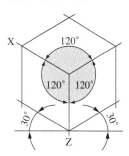

① 사투상도
② 투시투상도
③ 등각투상도
④ 부등각투상도

해설
등각투상도 : 세 모서리가 이루는 각이 모두 120°가 되도록 그린 투상도

16 다음 그림에서 A 부분이 지시하는 표시로 옳은 것은?

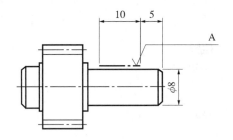

① 평면의 표시법
② 특정 모양 부분의 표시
③ 특수 가공 부분의 표시
④ 가공 전과 후의 모양 표시

> **해설**
> 특수 가공 : 굵은 1점 쇄선

17 표면거칠기의 값을 나타낼 때 10점 평균거칠기를 나타내는 기호로 옳은 것은?

① R_a　　　　　　② R_s
③ R_z　　　　　　④ R_{max}

> **해설**
> 중심선 평균거칠기는 a, 최고 높이거칠기는 s, 10점 평균거칠기는 z 기호, 최대 높이거칠기는 max 기호를 표준수열 다음에 기입한다.

18 척도 2:1인 도면에서 실물 치수가 120mm인 제품을 도면에 나타내고자 할 때의 길이는 몇 mm인가?

① 30　　　　　　② 60
③ 120　　　　　　④ 240

> **해설**
> 척도에서 뒤에 있는 치수가 기준이 되는 실물 치수이다.

19 다음 부품 중 길이 방향으로 절단하여 단면을 도시할 수 있는 것은?

① 핀　　　　　　② 너트
③ 볼트　　　　　④ 긴 파이프

> **해설**
> 축, 봉, 관, 형강 등은 길이 방향으로 절단하여 도형을 단축할 수 있다.

20 구멍의 치수가 $\phi 50^{+\,0.025}_{+\,0.001}$, 축의 치수가 $\phi 50^{+\,0.042}_{+\,0.026}$일 때 최대죔새는?

① 0.001mm　　　　② 0.017mm
③ 0.041mm　　　　④ 0.051mm

> **해설**
> 최대죔새는 조립 전 구멍의 최소허용치수(+0.001)와 축의 최대허용치수(+0.042)와의 차이므로 0.041mm이다.

21 대상물의 보이지 않는 부분의 모양을 표시하는 선은?

① 파선

② 1점 쇄선

③ 굵은 실선

④ 2점 쇄선

• 파선(숨은선) : 대상물의 보이지 않는 부분의 모양을 표시
• 외형선 : 굵은 실선
• 중심선, 기준선, 피치선 : 가는 1점 쇄선
• 가상선 : 가는 2점 쇄선

22 보기에서 도면을 작성할 때 도형의 일부를 생략할 수 있는 경우를 모두 나열한 것은?

┤보기├
ㄱ 도형이 대칭인 경우
ㄴ 물체의 길이가 긴 중간 부분의 경우
ㄷ 물체의 단면이 얇은 경우
ㄹ 같은 모양이 계속 반복되는 경우
ㅁ 짧은 축, 핀, 키, 볼트, 너트 등과 같은 기계요소의 경우

① ㄱ, ㄴ, ㄷ

② ㄱ, ㄴ, ㄹ

③ ㄴ, ㄷ, ㅁ

④ ㄱ, ㄴ, ㄷ, ㄹ, ㅁ

도형 일부를 생략하는 경우 : 대칭 도형 생략, 반복 도형 생략, 긴 물체의 중간 부분 생략

23 금속 가공공정의 기호 중 리머가공에 해당하는 약호는?

① FR

② FF

③ FS

④ BR

가공방법의 기호
• L : 선반가공
• D : 드릴가공
• B : 보링가공
• C : 주조
• BR : 브로치가공
• FS : 스크레이퍼
• M : 밀링가공
• G : 연삭가공
• P : 평면가공
• FR : 리머가공
• FF : 줄 다듬질

24 구멍과 축의 끼워맞춤 종류 중 항상 죔새가 생기는 끼워맞춤은?

① 헐거운 끼워맞춤

② 억지 끼워맞춤

③ 중간 끼워맞춤

④ 미끄럼 끼워맞춤

억지 끼워맞춤은 항상 죔새가 생기도록 하는 맞춤이다.

25 냉간압연 시 연속 압연기에서 발생되는 제품의 표면결함 중 롤 마크(Roll Mark)에 대하여 발생 스탠드를 찾을 때 가장 중점적으로 보아야 할 항목은?

① 촉감　　　　② 피치
③ 밝기　　　　④ 크기

해설

롤 마크 : 롤 마크와 소재 표면에 일정한 간격(피치)으로 같은 흠이 반복해서 나타나는 결함으로, 롤의 피로, 롤 자체의 흠, 롤의 이물질 혼입에 의해 발생한다.

26 열간박판 완성압연 후 코일로 감기 전의 폭이 넓은 긴 대강의 명칭은?

① 슬래브(Slab)　　② 스켈프(Skelp)
③ 스트립(Strip)　　④ 빌릿(Billet)

해설

압연용 소재의 종류

소재명	설명
슬래브(Slab)	단면이 장방형인 반제품(강판 반제품)
블룸(Bloom)	사각형에 가까운 단면을 가진 반제품(봉형 강류 반제품)
빌릿(Billet)	단면이 사각형인 반제품(봉형강류 반제품)
스트립(Strip)	코일 상태의 긴 대강판재(강판 반제품)
시트(Sheet)	단면이 사각형인 판재(강판 반제품)
시트 바 (Sheet Bar)	분괴압연기에서 압연한 것을 다시 압연한 판재(강판 반제품)
플레이트(Plate)	단면이 사각형인 판재(강판 반제품)
틴 바(Tin Bar)	블룸을 분괴, 조압연한 석도 강판의 재료 (강판 반제품)
틴 바 인코일 (Tin Bar In Coil)	틴 바와 같은 소재를 코일 모양으로 감은 것(강판 반제품)
후프(Hoop)	강판을 폭이 좁은 형상의 띠 모양으로 절단 가공하여 코일로 감아놓은 강대의 반제품 (강관용 반제품)
스켈프(Skelp)	빌릿을 분괴, 조압연한 용접강관의 소재로 양단이 용접에 편리하도록 85~88°로 경사져 있음(강관용 반제품)

27 후판압연작업에서 평탄도 제어 방법 중 롤 및 압연 상황에 대응하여 압연하중에 의한 롤의 휘어지는 반대 방향으로 롤이 휘어지게 하여 압연판 형상을 좋게 하는 장치는?

① 롤 스탠드(Roll Stand)
② 롤 교체(Roll Change)
③ 롤 크라운(Roll Crown)
④ 롤 벤더(Roll Bender)

해설

롤 벤더(Roll Bender)

• 유압 밸런스 실린더를 통해 압연 중 발생하는 롤의 휨을 유압으로 상하 실린더를 통하여 휨을 교정하는 장치
• 다음 그림과 같이 벤더를 증가시키면 크라운(Crown)은 감소하고, 벤더를 감소시키면 크라운은 증가

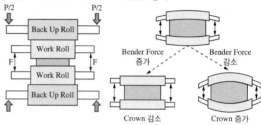

28 사상압연기의 Stand와 Stand 사이에 설치되어 있지 않은 것은?

① 냉각수 스프레이
② 루퍼(Looper)
③ 에저(Edger)
④ 사이드 가이드(Side Guide)

해설

냉각수 스프레이는 온도를 낮추는 역할을 하고, 루퍼는 소재 전후 밸런스를 조절하며, 사이드 가이드는 소재를 압연기까지 유도하는 역할을 한다.

29 다음 중 내화 벽돌의 재료로 사용되지 않는 것은?

① 석회석질
② 마그네사이트질
③ 돌로마이트질
④ 포스터라이트질

해설
- 산성 내화재 : 규석, 반규석, 납석 등
- 중성 내화재 : 산화알루미늄, 산화크롬 등
- 염기성 내화재 : 산화마그네슘, 돌로마이트 등

30 6단 압연기에 사용되는 중간 롤의 요구 특성을 설명한 것 중 틀린 것은?

① 내마모성이 우수해야 한다.
② 전동 피로 강도가 우수해야 한다.
③ 작업 롤의 표면을 손상시키지 않아야 한다.
④ 배럴부 표면에 소성유동을 발생시켜야 한다.

해설
롤의 특성
- 작업 롤(Work Roll) : 내균열성·내사고성, 경화 심도가 좋아야 한다.
- 중간 롤(Intermediate Roll) : 전동 피로 강도, 내마모성이 우수하고, 작업 롤의 표면 손상 및 배럴부 표면에 소성유동을 발생시키지 말아야 한다.
- 받침 롤(Back Up Roll) : 절손, 균열 손실에 대한 충분한 강도가 필요하고, 내균열성·내마멸성이 우수해야 한다.

31 공형의 구성 요건에 관한 설명 중 옳은 것은?

① 능률은 높아야 하나 실수율이 낮을 것
② 치수 및 형상이 정확해야 하나 표면 상태는 나쁠 것
③ 압연 시 재료의 흐름이 불균일해야 하며 작업이 쉬울 것
④ 정해진 롤 강도, 압연 토크 및 롤 스페이스를 만족시킬 것

해설
공형의 구성 요건
- 치수 및 형상이 정확한 제품 생산이 가능할 것
- 표면결함 발생이 적을 것
- 최소의 비용으로 최대의 효과를 가질 것
- 압연 작업이 용이할 것
- 정해진 롤 강도, 압연 토크 및 롤 스페이스를 만족시킬 것
- 롤의 국부적 마모가 적을 것
- 압연된 제품의 내부 응력이 최소화될 것

32 냉연 강판의 전해청정 시 세정액으로 사용되지 않는 것은?

① 탄산나트륨
② 인산나트륨
③ 수산화나트륨
④ 올소규산나트륨

해설
청정 작업 관리
- 세정액 : 수산화나트륨($NaOH$), 규산나트륨($Na_2O \cdot SiO_2$), 올소규산나트륨($Na_3PO_4 \cdot 12H_2O$), 인산나트륨(Na_3PO_4)
- 세정 온도 : 온도가 높을수록 세정력은 향상되나, 기타 첨가물(계면 활성제 등)에 의해 영향이 달라질 수 있다.
- 세정 농도 : 농도가 높을수록 세정력은 향상되나, 보통 4% 이상이 되면 세정력은 크게 변하지 않는다.

33 가역(Reverse)압연기에 대한 설명이 아닌 것은?

① 1회 압연할 때마다 롤의 회전 방향을 바꾸고 롤의 간격을 조금씩 좁혀 나간다.

② 압연된 코일의 안쪽과 바깥쪽에 압연이 덜된 부분이 남아 재료 회수율을 저하한다.

③ 같은 롤 커브로 조압연에서 완성압연까지 진행하므로 압하의 배분에 주의해야 한다.

④ 일반적으로 고속이고, 스탠드의 수가 많다.

해설

구분	가역식 압연기 (Reversing Mill)	연속식 압연기 (Tandem Mill)
구조	전후 왕복 보조 롤 작업 롤 스트립	한 방향 작업
스탠드 수	1개	3개 이상
스트립 진행 방향	양방향	한방향
설비비	낮다.	높다.
압연속도	저속(500mpm 이하)	고속(500mpm 이상)
생산성	낮다.	높다.
작업성	비능률적	능률적
융통성	다품종 소량생산	소품종 대량생산
원가	높다.	낮다.

34 냉연조질압연의 목적이 아닌 것은?

① 기계적 성질 개선　② 형상 교정

③ 두께 조정　④ 항복연신 제거

해설

조질압연(Skin Pass Mill)

• 정의 : 소둔 직후의 항복점 연신으로 인한 Stretcher Strain의 발생을 막기 위해 1~3%의 압하량으로 압연을 실시하는 공정

• 조질압연의 목적
　– 형상 개선(평탄도의 교정)
　– 표면 성상의 개선 : 조도에 따라 거친 표면(Dull), 매끄러운 표면(Bright)으로 구분
　– 스트레처 스트레인 방지(기계적 성질의 개선) : 곱쇠(Coil Break) 결함 제거

35 냉간압연용 압연유가 구비해야 할 조건으로 틀린 것은?

① 유막강도가 클 것

② 윤활성이 좋을 것

③ 마찰계수가 클 것

④ 탈지성이 좋을 것

해설

압연유가 가져야 할 조건

• 적절한 마찰계수를 갖을 것
• 세정력이 우수할 것
• 방청성이 우수할 것
• 강판의 방청유와 상용성이 있을 것
• 후공정에서 피막 제거성이 양호할 것
• 강판 방청유의 탈지성에 악영향이 없을 것
• 도장성이 양호할 것

36 강제 순환 급유 방법은 어느 급유법을 쓰는 것이 가장 좋은가?

① 중력 급유에 의한 방법

② 패드 급유에 의한 방법

③ 원심 급유에 의한 방법

④ 펌프 급유에 의한 방법

해설

강제 순환 급유는 펌프에 의한 것이 가장 효율이 우수하다.

37 직경 950mm의 롤을 사용하여 폭 1,650mm, 두께 50mm의 연강 후판을 두께 34mm로 압연한 후의 폭이 1,655mm일 경우 폭터짐계수는?(단, 유효 숫자는 4자리이다)

① 0.3120
② 0.3125
③ 0.3130
④ 0.3135

해설

$$폭터짐계수 = \frac{압연 \ 후 \ 폭 - 압연 \ 전 \ 폭}{압연 \ 전 \ 두께 - 압연 \ 후 \ 두께}$$

$$= \frac{1,655 - 1,650}{50 - 34} = 0.3125$$

38 형강의 교정작업은 절단 후에 하는 방법과 절단 전 실시하는 방법이 있다. 절단 전에 하는 방법의 특징을 설명한 것 중 틀린 것은?

① 교정능력이 좋다.
② 제품 단부의 미교정 부분이 발생한다.
③ 냉간 절단하므로 길이의 정밀도가 높다.
④ 제품의 길이 방향의 구부러짐이 냉각 중에 발생하기 어렵다.

해설

형강의 절단 전 교정작업은 냉간 절단이므로 제품 단부가 그대로 유지되어 미교정 부분이 발생하지 않는다.

39 압연재의 입측 속도가 3m/s, 롤의 주속도가 3.2m/s, 압연재의 출측 속도가 3.5m/s일 때 선진율은 몇 %인가?

① 약 6.3
② 약 8.6
③ 약 9.4
④ 약 14.3

해설

$$선진율(\%) = \frac{출측 \ 속도 - 롤의 \ 속도}{롤의 \ 속도} \times 100$$

$$= \frac{3.5 - 3.2}{3.2} \times 100 ≒ 9.4$$

40 압연기 롤의 구비조건으로 틀린 것은?

① 내마멸성이 클 것
② 강도가 클 것
③ 내충격성이 클 것
④ 연성이 클 것

해설

롤의 특성

• 작업 롤(Work Roll) : 내균열성·내사고성, 경화 심도가 좋아야 한다.
• 중간 롤(Intermediate Roll) : 전동 피로 강도, 내마모성이 우수하고, 작업 롤의 표면 손상 및 배럴부 표면에 소성유동을 발생시키지 말아야 한다.
• 받침 롤(Back Up Roll) : 절손, 균열 손실에 대한 충분한 강도가 필요하고, 내균열성·내마멸성이 우수해야 한다.

41 하우징이 한 개의 강괴라고도 할 수 있을 만큼 견고하며, 이 속에 다단 롤이 수용되어 규소 강판, 스테인리스 강판압연기로 많이 사용되며, 압하력은 매우 크며 압연판의 두께 치수가 정확한 압연기는?

① 탠덤 압연기　　　② 스테켈식 압연기
③ 클러스터 압연기　④ 센지미어 압연기

해설
센지미어 압연기
상하 20단으로 된 압연기이다. 구동 롤의 지름을 극도로 작게 한 것으로, 강력한 압연력을 얻을 수 있으며 두께가 균일한 스테인리스 강판이나 구리, 니켈, 타이타늄, 알루미늄 합금과 같은 가공경화가 잘 일어나는 박판의 냉간압연에 많이 이용된다.

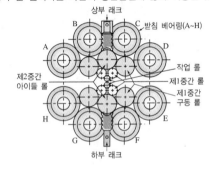

상부 래크
B　C 받침 베어링(A~H)
A　　　D
제2중간
아이들 롤
작업 롤
제1중간 롤
제1중간
구동 롤
H　　　E
G　　F
하부 래크

42 다음 중 강괴의 내부결함에 해당되지 않는 것은?

① 편석　　　　② 비금속 개재물
③ 세로 균열　④ 백점

해설
제품결함
• 표면결함 : 스케일, 딱지 흠, 균열 등
• 내부결함 : 백점, 비금속 개재물, 편석 등

43 노 내의 공기비가 클 때 나타나는 특징이 아닌 것은?

① 연소가스 증가에 의한 폐열손실이 증가한다.
② 스케일 생성량의 증가 및 탈탄이 증가한다.
③ 미소연소에 의한 연료소비량이 증가한다.
④ 연소 온도가 저하하여 열효율이 저하한다.

해설
노 내의 공기비가 클 때
• 연소가스가 증가하므로 폐열손실도 증가
• 연소 온도는 저하하여 열효율 저하
• 스케일 생성량 증가 및 탈탄 증가
• 연료소비량 감소 및 연소효율 증가
※ 공기비가 부족하면 손실열이 증가하고 매연 발생

44 냉간압연하기 전에 실시하는 산세공정의 장치에 대한 설명 중 옳은 것은?

① 언코일러(Uncoiler)는 열연 코일을 접속하는 장치이다.
② 스티처(Sticher)는 열연 코일의 끝부분을 잘라내는 장치이다.
③ 플래시 트리머(Flash Trimmer)는 용접할 때 생긴 두터운 비드를 깎아 다른 부분과 같게 하는 장치이다.
④ 업 커트 시어(Up-cut Shear)는 열연 코일을 풀어주는 장치이다.

해설
③ 플래시 트리머 : 산세설비로 스트립을 용접할 때 생긴 두터운 비드(Bead)를 깎아 다른 부분과 같게 하는 장치
① 언코일러 : 열연 코일을 풀어 주는 장치
② 스티처 : 열연 코일을 접속하는 장치
④ 업 커트 시어 : 열연 코일의 끝부분을 잘라내는 장치

45 전단설비에 대한 설명 중 틀린 것은?

① 슬리터(Slitter) : 핫코일을 박판으로 자르는 전단설비에서 최종 제품의 포장이 용이하도록 정리하는 설비

② 사이드 트리밍 시어(Side Trimming Shear) : 코일의 모서리 부분을 규정된 폭으로 절단하는 설비

③ 플라잉 시어(Flying Shear) : 판재압연 시 빠른 속도로 진행하는 압연재를 일정한 길이로 절단하기 위해 압연 방향을 가로 질러 절단하는 설비

④ 크롭 시어(Crop Shear) : 열간압연에서 사상압연기 초입에 설치되어 소재의 선단 및 미단을 절단하여 잘 들어가게 하는 설비

해설

주요 전단설비
- 슬리터(Sliter) : 스트립을 길이 방향으로 절단하는 설비
- 사이드 트리머(Side Trimmer) : 스트립의 양옆을 길이 방향으로 절단하는 설비
- 크롭 시어(Crop Shear) : 스트립의 선단과 미단을 절단하는 설비
- 플라잉 시어(Flying Shear) : 상하의 전단날이 판과 같은 방향과 속도로 이동하면서 절단하는 설비

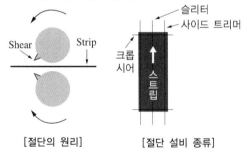

[절단의 원리]　　　　[절단 설비 종류]

46 두께 20mm의 강판을 두께 10mm의 강판으로 압연하였을 때 압하율은 얼마인가?

① 10%
② 20%
③ 40%
④ 50%

해설

압하율 $= \dfrac{H_0 - H_1}{H_0} \times 100(\%) = \dfrac{10}{20} \times 100(\%) = 50\%$

여기서, H_0 : 통과 전 소재 두께
　　　　H_1 : 통과 후 소재 두께

47 가열로에 설비된 리큐퍼레이터(환열기, Recuperater)에 대한 설명 중 옳은 것은?

① 가열로 폐가스를 순환시켜 다시 연소공기로 이용하는 장치

② 가열로 폐가스의 폐열을 이용하여 연소공기를 예열하는 장치

③ 연료를 일정한 온도로 예열하여 효율적인 연소가 이루어지도록 하는 설비

④ 가열된 압연재의 온도를 자동으로 측정하여 연료 공급량이 조절되도록 하는 장치

해설

환열기(Recuperater) : 가열로 내에서 나온 폐가스의 열을 이용한 연료절감설비로서, 폐가스가 빠져나가면서 진입하는 연소용 공기를 예열시키는 원리이다.

48 노압은 노의 열효율에 아주 큰 영향을 미친다. 노압이 높은 경우에 발생하는 것은?

① 버너 연소 상태 약화

② 침입 공기가 많아 열손실 증가

③ 소재 산화에 의한 스케일 생성량 증가

④ 외부 찬 공기 침투로 로온 저하로 열손실 증대

해설

노압 관리
- 노압은 노의 효율에 큰 영향을 미치며, 노압 제어는 노 내 설치된 노압 검출단에서 입력신호를 받아 자동으로 댐퍼(Damper)를 제어
- 노압 변동 시 영향

노압이 높을 때	• 슬래브 장입구, 추출구, 노 내 점검구에서 방염에 의한 열손실 증가 • 방염에 의한 노체 주변 철구조물 손상 • 버너 연소상태 악화 • 개구부 방염에 의한 작업자 위험도 증가 • 화염 방출로 화재발생
노압이 낮을 때	• 외부의 찬 공기가 노 내로 침투하여 열손실 증대 • 침입공기에 따른 공기비 제어량 실적치 변동 • 슬래브 산화에 의한 스케일 생성량 증가

49 풀림공정에서 재결정에 의해 새로운 결정조직으로 변한 강판을 재압하하여 냉간가공으로 재질을 개선하고 형상을 교정하는 것은?

① Temper Color   ② Power Curve

③ Deep Drawing   ④ Skin Pass

해설

조질압연(Skin Pass Mill)
- 정의 : 소둔 직후의 항복점 연신으로 인한 Stretcher Strain의 발생을 막기 위해 1~3%의 압하량으로 압연을 실시하는 공정
- 조질압연의 목적
  - 형상 개선(평탄도의 교정)
  - 표면 성상의 개선 : 조도에 따라 거친 표면(Dull), 매끄러운 표면(Bright)으로 구분
  - 스트레처 스트레인 방지(기계적 성질의 개선) : 곱쇠(Coil Break) 결함 제거

50 에지 스캐브(Edge Scab)의 발생 원인이 아닌 것은?

① 슬래브 코너부 또는 측면에 발생한 크랙이 압연될 때

② 슬래브의 손질이 불완전하거나 스카핑이 불량할 때

③ 슬래브 끝 부분 온도 강하로 압연 중 폭 방향의 균일한 연신이 발생할 때

④ 하강 중 불순물의 분리 부상이 부족하여 강중에 대형 불순물 또는 기포가 존재할 때

해설

에지 스캐브(Edge Scab) 발생 원인
- 슬래브 코너부 또는 측면에 발생한 크랙, 기포 흠 등이 압연되어 발생
- 슬래브 손질의 불완전과 스카핑 불량, 슬래브 에지 온도 강하로 압연 시 폭 방향 불균일 발생

51 냉연박판의 제조공정 순서로 옳은 것은?

① 핫(Hot)코일 → 냉간압연 → 풀림 → 표면청정 → 산세 → 조질압연 → 전단 리코일

② 핫(Hot)코일 → 산세 → 냉간압연 → 표면청정 → 풀림 → 조질압연 → 전단 리코일

③ 냉간압연 → 산세 → 핫(Hot)코일 → 표면청정 → 풀림 → 전단 리코일 → 조질압연

④ 냉간압연 → 산세 → 표면청정 → 핫(Hot)코일 → 풀림 → 조질압연 → 전단 리코일

해설

냉연박판 제조공정 순서 : 핫코일(Hot Coil) → 산세(Pickling Line) → 냉간압연(Cold Rolling) → 전해청정(Electrolytic Cleaning, 표면청정) → 풀림(Annealing, 소둔) → 조질압연(Skin Pass Rolling) → 되감기(Recoiling Line, 리코일링) → 전단(Shearing Line)

52 연료의 착화온도가 가장 높은 것은?

① 수소
② 갈탄
③ 목탄
④ 역청탄

해설

착화온도는 공기 중 가연성물질이 가열될 때 외부 점화 없이 연소하기 시작하는 최소온도로, 수소의 착화온도는 산소 중에서는 560℃, 공기 중에서는 572℃로 500℃ 이하인 다른 고체 연료보다 높다.

53 압연작업 시 압연재의 두께를 자동으로 제어하는 장치는?

① γ-ray
② X-ray
③ SCC
④ AGC

해설

자동 두께 제어(AGC ; Automatic Gauge Control)
• 압연 중 스트립 두께 변동을 검출하기 위한 장비로, 스크루 다운 블록(Screw Down Block) 하단에 설치된 로드 셀(Load Cell)에 의해 압연의 압력 변화를 검출하여 현재 위치를 탐지한 후 F7 후면에 설치된 X-Ray가 판 두께를 측정해 이 신호를 기반으로 압하 스크루를 자동 제어하여 스트립의 두께를 목표 두께로 제어하는 장치
• AGC 설비
  – 스크루 다운(Screw Down) : AGC 유지 컨트롤과 병행하여 롤 갭 설정
  – 상부 빔(Top Beam) : 압연 소재의 두께에 따라 유압으로 롤 갭을 설정하는 장치
  – 하부 빔(Bottom Beam) : 빔 상부에 백업 롤 및 슬레드(Sled)를 안착하는 지지대
  – 스크루 업(Screw Up) : 내부에 로드 셀(Load Cell)이 내장되어 롤이 받는 힘을 검출하며 압연 패스 라인(Pass Line)을 조정

54 윤활제 중 유지(Fat and Oil)의 주성분은?

① 지방산과 글리세린
② 파라핀과 나프탈렌
③ 올레핀과 나트륨
④ 붕산과 탄화수소

해설

지방계 윤활유(유지)
지방유는 지방산과 글리세린, 에스테르로 구성되어 있고, 건성 또는 반건성유이기 때문에 상온에서 공기 중에 장시간 방치하면 산화 변질하여 열화되기 쉬우므로 순환계 윤활유로는 부적당하다.

55 사상압연의 목적이 아닌 것은?

① 규정된 제품의 치수로 압연한다.
② 캠버(Camber)가 있는 형상으로 생산한다.
③ 표면결함 없는 제품을 생산한다.
④ 규정된 사상온도로 압연하여 재질특성을 만족시킨다.

해설

사상압연은 수요자가 원하는 최종두께로 제조하는 것이므로 캠버가 있으면 안 된다.
캠버(Camber)
• 일반적으로 압연 시 압연소재의 판 폭 방향으로 휘어지는 현상이다. 압연 코일의 경우 압연 방향으로 휘어지며, 소재 좌우 두께 편차가 있거나 상하 롤의 폭 방향 간격이 다를 때 그리고 폭 방향으로 온도가 고르지 못할 때 발생한다.
• 캠버 발생 원인
  – 롤이 기울어져 있을 때
  – 하우징의 연신 및 변형
  – 폭 방향 온도 편차
  – 소재 좌우 두께 편차

56 전기 강판의 전기적 및 자기적 성질의 설명 중 틀린 것은?

① 투자율(Permeability)이 높을 것
② 자속밀도(Flux Density)가 높을 것
③ 철손(Core Loss)이 높을 것
④ 점적률(Lamination Factor)이 높을 것

해설
전기 강판의 요구 특성
• 제특성이 균일할 것
• 철손이 적을 것
• 자속밀도, 투자율이 높을 것
• 자기시효가 적을 것(불순물이 적을 것)
• 층간저항이 클 것
• 자왜가 적을 것
• 점적률이 높을 것
• 적당한 기계적 특성을 가질 것
• 용접성 및 타발성이 좋을 것
• 강판의 형상이 양호할 것

57 다음 중 소성가공 방법이 아닌 것은?

① 단조
② 주조
③ 압연
④ 프레스가공

해설
열처리나 주조는 소성가공방법이 아니다.
소성변형 : 단조, 인발, 압연, 프레스가공, 압출 등

58 과잉공기계수(공기비)가 2.0이고, 이론공기량이 9.35m^3/kg일 때 실제공기량(m^3/kg)은?

① 8.4
② 12.6
③ 16.7
④ 18.7

해설
실제공기량 = 이론공기량 × 과잉공기계수
$\qquad\qquad = 9.35 \times 2.0$
$\qquad\qquad = 18.7$

59 국부의 혈액순환 이상으로 몸이 퉁퉁 부어오르는 상태의 상해는?

① 동상
② 자상
③ 부종
④ 골절

해설
③ 부종 : 국부의 혈액 이상으로 몸이 퉁퉁 부어오르는 상태
① 동상 : 심한 추위에 노출된 후 피부조직이 얼어버려서 국소적으로 혈액공급이 없어진 상태
② 자상 : 송곳 같은 예리한 물체에 의한 손상
④ 골절 : 외부의 충격으로 뼈의 연속성이 소실된 상태

60 급유 개소에 기름을 분무 상태로 품어 윤활에 필요한 최소한의 유막 형성을 유지할 수 있는 윤활장치는?

① 등유 급유장치
② 그리스 급유장치
③ 오일 미스트 급유장치
④ 유막베어링 급유장치

해설
오일 미스트 윤활은 압축공기를 이용하여 오일을 미립자로 만들어 높은 속도로 공급하는 방식으로 최소한의 유막을 형성할 수 있으므로 오일 소모량이 작다.

01 다음 그림과 같은 결정격자의 금속원소는?

① Ni ② Mg

③ Al ④ Au

해설

조밀육방구조로 Mg, Zn, Zr이 있다.

02 금속의 소성변형을 일으키는 원인 중 원자 밀도가 가장 큰 격자면에서 잘 일어나는 것은?

① 슬립 ② 쌍정

③ 전위 ④ 편석

해설

슬립(Slip)

원자 간 사이가 미끄러지는 현상으로, 원자 밀도가 가장 큰 격자면에서 잘 발생한다.

03 다음 조직 중 탄소가 가장 많이 함유되어 있는 것은?

① 페라이트 ② 펄라이트

③ 오스테나이트 ④ 시멘타이트

해설

탄소함유량 : 시멘타이트 > 펄라이트 > 페라이트

04 다음 중 10배 이내의 확대경을 사용하거나 육안으로 직접 관찰하여 금속조직을 시험하는 것은?

① 라우에법

② 에릭센 시험

③ 매크로 시험

④ 전자 현미경 시험

해설

③ 매크로 시험 : 육안 혹은 10배 이내의 확대경을 이용하여 결정입자 또는 개재물 등을 검사하는 시험

② 에릭센 시험법 : 재료의 연성을 파악하기 위하여 구리 및 알루미늄판재와 같은 연성 판재를 가압 성형하여 변형 능력을 알아보기 위한 시험방법

05 Y합금의 일종으로 Ti과 Cu를 0.2% 정도씩 첨가한 것으로 피스톤에 사용되는 것은?

① 두랄루민 ② 코비탈륨

③ 로엑스합금 ④ 하이드로날륨

해설

② 코비탈륨 : Al-Cu-Ni계 알루미늄 합금으로(Y합금의 일종) Ti과 Cu를 0.2% 첨가하여 피스톤에 사용

③ 로엑스합금 : Al-Ni-Si계 알루미늄 합금으로 Cu, Mg, Ni을 첨가한 특수 실루민

06 다음 중 주철에 관한 설명으로 틀린 것은?

① 비중은 C와 Si 등이 많을수록 작아진다.

② 용융점은 C와 Si 등이 많을수록 낮아진다.

③ 주철을 600℃ 이상의 온도에서 가열 및 냉각을 반복하면 부피가 감소한다.

④ 투자율을 크게 하기 위해서는 화합 탄소를 적게 하고, 유리 탄소를 균일하게 분포시킨다.

해설

주철의 성장

주철을 600℃ 이상의 온도에서 가열 및 냉각조작을 반복하면 점차 부피가 커지며 변형되는 현상이다. 성장의 원인은 시멘타이트 (Fe_3C)의 흑연화와 규소가 용적이 큰 산화물을 만들기 때문이다.

07 전해 인성 구리를 약 400℃ 이상의 온도에서 사용하지 않는 이유로 옳은 것은?

① 풀림취성을 발생시키기 때문이다.

② 수소취성을 발생시키기 때문이다.

③ 고온취성을 발생시키기 때문이다.

④ 상온취성을 발생시키기 때문이다.

해설

구리의 화학적 성질 중 환원성 수소가스 중에서 가열하면 수소의 확산 침투로 인해 수소메짐(수소취성)이 발생한다.

08 자기 변태에 관한 설명으로 틀린 것은?

① 자기적 성질이 변한다.

② 결정격자의 변화이다.

③ 순철에서는 A_2로 변한다.

④ 점진적이고 연속적으로 변한다.

해설

• 자기 변태 : A_2 변태(768℃)로, α강자성 → α상자성으로 자기적 성질이 변하는 변태

• 동소 변태 : 결정격자가 변하는 변태

09 문쯔메탈(Muntz Metal)이라고도 하며 탈아연 부식이 발생하기 쉬운 동합금은?

① 6-4황동　　　　② 주석청동

③ 네이벌황동　　　④ 애드미럴티황동

해설

① 문쯔메탈(Muntz Metal) : 6-4황동을 의미하고 열간가공이 가능하고 인장강도가 황동에서 최대

③ 네이벌황동 : 6-4황동에 1% 주석을 첨가한 황동으로 내식성 개선

④ 애드미럴티황동 : 7-3황동에 1% 주석을 첨가한 황동으로 내식성 개선

10 금속의 물리적 성질에서 자성에 관한 설명 중 틀린 것은?

① 연철(鍊鐵)은 잔류자기는 작으나 보자력이 크다.
② 영구자석재료는 쉽게 자기를 소실하지 않는 것이 좋다.
③ 금속을 자석에 접근시킬 때 금속에 자석의 극과 반대의 극이 생기는 금속을 상자성체라 한다.
④ 자기장의 강도가 증가하면 자화되는 강도도 증가하는데, 어느 정도 진행되면 포화점에 이르는 이 점을 퀴리점이라고 한다.

해설
연철은 잔류자속밀도가 크고 보자력이 작아야 한다.

11 실온까지 온도를 내려 다른 형상으로 변형시켰다가 다시 온도를 상승시키면 어느 일정한 온도 이상에서 원래의 형상으로 변화하는 합금은?

① 제진합금   ② 방진합금
③ 비정질합금   ④ 형상기억합금

해설
④ 형상기억합금 : 처음에 주어진 특정 모양의 것을 인장하거나 소성변형한 것이 가열에 의하여 원형으로 되돌아오는 성질을 가진 합금
① 제진합금 : 진동발생 원인 고체의 진동자를 감소시키는 합금으로 Mg-Zr, Mn-Cu 등이 있다.
③ 비정질합금 : 금속을 용융 상태에서 초고속 급랭하여 제조되는 재료로 결정이 되어 있지 않은 상태이며, 인장강도와 경도를 크게 개선시킨 합금

12 다음 그림의 고용체형 상태도에서 공정점은?

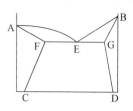

① A   ② C
③ D   ④ E

해설
고용체형 상태도에서 공정점은 자유도가 0이 되는 E점이다.

13 어떤 기어의 피치원 지름이 100mm이고, 잇수가 20개일 때 모듈은?

① 2.5   ② 5
③ 50   ④ 100

해설
모듈은 피치원의 직경에서 잇수를 나눈 값이다.
100/20 = 5

14 볼트를 고정하는 방법에 따라 분류할 때, 물체의 한쪽에 암나사를 깎은 다음 나사박기를 하여 죄며 너트를 사용하지 않는 볼트는?

① 관통 볼트   ② 기초 볼트
③ 탭 볼트   ④ 스터드 볼트

해설
① 관통 볼트 : 물체의 구멍에 관통시켜 너트를 조이는 방식의 볼트
② 기초 볼트 : 콘크리트에 고정하는 볼트
④ 스터드 볼트 : 양쪽 끝이 모두 수나사로 되어 있는 볼트

15 도면의 표면거칠기 표시에서 12.5A가 의미하는 것은?

① 최대 높이거칠기 12.5μm
② 중심선 평균거칠기 12.5μm
③ 10점평균거칠기 12.5μm
④ 최소 높이거칠기 12.5μm

해설
중심선 평균거칠기는 A, 최고 높이거칠기는 S, 10점평균거칠기는 Z를 표준수열 다음에 기입한다.

16 제도 용지 A3는 A4 용지의 몇 배인가?

① $\frac{1}{2}$ 배 ② $\sqrt{2}$ 배
③ 2배 ④ 4배

해설
A2는 A3의 두배이고, A3는 A4의 두배이다.

17 다음 도면에 보기와 같이 표시된 금속재료의 기호 중 330이 의미하는 것은?

┌ 보기 ─────────────────┐
│   │
│   KS D 3503 SS 330   │
│   │
└───────────────────────┘

① 최저 인장강도
② KS 분류기호
③ 제품의 형상별 종류
④ 재질을 나타내는 기호

해설
재료기호의 SS 다음 숫자는 최저 인장강도(최소한 요구되는 인장강도)를 의미한다.

18 다음 그림의 치수 20, 26에 해당하는 치수 보조기호로 옳은 것은?

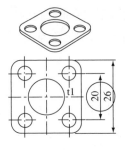

① S ② □
③ t ④ ( )

해설
• S는 구를 의미
• t는 두께(Thickness)를 의미
• □은 정사각형의 변을 의미
• ( )는 참고치수를 의미

19 제작물의 일부만 절단하여 단면 모양이나 크기를 나타내는 단면도는?

① 온단면도 ② 한쪽 단면도
③ 회전 단면도 ④ 부분 단면도

해설
④ 부분 단면도 : 일부만을 절단하여 단면 모양이나 크기를 나타내는 단면도
① 온단면도 : 물체를 한 평면의 절단면으로 절단하여 단면 모양과 크기를 나타낸 단면도
② 한쪽 단면도(반단면도) : 외형도의 절반만 절단하여 반은 외형도, 반은 단면도를 그려서 동시에 표시한 단면도
③ 회전 단면도 : 핸들이나 바퀴 등의 암 및 림, 리브, 훅, 축, 구조물의 부재 등의 절단면을 90° 회전하여 표시한 단면도

20 다음 투상도는 어느 입체도에 해당하는가?

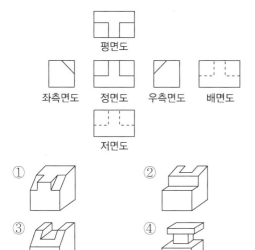

① ② ③ ④

정면도가 'ㅗ' 모양이어야 한다.

21 수면이나 유면 등의 위치를 나타내는 선의 종류는?

① 파선　　　　　② 가는 실선
③ 굵은 실선　　　④ 1점 쇄선

해설
수면이나 유면은 가는 실선으로 나타낸다.

22 KS A 0005 제도 통칙에서 문장의 기록 방법을 설명한 것 중 틀린 것은?

① 문체는 구어체로 한다.
② 문장은 간결한 요지로서 가능하면 항목별로 적는다.
③ 기록방법은 우측에서부터 하고, 나누어 적지 않는다.
④ 전문용어는 원칙적으로 용어와 관련한 한국산업표준에 규정된 용어 및 과학기술처 등의 학술용어를 사용한다.

해설
기록방법은 좌측에서부터 한다.

23 기계 구조용 합금강재 중 니켈-크롬-몰리브덴강을 나타내는 재료의 기호는?

① SM45C　　　　② SP56
③ GC350　　　　 ④ SNCM420

해설
• SM : 구조용 탄소강재
• SPS : 스프링강
• GC : 회주철품
• SNC : 구조용 합금강

24 현과 호에 대한 설명으로 옳은 것은?

① 호의 길이를 표시하는 치수선은 호에 평행인 직선으로 표시한다.

② 현의 길이를 표시하는 치수선은 그 현과 동심인 원호로 표시한다.

③ 원호와 현을 구별해야 할 때에는 호의 치수 숫자 위에 ⌒ 표시를 한다.

④ 원호로 구성되는 곡선의 치수는 원호의 반지름과 그 중심 또는 원호와의 접선 위치를 기입할 필요가 없다.

해설

① : 현의 설명
② : 호의 설명
④ : 원호의 반지름은 반드시 기입해야 함

변의 길이 치수　　　현의 길이 치수

호의 길이 치수　　　각도 치수

25 입측 판의 두께가 20mm, 출측 판의 두께가 12mm, 압연 압력이 2,500ton, 밀 상수가 500ton/mm일 때 롤 간격은 몇 mm인가?(단, 기타 사항은 무시한다)

① 5　　　　　② 7
③ 9　　　　　④ 11

해설

$$S_0 = (h - \Delta h) - \frac{P}{K}$$

$$= (20 - 8) - \frac{2,500}{500} = 7$$

여기서, h : 입측 판두께

Δh : 압하량

P : 압연하중

K : 밀강성계수(밀 상수)

26 용광로에서 부산물로 생기는 가스로 발열량이 900~1,000kcal/Nm³ 정도인 연료가스는?

① 천연가스
② 고로가스
③ 석유정제정유가스
④ 코크스로가스

해설

① 천연가스 : 탄화수소가 주성분인 가연성 가스로 발열량은 9,500~10,500kcal/Nm³이다.

③ 석유정제정유가스 : 석유 정제 시 발생하는 가스로 발열량은 23,000kcal/Nm³이다.

④ 코크스로가스 : 석탄을 코크스로에서 건류할 때 발생하는 수소와 메탄이 주성분인 가스로 발열량은 5,000kcal/Nm³이다.

27 사이드 트리밍(Side Trimming)에 대한 설명 중 틀린 것은?

① 전단면과 파단면이 1 : 2인 경우가 가장 이상적이다.

② 판 두께가 커지면 나이프 상하부의 오버랩량은 줄여야 한다.

③ 판 두께가 커지면 나이프 상하부의 클리어런스를 줄여야 한다.

④ 전단면이 너무 커지면 냉간압연 시에 에지 균열이 발생하기 쉽다.

해설

판 두께가 커지면 나이프 상하부의 클리어런스를 높여야 한다.

28 중립점에 대한 설명으로 옳은 것은?

① 롤의 원주속도가 압연재의 진행속도보다 빠르다.

② 롤의 원주속도가 압연재의 진행속도보다 느리다.

③ 롤의 원주속도와 압연재의 진행속도가 같다.

④ 압연재의 입구쪽 속도보다 출구쪽 속도가 빠르다.

해설

중립점(No Slip Point) : 롤의 원주 속도와 압연재의 진행 속도가 같아지는 부분으로, 압연재 속도와 롤의 회전 속도가 같아지고 가장 많은 압력을 받게 되는 지점이다.

29 압연기의 구동 설비에 해당되지 않는 것은?

① 하우징   ② 스핀들

③ 감속기   ④ 피니언

해설

압연구동 설비

• 모터 : 압연기의 원동력을 발생시키는 설비로 일반적으로 직류전동기가 이용되며, 속도의 조정이 필요하지 않을 때는 3상 교류전동기를 사용

• 감속기 : 모터에서 발생된 동력을 압연기의 종류에 맞는 힘과 속도로 바꿔 주는 설비

• 피니언 : 동력을 각 롤에 분배하는 설비

• 스핀들 : 피니언과 롤을 연결하여 동력을 전달하는 설비

30 스트립이 산세조에서 정지하지 않고 연속 산세되도록 1~3개분의 코일을 저장하는 설비는?

① 플래시 트리머(Flash Trimmer)

② 스티처(Sticher)

③ 루핑 피트(Looping Pit)

④ 언코일러(Uncoiler)

해설

• 루프카 : 산세 중 지체시간을 보상해주고 연속적인 작업이 가능하도록 스트립을 저장하는 설비

• 루핑 피트 : 사이드 트리머와 그 전후 설비의 속도 불균형을 조정하여 나이프 날의 절손 및 가감속의 급격한 장력변동에 의한 흠 등을 방지해주는 완충설비

31 압하 설정과 롤 크라운의 부적절로 인해 압연판 (Strip)의 가장자리가 가운데보다 많이 늘어나 굴곡진 형태로 나타난 결함은?

① 캠버   ② 중파

③ 양파   ④ 루즈

해설

③ 양파 : 스트립의 가장자리가 중앙보다 늘어난 현상

① 캠버 : 열간압연 시 압연파에 의해 소재가 한쪽으로 휘어지는 현상

② 중파 : 스트립의 중앙이 가장자리보다 늘어난 현상

④ 루즈 : 코일이 권취될 때 장력부족으로 느슨하게 감겨 있는 상태

32 두께 3.2mm의 소재를 0.7mm로 냉간압연할 때 압하량은?

① 2.0mm   ② 2.3mm

③ 2.5mm   ④ 2.7mm

해설

압하량은 압연 통과 전 두께에서 통과 후 두께를 뺀 차이다.

3.2 − 0.7 = 2.5mm

33 압연소재가 롤(Roll)에 치입하기 좋게 하기 위한 방법으로 틀린 것은?

① 압하량을 적게 한다.

② 치입각을 작게 한다.

③ 롤의 지름을 크게 한다.

④ 재료와 롤의 마찰력을 작게 한다.

해설

롤과 재료 간의 마찰이 커야 쉽게 치입된다.
압연소재가 롤에 쉽게 물리기 위한 조건
• 압하량을 적게 한다.
• 치입각의 크기를 작게 한다.
• 롤 지름의 크기가 크다.
• 압연재의 온도를 높인다.
• 마찰력을 높인다.
• 롤의 회전속도를 줄인다.

34 열간압연 공정을 순서대로 옳게 배열한 것은?

① 소재 가열 → 사상압연 → 조압연 → 권취 → 냉각

② 소재 가열 → 조압연 → 사상압연 → 냉각 → 권취

③ 소재 가열 → 냉각 → 조압연 → 권취 → 사상압연

④ 소재 가열 → 사상압연 → 권취 → 냉각 → 조압연

해설

열간압연 공정 순서 : 반제품 → 가열로 → 조압연 → 사상압연 → 냉각(라미나 플로) → 권취

35 감전 재해 예방대책을 설명한 것 중 틀린 것은?

① 전기설비 점검을 철저히 한다.

② 이동전선은 지면에 배선한다.

③ 설비의 필요한 부분은 보호접지를 실시한다.

④ 충전부가 노출된 부분에는 절연방호구를 사용한다.

해설

이동전선을 지면에 배선하면 물이 고일 경우 위험하다.

36 냉연 스트립의 풀림목적이 아닌 것은?

① 압연유를 제거하기 위함이다.

② 기계적 성질을 개선하기 위함이다.

③ 가공경화 현상을 얻기 위함이다.

④ 가공성을 좋게 하기 위함이다.

해설

소재 → 압연과정(소성변형) → 회복 → 재결정 → 결정립 성장
• 회복 : 강의 재결정 온도인 A_1 변태점 이하 온도(600~700℃)로 가열 및 일정시간 유지하여 내부 응력을 제거하는 과정
• 재결정 : 회복 과정에서 새로운 변경이 아닌 핵이 생성되어 발달하고, 동시에 그 수를 증가시켜 전체가 새로운 결정과 교체하는 것
• 결정립 성장 : 새로운 결정이 조대화(성장)되는 과정

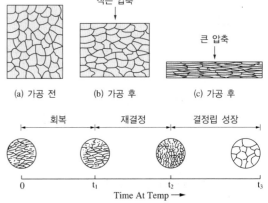

(a) 가공 전   (b) 가공 후   (c) 가공 후

37 공형설계의 원칙을 설명한 것 중 틀린 것은?

① 공형 각부의 감면율을 균등하게 한다.

② 직접압하를 피하고 간접압하를 이용하도록 설계한다.

③ 공형형상은 되도록 단순화 직선으로 한다.

④ 플랜지의 높이를 내고 싶을 때에는 초기 공형에서 예리한 홈을 넣는다.

해설

- 공형설계 시 고려사항 : 소재 재질, 롤 사양, 모터 용량, 압연토크, 압연하중, 유효 롤 반지름, 롤 배치, 감면율 등
- 공형설계 원칙
  - 공형 각부의 감면율을 균등하게 유지
  - 플랜지의 높이를 내고 싶을 때에는 초기 공형에서 예리한 홈을 넣음
  - 간접 압하를 피하고 직접 압하를 이용하여 설계
  - 비대칭 단면의 압연은 재료가 롤에 몰리고 있는 동안 트러스트가 작용
  - 공형형상은 단순화 · 직선화함

38 단접 강관용 재료로 사용되는 반제품이고 띠 모양으로 용접하기 편리하도록 양단을 85~88°로 경사지게 만든 것은?

① 틴 바(Tin Bar)

② 후프(Hoop)

③ 스켈프(Skelp)

④ 틴 바 인코일(Tin Bar In Coil)

해설

압연용 소재의 종류

소재명	설명
슬래브(Slab)	단면이 장방형인 반제품(강판 반제품)
블룸(Bloom)	사각형에 가까운 단면을 가진 반제품(봉형강류 반제품)
빌릿(Billet)	단면이 사각형인 반제품(봉형강류 반제품)
스트립(Strip)	코일 상태의 긴 대강판재(강판 반제품)
시트(Sheet)	단면이 사각형인 판재(강판 반제품)
시트 바 (Sheet Bar)	분괴압연기에서 압연한 것을 다시 압연한 판재(강판 반제품)
플레이트(Plate)	단면이 사각형인 판재(강판 반제품)
틴 바(Tin Bar)	블룸을 분괴, 조압연한 석도 강판의 재료(강판 반제품)
틴 바 인코일 (Tin Bar In Coil)	틴 바와 같은 소재를 코일 모양으로 감은 것(강판 반제품)
후프(Hoop)	강판을 폭이 좁은 형상의 띠 모양으로 절단 가공하여 코일로 감아놓은 강대의 반제품(강관용 반제품)
스켈프(Skelp)	빌릿을 분괴, 조압연한 용접강관의 소재로 양단이 용접에 편리하도록 85~88°로 경사져 있음(강관용 반제품)

39 그리스(Grease)를 급유하는 경우가 아닌 것은?

① 밀봉이 요구되는 경우
② 저하중이 작용되는 경우
③ 저속운동의 경우
④ 액체 급유가 곤란한 경우

그리스 급유 : 액체 급유가 어렵고, 저속도 회전과 고하중일 경우 사용한다.

장점	• 급유간격이 길다. • 누설이 적다. • 밀봉성이 있고, 외부 이물질의 침입이 적다.
단점	• 냉각작용이 작다. • 질의 균일성이 떨어진다.

40 조질압연에 대한 설명으로 틀린 것은?

① 형상의 교정
② 기계적 성질의 개선
③ 표면거칠기의 개선
④ 화학적 성질의 개선

조질압연(Skin Pass Mill)
• 정의 : 소둔 직후의 항복점 연신으로 인한 Stretcher Strain의 발생을 막기 위해 1~3%의 압하량으로 압연을 실시하는 공정
• 조질압연의 목적
 – 형상 개선(평탄도의 교정)
 – 표면 성상의 개선 : 조도에 따라 거칠 표면(Dull), 매끄러운 표면(Bright)으로 구분
 – 스트레처 스트레인 방지(기계적 성질의 개선) : 곱쇠(Coil Break) 결함 제거

41 압하량이 일정한 상태에서 재료가 압연기에 쉽게 치입되도록 하는 조건 중 틀린 것은?

① 지름이 작은 롤을 사용한다.
② 압연재의 온도를 높여 준다.
③ 압연재를 뒤에서 밀어 준다.
④ 롤(Roll)의 회전속도를 줄여 준다.

압연소재가 롤에 쉽게 물리기 위한 조건
• 압하량을 적게 한다.
• 치입각의 크기를 작게 한다.
• 롤 지름의 크기가 크다.
• 압연재의 온도를 높인다.
• 마찰력을 높인다.
• 롤의 회전속도를 줄인다.

42 압연과정에서 나타날 수 있는 사항으로 틀린 것은?

① 롤 축면에서 롤 표면 사이의 거리를 롤 간격이라고 한다.
② 압연과정에서 롤 축에 수직으로 발생하는 힘을 압연력이라고 한다.
③ 압연력의 크기는 롤과 압연재의 접촉면과 변형저항에 의하여 결정된다.
④ 롤 사이로 압연재가 처음 물려 들어가는 부분을 물림부라고 한다.

롤 축면에서 롤 표면 사이의 거리는 롤 반경이다.

43 형상교정 설비 중 다수의 소경 롤을 이용하여 반복해서 굽힘으로써 재료의 표피부를 소성변형시켜 판 전체의 내부응력을 저하 및 세분화시켜 평탄하게 하는 설비는?

① 롤러 레벨러(Roller Leveller)

② 텐션 레벨러(Tension Leveller)

③ 시어 레벨러(Shear Leveller)

④ 스트레처 레벨러(Stretcher Leveller)

해설

레벨러의 종류

• 롤러 레벨러 : 다수의 소경 롤에 의해 초반 굴곡으로 재료 표피부를 소성변형시켜 판 전체의 내부응력을 저하, 세분화시켜 평탄하게 한다(조반굴곡).

• 스트레처 레벨러 : 단순한 인장에 의해 균일한 연신 변형을 부여하고 내부 변형을 균일화하여 좋은 평탄도를 얻게 한다(연신).

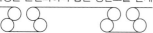

• 텐션 레벨러 : 항복점보다 낮은 단위 장력 하에서 수 개의 롤에 의한 조반 굴곡을 가해 소성 연신율을 준다(조반굴곡 + 연신).

44 강판의 결함 중 강판의 길이 방향이나 폭 방향으로 나타나며, 냉각상에 돌출부가 있거나 상하 치중장비에 의한 긁힘으로 나타나는 결함은?

① 연와 흠 　　　② 선상 흠

③ 파이프 흠 　　④ 긁힌 흠

해설

① 연와 흠 : 내화물 파편이 용강 내에 혼입 또는 부착되어 생긴 흠

② 선상 흠 : 압연 방향에 단속적으로 나타나는 얇고 짧은 형상의 흠

③ 파이프 흠 : 전단면에 선 모양 또는 벌어진 상태로 나타난 파이프 모양의 흠

45 롤의 직경이 340mm, 회전수 150rpm일 때 압연되는 재료의 출구속도가 3.67m/s이었다면 선진율은?

① 37% 　　　　② 40%

③ 54% 　　　　④ 70%

해설

$$선진율(\%) = \frac{출측속도 - 롤의\ 속도}{롤의\ 속도} \times 100$$

$$= \frac{3.67 - 2.67}{2.67} \times 100$$

$$≒ 37$$

여기서, 롤의 속도(m/s)

$$= \frac{롤의\ 회전수(rpm) \times 2\pi \times 롤의\ 반경(m)}{60}$$

$$= \frac{150rpm \times 2\pi \times 0.17m}{60}$$

$$≒ 2.67m/s$$

46 냉간압연 작업 롤에서 상부 롤이 하부 롤보다 클 때 압연 후 스트립의 방향은 어떻게 변하는가?

① 스트립은 상향한다.

② 스트립은 하향한다.

③ 스트립은 Flat하다.

④ 스트립에 Camber가 발생한다.

해설

• 롤의 크기와 소재의 변화

  – 소재는 롤의 회전수가 같을 때 롤의 지름이 작은 쪽으로 구부러진다.

  – 상부 롤 > 하부 롤 : 소재는 하향

  – 상부 롤 < 하부 롤 : 소재는 상향

• 롤의 크기를 조절하지 않고 소재를 하향하는 방법

  – 소재의 상부 날판을 가열한다.

  – 소재의 하부 날판을 냉각한다.

  – 하부 롤의 속도보다 상부 롤의 속도를 크게 한다.

47 냉간압연 시 재결정 온도 이하에서 압연하는 목적이 아닌 것은?

① 압연동력이 감소된다.
② 균일한 성질을 얻고 결정립을 미세화시킨다.
③ 가공경화로 인하여 강도, 경도를 증가시킨다.
④ 가공면이 아름답고 정밀한 모양으로 완성한다.

해설
냉간압연은 재결정 온도 이하에서 가공하는 것이기 때문에 압연동력이 증가한다.

49 크롭 시어의 역할을 설명한 것 중 틀린 것은?

① 중량이 큰 슬래브를 단중 분할하는 목적으로 절단한다.
② 압연재의 중간 부위를 절단하여 후물재의 작업성을 개선한다.
③ 경질재 선·후단부의 저온부를 절단하여 롤 마크 발생을 방지한다.
④ 조압연기에서 이송되어온 재료 선단부를 커팅하여 사상압연기 및 다운 코일러의 치입성을 좋게 한다.

해설
크롭 시어(Crop Shear) : 사상압연기 초입에 설치되어 슬래브의 선단 및 미단을 절단하여 롤 마크 발생을 방지하고 치입성을 좋게 한다(중간부위를 절단하는 것과는 관계가 없음).
주요 전단설비
• 슬리터(Sliter) : 스트립을 길이 방향으로 절단하는 설비
• 사이드 트리머(Side Trimmer) : 스트립의 양옆을 길이 방향으로 절단하는 설비
• 크롭 시어(Crop Shear) : 스트립의 선단과 미단을 절단하는 설비
• 플라잉 시어(Flying Shear) : 상하의 전단날이 판과 같은 방향과 속도로 이동하면서 절단하는 설비

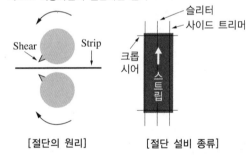

[절단의 원리]　　　　[절단 설비 종류]

48 비열이 0.9cal/g·℃인 물질 100g을 20℃에서 910℃까지 높이는 데 필요한 열량은?

① 60.1kcal
② −60.1kcal
③ 80.1kcal
④ −80.1kcal

해설
열량 = 비열 × 온도차 × 질량
$\quad$ = 0.9 × 100 × (910 − 20)
$\quad$ = 80,100cal
$\quad$ = 80.1kcal

50 압연작업장의 환경에 영향을 주는 요인과 그 단위가 잘못 연결된 것은?

① 조도 – lx ② 소음 – dB
③ 방사선 – Gauss ④ 진동수 – Hz

해설
• 방사선 단위 : 큐리(Ci)
• 자기장 단위 : 가우스(Gauss)

51 압연속도(Rolling Speed)와 마찰계수의 관계는?

① 속도와 마찰계수는 상관없다.
② 속도가 크면 마찰계수는 증가한다.
③ 속도가 크면 마찰계수는 감소한다.
④ 속도가 관계없이 마찰계수는 일정하다.

해설
롤의 속도가 크면 마찰계수는 감소한다.

52 작은 입자의 강철이나 그리드를 분사하여 스케일을 기계적으로 제거하는 작업은?

① 황산처리 ② 염산처리
③ 와이어 브러시 ④ 쇼트 블라스트

해설
쇼트 블라스트(Shot Blast)
경질 입자를 분사하여 금속 표면의 스케일, 녹 등을 기계적으로 제거하여 표면을 마무리하는 방법이다.
※ 쇼트는 분사의 의미를 갖는다.

53 압연유 급유방식에서 순환방식의 특징이 아닌 것은?

① 폐유처리 설비는 작은 용량의 것이 가능하므로 비용이 적게 든다.
② 냉각효과면에서 그 효율이 높고, 값이 저렴한 물을 사용할 수 있다.
③ 급유된 압연유를 계속하여 순환, 사용하게 되므로 직접방식에 비하여 압연유의 비용이 적게 든다.
④ 순환하여 사용하기 때문에 황화액에 철분, 그 밖의 이물질이 혼합되어 압연유의 성능을 저하시키므로 압연유 관리가 어렵다.

해설
②는 직접 급유방식의 특징이다.
급유방식

직접 급유방식	순환 급유방식
• 윤활 성능이 좋은 압연유 사용 가능	• 윤활 성능이 좋은 압연유 사용이 어려움
• 항상 새로운 압연유 공급	• 폐유 처리설비는 적은 용량 가능
• 냉각 효과가 좋아 효율이 좋음	• 철분이나 그 밖의 이물질이 혼합되어 압연유 성능 저하
• 압연유가 고가이며, 폐유 처리 비용이 비쌈	• 직접 방식에 비해 가격이 저렴
• 고속박판압연에 사용 가능	

54 냉연제품의 결함 중 표면결함이 아닌 것은?

① 파이프(Pipe) ② 스케일(Scale)
③ 빌드 업(Build Up) ④ 롤 마크(Roll Mark)

해설
• 표면결함 : 스케일, 덴트, 딱지 흠, 롤 마크, 릴 마크, 긁힌 흠, 곱쇠, 빌드 업, 이물 흠 등
• 내부결함 : 백점, 비금속 개재물, 편석, 파이프 등

55 신체적 컨디션의 율동적인 발현, 즉 식욕, 소화력, 활동력, 스테미너 및 지구력과 밀접한 생체리듬은?

① 심리적 리듬
② 감성적 리듬
③ 지성적 리듬
④ 육체적 리듬

> **해설**
> 신체적 컨디션은 육체적 리듬과 관련 있다.

57 무재해 운동의 3원칙 중 모든 잠재위험요인을 사전에 발견·해결·파악함으로써 근원적으로 산업재해를 없애는 원칙은?

① 대책선정의 원칙
② 무의 원칙
③ 참가의 원칙
④ 선취 해결의 원칙

> **해설**
> **무재해 운동의 3원칙**
> • 무의 원칙 : 모든 잠재위험요인을 사전에 발견·해결·파악함으로써 근원적으로 산업재해를 없애는 원칙
> • 선취 해결의 원칙 : 재해가 발생하기 전에 위험요소를 발견하는 것
> • 참가의 원칙 : 전원이 참가하는 것

56 동일한 조업조건에서 냉간압연 롤의 가장 적합한 형상은?

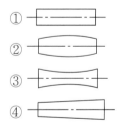

> **해설**

열간판재압연 롤의 형상	냉간압연용 롤의 형상

58 수평 롤과 수직 롤로 조합되어 1회의 공정으로 상하 압연과 동시에 측면압연도 할 수 있는 압연기로 I형강, H형강 등의 압연에 이용되는 압연기는?

① 2단 압연기
② 스테켈식 압연기
③ 플래너터리 압연기
④ 유니버설 압연기

> **해설**
> 유니버설 압연기 : 1쌍의 수평 롤과 1쌍의 수직 롤을 설치하여 두께와 폭을 동시에 압연하는 압연기로 형강제조에 많이 사용된다.

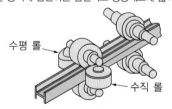

수평 롤

수직 롤

[유니버설 압연기]

55 ④ 56 ② 57 ② 58 ④ **정답**

59 조압연기에 설치된 AWC(Automatic Width Control)가 수행하는 작업은?

① 바의 폭 제어
② 바의 형상 제어
③ 바의 온도 제어
④ 바(Bar)의 두께 제어

해설

자동 폭 제어(AWC ; Automatic Width Control)
열연압연에서 조압연기 또는 사상압연기 앞에 설치되어 있어 슬래브(Slab)나 스트립(Strip)의 폭을 자동적으로 제어하는 장치이다.
※ Width는 폭을 의미한다.

60 압연기의 구동장치 중 피니언의 역할은?

① 제품을 안내하는 기구
② 강편을 추출하는 기구
③ 전동기 감독을 하는 기구
④ 동력을 각 롤에 분배하는 기구

해설

압연구동 설비

- 모터 : 압연기의 원동력을 발생시키는 설비로 일반적으로 직류전동기가 이용되며, 속도의 조정이 필요하지 않을 때는 3상 교류전동기를 사용
- 감속기 : 모터에서 발생된 동력을 압연기의 종류에 맞는 힘과 속도로 바꿔 주는 설비
- 피니언 : 동력을 각 롤에 분배하는 설비
- 스핀들 : 피니언과 롤을 연결하여 동력을 전달하는 설비

01 전기자동차 배터리의 핵심요소인 양극재로 사용되면서 비중이 0.534인 알칼리금속은?

① 흑연　　　　　　② 리튬
③ 아연　　　　　　④ 니켈

02 강의 심랭처리에 대한 설명으로 틀린 것은?

① 서브제로처리라고 불리운다.
② M_s 바로 위까지 급랭하고 항온 유지한 후 급랭한 처리이다.
③ 잔류 오스테나이트를 마텐자이트로 변태시키기 위한 열처리이다.
④ 게이지나 볼베어링 등의 정밀한 부품을 만들 때 효과적인 처리방법이다.

해설
상온에서 유지하게 되면 잔류 오스테나이트가 안정화되어 마텐자이트화되기 어렵다.
심랭처리 : 강을 담금질 직후 실온 이하의 마텐자이트 변태 종료 온도까지 냉각하여 잔류 오스테나이트를 마텐자이트로 변화시키는 열처리 방법으로, 서브제로처리라고도 한다.

03 다음 중 조밀육방격자의 결정구조는?

① FCC　　　　　　② BCC
③ FOB　　　　　　④ HCP

해설
• FCC : 면심입방
• BCC : 체심입방
• HCP : 조밀육방

04 순철 중 α-Fe(체심입방격자)에서 γ-Fe(면심입방격자)로 결정격자가 변화되는 A₃ 변태점은 몇 ℃인가?

① 723℃　　　　　　② 768℃
③ 860℃　　　　　　④ 910℃

해설
A₂ 변태(768℃), A₃ 변태(910℃), A₄ 변태(1,400℃)

05 황동 중 60% Cu + 40% Zn 합금으로 조직이 $\alpha+\beta$ 이고 상온에서 전연성이 낮으나 강도가 큰 합금은?

① 문쯔메탈(Muntz Metal)
② 두라나 메탈(Durana Metal)
③ 길딩메탈(Gilding Metal)
④ 애드미럴티 메탈(Admiralty Metal)

해설
• 문쯔메탈 : 아연 40% 함유한 황동으로 $\alpha+\beta$ 고용체이고 열간가공이 가능하며 인장강도가 황동에서 최대
• 길딩메탈(Gilding Metal) : 5% Zn 함유된 구리합금으로 화폐, 메달에 사용
• 애드미럴티황동 : 아연 30% 함유한 황동에 1% 주석을 첨가한 황동으로 내식성 개선

06 열간금형용 합금공구강이 갖추어야 할 성능으로 틀린 것은?

① 고온경도 및 강도가 높아야 한다.
② 내마모성은 크며, 소착을 일으켜야 한다.
③ 열충격 및 열피로에 잘 견디어야 한다.
④ 히트 체킹(Heat Checking)에 잘 견디어야 한다.

해설

소착현상은 칩이나 이물질이 늘어붙는 현상으로 열간금형용 합금공구강은 소착현상을 일으키지 않아야 한다.

07 다음의 표는 4호 인장시험편의 규격이다. 이 시험편을 가지고 인장시험하여 시험편을 파괴한 후 시험편의 표점거리를 측정한 결과 58.5mm이었을 때 시험편의 연신율은?

지름	표점거리	평행부 길이	어깨부의 반지름
14mm	50mm	60mm	15mm

① 8.5%
② 17.0%
③ 25.5%
④ 34.0%

해설

$$연신율 = \frac{파단\ 시\ 표점거리 - 초기\ 표점거리}{초기\ 표점거리} \times 100\%$$

$$= \frac{58.5 - 50}{50} \times 100\% = 17\%$$

08 납황동은 황동에 납을 첨가하여 어떤 성질을 개선한 것인가?

① 강도
② 절삭성
③ 내식성
④ 전기전도도

해설

연황동(납황동) : 황동에 납을 첨가하여 절삭성을 높인다.

09 고Mn강으로 내마멸성과 내충격성이 우수하고, 특히 인성이 우수하기 때문에 파쇄장치, 기차 레일, 굴착기 등의 재료로 사용되는 것은?

① 엘린바(Elinvar)
② 디디뮴(Didymium)
③ 스텔라이트(Stellite)
④ 해드필드(Hadfield)강

해설

해드필드강(Hadfield) 또는 오스테나이트 망간강
• 0.9~1.4% C, 10~14% Mn 함유
• 내마멸성과 내충격성이 우수
• 열처리 후 서랭하면 결정립계에 M_3C가 석출되어 취약
• 높은 인성을 부여하기 위해 수인법 이용

10 Ni-Fe계 합금으로서 36% Ni, 12% Cr, 나머지는 Fe로 온도에 따른 탄성률 변화가 거의 없어 고급시계, 압력계, 스프링 저울 등의 부품에 사용되는 것은?

① 인바(Invar)
② 엘린바(Elinvar)
③ 퍼멀로이(Permalloy)
④ 플래티나이트(Platinite)

해설

① 인바(Invar) : Ni-Fe계 합금으로 열팽창계수가 작은 불변강
③ 퍼멀로이(Permalloy) : Ni-Fe계 합금으로 투자율이 큰 자심 재료
④ 플래티나이트(Platinite) : Ni-Fe계 합금으로 열팽창계수가 작은 불변강으로 백금 대용으로 사용

11 주철에 대한 설명으로 틀린 것은?

① 인장강도에 비해 압축강도가 높다.

② 회주철은 편상흑연이 있어 감쇠능이 좋다.

③ 주철 절삭 시에는 절삭유를 사용하지 않는다.

④ 액상일 때 유동성이 나쁘며, 충격저항이 크다.

> **해설**
> 주조의 용도로 사용하기 위해서는 액상일 때 유동성이 좋아야
> 한다.

12 Al의 표면을 적당한 전해액 중에서 양극 산화처리
하면 표면에 방식성이 우수한 산화 피막층이 만들
어진다. 알루미늄의 방식방법에 많이 이용되는 것
은?

① 규산법   ② 수산법

③ 탄화법   ④ 질화법

> **해설**
> **수산법**
> 알루미늄 제품을 2% 수산용액에서 직류, 교류 혹은 직류에 교류를
> 동시에 송전하는 방법을 통하여 표면에 단단하고 치밀한 산화막을
> 얻는 방식법이다.

13 기하공차의 종류에서 자세공차가 아닌 것은?

① 평행도   ② 직각도

③ 경사도   ④ 동축도

> **해설**
> 동축도는 위치공차이다.

14 수면이나 유면 등의 위치를 나타내는 수준면선의
종류는?

① 파선   ② 가는 실선

③ 굵은 실선   ④ 1점 쇄선

> **해설**
> ② 가는 실선 : 치수선, 치수보조선, 지시선, 회전단면선, 수준면선
> ① 파선 : 숨은선
> ③ 굵은 실선 : 외형선
> ④ 1점 쇄선 : 가는 1점 쇄선(중심선, 기준선, 피치선), 굵은 1점
>   쇄선(특수지정선)

15 기어의 모듈(m)을 나타내는 식으로 옳은 것은?

① $\dfrac{잇수}{피치원의\ 지름}$

② $\dfrac{피치원의\ 지름}{잇수}$

③ 잇수 + 피치원의 지름

④ 피치원의 지름 − 잇수

> **해설**
> 모듈은 피치원의 직경에서 잇수를 나눈 값으로 기어의 치형 크기를
> 의미하며 기어의 조립을 위한 조건값으로 사용한다.

16 대상물의 표면으로부터 임의로 채취한 각 부분에서의 표면거칠기를 나타내는 기호가 아닌 것은?

① S_{tp} 　　② S_m
③ R_y 　　④ R_a

> **해설**
> ② S_m(평균단면요철간격) : 기준길이에서 1개의 산 및 인접한 1개의 골에 대응하는 평균선 길이의 합을 통해 얻은 평균치
> ③ R_y(최대높이거칠기, R_{max}) : 기준길이에서 산과 골의 최대치
> ④ R_a(중심선 평균거칠기) : 기준길이에서 편차 절대치의 합을 통해 얻은 평균치
> • S(평균 간격) : 기준길이에서 1개의 산 및 인접한 국부 산에 대응하는 평균선 길이의 평균치
> • t_p(부하길이율) : 기준길이에서 단면 곡선의 중심선에 평행한 절단 위치에서 거칠기 표면까지의 부분길이와 기준길이의 비율

17 다음 여러 가지 도형에서 생략할 수 없는 것은?

① 대칭 도형의 중심선의 한쪽
② 좌우가 유사한 물체의 한쪽
③ 길이가 긴 축의 중간 부분
④ 길이가 긴 테이퍼 축의 중간 부분

> **해설**
> 좌우가 유사하다는 것이 대칭을 의미하는 것은 아니다.

18 다음 도형에서 테이퍼값을 구하는 식으로 옳은 것은?

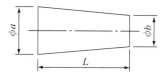

① $\dfrac{b}{a}$ 　　② $\dfrac{a}{b}$
③ $\dfrac{a+b}{L}$ 　　④ $\dfrac{a-b}{L}$

> **해설**
> $$테이퍼 = \frac{큰\ 면\ 길이 - 작은\ 면\ 길이}{길이}$$

19 표제란에 재료를 나타내는 표시 중 밑줄 친 KS D가 의미하는 것은?

제도자	홍길동	도명	캐스터
도번	M20551	척도	NS
재질	KS D 3503 SS 330		

① KS 규격에서 기본 사항
② KS 규격에서 기계 부분
③ KS 규격에서 금속 부분
④ KS 규격에서 전기 부분

> **해설**
> • KS A : 기본 통칙
> • KS B : 기계
> • KS C : 전기
> • KS D : 금속

20 미터보통나사를 나타내는 기호는?

① S   ② R

③ M   ④ PT

해설

- 미터보통나사 : M
- 미니어처나사 : S
- ISO 규격 있는 관용테이퍼나사 : R
- ISO 규격 없는 관용테이퍼나사 : PT

21 척도가 1 : 2인 도면에서 길이가 50mm인 직선의 실제 길이는?

① 25mm   ② 50mm

③ 100mm   ④ 150mm

해설

척도 1 : 2에서 앞의 숫자는 도면 대응 길이, 뒤의 숫자는 대상물 실제 길이이므로 실제 길이는 대응 길이의 2배 길이인 100mm 이다.

22 상면도라고 하며, 물체의 위에서 내려다 본 모양을 나타내는 도면의 명칭은?

① 배면도   ② 정면도

③ 평면도   ④ 우측면도

해설

삼각법

- 평면도 : 위에서 본 도면
- 정면도 : 앞에서 본 도면
- 우측면도 : 우측에서 본 도면
- 배면도 : 정면도 반대쪽에서 본 도면

23 한 도면에서 두 종류 이상의 선이 같은 장소에 겹치게 될 때 도면 작성 시 선의 우선순위로 옳은 것은?

① 외형선 → 숨은선 → 절단선 → 중심선

② 외형선 → 중심선 → 숨은선 → 절단선

③ 중심선 → 숨은선 → 절단선 → 외형선

④ 중심선 → 외형선 → 숨은선 → 절단선

해설

외형선이 가장 중요시되는 선이고, 그 다음이 숨은선이다.

24 투상도 중에서 화살표 방향에서 본 정면도는?

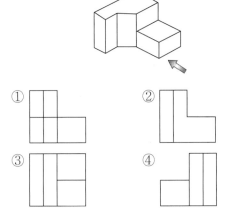

① ② ③ ④

해설

상단면의 높이가 같아야 한다.

25 압연작용의 전제조건이 아닌 것은?

① 접촉부 안에서의 재료 가속은 무시한다.

② 압연 통과 전의 재료 양이 압연 통화 후의 재료 양보다 많다고 가정한다.

③ 압연 방향에 대한 재료의 가로 방향 증폭량은 무시한다.

④ 접촉부 외의 외력은 작용하지 않는다고 가정한다.

해설

압연 전후의 통과하는 재료의 양은 같다고 가정한다. 따라서 압연 후 줄어든 면적만큼 길이가 늘어나므로, 치입 전 소재의 속도보다 치입 후 소재의 속도가 더 커진다.

26 압연재가 일정한 속도로 롤 사이를 통과하는 시간당의 재료부피를 나타내는 것은?[단, 시간당 재료부피 : $V(\text{m}^3/\text{s})$, 단면적 : $A(\text{mm}^2)$, 압연재 속도 : $S(\text{m/s})$이다]

① $V = \dfrac{A}{S} \times 10^{-6}$ ② $V = (A - S) \times 10^{-6}$

③ $V = A \cdot S \times 10^{-6}$ ④ $V = \dfrac{S}{A} \times 10^{-6}$

해설

• 시간당 부피 = 단면적 × 속도
• $1\text{mm}^2 = 10^{-6}\text{m}^2$

27 후판의 평탄도 불량대책으로 틀린 것은?

① 적정 압하량 준수

② 권취 온도의 점검

③ 패스 스케줄 변경

④ 슬래브의 균일한 가열

해설

권취 온도는 스트립을 감을 때의 온도로 평탄도와 관련이 없다.

28 압연 두께 자동제어(AGC)의 구성요소 중 압하력을 측정하는 것은?

① 굽힘블록 ② 로드 셀

③ 서브밸브 ④ 위치검출기

해설

자동 두께 제어(AGC ; Automatic Gauge Control)

• 압연 중 스트립 두께 변동을 검출하기 위한 장비로, 스크루 다운 블록(Screw Down Block) 하단에 설치된 로드 셀(Load Cell)에 의해 압연의 압력 변화를 검출하여 현재 위치를 탐지한 후 F7 후면에 설치된 X-Ray가 판 두께를 측정해 이 신호를 기반으로 압하 스크루를 자동 제어하여 스트립의 두께를 목표 두께로 제어하는 장치

• AGC 설비
  – 스크루 다운(Screw Down) : AGC 유지 컨트롤과 병행하여 롤 갭 설정
  – 상부 빔(Top Beam) : 압연 소재의 두께에 따라 유압으로 롤 갭을 설정하는 장치
  – 하부 빔(Bottom Beam) : 빔 상부에 백업 롤 및 슬레드(Sled)를 안착하는 지지대
  – 스크루 업(Screw Up) : 내부에 로드 셀(Load Cell)이 내장되어 롤이 받는 힘을 검출하며 압연 패스 라인(Pass Line)을 조정

29 금속의 판재를 압연할 때 열간압연과 냉간압연을 구분하는 것은?

① 변태 온도 ② 용융 온도

③ 연소 온도 ④ 재결정 온도

해설

• 열간압연 : 재결정 온도 이상에서의 압연
• 냉간압연 : 재결정 온도 이하에서의 압연

30 중후판의 압연 공정도로 맞는 것은?

① 제강 → 가열 → 압연 → 열간교정 → 최종검사

② 제강 → 압연 → 가열 → 열간교정 → 최종검사

③ 가열 → 제강 → 압연 → 열간교정 → 최종검사

④ 가열 → 제강 → 열간교정 → 압연 → 최종검사

해설

후판압연의 제조공정은 열간압연의 공정과 유사하다.
- 중후판압연 공정도 : 제강 → 가열 → 압연 → 열간교정 → 최종검사
- 열간압연 공정 순서 : 슬래브 → 가열로 → 스케일 제거 → 조압연기 → 다듬질 압연기 → 권취기 → 절단 또는 조질압연기 → 열연 코일

31 대구경관을 생산할 때 사용되는 것으로 외경의 치수 제한 없이 강관을 제조하는 방식은?

① 단접법 강관 제조

② 롤 벤더 강관 제조

③ 스파이럴 강관 제조

④ 전기저항용접법 강관 제조

해설

스파이럴 강관 : 띠강을 나선형으로 감아 이음매를 용접으로 접합하여 만든 강관법으로 직경이 큰 관을 생산할 때 쓰인다.

32 압연과정에서 롤 축에 수직으로 발생하는 힘은?

① 인장력 ② 탄성력

③ 클립력 ④ 압연력

해설

압연력 : 롤 축에 수직으로 발생하는 힘으로, 중립점에서 롤 압력이 가장 크다.

33 냉간압연기의 종류 중 리버싱 밀(Reversing Mill)의 특징을 설명한 것 중 옳은 것은?

① 스탠드의 수가 3개 이상이다.

② 탠덤 밀에 비해 저속의 경우 사용한다.

③ 소형 로트의 경우 사용한다.

④ 스트립의 진행 방향은 가역식이다.

해설

가역(Reverse) 압연은 1회 압연할 때마다 롤의 회전 방향을 바꾸고 롤의 간격을 조금씩 좁혀나가는 것으로, 저속에서 사용한다.

구분	가역식 압연기 (Reversing Mill)	연속식 압연기 (Tandem Mill)
구조	전후 왕복 보조 롤 작업 롤 스트립	한 방향 작업
스탠드 수	1개	3개 이상
스트립 진행 방향	양방향	한방향
설비비	낮다.	높다.
압연속도	저속(500mpm 이하)	고속(500mpm 이상)
생산성	낮다.	높다.
작업성	비능률적	능률적
융통성	다품종 소량생산	소품종 대량생산
원가	높다.	낮다.

34 가로 140mm, 세로 140mm인 압연재를 압연하여 가로 120mm, 세로 120mm, 길이 4m인 강편을 만들었다면 원래 강편의 길이는 약 몇 m인가?

① 1.17 ② 2.94
③ 4.01 ④ 6.11

해설

압연 전후에 통과하는 재료의 양(체적)이 같다는 전제하에
140mm × 140mm × (초기 강편의 길이 m) = 120mm × 120mm × 4m
따라서, 초기 강편의 길이 ≒ 2.94m

35 압연재의 입측 속도가 3.8m/s, 작업 롤의 주속도가 4.5m/s, 압연재의 출측 속도가 5.0m/s일 때 전진율은 약 얼마인가?

① 11.1% ② 12.5%
③ 15.5% ④ 20.1%

해설

$$전진율(\%) = \frac{출측\ 속도 - 롤의\ 속도}{롤의\ 속도} \times 100$$
$$= \frac{5.0 - 4.5}{4.5} \times 100$$
$$= 11.1$$

36 다음 중 조압연기 배열에 관계없는 것은?

① Cross Couple식
② Full Continuous(전연속)식
③ Four Quarter(4/4연속)식
④ Semi Continuous(반연속)식

해설

조압연기의 종류

• 반연속기 압연기 : 2단 압연기인 RSB와 4단 가역식 압연기 1기(R1)로 구성되어 있는 반연속식 압연기로 R1에서 3~7패스의 가역 압연을 실시하는 압연기
• 전연속기 압연기 : 2단 압연기 3대 R1, R2, R3와 4단 압연기 3대 R4, R5, R6이 연속적으로 배치되어 있는 것으로 소재를 한 방향으로 연속적으로 압연하는 압연기
• 3/4(Three Quarter)연속식 압연기 : 2단 압연기인 RSB를 R1으로 하고, 4단 압연기 R2를 가역 압연하고, R3, R4를 연속적으로 배치한 압연기
• 크로스 커플(Cross Couple)식 압연기 : 3/4연속식 압연기에서 후단의 4단 압연기인 R3, R4를 탠덤(Tandum) 압연기 형식으로 근접하게 배열한 것

37 냉간압연 강판 및 강대를 나타내는 기호 중 SPCCT −S D로 표기되었을 때 D가 의미하는 것은?

① 조질구분(표준조질)
② 표면 마무리(Dull Finish)
③ 어닐링 상태(Annealing Finish)
④ 강판의 종류(일반용, 기계적 성질 보증)

해설

SPCCT-S D에서 S는 조질 상태로 표준조질(기계적 성질)을 의미하고, D는 마무리 상태로 무광택을 의미하며, 광택은 B로 표시한다.

38 압연 시 소재에 힘을 가했을 때 압연이 가능한 조건을 접촉각(α)과 마찰계수(μ)의 관계식으로 나타낸 것 중 옳은 것은?

① $\tan\alpha \leq \mu$ ② $\tan\alpha = \mu$

③ $\tan\alpha > \mu$ ④ $\tan\alpha \geq \mu$

해설

$\tan\alpha = \mu$인 경우 소재에 힘을 가하면 압입되는 한계각을 나타내고 있는데, 자력으로 들어가며 힘을 주는 한계각까지 나타낸 $\tan\alpha \leq \mu$가 답이 된다.

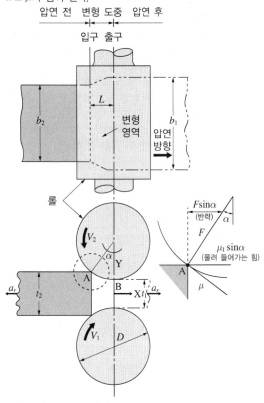

접촉각(α)과 마찰계수(μ)의 관계
- $\tan\alpha < \mu$인 경우 재료가 자력으로 압입되어 압연이 가능
- $\tan\alpha = \mu$인 경우 소재에 힘을 가하면 압연이 가능
- $\tan\alpha > \mu$인 경우 소재가 미끄러져 롤에 들어가지 않아 압연이 불가능
- 따라서, 재료가 롤에 쉽게 물려 들어가기 위해서는 접촉각이 작아져야 하므로, 압하량을 작게 하고, 롤 지름 $D(=2R)$를 크게 해야 한다.

39 냉간압연 시 도금 제품의 결함 원인에는 도금 자국과 도유 부족이 있다. 도유 부족 결함의 발생 원인에 해당되는 것은?

① 노 내 장력 조정이 불량할 때
② 하부 롤의 연삭이 불량할 때
③ 포트(Pot) 내에서의 판이 심하게 움직일 때
④ 오일 스프레이 노즐이 막혀 분사 상태가 불균일할 때

해설

도유 부족은 오일의 분사량이 적어져 분사 상태가 불균일하기 때문에 발생한다.

40 냉연박판의 압연공정 순서로 옳은 것은?

① 표면청정 → 조질압연 → 산세 → 풀림 → 냉간압연 → 전단리코일링
② 표면청정 → 산세 → 냉간압연 → 풀림 → 조질압연 → 전단리코일링
③ 산세 → 냉간압연 → 표면청정 → 풀림 → 조질압연 → 전단리코일링
④ 산세 → 표면청정 → 냉간압연 → 조질압연 → 풀림 → 전단리코일링

해설

냉연박판 제조공정 순서: 핫코일(Hot Coil) → 산세(Pickling Line) → 냉간압연(Cold Rolling) → 전해청정(Electrolytic Cleaning, 표면청정) → 풀림(Annealing, 소둔) → 조질압연(Skin Pass Rolling) → 되감기(Recoiling Line, 리코일링) → 전단(Shearing Line)

41 노 내의 노 분위기 관리에 대한 설명으로 틀린 것은?

① 노 내의 공기비가 큰 경우 연소 온도의 저하로 열효율도 저하한다.

② 노 내의 공기비가 큰 경우 연소가스의 감소로 폐열 손실을 감소시킬 수 있다.

③ 노 내의 공기비가 부족한 경우 매연이 발생한다.

④ 노 내의 공기비가 부족한 경우 손실열이 증가한다.

해설

노 내의 공기비가 클 때
- 연소가스가 증가하므로 폐열손실도 증가
- 연소 온도는 저하하여 열효율 저하
- 스케일 생성량 증가 및 탈탄 증가
- 연료소비량 감소 및 연소효율 증가
※ 공기비가 부족하면 손실열이 증가하고 매연 발생

42 압연유 선정 시 요구되는 성질이 아닌 것은?

① 고온, 고압하에서 윤활효과가 클 것

② 스트립면의 사상이 미려할 것

③ 기름 유화성이 좋을 것

④ 산가가 높을 것

해설

압연유의 특성
- 고온, 고압하에서 윤활효과가 클 것
- 스트립면의 사상이 미려할 것
- 기름 유화성이 좋을 것
- 마찰계수가 작을 것
- 롤에 대한 친성을 지니고 있을 것
- 적당한 유화 안정성을 지니고 있을 것

43 열간압연 가열로 내의 온도를 측정하는 데 사용되는 온도계로서 두 종류의 금속선 양단을 접합하고 양 접합점에 온도차를 부여하여 전위차를 측정하는 온도계는?

① 광고온계

② 열전쌍 온도계

③ 베크만 온도계

④ 저항 온도계

해설

② 열전쌍 온도계 : 금속선의 양 끝을 접합하여 한쪽 접점을 정온으로 유지하고, 다른쪽 접점의 온도를 변화시켜, 열기전력의 측정값으로부터 온도를 구하는 온도계

① 광고온계 : 방사식 고온계의 하나로 고온체에서 나오는 가시광선을 이용하는 온도계

③ 베크만 온도계 : 용액의 끓는점 상승, 어는점 강하를 측정하기 위하여 고안한 특수온도계로 수은온도계의 일종이지만 기준온도에서 미세 변화를 정밀히 측정하기 위해 사용

④ 저항 온도계 : 도체나 반도체의 전기저항이 온도에 따라 변하는 것을 이용하여 측정하는 온도계

44 지방산과 글리세린이 주성분인 게이지용의 압연유로 널리 사용되는 것은?

① 광유(Mineral Oil)

② 유지(Fat and Oil)

③ 올레핀유(Olefin Oil)

④ 그리스유(Grease Oil)

해설

지방계 윤활유(유지)

지방유는 지방산과 글리세린, 에스테르로 구성되어 있고, 건성 또는 반건성유이기 때문에 상온에서 공기 중에 장시간 방치하면 산화 변질하여 열화되기 쉬우므로 순환계 윤활유로는 부적당하다.

45 공형의 형상설계 시 유의하여야 할 사항이 아닌 것은?

① 압연속도와 온도를 고려한다.
② 구멍수를 많게 하는 것이 좋다.
③ 최후에는 타원형으로부터 원형으로 되게 한다.
④ 패스마다 소재를 90°씩 돌려서 압연되게 한다.

해설
구멍수는 패스 스케줄에 따라 만들어야 하므로 많이 만드는 것이 좋은 것은 아니다.

46 밀 스프링(Mill Spring)이 발생하는 원인이 아닌 것은?

① 롤의 휨
② 롤 냉각수
③ 롤 초크의 움직임
④ 하우징의 연신 및 변형

해설
밀 스프링(밀 정수, Mill Spring)
• 정의 : 실제 만들어진 판 두께와 Indicator 눈금과의 차(실제 값과 이론 값의 차이)
• 원인
  – 하우징의 연신 및 변형, 유격
  – 롤의 벤딩
  – 롤의 접촉면의 변형
  – 벤딩의 여유
※ 하우징(Housing)은 작업 롤, 백업 롤을 포함하여 압연기를 구성하는 모든 설비를 구성 및 지지하는 단일체로 압연재의 재질, 치수, 온도, 압하 하중을 고려하여 설계해야하지만 밀 정수 등을 예측할 수 있다.

47 압연 시 롤 및 강판에 압연유의 균일한 플레이트 아웃(전개 부착)을 위한 에멀션 특성으로 틀린 것은?

① 농도에 관계없이 부착유량은 증대한다.
② 점도가 높으면 부착유량이 증가한다.
③ 사용수 중 Cl^- 이온은 유화를 불안정하게 한다.
④ 토출압이 증가할수록 플레이트 아웃성은 개선된다.

해설
점도(농도)가 높으면 부착유량이 증가한다.

48 롤에 스폴링(Spalling)이 발생되는 경우가 아닌 것은?

① 롤 표면 부근에 주조 결함이 생겼을 때
② 내균열성이 높은 롤의 재질을 사용하였을 때
③ 여러 번의 롤 교체 및 연마 후 많이 사용하였을 때
④ 압연 이상에 의하여 국부적으로 강한 압력이 생겼을 때

해설
스폴링(Spalling) : 표면 균열이나 개재물 등이 있는 곳에 하중이 가해져서 표면이 서서히 박리하는 현상으로 내마모성과 내균열성이 높은 재질을 사용하는 것이 좋다.

49 압연 시 제품의 캠버(Camber)와 관계없는 것은?

① 롤 갭 차이

② 소재의 두께 차

③ 롤의 회전속도

④ 소재의 온도 차

해설

캠버(Camber)

• 일반적으로 압연 시 압연소재의 판 폭 방향으로 휘어지는 현상이다. 압연 코일의 경우 압연 방향으로 휘어지며, 소재 좌우 두께 편차가 있거나 상하 롤의 폭 방향 간격이 다를 때 그리고 폭 방향으로 온도가 고르지 못할 때 발생한다.

• 캠버 발생 원인
  – 롤이 기울어져 있을 때
  – 하우징의 연신 및 변형
  – 폭 방향 온도 편차
  – 소재 좌우 두께 편차

50 워킹빔식 가열로에서 유압, 전동에 의해 움직이는 과정으로 옳은 것은?

① 상승 → 전진 → 하강 → 후퇴

② 상승 → 후퇴 → 하강 → 전진

③ 하강 → 전진 → 상승 → 후퇴

④ 하강 → 상승 → 후퇴 → 전진

해설

워킹빔식 가열로

• 노상이 가동부와 고정부로 나뉘어, 이동 노상이 상승 → 전진 → 하강 → 후퇴의 과정을 거치며 재료 사이에 임의의 간격을 두고 반송시킬 수 있는 연속로

• 여러 가지 치수와 재질의 것도 가열 가능

• 푸셔식에 비하여 노의 구조가 복잡하지만, 슬래브 내 온도가 균일하다.

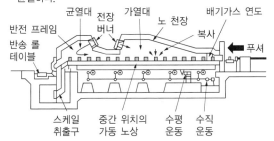

51 강판의 표면이나 내부에 제강과정에서 내화물의 손상으로 내화물 조각이나 파면이 쇳물에 유입되었다가 강판의 표면이나 내부에 내화물 조각이 있는 그대로 압연되어 압연 방향으로 길게 나타나는 강판의 결함은?

① 연와 흠   ② 이물 흠

③ 선상 흠   ④ 파이프 흠

해설

② 이물 흠 : 강판의 압연 중에 철 조각이나 이물질이 유입되어 강판과 함께 압연되며 발생하는 흠

③ 선상 흠 : 압연 방향에 단속적으로 나타나는 얕고 짧은 형상의 흠

④ 파이프 흠 : 전단면에 선 모양 혹은 벌어진 상태로 나타난 파이프 모양의 흠

52 열간 스카핑에 대한 설명 중 옳은 것은?

① 손질 깊이의 조정이 용이하지 않다.

② 산소소비량이 냉간 스카핑에 비해 적다.

③ 작업속도가 느리고, 압연능률을 떨어뜨린다.

④ 균일한 스카핑은 가능하나 평탄한 손질면을 얻을 수 없다.

해설

열간 스카핑 : 강괴의 표면에는 스캡, 크랙, 표면개재물 등의 유해한 결함이 있으며, 또한 균열로 공정에서 표면 탈탄층이 생기게 되는데, 이러한 결함을 제거하기 위한 설비이다.

• 손질 깊이 조절이 용이하다.

• 산소소비량이 냉간 스카핑에 비해 적다.

• 작업속도가 빨라 압연능률을 해치지 않는다.

53 압연기 유도장치의 요구사항이 아닌 것은?

① 수명이 길어야 한다.

② 조립·해체가 용이해야 한다.

③ 열충격에 의한 변형이 없어야 한다.

④ 유도장치 재질은 저탄소강을 사용해야 한다.

해설

유도장치의 재질은 강도가 높은 고탄소강을 사용한다.

54 압연기에서 나온 압연재를 전 횡단면에 걸쳐 일정한 냉각 속도로 냉각시키는 역할을 하는 것은?

① 수평횡송기   ② 냉각상

③ 롤러 테이블   ④ 기중기

해설

냉각상

• 압연기에서 압연된 압연재를 전 횡단면에 걸쳐 일정한 냉각 속도로 동시에 냉각시키는 장치이다. 이때 압연재는 압연속도와 냉각 속도를 위한 수송속도 간의 균형을 만들기 위해 압연 라인에 대하여 경사로 보내진다.

• 냉각상의 구조에는 캐리어 체인(Carrier Chain)식, 워킹 리드 (Walking Lead)식, 디스크 롤러(Disk Roller)식이 있다.

55 열연공장의 연속 압연기 각 스탠드 사이에서 압연 재 장력을 제어하기 위한 설비는?

① 피니언(Pinion)   ② 루퍼(Looper)

③ 스핀들(Spindle)   ④ 스트리퍼(Stripper)

해설

② 루퍼 : 소재의 전후 밸런스 조절 장치

① 피니언 : 전동기 동력을 각 롤에 분배하여 주는 장치

③ 스핀들 : 전동기로부터 피니언과 롤을 연결하여 동력을 전달하 는 장치

④ 스트리퍼 : 압연재 유도설비

56 압연 설비에서 윤활의 목적이 아닌 것은?

① 방청작용   ② 발열작용

③ 감마작용   ④ 세정작용

해설

압연유의 작용

• 감마작용(마찰저항 감소)

• 냉각작용(열방산)

• 응력분산작용(힘의 분산)

• 밀봉작용(외부 침입 방지)

• 방청작용(스케일 발생 억제)

57 디스케일링(Descaling) 능력에 대한 설명으로 옳은 것은?

① 산농도가 높을수록 디스케일링 능력은 감소한다.
② 온도가 높을수록 디스케일링 능력은 감소한다.
③ 규소 강판 등의 특수강종일수록 디스케일링 시간이 짧아진다.
④ 염산은 철분의 농도가 증가함에 따라 디스케일링 능력이 커진다.

해설
산세 특성
• 산세액 : 염산, 황산
• 염산이 황산보다 1.5배 산세력이 좋다.
• 고온과 고농도에서 산세력이 향상된다(단, 염산은 10% 이상이 될 시 효과가 떨어질 수 있다).
• 철분이 증가하면 황산은 산세력이 떨어지지만, 염산은 증가한다(단, 염산은 $FeCl_2$의 석출 한계 농도 부근에서 급격히 저하됨).
• 권취 온도가 높을수록 산세 시간이 길어진다.
• 특수강종(규소 강판 등)일수록 산세 시간이 길어진다.

58 화학물질 취급 장소의 유해·위험 경고 이외의 위험경고, 주의 표지 또는 기계 방호물에 사용되는 색채는?

① 파랑   ② 흰색
③ 노랑   ④ 녹색

해설
• 녹색 : 안내
• 적색 : 금지
• 청색 : 지시
• 노란색 : 주의, 경고

59 대량생산에 적합하며 열연 사상압연에 많이 사용되는 압연기는?

① 테라 압연기
② 클러스터 압연기
③ 라우드식 압연기
④ 4단 연속 압연기

해설
사상압연에는 탠덤 4단 연속 압연기를 많이 사용한다.

60 열간압연 Roll 재질 중에서 내마모성이 가장 뛰어난 것은?

① Hi-Cr Roll
② HSS
③ Adamaite Roll
④ Ni Grain

해설
② HSS 롤(고속도강계의 주강 롤) : 내마모성이 가장 뛰어나고 내거침성이 우수함
① Hi-Cr 롤 : 열피로 강도가 높고 내식성·부식성이 우수함
③ Adamaite 롤 : 탄소 함유량이 주강 롤과 주철 롤 사이의 롤
④ Ni Grain 롤 : 탄화물 양이 많아 경도가 높고 표면이 미려한 롤

01 초전도 핵융합 실험장치에 활용되는 토카막(To-kamak, 자기장으로 플라스마를 담아 두는 용기)에 활용되는 금속으로 재결정 온도가 가장 높아 고온에서 인장강도와 경도가 높은 금속은?

① 알루미늄(Al)   ② 텅스텐(W)

③ 마그네슘(Mg)   ④ 납(Pb)

해설

텅스텐은 재결정 온도가 가장 높아 고온에서 인장강도가 요구되는 재료에 사용한다.

02 황동과 청동 제조에 사용되는 것으로 전기 및 열전도도가 높으며 화폐, 열교환기 등에 주원소로 사용되는 것은?

① Fe   ② Cu

③ Cr   ④ Co

해설

황동과 청동은 구리(Cu)의 합금이다.

• 황동 : Cu-Zn의 합금, α상 면심입방격자, β상 체심입방격자

• 청동 : Cu-Sn의 합금, α, β, γ, δ 등 고용체 존재, 해수에 내식성 우수, 산·알칼리에 약함

03 다음 그림에서 마텐자이트 변태가 가장 빠른 곳은?

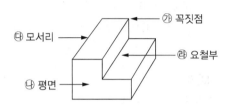

㉮ 꼭짓점
㉯ 모서리
㉰ 평면
㉱ 요철부

① ㉮   ② ㉯

③ ㉰   ④ ㉱

해설

마텐자이트 조직은 강을 담금질하였을 때 생기는 조직으로, 가장 빨리 냉각되는 부분이 마텐자이트 변태가 가장 빠른 곳이 된다. 일반적으로 꼭짓점에서 가장 빨리 냉각된다.

04 압입자 지름이 10mm인 브리넬 경도 시험기로 강의 경도를 측정하기 위하여 3,000kgf의 하중을 적용하였더니 압입 자국의 깊이가 1mm이었다. 이때 브리넬 경도값(HB)은 약 얼마인가?

① 75.5   ② 85.6

③ 95.5   ④ 105.6

해설

$$HB = \frac{W}{\pi Dh} = \frac{3,000}{3.14 \times 10 \times 1} ≒ 95.5 \, \text{kgf/mm}^2$$

여기서, W : 하중(kgf)

D : 압입자 지름(mm)

h : 압입 자국 깊이(mm)

05 자기 변태점이 없는 금속은?

① 철(Fe) ② 주석(Sn)
③ 니켈(Ni) ④ 코발트(Co)

> **해설**
> 주석은 쉽게 산화되지 않고 부식에 대한 저항성이 있는 금속으로, 자기 변태점이 없다.

06 철강에서 철 이외의 5대 원소로 옳은 것은?

① C, Si, Mn, P, S
② H_2, S, P, Cu, Si
③ N_2, S, P, Mn, Cr
④ Pb, Si, Ni, S, P

> **해설**
> 철강 5대 원소 : 규소(Si), 망간(Mn), 황(S), 인(P), 탄소(C)

07 비정질 재료의 제조방법 중 액체급랭법에 의한 제조법은?

① 원심법 ② 스퍼터링법
③ 진공증착법 ④ 화학증착법

> **해설**
> 비정질합금의 제조법
> • 기체급랭법 : 스퍼터링법, 진공증착법, 이온도금법, 화학증착법
> • 액체급랭법 : 단롤법, 쌍롤법, 원심법, 스프레이법, 분무법
> • 금속이온법 : 전해코팅법, 무전해코팅법

08 마우러 조직도에 대한 설명으로 옳은 것은?

① 주철에서 C와 P량에 따른 주철의 조직관계를 표시한 것이다.
② 주철에서 C와 Mn량에 따른 주철의 조직관계를 표시한 것이다.
③ 주철에서 C와 Si량에 따른 주철의 조직관계를 표시한 것이다.
④ 주철에서 C와 S량에 따른 주철의 조직관계를 표시한 것이다.

> **해설**
> 마우러 조직도는 주철에서 C와 Si의 관계를 나타낸 것이다.

09 순철의 자기 변태(A_2)점 온도는 약 몇 ℃인가?

① 210℃ ② 768℃
③ 910℃ ④ 1,400℃

> **해설**
> 순철의 변태
> • A_2 변태(768℃) : 자기 변태(α강자성 $\Leftrightarrow$ α상자성)
> • A_3 변태(910℃) : 동소 변태(α–BCC $\Leftrightarrow$ γ–FCC)
> • A_4 변태(1,400℃) : 동소 변태(γ–FCC $\Leftrightarrow$ δ–BCC)

10 금속간 화합물의 특징으로 옳은 것은?

① 어느 성분 금속보다 용융점이 낮다.
② 어느 성분 금속보다 경도가 낮다.
③ 일반 화합물에 비하여 결합력이 약하다.
④ Fe_3C는 금속간 화합물에 해당되지 않는다.

> **해설**
> • 금속간 화합물은 경도가 높고 메짐성이 있으며 결합력이 약하고 고온에서 불안하여 자기의 융점을 갖지 못하고 분해되기 쉽다.
> • Fe_3C가 대표적인 금속간 화합물이다.

11 재료에 어떤 일정한 하중을 가하고 어떤 온도에서 긴 시간 동안 유지하여 시간이 경과함에 따라 스트레인이 증가하는 것을 측정하는 시험방법은?

① 피로 시험　　　　② 충격 시험
③ 비틀림 시험　　　④ 크리프 시험

해설

크리프 시험
재료에 내력보다 작은 응력을 가하고 특정 온도에서 긴 시간 동안 유지하여 시간의 경과에 따른 변형을 측정하는 시험이다.

12 상률(Phase Rule)과 무관한 인자는?

① 자유도　　　　　② 원소 종류
③ 상의 수　　　　　④ 성분 수

해설

상률(Phase Rule)
$f = c - p + 2$
여기서, c : 성분 수
　　　　p : 상의 수
　　　　f : 자유도
　　　　2 : 온도, 압력

13 기하공차의 공차역에서 적용하는 형체와 공차값이 잘못 연결된 것은?

　　　　　적용하는 형체　　　　　공차값
① 원 안의 영역　　　　　　　원의 지름
② 두 개의 동심원 사이의 영역　동심원 반지름의 차
③ 구 안의 영역　　　　　　　구의 지름
④ 두 개의 동축 원통 사이에　동축 원통 지름의 차
　　끼 영역

해설

두 개의 동축 원통 사이에 끼 영역의 공차값은 동축 원통 반지름의 차이다.

14 척도가 1 : 2인 도면에서 실제치수 20mm인 선은 도면상에 몇 mm로 긋는가?

① 5mm　　　　　　② 10mm
③ 20mm　　　　　　④ 40mm

해설

척도는 뒤의 숫자가 기준(실제치수)이므로, 20mm의 1/2인 10mm로 긋는다.

15 도면 크기에 대한 설명으로 틀린 것은?

① 제도용지의 세로와 가로의 비는 1 : 2이다.
② 제도용지의 크기는 A열 용지 사용이 원칙이다.
③ 도면의 크기는 사용하는 제도용지의 크기로 나타낸다.
④ 큰 도면을 접을 때는 앞면에 표제란이 보이도록 A4의 크기로 접는다.

해설

제도용지의 세로와 가로의 비는 $1 : \sqrt{2}$ 이다.

16 15mm 드릴 구멍의 지시선을 도면에 옳게 나타낸 것은?

①
②
③
④

해설
드릴 구멍의 지시선은 상단면의 중앙에 위치시켜야 한다.

17 축에 풀리, 기어 등의 회전체를 고정시켜 축과 회전 체가 미끄러지지 않고 회전을 정확하게 전달하는 데 사용하는 기계요소는?

① 키
② 핀
③ 벨트
④ 볼트

해설
① 키 : 기어, 벨트, 풀리 등의 축에 고정하여 회전력을 전달하는 기계요소
② 핀 : 기계부품의 일반적인 체결을 위한 기계요소

18 위아래 또는 왼쪽과 오른쪽이 대칭인 물체의 단면 을 나타낼 때 사용되는 단면도는?

① 한쪽 단면도
② 부분 단면도
③ 전단면도
④ 회전도시 단면도

해설
① 한쪽 단면도(반단면도) : 단면도 중 위아래 혹은 왼쪽과 오른쪽 대칭인 물체의 단면을 나타낼 때 사용되는 단면도
② 부분 단면도 : 필요로 하는 물체의 일부만 절단, 경계는 자유실 선의 파단선으로 표시하고 프리핸드로 외형선의 1/2 굵기로 나타낸 단면도
③ 전단면도(온단면도) : 물체를 한 평면의 절단면으로 절단, 물체 의 기본적인 모양을 가장 잘 표시하도록 절단면 결정하여 나타 낸 단면도
④ 회전도시 단면도 : 핸들이나 바퀴 등의 암 및 림, 리브, 훅, 축, 구조물의 부재 등의 절단면을 90° 회전하여 표시한 단면도

19 치수 기입의 요소가 아닌 것은?

① 숫자와 문자
② 부품표와 척도
③ 지시선과 인출선
④ 치수보조기호

해설
척도는 표제란에 표시한다.

20 2N M50 × 2−6h이라는 나사의 표시방법에 대한 설명으로 옳은 것은?

① 왼나사이다.

② 2줄나사이다.

③ 유니파이보통나사이다.

④ 피치는 1인치당 산의 개수로 표시한다.

21 다음 물체를 3각법으로 표현할 때 우측면도로 옳은 것은?(단, 화살표 방향이 정면도 방향이다)

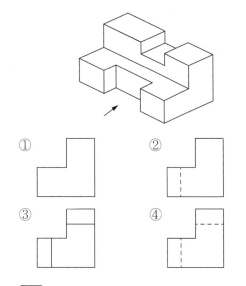

22 구멍의 최대허용치수 50.025mm, 최소허용치수 50.000mm, 축의 최대허용치수 50.000mm, 최소허용치수 49.950mm일 때 최대틈새는?

① 0.025mm ② 0.050mm

③ 0.075mm ④ 0.015mm

23 한국산업표준에서 규정한 탄소 공구강의 기호로 옳은 것은?

① SCM ② STC

③ SKH ④ SPS

24 도면에서 중심선을 꺾어서 연결 도시한 투상도는?

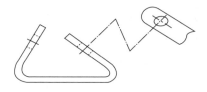

① 보조 투상도 ② 국부 투상도

③ 부분 투상도 ④ 회전 투상도

25 압연 물림에서 소재가 롤에 쉽게 물리기 위한 조건이 아닌 것은?

① 롤 직경을 크게 한다.
② 압연재를 뒤에서 밀어 준다.
③ 롤의 회전속도를 높여 준다.
④ 치입각(접촉각)을 작게 한다.

26 압연 롤을 회전시키는 모멘트 75kg·m, 롤의 회전수 45rpm으로 회전시킬 때 압연효율을 50%로 하였을 때 필요한 압연마력은 약 몇 마력인가?

① 1마력
② 3마력
③ 6마력
④ 9마력

27 압연재가 롤을 통과하기 전 폭이 3,000mm, 높이가 20mm이고, 통과 후 폭이 3,500mm, 높이가 15mm라면 감면율은 약 몇 %인가?

① 14.3%
② 16.5%
③ 18.6%
④ 20.7%

28 공형에 대한 설명 중 틀린 것은?

① 개방공형은 압연할 때 재료가 공형간극으로 흘러나가는 결점이 있다.
② 개방공형은 성형압연 전의 조압연 단계에서 사용된다.
③ 폐쇄공형에서는 재료의 모서리 성형이 쉬워 형강의 압연에 사용한다.
④ 폐쇄공형은 1쌍의 롤에 똑같은 공형이 반씩 패어 있다.

29 롤의 회전수가 같은 한 쌍의 작업 롤에서 상부 롤의 지름이 하부 롤의 지름보다 클 때 소재의 머리 부분에서 일어나는 현상은?

① 변화 없다.

② 압연재가 하향한다.

③ 압연재가 상향한다.

④ 캠버(Camber)가 발생된다.

• 롤의 크기와 소재의 변화
  – 소재는 롤의 회전수가 같을 때 롤의 지름이 작은 쪽으로 구부러진다.
  – 상부 롤 > 하부 롤 : 소재는 하향
  – 상부 롤 < 하부 롤 : 소재는 상향

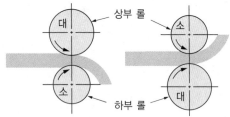

• 롤의 크기를 조절하지 않고 소재를 하향하는 방법
  – 소재의 상부 날판을 가열한다.
  – 소재의 하부 날판을 냉각한다.
  – 하부 롤의 속도보다 상부 롤의 속도를 크게 한다.

30 연료의 착화온도가 가장 높은 것은?

① 수소   ② 갈탄

③ 목탄   ④ 역청탄

① 수소 : 560℃
② 갈탄 : 250~450℃
③ 목탄 : 490℃
④ 역청탄 : 300~400℃

31 열연압연한 후판의 검사 항목에 해당되지 않는 것은?

① 폭   ② 두께

③ 직각도   ④ 권취 온도

후판의 검사 항목
• 치수 : 두께, 폭, 길이, 직각도, 중량
• 형상 : 평탄도, 크라운, 캠버
• 결함 : 내부결함, 외부결함 등

32 롤 간극(S_0)의 계산식으로 옳은 것은?(단, h : 입측 판두께, Δh : 압하량, P : 압연하중, K : 밀강성계수, ε : 보정값)

① $S_0 = (\Delta h - h) + \dfrac{\varepsilon}{K} - P$

② $S_0 = (\Delta h - h) - \dfrac{\varepsilon}{P} + K$

③ $S_0 = (h - \Delta h) + \dfrac{\varepsilon}{K} + P$

④ $S_0 = (h - \Delta h) - \dfrac{P}{K} + \varepsilon$

롤 간격(롤 간극) S_0는 다음과 같다.
$$S_0 = (h - \Delta h) - \dfrac{P}{K} + \varepsilon$$
여기서, h : 입측 판두께
　　　Δh : 압하량
　　　P : 압연하중
　　　K : 밀 스프링(롤 스프링)
　　　ε : 보정값

33 압연방법 및 압연속도에 대한 설명으로 틀린 것은?

① 고온에서의 압연은 변형저항이 작은 재료일수록 압연하기 쉽다.

② 압연 후의 두께와 압연 전의 두께의 비가 클수록 압연하기 쉽다.

③ 열간압연 속도는 롤의 감속비 및 압연기의 형식에 따라 다르게 나타난다.

④ 열간압연한 스트립은 산세, 수세 후에 냉간압연에서 치수를 조절하는 경우가 일반적으로 많다.

해설

일반적으로 압연 전후의 두께 비가 클수록 큰 압하력이 필요하기 때문에 압연하기 어렵다.

34 에지 스캐브(Edge Scab)의 발생 원인이 아닌 것은?

① 슬래브 코너부 또는 측면에 발생한 크랙이 압연될 때

② 슬래브 손질이 불완전하거나 스카핑이 불량할 때

③ 슬래브 끝부분 온도 강하로 압연 중 폭 방향의 균일한 연신이 발생할 때

④ 제강 중 불순물의 분리 부상이 부족하여 강중에 대형 불순물 또는 기포가 존재할 때

해설

에지 스캐브(Edge Scab) 발생 원인
• 슬래브 코너부 또는 측면에 발생한 크랙, 기포 흠 등이 압연되어 발생
• 슬래브 손질의 불완전과 스카핑 불량, 슬래브 에지 온도 강하로 압연 시 폭 방향 불균일 발생

35 산세작업 시 과산세를 방지할 목적으로 투입하는 것은?

① 온수 ② 황산(H_2SO_4)

③ 염산(HCl) ④ 인히비터(Inhibitor)

해설

부식 억제제(인히비터, Inhibitor)
• 인히비터라고도 하며 철 부식을 억제하기 위한 제제로 인산염이 주성분
• 종류 : 젤라틴, 티오요소, 퀴놀린 등
• 역할 : 지철과의 반응 억제, 수소 발생 억제, 오물 생성 방지, 스트립 표면 균일 및 미려
• 요구되는 성질 : 산세 시간을 지연시키지 않을 것, 불순물이 부착되지 않을 것, 고온 안정성·용해성이 좋을 것

36 압연기의 종류가 아닌 것은?

① 다단압연기

② 유니버설 압연기

③ 4단 냉간압연기

④ 스킷마크(Skit Mark) 압연기

해설

스킷마크 : 슬래브(Slab)가 가열로에서 수랭 파이프의 스킷 버튼과 접촉하여 온도의 불충분한 가열로 발생하는 결함으로 균열대에서 제거된다.

37 노 내 분위기 관리 중 공기비가 클 때(1.0 이상)의 설명으로 틀린 것은?

① 저온 부식이 발생한다.
② 연소 온도가 증가한다.
③ 연소가스 증가에 의한 폐손실열이 증가한다.
④ 연소가스 중의 O_2의 생성 촉진에 의한 전열면이 부식된다.

해설
노 내의 공기비가 클 때
• 연소가스가 증가하므로 폐열손실도 증가
• 연소 온도는 감소하여 열효율 감소
• 스케일 생성량 증가 및 탈탄 증가
• 연료소비량 감소 및 연소효율 증가
※ 공기비가 부족하면 손실열이 증가하고 매연이 발생한다.

38 롤 직경 340mm, 회전수 150rpm이고, 압연되는 재료의 출구속도는 3.67m/s일 때 선진율(%)은 약 얼마인가?

① 27%   ② 37%
③ 55%   ④ 75%

해설
롤의 속도 $= 150 \times (0.340) \times \pi / 60 ≒ 2.67$m/s

전진율(%) $= \dfrac{\text{출측 속도} - \text{롤의 속도}}{\text{롤의 속도}} \times 100$

$= \dfrac{3.67 - 2.67}{2.67} \times 100 ≒ 37$

39 윤활제의 구비조건으로 틀린 것은?

① 제거가 용이할 것
② 독성이 없어야 할 것
③ 화재 위험이 없어야 할 것
④ 열처리 혹은 용접 후 공정에서 잔존물이 존재할 것

해설
윤활제는 잔존물이 없어야 한다.

40 선재압연에 따른 공형설계의 목적이 아닌 것은?

① 간접 압하율 증대
② 표면결함의 발생 방지
③ 롤의 국부적 마모 방지
④ 정확한 치수의 제품 생산

해설
선재압연에 따른 공형설계의 목적
• 압연재를 정확한 치수, 형상으로 하되 표면 흠을 발생시키지 않을 것
• 압연 소요동력을 최소로 하며, 최소의 폭퍼짐으로 연신시킬 것
• 롤에 국부적 마모를 유발시키지 않을 것
• 재료의 가이드 유지나 롤 갭 조정이 용이할 것 등

37 ② 38 ② 39 ④ 40 ① 정답

41 압연유의 급유방식에서 직접방식에 대한 설명으로 맞는 것은?

① 새로운 압연유를 공급하므로 압연 상태가 좋고 압연유 관리가 쉽다.
② 박판 고속 압연에 활용이 가능하다.
③ 폐유처리 비용이 적게 든다.
④ 스키밍, 에멀션탱크 및 필터가 있는 급유방식이다.

해설

급유방식

직접 급유방식	순환 급유방식
• 윤활 성능이 좋은 압연유 사용 가능	• 윤활 성능이 좋은 압연유 사용이 어려움
• 항상 새로운 압연유 공급	• 폐유 처리설비는 적은 용량 가능
• 냉각 효과가 좋아 효율이 좋음	• 철분이나 그 밖의 이물질이 혼합되어 압연유 성능 저하
• 압연유가 고가이며, 폐유 처리 비용이 비쌈	• 직접 방식에 비해 가격이 저렴
• 고속박판압연에 사용 가능	

42 다음 그림과 같이 물체 ABCD에 전단면적인 힘이 가해져 a만큼 변형되었고 이 경우의 응력을 전단응력(Shear Stress)이라 할 때 전단 변형량은 어떻게 나타내는가?

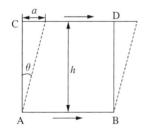

① $r = \dfrac{h}{a} = \cos\theta$ ② $r = \dfrac{a}{h} = \sin\theta$

③ $r = \dfrac{h}{a} = \tan\theta$ ④ $r = \dfrac{a}{h} = \tan\theta$

해설

전단 변형량 = (사방향으로의 변형값)/(초기 길이) = $\dfrac{a}{h} = \tan\theta$

43 냉간압연 강판의 청정설비의 목적으로 틀린 것은?

① 분진 제거
② 잔류 압연유 제거
③ 표면 산화막 제거
④ 표면 잔류 철분 제거

해설

표면 산화막 제거는 산세설비의 목적이다.

44 루퍼 제어 시스템 중 루퍼 상승 초기에 소재에 부가되는 충격력을 완화시키기 위하여 소재와 루퍼 롤과의 접촉 구간 근방에서 루퍼속도를 조절하는 기능은?

① 전류 제어 기능
② 소프트 터치 기능
③ 루퍼 상승 제어 기능
④ 노윕(No-whip) 제어 기능

해설

루퍼 제어의 소프트 터치 기능
열간 사상압연에서 스트립의 장력을 안정화시킬 수 있는 방법으로 루퍼 각도와 루퍼 모터속도를 조절하는 기능

루퍼(Looper) 제어 시스템
• 루퍼는 사상압연 스탠드와 스탠드 사이에서 압연재의 장력과 루프를 제어하여 전후 균형의 불일치로 인한 요인을 보상하여 통판성 향상 및 조업 안정성을 도모
• 소재 트래킹, 루프 상승 제어 기능, 소프트 터치 제어 기능, 소재 장력 제어 기능, 루퍼 각도 제어 기능, 루퍼 각도와 소재 장력 간 비간섭 제어 기능 등의 기능을 수행

45 그리스(Grease)를 급유하는 경우가 아닌 것은?

① 마찰면이 고속운동을 하는 부분

② 고하중을 받는 운동부

③ 액체 급유가 곤란한 부분

④ 밀봉이 요구될 때

해설

그리스 급유 : 액체 급유가 어렵고, 저속도 회전과 고하중일 경우 사용한다.

장점	• 급유간격이 길다. • 누설이 적다. • 밀봉성이 있고, 외부 이물질의 침입이 적다.
단점	• 냉각작용이 작다. • 질의 균일성이 떨어진다.

46 냉간압연작업을 할 때 냉간압연유 역할의 설명으로 틀린 것은?

① 압연재의 표면 성상을 향상시킨다.

② 부하가 증가되어 롤의 마모를 감소시킨다.

③ 고속화를 가능하게 하여 압연능률을 향상시킨다.

④ 압하량을 크게 하여 압연재를 효과적으로 얇게 한다.

해설

압연유의 작용
• 감마작용(마찰저항 감소)
• 냉각작용(열방산)
• 응력분산작용(힘의 분산)
• 밀봉작용(외부 침입 방지)
• 방청작용(스케일 발생 억제)

47 판의 두께를 계측하고 롤의 열리는 정도를 조작하는 피드백 제어 등을 하는 장치는?

① CPC(Card Programmed Control)

② APC(Automatic Preset Control)

③ AGC(Automatic Gauge Control)

④ ACC(Automatic Combustion Control)

해설

자동 두께 제어(AGC ; Automatic Gauge Control)
• 압연 중 스트립 두께 변동을 검출하기 위한 장비로, 스크루 다운 블록(Screw Down Block) 하단에 설치된 로드 셀(Load Cell)에 의해 압연의 압력 변화를 검출하여 현재 위치를 탐지한 후 F7 후면에 설치된 X-Ray가 판 두께를 측정해 이 신호를 기반으로 압하 스크루를 자동 제어하여 스트립의 두께를 목표 두께로 제어하는 장치
• AGC 설비
  - 스크루 다운(Screw Down) : AGC 유지 컨트롤과 병행하여 롤 갭 설정
  - 상부 빔(Top Beam) : 압연 소재의 두께에 따라 유압으로 롤 갭을 설정하는 장치
  - 하부 빔(Bottom Beam) : 빔 상부에 백업 롤 및 슬레드(Sled)를 안착하는 지지대
  - 스크루 업(Screw Up) : 내부에 로드 셀(Load Cell)이 내장되어 롤이 받는 힘을 검출하며 압연 패스 라인(Pass Line)을 조정

48 일산화탄소(CO) $10N \cdot m^3$을 완전 연소시키는 데 필요한 이론산소량은 얼마인가?

① $5.0N \cdot m^3$ ② $5.7N \cdot m^3$

③ $23.8N \cdot m^3$ ④ $27.2N \cdot m^3$

해설

$2CO + O_2 \rightarrow 2CO_2$이므로 일산화탄소 부피의 절반만큼의 산소가 필요하므로 $5.0N \cdot m^3$이다.

49 열간압연 시 발생하는 슬래브 캠버(Camber)의 발생 원인이 아닌 것은?

① 상하 압하의 힘이 다를 때

② 소재 좌우에 두께 편차가 있을 때

③ 상하 Roll 폭 방향의 간격이 다를 때

④ 소재의 폭 방향으로 온도가 고르지 못할 때

해설

캠버(Camber)
• 일반적으로 압연 시 압연소재의 판 폭 방향으로 휘어지는 현상이다. 압연 코일의 경우 압연 방향으로 휘어지며, 소재 좌우 두께 편차가 있거나 상하 롤의 폭 방향 간격이 다를 때 그리고 폭 방향으로 온도가 고르지 못할 때 발생한다.
• 캠버 발생 원인
 – 롤이 기울어져 있을 때
 – 하우징의 연신 및 변형
 – 폭 방향 온도 편차
 – 소재 좌우 두께 편차

50 다음 중 연속식 가열로가 아닌 것은?

① 배치식(Batch Type)

② 푸셔식(Pusher Type)

③ 워킹빔식(Walking Beam Type)

④ 회전로상식(Rotary Hearth Type)

해설

연속식 가열로의 종류에는 롤식, 푸셔식, 워킹빔식, 회전로상식 등이 있다.

단식 가열로
• 슬래브가 노 내에 장입되면 가열이 완료될 때까지 재료가 이동하지 않는 형식
• 비연속적으로 가동되며, 가열 완료 시 재료를 꺼내고 새로운 재료를 장입
• 대량생산에 적합하지 않으나, 특수재질, 매우 두껍고 큰 치수의 가열에 보조적으로 사용
• 단식로 종류 : 배치식 가열로

51 주로 박물재이면서 Semi-killed 강종에서 발생하며 강판의 표면 근처에 있던 기포가 압연 시 압착되면서 길이 방향으로 좁고 미세한 세로 크랙 모양 혹은 타원형으로 발생하는 강판의 결함은?

① 연와 흠 ② 이물 흠

③ 표면기포 흠 ④ 파이프 흠

해설

① 연와 흠 : 내화물 파편이 쇳물 내에 유입되었다가 강판에 부착되어 생긴 압연 방향으로의 길게 나타난 흠
② 이물 흠 : 강판의 압연 중에 철 조각이나 이물질이 유입되어 강판과 함께 압연되면서 발생하는 흠
④ 파이프 흠 : 전단면에 선 모양 혹은 벌어진 상태로 나타난 파이프 모양의 흠

52 3단 압연기에서 압연재를 들어 올려 롤과 중간 롤 사이를 패스한 후 다음 패스를 위하여 압연재를 들어 올려 중간 롤과 상부 롤 사이로 넣기 위한 장치는?

① 틸팅 테이블

② 컨베어 테이블

③ 반송용 롤러 테이블

④ 작업용 롤러 테이블

해설

리프팅 테이블과 틸팅 테이블
3단식 압연기에서 압연재를 하부 롤과 중간 롤 사이로 패스한 후, 다음 패스를 위하여 압연재를 들어 올려 중간 롤과 상부 롤 사이로 넣는데 필요한 장치
• 리프팅 테이블 : 테이블이 평행으로 올라가는 설비
• 틸팅 테이블 : 어느 고정점을 기준으로 회전하여 필요한 위치로 올리는 설비

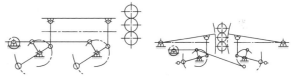

[리프팅 테이블]   [틸팅 테이블]

53 압연용 소재를 가열하는 연속식 가열로를 구성하는 부분(설비)이 아닌 것은?

① 예열대　　　　② 가열대
③ 균열대　　　　④ 루퍼

> **해설**
> 루퍼(Looper)는 스탠드와 스탠드 사이에서 소재의 전후 밸런스 조절 설비로 가열로 설비와 상관없다.

연속식 가열로의 기본 구조

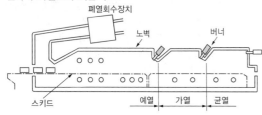

54 사고 예방 대책의 기본 원리 5단계의 순서로 옳은 것은?

① 사실의 발견 → 분석평가 → 안전관리 조직 → 대책의 선정 → 시정책의 적용
② 사실의 발견 → 대책의 선정 → 분석평가 → 시정책의 적용 → 안전관리 조직
③ 안전관리 조직 → 사실의 발견 → 분석평가 → 대책의 선정 → 시정책의 적용
④ 안전관리 조직 → 분석평가 → 사실의 발견 → 시정책의 적용 → 대책의 선정

> **해설**
> **사고 예방 대책 5단계**
> 안전관리 조직 → 사실의 발견 → 분석 및 평가 → 대책의 선정 → 시정책의 적용(안전관리 조직이 먼저이고 예방 단계이므로 사실을 발견하면 그 후 대책을 세우게 된다)

55 지방계 윤활유의 특징으로 옳은 것은?

① 비교적 점도지수가 높다.
② 석유계에 비하여 온도 변화가 크다.
③ 저부하, 소마모면의 윤활에 적당하다.
④ 공기에 접촉하면 산화하지 않기 때문에 슬러지가 생성되지 않는다.

> **해설**
> 지방계 윤활유는 점도지수가 비교적 높고 석유계 윤활유에 비해 온도변화가 작으나 공기에 접촉하면 슬러지가 생성된다.

56 스트립 사행을 방지하기 위하여 설치되는 장치는?

① 스티어링 롤(Steering Roll)
② 텐션 릴(Tension Reel)
③ 브라이들 롤(Bridle Roll)
④ 패스 라인 롤(Pass Line Roll)

> **해설**
> ① 스티어링 롤(Steering Roll) : 스트립 사행을 방지
> ② 텐션 릴(Tension Reel) : 냉간압연에서 출측 권취설비
> ③ 브라이들 롤(Bridle Roll) : 롤의 배치를 통해 강판에 장력을 주고, 판의 미끄럼 방지를 도와줌
> ④ 패스 라인 롤(Pass Line Roll) : 연기 전후에 설치되어 패스 라인의 위치에서 정해주는 소재를 이송시켜주는 롤

57 센지미어 압연기의 롤 배치 형태로 옳은 것은?

① 2단식   ② 3단식

③ 4단식   ④ 다단식

해설

센지미어 압연기

상하 20단으로 된 압연기로 구동 롤의 지름을 극도로 작게 한 것이다. 강력한 압연력을 얻을 수 있으며 두께가 균일한 스테인리스 강판이나 구리, 니켈, 타이타늄, 알루미늄 합금과 같은 가공경화가 잘 일어나는 박판의 냉간압연에 많이 이용된다.

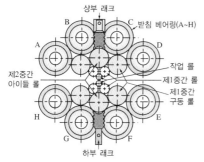

58 압연기의 구동장치가 아닌 것은?

① 스핀들   ② 피니언

③ 감속기   ④ 스크루 다운

해설

압연구동 설비

• 모터 : 압연기의 원동력을 발생시키는 설비로 일반적으로 직류전동기가 이용되며, 속도의 조정이 필요하지 않을 때는 3상 교류전동기를 사용
• 감속기 : 모터에서 발생된 동력을 압연기의 종류에 맞는 힘과 속도로 바꿔 주는 설비
• 피니언 : 동력을 각 롤에 분배하는 설비
• 스핀들 : 피니언과 롤을 연결하여 동력을 전달하는 설비

59 워킹빔(Walking Beam)식 가열로에서 가열재료를 반송(搬送)시키는 순서로 옳은 것은?

① 전진 → 상승 → 후퇴 → 하강
② 하강 → 전진 → 상승 → 후퇴
③ 후퇴 → 하강 → 전진 → 상승
④ 상승 → 전진 → 하강 → 후퇴

해설

워킹빔식 가열로

• 노상이 가동부와 고정부로 나뉘어, 이동 노상이 상승 → 전진 → 하강 → 후퇴의 과정을 거치며 재료 사이에 임의의 간격을 두고 반송시킬 수 있는 연속로
• 여러 가지 치수와 재질의 것도 가열 가능
• 푸셔식에 비하여 노의 구조가 복잡하지만, 슬래브 내 온도가 균일하다.

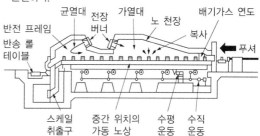

60 안전교육에서 교육 형태의 분류 중 교육방법에 의한 분류에 해당되는 것은?

① 일반교육, 교양교육 등
② 가정교육, 학교교육 등
③ 인문교육, 실업교육 등
④ 시청각교육, 실습교육 등

해설

안전교육 방법에는 시청각교육과 실습교육 등이 있다.

01 자기 변태점이 없는 금속은?

① 철(Fe) ② 주석(Sn)
③ 니켈(Ni) ④ 코발트(Co)

해설

주석은 쉽게 산화되지 않고 부식에 대한 저항성이 있는 금속으로, 자기 변태점이 없다.

03 재료에 어떤 일정한 하중을 가하고 어떤 온도에서 긴 시간 동안 유지하여 시간이 경과함에 따라 스트레인이 증가하는 것을 측정하는 시험방법은?

① 피로 시험 ② 충격 시험
③ 비틀림 시험 ④ 크리프 시험

해설

크리프 시험

재료에 내력보다 작은 응력을 가하고 특정 온도에서 긴 시간 동안 유지하여 시간의 경과에 따른 변형을 측정하는 시험이다.

02 마우러 조직도에 대한 설명으로 옳은 것은?

① 주철에서 C와 P량에 따른 주철의 조직관계를 표시한 것이다.
② 주철에서 C와 Mn량에 따른 주철의 조직관계를 표시한 것이다.
③ 주철에서 C와 Si량에 따른 주철의 조직관계를 표시한 것이다.
④ 주철에서 C와 S량에 따른 주철의 조직관계를 표시한 것이다.

해설

마우러 조직도는 주철에서 C와 Si의 관계를 나타낸 것이다.

04 금속의 결정구조에 대한 설명으로 틀린 것은?

① 결정입자의 경계를 결정입계라 한다.
② 결정체를 이루고 있는 각 결정을 결정입자라 한다.
③ 체심입방격자는 단위 격자 속에 있는 원자수가 3개이다.
④ 물질을 구성하고 있는 원자가 입체적으로 규칙적인 배열을 이루고 있는 것을 결정이라 한다.

해설

단위 격자 속의 원자수 : 체심입방(2), 면심입방(4), 조밀육방(2)

05 Y합금의 일종으로 Ti과 Cu를 0.2% 정도씩 첨가한 것으로 피스톤에 사용되는 것은?

① 두랄루민   ② 코비탈륨
③ 로엑스합금   ④ 하이드로날륨

해설

② 코비탈륨 : Al–Cu–Ni계 알루미늄 합금으로(Y합금의 일종) Ti 과 Cu를 0.2% 첨가하여 피스톤에 사용
③ 로엑스합금 : Al–Ni–Si계 알루미늄 합금으로 Cu, Mg, Ni을 첨가한 특수 실루민

06 문쯔메탈(Muntz Metal)이라고도 하며 탈아연 부 식이 발생하기 쉬운 동합금은?

① 6-4황동   ② 주석청동
③ 네이벌황동   ④ 애드미럴티황동

해설

• 문쯔메탈(Muntz Metal) : 6–4황동을 의미하고 열간가공이 가능 하고 인장강도가 황동에서 최대
• 네이벌황동 : 6–4황동에 1% 주석을 첨가한 황동으로 내식성 개선
• 애드미럴티황동 : 7–3황동에 1% 주석을 첨가한 황동으로 내식성 개선

07 실온까지 온도를 내려 다른 형상으로 변형시켰다 가 다시 온도를 상승시키면 어느 일정한 온도 이상 에서 원래의 형상으로 변화하는 합금은?

① 제진합금   ② 방진합금
③ 비정질합금   ④ 형상기억합금

해설

④ 형상기억합금 : 처음에 주어진 특정 모양의 것을 인장하거나 소성변형한 것이 가열에 의하여 원형으로 되돌아오는 성질을 가진 합금
① 제진합금 : 진동 발생원인 고체의 진동자를 감소시키는 합금으 로 Mg–Zr, Mn–Cu 등이 있다.
③ 비정질합금 : 금속을 용융 상태에서 초고속 급랭하여 제조되는 재료로 결정이 되어 있지 않은 상태이며, 인장강도와 경도를 크게 개선시킨 합금

08 금속의 소성변형을 일으키는 원인 중 원자 밀도가 가장 큰 격자면에서 잘 일어나는 것은?

① 슬립   ② 쌍정
③ 전위   ④ 편석

해설

슬립(Slip)
원자 간 사이가 미끄러지는 현상으로, 원자 밀도가 가장 큰 격자면 에서 잘 발생한다.

09 다음 중 10배 이내의 확대경을 사용하거나 육안으로 직접 관찰하여 금속조직을 시험하는 것은?

① 라우에법　　　　② 에릭센 시험
③ 매크로 시험　　　④ 전자 현미경 시험

해설
③ 매크로 시험 : 육안 혹은 10배 이내의 확대경을 이용하여 결정입자 또는 개재물 등을 검사하는 시험
② 에릭센 시험법 : 재료의 연성을 파악하기 위하여 구리 및 알루미늄판재와 같은 연성 판재를 가압 성형하여 변형 능력을 알아보기 위한 시험 방법

10 전해 인성 구리를 약 400℃ 이상의 온도에서 사용하지 않는 이유로 옳은 것은?

① 풀림취성을 발생시키기 때문이다.
② 수소취성을 발생시키기 때문이다.
③ 고온취성을 발생시키기 때문이다.
④ 상온취성을 발생시키기 때문이다.

해설
구리의 화학적 성질 중 환원성 수소가스 중에서 가열하면 수소의 확산 침투로 인해 수소메짐(수소취성)이 발생한다.

11 강자성을 가지는 은백색의 금속으로 화학반응용 촉매, 공구 소결재로 널리 사용되고 바이탈륨의 주성분인 금속은?

① Ti　　　　　　　② Co
③ Al　　　　　　　④ Pt

해설
강자성체는 철(Fe), 니켈(Ni), 코발트(Co)와 같이 자석에 달라붙는 성질을 갖는 물질을 의미한다.

12 저용융점 합금은 약 몇 ℃ 이하의 용융점을 갖는가?

① 250℃　　　　　② 350℃
③ 450℃　　　　　④ 550℃

해설
저용융점 합금 : 약 250℃ 이하에서 녹는점을 갖는 합금으로 땜납(Pb-Sn합금)보다 녹는점이 낮은 Pb, Bi, Sn, Cd, In 등의 공정형 합금

13 척도가 1 : 2인 도면에서 실제치수 20mm인 선은 도면상에 몇 mm로 긋는가?

① 5mm　　　　　② 10mm
③ 20mm　　　　　④ 40mm

해설
척도는 뒤의 숫자가 기준(실제치수)이므로, 20mm의 1/2인 10mm로 긋는다.

14 도면 크기에 대한 설명으로 틀린 것은?

① 제도용지의 세로와 가로의 비는 1 : 2이다.
② 제도용지의 크기는 A열 용지 사용이 원칙이다.
③ 도면의 크기는 사용하는 제도용지의 크기로 나타낸다.
④ 큰 도면을 접을 때는 앞면에 표제란이 보이도록 A4의 크기로 접는다.

해설
제도용지의 세로와 가로의 비는 1 : $\sqrt{2}$ 이다.

15 2N M50 × 2-6h이라는 나사의 표시방법에 대한 설명으로 옳은 것은?

① 왼나사이다.

② 2줄나사이다.

③ 유니파이보통나사이다.

④ 피치는 1인치당 산의 개수로 표시한다.

해설

2N M50 × 2-6h
- 2N : 2줄나사(왼나사의 경우 왼쪽에 L로 시작하고, L이 없으면 오른나사)
- M50 × 2-6h : 미터보통나사의 수나사 외경 50, 피치가 2, 등급 6h 수나사

16 치수 기입의 요소가 아닌 것은?

① 숫자와 문자 ② 부품표와 척도

③ 지시선과 인출선 ④ 치수보조기호

해설

척도는 표제란에 표시한다.

17 다음 도면에 보기와 같이 표시된 금속재료의 기호 중 330이 의미하는 것은?

┌ 보기 ┐

KS D 3503 SS 330

① 최저 인장강도

② KS 분류기호

③ 제품의 형상별 종류

④ 재질을 나타내는 기호

해설

재료기호의 SS 다음 숫자는 최저 인장강도(최소한 요구되는 인장강도)를 의미한다.

18 제작물의 일부만 절단하여 단면 모양이나 크기를 나타내는 단면도는?

① 온단면도 ② 한쪽 단면도

③ 회전 단면도 ④ 부분 단면도

해설

④ 부분 단면도 : 일부만을 절단하여 단면 모양이나 크기를 나타내는 단면도

① 온단면도 : 물체를 한 평면의 절단면으로 절단하여 단면 모양과 크기를 나타낸 단면도

② 한쪽 단면도(반단면도) : 외형도의 절반만 절단하여 반은 외형도, 반은 단면도를 그려서 동시에 표시한 단면도

③ 회전 단면도 : 핸들이나 바퀴 등의 암 및 림, 리브, 훅, 축, 구조물의 부재 등의 절단면을 90° 회전하여 표시한 단면도

19 KS A 0005 제도 통칙에서 문장의 기록 방법을 설명한 것 중 틀린 것은?

① 문체는 구어체로 한다.

② 문장은 간결한 요지로서 가능하면 항목별로 적는다.

③ 기록방법은 우측에서부터 하고, 나누어 적지 않는다.

④ 전문용어는 원칙적으로 용어와 관련한 한국산업표준에 규정된 용어 및 과학기술처 등의 학술용어를 사용한다.

해설

기록방법은 좌측에서부터 한다.

20 도면의 표면거칠기 표시에서 12.5A가 의미하는 것은?

① 최대 높이거칠기 12.5μm

② 중심선 평균거칠기 12.5μm

③ 10점평균거칠기 12.5μm

④ 최소 높이거칠기 12.5μm

해설
중심선 평균거칠기는 A, 최고 높이거칠기는 S, 10점평균거칠기는 Z를 표준수열 다음에 기입한다.

21 기계 구조용 합금강재 중 니켈-크롬-몰리브덴강을 나타내는 재료의 기호는?

① SM45C ② SP56

③ GC350 ④ SNCM420

해설
• SM : 구조용 탄소강재
• SPS : 스프링강
• GC : 회주철품
• SNC : 구조용 합금강

22 어떤 기어의 피치원 지름이 100mm이고, 잇수가 20개일 때 모듈은?

① 2.5 ② 5

③ 50 ④ 100

해설
모듈은 피치원의 직경에서 잇수를 나눈 값이다.
100 / 20 = 5

23 볼트를 고정하는 방법에 따라 분류할 때, 물체의 한쪽에 암나사를 깎은 다음 나사박기를 하여 죄며 너트를 사용하지 않는 볼트는?

① 관통 볼트 ② 기초 볼트

③ 탭 볼트 ④ 스터드 볼트

해설
① 관통 볼트 : 물체의 구멍에 관통시켜 너트를 조이는 방식의 볼트
② 기초 볼트 : 콘크리트에 고정하는 볼트
④ 스터드 볼트 : 양쪽 끝이 모두 수나사로 되어 있는 볼트

24 다음 중 'C'와 'SR'에 해당되는 치수 보조 기호의 설명으로 옳은 것은?

① C는 원호이며, SR은 구의 지름이다.

② C는 45° 모따기이며, SR은 구의 반지름이다.

③ C는 판의 두께이며, SR은 구의 반지름이다.

④ C는 구의 반지름이며, SR은 구의 지름이다.

해설

기호	구분	기호	구분
ϕ	지름	□	정사각형의 변
R	반지름	t	판의 두께
Sϕ	구의 지름	⌒	원호의 길이
SR	구의 반지름	C	45°의 모따기

25 압연 물림에서 소재가 롤에 쉽게 물리기 위한 조건이 아닌 것은?

① 롤 직경을 크게 한다.
② 압연재를 뒤에서 밀어 준다.
③ 롤의 회전속도를 높여 준다.
④ 치입각(접촉각)을 작게 한다.

해설
압연소재가 롤에 쉽게 물리기 위한 조건
• 압하량을 적게 한다.
• 치입각의 크기를 작게 한다.
• 롤 지름의 크기가 크다.
• 압연재의 온도를 높인다.
• 마찰력을 높인다.
• 롤의 회전속도를 줄인다.

26 공형에 대한 설명 중 틀린 것은?

① 개방공형은 압연할 때 재료가 공형간극으로 흘러나가는 결점이 있다.
② 개방공형은 성형압연 전의 조압연 단계에서 사용된다.
③ 폐쇄공형에서는 재료의 모서리 성형이 쉬워 형강의 압연에 사용한다.
④ 폐쇄공형은 1쌍의 롤에 똑같은 공형이 반씩 패어 있다.

해설
• 개방공형 : 1쌍의 롤에 똑같은 공형이 반씩 패어 있고 중심선과 롤 선이 일치되며 롤과 롤의 경계에는 공형간극이 존재함(즉, ④ 설명은 개방공형 설명임). 또한 공형간극선이 롤 축과 평행이 아닌 경우 공형각도가 60°보다 작을 때도 개방공형이라 함. 개방공형은 압연 시 재료가 공형간극으로 흘러나가는 결점이 있어 성형압연 전의 조압연 단계에서 수행
• 폐쇄공형 : 공형각도가 60° 이상이고 롤의 지름은 크게 되나 모서리 성형이 잘되어 형강성형 등에 사용

27 연료의 착화온도가 가장 높은 것은?

① 수소   ② 갈탄
③ 목탄   ④ 역청탄

해설
① 수소 : 560℃
② 갈탄 : 250~450℃
③ 목탄 : 490℃
④ 역청탄 : 300~400℃

28 롤 간극(S_0)의 계산식으로 옳은 것은?(단, h : 입측 판두께, Δh : 압하량, P : 압연하중, K : 밀강성계수, ε : 보정값)

① $S_0 = (\Delta h - h) + \dfrac{\varepsilon}{K} - P$

② $S_0 = (\Delta h - h) - \dfrac{\varepsilon}{P} + K$

③ $S_0 = (h - \Delta h) + \dfrac{\varepsilon}{K} + P$

④ $S_0 = (h - \Delta h) - \dfrac{P}{K} + \varepsilon$

해설
롤 간격(롤 간극) S_0는 다음과 같다.
$$S_0 = (h - \Delta h) - \dfrac{P}{K} + \varepsilon$$
여기서, h : 입측 판두께
        Δh : 압하량
        P : 압연하중
        K : 밀 스프링(롤 스프링)
        ε : 보정값

29 그리스(Grease)를 급유하는 경우가 아닌 것은?

① 마찰면이 고속운동을 하는 부분
② 고하중을 받는 운동부
③ 액체 급유가 곤란한 부분
④ 밀봉이 요구될 때

해설

그리스 급유 : 액체 급유가 어렵고, 저속도 회전과 고하중일 경우 사용한다.

장점	• 급유간격이 길다. • 누설이 적다. • 밀봉성이 있고, 외부 이물질의 침입이 적다.
단점	• 냉각작용이 작다. • 질의 균일성이 떨어진다.

30 사이드 트리밍(Side Trimming)에 대한 설명 중 틀린 것은?

① 전단면과 파단면이 1 : 2인 경우가 가장 이상적이다.
② 판 두께가 커지면 나이프 상하부의 오버랩량은 줄여야 한다.
③ 판 두께가 커지면 나이프 상하부의 클리어런스를 줄여야 한다.
④ 전단면이 너무 커지면 냉간압연 시에 에지 균열이 발생하기 쉽다.

해설

판 두께가 커지면 나이프 상하부의 클리어런스를 높여야 한다.

31 스트립이 산세조에서 정지하지 않고 연속 산세되도록 1~3개분의 코일을 저장하는 설비는?

① 플래시 트리머(Flash Trimmer)
② 스티처(Sticher)
③ 루핑 피트(Looping Pit)
④ 언코일러(Uncoiler)

해설

• 루프카 : 산세 중 지체시간을 보상해주고 연속적인 작업이 가능하도록 스트립을 저장하는 설비
• 루핑 피트 : 사이드 트리머와 그 전 후 설비의 속도 불균형을 조정하여 나이프 날의 절손 및 가감속도의 급격한 장력변동에 의한 흠 등을 방지해주는 완충설비

32 열간압연 공정을 순서대로 옳게 배열한 것은?

① 소재 가열 → 사상압연 → 조압연 → 권취 → 냉각
② 소재 가열 → 조압연 → 사상압연 → 냉각 → 권취
③ 소재 가열 → 냉각 → 조압연 → 권취 → 사상압연
④ 소재 가열 → 사상압연 → 권취 → 냉각 → 조압연

해설

열간압연 공정 순서
반제품 → 가열로 → 조압연 → 사상압연 → 냉각(라미나 플로) → 권취

33 단접 강관용 재료로 사용되는 반제품이고 띠 모양으로 용접하기 편리하도록 양단을 85~88°로 경사지게 만든 것은?

① 틴 바(Tin Bar)

② 후프(Hoop)

③ 스켈프(Skelp)

④ 틴 바 인코일(Tin Bar In Coil)

해설

압연용 소재의 종류

소재명	설명
슬래브(Slab)	단면이 장방형인 반제품(강판 반제품)
블룸(Bloom)	사각형에 가까운 단면을 가진 반제품(봉형강류 반제품)
빌릿(Billet)	단면이 사각형인 반제품(봉형강류 반제품)
스트립(Strip)	코일 상태의 긴 대강판재(강판 반제품)
시트(Sheet)	단면이 사각형인 판재(강판 반제품)
시트 바 (Sheet Bar)	분괴압연기에서 압연한 것을 다시 압연한 판재(강판 반제품)
플레이트(Plate)	단면이 사각형인 판재(강판 반제품)
틴 바(Tin Bar)	블룸을 분괴, 조압연한 석도 강판의 재료(강판 반제품)
틴 바 인코일 (Tin Bar In Coil)	틴 바와 같은 소재를 코일 모양으로 감은 것(강판 반제품)
후프(Hoop)	강판을 폭이 좁은 형상의 띠 모양으로 절단 가공하여 코일로 감아놓은 강대의 반제품(강관용 반제품)
스켈프(Skelp)	빌릿을 분괴, 조압연한 용접강관의 소재로 양단이 용접에 편리하도록 85~88°로 경사져 있음(강관용 반제품)

34 압연과정에서 나타날 수 있는 사항으로 틀린 것은?

① 롤 축면에서 롤 표면 사이의 거리를 롤 간격이라고 한다.

② 압연과정에서 롤 축에 수직으로 발생하는 힘을 압연력이라고 한다.

③ 압연력의 크기는 롤과 압연재의 접촉면과 변형저항에 의하여 결정된다.

④ 롤 사이로 압연재가 처음 물려 들어가는 부분을 물림부라고 한다.

해설

롤 축면에서 롤 표면 사이의 거리는 롤 반경이다.

35 롤의 직경이 340mm, 회전수 150rpm일 때 압연되는 재료의 출구속도가 3.67m/s이었다면 선진율은?

① 37%   ② 40%

③ 54%   ④ 70%

해설

$$선진율(\%) = \frac{출측\ 속도 - 롤의\ 속도}{롤의\ 속도} \times 100$$

$$= \frac{3.67 - 2.67}{2.67} \times 100$$

$$\fallingdotseq 37$$

여기서, 롤의 속도(m/s)

$$= \frac{롤의\ 회전수(rpm) \times 2\pi \times 롤의\ 반경(m)}{60}$$

$$= \frac{150rpm \times 2\pi \times 0.17m}{60}$$

$$\fallingdotseq 2.67\,m/s$$

36 작은 입자의 강철이나 그리드를 분사하여 스케일을 기계적으로 제거하는 작업은?

① 황산처리   ② 염산처리

③ 와이어 브러시   ④ 쇼트 블라스트

해설

쇼트 블라스트(Shot Blast)

경질 입자를 분사하여 금속 표면의 스케일, 녹 등을 기계적으로 제거하여 표면을 마무리하는 방법이다.

※ 쇼트는 분사의 의미를 갖는다.

37 무재해 운동의 3원칙 중 모든 잠재위험요인을 사전에 발견·해결·파악함으로써 근원적으로 산업재해를 없애는 원칙은?

① 대책선정의 원칙

② 무의 원칙

③ 참가의 원칙

④ 선취 해결의 원칙

해설

무재해 운동의 3원칙

• 무의 원칙 : 모든 잠재위험요인을 사전에 발견·해결·파악함으로써 근원적으로 산업재해를 없애는 원칙

• 선취 해결의 원칙 : 재해가 발생하기 전에 위험요소를 발견하는 것

• 참가의 원칙 : 전원이 참가하는 것

38 용광로에서 부산물로 생기는 가스로 발열량이 900~1,000kcal/Nm^3 정도인 연료가스는?

① 천연가스

② 고로가스

③ 석유정제정유가스

④ 코크스로가스

해설

① 천연가스 : 탄화수소가 주성분인 가연성 가스로 발열량은 9,500~10,500kcal/Nm^{3}이다.

③ 석유정제정유가스 : 석유 정제 시 발생하는 가스로 발열량은 23,000kcal/Nm^{3}이다.

④ 코크스로가스 : 석탄을 코크스로에서 건류할 때 발생하는 수소와 메탄이 주성분인 가스로 발열량은 5,000kcal/Nm^{3}이다.

39 중립점에 대한 설명으로 옳은 것은?

① 롤의 원주속도가 압연재의 진행속도보다 빠르다.

② 롤의 원주속도가 압연재의 진행속도보다 느리다.

③ 롤의 원주속도와 압연재의 진행속도가 같다.

④ 압연재의 입구쪽 속도보다 출구쪽 속도가 빠르다.

해설

중립점(No Slip Point) : 롤의 원주속도와 압연재의 진행속도가 같아지는 부분으로, 압연재 속도와 롤의 회전속도가 같아지고 가장 많은 압력을 받게 되는 지점이다.

40 두께 3.2mm의 소재를 0.7mm로 냉간압연할 때 압하량은?

① 2.0mm   ② 2.3mm

③ 2.5mm   ④ 2.7mm

해설

압하량은 압연 통과 전 두께에서 통과 후 두께를 뺀 차이다.
3.2 − 0.7 = 2.5mm

41 냉연 스트립의 풀림목적이 아닌 것은?

① 압연유를 제거하기 위함이다.
② 기계적 성질을 개선하기 위함이다.
③ 가공경화 현상을 얻기 위함이다.
④ 가공성을 좋게 하기 위함이다.

해설

가공경화는 냉간압연 후 발생한다.
소재 → 압연과정(소성변형) → 회복 → 재결정 → 결정립 성장
• 회복 : 강의 재결정 온도인 A_1 변태점 이하 온도(600~700℃)로 가열 및 일정시간 유지하여 내부 응력을 제거하는 과정
• 재결정 : 회복 과정에서 새로운 변경이 아닌 핵이 생성되어 발달하고, 동시에 그 수를 증가시켜 전체가 새로운 결정과 교체하는 것
• 결정립 성장 : 새로운 결정이 조대화(성장)되는 과정

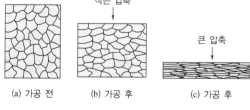

(a) 가공 전   (b) 가공 후   (c) 가공 후

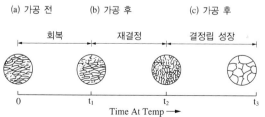

42 조질압연에 대한 설명으로 틀린 것은?

① 형상의 교정
② 기계적 성질의 개선
③ 표면거칠기의 개선
④ 화학적 성질의 개선

해설

조질압연(Skin Pass Mill)
• 정의 : 소둔 직후의 항복점 연신으로 인한 Stretcher Strain의 발생을 막기 위해 1~3%의 압하량으로 압연을 실시하는 공정
• 조질압연의 목적
 – 형상 개선(평탄도의 교정)
 – 표면 성상의 개선 : 조도에 따라 거친 표면(Dull), 매끄러운 표면(Bright)으로 구분
 – 스트레처 스트레인 방지(기계적 성질의 개선) : 곱쇠(Coil Break) 결함 제거

43 강판의 결함 중 강판의 길이 방향이나 폭 방향으로 나타나며, 냉각상에 돌출부가 있거나 상하 치중장비에 의한 긁힘으로 나타나는 결함은?

① 연와 흠   ② 선상 흠
③ 파이프 흠   ④ 긁힌 흠

해설

① 연와 흠 : 내화물 파편이 용강 내에 혼입 또는 부착되어 생긴 흠
② 선상 흠 : 압연 방향에 단속적으로 나타나는 얇고 짧은 형상의 흠
③ 파이프 흠 : 전단면에 선 모양 또는 벌어진 상태로 나타난 파이프 모양의 흠

44 중후판압연에서 롤을 교체하는 이유로 가장 거리가 먼 것은?

① 작업 롤의 마멸이 있는 경우
② 롤 표면의 거침이 있는 경우
③ 귀갑상의 열균열이 발생한 경우
④ 작업 소재의 재질 변경이 있는 경우

> **해설**
> 롤의 교체와 작업 소재의 재질 변경과는 관련 없다.

45 압연작업장의 환경에 영향을 주는 요인과 그 단위가 잘못 연결된 것은?

① 조도 – lx   ② 소음 – dB
③ 방사선 – Gauss   ④ 진동수 – Hz

> **해설**
> • 방사선 단위 : 큐리(Ci)
> • 자기장 단위 : 가우스(Gauss)

46 냉연제품의 결함 중 표면결함이 아닌 것은?

① 파이프(Pipe)
② 스케일(Scale)
③ 빌드 업(Build Up)
④ 롤 마크(Roll Mark)

> **해설**
> • 표면결함 : 스케일, 덴트, 딱지 흠, 롤 마크, 릴 마크, 긁힌 흠, 곱쇠, 빌드 업, 이물 흠 등
> • 내부결함 : 백점, 비금속 개재물, 편석, 파이프 등

47 조압연기에 설치된 AWC(Automatic Width Control)가 수행하는 작업은?

① 바의 폭 제어
② 바의 형상 제어
③ 바의 온도 제어
④ 바(Bar)의 두께 제어

> **해설**
> **자동 폭 제어(AWC ; Automatic Width Control)**
> 열연압연에서 조압연기 또는 사상압연기 앞에 설치되어 있어 슬래브(Slab)나 스트립(Strip)의 폭을 자동적으로 제어하는 장치이다.
> ※ Width는 폭을 의미한다.

48 압연기의 구동장치 중 피니언의 역할은?

① 제품을 안내하는 기구
② 강편을 추출하는 기구
③ 전동기 감독을 하는 기구
④ 동력을 각 롤에 분배하는 기구

> **해설**
> **압연구동 설비**
>
>
>
> • 모터 : 압연기의 원동력을 발생시키는 설비로 일반적으로 직류전동기가 이용되며, 속도의 조정이 필요하지 않을 때는 3상 교류전동기를 사용
> • 감속기 : 모터에서 발생된 동력을 압연기의 종류에 맞는 힘과 속도로 바꿔 주는 설비
> • 피니언 : 동력을 각 롤에 분배하는 설비
> • 스핀들 : 피니언과 롤을 연결하여 동력을 전달하는 설비

49 후판압연작업에서 평탄도 제어 방법 중 롤 및 압연 상황에 대응하여 압연하중에 의한 롤의 휘어지는 반대 방향으로 롤이 휘어지게 하여 압연판 형상을 좋게 하는 장치는?

① 롤 스탠드(Roll Stand)
② 롤 교체(Roll Change)
③ 롤 크라운(Roll Crown)
④ 롤 벤더(Roll Bender)

해설
롤 벤더(Roll Bender)
• 유압 밸런스 실린더를 통해 압연 중 발생하는 롤의 휨을 유압으로 상하 실린더를 통하여 휨을 교정하는 장치
• 다음 그림과 같이 벤더를 증가시키면 크라운(Crown)은 감소하고, 벤더를 감소시키면 크라운은 증가

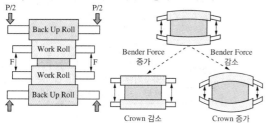

50 냉연 강판의 전해청정 시 세정액으로 사용되지 않는 것은?

① 탄산나트륨
② 인산나트륨
③ 수산화나트륨
④ 올소규산나트륨

해설
청정 작업 관리
• 세정액 : 수산화나트륨($NaOH$), 규산나트륨($Na_2O \cdot SiO_2$), 올소규산나트륨($Na_3PO_4 \cdot 12H_2O$), 인산나트륨(Na_3PO_4)
• 세정 온도 : 온도가 높을수록 세정력은 향상되나, 기타 첨가물(계면 활성제 등)에 의해 영향이 달라질 수 있다.
• 세정 농도 : 농도가 높을수록 세정력은 향상되나, 보통 4% 이상이 되면 세정력은 크게 변하지 않는다.

51 가역(Reverse)압연기에 대한 설명이 아닌 것은?

① 1회 압연할 때마다 롤의 회전 방향을 바꾸고 롤의 간격을 조금씩 좁혀 나간다.
② 압연된 코일의 안쪽과 바깥쪽에 압연이 덜된 부분이 남아 재료 회수율을 저하한다.
③ 같은 롤 커브로 조압연에서 완성압연까지 진행하므로 압하의 배분에 주의해야 한다.
④ 일반적으로 고속이고, 스탠드의 수가 많다.

해설

구분	가역식 압연기 (Reversing Mill)	연속식 압연기 (Tandem Mill)
구조	전후 왕복 보조 롤 작업 롤 스트립	한 방향 작업
스탠드 수	1개	3개 이상
스트립 진행 방향	양방향	한방향
설비비	낮다.	높다.
압연속도	저속(500mpm 이하)	고속(500mpm 이상)
생산성	낮다.	높다.
작업성	비능률적	능률적
융통성	다품종 소량생산	소품종 대량생산
원가	높다.	낮다.

52 강제순환 급유 방법은 어느 급유법을 쓰는 것이 가장 좋은가?

① 중력 급유에 의한 방법
② 패드 급유에 의한 방법
③ 원심 급유에 의한 방법
④ 펌프 급유에 의한 방법

해설
강제 순환 급유 방법 중 펌프 급유 방법이 빠르고 편리하여 좋다.

53 형강의 교정작업은 절단 후에 하는 방법과 절단 전 실시하는 방법이 있다. 절단 전에 하는 방법의 특징을 설명한 것 중 틀린 것은?

① 교정능력이 좋다.
② 제품 단부의 미교정 부분이 발생한다.
③ 냉간 절단하므로 길이의 정밀도가 높다.
④ 제품의 길이 방향의 구부러짐이 냉각 중에 발생하기 어렵다.

> **해설**
> 형강의 절단 전 교정작업은 냉간 절단이므로 제품 단부가 그대로 유지되어 미교정 부분이 발생하지 않는다.

54 노 내의 공기비가 클 때 나타나는 특징이 아닌 것은?

① 연소가스 증가에 의한 폐열손실이 증가한다.
② 스케일 생성량의 증가 및 탈탄이 증가한다.
③ 미소연소에 의한 연료소비량이 증가한다.
④ 연소 온도가 저하하여 열효율이 저하한다.

> **해설**
> 노 내의 공기비가 클 때
> • 연소가스가 증가하므로 폐열손실도 증가
> • 연소 온도는 저하하여 열효율 저하
> • 스케일 생성량 증가 및 탈탄 증가
> • 연료소비량 감소 및 연소효율 증가
> ※ 공기비가 부족하면 손실열이 증가하고 매연 발생

55 노압은 노의 열효율에 아주 큰 영향을 미친다. 노압이 높은 경우에 발생하는 것은?

① 버너 연소 상태 약화
② 침입 공기가 많아 열손실 증가
③ 소재 산화에 의한 스케일 생성량 증가
④ 외부 찬 공기 침투로 로온 저하로 열손실 증대

> **해설**
> 노압 관리
> • 노압은 노의 효율에 큰 영향을 미치며, 노압 제어는 노 내 설치된 노압 검출단에서 입력신호를 받아 자동으로 댐퍼(Damper)를 제어
> • 노압 변동 시 영향
>
> | 노압이 높을 때 | • 슬래브 장입구, 추출구, 노 내 점검구에서 방염에 의한 열손실 증가
• 방염에 의한 노체 주변 철구조물 손상
• 버너 연소상태 약화
• 개구부 방염에 의한 작업자 위험도 증가
• 화염 방출로 화재발생 |
> |---|---|
> | 노압이 낮을 때 | • 외부의 찬 공기가 노 내로 침투하여 열손실 증대
• 침입공기에 따른 공기비 제어량 실적치 변동
• 슬래브 산화에 의한 스케일 생성량 증가 |

56 에지 스캐브(Edge Scab)의 발생 원인이 아닌 것은?

① 슬래브 코너부 또는 측면에 발생한 크랙이 압연될 때
② 슬래브의 손질이 불완전하거나 스카핑이 불량할 때
③ 슬래브 끝 부분 온도 강하로 압연 중 폭 방향의 균일한 연신이 발생할 때
④ 하강 중 불순물의 분리 부상이 부족하여 강중에 대형 불순물 또는 기포가 존재할 때

> **해설**
> 에지 스캐브(Edge Scab) 발생 원인
> • 슬래브 코너부 또는 측면에 발생한 크랙, 기포 흠 등이 압연되어 발생
> • 슬래브 손질의 불완전과 스카핑 불량, 슬래브 에지 온도 강하로 압연 시 폭 방향 불균일 발생

500 ■ PART 02 과년도 + 최근 기출복원문제

53 ② 54 ③ 55 ① 56 ④ **정답**

57 전기 강판의 전기적 및 자기적 성질의 설명 중 틀린 것은?

① 투자율(Permeability)이 높을 것
② 자속밀도(Flux Density)가 높을 것
③ 철손(Core Loss)이 높을 것
④ 점적률(Lamination Factor)이 높을 것

해설
전기 강판의 요구 특성
• 제특성이 균일할 것
• 철손이 적을 것
• 자속밀도, 투자율이 높을 것
• 자기시효가 적을 것(불순물이 적을 것)
• 층간저항이 클 것
• 자왜가 적을 것
• 점적률이 높을 것
• 적당한 기계적 특성을 가질 것
• 용접성 및 타발성이 좋을 것
• 강판의 형상이 양호할 것

58 급유 개소에 기름을 분무 상태로 뿜어 윤활에 필요한 최소한의 유막 형성을 유지할 수 있는 윤활장치는?

① 등유 급유장치
② 그리스 급유장치
③ 오일 미스트 급유장치
④ 유막베어링 급유장치

해설
오일 미스트 윤활은 압축공기를 이용하여 오일을 미립자로 만들어 높은 속도로 공급하는 방식으로 최소한의 유막을 형성할 수 있으므로 오일 소모량이 작다.

59 압연 시 롤 및 강판에 압연유의 균일한 플레이트 아웃(전개부착)을 위한 에멀션 특성으로 틀린 것은?

① 농도에 관계없이 부착유량은 증대한다.
② 점도가 높으면 부착유량이 증가한다.
③ 사용수 중 Cl⁻ 이온은 유화를 불안정하게 한다.
④ 토출압이 증가할수록 플레이트 아웃성은 개선된다.

해설
점도(농도)가 높으면 부착유량이 증가한다.

60 롤에 구동력이 전달되는 부분의 명칭은?

① 롤 몸(Roll Body) ② 롤 목(Roll Neck)
③ 이음부(Wobbler) ④ 베어링(Bearing)

해설
롤의 주요 구조
• 몸체(Body) : 실제 압연이 이루어지는 부분
• 목(Neck) : 롤 몸을 지지하는 부분
• 연결부(Wobbler) : 구동력을 전달하는 부분

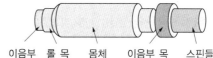

이음부 롤 목 몸체 이음부 목 스핀들

01 산화성 산, 염류, 알칼리, 황화가스 등에 우수한 내식성을 가진 Ni-Cr 합금은?

① 엘린바
② 모넬메탈
③ 콘스탄탄
④ 인코넬

해설
Ni-Cr 합금
인코넬은 Ni-Cr-Fe-Mo 합금으로서, 고온용 열전쌍, 전열기 부품 등에 사용되며, 산화성 산, 염류, 알칼리, 황화가스 등에 우수한 내식성을 가지고 있다.

02 구상흑연주철이 주조상태에서 나타나는 조직의 형태가 아닌 것은?

① 헤마타이트형
② 펄라이트형
③ 시멘타이트형
④ 페라이트형

해설
구상흑연주철
흑연을 구상화하여 균열을 억제시키고 강도 및 연성을 좋게 한 주철로 시멘타이트형, 펄라이트형, 페라이트형이 있으며 구상화제로는 Mg, Ca, Ce, Ca-Si, Ni-Mg 등이 있다.

03 금속 중에 $0.01 \sim 0.1 \mu m$ 정도의 산화물 등 미세한 입자를 균일하게 분포시킨 금속 복합 재료는 고온에서 재료의 어떤 성질을 향상시킨 것인가?

① 내식성
② 피로강도
③ 크리프
④ 전기전도도

해설
크리프
• 재료에 고온에서 내력보다 작은 응력을 가해주면 시간이 지나면서 변형이 진행되는 현상이다.
• 용융점이 낮은 금속(Pb, Cu)인 순금속, 연한 합금 등은 상온에서 크리프 현상이 발생한다.

04 금속을 부식시켜 현미경 검사를 하는 이유는?

① 인장강도 측정
② 비중 측정
③ 전도율 관찰
④ 조직 관찰

해설
금속의 완전한 조직을 얻기 위해서는 얇은 막으로 덮여 있는 표면층을 제거하고, 하부에 있는 여러 조직 성분이 드러나도록 부식시켜야 한다.

1 ④ 2 ① 3 ③ 4 ④ **정답**

05 황동에서 탈아연 부식이란 무엇인가?

① 황동제품이 공기 중에 부식되는 현상

② 황동이 수용액 중에서 아연이 용해되는 현상

③ 황동 중에 탄소가 용해되는 현상

④ 황동 중의 구리가 염분에 녹는 현상

해설

탈아연 부식(Dezincification)
황동이 불순한 수용액에 의해 표면부터 내부까지 탈아연되는 현상으로 6-4황동에 많이 사용된다. 방지법으로는 Zn이 30% 이하인 α황동을 쓰거나, As, Sb, Sn 등을 첨가한 황동을 사용하는 방법이 있다.

06 다음 중 주철에 대한 설명으로 틀린 것은?

① 주철 중의 흑연은 응고함에 따라 즉시 분리되어 괴상이 되고, 일단 시멘타이트로 정출한 뒤에는 분해하여 판상으로 나타난다.

② 주철은 쉽게 용해되고, 액상일 때 유동성이 좋다.

③ 회주철은 진동을 잘 흡수하므로 기어박스 및 기계 몸체 등의 재료로 사용된다.

④ 주철은 강도와 경도가 크다.

해설

흑심가단주철은 어닐링 처리를 통해 시멘타이트를 분해, 흑연화하여 괴상의 흑연을 석출시킨 것이다. 어닐링 처리가 장시간 소요되므로 즉시 나타나지는 않는다.

07 수소저장용 합금에 대한 설명으로 틀린 것은?

① 에틸렌을 수소화할 때 촉매로 쓸 수 있다.

② 수소가스와 반응하여 금속수소화물이 된다.

③ 수소를 흡수·저장할 때 수축하고, 방출 시 팽창한다.

④ 수소가 방출되면 금속수소화물은 원래의 수소저장합금으로 되돌아간다.

해설

수소저장용 합금 : 타이타늄, 지르코늄, 란탄, 니켈 합금으로 수소가스와 반응하여 금속수소화물이 되고 저장된 수소는 필요에 따라 금속수소화물에서 방출시킬 수 있다. 또한, 수소를 흡수·저장할 때는 팽창하고, 방출할 때는 수축한다.

08 재료에 어떤 일정한 하중을 가하고 어떤 온도에서 긴 시간 동안 유지하여 시간이 경과함에 따라 스트레인이 증가하는 것을 측정하는 시험방법은?

① 피로 시험 　　　　② 크리프 시험

③ 비틀림 시험 　　　④ 충격 시험

해설

크리프 시험 : 재료에 내력보다 작은 응력을 가하고 특정 온도에서 긴 시간 동안 유지하여 시간의 경과에 따른 변형을 측정하는 시험이다.

09 마우러 조직도에 대한 설명으로 옳은 것은?

① 주철에서 C와 P량에 따른 주철의 조직관계를 표시한 것이다.

② 주철에서 C와 Mn량에 따른 주철의 조직관계를 표시한 것이다.

③ 주철에서 C와 S량에 따른 주철의 조직관계를 표시한 것이다.

④ 주철에서 C와 Si량에 따른 주철의 조직관계를 표시한 것이다.

해설

마우러 조직도는 주철에서 C와 Si와의 관계를 나타낸 것이다.

10 니켈-크롬 합금 중 사용한도가 1,000℃까지 측정할 수 있는 합금은?

① 망가닌　　　　　② 우드메탈

③ 크로멜-알루멜　　④ 배빗메탈

해설

크로멜-알루멜(Chromel-alumel) : 알루멜(Ni-Al 합금)과 크로멜(Ni-Cr 합금)을 조합한 합금으로 1,000℃ 이하의 온도 측정용 열전대로 사용이 가능하다.

11 황동의 종류 중 순 Cu와 같이 연하고 코이닝하기 쉬워 동전이나 메달 등에 사용되는 합금은?

① 70% Cu – 30% Zn 합금

② 95% Cu – 5% Zn 합금

③ 60% Cu – 40% Zn 합금

④ 50% Cu – 50% Zn 합금

해설

길딩 메탈(Gilding Metal)

Zn이 5% 함유된 구리합금으로 화폐, 메달에 사용한다.

12 강에 S, Pb 등의 특수 원소를 첨가하여 절삭할 때 칩을 잘게 하고 피삭성을 좋게 만든 강은 무엇인가?

① 불변강　　　　　② 베어링강

③ 쾌삭강　　　　　④ 스프링강

해설

쾌삭강은 절삭성을 높이기 위해 S, Pb, Ca을 첨가한 강이다. Ca 쾌삭강은 제강 시에 Ca을 탈산제로 사용하고, S 쾌삭강은 Mn을 0.4~1.5% 첨가하여 MnS으로 하여 피삭성을 증가시킨다. 즉, 쾌삭강과 피삭성을 연관 지어 암기하도록 한다.

13 도면에 $\phi 50^{+0.072}_{+0.050}$으로 표시되었다면 치수공차는?

① 0.122　　　　　② 0.050

③ 0.072　　　　　④ 0.022

해설

치수공차 = 위 치수허용차 – 아래 치수허용차

$\qquad\quad = 0.072 - 0.050$

$\qquad\quad = 0.022$

14 대상물의 표면으로부터 임의로 채취한 각 부분에서의 표면거칠기를 나타내는 기호가 아닌 것은?

① S_m　　　　② S_{tp}

③ R_y　　　　④ R_a

해설

① S_m(평균 단면요철 간격) : 기준길이에서 1개의 산 및 인접한 1개의 골에 대응하는 평균선 길이의 합을 통해 얻은 평균치

③ R_y(최대높이거칠기, R_{max}) : 거칠면의 가장 높은 봉우리와 가장 낮은 골 밑의 차이값으로 거칠기를 계산

④ R_a(중심선 평균거칠기) : 중심선 기준으로 위쪽과 아래쪽의 면적의 합을 측정길이로 나눈 값

• S(평균 간격) : 기준길이에서 1개의 산 및 인접한 국부 산에 대응하는 평균선 길이의 평균치

• t_p(부하길이율) : 기준길이에서 단면 곡선의 중심선에 평행한 절단 위치에서 거칠기 표면까지의 부분길이와 기준길이의 비율

15 리드가 12mm인 3줄 나사의 피치는 몇 mm인가?

① 3　　　　② 6

③ 5　　　　④ 4

해설

• 나사의 피치 : 나사산과 나사산 사이의 거리
• 나사의 리드 : 나사를 360° 회전시켰을 때 상하 방향으로 이동한 거리

L(리드) $= n$(줄 수) $\times P$(피치)

12mm = 3줄 $\times$ 피치

피치 = 4mm

16 3/8 − 16UNC − 2A의 나사기호에서 2A가 의미하는 것은?

① 나사의 호칭　　② 나사의 등급

③ 나사산의 줄 수　④ 나사의 잠긴 방향

해설

3/8 − 16UNC − 2A

• 3/8 : 나사의 직경(인치)
• 16UNC : 1인치 내에 16개 산이 있는 유니파이보통나사
• 2A : 나사의 등급(A는 수나사, B는 암나사이고 숫자가 낮을수록 높은 정밀도를 의미함)

17 KS B ISO 4287 한국산업표준에서 정한 '거칠기 프로파일에서 산출한 파라미터'를 나타내는 기호는?

① P−파라미터　　② R−파라미터

③ W−파라미터　　④ Y−파라미터

해설

• 거칠기 : R_{max}(최대높이)
• R_z(10점 평균 거칠기)
• R_a(중심선 평균 거칠기)

18 침탄, 질화 등 특수 가공할 부분을 표시할 때 나타내는 선으로 옳은 것은?

① 가는 파선　　② 굵은 1점 쇄선

③ 가는 2점 쇄선　④ 가는 1점 쇄선

해설

특수 지정선

선의 종류	선의 모양	용도에 의한 명칭	선의 용도
굵은 1점 쇄선	▬ · ▬ · ▬	특수 지정선	특수한 가공을 하는 부분 등 특별한 요구 사항을 적용할 수 있는 범위를 표시

19 물체를 투상면에 한쪽으로 경사지게 투상하여 입체적으로 나타내는 것으로 물체를 입체적으로 나타내기 위해 수평선에 대하여 30°, 45°, 60° 경사각을 주어 삼각자를 편리하게 사용하게 한 것은?

① 투시도 ② 등각투상도
③ 사투상도 ④ 부등각투상도

해설
③ 사투상도 : 물체의 주요면을 투상면에 평행하게 놓고 한쪽을 경사지게 그린 투상도이다.
② 등각투상도 : 세 모서리가 이루는 각이 모두 120°가 되도록 그린 투상도이다.

20 선의 용도와 명칭이 잘못 짝지어진 것은?

① 숨은선 – 파선
② 외형선 – 굵은 실선
③ 지시선 – 1점 쇄선
④ 파단선 – 지그재그의 가는 실선

해설
③ 지시선 : 가는 실선
• 가는 1점 쇄선 : 중심선, 기준선, 피치선
• 굵은 1점 쇄선 : 특수 지정선

21 축에 풀리, 기어 등의 회전체를 고정시켜 축과 회전체가 미끄러지지 않고 회전을 정확하게 전달하는 데 사용하는 기계요소는?

① 핀 ② 키
③ 벨트 ④ 볼트

해설
② 키 : 기어, 벨트, 풀리 등을 축에 고정하여 회전력을 전달하는 기계요소
① 핀 : 기계부품의 일반적인 체결을 위한 기계요소

22 다음 그림 중에서 FL이 의미하는 것은?

① 래핑가공을 나타낸다.
② 밀링가공을 나타낸다.
③ 가공으로 생긴 선이 거의 동심원임을 나타낸다.
④ 가공으로 생긴 선이 2방향을 교차하는 것을 나타낸다.

해설
가공방법의 기호
• L : 선반가공 • C : 주조
• M : 밀링가공 • FR : 리머가공
• D : 드릴가공 • BR : 브로치가공
• G : 연삭가공 • FF : 줄 다듬질
• B : 보링가공 • FS : 스크레이퍼
• P : 평면가공 • FL : 래핑가공

23 컴퍼스로 그리기 어려운 원호나 곡선을 그릴 때 사용하는 제도 용구는?

① 형판　　　　　② 디바이더
③ 축척자　　　　④ 운형자

해설

운형자란 원호나 곡선, 숫자 등으로 이루어진 자를 의미한다.

25 냉연 강판의 결함 중 과산세(Over Pickling)의 발생 원인이 아닌 것은?

① 입·출측 기계고장으로 라인이 정지하였을 때
② 산세 사이드 트리머 나이프 교환 시 폭 조정으로 라인이 정지하였을 때
③ 산 탱크의 온도가 급격히 저하했을 때
④ 산의 농도가 높았을 때

해설

과산세는 산의 농도가 높을 때 발생하는 결함으로 라인 속도가 느리거나 정지할 때 발생하고 이를 방지할 목적으로 인히비터를 투입한다.

부식 억제제(인히비터, Inhibitor)

• 인히비터라고도 하며 철부식을 억제하기 위한 제제로 인산염이 주성분임
• 종류 : 젤라틴, 티오요소, 퀴놀린 등
• 역할 : 지철과의 반응 억제, 수소 발생 억제, 오물 생성방지, 스트립 표면 균일 및 미려
• 요구되는 성질 : 산세 시간을 지연시키지 않을 것, 불순물이 부착되지 않을 것, 고온 안정성, 용해성이 좋을 것

24 다음 중 치수보조 기호로 사용되는 것이 아닌 것은?

① Y5　　　　　② C5
③ R5　　　　　④ ϕ5

해설

② C5 : 45° 모따기 5mm
③ R5 : 반지름 5mm
④ ϕ5 : 직경 5mm

26 압연 작업 시 두께를 제어해 주는 AGC의 기능이 아닌 것은?

① 압하보상　　　② 가속보상
③ 형상제어　　　④ 끝단보상

해설

형상제어 수단 : 롤 크라운 조정, 장력 조정, 윤활 제어이다.

자동 두께 제어(AGC ; Automatic Gauge Control)

• 압연 중 스트립 두께 변동을 검출하기 위한 장비이다. 스크루 다운 블록(Screw Down Block) 하단에 설치된 로드 셀(Load Cell)에 의해 압연의 압력 변화를 검출하여 현재 위치를 탐지한 후 F7 후면에 설치된 X-Ray가 판 두께를 측정한다. 이 신호를 기반으로 압하 스크루를 자동 제어하여 스트립을 목표 두께로 제어하는 장치

27 어느 고정점을 기준으로 회전하여 필요한 위치로 올려주는 장치는?

① 롤러 테이블
② 틸팅 테이블
③ 리프팅 테이블
④ 반송용 롤러 테이블

해설

리프팅 테이블과 틸팅 테이블
3단식 압연기에서는 압연재를 하부 롤과 중간 롤 사이로 패스한 후 다음 패스를 위하여 압연재를 들어 올려 중간 롤과 상부 롤 사이로 넣는 데 필요한 장치
• 리프팅 테이블 : 테이블이 평행으로 올라가는 설비
• 틸팅 테이블 : 어느 고정점을 기준으로 회전하여 필요한 위치로 올리는 설비

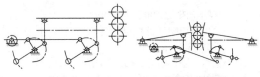

[리프팅 테이블]　　　　[틸팅 테이블]

28 압하량이 일정한 상태에서 재료가 압연기에 쉽게 치입되도록 하는 조건 중 틀린 것은?

① 압연재의 온도를 높여준다.
② 지름이 작은 롤을 사용한다.
③ 압연재를 뒤에서 밀어준다.
④ 롤(Roll)의 회전속도를 줄여준다.

해설

압연소재가 롤에 쉽게 물리기 위한 조건
• 압하량을 적게 한다.
• 치입각의 크기를 작게 한다.
• 롤 지름의 크기가 크다.
• 압연재의 온도를 높인다.
• 마찰력을 높인다.
• 롤의 회전속도를 줄인다.
• 압연재를 뒤에서 밀어준다.

29 압연과정에서 나타날 수 있는 사항으로 틀린 것은?

① 압연과정에서 롤 축에 수직으로 발생하는 힘을 압연력이라고 한다.
② 롤 축면에서 롤 표면 사이의 거리를 롤 간격이라고 한다.
③ 압연력의 크기는 롤과 압연재의 접촉면과 변형저항에 의하여 결정된다.
④ 롤 사이로 압연재가 처음 물려 들어가는 부분을 물림부라고 한다.

해설

롤 축면에서 롤 표면 사이의 거리는 롤 반경이다.

30 롤의 종류 중에서 애드마이트 롤에 소량의 흑연을 석출시킨 것으로서 특히 열균열 방지 작용이 있는 롤은?

① 저합금 크레인 롤
② 특수주강 롤
③ 구상흑연주강 롤
④ 복합주강 롤

해설

① 저합금 크레인 롤(애드마이트 롤) : 주철과 주강의 중간적인 롤로서 칠드 롤과 흡사한 성질이 있고 내마멸성이 크다.
② 특수주강 롤 : Cr-Mo 재질 롤과 Ni-Cr-Mo 재질 롤이 있다.
④ 복합주강 롤 : 동부는 고합금강으로서 내열, 내균열, 내마멸성이 있으며 중심부는 저합금강으로서 강인성이 있다.

31 산세처리 공정 중 스케일의 균일한 용해와 과산세를 방지하기 위해 첨가하는 재료는?

① 산화수
② 디스케일러
③ 인히비터
④ 어큐뮬레이터

해설

부식 억제제(인히비터, Inhibitor)
• 인히비터라고도 하며 철부식을 억제하기 위한 제제로 인산염이 주성분임
• 종류 : 젤라틴, 티오요소, 퀴놀린 등
• 역할 : 지철과의 반응억제, 수소 발생 억제, 오물 생성방지, 스트립 표면 균일 및 미려
• 요구되는 성질 : 산세 시간을 지연시키지 않을 것, 불순물이 부착되지 않을 것, 고온 안정성, 용해성이 좋을 것

32 관재압연에서 최종 완성압연에 사용되는 압연기는?

① 릴링 압연기
② 필거 압연기
③ 만네스만 압연기
④ 플러그 압연기

해설

① 릴링 압연기 : 와이어, 케이블, 튜브와 같은 길고 얇은 제품을 생산하는데 사용되는 압연기의 한 종류
③ 만네스만(천공기) 압연기 : 관 압연기로 이음매 없는 강관 제조
④ 플러그 압연기 : 천공된 관을 가열된 상태에서 심봉이 설치되어 있는 플러그 압연기에 통과시켜 관의 두께와 지름을 감소시키는 압연 작업

33 냉연박판의 제조공정 중 마지막 단계는?

① 표면청정
② 풀림
③ 전단 리코일
④ 조질압연

해설

냉연박판 제조공정 순서
핫코일(Hot Coil) → 산세(Pickling Line) → 냉간압연(Cold Rolling) → 전해청정(Electrolytic Cleaning, 표면청정) → 풀림(Annealing, 소둔) → 조질압연(Skin Pass Rolling) → 되감기(Recoiling Line, 리코일링) → 전단(Shearing Line)

34 조압연에서 압연 중에 발생되는 상향(Warp) 원인으로 관련이 가장 적은 것은?

① 압연기 롤 상하 경차
② 슬래브(Slab) 표면 상하 온도차
③ 압연용 소재의 두께가 얇을 때
④ 압연기 상하 롤 속도차

해설

• 롤의 크기와 소재의 변화
  - 소재는 롤의 회전수가 같을 때 롤의 지름이 작은 쪽으로 구부러진다.
  - 상부 롤 > 하부 롤 : 소재는 하향
  - 상부 롤 < 하부 롤 : 소재는 상향

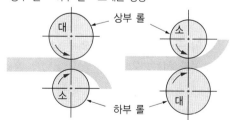

• 롤의 크기를 조절하지 않고 소재를 하향하는 방법
  - 소재의 상부 날판을 가열한다.
  - 소재의 하부 날판을 냉각한다.
  - 하부 롤의 속도보다 상부 롤의 속도를 크게 한다.

35 조질압연의 목적을 설명한 것 중 틀린 것은?

① 형상을 바르게 교정한다.
② 재료의 인장강도를 높이고 항복점을 낮게 하여 소성 변형 범위를 넓힌다.
③ 최종 사용 목적에 적합하고 적정한 표면 거칠기로 완성한다.
④ 재료의 항복점 변형을 없애고 가공할 때의 스트레처 스트레인을 생성한다.

해설

조질압연(Skin Pass Mill)
• 정의 : 소둔 직후의 항복점 연신으로 인한 스트레처 스트레인(Stretcher Strain)의 발생을 막기 위해 1~3%의 압하량으로 압연을 실시하는 공정
• 조질압연의 목적
  - 형상 개선(평탄도의 교정)
  - 표면 사상의 개선 : 조도에 따라 거칠 표면(Dull), 매끄러운 표면(Bright)으로 구분
  - 스트레처 스트레인 방지(기계적 성질의 개선) : 곱쇠(Coil Break) 결함 제거

36 롤의 중심에서 압연하중의 중심까지의 거리를 무엇이라 하는가?

① 투영 접촉길이　　② 토크 암
③ 토크 길이　　　　④ 압연 토크

해설

토크 암은 롤의 중심에서 압연하중의 중심까지의 거리를 의미하고 압연 토크는 압연하중과 토크 암의 곱이다.

37 전해청정의 원리를 설명한 것으로 틀린 것은?

① 세정액 중의 2개의 전극에 전압을 걸면 양이온은 음극으로 음이온은 양극으로 전류가 흐른다.
② 전기분해에 의해 물이 H^+로 OH^-로 전리된다.
③ 전극의 먼지나 기체의 부착으로 인한 저항방지 목적으로 주기적으로 극성을 바꿔준다.
④ 음극에서의 산소발생량은 양극에서의 수소발생량의 3배가 된다.

해설

음극에서는 수소가 발생하고, 양극에서는 산소가 발생한다.
전해청정 작업
물에 용해되어 있는 알칼리 세제에 2개의 전극(Grid)을 넣어 전압을 걸면, 전류가 세제 용액 중에 흐르게 된다. 동시에 물에도 전기분해가 일어나 H^+는 음극으로, OH^-는 양극으로 각각의 산소, 수소 가스가 발생한다. 이때 가스들이 부상하는 힘에 의해 스트립 표면의 압연유와 오물 등을 제거하게 된다.

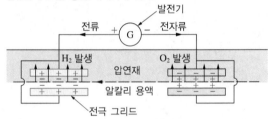

$4H_2O \rightarrow 4H^+ + 4OH^-$　　(용액 중)
$4H^+ + 4e^- \rightarrow 2H_2$　　(음극에서)
$4OH^- - 4e^- \rightarrow 2H_2O + O_2$　　(양극에서)

38 냉연 강판의 결함 중 표면결함에 해당되지 않는 것은?

① 비금속 개재물　　② 롤 마크
③ 덴트　　　　　　④ 스크래치

해설

• 표면결함 : 스케일, 덴트, 딱지 흠, 롤 마크, 릴 마크, 긁힌 흠(스크래치), 곱쇠, 빌드 업, 이물 흠 등
• 내부결함 : 백점, 비금속 개재물, 편석, 파이프 등

39 중후판 소재의 길이 방향과 소재의 강괴 축이 직각되는 압연 작업은?

① 폭내기 압연(Widening Rolling)

② 완성 압연(Finishing Rolling)

③ 크로스 압연(Cross Rolling)

④ 조정 압연(Controlled Rolling)

해설

③ 크로스 압연 : 중후판 소재의 길이 방향과 소재의 강괴 축이 직각되는 압연 작업으로, 제품의 폭 방향과 길이 방향의 재질적인 방향성을 경감할 목적으로 실시하는 압연방법이다.

① 폭내기 압연 : 중후판 압연 공정에서 원하는 폭을 만들기 위한 압연방법이다.

② 완성 압연 : 완제품의 모양과 치수로 만드는 압연방법이다.

④ 조정 압연(제어 압연) : 압연 중에 소재 온도를 조정하여 최종 패스의 온도를 낮게 하면 제품의 조직이 미세화하여 강도의 상승과 인성이 개선되는 압연방법이다.

40 열간압연 후 냉간압연할 때 처음에 산세(Pickling) 작업을 하는 이유로 옳은 것은?

① 재료의 연화

② 냉간압연 속도의 증가

③ 주상정 조직의 파괴

④ 산화피막의 제거

해설

산세처리는 산화피막 등의 표면결함을 제거하여 표면을 미려하게 한다.

41 압연기의 롤 속도가 500m/min, 선진율이 5%, 압하율이 35%일 때, 소재의 롤 출측 속도로 옳은 것은?

① 425m/min

② 675m/min

③ 575m/min

④ 525m/min

해설

$$선진율(\%) = \frac{출측속도 - 롤의\ 속도}{롤의\ 속도} \times 100$$

$$5 = \frac{x - 500}{500} \times 100$$

출측 속도 = 525m/min

42 압연 롤을 회전시키는 압연모멘트 45kg·m, 롤의 회전수 50rpm으로 회전시킬 때 압연효율을 50%로 하면 필요한 압연마력은?

① 약 6마력

② 약 5마력

③ 약 3마력

④ 약 8마력

해설

$$압연마력(HP) = \frac{0.136 \times T \times 2\pi N}{60 \times E}$$

여기서, T : 롤 회전 모멘트(Nm) = 45kg·m

= 45×9.81N·m

= 441N·m

N : 롤의 분당 회전수(rpm) = 50rpm

E : 압연효율(%) = 50%

※ π는 3.14로 계산해도 된다.

따라서 6.3이므로 약 6마력이 필요하다.

43 두께 200mm의 압연소재를 160mm로 압연을 하였다. 압하율은?

① 60%　　　　　　② 40%

③ 20%　　　　　　④ 80%

해설

$$압하율(\%) = \frac{압연\ 전\ 두께 - 압연\ 후\ 두께}{압연\ 전\ 두께} \times 100\%$$

$$= \frac{200 - 160}{200} \times 100\%$$

$$= 20\%$$

44 압연하중이 2,000kg, 토크 암(Torque Arm)의 길이가 8mm일 때 압연토크는?

① 1.6kg·m　　　　② 1,600kg·m

③ 160kg·m　　　　④ 16kg·m

해설

압연토크 = 압연하중 × 토크 암
　　　　 = 2,000kg × 0.008m
　　　　 = 16kg·m

45 냉간압연에서 변형저항 계산 시 변형효율을 옳게 나타낸 것은?(단, K_{fm} : 변형강도, K_w : 변형저항)

① $\eta = \dfrac{K_w}{K_{fm}}$　　　　② $\eta = \dfrac{K_w}{K_w + K_{fm}}$

③ $\eta = \dfrac{K_w - K_{fm}}{K_w}$　　　　④ $\eta = \dfrac{K_{fm}}{K_w}$

해설

$$변형효율 = \frac{변형강도}{변형저항}$$

46 롤 직경 340mm, 회전수 150rpm이고, 압연되는 재료의 출구속도는 3.67m/s일 때 선진율(%)은 약 얼마인가?

① 27%　　　　　　② 75%

③ 55%　　　　　　④ 37%

해설

롤의 속도 $= 150 \times (0.340) \times \pi / 60 ≒ 2.67\text{m/s}$

$$전진율(\%) = \frac{출측\ 속도 - 롤의\ 속도}{롤의\ 속도} \times 100$$

$$= \frac{3.67 - 2.67}{2.67} \times 100 ≒ 37$$

47 냉간압연용 압연유가 구비해야 할 조건이 아닌 것은?

① 유막강도가 클 것

② 윤활성이 좋을 것

③ 탈지성이 좋을 것

④ 마찰계수가 클 것

해설

압연유가 가져야 할 조건
• 적절한 마찰계수를 갖을 것
• 세정력이 우수할 것
• 방청성이 우수할 것
• 강판의 방청유와 상용성이 있을 것
• 후공정에서 피막 제거성이 양호할 것
• 강판 방청유의 탈지성에 악영향이 없을 것
• 도장성이 양호할 것

48 압하설정과 롤크라운의 부적절로 인해 압연판(Strip)의 가장자리가 가운데보다 많이 늘어나 굴곡진 형태로 나타난 결함은?

① 양파   ② 중파

③ 캠버   ④ 루즈

해설

② 중파 : 스트립의 중앙이 가장자리보다 늘어난 현상

③ 캠버 : 열간압연 시 압연판이 평면상에서 좌우로 휘어지는 현상

④ 루즈 : 코일이 권취될 때 장력부족으로 느슨하게 감겨 있는 상태

49 열연공장의 압연 중 발생된 스케일(Scale)을 제거하는 장치는?

① 브러시(Brush)

② 스카핑(Scarfing)

③ 디스케일러(Descaler)

④ 그라인딩(Grinding)

해설

③ 디스케일러(Descaler) : 압연기 전후에 있는 설비로 압연 중 발생하는 스케일을 제거하여 스트립의 표면을 깨끗하게 한다.

② 스카핑(Scarfing) : 강재의 표면결함을 평탄하게 용융 또는 제거하는 작업이다.

50 압연기의 구동장치가 아닌 것은?

① 스크루 다운   ② 피니언

③ 감속기   ④ 스핀들

해설

압연구동 설비

모터 (동력발생)	→	감속기 (회전수 조정)	→	피니언 (동력분배)	→	스핀들 (동력전달)

• 모터 : 압연기의 원동력을 발생시키는 설비로 일반적으로 직류전동기가 이용되며, 속도의 조정이 필요하지 않을 때는 3상 교류전동기가 사용된다.

• 감속기 : 모터에서 발생된 동력을 압연기의 종류에 맞는 힘과 속도로 바꿔주는 설비이다.

• 피니언 : 동력을 각 롤에 분배하는 설비이다.

• 스핀들 : 피니언과 롤을 연결하여 동력을 전달하는 설비이다.

51 냉간압연 산세공정에서 선행 강판과 후행 강판을 접합연결하는 설비인 용접기(Welder)의 종류가 아닌 것은?

① 플래시 버트 용접기(Flash Butt Welder)

② 심용접기(Seam Welder)

③ 점용접기(Spot Welder)

④ 레이저 용접기(Lazer Welder)

해설

③ 점용접기(Spot Welder) : 점용접기는 국부적인 용접으로 철판을 연결하는 용접으로는 부적합하다.

① 플래시 버트 용접기(Flash Butt Welder) : 냉간압연에서 일반적으로 판을 연결할 때 사용하는 용접으로 열 영향부가 적고 금속조직의 변화가 적다.

② 심용접기(Seam Welder) : 냉연 강판의 연속작업을 위해 전후 강판을 오버랩시킨 후 용접휠을 구동시켜 상하부를 용접한다.

④ 레이저 용접기(Lazer Welder) : 레이저광선의 출력을 응용한 용접으로 에너지 밀도가 높고 고융점 금속의 용접이 가능하여 철판을 연결하는 용접에 사용한다.

52 노 내 분위기 관리 중 공기비가 클 때(1.0 이상)의 설명으로 틀린 것은?

① 저온 부식이 발생한다.

② 연소 가스 증가에 의한 폐손실열이 증가한다.

③ 연소 온도가 증가한다.

④ 연소 가스 중의 O_2의 생성 촉진에 의한 전열면이 부식된다.

해설

노 내의 공기비가 클 때
- 연소 가스가 증가하므로 폐열 손실도 증가함
- 연소 온도가 감소하여 열효율 감소함
- 스케일 생성량도 증가 및 탈탄 증가함
- 연료소비량은 감소로 연소효율 증가함
※ 공기비가 부족하면 손실열이 증가하고 매연이 발생함

53 I형강에서 공형의 홈에 재료가 꽉 차지 않는 상태, 즉 어긋난 상태로 되었을 때 데드 홀(Dead Hole)부에 생기는 것은?

① 언더 필링(Under Filling)

② 오버 필링(Over Filling)

③ 어퍼 필링(Upper Filling)

④ 로어 필링(Lower Filling)

해설

데드 홀은 한쪽의 롤에만 파인 오목한 공형이며 공형설계의 원칙을 지키지 않으면 데드 홀에는 언더 필링, 리브 홀에는 오버 필링이 발생한다.

54 열간 스카프의 특징을 설명한 것 중 옳은 것은?

① 손질 깊이의 조정이 용이하지 못하다.

② 작업속도가 빠르며, 압연 능률을 떨어뜨리지 않는다.

③ 산소 소비량이 냉간 스카프보다 많이 사용된다.

④ 균일한 스카프가 가능하나, 평탄한 손질면을 얻을 수 없다.

해설

열간 스카핑 : 강괴의 표면에는 스캡, 크랙, 표면개재물들의 유해한 결함이 있다. 또한 균열로 공정에서 표면 탈탄층이 생기게 되는데 이러한 결함을 제거하기 위한 설비이다.
- 손질 깊이 조정이 용이하다.
- 산소 소비량이 냉간 스카핑에 비해 적다.
- 작업속도가 빨라 압연 능률을 해치지 않는다.

55 냉간압연 설비 중 출측 권취설비에 사용되지 않는 것은?

① 텐션 릴(Tension Reel)

② 캐러셀 릴(Carrousel Reel)

③ 페이 오프 릴(Pay Off Reel)

④ 벨트 래퍼(Belt Wrapper)

해설

출측 권취설비 : 텐션 릴(Tension Reel), 벨트 래퍼(Belt Wrapper), 캐러셀 릴(Carrousel Reel)

56 산세 탱크(Pickling Tank)는 3~5조가 직렬로 배치되어 있다. 산세 탱크 내의 황산 또는 염산농도에 대한 설명으로 옳은 것은?

① 제1산세 탱크로부터 차례로 농도가 짙어진다.
② 탱크 전체의 농도를 일정하게 유지한다.
③ 제1산세 탱크로부터 차례로 농도가 묽어진다.
④ 제1산세 탱크로부터 2, 3, 4탱크를 교대로 농도를 짙게 또는 묽게 한다.

> **해설**
> 산세 탱크 내 산 용액 농도를 기준범위 내에 관리하여야 하고 제1산세 탱크로부터 차례로 농도가 짙어진다.

57 스트립 사행을 방지하기 위하여 설치되는 장치명은?

① 브라이들 롤(Bridle Roll)
② 스티어링 롤(Steering Roll)
③ 텐션 릴(Tension Reel)
④ 패스라인 롤(Pass Line Roll)

> **해설**
> ① 브라이들 롤(Bridle Roll) : 롤의 배치를 통해 강판에 장력을 주고, 판의 미끄럼 방지를 도와준다.
> ③ 텐션 릴(Tension Reel) : 냉간압연에서 출측 권취설비이다.
> ④ 패스라인 롤(Pass Line Roll) :연기 전후에 설치되어 패스라인 위치에서 정해주는 소재를 이송시켜 주는 롤이다.

58 감전재해 예방대책을 설명한 것 중 틀린 것은?

① 전기설비 점검을 철저히 한다.
② 설비의 필요한 부분은 보호 접지를 실시한다.
③ 이동전선은 지면에 배선한다.
④ 충전부가 노출된 부분에는 절연 방호구를 사용한다.

> **해설**
> 이동전선을 지면에 배선하면 지면이 축축한 경우 감전의 위험이 커진다.

59 안전점검의 가장 큰 목적은?

① 장비의 설계상태를 점검
② 투자의 적정성 여부 점검
③ 공정 단축 적합의 시정
④ 위험을 사전에 발견하여 시정

60 사고 예방 대책의 기본 원리 5단계의 순서로 옳은 것은?

① 사실의 발견 → 분석·평가 → 안전관리 조직 → 대책의 선정 → 시정책의 적용
② 사실의 발견 → 대책의 선정 → 분석·평가 → 시정책의 적용 → 안전관리 조직
③ 안전관리 조직 → 분석·평가 → 사실의 발견 → 시정책의 적용 → 대책의 선정
④ 안전관리 조직 → 사실의 발견 → 분석·평가 → 대책의 선정 → 시정책의 적용

> **해설**
> 사고 예방 대책 5단계
> 안전관리 조직 → 사실의 발견 → 분석·평가 → 대책의 선정 → 시정책의 적용(안전관리 조직은 예방 단계이므로 사실을 발견하면 그 후 대책을 세우게 됨)

01 Fe-C 상태도에 나타나지 않는 변태점은?

① 포정점   ② 포석점

③ 공정점   ④ 공석점

해설

Fe-C 상태도에서의 불변반응
- 공석점 : $\gamma - Fe \Leftrightarrow \alpha - Fe + Fe_3C(723℃)$
- 공정점 : $Liquid \Leftrightarrow \gamma - Fe + Fe_3C(1,130℃)$
- 포정점 : $Liquid + \delta - Fe \Leftrightarrow \gamma - Fe(1,490℃)$

02 고Cr계보다 내식성과 내산화성이 더 우수하고 조직이 연하여 가공성이 좋은 18-8 스테인리스강의 조직은?

① 페라이트   ② 펄라이트

③ 오스테나이트   ④ 마텐자이트

해설

오스테나이트(Austenite)계 내열강 : 18-8(Cr-Ni) 스테인리스강에 Ti, Mo, Ta, W 등을 첨가하여 고온에서 페라이트계보다 내열성이 크다.

03 다음 중 재료의 연성을 파악하기 위하여 실시하는 시험은?

① 피로시험   ② 충격시험

③ 커핑시험   ④ 크리프시험

해설

에릭션시험(커핑시험) : 재료의 전·연성을 측정하는 시험으로 Cu판, Al판 및 연성 판재를 가압 성형하여 변형 능력을 시험이다.

04 다음 중 슬립(Slip)에 대한 설명으로 틀린 것은?

① 슬립이 계속 진행되면 변형이 어려워진다.

② 원자밀도가 최대인 방향으로 슬립이 잘 일어난다.

③ 원자밀도가 가장 큰 격자면에서 슬립이 잘 일어난다.

④ 슬립에 의한 변형은 쌍정에 의한 변형보다 매우 작다.

해설

쌍정은 슬립이 일어나기 어려운 경우 발생한다.
슬립 : 재료에 외력이 가해졌을 때 결정 내 인접한 격자면에서 미끄러짐이 나타나는 현상이며, 원자 밀도가 가장 큰 격자면에서 잘 발생한다.

05 60% Cu-40% Zn 황동으로 복수기용 판, 볼트, 너트 등에 사용되는 합금은?

① 톰백(Tombac)

② 길딩메탈(Gilding Metal)

③ 문쯔메탈(Muntz Metal)

④ 애드미럴티메탈(Admiralty Metal)

해설

① 톰백 : 구리에 5~20%의 아연을 함유한 황동으로, 강도는 낮으나 전연성이 좋다.
② 길딩메탈(Gilding Metal) : 5% Zn 함유된 구리합금으로 화폐, 메달에 사용된다.
④ 애드미럴티황동 : 7-3황동에 1% 주석을 첨가한 황동으로 전연성이 좋고 내식성 개선

1 ②   2 ③   3 ③   4 ④   5 ③   **정답**

06 로크웰 경도를 시험할 때 주로 사용하지 않는 시험 하중(kgf)이 아닌 것은?

① 60
② 100
③ 150
④ 250

해설

로크웰 경도 시험의 기준 하중은 10kgf이며 시험 하중은 60, 100, 150kgf 세 가지가 이용된다.

로크웰 경도 시험(HRC, HRB, Rockwell Hardness Test)
- 강구 또는 다이아몬드 원추를 시험편에 처음 일정한 기준 하중을 주어 시험편을 압입하고, 다시 시험하중을 가하여 생기는 압흔의 깊이 차로 구하는 시험이다.
- HRC와 HRB의 비교

스케일	누르개	기준 하중 (kg)	시험 하중 (kg)	경도를 구하는식	적용 경도
HRC	원추각 120°의 다이아몬드	10	150	HRC = 100−500h	0~70
HRB	강구 또는 초경합금, 지름 1.588mm		100	HRB = 130−500h	0~100

07 실용 합금으로 Al에 Si가 약 10~13% 함유된 합금의 명칭으로 옳은 것은?

① 라우탈
② 알니코
③ 실루민
④ 오일라이트

해설

실루민(Al−Si)
- Al에 10~13% Si를 첨가한 합금이다. Na을 첨가하여 개량화 처리를 실시한다.
- 용융점(660℃)이 낮고 유동성이 좋고 넓어 복잡한 모래형 주물에 이용한다.
- 개량화 처리 시 용탕과 모래형 수분과의 반응으로 수소를 흡수하여 기포가 발생한다.
- 다이캐스팅에는 급랭으로 인해 미세 조직이 된다.
- 열간 메짐이 없다.
- Si 함유량이 많아질수록 팽창계수와 비중은 낮아지며 주조성, 가공성이 나빠진다.

08 다음 성분 중 질화층의 경도를 높이는 데 기여하는 원소로만 나열된 것은?

① Al, Cr, Mo
② Zn, Mg, P
③ Pb, Au, Cu
④ Au, Ag, Pt

해설

질화법
- 500~600℃의 변태점 이하에서 암모니아 가스를 주로 사용하여 질소를 확산·침투시켜 표면층을 경화시킨다.
- 질화층 생성 금속 : Al, Cr, Ti, V, Mo 등을 함유한 강은 심하게 경화된다.
- 질화층 방해 금속 : 주철, 탄소강, Ni, Co

09 체심입방격자(BBC)의 근접 원자 간 거리는?(단, 격자정수는 α이다)

① α
② $\frac{1}{2}\alpha$
③ $\frac{1}{\sqrt{2}}\alpha$
④ $\frac{\sqrt{3}}{2}\alpha$

해설

체심입방격자의 근접 원자 간 거리는 $\frac{\sqrt{3}}{2}\alpha$이다.

10 소성가공에 대한 설명으로 옳은 것은?

① 재결정 온도 이하에서 가공하는 것은 냉간가공이라고 한다.

② 열간가공은 기계적 성질이 개선되고 표면 산화가 안 된다.

③ 재결정은 결정을 단결정으로 만드는 것이다.

④ 금속의 재결정 온도는 모두 동일하다.

해설

냉간가공과 열간가공의 비교

냉간가공	열간가공
• 재결정 온도보다 낮은 온도에서 가공한다.	• 재결정 온도보다 높은 온도에서 가공한다.
• 강도·경도가 증가한다.	• 연신율이 증가한다.
• 치수 정밀도가 양호하다.	• 치수 정밀도가 불량하다.
• 표면 상태가 양호하다.	• 표면 상태가 불량하다.
• 연강, Cu합금, 스테인리스강 등의 가공에 사용한다.	• 압연, 단조, 압출 가공에 사용한다.

11 스프링강에 요구되는 성질에 대한 설명으로 옳은 것은?

① 취성이 커야 한다.

② 산화성이 커야 한다.

③ 큐리점이 높아야 한다.

④ 탄성한도가 높아야 한다.

해설

스프링용 재료는 경도보다는 인성, 탄성, 내피로성이 필요하다.

12 저용융점 합금의 금속원소가 아닌 것은?

① Mo   ② Sn

③ Pb   ④ In

해설

저용융점 합금 : 250℃ 이하에서 용융점을 갖는 것이며 땜납(Pb-Sn합금)보다 녹는점이 낮은 Pb, Bi, Sn, Cd, In 등의 합금이다.

13 편정반응의 반응식을 나타낸 것은?

① 액상(L_1) + 고상(S_1) → 고상(S_2)

② 액상(L_1) → 고상(S_1) + 액상(L_2)

③ 고상(S_2) → 고상(S_2) + 고상(S_3)

④ 액상(L_1) → 고상(S_1) + 고상(S_2)

해설

편정반응 : 하나의 액체에서 다른 액상 및 고용체가 동시에 형성되는 반응을 말한다(L_1 → L_2 + S_1).

14 액체 금속이 응고할 때 응고점(녹는점)보다는 낮은 온도에서 응고가 시작되는 현상은?

① 과냉 현상

② 과열 현상

③ 핵정지 현상

④ 응고잠열 현상

해설

• 금속의 응고 및 변태 : 액체 금속의 온도가 내려감에 따라 응고점에 이르러 응고가 시작되면 원자는 결정을 구성하는 위치에 배열되며, 원자의 운동 에너지는 열의 형태로 변화한다.

• 과냉각 : 응고점보다 낮은 온도가 되어야 응고가 시작된다.

• 숨은열(응고잠열) : 응고 시 방출되는 열을 말한다.

15 금속재료의 표면에 강이나 주철의 작은 입자를 고속으로 분사시켜, 표면층을 가공경화하여 경도를 높이는 방법은?

① 금속용사법　　② 하드페이싱
③ 숏피닝　　　　④ 금속침투법

해설

숏피닝 : 숏이라고 불리는 강구를 고속으로 분사하여 표면의 경도를 높이는 작업이다.

16 다음 중 1~5μm 정도의 비금속 입자가 금속이나 합금의 기지 중에 분산되어 있는 재료를 무엇이라 하는가?

① 합금공구강 재료
② 스테인리스 재료
③ 서멧(Cermet) 재료
④ 탄소공구강 재료

해설

입자강화 금속 복합재료(서멧, Cermet) : 분말야금법으로 금속에 1~5μm의 비금속 입자를 분산시킨 재료이다.

17 도면의 치수기입에서 치수에 괄호를 한 것이 의미하는 것은?

① 비례척이 아닌 치수
② 정확한 치수
③ 완성 치수
④ 참고 치수

해설

치수 보조기호

종류	기호(읽기)
정사각형의 변	□(사각)
판의 두께	t(티)
45° 모따기	C(시)
구의 반지름	SR(에스알)
참고 치수	(　　)(괄호)

18 나사 각부를 표시하는 선의 종류로 틀린 것은?

① 가려서 보이지 않은 나사부는 파선으로 그린다.
② 수나사의 골 지름과 암나사의 골 지름은 가는 실선으로 그린다.
③ 완전 나사부와 불완전 나사부의 경계선은 가는 실선으로 그린다.
④ 수나사의 바깥지름과 암나사의 안지름은 굵은 실선으로 그린다.

해설

나사의 도시방법
• 수나사의 바깥지름과 암나사의 안지름을 표시하는 선은 굵은 실선으로 그린다.
• 수나사, 암나사의 골을 표시하는 선은 가는 실선으로 그린다.
• 완전 나사부와 불완전 나사부의 경계선은 굵은 실선으로 그린다.
• 불완전 나사부의 골을 나타내는 선은 축선에 대하여 30°의 가는 실선으로 그리고, 필요에 따라 불완전 나사부의 길이를 기입한다.
• 암나사의 단면 도시에서 드릴 구멍이 나타날 때에는 굵은 실선으로 120°가 되게 그린다.
• 수나사와 암나사의 결합부의 단면은 수나사로 나타낸다.
• 수나사와 암나사의 측면 도시에서 각각의 골지름은 가는 실선으로 약 3/4 원으로 그린다.

19 도면 A4에 대하여 윤곽의 너비는 최소 몇 mm인 것이 바람직한가?

① 4   ② 10

③ 20   ④ 30

해설

도면 크기의 종류 및 윤곽의 치수

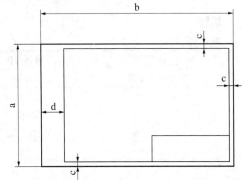

크기의 호칭		A0	A1	A2	A3	A4
도면의 윤곽	a×b	841 × 1,189	594 × 841	420 × 594	297 × 420	210 × 297
	c(최소)	20	20	10	10	10
	d (최소) 철하지 않을 때	20	20	10	10	10
	철할 때	25	25	25	25	25

20 축의 최대허용치수가 44.991mm, 최소허용치수가 44.975mm인 경우 치수공차(mm)는?

① 0.012   ② 0.016

③ 0.018   ④ 0.020

해설

공차 = 최대허용치수 − 최소허용치수
= 44.991 − 44.975
= 0.016mm

21 다음 중 나사의 리드(Lead)를 구하는 식으로 옳은 것은?(단, 줄 수 : n, 피치 : P)

① $L = \dfrac{n}{P}$ ② $L = n \times P$

③ $L = \dfrac{P}{n}$ ④ $L = \dfrac{n \times P}{2}$

해설

• 나사의 피치 : 나사산과 나사산 사이의 거리
• 나사의 리드 : 나사를 360° 회전시켰을 때 상하 방향으로 이동한 거리

L(리드) = n(줄 수) × P(피치)

22 도면에 치수를 기입할 때 유의해야 할 사항으로 옳은 것은?

① 치수는 계산을 하도록 기입해야 한다.

② 치수의 기입은 되도록 중복하여 기입해야 한다.

③ 치수는 가능한 한 보조 투상도에 기입해야 한다.

④ 관련되는 치수는 가능한 한 곳에 모아서 기입해야 한다.

해설

치수기입 원칙

• 치수는 되도록 주투상도(정면도)에 집중한다.
• 치수는 중복 기입을 피한다.
• 치수는 되도록 계산해서 구할 필요가 없도록 한다.
• 치수는 필요에 따라 기준으로 하는 점, 선 또는 면을 기준으로 하여 기입한다.
• 관련되는 치수는 되도록 한 곳에 모아서 기입한다.
• 치수는 되도록 공정마다 배열을 분리하여 기입한다.
• 치수 중 참고 치수에 대하여는 치수 수치에 괄호를 붙인다.

23 모따기의 각도가 45°일 때의 모따기 기호는?

① φ   ② R

③ C   ④ t

해설

① φ : 지름
② R : 반지름
④ t : 판의 두께

24 "KS D 3503 SS 330"으로 표기된 부품의 재료는 무엇인가?

① 합금 공구강
② 탄소용 단강품
③ 기계구조용 탄소강
④ 일반구조용 압연강재

해설

금속재료의 호칭
재료는 대개 3단계 문자로 표시한다.
• 첫 번째 : 재질의 성분을 기호로 표시한다.
• 두 번째 : 제품의 규격을 표시하는 기호로 제품의 형상 및 용도를 표시한다.
• 세 번째 : 재료의 최저인장강도 또는 재질의 종류, 기호를 표시한다.
  – 강종 뒤에 숫자 세 자리 : 최저인장강도(N/mm^2)
  – 강종 뒤에 숫자 두 자리 + C : 탄소함유량(%)
  – 예 SS300 : 일반구조용 압연강재, 최저인장강도 300N/mm^2

25 가공 방법의 약호 중 래핑 다듬질을 표시한 것은?

① FR   ② B

③ FL   ④ C

해설

① FR : 리밍
② B : 보링
④ C : 주조

26 핸들이나 바퀴 등의 암 및 리브, 훅(Hook), 축 등의 단면도시는 어떤 단면도를 이용하는가?

① 온단면도   ② 부분 단면도

③ 한쪽 단면도   ④ 회전 단면도

해설

④ 회전 단면도 : 핸들이나 바퀴 등의 암 및 림, 리브, 훅, 축, 구조물의 부재 등의 절단면을 90° 회전하여 표시한다.
① 온단면도(전단면도) : 물체를 한 평면의 절단면으로 절단, 물체의 기본적인 모양을 가장 잘 표시한 단면도이다.
② 부분 단면도 : 필요로 하는 물체의 일부만을 절단, 경계는 자유실선의 파단선으로 표시한 단면도이다.
③ 한쪽 단면도(반단면도) : 외형도의 절반만 절단하여 반은 외형도, 반은 단면도를 그려서 동시에 표시한다.

27 다음 중 도면의 크기가 가장 큰 것은?

① A0   ② A2

③ A3   ④ A4

해설

19번 문제 해설 참조

28 다음 중 조압연기 배열에 관계없는 것은?

① Cross Couple식

② Full Continuous(전연속)식

③ Four Quarter(4/4연속)식

④ Semi Continuous(반연속)식

해설

조압연기의 종류
- 반연속기 압연기 : 2단 압연기인 RSB와 4단 가역식 압연기 1기 (R1)로 구성되어 있는 반연속식 압연기로 R1에서 3~7패스의 가역 압연을 실시한다.
- 전연속기 압연기 : 2단 압연기 3대 R1, R2, R3와 4단 압연기 3대 R4, R5, R6이 연속적으로 배치되어 있는 것으로 소재를 한 방향으로 연속압연한다.
- 3/4(Three Quarter)연속식 압연기 : 2단 압연기인 RSB를 R1으로 하고, 4단 압연기 R2를 가역 압연하여, R3, R4를 연속적으로 배치한 압연기이다.
- 크로스 커플(Cross Couple)식 압연기 : 3/4연속식 압연기에서 후단의 4단 압연기인 R3, R4를 탠덤(Tandum) 압연기 형식으로 근접하게 배열한 압연기이다.

29 일반적으로 철강 표면의 스케일에 대하여 대기와 접한 표면으로부터의 생성 순서가 옳은 것은?

① $Fe_2O_3 \rightarrow Fe_3O_4 \rightarrow Fe \rightarrow FeO$

② $Fe_3O_4 \rightarrow Fe_2O_3 \rightarrow Fe \rightarrow FeO$

③ $Fe_3O_4 \rightarrow Fe_2O_3 \rightarrow FeO \rightarrow Fe$

④ $Fe_2O_3 \rightarrow Fe_3O_4 \rightarrow FeO \rightarrow Fe$

해설

철강 표면의 스케일에 대한 대기와 접한 표면으로부터의 순서
$Fe_2O_3 \rightarrow Fe_3O_4 \rightarrow FeO \rightarrow Fe$

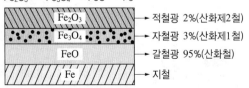

Fe_2O_3	→ 적철광 2%(산화제2철)
Fe_3O_4	→ 자철광 3%(산화제1철)
FeO	→ 갈철광 95%(산화철)
Fe	→ 지철

30 냉간압연과 비교하여 열간압연의 장점이 아닌 것은?

① 가공이 용이하다.

② 제품의 표면이 미려하다.

③ 소재 내부의 수축공 등이 압착된다.

④ 동일한 압하율일 때 압연동력이 적게 소요된다.

해설

표면이 미려한 것은 냉간압연의 장점이다.

열간압연의 특징
- 재결정 온도 이상에서 압연을 진행하므로 비교적 작은 롤 압연으로도 큰 변형가공이 가능하다.
- 열간 스트립 압연은 큰 강판에서 방관 스트립까지 1회의 작업으로 만들어 낼 수 있고, 취급 단위가 크며 압연공정의 연속적이고 단순하다.
- 압연이 극히 고(高)속도로 행해짐에 따라 시간당 생산량이 크다.
- 산화발생으로 표면이 미려하지 못하다.
- 낮은 강도로 제품을 얇게 만들기 어렵다.

31 냉간압연에서 압연유 사용 효과가 아닌 것은?

① 방청 효과

② 냉각 효과

③ 윤활 효과

④ 압하 효과

해설

압연유의 작용
- 감마작용(마찰저항 감소)
- 냉각작용(열방산)
- 응력분산작용(힘의 분산)
- 밀봉작용(외부 침입 방지)
- 방청작용(스케일 발생 억제)

32 접촉각(α)과 마찰계수(μ)에 따른 압연에 대한 설명으로 옳은 것은?

① 마찰계수 μ를 0(Zero)으로 하면 접촉각 α가 커진다.

② $\tan\alpha$가 마찰계수 μ보다 크면 압연이 잘된다.

③ 롤 지름을 크게 하면 접촉각 α가 커진다.

④ 압하량을 작게 하면 접촉각 α가 작아진다.

해설

재료가 압연기에 물리기 위한 조건은 마찰각이 접촉각보다 커야 한다.

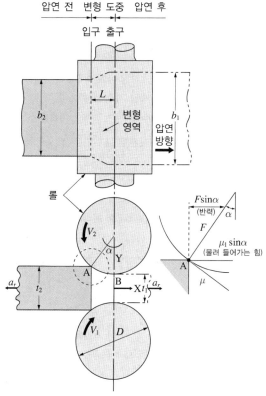

접촉각(α)과 마찰계수(μ)의 관계
- $\tan\alpha < \mu$인 경우 재료가 자력으로 압입되어 압연이 가능
- $\tan\alpha = \mu$인 경우 소재에 힘을 가하면 압연이 가능
- $\tan\alpha > \mu$인 경우 소재가 미끄러져 롤에 들어가지 않아 압연이 불가능

따라서, 재료가 롤에 쉽게 물려 들어가기 위해서는 접촉각이 작아져야 하므로, 압하량을 작게 하고, 롤 지름 $D(=2R)$를 크게 해야 한다.

33 열간 스트립 압연기(Hot Strip Mill)의 사상 스탠드 수를 증가시키는 것과 관련이 가장 적은 것은?

① 제품형상 품질이 향상된다.

② 소재의 산화물 제거가 용이하다.

③ 보다 얇은 최종 판두께를 얻을 수 있다.

④ 각 스탠드의 부하배분이 경감되어 속도가 증가한다.

해설

사상압연공정에서 소재의 산화물 제거는 스케일 브레이커에서 수행한다.

34 스트립의 진행이 용이하도록 하부 워크 롤 상단부를 스트립 진행 높이보다 높게 맞추는 것을 무엇이라 하는가?

① 랩(Lap)

② 갭(Gap)

③ 패스 라인(Pass Line)

④ 클리어런스(Clearance)

해설

롤 갭과 패스 라인
- 롤 갭 : 상부 작업 롤 하단과 하부 작업 롤 상단과의 거리로 상부의 전동 압하장치를 사용하여 조절한다.
- 패스 라인 : 하부 작업 롤 상단과 피드 롤 상단과의 거리로 스트립의 인입과 평탄도 개선을 위해 필요한 값으로 하부의 유압 압하장치(스텝 웨지, 소프트라이너)를 사용하여 조절한다.

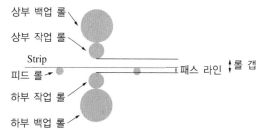

35 열간 스카핑에 대한 설명 중 옳은 것은?

① 손질 깊이의 조정이 용이하지 않다.

② 산소소비량이 냉간 스카핑에 비해 적다.

③ 작업 속도가 느리고, 압연 능률을 떨어트린다.

④ 균일한 스카핑은 가능하나 평탄한 손질면을 얻을 수 없다.

해설

열간 스카핑
• 손질 깊이의 조절이 용이하다.
• 산소소비량이 냉간 스카핑에 비해 적게 소모된다.
• 작업 속도가 빠르며 압연 능률을 저하시키지 않는다.
• 균일한 스카핑이 가능하여 평탄한 손질면을 얻을 수 있다.

36 압연 가공에서 통과 전 두께가 40mm이었던 것이 통과 후 24mm로 되었다면 압하율은 얼마인가?

① 35% ② 40%

③ 45% ④ 50%

해설

압하율 계산

$$압하율(\%) = \frac{압연\ 전\ 두께 - 압연\ 후\ 두께}{압연\ 전\ 두께} \times 100$$

$$= \frac{40 - 24}{40} \times 100$$

$$= 40$$

37 대형 열연압연기의 동력을 전달하는 스핀들(Spindle)의 형식과 거리가 먼 것은?

① 기어 형식 ② 슬리브 형식

③ 플랜지 형식 ④ 유니버설 형식

해설

스핀들의 종류
• 플렉시블(Flexible) 스핀들 : 높은 토크 전달이 가능하고, 진동·소음이 적으며, 급지가 필요 없음
• 유니버설(Universal) 스핀들 : 분괴, 후판, 박판압연기에 주로 사용

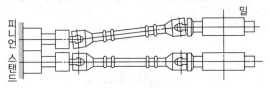

[유니버설 스핀들]

• 연결 스핀들 : 롤 축간 거리 변동이 작음

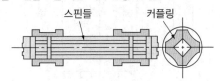

[연결 스핀들]

• 기어 스핀들 : 고속 압연기에 유리하고 밀폐되어 내부 윤활유 유지 가능

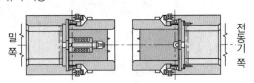

[기어 스핀들]

• 슬리브 스핀들 : 슬리브 베어링을 이용한 스핀들

38 윤활제 중 유지(Fat and Oil)의 주성분은?

① 지방산과 글리세린
② 파라핀과 나프탈렌
③ 올레핀과 나트륨
④ 붕산과 탄화수소

해설

지방계 윤활유(유지)
지방유는 지방산과 글리세린, 에스테르로 구성되어 있고, 건성 또는 반건성유이기 때문에 상온에서 공기 중에 장시간 방치하면 산화·변질하여 열화되기 쉬우므로 순환계 윤활유로는 적당하지 않다.

39 워킹빔식 가열로에서 유압, 전동에 의해 움직이는 과정으로 옳은 것은?

① 상승 → 전진 → 하강 → 후퇴
② 상승 → 후퇴 → 하강 → 전진
③ 하강 → 전진 → 상승 → 후퇴
④ 하강 → 상승 → 후퇴 → 전진

해설

워킹빔식 가열로
• 노상이 가동부와 고정부로 나뉘어 이동 노상이 상승 → 전진 → 하강 → 후퇴의 과정을 거치며 재료 사이에 임의의 간격을 두고 반송시킬 수 있는 연속로이다.
• 여러 가지 치수와 재질의 것도 가열 가능하다.
• 푸셔식에 비하여 노의 구조가 복잡하지만, 슬래브 내 온도가 균일하다.

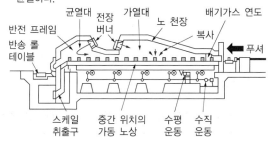

40 공형압연 설계에서 공형의 구성요건이 아닌 것은?

① 능률과 실수율이 낮을 것
② 롤에 국부마멸을 일으키지 않고 롤 수명이 길 것
③ 압연할 때 재료의 흐름이 균일하고 작업이 쉬울 것
④ 정해진 롤 강도, 압연 토크 및 롤 스페이스를 만족시킬 것

해설

공형의 구성 요건
• 치수 및 형상이 정확한 제품 생산이 가능할 것
• 표면결함 발생이 적을 것
• 최소의 비용으로 최대의 효과를 가질 것
• 압연 작업이 용이할 것
• 정해진 롤 강도, 압연 토크 및 롤 스페이스를 만족시킬 것
• 롤의 국부적 마모가 적을 것
• 압연된 제품의 내부 응력이 최소화될 것

41 롤에 구동력이 전달되는 부분은?

① 롤 몸(Roll Body)
② 롤 목(Roll Neck)
③ 이음부(Wobbler)
④ 베어링(Bearing)

해설

롤의 주요 구조
• 몸체(Body) : 실제 압연이 이루어지는 부분
• 목(Neck) : 롤 몸을 지지하는 부분
• 연결부(Wobbler) : 구동력을 전달하는 부분

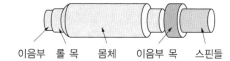

이음부　롤 목　몸체　이음부 목　스핀들

42 다음 중 디스케일링(Descaling)의 주역할은?

① 스트립의 온도 조정을 해준다.
② 압연온도 및 권취온도 제어를 원활하게 한다.
③ 스케일 발생을 억제하고 통판성을 좋게 한다.
④ 스케일을 제거해 스트립(Strip)의 표면을 깨끗하게 한다.

해설
디스케일링은 표면에 발생한 스케일을 물리적 · 화학적인 방법으로 제거하는 것이다.

43 입구 측의 속도를 V_0, 중립점의 속도를 V_1, 출구 측의 속도를 V_2라 할 때 이들의 관계를 옳게 나타낸 것은?

① $V_0 > V_1 > V_2$
② $V_0 < V_2 < V_1$
③ $V_0 = V_1 = V_2$
④ $V_0 < V_1 < V_2$

해설
압연재의 속도는 롤과 소재의 속도가 같아지는 중립점을 기준으로 입구쪽이 느리고, 출구쪽이 빠르게 된다.

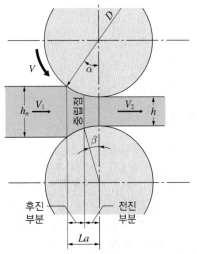

44 압연기에서 AGC 장치에 대한 설명으로 옳은 것은?

① 롤의 Crown 측정장치이다.
② 압연 윤활 공급 자동장치이다.
③ 압연 속도의 자동 제어장치이다.
④ 판두께 변동의 자동 제어장치이다.

해설
자동 두께 제어(AGC ; Automatic Gauge Control)
압연 중 스트립 두께 변동을 검출하기 위한 장비로, 스크루 다운 블록(Screw Down Block) 하단에 설치된 로드 셀(Load Cell)에 의해 압연의 압력 변화를 검출하여 현재 위치를 탐지한 후 F7 후면에 설치된 X-Ray가 판 두께를 측정해 이 신호를 기반으로 압하 스크루를 자동 제어하여 스트립의 두께를 목표 두께로 제어하는 장치

45 압연기기의 구동장치에서 동력 전달장치 구성 배열이 옳게 나열된 것은?

① Motor → 감속기 → 피니언 → 스핀들
② Motor → 피니언 → 감속기 → 스핀들
③ Motor → 스핀들 → 감속기 → 피니언
④ Motor → 감속기 → 스핀들 → 피니언

해설
압연기 동력 전달 순서
메인모터(동력발생) → 감속기(동력제어) → 피니언(동력분배) → 커플링(감속기) → 스핀들(동력전달) → 스탠드의 롤

46 애드마이트 롤에 소량의 흑연을 석출시킨 것으로서 특히 열균열 방지 작용이 있는 롤은?

① 저합금 크레인 롤

② 구상흑연주강 롤

③ 특수주강 롤

④ 복합주강 롤

해설

① 저합금 크레인 롤(애드마이트 롤) : 주철과 주강의 중간적인 롤로서 칠드 롤과 흡사한 성질이 있고 내마멸성이 크다.

③ 특수주강 롤 : Cr-Mo 재질 롤과 Ni-Cr-Mo 재질 롤이 있다.

④ 복합주강 롤 : 동부는 고합금강으로서 내열, 내균열, 내마멸성이 있으며 중심부는 저합금강으로서 강인성이 있다.

47 조압연에서 압연 중에 발생되는 상향(Warp) 원인과 관련이 가장 적은 것은?

① 압연기 롤 상하 경차

② 슬래브(Slab) 표면 상하 온도차

③ 압연기 상하 롤 속도차

④ 압연용 소재의 두께가 얇을 때

해설

• 롤의 크기와 소재의 변화
  - 소재는 롤의 회전수가 같을 때 롤의 지름이 작은 쪽으로 구부러진다.
  - 상부 롤 > 하부 롤 : 소재는 하향
  - 상부 롤 < 하부 롤 : 소재는 상향

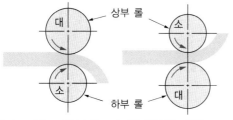

• 롤의 크기를 조절하지 않고 소재를 하향하는 방법
  - 소재의 상부 날판을 가열한다.
  - 소재의 하부 날판을 냉각한다.
  - 하부 롤의 속도보다 상부 롤의 속도를 크게 한다.

48 센지미어 압연기의 롤 배치 형태로 옳은 것은?

① 2단식

② 3단식

③ 4단식

④ 다단식

해설

센지미어 압연기

상하 20단으로 된 압연기로 구동 롤의 지름을 극도로 작게 한 것이다. 강력한 압연력을 얻을 수 있으며, 두께가 균일한 스테인리스 강판이나 구리, 니켈, 타이타늄, 알루미늄 합금과 같은 가공경화가 잘 일어나는 박판의 냉간압연에 많이 이용된다.

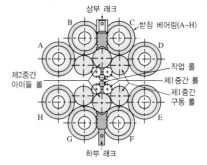

49 점도와 응고점이 낮고 고열에 변질되지 않으며 암모니아와 친화력이 약한 윤활유는?

① 다이나모유

② 냉동기유

③ 터빈유

④ 선박엔진유

해설

냄새에 민감한 냉동기유는 암모니아와 친화력이 약하다.

50 냉간 박판의 폭이 좁은 제품을 세로로 분할하는 절단기는?

① 트리밍 시어
② 플라잉 시어
③ 슬리터
④ 크롭 시어

해설

주요 전단설비
- 슬리터(Sliter) : 스트립을 길이 방향으로 절단하는 설비
- 사이드 트리머(Side Trimmer) : 스트립의 양옆을 길이 방향으로 절단하는 설비
- 크롭 시어(Crop Shear) : 스트립의 선단과 미단을 절단하는 설비
- 플라잉 시어(Flying Shear) : 상하의 전단날이 판과 같은 방향과 속도로 이동하면서 절단하는 설비

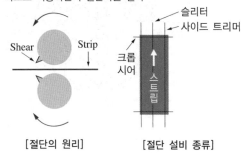

[절단의 원리]　　　[절단 설비 종류]

51 냉연 강판의 내부결함에 해당되는 것은?

① 곱쇠(Coil Break)
② 파이프(Pipe)
③ 덴트(Dent)
④ 릴 마크(Reel Mark)

해설

② 파이프(Pipe) : 강괴의 내부에 발생하는 파이프 모양의 결함
　※ 파이프 흠은 이러한 파이프 결함이 압연 후 표면에 나타나는 선모양 결함
① 곱쇠(Coil Break) : 코일의 폭 방향에 불규칙하게 나타나는 꺾임 현상으로 저탄소강에서 많이 발생하는 결함
③ 덴트(Dent) : 판 표면이 움푹 들어간 형상의 결함
④ 릴 마크(Reel Mark) : 맨드릴 진원도 불량에 의한 판 표면의 요철 흠

52 작업 롤(Work Roll) 표면에 전면 혹은 단차 연마를 실시하는 ORG 설비 사용 시의 장점이 아닌 것은?

① 롤 서멀 크라운을 제어할 수 있다.
② 롤 마모의 단차를 해소할 수 있다.
③ 협폭재에서 광폭재의 폭 역전이 가능하다.
④ 국부마모 해소로 동일 폭 제한을 해소할 수 있다.

해설

ORG(On-line Roll Grinder)
롤을 온라인 상태에서 연삭하는 설비로, 압연 시 국부적으로 마모된 부위를 제거함과 동시에 꼬임이나 이물로 인한 롤 마크 결합을 감소시키며 롤이 벗겨져 발생하는 스케일성 결함을 저감하는 장치이다.

53 냉연박판 제조공정의 순서로 옳은 것은?

① 산세 → 냉간압연 → 조질압연 → 풀림 → 정정
② 산세 → 냉간압연 → 표면청정 → 풀림 → 조질압연
③ 산세 → 냉간압연 → 표면청정 → 조질압연 → 풀림
④ 산세 → 표면청정 → 냉간압연 → 조질압연 → 정정

해설

냉연박판 제조공정 순서 : 핫코일(Hot Coil) → 산세(Pickling Line) → 냉간압연(Cold Rolling) → 전해청정(Electrolytic Cleaning, 표면청정) → 풀림(Annealing, 소둔) → 조질압연(Skin Pass Rolling) → 되감기(Recoiling Line, 리코일링) → 전단(Shearing Line)

54 산세 작업 시 과산세를 방지할 목적으로 투입하는 것은?

① 온수
② 황산(H_2SO_4)
③ 염산(HCl)
④ 인히비터(Inhibitor)

> **해설**
> 부식 억제제(인히비터, Inhibitor)
> • 철 부식을 억제하기 위한 제제로 인산염이 주성분
> • 종류 : 젤라틴, 티오요소, 퀴놀린 등
> • 역할 : 지철과의 반응 억제, 수소 발생 억제, 오물 생성 방지, 스트립 표면 균일 및 미려
> • 요구되는 성질 : 산세 시간을 지연시키지 않을 것, 불순물이 부착되지 않을 것, 고온 안정성·용해성이 좋을 것

55 연속 풀림(CAL) 설비를 크게 입측, 중앙, 출측 설비로 나눌 때 입측 설비에 해당되는 것은?

① 풀림 노
② 루프 카
③ 벨트 래퍼
④ 페이 오프 릴

> **해설**
> 텐션 롤, 컨베이어, 페이 오프 릴은 입·출측 설비이다.

56 다음 냉간압연의 보조설비 중 코블 가드(Coble Guard)의 역할 및 기능에 대한 설명으로 옳은 것은?

① 냉간압연 시 스트립(Strip)의 통판성을 향상시키기 위하여 스트립의 양측에 설치되어 쏠림을 방지하는 설비이다.
② 냉간압연 시 스트립을 코일화하는 권취작업을 위하여 스트립을 맨드릴에 안내하여 스트립의 톱(Top)부를 안내하는 설비이다.
③ 냉간압연 시 스트립(Strip)의 머리 부분을 통판시킬 때 머리 부분에 상향이 발생하여 타 설비와 간섭되는 사고를 방지하기 위하여 상작업 롤에 근접 설치되어 있는 설비이다.
④ 냉간압연 시 스트립(Strip)의 통판성을 향상시키기 위하여 스트립의 하측에 설치되어 톱(Top)부의 하향을 방지하는 설비이다.

> **해설**
> ① : 사이드 가이드
> ② : 핀치 롤
> ④ : 피드 롤
> 코블 가드(Coble Guard) : 스트립 통판 시 선단부가 상향되어 롤에 감기는 것을 방지하는 역할을 한다.

57 냉연 박판의 제조공정 순서로 옳은 것은?

① 핫(Hot)코일 → 냉간압연 → 풀림 → 표면청정 → 산세 → 조질압연 → 전단 리코일

② 핫(Hot)코일 → 산세 → 냉간압연 → 표면청정 → 풀림 → 조질압연 → 전단 리코일

③ 냉간압연 → 산세 → 핫(Hot)코일 → 표면청정 → 풀림 → 전단 리코일 → 조질압연

④ 냉간압연 → 산세 → 표면청정 → 핫(Hot)코일 → 풀림 → 조질압연 → 전단 리코일

해설
냉연박판 제조공정 순서
핫코일(Hot Coil) → 산세(Pickling Line) → 냉간압연(Cold Rolling) → 전해청정(Electrolytic Cleaning, 표면청정) → 풀림(Annealing, 소둔) → 조질압연(Skin Pass Rolling) → 되감기(Recoiling Line, 리코일링) → 전단(Shearing Line)

58 냉간압연 설비에서 EDC(Edge Drop Control) 설비에 관한 설명 중 옳은 것은?

① 냉연 제품의 폭 방향 두께 편차를 제어하기 위한 설비이다.

② 냉연 제품의 크라운(Crown)을 부여하기 위한 설비이다.

③ 냉연 제품의 Edge부 두께를 얇게 제어하기 위한 설비이다.

④ 냉연 제품의 Edge부 형상을 좋게 하기 위한 설비이다.

해설
에지 드롭 제어(EDC ; Edge Drop Control)
냉연 제품의 폭 방향 두께 편차를 제어하기 위한 설비이다.

59 안전관리 기법이 아닌 것은?

① 무재해 운동
② 위험예지 훈련
③ 툴박스 미팅(Tool Box Meeting)
④ 설비의 대형화

해설
설비의 대형화와 안전관리 기법은 관련 없다.

60 재해의 기본원인 4M에 해당하지 않는 것은?

① Machine
② Media
③ Method
④ Management

해설
재해의 기본원인(4M)
• Man(인간) : 걱정, 착오 등의 심리적 원인과 피로 및 음주 등의 생리적 원인, 인관관계와 의사소통과 같은 직장적 원인
• Machine(기계설비) : 기계설비의 결함과 방호설비의 부재 및 기계의 점검 부족 등이 원인
• Media(작업) : 작업공간과 환경 문제 및 정보의 부적절함
• Management(관리) : 관리 조직의 결함과 교육 부족, 규정의 부재

교육이란 사람이 학교에서 배운 것을 잊어버린 후에 남은 것을 말한다.

– 알버트 아인슈타인 –

실기(필답형)

01 전기로를 이용해 스크랩을 용해한 다음 연주·압연설비로 철강재를 생산하는 공정으로 뉴코어사에서 최초 도입한 제조방법을 쓰시오.

정답

미니밀(Minimill)

해설

미니밀법

제강(전기로) → 압연의 과정을 거쳐 철강재를 생산하는 공정으로 제선 과정이 없어 공장 설비비가 저렴하다는 장점이 있다.

[Cf] 선강일관제철법 : 제선(고로) → 제강(전로) → 압연의 과정을 거쳐 철강재를 생산하는 공정

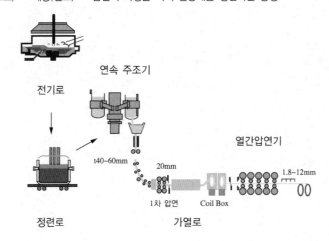

02 압연소재가 롤에 쉽게 치입하기 위해서는 압하량을 어떻게 해야 하는지 쓰시오.

정답

작게 한다.

해설

재료가 롤에 쉽게 치입되기 위해서는 각 α가 작아져야 하므로 다음과 같이 할 필요가 있다.

• 압하량($h_n - h$)을 작게 한다.
• 롤 직경 $D(= 2R)$를 크게 한다.

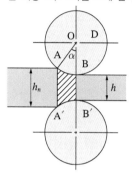

03 열간압연 시 압하율을 크게 하는 조건 3가지를 쓰시오.

정답

• 지름이 큰 롤을 사용한다.
• 압연 온도를 높여 준다.
• 압연소재를 뒤에서 밀어 준다.
• 롤 회전속도를 천천히 한다.

해설

압하율 : $r = \dfrac{\Delta h}{h_n} = \dfrac{h_n - h}{h_n} \times 100(\%)$

압하율이 크다는 것은 압하량이 크다는 의미로 압하량을 크게 할 수 있는 조건은 다음과 같다.

• 롤의 지름을 크게 한다.
• 치입 접촉각을 작게 한다.
• 압연 온도를 높여 준다.
• 압연소재를 뒤에서 밀어 준다.
• 롤 회전속도를 늦춘다.

04 압연에 있어 압하량을 구하는 식으로 다음 (   ) 안에 알맞은 내용을 쓰시오.

압하량 = 입측 두께 − (   )

정답

출측 두께

해설

압하량(Δh) = 입측 두께(h_n) − 출측 두께(h)

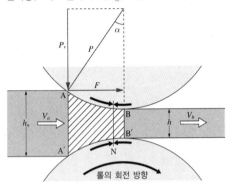

여기서, P : 롤이 누르는 힘
　　　　P_r : 소재가 롤 면으로부터 받는 힘
　　　　V_a : 소재의 롤 입구 속도
　　　　V_b : 소재의 롤 출구 속도
　　　　F : 압연력
　　　　μ : 마찰계수
　　　　μP : 마찰력
　　　　α : 롤 접촉각
　　　　h_n : 입측 두께
　　　　h : 출측 두께

05 냉간압연에서 열연소재 두께가 3.0mm이고, 냉간압연 출측 두께가 0.9mm로 압연될 때, 압하율(%)을 구하시오
(단, 계산식과 답을 쓰시오).

정답

계산식 : $(3 - 0.9) / 3 \times 100$
답 : 70%

해설

압하율 : $r = \dfrac{\Delta h}{h_n} = \dfrac{h_n - h}{h_n} \times 100 = \dfrac{3 - 0.9}{3} \times 100 = 70(\%)$

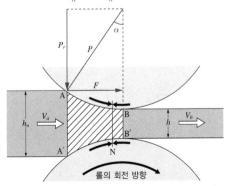

여기서, P : 롤이 누르는 힘
　　　　P_r : 소재가 롤 면으로부터 받는 힘
　　　　V_a : 소재의 롤 입구 속도
　　　　V_b : 소재의 롤 출구 속도
　　　　F : 압연력
　　　　μ : 마찰계수
　　　　μP : 마찰력
　　　　α : 롤 접촉각
　　　　h_n : 입측 두께
　　　　h : 출측 두께

06 압연재의 입측 두께가 200mm, 출측 두께가 160mm일 때의 압하량을 구하시오(단, 식을 쓰고 계산기 없이 정답을 구하시오).

정답

압하량 = 압연 전 두께 – 압연 후 두께

= 200mm – 160mm

= 40mm

해설

압하량 = 입측 두께 – 출측 두께

07 압연소재의 속도가 롤의 회전 속도보다 빠르게 되어 소재가 롤로부터 밀려나오는 현상을 어떤 현상이라고 하는지 쓰시오.

정답

선진현상

해설

• 선진현상 : 중립점보다 출구측 부분에서 압연소재의 속도가 롤 주속도보다 빠른 현상을 말한다.

$$선진율 = \frac{V_2 - V}{V} \times 100(\%)$$

여기서, V : 롤의 주회전 속도

V_1 : 입측 속도

V_2 : 출측 속도

• 후진현상 : 중립점보다 입구측 부분에서 압연소재의 속도가 롤 주속도보다 늦는 현상을 말한다.

$$후진율 = \frac{V - V_1}{V} \times 100(\%)$$

08 압연소재의 속도와 롤의 주속도가 일치하는 지점을 무엇이라 하는지 쓰시오.

정답

중립점

해설

중립점 : 압연재 속도와 롤의 회전 속도가 같아지는 지점

09 압연 시 롤 바이트에서 하중이 최대로 걸리는 지점의 명칭을 쓰시오.

정답

중립점

해설

중립점은 압연재의 속도와 롤의 회전 속도가 같아지는 지점으로 하중이 최대로 걸리게 된다.

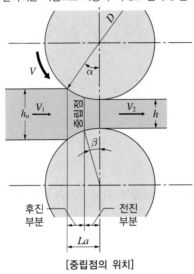

[중립점의 위치]

10 입측 두께 25mm, 출측 두께 16mm, 압연하중 2,500ton, 강성계수 500ton/mm일 때 롤 간격을 구하시오.

정답

11

해설

롤 갭 = 출측 두께 − (압연하중 / 강성계수)
= 16 − (2,500/500) = 16 − 5 = 11

11 압연공정에서 압연실수율, 크라운량, 프로파일 형상, 두께 정도에 따른 압연 순서를 정하는 방법의 명칭을 쓰시오.

정답

롤 단위 편성

해설

• 롤 단위 편성 : 압연공정에서 압연순서를 정하는 것
• 롤 단위 편성 전제 조건
  – 롤 단위는 사상압연기 작업 롤 교체 시의 슬래브 압연순서를 정하는 것으로 실수율, 스트립 크라운, 프로파일 표면 흠 및 판 두께 등 제약이 있음
  – 롤 단위 편성 시 우선 롤 교체 직후는 롤 온도가 안정하지 못해 조정재로 불리는 비교적 압연하기 쉬운 사이즈 및 재질의 소재를 편성
  – 광폭재, 중간폭, 협폭 순으로, 그리고 스트립의 두께가 두꺼운 것부터 얇은 순으로 결정

12 롤 단위 편성(압연 스케줄)의 일반적인 원칙에 해당되는 것으로 괄호 안에 알맞은 것을 골라 완성하시오.

가. 탄소와 합금 원소가 (낮은, 높은) 저탄소강 일반재부터 편성한다.

나. 단위 초기는 서멀 크라운 형성 및 레벨 조정을 위해 압연하기 쉽고 품질이 엄격하지 않은 (연질재, 강질재)로 편성한다.

다. 동일 치수 내에서는 두께 공차 범위의 대소가 있으면, (큰 쪽, 작은 쪽)에서 (작은 쪽, 큰 쪽)으로 편성하며 압연하기 쉬운 것부터 편성한다.

정답

가 : 낮은
나 : 연질재
다 : 큰 쪽, 작은 쪽

해설

롤 단위 편성 기본 원칙
• 단위의 최초에는 열 크라운 형성 및 레벨 확인을 위해 압연하기 쉬운 초기 조정재로 편성
• 작업 롤의 마모 진행상태를 고려해 광폭재부터 협폭재 순으로 편성
• 동일 치수 및 동일 강종은 모아서 동일 lot로 집약하여 편성
• 동일 폭 수주량이 많을 경우 작업 롤의 일부만 마모가 진행될 수 있으니 동일 폭 투입량을 제한
• 동일 치수에서 두께 공차 범위 차이가 많으면 큰 쪽에서 작은 쪽으로 편성
• 동일 치수에서 강종이 서로 다를 경우 성질이 연한 강에서 경한 순으로 편성
• 압연이 어려운 치수인 경우 중간에 일정량의 조정재를 편성하여 롤의 분위기를 최적화시킬 것
• 스트립 표면의 조도 및 BP재는 작업 롤의 표면 거침을 고려하여 가능한 한 롤 단위 전반부에 편성
• 세트의 바뀜이 급격하면 형상, 치수 등의 불량이 발생할 수 있으니 두께, 폭 세트 바뀜량을 규제하고, 관련 기준을 준수해서 편성

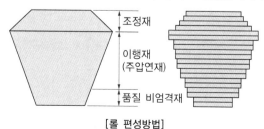

[롤 편성방법]

13 열간압연 롤 단위를 편성할 때 우선 롤 교체 직후는 롤 온도 등이 안정하지 못하기 때문에 비교적 압연하기 쉬운 사이즈 및 재질의 소재를 편성하는 데 이것을 무엇이라 하는지 쓰시오.

정답

조정재

해설

롤 단위 편성 시 우선 롤 교체 직후는 롤 온도가 안정하지 못해 조정재로 불리는 비교적 압연하기 쉬운 사이즈 및 재질의 소재를 편성하며, 최초로 투입되는 초기 조정재와 소재의 통판성을 양호하게 하기 위하여 중간에 삽입되는 중간 조정재로 나뉜다.

14 설명에 맞는 내용으로 연결하시오.

가. 정기점검 •

나. 조정재 •

다. 이행재 •

라. 회복재 •

• a. 주기적으로 설비의 열화 또는 노후 정도를 판정하여 수리 또는 개선할 목적으로 오감이나 점검기구를 사용하여 외관검사 또는 개방점검을 실시하는 것을 말한다.

• b. 정기 및 중간 교체 후 작업 롤 워밍업(Warming-up)과 서멀 크라운(Thermal Crown) 형성 등으로 통판성 확보 및 통판 레벨 조정을 위해 일반 저탄소강, 압연하기 용이한 소재를 편성한다.

• c. 조정재 압연 후 최대의 광폭재로 압연하기 위한 폭 연결재이며 롤 서멀 크라운을 형성하기 위한 소재이다.

• d. 박물 또는 고강도재 연속 압연 시 롤 표면 열화 등으로 제품 표면결함 발생 방지를 위해 강도가 약한 후물재를 편성한다.

정답

가 : a, 나 : b, 다 : c, 라 : d

해설

• 정기점검 : 주기적으로 설비의 열화 정도를 판정하여 수리 또는 개선을 목적으로 오감에 의하거나 점검기구를 사용하여 외관 및 개방점검을 실시하는 것
• 조정재 : 롤 단위 편성 시 우선 롤 교체 직후는 롤 온도가 안정하지 못해 조정재로 불리는 비교적 압연하기 쉬운 사이즈 및 재질의 소재를 편성하는 것
• 이행재 : 압연 치수의 급격한 변동에 따른 제품의 형상불량을 방지하기 위해 중간치수로 삽입되는 소재
• 회복재 : 박물 또는 고강도재 연속 압연 시 롤 표면 열화 등으로 제품 표면결함 발생 방지를 위해 강도가 약한 후물재를 편성하는 것

15 압연 롤을 지지하는 틀 모양의 롤 하우징으로 구성되어 상하 압연 롤을 수용하고 있는 구조물의 명칭을 쓰시오.

정답

롤 스탠드

해설

롤 스탠드 : 압연기에 있어서 압연을 위한 롤을 지지하고 압연 압력을 막아 장치 전체를 기초에 단단히 고정시키는 역할을 한다.

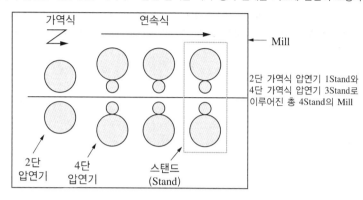

16 압연기에서 2스탠드(Stand) 이상을 연속으로 조합한 형식의 압연기를 무엇이라 하는지 쓰시오.

정답

연속압연기(탠덤 밀, Tandem Mill)

해설

구분	가역식 압연기(Reversing Mill)	연속식 압연기(Tandem Mill)
구조	전후 왕복 보조 롤 작업 롤 스트립	한 방향 작업
스탠드 수	1개	3개 이상
스트립 진행 방향	양방향	한방향
설비비	낮다.	높다.
압연 속도	저속(500mpm 이하)	고속(500mpm 이상)
생산성	낮다.	높다.
작업성	비능률적	능률적
융통성	다품종 소량생산	소품종 대량생산
원가	높다.	낮다.

17 냉간압연 방식 중 여러 개의 스탠드를 설치하여 연속적으로 압연하는 방식으로 압연 능률이 가역적 압연기보다 뛰어난 것은 어떤 방식인지 쓰시오.

정답
연속식(Tandem Mill)

해설
압연재가 여러 개의 스탠드에 걸쳐 있어 동시에 연속적으로 압연되도록 스탠드를 배치한 압연기이다. 고능률·고품질의 생산을 하기 위한 최신식 압연기는 모두 이 연속식이 채용되고 있으며, 대표적인 것으로 연속강판압연기 연속조강압연기, 직선식 연속선재압연기, 전연속식 열간 스트립밀, 냉간 탠덤압연기 등이 있다.

18 냉간압연 설비 중 압연 소재 전후로 반복 이동하면서 압연하는 압연기를 무엇이라고 하는지 쓰시오.

정답
가역식 압연기

해설
가역식 압연기(Reversing Mill) : 압연기 작업 롤 회전이 정방향, 역방향이 가능한 압연기로서 정·역압연을 반복하면서 목적한 치수까지 압연되는 압연기를 말한다. 2단식, 4단식 압연기 및 Y형 압연기 등이 있다.

19 스테인리스 강판 냉간압연 시 주로 이용되는 것으로 상하 20단으로 구성된 압연기의 명칭을 쓰시오.

정답
센지미어 밀(센지미어 압연기)

해설
센지미어 압연기 : 상하 20단으로 된 압연기로 구동 롤의 지름을 극도로 작게 한 압연기이다. 강력한 압연력을 얻을 수 있으며 두께가 균일한 스테인리스 강판이나 구리, 니켈, 타이타늄, 알루미늄 합금과 같은 가공경화가 잘 일어나는 박판의 냉간압연에 많이 이용된다.

20 다음 그림과 같은 냉간압연에서 사용하는 압연기의 명칭을 쓰시오.

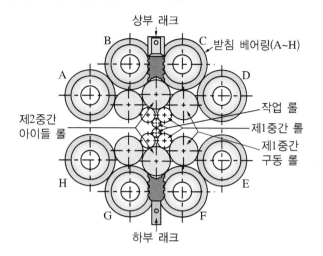

센지미어 압연기

열간용(플레니테리 밀) 및 냉간용이 있는데, 보통은 냉간용을 가리킨다. 견고한 일체형 단조제 하우징 안에 직경이 매우 작은 워크 롤과 이를 둘러싸듯이 보강하는 다단 롤의 조합으로 이루어져 있으며 6단, 12단, 20단의 3종류가 있다. 구동은 중간 롤로 하며, 최상단의 보강 롤은 롤러 베어링을 이용하고 있다. 강력한 전후면의 장력과 소경으로 경도가 높은 워크 롤의 효과에 의해 매우 높은 압하율과 뛰어난 치수 정도를 얻을 수 있어서 특히 규소 강판이나 스테인리스 강판과 같이 가공경화가 큰 재료를 능률적으로 압연하는 데에 적합하다.

21 롤을 구동하지 않고 권취 장치의 회전에 의한 인장력으로 압연하는 압연기의 명칭을 쓰시오.

스테켈 압연기

스테켈 압연기 : 전방 인장과 후방 인장을 가하는 코일 장치를 가지는 압연기로 박판의 압연에 적합하며 주로 냉간압연에 이용되어 제품의 표면을 매끈하게 한다.

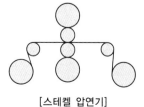

[스테켈 압연기]

22 다음 그림과 같은 압연기의 명칭과 종류를 쓰시오.

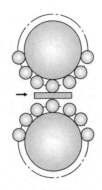

정답

• 명칭 : 유성 압연기
• 종류 : 센지미어식 유성 압연기(받침 롤 구동), 프래저식 유성 압연기(받침 롤 고정)

해설

유성 압연기 : 지름이 큰 상하의 받침 롤의 주위에 다수의 지름이 작은 작업 롤을 베어링처럼 배치해서 작업 롤의 공전과 자전에 의해서 판재를 압연하는 구조이다. 26개의 작업 롤이 계속해서 압연 작업을 하기 때문에 압하력이 강하므로 1회에 90% 정도의 큰 압연율을 얻을 수 있다.

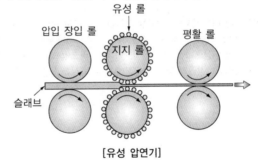

[유성 압연기]

23 압연 설비에 사용하는 윤활유의 역할 3가지를 쓰시오.

정답

소음감쇠작용, 밀봉작업, 방청작용, 냉각작용, 세정작용, 윤활작용, 응력분산작용

해설

윤활유의 특성
• 냉각작용 : 마찰에 의해 생긴 열을 방출함
• 윤활작용 : 마찰을 적게 하는 것으로, 윤활의 최대 목적임
• 방청작용 : 표면에 녹이 스는 것을 방지함
• 응력분산작용 : 가해진 압력을 분산시켜 균일한 압력이 가해지도록 함
• 밀봉작용 : 이물질의 침입을 방지함
• 세정작용 : 불순물을 깨끗이 함
• 소음감쇠작용 : 소음의 크기를 상쇄하도록 함

24 유압연의 장점 2가지를 쓰시오.

정답
- 압연하중 감소
- 압연동력 감소
- 롤 마모 감소
- 롤 표면 거침 개선
- 경제적이며, 효율이 좋음
- 표면이 깨끗함

해설
유압연 : 압연 시 압연하중 감소, 압연동력 감소, 롤 마모 감소, 롤 표면 거침 개선 등의 목적으로 윤활유를 사용하는 압연을 말한다.

25 압연유 직접 급유방식의 장점을 쓰시오(2가지).

정답
- 윤활 성능이 좋은 압연유를 사용할 수 있음
- 새로운 압연유 공급 가능
- 압연 상태 양호
- 압연유 관리 용이
- 냉각 효과가 있어 효율이 좋음

해설

직접 급유방식	순환 급유방식
• 윤활 성능이 좋은 압연유 사용 가능 • 항상 새로운 압연유 공급 • 냉각 효과가 좋아 효율이 좋음 • 압연유가 고가이며, 폐유 처리 비용이 비쌈 • 고속박판압연에 사용 가능	• 윤활 성능이 좋은 압연유 사용이 어려움 • 폐유 처리설비는 적은 용량 가능 • 철분이나 그 밖의 이물질이 혼합되어 압연유 성능 저하 • 직접 방식에 비해 가격이 저렴

26 압연유의 검화가(SV)가 상승하면 윤활성은 어떻게 변하는지 쓰시오.

정답

향상(상승)한다.

해설

압연유의 성질을 나타내는 항목

항목	정의	성능과의 관계
검화가(SV)	시료 1g을 검화하는 데 요하는 KOH의 mg 수	유지의 함유비율을 나타내며, 압연 중 이종유의 혼입에 의해 값은 작게 된다.
산가(AV)	시료 1g 중에 존재하는 유리지방산을 분해하는 데 요하는 KOH의 mg 수	유리지방산을 분해하는 데 필요한 KOH의 양으로 작을수록 정제도가 높고 청정하다. 값이 크게 되면 Oil Stain의 원인이 된다.
점도	일정용량의 액체가 규정조건하에서 점도계의 모관을 유출하는 시간	점도가 클수록 마찰계수는 작고 압연성이 양호해진다.
회분	시료가 연소 후 전기로에서 완전산화할 때 회화물의 중량	롤 청정성(Mill Clean)에 대한 영향이 크며, 작을수록 양호하다.
요소가(IV)	시료 100g에 염화요소를 반응시켜 반응한 양을 요소로 환산, g으로 표시	이 값이 클수록 불포화 지방산을 많이 함유한다.

27 오일(Oil) 검사법 3가지를 쓰시오.

정답

수분함량, 점도, 오염도, 색도

해설

오일 검사 시 수분함량, 점도, 오염도, 색도 등을 보고 판단한다.

28 열간압연 소재인 일반강 슬래브 주입 시 스카핑을 하는데, 이때 스카핑의 종류를 2가지만 쓰시오.

정답

핸드 스카핑, 열간 스카핑, 그라인딩 스카핑

해설

슬래브 스카핑(Scarfing) : 표면을 비교적 낮고, 폭넓게 용삭하여 결함을 제거하는 것으로, 분괴 정정 라인 또는 연주 정정 라인에서 처리될 경우 열간 슬래브 야드 내에서 처리 설비를 갖추는 경우가 있으며, 그 종류로는 열간 스카핑, 냉간 스카핑, 핸드 스카핑, 그라인딩 스카핑 등이 있다.

29 다음에서 설명하고 있는 소재를 보기에서 찾아 쓰시오.

┤ 보기 ├

Slab, Hoop, Tin Bar, Skelp

가. 강판을 폭이 좁은 형상의 띠 모양으로 절단 가공하여 감아 놓은 강대는 무엇인지 쓰시오.

나. 단접 강관의 재료가 되는 반제품으로 각형 강괴 또는 빌릿을 분괴, 조압연한 용접 강관의 소재로서, 띠 모양이며 양단이 용접에 편리하도록 85~88°로 경사져 있는 것은 무엇인지 쓰시오.

다. 연속 주조에 의해 직접 주조하거나 편평한 강괴 또는 블룸을 조압연한 것으로서 단면은 장방형이고, 모서리는 약간 둥근 것은 무엇인지 쓰시오.

정답

가 : 후프(Hoop)
나 : 스켈프(Skelp)
다 : 슬래브(Slab)

해설

압연용 소재의 종류

소재명	설명	크기
슬래브(Slab)	단면이 장방형인 반제품(강판 반제품)	• 두께 : 50~150mm • 폭 : 600~1,500mm
블룸(Bloom)	사각형에 가까운 단면을 가진 반제품(봉형강류 반제품)	• 약 150mm×150mm~250mm×250mm
빌릿(Billet)	단면이 사각형인 반제품(봉형강류 반제품)	• 약 40mm×50mm~120mm×120mm
스트립(Strip)	코일 상태의 긴 대강판재(강판 반제품)	• 두께 : 0.15~15mm • 폭 : 400~2,500mm
시트(Sheet)	단면이 사각형인 판재(강판 반제품)	• 두께 : 0.75~15mm
시트 바(Sheet Bar)	분괴압연기에서 압연한 것을 다시 압연한 판재(강판 반제품)	• 폭 : 200~400mm
플레이트(Plate)	단면이 사각형인 판재(강판 반제품)	• 폭 : 20~450mm
틴 바(Tin Bar)	블룸을 분괴, 조압연한 석도 강판의 재료(강판 반제품)	• 외판용 : 길이 5m 내외
틴 바 인코일 (Tin Bar In Coil)	틴 바와 같은 소재를 코일 모양으로 감은 것(강판 반제품)	• 두께 : 1.9~1.2mm • 폭 : 200mm • 중량 : 2~3t
후프(Hoop)	강판을 폭이 좁은 형상의 띠 모양으로 절단 가공하여 코일로 감아 놓은 강대의 반제품(강관용 반제품)	• 두께 : 3mm 이하 • 폭 : 600mm 미만
스켈프(Skelp)	빌릿을 분괴, 조압연한 용접 강관의 소재로 양단이 용접에 편리하도록 85~88°로 경사져 있음(강관용 반제품)	• 두께 : 2.2~3.4mm • 폭 : 56~160mm • 길이 : 5m 전후

01 열간압연 공정의 순서를 보기에서 찾아 순서대로 나열하시오.

┤ 보기 ├

조압연, 권취, 정정, 가열, 다듬질 압연

정답

가열 → 조압연 → 다듬질 압연 → 권취 → 정정

해설

열간압연 제조공정 : 슬래브 → 가열로 → 스케일 제거 → 조압연기 → 다듬질 압연기 → 권취기 → 절단 또는 조질압연기 → 열연 코일

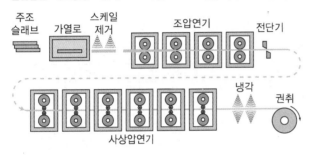

02 가공할 재료를 재결정 온도 이상에서 압연하는 것을 무엇이라고 하는지 쓰시오.

정답

열간압연

해설

소재를 재결정 이상의 온도에서 압연하는 것을 열간압연이라 한다. 큰 압하율을 얻을 수 있어 경제적인 가공을 할 수 있지만, 제품압연에서는 압연 종료 후 결정의 성장과 변태에 의한 재질의 변화, 치수 정도에 주의할 필요가 있다.

03 가열공정의 주목적은 소재(Slab)를 열간압연이 용이한 온도로 가열하는 것으로 통상 열간압연의 적정 가열온도를 쓰시오.

정답

1,100~1,300℃

해설

강의 특성으로서 800℃ 이상의 고온에서는 변형 저항이 작고 변형치도 우수하다. 강의 이러한 특성을 이용해서 일반적으로 1,100~1,300℃의 온도 영역에서 하는 압연을 열간압연이라고 한다.

04 통상 가열로 각 대(Zone)별 명칭을 3가지 쓰시오.

정답

예열대, 가열대, 균열대

해설

가열로 연소제어 모델

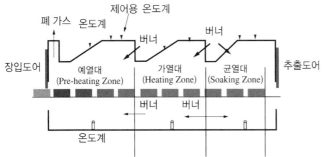

- 열연 가열로는 슬래브를 가열하는 설비로 예열대, 가열대, 균열대로 구분한다.
- 압연되는 형태 및 강종에 따라 가열 온도(추출 목표 온도), 균열도, 재로시간 등이 결정되며, 이러한 조건을 충족하도록 각 대별 노 온도를 제어한다.
- 장입 처리 : 슬래브가 노 내에 장입 완료된 시점에 처리하며, 장입 완료는 슬래브 후미가 장입 도어의 장입측에서 추출단으로 통과한 때를 의미한다.

05 워킹빔식 가열로의 특징을 2가지 쓰시오.

정답

- 스키드 마크의 발생이 적다.
- 푸셔식에 비해 열 효율이 높다.
- 노 길이에 제한이 없다.

해설

형식	장점	단점	용도
푸셔식	• 설비비가 다른 형식보다 저렴함 • 효율이 높음	• 스키드 마크 발생 • 노 길이가 제한적 • 소재의 두께차 변동에 제약이 있음	• 대량생산용 • 최근 워킹빔식으로 대체되고 있음
워킹빔식	• 스키드 마크가 없음 • 공로를 만들 수 있음 • 노 길이 제한이 없음 • 효율이 높음	• 설비비가 높음 • 스키드 수가 증가 • 냉각수 손실열이 높음	• 대량생산용
회전로상식	• 노의 크기 제한이 적음 • 스키드 마크가 없음 • 재료의 형태 제약이 적음	• 노 바닥 점유율이 낮음 • 설비면적당 가열능력이 적음 • 설비비가 높음 • 4면 가열이 곤란함	• 특수용도용 • 파이프 및 환강처리 적합
롤식	• 띠강의 고속가열에 적합함 • 노 길이의 제한이 없음	• 연료 원단위가 높음 • 용융 스케일 처리 필요	• 단접강관용

06 워킹빔식 가열로의 슬래브 이동 순서를 보기에서 찾아 순서대로 나열하시오.

┤ 보기 ├

전진, 하강, 상승, 후퇴

정답

상승 → 전진 → 하강 → 후퇴

해설

워킹빔식 가열로

노상이 가동부와 고정부로 나뉘어, 이동 노상이 상승 → 전진 → 하강 → 후퇴의 과정을 거치며 재료 사이에 임의의 간격을 두고 반송시킬 수 있는 연속로

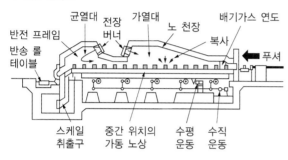

07 가열로 조로 작업 시 고려할 사항을 2가지만 쓰시오.

정답

스케일 흠 방지, 압연 부하 및 형상, 탈탄 방지, 산화 스케일 방지, 압연 종료 온도

해설

가열로 장입 계획

• 가열 작업의 목적 : 최소량의 연료를 사용해 온도 편차가 아주 작도록 하여 압연에 필요한 온도까지 소재(슬래브)를 가열하는 것
• 압연에 필요한 온도 결정 : 사상압연 온도, Mill 능력, 재질, 코일 표면 등의 제약에 의해 결정되며 세분하게는 슬래브 사이즈, 사상압연 사이즈에 의해 결정
• 조로 작업 제어를 위해 고려해야 할 사항 : 가열 온도, 연소 제어 모델, 재로 시간 예측, 온도 변화, 압연 부하 및 형상, 탈탄 방지, 스케일 흠 방지 등

08 가열로 가열작업에 있어 노 내 분위기 관리 시 공기비가 작을 때의 영향을 2가지만 쓰시오.

정답

불완전연소에 의한 손실열 발생, 불완전연소에 의한 미연 발생, 가스 폭발 위험, 소재 스케일 박리성 불량, 미연소에 의한 연료 소모량 증가, 연도의 2차 연소에 의한 리큐퍼레이터 고온 부식, 불안정한 가열온도 형성

해설

노 내 분위기 관리
- 이론공기량 : 화학 조성상 연료를 완전연소시키기 위해 필요한 공기의 양
- 연료를 이론공기량의 공기로 완전연소시킬 때의 공기비를 1.0이라 기준
- 공기비의 영향

공기비가 클 때(공기비 1.0 이상)	공기비가 작을 때(공기비 1.0 이하)
• 연소 온도 저하 • 피가열물의 전열성능 저하 • 연소가스 증가로 폐손실열 증가 • 저온 부식 발생 • 연소가스 중 O_2의 생성 촉진에 의한 전열면 부식 • 스케일 생성량 증가 • 탈탄 증가	• 불완전연소에 의한 손실열 증가 • 불완전연소로 미연 발생 • 가스 폭발 위험 • 연도(燃道) 2차 연소에 의한 열교환기 고온 부식에 따른 열화촉진 및 수명단축 • 소재 스케일 박리성 불량 • 노폭 방향으로 O_2차가 커짐 • 미연소에 의한 연료소비량 증가

09 가열로 가열작업에 있어 노 내 분위기 관리 시 공기비가 클 때의 영향을 2가지만 쓰시오.

정답

연소 온도 저하, 피가열물의 전열성능 저하, 연소가스 증가로 폐손실열 증가, 저온 부식 발생, 연소가스 중의 O_2의 생성 촉진에 의한 전열면 부식, 스케일 생성량 증가, 탈탄 증가

해설

노 내의 공기비가 클 때
- 연소가스가 증가하므로 폐열손실도 증가
- 연소 온도는 저하하여 열효율 저하
- 스케일 생성량 증가 및 탈탄 증가
- 연료소비량 감소 및 연소효율 증가
- 저온 부식 발생
- 연소가스 중 O_2의 생성 촉진에 의한 전열면 부식
※ 공기비가 부족하면 손실열이 증가하고 매연이 발생

10 가열로 연료의 원단위 절감방법을 2가지만 쓰시오.

정답

저공기비 연소, 고온 소재 장입(HCR 소재 장입), 저온 추출, Skid Pipe의 2중 단열, 노 길이 연장, 직송압연(Hot Direct Rolling)

해설

연료 원단위 절감 방안
• 저공기비 연소
• 히트 패턴의 개선(슬래브 승열 패턴 최적화)
• 저온 추출(추출 온도의 저하로 강의 종류별 추출 후 방산열량 감소를 고려)
• 노 길이 연장(슬래브와 연소가스의 열교환이 충분하게 진행)
• Skid Pipe 2중 단열
• 폐열회수
• 열편 장입 및 직송 압연

11 가열로에서 발생하는 열손실의 유형을 2가지만 쓰시오.

정답

폐가스의 손실열, 냉각수 손실열, 노벽체 방산열

해설

가열로의 입열과 출열
• 입열 : 연료의 연소열이 약 80%로 대부분을 차지하며, 다음으로는 폐열회수장치에서 회수한 열이 15~20%를 차지
• 출열 : 추출 슬래브의 반출열(약 60%), 배기가스의 현열(약 80%), 냉각수 손실열(약 8%), 노 자체의 방산열(약 4%)로 열손실이 발생

12 가열로에 압연 소재를 장입해서 추출까지의 시간을 무엇이라 명칭하는지 쓰시오.

정답

재로시간

해설

재로시간 : 소재가 장입도어에 장입되어 추출도어로 추출되기까지 걸리는 시간(소재가 노 안에 머무르는 시간)

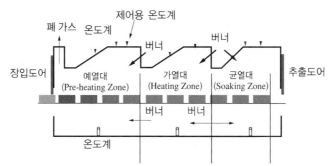

13 열연 제품의 회수율에 영향을 주는 것을 2가지 쓰시오.

정답

재로시간, 노 온도

해설

열연 제품의 회수율은 가열로 내 소재가 머무는 시간과 온도에 영향을 받는다.

14 가열로의 Curtain Burner가 설치되는 장소와 용도는 무엇인지 1가지만 쓰시오.

정답

• 설치 장소 : 가열로의 균열대 추출도어 위에 설치됨
• 용도 : 슬래브 추출 시 공기의 침입 방지, 열손실 방지

해설

커튼 버너(Curtain Burner) : 가열로의 추출도어가 열리면 노 내 압력에 의해 외부 공기가 들어오기 쉬우므로, 커튼 버너를 통해 외부 공기의 침입을 방지하여 열손실을 최소로 한다.

15 다음 그림은 가열로 스키드의 단면을 나타낸 것으로 'A'가 가리키는 설비의 이름을 쓰시오.

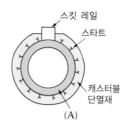

정답

냉각수 파이프

해설

스키드

- 노 내에서 슬래브를 지지하고 있는 것
- 서포트(Support) 지지대로 지지되며, 열에 의한 파손 방지를 위해 수랭을 실시
- 스키드 내화물의 구성 : 냉각에 따른 손실열을 절감하기 위해 세라믹 파이버(Ceramic Fiber)와 캐스터블(Castable)의 2중 구조 방식으로 구성됨

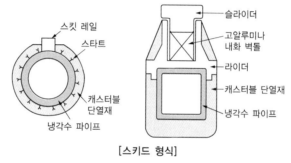

[스키드 형식]

16 열간압연 시 가열로에서 스키드 마크 발생 시 제품에 미치는 영향을 쓰시오.

정답

두께의 차이가 발생한다.

해설

스키드 마크 : 가열로 내에서 스키드와 판표면이 접촉한 부분과 접촉하지 않은 부분의 온도차가 발생하는 현상이다. 이로 인해 판 두께 편차가 발생하며, 이를 최소화할 목적으로 워킹빔식(Walking Beam Type)이 사용된다.

17 가열로 조로 시 스키드 마크가 크게 되는 조건 2가지 쓰시오.

정답

재로시간이 짧을수록, 소재가 두꺼울수록, 추출온도가 낮을수록, 재료의 이동 속도가 빠를 때, 가열온도가 불충분할 때, 가열 속도가 빠를 때

해설

스키드 마크(Skid Mark)
- 가열로 내에서 스키드와 판표면이 접촉한 부분과 접촉하지 않은 부분의 온도차
- 스키드 마크 발생 원인과 대책

발생 원인	대책
• 재로시간이 짧을 때 • 슬래브 두께가 두꺼울 때 • 추출온도가 낮을 때	• 재로시간 연장 • 승열패턴, 균열시간 변경 • 워킹빔식 노의 경우 이동빔에서 상하운동 Idling 실시

18 가열작업 시 소재 간 온도 편차가 발생하는 이유 3가지를 쓰시오.

정답

- 소재 두께변화에 의한 온도 편차
- 소재 간격차에 의한 온도 편차
- 강종에 의한 온도 편차
- 재로시간 차이에 의한 온도 편차

해설

두꺼운 소재보다 얇은 소재가 재로시간이 길어져 과열되기 쉬운 것처럼, 소재 간격, 강종 등의 요인으로 소재 간 온도 편차가 발생한다.
- 강종에 의한 온도차
- 소재 간격에 따른 온도차
- 소재 두께에 따른 온도차
- 재로시간에 의한 온도차

19 폐가스가 갖고 있는 열량을 송풍기(Blower)에서 보내오는 공기와 열교환하여 고온 연소공기를 얻는 손실열을 회수하는 장치의 명칭을 쓰시오.

정답

리큐퍼레이터(Recuperator)

해설

폐열회수장치(Recuperator, 열교환기)
- 폐가스가 갖고 있는 열량을 송풍기에서 보내오는 공기와 열교환하여 고온의 연소용 공기를 얻는 것
- 가열로 열교환기의 통상적 온도는 고온측(입측) 700~800℃, 저온측(출측) 400~500℃이며, 연소용 Hot Air 온도는 500~600℃까지 상승 가능

20 가열로의 연도란 배출되는 연소가스가 지나가는 통로인데 이곳에 설치되어 있는 중요 장치의 명칭을 2가지만 쓰시오.

정답

리큐퍼레이터, 댐퍼

해설

리큐퍼레이터(Recuperator)와 댐퍼(Damper)는 연소가스가 지나가는 연도가 위치한 가열로 상단에 설치되어 있는 설비이다.

21 가열로에서 폐가스가 연도로 가는 사이에 댐퍼를 통과하게 되는데 이때 댐퍼의 역할을 쓰시오.

정답

노 내 압력 조정

해설

노압 관리 : 노압은 노의 효율에 큰 영향을 미치며, 노압 제어는 노 내 설치된 노압 검출단에서 입력신호를 받아 자동으로 댐퍼(Damper)를 제어한다.

22 가열로 내의 압력을 제어하는 설비의 명칭과 노압이 너무 높을 때와 낮을 때 발생하는 현상을 2가지씩 쓰시오.

정답

• 명칭 : 댐퍼
• 노압이 너무 높을 때 발생하는 현상 : 슬래브 장입구, 추출구, 노 내 점검구에서 방염에 의한 열손실 증가, 방염에 의한 노체 주변 철구조물 손상
• 노압이 낮을 때 발생하는 현상 : 외부의 찬 공기가 노 내로 침투하여 열손실 증대, 슬래브 산화에 의한 스케일 생성량 증가

해설

노압이 높을 때	노압이 낮을 때
• 슬래브 장입구, 추출구, 노 내 점검구에서 방염에 의한 열손실 증가 • 방염에 의한 노체 주변 철구조물 손상 • 버너 연소상태 악화 • 개구부 방염에 의한 작업자 위험도 증가 • 화염 방출로 화재발생	• 외부의 찬 공기가 노 내로 침투하여 열손실 증대 • 침입공기에 따른 공기비 제어량 실적치 변동 • 슬래브 산화에 의한 스케일 생성량 증가

23 가열로 노압이 너무 높을 때 발생하는 현상을 3가지 쓰시오.

정답

- 슬래브 장입구, 추출구, 노 내 점검구에서 방염에 의한 열손실 증가
- 방염에 의한 노체 주변 철구조물 손상
- 버너 연소상태 악화

해설

노압이 너무 높을 때 발생하는 현상

- 슬래브 장입구, 추출구, 노 내 점검구에서 방염에 의한 열손실 증가
- 방염에 의한 노체 주변 철구조물 손상
- 버너 연소상태 악화
- 개구부 방염에 의한 작업자 위험도 증가
- 화염 방출로 화재발생

24 가열로에서 소재(Slab)를 추출하는 방법으로 경사를 이용한 슈트(Chute)에 소재를 떨어뜨려 받는 장치(용기)명을 쓰시오.

정답

범퍼

해설

범퍼(Bumper) : 가열로에서 소재의 가열이 완료되고 추출도어의 경사를 통해 내려보내게 될 때 소재가 슈트의 벽에 닿는 충격을 완화해주는 설비이다.

25 워킹빔 컨베이어에 이송되는 Extractor Car로 장입 테이블상으로 한 본씩 분리할 시 소재의 사향(비틀어짐)을 방지하기 위해 정렬시키는 소재 회전 장치의 명칭을 쓰시오.

정답

클램프

해설

클램프(Clamp) : 익스트랙터 카(Extractor Car)로 가열로 장입측에서 소재를 워킹빔 컨베이어에 이송하게 되고, 장입 전 소재의 사향을 방지하기 위해 고정시키고 잡아주는 소재 회전 장치이다.

26 가열조업 중 가열로에서 슬래브 추출 온도가 높았을 때 일어나는 현상을 2가지만 쓰시오.

정답

연료 손실, 스케일 로스, 제품조직 불량

해설

슬래브 추출 온도가 높으면 노 내 방산열로 인해 연료 손실 및 스케일 로스가 발생하게 된다.

27 가열로 작업 시 가열 속도가 너무 빠르면 재료 내외부 온도차가 생겨 균열을 일으키는 것에 대한 명칭을 쓰시오.

정답

클링킹

해설

클링킹(Clinking) : 가열로 내 가열 속도로 인해 재료 내외부의 온도차로 균열이 발생하는 것으로 장입 후 예열대에서 소재를 충분히 예열하여 예방한다.

28 가열로 추출 후 압연하지 않는 원형 그대로의 재열재를 무엇이라 하는지 쓰시오.

정답

원형 재열재

해설

원형 재열재 : 가열로에서 추출된 후에 정전, 설비이상, 온도 Drop, 조작 Miss 등으로 인하여 정상압연이 되지 못한 물품으로서 압연소재는 재사용이 가능한 원형 그대로의 재열재이다.

29 열연공정 중 가열로의 연료 발열량을 계산하는 식이다. (   ) 안에 알맞은 내용을 쓰시오.

┤ 보기 ├───

연료 발열량 = 가열능력(ton/hr) × (   )(kcal/ton)

정답

연료 원단위

해설

발열량 : 단위 무게당 해당되는 고유의 열량
연료 발열량 = 가열능력(ton/hr) × 연료 원단위(kcal/ton)

30 가열로 중 목적 부여용 가열로를 쓰시오(2가지).

정답

후판 열처리로, 냉연 풀림로, 전기 강판 분위기로

해설

철강제조에 사용되는 가열로
• 열간압연 : 후판 열처리로
• 냉간압연 : 풀림 열처리로
• 전기 강판 : 분위기 열처리로

31 LPG, LNG, COG에 대해 설명하시오.

정답

• LPG : 액화석유가스
• LNG : 액화천연가스
• COG : 코크스 가스

해설

• LPG(액화석유가스) : 석유계 탄화수소의 일종이고 탄소원자와 수소원자의 화합물이다. 석유계 탄화수소 중에는 화학적으로 안정된 피라핀계 탄화수소와 화학적으로 불안정한 오레핀계 탄화수소가 있다.
• LNG(액화천연가스) : 메테인(80~90%)이 주성분이고 여기에 약간의 에테인 등의 경질 파라핀계 탄화수소를 함유하고 있다. 황화합물, 질소화합물이 함유되어 있지 않고 메테인이 주성분이므로 연료로 사용할 때는 그을음 등의 발생이 적고, 안정된 연소 상태를 얻기 쉬우므로 도시가스 및 발전용 연료 외에 일반 공업용 원료로 널리 사용된다.
• COG(코크스 가스) : 석탄을 코크스로에서 1,000℃ 정도로 건류할 때 발생하는 수소와 메테인을 주성분으로 하는 가스이다.

32 가열로 슬래브 장입 시 검사 종류를 3가지 쓰시오.

정답

치수, 표면, 형상, 내부 품질, 슬래브 중량 측정

해설

통상적으로 크레인으로 슬래브를 롤러 테이블 위에 올려 자동 전진하여 치수를 측정하고, 평량기를 통해 실제 중량을 측정한다. 그 후 가열로 장입단 앞까지 이송하여 장입 Charger에 의해 가열로 내부로 슬래브가 장입된다.

33 가열로에서 스폴링(Spalling) 현상이란 무엇인지 설명하시오.

정답

가열로 내화물에 급격한 온도변화가 일어나면 내화물 내에 열응력이 생기고, 이 때문에 내화물에 균열이 생겨 표면이 벗겨지는 현상이다.

해설

• 스폴링 현상 : 내화물이 사용 중에 조우하는 여러 가지 조건에 의해 벽돌 내부에 생기는 변형 때문에 균열을 일으켜 표면에서 소편이나 소괴가 벗겨져 떨어져 나가 벽돌 내부가 노출되는 것을 말한다.
• 스폴링 현상 원인
  – 열 충격을 원인으로 하는 스폴링
  – 기계적 조건을 원인으로 하는 스폴링
  – 내화물 내의 구조 변화를 원인으로 하는 스폴링

34 열간압연 중 슬래브 가열을 위해 사용하는 가열로의 종류를 2가지 쓰시오.

정답

푸셔식, 워킹빔식, 회전로상식, 롤식

해설

형식	장점	단점	용도
푸셔식	• 설비비가 다른 형식보다 저렴함 • 효율이 높음	• 스키드 마크 발생 • 노 길이가 제한적 • 소재의 두께차 변동에 제약이 있음	• 대량생산용 • 최근 워킹빔식으로 대체되고 있음
워킹빔식	• 스키드 마크가 없음 • 공로를 만들 수 있음 • 노 길이 제한이 없음 • 효율이 높음	• 설비비가 높음 • 스키드 수가 증가 • 냉각수 손실열이 높음	• 대량생산용
회전로상식	• 노의 크기 제한이 적음 • 스키드 마크가 없음 • 재료의 형태 제약이 적음	• 노 바닥 점유율이 낮음 • 설비면적당 가열능력이 적음 • 설비비가 높음 • 4면 가열이 곤란함	• 특수용도용 • 파이프 및 환강처리 적합
롤식	• 띠강의 고속가열에 적합함 • 노 길이의 제한이 없음	• 연료 원단위가 높음 • 용융 스케일 처리 필요	• 단접강관용

01 중간압연에서 그림과 같은 중간압연의 형식은 무엇이며, 이 형식에 대한 특징을 2가지 쓰시오.

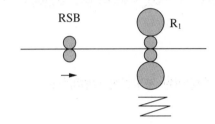

RSB   R₁

가. 그림과 같은 중간압연의 형식은 무엇인지 쓰시오.

나. 그림과 같은 형식의 특징을 2가지 쓰시오.

정답

가. 반연속식

나. 특징
- 건설비, 유지비가 적게 든다.
- 생산 능력적으로 Neck가 걸린다.
- 최종압연기 입구 온도 변동이 크다.
- 사용조건이 가혹하여 고장으로 인한 Line Stop 빈도가 크다.
- Line 길이가 가장 짧다.

해설

반연속기 압연기
- 2단 압연기인 RSB와 4단 가역식 압연기 1기(R1)로 구성되어 있는 반연속식 압연기로 R1에서 3~7패스의 가역압연을 실시하는 압연기
- R1에서 정압연 및 역압연 상호 변환 시간이 생산 능률을 결정하며, 직류 모터를 사용하여 구동
- RSB는 2단 압연기로 경압하에 의해 스케일을 파괴하는 것이 주목적이었으나, 디스케일링 사용 압력이 높아지며, 스케일 제거가 가능해지면서 2단 압연기의 역할만 하도록 제어

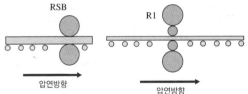

RSB

압연방향

R1

압연방향

- 장점
  - 설비비가 저렴
  - 강종 슬래브 두께에 따라 패스 회수 변경이 용이
- 단점
  - 압하, 사이드 가이드, 에지 롤, 전후면 롤러, 테이블 등 보수 회수가 많음
  - 4단 압연기 전면에만 에지 롤이 있어 홀수 패스 때만 폭압연이 가능
  - 조압연 능률에 의해 라인 능력이 결정되어 생산 능력이 감소

02 압연기 전후면에 설치되어 압연 소재 센터링 및 패스 라인을 이탈하거나 넘어지는 것을 방지하기 위한 설비의
명칭을 쓰시오.

정답

사이드 가이드

해설

사이드 가이드(Side Guide)
- 각 다듬질 압연기 입측에 설치되어 스트립 선단을 압연기까지 유도하는 역할
- 통판 중 판 쏠림을 방지하는 설비로 아이들 롤(Idle Roll) 마모와 변형 방지로 통판성과 품질을 확보

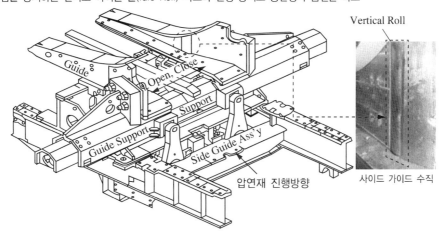

사이드 가이드 수직

03 연속식 조압연기의 스탠드 간의 속도를 제어하여 스탠드 간 루퍼 또는 오버텐션을 조절하는 시스템의 명칭을
쓰시오.

정답

AMTC(오토 미니멈 텐션 컨트롤), LCS(루퍼카 시스템)

해설

탠덤(연속식) 압연기의 속도 제어
- 크로스 커플식 조압연은 R3, R4가 탠덤 압연이므로, R3, R4 간에 정밀한 속도 제어가 필요
- 조압연에서 스탠드 간 Loop 또는 Over Tension으로 폭불량 및 미스 롤(Miss Roll)의 원인이 됨
- R3의 속도는 R4의 속도와 두께로 결정되며, 통판 중 제어는 AMTC(Automatic Minimum Tension Control)에 의해 가능

04 조압연된 Bar 선단부는 이동된 직후 사상압연기에서 바로 압연되지만, 후단으로 갈수록 압연까지의 시간이 장시간 소요되므로 온도강하가 크게 되는 현상의 명칭을 쓰시오.

정답

서멀 런 다운

해설

서멀 런 다운(Thermal Run Down) : 사상압연기에 압연 소재가 물려들어가는 데 걸리는 시간만큼 압연 소재의 끝부분 온도가 저하하는 현상이다.

05 열간압연에서 조압연과 사상압연기 사이에 설치되어 온도 보상을 해주는 설비를 2가지만 쓰시오.

정답

에지 히터(Edge Heater), 코일 박스(Coil Box), 보온 커버

해설

작업시간이 길어지면 소재의 모서리(Edge) 부분부터 온도가 낮아지게 되고, 압연 시 주름과 같은 결함이 발생할 수 있으므로 모서리 부분에 온도를 가해주는 에지 히터, 코일을 일시적으로 저장해주는 코일 박스, 외부 공기로부터 노출을 최소화하는 보온 커버 등을 통해 온도를 보상해 준다.

04 열간압연 사상압연

01 열간압연공정 중 수요자가 요구하는 규정된 제품의 치수로 압연하는 공정의 명칭을 쓰시오.

정답

사상압연 또는 다듬질 압연

해설

- 사상압연 : 조압연에서 압연된 재료(Bar)는 6~7개의 스탠드가 연속적으로 배열된 사상압연기에서 최종 두께로 압연한다.
- 다듬질 압연기(Finishing Mill) : 조압연기에서 만들어진 소재를 사상압연기에서 연속압연하여 상품의 최종두께 및 폭으로 압연한다.

02 열간압연 작업 중 발생하는 2차 스케일을 제거하는 장치의 명칭을 쓰시오,

정답

FSB(2차 스케일 제거 장치)

해설

FSB(Finishing Scale Breaker) : 사상압연 전 스케일을 제거하는 설비로 고압의 물을 소재 표면에 분사하여 스케일을 제거한다.

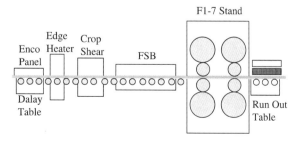

03 디스케일링 장치 중 고압수를 분사하는 장치의 명칭을 쓰시오.

정답

헤더

해설

디스케일링 헤더 : 고압수를 분사하여 2차로 발생한 스케일을 제거하는 고압수 분사 장치

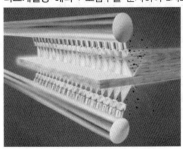

04 다음 ( ) 안에 알맞은 명칭을 쓰시오.

(가)는 압연기의 핵심부로서 롤이 설치되어 압연가공이 이루어지는 곳이다. 롤은 하우징으로 지지되는데 롤 하우징에는 (나)과 (다)이 있다. (나)은 롤의 조립을 측면에서 하는 것으로 분괴압연기와 같은 대형압연기에 사용되며 (다)는 하우징 뒷부분의 캡을 열고 롤을 집어넣도록 되어 있어서 롤의 교환이 편리하다.

정답

(가) : 롤 스탠드(Roll Stand)
(나) : 밀폐형
(다) : 개방형

해설

• 밀폐형 : 롤의 조립을 하우징의 창을 통하여 측면에서 하는 것으로 고하중 대형압연기에 사용
• 개방형 : 하우징의 윗부분 캡을 열고 롤을 집어넣는 것으로 롤을 자주 교환해야 하는 소형, 형강압연 등에 사용

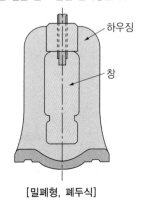

[밀폐형, 폐두식]

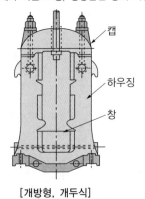

[개방형, 개두식]

05 그림에서 (가)~(라)의 명칭을 쓰시오.

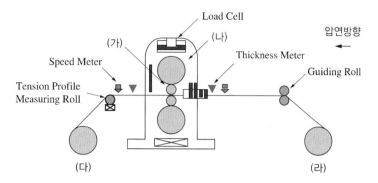

정답

(가) : 워크 롤(Work Roll)

(나) : 백업 롤(Backup Roll)

(다) : 텐션 릴(Tension Reel)

(라) : 페이 오프 릴(Pay Off Reel)

해설

• 워크 롤 : 압연기에 있어 균일한 두께, 또는 얇으면서 형상이 양호한 것을 얻기 위해 구동되며 직접 피압연재와 접촉하는 롤

• 백업 롤 : 작업 롤의 완곡 및 절손을 방지하기 위해서 이용되는 보강 롤

• 텐션 릴 : 소재를 후방 장력을 주며 감아주는 설비

• 페이 오프 릴 : 코일을 되풀어주는 설비

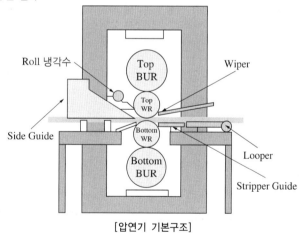

[압연기 기본구조]

06 롤에 밀착되어 냉각수가 소재에 떨어지는 것을 막아 온도 저하 방지와 롤 표면의 이물질을 제거하는 장치를 쓰시오.

정답

와이퍼

해설

와이퍼(Wiper)
- 롤 냉각수가 판에 직접 떨어지는 것을 방지
- 스트리퍼가 직접 롤에 닿아 롤의 긁힘이나 마모를 일으키는 것을 감소
- 스트립이 롤 사이로 들어가는 것을 방지함으로써 오작을 막음

07 압하방식 3가지를 쓰시오.

정답

유압 방식, 전동 방식, 수동 방식

해설

압하설비
- 유압 압하장치 : 응답속도가 빠르고, 고정도의 판 두께 제어가 가능(소프트라이너)
- 전동 압하장치 : 전동기에서 회전수를 줄이는 감속기구를 이용하여 압하 스크루를 구동하여 압하(스크루 다운)
- 수동 압하장치 : 각 스탠드 별 압하조작을 자주하지 않는 압연기에 사용(스텝라이너)

08 후판 압연기의 압하장치 명칭을 쓰시오.

정답

스크루 다운(Screw Down)

해설

스크루 다운은 두께의 압하량을 적정 압력으로 조절하면서 압연하는 설비로 2단 감속기 및 웜 기어를 거쳐 스크루를 상하 구동하여 롤 위치를 결정한다.

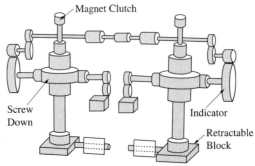

09 냉간압연기의 스크루 다운(Screw Down)의 주기능은 무엇인지 쓰시오.

정답

롤 갭 조정

해설

스크루 다운(Screw Down) : AGC(자동 게이지 제어)와 병행하여 롤 갭을 설정하는 장치

10 유압 압하설비의 특징을 쓰시오.

정답

• 압하 적응성이 좋다.
• 압연 목적에 따라 스프링 정수를 바꿀 수 있다.
• 최적압하 속도를 얻기 쉽다.

해설

압하설비

소정의 판 두께를 얻기 위해 압연 압력을 롤에 미치게 하는 장치로 수동, 전동, 유압 방식으로 설치
• 수동 방식 : 각 패스마다 압하 조작을 자주 하지 않는 압연기에 사용
• 전동 방식 : 전동기로부터 감속 기구를 구동 압하 스크루로 조작하여 압하하는 장치
• 유압 방식 : 관성이 작고 효율이 좋으며, 적응성이 우수한 방식

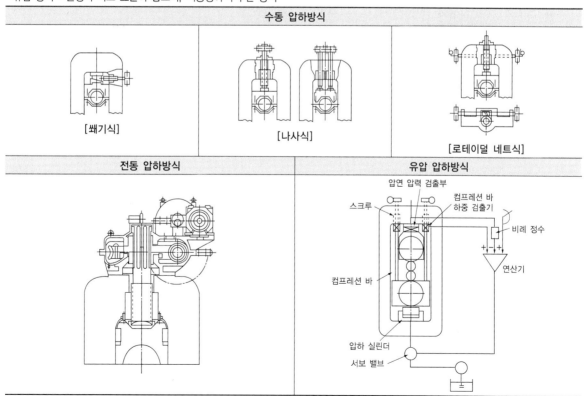

11 압연력 전달방식이 수동식에서 현재 사용 중인 방식으로 바뀐 것 2가지를 쓰시오.

정답

전동 압하방식, 유압 압하방식

해설

압하설비
- 수동 압하장치 : 각 스탠드별 압하조작을 자주하지 않는 압연기에 사용(스텝라이너)
- 전동 압하장치 : 전동기에서 회전수를 줄이는 감속기구를 이용하여 압하스크루를 구동하여 압하(스크루 다운)
- 유압 압하장치 : 응답속도가 빠르고, 고정도의 판 두께 제어가 가능(소프트라이너)

12 압연기의 압하 설비 중 유압 압하방식에 비해 전동 압하방식의 단점 2가지를 쓰시오.

정답

- 모터 및 감속 기어의 관성이 크므로 동력전달 효율이 낮다.
- 고속화한 압연기에서 고(高)정도의 판 두께 제어를 행하는 것이 곤란하다.

13 압연기의 압하 설비 구동방법 중 유압 압하방식의 이점 3가지를 쓰시오

정답

- 압하의 적응성이 좋다.
- 최적 압하 속도를 쉽게 얻을 수 있다.
- 롤 교체 시간이 빠르다.
- 압연 사고에 의한 과대부하를 방지할 수 있다.
- 압연 목적에 따라 스프링 정수를 바꿀 수 있다.
- Pall Line 조정이 쉽다.

14 압연기 받침 롤(BUR) 교환 시 패스 라인(Pass Line)을 조정하는 이유를 쓰시오.

정답

롤 경의 마모로 규정된 패스 라인을 맞추기 위해

해설

패스 라인 : 하부 작업 롤 상단과 피드 롤 상단과의 거리로 스트립의 인입과 평탄도 개선을 위해 필요한 값으로 하부의 유압 압하장치를 사용하여 조절한다.

15 열간압연에서 패스 라인은 무엇을 기준으로 결정하는지 쓰시오.

정답

피드 롤을 기준으로 한다.

해설

패스 라인과 롤 갭
- 패스 라인 : 하부 작업 롤 상단과 피드 롤 상단과의 거리
- 롤 갭 : 상부 작업 롤 하단과 하부 작업 롤 상단과의 거리

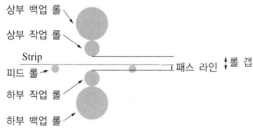

16 백업 롤 교체 시 패스 라인을 조정하는 목적에 대해 쓰시오.

정답

평탄도 개선

해설

패스 라인 : 하부 작업 롤 상단과 피드 롤 상단과의 거리로 스트립의 인입과 평탄도 개선을 위해 필요한 값으로 하부의 유압 압하장치를 사용하여 조절한다.

17 열연공장의 조압연기 및 다듬질 압연기의 패스 라인(Pass Line) 조정을 무엇으로 하는지 쓰시오.

정답

소프트 라이너(Soft Liner)

해설

패스 라인은 하부 작업 롤 상단과 피드 롤 상단과의 거리를 의미하므로 하부 작업 롤을 조절할 수 있는 유압 압하장치(소프트 라이너)를 이용하여 조절한다.

18 받침 롤 초크와 작업 롤 초크 사이의 유격량 보정과 마모량을 제어해주는 장치의 명칭을 쓰시오.

정답

스탠드 라이너

해설

스탠드 라이너 : 밀 하우징(Mill Housing) 내부에 부착되어 작업 롤 및 보강 롤의 초크(Chock) 유동을 방지하는 역할을 한다.

19 스탠드 라이너(Stand Liner)란 무엇인지 설명하시오.

정답

밀 하우징(Mill Housing) 내부에 부착되어 작업 롤 및 보강 롤의 초크(Chock) 유동을 방지

해설

스탠드 라이너(Stand Liner) : 밀 하우징(Mill Housing) 내부에 부착되어 작업 롤 및 보강 롤의 초크(Chock) 유동을 방지하는 역할을 한다.

20 스트립이 사상압연기를 통과하여 권취기에 감길 때 순간적인 장력에 의해 스트립의 폭이 좁아지는 현상을 무엇이라고 하는지 쓰시오.

정답

네킹

해설

네킹(Necking) : 연성을 가진 금속을 축방향으로 늘여 소성변형을 시키면 변형하는 부분과 변형하지 않는 부분으로 나뉘고, 그 경계에 잘록함이 생기는 경우를 네킹이라고 하며, 장력값이 커지면 판 파단이 발생한다.

21 압연 롤 스탠드와 스탠드 사이에 설치되어 판(Strip)의 텐션(Tension)을 조절하는 장치를 쓰시오.

정답

루퍼

해설

루퍼(Looper) 제어 시스템
- 루퍼는 사상압연 스탠드와 스탠드 사이에서 압연재의 장력과 루프를 제어하여 전후 균형의 불일치로 인한 요인을 보상하여 통판성 향상 및 조업 안정성을 도모
- 소재 트래킹, 루프 상승 제어 기능, 소프트 터치 제어 기능, 소재 장력 제어 기능, 루퍼 각도 제어 기능, 루퍼 각도와 소재 장력 간 비간섭 제어 기능 등의 기능을 수행

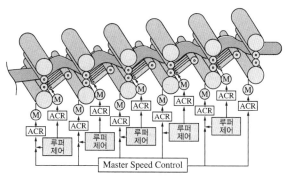

- Master Control PLC : 압연기 구동 모터를 제어하여 롤의 속도를 제어하는 PLC
- ACR : Automatic Current Regulator
- ASR : Automatic Speed Regulator

[사상압연 공정 시스템의 개략도]

22 다음 그림은 스탠드 간 소재에 일정한 장력을 주어 각 스탠드 간 압연 상태를 안정시켜 제품 폭과 두께의 변동을 방지하는 장치이다. (가)와 (나)에 알맞은 설비명을 쓰시오.

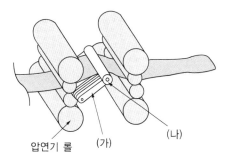

압연기 롤   (가)   (나)

정답

가 : 루퍼 테이블(Looper Table)
나 : 루퍼 롤(Looper Roll)

해설

소재의 장력이 필요하게 되면, 루퍼 테이블이 상향하면서 소재에 일정한 장력을 주게 된다.

23 스트립의 상하향으로 롤에 감기는 것을 방지하는 장치의 명칭을 쓰시오.

정답

스트리퍼(Stripper)

해설

스트리퍼 가이드(Stripper Guide) : 상하 작업 롤 출측에 배치된 유도관으로 압연재가 롤에 감겨 붙지 않도록 하는 기능

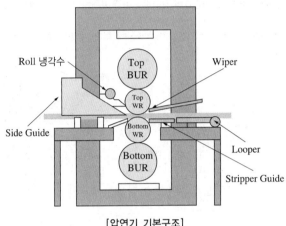

[압연기 기본구조]

24 롤을 압연 중 유동이 없도록 고정시켜 주는 장치의 명칭을 쓰시오.

정답

롤 클램프(키퍼 플레이트)

해설

롤 클램프(키퍼 플레이트) : 일종의 완충장치로 고속으로 회전하는 롤의 유동을 최소화하며 원심력에 의해 압연기 밖으로 튀어나오는 것을 방지하는 설비

25 롤 클램프 혹은 키퍼 플레이트의 역할에 대해 쓰시오.

정답

롤이 원심력에 의해 압연기 밖으로 튀어나오는 것을 방지

해설

롤 클램프(키퍼 플레이트) : 일종의 완충장치로 고속으로 회전하는 롤의 유동을 최소화하며 원심력에 의해 압연기 밖으로 튀어나오는 것을 방지하는 설비

26 냉간압연기의 스탠드에 있는 설비로써 압연하중을 직접 측정하는 센서의 명칭을 쓰시오.

정답

로드 셀(Load Cell)

해설

하중을 전기 신호로 변환하는 검출기로 하중계, 힘 센서라고도 한다. 가는 선으로 이루어져 있어 이를 측정하고자 하는 재료에 붙여서 응력이 걸리면 선이 늘어나 가늘어져서 전기 저항이 변화하므로 브릿지로 측정할 수가 있다. 수백 톤의 하중까지 측정할 수 있는 것도 있어 질량계나 압하력계 등에 이용된다.

27 압연 제어 설비 중 판두께를 자동으로 제어하는 시스템의 명칭을 쓰시오.

정답

자동 두께 제어

해설

자동 두께 제어(AGC ; Automatic Gauge Control)
압연 중 스트립 두께 변동을 검출하기 위한 장비로, 스크루 다운 블록(Screw Down Block) 하단에 설치된 로드 셀(Load Cell)에 의해 압연의 압력 변화를 검출하여 현재 위치를 탐지한 후 F7 후면에 설치된 X-Ray가 판 두께를 측정해 이 신호를 기반으로 압하 스크루를 자동 제어하여 스트립의 두께를 목표 두께로 제어하는 장치

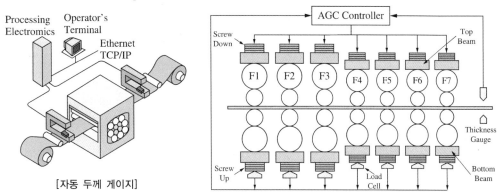

[자동 두께 게이지]

28 냉간압연 시 롤의 밸런스를 유지해주는 장치의 명칭을 쓰시오.

정답

유압 플런저

해설

유압 플런저 : 롤 초크 내에 설치되어 롤의 밸런스를 유지해주는 장치

29 열간압연 중 조압연의 AWC는 무엇을 하는 장치인지 쓰시오.

정답

자동 폭 제어(AWC ; Automatic Width Control)

해설

AWC(Automatic Width Control)
- 초기 스키드 마크에 의한 폭변동 제어가 목적인 장치
- 현재 실수율 향상을 위해 종합적인 폭제어 장치보다 기능화되어 폭제어, 선단부, 미단부, 폭빠짐 개선, 기타 폭변동에 대한 제어 장치로 적용
- 조압연 AWC : 조압연기에서 에지 롤의 개도를 제어하는 장치
- 다듬질 AWC : 사상압연기의 스탠드 간 장력을 제어함으로써 제어하는 장치

30 다음 그림의 압연기의 구조에서 동력전달 장치인 (가)~(다)의 명칭을 쓰시오.

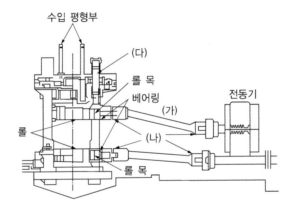

정답

(가) : 스핀들
(나) : 유니버설 커플링
(다) : 스크루

해설

- 스핀들 : 피니언과 롤을 연결하여 동력을 전달하는 설비
- 유니버설 커플링 : 큰 경사각이 필요한 경우에 사용하는 축과 축 이음 장치
- 압하 스크루(롤 승강 장치) : 전동기에서 회전수를 줄이는 감속기구를 이용하여 압하 스크루를 구동하여 압하

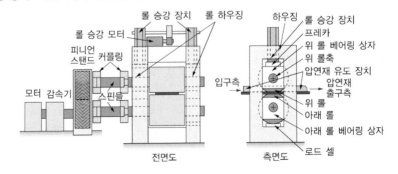

31 압연 시 전동기의 동력을 상하 롤(Roll)에 분배시켜 주는 장치의 명칭을 쓰시오.

정답

피니언(Pinion)

해설

압연구동 설비

모터 (동력발생)	→	감속기 (회전수 조정)	→	피니언 (동력분배)	→	스핀들 (동력전달)

- 모터 : 압연기의 원동력을 발생시키는 설비로 일반적으로 직류전동기가 이용되며, 속도의 조정이 필요하지 않을 때는 3상 교류전동기를 사용
- 감속기 : 모터에서 발생된 동력을 압연기의 종류에 맞는 힘과 속도로 바꿔 주는 설비
- 피니언 : 동력을 각 롤에 분배하는 설비
- 스핀들 : 피니언과 롤을 연결하여 동력을 전달하는 설비

32 압연 롤의 압하장치인 피니언의 역할 2가지를 쓰시오.

정답

- 동력을 상하 롤에 분배
- 롤의 회전 방향 제어

해설

피니언 스탠드(Pinion Stand) : 감속기 또는 모터에서 공급되는 1축의 토크를 상하 각 롤로 분배하는 것으로 1조에 2개의 기어로 구성

33 열간압연 시 압연기의 롤에 동력을 전달하는 장치를 쓰시오.

정답

피니언, 스핀들, 커플링

해설

• 피니언 스탠드(Pinion Stand) : 감속기 또는 모터에서 공급되는 1축의 토크를 상하 각 롤로 분배하는 것으로 1조에 2개의 기어로 구성
• 스핀들(Spindle) : 피니언 스탠드에서 분배된 2축의 토크를 각각 상하의 작업 롤로 전달하는 역할, 즉 전동기로부터 피니언과 롤을 연결하여 동력 전달하는 설비
• 커플링 : 스핀들에서 전달받은 동력을 롤에 전달해주는 설비

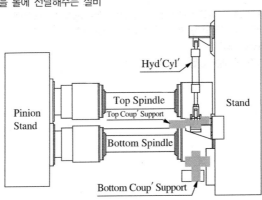

34 연결부분이 밀폐되어 내부에 윤활유를 유지할 수 있어 고속압연기에 적합한 스핀들의 명칭을 쓰시오.

정답

기어 스핀들

해설

기어 스핀들 : 고속압연기에 유리하고 밀폐되어 내부 윤활유를 유지함이 가능

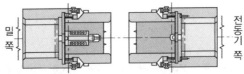

35 다음 그림이 설명하는 명칭을 쓰시오.

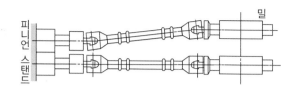

정답

유니버설 스핀들

해설

유니버설 스핀들(Universal Spindle) : 분괴, 후판, 박판 등의 큰 경사각이 필요한 경우에 사용

36 전동기로부터 피니언 또는 피니언과 롤에 연결되어 동력을 전달하는 스핀들의 종류 2가지를 쓰시오.

정답

유니버설 스핀들, 연결 스핀들, 기어 스핀들

해설

스핀들 : 피니언과 롤을 연결하여 동력을 전달하는 설비
• 유니버설 스핀들 : 분괴, 후판, 박판 등 큰 경사각이 필요한 경우에 사용

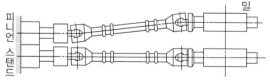

• 연결 스핀들 : 롤축 간 거리의 변동이 적고, 경사각이 1~2° 이내의 경우에 사용

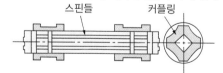

• 기어 스핀들 : 연결부분이 밀폐되어 내부에 윤활유를 유지할 수 있어 고속 압연기에 사용

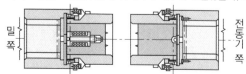

37 열연 구동장치가 모터에서 작업 롤에 동력을 전달하는 순서이다. 보기의 (   ) 안에 알맞은 명칭을 쓰시오.

┤ 보기 ├───

모터 → 감속기 → 피니언 스탠드 → (   ) → 작업 롤

정답

스핀들

해설

압연구동 설비

- 모터 : 압연기의 원동력을 발생시키는 설비로 일반적으로 직류전동기가 이용되며, 속도의 조정이 필요하지 않을 때는 3상 교류전동기를 사용
- 감속기 : 모터에서 발생된 동력을 압연기의 종류에 맞는 힘과 속도로 바꿔 주는 설비
- 피니언 : 동력을 각 롤에 분배하는 설비
- 스핀들 : 피니언과 롤을 연결하여 동력을 전달하는 설비

38 열연 작업에 있어 실제 두 개의 롤 사이의 갭과 압연되어 나오는 판 두께와의 차이를 무엇이라 하는지 쓰시오.

정답

밀 정수 또는 밀 스프링

해설

밀 스프링(Mill Spring, 밀 정수, 밀 상수)

- 실제 만들어진 판 두께와 Indicator 눈금과의 차(실제 값과 이론 값의 차이)
- 원인
  - 하우징의 연신 및 변형, 유격
  - 롤의 벤딩
  - 롤의 접촉면의 변형
  - 벤딩의 여유

39 후판압연에서 실제 판 두께와 롤 간격과의 차이를 밀 정수라 하는데 밀 정수가 발생하는 원인 3가지를 쓰시오.

정답

하우징의 연신 및 변형, 롤 접촉면의 변형, 롤의 휨, 베어링의 유격

해설

밀 스프링(Mill spring, 밀 정수, 밀 상수)의 원인
- 하우징의 연신 및 변형, 유격
- 롤의 벤딩
- 롤의 접촉면의 변형
- 벤딩의 여유

40 열연공장에서 Mill 정수를 측정할 때 철판을 사용하지 않고 동(Cu)이나 알루미늄(Al) 판을 사용하는 이유를 쓰시오.

정답

Roll의 표면 보호

해설

밀 스프링 측정 시 동(Cu), 알루미늄(Al) 판을 사용하여 롤의 표면을 보호한다.

41 냉간압연 작업 중 운전자가 원하는 장력이나 두께를 얻고자 할 때 조정할 수 있는 것을 2가지만 쓰시오.

정답

롤 갭(Roll Gap), 롤 속도(Roll Speed)

해설

냉연 작업 중 운전자가 원하는 장력을 얻기 위해 롤의 속도를 조정하고, 원하는 두께를 얻기 위해 롤 갭을 조정한다.

42 열간압연 시 소재의 톱(Top)이 상향 또는 하향하는 이유를 2가지만 쓰시오.

정답

- 상하부 롤 직경차
- 소재 상하부 온도차
- 상하부의 롤 속도가 맞지 않을 때
- 패스 라인 이상
- 소재의 톱(Top)부가 과랭 시

해설

- 롤의 크기와 소재의 변화
  - 소재는 롤의 회전수가 같을 때 롤의 지름이 작은 쪽으로 구부러진다.
  - 상부 롤 > 하부 롤 : 소재는 하향
  - 상부 롤 < 하부 롤 : 소재는 상향

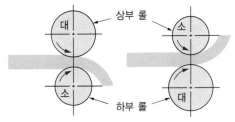

- 롤의 크기를 조절하지 않고 소재를 하향하는 방법
  - 소재의 상부 날판을 가열한다.
  - 소재의 하부 날판을 냉각한다.
  - 하부 롤의 속도보다 상부 롤의 속도를 크게 한다.

43 열연 코일 길이 방향에 두께 변화를 주는 원인을 3가지만 쓰시오.

정답

스키드 마크, 롤 편심, 압연 속도, 롤 열팽창

해설

길이 방향의 두께 변동
- 원인
  - 스키드 마크
  - 서멀 런 다운
  - 롤의 편심
  - 열팽창 및 마모
  - 베어링 유막 두께 변동
  - 롤 스탠드 간의 장력 변동
  - 열연 강판의 두께 변동
- 대처 : 자동 두께 제어 장치 설치

44 열간압연에서 슬립(Slip) 발생 시 취해야 할 사항을 3가지만 쓰시오.

정답
- 압연 속도를 조절한다.
- 압하량을 조절한다.
- 압하율을 조정한다.
- 롤 표면을 거칠게 한다.

해설
미끄러짐(슬립, Slip) 발생 시 조치사항
- 마찰력을 크게 한다.
- 압하량과 압하율을 조절한다.
- 압연 속도를 천천히 한다.

45 사상압연에서 동일 폭을 계속해서 압연하면 나중에 압연되는 소재의 판 프로파일(Profile)은 어떻게 되는지 쓰시오.

정답
에지 업(Edge up)이 발생한다.

해설
사상압연에서 동일 폭을 계속 압연하게 되면 가장자리가 위로 올라간 형상의 에지 업이 발생하게 된다.

46 열연 강판에서 위치 추적을 하는 기능을 무엇이라 하는지 쓰시오.

정답
트래킹(Tracking)

해설
트래킹 : 소재의 위치 이동거리를 추적함으로써 압연기의 압연 상태를 사전 확보하기 위한 기능

47 다음은 탄소강 압연에 대한 설명이다. (   ) 안에 알맞은 내용에 O표시를 하고, 알맞은 변태 온도를 보기에서 찾아 쓰시오.

가. "열간압연 후 사상출구 온도가 높고 권취 온도가 (낮을수록 / 높을수록) 결정 입자의 크기가 균등하게 형성되고 철의 탄화물이 미세하게 분포하여 기계적 성질이 양호한 조직을 얻을 수 있다. 이에 사상출구 온도가 높아질수록 결정 입자의 크기는 (작아진다. / 커진다.)

나. 보기에서 알맞은 온도를 찾아 (   ) 안에 써 넣으시오.

┌ 보기 ┐
A_1, A_2, A_3, A_4

"양호한 야금학적 성질(결정 입도)을 얻기 위해서는 (   ) 변태점 이상에서 사상 압연을 완료하고, (   ) 변태점 이하에서 권취하는 것이 필요하다."

정답
가 : 낮을수록, 커진다.
나 : A_3, A_1

해설
• 권취 온도가 높아지면 결정입자의 크기가 커지고, 냉각 불량으로 인해 곱쇠와 같은 결함이 발생할 수 있어 적정 권취 온도를 유지하는 것이 중요하다.
• 양호한 결정 입도를 얻기 위해서는 A_3 변태점 이상에서 사상압연을 완료하고, A_1 변태점 이하에서 권취한다.

48 사상압연에서 상하부 보조 롤과 작업 롤을 일정 각도로 변경하여 기계적인 크라운을 이용해 판 크라운을 목표치로 제어하기 위한 설비가 무엇인지 쓰시오.

정답
페어 크로스

해설
사상압연 설비
• 페어 크로스 : 판 크라운의 제어
• 크롭 시어 : 소재의 선단 및 미단 절단
• 사이드 가이드 : 소재를 압연기까지 유도
• 스케일 브레이커 : 산화물층 제거
• 롤 벤더 : 스트립 형상 제어
• 루퍼 : 소재의 전후 밸런스 조절

49 롤 밸런스(Roll Balance)의 역할을 쓰시오.

정답

롤 밸런스(Roll Balance)가 없을 경우 상부 롤이 하부 롤 상단으로 다운되어 상하 롤이 붙어 있어 치입이 원활하지 않고 충격으로 롤에 악영향을 미친다. 따라서 롤 밸런스는 롤의 균형을 유지하여 롤 갭(Roll Gap)을 유지시키며 워크 롤(Work Roll)과 받침 롤(BUR)의 슬립(Slip)을 방지하고 소재의 치입·치출 시 롤의 충격을 감소시켜 주는 역할을 한다.

01 다음 그림에서 (가)에 대한 명칭을 쓰고 역할에 대해 설명하시오.

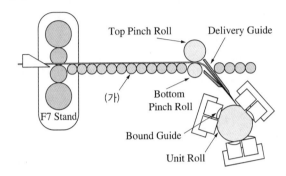

정답

- 명칭 : 런 아웃 테이블(ROT)
- 역할 : 다듬질 압연이 끝난 후 권취기까지 이송하는 설비이며, 이 구간에서 라미나 플로(Laminar Flow) 설비를 이용하여 CTC 제어를 함으로써 권취 온도로 냉각이 이루어진다.

해설

런 아웃 테이블(ROT ; Run Out Table)
- 사상압연기를 빠져 나온 스트립을 권취기까지 이송하는 역할, 즉 최종 사상압연기와 권취기를 연결하는 설비
- 핫 런 테이블(Hot Run Table) 위를 달려온 스트립은 권취기 전에 있는 사이드 가이드 및 핀치 롤에 의해 권취기로 유도되어 맨드릴에 감김
- 런 아웃 테이블 냉각(라미나 플로, Laminar Flow)
  - 열연 사상압연에서 압연된 스트립의 기계적 성질을 양호하게 하기 위해 적정 권취 온도까지 냉각시키는 장치
  - 스트립을 권취하기 전 런 아웃 테이블상에서 주행 중 스트립의 상하부에 일정한 냉각수를 뿌려 소정의 권취 온도를 확보하며, 요구하는 기계적 성질을 얻는 장치
  - 냉각 방식 : 냉각수를 노즐에서 분사시키는 스프레이 방식 및 상부에서 저압수로 뿌리는 라미나(Laminar) 방식으로 구분

02 다듬질 압연기와 권취기 사이에 설치되어 권취 온도를 제어하는 설비의 명칭을 쓰시오.

정답

라미나 플로(Laminar Flow)

해설

라미나 플로(Laminar Flow, 런 아웃 테이블 냉각)
- 스트립을 권취하기 전에 런 아웃 테이블상에서 주행 중 스트립의 상하부에 일정한 냉각수를 뿌려 소정의 권취 온도를 확보하며, 요구하는 기계적 성질을 얻는 장치이다.
- 냉각수를 노즐에서 분사시키는 스프레이 방식 및 상부에서 저압수로 뿌리는 라미나(Laminar) 방식으로 구분한다.

03 권취 온도 제어가 끝난 뒤에 냉각온도차에 의해 발생되는 재질 편차를 보상하기 위하여 Coil Top, Middle, End부를 별도로 제어하는 냉각 방식을 쓰시오.

정답

L-패턴 또는 U-패턴(L, U-Pattern)

해설

라미나 플로의 냉각 패턴 종류

냉각 패턴	내용
전단 냉각	대부분 제품에 적용되는 방식으로 예측 제어량을 전단에서 주수(물을 공급)하고 가소(가열)하여 진행방향으로 주수의 영역(Zone)을 증가시킨다. Feed Back 제어량은 권취기 측에서 주수의 영역(Zone)을 증감시킨다.
후단 냉각	극 박물에서 Run Out Table상에서 주행성을 양호하게 하기 위해 사용하는 경우가 많으며, 예측제어분에 대해서 냉각 Zone 후단에서 Spray하며 Feed Back 제어는 전단냉각과 같이 최후단의 냉각 Zone을 사용한다.
L, U – Pattern	권취 온도 제어가 끝난 뒤에 냉각온도차에 의해 발생되는 재질 편차를 보상하기 위하여 Coil Top, Middle End부를 별도로 제어하는 방식으로 일반적으로 약 4.5m 이상, 고강도재에 적용하며 온도는 30~70℃ 높게 관리한다.
상하연동주수	일반적으로 극 박물을 제외한 치수에서 상하부 대칭으로 주수

04 다음 그림은 권취기의 구조를 나타낸 것으로 (가)~(마)에 알맞은 명칭을 쓰시오.

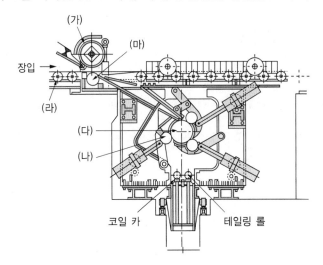

가 : 상부 핀치 롤(Pinch Roll)

나 : 유닛 롤(Unit Roll)

다 : 맨드릴(Mandrel)

라 : 런 아웃 테이블 롤러(Run Out Table Roller)

마 : 핀치 롤(Pinch Roll)

• 유닛 롤(Unit Roll)
 – 맨드릴이 사이드 가이드와 함께 스트립 선단을 맨드릴의 원주에 유도함과 동시에 스트립을 맨드릴에 눌러서 스트립과 맨드릴 간에 마찰력을 발생시키는 역할
• 맨드릴(Mandrel)
 – 맨드릴은 권취된 코일을 맨드릴로부터 인출이 가능하도록 세그먼트(Segment)가 이동하여 맨드릴 경을 변화시킬 수 있는 구조
 – 감속기를 통한 모터에 의해 구동
• 런 아웃 테이블 롤러(Run Out Table Roller)
 – 사상압연과 권취기 사이에 위치하고 있는 런 아웃 테이블 상의 롤러
• 핀치 롤
 – 스트립 선단을 오버 가이드의 방향으로 유도 및 스트립의 미단이 사상압연기 최종 스탠드를 빠져나온 후에 후방 장력(Back Tension)을 부여하는 역할을 하며, 핀치 롤 갭을 조정하여 권취 형상을 확보 가능
 – 핀치 롤은 상하 1대의 롤로 구성되어 있으며, 하부 롤에 비하여 상부 롤의 경이 크고, 상하 롤 간에 10~20° 정도의 오프셋(Off Set) 각도 θ를 주게 되고, 이로 인해 핫 런 테이블을 주행해 온 스트립 선단을 쉽게 하향

05 열간압연 코일이 감기는 곳의 명칭을 쓰시오.

정답

맨드릴

해설

맨드릴(Mandrel)
- 권취된 코일을 맨드릴로부터 인출이 가능하도록 세그먼트(Segment)가 이동하여 맨드릴 경을 변화시킬 수 있는 구조
- 감속기를 통한 모터에 의해 구동

06 맨드릴이 사이드 가이드와 함께 스트립 선단을 맨드릴의 원주에 유도함과 동시에 스트립을 맨드릴에 눌러서 스트립과 맨드릴 간에 마찰력을 발생시키는 설비를 쓰시오.

정답

유닛 롤

해설

유닛 롤(Unit Roll)
- 맨드릴이 사이드 가이드와 함께 스트립 선단을 맨드릴의 원주에 유도함과 동시에 스트립을 맨드릴에 눌러서 스트립과 맨드릴 간에 마찰력을 발생시키는 역할
- 슬라이드식 유닛 롤 : 구조가 간단하고 정비 및 보수가 간편
- 스윙식 유닛 롤 : 각각의 유닛 롤을 독립적으로 설치·제어할 수 있음

07 사상압연을 마친 스트립의 탑부분을 맨드릴에 정상적으로 권취가 되도록 하향으로 벤딩시키는 장치의 명칭을 쓰시오.

정답

핀치 롤

해설

핀치 롤(Pinch Roll)
- 스트립 선단을 오버 가이드의 방향으로 유도 및 스트립의 미단이 사상압연기 최종 스탠드를 빠져나온 후에 후방 장력(Back Tension)을 부여하는 역할을 하며, 핀치 롤 갭을 조정하여 권취 형상을 확보 가능
- 핀치 롤은 상하 1대의 롤로 구성되어 있으며, 하부 롤에 비하여 상부 롤의 경이 크고, 상하 롤 간에 10~20° 정도의 오프셋(Off Set) 각도 θ를 주게 되고, 이로 인해 핫 런 테이블을 주행해 온 스트립 선단을 쉽게 하향

08 권취기 입구에서 스트립의 앞부분을 유도하는 설비와 스트립의 중심을 유지하여 잘 감기도록 도와주는 설비의 명칭을 각각 쓰시오.

가. 권취기 입구에서 스트립의 앞부분을 유도하는 설비

나. 스트립의 중심을 유지하여 잘 감기도록 도와주는 설비

정답

가 : 사이드 가이드

나 : 핀치 롤

해설

- 사이드 가이드(Side Guide)
  - 각 다듬질 압연기 입측에 설치되어 스트립 선단을 압연기까지 유도하는 역할
  - 통판 중 판 쏠림을 방지하는 설비로 아이들 롤(Idle Roll) 마모와 변형 방지로 통판성과 품질을 확보
- 핀치 롤(Pinch Roll)
  - 스트립 선단을 오버 가이드의 방향으로 유도 및 스트립의 미단이 사상압연기 최종 스탠드를 빠져나온 후에 후방 장력(Back Tension)을 부여하는 역할을 하며, 핀치 롤 갭을 조정하여 권취 형상을 확보 가능
  - 핀치 롤은 상하 1대의 롤로 구성되어 있으며, 하부 롤에 비하여 상부 롤의 경이 크고, 상하 롤 간에 10~20° 정도의 오프셋(Off Set) 각도 θ를 주게 되고, 이로 인해 핫 런 테이블을 주행해 온 스트립 선단을 쉽게 하향

09 상부와 하부에 설치된 압연 롤의 직경이 상부 롤이 하부 롤보다 클 때 압연재는 어떻게 진행되는지 쓰시오.

정답

아래쪽으로 굽어진다(하향한다).

해설

- 롤의 크기와 소재의 변화
  - 소재는 롤의 회전수가 같을 때 롤의 지름이 작은 쪽으로 구부러진다.
  - 상부 롤 > 하부 롤 : 소재는 하향
  - 상부 롤 < 하부 롤 : 소재는 상향

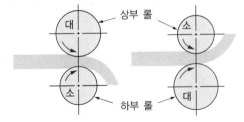

- 롤의 크기를 조절하지 않고 소재를 하향하는 방법
  - 소재의 상부 날판을 가열한다.
  - 소재의 하부 날판을 냉각한다.
  - 하부 롤의 속도보다 상부 롤의 속도를 크게 한다.

10 권취기에 권취를 할 때 Lead율 및 Leg율을 설정하는 이유를 쓰시오.

정답

통판성을 향상시키기 위하여

해설

열간 스트립 밀에서 다듬질 압연기를 통과하여 판의 선단이 맨드릴에 감길 때까지는 핀치 롤, 유닛 롤, 맨드릴 등은 판의 통판성 향상을 위해 적당한 리드 속도를 취한다.

11 권취작업 중 루즈(느슨하게 말리는 것) 결함 발생원인에 대해 쓰시오.

정답

냉각 불균일(충분한 냉각을 하지 않고 권취할 시), 권취장력 불량, 권취성 불량

해설

루즈 코일 : 권취형상이 루즈하게 풀어져 있는 것
• 원인
  − 핀치 롤과 맨드릴 간 장력이 약할 경우
  − 비틀림이 커서 타이트하게 감을 수 없을 때
• 대책
  − 핀치 롤과 맨드릴 간 장력 적정화
  − 비틀림 발생 억제

12 권취기에서 권취작업 중 스트립이 런 아웃 테이블상에서 루프가 발생하였을 때 운전자가 취해야 할 조치사항을 쓰시오.

정답

• 맨드릴의 속도를 증가시킨다.
• 장력을 증가시킨다.

해설

권취작업 중 루프가 발생되면 맨드릴의 속도를 증가시켜 일정 텐션을 확보하도록 한다.

13 열간압연된 코일을 권취한 후 내부에 주름이 발생되었을 때 점검사항을 쓰시오.

정답

권취 온도, 권취 압력

해설

곱쇠 : 저탄소강의 코일을 권취할 때 작업 불량으로 코일의 폭 방향에 불규칙적으로 발생하는 주름 또는 접혀진 상태

원인	대책
• 냉각 불량 상태에서 언코일링(Uncoiling) • 권취, 부적정한 장력 및 프레스 롤 압력 • 소재의 항복점 신장 • 압연 권취 온도 불량 • 고온 권취 코일 형상 불량 • 디플렉터 롤의 접촉 각도가 작은 경우	• 코일을 충분히 냉각 • 언코일링할 때 장력 및 프레스 롤 압하장치를 조정 • 레벨링(Leveling)을 실시하여 항복점 연신을 제거 • 권취 온도를 적정하게 유지 • 저온 권취

14 권취기 핀치 롤의 상부 롤과 하부 롤의 중심 간의 차이를 무엇이라 하는지 쓰시오.

정답

오프셋

해설

핀치 롤은 상하 1대의 롤로 구성되어 있으며, 하부 롤에 비하여 상부 롤의 경이 크고, 상하 롤 간에 10~20° 정도의 오프셋(Off Set) 각도 θ를 주게 되고, 이로 인해 핫 런 테이블을 주행해 온 스트립 선단을 쉽게 하향

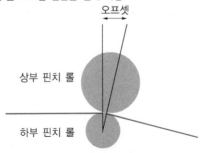

15 열간압연 소재에 높은 강도와 인성을 부여하기 위하여 합금원소의 첨가나 열처리를 하지 않고 가공 완료 온도를 조절하는 압연의 명칭을 쓰시오.

정답

컨트롤드 압연(Controlled Rolling)

해설

제어압연(컨트롤드 압연, CR압연, Controlled Rolling)
강편의 가열 온도, 압연 온도 및 압하량을 적절히 제어함으로써 강의 결정조직을 미세화하여 기계적 성질을 개선하는 압연
• 고전적 제어압연 : 주로 Mn–Si계 고장력강을 대상으로 저온의 오스테나이트 구역에서 압연을 끝내는 것
• 열가공압연 : 미재결정 구역에서 압연의 대부분을 하는 것을 포함하는 제어압연

16 코일 권취 시 형상 불량 중 다음 그림과 같이 코일의 끝부분이 마치 물고기 지느러미처럼 불규칙하게 되어 있는 형상을 무엇이라 하는지 쓰시오.

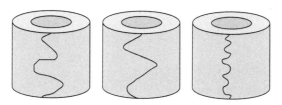

정답

피시 테일

해설

피시 테일
• 비정상부가 압연되는 것으로 코일의 끝부분이 마치 물고기 지느러미처럼 불규칙하게 되어 있는 형상이다.
• 폭 압하량이 크며 두께가 얇을수록 크게 된다.

01 형상검사의 종류 2가지를 쓰시오.

정답

평탄도, 직선도(Camber)

해설

- 형상검사 종류 : 평탄도(중파, 양파), 직선도(캠버)
- 형상제어에 영향을 주는 요인
  - 소재로 인한 요인 : 열연 강판 두께 변동, 경도 변동, 형상 변동 등
  - 냉간압연 자체의 요인 : 롤 크라운, 압연 스케줄, 압연하중, 압연 온도, 압연유 등

제어 수단	제어 내용	제어방법
롤 크라운 조정	열로 크라운 제어	압연유 유량 조정
	기계적 크라운 제어	작업 롤, 보강 롤 휨 및 보강 롤 접촉면 길이 조정
장력 조정	폭 방향 장력 분포 조정	편심 롤 등에 의한 외력 증가
윤활 제어	폭 방향 압연유 마찰계수 제어	공기, 물의 분사에 의한 국부 유막 제거

02 압연 롤 크라운이 무엇인지 설명하시오.

정답

롤 중앙부의 지름과 롤 양단부의 지름 차이

해설

롤 크라운(Roll Crown)

- 정의 : 롤 중앙부의 지름과 양단부의 지름 차이
- 웨지 크라운(Wedge Crown)의 원인
  - 롤 평행도 불량
  - 슬래브의 편열
  - 통판 중의 판이 한쪽으로 치우침
- 초기 크라운(Initial Crown) : 압연기용 롤을 연마할 때 스트립의 프로파일을 고려하여 롤에 부여하는 크라운으로 압하력에 비례하는 변형량을 보상하기 위해 부여함
- 열적 크라운(Thermal Crown) : 롤의 냉각 시 열팽창계수가 큰 재료인 경우 적정 Crown을 얻기 위해 냉각 조건을 조절하여 부여하는 크라운 롤

03 다음 그림을 참조하여 물음에 답하시오.

가. 크라운량을 구하는 식을 쓰시오.

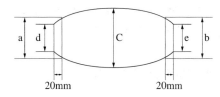

나. 크라운의 발생 원인 중 그림과 같이 판이 한쪽으로 치우치는 크라운의 명칭을 쓰시오.

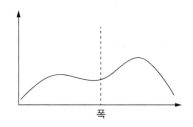

정답

가 : 롤 중앙부의 지름과 양단부의 지름 차이

크라운량 = C − (a + b) / 2

나 : 웨지(Wedge)

해설

• 롤 크라운(Roll Crown) : 롤 중앙부의 지름과 양단부의 지름 차이
• 웨지(Wedge) : 롤 양단의 두께 차
※ 웨지 크라운(Wedge Crown)의 원인
   − 롤 평행도 불량
   − 슬래브의 편열
   − 통판 중의 판이 한쪽으로 치우침

04 프로파일(Profile)에 나타내는 크라운, 웨지의 정의를 쓰시오.

정답
- 크라운 : 판 단면의 중심부와 에지부의 두께 차이(에지부 25mm 지점)
- 웨지 : 판 양 에지부의 두께 차이(에지부 75mm 지점)

해설
- 롤 크라운(Roll Crown) : 롤 중앙부의 지름과 양단부의 지름 차이
- 웨지(Wedge) : 롤 양단의 두께 차

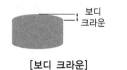

[보디 크라운]

[웨지]

05 압연제품의 폭 방향으로 발생하는 크라운 종류를 3가지 쓰시오.

정답

보디 크라운(Body Crown), 에지 드롭(Edge Drop), 웨지(Wedge), 하이 스폿(High Spot)

해설
폭 방향 크라운의 종류
- 보디 크라운 : 롤의 중앙부와 끝단부의 두께 차
- 에지 드롭 : 롤의 끝단부 두께 차
- 웨지 : 롤 양단의 두께 차
- 하이 스폿 : 롤 일부분에 돌출되어 있는 부분

[보디 크라운]   [에지 드롭]

[웨지]

[하이 스폿]

06 다음에서 설명하는 것의 명칭과 종류를 쓰시오.

가 : 중판압연에서 중앙부의 지름을 가장자리보다 크게 하는 것의 명칭

나 : 롤 휨장치 2가지

정답

가 : 롤 크라운(Roll Crown)
나 : 작업 롤 벤딩(WRB ; Work Roll Bending), 받침 롤 벤딩(BUR ; Back Up Roll Bending)

해설

롤 벤더(Roll Bender)
• 유압 밸런스 실린더를 통해 압연 중 발생하는 롤의 휨을 유압으로 상하 실린더를 통하여 휨을 교정하는 장치
• 다음 그림과 같이 벤더를 증가시키면 크라운(Crown)은 감소하고, 벤더를 감소시키면 크라운은 증가

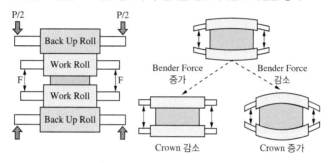

07 롤의 중앙부 지름이 가장자리보다 큰 이유를 쓰시오.

정답

스트립의 표면 평탄도 개선

해설

압연 시 소재 두께로 인하여 롤에 휨이 발생해 소재의 평탄도에 영향을 주므로 롤 자체에 크라운을 주어 평탄도를 개선한다.

08 롤 크라운 제어기술 2가지를 쓰시오.

정답

벤더(Bender), 페어 크로스(PC ; Pair Cross), 워크 롤 시프트(Work Roll Shift)

해설

롤에 의한 형상제어 방법

• 롤 벤딩(Roll Bending) 제어 : 롤에 가해지는 압하력을 계산하여 롤 벤딩을 최적조건으로 제어하는 방식으로 백업 롤을 휘게 하는 벤딩 방식과, 휘지 않고 챔퍼를 설치하는 챔퍼 벤딩 방식이 있음

• 롤 시프팅(Roll Shifting) 제어 : 스트립의 크라운을 제어하여 판의 평탄도를 향상시키는 방법으로 CVC 제어방법과 UCM 방식이 있다.

• 롤 틸팅(Roll Tilting) 제어 : 유압 방식으로 롤 간격을 틸팅하여 제어하는 방법

• 페어 크로스(Pair Cross) 제어 : 작업 롤 1쌍을 일정 각도로 서로 교차하게 배열하여 제어하는 방법

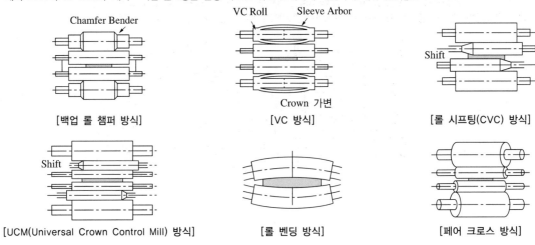

[백업 롤 챔퍼 방식]   [VC 방식]   [롤 시프팅(CVC) 방식]

[UCM(Universal Crown Control Mill) 방식]   [롤 벤딩 방식]   [페어 크로스 방식]

09 롤 벤더의 제어기술 2가지를 쓰시오.

정답

패스 스케줄, 패스별 판크라운 및 평탄도 관리

10 워크 롤 시프트(Work Roll Shift) 압연기에서 작업 롤을 시프트시키는 목적을 2가지 쓰시오.

정답
- 작업 롤의 마모를 분산시킨다.
- 작업 롤의 열팽창을 분산시킨다.

해설
롤 시프팅(Roll Shifting) 제어 : 스트립의 크라운 제어 및 작업 롤의 마모와 열팽창을 분산시키며, 판의 평탄도를 향상시키는 방법으로 CVC 제어방법과 UCM 방식이 있다.

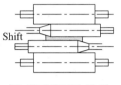

[롤 시프팅(CVC) 방식]

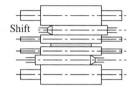

[UCM(Universal Crown Control Mill) 방식]

11 냉간압연에서 강판의 형상이 중파인 경우 중파를 없애기 위해 롤 크라운과 압연하중을 어떻게 조정해야 하는지 각각 증가, 감소로 표시하시오.

정답
롤 크라운 감소, 압연하중 감소

해설
중파(Center Wave) : 압연하중이 가벼울 경우, 롤 중앙 부분이 강하게 재료를 눌러 판 한가운데 파형이 생기는 결함이다.

12 스트립의 평탄도 불량으로 인한 결함 3가지를 쓰시오.

정답

중파, 양파, 캠버

해설

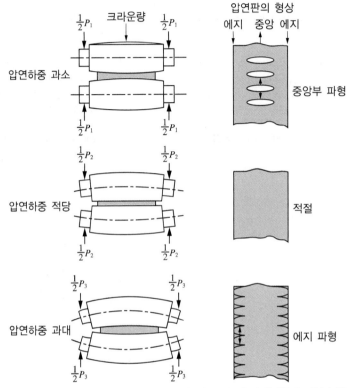

- 중파(Center Wave) : 압연하중이 가벼울 경우, 롤 중앙 부분이 강하게 재료를 눌러 판 한가운데 파형이 생기는 결함이다.
- 양파(Edge Wave) : 압연하중이 클 경우, 롤 에지(Roll Edge) 부분에 변형이 발생하여 판의 양쪽 가장자리에 파형이 생기는 결함이다.
- 캠버(Camber) : 직각도 불량이라 하며 압연 중 압연 소재가 판의 폭 방향으로 연신율차를 일으켜 압연판이 평면상에서 좌우로 휘게 되는 현상이다.

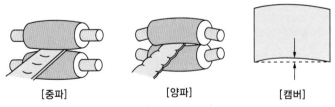

[중파]　　　　　[양파]　　　　　[캠버]

13 후판제품의 형상결함 중 롤 크라운이 크면 발생하는 불량과 롤 크라운이 작은 경우 발생하는 평탄도 불량의 종류를 각각 쓰시오.

정답

클 때 : 중파, 작을 때 : 양파

해설

중앙부의 두께가 크면 중파, 작으면 양파가 발생한다.

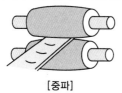 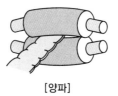

[중파]　　　　　　　　　　　　　　　　[양파]

14 다음 그림의 결함명과 원인을 쓰시오.

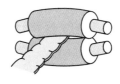

정답

• 결함 명칭 : 양파
• 발생원인 : 압연하중이 클 경우, 롤 에지(Roll Edge) 부분에 변형이 발생하여 판의 양쪽 가장자리에 파형 발생

15 소재에 양파와 중파가 발생하였을 경우 그 대책을 쓰시오.

정답

• 양파 발생 시 : 압연하중을 작게 한다.
• 중파 발생 시 : 압연하중을 크게 한다.

해설

압연하중이 크면 양파가 발생하므로 하중을 작게 하여 예방하고, 중파 발생 시 반대로 압연하중을 크게 한다.

16 압연 롤의 중앙부분의 지름을 양 끝단부보다 크게 하는 이유를 쓰시오.

> **정답**
> 양파 발생 방지

> **해설**
> 압연하중이 클 경우 롤 에지 변형에 의해 판의 가장자리에 파형을 주므로, 크라운을 주어 양파 발생을 방지한다.

17 열간압연 시 캠버가 발생하는 원인을 2가지만 쓰시오.

> **정답**
> 슬래브의 좌우 폭 방향으로 온도차, 슬래브의 좌우 두께차, 스크루 다운의 압하 차이, 재질이 불균일할 때

> **해설**
> 캠버(Camber)
> • 직각도 불량이라 하며 압연 중 압연 소재가 판의 폭 방향으로 연신율차를 일으켜 압연판이 평면상에서 좌우로 휘게 되는 현상이다.
> • 캠버 발생 원인 : 소재의 크라운 이상 시(두께 차), 압연작업 중 압하 레벨 불량 시, 슬래브의 좌우 온도차 발생 시

18 후판압연에서 소재 양측의 온도 편차 및 롤 갭의 차이로 날판이 한쪽으로 휘어지는 불량은 무엇인지 쓰시오.

> **정답**
> 캠버 불량

> **해설**
> 캠버(Camber) : 직각도 불량이라 하며 압연 중 압연 소재가 판의 폭 방향으로 연신율차를 일으켜 압연판이 평면상에서 좌우로 휘게 되는 현상이다.

19 열간압연 후 정정라인에서 조질압연(SPM)의 정의를 쓰고 그 목적은 무엇인지 2가지 쓰시오(단, 조질압연량은 0.1~4.0% 정도이며 이 내용을 포함하여 작성하시오).

정답

- 정의 : 열간압연 박판의 각종 성질을 향상시키기 위해 열간압연한 핫 코일(Hot Coil)을 상온까지 냉각시킨 다음 0.1~4.0% 정도로 가벼운 냉간압연을 하는 작업이다.
- 목적 : 형상 교정, 기계적 성질의 개선, 표면 모양의 개선

해설

조질압연

- 정의 : 풀림을 마친 강판의 기계적 성질 및 표면 성상 개선을 위해 가벼운 냉간압연을 하는 작업
- 목적
  - 형상 개선(평탄도의 교정)
  - 표면 성상의 개선 : 조도에 따라 거친 표면(Dull), 매끄러운 표면(Bright)으로 구분
  - 스트레처 스트레인 방지(기계적 성질의 개선) : 곱쇠(Coil Break) 결함 제거
  - 중량조정, 권취형상 교정 및 각종 검사

20 열연 스킨 패스 설비를 3가지 쓰시오.

정답

Crop Shear, Deflector Roll, Entry Coil Car

해설

- 크롭 시어(Crop Shear) : 열연 코일의 전단과 후단을 절단하는 데 사용하는 설비
- 디플렉터 롤(Deflector Roll) : 연속 설비에 사용하는 롤로 구동되지 않고 단순히 강판의 방향을 위나 아래로 변경하기 위한 롤
- 엔트리 코일 카(Entry Coil Car) : 코일을 언코일러(Uncoiler)까지 실어 나르는 설비

21 열간압연 정정 목적을 3가지 쓰시오.

정답

교정, 절단, 스킨 패스, 제품검사, 포장

해설

정정공정 : 제품생산의 최종 공정으로 수요자가 요구하는 제품 치수 및 정밀도를 높이기 위해 사이드 트리밍 및 단중 분할을 하는 공정

22 압연된 코일을 길이 방향의 좁은 폭으로 절단하는 설비의 명칭을 쓰시오.

정답

슬리터

해설

슬리터(Sliter) : 냉연판을 소정의 폭만큼 절단하는 설비

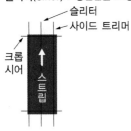

23 코일 선·후단 부위에 두께가 크게 나오는 것을 무엇이라 하는지 쓰시오.

정답

오프 게이지

해설

오프 게이지(Off Gauge) : 코일의 선·후단에서 두께 허용차가 벗어난 것으로 자동 치수 조절 장치 이상 또는 원자재 프로파일 불량 시 발생한다.

24 압연 중 작업자의 부주의로 압연 롤(Roll)이 절손되는 원인을 3가지만 쓰시오.

정답

롤 키싱(Roll Kissing), 과도한 압하, 롤 냉각 과다, 급격한 취입

해설

작업자가 압연과정 중 개입할 수 있는 요소는 압연 속도와 롤 갭이며, 작업 부주의로 인해 롤 키싱 등과 같은 현상이 발생하여 롤이 절손된다.
롤 키싱(Roll Kissing) : 과도한 압하로 인하여 출구재가 빠져나간 후 상부 롤과 하부 롤이 부딪히는 현상

25 작업 롤을 절삭하는 이유 2가지를 쓰시오.

정답

작업 롤의 피로 제거, 작업 롤의 평활화, 마모 단차 제거

해설

작업 롤 절삭을 통해 마모된 양만큼 패스 라인의 값이 달라질 수 있으며, 작업 롤의 피로 등을 제거할 수 있다.

26 열간압연기에서 제품 품질의 향상을 위하여 압연기 내에서 롤 표면을 자동 연마해주는 설비를 쓰시오.

정답

ORG(On-line Roll Grinder), RSM(Roll Shape Machine)

해설

RSM(Roll Shape Machine), ORG(On-line Roll Grinder)
RSM, ORG 설비는 롤을 온라인 상태에서 연삭하는 설비로, 국부적으로 마모된 부위를 제거함과 동시에 꼬임이나 이물로 인한 롤 마크 결합을 감소시키며 롤이 벗겨져 발생하는 스케일성 결함을 저감하는 장치이다.

27 압연용 작업 롤 연삭작업에 사용되는 연삭유의 기능 3가지를 쓰시오.

정답

방청, 윤활, 세척, 흡착

해설

윤활유의 특성
- 냉각작용
- 윤활작용
- 방청작용
- 응력분산작용
- 밀봉작용
- 세정작용
- 소음감쇠작용

28 워크 롤 교체 시 이송 설비의 명칭을 쓰시오.

정답

푸셔 버기

해설

푸셔 버기 : 워크 롤을 교환할 때 신·구 롤을 적치하는 데 사용되는 이송 설비

29 압연 중에 풀림이나 슬립에 따라 롤의 일부가 떨어져 나가는 것을 무엇이라고 하는지 쓰시오.

정답

스폴링(Spalling), 박락

해설

스폴링(Spalling) : 롤 표면 온도가 급격하게 상승하여 파손되어 떨어져 나가는 결함

30 스킨 패스 혹은 시어 라인에서 소재의 온도를 60° 이하로 관리하는 경우가 발생한다. 이것은 어떤 결함을 방지하기 위한 것인지 쓰시오.

정답

곱쇠

해설

곱쇠(Coil Break) : 저탄소강의 코일을 권취할 때 작업 불량으로 코일의 폭 방향에 불규칙적으로 발생하는 주름 또는 접혀진 상태

31 다음은 제품 결함에 대한 설명이다. 그림을 참조하여 ( ) 안에 알맞은 내용을 쓰시오.

열간 상태에서 권취된 코일은 리코일링(Recoiling) 시에 상하부 연신율 차에 의해 상부는 압축되고 하부는 (가)된다. 이때 스트립은 그림과 같이 상부의 압축압력에 의해 스트립의 중립점과 상부의 연신량만큼 스트립의 굴곡이 발생한다. 즉, 코일 표면의 압연 방향에 (나)으로 나타나는 주름 형태의 흠을 (다)라고 한다.

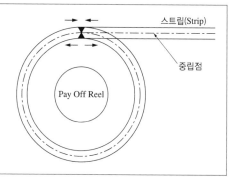

정답

(가) : 인장
(나) : 직각
(다) : 곱쇠

해설

곱쇠(Coil Break) : 저탄소강의 코일을 권취할 때 작업 불량으로 코일의 폭 방향에 불규칙적으로 발생하는 주름 또는 접혀진 상태

원인	대책
• 냉각 불량 상태에서 언코일링(Uncoiling)	• 언코일링할 때 장력 및 프레스 롤 압하장치를 조정
• 권취, 부적정한 장력 및 프레스 롤 압력	• 코일을 충분히 냉각
• 소재의 항복점 신장	• 저온 권취
• 압연 권취 온도 불량	• 권취 온도를 적정하게 유지
• 고온 권취 코일 형상 불량	• 레벨링(Leveling)을 실시하여 항복점 연신을 제거
• 디플렉터 롤의 접촉 각도가 작은 경우	

32 판 표면에 선상으로 벗겨지는 상태로 피막이 덮여 있기도 하는 결함의 명칭을 쓰시오.

정답

기포 흠(Blow Hole)

해설

블로 홀(기포 흠, Blow Hole)
- 딱지 흠과 유사하나 반구상 등 여러 가지 형태로 완만하게 나타남
- 발생 원인
  - 세미킬드강 : 강괴 표면의 관상기포, 입상기포 등이 외부에 노출·산화되어 압연 시 미압착되어 발생
  - 킬드강 : 탈산도가 클수록 잔존수소량은 증대하여 수소의 집적 부위가 압연 시 미압착되어 발생

33 압연제품 표면에 요철상의 롤 마크가 발생되는 원인을 2가지만 쓰시오.

정답

롤의 피로, 롤 자체의 흠, 롤에 이물질 혼입

해설

압연 및 정정할 때 각종 롤에 이물질이 부착하여 판 표면에 프린트된 흠이 발생한다.

원인	대책
• 이물질 혼입, 통판 불량, 딱지 흠, 마모	• 이물질의 침입을 방지 • 스트립(Strip)을 수시로 점검 • 정정 귀불량재 작업 시 롤을 확인

34 결함별 맞는 내용으로 연결하시오.

가. 채터 마크 •

나. 롤 마크 •

다. 캠버 •

라. 빌드 업 •

• ⓐ 압연 방향에 직각으로 돗자리 형태의 마크(Mark)가 비교적 짧은 피치(Pitch)로 연속하여 발생된다.

• ⓑ 판의 표면에 부착된 이물질로 인하여 표면에 일정한 피치(Pitch)를 가지고 있는 부정형의 흠으로 요철형이 불균일하게 있는 상태로 발생

• ⓒ 판이 길이 방향으로 굽어져 있는 것으로 슬래브의 편열, 압연에서 레벨링 불량이 주요 원인이다.

• ⓓ 코일 종방향으로 연속하여 발생하여 코일이 감긴 상태에서 일부 부풀어올라 보이는 것

정답

가 : ⓐ, 나 : ⓑ, 다 : ⓒ, 라 : ⓓ

해설

• 채터 마크
  – 진동으로 깎인 면에 생긴 금이 간 무늬
  – 원인
    ㉠ 롤계 : 초크의 관리 정밀도, 하우징 및 초크 라이너 간격
    ㉡ 구동계 : 스핀들 진동, 피니언 기어 진동
    ㉢ 압연작업 : 압연 부하의 과대 및 과소, 압연유 관리 불량, 백업 롤 표면 흠
• 롤 마크
  – 압연 및 정정 시 각종 롤에 이물질이 부착되어 판 표면에 프린트된 흠이 발생
  – 원인 : 이물질 혼입, 통판 불량, 딱지 흠, 마모
• 캠버
  – 직각도 불량이라 하며 압연 중 압연 소재가 판의 폭 방향으로 연신율차를 일으켜 압연판이 평면상에서 좌우로 휘게 되는 현상이다.
  – 원인 : 소재의 크라운 이상 시(두께 차), 압연작업 중 압하 레벨이 불량 시, 슬래브의 좌우 온도차 발생 시
• 빌드 업
  – 점용접(Spot Welding)점 과다로 인한 덧살 올림
  – 원인
    ㉠ 원판 : 크라운, 조직 불량, 하이 스폿이 심할 때
    ㉡ 압연작업 : 윤활 불균일, 롤 냉간 불균일, 롤 마모 불균일

35 열연 강판의 대표적인 표면결함 중 스케일 결함 종류 2가지만 쓰시오.

정답

모래형 스케일, 유성형 스케일, 방추형 스케일

해설

열연 표면결함

결함명	상태	발생원인
모래형 스케일	비교적 둥근 모양의 가느다란 스케일(Scale)이 모래를 뿌린 모양으로 발생하고 흑갈색을 띰	• 고온재가 배 껍질과 같이 표면거침이 심한 롤에서 압연된 경우, 사상 스탠드 간에서 생성한 아연 스케일이 치입된 경우 발생 • 표면거침이 심한 경우 • 후단 스탠드의 Ni-Grain계 롤의 표면거침에 의해 발생
유성형 스케일	유성형으로 심하게 치입된 스케일	사상 W.R(Adamite계 롤)의 스케일 흑피 피막의 박리, 혹은 홀의 잦은 유성상의 표면거침을 일으킨 경우
방추형 스케일	방추상으로 길게 치입된 스케일	디스케일링 불량에 의해 1차 스케일이 국부적으로 남아 치입된 것
선상형 스케일	선상으로 길게 늘어난 스케일로 압연 위치, 폭에 관계없이 전면에 발생	• 강괴의 스킨 홀, 관상 기포의 노출산화에 의함 • 가열로 재로시간이 긴 경우 재료조직의 경계에서 S, Cu 석출에 의함
띠무늬 스케일	축 방향 일정개소에 띠모양으로 치입된 스케일	디스케일링 스프레이 노즐이 1개 또는 소수가 막힌 경우
비늘형 스케일	2차 스케일이 비늘모양으로 치입된 것	사상 디스케일링 스프레이 후 2차 스케일이 발생하고, 2차 스케일이 롤에 치입되어 판에 프린트된 것
붉은형 스케일	판 표면에 넓고 깊이가 얕은 붉은형으로 발생	• 1차 스케일 박리 불량 • 2차 스케일이 디스케일링됐지만 잔존한 것

36 열간압연의 부적당한 가열에 의한 결정립 간의 부식에 의해 압연소재 표면에 비늘 모양으로 나타나는 흠의 명칭을 쓰시오.

정답

비늘 흠

해설

비늘 흠(비늘형 스케일)
• 2차 스케일이 비늘 모양으로 치입된 것
• 원인 : 사상 디스케일링 스프레이 후 2차 스케일이 발생

37 내화연와 조각이나 연속주조공정의 몰드 플럭스가 용입되어 강판 표면에 나타나는 결함은 무엇인지 쓰시오.

정답

연와 흠

해설

연와 흠
• 강판 표면에 내화물이 압연된 것으로 주로 상부에 발생
• 원인 : 가열로 내화물의 부착으로 인해 발생

38 강판의 가장자리 부분이 주름치마처럼 부분적으로 겹쳐 있는 상태의 결함의 명칭을 쓰시오.

정답

접귀(가장자리 겹침)

해설

접귀
- 에지부분이 접혀져 감기기도 하며 심하면 찢어진 형태
- 원인 : 에지부가 돌출된 부분을 밑으로 해서 적치시키거나 Tongs로 강하게 압착시키는 경우
- 대책 : 돌출부가 없도록 하며, 코일의 핸드릴을 신중히 한다.

39 열간압연에서 강도, 경도를 증가시키지만 연신율을 저하시키고 특히 상온에서 충격값을 저하시켜 상온취성의 원인이 되는 원소를 쓰시오.

정답

인(P)

해설

- 상온취성의 원인 : P(인)
- 고온취성의 원인 : S(황)

40 강판에서 내식성을 향상시킨 내후성 강판에 첨가되는 원소를 2가지만 쓰시오.

정답

크롬(Cr), 동(Cu), 인(P), 니켈(Ni)

해설

금속을 부식으로부터 보호하기 위해 크롬, 인, 니켈 등을 첨가하여 내식성을 향상시킨다.

41 열간 제품의 경우 슬래브의 길이, 폭, 두께, 중량과 형상, 치수를 검사하는 데 슬래브의 한쪽 폭이 반대쪽의 폭보다 더 클 경우의 명칭을 쓰시오.

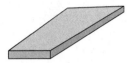

정답

테이퍼 슬래브

해설

테이퍼 슬래브(Taper Slab) : 한쪽 폭이 반대쪽의 폭보다 더 큰 경우를 말한다. 중량은 합격이지만 폭 사이즈 불량으로 연주공장으로 되돌려 보내게 된다.

42 품질 불량 수준에 따라서 다음과 같이 제품을 판정한다. 보기의 (가)와 (나)에 해당되는 용어를 쓰시오.

┤ 보기 ├───

주문 외 1급, 주문 외 2급, (가), (나)

정답

가 : 급 외, 나 : 스크랩(Scrap)

해설

품질 불량제품의 종류
- 주문 외 1급 : 수요가의 주문 조건에는 합격이나 주문량 초과로 생산된 제품 또는 주문 조건에는 불합격이지만 타 규격 및 다른 용도로 대체 가능한 제품
- 주문 외 2급 : 수요가의 주문조건에 불합격이며 정상적인 타 주문, 다른 용도로 대체 불가능하거나 대체될 가능성이 희박한 제품
- 급 외 : 판매를 목적으로 생산된 제품 중 외관, 형상이 불량한 불합격 제품
- 압연 Scrap : 압연도중 작업 불량으로 재사용이 불가능하여 발생된 물량
- 정정 Scrap : 불합격 제품으로서 주문 외, 급 외가 아닌 재사용이 불가능하여 발생한 물량

43 냉간압연 풀림공정 중 과시효대에 발생하는 내용을 쓰시오.

정답

고용탄소를 석출하기 위해 일정온도를 유지하는 구간이다.

44 열연공장에서 작업 롤 교환장치의 구성기기 4가지를 쓰시오.

정답

Pusher Buggy, Turn Table, Truck Tilting 장치, Pusher Bar

CHAPTER 07 냉간압연 산세

01 냉연 PCM 압연스케줄 편성 시 고려사항을 3가지 쓰시오.

> **정답**
>
> 두께변동, 폭변동, 강종변동, 모터능력

> **해설**
>
> 사상압연 패스 스케줄(Pass Schedule) 편성 시 고려사항
> - 정밀한 압하 세트로 정확한 두께를 확보
> - 용량 흐름 일정 법칙에 의한 각 스탠드별 압하량과 속도 밸런스 유지
> - 각 스탠드별 모터 부하의 적절한 분배
> - 사상 출측 온도(FDT)가 목표 온도범위 내로 할 것
> - 특정 롤의 표면 거침과 마모가 발생하지 않을 것
> - 통판성이 양호하고 판 형상이 우수할 것
> - 위 사항을 만족시키는 패스 스케줄을 정하기 위해 각 스탠드에서의 입·출측 두께, 압연 속도 등의 관계를 확실히 설정할 것

02 열간압연을 거친 핫코일은 권취 시에 표면 스케일이 많이 생성되어 냉간압연 전에 산세작업으로 제거한다. 산세작업의 목적을 3가지만 쓰시오.

> **정답**
>
> 스트립 표면의 산화막(스케일) 제거, Side Trimming 실시, 코일의 대형화·연속화, 불량부 제거, 산세한 코일에 오일링

> **해설**
>
> 산세 목적
> - 소재 표면의 산화막(Scale) 제거
> - 사이드 트리밍 처리
> - 코일의 대형화·연속화
> - 냉간압연의 생산성 향상

03 냉간압연 강판 표면의 산화철(Scale)을 제거하는 공정을 무엇이라고 하는지 쓰시오.

> **정답**
>
> 산세

> **해설**
>
> 산세(Pickling) : 열간압연 시 생성된 제품의 표면 산화물(Scale)을 산용액으로 제거하여 표면을 깨끗하게 해주는 공정

04 냉간압연공정 중 판 표면에 얼룩이 발생되는 공정의 명칭을 쓰시오.

> **정답**
>
> 산세

> **해설**
>
> 산세(Pickling) 시 발생할 수 있는 문제점
> * 소지 금속의 부식 용해
> * 피팅 또는 글루빙 발생
> * 용액 중 철분 농도를 상승시켜 산용액의 수명을 단축
> * 작업 환경, 작업 능률 저하
> * 부풀음(Brister) 발생
> * 얼룩 발생
> * 수소 취화 발생
> * 과산세의 발생

05 냉연 강판 표면산화물 제거용으로 많이 사용하는 대표적인 산세제를 2가지만 쓰시오.

> **정답**
>
> 황산(H_2SO_4), 염산(HCl)

> **해설**
>
> 산세 용액
> * 산세액 : 염산, 황산
> * 염산이 황산보다 1.5배 산세력이 좋다.

06 산세용액 중 황산보다 산세력이 1.5배 높은 산세제의 명칭을 쓰시오.

> **정답**
>
> 염산(HCl)

> **해설**
>
> 산세 용액
> * 산세액 : 염산, 황산
> * 염산이 황산보다 1.5배 산세력이 좋다.
> * 고온과 고농도에서 산세력이 향상된다(단, 염산은 10% 이상이 될 시 효과가 떨어질 수 있음).

07 다음은 디스케일링(Descaling) 능력에 대한 설명이다. (   ) 안의 옳은 내용을 고르시오.

가. 염산이 황산의 2/3 정도 산세 시간이 (짧다. / 길다.)

나. 산의 농도가 높을수록 디스케일링(Descaling) 능력은 (저하한다. / 향상된다.)

다. 온도가 높을수록 디스케일링(Descaling) 능력은 (저하한다. / 향상된다.)

라. 규소 강판 등의 특수강종일수록 디스케일링 시간은 (짧아진다. / 길어진다.)

마. 황산의 경우 철분이 증가함에 따라 디스케일링 능력은 (저하한다. / 향상된다.)

정답

가 : 짧다.

나 : 향상된다.

다 : 향상된다.

라 : 길어진다.

마 : 저하한다.

해설

산세 용액

• 산세액 : 염산, 황산

• 염산이 황산보다 1.5배 산세력이 좋다.

• 고온과 고농도에서 산세력이 향상된다(단, 염산은 10% 이상이 될 시 효과가 떨어질 수 있음).

• 철분이 증가하면 황산은 산세력이 떨어지지만, 염산은 증가한다(단, 염산은 $FeCl_2$의 석출 한계 농도 부근에서 급격히 저하됨).

• 권취 온도가 높을수록 산세 시간이 길어진다.

• 특수강종(규소 강판 등)일수록 산세 시간이 길어진다.

08 통상 고온의 575℃ 이상에서 생성되는 스케일 순서를 보기에서 보고 쓰시오[단, 순서는 강판(Fe)으로부터 시작한다].

---| 보기 |---

Fe_2O_3, Fe, Fe_3O_4, FeO

정답

Fe → FeO → Fe_3O_4 → Fe_2O_3

해설

산세 : 열간압연 시 생성된 제품의 표면 산화물(Scale)을 산용액으로 제거하여 표면을 깨끗하게 해주는 공정

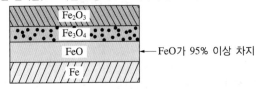

[스케일 층의 구성]

09 철강소재 위에 생성되는 스케일을 나타낸 그림이다. (가)~(다)에 들어갈 스케일의 종류를 화학식으로 쓰시오[단, 순서는 강판(Fe)으로부터 시작한다].

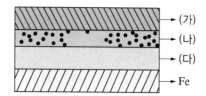

정답

가 : FeO

나 : Fe_3O_4

다 : Fe_2O_3

해설

스케일 발생 순서 : Fe(소재) → FeO → Fe_3O_4 → Fe_2O_3

10 압연공정의 산탱크에서 수소발생을 억제시키고 작업성을 향상시킬뿐 아니라 스트립 표면상태를 균일하고 미려하게 하는 역할을 하는 첨가제의 명칭을 쓰시오.

정답

인히비터(부식 억제제)

해설

부식 억제제(인히비터, Inhibitor) : 인히비터라고도 하며 철 부식을 억제하기 위한 제제로 인산염이 주성분이다.

11 산탱크에서 부식 억제제(Inhibitor)의 주요 역할을 3가지만 쓰시오.

정답

지철과의 반응 억제, 수소 발생 억제, 오물 생성 방지, 스트립 표면 균일 및 미려

해설

부식 억제제(인히비터, Inhibitor)

• 인히비터라고도 하며 철 부식을 억제하기 위한 제제로 인산염이 주성분이다.

• 종류 : 젤라틴, 티오요소, 퀴놀린 등

• 역할 : 지철과의 반응 억제, 수소 발생 억제, 오물 생성 방지, 스트립 표면 균일 및 미려

• 요구되는 성질 : 산세 시간을 지연시키지 않을 것, 불순물이 부착되지 않을 것, 고온 안정성·용해성이 좋을 것

12 과산세에 따른 문제점 2가지를 쓰시오.

정답

표면거칠음, 스케일 형성, 이물질 오염

해설

과산세의 발생
- 금속의 불용해 성분과 재석출물이 표면상에 부착 피막(SMAT)을 형성한다.
- 탄소함량이 많을수록 심해지고, 황산은 염산보다 발생하기 쉽다.
- 도금 등 각종 표면처리에 악영향을 주며 밀착 불량, Dross의 생성, 도금 불량의 원인이 된다.

13 열간압연 코일 표면 산화물을 산세 공정으로 제거한 후의 냉간압연 제품의 명칭을 쓰시오.

정답

FH(Fill Hard) 강판, 미소둔 강판, 풀림하지 않은 강판

해설

압연 제품의 용어

품목	용어	설명
냉간압연 강판	CR	일반적인 냉연 공정을 거친 강판
석도용 원판	BP	CR과 유사하나 석도 강판에 적합하도록 제조된 저탄소강의 강판 및 강대
산세 처리 강판	PO	산세처리 후 오일링한 제품 [PO(산세 코일)의 특징] • 균일하고 미려한 은백색의 표면 사상 • 표면의 고(高)청정성 • 수소가스의 표면 침투에 의한 경화현상 미발생 등 황산용액으로 산세한 제품보다 우수한 표면 특성
미소둔 강판	FH	산세 공정에서 스케일이 제거된 열연 코일을 고객이 요구하는 소정의 두께 확보를 위하여 상온에서 냉간압연한 제품
석도 강판	TP	석도용 원판에 주석도금 처리한 강판
냉간압연 용융아연도금 강판	CGI	냉간압연 코일 또는 산세 처리한 열연 코일을 연속 용융도금 라인(GCL)에서 열처리하여 소정의 재질을 확보한 후 아연욕에 통과시켜 도금한 강판
열간압연 용융아연도금 강판	HGI	산세 처리한 열연 코일을 연속 용융도금 라인에서 열처리하여 소정의 재질을 확보한 후 아연욕에 통과시켜 도금한 강판
전기아연도금 강판	EGI	냉연 강판을 재료로 내식성 및 도장성을 개선하기 위하여 전기도금을 한 제품
전기 강판	GO	방향성 전기 강판
	NO	무방향성 전기 강판

14 산세 입측 설비를 3가지 쓰시오.

> **정답**

코일 카, 페이 오프 릴, 핀치 롤, 레벨러, 시어, 플래시 버트 용접기

> **해설**

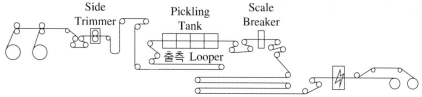

입측 설비	중앙 설비	출측 설비
• 코일 카 • 페이 오프 릴 • 플래시 버트 용접기 • 입측 루퍼	• 스케일 브레이커 • 산세 탱크 • 세척 탱크 • 열풍 건조기 • CPC(Center Position Control)	• 출측 루퍼 • 사이드 트리머 • 검사 설비

15 냉간압연 소재인 열연 코일을 걸어서 풀어 주는 장치의 명칭을 쓰시오.

> **정답**

페이 오프 릴

> **해설**

페이 오프 릴(Pay Off Reel) : 운반된 코일을 풀어 주는 설비

16 페이 오프 릴(Pay Off Reel)의 기능을 3가지만 쓰시오.

> **정답**

• 코일을 고정시킨다.
• 회전하면서 코일을 풀어 준다.
• 스트립에 백 텐션(후방 장력)을 준다.
• 라인 센터와 스트립의 센터를 일치시킨다(스트립의 센터를 라인 센터에 맞춘다).

> **해설**

페이 오프 릴은 코일을 스트립의 센터를 맞추며 후방 장력을 주며 풀어 주는 설비이다.

17 산세 라인에서 코일을 페이 오프 릴에 삽입시키기 위하여 코일을 실어 나르는 설비의 명칭을 쓰시오.

정답

코일 카

해설

코일 카(Coil Car) : 코일 야드에서 열연 코일을 운반하는 설비

18 냉간압연 산세용 선행 코일과 후행 코일을 연결시켜 주는 설비를 쓰시오.

정답

용접기

해설

플래시 버트 용접기
• 범위가 좁아 열영향부가 적다.
• 산화물이 잔류하지 않는다.
• 능률적으로 집중 발생하므로 용접 속도가 빠르고, 소비 전력이 낮다.
• 이질재료의 용접이 가능하다.

19 냉간압연의 산세공정에서 사용되는 플래시 버트 용접기(Flash Butt Welder)의 용도를 쓰시오.

정답

전후 코일(Coil) 용접

해설

플래시 버트 용접기(Flash Butt Welder) : 그림과 같이 모재를 서서히 접근시켜 통전하여 단면의 국부적 돌기에 전류가 집중되어 Flash(불꽃)가 발생하고 비산한다. 더욱 접근하여 접촉시키면 나머지 부분에서도 Flash가 계속 발생되면서 접합된 용융금속이 밖으로 밀려나오며 미용융부가 Upset 맞대기 용접에서와 같은 방식으로 접합된다.

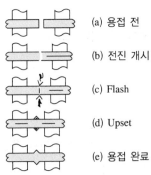

(a) 용접 전

(b) 전진 개시

(c) Flash

(d) Upset

(e) 용접 완료

[Flash 용접과정]

20 산세 라인(Line)에서 핀치 롤(Pinch Roll)의 역할을 쓰시오.

정답

스트립의 인입을 용이하게 한다.

해설

핀치 롤
- 스트립 선단을 오버 가이드의 방향으로 유도 및 스트립의 미단이 사상압연기 최종 스탠드를 빠져나온 후에 후방 장력(Back Tension)을 부여하는 역할을 하며, 핀치 롤 갭을 조정하여 권취 형상을 확보 가능
- 핀치 롤은 상하 1대의 롤로 구성되어 있으며, 하부 롤에 비하여 상부 롤의 경이 크고, 상하 롤 간에 10~20° 정도의 오프셋(Off Set) 각도 θ를 주게 되고, 이로 인해 핫 런 테이블을 주행해온 스트립 선단을 쉽게 하향

21 산세 중앙 설비를 3가지만 쓰시오.

정답

스케일 브레이커(텐션 레벨러), 산세 탱크, 열건조기

해설

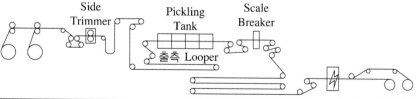

입측 설비	중앙 설비	출측 설비
• 코일 카 • 페이 오프 릴 • 플래시 버트 용접기 • 입측 루퍼	• 스케일 브레이커 • 산세 탱크 • 세척 탱크 • 열풍 건조기 • CPC(Center Position Control)	• 출측 루퍼 • 사이드 트리머 • 검사 설비

22 산세공정 중 수요자가 원하는 폭으로 강판의 양 측면을 일정한 길이로 절단하는 설비의 명칭을 쓰시오.

정답

사이드 트리머(Side Trimmer)

해설

대표적인 절단 설비
- 슬리터(Sliter) : 스트립을 길이 방향으로 절단하는 설비
- 사이드 트리머(Side Trimmer) : 스트립의 양옆을 길이 방향으로 절단하는 설비
- 크롭 시어(Crop Shear) : 스트립의 선단과 미단을 절단하는 설비
- 플라잉 시어(Flying Shear) : 상하의 전단날이 판과 같은 방향과 속도로 이동하면서 절단하는 설비

[절단의 원리]　　　　　　[절단 설비 종류]

23 크롭 시어의 기능을 쓰시오.

정답

조압연에서 이송된 소재를 사상압연기에 원활하게 공급하기 위해 소재의 머리 및 끝부분을 절단하는 장비

해설

크롭 시어(Crop Shear) : 상하의 시어가 회전하며 스트립의 선단과 미단을 절단하는 설비

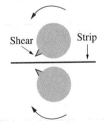

24 냉연 사이드 트리밍 시 발생하는 스크랩 처리 방식으로 감아서 처리하는 것은?

정답

볼러 방식(Baller Type)

해설

스크랩 볼러(Scrap Baller) : 사이드 트리머에서 나온 스트립을 연속적으로 감아주는 설비로 함석판재 등의 박물에서 처리한다.

25 절단된 칩을 일정한 길이로 연속적으로 잘라내는 설비의 명칭을 쓰시오.

정답

스크립 초퍼

해설

스크랩 초퍼(Scrap Chopper) : 사이드 트리머에서 나온 스크랩을 일정한 크기로 잘라 스크랩 박스에 넣는 설비로 트리밍 시어의 하부에
위치하여 로터리식이나 갤럽식(더블 크랭크) 플라잉 전단기가 일반적이다.

26 냉연 스트립의 용접 시나 산탱크의 입·출측 라인 정지 시 산탱크 내 스트립의 속도를 조정해주기 위해 스트립을
저장하는 역할을 하는 것은 무엇인지 쓰시오.

정답

루퍼 카(Looper Car)

해설

루퍼 카(루프 카, Looper Car) : 입측 루퍼, 출측 루퍼라고도 하며, 용접 및 지체시간을 보상해주어 라인이 정지된 상태에서도 연속적인 작업을
할 수 있도록 스트립을 저장해주는 설비

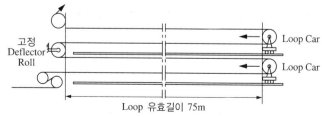

27 농축폐산을 연소시켜 산화철과 염화수소가스를 발생시키는 장치의 명칭을 쓰시오.

정답

산회수 장치

해설

부속 설비(산회수 설비) : 염산 탱크에서 사용된 염산과 철이 결합된 상태의 폐산은 산회수 설비를 통하여 고온의 노 내에서 환원 처리하여 염산과 산화철을 분리하며, 이를 통하여 재생된 염산은 다시 염산 탱크로 보내져 재사용된다.

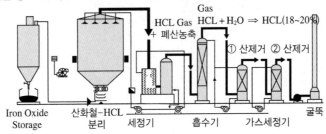

[폐산 분리 설비]

28 산재생(산회수) 설비 중 농축폐산을 연소시켜 산화철과 염화수소가스를 발생시키는 역할을 하는 곳의 명칭을 쓰시오.

정답

배소로

해설

• 처리 방식 : 배소 방식(가장 널리 쓰임), 가열 증발 방식, 가수 분해에 의한 방식
• 배소 방식 : 폐염산을 고온으로 가열한 배소로에 공급하여 수분을 증발한 후 염화철을 산소와 반응시켜 산화제2철(Fe_2O_3)과 염화수소(HCl)로 열분해하여 처리

29 산탱크를 통과한 스트립 표면의 산을 물로 뿌려 제거하는 역할을 해주는 곳의 명칭을 쓰시오.

정답

수세조, 세척 탱크, 린싱 탱크

해설

세척 탱크(린싱 탱크, Rinsing Tank) : 산 세척 탱크를 통과한 스트립 표면의 잔여 산을 제거하는 설비

30 냉간압연 산세작업의 주목적은 스트립 표면의 산화막(스케일)을 제거하는 것이다. 스케일을 제거하는 기계적 및 화학적 방법을 각각 2가지씩 쓰시오.

정답

가. 기계적인 방법 : 쇼트 블라스트, 와이어 브러시, 벤딩
나. 화학적인 방법 : 염산 산세, 황산 산세, 불초산 산세

해설

그 외의 스케일 제거방법
• 연삭 공구법 : 그라인드와 같은 연삭 공구를 사용하여 스케일 제거
• 초음파 산세법 : 초음파를 이용한 산세법으로 수소 취성이 적고 산세 시간이 단축
• 전해 산세법 : 전해에 의해 발생되는 수소에 의해 환원 작용과 방출되는 수소의 상승력으로 산액을 교반해서 스케일을 박리

31 냉간압연 소재인 열연 강판 표면의 산화막(Scale)을 제거하는 산세방법 중 기계적 방법에 대하여 설명하시오.

정답

스트립(Strip)을 벤딩(Bending)시켜 스케일(Scale) 제거, 쇼트 블라스트 이용

해설

• 쇼트 블라스트(Shot Blast) : 작은 입자의 강철 쇼트나 그리드(Grid)를 분사하여 스케일을 기계적으로 제거하는 작업
• 연삭 공구법 : 그라인드와 같은 연삭 공구를 사용하여 스케일 제거

CHAPTER 08 냉간압연 작업

01 냉간압연 강판에 사용되는 방청유가 갖춰야 할 조건을 3가지 쓰시오.

정답

방청성, 탈지성, 작업성, 윤활성, 프레스 유(기름)와의 적합성

해설

윤활유의 특성
- 냉각 작용
- 방청 작용
- 밀봉 작용
- 소음감쇠 작용
- 윤활 작용
- 응력 분산 작용
- 세정 작용

02 냉간압연기에 설치된 텐션 릴의 기능을 쓰시오.

정답

스트립에 적정 압력을 부여하면서 감아 준다.

해설

텐션 릴(Tension Reel) : 냉간압연의 출측 설비로 형상 교정을 완료한 코일을 소정의 장력으로 텐션 릴에 권취하는 설비

03 냉간압연 설비 중 코일 스트리퍼의 기능을 쓰시오.

정답

압연기 출측에서 코일을 릴에서 벗겨주는 설비

해설

코일 스트리퍼(Coil Stripper) : 코일을 릴에서 벗겨내어 코일 카로 안내하는 설비

04 스트립 에지(Strip Edge)를 감지(기준)하여 스트립의 진행(감김)을 조정해 주는 장치의 명칭을 쓰시오.

정답

EPC(Edge Position Control)

해설

EPC(Edge Position Control) : 진행 중인 압연재의 한쪽 면을 감지하여 압연재의 센터링(Centering) 상태를 조정, 에지가 일정한 위치에 유지되도록 조정해 주는 장치

05 냉간압연에서 스탠드 간 장력을 측정하여 원활한 압연작업이 가능하도록 하는 센서의 명칭을 쓰시오.

정답

텐션 메타

해설

텐션 메타(장력계, Tension Meter) : 냉간압연에 있어서의 스트립 장력의 작업성 게이지에 대한 영향은 매우 크므로 이를 위해 각 밀 스탠드 출구측에 설치된 장력계

06 냉간압연 전에 스탠드 속도, 각 스탠드의 압하율을 설정하는 셋업이 부적당할 경우 예상되는 문제점 2가지를 쓰시오.

정답

판 Top부 오프 게이지, 판 파단, 오작(Miss Roll)

해설

스탠드의 속도와 압하율은 각각 소재의 장력 및 두께와 관련이 있는 것으로 셋업이 부적당할 경우 판 파단, 오작 등의 문제가 발생하게 된다.

CHAPTER 09 냉간압연 청정

01 보기는 냉간압연의 청정(세정)작업에서 알칼리 세제에 의한 화학세정 방법을 공정순서로 나열한 것이다. (가), (나)에 해당하는 알맞은 작업 명칭을 쓰시오.

> ┤ 보기 ├
>
> 알칼리액 침적 → 스프레이 → (가) → 전해 세정 → (나) → 건조

정답

가 : 브러싱, 나 : 수세

해설

청정작업 공정

입측 공정 → 세정 공정(알칼리 세정 → 전해 세정 → 온수 세정 → 린스) → 출측 공정

입측 설비	중앙 설비	출측 설비
• 페이 오프 릴 • 용접기	• 알칼리 세정 • 전해 세정 • 온수 세정	• 용액 제거 롤 • 건조 작업 • 디플렉터 롤 • 텐션 릴

02 압연공정에서 전해청정을 실시하는 목적을 쓰시오.

정답

냉간압연 후 스트립 표면에 부착된 압연유, 기계유, 철분 등의 오염물질 제거

해설

스트립 표면에 남아 있는 압연유, 철분 등의 오염 물질의 제거를 위해 전해청정을 실시한다.

03 냉간압연 후의 강판은 표면에 압연유나 오물이 부착되어 있어 그래도 풀림하면 제품의 외관을 해치므로 알칼리용액으로 전해 탈지하여 강판 표면을 깨끗하게 한다. 이러한 공정을 무엇이라 하는지 명칭을 쓰시오.

정답

전해청정

해설

전해 세정 : 2개의 전극 사이를 통과시키면서 물을 전기분해하여 판의 표면에 산소와 수소를 발생시키고, 이 힘에 의해 표면의 압연유와 오물 등을 제거

04 냉연판재 표면을 전해청정 처리할 때 알칼리용액에 경수를 사용할 경우 강판 표면 상태에 대해 쓰시오.

정답

강판 표면 불량, 표면이 거칠어짐

해설

알칼리 용액에 경수를 사용하게 되면, 연수화되어 표면이 거칠어지는 등 표면 불량이 발생한다.

05 전해청정 공정(ECL) 중 알칼리 탱크에는 계면 활성제를 투입하는데, 이 계면 활성제의 효과를 2가지 쓰시오.

정답

- 세척액의 침투력 증대에 따른 세정효율 증대
- 기름과 이물질의 유화 및 분산화
- 기름과 이물질의 재부착 방지
- 표면장력을 크게 하기 위해 계면 활성제 투여

해설

계면 활성제
- 물과 잘 결합하는 친수성 부분과 기름과 잘 결합하는 친유성 부분을 동시에 갖고 있는 화합물
- 효과
  - 표면장력을 크게 하여 효율이 커진다.
  - 기름 및 기타 오물의 재부착을 방지한다.
  - 세척액의 침투력이 커져서 세정료율이 증가한다.

06 린스 관리방법 3가지를 쓰시오.

정답

• 온도 : 세척성 및 건조능력을 고려하면 온수의 온도는 높을수록 좋음
• 분사압력 : 적당한 압력을 유지
• 수질 : 경수 또는 연수를 사용

해설

린스 관리 : 린스 수의 수온은 85~90℃로 관리되며, 일반적인 경수를 사용한다.

07 전해청정 작업에 대한 설명이다. ( ) 안에 알맞은 발생 가스의 명칭을 쓰시오.

┤ 보기 ├─

그림과 같이 전해세정 냉연 강판을 전기전도도가 높은 세정액 내에서 2개의 전극 사이를 통과시키면 물을 전기분해하면서 판의 표면에 (가)와 (나)가스가 발생한다.

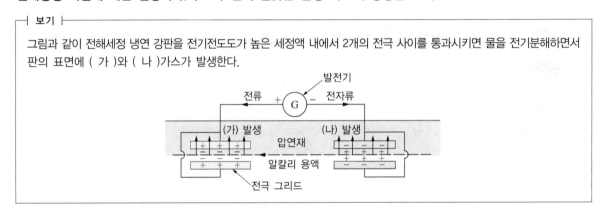

정답

가 : 수소(H_2)
나 : 산소(O_2)

해설

전해청정 작업 : 물에 용해되어 있는 알칼리 세제에 2개의 전극(Grid)을 넣어 전압을 걸면, 전류가 세제 용액 중에 흐르게 된다. 동시에 물도 전기분해가 일어나 H^+는 음극으로, OH^-는 양극으로 각각의 산소, 수소가스를 발생한다. 이때 가스들이 부상하는 힘에 의해 스트립 표면의 압연유와 오물 등을 제거하게 된다.

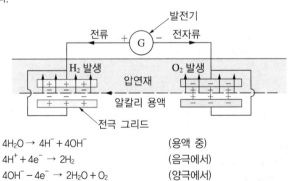

$$4H_2O \rightarrow 4H^- + 4OH^- \qquad \text{(용액 중)}$$
$$4H^+ + 4e^- \rightarrow 2H_2 \qquad \text{(음극에서)}$$
$$4OH^- - 4e^- \rightarrow 2H_2O + O_2 \qquad \text{(양극에서)}$$

01 냉간압연 스트립을 풀림작업 시 재료 내부의 결정변화 3단계를 순서대로 쓰시오.

정답
회복 → 재결정 → 결정립 성장

해설
풀림(소둔) 목적 : 소재 → 압연과정(소성변형) → 회복 → 재결정 → 결정립 성장
- **소성변형** : 소재에 압연과 같은 소성변형을 가하게 되면 내부 응력의 발생으로 인해 소재의 경도가 높아지게 되는 가공경화가 발생하게 되고, 인성이 작아져 파괴되기 쉬운 상태가 된다.
- **회복** : 강의 재결정 온도인 A_1 변태점 이하 온도(600~700℃)로 가열 및 일정시간 유지하여 내부 응력을 제거하는 과정이다.
- **재결정** : 회복 과정에서 새로운 변경이 아닌 핵이 생성되어 발달하고, 동시에 그 수를 증가시켜 전체가 새로운 결정과 교체하는 과정이다.
- **결정립 성장** : 새로운 결정이 조대화(성장)되는 과정이다.

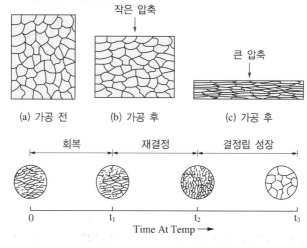

02 냉간압연을 마친 강판에 풀림처리를 하는 이유를 2가지만 쓰시오.

정답

가공성 부여, 경화재료 연화, 내부 응력 제거, 변형저항 감소

해설

소재에 압연과 같은 소성변형을 가하게 되면 내부 응력의 발생으로 인해 소재의 경도가 높아지게 되는 가공경화가 발생하게 되고, 인성이 작아져 파괴되기 쉬운 상태가 된다.

03 풀림로를 크게 상자 풀림로와 연속 풀림로로 구분할 때 상자 풀림로에 비해 연속 풀림로의 장점을 3가지만 쓰시오.

정답

- 생산공정의 단축으로 생산성이 향상된다.
- 풀림 제품의 재질 및 형상이 균일하다.
- 제조 비용 및 인원 투입이 적다.

해설

연속 풀림(연속소둔, CAL)
- 냉간압연된 코일을 스트립 상태로 풀어서 가열과 냉각을 연속적으로 실시함으로서 단시간에 신속하게 소둔하는 방법
- 연속소둔(CAL)의 장점
  - 재질 개선(균일)
  - 형상 우수
  - 경제성이 우수
  - 대량생산이 가능
  - 인건비 절약
  - 제품의 다양화가 가능

04 배치식 풀림로의 중요 구성장치 4가지를 쓰시오.

정답

이너 커버, 컨백터, 베이스 팬, 냉각설비

해설

배치 풀림(상자소둔, 상소둔, BAF)
- 정의 : 코일을 베이스(Base) 상에 3~5단을 쌓고 그 위에 내부 덮개를 씌워서 외부 공기를 차단하고 덮개 내에 약환원성 분위기 가스로 풀림처리하는 공정
  - 장점 : 코일 표면에 결함이 거의 없으며, 설치비가 저렴하다.
  - 단점 : 가열시간이 길며, 생산성이 떨어진다.
- 구조
  - 이너 커버, 냉각설비, 팬, 컨백터, Seal Box, 풀림로, 버너 등

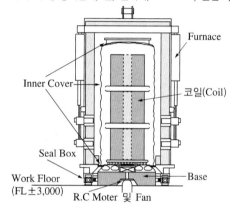

05 다음 그림에서 이너 커버의 역할을 쓰시오.

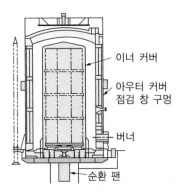

이너 커버

아우터 커버
점검 창 구멍

버너

순환 팬

정답

불꽃이 코일에 직접 닿지 않게 하여 탈탄 및 변색 방지

해설

• 이너 커버(Inner Cover) : 배치식 풀림로 내 피가열물을 감싸주는 설비
• 역할
  – 가열물에 불꽃이 직접 닿는 것을 방지
  – 외부 공기의 침입 방지
  – 산화 방지
  – 탈탄 방지
  – 변색 방지

06 다음은 배치식(Batch Type) 풀림로의 작업 순서를 나타낸 것이다. (가)~(다) 안에 들어갈 작업을 보기에서 찾아 쓰시오.

┤ 보기 ├

쿨링 후드(Cooling Hood) 장착, 공기순환작업, 이송작업, 퍼지(Purge) 작업, 이너 커버(Inner Cover) 장착

코일 적입 → (가) → 히팅 후드(Heating Hood) 장착 → (나) → 점화 → 가열&균열 → (다) → 해체 → 공랭(서랭) 순으로 진행

정답

가 : 이너 커버(Inner Cover) 장착
나 : 퍼지(Purge) 작업
다 : 쿨링 후드(Cooling Hood) 장착

해설

• 이너 커버(Inner Cover) : 배치식 풀림로 내 피가열물을 감싸주는 설비
• 퍼지(Purge) : 미연소 가스가 노 안에 차게 되면 점화를 했을 경우 폭발할 염려가 있으므로 점화 전에 이것을 노 밖으로 배출하기 위하여 환기하는 것

07 배치식(Batch Type) 풀림로를 코일(Coil)처리 형태에 따라 분류한 풀림로의 명칭을 2가지만 쓰시오.

정답

타이트 코일(Tight Coil) 소둔로, 오픈 코일(Open-Coil) 소둔로

해설

구분	타이트 코일 방식	오픈 코일 방식
구조		
감긴 상태	견고하게 감긴 방식	느슨하게 감긴 방식
열전달	코일 중앙부까지 열전달이 느림	코일 중앙부까지 열전달이 빠름
냉각속도	느림	빠름
표면결함	결함 발생이 적음	결함 발생이 큼

08 배치식 풀림 설비 중 오픈 코일 풀림법(Open Coil Annealing)에 대하여 설명하시오.

정답

견고하게 감겨 밀착되어 있는 코일을 느슨한 상태로 다시 감아 각각의 스트립이 적당한 간격을 유지하도록 하여 풀림하는 방법

해설

- Tight Coil 소둔 방식 : 코일을 단단하게 감은 상태로 소둔하는 방식
- Open Coil 소둔 방식 : 코일을 느슨하게 풀어서 판 사이에 간격을 주어 소둔하는 방식

구분	타이트 코일 방식	오픈 코일 방식
구조	 이너 커버 아우터 커버 점검 창 구멍 버너 순환 팬	 복사관(라디안트 튜브) 온도계 연소공기 매니폴드 물실 오일실 분위기 가스 출구 베이스 팬 분위기 가스 입구 가이드 포스트 노체 이너 커버 오픈 코일 온도 미트 퓨즈 플레늄 체임버 디퓨저 베이스
감긴 상태	견고하게 감긴 방식	느슨하게 감긴 방식
열전달	코일 중앙부까지 열전달이 느림	코일 중앙부까지 열전달이 빠름
냉각속도	느림	빠름
표면결함	결함 발생이 적음	결함 발생이 큼

09 풀림과정에서 산화변색 발생 시 대책 2가지를 쓰시오.

정답

분위기 가스 중 CO/CO_2비의 적정화 유지, 이너 커버 제거온도 준수, 공기 혼입 방지

해설

풀림에서 나타나는 대표적인 결함

- 템퍼 컬러(Temper Color) : 강의 표면에 나타나는 산화막의 색으로 온도에 따라 다르게 나타난다.

요인	대책
• 이너 커버 변형 • Flow Mater 고장 • 고온 추출 • 베이스 하부의 누출 • 외부 공기 혼입	• 이너 커버 Spare 확보 • 퍼지 작업 시 작동상태 확인 • 하부 용접부 누수 체크 • 공기 혼입 방지 • 충분한 재로시간 후 추출

- 스티커(Sticker) : 국부 가열 온도가 높거나 재로시간이 규정보다 길 때, 코일이 불량일 때 발생하는 용융 밀착되어 나타나는 흠
- 오렌지 필(Orange Peel) : 소둔 작업 중 소둔온도가 너무 고온에서 장시간 노출되면, 결정립이 조대화되어 가공 표면에 오렌지 껍질과 같은 요철(도톨도톨한 상태)이 생기는 현상

10 냉연 강판 풀림작업 시 템퍼 컬러(Temper Color, 산화변색)가 발생되었을 때의 조치방법을 쓰시오.

정답

재소둔(풀림)

해설

템퍼 컬러는 온도에 따른 산화막으로 생겨나는 결함으로 재소둔하여 제거한다.

요인	대책
• 이너 커버 변형 • Flow Mater 고장 • 고온 추출 • 베이스 하부의 누출 • 외부 공기 혼입	• 이너 커버 Spare 확보 • 퍼지 작업 시 작동상태 확인 • 하부 용접부 누수 체크 • 공기 혼입 방지 • 충분한 재로시간 후 추출

11 냉간 풀림공정 중 ( ) 안에 들어갈 내용을 바르게 쓰시오.

가열 → ( ) → ( ) → ( )

정답

균열, 급랭, 서랭

해설

풀림공정 순서
코일 적입 → 이너 커버 장착 → 히팅 후드 장착 → 퍼지 작업 → 점화 → 가열 & 균열 → 쿨링 후드 장착 → 해체 → 공랭(서랭)

12 배치식 풀림로의 마지막 공정에서 하는 역할을 쓰시오.

정답

냉각

해설

풀림 공정의 마지막은 서랭으로 조직을 균일화한다.
코일 적입 → 이너 커버 장착 → 히팅 후드 장착 → 퍼지 작업 → 점화 → 가열 & 균열 → 쿨링 후드 장착 → 해체 → 공랭(서랭)

13 다음 보기에서 입측, 중앙, 출측에 해당하는 설비를 2개씩 골라 쓰시오(단, 냉연 연속소둔설비임).

┤ 보기 ├─────────────────────────────────

용접기, 오일러, 계측기, 탈지, 가열로, 화성처리

정답
- 입측 : 용접기, 탈지
- 중앙 : 가열로, 화성처리
- 출측 : 계측기, 오일러

해설

연속소둔(CAL) 설비

입측부	(입측부)		(출측부)	출측부
• 코일 카(Coil Car) • 페이 오프 릴(Pay Off Reel) • 더블 컷 시어(Double Cut Shear) • 플래시 버트 용접기(Welder)	전해청정부	풀림부	조질압연부	• 레벨러(Leveller) • 사이드 트리머(Side Trimmer) • 오일러(Oiler) • 텐션 릴(Tension Reel) • 기타 검사설비(계측기)

- 코일 카(Coil Car) : 코일 야드에서 열연 코일을 운반하는 설비
- 페이 오프 릴(Pay Off Reel) : 운반된 코일을 풀어주는 설비
- 더블 컷 시어(Double Cut Shear) : 후행 스티칭 작업이 용이하도록 스트립 선단 및 후단을 절단
- 플래시 버트 용접기(Flash Butt Welder) : 코일과 코일을 압접하여 연결하는 설비
- 전해청정부 : 강판 표면에 남아 있는 압연유와 같은 오염물질을 제거
- 풀림부 : 풀림처리가 이루어지는 설비
- 레벨러(Leveller) : 스트립의 표면 성상을 교정해주는 설비
- 사이드 트리머(Side Trimmer) : 스트립의 양옆을 절단하는 설비
- 오일러(Oiler) : 스트립 표면에 오일을 도포하여 표면산화를 방지하는 설비
- 텐션 릴(Tension Reel) : 출측부에서 코일을 감아주는 설비
- 계측기 : 코일의 위치 탐색, 스트립의 결함 등을 발견하고 처리는 설비(센서류)

14 다음 물음에 답하시오.

가. 연속 풀림로 입측 설비에 대해 1가지 쓰시오.

나. 스트립을 감을 때 연속작업이 가능하도록 텐션 릴 맨드릴상에 스트립 선단을 유도하는 장치의 명칭을 쓰시오.

정답

가. 페이 오프 릴(Pay Off Reel), 용접기, 전해청정 장치(ECL), 입구측 루퍼(ELT)

나. 벨트 래퍼(Belt Wrapper)

해설

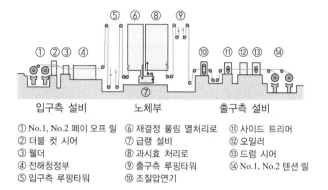

입구측 설비　　　노체부　　　출구측 설비

① No.1, No.2 페이 오프 릴　⑥ 재결정 풀림 열처리로　⑪ 사이드 트리머
② 더블 컷 시어　　　　　　⑦ 급랭 설비　　　　　　⑫ 오일러
③ 웰더　　　　　　　　　⑧ 과시효 처리로　　　　⑬ 드럼 시어
④ 전해청정부　　　　　　⑨ 출구측 루핑타워　　　⑭ No.1, No.2 텐션 릴
⑤ 입구측 루핑타워　　　　⑩ 조질압연기

- 코일 카(Coil Car) : 코일 야드에서 열연 코일을 운반하는 설비
- 페이 오프 릴(Pay Off Reel) : 운반된 코일을 풀어주는 설비
- 더블 컷 시어(Double Cut Shear) : 후행 스티칭 작업이 용이하도록 스트립 선단 및 후단을 절단한다.
- 플래시 버트 용접기(Flash Butt Welder) : 코일과 코일을 압접하여 연결하는 설비
- 전해청정부 : 강판 표면에 남아 있는 압연유와 같은 오염물질을 제거
- 풀림부 : 풀림처리가 이루어지는 설비

15 연속 풀림로 설비 중 연속 풀림로에 스트립(Strip)의 연속 공급을 위하여 스트립을 저장하고, 용접 시간을 가지게 하며, 스트립 센터(Strip Center) 이탈을 방지하는 설비의 명칭을 쓰시오.

정답

ELT

해설

ELT(Entry Looper Tower, 입구측 루핑 타워) : 연속 풀림로 또는 산세 탱크 입측에 위치하며, 스트립(Strip)의 연속 공급을 위하여 스트립을 저장하고, 용접 시간을 가지게 하며, 후방 장력을 부여하는 설비

16 연속 풀림공정에서 풀림 후 제품 경도가 높게 나오고 있는 경우, 경도를 떨어뜨리기 위하여 운전 조건을 변경할 때 운전 속도와 온도에 대하여 쓰시오.

정답

가. 운전 속도 : 감속시킨다.
나. 온도 : 높여준다.

해설

경도가 높다는 말은 조직의 연질화가 덜 되었다는 뜻이므로 온도를 높이고 운전 속도를 낮춰서 풀림처리를 더 한다.

17 냉간압연 작업 중 연속풀림로(CAL)를 스트립이 통과할때 발생되는 히트 버클의 발생 원인을 2가지 쓰시오.

정답

가열 온도가 높을 때, 가열 시간이 긴 경우

18 배치식 풀림로에 사용되는 가스 중 수소량을 적게 해야 하는 안전상의 이유를 쓰시오.

정답

폭발방지

해설

수소량이 많을 경우 폭발의 위험성이 높다.

19 풀림로가 폭발했을 때 가장 먼저 조치를 해야 할 사항을 쓰시오.

정답

전원을 차단하고 가스밸브를 닫는다.

해설

폭발 시 전원을 차단하고 가스밸브를 닫아 추가 폭발 발생을 억제한다.

20 풀림로 내부를 퍼지할 때 산소와 수소가 결합하여 이슬이 생기는 온도를 무엇이라 하는지 쓰시오.

정답

노점

해설

노점(Dew Point) : 수증기를 포함하는 기체의 온도를 그대로 떨어뜨려 갔을 때, 상대 습도가 100%로 되어 이슬이 맺히기 시작할 때의 온도를 말한다.

21 냉연 강판 소둔 온도가 과도하게 높아 코일이 국부적으로 용융 밀착되어 나타나는 결함의 명칭을 쓰시오.

정답

스티커

해설

스티커(Sticker) : 국부 가열 온도가 높거나 재로시간이 규정보다 길 때, 코일이 불량일 때 발생하는 용융 밀착되어 나타나는 흠

22 상자 풀림로에서 스티커가 발생하는 이유 2가지를 쓰시오.

정답

가열 온도가 너무 높았을 때, 재로시간이 너무 길었을 때

해설

스티커(Sticker) : 국부 가열 온도가 높거나 재로시간이 규정보다 길 때, 코일이 불량일 때 발생하는 용융 밀착되어 나타나는 흠

요인	대책
• 가열 온도가 너무 높을 때	• 가열 온도 조절
• 재로시간이 길 때	• 재로시간 조절
• 권취 코일이 불량일 때	• 코일의 재권취

23 냉연 강판의 풀림 온도가 높아 결정립 성장에 의해 강판 표면이 거칠어져 발생하는 결함의 명칭을 쓰시오.

정답

오렌지 필

해설

오렌지 필(Orange Peel) : 소둔 작업 중 소둔 온도가 너무 고온에서 장시간 노출되면, 결정립이 조대화되어 가공 표면에 오렌지 껍질과 같은 요철(도톨도톨한 상태)이 생기는 현상

24 냉간압연 스트립(Strip)을 풀림한 후 오렌지 껍질처럼 거칠게 되는 원인을 3가지만 쓰시오.

정답

풀림 온도가 과도하게 높을 때, 재로시간이 길 때, 냉간 가공도가 너무 적을 때

해설

오렌지 필(Orange Peel) : 소둔 작업 중 소둔 온도가 너무 고온에서 장시간 노출되면, 결정립이 조대화되어 가공표면에 오렌지 껍질과 같은 요철(도톨도톨한 상태)이 생기는 현상

요인	대책
• 풀림 온도가 너무 높을 때 • 재로시간이 길 때 • 냉간 가공도가 적을 때	• 가열 온도 조절 • 재로시간 조절 • 적절한 냉간 가공도 확보

25 냉간압연 풀림(소둔)공정에서 가열로 내에 분위기 가스(HN가스)를 투입하는 이유는 무엇인지 쓰시오.

정답

판 표면의 산화 방지

해설

강 표면의 산화 탈탄을 방지하고 금속적 광택을 잃지 않도록 진공로 안에서 분위기 가스를 투입해 조작한다.

01 열간압연을 거친 강판의 형상 개선, 기계적 성질 개선, 표면 모양의 개선, 스트레처 스트레인 등을 제거하기 위한 적합한 압연방법을 쓰시오.

정답

조질압연

해설

조질압연의 목적
- 형상 개선(평탄도의 교정)
- 표면 성상의 개선 : 조도에 따라 거친 표면(Dull), 매끄러운 표면(Bright)으로 구분
- 스트레처 스트레인 방지(기계적 성질의 개선) : 곱쇠(Coil Break) 결함 제거
- 중량조정, 권취형상 교정 및 각종 검사

02 강판의 항복점 연신 제거, 평탄도 교정, 표면조도 부여 등을 실시하는 공정의 명칭을 쓰시오.

정답

조질압연공정

해설

항복점 연신(스트레처 스트레인) : 항복점 신장이 큰 재료가 소성변형을 발생시켰을 때 나타나는 줄무늬 모양의 변형

03 냉간압연 강판을 조질압연하였을 때 표준 조질과 경질 조질의 기호를 각각 쓰시오.

정답

- 표준 조질 : S
- 경질 조질 : H

04 조도란 스트립 표면의 미세한 요철성 거칠기를 말하며 롤의 경우 조도에 영향을 미치는 인자가 보기와 같을 때 ( ) 안에 들어갈 적합한 명칭을 쓰시오.

┤ 보기 ├

롤 조도에 미치는 영향 = 연마지석의 ( ) + 결합도 + 절입량

정답

입도

해설

조도란 금속표면을 가공할 때에 표면에 생기는 미세한 요철(凹凸)의 정도를 말하며, 조도(표면거칠기)는 가공에 사용되는 공구, 가공법의 적부(適否), 표면에 긁힌 흠 등에 의해서 생기는 것이다. 롤의 경우 연마지석의 입도, 결합도, 절입량 등에 따라 결정된다.

05 조도와 관련된 값으로서 표면거칠기의 중심선에서 표면 단면 곡선까지 길이의 평균값을 무엇이라고 하는지 보기에서 고르시오.

┤ 보기 ├

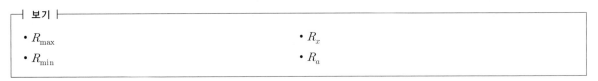

- $R_{\max}$
- R_x
- $R_{\min}$
- R_a

정답

R_a

해설

표면 조도의 기준값

- R_a(중심선평균값) : 중심선평균값의 기호는 R_a를 주로 사용하며, 평균거칠기(Roughness Average) R_a의 값은 표면거칠기의 중심선에서 표면의 단면 곡선까지 길이의 평균값으로 구한다.
- $R_{\max}$(최대거칠기값) : 최대높이는 단면곡선에서 기준길이 만큼 채취한 부분의 평균선에 평행한 두 직선으로 채취한 부분을 끼울 때, 이 두 직선의 간격을 단면곡선의 세로배율 방향으로 측정하여 이 값을 마이크로미터(μm)로 표시한다.

06 조질압연기의 롤 조도 종류에 따른 설명을 바르게 연결하시오.

(가) Bright조도 •

(나) Stone조도 •

(다) Dull조도 •

• a. Grit를 이용하여 Shot Blast 가공한 상태

• b. Bright 외관이 보이는 것으로 일정방향으로 조대한 Scratch가 있다.

• c. 표면조직이 없는 것으로 연마기의 지석으로 가공된 상태

정답

(가) : c

(나) : b

(다) : a

해설

롤 조도의 종류

• Bright Finish : 아무런 표면 조직이 없는 것으로 연마기에서 지석으로 가공된 상태
• Stone Finish : 높은 거칠기의 Bright 외관을 보이는 것으로 일정 방향의 조대한 연마 지석 스크래치(Scratch)가 있는 표면(조도 : R0, R2)
• Dull Finish : Grit를 이용하여 Shot Blast로 Dull 가공한 표면

07 냉간압연 강판 표면사상의 종류를 2가지 쓰시오.

정답

덜(Dull) 사상, 브라이트(Bright) 사상

해설

조질압연의 목적

• 형상 개선(평탄도의 교정)
• 표면 성상의 개선 : 조도에 따라 거친 표면(Dull), 매끄러운 표면(Bright)으로 구분
• 스트레처 스트레인 방지(기계적 성질의 개선) : 곱쇠(Coil Break) 결함 제거
• 중량조정, 권취형상 교정 및 각종 검사

08 습식 압연과 건식 압연을 나누는 기준을 설명하시오.

정답

압연유를 사용하는지의 유무

해설

조질압연 작업의 종류

• 습식(Wet) 압연 : 조질압연 시 압연유를 사용하는 압연 작업
• 건식(Dry) 압연 : 조질압연 시 압연유를 사용하지 않는 압연 작업

09 조질압연은 습식(Wet) 압연과 건식(Dry) 압연으로 구분되는데 습식(Wet) 압연을 사용하는 목적에 대해서 2가지만 설명하시오.

정답

- 건식(Dry) 압연방식 대비 연신율 확보가 용이하다.
- 스트립에 방청효과를 얻을 수 있다.
- 이물혼입 부착에 의한 롤 마크(Roll Mark) 및 덜 마크(Dull Mark) 결함발생을 방지할 수 있다.

해설

습식 압연과 건식 압연

구분		습식(Wet) 압연		건식(Dry) 압연
압연액	종류	수용성	유성	없음
	농도	5~10%	100%	없음
압연특징		• 마찰계수가 높기 때문에 일반적인 조질압연에 용이 • 화재 위험성이 적음	• 방청성 양호 • 마찰계수가 낮기 때문에 저연신 소재에 대해 제어가 곤란함	• 마찰계수가 가장 높음 • 화재 위험성이 없음
작업성	생산 능률	크다.	적다.	–
	형상 제어	보통	용이	–
	표면결함 관리	용이	곤란	–
방청 효과		좋음		없음
시효 방지 효과		보통		양호

10 조질압연유 사용목적에 대해 3가지를 쓰시오.

정답

연신율 확보, 방청성, 결함발생 억제

해설

조질압연유 사용 목적

- 조질압연기의 효율적인 연신율을 확보한다.
- 조질압연 후의 스트립(Strip)의 방청효과를 얻을 수 있다.
- 건식(Dry) 압연에 비하여 이물 혼입 부착에 등에 의한 롤 마크 결함발생 방지에 효과적이다.

11 조질압연유의 구비조건을 2가지만 쓰시오.

정답

- 적절한 마찰계수를 가질 것
- 세정력이 우수할 것
- 방청성이 우수할 것

해설

조질압연유의 구비조건
- 적절한 마찰계수를 갖을 것
- 세정력이 우수할 것
- 방청성이 우수할 것
- 강판의 방청유와 상용성이 있을 것
- 후공정에서 피막 제거성이 양호할 것
- 강판 방청유의 탈지성에 악영향이 없을 것
- 도장성이 양호할 것

12 조질압연유에 관한 설명이다. 맞으면 ○, 틀리면 X를 (   ) 안에 써 넣으시오.

> 습식(Wet) 압연은 건식(Dry) 압연에 비해 이물 혼입 등에 의한 롤 마크(Roll Mark), 덜 마크(Dull Mark) 등 결함 발생률이 높다. ·· (   )

정답

X

해설

건식(Dry) 압연에 비하여 이물 혼입 부착에 등에 의한 롤 마크(Roll Mark) 결함발생 방지에 효과적이다.

13 조질압연 중 Work Roll을 교체하려고 한다. 교체 전 Roll 표면상태를 확인해야 하는 항목 3가지만 설명하시오.

정답

- Roll Mark 및 표면에 이물 Mark
- 연삭 Mark(차트링)
- 스크레치(Scratch)
- Roll 표면 조도
- 녹(Rust) 발생 여부
- Chip Mark

14 조질압연기 BUR(Back Up Roll)에 요구되는 조건을 3가지 쓰시오.

> **정답**

내마모성, 내스폴링성, 인성의 저하가 적을 것

> **해설**

조질압연 보조 롤(Back Up Roll)에 요구되는 조건
• 내마모성이 우수할 것
• 고경도 영역에서 인성의 저하가 적을 것
• 스폴링 발생이 적을 것
• 벤딩 편심이 생기지 않을 것

15 조질압연 중 핀치 트리(Pinch Tree)가 발생되었을 때 조치방법에 대해서 2가지 이상 설명하시오.

> **정답**

• 롤 크라운 적정 부여
• 압하량 및 롤 벤딩을 조정
• 스큐(Skew) 조정
• 밀(Mill)에 캘리브레이션(0점 조정)을 실시
• 워크 롤(Work Roll)에 데미지가 있을 시 교체

> **해설**

핀치 트리 조치방법
• 롤 교환 후 스큐(Skew) 조정 및 밀 캘리브레이션 하기
• 형상 불량이 심할 경우 속도를 낮추거나 압하력을 조정하여 스큐를 맞춤
• 롤 크라운의 적정 부여 및 압하량, 롤 벤딩을 조정

16 조질압연기의 입측 속도가 400mpm, 출측 속도가 410mpm일 때 연신율을 구하시오.

> **정답**

2.5%

> **해설**

$$연신율 = \frac{출측\ 속도 - 입측\ 속도}{입측\ 속도} \times 100$$
$$= \frac{410 - 400}{400} \times 100$$
$$= 2.5\%$$

17 제품용도별 조질압연율 설명을 바르게 연결하시오.

(가) 0.3% 이하 •   • a. 가공성과 스트레처 스트레인을 고려한 조질압연

(나) 0.15~1.5% •   • b. 가공성만을 중시해서 스트레처 스트레인을 무시한 조질압연

(다) 2.5% 이상 •   • c. 가공성보다 평탄도 또는 높은 경도를 요구하는 조질압연

정답

가 : b

나 : a

다 : c

해설

조질압연의 목적

• 형상 개선(평탄도의 교정)

• 표면 성상의 개선 : 조도에 따라 거친 표면(Dull), 매끄러운 표면(Bright)으로 구분

• 스트레처 스트레인 방지(기계적 성질의 개선) : 곱쇠(Coil Break) 결함 제거

 ※ 스트레처 스트레인(Stretcher Strain) : 항복점 신장이 큰 재료가 소성변형을 발생시켰을 때 나타나는 줄무늬 모양의 변형

• 중량조정, 권취형상 교정 및 각종 검사

조질압연율	제품 용도
0.3% 이하	가공성만을 중시해서 스트레처 스트레인 발생 무시
0.15~1.5%	가공성과 스트레처 스트레인을 고려한 압연
2.0% 이상	가공성보다는 평탄도 또는 높은 경도(강도) 요구

18 도유기의 오일 입자 하전의 여러 가지 방법 중 음전극과 접지전극 사이의 전압이 특정 이상이 되면 전기적 절연상태가 깨지고 음전극과 접지전극 사이에 전류가 흐르는 상태를 이용하는 방법을 쓰시오.

정답

코로나 방전(Corona Discharging)

해설

도유기의 원리는 대부분 코로나 방전(Corona Discharging)에 의해 이루어진다. 코로나 방전이란 음전극(또는 양전극)과 접지전극 사이의 전압이 특정 이상이 되면 전기적 절연상태가 깨지고 음전극(또는 양전극)과 접지전극 사이에 전류가 흐르게 되는 상태를 말하며, 이 전압을 코로나 개시전압이라고 한다. 코로나 개시전압 이상의 전압에서는 방전전극 주위의 공기 내에 존재하는 자유전자들이 전기장에 의해 중성의 공기분자와 충돌하고, 그 결과 중성의 공기분자는 양이온과 전자로 분리된다.

01 다음은 압연 강판의 형상품질을 측정하는 방법을 나타낸 그림이다. 어떤 형상 품질을 측정하는 것인지 쓰고 중립점(No Slip Point)이란 무엇인지 설명하시오.

가. 다음 그림은 어떤 형상품질을 측정하는 것인지 쓰시오.

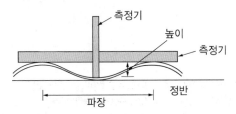

나. 중립점이란 무엇인지 설명하시오.

정답

가 : 평탄도 측정
나 : 압연소재의 속도와 롤의 회전속도가 일치하는 지점

해설

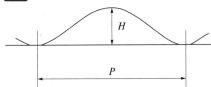

• 평탄도 : 스트립 표면의 평탄한 정도를 나타내는 기준

$$평탄도 = \frac{H}{P} \times 100$$

• 중립점 : 롤의 원주 속도와 압연재의 진행 속도가 같아지는 부분으로 압연재 속도와 롤의 회전속도가 같아지는 지점

02 열간압연에서 평탄도에 영향을 주는 판 크라운이란 무엇인지 설명하고 그림을 참조하여 급준도를 나타내는 식을 쓰시오.

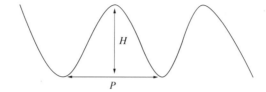

정답

가. 판 크라운의 정의 : 압연된 스트립의 폭 방향 중심부의 두께와 양 에지부(통상 25mm 지점) 두께 평균값의 차이를 말한다.

나. 급준도 $= \dfrac{P}{H} \times 100$

해설

롤 크라운(Roll Crown)
- 정의 : 롤 중앙부의 지름과 양단부의 차이
- 웨지 크라운(Wedge Crown)의 원인
  - 롤 평행도 불량
  - 슬래브의 편열
  - 통판 중의 판이 한쪽으로 치우침
- 초기 크라운(Initial Crown) : 압연기용 롤을 연마할 때 스트립의 프로파일을 고려하여 롤에 부여하는 크라운으로 압하력에 비례하는 변형량을 보상하기 위해 부여함
- 열적 크라운(Thermal Crown) : 롤의 냉각 시 열팽창계수가 큰 재료인 경우 적정 크라운을 얻기 위해 냉각 조건을 조절하여 부여하는 크라운 롤
- ※ 평탄도와 급준도
  - 평탄도 $= \dfrac{H}{P} \times 100$
  - 급준도 $= \dfrac{P}{H} \times 100$

03 제품의 평탄도에 영향을 미치는 요인 2가지를 쓰시오.

정답

롤의 초기 롤 크라운과 롤의 표면 마모, 롤의 편마모, 형상 온도

해설

평탄도에 영향을 미치는 요인
- 롤의 초기 롤 크라운과 롤의 표면 마모
- 롤의 편마모
- 압연기의 압하력 편차와 압연기 입·출측의 장력
- 통판 소재의 사이즈와 재질
- 형상 온도

04 정정공정에서 수행하는 작업 4가지를 쓰시오.

정답

시어링, 레벨링, 도유작업, 리코일링

해설

• 시어링 : 사이드 트리머
• 레벨링 : 텐션 레벨러, 스트레처 레벨러
• 도유작업 : 오일러
• 리코일링 : 텐션 릴

05 냉간압연 및 풀림공정을 거친 강판은 형상을 교정하기 위해 정정설비에서 레벨러를 거치게 되는데, 이러한 레벨러의 종류를 3가지 쓰시오.

정답

롤러 레벨러, 스트레처 레벨러, 텐션 레벨러

해설

레벨러의 종류

• 롤러 레벨러(Roller Leveller) : 다수의 소경 롤에 의해 초반 굴곡으로 재료 표피부를 소성변형시켜 판 전체의 내부 응력을 저하, 세분화시켜 평탄하게 한다(조반굴곡).
• 스트레처 레벨러(Stretcher Leveller) : 단순한 인장에 의해 균일한 연신변형을 부여하고 내부 변형을 균일화하여 좋은 평탄도를 얻게 한다(연신).
• 텐션 레벨러(Tension Leveller) : 항복점보다 낮은 단위 장력 하에서 수 개의 롤에 의한 조반굴곡을 가해 소성 연신율을 준다(조반굴곡 + 연신).

[롤러 레벨러]

[스트레처 레벨러]

[텐션 레벨러]

06 형상교정에서 레벨러의 종류 3가지를 쓰시오.

정답

롤러 레벨러(Roller Leveller)
스트레처 레벨러(Stretcher Leveller)
텐션 레벨러(Tension Leveller)

해설

[롤러 레벨러]

[스트레처 레벨러]

[텐션 레벨러]

07 장력과 반복굽힘 작용으로 평탄도를 교정해주는 레벨러의 명칭을 쓰시오.

정답

텐션 레벨러

해설

텐션 레벨러(Tension Leveller) : 항복점보다 낮은 단위 장력하에서 수 개의 롤에 의한 조반굴곡을 가해 소성 연신율을 준다(조반굴곡 + 연신).

08 냉간압연 강판의 형상을 교정하기 위해 사용되는 레벨러에 대한 설명 중 ( ) 안의 알맞은 내용을 쓰시오.

> 단순인장에 의해 균일한 연신변형을 부여하고 내부 변형을 균일화하여 양호한 평탄도를 얻는 레벨러를 (가) 레벨러,
> 다수의 소경 롤에 의해 초반 굴곡으로 재료 표피부를 소성변형시켜 판 전체의 내부 응력을 저하시키는 레벨러를 (나)
> 레벨러라고 한다.

정답

(가) : 스트레처
(나) : 롤러

해설

- 스트레처 레벨러(Stretcher Leveller) : 단순한 인장에 의해 균일한 연신변형을 부여하고 내부 변형을 균일화하여 좋은 평탄도를 얻게 한다(연신).
- 롤러 레벨러(Roller Leveller) : 다수의 소경 롤에 의해 초반 굴곡으로 재료 표피부를 소성변형시켜 판 전체의 내부 응력을 저하, 세분화시켜 평탄하게 한다(조반굴곡).

09 저탄소강을 냉간압연할 경우 외력을 가하지 않아도 변형이 진행되어 주름이 생기는 현상을 무엇이라 하는지 쓰시오.

정답

스트레처 스트레인, 항복점 연신

해설

스트레처 스트레인(Stretcher Strain) : 항복점 신장이 큰 재료가 소성변형을 발생시켰을 때 나타나는 줄무늬 모양의 변형으로 스트레처 레벨러, 텐션 레벨러를 통해 제거한다.

10 냉간압연 전단라인(Shearing Line)에서 사용되고 있는 전단기 명칭을 쓰시오.

정답

플라잉 시어, 사이드 트리머, 슬리터

해설

주요 전단설비
- 슬리터(Sliter) : 스트립을 길이 방향으로 절단하는 설비
- 사이드 트리머(Side Trimmer) : 스트립의 양옆을 길이 방향으로 절단하는 설비
- 크롭 시어(Crop Shear) : 스트립의 선단과 미단을 절단하는 설비
- 플라잉 시어(Flying Shear) : 상하의 전단 날이 판과 같은 방향과 속도로 이동하면서 절단하는 설비

11 연속풀림과정에서 조질압연된 스트립을 고객사가 원하는 폭으로 입측면을 절단하는 설비와 절단 시 발생된 버(Burr)를 제거해주는 설비의 명칭을 각각 쓰시오.

정답

사이드 트리머, 버 마셔

해설

- 사이드 트리머(Side Trimmer) : 스트립의 양옆을 길이 방향으로 절단하는 설비
- 버 마셔(Burr Masher) : 양 귀 절단부위를 소형 Roll로써 압하를 주어 귀부분을 다듬질하여 표면을 양호하게 해주는 장치

12 냉연스트립(Strip)을 소정의 길이로 잘라 시트(Sheet)로 만들 때 사용되는 절단기의 명칭을 쓰시오.

정답

플라잉 시어 절단기

해설

플라잉 시어(Flying Shear) : 상하의 전단 날이 판과 같은 방향과 속도로 이동하면서 절단하는 설비

13 빛 에너지를 전기에너지로 변환하는 가시광용 광센서의 명칭을 쓰시오.

정답

포토셀

해설

포토셀(Photocell) : 광전셀이라고도 하며, 광전효과를 이용하여 빛에너지를 전기에너지로 변환하는 센서

14 강판의 자동 두께 제어 시스템에 적용되는 측정기의 명칭을 2가지 쓰시오.

정답

X선 두께 측정기, γ선 두께 측정기

해설

자동 두께 제어(AGC ; Automatic Gauge Control)
압연 중 스트립 두께 변동을 검출하기 위한 장비로, 스크루 다운 블록(Screw Down Block) 하단에 설치 된 로드 셀(Load Cell)에 의해 압연의 압력 변화를 검출하여 현재 위치를 탐지한 후 F7 후면에 설치된 X-Ray(X선, γ선)가 판 두께를 측정해 이 신호를 기반으로 압하 스크루를 자동 제어하여 스트립의 두께를 목표 두께로 제어하는 장치

15 냉연 판재의 내부에 발생되는 결함의 종류를 3가지만 쓰시오.

정답

편석, 비금속 개재물, 파이프, 기공, 백점

해설

주요 표면 결함	코일 브레이크 (Coil Break)	저탄소강 코일을 권취할 때 권취 작업 불량으로 코일의 폭 방향으로 불규칙하게 발생하는 꺾임 또는 줄 흠
	릴 마크(Reel Mark)	권취 릴에 의해 발생하는 요철상의 흠
	롤 마크(Roll Mark)	이물질이 부착하여 판 표면에 프린트된 흠
	스크래치(Scratch)	판과 여러 설비의 접촉 불량에 의해 발생하는 긁힌 모양의 패인 흠
	덴트(Dent)	롤과 압연 판 사이에 이물질이 끼어 판 전면 또는 후면에 광택을 가진 요철 흠이 발생
주요 내부 결함	비금속 개재물	철강 내에 개재하는 고형체의 비금속성 불순물, 즉 철이나 망가니즈, 규소 및 인 등의 합금 원소의 산화물, 유화물, 규산염 등의 총칭하며, 응력 집중의 원인이 되며 일반적으로 그 모양이 큰 것은 피로 한계를 저하
	편석	용융합금이 응고될 때 제일 먼저 석출되는 부분과 나중에 응고되는 부분의 조성이 다르므로, 어느 성분이 응고금속의 일부에 치우치는 경향
	수축공	강의 응고수축에 따른 1차 또는 2차 Pipe가 완전히 압착되지 않고 그 흔적을 남기고 있는 것
	백점	수소 가스의 원인으로 된 고탄소강, 합금강에 나타나는 내부 크랙, 표면상의 미세 균열로서 입상 또는 원형 파단면이 회백색 등으로 나타남

16 압연된 스트립을 권취기에 감을 때 한쪽으로 밀리면서 감기는 현상을 무엇이라 하는지 쓰시오.

정답

텔레스코프

해설

텔레스코프(Telescope) : 코일의 에지가 맞지 않는 것으로 내권부가 돌출된 것이 많다.

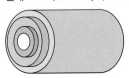

17 압연 완료된 스트립 권취 시 텔레스코프의 발생원인 2가지를 쓰시오.

정답

스트립의 캠버(휨), 사이드 가이드의 정도 불량, 상하 핀치 롤의 평행도 불량, 유닛 롤의 평행도 불량, 맨드릴의 진동, 맨드릴의 마모

해설

텔레스코프 : 코일의 에지가 맞지 않는 것으로 내권부가 돌출된 것이 많다.

구분	원인	대책
텔레스코프	• 스트립의 캠버에 의한 것 • 맨드릴과 유닛 롤의 평행도 불량 등 설비상의 문제	• 사상 스탠드의 레벨링 불량을 없애 스트립의 휨을 없도록 한다. • 설비 점검 및 정비

18 냉간압연 제품에 시효경화를 유발시키는 성분원소를 쓰시오.

정답

질소(N), 탄소(C)

해설

시효성 : 금속 또는 합금의 성질이 시간의 경과에 따라 변화하는 현상으로 경도와 강도는 증가하고, 연성은 저하하며, 저탄소강의 시효는 항복점 연신의 회복현상이 일어나 가공 시 스트레처 스트레인(Stretcher Strain)을 발생하게 된다.
• 영향을 미치는 인자 : 온도가 높을수록 항복점 연신이 회복되는 시간이 짧다.
• 변형시효(Strain Aging)를 최소로 하기 위해서는 서랭을 통해 C, N이 충분히 석출되도록 한다.
• 변형시효(Strain Aging) 억제방법
  – 합금원소 첨가에 의한 포집(Scavenging)
  – 조질압연(Skin Pass)

19 냉간압연 강판의 규격을 나타내는 HSS(High Strengh Steel)기호는 무엇을 뜻하는 것인지 쓰시오.

정답

고장력강

해설

- HSS(High Strengh Steel) : 고장력강
- AHSS(Advanced High Strengh Steel) : 개선된 고장력강
- UHSS(Ultra High Strengh Steel) : 초고장력강

20 냉연에서 C, Si, Mn 원소를 활용하여 만든 제품의 명칭을 쓰시오.

정답

TRIP강

해설

TRIP강 : 실리콘 첨가 후 가공열처리 과정을 거쳐 페라이트, 베이나이트, 잔류오스테나이트 3상 구조에 의해 강도와 연성 간의 균형이 뛰어난 강종으로 냉연 강판의 경우 연속소둔 가열단계에서 페라이트와 오스테나이트의 2상 영역으로 가열한 후 오스템퍼링(Austempering) 처리를 거쳐 제조된다.

21 TRIP강이 포함하고 있는 조직 3가지를 쓰시오.

정답

페라이트, 오스테나이트, 베이나이트(미세 펄라이트)

해설

TRIP강 : 실리콘 첨가 후 가공열처리 과정을 거쳐 페라이트, 베이나이트, 잔류오스테나이트 3상 구조에 의해 강도와 연성 간의 균형이 뛰어난 강종으로 냉연 강판의 경우 연속소둔 가열단계에서 페라이트와 오스테나이트의 2상 영역으로 가열한 후 오스템퍼링(Austempering) 처리를 거쳐 제조된다.

22 금속학적 수식모델을 이용하여 합금성분과 공정 인자 등 제조 조건으로 제품의 최종 조직이나 기계적 성질을 예측하는 기술의 명칭을 쓰시오.

정답

제어냉각기술

해설

제어압연(컨트롤드 압연, CR압연, Controlled Rolling)
- 정의 : 강편의 가열온도, 압연온도 및 압하량을 적절히 제어함으로써 강의 결정조직을 미세화하여 기계적 성질을 개선하는 압연
- 종류
  - 고전적 제어압연 : 주로 Mn-Si계 고장력강을 대상으로 저온의 오스테나이트 구역에서 압연을 끝내는 것
  - 열가공압연 : 미재결정 구역에서 압연의 대부분을 하는 것을 포함하는 제어압연

CHAPTER 13 냉간압연 도금

01 강판에 표면처리를 실시하는 목적을 3가지 쓰시오.

정답

내식성 부여, 가공성 향상, 도장성 향상, 내열성 향상, 강판 표면 미려화

해설

표면처리의 목적
- 녹을 방지한다.
- 제품의 수명을 늘인다.
- 금속이 지니는 원래의 성질을 장기간 유지시킨다.
- 각종 기계적 성질을 개선한다.
- 외관을 아름답게 한다.

02 도금 강판의 종류 3가지를 쓰시오.

정답

용융아연도금 강판, 전기아연도금 강판, 주석도금 강판

해설

도금 강판의 분류

분류	명칭	특징	사용처
전기도금	주석도금 강판	내가공성, 내식성	통조림 캔
용융도금	전기아연도금 강판	가공성	자동차 차체
	전기아연니켈 강판	내식성, 가공성	자동차 차체
	용융아연도금 강판	내식성	전기 부품
	합금화 용융아연도금 강판	내식성, 용접성	자동차 자체
	알루미늄도금 강판	내열성, 내식성	자동차 부품

03 자동차 강판과 가정용품에 도금을 하는 용도로 많이 사용하는 도금 종류 2가지를 쓰시오.

정답

주석도금, 아연도금

해설

전기도금 : 전기도금은 전기분해를 응용한 도금방법으로 금속염을 용해시킨 도금액 중에 도금하려는 금속소재를 음극에 연결하여 담그고, 양극판을 마주 보게 넣어 직류를 통하면, 도금액 내에 용해된 금속 이온이 제품의 표면(음극)에 고르게 석출되어 얇은 금속피막을 입히는 방법이다.
• 주석도금 : 석도 강판이라 불리고 내식성, 가공성이 우수하여 옛날부터 식료품 캔 및 음료수 캔에 이용되었는데, 주석이 고가이므로 틴 프리(Tin Free)강이라 불리는 금속 크롬층과 금속 수산화물층을 균일하게 한 도금으로 대체 사용되기도 한다.
• 아연도금 : 철보다 이온화 경향이 큰 금속이기 때문에, 부식 환경에서 철보다 우선적으로 부식되어 소재인 철을 보호하게 된다. 즉, 아연이 철에 대한 희생 양극으로 작용한다. 아연도금은 철에 대하여 방청 효과가 매우 크지만, 아연 자체는 대기 중에서 쉽게 산화아연이나 탄산아연(백색의 녹) 등으로 변화되므로 비교적 빨리 부식된다. 그러므로 아연도금 후에는 광택 및 내식성을 향상시키기 위하여 크로메이트 처리를 한다. 크로메이트 처리의 원리는 아연도금면의 일부를 용해시키고, 크로뮴산 아연을 함유한 피막을 생성시키는 것이다.

04 냉간압연 강판의 내식성을 부여하기 위하여 강판 표면에 아연을 도금하는 방법에 따른 강판 종류를 2가지 쓰시오.

정답

용융아연도금(HGI), 전기아연도금(EGI)

해설

용융도금 : 용융도금은 기지보다 용해점이 낮은 금속을 용해한 도금 탱크에 도금할 기지를 통과하거나 담가 도금층을 얻는 기술로 용해점이 낮은 아연, 주석, 납 및 알루미늄 등이 주로 이 방법으로 도금되고 있다.
• 용융아연도금 : 용융 상태의 아연에 강재를 담금 처리하여 표면에 아연 및 아연과 철의 합금층을 형성시키는 기술
• 용융알루미늄도금 : 아연도금에 비하여 내열성 및 내식성이 뛰어나며, 스테인리스강의 대체품으로 값싼 용융 알루미늄도금 강판을 이용

05 산세 처리한 열연 코일을 연속용융도금라인(CGL)에서 열처리하여 소정의 재질을 확보한 후 아연욕에 통과시켜 도금한 제품의 명칭을 쓰시오.

정답

HGI(용융아연도금 강판)

해설

압연 제품의 용어

품목	용어	설명
냉간압연 강판	CR	일반적인 냉연 공정을 거친 강판
석도용 원판	BP	CR과 유사하나 석도 강판에 적합하도록 제조된 저탄소강의 강판 및 강대
산세 처리 강판	PO	산세처리 후 오일링한 제품 [PO(산세 코일)의 특징] • 균일하고 미려한 은백색의 표면 사상 • 표면의 고(高)청정성 • 수소가스의 표면 침투에 의한 경화현상 미발생 등 황산용액으로 산세한 제품보다 우수한 표면 특성
미소둔 강판	FH	산세 공정에서 스케일이 제거된 열연 코일을 고객이 요구하는 소정의 두께 확보를 위하여 상온에서 냉간압연한 제품
석도 강판	TP	석도용 원판에 주석도금 처리한 강판
냉간압연 용융아연도금 강판	CGI	냉간압연 코일 또는 산세 처리한 열연 코일을 연속 용융도금라인(GCL)에서 열처리하여 소정의 재질을 확보한 후 아연욕에 통과시켜 도금한 강판
열간압연 용융아연도금 강판	HGI	산세 처리한 열연 코일을 연속 용융도금 라인에서 열처리하여 소정의 재질을 확보한 후 아연욕에 통과시켜 도금한 강판
전기아연도금 강판	EGI	냉연 강판을 재료로 내식성 및 도장성을 개선하기 위하여 전기도금을 한 제품
전기 강판	GO	방향성 전기 강판
	NO	무방향성 전기 강판

06 냉연 FH강판을 아연욕조에 넣어서 만든 제품의 명칭을 쓰시오.

정답

용융아연도금 강판

해설

• 용융아연도금 강판 : 강판을 연속소둔하여 450℃의 도금욕에 침지 후 냉각한 강판
• 전기아연도금 강판 : 용융아연도금 강판과 목적은 비슷하나 상온에 가까운 온도에서 작업하며, 냉연 강판이 갖고 있는 재질 특성을 그대로 갖고 도금이 가능하여 가공성이 우수
• 주석도금 강판 : 박 강판에 얇게 주석(Sn)을 도금한 것

07 용융아연도금에서 입측, 중앙, 출측 설비 및 각종 처리로 나눌 때 각 설비에 해당되는 내용을 보기에서 찾아 각각 2가지씩 쓰시오.

┤ 보기 ├───

화성처리, 용접기, 계측기, 페이 오프 릴, 오일러 및 텐션 릴, 사이드 트리머

정답
- 입측 설비 : 페이 오프 릴, 용접기
- 중앙 설비 : 사이드 트리머, 화성처리
- 출측 설비 : 계측기, 오일러 및 텐션 릴

해설
- 페이 오프 릴 : 운반된 코일을 풀어주는 설비
- 용접기 : 코일과 코일을 압접하여 연결하는 설비
- 사이드 트리머 : 스트립의 양 끝을 제거하는 설비
- 화성처리 : 방청 등의 금속 표면 보호 및 도장바탕 피막을 만들기 위해, 용액 속에서 금속 표면에 산화막이나 얇은 무기염피막을 화학적으로 형성시키는 것(크로메이트)
- 계측기 : 판의 두께, 길이 등의 양적 물성을 측정하는 설비
- 오일러 : 방청유를 스트립 표면에 균일하게 부착시켜 방청효과를 주는 설비
- 텐션 릴 : 소재에 장력을 주며 릴에 감아주는 설비

08 용융아연(Zn)도금을 할 때 알루미늄(Al)을 사용하는 이유를 쓰시오.

정답
아연(Zn) 부착성(전착성) 향상

해설
용융아연도금 시 아연 부착성 향상 및 우수한 도장성을 갖도록 하기 위해 알루미늄을 사용한다.

09 냉연 강판 연속식 아연(Zn)도금로에 설치된 에어 나이프(Air Knife)의 기능을 쓰시오.

정답
강판 표면의 아연(Zn) 부착량 제어

해설
에어 나이프(Air Knife) : 아연욕을 통과한 스트립의 표면에 공기, 질소, 스팀 젯(Steam Jet)과 같은 유체를 분사하여 아연 부착량을 제어하는 설비

10 냉연도금 강판의 인산염처리 목적을 쓰시오.

정답

도장성 확보

해설

방청 등의 금속 표면 보호 및 도장바탕 피막을 만들기 위해, 용액 속에서 금속 표면에 인산염을 이용하여 산화막이나 얇은 무기염피막을 화학적으로 형성시킨다.

11 용융아연도금 강판(GI)과 합금화 용융아연도금 강판(GA) 제조에서 어떤 공정 차이점이 있는지 쓰시오.

정답

GA 강판은 용융아연도금 후 500℃ 정도의 고온에서 재가열하여 도금층 속에 철(Fe)을 확산시켜서 철 농도 10% 정도의 철-아연 합금층을 형성시킨 강판이다.

해설

합금화 용융아연도금 강판(GA) : 용융아연도금 후 500℃ 정도의 고온에서 재가열하며 도금층 속에 철(Fe)을 확산시켜서 철 농도 10% 정도의 철-아연 합금층을 형성시킨 강판으로 내식성과 함께 도장 밀착성이 뛰어나 자동차의 내외판용 및 내부구조용으로 많이 사용되고 있음

12 용융도금 GI 강판과 GA 강판 제조에서 어떤 공정 차이점이 있는지 쓰시오.

정답

GA 강판은 GI 강판 도금 직후 열처리 및 철과 아열계로 합금화시킨 강판이다.

해설

- 용융아연도금 강판(GI) : 강판을 연속소둔하여 450℃의 도금욕에 침지 후 냉각한 강판
- 합금화 용융아연도금 강판(GA) : 용융아연도금 후 500℃ 정도의 고온에서 재가열하며 도금층 속에 철(Fe)을 확산시켜서 철 농도 10% 정도의 철-아연 합금층을 형성시킨 강판으로 내식성과 함께 도장 밀착성이 뛰어나 자동차의 내외판용 및 내부 구조용으로 많이 사용되고 있음

13 냉간압연 제품 중 TP(Tin Plate)는 강판 표면에 무엇을 도금한 강판인지 쓰시오.

정답

주석(Sn)

해설

주석도금 강판(TP)
- 정의 : 주석도금 강판(Tin Plate)은 강판(통상 두께 0.155~0.6mm)에 인체에 무해한 주석을 도금한 것으로, 석도 강판 또는 석판으로 불린다.
- 특징
  - 아름다운 표면 광택을 가지고 있다.
  - 주석의 유연성으로 인하여 가공할 때 도금층의 파괴나 박리 현상이 없다.
  - 내식성이 뛰어나 용기 재료에 적합하다.
  - 용기를 수송, 보관, 적재할 때 파괴되는 경우 없이 안전하다.
  - 도장성과 인쇄성이 우수하다.
  - 주석이 용해되어 식품에 혼입되어도 인체에 무해하다.
  - 납땜이나 용접이 가능하여 각종 용기 생산이 용이하다.

14 규소(Si)가 1~5%로 다량 함유되어 자기특성을 갖는 강판으로 주로 모터, 변압기 등의 철심으로 사용되는 강판의 명칭을 쓰시오.

정답

전기 강판(규소 강판)

해설

전기 강판
- 정의 : 전자기적 성질을 향상시키기 위해 1~1.5% 정도의 규소를 첨가한 저탄소 강판으로 일반적으로 투자율이 크고 보자력이 적은 자성 강판이다.
- 전기강판의 요구 특성
  - 제특성이 균일할 것
  - 철손이 적을 것
  - 자속밀도, 투자율이 높을 것
  - 자기시효가 적을 것(불순물이 적을 것)
  - 층간저항이 클 것
  - 자왜가 적을 것
  - 점적률이 높을 것
  - 적당한 기계적 특성을 가질 것
  - 용접성 및 타발성이 좋을 것
  - 강판의 형상이 양호할 것

15 아연의 희생방식이란 무엇인지 설명하시오.

정답

철이 녹이 스는 조건에 놓여 있을 때 아연이 철보다 먼저 반응하여 이온화됨으로써 철을 보호

해설

아연도금은 철강제품의 녹 방지에 효과가 크다. 아연은 철보다도 이온화 경향이 크기 때문에 도금피막에 핀홀이 있어도 아연이 희생되어 소지의 녹을 방지하기 때문이다.

16 표면 처리 강판 중 냉연유기도장 강판 종류 2가지를 쓰시오.

정답

착색아연도금 강판, 염화비닐 강판, 냉연컬러 강판

해설

표면 처리 강판의 분류와 특징

분류	명칭	특징	사용처
전기도금	전기도금 : Sn 도금	내가공성, 내식성 솔더링성	식용 캔
	전기아연도금 강판	가공성	전기 부룸, 자동차 차체
	전기아연니켈 강판	내식성, 가공성	전기 부룸, 자동차 차체
용융도금	용융아연도금 강판	내식성	전기 부품, 건재
	합금화 용융아연도금 강판	내식성, 용접성	자동차 차체 부품
	알루미늄도금 강판	내열성, 내식성	자동차 배기계 부품
	턴 시트 : Pb-Sn 도금	내가공성, 내식성 솔더링성	연료용 탱크
유기 피복	도장 간판 라미네이트 강판	내식성, 외관 가공성, 도장 생략	전기 부품, 용기, 건재, 자동차 차제

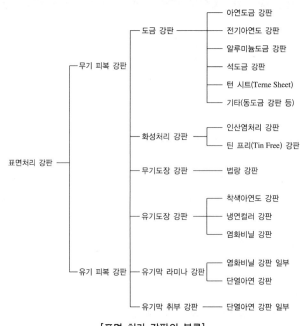

[표면 처리 강판의 분류]

CHAPTER 14 후판압연

01 후판제조공정을 순서대로 나열하시오.

> **보기**
>
> 열간교정기, 냉각대, 압연기, 가열로, 스케일 브레이커

정답

가열로 → 스케일 브레이커 → 압연기 → 열간교정기 → 냉각대

02 후판압연 작업 중 Descaling(고압수 분사) 목적을 2가지만 쓰시오.

정답

1차 스케일 제거, 2차 스케일 제거, 이물 흠 방지, 날판 온도관리

해설

디스케일링
- 1차 스케일을 제거한 바의 표면이 고온이라 곧 재료 표면에 2차 스케일이 발생
- 이 스케일을 제거하지 않을 경우 제품 표면에 스케일에 의한 흠이 발생
- 이를 방지하기 위해 각 스탠드 입측에서 100~150kg/cm^{2}의 고압수를 분사하는 디스케일링 헤더를 설치

03 후판압연 작업 중 소재 및 압연 중인 원(날)판의 중심을 잡아주는 설비 명칭을 쓰시오.

정답

사이드 가이드

해설

사이드 가이드(Side Guide)
- 압연기 입측에 설치되어 스트립 선단을 압연기까지 유도하는 역할
- 통판 중 판 쏠림을 방지하는 설비로 아이들 롤(Idle Roll) 마모와 변형 방지로 통판성과 품질을 확보

04 후판압연기에서 압연 중 날판의 톱(Top)부가 아래로 향해 롤러 테이블에 충격을 주거나 압연불량이 발생할 경우 해결방법 2가지를 쓰시오.

정답

소재의 하부 온도를 상향 조정, 하부 작업 롤의 직경을 크게 조정, 패스 라인을 상향 조정, 날판 상부에 냉각수 분사

해설

- 롤의 크기와 소재의 변화
  - 소재는 롤의 회전수가 같을 때 롤의 지름이 작은 쪽으로 구부러진다.
  - 상부 롤 > 하부 롤 : 소재는 하향
  - 상부 롤 < 하부 롤 : 소재는 상향

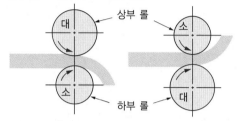

- 롤의 크기를 조절하지 않고 소재를 하향하는 방법
  - 소재의 상부 날판을 가열한다.
  - 소재의 하부 날판을 냉각한다.
  - 하부 롤의 속도보다 상부 롤의 속도를 크게 한다.
- 롤의 크기를 조절하지 않고 소재를 상향하는 방법
  - 소재의 상부 날판을 냉각한다.
  - 소재의 하부 날판을 가열한다.
  - 상부 롤의 속도보다 하부 롤의 속도를 크게 한다.

05 후판압연 시 에지 스캐브가 발생하는 이유 2가지를 쓰시오.

정답

슬래브 코너부와 측면에 크랙이나 기포 등이 잔존, 슬래브의 표면 스카핑 불충분

해설

결함명	형태	특성	발생원인
스캐브		슬래브 표면에 딱지상의 흠	• 주입 용강의 비산 • 정반 보호판 용착 • 주형 내면 황폐

06 후판압연기에서 머니퓰레이터(Manipulator)의 기능을 1가지만 쓰시오.

정답

압연소재 90° 회전, 다음 공정으로 횡방향 이동

해설

머니퓰레이터는 압연기의 가로 방향 이송대로 압연소재를 90° 회전할 수 있다.

07 후판압연기 설비 중 소재의 방향을 90° 또는 180° 회전하는 설비 명칭을 쓰시오.

정답

턴 테이블(Turn Table)

해설

턴 테이블 : 소재를 회전하기 위한 설비로 90° 간격으로 홈이 파여져 있어 90°, 180°, 270°, 360° 방향으로 소재를 회전할 수 있다.

08 후판압연 중 90°로 소재를 회전하는 장치명과 그로 인한 회전별 압연단계 3가지를 쓰시오.

정답

- 장치명 : 턴 테이블
- 압연 3단계 : 고르기 압연 → 폭내기 압연 → 길이내기 압연

해설

턴 테이블을 통해 후판 소재를 90° 간격으로 회전시킬 수 있다.

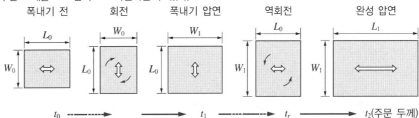

09 압연 시 롤에 압연소재가 물릴 때 충격을 줄이기 위해 압연소재를 압연 방향에 대해 20~45° 변경하여 실시하는데 사용되는 장치의 명칭을 쓰시오.

정답

터닝 디바이스(Turning Device)

10 후판압연기에 설치된 AGC 장치의 기능을 쓰시오.

정답

압연 중 스트립의 두께를 목표 두께로 제어

해설

자동 두께 제어(AGC ; Automatic Gauge Control)
압연 중 스트립 두께 변동을 검출하기 위한 장비로, 스크루 다운 블록(Screw Down Block) 하단에 설치 된 로드 셀(Load Cell)에 의해 압연의 압력 변화를 검출하여 현재 위치를 탐지한 후 F7 후면에 설치된 X-Ray가 판 두께를 측정해 이 신호를 기반으로 압하 스크루를 자동 제어하여 스트립의 두께를 목표 두께로 제어하는 장치

11 후판압연 중 압연 직후 고온의 강판을 냉각수로 급속 냉각시켜 가공과 열처리를 동시에 작업할 수 있는 기술의 명칭을 쓰시오.

정답

TMCP(가속냉각압연)

해설

TMCP(가속냉각압연, 가공열처리) : 제어압연을 기본으로 하여 그후 공랭 또는 강제적인 제어 냉각을 하는 제조법의 총칭으로 열가공압연 및 가속냉각이 여기에 포함된다(다만, 고전적 제어압연뿐인 경우에는 포함되지 않는다).

12 후판압연공정에서 온도 및 압하량 제어를 한 후 날판을 압연 후 수냉각에 의한 강재 냉각속도 제어를 통해서 용접성이 우수한 고인성 고장력강을 만드는 작업명을 쓰시오.

정답

가속냉각작업(Accelerator Cooling Control)

해설

TMCP(가속냉각압연, 가공열처리) : 제어압연을 기본으로 하여 그후 공랭 또는 강제적인 제어 냉각을 하는 제조법의 총칭으로 열가공 압연 및 가속냉각이 여기에 포함된다(다만, 고전적 제어압연뿐인 경우에는 포함되지 않는다).

13 후판압연 방법의 하나로 압연작업 시 일정한 저온 영역에서 강압하를 주어 제품조직을 미세화함으로써 저온인성, 강도, 용접성을 좋게 하는 압연 작업방법을 쓰시오.

정답

제어압연 또는 컨트롤드 압연(Controlled Rolling)

해설

제어압연(컨트롤드 압연, CR압연, Controlled Rolling)
• 정의 : 강편의 가열 온도, 압연 온도 및 압하량을 적절히 제어함으로써 강의 결정조직을 미세하여 기계적 성질을 개선하는 압연
• 종류
  − 고전적 제어압연 : 주로 Mn–Si계 고장력강을 대상으로 저온의 오스테나이트 구역에서 압연을 끝내는 것
  − 열가공압연 : 미재결정 구역에서 압연의 대부분을 하는 것을 포함하는 제어압연

14 열간압연 교정에서 1차 교정 후 2차 교정을 하는 이유 2가지를 쓰시오.

정답

1차 교정 후 형상이 불량할 때, 과냉각으로 온도가 낮아 단단할 때

해설

교정 후에도 형상이 개선되지 않거나 권취에 문제가 있을 정도로 온도가 낮아지게 되면 2차 교정작업을 실시한다.

15 후판제품의 평탄도란 무엇인지 설명하시오.

길이 방향으로 파형이 져 있는 상태의 수치적인 크기를 말한다.

해설

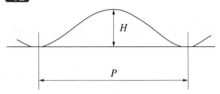

평탄도 : 스트립 표면의 평탄한 정도를 나타내는 기준으로 높이를 치피로 나눈 값을 의미한다.

$$\frac{H}{P} \times 100$$

16 나이프(Knife)에 대한 다음 물음에 답하시오.

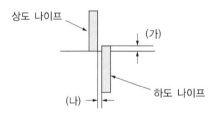

정답
(가) : 랩(Lap)
(나) : 갭(Gap)

해설
- 갭(Gap) : 상부 칼날(시어)의 하부 끝단과 하부 칼날(시어)의 상부 끝단 사이의 거리
- 랩(Lap) : 상부 칼날(시어)의 하부 끝단과 하부 칼날(시어)의 상부 끝단 사이의 거리(오버랩 발생)
- 클리어런스(Clearance) : 시어의 면과 면 사이의 간격

17 후판 전단기의 상부 나이프 아래점과 하부 나이프의 윗점과의 간격을 무엇이라 하는지 쓰시오.

정답

갭(Gap)

해설

- 갭(Gap) : 상부 칼날(시어)의 하부 끝단과 하부 칼날(시어)의 상부 끝단 사이의 거리
- 랩(Lap) : 상부 칼날(시어)의 하부 끝단과 하부 칼날(시어)의 상부 끝단 사이의 거리(오버랩 발생)
- 클리어런스(Clearance) : 시어의 면과 면 사이의 간격

18 후판 전단 시 상부 나이프와 하부 나이프가 서로 마주보는 면 사이의 수직 간격을 무엇이라 하는지 쓰시오.

정답

클리어런스(Clearance)

해설

- 갭(Gap) : 상부 칼날(시어)의 하부 끝단과 하부 칼날(시어)의 상부 끝단 사이의 거리
- 랩(Lap) : 상부 칼날(시어)의 하부 끝단과 하부 칼날(시어)의 상부 끝단 사이의 거리(오버랩 발생)
- 클리어런스(Clearance) : 시어의 면과 면 사이의 수직 간격

[갭, 클리어런스]　　　　　　　　　[랩]

19 나이프(Knife)에 대한 다음 물음에 답하시오.

가. 사이드 트리머(Side Trimmer)에서 트리밍(Trimming)된 스크랩을 일정한 길이로 절단하는 장치의 명칭을 쓰시오.

나. 소재의 불량 부위에 대하여 컷트 나이프(Cut Knife)를 이용하여 제거하기 위한 장치로서 갭(Gap)과 랩(Lap)은 그림에서 어느 부분인지 (   ) 안의 알맞은 명칭을 A, B에 쓰시오.

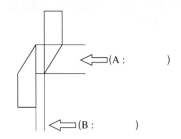

정답

가 : 초퍼 방식(Chopper Type)

나 : A-랩(Lap), B-갭(Gap)

해설

- 스크랩 초퍼(Scrap Chopper) : 사이드 트리머에서 나온 스크랩을 일정한 크기로 잘라 스크랩 박스에 넣는 설비로 트리밍 시어의 하부에 위치하여 로터리식이나 갤럽식(더블 크랭크) 플라잉 전단기가 일반적이다. 스트립 코일의 경우에는 트리밍 시어에서 동력을 얻고 있으며 플라이 휠을 갖추고 있다.
- 갭(Gap) : 상부 칼날(시어)의 하부 끝단과 하부 칼날(시어)의 상부 끝단 사이의 거리
- 랩(Lap) : 상부 칼날(시어)의 하부 끝단과 하부 칼날(시어)의 상부 끝단 사이의 거리(오버랩 발생)

20 후판 전단공정에서 전단기에 의해 절단된 제품이 가로 방향으로 활처럼 휘는 현상을 무엇이라 하는지 쓰시오.

정답

시어 보우(Shear Bow)

해설

시어 보우(Shear Bow) : 전단기에 의해 절단된 소재가 소성변형에 의해 활처럼 휘는 현상

21 후판 제품을 열처리작업하기 전 강판의 표면에 강구를 분사해서 스케일을 박리시키고 충격강도를 증대시키는 전처리 작업의 명칭을 쓰시오.

정답

쇼트 블라스트(Shot Blast)

해설

쇼트 블라스트(Shot Blast) : 작은 입자의 강철 쇼트나 그리드(Grid)를 분사하여 스케일을 기계적으로 제거하는 작업

22 후판 제품의 제촌 절단 시 40mm 이하의 기계 절단기 종류를 2가지만 쓰시오.

정답

크롭 시어(Crop Shear), 사이드 시어(Side Shear), 엔드 시어(End Shear)

해설

• 크롭 시어(Crop Shear) : 빌릿밀, 형강, 선재밀의 연속압연기, 또는 스트립밀의 조압 연기로부터 마무리압연기로 이동하는 중간에 압연재 두부의 불량한 부분을 절단해서 마무리압연기에서의 사고를 방지하기 위해 설치된 전단기. 또한 후판압연에 있어서도 전단작업을 능률적으로 할 목적으로 로터리 시어 전에 두부의 형태가 나쁜 부분을 절단하기 위해 전단기를 설치한다.
• 사이드 시어(Side Shear) : 후판이나 박판을 소정의 폭으로 만들기 위한 전단기로 보통 다운 커트의 길로틴형이 이용된다. 능률면에서 양측을 동시에 절단 가능한 더블 사이드 시어가 많이 도입되고 있다.
• 엔드 시어(End Shear) : 후판 공장에서 판을 압연 방향에 직각인 방향으로 절단할 목적으로 사용된다. 시어 기구는 아랫날이 고정된 다운 커트 전단기로 소위 길로틴형이다. 윗날은 전단 저항을 감소시키기 위해 아랫날에 대해 2~5° 경사를 준다.

23 후판 가속냉각 조건이 다음과 같을 때 스트립(Strip)의 이송 속도는 몇 m/s인지 구하시오.

┤ 보기 ├

• 압연 종료온도(FRT) : 800℃
• 가속냉각 종료온도(FCT) : 400℃
• 냉각 속도(CR) : 20℃/s
• 가속냉각 설비 길이 : 30m

정답

1.5m/s

해설

냉각 시간 = 냉각온도/냉각 속도 = 400/20 = 20s
이동 속도 = 설비 길이/냉각 시간 = 30/20 = 1.5m/s

24 후판압연에 대한 다음 물음에 답하시오.

가. 후판 열간교정기에서 상부 교정 롤의 하면과 하부 교정 롤의 상면의 거리를 뜻하는 용어는 무엇인지 쓰시오.

나. 전동기로부터 피니언 또는 피니언과 롤을 연결하여 동력을 전달하는 장치의 명칭을 쓰시오.

다. 3단식 압연기에서는 압연재를 하부 롤과 중간 롤의 사이로 패스한 후, 다음 패스를 위하여 압연재를 들어 올려 중간 롤과 상부 롤의 사이로 넣는 장치의 명칭을 쓰시오.

정답
가 : 롤 갭(Roll Gap)
나 : 스핀들(Spindle)
다 : 틸팅 테이블(Tilting Table)

해설
- 갭(Gap) : 상부 칼날(시어)의 하부 끝단과 하부 칼날(시어)의 상부 끝단 사이의 거리
- 스핀들 : 피니언과 롤을 연결하여 동력을 전달하는 설비
- 리프팅 테이블과 틸팅 테이블
  - 3단식 압연기에서 압연재를 하부 롤과 중간 롤 사이로 패스한 후, 다음 패스를 위하여 압연재를 들어 올려 중간 롤과 상부 롤 사이로 넣는데 필요한 장치
  - 리프팅 테이블 : 테이블이 평행으로 올라가는 설비
  - 틸팅 테이블 : 어느 고정점을 기준으로 회전하여 필요한 위치로 올리는 설비

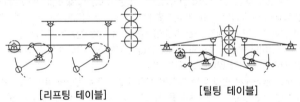

[리프팅 테이블]　　　　　[틸팅 테이블]

25 강판을 모재로 하여 그 편면 또는 양면에 니켈, 스테인리스강, 동타이타늄, 알루미늄 등 서로 다른 강종이나 금속을 합친 것의 명칭을 쓰시오.

정답
클래드 강판(Clad Plate)

해설
클래드 강판(Clad Plate) : 지금금속의 주위에 피복된 금속을 주조하고 난 후에 압연, 또는 지금금속에 피복된 금속을 밀착하여 중첩시킨 후, 고온으로 압연하는 방법

01 통상 한면이 160mm 이하이고 길이는 1~12m 정도의 각 강편으로 선재압연의 소재로 사용되는 주편의 명칭을 쓰시오.

정답

빌릿(Billet)

해설

압연용 소재의 종류

소재명	내용	크기
슬래브(Slab)	단면이 장방형인 반제품(강판 반제품)	두께 : 50~150mm, 폭 : 600~1,500mm
블룸(Bloom)	사각형에 가까운 단면을 가진 반제품(봉형강류 반제품)	약 150mm×150mm~250mm×250mm
빌릿(Billet)	단면이 사각형인 반제품(봉형강류 반제품)	약 40mm×50mm~120mm×120mm
스트립(Strip)	코일 상태의 긴 대강판재(강판 반제품)	두께 : 0.15~15mm, 폭 : 400~2,500mm
시트(Sheet)	단면이 사각형인 판재(강판 반제품)	두께 : 0.75~15mm
시트 바(Sheet Bar)	분괴압연기에서 압연한 것을 다시 압연한 판재(강판 반제품)	폭 : 200~400mm
플레이트(Plate)	단면이 사각형인 판재(강판 반제품)	폭 : 20~450mm
틴 바(Tin Bar)	블룸을 분괴, 조압연한 석도 강판의 재료(강판 반제품)	외판용 : 길이 5m 내외
틴 바 인코일 (Tin Bar In Coil)	틴 바와 같은 소재를 코일 모양으로 감은 것(강판 반제품)	두께 : 1.9~1.2mm, 폭 : 200mm, 중량 : 2~3t
후프(Hoop)	강판을 폭이 좁은 형상의 띠 모양으로 절단 가공하여 코일로 감아놓은 강대의 반제품(강관용 반제품)	두께 : 3mm 이하, 폭 : 600mm 미만
스켈프(Skelp)	빌릿을 분괴, 조압연한 용접 강관의 소재로 양단이 용접에 편리하도록 85~88°로 경사져 있음(강관용 반제품)	두께 : 2.2~3.4mm, 폭 : 56~160mm, 길이 : 5m 전후

02 선재압연을 하기 위한 공형 설계의 목적 2가지를 쓰시오.

정답

정확한 치수의 제품 생산, 표면결함 발생 방지, 압연된 제품의 내부 응력 최소화, 최소의 비용으로 최대효과, 압연작업 용이, 롤 국부적 마모 방지, 롤의 전체적 마모량 감소, 가공성 향상, 롤 표면 보호

해설

선재압연에 따른 공형 설계의 목적
• 압연재를 정확한 치수, 형상으로 하되 표면 흠을 발생시키지 않을 것
• 압연 소요동력을 최소로 하며, 최소의 폭퍼짐으로 연신시킬 것
• 롤에 국부적 마모를 유발시키지 않을 것
• 재료의 가이드 유지나 롤 갭 조정이 용이할 것 등

03 선재압연의 연속식 압연기의 공형 배치는 통상 조압연기에서는 마름모꼴과 각의 방식, 중간압연에서는 타원과 각의 방식을 채택하는 데, 다듬질 압연에서의 공형은 어떤 방식을 채택하는지 쓰시오.

정답

타원과 원

해설

타원 형태의 중간압연에서 원형 형태로 단면을 만들기 위해서는 Oval 공형을 사용한다.

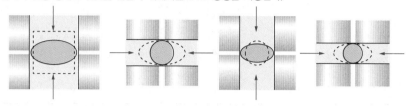

04 선재압연의 연속식 압연기의 공형 배치는 통상 조압연기에서 마름모꼴과 각의 방식, 중간압연에서는 타원과 각의 방식, 다듬질 압연에서는 타원과 어떤 방식을 채택하는지 공형 방식을 쓰시오.

정답

원(Round)

해설

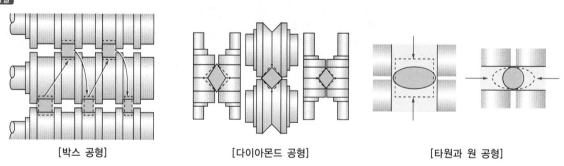

[박스 공형]　　　　　[다이아몬드 공형]　　　　　[타원과 원 공형]

05 선재압연 중 스탠드를 45° 기울이는 이유을 설명하시오.

정답

소재의 취입을 용이하게 하기 위해(소재의 치입성 개선)

해설

롤과 롤 사이에서 비틀림을 설치하지 않고, 소재의 치입성을 개선하기 위해 45° 기울여 압연한다.

06 강편압연에서 스텐드 간 90° 회전시키기 위한 설비의 명칭을 쓰시오.

정답

트위스트(Twist)

해설

트위스트 가이드(Twist Guide) : 수평 스탠드로 압연할 때 사용하고 일반적으로 90° 비틀어 사용

07 선재 공정에서 사이드 및 업 루퍼의 역할을 쓰시오.

정답

소재의 텐션 조정

해설

루퍼 : 스탠드 간 소재에 일정한 장력을 주어 각 스탠드 간에 압연 상태를 안정시켜 제품 폭과 두께의 변동을 방지하고 오작과 꼬임을 방지

08 선재압연의 중간 사상압연에서 코블(Cobble) 발생 시 비상 절단하는 장치의 명칭을 쓰시오.

정답

스냅 시어(Snap Shear)

09 선재 공정에서 레잉 헤드로부터 나온 나선형 코일을 받는 통은 무엇인지 명칭을 쓰시오.

> **정답**

리폼 튜브

> **해설**

리폼 튜브(Reform Tub) : 완성된 나선형 코일을 받는 통

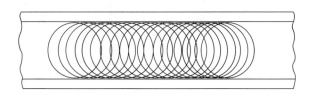

[완성된 선재 코일]

[리폼 튜브]

[코일의 냉각 및 저장]

---

10 선재의 냉각방법 3가지를 쓰시오.

> **정답**

자연냉각, 에어 패턴팅 냉각, 조절냉각, 리드 패턴팅 냉각

> **해설**

선재의 냉각은 가열로 추출 온도 이상으로 된 압연 후 선재 온도를 권취기 목표 온도로 수랭대에서 수랭하여, 강제 송풍으로 공랭하게 된다.
- 수랭 설비 : 압연 종료 온도로부터 목표 온도로 냉각시키기 위해 진행방향 또는 역방향으로 물을 분사하여 냉각
- 공랭 설비 : 레잉 헤드에서 링상으로 된 와이어 로드는 하부에 설치된 송풍기로부터 강제 공랭을 받는다.
- 에어 패턴팅 냉각(Air Patenting Cooling) : 열간압연된 와이어 로드를 723℃ 이상 재가열하면서 공기 중에서 항온 변태시키는 방법
- 리드 패턴팅 냉각(Lead Patenting Cooling) : 에어 패턴팅 냉각과 동일하나 공기 대신 Pb욕 중에서 항온 변태시키는 방법
- 조절냉각(Controlled Cooling) : 최종 압연 후 예정된 온도까지 수랭 후 링 형태로 컨베이어상에서 강제 공랭시키는 방법

11 선재압연 후 2차 가공 공장에서 선재를 인발한 다음 소정의 길이로 절단한 것의 명칭을 쓰시오.

정답

마봉강

해설

마봉강 : 열간압연 봉강을 냉간 인발해서 절삭, 연삭 또는 이들의 조합으로 가공한 것으로 표면은 평활하고 광택이 있다.

12 선재의 표면결함인 스케일(Scale) 불량의 원인을 2가지만 쓰시오.

정답

롤 캘리버 마모, 디스케일러 불량

해설

• 스케일 불량 원인 : 롤 캘리버 마모, 디스케일러 불량, 스케일 부착
• 발생 상황 : 표면에 스케일이 압착 또는 치입되어 나타남

[스케일 흠]

01 형강이나 환봉용으로 사용되는 연속주조 주편의 명칭을 쓰시오.

정답

빌릿

해설

압연용 소재의 종류

소재명	내용	크기
슬래브(Slab)	단면이 장방형인 반제품(강판 반제품)	• 두께 : 50~150mm • 폭 : 600~1,500mm
블룸(Bloom)	사각형에 가까운 단면을 가진 반제품(봉형강류 반제품)	• 약 150mm×150mm~250mm×250mm
빌릿(Billet)	단면이 사각형인 반제품(봉형강류 반제품)	• 약 40mm×50mm~120mm×120mm
스트립(Strip)	코일 상태의 긴 대강판재(강판 반제품)	• 두께 : 0.15~15mm • 폭 : 400~2,500mm
시트(Sheet)	단면이 사각형인 판재(강판 반제품)	• 두께 : 0.75~15mm
시트 바(Sheet Bar)	분괴압연기에서 압연한 것을 다시 압연한 판재(강판 반제품)	• 폭 : 200~400mm
플레이트(Plate)	단면이 사각형인 판재(강판 반제품)	• 폭 : 20~450mm
틴 바(Tin Bar)	블룸을 분괴, 조압연한 석도 강판의 재료(강판 반제품)	• 외판용 : 길이 5m 내외
틴 바 인코일 (Tin Bar In Coil)	틴 바와 같은 소재를 코일 모양으로 감은 것(강판 반제품)	• 두께 : 1.9~1.2mm • 폭 : 200mm • 중량 : 2~3t
후프(Hoop)	강판을 폭이 좁은 형상의 띠 모양으로 절단 가공하여 코일로 감아놓은 강대의 반제품(강관용 반제품)	• 두께 : 3mm 이하 • 폭 : 600mm 미만
스켈프(Skelp)	빌릿을 분괴, 조압연한 용접 강관의 소재로 양단이 용접에 편리하도록 85~88°로 경사져 있음(강관용 반제품)	• 두께 : 2.2~3.4mm • 폭 : 56~160mm • 길이 : 5m 전후

02 봉 및 형강작업에서 사용되는 공형 중 그림과 같은 공형의 명칭을 쓰시오.

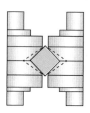

정답

다이아몬드 공형

해설

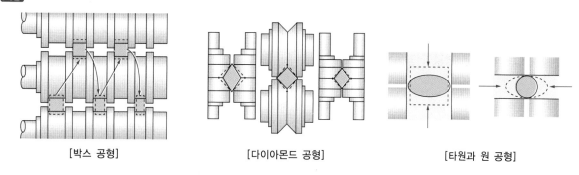

[박스 공형]　　　　　　[다이아몬드 공형]　　　　　　[타원과 원 공형]

03 공형 롤에서 한쪽 홀에만 파진 오목한 공형부를 쓰시오.

정답

데드 홀

해설

데드 홀 : 데드 홀은 한쪽의 롤에만 파여진 오목한 공형이고 공형설계의 원칙을 지키지 않으면 데드 홀에는 언더 필링, 리브 홀에는 오버 필링이 발생한다.

04 형강 및 공형에 대한 다음 물음에 답하시오.

가. 그림과 같은 공형의 명칭을 쓰시오.

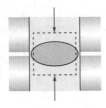

나. 형강의 종류 중 ㄷ형강(Channel)의 그림에서 화살표가 가리키는 곳의 알맞은 명칭을 쓰시오.

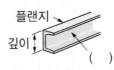

다. 그림과 같은 형강의 명칭을 쓰시오.

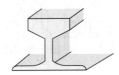

가 : 오벌(Oval) 공형
나 : 웨브(Web)
다 : 궤조(Rail)

해설

05 봉 및 형강작업에서 사용되는 공형 중 그림과 같은 공형의 명칭을 쓰시오.

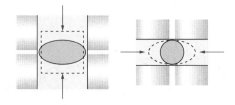

정답

오벌 공형

해설

오벌(Oval) 공형에 대한 설명으로 원형상의 선재나 봉제를 만들 때 사용된다.

06 봉, 형강을 길이 방향으로 절단하는 장비를 3가지만 쓰시오.

정답

4본 크랭크 절단, 전단식 절단, 로터리 절단

해설

• 4본 크랭크 절단 : 크랭크 프레스라고도 하며 소재의 열간, 냉간의 길이 방향 절단에 사용된다.
• 전단식 절단 : 소재의 상하면에 한쌍의 힘을 평행하게 작용시켜 절단하는 설비이다.
• 로터리 절단 : 롤이나 원판의 원주를 따라 설치되어 있는 날 사이에서 롤을 회전시키면서 소재를 이송해 차례대로 절단하는 장치이다.

07 수평으로 설치한 롤 1쌍과 수직으로 설치한 롤 1쌍으로 구성되어 압연능률이 높은 압연기로 주로 형강압연에 사용되는 압연기의 명칭을 쓰시오.

정답

유니버설 압연기

해설

유니버설 압연기 : 1쌍의 수평 롤과 1쌍의 수직 롤을 설치하여 두께와 폭을 동시에 압연하는 압연기로 형강제조에 많이 사용된다.

08 그림과 같은 압연기의 명칭을 쓰고 트랙킹(Tracking)의 기능을 설명하시오.

가. 그림과 같은 압연기의 명칭을 쓰시오.

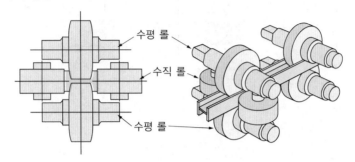

수평 롤

수직 롤

수평 롤

나. 루퍼 제어 시스템 중 트랙킹(Tracking)의 기능이란 무엇인지 설명하시오.

정답

가 : 유니버설 압연기(Universal Mill)

나 : 압연 라인에 설치된 센서들과 롤러의 속도 등을 이용하여 현재 열연판의 위치를 추적하는 기능

해설

• 유니버설 압연기 : 1쌍의 수평 롤과 1쌍의 수직 롤을 설치하여 두께와 폭을 동시에 압연하는 압연기
• 트래킹 : 소재의 위치이동 거리들을 추적함으로써 압연기의 압연 상태를 사전 확보하기 위한 기능

09 다음 그림의 형강 종류를 쓰시오.

정답

T형강

해설

레일강　　ㄷ형강　　구평강　　사각장　　ㄱ형강　　부등변ㄱ형강

Z형강　　시트 파일　　H형강　　T형강　　원형강　　펜스 포스트

10 다음 그림의 형강 종류를 쓰시오.

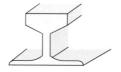

정답

궤조(레일)

해설

형강 : 형강, 빌릿, 원형강

빌릿 원형강

H형강 ㄱ형강 ㄷ형강 궤조

11 봉(철근)을 코일 상태로 가공하여 공급하는 것은?

정답

바 인코일

해설

바 인코일(Bar In Coil) : 연속식 선재압연기 또는 중·소형 연속 압연기로 제조한 소형봉강을 장척인 채로 코일로 감은 것

12 다음 그림의 형강 종류를 쓰시오.

정답

시트 파일(Sheet Pile)

해설

형강 : 대형 형강

H형강   시트 파일

13 소재가 부족하여 덜 채워져서 데드 홀부에 발생하는 결함의 명칭을 쓰시오.

정답

언더 필링(Under Filling)

해설

데드 홀 : 데드 홀은 한쪽 롤에만 파여진 오목한 공형이며, 공형설계의 원칙을 지키지 않으면 데드 홀에는 언더 필링, 리브 홀에는 오버 필링이
발생한다.

14 봉강압연 제품의 종류를 3가지 쓰시오.

정답

원형 봉강, 타원형 봉강, 바 인 봉강

해설

봉강압연 제품 : 원형 봉강, 타원형 봉강, 바 인 봉강, 이형 봉강, 육각 봉강

15 조괴재를 압연하여 소재를 만드는 곳의 명칭을 쓰시오.

정답

분괴압연

해설

강괴를 균열로에서 압연 온도까지 가열, 균열시키고 분괴압연기로 제품 압연공정에 필요한 형상, 치수의 강편(슬래브, 블룸, 빌릿, 시트 바)을 성형하여 필요한 길이로 절단하는 작업

16 다음 그림의 형강 종류를 쓰시오.

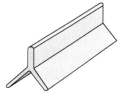

정답

펜스 포스트

해설

| 레일강 | ㄷ형강 | 구평강 | 사각장 | ㄱ형강 | 부등변ㄱ형강 |
| Z형강 | 시트 파일 | H형강 | T형강 | 원형강 | 펜스 포스트 |

01 사고예방대책 5단계를 다음 보기에서 골라 순서대로 쓰시오.

┤ 보기 ├

평가·분석, 안전관리 조직, 사실의 발견, 시정책의 적용, 시정책의 선정

정답

안전관리 조직 → 사실의 발견 → 평가·분석 → 시정책의 선정 → 시정책의 적용

02 화학물질 및 화학물질을 함유한 제제 대상 화학물질에 대해 설명한 보고서의 명칭을 쓰고, 위험성 평가의 5단계를 쓰시오.

가. 보고서 명칭 :

나. 위험성 평가의 5가지 단계를 순서에 맞게 쓰시오.

사전준비 – (　　　) – (　　　) – (　　　) – 허용 가능 위험 여부

┤ 보기 ├

위험성 추정, 위험성 결정, 유해 위험요인 파악

정답

가 : MSDS(물질안전보건자료)
나 : 위험성 추정, 위험성 결정, 유해 위험요인 파악

03 다음 그림의 경고 표지 내용을 보기에서 찾아 쓰시오(단, 기본 모형은 빨간색, 그림은 검정색이다).

┤ 보기 ├

급성독성물질 경고, 인화성물질 경고, 산화성물질 경고, 폭발성물질 경고, 부식성물질 경고

가　　　　　　　　나　　　　　　　　다　　　　　　　　라

정답

가 : 인화성물질 경고
나 : 산화성물질 경고
다 : 부식성물질 경고
라 : 폭발성물질 경고

04 생산 공정에서 설비에 대한 신뢰성은 설비 관리와 점검을 통해서 가능하다. 보기에서 알맞은 점검 내용을 찾아 쓰시오.

┤ 보기 ├

일상점검, 정기점검, 사후점검, 임시점검, 정밀점검

가. 주기적으로 설비의 열화 또는 노후 정도를 판정하여 수리 또는 개선할 목적으로 오감이나 점검기구를 사용하여 외관검사 또는 개방점검을 실시하는 점검형태는 무엇인지 쓰시오.

나. 운전이나 사용 중 또는 그 전후에 오감에 의하거나 점검기구 등을 이용한 외관검사 및 일상적인 급유급지, 간단한 조정 등을 말한다. 최근에는 자동감지 시스템이나 PDA 등을 점검에 활용하기도 하는 점검형태는 무엇인지 쓰시오.

다. 정밀도가 높은 측정기구를 사용하여 설비를 분해 또는 비분해하여 고도로 세밀하게 실시하는 점검형태는 무엇인지 쓰시오.

라. 예방보전적인 작업은 일정하지 않고 고장이 난 경우에만 보수하는 보전방법이다. 고장이 나도 경제 손실은 없고 안전상의 문제도 없는 설비에 주로 적용하는 점검형태는 무엇인지 쓰시오.

정답

가 : 정기점검, 나 : 일상점검, 다 : 정밀점검, 라 : 사후점검

05 제철공정에서 다량의 화석 에너지를 사용하기 때문에 발생하는 대기오염 유해·위험인자를 3가지 쓰시오.

정답

황산화물(SOx), 질소산화물(NOx), 미세먼지

06 설비진단 기법의 종류와 그 설명을 바르게 연결하시오.

가. 진동법 ·　　·(a) 설비 이상비 발생하는 비정상적인 진동상태로 진단하는 방법

나. SOAP법 ·　　·(b) 설비 내부의 응력 분포를 해석하여 진단하는 방법

다. 응력법 ·　　·(c) 채취한 샘플 시료유를 불에 연소하여 생기는 금속성분 특유의 현상을 분석하는 방법

정답

가 : (a), 나 : (c), 다 : (b)

07 회전기계에서 발생하는 이상현상에 관한 설명이다. 옳으면 ○, 틀리면 ×를 (　　) 안에 써 넣으시오.

강제 급유되는 미끄럼 베어링을 갖는 로터에 발생하며, 축을 고속으로 회전시켰을 때 격심한 진동이 생기는데, 이를 오일 휩이라고 한다. ·· (　　)

정답

○

08 설비진단의 분류에 대한 설명이다. (　　) 안에 알맞은 진단명을 써 넣으시오.

설비를 진단하는 방법으로는 그 목적에 따라 크게 (　　)와 정밀진단으로 분류할 수 있다. (　　)은 기계설비가 정상인지 이상인지의 상태진단을 목적으로 하며, 휴대용 진동계 등과 같은 진단기기를 이용하는 방법이다.

정답

간이진단

09 다음 그림이 설명하는 계측기의 명칭을 쓰시오.

접촉식   비접촉식

현장에서 모터의 회전수 등을 측정하는 데 널리 사용되며, 회전축에 직접 접촉하는 접촉식과 회전축의 단면에 반사판을 붙여 빛의 반사를 이용하여 측정하는 비접촉식이 있다.

정답
회전계(전자식 회전계, 디지털 회전계, 타코미터)

10 축의 점검항목에 사용하는 측정기기를 바르게 연결하시오.

가. 축의 정렬상태   •   •(a) 진동계
나. 베어링 원통면(내, 외경) 측정 •   •(b) 마이크로미터
다. 축 흔들림 및 진동   •   •(c) 다이얼 게이지

정답
가 : (c), 나 : (b), 다 : (a)

11 액체 윤활유로 적합하지 않은 곳에 사용하며, 금속비누기에 따라 여러 종류로 구분하고, 기어, 베어링 등의 점착성이 요구되는 부분에 사용하는 윤활제를 보기에서 고르시오.

┤ 보기 ├
광유계 윤활제, 합성유계 윤활제, 반고체 윤활제(그리스), 고체 윤활제

정답
반고체 윤활제(그리스)

12 그리스 윤활에 대한 설명이다. 옳으면 ○, 틀리면 ×를 (   ) 안에 써 넣으시오.

> 그리스 윤활은 밀봉효과가 크고, 냉각효과가 높으며, 이물질 혼합 시 제거가 용이하여 급유·교환이 간편하다. (   )

정답

×

13 유체기기에 사용되는 공압과 유압의 특성에 대한 설명이다. (가), (나)에 들어갈 알맞은 단어를 써 넣으시오.

구분	(가)	(나)
장점	• 양이 무한하다. • 저장성이 용이하다. • 안전하고 인체에 무해하다. • 과부하 상태에서 안정성이 있다. • 설비구조가 비교적 간단하다.	• 작은 장치로 큰 힘을 얻을 수 있다. • 비압축성이다. • 과부하 시 안전장치가 간단하다. • 마찰손실이 적고 효율이 좋다.
단점	• 효율이 좋지 않다. • 큰 힘을 얻기 힘들다. • 응답성이 나쁘다. • 구동비용이 고가이다.	• 배관이 복잡하고 까다롭다. • 온도변화에 영향을 받는다. • 누유의 염려가 있다.

정답

(가) : 공압, (나) : 유압

14 다음 그림이 설명하는 측정기기의 명칭을 쓰시오.

> 래크와 기어의 운동을 이용하여 작은 길이를 확대하여 표시하는 비교측정기이며, 회전체나 회전축의 흔들림 점검, 공작물의 평행도 및 평면상태의 측정 등에 사용된다.

정답

다이얼 게이지

15 회전기계에서 발생하는 이상현상 중 커플링 등에서 회전중심선(축심)이 어긋난 상태를 뜻하는 용어를 보기에서 고르시오.

> **보기**
>
> 언밸런스, 미스얼라이먼트, 풀림, 오일 휩, 공진

정답

미스얼라이먼트

16 안전보호구의 올바른 보관방법에 대해 설명하시오.

정답

- 햇빛이 들지 않고 통풍이 잘 되는 장소에 보관한다.
- 청결한 곳에 보관한다.
- 발열체가 주변에 없어야 한다.
- 부식성 액체, 유기용제, 기름, 화장품, 산 등과 혼합하여 보관하지 않는다.
- 모래, 진흙 등이 묻은 경우에는 세척하고 그늘에서 말려 보관한다.

17 다음에서 설명하는 반복재해 및 유사재해 방지를 위한 기법의 명칭을 쓰시오.

> 작업자의 실수나 착오로 인한 사고를 방지하기 위해 작업시작 전, 작업 중, 작업 후에 불안전개소를 손가락으로 가리켜 오감을 이용하여 확인하는 활동이다.

정답

지적확인

우리 인생의 가장 큰 영광은 결코 넘어지지 않는 데 있는 것이 아니라

넘어질 때마다 일어서는 데 있다.

– 넬슨 만델라 –